C#与.NET 6 开发从入门到实践

敖 瑞 编著

清华大学出版社
北京

内 容 简 介

本书以 ASP.NET Core 项目为例，系统地介绍了.NET 6 的各个重要知识点。书中内容融合了作者多年实践的丰富经验，讲解深入浅出，全面且细致。

本书共分为四篇 25 章。第一篇（第 1~3 章）是.NET 6 基础篇，主要介绍.NET 平台、C#语言和 Visual Studio 开发环境的常用功能和特性。第二篇（第 4~10 章）是 Entity Framework Core 篇，主要介绍 Entity Framework Core 的各种功能和使用方法，包括快速入门、实体模型、实体模型的关系、管理实体模型和数据库架构、管理数据、查询数据、Entity Framework Core 共享功能等内容。第三篇（第 11~24 章）是 ASP.NET Core 篇，主要介绍 ASP.NET Core 框架的基础知识、身份认证、授权、MVC、Razor Pages、Blazor、Razor 类库、Web API、远程过程调用、实时通信、应用安全、高级功能等内容。第四篇（第 25 章）是实战演练篇，用一个功能完整的电子商城项目来串联前面三篇介绍的大部分功能，帮助读者跨越从基础知识的学习到实际应用的门槛。

本书以.NET 6 的入门学习者和有其他 C 系语言的使用经验并有意了解 ASP.NET Core 的人为主要目标读者，同时适合被中高级开发者当作功能模块速查和学习高级功能的手册，还可以作为高等院校相关专业的教学用书和培训学校的教材。

本书封面贴有清华大学出版社防伪标签，无标签者不得销售。
版权所有，侵权必究。举报：010-62782989，beiqinquan@tup.tsinghua.edu.cn。

图书在版编目（CIP）数据

C#与.NET 6 开发从入门到实践 / 敖瑞编著.—北京：清华大学出版社，2023.1
ISBN 978-7-302-62198-0

Ⅰ.①C… Ⅱ.①敖… Ⅲ. ①C 语言－程序设计－教材②网页制作工具－程序设计－教材 Ⅳ.①TP312.8 ②TP393.092.2

中国版本图书馆 CIP 数据核字（2022）第 221387 号

责任编辑：赵　军
封面设计：王　翔
责任校对：闫秀华
责任印制：刘海龙
出版发行：清华大学出版社
　　　　　网　　址：http://www.tup.com.cn，http://www.wqbook.com
　　　　　地　　址：北京清华大学学研大厦 A 座　　　邮　编：100084
　　　　　社 总 机：010-83470000　　　　　　　　　　邮　购：010-62786544
　　　　　投稿与读者服务：010-62776969，c-service@tup.tsinghua.edu.cn
　　　　　质 量 反 馈：010-62772015，zhiliang@tup.tsinghua.edu.cn
印 装 者：三河市东方印刷有限公司
经　　销：全国新华书店
开　　本：190mm×260mm　　　　　　印　张：46.5　　　　字　数：1254 千字
版　　次：2023 年 3 月第 1 版　　　　　　　　　　　　印　次：2023 年 3 月第 1 次印刷
定　　价：169.00 元

产品编号：100242-01

前　言

　　.NET 作为新近崛起的开发框架，它继承了前辈.NET Framework 的大量优点，并针对新时代的需求进行了大量改进。拥抱开源跨平台的.NET 得到大量优秀开发者的喜爱和支持，发展势头迅猛。历经 6 代更新，目前的.NET 也日趋稳定，基础框架的大量知识在可预见的将来不会发生大幅变动，学习曲线会逐步平稳。对于将来的新版本，用户基本可以只用补充了解新内容而不必担心已有知识被颠覆或废弃。

　　ASP.NET Core 是一个专为 Web 开发而准备的基础框架，作为其基础的.NET 框架势必是不能无视的，更何况 ASP.NET Core 中使用的大量功能其实是.NET 的通用功能，只不过因其在 ASP.NET Core 中非常有用而被默认集成。为了避免读者把这些默认集成的功能误以为是 ASP.NET Core 的专用功能，笔者在书中的文字段落和示例代码中给予了明确的提示，这也是为本书取名的一大考虑。虽然本书以 ASP.NET Core 为例进行深入解析，但其中的大量知识其实通用于整个.NET，故书名取为".NET 入门"而不是"ASP.NET Core 入门"。以 ASP.NET Core 为例进行深入解析则是因为现在是大 Web 时代，ASP.NET Core 最具有通用性和代表性，能覆盖最广的场景。

　　笔者自大学时期接触软件开发以来，读到的入门学习的书多为项目实例与知识讲解交织在一起的一类书。笔者在阅读时颇为苦恼，每次想要专门查阅某个细节时总是很难快速定位，又或者知识点被分散到多个位置，要来回翻看。因此在本书的编写中笔者采用了分离基础知识和综合练习的形式，并在综合练习中展示相关知识点的引用。希望广大读者由此能得到更好的阅读体验。

　　在现代 Web 技术中，渐进式 Web 应用和 Web Assembly 无疑是最耀眼的新星，甚至取代了大量曾经的本地桌面应用。Blazor 作为这两项技术的融合和工程化的代表却没有在中文书籍中获得应有的篇幅予以介绍，因此本书将 Blazor 作为和 MVC、Razor Pages 等页面渲染框架同等重要的技术来介绍，并在第四篇实战演练中作为一个关键组成部分予以应用。

　　现代 Web 应用的复杂性日趋提升，普通的 Web API 在面对这种复杂性时颇为艰难。为此新一代数据访问技术 GraphQL 进入广大开发者的视野。但较为可惜的是，这项技术似乎被许多人误解并认为难以应用到项目中。这固然有 GraphQL 本身的复杂性导致的部分原因，但是开发者的错误认知导致的误解是更为主要的原因。为了让.NET 开发者能直接体会到 GraphQL 的广泛适用性，本书选择了在 Blazor 应用中使用该技术提供数据支持。

　　随着物联网的发展，应用软件需要更紧密地和底层硬件结合，这导致了软件开发语言选择的困难。想要顺利接入硬件势必要使用能访问硬件的底层语言，例如 C 语言，但是底层语言在开发上层应用时却非常麻烦，本就复杂的业务和底层语言的各种细节搅在一起实在是对人的一种折磨。这时为上层应用和底层硬件分别选用不同的语言和框架似乎是不错的选择，但偏偏高级语言和底层语言的交互又成了个大麻烦。此时 C#和.NET 便成为了广大开发者的得力助手。.NET 从一开始就非常重视和本机代码交互的功能，但是无论如何，互操作代码的编写还是有无法避免的内在复杂性，为此笔者专门在书中介绍了一些简化互操作开发的方法和模块。

对于希望入门.NET 6 以及有其他的 C 系语言的使用经验的读者，本书系统地梳理了 C#的发展历程，并以此为线索介绍 C#的各种功能和语言特性，还与常用的 C 系语言进行对比，方便读者根据需要选用合适的方法实现功能、互相移植其他语言和 C#的代码。对于中高级开发者，本书介绍了一些优秀的第三方模块，希望能为开发者提供一些参考。本书对除第四篇"实战演练"之外的其他内容进行了归类整理，并根据内容之间的依赖关系调整了先后顺序，由此可以衍生出三种阅读方式：对于初学者，推荐按顺序阅读，这样可以由浅入深地逐步学习，并确保不会在阅读时遇到和主要内容无关的未知知识点；对于中高级开发者，可以直接阅读实战演练篇并跟着练习，然后在练习中有针对性地阅读不熟悉的知识点；对于二次阅读的读者，本书则可以当作速查手册使用，本书的内容归类和目录都针对速查进行了专门的设计和编排。

本书配套的 PPT 和源代码需要使用微信扫描下面的二维码获取，可按扫描后的页面提示填写你的邮箱，把下载链接转发到邮箱中下载。如果发现问题或有疑问，请用电子邮件联系 booksaga@126.com，邮件主题为"C#与.NET 6 开发从入门到实践"。

PPT

源代码

本书是笔者编写的第一本书，它倾注了笔者的大量心血和多年经验积累的心得体会，但是由于笔者的文字功底、时间和篇幅等问题，不可避免地会出现疏漏。欢迎广大读者提出建议，笔者愿积极与读者交流，希望本书能发挥出更大的价值，不负笔者付出的努力和时间。

编者

2023 年 1 月

目　　录

第一篇　.NET 6 基础

第 1 章　构建.NET 6 开发环境 ... 3
1.1　.NET、.NET Core、.NET Standard 与.NET Framework ... 3
1.2　ASP.NET Core 与 ASP.NET ... 4
1.3　其他.NET 应用模型 ... 4
1.4　Visual Studio 简介 ... 4
1.5　安装 Visual Studio ... 5
1.6　小结 ... 7

第 2 章　Visual Studio 的解决方案和项目 ... 8
2.1　解决方案和项目简介 ... 8
2.2　创建解决方案和项目 ... 8
  2.2.1　创建方法 ... 8
  2.2.2　操作演示和说明 ... 9
2.3　引用其他项目和第三方程序包 ... 12
  2.3.1　引用其他项目 ... 12
  2.3.2　引用第三方程序包 ... 13
  2.3.3　卸载程序包和项目引用 ... 16
2.4　.NET 主要项目类型 ... 16
2.5　解决方案和项目文件解析 ... 16
  2.5.1　解决方案文件 ... 16
  2.5.2　项目文件 ... 17
2.6　小结 ... 18

第 3 章　C#发展史 ... 19
3.1　简介 ... 19
3.2　C# 1.0 ... 19
  3.2.1　类、结构体和联合体 ... 20
  3.2.2　接口 ... 22
  3.2.3　属性 ... 23
  3.2.4　委托 ... 26
  3.2.5　事件 ... 28
  3.2.6　运算符和表达式 ... 29

  3.2.7 语句 31
  3.2.8 命名空间 31
  3.2.9 特性 32
  3.2.10 unsafe 上下文 33
3.3 C# 2.0 35
  3.3.1 泛型 35
  3.3.2 协变和逆变 38
  3.3.3 委托的方法组转换 39
  3.3.4 分部类型 39
  3.3.5 匿名方法 40
  3.3.6 可为 null 的结构体 40
  3.3.7 枚举器 41
  3.3.8 静态类 41
  3.3.9 独立的属性访问器保护级别 43
  3.3.10 委托类型推断 43
3.4 C# 3.0 44
  3.4.1 自动实现属性 44
  3.4.2 分部方法 44
  3.4.3 对象初始化器 45
  3.4.4 隐式类型的本地变量 45
  3.4.5 匿名类型 46
  3.4.6 Lambda 表达式 46
  3.4.7 表达式树 47
  3.4.8 扩展方法 47
  3.4.9 LINQ（Language-Integrated Query）..................... 48
3.5 C# 4.0 50
  3.5.1 动态绑定 50
  3.5.2 可选参数和命名参数 50
  3.5.3 嵌入的互操作类型 51
  3.5.4 泛型的协变和逆变 51
3.6 C# 5.0 52
  3.6.1 调用方信息特性 52
  3.6.2 异步成员 52
3.7 C# 6.0 53
  3.7.1 静态导入 53
  3.7.2 异常筛选器 54
  3.7.3 表达式体成员 54
  3.7.4 自动属性初始化表达式 55
  3.7.5 索引初始化器 55
  3.7.6 null 引用传播运算符 55

- 3.7.7 字符串内插 56
- 3.7.8 nameof 运算符 57
- 3.7.9 catch 和 finally 块中的 await 57
- 3.7.10 Roslyn 57

3.8 C# 7.0 60
- 3.8.1 out 变量 60
- 3.8.2 元组、解构和弃元 60
- 3.8.3 模式匹配 61
- 3.8.4 本地函数 62
- 3.8.5 表达式体成员增强 63
- 3.8.6 二进制文本和数字分隔符 63
- 3.8.7 throw 表达式 63
- 3.8.8 ref 局部变量和返回值 63

3.9 C# 7.1 64
- 3.9.1 异步主函数 64
- 3.9.2 default 表达式 64
- 3.9.3 元组元素名称推断 65
- 3.9.4 泛型类型参数的模式匹配 65

3.10 C# 7.2 65
- 3.10.1 非尾随命名参数 65
- 3.10.2 数值文本的前导下画线 66
- 3.10.3 private protected 访问修饰符 66
- 3.10.4 针对参数的 in 修饰符 66
- 3.10.5 针对方法返回值的 ref readonly 修饰符 67
- 3.10.6 readonly struct 结构体 67
- 3.10.7 ref struct 结构体 68
- 3.10.8 条件 ref 表达式 68

3.11 C# 7.3 68
- 3.11.1 非托管类型和泛型约束增强 68
- 3.11.2 无须固定即可访问固定的字段 69
- 3.11.3 可以重新分配 ref 局部变量 69
- 3.11.4 可以使用 stackalloc 数组上的初始值设定项 69
- 3.11.5 更多类型支持 fixed 语句 70
- 3.11.6 元组支持"=="和"!="操作符 70
- 3.11.7 支持为自动实现属性的后台字段添加特性 70
- 3.11.8 增强包含 in 修饰符的方法重载的选择策略 70
- 3.11.9 扩展 out 变量的适用范围 71
- 3.11.10 改进方法重载的选择策略 71

3.12 C# 8.0 71
- 3.12.1 默认接口方法 71

- 3.12.2 模式匹配增强 ... 72
- 3.12.3 结构体的 readonly 成员 ... 75
- 3.12.4 using 声明 ... 75
- 3.12.5 静态本地函数 ... 76
- 3.12.6 可释放的 ref struct ... 76
- 3.12.7 可为 null 的引用类型 ... 76
- 3.12.8 异步可释放 ... 77
- 3.12.9 异步枚举器 ... 78
- 3.12.10 索引和范围 ... 79
- 3.12.11 null 合并赋值 ... 80
- 3.12.12 非托管泛型结构体 ... 80
- 3.12.13 嵌套表达式中的 stackalloc ... 80
- 3.12.14 内插字符串和逐字字符串 ... 80

3.13 C# 9.0 ... 81
- 3.13.1 init 属性访问器 ... 81
- 3.13.2 记录 ... 81
- 3.13.3 顶级程序 ... 83
- 3.13.4 模式匹配增强 ... 84

3.14 本机大小的整数 ... 85
- 3.14.1 函数指针 ... 85
- 3.14.2 禁止本地初始化特性 ... 86
- 3.14.3 静态匿名函数 ... 87
- 3.14.4 类型推导的 new 表达式 ... 87
- 3.14.5 类型推导的条件表达式 ... 88
- 3.14.6 协变返回类型 ... 88
- 3.14.7 foreach 循环支持 GetEnumerator 扩展方法 ... 88
- 3.14.8 参数弃元 ... 89
- 3.14.9 本地函数支持特性 ... 89
- 3.14.10 模块初始化器 ... 90
- 3.14.11 分部方法增强 ... 90
- 3.14.12 源生成器 ... 91

3.15 C# 10.0 ... 91
- 3.15.1 结构体记录 ... 91
- 3.15.2 结构体允许自定义公共无参构造函数 ... 91
- 3.15.3 强化的 with 表达式 ... 92
- 3.15.4 记录允许密封 ToString 方法 ... 92
- 3.15.5 全局 using ... 92
- 3.15.6 文件范围的命名空间 ... 93
- 3.15.7 常量内插字符串 ... 93
- 3.15.8 内插字符串处理程序 ... 93

3.15.9 Lambda 表达式增强 ... 93
3.15.10 CallerArgumentExpression 诊断特性 ... 94
3.15.11 解构支持混合使用已有变量和内联声明变量 ... 94
3.15.12 增强的属性模式 ... 94
3.15.13 方法上的自定义异步状态机特性 ... 95
3.16 小结 ... 95

第二篇 Entity Framework Core

第 4 章 快速入门 ... 99
4.1 简介 ... 99
4.2 创建项目和安装 EF Core ... 99
4.3 创建数据模型 ... 99
4.4 创建数据上下文 ... 100
4.5 创建数据库 ... 100
4.6 简单使用 ... 101
4.7 小结 ... 102

第 5 章 实体模型 ... 103
5.1 实体类型和实体模型配置 ... 103
  5.1.1 基本实体类型 ... 104
  5.1.2 基础实体模型配置 ... 105
  5.1.3 排序规则 ... 108
  5.1.4 值生成和计算属性 ... 109
  5.1.5 影子属性 ... 112
  5.1.6 幕后字段 ... 112
  5.1.7 模型字段 ... 113
  5.1.8 键 ... 114
  5.1.9 索引 ... 117
  5.1.10 并发标记与行版本 ... 118
  5.1.11 值转换器 ... 119
  5.1.12 值比较器和属性快照 ... 121
  5.1.13 数据种子 ... 123
  5.1.14 构造函数 ... 124
  5.1.15 继承 ... 127
  5.1.16 无键实体类型 ... 129
  5.1.17 实体的多重映射 ... 130
  5.1.18 索引器属性、共享类型实体和属性包 ... 131
5.2 全局查询过滤器 ... 132
5.3 自定义实体模型注解 ... 132
5.4 自定义数据库函数和映射 ... 133

	5.4.1	标量值函数映射	133
	5.4.2	表值函数映射	134
	5.4.3	存储过程映射	135
5.5	在一个上下文类型中使用多个模型		136
5.6	小结		137

第 6 章 实体模型的关系 ... 138

- 6.1 概念和术语简介 ... 138
- 6.2 实体模型的关系与影子属性 ... 138
- 6.3 一对一关系 ... 139
  - 6.3.1 实体类型和关系配置 ... 140
  - 6.3.2 表共享（表拆分） ... 141
  - 6.3.3 从属实体类型 ... 142
- 6.4 一对多关系 ... 143
  - 6.4.1 实体类型和关系配置 ... 143
  - 6.4.2 自关联与树形实体类型 ... 145
  - 6.4.3 从属实体类型的集合 ... 145
- 6.5 多对多关系 ... 146
  - 6.5.1 显式映射 ... 146
  - 6.5.2 隐式映射 ... 148
- 6.6 模型关系的级联删除 ... 149
- 6.7 小结 ... 151

第 7 章 管理实体模型和数据库架构 ... 152

- 7.1 迁移 ... 152
  - 7.1.1 安装迁移工具 ... 153
  - 7.1.2 管理迁移 ... 154
  - 7.1.3 应用迁移 ... 155
  - 7.1.4 自定义迁移操作 ... 156
  - 7.1.5 使用独立的迁移项目 ... 162
  - 7.1.6 为模型提供多个迁移 ... 163
  - 7.1.7 自定义迁移历史记录 ... 164
- 7.2 逆向工程 ... 165
- 7.3 EF Core Power Tools ... 165
- 7.4 小结 ... 165

第 8 章 管理数据 ... 166

- 8.1 基础保存 ... 166
  - 8.1.1 添加实体 ... 166
  - 8.1.2 更新实体 ... 167
  - 8.1.3 删除实体 ... 168
  - 8.1.4 订阅保存事件和注册保存拦截器 ... 169
- 8.2 保存相关实体 ... 170

		8.2.1 同时添加多个相关实体	170
		8.2.2 为主实体单独添加从实体	171
		8.2.3 更改实体的关系	172
		8.2.4 删除关系	173
	8.3	并发冲突	174
	8.4	事务	175
		8.4.1 简单事务	175
		8.4.2 跨上下文事务	176
		8.4.3 使用外部事务	177
		8.4.4 保存点	178
	8.5	异步保存	178
	8.6	实体跟踪器和实体追踪图	179
		8.6.1 基础使用	179
		8.6.2 订阅实体跟踪事件	180
	8.7	小结	180
第9章	查询数据		181
	9.1	基础查询	181
		9.1.1 查询数据集合	181
		9.1.2 查询单个数据	182
		9.1.3 查询标量值	183
		9.1.4 引用影子属性	183
		9.1.5 查询标记	184
	9.2	复杂查询	184
		9.2.1 结果投影	184
		9.2.2 连接查询	185
		9.2.3 分组查询	187
		9.2.4 临时禁用全局查询过滤器	188
	9.3	原始 SQL 查询	188
	9.4	映射的自定义函数	189
		9.4.1 使用标量值函数	189
		9.4.2 使用表值函数和存储过程	189
		9.4.3 自定义方法转换	190
	9.5	加载相关数据	191
		9.5.1 预加载	191
		9.5.2 延迟加载	192
		9.5.3 显式加载	195
		9.5.4 拆分查询	195
	9.6	跟踪和非跟踪查询	196
	9.7	显式编译查询	197
	9.8	查看生成的 SQL 语句	197

9.9	服务端查询和客户端查询	198
9.10	命令拦截器	198
9.11	异步查询	199
9.12	小结	199

第 10 章 Entity Framework Core 共享功能 ... 200

10.1	配置上下文	200
	10.1.1 日志记录	200
	10.1.2 参数显示	201
	10.1.3 全局默认拆分查询	201
	10.1.4 全局默认基于标识解析的非跟踪查询	201
10.2	自动重试	201
10.3	内存数据库	202
10.4	小结	202

第三篇　ASP.NET Core

第 11 章 快速入门 ... 205

11.1	简介	205
11.2	创建项目	205
11.3	小结	208

第 12 章 公共基础 ... 209

12.1	依赖注入	209
	12.1.1 概述	209
	12.1.2 在控制台应用中使用依赖注入	210
	12.1.3 在 ASP.NET Core 应用中使用依赖注入	214
	12.1.4 EF Core 中的依赖注入	216
	12.1.5 面向切面编程	216
12.2	配置	223
	12.2.1 简介	223
	12.2.2 在控制台应用中使用配置	224
	12.2.3 在 ASP.NET Core 应用中使用配置	224
12.3	选项	226
	12.3.1 简介	226
	12.3.2 具名选项	226
	12.3.3 数据变更同步和变更事件	226
	12.3.4 后期处理	226
	12.3.5 选项验证	226
	12.3.6 选项作用域	227
	12.3.7 在控制台应用中使用选项	227
	12.3.8 在 ASP.NET Core 应用中使用选项	232

- 12.3.9 利用依赖注入的选项 ... 233
- 12.4 日志 ... 234
  - 12.4.1 日志类别 ... 235
  - 12.4.2 严重性级别 ... 235
  - 12.4.3 事件 Id ... 235
  - 12.4.4 消息模板 ... 236
  - 12.4.5 记录异常 ... 236
  - 12.4.6 作用域 ... 236
  - 12.4.7 运行时更改过滤器级别 ... 236
  - 12.4.8 在简单控制台应用中使用日志 ... 236
  - 12.4.9 记录提供程序 ... 237
- 12.5 主机 ... 238
  - 12.5.1 托管服务 ... 238
  - 12.5.2 环境 ... 240
  - 12.5.3 通用主机 ... 240
- 12.6 Web 主机 ... 243
  - 12.6.1 托管到 Windows 服务和 Linux 服务 ... 243
  - 12.6.2 .NET 后台服务 ... 244
- 12.7 中间件和请求处理管道 ... 245
  - 12.7.1 中间件和请求处理管道的关系 ... 245
  - 12.7.2 终端中间件和管道短路 ... 246
  - 12.7.3 中间件的顺序 ... 247
  - 12.7.4 管道分支 ... 248
  - 12.7.5 内置中间件 ... 249
  - 12.7.6 自定义中间件 ... 251
- 12.8 Startup 类 ... 254
  - 12.8.1 基础使用 ... 254
  - 12.8.2 多环境 Startup ... 255
  - 12.8.3 Startup 过滤器 ... 256
  - 12.8.4 .NET 6 新增的最小配置 API ... 258
- 12.9 静态文件 ... 258
  - 12.9.1 基础使用 ... 258
  - 12.9.2 目录浏览 ... 259
  - 12.9.3 静态文件授权 ... 260
- 12.10 动态响应和静态资源压缩 ... 260
  - 12.10.1 动态响应压缩 ... 260
  - 12.10.2 静态资源压缩 ... 261
- 12.11 缓存 ... 261
  - 12.11.1 客户端缓存 ... 261
  - 12.11.2 缓存服务和响应缓存中间件 ... 262

12.11.3　页面数据缓存 ... 264
12.12　流量控制 ... 264
　　12.12.1　请求频率控制 ... 264
　　12.12.2　响应发送速率控制 ... 264
12.13　端点路由 ... 279
　　12.13.1　传统路由回顾 ... 279
　　12.13.2　端点路由简介 ... 279
　　12.13.3　基础使用 ... 280
　　12.13.4　链接生成 ... 280
　　12.13.5　路由模板 ... 281
　　12.13.6　路由约束 ... 281
　　12.13.7　自定义约束 ... 282
　　12.13.8　参数转换器 ... 283
　　12.13.9　自定义端点 ... 284
12.14　发送 HTTP 请求 ... 289
　　12.14.1　基础使用 ... 290
　　12.14.2　请求中间件 ... 293
　　12.14.3　基于策略的处理程序和弹性故障处理 ... 295
　　12.14.4　请求标头传播和分布式链路追踪 ... 297
　　12.14.5　管理和使用 Cookie ... 298
12.15　错误处理 ... 299
12.16　托管和部署 ... 301
12.17　小结 ... 303

第 13 章　身份认证 ... 304
13.1　基础身份认证 ... 304
　　13.1.1　Cookie 认证 ... 304
　　13.1.2　JWT 认证 ... 308
　　13.1.3　自定义身份认证 ... 313
　　13.1.4　接入第三方身份认证服务 ... 314
13.2　ASP.NET Core Identity ... 318
　　13.2.1　基础使用 ... 319
　　13.2.2　自定义用户数据 ... 321
　　13.2.3　账户确认和密码重置 ... 322
　　13.2.4　双因素身份验证和二维码生成 ... 323
　　13.2.5　隐私数据保护 ... 323
13.3　OpenIddict ... 329
　　13.3.1　OpenId Connect（OIDC）和 OAuth 协议简介 ... 329
　　13.3.2　OpenIddict 简介 ... 332
　　13.3.3　基础使用 ... 332
13.4　小结 ... 340

第14章 授权 341
14.1 定义授权策略 341
14.2 配置授权策略 343
14.3 高级功能简介 345
14.3.1 授权策略提供程序 345
14.3.2 自定义授权结果的处理方式 345
14.4 小结 345

第15章 MVC 346
15.1 简介 346
15.1.1 MVC模式 346
15.1.2 ASP.NET Core MVC 347
15.2 模型 347
15.2.1 基础使用 347
15.2.2 自定义数据源 350
15.2.3 特殊数据类型 350
15.2.4 从模型绑定中排除特定类型 350
15.2.5 模型绑定的全球化 350
15.2.6 手动调用模型绑定 351
15.2.7 输入格式化器 351
15.2.8 为输入格式化器自定义特定类型的转换器 352
15.2.9 自定义模型绑定 352
15.2.10 模型验证 355
15.3 控制器和动作 359
15.3.1 基础使用 359
15.3.2 控制器和动作中的依赖注入 360
15.3.3 IActionResult 361
15.4 MVC过滤器 362
15.4.1 简介 362
15.4.2 授权过滤器 364
15.4.3 自定义过滤器 364
15.4.4 依赖注入 366
15.4.5 配置过滤器 367
15.5 视图 368
15.5.1 Razor引擎简介 368
15.5.2 基础Razor语法 368
15.5.3 特殊Razor文件 373
15.5.4 标签助手 374
15.5.5 视图组件 378
15.5.6 客户端模型验证 381
15.5.7 运行时视图编译 386

15.5.8 视图编码 ... 386
15.5.9 视图发现 ... 387
15.6 区域 ... 388
15.7 MVC 路由 ... 389
15.7.1 传统路由 ... 389
15.7.2 特性路由 ... 390
15.7.3 路由参数转换器 ... 391
15.8 应用程序模型 ... 391
15.9 应用程序部件 ... 392
15.10 小结 ... 393

第 16 章 Razor Pages ... 394
16.1 简介 ... 394
16.2 基础使用 ... 395
16.3 页面处理器 ... 396
16.3.1 默认约定 ... 396
16.3.2 相关的 Razor 指令 ... 397
16.3.3 后台代码 ... 398
16.4 模型绑定 ... 398
16.5 Razor Pages 过滤器 ... 399
16.5.1 全局配置 ... 399
16.5.2 重写基类的方法 ... 400
16.5.3 特性配置 ... 400
16.6 Razor Pages 路由 ... 400
16.7 小结 ... 401

第 17 章 Blazor ... 402
17.1 简介 ... 402
17.2 公共基础 ... 403
17.2.1 依赖注入 ... 403
17.2.2 配置 ... 404
17.2.3 启动 ... 405
17.2.4 环境 ... 407
17.2.5 路由 ... 408
17.2.6 错误处理 ... 408
17.3 Razor 组件 ... 410
17.3.1 相关的 Razor 指令 ... 410
17.3.2 后台代码和分部类支持 ... 411
17.3.3 输出原始 HTML ... 412
17.3.4 依赖注入 ... 412
17.3.5 路由和导航 ... 413
17.3.6 组件参数 ... 414

17.3.7 属性展开和任意参数	414
17.3.8 子内容	415
17.3.9 组件和元素引用	416
17.3.10 使用@key 控制是否保留元素和组件	416
17.3.11 Razor 模板	417
17.3.12 模板化组件	417
17.3.13 级联值和参数	419
17.3.14 数据绑定	421
17.3.15 事件处理	423
17.3.16 生命周期	425
17.3.17 组件渲染	427
17.3.18 虚拟滚动组件	428
17.3.19 动态组件	429
17.3.20 表单和验证	429
17.3.21 CSS 隔离	429
17.3.22 常用内置组件简介	430
17.4 服务端预渲染	431
17.4.1 基础使用	431
17.4.2 保持组件状态	434
17.5 布局	437
17.6 发送 HTTP 请求	437
17.7 JavaScript 互操作	437
17.7.1 从.NET 调用 JavaScript	438
17.7.2 从 JavaScript 调用.NET	439
17.8 状态管理	442
17.9 程序集延迟加载	443
17.9.1 基础使用	443
17.9.2 延迟加载的程序集中的可路由组件	444
17.10 渐进式 Web 应用	445
17.10.1 简介	445
17.10.2 启用 PWA 支持	445
17.11 调试	447
17.11.1 准备工作	447
17.11.2 启用调试	448
17.11.3 在浏览器中调试	448
17.12 托管和部署	450
17.12.1 常用发布选项	450
17.12.2 关于应用基地址和在同一个服务端同时托管多个应用的注意事项	451
17.12.3 AOT 编译、IL 裁剪和引用 Native 代码功能简介	462
17.13 小结	463

第 18 章 Razor 类库 ... 464
18.1 简介 ... 464
18.2 静态资源组织 ... 464
18.3 小结 ... 465

第 19 章 Web API ... 466
19.1 基础使用 ... 466
19.1.1 默认约定的 API 控制器 ... 466
19.1.2 Web API 路由 ... 468
19.1.3 模型绑定 ... 468
19.2 API 版本、Open API 和 Swagger ... 469
19.2.1 多版本 API ... 470
19.2.2 Swashbuckle ... 471
19.3 小结 ... 473

第 20 章 远程过程调用 ... 474
20.1 WCF 回顾 ... 474
20.2 gRPC ... 475
20.2.1 PROTO 文件 ... 475
20.2.2 服务端 ... 475
20.2.3 客户端 ... 478
20.2.4 在 Blazor WebAssembly 应用中使用 gRPC-Web 客户端 ... 480
20.3 小结 ... 481

第 21 章 实时通信 ... 482
21.1 早期解决方案回顾 ... 482
21.2 WebSocket 简介 ... 482
21.3 SignalR ... 483
21.3.1 集线器 ... 483
21.3.2 流式连接 ... 490
21.3.3 消息格式协议 ... 492
21.3.4 应用承载力扩展 ... 492
21.3.5 客户端 ... 493
21.4 小结 ... 507

第 22 章 应用安全 ... 508
22.1 数据保护 ... 508
22.1.1 基础使用 ... 508
22.1.2 层次结构 ... 510
22.1.3 时效性数据保护 ... 510
22.2 管理机密 ... 510
22.3 欧盟通用数据保护条例（GDPR）... 511
22.4 防御恶意攻击 ... 512
22.4.1 跨站点请求伪造（XSRF/CSRF）... 513

	22.4.2	开放重定向攻击	514
	22.4.3	跨站点脚本攻击（XSS）	514
22.5	一般安全功能		515
	22.5.1	强制执行HTTPS	515
	22.5.2	HTTP严格传输安全协议（HSTS）	515
	22.5.3	HTTPS和响应压缩	516
	22.5.4	跨域资源共享（CORS）	516
	22.5.5	内容安全策略（CSP）	517
	22.5.6	跨应用共享Cookie	517
22.6	小结		517

第23章 高级功能 518

23.1	全球化和本地化		518
	23.1.1	服务注册和请求管道配置	518
	23.1.2	准备本地化文本	519
	23.1.3	使用本地化服务	520
	23.1.4	准备语言设置界面	522
23.2	GraphQL		523
	23.2.1	服务端	523
	23.2.2	客户端	562
23.3	Elsa		565
	23.3.1	基础概念	565
	23.3.2	搭建Web服务器	566
	23.3.3	简单自动工作流	568
	23.3.4	人机交互工作流	569
23.4	MiniProfiler		572
23.5	小结		573

第24章 其他.NET功能 574

24.1	C/C++互操作		574
	24.1.1	CppSharp简介	574
	24.1.2	基础使用	575
24.2	程序集的动态载入和卸载		578
24.3	小结		580

第四篇 实战演练

第25章 电子商城项目 583

25.1	项目定位		583
25.2	需求分析		584
	25.2.1	统一的身份认证和授权中心	584
	25.2.2	买家的独立网页渲染和业务逻辑服务	584

25.2.3 卖家的店铺、商品和订单管理 ... 584
25.3 架构设计 ... 585
25.4 创建解决方案和 Git 存储库 ... 586
25.4.1 创建解决方案 ... 586
25.4.2 创建 Git 存储库 ... 587
25.5 定义应用域的通用抽象接口 ... 588
25.5.1 实体相关接口 ... 588
25.5.2 仓储相关接口 ... 591
25.5.3 命令和事件相关接口 ... 596
25.6 开发通用基础设施 ... 601
25.6.1 EF Core 仓储 ... 601
25.6.2 MediatR 总线 ... 605
25.7 开发身份认证和授权中心 ... 608
25.7.1 EF Core 扩展 ... 608
25.7.2 Identity 实体和上下文 ... 609
25.7.3 集成 Identity 到 ASP.NET Core 托管网站 ... 621
25.7.4 集成第三方账号登录 ... 624
25.7.5 增加角色管理功能 ... 625
25.7.6 添加 OpenIddict 服务端组件 ... 627
25.8 开发买家商城 ... 633
25.8.1 商城服务实体 ... 633
25.8.2 商城服务 ... 642
25.8.3 商城服务 API 站点 ... 646
25.8.4 商城网站的初步开发 ... 660
25.8.5 订单服务 ... 671
25.8.6 订单服务 API 站点 ... 674
25.8.7 商城网站的购物业务 ... 676
25.9 开发卖家管理中心 ... 681
25.9.1 卖家 API ... 681
25.9.2 卖家管理应用 ... 700
25.10 小结 ... 723

第一篇
.NET 6基础

本篇主要介绍将会在本书经常使用的.NET平台、C#语言和Visual Studio开发环境的常用功能和特性，为之后的学习和实践做好充足的准备。当然，读者也可以先跳过这一部分的全部或部分内容，待后文使用到不了解的地方时再回来阅读相应的章节。

第 1 章

构建.NET 6 开发环境

.NET 平台最早始于 2000 年,是微软因 Java 的版权问题而重新设立的与竞品相似定位的产品。当年微软的 Windows 系统如日中天,因此微软只实现了 Windows 版本,取名为.NET Framework。时过境迁,随着 Windows 在服务器市场的持续失利,迫使微软不得不兑现最初的跨平台承诺。最初的跨平台版本于 2014 年推出,为了既避免让大众联想到是封闭的 Windows 版本从而推高扭转负面形象的难度,又不至于使大众误认为是全新产品,最终取名为.NET Core。

由于初版.NET Core 急于扭转跨平台开发市场的不利局面而匆忙推出,因此只实现了.NET Framework 版的部分功能,影响力有限,但终归是给开发者兑现了诺言,稳住了局面。随着.NET Core 3.0 的发布,功能和 API 基本完备,包括 WinForm 等 Windows 限定的功能也集成了,甚至直接收购了第三方.NET 跨平台实现 Mono 来增强.NET Core。

之后为了摆脱双版本维护的巨大开销,微软决定不再为.NET Framework 添加功能,只进行常规维护,并把版本号冻结在 4.x。如此一来,当初因命名和版本冲突等问题而使用的名字".NET Core"也完成了历史使命,.NET 也正式开始了统一之路。.NET 统一战略后的第一个版本就是.NET 5,因为容易和.NET Framework 4.x 版本产生误解,.NET(Core)4.x 版本被直接跳过。本应完成统一重任的.NET 5 由于新冠疫情的冲击没能完成目标,也就顺势延期到.NET 6。可以说,.NET 6 才是真正实现微软的战略目标的首个版本。

1.1 .NET、.NET Core、.NET Standard 与.NET Framework

.NET 是多义词,在不同场合下有不同的含义,通常用来指代:

- .NET 战略:这是公司和项目规划及实施的综合,包含与之相关的一切组成部分。
- .NET 框架:一个可以在计算机上实际运行的程序产品及其通用基础组件。在.NET 5 发布之前通常是.NET Framework 的简称,现在则指代.NET 5 及之后的版本。

.NET Core 是微软的官方跨平台.NET 框架的实现,仅限指代 1.x~3.x 版本。
.NET Framework 是微软官方的 Windows 专用.NET 框架的实现。
.NET Standard 是随历史遗留问题产生的过渡性解决方案。.NET Core 和.NET Framework 双版本维护导致了.NET 生态碎片化，如果两个框架互不兼容，向新框架迁移的成本会急剧上升，间接导致.NET 战略难以推进。为了把生态碎片化的影响限制在框架内部，.NET Standard 规定了所有.NET 框架必须实现的 API 集合，只要遵照规范开发，生成的文件（仅限类库）就可同时在所有框架中使用。.NET Framework 的 API 已经是既定事实，因此.NET Standard 基本上就是把.NET Framework API 设为标准。由于.NET Framework 不再添加新功能，因此.NET Standard 的历史使命已经完成，最终止步于 2.1 版本（.NET Framework 从 4.6.2 起最高只支持到 2.0）。.NET 5 及更高版本则是.NET Standard 的超集，隐含向后兼容所有的.NET Standard 版本。

1.2 ASP.NET Core 与 ASP.NET

ASP.NET 是.NET Framework 的一种应用开发模型和与之配套的一组基础组件，用于开发 Web 服务应用，托管在 Windows 专用的 IIS（Internet Information Services，互联网信息服务）中。但是 ASP.NET 还不是最上层的应用模型，开发者实际使用的应用模型是更上层的 WCF、WebForm 和 MVC 等，这些顶层模型才是实际上的项目模板对应的应用模型。其他还有 WinForm 和 WPF 等，每种应用开发模型都是在通用基础框架上的特化，专用于特定类型应用的开发。

ASP.NET Core 则是 ASP.NET 的跨平台版本，因为 ASP.NET Core 基于.NET Core 开发，所以使用相似的命名策略。与之类似的还有 Entity Framework 和 Entity Framework Core。

ASP.NET Core 的底层是完全重新实现的，但是在应用层保留了大量 ASP.NET 风格的 API 和约定，因此在开发时可以最大程度地继承从 ASP.NET 中获得的知识和经验。当然这种相似性是把双刃剑，除了能降低开发者的迁移门槛，同样也能导致开发者写出错误的代码而不自知。

ASP.NET Core 在重写底层的同时整合了 ASP.NET 时代的 MVC、Web API 等上层应用模型，曾经割裂的框架如今可以在一个项目中同时使用，虽然在项目模板中仍然是不同的模板，但是可以轻松修改成混合类型的项目。

1.3 其他.NET 应用模型

.NET 是一个全能的框架，几乎能开发所有类型的应用。对于图形界面的客户端应用有 WinForm、WPF 和 Maui 等。其中，WinForm 是对 Windows 系统控件的封装，WPF 是基于 DirectX 的自绘制界面，Maui 则是跨平台的原生控件绑定。Maui 的实现方式也注定了不支持 Linux，因为 Linux 根本没有标准的原生界面控件，不同发行版的图形子系统也千差万别，甚至有没有图形子系统都难说。

对于网络服务而言则有 ASP.NET Core 和其衍生的其他应用模型。MVC 和 Razor Pages 等用于开发普通网站，Web API 和 gRPC 等用于开发应用间交互的 Web 服务，Blazor 用于开发复杂的富客户端应用。

在学习.NET 6 之前，需要先搭建好相应的开发环境。本章将介绍如何安装配置 Visual Studio（简称 VS），并简单介绍解决方案和项目的概念，为接下来的学习做好充分的准备。

1.4 Visual Studio 简介

Visual Studio 是微软为 Windows 开发的集成开发工具，包括代码编辑、调试和项目管理等基本功能，以及源代码版本管理、软件测试、项目构建和发布等软件生命周期管理所需的大部分功能。本书后文多以 VS 缩写指代 Visual Studio。

从.NET Core 发布开始，Visual Studio 也开始了跨平台战略。从 Visual Studio 2019 开始提供 MacOS 版，虽然没有提供 Linux 版，但微软提供了 Visual Studio Code 和相应的远程开发与调试扩展用于进行 Linux 平台应用的开发。

为了适应现代应用开发的需求，Visual Studio 2022 提供了使用第三方平台和工具进行项目管理的功能，可以更好地融入现代化应用混合开发的趋势。

1.5 安装 Visual Studio

本书中的所有操作都以 Windows 平台为例进行演示，演示安装版本为 17.x（2022）。

1. 系统及硬件要求

安装 Visual Studio 的操作系统及硬件要求如下：

- 操作系统：Windows 7 SP1 及以上版本，推荐 Windows 10 x64。
- CPU：双核 1GHz 及以上，推荐 4 核 2GHz 及以上。Visual Studio 在编辑源代码的时候需要占用大量 CPU 计算资源用于提供智能提示和实时源代码分析。
- 内存：至少 2GB，推荐 4GB 以上。VS 2022 是 64 位应用，能利用大量内存管理复杂的项目。
- 硬盘：至少 20GB，推荐预留至少 50GB，如果完全安装所有功能则需要预留至少 200GB。

2. 下载 Visual Studio 2022

访问 Visual Studio 官方网站，选择可以免费使用的社区版（Community），单击"免费下载"按钮就会开始下载安装程序，如图 1-1 所示。如果读者拥有专业版或企业版授权，也可以下载相应版本的安装程序。

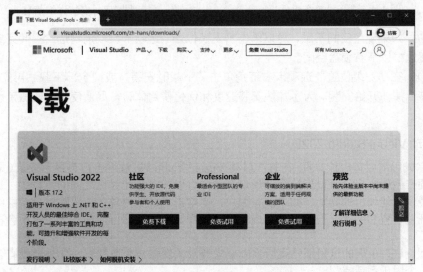

图 1-1　Visual Studio 的下载站点

3. 安装 Visual Studio 2022

安装 Visual Studio 2022 很简单，一步一步地按照提示操作即可完成安装。具体步骤如下：

步骤 01 运行安装程序,在打开的提示页面中单击"继续"按钮,如图1-2所示。

步骤 02 单击"工作负载"选项卡,在"Web 和云"区域勾选"WASP.NET 和 Web 开发"复选框(必选),在"桌面应用和移动应用"区域勾选".NET 桌面开发"复选框(推荐),如图1-3所示。

图1-2 启动安装程序

图1-3 选择"工作负载"

步骤 03 单击"单个组件"选项卡,在"代码工具"区域勾选"适用于 Visual Studio 的 GitHub 扩展"复选框(必选)和"适用于 Windows 的 Git"复选框(推荐),如图1-4所示。

选择完成后的安装详细信息如图1-5所示。

图1-4 选择"单个组件"

图1-5 安装详细信息

步骤 04 如果硬盘空间不足,可以单击"安装位置"选项卡,取消勾选"安装完成后保留下载缓存"复选框以节省硬盘空间。

步骤 05 在"安装位置"选项卡右下角单击"下载时安装"或"全部下载后再安装",最后单击"安装"按钮开始安装。为了加快安装速度和优化使用体验,尽量使用高速宽带和固态硬盘进行安装。

4. 启动 Visual Studio 2022

安装完成后需要重启计算机,在首次启动 Visual Studio 时,欢迎窗口会提示登录(见图1-6),如果已经拥有微软账户,可以直接登录账户,这样可以在多台计算机之间同步设置,也可以使用部分需要登录才能使用的功能。如果没有账户,则单击"以后再说"按钮跳过登录继续使用。接下来选择开发设置和主题,一般选择常规即可,选择好主题后即可启动,之后将不会再出现欢迎界面。

社区版会在30天的试用期结束后强制要求登录微软账户获取授权。如果还没有微软账户,可以注册一个用于激活授权。

Visual Studio 2022 的启动界面如图1-7所示,在启动界面中可以打开最近使用的内容,或者从 GitHub 或其他远程仓库克隆项目,打开解决方案或新建项目。同时为了配合跨平台混合开发,Visual Studio 2022 还可以直接打开本地文件夹或者直接打开空的主界面。

图 1-6 Visual Studio 欢迎界面

图 1-7 Visual Studio2022 启动界面

使用以上选项安装 Visual Studio 2022 时，会附带安装 Node.js，但是不能正常使用命令行调用。为此，可以进行一些手动配置，避免重复安装，节省一些硬盘空间。例如在默认位置安装社区版时，Node.js 位于 C:\Program Files (x86)\Microsoft Visual Studio\2022\Community\MSBuild\Microsoft\VisualStudio\NodeJs，把这个路径添加到系统变量 Path 中就可以正常使用命令行调用了。如果需要开发 Node.js 应用，推荐单击"工作负载"选项卡，在"Web 和云"区域勾选"Node.js 开发"复选框，或单独搭建开发环境。

适用于 Windows 的 Git 是命令行工具，如果使用不习惯，可以下载安装 GitHub Desktop 辅助使用。这个应用的稳定性比 Visual Studio 好，在扩展出现问题时应急使用也很方便，但是其不支持中文是个遗憾。

1.6 小　　结

本章主要介绍了 Visual Studio 2022 平台及其安装方法，为接下来的学习实践打下良好的基础。下一章就要在本章搭建的 Visual Studio 环境下来学习和理解解决方案和项目。

第 2 章

Visual Studio 的解决方案和项目

本章将简单介绍 Visual Studio 的解决方案和项目的结构及组成。学习和掌握 Visual Studio 项目管理的主要方式，对本书接下来的学习和读者在今后的项目开发中都大有裨益。

2.1 解决方案和项目简介

解决方案是用于集中统一管理一组具有相关性的项目的 VS（Visual Studio）工程结构。有时一个复杂的工程无法在一个项目中完成编写，需要分解为多个项目，为了方便管理这个工程的多个项目，便产生了解决方案。一个解决方案对应一个 SLN 文件，它是一个文本文件，包含一组描述解决方案对应的 VS 版本和所管理项目的相关信息的文本。新建项目时默认会同时新建一个解决方案，可见 VS 的工程管理是以解决方案为基础进行的。同一个解决方案的项目一般会放在 SLN 文件所在的文件夹中，以便于源代码版本管理工具进行管理。

项目是一组具有紧密关联的代码和相关资源的集合，也是编译生成的基本单位。一个项目会被编译为一个程序集（DLL）或应用程序（EXE）。一个项目对应一个 csproj 文件，它是一个 XML 文本文件，包含一组描述项目类型、项目信息、所包含的代码和相关资源的一系列 XML 节点。在.NET Core 1.x 时期，也有使用 JSON 文件进行描述的项目。但现在默认使用 csproj 文件，官方文档也以 csproj 文件为主。同一个项目的相关文件一般会放在 csproj 文件所在的文件夹中。

2.2 创建解决方案和项目

本节主要介绍解决方案和项目的创建方法，并通过实际操作演示如何创建解决方案和项目。

2.2.1 创建方法

创建解决方案和项目主要有以下两种方法：

- 新建空白解决方案：使用这种方法可以创建一个没有项目的空白解决方案，之后可以继续创建项目。实际上相当于创建一个以解决方案命名的文件夹,然后在文件夹中创建一个以解决方案命名的 SLN 文件。
- 新建项目时让 Visual Studio 自动创建一个解决方案:默认情况下相当于创建空白解决方案,之后继续用解决方案名称创建一个同名项目放到解决方案文件夹中。

2.2.2 操作演示和说明

1. 创建解决方案和项目

下面将实际操作如何创建解决方案和项目,具体步骤如下:

步骤 01 打开 Visual Studio 2022,单击"创建新项目"选项或"继续但无需代码"文字链接(见图 2-1),然后依次单击"文件"→"新建"→"项目"命令(见图 2-2)。

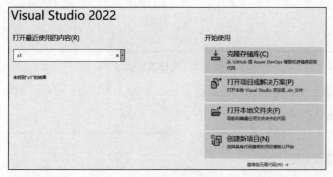

图 2-1　启动窗口

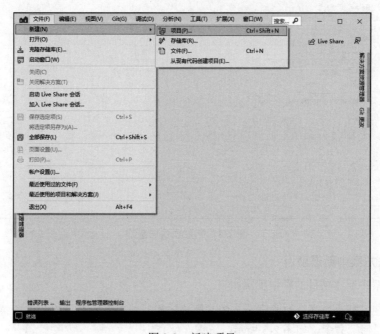

图 2-2　新建项目

步骤 02 选择项目类型(以"控制台应用"为例),并单击"下一步"按钮,如图 2-3 所示。

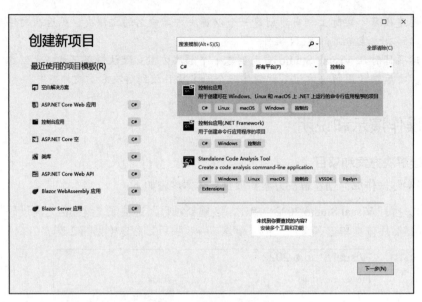

图 2-3　选择项目类型

步骤03 编辑项目名称和解决方案名称，然后单击"下一步"按钮，项目和对应的解决方案将同时创建完成，如图 2-4 所示。

图 2-4　配置项目信息

2. 在解决方案中新建项目

在解决方案中新建项目的操作步骤如下：

步骤01 在"解决方案资源管理器"的"解决方案"处右击，在弹出的快捷菜单中选择"添加"→"新建项目"命令，如图 2-5 所示。

步骤02 选择项目类型（以"类库"为例），并单击"下一步"按钮，如图 2-6 所示。

步骤03 编辑项目名称，然后单击"下一步"按钮，如图 2-7 所示。

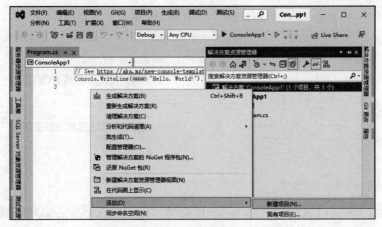

图 2-5 新建项目

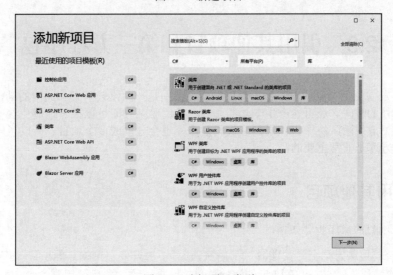

图 2-6 选择项目类型

图 2-7 配置项目信息

最后出现如图 2-8 所示的窗口，表示在解决方案中完成了项目的新建。

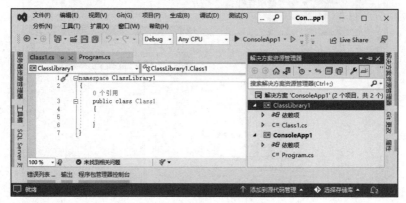

图 2-8　完成项目的新建

2.3　引用其他项目和第三方程序包

在应用开发中免不了要使用其他人写好的库，特别是一些比较基础和通用的功能，自己实现不仅要消耗额外的时间，还可能产生未知的 bug。使用第三方库可以很好地避免这些问题。一个复杂的项目为了方便团队协作和积累基础代码财产，也会分割成多个项目。所以了解如何引用其他项目和第三方库是非常重要的。

2.3.1　引用其他项目

引用其他项目的操作步骤如下：

步骤 01　在"解决方案资源管理器"的"解决方案"下展开要引用的其他项目（以"ConsoleApp1"为例），在"依赖项"处右击，在弹出的快捷菜单中选择"添加项目引用"命令，如图 2-9 所示。

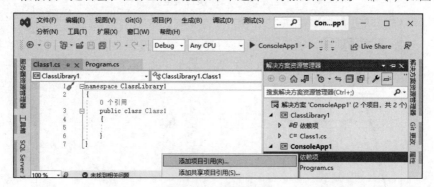

图 2-9　添加项目引用

步骤 02　在"引用管理器"窗口中勾选要引用的项目"ClassLibrary1"，然后单击"确定"按钮，如图 2-10 所示。

第 2 章　Visual Studio 的解决方案和项目 | 13

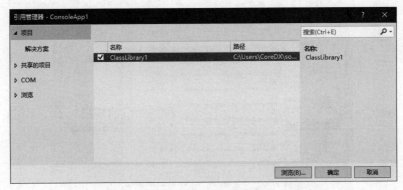

图 2-10　选择项目

步骤 03 引用完成后在主项目（这里是"ConsoleApp1"）→"依赖项"→"项目"中就可以看到引用的其他项目了，如图 2-11 所示。

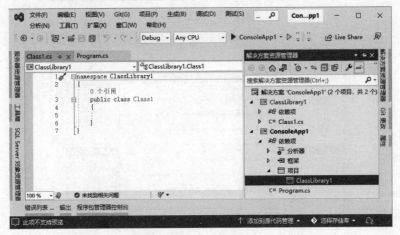

图 2-11　完成项目引用

2.3.2　引用第三方程序包

1. 使用包管理器进行引用

使用包管理器引用第三方程序包的操作步骤如下：

步骤 01 在"解决方案资源管理器"的"解决方案"下展开要引用的第三方库的项目（以"ConsoleApp1"为例），在"依赖项"处右击，在弹出的快捷菜单中选择"管理 NuGet 程序包"，在"浏览"标签搜索要引用的库（以 Microsoft.EntityFrameworkCore.SqlServer 为例），在右侧选择要安装的版本并单击"安装"按钮，如图 2-12 所示。

步骤 02 在确定无误后单击"确定"按钮，弹出"接受许可证"对话框，如果库要求同意许可证，在确定无误后单击"I Accept"按钮完成安装，如图 2-13 所示。

步骤 03 之后在主项目（这里是"ConsoleApp1"）→"依赖项"→"包"中可以看到引用的第三方库，如图 2-14 所示。

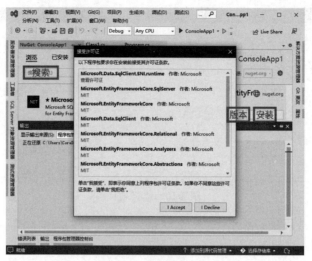

图 2-12　添加程序包

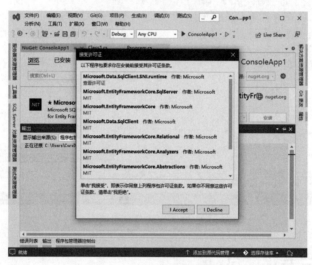

图 2-13　接受许可证条款

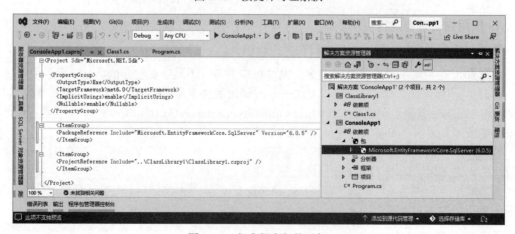

图 2-14　完成程序包的添加

2. 使用包管理控制台进行引用

除了使用包管理器进行引用之外，还能使用包管理控制台引用第三方程序包，操作步骤如下：

步骤 01 依次单击菜单栏的"工具"→"NuGet 包管理器"→"程序包管理器控制台"命令，打开程序包管理器控制台，如图 2-15 所示。

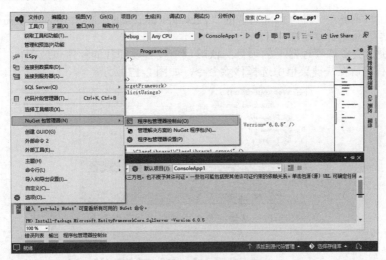

图 2-15　打开程序包管理控制台

步骤 02 由于控制台无法方便地搜索包，因此需要访问 NuGet 的网页来搜索包。还是以 Microsoft.EntityFrameworkCore.SqlServer 为例（见图 2-16），找到包后复制"Package Manager"标签下的命令（右侧有快捷复制按钮），然后粘贴到控制台运行就可以安装，并且这种安装方式不会弹出预览和许可证同意窗口。

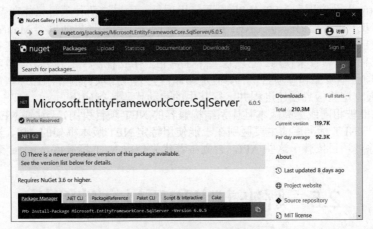

图 2-16　NuGet 包详情

知识补充

.NET CLI 标签是为使用 VS Code 或其他工具进行开发准备的。Package Reference 标签可以将内容粘贴到项目文件进行安装，是所有方法中对外部工具依赖程度最低的，只需要一个普通的文本编辑器就能完成。Paket CLI 是第三方包管理工具，微软并不维护，所以可能出现问题，也是使用频率最低的方法。

2.3.3 卸载程序包和项目引用

开发项目时可能需要卸载引用,例如调整引用关系或更换成相同功能的其他程序包。卸载引用有如下两种简单且常用的方法:

1) 从项目的 csproj 文件中删除对应的"PackageReference"或"ProjectReference"节。有关 csproj 文件的详细介绍请参阅 2.5.2 节。

2) 在解决方案资源管理器下的项目的依赖项中找到要卸载的程序包或项目,单击选中后按 Delete 键或者右击后在快捷菜单中选择移除命令,如图 2-17 所示。

图 2-17 从快捷菜单中选择"移除"命令

2.4 .NET 主要项目类型

.NET 项目主要有:控制台应用(Console App)、ASP.NET Core Web 应用、.NET 标准库(.NET Standard Library)、.NET 库(.NET Library)等几种。其中.NET 标准库 2.0 版本可以在.NET Framework 4.6.2 或更高版本的项目中使用,是泛用性较好的.NET 项目类型。从.NET Core 3.0 开始,又增加了.NET WinForm 桌面应用和.NET WPF 桌面应用项目,不过这两种项目只能在 Windows 系统中运行,不具备.NET 跨平台的能力。.NET 6 推出了新的跨平台图形界面框架 Maui。

.NET 库项目由.NET 类和其他嵌入式资源组成,这些类无法直接在系统中运行,只能直接或间接地通过.NET 应用项目来使用。它就像一个工具箱,存放着各种工具类,等待着应用项目去使用。.NET 应用项目本质上和库项目一样,但是编译器会为应用项目额外添加一些启动信息,.NET 在运行时可以根据这些信息创建进程并运行其中的启动代码运行应用。

.NET 库只能被相同或更高版本且体系结构兼容的.NET 项目引用,无法在.NET Framework 中使用。.NET 库与.NET 标准库的主要区别在于能使用特定.NET 版本框架的 API,这也是其兼容性较差的原因。除非项目依赖于这些 API,否则推荐优先使用.NET 标准库。

2.5 解决方案和项目文件解析

本节主要对解决方案文件和项目文件的内容进行解析。

2.5.1 解决方案文件

如下是前面操作演示的解决方案文件:

```
1. Microsoft Visual Studio Solution File, Format Version 12.00
```

```
2.  # Visual Studio Version 16
3.  VisualStudioVersion = 16.0.30204.135
4.  MinimumVisualStudioVersion = 10.0.40219.1
5.  Project("{FAE04EC0-301F-11D3-BF4B-00C04F79EFBC}") = "ConsoleApp1",
    "ConsoleApp1\ConsoleApp1.csproj", "{CE79EB55-414C-4BA2-A854-981EBE0DF111}"
6.  EndProject
7.  Project("{FAE04EC0-301F-11D3-BF4B-00C04F79EFBC}") = "ClassLibrary1",
    "ClassLibrary1\ClassLibrary1.csproj", "{0B255C08-B8D0-4A7C-A573-2DAEF6DFE0E6}"
8.  EndProject
9.  Global
10.     GlobalSection(SolutionConfigurationPlatforms) = preSolution
11.        Debug|Any CPU = Debug|Any CPU
12.        Release|Any CPU = Release|Any CPU
13.     EndGlobalSection
14.     GlobalSection(ProjectConfigurationPlatforms) = postSolution
15.        {CE79EB55-414C-4BA2-A854-981EBE0DF111}.Debug|Any CPU.ActiveCfg = Debug|Any
           CPU
16.        {CE79EB55-414C-4BA2-A854-981EBE0DF111}.Debug|Any CPU.Build.0 = Debug|Any
           CPU
17.        {CE79EB55-414C-4BA2-A854-981EBE0DF111}.Release|Any CPU.ActiveCfg =
           Release|Any CPU
18.        {CE79EB55-414C-4BA2-A854-981EBE0DF111}.Release|Any CPU.Build.0 =
           Release|Any CPU
19.        {0B255C08-B8D0-4A7C-A573-2DAEF6DFE0E6}.Debug|Any CPU.ActiveCfg = Debug|Any
           CPU
20.        {0B255C08-B8D0-4A7C-A573-2DAEF6DFE0E6}.Debug|Any CPU.Build.0 = Debug|Any
           CPU
21.        {0B255C08-B8D0-4A7C-A573-2DAEF6DFE0E6}.Release|Any CPU.ActiveCfg =
           Release|Any CPU
22.        {0B255C08-B8D0-4A7C-A573-2DAEF6DFE0E6}.Release|Any CPU.Build.0 =
           Release|Any CPU
23.     EndGlobalSection
24.     GlobalSection(SolutionProperties) = preSolution
25.        HideSolutionNode = FALSE
26.     EndGlobalSection
27.     GlobalSection(ExtensibilityGlobals) = postSolution
28.        SolutionGuid = {AEF70734-5FAB-4CD7-9A5B-B6AF29227DC1}
29.     EndGlobalSection
30. EndGlobal
```

此解决方案文件解析如下：

1）第 1~4 行说明了解决方案文件版本、创建解决方案的 VS 版本、能够打开解决方案的最低 VS 版本。

2）第 5~8 行说明了解决方案包含的项目名称、以解决方案文件为基础的项目文件的相对路径。如果在项目开发途中整理解决方案时调整了项目位置，可以在这里修改项目文件路径，避免解决方案找不到项目。

3）第 9 行至结束说明了解决方案的一些全局配置，如非必要请不要修改这些内容。

2.5.2 项目文件

如下是前面操作演示的项目文件：

```
1. <Project Sdk="Microsoft.NET.Sdk">
2.
3.   <PropertyGroup>
4.     <OutputType>Exe</OutputType>
5.     <TargetFramework>net6.0</TargetFramework>
6.   </PropertyGroup>
7.
8.   <ItemGroup>
9.     <PackageReference Include=" Microsoft.EntityFrameworkCore.SqlServer " Version=
```

```
             "6.0.5" />
 10.     </ItemGroup>
 11.
 12.     <ItemGroup>
 13.       <ProjectReference Include="..\ClassLibrary1\ClassLibrary1.csproj" />
 14.     </ItemGroup>
 15.
 16.</Project>
```

此项目文件解析如下:

1) Project 节为根节点,并使用 Sdk 属性指定要使用的 Sdk 类型。这种新式项目文件默认把该文件夹内的所有文件视为项目文件,除非显式设置为排除项,因此非常简洁。

2) PropertyGroup 节定义项目基础配置,包含大量可用的子节点,默认包含了项目输出类型和项目目标框架。这是必须存在的节,否则项目无法使用。

3) ItemGroup 节可以没有或存在多个,该节定义项目中的各种细节,此处包含了引用的其他项目和第三方库信息。

大多数常用项目信息都可以使用项目属性页编辑,但也有大量只能直接编辑的节,这些信息能指导项目从开发到发布的各种工作。随着学习的深入和项目复杂度的增加,需要直接编辑项目文件的情况也会更频繁。访问微软官方文档可以深入了解各种细节。

2.6 小　　结

本章主要介绍了如何使用 Visual Studio 创建、管理解决方案和项目,简单了解了解决方案和项目文件的主要内容。将来的学习和实践都要用到本章学到的知识,随着项目复杂度的增加,遇到无法用可视化管理工具编辑的内容的概率也会增加,访问微软官方文档进行一定程度的学习,对将来遇到问题时寻找解决方案和查阅相关资料都很有帮助。

第 3 章

C#发展史

本章会以C#的发展历史为线索，简单介绍C#的语言功能，并和C/C++、Java等常见C系语言进行对比，方便C/C++和Java开发者快速熟悉C#语言的主要功能和基本用法。如果希望深入学习C#，推荐查阅专门介绍C#语言的资料。

3.1 简 介

.NET平台是基于IL中间语言的应用运行环境，面向对象语言C#是平台的主要开发语言。除此之外还有同样面向对象的Visual Basic.NET（简称VB.NET）、C++/CLI和函数式语言F#。VB.NET由于和C#的重合度太高，逐渐被边缘化了；C++/CLI主要用于和原生C++交互，在.NET平台中仅支持Windows系统；F#作为新生语言，由于其设计理念和C#差异巨大，因此推广度较低。

C#和.NET平台本来是微软为了与Java平台竞争而打造的，却因为微软的一系列决策失误而始终处于下风。也许是因为诞生较晚的缘故，C#在设计时充分总结了Java的经验教训，解决了大量Java的基本设计缺陷。本着为一线开发者谋实惠的宗旨，C#设计了大量能减轻开发者的编写负担、容易理解且安全高效的实用功能。为了尽可能降低因安全措施导致性能大幅下降的影响，C#还在有限的情况下保留了C/C++语言的部分语法和功能。到了.NET时代，微软依然在运行时（Runtime）和语言两边同时进行着优化。

本章将以C#的发展历史为脉络，介绍C#的语言功能，并与C/C++和Java语言进行对比，方便C和Java开发者通过自己熟悉的语言快速了解C#。

3.2 C# 1.0

随着Java的发布，软件公司和开发者开始感受到基于虚拟机的托管语言所带来的好处，微软也不甘示弱，在2002年发布了.NET Framework平台和C#。作为一切的开始，微软无疑为C#开了个好头，提供了完整的基础面向对象支持。

3.2.1 类、结构体和联合体

1．类和结构体

类和结构体是从 C/C++继承的功能，结构体从 C 语言开始就作为供开发者自定义数据结构的基本功能出现，在 C++中升级为了面向对象的类。C++的类和结构体并没有明确的概念和功能上的差别，也许 Java 认为结构体和类同时存在除了引起误会并没有什么建设性作用，因此删除了结构体这个概念，只保留了类。微软在经过一番思索后发现了能够有效利用这两个概念的方法，因此保留了类和结构体。

Java 和 C#都有一套完善的类型系统，所有的类型都是直接或间接地由 Object 派生而来。但不知为何 Java 却在其中留了一道口子，就是基元类型。基元类型基本代表了在 C/C++中由编译器和 CPU 直接支持的原始类型，而这些类型却不属于类型系统。为了解决这个问题，Java 又设计了一套包装类型。这就让人很迷惑，类型系统是 Java 的根基，但作为其中的基石的基元类型居然和类型系统不兼容，这也在后来为 Java 带来了更多的麻烦。当然这些麻烦最终都转嫁到开发者手上，让开发者在编码时束手束脚。

反观 C#却巧妙地利用了类和结构体完成了没有内生矛盾的完美的类型系统，一切类型都是 Object 的后代，包括基本数据类型。在 C#的设计中，基本类型的继承路径是 System.Object→System.ValueType→各种基本类型。ValueType 禁止使用常规语法继承，并且其子类是强制封闭的，禁止继续继承。这时结构体就派上用场了，结构体就是隐式继承了 ValueType 的封闭类型，基本数据类型就是由.NET 预定义的结构体。由于.NET 的特殊照顾，裸结构体是直接在线程栈上分配的免回收类型，拥有极高的性能。也因为在栈上的分配必须静态确定其占用的内存空间并直接分配，因此结构体禁止赋值为 null。由于结构体的复制策略是深拷贝，因此在方法之间作为参数传递时传递的是完整的独立副本，互不影响，和普通类的引用拷贝形成了鲜明的对比。为了保持和 Object 的完整兼容性，.NET 还特地为结构体准备了自动装箱和拆箱。装箱即是指在显式或隐式转换为 Object 类型的时候运行时自动在托管堆上分配对象内存并把值复制到对象中；拆箱即是指在显式或隐式转换回原类型时自动在线程栈上分配内存并把值从托管堆复制到栈上。托管堆中的对象占用的内存一般比线程栈上的大，因为堆对象占用的内存除了基本值所需内存之外还包含类型对象指针和同步块索引（C#的 lock 同步锁语句块就是依靠同步块索引实现的）等额外信息，而栈上的结构体实例只占用基本值所需的内存。经过这些周密的设计，C#拥有了完美自洽的类型系统，类和结构体也拥有了明显的功能区分。

在 C++中有一个被称为友元类的功能，友元类之间允许相互访问对方的私有成员，这在一定程度上破坏了类的封装性，因此 Java 和 C#都删除了这个功能。不过 C#却有一个被称为友元程序集的功能，友元程序集的类之间允许互相访问对方的内部（internal）成员，这在编写单元测试时经常用到。由于 C#和 Java 都是托管语言，因此都可以通过反射彻底绕过成员访问保护机制，C/C++也可以通过万能的指针绕过编译器保护。

C#、C、C++、Java 的类和结构体的示例代码如下所示。

（1）C#

```
1.  // 结构体
2.  public struct Point2D
3.  {
4.      public double x;
5.      public double y;
6.  }
7.
8.  // 类
9.  public class Point3D
10. {
11.     public double x;
```

```
12.    public double y;
13.    public double z;
14. }
15.
16. // 抽象类
17. public abstract class MyClass
18. {
19.    public abstract void Method1();
20.    public virtual void Method2() { }
21. }
```

（2）C

```
1. typedef struct {
2.     double x;
3.     double y;
4. } Point2D;
```

（3）C++

① CPoint3D.h

```
1. #pragma once
2.
3. class CPoint3D
4. {
5.    public:
6.        double x;
7.        double y;
8.        double z;
9. };
10.
11. class CMyClass
12. {
13.    public:
14.        virtual void Method1() = 0;
15.        virtual void Method2();
16. };
```

② CPoint3D.cpp

```
1. #include "CPoint3D.h"
2.
3. void CMyClass::Method2() { }
```

（4）Java

```
1. public class Point3D {
2.     public double x;
3.     public double y;
4.     public double z;
5. }
6.
7. public abstract class MyClass{
8.     public abstract void method1();
9.     public void method2(){ }
10. }
```

2. 联合体

在 C 语言中有一种独特的数据结构叫作联合体，它的特点是所有数据成员共享内存空间，并且同一时刻最多只有一个成员处于可用状态。这种数据类型的诞生主要是因为 C 语言刚面世的时候计算机的内存还比较小，需要尽量节约使用内存。C#和 Java 诞生的年代内存不再紧缺，因此并不支持这种数据类型。但是 C#为了兼容和 C 语言的互操作，从.NET Framework 1.1 开始支持通过特殊方式模拟联合体。

> **注　意**
>
> C#在模拟联合体时，如果其中有类类型的成员，可能在运行时引发异常，因此在模拟联合体时一般只用结构体类型的成员，当然，虽然读取非激活状态的成员不会引发异常，但是仍然可能读取到错误的值。在 C 语言的联合体中通常也只使用基本数据类型。C 和 C#都没有办法在编译时分析出哪个成员处于激活状态，只能靠开发者保持头脑清醒和谨慎。

C 的联合体和 C#的模拟联合体示例代码分别如下所示。

（1）C

```
1. typedef union {
2.     int x;
3.     float y;
4.     double z;
5. } MyUnion;
```

（2）C#

```
1. using System.Runtime.InteropServices;
2.
3. namespace Example
4. {
5.     // 手动定义结构体布局，占用 8 字节空间
6.     [StructLayout(LayoutKind.Explicit, Size = 8)]
7.     public struct MyUnion
8.     {
9.         // 字段偏移量为 0，实际占用 4 字节，剩下 4 字节不使用
10.        [FieldOffset(0)]
11.        public int x;
12.
13.        // 字段偏移量为 0，实际占用 4 字节，剩下 4 字节不使用
14.        [FieldOffset(0)]
15.        public float y;
16.
17.        // 字段偏移量为 0，刚好用完 8 个字节
18.        [FieldOffset(0)]
19.        public double z;
20.    }
21. }
```

C#使用结构体模拟联合体时，StructLayout 特性可以告知运行时（Runtime）开发者要手动定义结构体的内存布局，其中字段的 FieldOffset 特性告知运行时这个字段在对象中的内存偏移量，示例中全部指定为 0 就表示所有成员共享相同的内存空间。示例中的各个字段所需的内存空间不尽相同，因此当需求内存较小的成员处于激活状态时，多余的内存会处于空闲状态。

3.2.2　接口

接口是从 C++开始出现的概念，用来表示不相关的类能拥有的共同特征。由于 C++支持类的多重继承，因此直接用纯抽象类和纯虚函数来实现接口的功能，并且 C++中没有 abstract 和 interface 关键字，是否是接口完全看类的定义是否符合接口规范。C#和 Java 都增加了专门的关键字来表达相应的概念。在 C#和 Java 中，类只允许单继承且抽象类能够包含非抽象成员，接口可以多重实现但不允许包含具体定义，这样它们就变成了不可互相替代的功能。后来 Java 为接口添加了默认实现功能，隐约有了多重继承的功能，而 C#也在 8.0 版跟进了这一功能。

在 C#中，实现接口的方式分为隐式实现和显式实现。隐式实现就是直接在类中定义和接口声明相同的方法，隐式实现可以直接在对象上调用。显式实现需要在方法名前包含接口名，且不

能使用访问修饰符，显式实现必须先把对象转换为接口类型才能调用。一个类可以同时定义隐式实现和显式实现。显式接口实现通常在多个接口有签名冲突的方法时使用。

使用 C#、C++、Java 实现接口的示例代码如下所示。

（1）C#

```
1. public interface IMyInterface
2. {
3.     void MyMethod();
4.     int MyProperty { get; set; }
5. }
```

（2）C++

① IMyInterface.h

```
1.  #pragma once
2.  class IMyInterface
3.  {
4.  public:
5.      IMyInterface() { };
6.      virtual ~IMyInterface() = 0 { };
7.      virtual void MyMethod() = 0;
8.      virtual int GetMyProperty() = 0;
9.      virtual void SetMyProperty(int value) = 0;
10. };
```

② IMyInterface.cpp

```
1. #include "IMyInterface.h"
```

（3）Java

```
1. package com.example.coredx.practice;
2.
3. public interface IMyInterface {
4.     void myMethod();
5.     int getMyProperty();
6.     void setMyProperty(int value);
7. }
```

3.2.3 属性

属性（Property）是 C#的独创功能，虽然属性在本质上就是方法（在 C 语言中称为函数），但却是拥有严格限制和特殊语法的方法。这正是从 Java 吸取的一个经验教训。属性源于面向对象的封装性，意指类的字段（有时在 C++中也被称为属性）不应该直接暴露到外部，要保持私有，应该由可以进行安全检查或其他额外处理的公共方法间接暴露到外部。因此，提供字段值的 get 方法应该没有参数且返回类型和字段类型相同，修改字段值的 set 方法应该有一个和字段相同类型的参数且没有返回值。

例如，要定义一个三角形类，三角形的三边长度存储在三个私有的数字字段中，就应该用属性对外提供访问渠道，因为三角形的边长是不能随意设置的，首先必须是正数，其次必须满足任意两边之和大于第三边，属性就能在赋值时提供相应的验证。另外三角形应该有周长属性，但周长实际是由三个边长间接算出来的，并不保存在字段中，除非要进行缓存避免重复计算，那缓存的失效和刷新就变成另一个要解决的问题了。这个时候，只读属性可以提供间接计算的功能并且和普通字段有相同的语法外观，用户也不必关心属性是从存储数据的字段中取出来的还是临时计算出来的。

经验丰富的 Java 开发者一定知道 Lombok 这个大名鼎鼎的插件，使用这个插件可以在编译时自动为私有字段生成公共的 get 和 set 方法。但是这个插件有传染性，一个团队只要有一人使用，其他人就只能跟进，而且生成的代码对调试不够友好。C#则直接将属性变成语言本身的功能，并为其设计了专门的语法,后来又经过几次改进最终变成现在的样子。属性也彻底解决了 Java 的这一问题。C++也没有属性的概念,因此 C++的基本解决方法和 Java 差不多,都是手动定义相应的访问函数。

使用 C#、C++、Java 定义一个三角形类的代码如下所示。

(1) C#

```
1.  using System;
2.
3.  namespace Example
4.  {
5.      public class Triangle
6.      {
7.          private double _a;
8.          private double _b;
9.          private double _c;
10.
11.         public Triangle(double a, double b, double c)
12.         {
13.             if (!Validate(a, b, c)) throw new ArgumentException("三边长不满足三角形的
                    规则。");
14.
15.             _a = a;
16.             _b = b;
17.             _c = c;
18.         }
19.
20.         public double A
21.         {
22.             get { return _a; }
23.             set { if (Validate(value, _b, _c)) _a = value; }
24.         }
25.
26.         public double B
27.         {
28.             get { return _b; }
29.             set { if (Validate(_a, value, _c)) _b = value; }
30.         }
31.
32.         public double C
33.         {
34.             get { return _c; }
35.             set { if (Validate(_a, _b, value)) _c = value; }
36.         }
37.
38.         public double Perimeter
39.         {
40.             get { return _a + _b + _c; }
41.         }
42.
43.         private bool Validate(double a, double b, double c)
44.         {
45.             return (a > 0 && b > 0 && c > 0)
46.                 && (a + b > c && a + c > b && b + c > a);
47.         }
48.     }
49. }
```

在 C#的 set 访问器中,使用隐式参数关键字 value 表示属性赋值时的参数。

(2) C++

① CTriangle.h

```
1.  #pragma once
2.  class CTriangle
```

```cpp
3.  {
4.      private:
5.          double _a;
6.          double _b;
7.          double _c;
8.
9.          bool Validate(double a, double b, double c);
10.
11.     public:
12.         CTriangle(double a, double b, double c);
13.         double GetA();
14.         void SetA(double a);
15.         double GetB();
16.         void SetB(double b);
17.         double GetC();
18.         void SetC(double c);
19.         double GetPerimeter();
20. };
```

② CTriangle.cpp

```cpp
1.  #include "CTriangle.h"
2.  #include <stdexcept>
3.
4.  using namespace std;
5.
6.  bool CTriangle::Validate(double a, double b, double c)
7.  {
8.      return (a > 0 && b > 0 && c > 0)
9.          && (a + b > c && a + c > b && b + c > a);
10. }
11.
12. CTriangle::CTriangle(double a, double b, double c)
13. {
14.     if (!Validate(a, b, c)) throw invalid_argument("三边长不满足三角形的规则。");
15.
16.     _a = a;
17.     _b = b;
18.     _c = c;
19. }
20.
21. double CTriangle::GetA()
22. {
23.     return _a;
24. }
25.
26. void CTriangle::SetA(double a)
27. {
28.     if (Validate(a, _b, _c)) _a = a;
29. }
30.
31. double CTriangle::GetB()
32. {
33.     return _b;
34. }
35.
36. void CTriangle::SetB(double b)
37. {
38.     if (Validate(_a, b, _c)) _b = b;
39. }
40.
41. double CTriangle::GetC()
42. {
43.     return _c;
44. }
45.
46. void CTriangle::SetC(double c)
```

```
47.    {
48.        if (Validate(_a, _b, c)) _c = c;
49.    }
50.
51.    double CTriangle::GetPerimeter()
52.    {
53.        return _a + _b + _c;
54.    }
```

（3）Java

```
1.   package com.example.coredx.practice;
2.
3.   public class Triangle {
4.       private double _a;
5.       private double _b;
6.       private double _c;
7.
8.       public Triangle(double a, double b, double c) throws Exception {
9.           if (!validate(a, b, c)) throw new Exception("三边长不满足三角形的规则。");
10.
11.          _a = a;
12.          _b = b;
13.          _c = c;
14.      }
15.
16.      public double getA() {
17.          return _a;
18.      }
19.
20.      public void setA(double a) {
21.          if (validate(a, _b, _c)) _a = a;
22.      }
23.
24.      public double getB() {
25.          return _b;
26.      }
27.
28.      public void setB(double b) {
29.          if (validate(_a, b, _c)) _b = b;
30.      }
31.
32.      public double getC() {
33.          return _c;
34.      }
35.
36.      public void setC(double c) {
37.          if (validate(_a, _b, c)) _c = c;
38.      }
39.
40.      private boolean validate(double a, double b, double c) {
41.          return (a > 0 && b > 0 && c > 0)
42.              && (a + b > c && a + c > b && b + c > a);
43.      }
44.  }
```

3.2.4 委托

委托可以说是 C#的又一个强大而经典的设计。委托脱胎于 C 语言的函数指针，又在面向对象的世界里完成了升华。C 语言的函数指针能完成各种神奇的功能，最典型的莫过于回调函数，可以说事件驱动的图形界面编程的基石就是函数指针。但是 C 语言的函数指针就像魔童哪吒，非常狂野，稍有不慎就导致各种 bug，甚至黑客入侵时很多时候也是瞄着函数指针下手，因为 C 语言从不验证函数指针所指向的函数。C#开发团队深知函数指针的重要性,必须想办法控制住函数指针,否则后患无穷,因此最终诞生了委托。

委托本身也是一种类型,但是和结构体一样,有专门的定义语法。在方法声明头部的返回类型之前加上访问修饰符和 delegate 关键字就能完成委托类型的定义。委托类型的所有成员都统一由编译器生成。委托是面向对象的函数指针,可以同时保持对方法和目标对象的引用。同时委托又是强类型的,会严格验证所引用的方法签名和委托支持的签名是否兼容。

既然都已经专门设计了委托,为何不让它更强大一点呢?微软也是这么想的!因此又设计了多播委托,多播委托可以让一个委托对象同时引用多个方法,调用委托就能同时调用引用的所有方法,如果多播委托有返回值,只有最后一个委托的返回值有效。实际上所有自定义委托类都隐式派生自多播委托类,继承路径为 System.Object→System.Delegate→System.MulticastDelegate→各种自定义委托。

而 Java 在面对狂野的函数指针时选择了删除函数指针。但这个功能本身是非常有必要的,怎么办呢?最后 Java 选择了用接口去模拟函数指针的功能,并取名叫函数式接口。但是接口毕竟不是专门为函数指针设计的,接口的"兼职"导致了函数指针的语义被接口掩盖了。一个合格的函数式接口只能声明一个方法,但只声明了一个方法的接口却不一定是函数式接口。接口的冗长语法也让实现函数指针的功能变得非常麻烦,这一点稍微对比一下 WinForm 和安卓的事件处理器的模板代码就能看出来。虽然后来 Java 8 增加了 Lambda 表达式和方法引用功能,在一定程度上对代码有所简化,但 C#在更早之前就增加了 Lambda 表达式功能并进行了持续更新。

C#、C 和 Java 的委托定义语法的示例代码如下所示。

(1) C#

```
1.  namespace Example
2.  {
3.      public delegate string MyDelegate(string str1, string str2);
4.
5.      class Program
6.      {
7.          public static void Main(string[] args)
8.          {
9.              MyDelegate func1;
10.         }
11.     }
12. }
```

(2) C

```
1.  // 直接声明函数指针变量
2.  char* (*func)(char* str1, char* str2);
3.
4.  // 先定义函数指针类型,再声明变量
5.  typedef char* (*MyDelegate)(char* str1, char* str2);
6.  MyDelegate func1;
```

从对比中可以看出 C#的委托定义语法和 C 还是很像的。

(3) Java

```
1.  package com.example.coredx.practice;
2.
3.  @FunctionalInterface
4.  public interface MyDelegate {
5.      String function(String str1, String str2);
6.  }
```

Java 中的 FunctionalInterface 注解从 Java 8 开始才有,之前的版本中只要接口中只定义一个方法即可,无法单纯从代码上分辨是函数式接口还是普通接口。

3.2.5 事件

事件是和委托配合使用的,为了确保使用事件的代码不会有意无意地调用或破坏委托,C# 设计了事件。事件有点类似于属性,可以看作是一种语法糖,这个语法糖能确保只允许外部代码订阅或取消订阅事件,只允许类的内部成员调用触发。没有委托的 Java 自然无此问题。广大的 C/C++ 开发者还在继续和狂野的函数指针战斗。

C#的事件的示例代码如下:

```
1.   using System;
2.
3.   namespace Example
4.   {
5.       // 定义事件参数
6.       public class MyEventArgs : EventArgs
7.       {
8.           private DateTime _triggeredTime;
9.           private string _message;
10.
11.          public DateTime TriggeredTime
12.          {
13.              get { return _triggeredTime; }
14.          }
15.
16.          public string Message
17.          {
18.              get { return _message; }
19.          }
20.
21.          public MyEventArgs(string message)
22.          {
23.              _message = message;
24.              _triggeredTime = DateTime.Now;
25.          }
26.      }
27.
28.      // 定义事件处理委托
29.      public delegate void MyEventHandler(object sender, MyEventArgs args);
30.
31.      class Program
32.      {
33.          private static MyEventHandler _myEventHandler;
34.
35.          // 定义事件订阅访问器
36.          public static event MyEventHandler MyEvent
37.          {
38.              add { _myEventHandler += value; }
39.              remove { _myEventHandler -= value; }
40.          }
41.
42.          // 用简化语法定义事件订阅访问器
43.          public static event MyEventHandler MyEvent2;
44.
45.          public static void Main(string[] args)
46.          {
47.              if(_myEventHandler != null) _myEventHandler.Invoke(null,
                    new MyEventArgs("程序已启动。"));
48.              if (MyEvent2 != null) MyEvent2.Invoke(null, new MyEventArgs("程序
                    已启动。"));
49.          }
50.      }
51.  }
```

从示例中可以看出 C#的 event 关键字实际上是在类中定义事件处理委托的注册和取消访问器（本质上还是方法），事件本身还是靠委托实现的。也正是因为事件只允许进行注册和取消注册，因此可以避免外部代码有意或无意地调用事件处理委托误触发事件或直接通过赋值破坏事件处理委托。

示例中的"object sender, MyEventArgs args"是微软推荐的事件处理模式，WinForm 控件的大多数事件都是按照这个模式设计的。其中 sender 表示引发事件的对象，args 表示事件携带的数据。

3.2.6 运算符和表达式

运算符和表达式可以说是任何编程语言都具备的要素，但不同语言之间还是存在不小的区别。C#的运算符基本继承了 C++的特点，允许重载大部分运算符，C#中隐式或显式类型转换也是一种可以重载的特殊运算符。C#中的运算符本质上就是一种通过特殊语法调用的公共静态方法。

Java 不知为何，删除了重载运算符的功能。这导致 Java 在编写和使用数学相关的功能时显得非常蹩脚，甚至还产生了用"=="运算符和 Equals 方法对内容完全相同的两个字符串实例进行比较会得出完全相反的结果的迷惑事件。按编程语言的规则，"=="运算符执行继承自 Object 的引用相等性比较，两个实例的引用一定不相等，而 Equals 方法执行重写后的内容相等性比较，内容肯定是相等的，从而导致了迷惑事件的发生。

C#在这方面则完全没有问题，如果在少数特殊情况下确实想知道两个字符串是不是同一个实例而不管内容是否相同的话，可以使用 object.ReferenceEquals 方法明确表示要进行引用相等性比较。经过多年的发展之后，C#添加了大量实用的操作符，也增强了许多已有操作符的功能。

C#和 C++的运算符重载的示例代码如下所示。

（1）C#

```
1.   namespace Example
2.   {
3.       public struct Complex
4.       {
5.           private double _real;
6.           private double _img;
7.
8.           public double Real
9.           {
10.              get { return _real; }
11.          }
12.
13.          public double Img
14.          {
15.              get { return _img; }
16.          }
17.
18.          public Complex(double real, double img)
19.          {
20.              _real = real;
21.              _img = img;
22.          }
23.
24.          // 重载复数的加运算符
25.          public static Complex operator +(Complex a, Complex b)
26.          {
27.              return new Complex(a.Real + b.Real, a.Img + b.Img);
28.          }
29.
30.          // 重载实数和复数之间的加运算符
31.          public static Complex operator +(double a, Complex b)
```

```csharp
32.         {
33.             return new Complex(a + b.Real, b.Img);
34.         }
35. 
36.         // 重载复数和实数之间的加运算符
37.         public static Complex operator +(Complex a, double b)
38.         {
39.             return b + a;
40.         }
41. 
42.         // 重载实数到复数的隐式类型转换运算符，显式和隐式类型转换运算符只能重载其中一个
43.         public static implicit operator Complex(double value)
44.         {
45.             return new Complex(value, 0);
46.         }
47. 
48.         // 重载实数到复数的显式类型转换运算符，显式和隐式类型转换运算符只能重载其中一个
49.         public static explicit operator Complex(double value)
50.         {
51.             return new Complex(value, 0);
52.         }
53.     }
54. }
```

（2）C++
① CComplex.h

```cpp
1.  #pragma once
2.  class CComplex
3.  {
4.      private:
5.          double _real;
6.          double _img;
7.  
8.      public:
9.          CComplex(double real, double img);
10.         double GetReal();
11.         double GetImg();
12.         CComplex operator+(const CComplex & b) const;
13.         CComplex operator+(const double b) const;
14. };
```

② CComplex.cpp

```cpp
1.  #include "CComplex.h"
2.  
3.  CComplex::CComplex(double real, double img)
4.  {
5.      _real = real;
6.      _img = img;
7.  }
8.  
9.  double CComplex::GetReal()
10. {
11.     return _real;
12. }
13. 
14. double CComplex::GetImg()
15. {
16.     return _img;
17. }
18. 
19. CComplex CComplex::operator+(const CComplex& b) const
20. {
21.     return CComplex(_real + b._real, _img + b._img);
22. }
```

```
23.
24.    CComplex CComplex::operator+(const double b) const
25.    {
26.        return CComplex(_real + b, _img);
27.    }
```

从示例中可以看出 C++和 C#的运算符重载的主要区别是 C++的重载体现为实例方法,而 C#的重载体现为静态方法。

3.2.7 语句

语句作为由表达式组成的编程语言的基本单位,C/C++、Java 和 C#的语句基本都差不多,并没有显著区别。

3.2.8 命名空间

命名空间是从 C++开始提供的工程性功能,用于避免大规模软件开发的命名冲突问题,在 Java 中称为包。Java 和 C#在命名空间上存在一些比较明显的区别。

C++由于需要兼容 C,因此可以直接在命名空间之外定义成员,而 C#和 Java 的成员必须定义在命名空间或包中。Java 的包路径和类文件在项目中的文件夹路径必须完全一致,一个代码文件只允许有一个包路径,只允许有一个公共类。C#中的命名空间则是完全的虚拟路径,命名空间路径无须和文件夹路径匹配,一个代码文件可以包含任意多个命名空间、子命名空间和公共类,甚至可以直接定义嵌套命名空间。

从这些工程规定和限制可以看出,C#希望尽量为开发者提供更方便自由的环境,Java 则在语言规范中包含了大量强制性规定以规范项目结构。这究竟是好是坏并无定论,只能说 C#是乐观主义派,相信非强制规定能让开发者探索出适合自己的风格,Java 则相信强制规定才能解决风格不统一导致的团队问题。

使用 C#、C++、Java 定义命名空间的示例代码如下所示。

(1) C#

```
1.    // 全文件通用的命名空间引用
2.    using System;
3.
4.    // 定义普通命名空间
5.    namespace Example
6.    {
7.        // 内部命名空间引用
8.        using System.IO;
9.
10.       public class A { }
11.
12.       // 定义内部命名空间
13.       namespace Inner
14.       {
15.           // 内部命名空间引用
16.           using System.Net;
17.
18.           public class A { }
19.       }
20.   }
21.
22.   // 直接定义嵌套命名空间
23.   namespace Example.Inner2
24.   {
```

```
25.     // 内部命名空间引用
26.     using System.Text;
27.
28.     public class A { }
29. }
```

（2）C++

```
1.  #pragma once
2.  class C { };
3.
4.  namespace example {
5.      using namespace std;
6.
7.      class C { };
8.
9.      namespace inner {
10.         class C { };
11.     }
12. }
```

（3）Java

```
1.  package com.example.coredx.practice;    // 定义文件的包
2.
3.  import java.io.File;                    // 导入类型
4.  import java.lang.*;                     // 批量导入包中的类型
5.
6.  public class C { }                      // 代码文件应该叫C.java
7.  class A { }
```

3.2.9 特性

C#的特性（Attribute）在 Java 中称为注解，用于表示编程语言结构的额外的元数据，这些数据都需要通过反射才能发挥作用，因此 C/C++这些 AOT 编译语言没有类似功能。AOT 表示运行前编译，是相对于 JIT（即时编译）而言的。

Java 中的注解根据生命周期的不同可以分为源代码注解、class 注解和运行时注解。源代码注解在编译为 class 文件时会被编译器遗弃；class 注解会被编译到生成的 class 文件中，但在 JVM（Java Virtual Machine，Java 虚拟机）加载时会被 JVM 遗弃；运行时注解会一直保留，可以通过反射读取。但是 Java 的注解是接口，也就意味着注解不能包含任何方法实现，不能用于表示行为并在运行时执行。

C#的特性不存在生命周期的差别，一律保留到运行时，并且特性是正常的类，可以定义方法。因此可以表示一些行为并在运行时取出并执行，灵活度更高。C#和 Java 都可以根据需要开发自定义特性或注解。

在部分资料中，特性被翻译为属性，属性被翻译为访问器或者什么别的名字，很容易导致混淆。在本书中，属性专指 Property，特性专指 Attribute。

使用 C#定义特性的示例代码如下：

```
1.  using System;
2.
3.  namespace Example
4.  {
5.      [AttributeUsage(AttributeTargets.Class | AttributeTargets.Method,
            AllowMultiple = true, Inherited = true)]
6.      public class MyAttribute : Attribute
7.      {
8.          private string _message;
9.          public string Message
```

```
10.        {
11.            get { return _message; }
12.        }
13.
14.        public MyAttribute(string message)
15.        {
16.            _message = message;
17.        }
18.
19.        public void ShowMessage()
20.        {
21.            Console.WriteLine(_message);
22.        }
23.    }
24.
25.    [My("message!")]
26.    [MyAttribute("message 2!")]
27.    public class MyClass { }
28. }
```

AttributeUsage 被称为元特性，是用在特性上的特性，标识了特性能够在什么类型的目标上使用，是否允许对同一个目标多次使用，以及是否应该让包含目标的子类自动继承。元特性的标识会自动反映在编译中，如果特性的使用不符合元特性的约定，编译器会直接报告编译错误。特性类的命名应该以 Attribute 结尾，使用时可以省略 Attribute 后缀。

使用 Java 定义注解的示例代码如下：

```
1.  package com.example.coredx.practice;
2.
3.  import java.lang.annotation.*;
4.
5.  @Target({ ElementType.TYPE, ElementType.METHOD })
6.  @Inherited
7.  @Repeatable(MyAnnotationData.class)
8.  @Retention(RetentionPolicy.RUNTIME)
9.  public @interface MyAnnotation {
10.     String value();
11. }
12.
13. @Target({ ElementType.TYPE, ElementType.METHOD })
14. @Inherited
15. @Retention(RetentionPolicy.RUNTIME)
16. @interface MyAnnotationData{
17.     MyAnnotation[] value();
18. }
19.
20. @MyAnnotation("message!")
21. @MyAnnotation("message 2!")
22. class MyClass{ }
```

Java 的元注解是多个独立的接口，如果希望对一个目标多次使用同一个注解，需要用两个注解配合实现，比较绕弯子。由于 Java 的注解只是接口，不能包含方法实现，因此像 C#一样定义 ShowMessage 方法的玩法是做不到的。

3.2.10　unsafe 上下文

虽然 C#的主要目标是方便快捷地编写安全可靠的代码，但是保障安全的主要途径是禁止开发者编写一些存在潜在安全风险的代码。俗话说鱼与熊掌不可兼得，安全性和性能就类比于鱼和熊掌。经过对 Java 的经验教训的总结，微软认为彻底禁止编写存在安全风险的高性能代码是不可取的，为此为 C#准备了 unsafe 上下文功能，允许开发者在其中继续使用部分 C/C++风格的代码。unsafe 上下文需要使用专门的编译器参数启用编译的不安全代码，同时使用的不安全代码必须被包括在 unsafe 代码块中,这也在时刻提醒开发者,只能在特定的、有限的、明确标明的位置使用不安全代码。

微软在新近版本为不需要 unsafe 上下文就可以编写高性能代码而对 C#进行了大量改进,主要目的之一是为了适应 CPU、内存等资源限制比较严格的物联网 IoT 设备。在对语言和底层运行时进行优化后,现在的.NET 平台性能已经与 C/C++等原生编译语言相差不大。

C#、C++的 unsafe 上下文的示例代码如下:

(1) C#

```
1.   namespace Example
2.   {
3.       public struct MyStruct
4.       {
5.           public int a;
6.           public double b;
7.       }
8.
9.       class Program
10.      {
11.          private char[] _chars;
12.
13.          public static void Main(string[] args)
14.          {
15.              unsafe
16.              {
17.                  int a = 10;
18.                  int* aPtr = &a;
19.                  *aPtr = 5;
20.
21.                  char* charPtr = stackalloc char[10];
22.                  char* charPtr2 = charPtr + 1;
23.
24.                  MyStruct s = new MyStruct();
25.                  MyStruct* sPtr = &s;
26.                  sPtr->a = 2;
27.                  (*sPtr).b = 2.5;
28.
29.                  Program program = new Program();
30.                  program._chars = new char[10];
31.
32.                  fixed(char* charPtr3 = &program._chars[0])
33.                  {
34.                      char* charPtr4 = charPtr;
35.                      charPtr4++;
36.                  }
37.              }
38.          }
39.      }
40.  }
```

(2) C++

```
1.   typedef struct {
2.       int a;
3.       double b;
4.   } MyStruct;
5.
6.   int main()
7.   {
8.       int a = 10;
9.       int* aPtr = &a;
10.      *aPtr = 5;
11.
12.      char chars[10];
13.      char* charPtr = &chars[0];
```

```
14.        char* charPtr2 = charPtr + 1;
15.        charPtr2++;
16.
17.        MyStruct* sPtr = new MyStruct();
18.        sPtr->a = 2;
19.        (*sPtr).b = 2.5;
20.        delete sPtr;
21.    }
```

从对比中可以看出 C#的不安全代码的语法和 C/C++还是很相似的，但是 C#作为托管语言，不需要手动释放内存，因此没有 delete 关键字。C#为了内存访问安全，不允许指针指向托管对象，只允许指向非托管结构体，如果要指向的非托管结构体是托管对象的成员，需要使用 fixed 关键字告诉 GC（垃圾回收器）不要在运行语句块时移动对象以避免指针失效。stackalloc 关键字允许直接在线程栈上分配内存块并赋值给指针。

3.3 C# 2.0

2005 年，C#发布了划时代的版本 C# 2.0。C# 2.0 提供了大量实用的新功能，也为之后的发展打下了坚实的基础。从此 C#逐渐扭转了在语言上对 Java 的劣势。

3.3.1 泛型

泛型是 C#乃至.NET 的重大更新。为了实现泛型，微软不惜全面升级底层运行时，并导致.NET Framework 2.0 与 1.0 不兼容。不过这并不是什么鱼与熊掌的抉择，因为可以同时安装两个版本，软件也会自动选择合适的版本。

Java 在泛型问题上显得非常保守，为了 JVM 兼容性，Java 设计了语法糖式的泛型，编译器会检查泛型代码的正确性，并在编译后全部转换为 Object 或兼容的边界类型，再在需要时强制转换为源代码中指定的类型，编译的 class 文件中完全没有泛型的痕迹（后来的编译器会增加一些注解进行提示，但也仅此而已）。但同时安装多个 JVM 其实是很常见的，部分软件为了确保环境的一致性使用打包在软件中的自用 JVM，这种兼容性需求其实并非无解。还记得 Java 的基元类型和类型系统不兼容吗？因为泛型的最终实现要依靠 Object，所以基元类型不支持泛型。再加上泛型强大的表现力，基元类型就被彻底边缘化了。

而微软为了实现运行时泛型甚至不惜进行破坏性更新。由于运行时保留了一切有关泛型的信息，包括对泛型的约束，因此拥有一些 Java 绝不可能实现的功能，例如在运行时通过反射访问泛型的信息、动态创建泛型类型等。由于运行时掌握一切，因此甚至不必担心动态创建的泛型类型会绕过约束检查。Java 由于 JVM 对泛型信息的缺乏，利用反射可以轻易绕过边界检查，写出来的源代码怎么看都是对的，但在运行时却引发异常，并且这种代码无法在不用反射的情况下进行修复，编译器会报告编译错误，编译器和运行时针对同一份代码无法达成共识。

还记得.NET 对结构体的特殊照顾吗？泛型同样对结构体进行了特殊照顾，避免了不必要的装箱和拆箱，因此对结构体使用泛型会因为特殊优化而获得性能提升。对开发者来说获得这种好处是零成本的。

C#因为泛型信息被完整保留到运行时，因此产生了 C#特有的概念，开放式泛型和封闭式泛型。

- 封闭式泛型表示所有类型参数已经全部替换为实际类型的泛型，可以用于实例化对象，也是最常见和常用的泛型。
- 开放式泛型表示存在未定类型参数的泛型，这种泛型因为类型参数的类型信息不完整而不能实例化对象，只能通过反射读取泛型的定义信息，如果要实例化对象，则需要通过反射补充类型参数的类型创建封闭式泛型后才行。

C#的完美主义强迫症为开发泛型的各种神奇功能奠定了坚实的基础，后来的实践证明这些高级用法恰好都是Java当初选择妥协所付出的代价。

C++则是拥有名叫模板的功能，但除了语法和主要用途之外，它与C#的泛型并没有太多相似之处。标准模板库（STL）是C++模板的重要成果。C#中的解决方案则是泛型集合类库。

C#、C++、Java的泛型的示例代码如下：

（1）C#

```csharp
1.  using System;
2.  using System.Collections.Generic;
3.  using System.Reflection;
4.
5.  namespace Example
6.  {
7.      public class MyClass : IDisposable
8.      {
9.          public void Dispose()
10.         {
11.             Console.WriteLine("已释放非托管资源。");
12.         }
13.     }
14.
15.     public struct MyStruct : IComparable<MyClass>
16.     {
17.         public int CompareTo(MyClass other)
18.         {
19.             return 1;
20.         }
21.     }
22.
23.     public class MyGenericClass<T, U>
24.         where T : IDisposable, new()
25.         where U : IEnumerable<T>
26.     {
27.         public void MyGenericMethod<V>(T t, U u, V v)
28.             where V : struct, IComparable<T>
29.         {
30.             foreach (T item in u)
31.             {
32.                 using (item)
33.                 {
34.                     if (v.CompareTo(item) > 0) Console.WriteLine("{0} 大于 {1}",
35.                         v, item);
36.                 }
37.             }
38.         }
39.         public void MyMethod()
40.         {
41.             // 获取开放式泛型的定义，然后填充真实的类型参数构造出能够实例化对象的封闭式泛型类型
42.             Type runtimeGenericType = typeof(MyGenericClass<,>)
43.                 .MakeGenericType(typeof(MyClass), typeof(List<MyClass>));
44.             // 反射创建实例对象，因为类型有公共无参构造函数，因此只需要提供要创建实例的类型
45.             object runtimeGenericInstance = Activator.CreateInstance(runtime-
                GenericType);
46.             // 通过反射查找实例的开放式泛型方法（因为方法中声明了不在类中的独立泛型参数），
                然后填充真实的类型参数构造可供调用的封闭式泛型方法
47.             MethodInfo runtimeGenericMethod = runtimeGenericInstance.GetType()
48.                 .GetMethod("MyGenericMethod")
49.                 .MakeGenericMethod(typeof(MyStruct));
50.             // 通过反射调用方法并传递参数
51.             runtimeGenericMethod.Invoke(
```

```
52.                runtimeGenericInstance
53.                , new object[3] {
54.                    Activator.CreateInstance(typeof(MyClass)),
55.                    Activator.CreateInstance(typeof(List<MyClass>), new object[1]
                        { new MyClass[1] { new MyClass() } }),
56.                    Activator.CreateInstance(typeof(MyStruct))
57.                }
58.            );
59.        }
60.    }
61. }
```

> **提示**
>
> 本示例展示了仅 C#支持的泛型编程技术,这是比较高级的编程技术,使用场景较少,掌握难度较大。由于 Java 的泛型擦除机制,示例展示的功能和用法在 Java 中是不存在的,包括基于 JVM 体系的其他编程语言和框架。刚开始从 Java 进行迁移学习的读者可能不适应,这是正常现象。如果希望能够比较轻松顺利地通过对比进行迁移学习,还需要对 C/C++有一定程度的熟悉。C#吸收了各种编程语言的精华并进行了融合和创新。

(2) C++

```cpp
1.  #pragma once
2.
3.  #include<iostream>
4.  #include<vector>
5.
6.  using namespace std;
7.
8.  template <typename T>
9.  class CTemplateClass
10. {
11.     public:
12.         void Method(T t);
13. };
14.
15. template<typename T>
16. void CTemplateClass<T>::Method(T t)
17. {
18.     vector<T>* v = new vector<T>();
19.     v->push_back(t);
20.     v->push_back(t + 1);
21.
22.     typename vector<T>::iterator it = v->begin();
23.     for (int i = 1; it != v->end(); it++, i++)
24.         cout << "No." << i << ": " << *it << endl;
25.     delete v;
26. }
```

(3) Java

```java
1.  package com.example.coredx.practice;
2.
3.  import java.util.ArrayList;
4.  import java.util.List;
5.
6.  public class MyGenericClass<T extends Number>{
7.      public <U extends String> void myGenericMethod(T t, U u){
8.          System.out.println(t);
9.          System.out.println(u);
10.
11.         List<T> array = new ArrayList();
12.     }
13. }
```

从示例中可以看出，Java 的泛型方法需要在返回值前定义泛型，这样可以简化编译器的开发，List<T>使用 ArrayList 赋值是合法的也说明泛型只是语法糖。C#为了保持语法的一致性统一，在类名、方法名后定义泛型。C#示例中的动态泛型生成和使用是完全在运行时泛型和动态代码生成的基础上实现的，拥有极高的灵活性和可靠的运行时安全性。C++的模板则要在最前面先定义，同时由于一些编译问题，C++的模板类不能分文件编写，模板的实例化和展开在编译时进行，没有动态可变性，也因此存在编译时代码膨胀的现象。

3.3.2 协变和逆变

协变和逆变是伴随泛型产生的功能，能用于接口和委托。委托作为.NET 的重要预定义类型同样享受了泛型带来的巨大好处。Java 由于没有完整的泛型支持，因此也无缘这个功能。C++的模板与泛型在原理上的巨大差异也不适用于这个概念。不过在 C# 2.0 版，协变和逆变仅可用于数组和委托，泛型接口和泛型委托的协变和逆变要到 4.0 才支持。此处笔者将直接介绍完整版，确保阅读体验，到 4.0 版将不再赘述。代码示例将放在 C# 4.0 中，避免此处出现高版本代码而引起误解。

在 C++、C#和 Java 中，类型存在兼容性概念，兼容性主要体现在类型继承和接口实现上。通过继承，子类对象一定可以当作父类对象使用，因为继承的规则就是子类要继承父类的所有成员，然后才是添加自己的成员。既然父类有的子类一定有，那肯定是兼容的，只不过父类不知道子类添加的东西。不过这不重要，当作父类对象使用时就已经表明对子类增加的东西不感兴趣了，不知道又有什么关系呢。

举个例子，正方形是长方形的子类，就可以把正方形的对象当长方形使用，这很合理。但是在泛型中，把泛型正方形集合当作泛型长方形集合使用时就出问题了，这两个集合类型并没有继承关系，只是同一个泛型集合容器类型的两个独立的分支实现类型。存在继承关系的是装在里面的正方形和长方形，而不是集合容器本身，但是在人的常识里，它们确实应该兼容。C#为了解决这个问题设计了协变和逆变。

协变和逆变在学术概念上非常容易让人感到混乱，其中的 in 和 out 关键字在不同的地方分别称为协变或逆变，因此这里笔者只打算以使用效果来介绍。如果一个泛型接口或委托中的类型参数只会直接用于方法参数，可以使用 in 关键字进行修饰，实际调用时在方法体内就不关心参数对象是声明的类型还是它的子类，反正都能当作声明的类型安全使用。如果传递父类对象进去，编译器会检测到并引发编译错误，因为父类对象确实可能没有方法体内要用的子类新增的功能。相反，如果类型参数只会直接出现在方法的返回值处，再使用 out 关键进行修饰，接收返回值的地方只要接收的是声明的类型或是其父类，方法就一定会返回一个声明的类型或是子类的对象，确保一定能顺利接收。当然如果想返回一个声明的类型的父类对象就不好说了，因为编译器同样能发现并报告错误。

上面的说明只针对类型参数直接使用时的情况。如果类型参数作为另一个支持协变或逆变的泛型接口的类型参数，会出现一个有趣的现象，使用 in 修饰的泛型接口 A 可以作为使用 out 修饰的泛型接口 B 的方法参数而不是返回值。在嵌套使用协变和逆变时很容易把人搅晕，不过只要理解协变和逆变必须符合隐式类型转换安全性原则就可以了。

泛型集合通过支持协变和逆变的接口实现了人们常识中认为的应该具有的对编程语言来说稍显特殊的兼容性。

3.3.3 委托的方法组转换

之前介绍协变和逆变时提到这是扩展 C#类型安全的功能，方法组转换也一样。如果一个委托需要正方形参数，用来引用需要长方形参数的方法一定是可以安全调用的，既然如此就应该让开发者能写这样的代码。同时，如果能直接把方法引用赋值给委托变量，而不用经过构造函数调用，编码效率一定可以得到飞速提升。实现这些功能的就是方法组转换。

C#的委托的方法组转换的示例代码如下：

```
1.  using System;
2.
3.  namespace Example
4.  {
5.      public delegate void MyDelegate(string str);
6.
7.      class Program
8.      {
9.          public static void MyMethod(object obj)
10.         {
11.             Console.WriteLine(obj);
12.         }
13.
14.         public static void Main(string[] args)
15.         {
16.             // 不使用方法组转换
17.             MyDelegate myDelegate = new MyDelegate(MyMethod);
18.
19.             // 使用方法组转换
20.             MyDelegate myDelegate2 = MyMethod;
21.         }
22.     }
23. }
```

3.3.4 分部类型

简单来说，分部类型就是把一个类拆开写在多个地方，乍一听这是个并没有什么作用的功能。但是 C#的任何设计都一定是立足于实际需求的，这正是以 WinForm 为代表的界面编程对可视化设计器的需求。WinForm 有一个所见即所得的界面设计器，但设计器的设计最终还是要落实到代码上，因此设计器需要能生成代码以及读取设计器生成的代码还原界面预览。这部分代码是不能让人随意改动的，否则会影响设计器的正常运行。为了把这部分代码进行独立管理，C#设计了分部类型，界面设计代码放在专门的文件，业务逻辑代码放在专门让开发者编辑的文件。这有效避免了人有意无意地修改设计器代码影响设计的运行。

定义分部类型也很简单，在类定义上增加 partial 修饰符即可。

C#的定义分部类型的示例代码如下：

（1）MyClass.part1.cs

```
1.  namespace Example
2.  {
3.      partial class MyClass
4.      {
5.          private int _a;
6.
7.          private double _b;
8.
9.          public double B
```

```
10.        {
11.            get { return _b; }
12.            set { _b = value; }
13.        }
14.    }
15. }
```

（2）MyClass.part2.cs

```
1.  using System;
2.
3.  namespace Example
4.  {
5.      partial class MyClass
6.      {
7.          public MyClass(int a)
8.          {
9.              _a = a;
10.         }
11.
12.         public void MyMethod()
13.         {
14.             Console.WriteLine(_a + _b);
15.         }
16.     }
17. }
```

3.3.5 匿名方法

匿名方法，字面理解就是没有名字的方法。这就麻烦了，没名字，要用的时候该怎么找呢？还记得委托吗？直接把方法定义赋值给委托对象，用的时候找委托不就搞定了。有人也许觉得这又是个没什么作用的功能。那就做个假设，假如有个地方要用一个非常简单的方法，并且只在那里有用，对这种方法专门定义一个成员方法有些小题大做了，此时就可以用到匿名方法。这还只是匿名方法的开胃小菜，真正的威力要在之后的新功能里才能完整体现。不过匿名方法用来定义小范围使用的辅助函数确实还有提高空间。

C#的匿名用法的示例代码如下：

```
1.  using System;
2.
3.  namespace Example
4.  {
5.      public delegate void MyDelegate(string str);
6.
7.      class Program
8.      {
9.          public static void Main(string[] args)
10.         {
11.             MyDelegate myDelegate = delegate (string str)
12.             {
13.                 Console.WriteLine(str);
14.             };
15.         }
16.     }
17. }
```

3.3.6 可为 null 的结构体

C#的结构体或者说值类型有个缺陷，即不能赋值为 null，这在有些时候确实会出问题。例如在和数据库交互时，数据库的值是 null 就麻烦了。如果类型是 int，在 C#中就没办法区分 null 和默认值 0，可空值类型解决了这个问题。并且可空值类型是泛型类型，能充分享受泛型的好处，C#还为可空值类型准备了一个简单快捷的定义语法——在结构体的类型名后跟一个问号，这个语法在后来还获得了增强。不过要注意，可空值类型依然是结构体，而且是泛型结构体，赋值为 null 实际上是给属性 HasValue 赋值为 false，这是编译器和运行时的特殊照顾。

Java 在这方面因为基元类型的包装类型正好间接解决了这个问题，因此没有类似功能。

C#的可空值类型的示例代码如下：

```
1.    // a.HasValue == false;
2.    int? a = null;
3.
4.    Nullable<int> b = 0;
```

代码解析：示例中的 a 虽然赋值为 null，但访问 HasValue 属性是能正常获取值的，值为 false。这也间接说明可空值类型本身也是值类型，null 语义是编译器和运行时"特殊照顾"模拟出来的。

3.3.7 枚举器

枚举器在其他地方和一些其他语言中被称为迭代器，主要用于增强的 foreach 循环，在一定程度上提升了代码的可读性。Java 和 C++也都有相似功能，毕竟迭代器也是一种古老而经典的集合遍历模式了。但是手动实现一个枚举器是非常麻烦的，微软发现可以通过特殊语法让编译器自动生成枚举器，免去了手动实现的麻烦。如果一个方法的返回值是 IEnumerable 接口类型，就可以使用 yield return 返回迭代器，编译器会负责生成代码在每次枚举返回时记住运行位置，下次从哪里继续，何时结束枚举。

C#的枚举器的示例代码如下：

```
1.    using System.Collections.Generic;
2.
3.    namespace Example
4.    {
5.        public class MyClass
6.        {
7.            public IEnumerable<int> MyMethod()
8.            {
9.                yield return 1;
10.               yield return 2;
11.               yield return 3;
12.           }
13.       }
14.   }
```

3.3.8 静态类

静态类可以看作是纯功能函数和纯数据的包装器或者是类型共享的唯一数据的托管点。因为这种需求确实存在，而 C#又不允许函数和字段独立存在。例如数学库的函数和常数，这些非常简单且单纯的东西用面向对象来实现确实是有些高射炮打蚊子——大材小用了。但毕竟不能把根基挖了，所以最后 C#设计了静态类来包装这些比较单纯的概念，算是一种妥协吧。不过这也带来了一个意外之喜，静态类可以在一定程度上当作由运行时提供保证的单例模式的实现。后来微软又继续开发了静态类的新用法。

静态类只能包含静态成员，普通类可以同时包含实例成员和静态成员，C# 1.0 开始支持普通类的静态成员。普通类的静态构造函数可以用于初始化类的静态成员。

Java 的静态类必须是内部类，C#的静态类没有这个限制（C#也有内部类），C++没有静态类，只有静态成员。

C#、C++、Java 的示例代码分别如下所示。

（1）C#

```
1.   using System;
2.
3.   namespace Example
4.   {
5.       public static class MyStaticClass
6.       {
7.           private static int _property;
8.
9.           static MyStaticClass()
10.          {
11.              _property = 10;
12.              Console.WriteLine("静态构造函数");
13.          }
14.
15.          public static int MyStaticProperty
16.          {
17.              get { return _property; }
18.              set { _property = value; }
19.          }
20.
21.          public static void MyStaticMethod()
22.          {
23.              Console.WriteLine("静态方法");
24.          }
25.      }
26.  }
```

（2）C++

① CClass.h

```
1.   #pragma once
2.   class CClass
3.   {
4.       public:
5.           static int _field;
6.           static void MyStaticMethod();
7.   };
```

② CClass.cpp

```
1.   #include "CClass.h"
2.   #include <iostream>
3.
4.   using namespace std;
5.
6.   int CClass::_field = 10;
7.
8.   void CClass::MyStaticMethod()
9.   {
10.      cout << _field << endl;
11.  }
```

（3）Java

```
1.   package com.example.coredx.practice;
2.
3.   public class MyClass{
4.       static class MyStaticClass{
5.           static int field;
6.           static void myStaticMethod(){
7.               System.out.println(field);
8.           }
9.       }
```

```
10.     }
```

3.3.9　独立的属性访问器保护级别

在 C# 1.0 中，属性的读写访问器只能共用一个保护级别，但有些时候有些属性确实需要分别设定保护级别，因此 C#增加了独立设置访问器保护级别的语法。

Java 没有专门的属性，直接给 get 和 set 方法使用不同的访问修饰符即可。

C#的示例代码如下：

```
1.  using System;
2.
3.  namespace Example
4.  {
5.      public class MyClass
6.      {
7.          private int _field;
8.
9.          public int MyProperty
10.         {
11.             get { return _field; }
12.             protected set { _field = value; }
13.         }
14.     }
15. }
```

3.3.10　委托类型推断

日常交流的时候，人们都喜欢把话中重复的部分省略，以此来提高效率，这放在编程语言中也一样。在泛型委托中如果能从定义的方法体中推测出方法的签名，那为何不让编译器自动完成类型参数推断呢？简洁优雅的一大特征就是不要重复能从上下文中轻易推测出的信息，还要明明白白地写出来。点到为止，千言万语尽在不言中。

C++使用 auto 关键字可以达到基本相同的目的，Java 在增加 Lambda 表达式功能后也有了类似的功能，但能力没有 C#的强大。

C#的示例代码如下：

```
1.  using System;
2.
3.  namespace Example
4.  {
5.      public class MyClass
6.      {
7.          public void MyGenericMethod<T>(T a, T b)
8.          {
9.              Console.WriteLine(a.ToString() + b.ToString());
10.         }
11.         void MyMethod()
12.         {
13.             MyGenericMethod(1, 2);
14.             MyGenericMethod<int>(1, 2);
15.
16.             MyGenericMethod("1", "2");
17.             MyGenericMethod<string>("1", "2");
18.         }
19.     }
20. }
```

示例中的<int>和<string>是可以省略的，因为编译器通过传递的参数已经推断出来了。

3.4　C# 3.0

2007年下半年，C# 3.0正式发布，伴随着以LINQ主打的大量语言特性，C#在语言层面正式超越了Java，并在飞速发展的道路上走得更加轻盈而坚定。这个版本在解放开发者的精力、减少代码量方面具有极高的造诣。

通过之前的对比学习，基本上已经了解了C#的基本知识和特点，可以在单纯的C#语言环境中继续学习，之后如没有特殊情况将不再与其他语言进行对比，仅展示C#语言代码。

3.4.1　自动实现属性

这是一个对开发者极其友好的功能。虽然面向对象的封装要求保护私有数据的安全性，但其实大多数时候并不需要这么苛刻，就是简单的存取。为了经常没什么用的需求付出惨重的代价加速键盘的报废是不值得的，因此C#为没有任何额外需求的字段和属性增加了自动实现属性功能。现在只需要定义属性名、需要的访问器和保护级别，剩下的就交给编译器吧。

示例代码如下：

```
1.  public class MyClass
2.  {
3.      public int MyAutoProperty { get; set; }
4.  }
```

3.4.2　分部方法

既然类可以拆开来写，那为什么方法不能，凭什么只有类可以搞特殊？为了继续深化C#的灵活性和对各种语言结构之间的统一性，微软为C#增加了分部方法。当然了，分部方法的限制条件也比较多：

- 分部方法必须在分部类型中使用。
- 分部方法只能由最多两个部分组成，其中一个是方法头声明。
- 分部类型各部分中的签名必须匹配。
- 方法的返回类型必须为void。
- 不允许使用访问修饰符。分部方法是隐式私有的。

分部方法的实际使用场景比较小，知不知道有这个东西都无所谓的那种。主要使用场景是在WinForm开发中由设计器代码部分声明方法头和调用，具体的实现交给开发者。分部方法可以只有方法头声明但没有方法实现，如果分部方法没有实现，编译器会删除所有对分部方法的调用，这也正是分部方法有这些限制的原因。这样就可以给开发者提供一个可选的编写自动流程中的代码的位置。分部方法的限制条件，看起来有点像C++分离的头文件和实现文件，虽然也只是看起来有点像。Java没有类似功能。

示例代码如下：

（1）MyClass.part1.cs

```
1.  public partial class MyClass
2.  {
3.      partial void MyMethod(int a);
4.  }
```

（2）MyClass.part2.cs

```
1.  public partial class MyClass
2.  {
3.      partial void MyMethod(int a)
4.      {
5.          Console.WriteLine(a);
6.      }
7.  }
```

3.4.3 对象初始化器

如果一个类定义了大量公共属性，但没有定义带参构造函数，实例化对象后将会出现大量重复又枯燥的赋值语句，为了简化这种情况的初始化代码，C#增加了对象初始化器功能。微软设计对象初始化器的主要目的其实是为另一个新功能——匿名类型准备的。Java 和 C/C++没有类似功能。

示例代码如下：

```
1.  namespace Example
2.  {
3.      public class MyClass
4.      {
5.          public int A { get; set; }
6.          public string B { get; set; }
7.          public double C { get; private set; }
8.
9.          public MyClass(double c)
10.         {
11.             C = c;
12.         }
13.     }
14.
15.     class Program
16.     {
17.         public static void Main(string[] args)
18.         {
19.             MyClass myClass = new MyClass(3.14) { A = 5, B = "bbb" };
20.         }
21.     }
22. }
```

从示例中可以看出，对象初始化器实际上是在构造函数执行完毕后调用属性设置器进行赋值，因为赋值操作是在类外部完成的，所以需要设置器能在类外部访问。

3.4.4 隐式类型的本地变量

C# 2.0 有委托类型推断功能，C# 3.0 增加了本地变量类型推断，使用 var 关键字定义并初始化变量时编译器能根据赋值表达式的类型推断变量类型。还记得变量定义的基本语法吗？你不觉得这个语法在大多数时候都很啰嗦吗？为什么同样的类型名要在等号左右两边各写一次，任意写一次不就一切都明了了吗？既然如此，等号左边用隐式类型写法不就行了，右边 new 的什么类型就是隐式类型要代表的类型，简单明了，除了必须在定义时直接初始化这个小限制。这个限制也说明了隐式类型并非动态类型，只是个简化写法。这个功能的主要目的其实还是在为匿名类型做准备。

Java 10 引入了这个功能，不过明显属于不够深入。因为 Java 至今没有匿名类型，也只能给自动推断变量类型用了。Java 的匿名内部类是没有名字的继承已有类型的特殊类型，在安卓编程中经常使用。C#的匿名类型是直接继承 Object 的独立类型。C++则使用 auto 关键字实现变量类型自动推断功能。

示例代码如下：

```
1.    var myClass = new MyClass(3.14) { A = 5, B = "bbb" };
2.    var a = 1;
3.    var str = "abc";
4.    var b = 3.14;
```

> **提 示**
>
> 如果希望使用父类变量接收子类对象进行多态编程，就不能使用隐式类型的本地变量。

3.4.5 匿名类型

面向对象编程是一个伟大的概念，但在解决一些简单问题时却显得过于笨重。有时在一个方法的运行中需要保存一些临时数据，这些数据的结构可能略微复杂，为了这样一个临时结构编写专门的类不觉得有些多余吗？就像你会专门给路边的蚂蚁取名吗？把开发精力浪费在这种地方值得吗？为了解决这个尴尬的问题，C#增加了匿名类型，让开发者能随手定义、使用和抛弃临时数据。当然匿名类型依然是类，只不过生成类型定义的工作直接交给编译器了。

如何定义并初始化匿名类型的对象呢？对象初始化器刚好具有这种语法能力——定义成员并初始化成员。但是还有一个问题，变量类型怎么写？毕竟是语法要求，总不可能空着不写，隐式类型的本地变量刚好派上用场。

匿名类型的所有属性都是只读的，一旦初始化就不能重新赋值，编译器会自动重写匿名类的 Equals、GetHashCode 和 == 运算符，使相等性表现为内容相等性，类似值类型。这种自动重写功能在 C# 9.0 扩展到了不可变类 record 中。

当然，这绝不是推出匿名类型的唯一目的。能想到这儿，说明你在第二层，但微软在第五层。这其实是新杀手锏功能的一片拼图。

Java 的编译器在这方面目前还没有较大的改进，更多地需要开发人员自己去编写代码。C/C++ 没有类似功能。

示例代码如下：

```
var obj = new { A = 1, B = 3.14, C = new MyClass(2.0) { A = 2, B = "abc" } };
```

3.4.6 Lambda 表达式

Lambda 表达式是函数式编程的重要概念，当引入这个功能时就说明 C#已经不再甘作单纯的面向对象编程语言了。从此开始，前前后后引进大量的函数式编程的功能，C#逐渐转型为以面向对象为底层核心的混合范式编程语言，当然 Lambda 表达式是由委托提供底层支持的。Lambda 表达式最重要的优势其实是简化了匿名方法的定义语法，使匿名方法的定义流畅度有了质的提升。没想到吧，C#其实早有预谋。Lambda 表达式也可以享受类型自动推导和方法组转换的好处。你是不是在猜这是不是又是新杀手锏功能的其中一片拼图？恭喜你猜对了。

C++也紧跟时代潮流，提供了 Lambda 表达式功能。Java 也在目前流行度最高的 Java 8 上增加了 Lambda 表达式功能，不过 Java 版的功能略逊一筹，不支持修改捕获的闭包变量。还好广大开发者的智慧是无穷的，不是不让修改闭包变量吗，那我把变量变成只有一个元素的数组然后修改里面的元素总行了吧。这个办法现在也变成了自动重构工具的功能之一，可见修改闭包变量的需求有多么广泛。

示例代码如下：

```
1.  Func<int, int, int> func = (a, b) => a + b;
2.  Action act = () => { Console.WriteLine(DateTime.Now); };
```

3.4.7　表达式树

表达式树是 C#的独占功能。在表达式树的加持下，C#可以把代码变成表达了等价代码的数据结构。可以认为表达式树其实就是编译器在进行语义分析后生成的抽象语法树（Abstract Syntax Tree）的等价数据结构，而且这个表达式树有一个把自己编译成委托的成员方法，这可是货真价实的动态编译。不过设计这么个高级数据结构就为搞个动态编译未免也太大材小用了，很明显微软这是有所预谋啊。没错，正是新杀手锏功能的一片拼图。C/C++和 Java 均没有类似功能。

示例代码如下：

```
1.  Expression<Func<int, int, int>> exp = (a, b) => a + b;
2.
3.  ParameterExpression a = Expression.Parameter(typeof(int), "a");
4.  ParameterExpression b = Expression.Parameter(typeof(int), "b");
5.  BinaryExpression add = Expression.Add(a, b);
6.  Expression<Func<int, int, int>> lambda = Expression.Lambda<Func<int, int,
        int>>(add, new[] { a, b });
```

示例中的 exp 和 lambda 完全等效。exp 是由编译器自动解析表达式并转换为等价的 Expression。lambda 则是完全手写表达式，通过 Expression 的静态方法可以拼接出几乎所有类型的 C#语法节点。由于表达式树是一种高层次的语法结构，因此阅读和编写的心智负担是所有动态编译技术中较低的。同时因为表达式树也是强类型代码，类型安全性远高于动态编译源代码，因此可以大幅降低运行时发生错误的可能。

3.4.8　扩展方法

还记得 C# 2.0 的静态类吗？微软又开始玩花样了，这次基于静态类和静态方法设计了扩展方法。简单来说，扩展方法就是能用实例方法的语法进行调用的静态类中的静态方法。由于扩展方法不属于被扩展类的成员，因此扩展方法只能访问被扩展类的公共成员。定义方法也非常简单，在公有静态类的公共静态方法中，使用 this 关键字修饰第一个参数，那么这个方法就是扩展方法，使用 this 修饰的类型就是被扩展类型。你可能会想，那这没什么作用嘛。如果你真这么想就大错特错了，微软怎么可能突然搞这种莫名其妙的功能，肯定是在憋大招。这还是新杀手锏功能的一片拼图。

不过扩展方法实在是影响深远，早已超出了为新杀手锏功能铺路的级别。可以说如果没有扩展方法，现在很多开发者都快不会写代码了。随便一个对象点出来，很可能候选列表的一大半都是扩展方法，比正儿八经的成员方法还多，可见扩展方法是多么地无孔不入。

C/C++和 Java 没有类似功能，C#的想象力和整活能力一直是尤为令人称道的。

如果要找一个有类似效果的功能的语言来类比的话，go 语言的转发方法可能是相似度比较高的。在 go 语言中函数和保存数据用的结构体是相互独立、地位平等的，和面向对象思想的把数据和对数据的操作封装在一起的类形成了鲜明的对比。这种独立性在表达单纯的算法或者更接近数学定义的纯函数的时候就非常方便，不需要把函数装进多余的类中。但这个世界并不是非黑即白的，和数据紧密相关的函数使用类进行封装也是合情合理的。面对和数据紧密相关的函数的情况，go 语言设计了转发方法，用于把数据和函数关联在一起，使之能用实例方法的语法进行调用。

从中可以看出，go 语言的设计思想是数据和函数独立存在，然后在需要的时候使用转发方法进行关联。C#的核心思想是面向对象，数据和方法是强制封装在一起的，因此在语法上无法让方法独立存在。C# 2.0 的静态类在一定程度上缓解了不能准确表达纯算法函数的尴尬，例如基础数学库 Math 这个典型的静态类（在 C# 1.0 时代这个类本身不是静态的，但内部成员是静态的，静态成员是从 C++继承的功能）。数学上的函数和算法属于数学这个本就抽象的概念，实例化一个数学类的对象这种说法就很奇怪，因为你不能像说这个人那个人一样说这个数学那个数学。数学就是数学，是个不能量化、具象化的抽象概念。

　　go 语言的转发方法和数据之间是弱关联的，并不影响相互之间存在的独立性，C#的扩展方法也是这样。扩展方法存在于单独的静态类中，和被扩展的类型是相互独立的，可以方便地用于表达和数据存在弱关联的算法。和数据弱关联可以简单地理解为扩展方法所表达的算法只依赖类的公共成员。如果方法需要了解类内部的私有成员才能正常工作，那就变成强依赖了，定义成类的成员方法和数据封装在一起才是合理的。至于哪些成员应该对外公开，哪些成员应该内部隐藏，这就是另一个需要思考的问题了。由于 go 语言的成员访问控制级别并没有 C#复杂，因此 go 语言的访问限制问题不算严重。

　　C#利用扩展方法在一定程度上实现了数据和与数据弱关联的算法的分离，这种分离刚好也是符合软件设计原则中的组合优先原则的。之后在 C# 6.0 中增加静态导入功能后，静态类的静态方法在语法和视觉感觉层面上就和类在同等地位了。自此，C#的数据和算法拥有三种语法关系：和数据强关联的成员方法、和数据弱关联的扩展方法、和数据相互独立的静态方法。

　　在前端领域有一个大名鼎鼎的库叫作 jQuery，它的一大特点是链式编程，这种风格在表达对同一个目标按顺序执行多个操作的场景时非常好用。如果扩展方法返回被扩展的参数，也可以达到链式编程的效果。通过扩展方法可以在不修改类定义的情况下为类添加可链式调用的 API，把套娃式调用这种不符合人类的阅读习惯的代码修改为顺序调用这种符合人类阅读习惯的代码。这种代码修改会在编译时还原为一般的套娃式调用，对运行时性能几乎没有影响。如果相同的扩展方法被频繁调用，运行时还会尝试内联扩展方法，消除扩展方法产生的调用堆栈。

　　在经历了面向过程的 C 语言中数据和算法相互独立存在、之后的 C++、C#、Java 等面对象语言的数据和算法封装在一起后，go 语言又重新分离了数据和算法并单独提供用于关联数据和算法的功能。C#这个从面向对象起家的语言也在语法和视觉感受层面上提供了分离数据和算法的扩展方法功能。这可能就是历史的螺旋上升式发展吧。

　　示例代码如下：

```
1.  public static class MyClassExtensions
2.  {
3.      public static void Print(this MyClass myClass)
4.      {
5.          Console.WriteLine(myClass);
6.      }
7.  }
8.
9.  class Program
10. {
11.     public static void Main(string[] args)
12.     {
13.         var myClass = new MyClass(2.0) { A = 2, B = "abc" };
14.         myClass.Print();
15.         MyClassExtensions.Print(myClass);
16.     }
17. }
```

　　从示例中可以看出，扩展方法本质上还是静态方法，因此依然可以用普通的静态方法的语法进行调用。如果使用实例方法的语法进行调用，第一个参数就不用传递了。实例方法的语法经过编译后会还原为普通语法，其本质上是个语法糖。

3.4.9　LINQ（Language-Integrated Query）

　　集齐了所有碎片，C#的杀手锏功能 LINQ 终于横空出世。LINQ 一般翻译为语言集成查询。这是 C#的重大创新成果。LINQ 的面世经过周密的安排和巧妙的设计，不仅获得了重大突破，还为 C#留下了数不清的额外好处。

命令式编程语言有三大结构，分别为顺序、选择和循环，这已经是老生常谈了。其中循环有什么用途呢？对具有相同结构的数据进行批量处理是一大用途，但这种写法有很多缺陷。比如循环不一定是批量处理数据的，因此阅读代码时要先搞清楚循环的真实目的。接下来还要阅读代码来理解数据处理的规则，如果规则比较复杂很可能把人绕得晕头转向，这种状态下修改逻辑很容易犯错，甚至是那种很难发现的错。要论批量处理数据能力最强的是什么？一定非数据库莫属。但数据库的查询语言 SQL 从来不用写什么循环，只要写出要查询的列、查询的数据源和针对每条记录要应用的规则，最终结果就出来了。这里的关键是 SQL 只要自然地写出你想要查询的内容就好，而不必管数据库是怎么做到的。这明显比写一大堆半天看不出个所以然的循环来得要好。

微软经过深入思考，决定为 C#提供一个类似但更强大的功能，让开发者再也不用去写那些谁看见都头疼的循环。最终 LINQ 通过匿名类型和一系列配套功能解决了数据处理过程中会产生临时数据结构的问题；通过 Lambda 表达式使查询规则的定义变得及其快捷且容易理解；通过表达式树使得把 LINQ 查询翻译为支持外部数据源的形式变为可能，极大地拓展了 LINQ 的适用范围，使之真正配得上语言集成的大名；最后通过扩展方法把 LINQ 悄无声息地集成到了 C#的元老级底层接口 IEnumerable<T>上，还顺便为开发者为自己的需求扩展 LINQ 大开方便之门，可玩性瞬间飙升。例如 Entity Framework Core 中的 AsNoTracking 方法就是没有实现的空白扩展方法，其作用只是告诉查询分析器不要跟踪这个查询的结果以提高查询性能。使用扩展方法还有另一个目的：如果使用普通的静态方法语法进行调用，复杂的查询调用链一定会变成一个深度嵌套的调用块，这会严重影响代码可读性和编写便利性；使用扩展方法语法后，语法还原工作就转移到了编译器那里，编译器作为一个没有感情的机器，一定可以默默地承受这份不公。

LINQ to SQL 是一个 LINQ 应用于外部数据源的典型案例，后来逐渐发展成为 Entity Framework 和现在的 Entity Framework Core。LINQ to Object 可以用来直接处理内存中的可枚举集合。还有 LINQ to XML 和 LINQ to JSON 等各种五花八门的扩展应用。凡是使用过 LINQ 的都对其赞誉有加。

Java 在 8.0 版本终于还是真香了，带来了低配版的 LINQ，叫作 Stream。由于 Java 没有匿名类型，在复杂结构中使用 Stream 的大部分时间都在定义各种中间过程用的临时数据结构中度过。再加上 Java 源代码一个文件只准有一个公共类的规定，导致代码文件瞬间爆炸，使用体验一落千丈，完全没有使用 LINQ 时的那种丝滑流畅的感觉。

又因为 Java 没有表达式树，Stream 只能处理内存数据，导致适用范围瞬间缩水。这也是为什么 Java 的 ORM 组件又是专用查询语言（例如 Hibernate 的 HQL），又是在 XML 里穿插 SQL（例如 My Batis）的原因所在。没有扩展方法，又不直接扩展底层接口，导致 Stream 无法集成到已有的基础接口，使用前必须先转换一次，且只能使用类库提供的功能，毫无定制扩展能力。

LINQ 兑现了自己简洁优雅的设定示例代码如下：

```
1.  var array = Enumerable.Range(0, 100);
2.  var step1 = array.Where(x => x % 2 == 0)
3.      .Select(x => new { Number = x, Square = x * x });
4.  var step2 = array.Where(x => x % 2 != 0)
5.      .Select(x => new { Number = x, Cube = x * x * x });
6.  var result = from x in array
7.              join y in step1 on x equals y.Number into grouping1
8.              from g1 in grouping1.DefaultIfEmpty()
9.              join z in step2 on x equals z.Number into grouping2
10.             from g2 in grouping2.DefaultIfEmpty()
11.             let square = g1 != null ? (int?)g1.Square : null
12.             let cube = g2 != null ? (int?)g2.Cube : null
13.             select new { Number = x, Square = square, Cube = cube };
14. var list = result.ToList();
```

示例展示了生成从 0 到 99 中所有偶数的平方和奇数的立方，然后保存到匿名类型，最后合并到另一个匿名类型的集合。可以看到，LINQ 包含方法调用和类 SQL 两种风格的代码，并且可以混合使用。类 SQL 风格的代码最终会被编译成方法调用。示例中的 let 子句用于定义后面的查询中可用的临时变量，使用得当可以简化代码并提高代码可读性。

在 ToList 之前的代码仅仅是定义了数据处理的规则，直到 ToList 才开始执行数据处理，因此 LINQ 天生具有延迟处理的能力。LINQ 同 Java 的 Stream 一样也是流式处理，因此在绝大多数情况下 LINQ 的性能和资源消耗要比手写循环好。LINQ 有一个并行扩展，可以轻松转换成并行处理优化多核性能，还可以轻松控制并行度。

流式、管道处理具有栈的特点（之后要介绍的 ASP.NET Core 的中间件管道部分会再次体现），因此代码基本上是方法调用的层层嵌套。但是栈的特点严重违背人的思维模式，因此代码可读性会随嵌套层数的提高而下降。LINQ 的所有方法本质上都是静态方法，如果没有特殊手段，LINQ 代码会退化成难以阅读和编写的方法嵌套调用。扩展方法语法把嵌套调用转换为链式调用完美解决了这个问题。

数据处理是一种应用广泛的特定领域，专门设计领域特定语言是值得的。SQL 是经过时间洗礼的成功语言，数据库系统用查询编译器对接到底层，在 C#中，语言编译器承担了这个功能并提供了更灵活的方案。

3.5 C# 4.0

C# 4.0 和.NET Framework 4.0 一起推出，.NET Framework 4.0 又是一次运行时大升级，同样是不兼容升级，同样是可以和 2.0 运行时共存。直到.NET Core 1.0 诞生，.NET Framework 4.x 将不再继续添加新功能。

3.5.1 动态绑定

动态绑定构建于 CLR（Common Language Runtime，公共语言运行时）4.0 的子系统 DLR（Dynamic Language Runtime，动态语言运行时）。动态绑定赋予了 C#写出类似 JavaScript 的动态代码的能力，使用 dynamic 关键字定义的变量可以随时赋值为任何对象。如果把 dynamic 变量赋值为 ExpandoObject 类型的对象，甚至可以动态为对象添加属性。高度的动态灵活是需要付出代价的，VS 无法提供智能提示，编译器也无法静态检查错误，一切问题都会延迟到运行时暴露，因此使用时必须非常谨慎。C/C++和 Java 均没有类似功能。

示例代码如下：

```
1.    dynamic a = 1;
2.    a = "1";
3.
4.    dynamic b = new ExpandoObject();
5.    b.Number = 1;
6.    b.String = "1";
```

ExpandoObject 类只是 C#的预定义简单动态类型，只能实现动态属性，如果自定义动态类型，可以实现更多高级功能。动态编程相比传统编程有较大的性能损失，因为大量安全检查和绑定工作只能在运行时进行，因此动态编程一般用在需求变化频繁的 Web 前端（此处的前端是指与用户或外部系统交互的最外层界面，是不确定性最高的位置）、和其他编程语言开发的系统进行交互（如 COM 组件、Office 二次开发接口等）等场景。

3.5.2 可选参数和命名参数

在方法定义中，一些参数可能经常使用某一个值，这样的参数可能还有好几个。可选参数可以在定义时直接指定调用时不传参数应该使用的默认值；命名参数可以在传参数时不按照定义的顺序，这在为不连续使用可选参数时提供了方便。在普通参数中使用命名参数可以在一定程度上提高代码的可读性，特别是参数类型为 bool、int 等基本类型时。使用方法也很简单，在参数值前写参数名和"："。如果使用 Visual Studio 2022，修改设置后可以让代码编辑器显示参数名。

可选参数和方法重载都能实现相同的目的，并且方法重载具有二进制代码兼容性，因此微软推荐优先考虑使用方法重载。

C++有可选参数功能，称为参数默认值，没有命名参数功能。Java 没有可选参数和命名参数功能，但是 IDEA 的编辑器支持显示参数名（只影响编辑器的显示效果，不影响源代码文件的内容）。

示例代码如下：

```
1.   class Program
2.   {
3.       public static void MyMethod(int arg1, double arg2, bool arg3 = false,
          string arg4 = "abc") { }
4.       public static void Main(string[] args)
5.       {
6.           MyMethod(arg1: 1, arg2: 2.1, arg4: "xyz");
7.       }
8.   }
```

示例使用命名参数和可选参数跳过了对 arg3 的传参，由于 arg1 和 arg2 在参数顺序上符合方法定义，因此可以省略不写。

3.5.3　嵌入的互操作类型

COM 组件是 Windows 的一大特色，从 C# 4.0 开始，允许托管程序集直接嵌入 COM 互操作信息。但是 COM 是 Windows 的独占功能，因此需要跨平台的.NET 框架会尽可能地避免使用 COM，除非明确知道这个调用仅需要支持 Windows。.NET Framework 项目可以在项目属性中选择自动生成兼容 COM 组件的程序集。

3.5.4　泛型的协变和逆变

协变和逆变的相关内容已经在 C# 2.0 版（3.3.2 节）中进行了详细介绍，在此不再赘述。此次更新的主要亮点是协变和逆变的支持从数组和委托扩展到泛型接口和泛型委托。

示例代码如下：

```
1.   public interface IMyInterface<T>
2.   {
3.       void Method1(T t);
4.       T Method2();
5.       T Method3(T t);
6.   }
7.
8.   public interface IIn1<in T>
9.   {
10.      void Method1(T t);
11.      void Method2(IOut1<T> t);
12.      IIn2<T> Method3();
13.  }
14.
15.  public interface IIn2<in T> { }
16.
17.  public interface IOut1<out T>
18.  {
19.      T Method1();
```

```
20.        void Method2(IIn1<T> t);
21.        IOut2<T> Method3();
22.    }
23.
24.    public interface IOut2<out T> { }
```

从示例中可以看出，当 in 和 out 修饰符在多个接口中混合使用时，类型参数的出现位置可能反转，需要注意理解在 3.3.2 节中介绍的协变和逆变的类型兼容的基本原则。

3.6　C# 5.0

C# 5.0 的新功能不多，但却是突破性的、少数能达到 C# 3.0 水准的高质量更新。

3.6.1　调用方信息特性

这个功能方便了从运行时为方法或参数传入特定信息，属于小技巧级别。本来是为了方便 WPF 的属性变更和通知，但是这种方便并不具备质变的优势，最后实际上也没什么人用。倒是框架开发团队用来做调试信息跟踪的比较多。

3.6.2　异步成员

异步成员是 C# 5.0 的重磅更新，是基于任务的异步编程模型。微软为此专门准备了 Task、Task<TResult>和一系列相关类型，同时添加了 async 和 await 两个关键字。从此为了实现高性能的异步调用而必须编写回调这样的地狱似历史一去不复返，使用这两个关键字可以用传统同步代码的写法写出高性能的异步调用。编译器替我们完成了回调的注册和复杂的流程控制。Task 支持协作式取消、返回值获取和异常捕获等高级功能，因此它甚至比原始的多线程还好用。

需要注意的是，异步成员的内核是纯 C#语法和配套的基础类库，是否真的会在多线程状态下运行完全取决于 Task 的实现和内部依赖。异步成员的性能提高点主要在于高并发和密集 I/O 依赖，这刚好符合大多数 Web 应用的情况。多用户的同时访问，不同用户的请求之间一般不存在路径依赖，可以并发处理。Web 应用一般是信息管理系统，是密集 I/O 依赖。这种情况下使用异步成员可以让.NET 框架在符合业务流程顺序的情况下自动管理 CPU 和 I/O 资源的调度，最大化资源利用率。

go 语言的协程和 C# 5.0 的异步成员有异曲同工之妙；go 语言使用自己的框架内部实现和配套的特殊语法解决了异步和并发的编码难题；C#使用新语法、基础类库和线程配合解决了异步和并发的编码难题。这个语法后来也被 Python 和 JavaScript 采纳。go 语言的协程支持百万级并发，C#的异步也支持。不过 go 语言的高并发建立在恐怖的内存消耗上，并且并发结束后不会释放占用的内存给操作系统（用于给后续的协程用，避免多次分配内存，但如果后续的协程并发度长期减少，会导致 go 运行时占着内存不用也不释放，到底是好是坏只能说见仁见智），C#异步的内存消耗明显低于 go 语言的协程，且会在适当的时机释放内存。由于这些特点，go 语言的协程拥有平均两倍于 C#异步的性能。但从 C#的内存消耗极低这点来看 C#异步的资源调度和管理能力是非常优秀的。

go 语言原本是谷歌为自身的需求量身打造的，因此其中的很多设定和基本假设都以服务器应用为准。C#必须同时为零售客户端和服务器端应用提供服务，因此 C#与 go 语言之间存在差异，在内存管理问题上的策略就是个非常明显的区别。Java 没有类似功能。C++有简化版的 async 功能。

示例代码如下：

```csharp
using System.Threading;
using System.Threading.Tasks;

namespace Example
{
    class Program
    {
        public static async Task<int> MyMethod1(CancellationToken token)
        {
            if (token.IsCancellationRequested) return 0;
            await MyMethod2();
            return 1;
        }

        public static Task MyMethod2()
        {
            Task.Delay(1000).Wait();
            return Task.CompletedTask;
        }

        public static void Main(string[] args)
        {
            var tokenSource = new CancellationTokenSource();
            var a = MyMethod1(tokenSource.Token).GetAwaiter().GetResult();
            tokenSource.Cancel();
            var b = MyMethod1(tokenSource.Token).GetAwaiter().GetResult();
        }
    }
}
```

示例中的 MyMethod1 是带返回值的异步方法，会在等待 MyMethod2 返回后再返回。可以等待的方法对其返回类型包含的要求是：有一个名为 GetAwaiter 的非泛型、无参数、可访问的实例或扩展方法，并且其返回类型包含以下要求：

- 实现 System.Runtime.CompilerServices.INotifyCompletion 接口。
- 具有名为 IsCompleted 的可访问、可读的 bool 类型属性。
- 具有名为 GetResult 的非泛型、无参数、可访问的实例方法。

Task 是微软为开发者准备的符合要求的内置类型，因为合理实现这些要求的难度并不小，这些实现本身也具有较高的通用性，没必要让应用开发者自行实现，因此采用内置官方实现，这也有利于后期维护和保持基础生态的一致性。

异步成员的精髓在于使在高可读性的条件下编写存在路径依赖的并发代码变成可能，大幅降低了并发编程的成本。

3.7　C# 6.0

在之前的版本中微软推出了大量深刻改变了 C#的语言功能，已经进入成熟期的 C#很难再维持这样的创新力度，进入了比较稳定的时期。这段时期 C#的主要关注点转变为如何使 C#的编码效率更高。

3.7.1　静态导入

引用命名空间是大多数现代编程语言都具有的功能，有些语言如 Java 和 Python 等称之为导入包。C# 2.0 增加了静态类后就有一个问题，每次调用静态类的方法都要写类名，还是很啰嗦，例如使用 Console 和 Math 类。为此增加了静态导入功能，可以把静态类当作命名空间进行引用，之后在调用里面的静态方法时就不用再写类名了，进一步简化了编码。C/C++和 Java 都没有类似功能。

示例代码如下：

```csharp
1.  using static System.Console;
2.  using static System.Math;
3.
4.  namespace Example
5.  {
6.      class Program
7.      {
8.          public static void Main(string[] args)
9.          {
10.             // 省略静态类的类名后，代码量显著减少
11.             WriteLine(Sin(PI));
12.             // 原始写法
13.             Console.WriteLine(Math.Sin(Math.PI));
14.         }
15.     }
16. }
```

3.7.2　异常筛选器

C# 7.0 增加了模式匹配这个函数式编程语言的功能，不过，其实在 6.0 时代微软就已经开始了第一步，只不过应用范围非常有限，这就是异常。异常筛选器使用 when 关键字在进入 catch 块之前追加一次筛选，可以根据异常的详细内容决定是否进入 catch 块。曾经的多 catch 块只能为不同的异常类型准备，有了异常筛选器，可以根据异常内部的属性值进行更精细的筛选，因此可以对相同类型的异常编写多个 catch 块，同时 catch 块的先后顺序开始变得重要。

示例代码如下：

```csharp
1.  public static void Main(string[] args)
2.  {
3.      try
4.      {
5.          throw new Exception(new Random().Next(0,10).ToString());
6.      }
7.      // 捕获相同类型的异常时，如果多个筛选器都能匹配成功，会进入先定义的 catch 块
8.      catch(Exception ex) when(ex.Message == "5") { }
9.      catch(Exception ex) when(ex.Message == "7") { }
10. }
```

3.7.3　表达式体成员

Lambda 表达式写法在简洁性上有显著优势，微软不希望只有委托能享受，因此决定允许在成员方法的定义中使用 Lambda 表达式语法。示例如下：

```csharp
public static void Main(string[] args) => Console.WriteLine("Hello World");
```

这种语法有一个限制，只允许在成员只有一个语句时使用，因此也不允许使用大括号包裹语句。如果方法有返回值，这个语句的值会自动作为返回值使用，无须也不允许使用 return 关键字。

3.7.4 自动属性初始化表达式

这个功能允许在定义自动属性时顺便使用 Lambda 表达式语法定义初始化代码，初始化代码最终会编译为构造函数的一部分。

示例代码如下：

```
1.  class Program
2.  {
3.      public int MyProperty { get; } = 10;
4.  }
```

3.7.5 索引初始化器

在匿名类型中介绍过对象初始化器，C#这次增加了索引初始化器，在定义 Dictionary<TKey, TValue> 对象时也可以使用初始化语法了。

示例代码如下：

```
1.  public static void Main(string[] args)
2.  {
3.      var dict = new Dictionary<int, string>
4.      {
5.          [1] = "1",
6.          [2] = "2"
7.      };
8.  }
```

Java 的初始化器会由编译器生成新的类型来实现功能，在部分情况下可能造成性能下降甚至内存泄漏。C#的初始化器只是对实现该功能的已有的成员方法调用的语法糖，不会产生任何负面效果。

3.7.6 null 引用传播运算符

在访问嵌套的对象成员时，为了避免成员为 null 引起异常，通常都要使用 if 语句层层判断。这种判断代码会随着嵌套深度的加深迅速膨胀，如果对象的类型定义发生修改，可能导致判断代码的大规模修改，这完全是场灾难。为了解决这个问题，C#增加了 null 引用传播运算符，用法也非常简单，在字段、属性或索引访问符之前增加一个问号。如果访问成员时成员的值为 null，会停止后续访问并直接返回 null。从此彻底消灭了嵌套成员访问判断代码的情况。如果在调用委托时使用这个语法还可以避免调用空委托，编译器会在此处自动创建委托副本，避免在多线程环境下可能发生的判断成功后被其他线程置空的问题。这个语法通过编译器帮开发者保证了委托的线程安全性，简直是无本万利。

Java 在 Java 8 增加了 Optional<T> 类型用于表示其值可能为 null 的类型包装器，同时允许传入委托表示在各种情况下要执行的代码，但也仅能隔靴搔痒，还可能间接导致回调嵌套，反而破坏了流程的可读性。如果使用 Optional<T> 类型，所有使用源类型的代码都必须同步修改，工程量浩大；如果使用的是第三方库，则根本无法修改代码。更严重的问题是 Optional<T> 本身也是一种类型，如果开发者不小心直接把 Optional<T> 的变量赋值为 null，那该怎么办？Optional<T> 的非 null 只是一种约定，并不具备强制性保证，指望广大开发者不会出错根本不可能。这个解决方案怎么看都无法像 C#一样从根本上彻底解决问题。

示例代码如下：

```
1.   public struct MyStruct
2.   {
3.       public string Text { get; set; }
4.   }
5.
6.   public class MyClass
7.   {
8.       public MyStruct[] Array { get; set; }
9.       public Action Action { get; set; }
10.
11.  }
12.  class Program
13.  {
14.      public static void Main(string[] args)
15.      {
16.          var obj = new MyClass();
17.          var value = obj.Array?[0].Text?[0];
18.          obj.Action?.Invoke();
19.      }
20.  }
```

示例中因为 obj 不可能为 null，因此成员访问无须加问号。MyStruct 数组是类的实例，可能为 null，需要加问号，但是其中的元素是结构体，不可能为 null，因此访问成员无须加问号。Action 则是借助问号完成以线程安全的方式尝试调用委托。

3.7.7　字符串内插

在使用模板字符串时，如果模板有较多占位符，模板字符串的编写就是一个麻烦，很容易搞错占位符和内容的对应关系。既然如此，直接把内容放在占位符的位置不就可以了吗？微软也是这么想的，为此增加了字符串内插功能，只要在普通字符串模板的左引号前加"$"即可，花括号中的占位数字可以直接替换为任意 C#表达式（这里请注意，表达式是一定会返回值的，语句不返回值）。字符串内插还可以和原始字符字面量同时使用。

示例代码如下：

```
1.   Console.WriteLine("这里{3}那里{1}然后{2}最后{1}", null, "1", "2", "3");
2.   Console.WriteLine($"这里{"3"}那里{"1"}然后{"2"}最后{"1"}");
```

示例中的占位符并未使用编号 0，因此传递 null 是不会出问题的，编号 3 在最开始出现，编号 1 出现了两次。

虽然这个示例比较极端，但很好地反映了这种方式的问题，特别是在模板字符串变复杂的情况下，编号出现顺序颠倒、跳跃、重复使用等都会影响对最终结果的预估导致调试难度大增。字符串内插可以轻松解决这类问题，因为要插入的内容直接出现在要插入的位置，不用数来数去，编写的时候也不用翻来覆去看几遍。如果遇到相同内容需要重复使用的情况，把内容提前存入变量后在内插位置引用变量即可，并不影响便利性。

如果使用字符串内插，还可以轻松控制内插字符串的格式，完整的内插字符串表达式结构如下：

```
{<字符串表达式>[,<对齐方式>][:<格式控制串>]}
```

对齐方式是一个整数，正数代表右对齐，负数代表左对齐，如果对齐字数超过字符串的长度则使用空格填充。格式控制串遵守 string.Format 方法的规则。有关格式控制串的详细信息请参阅官方文档。

使用时需要注意以下几点：

- 冒号和格式控制串必须紧接在一起，中间不能有任何多余字符。

- 字符串内插的冒号用于指示格式控制串，和三元条件运算符的冒号冲突，因此三元条件表达式必须用一对括号括起来。

例如：

```
string hexStr = $"{(true ? 123 : 456), -7 :X00}";
```

C/C++和 Java 没有类似功能。

3.7.8　nameof 运算符

使用 nameof 运算符可以方便地获得类型、变量、方法等的字符串名称，但是要注意，获得的并非完全限定名，而是最简名称（可以简单认为是完全限定名中最后一个点之后的部分）。这个运算符是编译时运算符，因此可以看作字符串常量，同样因此必须使用可以在编译时确定的表达式，像泛型的类型占位符这种运行时才能确定实际类型的表达式是不能使用的。示例如下：

```
Console.WriteLine($"int的完全限定名是{typeof(int).FullName},最简名称是{nameof(Int32)}");
```

nameof 运算符不能使用内置类型的别名关键字，只能用本名。示例传递的是类型名，其实也可以传递对象实例并访问内部成员，因为对象实例也是编译时即可确定类型的。

3.7.9　catch 和 finally 块中的 await

C# 5.0 增加异步语法后大幅简化了异步代码的编写，但是异步代码依然存在一些限制，无法在 catch 和 finally 块中使用 await，C# 6.0 更新编译器后解除了这个限制。

3.7.10　Roslyn

虽然这不是 C#的语言功能，但这是同期推出的重要功能，从此开始，C#的编译器也是使用 C#编写的。既然编译器也是.NET 托管程序集，.NET 应用就可以引用并访问编译器的各种 API，完成动态编译和各种代码分析功能。早期动态编译技术最多只能传递源代码，然后获取编译后的程序集，因为编译器是用 C++写的。现在利用 Roslyn API 可以获取词法分析、语法分析、语义分析等各个阶段的结果进行精细分析、定向改造。C#的动态扩展能力再上一层楼。从 VS Code 和 VS 2017 开始，智能提示、纠错、重构功能和各种个性化代码分析扩展也由 Roslyn 提供底层支持。当然，把 C#当作脚本语言也成为可能，虽然在早期有第三方的脚本引擎实现，但是 Roslyn 出现后便一统天下，并且在功能丰富性、使用便利性、语法支持更新等方面处于绝对领先的地位。

示例代码如下：

```
1.   using System;
2.   using System.IO;
3.   using System.LINQ;
4.   using System.Reflection;
5.   using System.Threading.Tasks;
6.   using Microsoft.CodeAnalysis;
7.   using Microsoft.CodeAnalysis.CSharp;
8.   using Microsoft.CodeAnalysis.CSharp.Scripting;
9.   using Microsoft.CodeAnalysis.Scripting;
10.
11.  namespace Example
12.  {
13.      public class Globals
14.      {
15.          public int X;
```

```csharp
16.            public int Y;
17.        }
18.
19.        class Program
20.        {
21.            static async Task Main(string[] args)
22.            {
23.                // 执行表达式，返回强类型结果
24.                int result = await CSharpScript.EvaluateAsync<int>("1 + 2");
25.                Console.WriteLine("1 + 2 = " + result);
26.
27.                // 处理编译错误
28.                try
29.                {
30.                    Console.WriteLine(await CSharpScript.EvaluateAsync("2 +"));
31.                }
32.                catch (CompilationErrorException e)
33.                {
34.                    Console.WriteLine("2 + : " + string.Join(Environment.NewLine,
                        e.Diagnostics));
35.                }
36.
37.                // 添加程序集引用
38.                var result1 = await CSharpScript.EvaluateAsync("System.Net.Dns.GetHostName()",
39.                    ScriptOptions.Default.WithReferences(typeof(System.Net.Dns).Assembly));
40.                Console.WriteLine("System.Net.Dns.GetHostName() : " + result1);
41.
42.                // 导入命名空间 using
43.                var result2 = await CSharpScript.EvaluateAsync("Directory.GetCurrentDirectory()",
44.                    ScriptOptions.Default.WithImports("System.IO"));
45.                Console.WriteLine("Directory.GetCurrentDirectory() : " + result2);
46.
47.                // 导入静态类型 using static
48.                var result3 = await CSharpScript.EvaluateAsync("Sqrt(2)",
49.                    ScriptOptions.Default.WithImports("System.Math"));
50.                Console.WriteLine("Sqrt(2) : " + result3);
51.
52.                // 参数化脚本
53.                var globals = new Globals {X = 1, Y = 2};
54.                Console.WriteLine("X + Y : " + await CSharpScript.
                    EvaluateAsync<int>("X + Y", globals: globals));
55.
56.                // 编译缓存并多次执行脚本
57.                var script = CSharpScript.Create<int>("X * Y", globalsType: typeof(Globals));
58.                script.Compile();
59.                for (int i = 0; i < 10; i++)
60.                {
61.                    Console.WriteLine("No." + (i + 1) + " : X * Y = " + (await
                        script.RunAsync(new Globals { X = i, Y = i })).ReturnValue);
62.                }
63.
64.                // 编译脚本为委托
65.                script = CSharpScript.Create<int>("X / Y", globalsType: typeof(Globals));
66.                ScriptRunner<int> runner = script.CreateDelegate();
67.                for (int i = 1; i < 11; i++)
68.                {
69.                    Console.WriteLine("No." + (i + 1) + " : X / Y = " + await runner(new
                        Globals { X = new Random().Next(1,i), Y = new Random().Next(1, i) }));
70.                }
71.
72.                // 运行脚本片段并检查已定义的变量
73.                var state = await CSharpScript.RunAsync<int>("int answer = 42;");
```

```csharp
74.         foreach (var variable in state.Variables)
75.             Console.WriteLine($"{variable.Name} = {variable.Value} of type
                {variable.Type}");
76.
77.         // 连接多个片段为一个脚本
78.         var script1 = CSharpScript
79.             .Create<int>("int x = 1;")
80.             .ContinueWith("int y = 2;")
81.             .ContinueWith("x + y;");
82.         Console.WriteLine("x + y : " + (await script1.RunAsync()).ReturnValue);
83.
84.         // 获取编译器对象以访问所有 Roslyn API
85.         var compilation = script1.GetCompilation();
86.
87.         // 从之前的状态继续执行脚本
88.         var state1 = await CSharpScript.RunAsync("int x = 1;");
89.         state1 = await state1.ContinueWithAsync("int y = 2;");
90.         state1 = await state1.ContinueWithAsync("x + y");
91.         Console.WriteLine("x + y = " + state1.ReturnValue);
92.
93.         // 读取代码文件并执行编译
94.         var file = @"C:\Users\Administrator\source\repos\ConsoleApp1\
            ConsoleApp1\MyClass.cs";
95.         var originalText = File.ReadAllText(file);
96.         var syntaxTree = CSharpSyntaxTree.ParseText(originalText);// 获取语法树
97.         var type = CompileType("MyClass", syntaxTree);// 执行编译并获取类型
98.         var obj = Activator.CreateInstance(type);
99.     }
100.
101.    private static Type CompileType(string originalClassName, SyntaxTree
        syntaxTree)
102.    {
103.        // 指定编译选项
104.        var assemblyName = $"{originalClassName}.g";
105.        var compilation = CSharpCompilation.Create(assemblyName, new[]
            { syntaxTree },
106.            options: new CSharpCompilationOptions(OutputKind.
                DynamicallyLinkedLibrary))
107.            .AddReferences(
108.                // 把.NET 运行时载入的程序集都加入到引用
109.                // 加入引用是必要的,不然连 Object 类型都没有,肯定通不过编译
110.                AppDomain.CurrentDomain.GetAssemblies().Where(x=>!string.
                    IsNullOrEmpty(x.Location)).Select(x =>
                    MetadataReference.CreateFromFile(x.Location)));
111.
112.        // 编译到内存流中
113.        using (var ms = new MemoryStream())
114.        {
115.            var result = compilation.Emit(ms);
116.
117.            if (result.Success)
118.            {
119.                ms.Seek(0, SeekOrigin.Begin);
120.                var assembly = Assembly.Load(ms.ToArray());
121.                return assembly.GetTypes().First(x => x.Name ==
                    originalClassName);
122.            }
123.            throw new Exception(string.Join(Environment.NewLine,
                result.Diagnostics));
124.        }
125.    }
126. }
127.}
```

如果希望能正常编译以上代码,需要安装 NuGet 包 Microsoft.CodeAnalysis.CSharp.Scripting。

本示例为了简化代码结构突出重点内容,提前使用了 C# 7.1 的新语法——异步主函数(Roslyn API 几乎都是异步 API)。

3.8 C# 7.0

从 C# 7.0 开始正式进入.NET Core 的时代,因此很多新语言功能不再兼容.NET Framework,或就算能正常编译运行也无法享受.NET Core 独占的优化,.NET 平台的统一之路就此开始。

3.8.1 out 变量

out 变量是从 C# 1.0 开始就有的古老功能了,但是使用方式却一直没有改变,需要提前准备一个变量用来接收输出的值。C# 7.0 改进了语法,允许在调用带有 out 变量的方法时内联声明变量,使语法得到了简化,使用也更方便了。这个功能是编译器语法糖,由编译器在内部帮开发者把代码还原为先声明变量再正常传参。

out、in 和 ref 变量本质上是一种指针,因此这种变量可以在方法内直接修改并把值保留到方法外。注意 in 和 out 关键字在协变和逆变中有不同的涵义。ref 关键字在之后也得到了增强。C/C++ 和 Java 没有类似功能,C++直接用指针即可。

示例代码如下:

```
1.   if(int.TryParse(Console.ReadLine(), out var number))
2.       Console.WriteLine(number);
3.   else
4.       Console.WriteLine("输入的不是有效整数。");
```

示例中的 number 是在调用 TryParse 方法时内联声明的。示例中 if/else 语句块的语句只有一句,可以省略花括号。但在实际开发中不推荐这么写,因为在后期修改为多语句代码块时容易忘记补花括号。

3.8.2 元组、解构和弃元

元组类型在更早的版本就已经提供了,但使用率一直很低,主要原因就是没有专用语法的支持,无法体现出元组在简化代码中的作用。C# 7.0 为元组准备了一组专门的语法,使其真正成为一种简单易用的功能,极大地简化了多返回值函数和简单数据包的定义。

元组的解构是使用方便的重要保证,简化了把数据包拆解为零散数据的方式,C#也提供了语法上的支持,对于不想关心的部分数据,可以直接使用弃元轻松抛弃。C/C++和 Java 有元组这种数据类型,但没有类似的语法支持。

示例代码如下:

```
1.   public static (int quotient, int remainder) Divide(int numerator, int denominator)
        => (numerator / denominator, numerator % denominator);
2.
3.   public static void Main(string[] args)
4.   {
5.       var (quotient, _) = Divide(10, 3);
6.       Console.WriteLine(quotient);
7.   }
```

代码解析:

1)示例中的 Divide 方法实际上是返回 ValueTuple<int, int>类型的对象,但是看起来像是返回了散装的两个数,通过元组元素的命名还能轻松了解各个元素的意思,这种圆括号语法就是元组的快速定义语法。

2)使用 C# 6.0 的表达式体成员定义了一句话方法体,同样用圆括号语法快速实例化了一个返回值对象。调用方法处使用同样的圆括号语法接收了返回值,在这里,圆括号语法变成了解构,接收返回值,拆散后分别放进两个变量。用于接收的第二个变量就是弃元,用下画线声明,可以告知编译器"我不关心、接下来也用不到这个值,请把它丢掉"。

3)接收返回值前的 var 关键字表明接收值用的所有变量都是新声明的。这里使用 var 关键字可以避免解构用到的变量类型不相同导致填写任何具体类型名都不对的问题。

目前有很多新编程语言都提供了多返回值函数的功能,也在一定程度上反映了多返回值的需求确实不小。虽然 C#已经不能推倒重来进行支持,但是通过元组进行了语法和观感上的支持。out 参数其实就是 C#早期支持多返回值的一种方式。

3.8.3 模式匹配

从引入 Lambda 表达式开始,C#就不再是纯粹的面向对象语言了。但此后在继续引入其他范式的编程语言功能时明显放缓了脚步。C# 7.0 再次开始引入函数式编程语言的功能,即模式匹配。不过由于模式匹配的强大和复杂,一次性完成引入不太现实,因此 C#在之后版本里持续加强模式匹配。

在 C# 7.0 中首先加强了 is 关键字和 switch 关键字,在其中引入了简单的模式匹配功能,使用 when 子句让 switch 语句一样可以进行变量比较而不仅仅是常量匹配。在此基础上,模式匹配语法还允许在匹配成功后把匹配的对象顺便放进临时变量以方便后续的使用。在使用模式匹配后,switch 的 case 块的顺序将会变得很重要,不能再按随意的顺序写代码。

1. 常量模式

待匹配的对象是否和给定常量相等,和原始的 switch 基本一致。

示例代码如下:

```
1.  object o = null;
2.  if (o is "text") Console.WriteLine(o);
3.
4.  switch (o)
5.  {
6.      case "text" when o.Equals(null):
7.          Console.WriteLine(o);
8.          break;
9.  }
```

2. 类型模式

待匹配的对象是否和给定类型兼容,并顺便赋值给临时创建的局部变量方便使用或接续 when 子句进行附加条件判断。

示例代码如下:

```
1.  object o = null;
2.  if (o is string s) Console.WriteLine(s);
3.
4.  switch (o)
5.  {
6.      case string s when s.Equals(null):
7.          Console.WriteLine(s);
8.          break;
9.  }
```

Java 从 14 开始引入了类型模式。

3. null 模式

待匹配的对象是否等于 null。

示例代码如下：

```
1.  object o = null;
2.  if (o is null) ;
3.
4.  switch (o)
5.  {
6.      case null:
7.          break;
8.  }
```

4. 弃元模式

匹配任何值，但不打算在之后使用，可以使用弃元来表示。

示例代码如下：

```
1.  object o = null;
2.  if (o is string _) Console.WriteLine(o);
3.
4.  switch (o)
5.  {
6.      case string _:
7.          Console.WriteLine(o);
8.          break;
9.  }
```

5. 默认模式

所有之前的匹配都失败后兜底用的。

示例代码如下：

```
1.  object o = null;
2.
3.  switch (o)
4.  {
5.      default:
6.          break;
7.  }
```

> **提 示**
>
> 以上示例并无实际意义，仅为展示语法并确保无编译错误。

3.8.4 本地函数

有些时候一个函数的流程可能比较复杂，如果拆分为多个成员函数的组合可以明显降低编码复杂度、提高代码复用性。但这会产生一个问题，这些单纯为一个成员方法服务的局部辅助函数会污染类的定义。为了解决重构导致类中出现类本身不需要的辅助函数的问题，C# 7.0 增加了本地函数功能，可以在函数中定义函数，定义的函数只对上层函数可见，语法上不直接属于类的成员，但能访问上层函数的局部变量，明确表明了这是专用的辅助函数。编译后本质上是类的私有方法，但在编写代码时只有在定义了本地函数的方法中会出现在智能提示框里，能有效减少对开发者的干扰。因为本地函数是隐式私有的，所以禁止使用访问修饰符。

示例代码如下：

```
1.  public static void Main(string[] args)
2.  {
```

```
3.      var str = "text";
4.      MyLocalMethod();
5.      void MyLocalMethod() { Console.WriteLine(str); };
6.  }
```

3.8.5　表达式体成员增强

C# 6.0 允许使用 Lambda 表达式语法定义成员方法（包括本地函数），现在追加允许构造函数、终结器和属性使用 Lambda 表达式语法定义。限制同样是只允许出现一个语句，禁止使用花括号包裹语句。这个功能是由社区成员开发并贡献给.NET 基金会的。

3.8.6　二进制文本和数字分隔符

C# 7.0 为编写更容易阅读的数字增加了二进制文本和数字分隔符功能。使用下画线分隔和分组数字，但是不能在开头处使用。同时增加了二进制字面量支持。至此，可以使用十、十六和二进制字面量定义整数，十六进制使用的前缀为"0x"，二进制使用的前缀为"0b"。

示例代码如下：

```
1.  int dec = 123_456;
2.  int hex = 0xAB_CD_EF;
3.  int bin = 0b1010_1011_1100;
```

3.8.7　throw 表达式

throw 曾经只是语句，很多时候会导致代码的编写烦琐。因此 C# 7.0 增加了 throw 表达式功能，大幅简化了可能需要抛出异常的代码。现在几乎可以在任何需要的地方直接抛出异常而无须把连贯的表达式换成冗长的多个语句。

示例代码如下：

```
1.  var str = "text";
2.  str = str?.Length > 3 ? str : throw new Exception("字数太少。");
```

3.8.8　ref 局部变量和返回值

这个功能允许使用 ref 局部变量并作为方法的返回值，这有点类似在 C/C++中使用指针和把指针作为函数的返回值，对于需要在多个方法中直接操作同一个对象以提升性能的场景非常实用，特别是对于结构体而言，能减少大量深拷贝传递以提升性能，也为通过引用绕过深拷贝直接操作同一个结构体对象提供了一个渠道。

示例代码如下：

```
1.  public static ref int FindFirst(int number, int[] numbers)
2.  {
3.      for (int i = 0; i < numbers.Length; i++)
4.      {
5.          if (numbers[i] == number)
6.          {
7.              return ref numbers[i]; // 返回元素的引用（指针）
8.          }
9.      }
10.     throw new Exception($"没有找到数字 {number}。");
11. }
```

```
12.
13.     public static void Main(string[] args)
14.     {
15.         int[] array = { 1, 2, 3, 4, 3 };
16.         ref int number = ref FindFirst(3, array); // 在数组中查找第一个 3 并获取引用
17.         number = 5; // 注意，这里通过隐式引用（指针寻址）直接替换了数组元素，
                现在数组已经变成了{ 1, 2, 5, 4, 3 }
18.     }
```

为了确保代码的安全性，这个功能有以下限制：

- 只能返回"可以安全返回"的引用。例如从传入参数中提取的引用可以安全返回，而从方法内部声明的本地变量提取的引用不可以安全返回，因为本地变量在方法返回后因超出作用域而失效。
- ref 局部变量在初始化后禁止重新进行引用赋值（注意区分赋值和引用赋值），因此 ref 局部变量必须在声明时直接初始化。这有点类似 C++ 中使用 const 关键字修饰的指针。此限制在 C# 7.3 解除。

3.9 C# 7.1

C# 7.1 是一次小升级，同时表示 C# 的改进开启小步快跑模式。每个版本可能不会带来很多新功能，但增加更新频率可以尽快让开发者享受到新功能。

3.9.1 异步主函数

C# 5.0 增加了异步语法，但主函数本身是同步的，因此必须使用额外的辅助代码进行转换兼容。为了保持 C# 的简洁性，C# 7.1 增加了异步主函数，让开发者可以随时随地享受异步语法带来的便利。

示例代码如下：

```
1.  public static async Task Main(string[] args) =>
2.      await Task.Run(() => Console.WriteLine("Hello World !"));
```

现在 C# 支持以下 4 种主函数签名：

```
1.  public static void Main(string[] args) { }
2.  public static int Main(string[] args) { return 0; }
3.  public static async Task Main(string[] args) { }
4.  public static async Task<int> Main(string[] args) { return 0; }
```

3.9.2 default 表达式

default 表达式是一个很小的功能更新，能小幅降低代码字数。旧语法需要在括号中指定类型，新语法可以省略类型，前提是不使用 var 关键字声明变量，否则编译器无法推导类型。

示例代码如下：

```
1.  // 旧语法
2.  public static T Default<T>() => default(T);
3.  // 新语法
4.  public static T Default<T>() => default;
5.
6.  public static void Main(string[] args)
```

```
7.  {
8.      int a = default;
9.      string str = default;
10. }
```

default 在结构体中等于使用无参构造函数初始化的实例（结构体有禁止重载的由编译器自动生成的无参构造函数），在类中等于 null。

3.9.3 元组元素名称推断

元组虽然在新语法的加持下变得好用，但 Item1、Item2 这种毫无意义的元素名还是很影响使用体验。因此 C# 7.1 增加了元组元素名称推断使元素名称更有意义。不过这只是编译器提供的语法糖，并不是元组本身的增强。C# 7.1 增强了元组名称的推断规则，简化了代码。

示例代码如下：

```
1.  var number = 5;
2.  var text = "text";
3.  var tuple = (myNumber : number, myText : text); // 不使用名称推断，手动指定名称
4.  var tuple = (number, text); // 使用名称推断
```

3.9.4 泛型类型参数的模式匹配

C# 7.1 为模式匹配增加了泛型类型参数匹配的支持，是对类型模式的增强。

示例代码如下：

```
1.  public static void MyMethod<T>(object value)
2.  {
3.      if (value is T) Console.WriteLine(value);
4.  }
```

3.10 C# 7.2

C# 7.2 是 7.x 系列的第二个小幅更新，旨在继续简化代码和提升高性能代码的开发体验。

3.10.1 非尾随命名参数

C# 4.0 增加了命名参数功能，优化了可选参数和从参数值难以理解用途的参数的编码体验。从 C# 7.2 开始，命名参数后可以继续正常传递按顺序确定的参数，但是这要求命名参数也按照正常的顺序传递。如果希望乱序传递参数，则所有参数都要以命名方式传递。

示例代码如下：

```
1.  public static void MyMethod(int arg1, int arg2) { }
2.
3.  public static void Main(string[] args)
4.  {
5.      MyMethod(arg1: 0, 1);
6.  }
```

3.10.2 数值文本的前导下画线

C# 7.0 增加了二进制数字和下画线分隔符以增强数字的可读性。C# 7.2 开始允许二进制和十六进制字面量以下画线开头。需要注意前导下画线不能位于进位制指示符（例如"0b"）之前，只能位于数字本体之前。

示例代码如下：

```
1.    var bin = 0b_0101;
2.    var hex = 0x_AB_CD;
```

3.10.3 private protected 访问修饰符

C#有丰富的访问修饰符，能有效应对各种情况，但是 CLR 有更丰富的访问控制级别，C# 7.2 增加了 private protected 复合访问修饰符允许更加全面地利用 CLR 的功能。

这里汇总介绍一下 C#的访问修饰符：

- public：访问不受限制，允许从任何位置访问成员。
- internal（默认）：仅允许当前类型或相同程序集中的类型访问成员，通常一个项目编译为一个程序集。
- protected：仅允许当前类型或派生的类型访问成员。
- private：仅允许当前类型内部访问成员。
- protected internal：仅允许当前类型、相同程序集中的类型或派生的类型访问成员。
- private protected：仅允许当前类型或在相同程序集中派生的类型访问成员。

3.10.4 针对参数的 in 修饰符

C#虽然是为编写安全的托管代码设计的，但在需要编写高性能算法的时候允许在 unsafe 上下文中编写包含指针和直接内存访问的代码。增强功能强化了使用安全语法编写高性能算法的语法和 unsafe 上下文中能使用的语法，其中包含大量细节性功能和语法更新。

in 修饰符指定形参按引用传递，但不能在方法中修改。将 in 修饰符添加到参数是源代码级别的兼容性更改。

示例代码如下：

```
1.    public static void MyMethod(in int arg1, in object arg2) { }
2.
3.    public static void Main(string[] args)
4.    {
5.        var i = 10;
6.        var o = new object();
7.        MyMethod(in i, in o);
8.    }
```

在早期，使用 out 修饰符可按引用传递参数并显式标记参数为输出参数，多用于多返回值方法。ref 修饰符可按引用传递参数，但并不明确标记这么做的目的。现在添加的 in 修饰符同样是按引用传递参数，但明确标记参数是不应该被修改的只读输入参数，类似于 C++参数的 const 修饰符。因为类类型传递的本身就是堆引用，被修饰后会变成传递栈引用。这些引用的大小是一样的，因此不会带来性能的提高，反而可能因为间接寻址降低了性能。结构体由于是深拷贝传递，因此在传递大结构体的引用时能获得有效的性能提高。

3.10.5 针对方法返回值的 ref readonly 修饰符

ref readonly 修饰符指示方法返回只读引用，不允许修改返回值。如果把返回值赋予某个变量，需要变量也具有 ref readonly 修饰符。

示例代码如下：

```
1.  class Program
2.  {
3.      private static object obj = new object();
4.      private static int number = 10;
5.
6.      public static ref readonly object MyMethod1() { return ref obj; }
7.      public static ref readonly object MyMethod2(out object o) { o = new object(); return ref o; }
8.      public static ref readonly int MyMethod3() { return ref number; }
9.      public static ref readonly int MyMethod4(ref int value) { return ref value; }
10.
11.
12.     public static void Main(string[] args)
13.     {
14.         object o = MyMethod1();
15.         ref readonly object oRef = ref MyMethod2(out var obj);
16.         int i = MyMethod3();
17.         ref readonly int iRef = ref MyMethod4(ref i);
18.     }
19. }
```

返回值可以按值接收或按引用接收，如果要按引用接收，需要在方法调用前也加上 ref 修饰符。

3.10.6 readonly struct 结构体

readonly struct 结构体指示结构体不可变，只读结构体应作为 in 关键字修饰的参数传递到方法。将 readonly 修饰符添加到现有的结构声明是二进制级别的兼容性更改。

示例代码如下：

```
1.  public readonly struct MyStruct
2.  {
3.      public int Number { get; }
4.      public string Text { get; }
5.
6.      public MyStruct(int number, string text)
7.      {
8.          Number = number;
9.          Text = text;
10.     }
11.
12.     public override string ToString() => $"{nameof(Number)}: {Number}
           {Environment.NewLine}{nameof(Text)}: {Text}";
13. }
14.
15. class Program
16. {
17.     public static void MyMethod(in MyStruct value)
18.     {
19.         Console.WriteLine(value.ToString());
20.     }
21.
22.     public static void Main(string[] args)
```

```
23.      {
24.          var a = new MyStruct(5, "text");
25.          MyMethod(in a);
26.      }
27.  }
```

使用 readonly 修饰符可以明确告知编译器属性或方法不会修改结构体的状态，编译器强制要求所有成员都是隐式 readonly 的，并且所有属性都必须是只读的。这样的结构体在初始化之后就不会发生改变，因此在使用 in 修饰参数的方法中调用其成员时编译器可以不用创建防御性副本以避免参数的状态被修改，可以有效提升性能。编译器会尽可能检查可能导致状态发生改变的代码，但归根结底还是只能靠开发者自觉遵守约定。

3.10.7　ref struct 结构体

ref struct 结构体是必须直接在线程栈上分配的结构体，不能作为类的成员使用。用于编写高性能代码。可以和 readonly 修饰符一起使用。Span<T> 是 ref struct 的主要预置类型，ReadonlySpan<T> 则是 readonly ref struct 的主要预置类型。上一小节示例中的 MyStruct 类型符合要求，可以直接修改为 public readonly ref struct MyStruct。这里要注意，ref struct 和 C# 7.3 增加的非托管类型（unmanaged struct）有一些比较容易混淆的地方，具体将在 C# 7.3 介绍了非托管类型（3.11.1 节）之后再进行详细对比。

3.10.8　条件 ref 表达式

"?:" 表达式的值可以是 ref 引用变量。
示例代码如下：

```
1.  int[] array = new[] { 1, 2, 3 };
2.  ref int i = ref (array[0] == 1 ? ref array[1] : ref array[2]);
```

3.11　C# 7.3

C# 7.3 增加了大量以安全方式编写高性能算法的增强语法（以前版本可用不安全代码来编写），同时对部分现有语法进行了增强。

3.11.1　非托管类型和泛型约束增强

从 C# 7.3 开始，枚举（enum）、委托（delegate）和非托管类型（unmanaged）可以作为基类约束的类型使用。
非托管类型包含以下类型：

- sbyte、byte、short、ushort、int、uint、long、ulong、char、float、double、decimal 或 bool。
- 任何枚举类型。
- 任何指针类型。
- 任何由用户自定义的只包含非托管类型字段和属性的非泛型结构体。需要注意的是，这个定义是递归的，非托管类型可以包含其他非托管类型的成员。

非托管类型没有专门的语法结构，只要结构体的定义符合以上约定即可。非托管类型和 ref

struct 的主要区别在于：ref struct 可以包含托管和非托管类型的成员，但不能作为类类型和普通结构体的成员使用，只能作为顶级类型或其他 ref struct 的成员。类类型一定是托管类型，结构体如果包含托管类型的成员，那么这个结构体也会退化成托管类型。ref struct 可以同时是非托管类型，只需要看是否只包含非托管类型的成员。

注意，泛型约束的非托管和 IDisposable 接口所代表的可释放的非托管资源中的非托管是不同的概念。泛型约束的非托管可以简单理解为基本数据类型和它们的组合类型，非托管资源的非托管可以理解为.NET 对象引用但运行时无权管理其生命周期的外部资源，如文件句柄和网络套接字等。

3.11.2　无须固定即可访问固定的字段

如果想要访问固定的字段，在此之前需要借助 fixed 关键字在 unsafe 上下文中使用，现在则可以省略 fixed 关键字，但仍然需要在 unsafe 上下文中使用。

示例代码如下：

```
1.    unsafe struct MyStruct
2.    {
3.        public fixed int myFixedField[10];
4.    }
5.
6.    class Program
7.    {
8.        static MyStruct myStruct = new MyStruct();
9.
10.       unsafe public void MyMethodNew()
11.       {
12.           int p = myStruct.myFixedField[5];
13.       }
14.
15.       unsafe public void MyMethodOld()
16.       {
17.           fixed (int* ptr = myStruct.myFixedField)
18.           {
19.               int p = ptr[5];
20.           }
21.       }
22.   }
```

从示例中可以看出，旧版本的代码比新版本的代码多出了一个 fixed 语句块。

3.11.3　可以重新分配 ref 局部变量

C# 7.3 允许为 ref 局部变量二次引用赋值，这意味着从此以后 ref 变量将是可变的，这对编写高性能代码有帮助。ref 局部变量是 C# 7.0 增加的功能，代码示例请参考 "3.8.8　ref 局部变量和返回值"。

3.11.4　可以使用 stackalloc 数组上的初始值设定项

使用 stackalloc 关键字可以在线程栈上分配连续的内存块，通常配合值类型数组和 Span<T> 类型使用。从 C# 7.3 开始可以在使用 stackalloc 分配数组内存时初始化数组。

示例代码如下：

```
1.    unsafe public static void Main(string[] args)
```

```
2.     {
3.         int* intPtr = stackalloc int[3] { 1, 2, 3 };
4.         Span<int> arrSpan = stackalloc[] { 1, 2, 3 };
5.     }
```

3.11.5　更多类型支持 fixed 语句

fixed 语句必须在 unsafe 上下文中使用，可以临时固定托管堆中的对象，防止对象被 GC 移动位置，使用指针访问托管对象时可以避免指针失效。从 C# 7.3 开始，只要类型实现签名为 public ref T GetPinnableReference ()，其中 T 为非托管类型的方法，就可以使用 fixed 模式语句。

示例代码如下：

```
1.  unsafe public static void Main(string[] args)
2.  {
3.      Span<int> arrSpan = stackalloc[] { 1, 2, 3 };
4.      fixed(int* ptr = arrSpan)
5.      {
6.          *ptr = 4 ;
7.      }
8.  }
```

示例中的 ptr 就是通过编译器自动调用 GetPinnableReference 方法获得的。

3.11.6　元组支持"=="和"!="操作符

从 C# 7.3 开始，元组支持相等比较运算符。如果两个元组要进行比较，元组元素的数量必须相同，否则编译器会产生编译错误。如果两个元组相等，所有元素对应相等。如果相等元素的顺序不同则视为不相等。如果对应元素的类型不同且没有重载相等运算符，编译器会直接产生编译错误。元组的相等比较是短路操作，一旦比较结果确定会直接返回，不再进行之后的比较。元组元素的名称不影响元组的相等性。

3.11.7　支持为自动实现属性的后台字段添加特性

C# 3.0 增加了自动实现属性，这样可以免去显式定义字段。由于字段不再出现在代码中，无法为字段添加特性。C# 7.3 支持通过属性为后台字段添加特性。

示例代码如下：

```
1.  public class MyClass
2.  {
3.      [field: Display(Name = "数字字段")]
4.      [Display(Name = "数字属性")]
5.      public int Number { get; set; }
6.  }
```

在特性前增加前缀"field:"就可以把特性附加到关联的后台字段。

3.11.8　增强包含 in 修饰符的方法重载的选择策略

如果两个方法的签名除了 in 修饰符外完全相同，编译器会优先选择没有 in 修饰符的重载，如果希望调用有 in 修饰符的重载，要在调用处也标明 in 修饰符。

3.11.9 扩展 out 变量的适用范围

C# 7.3 允许在构造函数中使用 out 变量而不仅仅是普通成员方法。

3.11.10 改进方法重载的选择策略

C# 7.3 改进了在一些可以筛选出更合适的方法或排除不符合情况的方法时的智能提示列表和编译时的重载选择，以优化编码体验和减少因无法自动选择重载导致的编译错误。

3.12 C# 8.0

C# 8.0 是第一个针对 .NET Core 优化设计的版本，一些功能的实现要依赖 .NET Core CLR 的新功能。从此开始，.NET Framework 不再添加新功能，仅进行常规维护。

3.12.1 默认接口方法

在微软的开发者文档中提到过，接口的设计应该谨慎，因为接口是一种公开的契约，不应该出现频繁的变动，如果接口所处的框架越接近底层，稳定性应该越高。.NET 框架的底层接口历经 20 年风雨，几乎没有发生过重大更改，可见微软设计框架时的深思熟虑。但处在应用层的接口很难保证这么高的稳定性，如果接口发生更改，所有依赖都必须修改代码重新发布，代价非常高。

Java 8 提供了一个新功能——接口默认实现，如果开发者在实现接口时没有重写实现，则会使用默认实现。这对接口更改而导致代码连锁更改的问题是一个很好的解决方案。微软在 C# 8.0 和 .NET Core 3.0 上跟进了这个功能。由于这个功能需要 CLR 提供底层支持，因此 .NET Framework 不支持这个功能。使用默认接口方法后，如果接口发生改变，可以做到直接替换程序集文件后程序能够继续正常运行。默认接口方法不仅解决了接口改变影响太大的问题，也使接口提供通用实现以避免重复编写相同代码成为可能。这在某种程度上引入了类似 C++ 多重继承的特征，不过与多重继承相比，限制条件还是更为严格的。

示例代码如下：

```
1.   public interface IMyInterface
2.   {
3.       public static int number = 10;
4.       protected static double Number { get; set; } = 2.0;
5.
6.       public static void InnerMethod()
7.       {
8.           Console.WriteLine(Number + number);
9.       }
10.
11.      public void MyMethod()
12.      {
13.          Console.WriteLine("这是接口默认方法。");
14.          InnerMethod();
15.      }
16.  }
17.
18.  public class MyClass : IMyInterface { }
19.
```

```
20.    public class MyClass2 : IMyInterface
21.    {
22.        public void MyMethod()
23.        {
24.            Console.WriteLine("这是替换的接口方法。");
25.        }
26.    }
27.
28.    class Program
29.    {
30.        public static void Main(string[] args)
31.        {
32.            IMyInterface.InnerMethod();
33.            (new MyClass() as IMyInterface).MyMethod();
34.            new MyClass2().MyMethod();
35.        }
36.    }
```

从示例中可以看出，接口现在支持定义静态成员，包括字段、属性和方法，支持在包含默认实现的方法上使用访问修饰符。由于接口现在可以直接包含静态成员，因此可以直接使用接口访问静态成员，这在语法上有点类似于静态类。如果类型没有实现接口，直接使用默认方法，必须先转换为接口类型再调用，否则编译器会直接报告错误，这一点和显式接口实现类似。

3.12.2 模式匹配增强

C# 7.0 添加了初步的模式匹配支持，但功能非常有限，为了使模式匹配更加实用，C# 8.0 增加了更多的功能。

1. switch 表达式

和 switch 语句不同，switch 表达式会返回一个值，而 switch 语句不会，这也是表达式和语句的主要区别。为了区分二者，switch 表达式把待匹配的对象放在 switch 关键字之前，"case:"替换为"=>"，"default"替换为弃元"_"，分支之间不需要 break 或 goto 语句，因此不能跨分支。switch 表达式的"=>"分支正文只能是单个表达式，不能是语句和代码块。Java 从 12 开始引入了 switch 表达式。

示例代码如下：

```
1.  public enum Grade : byte
2.  {
3.      C,
4.      B,
5.      A
6.  }
7.
8.  class Program
9.  {
10.     public static void Main(string[] args)
11.     {
12.         object score = 60;
13.         score = "60";
14.
15.         var grade = score switch
16.         {
17.             int s when s >= 90 => Grade.A,
18.             string s when int.TryParse(s, out var s2) && s2 >= 60 && s2 < 90 => Grade.B,
19.             double s when s < 60 => Grade.C,
20.             _ => throw new Exception("不支持的分数格式。")
21.         };
22.     }
23. }
```

> **提 示**
>
> 示例中的分支不足以覆盖所有情况,仅作为展示语法之用。

2. 属性模式

复制可用于测试待匹配的对象是否拥有指定的属性,属性的值是否符合特定条件,或者把指定属性的值提取到临时变量中备用。

示例代码如下:

```
1.   public class MyClass
2.   {
3.       public int Number { get; set; }
4.       public string Text { get; set; }
5.   }
6.
7.   class Program
8.   {
9.       public static void Main(string[] args)
10.      {
11.          var m = new MyClass { Number = 5, Text = "text" };
12.
13.          if (m is { Number: 5, Text: _ })
14.          {
15.              Console.WriteLine(m.Text);
16.          }
17.
18.          if (m is MyClass { Number : 5, Text : var text })
19.          {
20.              Console.WriteLine(text);
21.          }
22.
23.          if (m is { })
24.          {
25.              Console.WriteLine(m.Text);
26.          }
27.      }
28.  }
```

代码解析:示例中在 if 语句中使用 is 关键字进入模式匹配。

1)第一个 if 表示如果变量 m 包含名为 Number 的属性、值为 5,并且包含名为 Text 的属性则匹配成功,Text 属性使用弃元表示不关心属性值,只要属性存在即可。

2)第二个 if 表示如果 m 的类型和 MyClass 兼容且包含名为 Number 的属性、值为 5,并且包含名为 Text 的属性则匹配成功,匹配成功后把 Text 属性的值赋给临时变量 text 备用。

3)第三个 if 是利用属性模式进行变量的非 null 判断。

3. 元组模式

如果要对多个值打包后进行模式匹配,可以使用元组模式。

示例代码如下:

```
1.   public static void Main(string[] args)
2.   {
3.       int a = 10;
4.       string text = "text";
5.
6.       var re = (a, text) switch
7.       {
8.           (5, "txt") => true,
9.           (10, _) => true,
10.          (_, var str) => str == "text";
11.          _ => false
```

```
12.        };
13.    }
```

代码解析：示例中把变量 a 和 text 打包为一个元组后使用 switch 表达式进行元组模式匹配。

1）第一个分支表示如果 a 的值为 5 且 text 的值为 txt 则匹配成功。
2）第二个分支表示只要 a 的值为 10，无论 text 的值如何都匹配成功。
3）第三个分支表示无论 a 的值如何，都把 text 赋值到临时变量 str 中备用，然后在分支正文中判断 str 的值是否为 text。
4）第四个分支表示无条件匹配成功。

这里需要注意的是，switch 表达式的值对分支顺序敏感，因此第三个分支实际上只有在 a 的值不是 5 或 10 时才可能被匹配，第四个分支实际上表示除前三个分支外的其他情况。

从这个示例也可以看出 switch 表达式要前置匹配目标的一个重要原因——如果不进行前置，使用元组模式的 switch 表达式和普通 switch 语句的括号会产生歧义。

4．位置模式

如果一个类型包含可访问的名为 Deconstruct 的实例或扩展方法（该方法没有返回值且所有参数均为 out 参数），C# 认为这个对象支持解构，也就是把完整的对象拆成许多独立的变量，元组内置对解构的支持。对象解构后在模式匹配中以独立的变量的元组来表示，之后使用元组模式的语法进行匹配。

示例代码如下：

```
1.   public class MyClass
2.   {
3.       public int Number { get; set; }
4.       public string Text { get; set; }
5.
6.       public void Deconstruct(out int number, out string text)
7.       {
8.           number = Number;
9.           text = Text;
10.      }
11.  }
12.
13.  class Program
14.  {
15.      public static void Main(string[] args)
16.      {
17.          var m = new MyClass { Number = 5, Text = "text" };
18.
19.          var re = m switch
20.          {
21.              (5, "text") => true,
22.              MyClass(10, var str) => str == "text",
23.              (15, _) => true,
24.              (var num, _) when num == 20 => true,
25.              var (_, str) when str is { } => str == "text",
26.              (var num, var str) => num == 25 || str == "text",
27.              _ => false
28.          };
29.      }
30.  }
```

代码解析：示例中的 MyClass 和之前的示例相比多出了 Deconstruct 方法，因此可以使用位置模式。位置模式和元组模式虽然语法非常相似，但是还是有一些细节上的差异：元组模式是直接把零散的变量打包成元组进行匹配，位置模式则是使用解构方法把一个完整的对象拆散并重新打包成另一个元组进行匹配。

1）第一个分支表示对象和常量进行精确匹配。
2）第二个分支表示对象和 MyClass 类型进行兼容性测试然后 Number 属性和常量匹配，匹配成功后把 Text 属性赋值到临时变量 str 备用。
3）第三个分支表示 Number 属性和常量匹配。
4）第四个分支表示把 Number 属性赋值到临时变量 num 备用。
5）第五个分支表示把 Text 属性赋值到临时变量 str 备用，只是 var 关键字在外面使用。
6）第六个分支表示把 Number 和 Text 属性分别赋值到临时变量 num 和 str 备用。
7）第七个分支表示无条件匹配成功。

注意，分支顺序会影响匹配到的分支。

5．递归模式

任何模式匹配的表达式的结果仍然是一个表达式，这意味着可以在一个模式中使用其他模式。例如，如果一个对象的某个属性仍然是复杂类型并且这个类型支持解构，那么可以在使用属性模式中使用位置模式，或者在 if 语句中使用 switch 表达式的值作为匹配的数据源。递归模式使得模式匹配的灵活性大增，但是没有节制地滥用递归模式可能导致代码可读性严重下降。模式匹配的本意是使数据驱动型算法的表达能够更加清晰简单，但是如果因滥用导致代码一团乱，就本末倒置了。

3.12.3　结构体的 readonly 成员

从 C# 8.0 开始，可以将 readonly 修饰符添加到普通结构体的成员上，把成员声明为只读，声明为只读成员后需要确保成员不会修改对象的状态。如果只读成员引用非只读成员，编译器会发出警告，提醒开发者只读成员可能不只读。就算属性只有 get 访问器也必须显式声明为 readonly get 访问器，因为访问器内部可能包含会修改对象状态的代码。这其实是放宽了限制的 readonly struct，允许普通结构体声明部分成员是只读的。

3.12.4　using 声明

C# 非常重视非托管资源的管理，托管对象的销毁完全由 GC 管理。如果对象使用了非托管资源如文件句柄或网络套接字等，可能导致非托管资源长时间无法释放并归还给操作系统，因此 C# 设计了 IDisposable 接口用于手动释放非托管资源。但是人很容易因为某些原因忘记调用释放方法导致接口变成摆设。C# 便设计了 using 语句块，编译器会把 using 语句块转换成 try/finally 块，然后在 finally 语句块中添加对释放方法的调用，确保无论发生什么情况都能正常释放非托管资源。

如果 using 语句块太多会导致代码缩进过多影响代码可读性，为了解决这个问题，C# 8.0 增加了 using 声明语句，这种声明语句不需要使用花括号创建语句块，不会影响代码的排版。因为 using 声明没有明确的对象生命周期，所以对象生命周期为到最近的花括号作用域为止。

示例代码如下：

```
1.   public static void Main(string[] args)
2.   {
3.       using var fs = new FileStream(@"D:\abc.txt", FileMode.OpenOrCreate);
4.       fs.Close();
5.   }
```

3.12.5 静态本地函数

C# 7.0 增加了本地函数,方便编写单个方法限定的辅助函数,但这种函数会自动捕获变量形成闭包,可能影响性能。为了避免开发者不小心捕获变量,C# 8.0 增加了静态本地函数。本地函数声明为静态本地函数后,编译器会检查是否在本地函数中捕获了变量,并在检测到变量捕获时报告编译错误。利用这个功能开发者能将自己的意图明确告知编译器并让编译器确保意图能准确落实。

示例代码如下:

```
1.   public static void Main(string[] args)
2.   {
3.       var text = "text";
4.       LocalMethod(text);
5.
6.       static void LocalMethod(object o)
7.       {
8.           Console.WriteLine(o);
9.           // Console.WriteLine(text); // 编译错误,静态本地函数不能引用外部变量
10.      }
11.  }
```

3.12.6 可释放的 ref struct

ref 结构体是强制分配在线程栈上的数据结构,因此不允许实现任何接口,也不能进行装箱操作。但仍然可能有使用非托管资源的需求,为了解决其不能实现 IDisposable 接口的问题,C# 8.0 为 ref 结构体增加了一个约定,如果结构体定义了签名为 public void Dispose() 的方法,就把这个方法当作 IDisposable 接口的实现来用。因此在 ref 结构体中不能随意使用这个方法签名,这点需要特别注意。

示例代码如下:

```
1.   public ref struct MyStruct
2.   {
3.       public void Dispose() { }
4.   }
5.
6.   class Program
7.   {
8.       public static void Main(string[] args)
9.       {
10.          using var s = new MyStruct();
11.      }
12.  }
```

3.12.7 可为 null 的引用类型

听起来可能很奇怪,但引用类型本来就可以为 null。这其实是为了编写更健壮的代码,让编译器尽可能在编译阶段发现潜在的 null 引用异常而设计的。C# 2.0 为可空结构体设计了简化语法,现在可以对普通类型使用,添加问号表示明确告知编译器,我知道并认为这个变量可以为 null,不要检查这个变量。如果不加问号,编译器认为这个变量不应该为 null,会在编译时检查可能为 null 的位置并发出警告,提醒开发者注意。这个检查可以使用预编译指令在特定的代码段或代码文件中启用,或使用项目设置在整个项目中启用。如果你确信某个地方的变量一定不为 null,但

编译器无法得到正确的结果，可以在变量名后加一个叹号，明确告知编译器这里我可以保证不是 null，以我的声明为准。如果希望确保万无一失，可以设置编译器把这个警告视为编译错误强制开发者修复具有潜在风险的代码。

示例代码如下：

（1）在项目文件中设置

```
1.   <Project Sdk="Microsoft.NET.Sdk.Web">
2.     <PropertyGroup>
3.       <Nullable>enable</Nullable>
4.     </PropertyGroup>
5.   </Project>
```

（2）在代码中设置

```
1.   #nullable enable
2.   public static void Method(string? s1, string s2)
3.   {
4.       Console.WriteLine(s1.Length);    // 1
5.       Console.WriteLine(s1!.Length);   // 2
6.       Console.WriteLine(s2.Length);    // 3
7.       s1 = "";
8.       Console.WriteLine(s1.Length);    // 4
9.       s2 = null;
10.      Console.WriteLine(s2.Length);    // 5
11.  }
12.  #nullable restore
```

代码解析：示例中的"string? s1"表示允许调用时 s1 传入 null，"string s2"表示不允许调用时 s2 传入 null，但是要强行传入 null 编译器也不会拦着。

1）第 1 个输出会产生警告，因为 s1 可能为 null。

2）第 2 个输出用叹号告诉编译器我保证 s1 不是 null，不要警告我，当然运行时出现 null 依然会引发异常。

3）第 3 个输出不会产生警告，因为已经规定了参数 s2 不允许为 null，但是运行时依然可能发生异常。

4）第 4 个输出 s1 不会产生警告，因为编译器已经分析出 s1 在此处不会为 null。

5）第 5 个输出会产生警告，因为编译器分析出 s2 在此处可能为 null。可为 null 的引用类型还有很多丰富的设置，具体可以查看微软的官方文档。

3.12.8 异步可释放

自从 C# 5.0 增加了异步编程模型和异步语法后，编写异步代码变得简单易读，在之后的版本中也进行了几次增强，但还是有所欠缺。C# 8.0 再次增强了异步编程功能，增加了异步可释放接口 System.IAsyncDisposable 和相应的语法。

示例代码如下：

```
1.   public class CustomDisposable : IDisposable, IAsyncDisposable
2.   {
3.       IDisposable _disposableResource = new MemoryStream();
4.       IAsyncDisposable _asyncDisposableResource = new MemoryStream();
5.
6.       public void Dispose()
7.       {
8.           Dispose(disposing: true);
9.           GC.SuppressFinalize(this);
10.      }
11.
```

```
12.     public async ValueTask DisposeAsync()
13.     {
14.         await DisposeAsyncCore();
15.
16.         Dispose(disposing: false);
17.         GC.SuppressFinalize(this);
18.     }
19.
20.     protected virtual void Dispose(bool disposing)
21.     {
22.         if (disposing)
23.         {
24.             _disposableResource?.Dispose();
25.             (_asyncDisposableResource as IDisposable)?.Dispose();
26.         }
27.
28.         _disposableResource = null;
29.         _asyncDisposableResource = null;
30.     }
31.
32.     protected virtual async ValueTask DisposeAsyncCore()
33.     {
34.         if (_asyncDisposableResource is not null)
35.         {
36.             await _asyncDisposableResource.DisposeAsync().ConfigureAwait(false);
37.         }
38.
39.         if (_disposableResource is IAsyncDisposable disposable)
40.         {
41.             await disposable.DisposeAsync().ConfigureAwait(false);
42.         }
43.         else
44.         {
45.             _disposableResource.Dispose();
46.         }
47.
48.         _asyncDisposableResource = null;
49.         _disposableResource = null;
50.     }
51. }
52.
53. class Program
54. {
55.     public static async Task Main(string[] args)
56.     {
57.         await using var c = new CustomDisposable();
58.     }
59. }
```

这个示例是微软推荐的同时实现同步释放和异步释放的样板代码，如果一个类是 I/O 密集型的，推荐使用这个模式。这个模式在 System.Text.Json 中有应用，微软为了尽可能提升基础类库的性能，十分注重对细节的追求。对于可异步释放的类型也准备了相应的语法 await using。

3.12.9 异步枚举器

异步枚举器在一些地方翻译为异步流，为了尽可能保持名字的自解释性，笔者认为翻译为异步枚举器更合适。在 C#中枚举器可以使用 foreach 循环，但这种枚举是同步的。C# 5.0 增加了异步语法并进行了几次增强，但一直没有对异步枚举的支持，为了强化 C#的异步功能，在语法上为 gRPC 的流式调用和其他类似场景支持提供更简单易用的语法，C# 8.0 增加了异步枚举器功能。

示例代码如下：

```
1.  public static async IAsyncEnumerable<int> MyMethodAsync()
```

```
2.  {
3.      yield return 1;
4.      await Task.Delay(500);
5.      yield return 2;
6.      await Task.Delay(500);
7.      yield return 3;
8.  }
9.
10. public static async Task Main(string[] args)
11. {
12.     await foreach(var i in MyMethodAsync())
13.     {
14.         Console.WriteLine(i);
15.     }
16. }
```

异步枚举器依赖新接口 IAsyncEnumerable<T>和 IAsyncEnumerator<T>，用 await foreach 进行调用。之前使用 yield return 语法可以创建编译器自动生成的可枚举方法，现在只需要用 async 修饰方法并把返回类型改为 IAsyncEnumerable<T>就可以轻松创建异步可枚举方法。

枚举器在.NET Framework 1.1 增加了对 IDisposable 接口的自动释放的支持，异步枚举器也有配套的对 IAsyncDisposable 接口的自动异步释放的支持。

3.12.10　索引和范围

在许多现代编程语言，特别是重点关注数据处理的语言中，用范围索引快速获取集合的部分索引切片是非常常见的功能。C#从前只能使用索引器和循环进行遍历，为了适应现代对快速获取部分索引切片的需求，C# 8.0 增加了索引和范围。

索引和范围在 C#中是新的基础库类型 System.Index 和 System.Range，然后添加了新的语法用于快速创建和使用。用两个句点 ".." 表示范围，左边写起始索引，右边写结束索引，范围是左闭右开区间。用 "^" 表示倒数索引，这个运算符在算术运算中表示幂运算。如果不写左索引则默认为 0，如果不写右索引则默认为到集合末尾。

示例代码如下：

```
1.  public static void Main(string[] args)
2.  {
3.      var array = new int[]
4.      {       // 正序索引   倒序索引
5.          1,  // 0          ^5
6.          2,  // 1          ^4
7.          3,  // 2          ^3
8.          4,  // 3          ^2
9.          5,  // 4          ^1
10.     };      // 5          ^0
11.
12.     var a = array[^1];    // 倒数第一个元素
13.     var b = array[1..4];  // 从索引 1 到 3 的子数组, 不包含索引 4, 结果是 { 2, 3, 4 }
14.     var c = array[^3..^0]; // 从索引倒数第 2 到倒数第 1 的子数组, 不含索引倒数第 0,
            结果是 { 3, 4, 5 }
15.     var d = array[..];    // 从开始到结束的子数组, 结果和原数组一致
16.     var e = array[2..];   // 从索引 2 到结束
17.     var f = array[..^2];  // 从开始到倒数索引 3, 不包含倒数索引 2
18.
19.     Range r = 2..5;       // 声明独立的范围变量
20.     var g = array[r];     // 引用范围变量
21. }
```

3.12.11　null 合并赋值

从 C 语言开始就有大量类似 "+=" 的复合操作符，用来以变量的旧值为基础进行运算并用新值覆盖旧值。如果一个变量为 null 则赋值，否则保持变量的原值，在旧版本中经常使用 "x = x ?? new object();" 这样的语句，其中 x 要写两次。从 C# 8.0 开始，可以使用 "??=" 操作符简化代码。

示例代码如下：

```
1.    object o = null;
2.    o ??= new object();
```

3.12.12　非托管泛型结构体

C# 7.3 增加了非托管类型的泛型约束，但是泛型类型无法作为非托管类型使用。C# 8.0 修复了这个缺陷，如果泛型结构体的类型参数是非托管类型，且其他普通成员都是非托管类型，那么这个泛型结构体就是非托管类型。

示例代码如下：

```
1.    public struct MyStruct<T>
2.        where T : unmanaged
3.    {
4.        public int a { get; set; }
5.        public T Value { get; set; }
6.    }
```

示例使用泛型约束强制要求类型参数 T 必须是非托管类型，其他普通成员都是非托管类型，因此这个泛型结构体一定是非托管类型。如果类型参数 T 没有约束，类型参数 T 将决定对应的封闭式泛型是否为非托管类型。

3.12.13　嵌套表达式中的 stackalloc

stackalloc 可以用于分配线程栈上的内存块，从 C# 8.0 开始，如果 stackalloc 表达式的结果是 Span<T> 或 ReadonlySpan<T> 类型，则可以在其他表达式中直接使用 stackalloc 表达式，不需要拆分为多个语句。

示例代码如下：

```
1.    Span<int> span = stackalloc[] { 1, 2, 3, 4, 5 };
2.    var number = span.IndexOfAny(stackalloc[] { 2, 4, 6 });
```

3.12.14　内插字符串和逐字字符串

C# 提供了两个构造字符串的增强功能，逐字字符串和内插字符串，前缀标记分别为 "@" 和 "$"，如果想要同时使用这两个功能必须使用前缀 "$@"。从 C# 8.0 开始，可以使用前缀 "@$" 了。

示例代码如下：

```
1.    var a = $@"abc{new object()}";
2.    var b = @$"abc{new object()}";  // C# 8.0 之前编译器会报告错误
```

3.13　C# 9.0

C# 9.0 增加了大量小规模的新特性，不过重点是提供简洁的语法定义不可变数据类型和为需要底层或硬件交互的开发者（如物联网设备应用）提供更强大和高效的语法支持。

3.13.1　init 属性访问器

C# 3.0 提供了对象初始化器语法，可以方便快捷地实例化一个对象，但是这导致类型的属性必须定义公共 set 访问器。一旦定义了 set 访问器就表示属性可以随时被重新赋值，如果希望属性只能在对象初始化时赋值一次就不能定义公共 set 访问器，也就是说对象初始化器和只能初始化一次的属性之间存在冲突。

为了解决这个问题，C# 9.0 为属性增加了 init 访问器，这是一个特殊的 set 访问器，只允许在对象初始化器或构造函数中使用。因此 init 访问器允许对 readonly 成员进行赋值，只是要注意，readonly 成员只能在构造函数或 init 访问器中选择一处赋值一次，不能重复赋值。

示例代码如下：

```
1.  public class MyClass
2.  {
3.      public int Number { get; init; }
4.
5.      private readonly string _text;
6.      public string Text
7.      {
8.          get => _text;
9.          init => _text = value;
10.     }
11. }
12.
13. class Program
14. {
15.     public static void Main(string[] args)
16.     {
17.         var m = new MyClass { Number = 10, Text = "abc" };
18.         // m.Number = 5; // 编译错误
19.     }
20. }
```

3.13.2　记录

在传统的面向对象思想中，对象应该有一个唯一标识用于判断相等性，如 GetHashcode 方法的返回值和引用地址等。如果是实体对象，这个标识还应该保持不变，就像数据库的主键。其他的状态可以随时变化。但有时候恰巧可能需要对象不可变，甚至相等性也要基于内部所有属性的值全部相等。不可变性有时是非常有用的性质，很多东西一旦不可变就会变得非常简单、可控，例如不可变性在多线程并发中就根本不存在资源竞争问题，因为导致资源竞争的首要因素是资源的可变性而不是资源本身。

如果想要手动实现一个不可变的数据类型，将会非常麻烦，因为这至少需要重写 GetHashcode 和 Equals 方法、重写 "==" 和 "!=" 操作符、实现 IEquality<T> 接口、实现复制构造函数等，在 C# 7.0 增加了元组后又多出了解构函数。这将是一个庞大又枯燥的工程，这些工作恰好完全可以交给编译器，因此 C# 9.0 增加了记录（Record）功能。

记录是一种特殊的类,这种类的实例原则上是不可变的,相等性基于内部所有属性的值全部相等,属性默认有 virtual 或 override 修饰符,实现了解构和一系列与相等性判断相关的方法等。这些全都是由编译器自动完成的。记录可以从另一个记录派生,但不能从普通类派生,还可以定义为抽象记录。为了实现这些功能,C# 9.0 准备了专门的语法。因为记录不可变,需要修改记录的部分属性就只能从原记录复制一个副本然后在复制过程中替换要修改的属性值。如果记录的属性很多但要修改的很少,就会特别麻烦,为此 C# 9.0 也准备了专门的语法——with 表达式来解决这个问题。with 表达式通过调用复制构造函数来复制记录,可以显式定义复制构造函数阻止编译器自动生成来自定义 with 表达式的行为。同时,由于记录的语义是基于值的,因此编译器会自动重写 ToString 方法以体现值语义。

示例代码如下:

```
1.   public record MyRecord(int Number, string Text);
2.   public sealed record MyRecord2(Guid Id, int Number, string Text) : MyRecord(Number,
      Text);
3.
4.   public record MyRecord3(int Number)
5.   {
6.       protected int Number { get; init; } = Number;
7.       public string Text { get; init; }
8.
9.       public void MyMethod() => Console.WriteLine(this);
10.      public override string ToString() => base.ToString();
11.  }
12.
13.  public abstract record MyRecord4
14.  {
15.      public int Number { get; set; }
16.      public string Text { get; set; }
17.  }
18.
19.  class Program
20.  {
21.      public static void Main(string[] args)
22.      {
23.          var m = new MyRecord(1, "abc");
24.          var (number, text) = m;
25.
26.          var m1 = m with { Number = 2 };
27.          var m2 = new MyRecord2(Guid.NewGuid(), 5, "text");
28.          var m3 = new MyRecord3(5) { Text = "abc" };
29.
30.          m3.MyMethod();
31.      }
32.  }
```

代码解析:

1) MyRecord 使用了快捷语法进行定义,在这个语法下编译器会自动完成所有的额外工作,我们只定义了记录的属性,定义属性的同时也定义了构造函数的签名。如果使用快捷语法定义记录,并且所有成员都是不可变的,这个记录就是不可变的,不用担心会出问题。快捷语法隐式定义了 readonly 字段和 init 访问器,最大程度保障了不可变性的落实。

2) MyRecord2 从 MyRecord 派生并密封以防止继续派生,定义语法中隐式调用了父记录的构造函数。

3) MyRecord3 用快捷语法定义了 Number 属性和构造函数,但是之后用普通语法定义的同名属性和参数化的自动初始化表达式代替了编译器自动实现的属性,因此 Number 属性的访问保护级别变成了 protected。然后用普通类的定义语法定义了属性 Text,由于 Text 属性没有使用快捷语法来定义,因此不在自动实现的构造函数中。又因为 Text 属性指定了 init 访问器,所以只能使用对象初始化器赋值。因为 Text 属性使用了普通语法进行定义,所以编译器自动实现的解构方法不包含 Text 属性，如果希望能正常解构 Text，需要手动定义解构方法。MyMethod 是自定义方法，由于记录本质上还是类，因此可以自定义额外的成员。MyRecord3 还重写了 ToString 方法，因此编译器会使用自定义重写代替编译器的自动重写。

4）MyRecord4 完全使用普通语法进行定义，因此编译器自动生成的构造函数和解构函数不包含这些属性，但是会照常在 ToString 和相等性比较中包含这些属性。因为 MyRecord4 被定义为抽象记录，所以不能实例化。

5）在示例的使用部分把 MyRecord 的实例 m 解构为独立变量；m1 使用 with 语法创建了 m 的副本并修改了 Number 属性的值；m3 使用构造函数和对象初始化器共同完成初始化。

从示例中可以看出，记录的定义和使用具有极大的灵活性。但是为了保障记录的不变性语义得到贯彻落实，推荐使用快捷语法定义记录并确保所有成员都是不可变类型，也尽量不要重写编译器会自动重写的成员，使用普通语法时只用来额外定义不会改变实例状态的方法。

Java 从 14 开始引入了记录功能，但是禁止开发者进行定制，无法像 C#一样灵活运用。在访问记录成员的时候依然需要使用括号强调这是方法调用，这突出了 Java 语法的命令式特征。

3.13.3 顶级程序

很多编程语言特别是脚本语言为了能快速编写简单可用的程序，对语法结构的要求都比较宽松，C#作为大型协作式工业级编程语言，在编写简单应用的时候可能会产生样板代码比实际的工作代码还多的尴尬现象，这些样板代码在经验老道的开发者眼中也显得非常烦琐。为了解决这个问题，C# 9.0 增加了顶级程序功能，允许跳过样板代码直接编写工作代码，由编译器在后台自动生成样板代码。

示例代码如下：

```
1.    using System;
2.    using System.Collections.Generic;
3.    using System.Threading.Tasks;
4.    using static System.Console;
5.
6.    WriteLine("Hello World");
7.    await Task.Delay(500);
8.    LocalMethod(args);
9.    return 0;
10.
11.   static void LocalMethod(IEnumerable<string> strings)
12.   {
13.       foreach (var item in strings)
14.       {
15.           WriteLine(item);
16.       }
17.   }
```

在顶级程序中，可以使用 await，这样编译器会自动生成异步主函数；可以返回 int 值，这样编译器会自动生成带返回值的主函数；可以使用隐式变量 args 获取命令行参数。使用顶级程序有如下基本限制：

- 顶级程序只能在主函数处使用，因此一个可执行应用项目只允许有一个代码文件使用顶级程序。
- 如果代码中有命名空间引用，顶级程序必须直接跟在 using 语句之后。
- 不能为编译器自动生成的类编写自定义成员方法，这意味着除了 using 语句之外，其他代码均隐式属于自动生成的主函数。

3.13.4　模式匹配增强

经过多次迭代，C#又迎来了一次模式匹配增强。在此要再次提醒大家，模式匹配中的各种模式是可以根据需要自由组合使用的，玩法非常丰富，示例代码只能重点展示主要部分。在实际开发时千万不要被示例限制了大家的想象力，同时也要坚持以提升可读性为目的来使用模式匹配。

1. 简单类型模式

类型模式在 C# 7.0 发布的最初版本就存在了，但是类型模式强制将匹配的类型赋值给临时变量，就算不想用临时变量，最多也只能用弃元进行替代。C# 9.0 增加了简单类型模式，不想用临时变量时可以免去赋值并简化代码。

示例代码如下：

```
1.    var s = "abc";
2.    if (s is object) Console.WriteLine(s);
```

2. 关系模式

C# 9.0 增加了关系模式，可以使用 ">" "<" ">=" "<=" 这些关系运算进行匹配了。需要注意的是 "==" 关系不能使用，为了实现静态分支覆盖度分析，只能和编译时的常量进行匹配。在某些情况下，关系模式可简化部分之前需要 when 子句的匹配。

示例代码如下：

```
1.    var a = 10;
2.    var b = a switch
3.    {
4.        < 0 => -a,
5.        > 0 => a,
6.        _ => throw new Exception("不支持的值")
7.    };
```

3. 逻辑模式

C# 9.0 增加了逻辑模式，可以使用 and、or 和 not 关键字把多个模式组合成更复杂的复合模式，逻辑模式也允许使用括号调整逻辑组合的优先级。联合使用关系模式和逻辑模式可以在更多情况下简化之前需要 when 子句的匹配。这里需要注意的是，逻辑模式和逻辑关系运算符有重要区别：逻辑模式始终对同一个变量进行匹配，因此可以在匹配多种条件时避免多次显式引用同一个变量；而逻辑关系运算符必须每次都显式引用变量。正是这种区别导致必须添加关键字用于区分二者。如果要对多个变量的多个条件进行分类判断，可以使用逻辑关系运算符分隔不同的变量，然后使用逻辑模式在每个变量只引用一次的情况下描述匹配条件以避免编写重复引用同一个变量的冗余代码。

示例代码如下：

```
1.    public enum Grade : byte
2.    {
3.        C,
4.        B,
5.        A
6.    }
7.
8.    class Program
9.    {
10.       public static void Main(string[] args)
11.       {
12.           var score = 75;
13.           var grade = score switch
14.           {
```

```
15.             > 90 and <= 100 => Grade.A,
16.             >= 60 and < 90 => Grade.B,
17.             >= 0 and < 60 => Grade.C,
18.             _ => throw new Exception("不支持的值")
19.         };
20.
21.         var s = "abc";
22.         if (s is not null) Console.WriteLine(s);
23.     }
24. }
```

3.14　本机大小的整数

为了方便实现互操作和底层库的需要，C# 9.0 增加了本机大小的整数功能。这个功能包含有符号和无符号两种整数，这两种整数分别对应 nint 和 nuint 两个上下文关键字。注意，这是上下文关键字，意味着只有在特定上下文中才是关键字，类似属性的 get 和 set 关键字。这个关键字在运行时会根据进程架构决定是 32 位还是 64 位，进程架构是根据硬件体系、操作系统、.NET 平台版本、启动程序集的架构（x86、x64、arm64 或 AnyCPU）和依赖的其他程序集的架构（x86、x64、arm64 或 AnyCPU）兼容性等共同决定的，只有所有条件全部支持 64 位时进程才会以 64 位架构运行。

这两个关键字在编译后的实际类型是 System.IntPtr 和 System.UIntPtr，这两个类型早在 .NET Framework 1.1 就已经存在了，C# 9.0 只是为方便使用进行了语法增强。这个功能的主要服务对象是底层库开发者和需要与其他语言或操作系统进行互操作的应用开发者。对普通 Web 业务应用开发者来说只是在享受跨平台开发便利的成果。C#为了服务更广大的开发者群体提供了这个功能。

示例代码如下：

```
1.  nint n = 3;
2.  nuint u = 5;
```

3.14.1　函数指针

和本机大小的整数相同，函数指针也是为有特殊需求的开发者准备的功能，使用函数指针可以更精确地指导编译器生成特定的 IL 指令，因此这是一个需要开发者拥有更坚实的基础知识才能掌握的功能。函数指针使用关键字"delegate*"表示，如果和.NET 5 新增的 UnmanagedCallersOnly 特性配合使用，可以把.NET 方法的指针传递给 C/C++编写的非托管函数，使 C/C++编写的本机代码也可以调用.NET 托管代码，实现双向互操作。这些高级功能可以用.NET 运行时无法管理的方式和非托管代码交互，存在较高的安全风险，因此只能在 unsafe 上下文中使用。

托管方法的执行需要运行库的支持，因此双向互操作一般都是由.NET 中的托管代码发起的，除非 C++代码通过本机 API 主动启动运行时主机的实例。有关如何启动.NET 运行时的介绍请参阅官方文档。其中文档中提到的头文件可以从文件夹 "%ProgramFiles%\dotnet\shared\Microsoft.NETCore.App\<版本号>" 中找到。

示例代码如下：

（1）C/C++

- MyDll.vcxproj→CFunc.h

```
1.  #include "pch.h"
2.
3.  extern "C" __declspec(dllexport) char* __cdecl CFunc(char* (*csMethod)(int)) {
4.      return csMethod(3);
```

```
5.     }
```

把编译好的 MyDll.dll 文件复制到 C#项目中，然后设置 MyDll.dll 文件的属性，选择"复制到输出目录"选项。

（2）C#

```
1.  unsafe class Program
2.  {
3.      [DllImport("MyDll")]
4.      static extern string CFunc(delegate* unmanaged[Cdecl]<int, nint> csMethod);
5.  
6.      [UnmanagedCallersOnly(CallConvs = new[] { typeof(CallConvCdecl) })]
7.      public static nint UnmanagedMethod(int x)
8.      {
9.          var str = Enumerable.Repeat("重复N次", x).Aggregate((a, b) => $"{a}{b}");
10.         return Marshal.StringToHGlobalAnsi(str);
11.     }
12.  
13.     public static void Main(string[] args)
14.     {
15.         var methodPointer = (delegate* unmanaged[Cdecl]<int, nint>)
                &UnmanagedMethod;
16.         Console.WriteLine(CFunc(methodPointer));
17.     }
18.  }
```

示例中 C#从 MyDll.dll（Linux 为 MyDll.so）中导入本机函数 CFunc 并绑定到同名方法中，然后定义了非托管调用方法 UnmanagedMethod，这个方法的签名和本机函数 CFunc 的参数所要求的函数指针签名匹配，可以被本机函数 CFunc 调用。这里需要注意的是，UnmanagedMethod 仍然是托管方法，只是不能以普通方式调用，必须获取函数指针然后以非托管方式调用。

使用时通过取地址运算符取出 UnmanagedMethod 方法的引用并转换为函数指针赋值给 methodPointer 变量。然后通过绑定的 CFunc 方法调用本机函数 CFunc，CFunc 需要一个函数指针作为参数，因此把 methodPointer 作为参数传入。至此就把 C#的托管方法指针传递给了本机函数 CFunc，然后 CFunc 使用参数 3 调用了传入的托管方法，这样就完成了一轮双向互操作。C#用托管方法的指针作为参数通过 P/Invoke 调用本机函数，然后本机函数用传入的函数指针调用托管方法，返回值也会在托管和本机环境之间进行两次转换和封送后回到托管环境。

3.14.2 禁止本地初始化特性

C#和.NET 的主要目标是用更简洁的语法编写更安全的应用，这些安全措施通常都是以牺牲性能为代价换来的。随着.NET 平台开始向物联网等资源受限的平台进军，需要 C#可以通过一些方法指示运行时禁用一些对性能影响较大的安全功能，本地初始化就是其中之一。运行时会自动初始化局部变量的内存防止数据泄露和内存损坏，但初始化往往伴随着写内存的操作。如果在代码中使用变量前对其进行赋值，自动初始化是多余的。因此 C# 9.0 增加了禁止本地初始化功能，在希望禁止初始化的地方使用 SkipLocalsInit 特性即可。如果在类、模块、程序集等容器结构上使用，其中的所有成员都会受到影响，因此在大范围内使用 SkipLocalsInit 特性时需要谨慎。

示例代码如下：

```
1.  [SkipLocalsInit]
2.  unsafe static void MyMethod()
3.  {
4.      Span<int> members = stackalloc int[100];
5.      for (var i = 0; i < members.Length; i++)
6.      {
7.          members[i] = i;
8.      }
```

```
9.    }
```

从示例中可以看出在使用 members 前已经进行了赋值，因此 CLR 的自动初始化是多余的，使用 SkipLocalsInit 特性可以避免这种浪费。

3.14.3 静态匿名函数

C# 8.0 增加了静态本地函数功能，可以防止开发者意外编写出捕获变量的本地函数，现在这个功能也可以在 Lambda 表达式和匿名委托中使用了。

示例代码如下：

```
1.    Action<object> act = static (o) => Console.WriteLine(o);
2.    act("abc");
```

3.14.4 类型推导的 new 表达式

C# 3.0 使用 var 关键字实现了变量类型推导，C# 9.0 增加的 new 表达式的类型推导方向刚好与 var 的类型推导方向相反。变量声明时显式指定类型，等号右边的 new 表达式就可以省略类型名称直接跟随构造函数的参数即可。当然在方法调用时也可以进行类型推导，因为方法定义已经明确了类型。

示例代码如下：

```
1.    class Program
2.    {
3.        public static void MyMethod(Program p)
4.        {
5.            Console.WriteLine(s);
6.        }
7.
8.        public static void Main(string[] args)
9.        {
10.           // var array = new Program[] { new Program(), new Program(), new Program() };
              // 旧语法不能省略 Program
11.           var array = new Program[] { new(), new(), new() };
12.           MyMethod(new());
13.       }
14.   }
```

这个功能在不同场合使用可能可以节省代码量，也可能导致潜在的风险，需要特别注意。例如要初始化一个包含大量元素的集合，这时就可以节省大量重复代码提高效率，但是如果在方法调用时使用就可能产生潜在的风险。

例如有一个立体几何领域的方法，这个方法需要两个参数，且都是由 3 个 double 类型的数字组成的自定义类型。其中一个表示在 x、y、z 方向的旋转角度，另一个表示由 x、y、z 组成的旋转中心坐标，这就导致这两个参数的构造函数签名完全相同。如果有一天这个方法的开发者调换了这两个参数的顺序，就会悄无声息地导致错误。由于使用了类型推导，编译器根本不会告知用户方法的语义发生了变化，直接就通过了编译。更严重的是，如果编写方法和调用方法的不是同一个人，并且他们之间无法进行沟通，使用者就会在毫不知情的情况下掉进"坑"里。因此在方法调用中笔者推荐还是老老实实地写完整比较保险。同时，编写完整代码也可以减少阅读代码时对 IDE 和智能提示框的依赖，如果在非 IDE 环境查看代码，类型推导的 new 表达式可能会导致难以理解参数的类型和含义。

3.14.5 类型推导的条件表达式

在早期 C#版本中，条件表达式的两个分支必须返回相同类型的值，就算返回类型是兼容的也必须手动强制转换为相同的类型。从 C# 9.0 开始，条件表达式可以在一定程度上推导表达式的类型并自动完成转换。

示例代码如下：

```
1.   public class A { }
2.   public class B : A { }
3.   public class C : A { }
4.
5.   public class D
6.   {
7.       public static implicit operator A(D d) => new A();
8.   }
9.
10.  class Program
11.  {
12.      public static void Main(string[] args)
13.      {
14.          A a = true ? new B() : new C();
15.          var b = false ? new A() : new D();
16.      }
17.  }
```

示例中的 a 必须显式指定类型为 A，表达式才会自动转换为共同父类。如果不显式指定类型可能会造成表达式转换到 Object 类型，如果要转换的类型有多个共同祖先类型，编译器也不知道应该转换到哪一个。这种转换过于宽泛，因此 C#禁止自动推导到共同祖先类型。示例中的 b 因为 D 定义了到 A 的隐式类型转换，因此 b 会自动推导为 A 类型。

3.14.6 协变返回类型

有时在子类重写父类方法时，把返回值类型定义为父类中的返回值类型的子类是很有用的，毕竟子类重写父类的方法就是要进一步特化方法实现来完成更具体的功能，返回更具体子类对象就是合理的。从 C# 9.0 开始正式支持这种功能需求。但是要注意，这里涉及的继承都必须符合里氏替换原则，否则可能产生问题。

示例代码如下：

```
1.   public class Parent
2.   {
3.       public virtual object MyMethod() => new object();
4.   }
5.
6.   public class Son : Parent
7.   {
8.       public override string MyMethod()
9.       {
10.          return string.Empty;
11.      }
12.  }
```

3.14.7 foreach 循环支持 GetEnumerator 扩展方法

C# 3.0 增加了扩展方法，能够在不修改类型定义的情况下给类型增加拟似成员方法。但

foreach 循环一直不支持以扩展方法的形式实现的 GetEnumerator 方法。这个问题终于在 C# 9.0 得到了解决，现在 foreach 循环支持使用扩展方法，为使用第三方库而无法修改类型定义的开发者提供了便利。对于异步枚举器，则需要定义返回 IAsyncEnumerator<T>类型的 GetAsyncEnumerator 扩展方法。

示例代码如下：

```
1.    public static class ForEachExtensions
2.    {
3.        public static IEnumerator<char> GetEnumerator(this int number) =>
          number.ToString().GetEnumerator();
4.    }
5.
6.    class Program
7.    {
8.        public static void Main(string[] args)
9.        {
10.           foreach (char item in 12345)
11.           {
12.               Console.WriteLine(item);
13.           }
14.       }
15.   }
```

这个功能并不表示同样的需求在之前没有变通手段来实现。例如直接调用静态方法，但这样的代码带有明显的命令式特征，把要表达的语义掩盖了。这个功能的出现使得代码具有更明显的声明式特征，更能够直接展示语义，是一种更接近自然语言表达方式的高级抽象。和模式匹配一样，这些功能都在试图让 C#更接近人的思维模式和表达方式，提高代码的可读性，降低开发和维护的成本。

3.14.8 参数弃元

C# 7.0 的模式匹配中有弃元功能，可以用"_"表示用不到的局部变量。C# 9.0 把这个功能应用到 Lambda 表达式和匿名委托，允许对用不到的参数使用弃元。

示例代码如下：

```
Func<int, int> func = _ => 10;
```

除非委托签名由外部依赖定义无法修改，或者在部分情况下参数是有用的，否则推荐直接修改委托签名消除弃元参数。

3.14.9 本地函数支持特性

本地函数是一个只有包含其定义的方法能调用的局部函数，本质上依然是类的隐式私有成员方法。但在 C# 9.0 之前无法为本地函数添加特性。C# 9.0 解决了这个问题，同时还为本地函数增加了 extern 修饰符的支持，这表示可以把本地函数关联到外部实现，例如把本地函数关联到 C/C++的本机函数。

示例代码如下：

```
1.    public static void Main(string[] args)
2.    {
3.        LocalMethod();
4.        MessageBox(IntPtr.Zero, "Hello World", "Title", 0);
5.
6.        [Display(Name = "本地函数")]
7.        void LocalMethod() => Console.WriteLine("Hello World");
```

```
 8.
 9.     [DllImport("User32.dll")]
10.     static extern int MessageBox(IntPtr hInstance, string message, string title,
            int type);
11. }
```

3.14.10 模块初始化器

为了使类库加载时能进行一些快速的一次性自定义初始化工作，C# 9.0 增加了模块初始化器功能。这有点类似于本机动态链接库的 DllMain 函数。在符合条件的方法上使用 ModuleInitializer 特性，这个方法就会成为模块初始化方法，如果有多个方法包含这个特性，运行时会按顺序自动调用，但此顺序开发者无法控制，因此这些方法不能有前后顺序依赖。模块初始化方法需要满足的条件有：

- 方法必须是静态的。
- 方法必须没有参数。
- 方法的返回值类型必须是 void。
- 方法不能是泛型的或包含在泛型类型中。
- 方法必须可以从模块中访问。这表示该方法的可访问性必须为 internal 或 public，也意味着该方法不能是本地函数。

示例代码如下：

```
1. class Program
2. {
3.     [ModuleInitializer]
4.     public static void DllMain() => Debug.Print("程序集已加载并初始化");
5.
6.     public static void Main(string[] args) => Console.WriteLine("Hello World");
7. }
```

3.14.11 分部方法增强

C# 3.0 增加了分部方法功能，但这个功能有一些限制。C# 9.0 取消了除分部方法必须声明在分部类以外的其他限制，当然了，这个分部类可以只有一个部分。减少限制扩展了分部方法的适用范围，但同时也增加了另一个限制——如果分部方法不符合 C# 3.0 规定的条件，就必须包含实现，因为此时编译器删除对不符合条件的分部方法的调用可能存在风险。

示例代码如下：

```
 1. partial class MyClass
 2. {
 3.     // 正确，符合 C# 3.0 的规定，可以没有实现
 4.     partial void Method1();
 5.
 6.     // 正确，已包含实现
 7.     private partial void Method2();
 8.
 9.     // 错误，包含访问修饰符并且返回值类型不为 void，不符合 C# 3.0 的规定——必须包含实现，
        但现在缺少实现
10.     private partial int Method3();
11. }
12.
13. partial class MyClass
14. {
15.     private partial void Method2() { }
```

```
 16.    }
```

解除这些限制主要是为了给源生成器功能提供更多使用场景。

3.14.12　源生成器

代码生成其实是由 .NET SDK 提供的功能，新版编译器在编译流程中增加了源生成阶段，允许源生成器获取编译的抽象语法树对象，然后分析并添加要生成的代码。基于安全考虑，源生成器功能只允许添加代码，不允许修改现有代码。源生成器是一个 .NET Standard 2.0 程序集，开发者可以自行编写代码实现个性化功能，但是这需要开发者熟悉分析抽象语法树的方法，因而导致这个功能的使用门槛较高。源生成器在项目文件中引入后编译器会自动生效。ASP.NET Core 6.0 的 Razor 视图已更换为使用源生成器生成代码。

3.15　C# 10.0

C# 10.0 优化了编写代码的体验，也补完了一些之前没有彻底完成的语言特性。但总体上不算一个大型更新，没有对语言产生关键性影响。许多曾经备受期待的功能延期了，特别是接口的静态抽象成员这种可以大幅强化语言表达能力的关键特性。

3.15.1　结构体记录

C# 9.0 增加了记录类型，大幅简化了数据包类型的代码，使代码的维护成本急剧下降。但是当时的记录只支持引用类型，默认派生自 Object。C# 10.0 可以在 record 关键字后接 struct 关键字定义结构体记录了，同时也允许把 struct 换成 class 表示是引用类型的记录，语义和 C# 9.0 时相同。

示例代码如下：

```
 1.    public record struct MyValueRecord(int Number, string Text);
 2.    public readonly record struct MyReadOnlyValueRecord(int Number, string Text);
```

结构体记录的属性默认是可变的，这是为了和值元组（ValueTuple）保持相同的语义。如果希望使结构体记录的属性只读，可以使用 readonly 关键字修饰类型。

3.15.2　结构体允许自定义公共无参构造函数

早期版本的 C# 不允许自定义结构体的公共无参构造函数，该函数强制由编译器自动生成。在 C# 10.0 这个限制被解除了，同时这也意味着 default 关键字和 new 关键字实例化的结构体的初始状态可能不同。default 关键字实例化结构体时只会申请和初始化内存，这通常表示实例占用的内存会被 0 值填充。new 关键字实例化的结构体会调用公共无参构造函数，初始状态由构造函数的定义决定。

示例代码如下：

```
 1.    public struct MyStruct
 2.    {
 3.        public int Number;
 4.        public string Text;
 5.
 6.        public MyStruct()
 7.        {
```

```
8.            Number = 5;
9.            Text = "Nothing";
10.       }
11.  }
12.
13.  // Number == 0, Text = null
14.  var s1 = default(MyStruct);
15.  // Number == 5, Text = "Nothing"
16.  var s2 = new MyStruct();
```

3.15.3　强化的 with 表达式

随着 C# 9.0 记录功能的推出新增了 with 表达式用于复制记录并修改部分属性的值,在 C# 10.0 中,with 表达式可用于任何结构体或匿名类型。结构体的 with 表达式显然是结构体记录功能的一部分,对匿名类型来说则是额外的增强,这表示编译器会为匿名类型自动生成复制构造函数。

3.15.4　记录允许密封 ToString 方法

C#编译器会自动重写记录的 ToString 方法,也可以显式定义来阻止编译器的自动重写。但是如果继续派生,派生记录的 ToString 方法还是会被自动重写,除非继续显式定义。为了避免这个麻烦,C# 10.0 允许为记录的 ToString 方法添加 sealed 修饰符阻止编译器自动重写派生记录的 ToString 方法。

3.15.5　全局 using

C#中的部分命名空间非常常用,几乎在所有文件中都需要引用,这导致代码文件中存在大量重复的 using 指令,C# 10.0 可以使用全局 using 指令使 using 在整个项目中生效。但是这样也容易出现重复引用的问题,为了避免全局 using 散落在不同的代码文件中难以管理,推荐把全局 using 写到一个文件中。

示例代码如下:

```
1.  global using System.Text.Json;
2.  global using static System.Math;
3.  global using i32 = System.Int32;
```

除此之外,.NET 6 项目还增加了隐式引用功能,可以在项目配置中添加全局 using 指令。实现这个功能的方式是 SDK 自动生成一个代码文件,然后在其中添加相应的代码参与项目编译。SDK 默认设置了部分常用命名空间。

示例代码如下:

```
1.  <Project Sdk="Microsoft.NET.Sdk">
2.    <PropertyGroup>
3.      <TargetFramework>net6.0</TargetFramework>
4.      <ImplicitUsings>enable</ImplicitUsings>
5.    </PropertyGroup>
6.
7.    <ItemGroup>
8.      <Using Include="System.Text.Json"></Using>
9.      <Using Remove="System.Threading.Tasks"></Using>
10.   </ItemGroup>
11. </Project>
```

代码解析：ImplicitUsings 节控制是否启用 SDK 内置的全局 using,Using 节设置要添加或移除的全局 using。

3.15.6 文件范围的命名空间

C#对命名空间的规定不像 Java 那样严格,因此必须通过花括号作用域明确定义代码所属的命名空间。这导致有效的 C# 代码天然有一次缩进,非常影响代码的阅读体验。对大规模项目来说,多出的缩进字符也会毫无意义地占用存储空间。C# 10.0 添加了文件范围的命名空间功能,可以定义整个文件的代码所属的命名空间,让有效代码顶格编写。当然这也表示这个文件不能再定义多个命名空间了,如果有这种需求的话需要使用旧式写法。

示例代码如下:

```
1.   namespace SomeNameSpace;
2.   public class Class1 { }
```

代码解析:文件范围的命名空间没有花括号,因此使用分号结尾。

3.15.7 常量内插字符串

C# 6.0 增加了字符串内插功能,优化了字符串生成代码的编写体验,到了 C# 10.0,可以在常量字符串中使用插值功能了,前提是插值的内容也是字符串常量。

示例代码如下:

```
1.   public const string Segment = "seg1";
2.   public const string ConstStr = $"Inserted {Segment}";
```

3.15.8 内插字符串处理程序

使用这个功能可以自定义从内插字符串表达式生成结果字符串的过程,主要用于底层类库的开发。

3.15.9 Lambda 表达式增强

C#从添加 Lambda 表达式开始已经数次改进了函数式编程的语法,这次改进大幅强化了 Lambda 表达式,使其拥有和普通方法几乎相同的表达能力。C# 10.0 允许显式声明 Lambda 表达式的返回值类型和允许为方法的声明附加特性。这次改进还允许把 Lambda 表达式或方法组直接赋值给 var 变量,编译器会自动推断变量类型。如果已知的委托类型(内置的 Action 或 Func 委托等)都不合适,编译器还会自动生成匹配的内部委托类型。

示例代码如下:

```
1.   var func =
2.       [Description("function")]
3.       [return: Description("return")]
4.       static async Task<string> ([Description("param")]int i) =>
5.       {
6.           await Task.Delay(10);
7.           return i.ToString();
8.       };
9.
10.  var val = await func(5);
```

3.15.10　CallerArgumentExpression 诊断特性

这个特性允许编译器自动把指定参数的调用时传参表达式赋值给另一个字符串类型的参数，使用这个特性可以在调试诊断时方便地查看参数是通过什么表达式传入的。这在编写诊断代码和单元测试时比较常用。

示例代码如下：

```
1.   static void Validate(bool condition, [CallerArgumentExpression("condition")]
         string? message = null)
2.   {
3.       if (!condition)
4.       {
5.           throw new InvalidOperationException($"Argument failed validation:
             <{message}>");
6.       }
7.   }
8.
9.   try
10.  {
11.      Validate(Random.Shared.Next(5) > Random.Shared.Next(5));
12.  }
13.  catch (Exception e)
14.  {
15.      Console.WriteLine(e.Message);
16.  }
```

示例中的 message 参数会由编译器自动传入"Random.Shared.Next(5) > Random.Shared.Next(5)"，通过异常消息可以直接看到调用方法时提供 condition 参数的表达式。

3.15.11　解构支持混合使用已有变量和内联声明变量

解构是伴随元组和模式匹配诞生的语法。早期的解构功能要么全部使用现有变量，要么全部使用新声明的变量，这导致无法灵活复用已有变量和新变量。C# 10.0 解除了这个限制。

示例代码如下：

```
1.   var tuple = (10, "text");
2.
3.   // 全部内联声明新变量
4.   var (number, text) = tuple;
5.
6.   // 全部使用已有变量
7.   int number2;
8.   string text2;
9.   (number2, text2) = tuple;
10.
11.  // C# 10.0 可以通过编译
12.  (var number3, text) = tuple;
```

3.15.12　增强的属性模式

属性模式是模式匹配的重要组成部分。但是早期版本中如果要匹配一个嵌套的属性，就需要嵌套使用属性模式表达式。深度嵌套会导致代码可读性急速下降，非常类似早期访问嵌套属性时的判空代码，后来嵌套的判空代码被 null 引用传播运算符解决了。现在嵌套的属性匹配也通过增强的属性模式语法解决了。

示例代码如下：

```
1.   // 增强语法
2.   { Prop1.Prop2: pattern }
3.   // 原始语法
4.   { Prop1: { Prop2: pattern } }
```

3.15.13　方法上的自定义异步状态机特性

异步状态机特性可以让编译器使用指定的状态机生成器实现异步方法，这能在特定情况下优化异步方法的性能。但是早期版本只能在类上使用这个特性，导致整个类都必须使用一套实现，想要更换实现只能单独再写一个类。C# 10.0 可以单独在一个方法上使用特性了。

3.16　小　　结

C#经历了多年发展，进行了多次重大创新，大幅优化了开发者的编码体验。笔者认为在.NET平台移交给.NET 基金会运营后，C#更新的脚步变快了，更新的策略也更激进了，但总体上来说所有改进依然以优化开发者的编码体验为最终目的。如果 C#语言团队经过历练和考验后对度的把握变得更成熟，更活跃的社区参与对 C#的发展来说还是利大于弊的。

表 3-1 列出 C#各个版本的发布时间和对应的平台框架版本，总结了 C#语言的发展历程。

表 3-1　C#版本年表

C#版本	发布时间	.NET 版本	VS 版本	CLR 版本
C# 1.0	2002-2-13	.NET Framework 1.0	VS.NET 2002	.NET Framework CLR 1.0
C# 2.0	2005-11-7	.NET Framework 2.0	VS 2005	.NET Framework CLR 2.0
C# 3.0（LINQ 除外）	2006-11-6	.NET Framework 3.0	VS 2008	.NET Framework CLR 2.0
C# 3.0	2007-11-19	.NET Framework 3.5	VS 2008	.NET Framework CLR 2.0
C# 4.0	2010-4-12	.NET Framework 4.0	VS 2010	.NET Framework CLR 4.0
C# 5.0	2012-2-20	.NET Framework 4.5	VS 2012	.NET Framework CLR 4.0
C# 6.0	2015-7-26	.NET Framework 4.6	VS 2015	.NET Framework CLR 4.0
C# 7.0	2016-8-2	.NET Framework 4.6.2	VS 2017(v15)	.NET Framework CLR 4.0
C# 7.1	2017-4-5	.NET Framework 4.7	VS 2017(v15.3)	.NET Framework CLR 4.0
C# 7.2	2017-10-17	.NET Framework 4.7.1	VS 2017(v15.5)	.NET Framework CLR 4.0
C# 7.3	2018-4-30	.NET Framework 4.7.2	VS 2017(v15.8)	.NET Framework CLR 4.0
C# 8.0（默认接口方法除外）	2019-4-18	.NET Framework 4.8	VS 2019(v16.3)	.NET Framework CLR 4.0
C# 8.0	2019-9-24	.NET Core 3.0	VS 2019(v16.4)	.NET Core CLR 3.0
C# 9.0	2020-11-10	.NET 5.0	VS 2019(v16.8)	.NET CLR 5.0
C# 10.0	2021-11-8	.NET 6.0	VS 2022(v17)	.NET CLR 6.0

第二篇
Entity Framework Core

这一部分将介绍.Net Core中非常重要的数据操作框架Entity Framework Core，简称EF Core。EF Core是.NET Core中功能最丰富也是使用最复杂的ORM框架。熟悉EF Core的各种功能和使用方法能最大化效益并避免因不熟悉EF Core功能特性而产生的风险。

第 4 章

快速入门

EF Core 本质上就是普通的.NET 程序集,微软将其托管到 NuGet 供开发者下载使用和管理。EF Core 有两个最核心的概念——数据模型和数据上下文。数据模型用于表示数据库中的表定义和表与表之间的关系,数据上下文用于管理、操作数据模型和管理与数据库的交互。

4.1 简　　介

大多数程序都无可避免地会与数据打交道,但内存中的数据在程序结束后就会消失。为了让数据能在多次打开的程序中延续使用,就需要持久化数据。使用文件存储的方式最简单直观,但是缺点也很明显——管理难度会随着数据复杂度的上升而上升,并导致开发难度也大幅上升。为了解决这个难题,通用数据管理系统也就是关系数据库系统诞生了,关系数据库的出现大幅降低了数据存储和检索的难度。但还有个问题没有解决——使用关系模型存储的数据无法直接表示为.NET 对象模型,开发数据转换组件成为新的问题。微软意识到了这个问题,认为这个组件应该是一个基础的通用组件,便开发了 Entity Framework,随着.NET Core 的发布,Entity Framework 也更新为 Entity Framework Core。

4.2　创建项目和安装 EF Core

首先参考 2.2.2 节创建一个名为 EFCoreQuickStart 的.NET 控制台项目(.NET 6)。然后参考 2.3.2 节为 EFCoreQuickStart 安装包 Microsoft.EntityFrameworkCore.Sqlite。

4.3　创建数据模型

在项目中添加类 Model(Model.cs),代码如下:

```
1.    public class Model
```

```
2.  {
3.      public int Id { get; set; }
4.      public string Text { get; set; }
5.  }
```

这个普通的.NET 类定义了一个模型，相当于在数据库中定义了一张表，由于 EF Core 的限制，表示数据库表的模型类必须具有主键，Id 属性便充当了这个角色。这是 EF Core 的默认约定，如果一个公共读写属性叫作 Id 或类名+Id，并且类型是 int、long、Guid 等，EF Core 会把这个属性当作主键，如果类型是 int 或 long，EF Core 还会自动将其设置为自增字段。随着学习的深入笔者会介绍更多默认约定以及如何使用自定义配置覆盖默认约定。模型必须有主键是强制性规定，可以配置自定义属性但不能没有，否则会在运行时引发异常。有关模型的更多用法将在之后的章节介绍。

4.4 创建数据上下文

在项目中添加类 ModelDbContext（ModelDbContext.cs），代码如下：

```
1.  public class ModelDbContext : DbContext
2.  {
3.      public DbSet<Model> Models { get; set; }
4.
5.      protected override void OnConfiguring(DbContextOptionsBuilder optionsBuilder)
6.      {
7.          optionsBuilder.UseSqlite("Data Source=model.db");
8.      }
9.  }
```

这个类就是 EF Core 的核心类，一般称为数据上下文类，继承自 DbContext 类之后就拥有了与数据库交互的能力。其中 DbSet<T>类型的属性就代表数据库中的表，属性名在默认状态下同时作为表名使用，按照约定，应使用复数形式命名。类型参数 T 表示与这张表关联的模型类。重写的受保护方法 OnConfiguring 会在实例化上下文时在上下文内部使用，在这里配置了使用 Sqlite 数据库和连接字符串。

4.5 创建数据库

在项目中继续安装包 Microsoft.EntityFrameworkCore.Tools。

步骤01 在程序包管理控制台中执行命令：Add-Migration InitialCreate，完成后会生成一些文件。

步骤02 再执行命令：Update-Database，完成后数据库就创建好了。

其中 Add-Migration 和 Update-Database 是命令，InitialCreate 是命令参数，表示迁移名称，如果将来修改了模型结构，再次迁移时需要指定其他名称，推荐使用能表示迁移目的的有意义的名称。

这个包是用于在程序包管理控制台中管理数据库迁移的工具，如果使用 VS Code 进行开发，需要安装 Microsoft.EntityFrameworkCore.Design 包和.NET 全局工具 dotnet-ef。

4.6 简单使用

把 Program.cs 文件的类定义内容替换为以下代码:

```
1.   class Program
2.   {
3.       static void Main(string[] args)
4.       {
5.           using (var db = new ModelDbContext())
6.           {
7.               // 插入
8.               Console.WriteLine("插入一条记录");
9.               db.Models.Add(new Model { Text = "这是一段话" });
10.              db.SaveChanges();
11.
12.              // 查询
13.              Console.WriteLine("查询记录");
14.              var model = db.Models
15.                  .OrderBy(b => b.Id)
16.                  .First();
17.
18.              // 更新
19.              Console.WriteLine("更新一条记录");
20.              model.Text = "这是一段更新后的话";
21.              db.SaveChanges();
22.
23.              // 删除
24.              Console.WriteLine("删除一条记录");
25.              db.Models.Remove(model);
26.              db.SaveChanges();
27.          }
28.      }
29.  }
```

这就是使用 EF Core 最简单的操作。上述代码解析如下:

1) 首先使用 using 语句确保在使用完上下文后及时释放资源。

2) 使用之前定义的 Models 属性的 Add 方法添加一个对象,调用上下文的 SaveChanges 方法把修改提交到数据库。这里要注意,如果没有调用或调用失败,从上次调用成功之后的所有修改都会丢失。

3) 使用 Models 的 LINQ 查询查出按 Id 排序的第一条数据,查出来后得到的结果就是普通对象,可以在程序中直接使用而无须关心数据库。这里要注意,这个查询如果没有查到数据会抛出异常,一定要在确保能查到数据时使用,之后会介绍更安全的方法。

4) 直接为查出的对象的属性重新赋值,然后调用保存。EF Core 会跟踪模型对象的变更,并自动生成最合适的更新语句。这就是使用 EF Core 间接操作数据库的优势,在程序中如平常一样操作对象,EF Core 会在幕后默默处理数据库操作。

5) 使用 Models 的 Remove 方法删除对象,然后保存。

从这个简单的例子就可以看出来,EF Core 让我们可以不用理会那些和面向对象编程思想格格不入的 SQL 语句,专心编写业务代码。它就像一个经验丰富的老管家,为我们打理一切琐事,让我们专注于处理重要的事情。

当然 EF Core 也并非是万能的,面对一些特殊情况也只能直接使用 SQL 语句,认清 EF Core 的优势和劣势,恰当地使用才能真正达到事半功倍的效果。这也是之后要学习和思考的内容。

这时如果点击调试，会发现数据库驱动发生异常，即找不到表。这是因为生成数据库的目录和调试时程序使用的工作目录不一致。这时需要修改项目文件让两个目录保持一致：在"解决方案资源管理器"中右击项目，在弹出的快捷菜单中单击"编辑项目文件"，在 PropertyGroup 节内添加子节点<StartWorkingDirectory>$(MSBuildProjectDirectory)</StartWorkingDirectory>。这是一个没有可视化编辑面板、只能通过直接修改项目文件进行编辑的节。

4.7 小　　结

通过本章的简单演示，我们了解了使用 EF Core 的基本方法和步骤。可以发现使用 EF Core 的每个步骤都有明确的目的和顺序，是一个设计逻辑严密的数据访问框架。接下来将详细介绍 EF Core 的更多功能。

第 5 章

实体模型

5.1 实体类型和实体模型配置

在此先对描述实体的相关术语进行介绍。

- 实体类型：要作为实体模型使用的类。
- 实体模型：包含实体类型配置并由 EF Core 管理的 DbSet<T>类型，或所有实体模型的总称。
- 实体：实体类型的对象，或实体模型的别称。
- 导航属性：实体类型中的其他实体类型的单个或集合类型的属性。

按照 EF Core 的约定，在数据上下文中由属性 DbSet<T>中的类型参数 T 指定的类型称为实体类型，实体类型必须是类类型，不能是泛型类型，但可以从泛型类型派生，不能是抽象类型。实体类型中包含用于存储数据的属性或字段，使用关系数据库作为基础设施时，如果是基本数据类型的，通常与数据表中的列对应。如果属性是其他类类型的，通常称为导航属性，与数据库中的表对应，并通过外键与主表关联。

当然，EF Core 的实体模型不仅限于在上下文中定义的 DbSet<T>属性，会被包含在实体模型中的实体类型来源如下：

- 直接定义在 DbSet<T>属性中的类型。
- DbSet<T>中包含的被识别为导航属性的属性的类型，也被称为发现导航。导航属性的类型既然被识别为实体模型，它自然也可以拥有自己的导航属性，因此发现导航是一个递归过程。
- 在上下文中重写 OnModelCreating 方法时在其中配置的类型。如果这里配置的类型已经定义在 DbSet<T>或包含在发现的导航属性中，EF Core 将视为要使用自定义配置覆盖默认配置。发现导航在这里也同样有效。

5.1.1 基本实体类型

根据 EF Core 的约定，任何非抽象、非泛型的类类型都可以作为实体类型使用，但一般情况下实体类型主要包含用于存储数据的属性和字段。接下来以一个基本实体类型为例进行介绍，代码如下：

```
1.    // 使用特性指定表名和架构名
2.    [Table("CustomTableName", Schema = "dbo")]
3.    public class SimpleEntity
4.    {
5.        // 使用特性指定属性为主键
6.        [Key]
7.        public Guid Id { get; set; }
8.        // 使用特性指定属性为自增长列
9.        [DatabaseGenerated(DatabaseGeneratedOption.Identity)]
10.       public long SimpleEntityId { get; set; }
11.       // 使用特性指定列名和列类型
12.       [Column("CustomColumnName", TypeName = "int")]
13.       public int? NullableStruct { get; set; }
14.       public double FloatNumber { get; set; }
15.       public decimal DecimalNumber { get; set; }
16.       public bool Bit { get; set; }
17.       public DateTime NormalDateTime { get; set; }
18.       public DateTimeOffset BetterDateTime { get; set; }
19.       public Number Enum { get; set; }
20.       public Number? NullableEnum { get; set; }
21.       public char Character { get; set; }
22.       // 使用特性指定列不可空
23.       [Required]
24.       // 使用特性指定列大小和不符合规则时使用的错误提示模板
25.       [StringLength(50, MinimumLength = 1, ErrorMessage = "{0} 必须至少有 {2} 个字符，
             并且最多只能有 {1} 个字符。")]
26.       public virtual string Text { get; set; }
27.       public byte[] BinaryData { get; set; }
28.   }
29.
30.   public enum Number
31.   {
32.       Zero = 0,
33.       One = 1,
34.       Tow = 2
35.   }
```

类型说明：

1）SimpleEntity：这是一个普通类，使用 Table 特性指定了表名为"CustomTableName"，架构为"dbo"，只有表名为必填。如果没有 Table 特性，数据上下文中的 DbSet<SimpleEntity> 的属性名将作为表名使用。如果实体类型没有定义相应的 DbSet<T>属性，实体类名将作为表名使用。EF Core 5.0 之前不支持在同一个上下文中定义多个相同泛型参数类型的 DbSet<T>属性，从 5.0 版开始可以使用新的 API 为同一个实体类型配置多个实体模型，称为共享类型实体，我们会在后文详细介绍。如果需要在上下文中使用多个具有相同结构的实体类型时，有两种处理方式：分别定义两个具有相同结构的实体类型；或者从其中一种实体类型派生新的实体类型，但不做任何更改，并做一些配置，配置方式将在"5.1.15 继承"中介绍。同一实体类型中可以定义多个相同类型的属性，包括基本类型和其他类类型。

2）Id 和 SimpleEntityId：它们都符合 EF Core 对于默认主键的约定，但是 Id 属性使用了 Key 特性，所以最终 Id 会成为主键，并且 EF Core 会为 Id 设置客户端值自动生成。部分数据库不支

持 Guid 类型的属性，使用时需要注意。SimpleEntityId 属性使用 DatabaseGenerated 特性设置为数据库自增列。在 SQL Server 中一张表只能设置一个自增列，SQLite 没有这个限制。如果主键是整数类型，EF Core 默认会把主键设置为自增列。

3）NullableStruct：这是可空值类型，EF Core 会同时设置列为可空。同时 Column 特性指定了列名为"CustomColumnName"，列类型为 int。要注意，如果不同数据库中的列类型名不同，更换数据库系统后没有及时修改，可能会导致迁移发生异常，所以除非特殊情况，尽量不要手动指定列类型名。

4）FloatNumber、DecimalNumber 和 Bit：都是普通数据类型，其中部分数据库不支持 DecimalNumber 属性的类型。

5）NormalDateTime 和 BetterDateTime：它们都是日期时间类型，但是 NormalDateTime 的 DateTime 类型在跨时区应用时可能会出现时间计算错误，为此微软准备了 DateTimeOffset 类作为替代，使用上没有任何区别，但是能确保不会发生时间计算错误，DateTime 仅作为兼容性代码保留，如果是新项目，推荐统一使用 DateTimeOffset。

6）Enum 和 NullableEnum：EF Core 支持使用枚举作为实体属性使用，默认情况下数据库中保存枚举的内部数值，这里 Number 的内部值类型为 int。

7）Character：只能表示单个字符。由于 char 是值类型且不可空，因此数据库中也同样会设置为不可空。

8）Text：这是一个虚属性，如果虚属性的类型实现 ICollection<T>接口，则在启用基于代理的延迟加载时会被 EF Core 生成的代理类重写以实现延迟加载功能，对于普通数据类型而言并没有什么特别的意义。这是一个普通字符串属性，但是由于使用了 Required 特性，数据库中会被设置为不可空。StringLength 特性指定 Text 最多不超过 50 个字符，至少 1 个字符，错误消息中的占位符 0 表示属性名，1 表示最多字符数，2 表示最少字符数。不过 EF Core 中只有最多字符数会生效，所以对于 EF Core 而言，也可以使用 MaxLength 特性代替。

9）BinaryData：表示一段二进制数据，在 Microsoft SQL Server 中表示 varbinary（image 的替代类型，微软计划在将来的版本中彻底删除 image 类型），在 MySQL 和 SQLite 中代表 blob。在 Microsoft SQL Server 中的并发版本标记列也必须是 byte[] 类型，但这是 Microsoft SQL Server 的独占功能，泛用性不好，多数情况下开发者会选择自行实现并发版本控制，因为自行实现的难度较低并且可以大幅提高泛用性。

5.1.2 基础实体模型配置

上一小节展示了一个典型实体类型和最常用的配置，接下来再介绍其他的配置。

在 EF Core 中，一共有 3 种配置方式并且会根据优先级进行配置覆盖，应用优先级从高到低分别为：

- 基于 Fluent API 的配置。
- 基于特性的配置。
- 基于默认约定的配置。

基于 Fluent API 的配置支持所有实体模型配置项，基于特性的配置只支持部分实体模型配置项。上一小节的例子使用了基于特性的配置和基于默认约定的配置。如果不同方式的配置发生冲突，具有更高优先级的配置生效。

1. 基于特性的配置

在类或属性上附加 EF Core 能识别的特性，EF Core 会自动将其应用到配置中。上一小节的实体类型示例就大量使用了基于特性的配置。

常用的配置特性如表 5-1~表 5-3 所示。

表 5-1　配置特性（System.ComponentModel.DataAnnotations）

特性	作用对象	说明
Key	属性或字段	指定属性为实体的主键。无法用特性配置复合主键
Required	属性或字段	指定属性值不能为 null，数据库列不能为 null。不需要为值类型指定，值类型天然不能为 null。代码中可以正常赋值 null，仅在保存时引发异常
Timestamp	属性或字段	指定并发标记，由数据库自动生成值。仅支持 Microsoft SQL Server。属性必须是 byte[] 类型
ConcurrencyCheck	属性或字段	指定并发标记，由客户端生成值。可使用任意基本数据类型
MaxLength	属性或字段	指定字符串最大长度。代码中可以正常赋值任意长度的字符串，仅在保存时引发异常
StringLength	属性或字段	指定字符串最大、最小长度和错误消息模板。对 EF Core 而言与 MaxLength 等效，因为数据库只支持约束最大长度

表 5-2　配置特性（System.ComponentModel.DataAnnotations.Schema）

特性	作用对象	说明
Table	类	指定实体对应的数据库表名和架构
Column	属性或字段	指定属性对应的数据表列名和列类型
ForeignKey	属性或字段	指定依赖导航属性关联的外键属性
InverseProperty	属性或字段	指定主体导航属性和关联的依赖导航属性。通常在两个实体之间存在多个导航属性时使用
NotMapped	类、属性或字段	指定从模型中排除类型或从实体类型中排除属性，被排除的类型或属性不会映射到数据库
DatabaseGenerated	属性或字段	指定属性的值生成策略

表 5-3　配置特性（Microsoft.EntityFrameworkCore）

特性	作用对象	说明
Owned	类	指定实体为从属实体。从 EF Core 2.1 起支持
Keyless	类	指定实体为无键实体。功能从 EF Core 2.1 起支持。特性从 EF Core 5.0 起支持
Index	类	指定实体的索引。特性从 EF Core 5.0 起支持
BackingField	属性	指定属性的幕后字段名。特性从 EF Core 5.0 起支持

2. 基于 Fluent API 的配置

基于 Fluent API 的配置写在上下文类中的 OnModelCreating 方法中。这是一个受保护的虚方法，EF Core 会在模型构造期间自动调用，开发者只需要编写配置代码即可。

例如用 Fluent API 完成 SimpleEntity 的配置，代码如下：

```
1.   public class BasicEntityDbContext : DbContext
2.   {
3.       public DbSet<SimpleEntity> SimpleEntities => Set<SimpleEntity>();
4.
5.       protected override void OnModelCreating(ModelBuilder modelBuilder)
6.       {
7.           base.OnModelCreating(modelBuilder);
```

```csharp
8.
9.        // 风格1
10.       // 取出实体配置器
11.       var simpleEntityBuilder = modelBuilder.Entity<SimpleEntity>();
12.
13.       simpleEntityBuilder
14.           // 配置表名和架构名
15.           .ToTable("CustomTableName", "dbo")
16.           // 配置主键
17.           .HasKey(s => s.Id);
18.
19.       simpleEntityBuilder
20.           // 取出属性配置器
21.           .Property(s => s.SimpleEntityId)
22.           // 配置自增长
23.           .UseIdentityColumn(1, 1);
24.
25.       simpleEntityBuilder.Property(s => s.NullableStruct)
26.           // 配置列名
27.           .HasColumnName("CustomColumnName")
28.           // 配置列类型
29.           .HasColumnType("int");
30.
31.       simpleEntityBuilder.Property(s => s.Text)
32.           // 配置列非空
33.           .IsRequired()
34.           // 配置列大小（字符串用）
35.           .HasMaxLength(50);
36.
37.       simpleEntityBuilder.Property(s => s.DecimalNumber)
38.           // 配置列精度（小数用）
39.           .HasPrecision(16, 4);
40.
41.       // 风格2
42.       modelBuilder.Entity<SimpleEntity>(
43.           b =>
44.           {
45.               b.ToTable("CustomTableName", "dbo")
46.                   .HasKey(s => s.SimpleEntityId);
47.
48.               b.Property(s => s.SimpleEntityId)
49.                   .UseIdentityColumn(1, 1);
50.
51.               b.Property(s => s.NullableStruct)
52.                   .HasColumnName("CustomColumnName")
53.                   .HasColumnType("int");
54.
55.               b.Property(s => s.Text)
56.                   .IsRequired()
57.                   .HasMaxLength(50);
58.
59.               b.Property(s => s. DecimalNumber)
60.                   .HasPrecision(16, 4);
61.           });
62.   }
63. }
```

示例中的 DbSet<SimpleEntity>属性使用了 Lambda 表达式语法的只读属性定义，Lambda 表达式语法从 C# 6 开始支持，使用这种定义可以避免意外修改属性而出现问题，推荐使用。

使用 modelBuilder.Entity<TEntity>()方法可以获取 TEntity 类型的实体模型构造器，通过调用构造器的各种方法完成对实体模型的配置。Fluent API 精心设计了配置方法名和返回类型，能通过链式调用完成大量配置，同时避免因不当的调用导致配置异常。看上去就像在阅读一般的英语句子，具有极高的代码可读性，也因此被称为"流畅的 API"。

示例中风格 1 和风格 2 的配置代码完全等价，实际开发时只需要使用其中一种即可。它们唯一的区别只是风格 1 的配置代码接在 modelBuilder.Entity<TEntity>()方法后进行链式调用，风格 2 的配置代码写在 modelBuilder.Entity<TEntity>()方法中，作为方法的参数出现。

注意，DecimalNumber 的小数精度配置从 EF Core 5.0 开始支持。

3. 基于配置类的配置

基于配置类的配置除了在 OnModelCreating 中直接配置外，从 EF Core 2.0 开始，还可以通过实现 IEntityTypeConfiguration<TEntity>接口的类完成配置。在 OnModelCreating 方法中通过 ModelBuilder 调用 ApplyConfiguration 方法并传入配置类的实例。

例如把上面的配置改造为通过配置类进行配置，代码如下：

（1）基于配置类的配置

```
1.  public class SimpleEntityConfiguration : IEntityTypeConfiguration<SimpleEntity>
2.  {
3.      public void Configure(EntityTypeBuilder<SimpleEntity> builder)
4.      {
5.          builder.ToTable("CustomTableName", "dbo")
6.              .HasKey(s => s.Id);
7.
8.          builder.Property(s => s.SimpleEntityId)
9.              .UseIdentityColumn();
10.
11.         builder.Property(s => s.NullableStruct)
12.             .HasColumnName("CustomColumnName")
13.             .HasColumnType("int");
14.
15.         builder.Property(s => s.Text)
16.             .IsRequired().HasMaxLength(50);
17.     }
18. }
```

（2）应用配置

```
1.  public class BasicEntityDbContext: DbContext
2.  {
3.      public DbSet<SimpleEntity> SimpleEntities => Set<SimpleEntity>();
4.
5.      protected override void OnModelCreating(ModelBuilder modelBuilder)
6.      {
7.          base.OnModelCreating(modelBuilder);
8.
9.          modelBuilder.ApplyConfiguration(new SimpleEntityConfiguration());
10.     }
11. }
```

改造代码基本上就是把直接写在 OnModelCreating 方法中的配置代码转移到配置类中。配置类最终也是调用 Fluent API 进行配置。如果一个上下文有多个实体需要配置，这种方式可以保持上下文定义的整洁，方便管理代码，推荐使用。

使用 Fluent API 配置的实体可以不在上下文类中定义相应的 DbSet<T>属性，如果不定义属性，则只能通过上下文对象的 Set<TEntity>() 方法获取实体模型。

5.1.3 排序规则

从 EF Core 5.0 开始，可以使用 Fluent API 设置数据库和列排序规则。

示例代码如下：

```
1.  public class CollationEntity
```

```
 2.    {
 3.        public int Id { get; set; }
 4.        public string Text { get; set; }
 5.    }
 6.
 7.    public class CollationDbContext : DbContext
 8.    {
 9.        public DbSet<CollationEntity> CollationEntities => Set<CollationEntity>();
10.
11.        protected override void OnModelCreating(ModelBuilder modelBuilder)
12.        {
13.            modelBuilder.UseCollation ("German_PhoneBook_CI_AS");
14.
15.            modelBuilder.Entity<CollationEntity>().Property(c => c.Text)
16.                .UseCollation ("German_PhoneBook_CI_AS");
17.        }
18.    }
```

示例分别展示了在数据库和列级别设置排序规则的方法。

5.1.4 值生成和计算属性

值生成是 EF Core 中一项重要的功能，值生成策略的配置也较为复杂。因为关系数据库大多都有自动生成列值的能力，例如通过默认值 SQL 表达式或触发器等自动生成列值。EF Core 的值生成策略的配置会极大地影响 EF Core 在处理实体对象与数据库记录的同步问题时的行为，保持实体对象与数据库的同步是 ORM 框架的基本功能。如果 EF Core 无法及时与数据库保持同步，程序很可能会在错误数据的引导下执行错误的业务逻辑，从而导致系统进入错误的状态。

配置了值生成的实体类的属性在实体对象附加到上下文时，如果其中的属性为属性类型的 CLR 默认值（例如 string 的 null、int 的 0、Guid 的 Guid.Empty 等），EF Core 认为这个属性没有被显式设置。如果其中的属性不是属性类型的默认值，或者在附加到上下文之后经过赋值操作，EF Core 则认为这个属性已经被显式设置。没有被显式设置的属性在保存时 EF Core 认为该属性没有发生改变，插入或更新语句中不会出现相应的列。

配置了值生成的属性在客户端可以在模型配置中附加一个值生成器。值生成器是 ValueGenerator<TValue> 的派生类，可以为没有显式设置值的属性在附加到上下文时生成一次值。值生成器可以分为两类，由只读属性 GeneratesTemporaryValues 的值确定：

- 临时值生成器。生成的值不会保存到数据库中，保存后会被数据库中的实际值替换。
- 正式值生成器。EF Core 认为生成的值是显式赋值，会尝试将生成的值保存到数据库中。

EF Core 会为一些特殊属性附加一个内置的值生成器。但是如果没有为实体属性配置值生成，或配置为 PropertyBuilder<TProperty>.ValueGeneratedNever()，则只能为属性附加用于生成正式值的值生成器。

EF Core 定义了三种值生成策略的枚举值：

- 忽略（PropertySaveBehavior.Ignore）。EF Core 会忽略一切客户端属性的显式设置。
- 保存（PropertySaveBehavior.Save）。EF Core 会尝试将显式设置的值保存到数据库中。
- 抛出异常（PropertySaveBehavior.Throw）。EF Core 在保存过程中发现显式设置的值时会抛出异常。

EF Core 值生成的实际工作方式由数据库驱动程序决定，这里以微软官方提供支持的 Microsoft SQL Server 驱动程序为例。

1. 插入时值生成

插入时值生成用 PropertyBuilder<TProperty>.ValueGeneratedOnAdd()设置。

插入时值生成策略在插入数据时的行为用 PropertyBuilder<TProperty>.Metadata. SetBeforeSaveBehavior(PropertySaveBehavior behavior)方法设置。当设置为忽略或抛出异常时，EF Core 认为客户端的值是临时或不允许显式设置的，真实的值应该由数据库生成，因此会在保存后从数据库同步真实的值。当设置为保存时，EF Core 认为真实的值应该由客户端指定，因此会尝试将显式设置的值保存到数据库中并直接以客户端指定的值为准。如果数据库使用触发器对值进行修改会破坏实体对象与数据库之间的同步。

插入时值生成策略在更新数据时的行为用 PropertyBuilder<TProperty>.Metadata. SetAfterSaveBehavior(PropertySaveBehavior behavior)方法设置。因为值生成策略为插入时生成，EF Core 认为这个属性在插入后就不应该再修改，所以更新时 EF Core 不会从数据库同步值。但是更新行为设置为保存时，EF Core 还是会尝试将新值保存到数据库中。

插入时值生成的典型应用场景是自增长主键，这时主键值由数据库自动生成，一旦生成就不再修改，并且插入语句中不能包含主键值，否则数据库会引发不能显式设置自增长主键异常。如果一定要手动指定主键值，则要先开启自增长标识插入，用完后要尽快关闭，避免意外设置自增长主键。

2. 插入或更新时值生成

插入或更新时值生成用 PropertyBuilder<TProperty>.ValueGeneratedOnAddOrUpdate()设置。

插入或更新时值生成策略在插入数据时的行为与插入时值生成的行为相同。

插入或更新时值生成策略在更新数据时的行为与插入时值生成稍有差异，因为配置为更新时值也会生成，所以设置为忽略或抛出异常时 EF Core 认为更新时数据库会生成新值，应该从数据库同步真实的值。设置为保存时则和插入时值生成的策略一样，EF Core 认为应该以客户端指定的值为准，不再从数据库同步，因此也存在触发器破坏同步的情况。

需要注意值生成在插入和更新时的行为设置方法。BeforeSave 和 AfterSave 并不是指在上下文对象的 SaveChanges 方法执行前和执行后的行为，虽然它们在名称上存在相似之处。实际上设置的行为总是在 SaveChanges 执行前生效。BeforeSave 只对待插入数据库的实体生效，AfterSave 只对待更新到数据库的实体生效。插入时值生成只关心待插入的数据，插入或更新时值生成同时关心待插入和待更新的数据。

3. 计算属性

除了一般的值生成外，还存在一种特殊的值生成，即计算属性，在数据库中称为计算列，在每次查询时以其他属性或列的值为线索计算得出。这个计算可以交给数据库或客户端。如果计算工作由客户端完成，数据库中可以完全不存在相应的列。从 EF Core 5.0 开始新增持久化计算属性功能，可以要求数据库对计算结果进行持久化，提高了查询性能。

值生成实体和配置的示例代码如下：

（1）实体类型

```
1.   public class GeneratedValueEntity
2.   {
3.       public int Id { get; set; }
4.
5.       [DatabaseGenerated(DatabaseGeneratedOption.Identity)]
6.       public DateTime Inserted { get; set; }
7.
8.       [DatabaseGenerated(DatabaseGeneratedOption.Computed)]
9.       public DateTimeOffset InsertedOffset { get; set; }
10.
11.      [DatabaseGenerated(DatabaseGeneratedOption.None)]
12.      public string Text { get; set; }
```

```
13.
14.        [NotMapped]
15.        public string SummryInApp => $"Record id is {Id} and inserted on {InsertedOffset} 
             by app code.";
16.        public string SummryInDatabase { get; set; }
17.    }
```

（2）实体配置

```
1.   public class GeneratedValueEntityConfiguration : IEntityTypeConfiguration
       <GeneratedValueEntity>
2.   {
3.       public void Configure(EntityTypeBuilder<GeneratedValueEntity> builder)
4.       {
5.           builder.Property(g => g.Inserted)
6.               .ValueGeneratedOnAdd()
7.               .HasValueGenerator<NowTimeValueGenerator>();
8.
9.           builder.Property(g => g.InsertedOffset)
10.              .ValueGeneratedOnAddOrUpdate()
11.              .HasDefaultValueSql("getdate()");
12.
13.          builder.Property(g => g.Text)
14.              .HasDefaultValue("Text");
15.
16.          builder.Ignore(g => g.SummryInApp);
17.
18.          builder.Property(g => g.SummryInDatabase)
19.              .HasComputedColumnSql("N'Record id is ' + convert(nvarchar, [Id]) + N'
                  and inserted on ' + convert(nvarchar, [InsertedOffset]) + N' by
                  database.'", true);
20.      }
21.  }
22.
23.  public class NowTimeValueGenerator : ValueGenerator<DateTime>
24.  {
25.      public override bool GeneratesTemporaryValues => true;
26.
27.      public override DateTime Next([NotNull] EntityEntry entry)
28.      {
29.          return DateTime.Now;
30.      }
31.  }
```

实体类中的属性使用 DatabaseGenerated 特性设置值生成模式，DatabaseGeneratedOption.Identity 表示插入时值生成，在整数属性上使用会同时设置列为自增长列。DatabaseGeneratedOption.Computed 表示插入或更新时值生成。DatabaseGeneratedOption.None 表示不做设置，和不使用特性效果相同。SummryInApp 属性使用 NotMapped 特性表示不要把这个属性映射到数据库，因为这是个使用代码生成值的只读属性。SummryInDatabase 属性为数据库计算列的映射，但是数据库计算列的配置只能通过 Fluent API 进行，所以这里只是为了方便 EF Core 赋值定义为公开读写属性，如果希望属性为只读且不影响赋值，可以使用之后要介绍的幕后字段功能。

实体配置的 Inserted 属性中 ValueGeneratedOnAdd 表示插入时值生成。HasValueGenerator 设置了客户端值生成器，泛型参数指定了生成器类型。InsertedOffset 属性中 ValueGeneratedOnAddOrUpdate 表示插入或更新时值生成，HasDefaultValueSql 设置了数据库端的列默认值生成 SQL。Text 属性仅使用 HasDefaultValue 设置了数据库端列默认值。builder.Ignore 设置了实体要忽略的属性，与 NotMapped 特性功能一致，如果希望同时忽略多个属性，让 Lambda 表达式返回包含要忽略的属性的匿名类型即可。NotMapped 特性也可以用在类上，表示要把整个类型从 EF Core 模型中排除，相应地 Fluent API 的 Ignore 也要直接在 OnModelCreating 方法中的 ModelBuilder 上调用。SummryInDatabase 属性使用 HasComputedColumnSql 设置了计算列的值生成 SQL，true 表示存储计算列的结果，从 EF Core 5.0 起支持这个参数。

5.1.5 影子属性

影子属性也称为阴影属性，表示没有在实体类型中定义、但在 EF Core 实体模型中定义的属性，就像影子一样与实体同在却又不是实体。影子属性只能使用 Fluent API 手动配置。自定义阴影属性一般为应用内部的需要，但又不希望在实体类型中作为公有的数据库字段被外部使用。

示例代码如下：

（1）实体类

```
1.  public class ShadowPropertyEntity
2.  {
3.      public int Id { get; set; }
4.      public string Text { get; set; }
5.  }
```

（2）实体配置

```
1.  public class ShadowPropertyEntityConfiguration : IEntityTypeConfiguration
      <ShadowPropertyEntity>
2.  {
3.      public void Configure(EntityTypeBuilder<ShadowPropertyEntity> builder)
4.      {
5.          builder.Property<string>("ShadowProperty")
6.              .HasDefaultValue("This is ShadowProperty.");
7.      }
8.  }
```

模型配置中使用泛型方法 Property 配置属性 ShadowProperty。但实体类型中并未定义相应的属性，因此 EF Core 将其解释为定义影子属性，然后为影子属性设置默认值。现在影子属性已经配置了，但并不存在于实体类型，因此无法进行访问。有关如何访问影子属性的方法将在"6.2 实体模型的关系与影子属性"中进行介绍。

5.1.6 幕后字段

还记得计算属性中的数据库计算列 SummryInDatabase 吗？当时为了让 EF Core 能正常从数据库中赋值给属性，把它定义为了公共的读写属性。但这样可能造成一种错觉——这是一个普通属性，能与数据库正常交互。而实际上我们希望这是个只读属性，明确告诉团队中的其他开发者，这个属性无法被赋值也不能把它保存到数据库中。现在，利用幕后字段（也称为支持字段）功能，就可以做到这个效果。

先看看修改后的实体类和相应的配置，代码如下：

（1）实体类

```
1.  public class BackingFieldsEntity
2.  {
3.      public int Id { get; set; }
4.
5.      private string _summryInDatabase;
6.
7.      [BackingField("_summryInDatabase")]
8.      public string SummryInDatabase => _summryInDatabase;
9.  }
```

（2）实体配置

```
1.  public class BackingFieldsEntityConfiguration : IEntityTypeConfiguration
```

```
2.        <GeneratedValueEntity>
3.        {
4.            public void Configure(EntityTypeBuilder<GeneratedValueEntity> builder)
5.            {
6.                // 其他无关配置
7.
8.                builder.Property(g => g.SummryInDatabase)
9.                    .HasComputedColumnSql("N'Record id is ' + convert(nvarchar, [Id]) + N'
                        and inserted on ' + convert(nvarchar, [InsertedOffset]) + N' by
                        database.'", true)
10.                    .HasField("_summryInDatabase")
11.                    .UsePropertyAccessMode(PropertyAccessMode.PreferField);
12.            }
13.        }
```

修改后 SummryInDatabase 变成了只读属性，并且返回私有字段 _summryInDatabase。

模型配置上，在计算列 SQL 后增加了 HasField 方法调用，指定了关联的字段。然后增加了 UsePropertyAccessMode 方法调用，指定了属性访问模式，示例中模式为读写模型属性时，优先使用关联的字段，仅在找不到关联的字段时读写属性本身。这个模式也是默认模式。

修改后使用显式属性定义并将只读访问器关联到私有字段。这样，EF Core 将在数据填充时直接读写幕后字段，就算属性为只读也不影响数据填充了。除了只读数据库计算列映射外，如果实体类型的属性中含有业务逻辑，不希望 EF Core 受到影响，而是直接和最终数据交互，幕后字段也是一个非常实用的功能。

幕后字段还可以和影子属性配合使用，在实体类中没有相应属性时通过字段实现普通属性的功能和效果。如果使用公共字段那么实际上和使用属性没有实质性区别，不推荐这种用法，既然叫作幕后字段，自然应该隐藏在幕后，抛头露面的事应该交给属性。推荐幕后字段一直保持私有，通过公共方法和属性完成数据读写，确保字段不会写入非法的值。

5.1.7 模型字段

从 EF Core 5.0 开始，可以把公共字段作为模型属性使用。但是 EF Core 不会自动映射公共字段，需要手动配置字段映射，并且只支持使用 Lambda 表达式方式配置。虽然 EF Core 5.0 增加了对公共字段的映射支持，但原则上并不推荐使用，如果没有特殊情况，还是推荐私有字段加公有属性的模式。

示例代码如下：

```
1.  public class FieldEntity
2.  {
3.      public int Id;
4.      public string Text;
5.  }
6.
7.  public class CollationDbContext : DbContext
8.  {
9.      public DbSet<FiledEntity> FieldEntities => Set<FieldEntity>();
10.
11.     protected override void OnModelCreating(ModelBuilder modelBuilder)
12.     {
13.         modelBuilder.Entity<FieldEntity>(b =>
14.         {
15.             b.Property(f => f.Id);
16.             b.Property(f => f.Text);
17.         });
18.     }
19. }
```

5.1.8 键

1. 主键

在数据库中,主键用于唯一标识每条记录,EF Core 也要求实体类型必须具有主键。在实体类型中,如果属性名为 Id 或类型名+Id,EF Core 默认这个属性为主键,如果属性类型是整数,还会自动配置为自增长。如果没有符合约定名称的属性且没有通过 API 进行显式配置,EF Core 会在模型构造期间抛出异常。

EF Core 支持使用任何基本数据类型作为主键,包括 string、Guid、byte[] 和其他与数据库数据类型兼容的类型,最终是否能作为主键使用还是要看具体的数据库驱动程序是否支持。如果数据库驱动程序不支持,可以先通过后文要介绍的值转换和值比较器处理成数据库驱动程序支持的数据类型,再与数据库交互。

EF Core 也支持配置复合主键,但只能通过 Fluent API 进行配置,代码如下:

```
1.   public class SimpleKeyEntity
2.   {
3.       public int Id { get; set; }
4.
5.       [Key, MaxLength(128)]
6.       public string SimpleKeyEntityId { get; set; }
7.   }
8.
9.   public class CompositeKeyEntity
10.  {
11.      public int KeyPart1 { get; set; }
12.
13.      [MaxLength(128)]
14.      public string KeyPart2 { get; set; }
15.  }
16.
17.  public class EntityKeyDbContext : DbContext
18.  {
19.      public DbSet<SimpleKeyEntity> SimpleKeyEntities => Set<SimpleKeyEntity>();
20.      public DbSet<CompositeKeyEntity> CompositeKeyEntities =>
            Set<CompositeKeyEntity>();
21.
22.      protected override void OnModelCreating(ModelBuilder modelBuilder)
23.      {
24.          modelBuilder.Entity<CompositeKeyEntity>()
25.              .HasKey(c => new { c.KeyPart1, c.KeyPart2 })
26.              .HasName("CompositePrimaryKey");
27.      }
28.  }
```

1)SimpleKeyEntity 的两个属性都符合主键约定,SimpleKeyEntityId 使用 Key 特性覆盖了默认配置最终成为主键,因为主键一般不会很大,所以使用 MaxLength 特性指定最大长度。这里使用了在一个方括号内指定多个特性的语法。默认的主键约定规则为:

- 属性名为 Id。
- 属性名为类名+Id。
- 默认约定不会配置复合主键,必须使用 Fluent API 配置。
- 从属实体类型的主键使用其他规则。详细内容将在"6.3.3 从属实体类型"中介绍。

2)CompositeKeyEntity 在 OnModelCreating 方法中使用 HasKey 方法配置。把要作为主键的属性放进匿名对象中返回,EF Core 会自动分析表达式配置相应的属性为复合主键,然后使用 HasName 配置主键约束的名称。如果不进行配置,EF Core 会自动配置约束名称。

2. 备用键

备用键也是用于唯一标识每条记录的。在 EF Core 中备用键是只读的，记录一旦插入到数据库中就不再更改。所以如果只要求列值不重复，但不要求列值保持不变，应该使用唯一索引而不是备用键。备用键一般在外键约束中用作与主表关联的目标列。如果不为外键约束配置与主表关联的目标列，EF Core 会自动把主键作为与主表关联的目标列使用。在 EF Core 中直接使用主键与外键列关联实际上是很常见的情况。使用备用键的情况其实比较少，因为主键和备用键在实际用途上存在重叠，除非备用键存在明显的实际用途。备用键也可以配置为复合备用键。

需要注意，如果在外键配置时明确指定了关联的属性，但关联属性不是备用键时，EF Core 会自动把关联属性配置为备用键。

示例代码如下：

```
1.  public class AlternateKeyEntity
2.  {
3.      public int Id { get; set; }
4.      public long AlternateKey { get; set; }
5.
6.      public PrincipalKeyEntity PrincipalKeyEntity { get; set; }
7.  }
8.
9.  public class PrincipalKeyEntity
10. {
11.     public int Id { get; set; }
12.     public long PrincipalKey { get; set; }
13. }
14.
15. public class AlternateDbContext : DbContext
16. {
17.     public DbSet<AlternateKeyEntity> AlternateKeyEntities =>
            Set<AlternateKeyEntity>();
18.     public DbSet<PrincipalKeyEntity> PrincipalKeyEntities =>
            Set<PrincipalKeyEntity>();
19.
20.     protected override void OnModelCreating(ModelBuilder modelBuilder)
21.     {
22.         modelBuilder.Entity<AlternateKeyEntity>()
23.             .HasAlternateKey(p => p.AlternateKey)
24.             .HasName("AlternateKey");
25.
26.         modelBuilder.Entity<AlternateKeyEntity>()
27.             .HasOne(a => a.PrincipalKeyEntity)
28.             .WithMany()
29.             .HasPrincipalKey(a => a.PrincipalKey);
30.     }
31. }
```

AlternateKeyEntity 的 AlternateKey 属性是单独配置的备用键，在单独配置备用键时使用 HasAlternateKey 方法，然后使用 HasName 方法配置备用键约束的名称。

PrincipalKeyEntity 的 PrincipalKey 属性是自动配置的备用键。使用 HasOne 配置到 PrincipalKeyEntity 的单数导航属性，表示一个 AlternateKeyEntity 关联到一个 PrincipalKeyEntity，然后使用 WithMany 方法表示一个 PrincipalKeyEntity 关联到多个 AlternateKeyEntity。由于 AlternateKeyEntity 没有定义相应的集合导航属性，WithMany 参数留空。这样就完成了一个一对多关系的导航配置，有关关系和导航的更多内容将在"第 6 章 实体模型的关系"详细讨论。最后使用 HasPrincipalKey 方法配置外键关联的目标属性为 PrincipalKey。PrincipalKey 没有配置为备用键，但是被配置为外键关联的目标，因此 PrincipalKey 会被 EF Core 自动配置为备用键。自动配置的备用键无法配置备用键约束的名称，如果希望手动配置约束名称，需要使用 HasAlternateKey 方法进行配置。

3. 外键

在数据库中，如果两张表之间存在关系，就需要在其中一张表中设计一个特殊的列，用于保存另一张表中与之相关的记录的主键或备用键的值。例如在博客和评论的模型中，评论表中就需要一个列，用于表示这条评论对应的博客，这个列就是外键列。因为评论表的外键列中保存的一定是博客表中已有的主键值。外键列的值依赖外部表博客的主键列，不能随心所欲，因此称为外键。

这个模型中外键的值是必需的且必须是已有博客的主键，因为一个不属于任何博客的评论是没有意义的。但并非所有外键都有如此严格的要求，具体问题具体分析。有关外键的更多内容将在实体模型的关系一章进行介绍。

4. 序列

在 EF Core 中，整数主键默认配置为自增列，但如果希望使不同的列或多个表中的列值保持唯一，需要使这些列共享同一个序列生成器。序列就是为这个需求准备的功能。但这个功能能否使用最终取决于数据库和数据库驱动程序是否支持。

下面以 Microsoft SQL Server 为例进行说明，代码如下：

```
1.  public class SequenceEntity1
2.  {
3.      public int Id { get; set; }
4.      public int Sequence { get; set; }
5.  }
6.
7.  public class SequenceEntity2
8.  {
9.      public int Id { get; set; }
10.     public int Sequence { get; set; }
11. }
12.
13. public class SequenceForEntityDbContext : DbContext
14. {
15.     public DbSet<SequenceEntity1> SequenceEntity1s => Set<SequenceEntity1>();
16.     public DbSet<SequenceEntity2> SequenceEntity2s => Set<SequenceEntity2>();
17.
18.     protected override void OnModelCreating(ModelBuilder modelBuilder)
19.     {
20.         modelBuilder.HasSequence<int>("SequenceNumbers", schema: "shared")
21.             .StartsAt(1)
22.             .IncrementsBy(2);
23.
24.         modelBuilder.Entity<SequenceEntity1>()
25.             .Property(s => s.Sequence)
26.             .HasDefaultValueSql("next value for shared.SequenceNumbers");
27.
28.         modelBuilder.Entity<SequenceEntity2>()
29.             .Property(s => s.Sequence)
30.             .HasDefaultValueSql("next value for shared.SequenceNumbers");
31.     }
32. }
```

序列只能使用 Fluent API 进行配置。在 modelBuilder 上使用 HasSequence 方法配置序列类型、名称和架构，用 StartsAt 方法配置初始值，用 IncrementsBy 配置步进。示例表示从 1 开始以 2 为步进，生成的序列值都是奇数。然后在实体中为属性配置默认值 SQL，把序列应用到数据库列。如果希望强制使用序列，可以为属性配置值生成策略让 EF Core 不要把属性值保存到数据库。

5.1.9 索引

索引是为提高数据查询性能而诞生的功能，本质上是一种空间换时间的策略。通过存储一些额外信息提高在索引可用时的数据查询性能，同时在被索引的数据发生变化时也要花费额外的时间去更新索引。所以如何设计索引在尽可能降低索引更新代价和额外的存储空间的同时提高查询性能是一门技术。

示例代码如下：

```
1.  [Index(nameof(Text1), IsUnique = true, Name = "MyIndex")]
2.  [Index(nameof(Text2), nameof(Text3))]
3.  public class IndexEntity
4.  {
5.      public int Id { get; set; }
6.      public string Text1 { get; set; }
7.      public string Text2 { get; set; }
8.      public string Text3 { get; set; }
9.      public string Text4 { get; set; }
10.     public string Text5 { get; set; }
11.     public int Number1 { get; set; }
12.     public int Number2 { get; set; }
13. }
14.
15. public class CollationDbContext : DbContext
16. {
17.     public DbSet<IndexEntity> IndexEntities => Set<IndexEntity>();
18.
19.     protected override void OnModelCreating(ModelBuilder modelBuilder)
20.     {
21.         modelBuilder.Entity<FieldEntity>(b =>
22.         {
23.             // 配置索引列
24.             b.HasIndex(i => new { i.Text4, i.Text5 })
25.                 // 配置被索引包含的内容列
26.                 .IncludeProperties(i =>
27.                 {
28.                     i.Number1,
29.                     i.Number2
30.                 })
31.                 // 配置为唯一索引
32.                 .IsUnique()
33.                 // 配置索引名称
34.                 .HasName("MyIndex2")
35.                 // 配置索引过滤器（仅索引符合条件的行）
36.                 .HasFilter("[Text4] is not null or [Text5] is not null");
37.         });
38.     }
39. }
```

示例展示了通过特性和 Fluent API 两种方式配置索引。可以多次使用特性来配置多个索引，特性配置是 EF Core 5.0 的新增功能。Fluent API 可以额外配置包含的属性和索引过滤器，因此如果需要为索引配置这两个项目，只能通过 Fluent API 进行。包含的属性需要数据库支持才能正常工作。包含的属性不是索引的一部分，是索引的附加信息，如果查询的筛选条件只包含索引并且要返回的数据只包含索引和属性，就可以直接在索引上完成查询，无须扫描表，能显著提高查询性能，但同时索引的空间消耗和更新的时间消耗也会增加，因此要谨慎配置。

5.1.10 并发标记与行版本

并发标记与行版本是用来解决乐观并发控制问题的。此处的并发一般是指有多个人或系统同时修改记录，控制则是指发生并发时最后实际被保存的记录应该以什么规则为准。

并发有悲观和乐观两种。悲观并发时，如果有人想修改记录并预先读取了原始记录，此时其他任何人都无法修改记录直到那个人完成修改。最极端的情况下可以直接不允许其他人读取记录，但这样做会大幅降低系统的处理效率。为了提高系统处理效率，另一种极端的做法是没有任何并发控制，此时记录的实际值一般以时间为准，后修改的值会覆盖先修改的值。对于数据库而言，它知道接收到的命令的先后顺序，但由于网络延迟和各个修改人不清楚除了自己之外还有没有其他人想修改记录，很可能导致这个顺序并不是正确的。

为了确保每次修改都符合预期，并尽可能提高系统效率，出现了乐观并发控制。乐观并发控制需要借助一个特殊的列来实现，这个列称为并发标记。任何想要修改记录的人都必须提供并发标记的值，只有并发标记的值与数据库中的值一致时才能成功修改记录，修改完成后并发标记的值也会一并修改。使用并发标记可以确保修改人在修改记录时没有被别人抢先修改过，避免意外覆盖其他人的修改。如果并发标记的值不一致，也可以正确告知修改人要修改的记录已经是过期的记录，需要读取最新版本再重新修改。

并发标记值的修改可以由客户端或数据库完成。行版本是由 Microsoft SQL Server 独家支持的数据库并发标记功能。EF Core 也提供了相应的支持，当然仅限 Microsoft SQL Server。一般的并发标记由客户端在代码中生成。因为行版本功能的独占性，微软提供的 ASP.NET Core Identity 身份系统为了兼容性也使用并发标记而不是行版本进行开发。

并发标记的校验工作由 EF Core 负责完成，数据库本身并不参与由并发标记指示的乐观并发控制，数据库只保证用事务控制的并发。

示例代码如下：

```
public class ConcurrencyCheckEntity
{
    public int Id { get; set; }
    // 使用特性配置列为并发检查标记
    [ConcurrencyCheck]
    public Guid ConcurrentMark { get; set; }
    // 使用特性配置列为行版本（仅支持 Microsoft SQL Server）
    [Timestamp]
    public byte[] RowVersion { get; set; }
}

public class ConcurrentMarkDbContext : DbContext
{
    public DbSet<ConcurrencyCheckEntity> ConcurrencyCheckEntities =>
      Set<ConcurrencyCheckEntity>();
    protected override void OnModelCreating(ModelBuilder modelBuilder)
    {
        modelBuilder.Entity<ConcurrencyCheckEntity>()
            .Property(c => c.ConcurrentMark)
            // 配置列为并发检查标记
            .IsConcurrencyToken();

        modelBuilder.Entity<ConcurrencyCheckEntity>()
            .Property(c => c.RowVersion)
            // 配置列为行版本（仅支持 Microsoft SQL Server）
            .IsRowVersion();
    }
}
```

ConcurrencyCheckEntity 的 ConcurrentMark 属性使用 ConcurrencyCheck 特性标记为并发标记属性，与 Fluent API 中的 IsConcurrencyToken 方法的效果一致。

ConcurrencyCheckEntity 的 RowVersion 属性使用 Timestamp 特性标记为行版本属性，与 Fluent API 中的 IsRowVersion 方法的效果一致。但是行版本功能目前仅支持 Microsoft SQL Server 数据库。示例中的特性和 Fluent API 在实际开发中只需要使用其中一种即可，示例中的同时使用仅为代码展示所需。

5.1.11 值转换器

由于众多数据库系统不一定都支持所有.NET 基本类型的数据，从 EF Core 2.1 开始，提供值转换功能，用于解决保存时如何转换为数据库支持的类型和读取时如何把数据库中的数据还原为.NET 类型的问题。例如枚举类型，数据库是一定不支持的，默认情况下数据库存储的是整数，通过配置字符串类型的值转换器，可以把数据库的存储类型修改为字符串，存储的值也用枚举的字符串表示。

除了解决数据类型的兼容性问题，值转换还有更广泛的用途。例如数据加密，通过值转换器保存加密后的值，读取时通过值转换器解密为原始值，这样可以把加密和解密过程透明化、自动化，增加软件开发效率，增强软件稳定性。

值转换器有两种使用方式：

- 在 Fluent API 中使用表达式树定义。
- 定义 ValueConverter<TModel, TProvider> 类的对象，然后通过 Fluent API 进行引用。

EF Core 设计为永远不会把 null 值传递给值转换器，所以在定义值转换器时不用担心 null 值引发异常的问题。

示例代码如下：

```
1.   public class ValueConvertionEntity
2.   {
3.       public int Id { get; set; }
4.       public DataPackage DataPackage { get; set; }
5.       public bool? PrimitiveTypesData { get; set; }
6.   }
7.
8.   public class DataPackage
9.   {
10.      public int Number { get; set; }
11.      public string Text { get; set; }
12.  }
13.
14.  public class ValueConverterDbContext : DbContext
15.  {
16.      public DbSet<ValueConvertionEntity> ValueConvertionEntities =>
          Set<ValueConvertionEntity>();
17.
18.      protected override void OnModelCreating(ModelBuilder modelBuilder)
19.      {
20.          // 定义值转换器对象
21.          var converter = new ValueConverter<DataPackage, string>(
22.              // 从.NET 对象到数据库列值的转换
23.              d => JsonSerializer.Serialize(d, null),
24.              // 从数据库列值到 .NET 对象的转换
25.              d => JsonSerializer.Deserialize<DataPackage>(d, null));
26.
27.          // 引用值转换器对象
28.          modelBuilder.Entity<ValueConvertionEntity>()
29.              .Property(v => v.DataPackage)
```

```
30.             // 配置值转换器
31.             .HasConversion(converter);
32.
33.         // 临时定义值转换表达式
34.         modelBuilder.Entity<ValueConvertionEntity>()
35.             .Property(v => v.DataPackage)
36.             .HasConversion(
37.                 d => JsonSerializer.Serialize(d, null),
38.                 d => JsonSerializer.Deserialize<DataPackage>(d, null));
39.
40.         // 使用预定义值转换器
41.         modelBuilder.Entity<ValueConvertionEntity>()
42.             .Property(v => v.PrimitiveTypesData)
43.             // 根据属性类型参数自动选择值转换器（此处是 BoolToStringConverter）
44.             .HasConversion<string>();
45.
46.     }
47. }
```

DataPackage 是 ValueConvertionEntity 的一个属性，但是这是一个自定义类，与数据库不兼容。然后在模型中配置了值转换器，在保存时序列化为 JSON 字符串，读取时反序列化为对象。配置中的引用值转换器对象和临时定义值转换表达式只需要使用其中一种即可，示例中的同时使用仅为代码展示所需。JSON 序列化器的第二个参数是可选参数，但是表达式树类型不支持忽略默认参数的写法，所以 null 必须写上。

PrimitiveTypesData 是基本数据类型的属性，EF Core 有预定义值转换器可供使用。这里用类型参数指定了数据库列类型为 string，EF Core 会根据属性类型和指定的数据库列类型自动选用合适的值转换器。

值转换器的第一个表达式用于把模型属性转换为数据库列类型，第二个表达式用于把数据库记录转换为模型属性的对象。

EF Core 附带一组预定义的 ValueConverter 类，这些类在 Microsoft.EntityFrameworkCore.Storage.ValueConversion 命名空间中，如表 5-4 所示。

表 5-4 预定义 ValueConversion 类

ValueConverter 类	说明
BoolToZeroOneConverter	bool 转换到 0 和 1
BoolToStringConverter	bool 转换到 string（如 "Y" 和 "N"）
BoolToTwoValuesConverter	bool 转换到任意两个值
BytesToStringConverter	Byte[]转换到 Base64 编码的 string
CastingConverter	只需要强制类型转换的转换
CharToStringConverter	char 转换到单字符的 string
DateTimeOffsetToBinaryConverter	DateTimeOffset 转换到二进制编码的 64 位值
DateTimeOffsetToBytesConverter	DateTimeOffset 转换到 byte[]
DateTimeOffsetToStringConverter	DateTimeOffset 转换到 string
DateTimeToBinaryConverter	DateTime 转换到 64 位二进制值（包括 DateTimeKind）
DateTimeToStringConverter	DateTime 转换到 string
DateTimeToTicksConverter	DateTime 转换到 Ticks
EnumToNumberConverter	枚举转换到数字
EnumToStringConverter	枚举转换到 string
GuidToBytesConverter	Guid 转换到 byte[]
GuidToStringConverter	Guid 转换到 string

（续表）

ValueConverter 类	说明
NumberToBytesConverter	任何数值转换到 byte[]
NumberToStringConverter	任何数值转换到 string
StringToBytesConverter	string 转换到 UTF8 编码的 byte[]
TimeSpanToStringConverter	TimeSpan 转换到 string
TimeSpanToTicksConverter	TimeSpan 转换到 Ticks

值转换器也存在如下一些限制：

- 不能转换 null，因为 null 不会传递到转换器。
- 没有办法把一个属性转换为多个列。同样也不能把一个列转换为多个属性，如果确实需要拆分，可以把多个属性包装在一个类中，把列映射到这个类的属性上。
- 使用值转换可能会影响 EF Core 把表达式转换为 SQL 的能力。这种情况下会写入一条警告。未来的版本会考虑解除这些限制。

5.1.12　值比较器和属性快照

值比较器是 EF Core 3.0 新增的功能。数据库的列始终存储基本类型的数据，因此在进行相等性比较时始终进行内容相等性比较。但在.NET 对象中，相等性比较则更为复杂，对于基本数据类型默认为内容相等性比较，类类型默认为引用相等性比较。值比较器就用来定义复杂类型和特殊情况下的基本类型数据的相等性比较。

EF Core 在以下情况使用值比较器：

- 实体跟踪器检测属性是否发生变更。
- 解析关系时确定两个键值是否相同。

EF Core 默认会自动处理基本数据类型，如 int、bool、DateTime 等。而对于更复杂的类型，根据情况可能需要选择不同的比较方式。例如字节数组，本身是类类型，默认为引用相等性比较，但是其本质是一段连续的原始二进制数据，按理应该使用内容相等性比较。EF Core 在处理字节数组时，会自动根据情况选用不同的相等性比较。如果字节数组在数据库中为键（主键、备用键、外键等），则使用内容相等性比较，否则使用引用相等性比较。因为数据库中的键一般都有大小限制，不用担心性能问题，而且内容相等性是符合需要的。一般的列对大小限制比较宽松，执行内容相等性比较可能造成严重的性能问题，在代码编写时一般也是直接用新数组替换旧数组，使用引用相等性比较也完全够用。

对于其他自定义类型，EF Core 无法确定应该如何进行比较，默认情况下使用在类型中定义的默认相等比较。

EF Core 的实体跟踪器有快照功能，EF Core 就是根据快照来确定模型的属性变更从而生成最合适的 SQL 语句的。在使用自定义的可变类型作为模型的属性映射到数据库列而不是导航属性时，为了确保快照和模型属性不会相互影响导致实体跟踪器无法正常发现属性变更，需要自定义快照生成器确保实体跟踪器能正常工作。

值比较器通常和值转换同时使用。需要定义值转换说明属性和数据库不兼容或存在特殊需求，一般是自定义类型属性，需要自定义值比较器覆盖.NET 的内置比较规则。

示例代码如下：

```
1.    public class ValueComparerEntity
2.    {
```

```csharp
3.         public int Id { get; set; }
4.
5.         public ImmutableClass SimpleClass { get; set; }
6.         public ImmutableStruct SimpleStruct { get; set; }
7.         public List<int> OrdinaryClass { get; set; }
8.     }
9.
10.    public sealed class ImmutableClass
11.    {
12.        public ImmutableClass(int value)
13.        {
14.            Value = value;
15.        }
16.
17.        public int Value { get; }
18.
19.        private bool Equals(ImmutableClass other) => Value == other.Value;
20.        // 通过重写 Equals 方法指定比较逻辑
21.        public override bool Equals(object obj) => ReferenceEquals(this, obj) || obj
           is ImmutableClass other && Equals(other);
22.
23.        public override int GetHashCode() => Value;
24.    }
25.
26.    public readonly struct ImmutableStruct
27.    {
28.        public ImmutableStruct(int value)
29.        {
30.            Value = value;
31.        }
32.
33.        public int Value { get; }
34.    }
35.
36.    public class ValueComparerDbContext : DbContext
37.    {
38.        public DbSet<ValueComparerEntity> ValueComparerEntities =>
              Set<ValueComparerEntity>();
39.
40.        protected override void OnModelCreating(ModelBuilder modelBuilder)
41.        {
42.            modelBuilder.Entity<ValueComparerEntity>()
43.                .Property(e => e.SimpleClass)
44.                .HasConversion(
45.                    v => v.Value,
46.                    v => new ImmutableClass(v));
47.
48.            modelBuilder.Entity<ValueComparerEntity>()
49.                .Property(e => e.SimpleStruct)
50.                .HasConversion(
51.                    v => v.Value,
52.                    v => new ImmutableStruct(v));
53.
54.            var valueComparer = new ValueComparer<List<int>>(
55.                // 相等性判断表达式
56.                (c1, c2) => c1.SequenceEqual(c2),
57.                // HashCode 生成表达式
58.                c => c.Aggregate(0, (a, v) => HashCode.Combine(a, v.GetHashCode())),
59.                // 跟踪快照生成表达式
60.                c => c.ToList());
61.
62.            modelBuilder.Entity<ValueComparerEntity>()
63.                .Property(e => e.OrdinaryClass)
64.                .HasConversion(
65.                    v => JsonSerializer.Serialize(v, null),
66.                    v => JsonSerializer.Deserialize<List<int>>(v, null)
```

```
67.                        // 引用值比较器
68.                        valueComparer);
69.       }
70. }
```

ValueComparerEntity 中的 SimpleClass 是简单的不可变类，类中的属性只能通过构造函数赋值，对象一旦生成就无法修改，对于这样的类，可以直接重写 Equals 方法。示例中先进行引用相等性比较，不相等再进一步进行内容相等性比较。根据 C#开发规范，Equals 和 GetHashCode 方法应该同时重写。由于自定义类型与数据库不兼容，使用值转换器进行转换，不可变类不用担心跟踪快照问题，因此不用定义快照生成器。

> **注 意**
>
> 如果不可变类中存在可变类型的成员，会破坏类的不可变性，除非没有更好的办法，否则不要在不可变类中包含可变类型的成员。

ValueComparerEntity 中的 ImmutableStruct 是简单的不可变值类型，基本性质与不可变类相似，由于 .NET 对值类型的特殊照顾，不用重写 Equals 方法，内置相等条件就是所有成员对应相等，可能的问题依然是值类型中包含可变类型的成员导致不可变性被破坏。

ValueComparerEntity 中的 OrdinaryClass 是普通可变类的属性，需要使用值转换器转换为数据库兼容的类型。由于是可变类，值比较和跟踪快照的默认行为无法正确进行处理，需要自定义值比较器和快照生成器，快照生成器是值比较器的一部分，需要一起定义。值比较器的第一个表达式是相等性比较表达式，第二个表达式是 HashCode 生成表达式，第三个表达式是快照生成表达式。示例使用 LINQ 辅助定义，相等性比较表达式中，SequenceEqual 方法会比较两个集合的元素数量和各个元素是否相等，元素顺序也必须一致。HashCode 生成表达式中，Aggregate 方法会累加集合中的所有元素，然后返回一个结果，第一个参数是累加前的初始状态，第二个参数定义累加的逻辑；表达式的第一个参数是上次累加后的结果，第二个参数是本次要进行累加的元素；HashCode.Combine 方法会合并两个 HashCode，把合并结果作为累加结果返回。快照生成表达式则是简单地复制一份列表，由于列表元素是值类型，因此实际效果相当于完整深度复制。如果列表元素为可变类型，可能需要定义更复杂的深度复制表达式，相应地也要定义相匹配的更复杂的深度比较表达式。在 EF Core 5.0 之前，只能使用模型的低级元数据 API 设置值比较器，从 EF Core 5.0 开始，设置值转换器的 API 增加了一个参数用于设置值比较器，使用起来更方便了，语义也更清晰了。

5.1.13 数据种子

从 EF Core 2.1 开始，模型迁移功能增加了数据种子。数据种子是模型迁移的一部分，会体现在模型迁移脚本中。在之前的版本中，生成种子数据需要开发者在程序中编写代码。使用数据种子时，模型迁移会自动判断不同迁移之间的差异并生成相应的数据种子代码。由于数据种子的迁移行为由模型迁移自动控制，灵活性较低，且可能出现与实际需求不符的迁移脚本，因此并不推荐在生产环境中大量使用，推荐在开发测试和静态数据初始化时使用。

模型迁移无须连接数据库就可以生成迁移脚本，因此数据种子有一些使用限制：

- 必须指定主键值，哪怕主键值由数据库生成。这用于检测迁移间的数据更改。
- 如果以任何方式更改了种子数据的主键，将会删除以前的种子数据，在生产环境中使用时可能会误删除数据，务必小心。

如果在项目开发中出现以下情况，建议手动在程序中编写数据初始化逻辑：

- 有仅用于测试的临时数据。否则可能会影响生产环境的数据纯洁性。
- 有依赖于数据库已有数据的数据,例如存在外键关系的数据。迁移脚本生成时无须连接数据库,因此迁移中的数据种子脚本仅依赖以前的迁移,可能与现有数据发生冲突。
- 有需要由数据库生成键值的数据,包括使用备用键作为标识的实体。数据库生成的实际值不一定和种子数据指定的值一致。
- 有需要自定义转换的数据(用值转换处理的除外),如某些密码哈希。迁移不一定能调用自定义转换逻辑。
- 有需要调用外部 API 的数据,例如由 ASP.NET Core Identity 创建的角色和用户。迁移不一定能调用外部 API。

示例代码如下:

```
public class DataSeedingContext : DbContext
{
    public DbSet<EntityModel> EntityModels => Set<EntityModel>();

    protected override void OnModelCreating(ModelBuilder modelBuilder)
    {
        modelBuilder.Entity<EntityModel>()
            // 使用实体类对象提供数据
            .HasData(new EntityModel { Id = 1, Text = "Text" });

        modelBuilder.Entity<EntityModel>()
            // 使用匿名对象提供数据
            .HasData(new { Id = 2, Text = "Text" });
    }
}
```

使用了 HasData 方法提供迁移种子数据。使用模型类型或匿名对象均可定义种子数据对象,如果模型中有影子属性,则只有使用匿名对象能设置影子属性的值。如果模型中有外键,则外键属性的值也必须手动设置。迁移脚本中的种子数据只会参考模型设置的种子,不会参考数据库中的数据,因为生成迁移脚本时是不连接数据库的。

要想自定义数据初始化逻辑,最简单的办法是在程序启动初始化时实例化数据上下文,并使用上下文进行操作,这样就能像在应用中一样正常使用上下文的一切操作和执行任意代码。

示例代码如下:

```
using (var context = new DataSeedingContext())
{
    context.Database.EnsureCreated();

    var entity = context.EntityModels.FirstOrDefault(b => b.Text == "Text");
    if (entity == null)
    {
        context.EntityModels.Add(new EntityModel { Text = "Text" });
    }
    context.SaveChanges();
}
```

使用上下文对象的 Database.EnsureCreated()方法确保数据迁移已完成,如果没有迁移则会自动创建数据库并迁移(注意,如果数据库架构是旧版本,不会执行任何操作)。然后查询是否有符合条件的记录,如果没有就添加记录。最后保存修改并释放资源。

5.1.14 构造函数

从 EF Core 2.1 开始,支持调用带参数的构造函数来实例化实体对象。这个功能本意是为领域驱动设计（Domain-Driven Design）模式提供支持，允许 EF Core 实体类型拥有更加复杂的行为而不仅仅是一个打包存放数据的类。

领域驱动设计模式提倡使用充血模型，充血模型表示模型不仅要存储数据，还要包含模型自身的行为逻辑，这就要求模型类从构造函数到属性都能控制自身的行为，确保模型对象始终处于正确的状态不会失控。为了满足模型类的设计要求，需要定义带参数构造函数。

为了确保属性能够正确反映模型的状态和行为，需要在属性访问器上定义一些逻辑，这些逻辑可能会影响 EF Core 与数据库的交互，因为数据库只会保存数据而不会包含模型的行为逻辑。为了解决属性中的逻辑可能干扰与数据库的交互的问题，EF Core 准备了之前介绍过的幕后字段功能，让 EF Core 可以绕过属性和其中的逻辑直接访问底层数据。构造函数和幕后字段共同提供了 EF Core 对领域驱动设计模式的支持。

1. 构造函数参数绑定

默认情况下，EF Core 会调用公共无参构造函数实例化实体对象，然后顺序使用公共属性或幕后字段为对象赋值。如果 EF Core 发现带参数构造函数，并且参数名称和类型与已映射的属性匹配，那么 EF Core 会调用这个构造函数实例化实体对象并顺序为不在参数中的已映射属性赋值。目前，EF Core 会自动绑定构造函数，将来可能会提供指定特定构造函数的设置 API。

除了上面提到的特点，构造函数也要满足如下一些要求：

- 并非所有属性都需要提供构造函数参数，不在参数中的属性会作为普通属性进行赋值。
- 参数名称和类型必须与属性名称和类型匹配，但是，使用大驼峰命名法（pascal-cased）定义的属性可以使用小驼峰命名法（camel-cased）定义参数。
- EF Core 无法使用构造函数设置导航属性，因此不要把导航属性加入到构造函数参数中。
- 构造函数可以具有公共、私有或任何其他可访问性。但是，延迟加载代理要求可以从继承的代理类访问构造函数。一般情况下，这意味着构造函数必须是公共的或受保护的。如果要使用基于代理的延迟加载功能，这里需要特别注意。有关延迟加载的内容将在之后详细介绍。

2. 只读属性

使用构造函数设置属性后，就可以把属性定义为只读的，但这样做可能会出现一些意外情况，以下列出一些需要注意的情况：

- 按约定没有 setter 的属性不会被映射，否则可能会意外映射一些不应该映射的属性，例如计算属性。
- 需要使用自动生成键值的键属性应该是可读写的，因为在插入新实体时值生成器需要设置键值。

如果想要避免这种情况，最简单的方法是把属性设置器定义为私有的，EF Core 可以正常映射私有属性设置器。另一种方法是仍然把属性定义为只读的，并通过 Fluent API 显式配置只读属性对应的幕后字段。

示例代码如下：

```
1.    public class ConstructorEntity
2.    {
3.        public ConstructorEntity(int id, string text, double number)
4.        {
5.            _id = id;
6.            Text = text;
7.            Number = number;
8.        }
9.
10.       private int _id;
```

```csharp
11.         public string Text { get; private set; }
12.         public double Number { get; }
13.     }
14.
15.     public class ConstructorDbContext : DbContext
16.     {
17.         public DbSet<ConstructorEntity> ConstructorEntities =>
            Set<ConstructorEntity>();
18.
19.         protected override void OnModelCreating(ModelBuilder modelBuilder)
20.         {
21.             modelBuilder.Entity<ConstructorEntity>()
22.                 // 配置主键到私有字段
23.                 .HasKey("_id");
24.
25.             modelBuilder.Entity<ConstructorEntity>()
26.                 // 配置映射只读属性
27.                 .Property(c => c.Number);
28.         }
29.     }
```

ConstructorEntity 的主键通过 Fluent API 映射到私有字段 _id，EF Core 可以读写私有字段，因此可以像普通属性一样操作主键，不会影响 EF Core 的正常功能。Text 属性的 setter 被设置为私有，EF Core 可以正常读写，也避免了开发者无意间修改属性值，正常的设置仅可以通过构造函数进行。Number 属性为彻底的只读属性，只能通过构造函数赋值。EF Core 不会自动映射只读属性，所以通过 Fluent API 进行显式配置。

3. 注入服务

EF Core 还可以通过构造函数注入服务。目前只能注入 EF Core 内部的服务，未来的版本可能会考虑支持注入应用程序级的服务。目前支持注入的服务如下：

- DbContext：当前上下文实例，也可以使用更具体的派生类型作为参数类型。
- ILazyLoader：延迟加载服务。将在数据查询章节详细介绍。
- Action<object, string>：延迟加载委托。将在"第 9 章 查询数据"中详细介绍。
- IEntityType：与此实体类型关联的 EF Core 实体元数据。

示例代码如下：

```csharp
1.  public class ServiceEntity
2.  {
3.      public ServiceEntity(ServiceEntityDbContext db)
4.      {
5.          _db = db;
6.      }
7.      private ServiceEntityDbContext _db;
8.      private int? _recordCount;
9.      public int Id { get; set; }
10.     public int RecordCount => _recordCount == null ? _recordCount =
            _db.ServiceEntities.Count() : _recordCount;
11. }
```

ServiceEntity 在构造函数中注入当前上下文实例并保存在私有字段中。在初次访问只读属性 RecordCount 时，先从数据库中查询记录的数量并保存到私有字段 recordCount，之后访问 RecordCount 属性时直接读取并返回 recordCount 的值。注入服务不需要在上下文中进行配置。

在构造函数中注入服务有一些注意事项：

- 使用注入上下文服务的代码具有防御性，可以处理 EF Core 未创建实例的情况。
- 由于服务存储在实体对象属性中，因此当实体被附加到新的上下文实例时，服务将被重置。

- 把上下文注入到实体中一般被认为是反模式的，这会导致实体类型与上下文强耦合。除非实在没有其他更好的办法来解决问题，否则不建议把上下文注入到实体中。

5.1.15 继承

EF Core 可以把带有继承关系的实体类型映射到数据库中。但是 EF Core 不会自动把实体类型的基类或派生类自动包含到实体模型，必须通过定义 DbSet<T>属性或在 Fluent API 中以显式配置方式把实体类型包含到模型中。具有继承关系的模型包含一个被称为鉴别器的列，EF Core 用它来区分保存的记录来自哪个实体类型。该列可以通过 Fluent API 进行配置，如果不进行配置，EF Core 会把它映射到影子属性。

映射方式主要有三种：TPH（Table Per Hierarchy）、TPT（Table Per Type）和 TPC（Table Per Concrete Type）。

1. TPH

这是 EF Core 的默认映射方式，按默认约定把所有实体类型都映射到一张表中，表名由最上层基类实体的表名决定。所有派生类的新增属性在数据库中都会配置为可空列，因为基类没有这些属性，配置为非空会导致无法向非空列插入 null 值的异常。同时会在表中添加一个特殊列 Discriminator，用于保存这条记录是来自哪个实体类型，这个列也会映射到基类实体的影子属性 Discriminator 中。如果基类有两个子类实体有同名属性，EF Core 会映射为不同的列。

除了所有实体类型映射到同一张表和派生类实体属性为可空列之外，其他部分都可以通过 Fluent API 进行配置。

示例代码如下：

```
1.   public class ParentEntity
2.   {
3.       public int Id { get; set; }
4.       public string EntityType { get; set; }
5.       public string ParentText { get; set; }
6.   }
7.
8.   public class SonEntity1 : ParentEntity
9.   {
10.      public string SonText1 { get; set; }
11.  }
12.
13.  public class SonEntity2 : ParentEntity
14.  {
15.      public string SonText2 { get; set; }
16.  }
17.
18.  public class GrandsonEntity1_1 : SonEntity1
19.  {
20.      public double GrandsonNumber { get; set; }
21.  }
22.
23.  public class GrandsonEntity1_2 : SonEntity1
24.  {
25.      public double GrandsonNumber { get; set; }
26.  }
27.
28.  public class NoBaseEntity : ParentEntity
29.  {
30.      public string NoBaseText { get; set; }
31.  }
32.
33.  public class InheritEntityDbContext : DbContext
34.  {
```

```
35.     public DbSet<ParentEntity> ParentEntities => Set<ParentEntity>();
36.     public DbSet<SonEntity1> SonEntity1s => Set<SonEntity1>();
37.     public DbSet<SonEntity2> SonEntity2s => Set<SonEntity2>();
38.     public DbSet<GrandsonEntity1_1> GrandsonEntity1_1s =>
          Set<GrandsonEntity1_1>();
39.     public DbSet<GrandsonEntity1_2> GrandsonEntity1_2s =>
          Set<GrandsonEntity1_2>();
40.     public DbSet<NoBaseEntity> NoBaseEntities => Set<NoBaseEntity>();
41.
42.     protected override void OnModelCreating(ModelBuilder modelBuilder)
43.     {
44.         modelBuilder.Entity<ParentEntity>()
45.             .HasDiscriminator(p => p.EntityType)
46.             .HasValue<ParentEntity>("p")
47.             .HasValue<SonEntity1>("s1")
48.             .HasValue<SonEntity2>("s2")
49.             .HasValue<GrandsonEntity1_1>("gs1_1")
50.             .HasValue<GrandsonEntity1_2>("gs1_2");
51.
52.         modelBuilder.Entity<GrandsonEntity1_1>()
53.             .Property(g => g.GrandsonNumber)
54.             .HasColumnName("GrandsonNumber");
55.
56.         modelBuilder.Entity<GrandsonEntity1_2>()
57.             .Property(g => g.GrandsonNumber)
58.             .HasColumnName("GrandsonNumber");
59.
60.         modelBuilder.Entity<NoBaseEntity>()
61.             .HasBaseType((Type)null);
62.     }
63. }
```

ParentEntity 的 EntityType 属性是显式配置的鉴别器属性，然后通过 HasValue 方法为每种实体类型指定了对应的值。数据库中的 EntityType 列会用指定的值标记保存的实体来自什么类型。鉴别器应该在实体中最上层的基类上配置。

GrandsonEntity1_1 和 GrandsonEntity1_2 的 GrandsonNumber 属性使用 HasColumnName 方法映射到同名的数据库列，此时 GrandsonEntity1_1 和 GrandsonEntity1_2 的 GrandsonNumber 属性会共享同一个数据库列。默认情况下 EF Core 会为处于相同继承层次的同名属性映射不同的列。

NoBaseEntity 使用 HasBaseType 方法指定实体与任何类型没有继承关系，是一个独立的实体。在这里可以看出，实体模型的默认继承关系以类的继承关系为参考，但不是强制与类的继承关系绑定。

2. TPT

这种映射方式从 EF Core 5.0 开始支持，与 TPH 的不同之处在于基类和派生类会映射到不同的表，基类的表中没有派生类实体的属性，派生类的表中没有基类实体的属性。派生类表中有一个外键关联到基类表的主键，类似于一对一关系。这种映射方式的好处在于避免表中保存的实体为基类时产生大量用于派生类的列为 null 的空间浪费问题。

TPT 的配置方式也很简单，使用特性或 Fluent API 配置各个实体到不同的表即可。示例代码如下：

（1）特性配置

```
1.  [Table("ParentEntities")]
2.  public class ParentEntity
3.  {
4.      public int Id { get; set; }
5.      public string EntityType { get; set; }
6.      public string ParentText { get; set; }
7.  }
8.
```

```
9.     [Table("SonEntities1")]
10.    public class SonEntity1 : ParentEntity
11.    {
12.        public string SonText1 { get; set; }
13.    }
```

(2) Fluent API 配置

```
1.   protected override void OnModelCreating(ModelBuilder modelBuilder)
2.   {
3.       modelBuilder.Entity<ParentEntity>().ToTable("ParentEntities");
4.       modelBuilder.Entity<SonEntity1>().ToTable("SonEntities1");
5.   }
```

3. TPC

这是基于.NET Framework 的 EF 6.x 系列的一种映射方式，由于.NET 没有运行在.NET Framework 上的兼容模式，大量基于 EF 6.x 开发的应用如果要重构为基于 EF Core 的应用，会付出巨大的迁移成本。这会阻碍软件开发商向.NET 迁移，不利于推广.NET，因此微软把 EF 6.3.0 开始的版本移植到了.NET。

TPC 与 TPT 的不同之处在于派生类的表中也会包含基类属性的列。相比于 TPH，TPC 可能造成更严重的浪费。TPC 的实际使用也非常少，所以 EF Core 删除了 TPC 方式的映射支持，目前也没有支持的计划。

5.1.16 无键实体类型

顾名思义，无键实体类型就是没有主键的实体类型。EF Core 对配置的无键实体并不会启用实体跟踪，也不会把对无键实体的修改保存到数据库，因此可以认为 EF Core 中的无键实体是只读的。

1. 映射到视图

无键实体类型一般用于映射数据库中的视图。数据库中存在可更新视图，如果视图中的记录与表中的记录一一对应，就可以把视图当作普通表操作，因此也可以把普通实体映射到可更新视图。但是一般不建议这么做，因为 EF Core 的模型迁移无法识别应该创建表还是直接映射到已有的可更新视图，需要对迁移进行自定义。

无键实体支持大多数普通实体的映射配置，但存在如下一些限制。

- 不能定义键，包括主键和备用键。
- 永远不会对实体中的更改进行跟踪，因此不会把更改保存到数据库。
- 绝不会按约定自动发现，必须通过特性或 Fluent API 进行配置。
- 仅支持导航映射功能的子集，具体如下：
  - 永远不能充当关系的主体端。
  - 可能不具备所属实体的导航能力。
  - 只能包含指向常规实体的引用的导航属性。
  - 实体不能包含无键实体类型的导航属性。
- 需要配置 Keyless 特性（从 EF Core 5.0 开始支持）或调用.HasNoKey()方法。
- 可以映射到预定义的查询（例如视图），以作为实体的数据源。

无键实体类型的主要使用场景：

- 作为原始 SQL 查询的返回类型。

- 映射到不包含主键的数据库视图。
- 映射到未定义主键的表。
- 映射到模型中定义的查询。

示例代码如下:

```
// 使用特性配置为无键实体
[Keyless]
public class KeyLessEntity
{
    public double Number { get; set; }
    public string Text { get; set; }
}

public class KeylessDbContext : DbContext
{
    public DbSet<KeyLessEntity> KeyLessEntities => Set<KeyLessEntity>();

    protected override void OnModelCreating(ModelBuilder modelBuilder)
    {
        modelBuilder.Entity<KeyLessEntity>()
            // 配置为无键实体
            .HasNoKey();
    }
}
```

QueryEntity 中没有作为主键的属性,也没有在 Fluent API 中进行配置,所以不能作为普通实体,Keyless 特性和 HasNoKey 方法效果相同,实际开发时使用其中一种即可。

2. 映射到查询

映射到 SQL 查询的实体不需要显式配置为无键类型,但是这种实体是不能更新的,因为 EF Core 不知道与实体关联的表是哪张。

示例代码如下:

```
public class SqlQueryEntity
{
    public int Id { get; set; }
    public double Number { get; set; }
    public string Text { get; set; }
}

public class KeylessDbContext : DbContext
{
    public DbSet<SqlQueryEntity> SqlQueryEntities => Set<SqlQueryEntity>();

    protected override void OnModelCreating(ModelBuilder modelBuilder)
    {
        modelBuilder.Entity<SqlQueryEntity>()
            .ToSqlQuery("select Id, Number, Text from MyTable order by Number desc");
    }
}
```

5.1.17 实体的多重映射

从 EF Core 5.0 开始,可以把一个实体同时映射到多种数据库对象,包括表、视图和表值函数等。如果把实体同时映射到表和视图,EF Core 默认会从视图查询数据,把修改保存到表。

示例代码如下:

```
protected override void OnModelCreating(ModelBuilder modelBuilder)
```

```
2.    {
3.        modelBuilder.Entity<MultiMapEntity>()
4.            .ToTable("MultiMapEntities")
5.            .ToView("MultiMapEntitiesView");
6.    }
```

> **注　意**
>
> 这种映射方式有可能造成意外修改属性值的问题，如果视图使用计算列修改了呈现的值，表和视图的数据就可能不一致，会引起不必要的误解，因此需要谨慎使用。

5.1.18　索引器属性、共享类型实体和属性包

从 EF Core 5.0 开始，可以把索引器属性映射为实体属性，同时支持把同一个类型映射为多个实体模型。如果把这两个功能结合在一起，就诞生了名为属性包的神奇功能。使用这个功能可以把 Dictionary<TKey, TValue> 作为实体类型使用。

示例代码如下：

```
1.  public class SharedTypePropertyPackageContext : DbContext
2.  {
3.      public DbSet<Dictionary<string, object>> Entities1 => Set<Dictionary<string,
         object>>("Entities1");
4.      public DbSet<Dictionary<string, object>> Entities2 => Set<Dictionary<string,
         object>>("Entities2");
5.
6.      protected override void OnModelCreating(ModelBuilder modelBuilder)
7.      {
8.          modelBuilder.SharedTypeEntity<Dictionary<string, object>>("Entities1", b =>
9.          {
10.             b.IndexerProperty<int>("Id");
11.             b.IndexerProperty<string>("Text").IsRequired();
12.         });
13.
14.         modelBuilder.SharedTypeEntity<Dictionary<string, object>>("Entities2", b =>
15.         {
16.             b.IndexerProperty<int>("Id");
17.             b.IndexerProperty<double?>("Number");
18.         });
19.     }
20. }
```

示例中使用了两个完全相同的 Dictionary 类型作为实体使用，因此需要使用 SharedTypeEntity 方法配置实体，并为实体取名以作区分，获取 DbSet 时也需要使用名称确定获取哪个实体。Dictionary 是使用索引器的类型，因此在配置时要使用 IndexerProperty 方法来配置相应索引名称的属性和对应的属性类型。

虽然这是一个神奇的功能，体现了 EF Core 的强大与灵活，但笔者并不推荐示例中的用法。因为这种用法可读性实在太差，也无法利用智能提示帮助我们写出健壮的代码，示例仅用作功能演示。倒是单独使用共享类型实体是个不错的主意，遇到结构完全相同的表时也不用为了省事去继承了，直接共享类型更方便，还可以避免被 EF Core 误识别为具有继承关系的实体。这也强制绑定了两张表的结构，如果不能确保两张表绝对同时使用相同的结构，建议还是不要轻易使用共享类型功能，避免影响将来的维护。

5.2 全局查询过滤器

从 EF Core 2.0 开始，实体模型增加了全局查询过滤器。全局查询过滤器在查询时会自动应用到所有查询，包括对导航属性的查询，在 SQL 中表现为一个 where 子句。如果查询中已经存在筛选条件，查询过滤器会与筛选条件合并，并使用 and 连接其他条件。

全局查询过滤器最常用的场景是软删除和多租户。在大多数情况下，软删除的数据和不同租户的数据都需要进行隔离，但在业务代码编写中重复添加查询条件是一个非常枯燥乏味且容易出错的工作。使用全局查询过滤器可以只进行一次定义，然后由 EF Core 自动应用到所有查询。

示例代码如下：

```
1.  public class QueryFilterEntity
2.  {
3.      public int Id { get; set; }
4.      public string Text { get; set; }
5.      public bool IsDeleted { get; set; }
6.  }
7.
8.  public class QueryFilterDbContext : DbContext
9.  {
10.     public DbSet<QueryFilterEntity> QueryFilterEntities =>
            Set<QueryFilterEntity>();
11.
12.     protected override void OnModelCreating(ModelBuilder modelBuilder)
13.     {
14.         modelBuilder.Entity<QueryFilterEntity>(
15.             b =>
16.             {
17.                 b.Property(q => q.IsDeleted)
18.                     .HasDefaultValue(false);
19.
20.                 b.HasQueryFilter(q => q.IsDeleted == false);
21.             });
22.     }
23. }
```

QueryFilterEntity 定义了属性 IsDeleted 并设置了默认值 false。然后使用 HasQueryFilter 定义了全局查询过滤器查出没有被软删除的实体。

5.3 自定义实体模型注解

EF Core 支持丰富的实体模型功能，但面对纷繁复杂的现实需求，EF Core 也无法包罗万象，面面俱到。为了能够适应个性化需求，EF Core 使用了模型注解这一概念。EF Core 的模型注解能够包含任何自定义信息，能够在使用和迁移中读取这些注解并根据注解调整 EF Core 的行为。之前介绍的许多实体模型功能最终会转化为内置的模型注解。

示例代码如下：

```
1.  public class AnnotationEntity
2.  {
3.      public int Id { get; set; }
4.      public string Text { get; set; }
5.  }
6.
7.  public class QueryFilterDbContext : DbContext
```

```
8.    {
9.        public DbSet<AnnotationEntity> AnnotationEntities => Set<AnnotationEntity>();
10.
11.       protected override void OnModelCreating(ModelBuilder modelBuilder)
12.       {
13.           modelBuilder.Entity<AnnotationEntity>(
14.               b =>
15.               {
16.                   b.Property(q => q.Text)
17.                       .HasAnnotation("MyAnnotation", "CustomValue");
18.               });
19.       }
20.   }
```

AnnotationEntity 的 Text 属性使用 HasAnnotation 定义了名为"MyAnnotation"、值为"CustomValue"的自定义注解。自定义注解的名称要避免使用数据库驱动程序预定义的名称，防止 EF Core 工作异常。注解的值为任意 Object，由于 Object 是一切类型的基类，所以注解的值具有极高的自由度，要如何使用注解全凭丰富的想象。

5.4 自定义数据库函数和映射

5.4.1 标量值函数映射

从 EF Core 2.0 开始，可在根实体模型上定义并映射标量值函数。默认情况下，实体模型中的函数名和数据库中的函数名相同，参数类型、数量、顺序和返回值类型也相同，这样就可以在 LINQ 查询中调用标量值函数。

示例代码如下：

```
1.  public class DbFunctionDbContext : DbContext
2.  {
3.      [DbFunction(Name = "MyFunction", Schema = "dbo")]
4.      public static int MyFunction(int value)
5.      {
6.          throw new NotImplementedException();
7.      }
8.
9.      protected override void OnModelCreating(ModelBuilder modelBuilder)
10.     {
11.         // 风格 1
12.         modelBuilder.HasDbFunction(() => MyFunction(default))
13.             .HasName("MyFunction")
14.             .HasSchema("dbo");
15.
16.         // 风格 2
17.         modelBuilder.HasDbFunction(GetType().GetMethod(nameof
                (DbFunctionDbContext.MyFunction)),
18.             b =>
19.             {
20.                 b.HasName("MyFunction")
21.                     .HasSchema("dbo");
22.             });
23.     }
24. }
```

示例中在上下文类中定义了一个公共静态方法 MyFunction，但这个方法没有实现。MyFunction 方法使用 DbFunction 特性标注，在上下文中定义的使用 DbFunction 特性标注的公共静态方法 EF Core 会自动进行映射，无须手动配置，后面的配置仅为展示之用。在根模型构造器中使用 HasDbFunction 映射方法，其中风格 1 和风格 2 是完全等价的，在实际开发中使用其中一种即可。

EF Core 并不会自动在数据库中创建相应的函数，需要开发者自行使用 SQL 定义。为了方便开发和使用，可以在迁移中完成数据库函数的定义。有关迁移的更多内容将在 "7.1　迁移" 中详细介绍。

映射到模型的函数也可以包含实现，这样既可以让函数支持翻译为映射的数据库函数，也可以在客户端运行。要映射的函数是否能包含实现最终还是要看函数所需的参数是否可以从查询结果中获得，如果函数使用了数据库中有、但不返回给客户端的数据，这样的函数是无法编写实现的。

5.4.2　表值函数映射

表值函数的返回值是表，表在 EF Core 中表示为实体。因此要为表值函数定义匹配的实体类型，然后在模型构造器中进行配置，最后在模型构造器中映射表值函数。为了方便使用，可以定义为上下文的公共方法。

示例代码如下：

（1）定义表值函数

```sql
CREATE FUNCTION FunTable(@number INT)
RETURNS TABLE
AS
RETURN
(
    SELECT [Id], [Number], [Text]
    FROM [MyTable]
    WHERE Number > @number
)
```

（2）定义实体类型

```csharp
public class FunTableEntity
{
    public int Id { get; set; }
    public int Number { get; set; }
    public string Text { get; set; }
}
```

（3）配置实体和函数映射

```csharp
public class TableValueFunctionDbContext : DbContext
{
    public IQueryable<FunTableEntity> GetFunTable(int number) => FromExpression(()
        => GetFunTable(number));

    protected override void OnModelCreating(ModelBuilder modelBuilder)
    {
        modelBuilder.Entity<FunTableEntity>().HasNoKey();

        modelBuilder.HasDbFunction(() => GetFunTable(default))
            .HasName("FunTable");
    }
}
```

示例定义了一个返回 IQueryable<T> 类型的方法 GetFunTable，并且方法体使用了 EF Core 用于映射表值函数的 FromExpression，内部递归调用了自己。不用担心，这个方法不会产生无限递归，实际上会被 EF Core 翻译为调用表值函数的 SQL。然后在模型构造方法中向模型构造器注册实体类型和函数。

从示例中可以发现，注册标量值函数和表值函数的方法是一样的。EF Core 通过函数实现中是否有对 FromExpression 的调用、返回类型是否是 IQueryable<T>和 T 类型是否是已注册的实体类型来判断注册的是不是表值函数。

5.4.3 存储过程映射

1. 基础映射

存储过程作为数据库的重要功能，在 ORM 框架出现前广泛运用于各种开发场景。存储过程不应该因为使用 EF Core 就立刻遭到废弃，因为它能使软件架构的过渡更平缓。但是对于新项目，存储过程仅推荐作为备用方案，在可能的情况下还是应该尽量在 EF Core 中解决，尽可能地避免和特定数据库绑定。如果确实需要使用存储过程，推荐把定义存储过程的 SQL 写入模型迁移，通过 EF Core 统一管理数据库架构。

示例代码如下：

（1）定义存储过程

```sql
1.  CREATE PROCEDURE FindUserViews
2.      @like NVARCHAR(MAX),
3.      @count INT OUTPUT
4.  AS
5.  BEGIN
6.      SET NOCOUNT ON;
7.
8.      SET @count = (SELECT COUNT(*) FROM [AspNetUsers] WHERE UserName like N'%' + @like
        + N'%')
9.      SELECT [UserName], [PasswordHash] FROM [AspNetUsers] WHERE UserName like N'%'
        + @like + N'%'
10.
11.     SET NOCOUNT OFF;
12. END
```

（2）定义实体类型

```csharp
1.  public class UserView
2.  {
3.      public string UserName { get; set; }
4.      public string PasswordHash { get; set; }
5.  }
```

（3）配置实体模型和定义调用存储过程的方法

```csharp
1.  public class ApplicationDbContext : IdentityDbContext
2.  {
3.      protected override void OnModelCreating(ModelBuilder builder)
4.      {
5.          base.OnModelCreating(builder);
6.
7.          builder.Entity<UserView>().HasNoKey();
8.      }
9.
10.     public async Task<(IEnumerable<UserView> userViews, int count)>
          GetFromProcedureAsync(string value)
11.     {
12.         var like = new SqlParameter
13.         {
14.             ParameterName = "like",
15.             SqlDbType = SqlDbType.NVarChar,
16.             Direction = ParameterDirection.Input,
17.             Value = value
18.         };
19.
20.         var outputCount = new SqlParameter
```

```
21.    {
22.        ParameterName = "count",
23.        SqlDbType = SqlDbType.Int,
24.        Direction = ParameterDirection.Output
25.    };
26.
27.    string sqlQuery = "Exec [FindUserViews] @like, @count OUTPUT";
28.    IEnumerable<UserView> userViews = await Set<UserView>()
            .FromSqlRaw(sqlQuery, like, outputCount).ToArrayAsync();
29.    return (userViews, outputCount.Value as int? ?? default);
30.  }
31. }
```

示例使用 ASP.NET Core Identity 的内置实体模型,然后从用户表中取出两个字段并通过输出参数返回查询到多少条数据。类似的存储过程在分页查询中比较常见。必须先调用 ToArray 之类会触发查询的方法发送查询后才能读取输出参数的值。

> **注 意**
>
> 要为存储过程返回的数据集实体配置为无键类型实体,实体类型属性名和列名需要相同或者手动进行额外的配置。示例的配置方法是通过 Fluent API 进行配置,没有通过 DbSet<T>属性公开,可以尽量避免专用于存储过程的实体被误用。

因为使用了包含基础模型的上下文,因此需要调用 base.OnModelCreating(builder)确保基础模型的配置不会被遗漏。对于虚方法,一般情况下都需要在合适的时机调用基类的方法。合格类库的注释或开发文档会说明合适的调用时机。

存储过程允许返回多结果集,但是 EF Core 不支持解析多结果集,因此如果遇到需要封装此类调用的场景时只能绕开 EF Core 手动进行处理。

2. 第三方扩展

如果有大量存储过程需要映射,全部手写的工作量会比较大。开源社区有人开发了用于简化映射配置的 EF Core 扩展包:StoredProcedureEFCore。扩展包实际上也是对手写代码的封装,能实现的功能依然受限于 EF Core。

5.5 在一个上下文类型中使用多个模型

通常每个上下文类型对应一个模型,但有时可能需要在一个上下文类型中使用多个模型。此时需要对上下文进行深度定制,让一个上下文支持多个模型。

例如,Microsoft SQL Server 对 Guid 类型有完整的支持,但其他数据库不一定支持 Guid 类型。如果希望 EF Core 在使用 SQL Server 时直接映射 Guid 类型,在使用其他数据库时为确保兼容性,使用值转换器映射为 string 类型。此时在不同数据库中产生了不同的模型配置方案,需要上下文能够根据数据库动态加载不同的模型配置。

通过之前介绍可以得知,模型配置是在上下文的 OnModelCreating 方法中完成的,只需要在此处获取数据库驱动类型,并分别配置即可。但实际上并不会产生任何动态效果,这是因为模型的生成与配置是一个比较耗时的操作,如果每次实例化上下文时都进行一次配置,会产生比较严重的性能问题。因此 EF Core 在内部使用 IModelCacheKeyFactory 服务进行模型缓存,导致动态模型配置不生效。解决方案就是重写服务自定义缓存策略,在不严重影响性能的前提下提供一定的动态加载模型的能力。

示例代码如下:

（1）定义实体类型

```
1.  public class DynamicKeyEntity
2.  {
3.      public Guid Id { get; set; }
4.      public string Text { get; set; }
5.  }
```

（2）自定义 IModelCacheKeyFactory 服务

```
1.  public class DynamicModelCacheKeyFactory : IModelCacheKeyFactory
2.  {
3.      public object Create(DbContext context)
4.          => (context.GetType(), (context as DynamicModelDbContext)?.Database.
            IsSqlServer());
5.  }
```

（3）上下文

```
1.  public class DynamicModelDbContext : DbContext
2.  {
3.      public DbSet<DynamicKeyEntity> MultipleKeyEntities => Set<DynamicKeyEntity>();
4.
5.      protected override void OnConfiguring(DbContextOptionsBuilder optionsBuilder)
6.      {
7.          optionsBuilder.ReplaceService<IModelCacheKeyFactory,
                DynamicModelCacheKeyFactory>();
8.      }
9.
10.     protected override void OnModelCreating(ModelBuilder modelBuilder)
11.     {
12.         if (!this.Database.IsSqlServer())
13.         {
14.             modelBuilder.Entity<DynamicKeyEntity>()
15.                 .Property(m => m.Id)
16.                 .HasConversion<string>();
17.         }
18.     }
19. }
```

动态主键实体类型使用 Guid 作为主键类型，自定义 IModelCacheKeyFactory 服务使用上下文类型和是否为 SQL Server 数据库来作为缓存键，其中缓存键使用了 C# 7.0 的元组创建语法。最后在上下文的 OnConfiguring 方法中使用自定义服务替换默认服务。上下文根据是否使用 SQL Server 数据库分别配置模型，如果使用非 SQL Server 数据库，为 Guid 类型的主键附加字符串转换器。

同一上下文使用多个模型适用于在上下文内部解决模型问题的情况，例如示例中的解决数据库兼容性问题。如果使用这种方法在上下文中配置差异巨大且无法在上下文内部处理差异的模型，会导致动态模型所产生的复杂性暴露到外部，使软件的架构设计复杂化。EF Core 本身也无法再为这种动态模型提供代码层的清晰语义，也会在团队开发中加重开发者理解软件设计的心智负担。因此使用动态模型一定要谨慎，尽量确保把模型的动态性控制在上下文内部。

5.6 小 结

到此为止，实体类型的定义和实体模型的常用配置就基本介绍完毕。从这里可以看出，EF Core 功能强大而复杂，仅实体模型就有海量的配置项。因此，对 EF Core 的了解程度会在很大程度上决定 EF Core 是否会如期望一般工作。本章介绍的也只是常用功能的部分，更多的功能，读者可以查阅官方文档。

第 6 章

实体模型的关系

关系数据库中,关系是非常重要的部分,以至于用关系数据库来命名。在面向对象编程中,并没有关系这个概念,与之对应的是引用或指针的概念。就目的而言,它们具有很高的相似性,但实现的方式却有着巨大的差异。为了解决因它们之间的差异而给开发者带来的麻烦,微软为.NET 推出了 Entity Framework Core。本章将详细介绍如何配置关系以及这些关系的主要用途。

6.1 概念和术语简介

在正式介绍实体模型的关系配置之前,需要先对描述关系的相关术语进行介绍:

- 主实体:包含主键或备用键属性的实体,也称为主体实体。有时称为关系的"父项"。
- 从实体:包含外键属性的实体,也称为相关实体、从属实体或依赖实体。有时称为关系的"子级"。
- 主体键:唯一标识主体实体的属性。可能是主键或备用键。
- 外键:用于存储从实体的主体键值的从实体中的属性,也称为外键属性。外键只存在于从实体中。
- 导航属性:在主实体和从实体上定义的引用相关实体的属性。
  - 集合导航属性:包含对多个从实体的引用的导航属性。只存在于主实体。
  - 引用导航属性:保存对单个实体的引用的导航属性。根据设计可能在主实体。
  - 反向导航属性:主实体和从实体之间的导航属性互为对方的反向导航属性。如果主实体和从实体都有导航属性则称为双向导航,否则称为单向导航。
- 自引用关系:从实体和主实体类型相同的关系。

6.2 实体模型的关系与影子属性

EF Core 设计影子属性功能的核心目的其实是为了支持实体模型的关系建模。在 EF Core 中,实体间的关系用导航属性表示，导航属性是一个实体类型的属性，是一种对象引用，并非一般的基本类型数据。在数据库中表之间的关系使用外键表示，外键是一个基本数据类型的列。这就是关系数据模型和对象数据模型的本质差异。为了屏蔽这种差异，将其纳入 EF Core 的内部管理，让开发者无须关心数据库中的各种琐事，专注于思考业务逻辑，解决业务需求，EF Core 使用了影子属性这个概念。

导航属性是关系数据模型中表之间的关系在对象数据模型中的对应概念，在表之间的关系与对象之间的关系中架起了一座沟通的桥梁。外键属性则是数据库中外键列的直接对应。如果在实体模型中没有定义外键属性，EF Core 会自动使用影子属性表示外键属性来完成与数据库的交互，否则会直接把符合约定的或明确配置的属性作为外键属性使用。

以之前在介绍外键时（5.1.8 节）使用的博客和评论模型为例，代码如下：

（1）实体类

```
1.  public class Blog
2.  {
3.      public int Id { get; set; }
4.      public string Title { get; set; }
5.      public string Content { get; set; }
6.
7.      public List<Post> Posts { get; set; }
8.  }
9.
10. public class Post
11. {
12.     public int Id { get; set; }
13.     public string Content { get; set; }
14.
15.     public Blog Blog { get; set; }
16. }
```

（2）上下文类

```
1.  public class ShadowPropertyInRelationshipDbContext : DbContext
2.  {
3.      public DbSet<Blog> Blogs => Set<Blog>();
4.  }
```

Blog 类表示一篇博客，Post 类表示一条评论。我们知道一篇博客可以有多条评论，而一条评论只能属于一篇博客。因此在 Blog 类中有一个 Post 类的列表 Posts，表示博客的所有评论，Post 类中有一个 Blog 的属性，表示评论所属的博客。

应该在数据库的 Post 表中定义外键 BlogId，把评论与其所属的博客关联起来。按理说 Post 类也应该有相似的结构，但实际上 Post 类中只有一个对 Blog 的引用。这时 EF Core 就会自动为 Post 的实体模型添加一个内部的影子属性映射到数据库中的外键列。

在上下文类中只定义了 Blog 而没有定义 Post，不过不用担心，EF Core 已经间接通过 Blog 中的 List<Post> 知道了 Post 也是模型的一部分并且没有使用 Fluent API 明确排除。只是 Post 无法直接访问，只能通过 Blog 间接访问。这在某些情况下是有必要的，比如评论如果脱离其所属的博客是没有意义的，所以不应该绕过博客直接访问评论，消除直接访问评论的渠道，避免了 Post 被误用。如果一定要直接访问评论，可以调用上下文对象的 Set<Post>() 方法获取评论的实体模型。

6.3 一对一关系

数据库并不支持一对一关系模式，一对一关系是由 EF Core 在软件层面提供的功能，数据库中的配置实际上是一对多关系。EF Core 通过实体定义和配置确保开发者无法读取或保存多个关联记录，在事实上达成一对一关系的效果。为了避免绕过 EF Core 直接操作数据库可能产生问题，EF Core 会为外键配置唯一索引确保每条主记录只有一条从记录与之关联。

一对一关系按理来说是完全可以使用一张表来实现的，但在某些情况下这种关系是合理的。例如设计一个用户账户系统，账户信息包含基本信息和附加信息，附加信息不是必需的。如果在一张表中保存，可能会出现没有附加信息的账户有大量值为 null 的列的情况。这时如果把附加信息拆分到单独的表中，可以避免这种情况的出现。同时也能让刚接触项目的开发者得知一个潜在信息，附加信息是非必需的，与账户本身是弱关联的。通过设计尽可能让项目具有更强的自解释能力是软件工程的一种追求。LINQ 和 EF Core 的 Fluent API 就是一个具有强自解释能力的软件设计的典范。

6.3.1 实体类型和关系配置

配置一对一关系需要两个实体类型，其中一个是主实体，另一个是从实体，外键列会被设置在从实体上。在上面的账户系统的例子中，基本信息就是主实体，附加信息就是从实体。主实体和从实体的导航属性可以只有其中一个，这种情况称为单向导航，如果两边都有导航属性的则称为双向导航。

此处直接以账户信息模型为例进行说明，代码如下：

```
1.  public class User
2.  {
3.      public int Id { get; set; }
4.      public string Name { get; set; }
5.      public string Password { get; set; }
6.
7.      [ForeignKey("UserId")] // ①
8.      [InverseProperty("User")] // ②③
9.      public UserInfo UserInfo { get; set; }
10. }
11.
12. public class UserInfo
13. {
14.     public int Id { get; set; }
15.     public string NickName { get; set; }
16.     public string PersonalTag { get; set; }
17.
18.     [ForeignKey("User")] // ①③
19.     public int? UserId { get; set; }
20.     [ForeignKey("UserId")] // ①③
21.     [InverseProperty("UserInfo")] // ②③
22.     public User User { get; set; }
23. }
24.
25. public class OneToOneRelationshipDbContext : DbContext
26. {
27.     public DbSet<User> Users => Set<User>();
28.     public DbSet<UserInfo> UserInfos => Set<UserInfo>();
29.
30.     protected override void OnModelCreating(ModelBuilder modelBuilder)
31.     {
32.         modelBuilder.Entity<User>(
33.             b =>
34.             {
35.                 b.HasOne(u => u.UserInfo)
36.                     .WithOne(ui => ui.User)
37.                     .HasForeignKey<UserInfo>(ui => ui.UserId);
38.             });
39.
40.         modelBuilder.Entity<UserInfo>(
```

```
41.             b =>
42.             {
43.                 b.HasOne(ui => ui.User)
44.                     .WithOne(u => u.UserInfo)
45.                     .HasForeignKey<UserInfo>(ui => ui.UserId);
46.             });
47.     }
48. }
```

示例中的特性配置和 Fluent API 配置完全等价，在实际开发中只需要使用其中一种即可。特性配置后的注释中的数字标号表示相同标号的特性为一组配置，实际开发时可以任选其中一组，这几组配置也完全等价。示例中的模型即使完全不进行配置也是可以的，因为导航属性和外键属性都已经明确定义在实体类中，EF Core 可以根据默认约定完成配置，默认配置也与展示的显式配置完全等价。如果实体中不定义外键属性，EF Core 会为模型生成影子属性作为外键属性使用。在实体类型中定义了外键属性的实体称为显式外键实体，否则称为隐式外键实体。

ForeignKey 特性在不同的位置使用时代表不同的涵义：

- 主实体的导航属性：指定从实体的外键属性名称。例如 User 类的 UserInfo 属性。
- 从实体的导航属性：指定与从实体（即 UserInfo 类自身）的导航属性关联的外键属性名称。例如 UserInfo 类的 User 属性上指定的值 UserId。
- 从实体的外键属性：指定与从实体（即 UserInfo 类自身）的外键属性关联的导航属性名称。例如 UserInfo 类的 UserId 属性上指定的值 User。

InverseProperty 特性用于指定关联的反向导航属性的属性名称。常用于两个实体间存在多个关系时明确指定关联的反向导航属性，指导 EF Core 生成正确的外键和导航。EF Core 的默认约定无法正确处理两个实体间存在多个关系的情况。

在 Fluent API 中，HasOne 方法表示实体有一个关联实体，WithOne 方法表示关联实体也有一个实体与自身关联。这两个方法共同完成了双向导航配置。HasForeignKey 方法在从实体上配置外键属性。由于 EF Core 无法自动判断一对一关系中实体间的主从关系，需要使用类型参数指定从实体的类型才能继续配置外键属性。

本例用 Fluent API 同时对两个实体进行了配置，但其实只需要配置其中一个实体就够了，EF Core 能够根据已知配置自动补完另一个实体的相关配置。

6.3.2 表共享（表拆分）

使用表共享功能，可以把多个实体模型映射到同一张表。可以说就是使用同一张表完成一对一关系的功能，在实体层面表现为一组相关的实体，在数据库层面表现为一张表。在实际开发中需要根据实际需求决定要分表存储还是合表存储。表拆分是英语名称的直译，但这个译名笔者认为并不好，因为其字面意思和实际功能在中文语境中几乎是相反的，因此笔者倾向使用表共享这个更合适的意译。

例如把用户账户模型改造为使用表共享，代码如下：

```
1.  public class User
2.  {
3.      public int Id { get; set; }
4.      public string Name { get; set; }
5.      public string Password { get; set; }
6.      public string NickName { get; set; }
7.
8.      public UserInfo UserInfo { get; set; }
9.  }
10.
11. public class UserInfo
```

```
12.    {
13.        public int Id { get; set; }
14.        public string NickName { get; set; }
15.        public string PersonalTag { get; set; }
16.    }
17.
18.    public class OneToOneRelationshipDbContext : DbContext
19.    {
20.        public DbSet<User> Users => Set<User>();
21.
22.        protected override void OnModelCreating(ModelBuilder modelBuilder)
23.        {
24.            modelBuilder.Entity<User>(
25.                b =>
26.                {
27.                    b.ToTable("Users");
28.
29.                    b.HasOne(u => u.UserInfo)
30.                        .WithOne()
31.                        .HasForeignKey<UserInfo>(ui => ui.Id);
32.
33.                    b.Property(u => u.NickName).HasColumnName(nameof(UserInfo.NickName));
34.                });
35.
36.            modelBuilder.Entity<UserInfo>(
37.                b =>
38.                {
39.                    b.ToTable("Users");
40.                    b.Property(ui => ui.NickName).HasColumnName(nameof(UserInfo.NickName));
41.                });
42.        }
43.    }
```

UserInfo 类删除了导航属性和外键属性，通过 Fluent API 配置为保存到同一张表，并在 User 中配置了一对一关系。通过 Fluent API，把 User 类的 NickName 属性和 UserInfo 类的 NickName 属性映射到相同的列，无论从何处访问始终指向相同的列，可以确保数据在物理上同步。这个功能使 EF Core 在面对不断迭代的软件时有较好的兼容性和适应性。

6.3.3 从属实体类型

从属实体类型可以简单理解为没有主键的特殊导航属性。从属实体类型默认保存到主实体所在的表，通过配置可以保存到单独的表。可以看出，从属实体类型可以表现为普通一对一关系或表共享。一个实体类型可以有多个从属实体类型，一个实体类型的多个从属实体类型属性也可以是相同的从属实体类型。从属实体类型还支持嵌套，从属实体类型也可以拥有自己的从属实体类型。具体要使用哪种方式表示一对一关系，从结果论来说是等价的，所以最终的选择需要根据其他条件来决定，比如哪种方式能够更准确地表示设计时的概念，让代码能更准确地进行自解释。

需要注意的是，从属实体和普通关系实体在查询上有不同的表现：从属实体默认会包含在查询结果中，无须单独查询，因此从属实体表现为与主实体强关联，是主实体不可分割的一部分；而普通关系实体需要手动指定才会包含在查询结果中，适用于关系实体仅按需加载的情况。在 EF Core 3.0 之前，与主实体保存到同一张表的从属实体类型的属性值不能为 null，EF Core 不会自动为从属实体属性赋值，需要自己在定义从属实体属性的实体构造函数中为从属实体属性赋值。从 EF Core 3.0 开始，这个限制已经解除。

例如把用户账户模型改造为使用从属实体类型，代码如下：

```
1.    public class User
2.    {
```

```
3.      public int Id { get; set; }
4.      public string Name { get; set; }
5.      public string Password { get; set; }
6.
7.      public UserInfo UserInfo { get; set; } = new UserInfo();
8.  }
9.
10. [Owned]
11. [Table("UserInfos")]
12. public class UserInfo
13. {
14.     public string NickName { get; set; }
15.     public string PersonalTag { get; set; }
16. }
17.
18. public class OneToOneRelationshipDbContext : DbContext
19. {
20.     public DbSet<User> Users => Set<User>();
21.
22.     protected override void OnModelCreating(ModelBuilder modelBuilder)
23.     {
24.         modelBuilder.Entity<User>(
25.             b =>
26.             {
27.                 b.OwnsOne(u => u.UserInfo)
28.                   .ToTable("UserInfos");
29.             });
30.     }
31. }
```

UserInfo 类删除了主键、导航属性和外键属性。Owned 特性指示 UserInfo 类是从属实体类型，Table 特性指定把从属实体保存到单独的表，此时 EF Core 会为从属实体类型生成影子外键属性。Fluent API 的配置与特性配置等价。如果不配置存储的表，EF Core 默认把从属实体和主实体保存到相同的表。UserInfo 的属性初始化在 EF Core 3.0 之前是必须的，从 EF Core 3.0 开始可以忽略。

从属实体类型有如下一些限制，使其不能完全与普通的实体模型关系等价：

- 不能为从属实体类型定义 DbSet<T>属性。
- 不能在 ModelBuilder.Entity<T>()上调用从属实体类型并进行配置。
- 从属实体类型不能具有继承层次结构。
- 引用导航到从属实体类型时不能为 null，除非显式映射到与所有者（主实体）不同的表。从 EF Core 3.0 开始，该限制已解除。
- 多个所有者不能共享从属实体类型的实例。

6.4 一对多关系

一对多是数据库唯一支持的关系模式，其他关系模式都是通过对一对多关系的特殊配置间接实现的。之前关于博客和评论的模型就是典型的一对多关系。

6.4.1 实体类型和关系配置

一对多关系的实体的主实体的导航属性是从实体类型的集合属性，从实体的导航属性是主实体类型的属性。两个导航属性可以只定义其中一个，但是如果只定义从实体到主实体的导航属性，会产生歧义，要通过更具体的配置告诉 EF Core 是一对一关系的单向导航还是一对多关系的单向导航。

继续以用户账户模型为例进行改造和说明,代码如下:

```csharp
public class User
{
    // 上例中的其他不变的无关属性

    [ForeignKey("Creator")]
    public int? CreatorId { get; set; }

    [ForeignKey("CreatorId")]
    [InverseProperty("CreatedUsers")]
    public User Creator { get; set; }

    [InverseProperty("Creator")]
    public List<User> CreatedUsers { get; set; } = new List<User>();

    [ForeignKey("LastModifier")]
    public int? LastModifierId { get; set; }

    [ForeignKey("LastModifierId")]
    [InverseProperty("LastModifiedUsers")]
    public User LastModifier { get; set; }

    [InverseProperty("LastModifier")]
    public List<User> LastModifiedUsers { get; set; } = new List<User>();
}

public class OneToManyRelationshipDbContext : DbContext
{
    public DbSet<User> Users => Set<User>();

    protected override void OnModelCreating(ModelBuilder modelBuilder)
    {
        modelBuilder.Entity<User>(
            b =>
            {
                // 上例中其他不变的无关配置

                b.HasOne(u => u.Creator)
                    .WithMany(u => u.CreatedUsers)
                    .HasForeignKey(u => u.CreatorId);

                b.HasOne(u => u.LastModifier)
                    .WithMany(u => u.LastModifiedUsers)
                    .HasForeignKey(u => u.LastModifierId);
            });
    }
}
```

改造后的实体多出了与创建人和最后修改人相关的属性。CreatorId 表示创建人的外键属性,Creator 表示创建人的导航属性,CreatedUsers 表示这个由用户创建的账户集合。最后修改人相关属性同理。可以看出,这里用户账户和创建人之间是一对多关系,一个账户只能被一个用户创建,一个用户可以创建多个账户。同时,创建人和最后修改人是相同类型的两个关系,这时就需要使用 ForeignKey 和 InverseProperty 特性指定关联的导航属性和外键,或者使用 Fluent API 进行显式配置。

本例中 Fluent API 的 HasOne 方法与一对一关系的含义相同。WithMany 方法表示关联实体有多个实体与自身关联。HasForeignKey 方法在从实体上配置外键属性,因为一对多关系中永远是一端为主实体,多端为从实体,所以不需要使用类型参数指定从实体类型。

6.4.2 自关联与树形实体类型

树形实体是一种特殊的一对多关系实体，主实体类型和从实体类型相同。例如组织结构树和行政区划树就是典型的自关联树形实体。其他配置与普通一对多关系并无太大区别。

树形实体在存储上有如下几种常见方式：

- 邻接表：是最常用也是实现方法最简单的模式。外键与父节点的主键关联。这种模式能保证参照完整性不会被破坏，因为每个节点都只存储自己的父节点，数据修改所产生的影响非常小。但查询比较烦琐，而且可能产生大量的递归操作造成严重的性能问题。EF Core 支持这种模式，可以通过 EF Core 的导航修复功能自动重建整棵树。
- 路径枚举：添加一列保存节点的绝对路径，是一种用空间换时间的方案。查询数据变得非常方便，但是数据参照完整性非常脆弱，稍有不慎就会遭到破坏，仅靠观察难以发现和修正。EF Core 不支持这种模式。
- 闭包表：把节点之间的关系独立成一张表进行保存，参照完整性不容易遭到破坏，同样也是用空间换时间的方案。但这种方案需要自己实现重建导航的算法，开发难度较大。EF Core 不支持这种模式。
- 左右值编码：基于树的前序遍历设计的存储方案。每个节点都有左值和右值，能够在查询时避免递归。是一种对查询友好但对修改不友好的方案。如果算法没有 bug，数据参照完整性不会被破坏。EF Core 不支持这种模式。
- 区间嵌套：是对左右值编码的强化方案。优化了修改的难度和资源消耗。参照完整性和左右值编码方案相同，但是算法开发难度较大。EF Core 不支持这种模式。

改造后的用户模型的创建人和最后修改人其实就是一个典型的自关联树形模型，每个账户只能被一个用户创建，一个用户能创建多个其他账户，最后修改人同理。因此用户账户模型不仅是树形模型，还是双重树形模型。这个模型使用了邻接表存储模式，也就是说 EF Core 可以自动修复导航属性，重建整棵树。代码与上一小节的示例代码相同，不再赘述。

6.4.3 从属实体类型的集合

从 EF Core 2.2 开始，从属实体类型可以是集合类型。从属实体类型的集合同样支持嵌套，存在的限制也相同。从属实体类型的集合不支持自关联实体类型，因此这里不继续沿用用户账户模型进行改造，使用一个独立的示例进行演示说明。

示例代码如下：

```
1.   public class MainEntity
2.   {
3.       public int Id { get; set; }
4.       public List<SubEntity> SubEntities { get; set; } = new List<SubEntity>();
5.   }
6.
7.   public class SubEntity
8.   {
9.       public string Text { get; set; }
10.  }
11.
12.  public class OneToManyRelationshipDbContext : DbContext
13.  {
14.      public DbSet<MainEntity> MainEntities => Set<MainEntity>();
15.
```

```
16.    protected override void OnModelCreating(ModelBuilder modelBuilder)
17.    {
18.        modelBuilder.Entity<MainEntity>(
19.            b =>
20.            {
21.                b.OwnsMany(m => m.SubEntities,
22.                    s =>
23.                    {
24.                        s.WithOwner().HasForeignKey("MainEntityId");
25.                        s.Property<int>("Id");
26.                        s.HasKey("Id");
27.                    });
28.            });
29.    }
30. }
```

从属实体类型的集合是一种一对多的关系，数据库中必然需要两张表，因此不像从属实体类型那样可以保存在主表中。EF Core 需要为从属实体配置主键和外键，从实体的一大特点就是无须定义键属性，因此 EF Core 会为从属实体生成影子属性映射到主键和外键。通过 Fluent API 的 OwnsMany 方法的第二个参数可以对从属实体进行自定义配置，如果不填写参数，EF Core 会使用默认约定进行配置。WithOwner 是 EF Core 3.0 新增的方法。示例中的配置与默认约定的配置等价。

6.5 多对多关系

在数据库中，多对多关系是通过两个一对多关系的组合使用实现的，其中有一张存储关系的中间表。

6.5.1 显式映射

EF Core 在 5.0 之前不支持隐式多对多关系，必须显式配置关系，关联实体也必须通过中间实体间接访问。但在一些情况下，中间实体不只是单纯保存关系的，还拥有一些其他的数据属性，最经典的例子莫过于学生、课程和选课之间的关系了。

示例代码如下：

```
1.  public class Student
2.  {
3.      public int Id { get; set; }
4.      public string Name { get; set; }
5.
6.      [InverseProperty("Student")]
7.      public List<CourseSelection> CourseSelectionsStu { get; set; } = new
        List<CourseSelection>();
8.  }
9.
10. public class Course
11. {
12.     public int Id { get; set; }
13.     public string Name { get; set; }
14.
15.     [InverseProperty("Course")]
16.     public List<CourseSelection> CourseSelectionsCou { get; set; } = new
        List<CourseSelection>();
17. }
18.
19. public class CourseSelection
```

```csharp
20.     {
21.         public int StudentId { get; set; }
22.
23.         [ForeignKey("StudentId")]
24.         [InverseProperty("CourseSelectionsStu")]
25.         public Student Student { get; set; }
26.
27.         public int CourseId { get; set; }
28.
29.         [ForeignKey("CourseId")]
30.         [InverseProperty("CourseSelectionsCou")]
31.         public Course Course { get; set; }
32.
33.         public DateTimeOffset SelectionTime { get; set; }
34.     }
35.
36.     public class ManyToManyRelationshipDbContext : DbContext
37.     {
38.         public DbSet<Student> Students => Set<Student>();
39.         public DbSet<Course> Courses => Set<Course>();
40.         public DbSet<CourseSelection> CourseSelections => Set<CourseSelection>();
41.
42.         protected override void OnModelCreating(ModelBuilder modelBuilder)
43.         {
44.             modelBuilder.Entity<Student>(
45.                 b =>
46.                 {
47.                     b.HasMany(s => s.CourseSelectionsStu)
48.                         .WithOne(CourseSelection => CourseSelection.Student)
49.                         .HasForeignKey(cs => cs.StudentId);
50.                 });
51.
52.             modelBuilder.Entity<Course>(
53.                 b =>
54.                 {
55.                     b.HasMany(s => s.CourseSelectionsCou)
56.                         .WithOne(CourseSelection => CourseSelection.Course)
57.                         .HasForeignKey(cs => cs.CourseId);
58.                 });
59.
60.             modelBuilder.Entity<CourseSelection>(
61.                 b =>
62.                 {
63.                     b.HasKey(cs => new { cs.StudentId, cs.CourseId });
64.
65.                     b.HasOne(cs => cs.Student)
66.                         .WithMany(s => s.CourseSelectionsStu)
67.                         .HasForeignKey(cs => cs.StudentId);
68.
69.                     b.HasOne(cs => cs.Course)
70.                         .WithMany(s => s.CourseSelectionsCou)
71.                         .HasForeignKey(cs => cs.CourseId);
72.                 });
73.         }
74.     }
```

示例中的特性配置和 Fluent API 配置中除了 CourseSelection 的复合主键之外，其他部分完全等价。在学生选课模型中，一个学生可以同时选择多门课程，一门课程也可以同时容纳多名学生。学生有到选课的集合导航属性，每个元素代表一个选课，再通过选课到课程的导航就可以获得所选课程的详细信息，从课程开始反之同理。通过中间实体，选课完成了学生与课程之间的多对多关系映射。每个学生只能选择一门课程一次，因此可以把 StudentId 和 CourseId 这两个外键作为复合主键使用，学生和课程共同唯一标识了一个选课。选课实体还同时存储了学生选课的时间。

6.5.2 隐式映射

1. 自动隐式映射

在学生选课的示例中因为中间表（选课表）有额外的数据列（选课时间），并非单纯的关系表，最终还是要显式配置。如果中间表是单纯的关系表，并没有额外的数据列，就可以使用隐式映射简化配置、修改和查询了。

示例代码如下：

```
1.  public class Entity1
2.  {
3.      public int Id { get; set; }
4.      public int Number { get; set; }
5.
6.      public virtual List<Entity2> Entities2 { get; set; }
7.  }
8.
9.  public class Entity2
10. {
11.     public int Id { get; set; }
12.     public string Text { get; set; }
13.
14.     public virtual List<Entity1> Entities1 { get; set; }
15. }
16.
17. public class ManyToManyRelationshipDbContext : DbContext
18. {
19.     public DbSet<Entity1> Entities1 => Set<Entity1>();
20.     public DbSet<Entity2> Entities2 => Set<Entity2>();
21. }
```

自动隐式映射非常简单，只需要在实体中定义到对方实体的集合导航属性即可，EF Core 会自动发现并配置关系。如果用虚属性还可以方便使用基于代理扩展的自动延迟加载功能。

这种多对多映射在 EF 6.x 中是支持的，但由于 EF Core 要开发大量功能，时间紧张，并且多对多可以自行使用两个一对多关系完成，所以一直到 EF Core 5.0 隐式映射功能才回归。可以说 EF Core 从 5.0 开始，终于基本上重现了 EF 6.x 的功能，并在部分功能上实现了超越，真正成为 EF 6.x 的替代产品。不过它们的部分功能的配置和工作方式存在差异，无法无缝迁移，因此从 EF 6.2.x 开始也移植到了 .NET，降低了现有应用迁移到 .NET 平台的成本。

2. 显式配置的隐式映射

EF Core 5.0 并非单纯地移植了 EF 6.x 的功能，还进行了一些增强。在 EF 6.x 中，如果使用自动隐式映射，将无法使用自定义实体类型；反过来如果使用自定义实体类型，则无法使用跳过中间表的自然导航加载。自定义的中间实体即使不用也会一直出现在查询中。开发者不得不编写额外的过渡代码，这会产生代码噪音，干扰开发者在阅读代码时理解代码意图。而 EF 6.x 的设计缺陷让开发者不得不在两个缺陷之间二选一。这个问题在 EF Core 5.0 终于得到了解决，即显示配置的隐式映射。

示例代码如下：

```
1.  public class Entity1
2.  {
3.      public int Id { get; set; }
4.      public int Number { get; set; }
5.
6.      public virtual List<NavigationEntity> Navigation { get; set; }
7.      public virtual List<Entity2> Entities2 { get; set; }
8.  }
```

```
9.
10.    public class Entity2
11.    {
12.        public int Id { get; set; }
13.        public string Text { get; set; }
14.
15.        public virtual List<NavigationEntity> Navigation { get; set; }
16.        public virtual List<Entity1> Entities1 { get; set; }
17.    }
18.
19.    public class NavigationEntity
20.    {
21.        public int Entity1Id { get; set; }
22.        public int Entity2Id { get; set; }
23.        public DateTime Time { get; set; }
24.
25.        public virtual Entity1 Entity1 { get; set; }
26.        public virtual Entity2 Entity2 { get; set; }
27.    }
28.
29.    public class ManyToManyRelationshipDbContext : DbContext
30.    {
31.        public DbSet<Entity1> Entity1s => Set<Entity1>();
32.        public DbSet<Entity2> Entity2s => Set<Entity2>();
33.        public DbSet<NavigationEntity> Navigations => Set<NavigationEntity>();
34.
35.        protected override void OnModelCreating(ModelBuilder modelBuilder)
36.        {
37.            modelBuilder.Entity<Entity1>(b =>
38.            {
39.                b.HasMany(e1 => e1.Entities2)
40.                .WithMany(e2 => e2.Entities1)
41.                .UsingEntity<NavigationEntity>(
42.                    ne => ne.HasOne(n => n.Entity2)
43.                            .WithMany(e2 => e2.Navigation)
44.                            .HasForeignKey(n => n.Entity2Id),
45.                    ne => ne.HasOne(n => n.Entity1)
46.                            .WithMany(e1 => e1.Navigation)
47.                            .HasForeignKey(n => n.Entity1Id),
48.                    ne => ne.HasKey(n => new { n.Entity1Id, n.Entity2Id })
49.                );
50.            });
51.        }
52.    }
```

示例中在 Entity1 上使用 UsingEntity 方法指定 Entity1 和 Entity2 的中间实体为 NavigationEntity，与此同时，Entity1 和 Entity2 中也定义了直接访问对方的集合导航属性。在 Entity2 上进行配置或者同时配置 Entity1 和 Entity2 都可以。在实际项目开发中，如果不需要在 Entity1 和 Entity2 中访问中间实体，可以省略 Entity1 和 Entity2 到中间实体的导航属性定义。如果不希望直接访问中间实体，还可以再省略上下文中的 DbSet 属性定义。

6.6 模型关系的级联删除

关系数据库为了确保数据完整性不会遭到意外破坏，可以在拥有外键关系的表上配置级联删除来保护数据完整性。

在博客和评论模型中，评论是强依赖博客的。如果删除了博客，与之关联的评论就没有任何存在的意义了。如果没有级联删除功能，这些评论就会变成孤立记录。这些没有意义的孤立记录有破坏数据完整性的潜在风险。

在博客和标签模型中,博客和标签是弱依赖关系。如果删除了博客,并不影响标签。同样地,删除标签也不影响博客。它们只是存在关系的独立主体。

在 EF Core 中,强依赖称为必选关系,弱依赖称为可选关系。如果实体类显式定义了外键属性,如果外键属性是值类型,则 EF Core 认为是必选关系。如果外键属性是可空值类型或类类型,则 EF Core 认为是可选关系,如果希望配置为必选关系,需要为外键属性设置 Required 特性。如果实体类只定义了导航属性而没有定义外键属性,则 EF Core 认为是可选关系,因为导航属性一定是类类型,是可为 null 的。如果通过 Fluent API 配置关系,可以通过调用 IsRequired 方法来配置关系是必选还是可选。如果配置不当,可能导致使用过程中引发异常,请谨慎配置。

EF Core 在模型的关系配置中也包含级联删除相关的配置。在通过 Fluent API 配置关系时调用 OnDelete 方法来配置级联删除选项,选项表示为 Microsoft.EntityFrameworkCore.DeleteBehavior 类型的枚举,如表 6-1 和表 6-2 所示。就像模型之间有强依赖和弱依赖关系一样,级联删除选项在强依赖和弱依赖关系中也有不同的效果。在一些情况下,它们可能导致 EF Core 和数据库的行为不一致,从而引发异常。

表 6-1 可选关系的级联删除行为

枚举值	对内存中的从实体的影响	对数据库中的从记录的影响
ClientCascade	删除实体	删除记录
Cascade	删除实体	删除记录
ClientSetNull(默认)	外键属性设置为 null	不做任何操作
SetNull	外键属性设置为 null	外键列设置为 null
ClientNoAction	不做任何操作	不做任何操作
NoAction	不做任何操作	不做任何操作
Restrict	不做任何操作	不做任何操作

表 6-2 必选关系的级联删除行为

枚举值	对内存中的从实体的影响	对数据库中的从记录的影响
ClientCascade	删除实体	删除记录
Cascade(默认)	删除实体	删除记录
ClientSetNull	SaveChanges 引发异常	不做任何操作
SetNull	SaveChanges 引发异常	SaveChanges 引发异常
ClientNoAction	不做任何操作	不做任何操作
NoAction	不做任何操作	不做任何操作
Restrict	不做任何操作	不做任何操作

如果对学生选课模型进行显式配置,代码如下:

```
1.   public class ManyToManyRelationshipDbContext : DbContext
2.   {
3.       // 其他没有改变的无关代码
4.
5.       protected override void OnModelCreating(ModelBuilder modelBuilder)
6.       {
7.           modelBuilder.Entity<Student>(
8.               b =>
9.               {
10.                  b.HasMany(s => s.CourseSelectionsStu)
11.                      .WithOne(CourseSelection => CourseSelection.Student)
12.                      .HasForeignKey(cs => cs.StudentId);
13.              });
14.
```

```
15.        modelBuilder.Entity<Course>(
16.            b =>
17.            {
18.                b.HasMany(s => s.CourseSelectionsCou)
19.                    .WithOne(CourseSelection => CourseSelection.Course)
20.                    .HasForeignKey(cs => cs.CourseId);
21.            });
22.
23.        modelBuilder.Entity<CourseSelection>(
24.            b =>
25.            {
26.                b.HasKey(cs => new { cs.StudentId, cs.CourseId });
27.
28.                b.HasOne(cs => cs.Student)
29.                    .WithMany(s => s.CourseSelectionsStu)
30.                    .HasForeignKey(cs => cs.StudentId)
31.                    .IsRequired()
32.                    .OnDelete(DeleteBehavior.Cascade);
33.
34.                b.HasOne(cs => cs.Course)
35.                    .WithMany(s => s.CourseSelectionsCou)
36.                    .HasForeignKey(cs => cs.CourseId)
37.                    .IsRequired()
38.                    .OnDelete(DeleteBehavior.Cascade);
39.            });
40.    }
41. }
```

选课同时强依赖于学生和课程,如果其中一个实体被删除,相关的选课将变得毫无意义,因此配置为必选关系,并设置为级联删除。

6.7 小　　结

本章重点讨论了实体模型的关系配置。正如现实世界中复杂的关系那样,EF Core 和数据库也支持各种复杂的关系以描述现实世界来解决各种问题。至此,有关单个实体模型和多个实体模型之间关系的配置基本介绍完毕。熟练掌握这些模型和配置就能轻松为大多数问题和需求进行数据建模了。

第 7 章

管理实体模型和数据库架构

实体模型在完成代码建模后还不能直接使用，需要先在数据库建立相应的表、视图和其他辅助对象。由于软件开发存在版本迭代，实体模型根据需求可能发生修改，因此保持数据模型和数据库结构的一致是非常重要的。本章将重点介绍解决这些问题的 EF Core 迁移功能，为正式使用 EF Core 扫清最后一道障碍。

7.1 迁　　移

迁移是 EF Core 用来管理实体模型和数据库架构的功能。应用软件和数据库是独立的程序，并没有强制保证它们处于匹配状态的手段，迁移也只能在最大程度上简化和自动化实体模型和数据库架构的匹配工作。

EF Core 迁移在代码层面包含两个部分：

- 迁移：构造用于迁移的模型，升级和回滚数据库架构所需的操作定义均包含在其中，自定义迁移操作或修改自动生成的迁移操作也在其中完成。
- 模型快照：当前版本的实体模型快照代码，一般与最新版本迁移所用的模型一致，也便于源代码管理工具进行版本管理。

在实际项目的开发过程中，随着功能的变化，实体模型也会随之变化，数据库架构也需要进行相应的修改。EF Core 迁移能够随着模型的变化更新迁移和数据库架构，尽可能以最小的代价保持实体模型和数据库架构的一致。EF Core 迁移是 EF Core 的外围辅助功能，以 NuGet 包的形式提供给开发者，实际部署的产品并不依赖 EF Core 迁移功能的程序包。

使用 EF Core 迁移有以下两种方式：

- .NET CLI 工具：可以跨平台使用。如果不使用 VS 进行开发，这是唯一可用的方式。在执行命令前，需要先切换到项目所在文件夹（项目所在文件夹是指 .csproj 文件所在的文件夹）。执行 .NET CLI 工具命令需要在命令提示符、PowerShell 或终端中进行。
- 程序包管理器控制台工具：只能在 Windows 平台的 VS（Visual Studio）中使用。如果使用 VS 进行开发，可以享受更流畅的开发体验，避免在不同的工具之间频繁地切换。这种方式的命令不区分字母大小写，但推荐使用驼峰命名法书写命令，方便阅读。

两种方式的功能基本相同，仅在命令和参数的写法上存在细微的差异。

7.1.1 安装迁移工具

1．安装全局.NET CLI 工具

.NET CLI 工具推荐安装为全局工具，避免多个项目重复占用存储空间。由于是安装为全局工具，因此可以在任意目录中执行命令。具体安装步骤如下：

步骤01 执行如下命令安装全局.NET CLI 工具：

```
dotnet tool install --global dotnet-ef
```

如果要更新工具，可以执行如下命令：

```
dotnet tool update --global dotnet-ef --version <版本号>
```

不使用 –version 参数的话会更新到最新版。

步骤02 在项目所在文件夹中执行如下命令安装 NuGet 包 Microsoft.EntityFrameworkCore.Design：

```
dotnet add package Microsoft.EntityFrameworkCore.Design
```

> **注 意**
>
> 由于 NuGet 包是为项目安装的，因此需要在项目所在文件夹中执行命令。NuGet 包和 CLI 工具需要安装才能使用。

2．安装本地.NET CLI 工具

由于是安装为本地工具，因此需要在项目所在文件夹执行命令。安装后仅安装了工具的项目可以使用。具体安装步骤如下：

步骤01 执行如下命令为项目创建本地工具清单文件：

```
dotnet new tool-manifest
```

步骤02 执行如下命令安装本地 EF Core 工具：

```
dotnet tool install dotnet-ef
```

如果要更新工具，可以执行如下命令：

```
dotnet tool update dotnet-ef --version <版本号>
```

不使用--version 参数的话会更新到最新版。

安装完成后，清单文件会包含以下内容：

```
1.   {
2.     "version": 1,
3.     "isRoot": true,
4.     "tools": {
5.       "dotnet-ef": {
6.         "version": "3.1.8",
7.         "commands": [
8.           "dotnet ef"
9.         ]
10.      }
11.    }
12.  }
```

3. 安装程序包管理器控制台工具

在项目中安装 NuGet 包 Microsoft.EntityFrameworkCore.Tools。有关安装 NuGet 包的详细介绍请参阅 "2.3.2 引用第三方程序包"。

4. 卸载迁移工具

如果需要卸载迁移工具，有以下三种方式：

（1）卸载全局工具
执行命令：dotnet tool uninstall --global dotnet-ef

（2）卸载本地工具
执行命令：dotnet tool uninstall dotnet-ef

（3）卸载 NuGet 包 Microsoft.EntityFrameworkCore.Tools
有关卸载 NuGet 包的相关内容请参阅 "2.3.3 卸载程序包和项目引用"。
.NET CLI 命令也可以用于管理其他工具。有关工具的更多信息请查看微软官方文档。

7.1.2 管理迁移

1. 添加迁移

在首次完成实体建模和修改实体模型后，需要添加迁移，使迁移和当前实体模型匹配。
添加迁移的方式有两种：通过 .NET CLI 工具添加和通过程序包管理器控制台添加。

（1）.NET CLI 工具
执行如下命令添加迁移：

```
dotnet ef migrations add <迁移名称>
```

由于迁移与项目相关，因此需要在项目所在的文件夹中执行命令。如果需要自定义迁移代码的命名空间，可以使用 --namespace 参数在迁移中指定命名空间，例如：

```
dotnet ef migrations add <迁移名称> --namespace <命名空间>
```

如果项目中有多个上下文，可以使用 --context 参数指定要添加迁移的上下文，例如：

```
dotnet ef migrations add <迁移名称> --context <上下文类名>
```

（2）程序包管理器控制台
执行如下命令添加迁移：

```
Add-Migration <迁移名称>
```

如果解决方案中有多个项目需要迁移，要在控制台选择需要添加迁移的目标项目。如果需要自定义迁移代码的命名空间，可以使用 -Namespace 参数在迁移中指定命名空间，例如：

```
Add-Migration <迁移名称> -Namespace <命名空间>
```

如果项目中有多个上下文，可以使用 -Context 参数指定要添加迁移的上下文，例如：

```
Add-Migration <迁移名称> -Context <上下文类名>
```

添加第一个迁移时，迁移工具默认会在项目中新建 Migrations 文件夹用于存放迁移代码。如果希望自定义迁移代码的存放文件夹，可以使用 –OutputDir 参数指定。指定的文件夹是以项目所在文件夹为根的相对路径，不需要以斜杠开头，如果文件夹名包含空格，用双引号包裹路径字符串，例如：

```
Add-Migration <迁移名称> -OutputDir "My Dir/Generated/Migrations"
```

要在 CLI 工具中自定义迁移代码的存放文件夹可使用 --output-dir 参数来指定。

2. 删除迁移

EF Core 删除迁移只能删除最新的迁移,因此不用指定迁移名称。同时 EF Core 不允许删除已经应用到数据库的迁移,如果迁移已经应用到数据库,需要先回滚数据库到更早的版本再删除迁移。删除迁移是非常危险的操作,如果项目已经投入生产运行,请万分谨慎。回滚数据库和删除迁移不同步进行可能导致后续迁移在错误的实体模型的假设中进行,可能对迁移和数据库造成严重的破坏。删除迁移会同时删除相关的迁移代码并回滚模型快照的代码。

同样可以通过.NET CLI 工具和程序包管理器控制台这两种方式删除迁移。

(1).NET CLI 工具

执行命令:dotnet ef migrations remove

(2)程序包管理器控制台

执行命令:Remove-Migration

3. 列出迁移

可以使用.NET CLI 工具或者程序包管理器控制台列出现有的所有迁移,无论迁移是否已经应用到数据库。如果迁移尚未应用到数据库,则会被标记为 Pending。

(1).NET CLI 工具

执行命令:dotnet ef migrations list

(2)程序包管理器控制台(从 EF Core 5.0 起可用)

执行命令列:Get-Migration

4. 重置迁移

在项目开发或技术调研中,可能需要重置迁移,最简单的方法就是删除所有迁移代码文件,并删除数据库,然后重新创建迁移。如果需要删除迁移但保留数据库,可以先删除迁移代码,然后通过逆向工程创建迁移。逆向工程将在"7.2 逆向工程"中详细介绍。

7.1.3 应用迁移

创建迁移后,需要应用迁移才能把实体模型应用到数据库。EF Core 提供了多种迁移方案,可以根据需要选用最合适的方案。

1. 直接应用迁移

在开发和技术调研阶段可以直接应用迁移方便开发和实验。使用以下命令可以更新数据库架构到指定的迁移。

(1).NET CLI 工具

执行命令:dotnet ef database update <迁移名称>

(2)程序包管理器控制台

执行命令:Update-Database <迁移名称>

如果指定的迁移比数据库中应用的迁移版本更低,可以回滚数据库到指定的迁移。请注意回滚时可能会导致数据丢失。如果想要删除已经应用到数据库的迁移,可以使用这个方法回滚数据库到更早版本的迁移,然后再删除迁移。如果不写迁移名称,如 Update-Database,可以直接更新到最新版本。如果想要在生产环境中执行迁移命令,则需要在生产服务器上安装.NET SDK 和 EF 工具,但一般不推荐这么做。

2. 生成迁移 SQL 脚本

在生产环境中，一般不会直接执行迁移命令，而是先在开发环境中生成迁移 SQL 脚本，然后把迁移 SQL 脚本交给管理工作人员审查留档和执行。

（1）.NET CLI 工具

执行命令：dotnet ef migrations script <迁移名称 1> <迁移名称 2> --output <文件路径>

（2）程序包管理器控制台

执行命令：Script-Migration <迁移名称 1> <迁移名称 2> -Output <文件路径>

使用以上命令可以生成从"迁移名称 1"到"迁移名称 2"的脚本。如果"迁移名称 1"是较新的迁移，"迁移名称 2"是较老的迁移，可以生成回滚数据库用的脚本。如果不写"迁移名称 2"，可以生成从"迁移名称 1"到最新版本的迁移脚本。如果从未应用过迁移或只有一个迁移，"迁移名称 1"请填"0"。指定 --output 参数可以把生成的脚本直接保存到指定文件，如果文件路径包含空格，用双引号包裹路径。如果不指定完整路径，直接指定文件名，会把脚本文件保存到项目所在的文件夹中。生成的迁移脚本不包含创建数据库的命令，需要手动创建数据库，然后在数据库中执行脚本。

使用以上命令生成的迁移脚本只能在对应迁移版本的数据库中使用。如果不确定要执行迁移的数据库是什么版本或想要把多个数据库升级到统一的最新版本，可以使用--Idempotent 参数生成幂等脚本。

（1）.NET CLI 工具

执行命令：dotnet ef migrations script --idempotent --output <文件路径>

（2）程序包管理器控制台

执行命令：Script-Migration –Idempotent –Output <文件路径>

3. 在运行时应用迁移

EF Core 支持以编程方式在运行时应用迁移。但不推荐在生产环境中使用，因为可能会造成如下严重后果：

- 如果运行多个应用程序实例，这些应用程序都会尝试应用迁移，可能导致应用迁移失败或数据损坏。在分布式微服务中一个应用程序运行多个实例是很常见的。
- 如果一个应用程序在其他应用程序访问数据库时进行迁移，可能会导致严重问题。
- 应用程序可能没有足够的权限应用迁移。
- 如果应用迁移时出现问题，必须能够回滚应用的迁移。其他迁移方式能更方便地应对问题。
- 应用程序在未经检查的情况下直接应用迁移可能产生严重的问题。

使用上下文对象的 Database 属性的 Migrate 方法执行迁移的代码如下：

```
1.   using (var db = new ModelDbContext())
2.   {
3.       db.Database.Migrate();
4.   }
```

7.1.4 自定义迁移操作

迁移工具自动生成的迁移代码很多时候无法满足需求，需要对迁移进行一些自定义操作，例如定义视图、触发器和数据库函数等。如果在模型中定义了无键实体类型并映射到视图，必须自定义创建视图的 SQL 语句，迁移工具无法自动生成用于创建视图的迁移代码。

EF Core 为我们准备了多种进行迁移操作的自定义方法，它们分别适合不同的开发场景：

- 使用 MigrationBuilder.Sql(string sql)方法向迁移添加任何自定义 SQL 语句。这是最简单直接的方法，适合用于开发最终用户产品。
- 扩展和自定义迁移：
  - 定义 MigrationBuilder 的扩展方法。相比直接使用 Sql 方法更为灵活，能更方便地提供对多种数据库的支持。
  - 定义 MigrationOperation。这是最复杂也最灵活的方式，把迁移的逻辑操作和 SQL 语句生成完全分离。如果开发的是中间件或框架产品，则更适合使用这种方式。

接下来分别对这些方式进行演示说明。

1. MigrationBuilder.Sql(string sql)

示例代码如下：

```
1.   public partial class Init : Migration
2.   {
3.       protected override void Up(MigrationBuilder migrationBuilder)
4.       {
5.           // 迁移工具生成的代码
6.
7.           migrationBuilder.Sql(
8.   @"CREATE FUNCTION dbo.SayHello(@Name nvarchar(MAX))
9.   RETURNS nvarchar(MAX)
10.  AS
11.  BEGIN
12.      RETURN N'Hello ' + @Name + N' !';
13.  END;"
14.           );
15.       }
16.
17.      protected override void Down(MigrationBuilder migrationBuilder)
18.      {
19.          migrationBuilder.Sql("DROP FUNCTION dbo.SayHello;");
20.
21.          // 迁移工具生成的代码
22.      }
23.  }
```

示例使用 Sql 方法定义了创建和删除自定义标量值函数的 SQL 脚本。

迁移工具生成了迁移类，类名就是迁移名称。这是一个分部类，这个类的另一个部分一般情况下不要修改，微软也是为了分离供开发者自定义的部分和开发者不应该乱动的部分才作此设计。Up 方法中存放从上一版本迁移升级到当前迁移要做的工作，Down 方法中存放回滚当前迁移到上一版本迁移要做的工作。这两个方法的代码在通常情况下应该遵循一个原则：在 Up 方法中先定义的操作，在 Down 方法中应该后定义相应的回滚操作，有点类似于栈。自定义操作一般在 Up 方法的最后定义，回滚操作在 Down 方法的开头定义。

2. MigrationBuilder 扩展方法

示例代码如下：

```
1.   public static class MigrationBuilderExtensions
2.   {
3.       public static MigrationBuilder CreateFunction(this MigrationBuilder
         migrationBuilder, string sql)
4.       {
5.           migrationBuilder.Sql(sql);
6.           return migrationBuilder;
7.       }
8.
9.       public static MigrationBuilder DropFunction(this MigrationBuilder
```

```csharp
            migrationBuilder, string name)
10.     {
11.         if(migrationBuilder.ActiveProvider == "Microsoft.EntityFrameworkCore.
            SqlServer")
12.         {
13.             migrationBuilder.Sql($"DROP FUNCTION {name};");
14.         }
15.         else
16.         {
17.             throw new NotImplementedException("目前仅支持 SqlServer 数据库。");
18.         }
19.         return migrationBuilder;
20.     }
21. }
22.
23. public partial class Init : Migration
24. {
25.     protected override void Up(MigrationBuilder migrationBuilder)
26.     {
27.         // 迁移工具生成的代码
28.
29.         migrationBuilder.CreateFunction(
30. @"CREATE FUNCTION dbo.SayHello(@Name nvarchar(MAX))
31. RETURNS nvarchar(MAX)
32. AS
33. BEGIN
34.     RETURN N'Hello ' + @Name;
35. END;"
36.         );
37.     }
38.
39.     protected override void Down(MigrationBuilder migrationBuilder)
40.     {
41.         migrationBuilder.DropFunction("dbo.SayHello");
42.
43.         // 迁移工具生成的代码
44.     }
45. }
```

示例定义了扩展类和扩展方法，把赤裸的 Sql 方法调用封装在扩展方法中，使得迁移的代码具有更强的语义性。在 DropFunction 方法中还对数据库驱动程序进行了识别，确保要执行的 SQL 脚本和数据库兼容。这也是对外强化语义并屏蔽内部实现细节的简单实用的手段。

3. 自定义 MigrationOperation

这种方式操作比较烦琐，代码量较大，但代码的理解难度不大，拿出信心和些许耐心即可轻松掌握。

示例代码如下：

（1）定义迁移操作类

```csharp
1. public class CreateFunctionOperation : MigrationOperation
2. {
3.     public string Sql { get; set; }
4. }
5.
6. public class DropFunctionOperation : MigrationOperation
7. {
8.     public string Name { get; set; }
9. }
```

（2）定义迁移扩展

```csharp
1. public static class MigrationBuilderExtensions
2. {
```

```
3.      public static MigrationBuilder CreateFunction(this MigrationBuilder
           migrationBuilder, string sql)
4.      {
5.          migrationBuilder.Operations.Add(new CreateFunctionOperation { Sql = sql });
6.          return migrationBuilder;
7.      }
8.
9.      public static MigrationBuilder DropFunction(this MigrationBuilder
           migrationBuilder, string name)
10.     {
11.         migrationBuilder.Operations.Add(new DropFunctionOperation { Name = name });
12.         return migrationBuilder;
13.     }
14. }
```

(3)定义迁移 SQL 生成器

```
1.  public class MySqlServerMigrationsSqlGenerator : SqlServerMigrationsSqlGenerator
2.  {
3.      public MySqlServerMigrationsSqlGenerator([NotNull]
           MigrationsSqlGeneratorDependencies dependencies, [NotNull]
           IMigrationsAnnotationProvider migrationsAnnotations) : base(dependencies,
           migrationsAnnotations)
4.      {
5.      }
6.
7.      protected override void Generate(MigrationOperation operation, IModel model,
           MigrationCommandListBuilder builder)
8.      {
9.          if (operation is CreateFunctionOperation createFunctionOperation)
10.         {
11.             Generate(createFunctionOperation, builder);
12.         }
13.         if (operation is DropFunctionOperation dropFunctionOperation)
14.         {
15.             Generate(dropFunctionOperation, builder);
16.         }
17.         else
18.         {
19.             base.Generate(operation, model, builder);
20.         }
21.     }
22.
23.     private void Generate(CreateFunctionOperation operation,
           MigrationCommandListBuilder migrationCommandListBuilder)
24.     {
25.         var sqlHelper = Dependencies.SqlGenerationHelper;
26.         var stringMapping = Dependencies.TypeMappingSource.
              FindMapping(typeof(string));
27.
28.         migrationCommandListBuilder
29.             .Append(sqlHelper.DelimitIdentifier(operation.Sql))        // ①
30.             .Append(stringMapping.GenerateSqlLiteral(operation.Sql))  // ②
31.             .AppendLine(sqlHelper.StatementTerminator)
32.             .EndCommand();
33.     }
34.
35.     private void Generate(DropFunctionOperation operation,
           MigrationCommandListBuilder migrationCommandListBuilder)
36.     {
37.         var sqlHelper = Dependencies.SqlGenerationHelper;
38.         var stringMapping = Dependencies.TypeMappingSource.
              FindMapping(typeof(string));
39.
40.         migrationCommandListBuilder
41.             .Append("DROP FUNCTION ")
42.             .Append(sqlHelper.DelimitIdentifier(operation.Name))         // ①
```

```
43.         .Append(stringMapping.GenerateSqlLiteral(operation.Name)) // ②
44.         .AppendLine(sqlHelper.StatementTerminator)
45.         .EndCommand();
46.    }
47. }
```

（4）使用自定义扩展方法应用自定义迁移操作

```
1.  public partial class Init : Migration
2.  {
3.      protected override void Up(MigrationBuilder migrationBuilder)
4.      {
5.          // 迁移工具生成的代码
6.
7.          migrationBuilder.CreateFunction(
8.  @"CREATE FUNCTION dbo.SayHello(@Name nvarchar(MAX))
9.  RETURNS nvarchar(MAX)
10. AS
11. BEGIN
12.     RETURN N'Hello ' + @Name;
13. END;"
14.         );
15.     }
16.
17.     protected override void Down(MigrationBuilder migrationBuilder)
18.     {
19.         migrationBuilder.DropFunction("dbo.SayHello");
20.
21.         // 迁移工具生成的代码
22.     }
23. }
```

（5）配置上下文

```
1.  public class ModelDbContext : DbContext
2.  {
3.      protected override void OnConfiguring(DbContextOptionsBuilder optionsBuilder)
4.      {
5.          optionsBuilder.ReplaceService<IMigrationsSqlGenerator,
                MySqlServerMigrationsSqlGenerator>();
6.      }
7.  }
```

这是操作最复杂的自定义迁移方法。粗略看下来分为以下步骤：

1）定义迁移操作类：迁移操作类必须继承自 MigrationOperation 类，如示例中的 CreateFunctionOperation 和 DropFunctionOperation 类。这种类一般用于存储生成 SQL 所需的信息。

2）定义扩展方法：这是一个可选步骤。如果不定义扩展方法，会直接在迁移中暴露内部调用，影响方法的语义和代码的整洁。与直接定义扩展方法不同，这里只是调用了 migrationBuilder.Operations.Add 方法向迁移中追加一个操作。

3）定义迁移 SQL 生成器：迁移 SQL 生成器一般从数据库驱动程序的生成器继承然后进行扩展。也就是说迁移 SQL 生成器在这里已经与数据库类型强绑定，无须再判断数据库类型。如示例中 MySqlServerMigrationsSqlGenerator 类。生成操作处的①和②效果相同，只需要使用其中一种即可。需要注意的是，在重写 Generate 方法时，要在非自定义操作的分支上调用基类方法，以免内置操作要生成的 SQL 丢失。如果自定义操作类型比较丰富，可以使用 switch 结构保持代码整洁。示例代码使用了 C# 7.0 开始新增的模式匹配功能。

4）替换上下文的迁移 SQL 生成器服务：在配置中把迁移 SQL 生成器服务替换成自定义生成器使自定义操作能被识别和生效。

5）在迁移中使用扩展方法应用迁移：全部定义完成后不要忘了在迁移中使用。

这种方法把迁移的逻辑操作和 SQL 生成彻底分离，确保了模块最大程度上的解耦，是 .NET

设计理念的又一典型体现。

4. 修改列名

除了添加自定义操作，有时可能需要修改生成的迁移代码。最典型的场景是修改了模型属性名，EF Core 会将其识别为删除原名属性并添加新属性，为此需要进行修改。修改表名、索引名、约束名等也大同小异。

示例代码如下：

```
1.  public partial class Init : Migration
2.  {
3.      protected override void Up(MigrationBuilder migrationBuilder)
4.      {
5.          // 迁移工具生成的代码
6.
7.          migrationBuilder.RenameColumn(
8.              schema: "dbo",
9.              table: "MyTable",
10.             name: "OldName",
11.             newName: "NewName"
12.             );
13.     }
14.
15.     protected override void Down(MigrationBuilder migrationBuilder)
16.     {
17.         migrationBuilder.RenameColumn(
18.             schema: "dbo",
19.             table: "MyTable",
20.             name: "NewName",
21.             newName: "OldName"
22.             );
23.
24.         // 迁移工具生成的代码
25.     }
26. }
```

5. 从迁移中排除表

有时需要在多个上下文中使用同一种实体，这在迁移时可能出现问题，因为多个上下文都会试图修改数据库，有些重复的修改是不能多次进行的，会导致迁移失败。为了避免多个上下文重复迁移同一个实体，从 EF Core 5.0 开始，可以设置在迁移时忽略指定的实体。

示例代码如下：

```
1.  protected override void OnModelCreating(ModelBuilder modelBuilder)
2.  {
3.      modelBuilder.Entity<CommonEntity>()
4.          .ToTable("CommonEntities", c => c.ExcludeFromMigrations());
5.  }
```

在模型配置时使用 ToTable 方法的第二个参数通过调用 ExcludeFromMigrations 方法从迁移中排除实体。

6. 读取自定义注解

在 5.3 节介绍过自定义实体模型注解的功能，现在就可以把这些注解读取出来应用到自定义迁移操作中。注意，迁移过程中 EF Core 并不会载入与模型关联的 CLR 实体类型的元数据，因此想在迁移过程中读取实体类型和属性的特性是不可能的。

示例代码如下：

```
1.  public partial class Init : Migration
2.  {
3.      protected override void Up(MigrationBuilder migrationBuilder)
```

```
4.     {
5.         // 迁移工具生成的代码
6.
7.         migrationBuilder.Sql(this.TargetModel.FindEntityType("MyEntity").
           FindAnnotation("MyAnnotation").Value.ToString());
8.     }
9. }
```

使用迁移类的 TargetModel 属性获取要迁移的模型，使用 FindEntityType 获取实体模型，通过 FindAnnotation 找到在模型配置时自定义的注解，最后取出 Value 就可以使用了。Value 是 Object 类型的属性，可以存放任何对象，拥有极高的扩展性。

7.1.5 使用独立的迁移项目

EF Core 支持把迁移代码保存到独立的项目中，如果项目需要支持多种数据库，可以使用不同的项目分别存放各个数据库的迁移代码，或者为开发环境和生产环境准备独立的迁移项目。

使用独立的迁移项目操作比较烦琐，特别是对已经使用普通方式开发了一段时间的项目。因此建议在项目初期就决定是否使用独立的迁移项目。鉴于独立的迁移项目对大型项目的灵活性和可控性有较大的优势，推荐使用独立的迁移项目。

把迁移存放到独立的项目的步骤如下：

步骤01 新建控制台项目，用于存放业务代码。在迁移工具中称为启动项目，因为项目的编译目标是包含入口点的程序集。

步骤02 新建类库项目，用于存放上下文和实体类型代码。如果需要，可以再新建一个类库项目存放实体类型代码，把上下文和实体类型代码也分开。

步骤03 新建类库项目，用于存放迁移代码。可以为多个迁移分别新建各自的类库项目。

步骤04 迁移项目添加对上下文项目的引用。

步骤05 启动项目添加对迁移项目的引用。

步骤06 为启动项目安装 NuGet 包 Microsoft.EntityFrameworkCore.Tools。注意，一定是安装在启动项目中，安装在上下文项目和迁移项目中是没有用的，执行迁移命令会报错。

步骤07 如果是首次添加迁移，在启动项目所在的文件夹中执行迁移命令：dotnet ef migrations add <迁移名称>，然后把生成的迁移代码移动到迁移项目；如果不是首次添加迁移，在启动项目所在的文件夹中执行迁移命令：dotnet ef migrations add <迁移名称> --project <迁移项目相对于启动项目所在文件夹的相对路径>，例如：dotnet ef migrations add Init --project "../MyMigration"。首次迁移时，如果迁移项目中没有迁移代码，会导致迁移工具无法找到上下文类。

步骤08 在上下文配置所使用的迁移程序集。示例代码如下：

```
1.  public class ModelDbContext : DbContext
2.  {
3.      protected override void OnConfiguring(DbContextOptionsBuilder optionsBuilder)
4.      {
5.          optionsBuilder.UseSqlite("Data Source=model.db",
6.              options =>
7.              {
8.                  options.MigrationsAssembly("MyMigration");
9.              });
10.     }
11. }
```

示例代码中的上下文配置，使用了两个参数的重载，第一个参数依然是连接字符串，第二个参数是更详细的选项,这里只额外配置了迁移程序集。

由于使用独立的迁移项目时,启动项目依赖迁移项目,而迁移一般情况下是与数据库驱动程序绑定的,需要安装相应的数据库驱动程序包。因此启动项目无须安装 EF Core 的数据库驱动程序包,但是需要安装迁移工具包。上下文和实体类型项目可以只安装 Microsoft.EntityFrameworkCore 包,引入特性和抽象功能,保持数据库无关性,提升实体模型和上下文的通用性。把具体的数据库的依赖交给迁移项目负责,启动项目通过引用不同的迁移项目达到切换数据库的效果。

在普通项目中首次添加迁移时需要先生成一次代码并移动。如果是 ASP.NET Core 或其他使用通用主机构建的项目,可以直接在迁移项目中完成首次添加迁移,这与迁移工具和通用主机的深度配合有关。有关通用主机的更多内容将在"12.5.3 通用主机"部分详细介绍。

7.1.6 为模型提供多个迁移

有时可能需要为同一个模型提供多个用于不同数据库的迁移,使用多个独立的迁移项目是一个简单有效的办法。同时 EF Core 也可以在同一个项目甚至是同一份迁移代码中提供可用于多种数据库的迁移。

在同一份迁移代码中提供可用于多种数据库的迁移是依靠数据库驱动程序会忽略模型中不支持的注解来实现的。但有时不同数据库驱动程序可能使用相同的注释,因此合并迁移代码并非万无一失。以防万一还是不要合并比较好,况且合并迁移代码实际上是要先用迁移工具生成两份迁移代码,然后手动进行合并。所以实际上更麻烦,合并的时候不小心看岔了甚至还可能导致迁移出错。

生成两份迁移代码有两种简易方法:

- 为上下文编写两套 OnConfiguring 的配置,通过注释代码等方法控制生效的配置。
- 继承原上下文类并重写 OnConfiguring 方法,在重写的方法中编写另一套配置。继承的上下文仅用于生成迁移代码,不会实际投入使用。

这两种方法互有优劣,编写两套配置可以避免代码中出现一个不投入使用的工具类;继承可以避免一次又一次切换注释的代码,但是需要手动修改迁移目标的上下文类型特性。两种方法都需要进行一些手动修改。(如果使用后文介绍的通用主机进行开发,可以使用更简单的方式切换配置,为生成多个迁移和切换数据库提供便利。)

示例代码如下:

(1)编写两套配置(实际使用时只需要其中一套配置)

```
1.    public class ModelDbContext : DbContext
2.    {
3.        protected override void OnConfiguring(DbContextOptionsBuilder optionsBuilder)
4.        {
5.            // ①
6.            optionsBuilder.UseSqlite("Data Source=model.db",
7.                options =>
8.                {
9.                    options.MigrationsAssembly("Migration");
10.               });
11.
12.           // ②
13.           optionsBuilder.UseSqlServer(@"Server=(LocalDB)\MSSQLLocalDB; Integrated
                Security=true; Database=MyModel; AttachDbFileName=C:\Users\Core\
                Desktop\MyModel.mdf",
14.               options =>
15.               {
16.                   options.MigrationsAssembly("Migration");
```

```
17.            });
18.        }
19.    }
```

（2）继承上下文

```
1.  public class ModelDbContext : DbContext
2.  {
3.      protected override void OnConfiguring(DbContextOptionsBuilder optionsBuilder)
4.      {
5.          optionsBuilder.UseSqlite("Data Source=model.db",
6.              options =>
7.              {
8.                  options.MigrationsAssembly("Migration");
9.              });
10.     }
11. }
12.
13. public class ModelDbContext2 : ModelDbContext
14. {
15.     protected override void OnConfiguring(DbContextOptionsBuilder optionsBuilder)
16.     {
17.         optionsBuilder.UseSqlServer(@"Server=(LocalDB)\MSSQLLocalDB; Integrated
                Security=true; Database=MyModel; AttachDbFileName=C:\Users\Core\
                Desktop\MyModel.mdf",
18.             options =>
19.             {
20.                 options.MigrationsAssembly("Migration");
21.             });
22.     }
23. }
```

7.1.7 自定义迁移历史记录

EF Core 迁移会在数据库中创建一张表用于保存迁移历史记录，如果希望对历史记录表和迁移历史记录行为进行深度定制，EF Core 也预留了相应的扩展点。需要注意的是，迁移历史记录扩展与数据库驱动程序绑定，需要为不同的数据库驱动程序编写不同的扩展。

示例代码如下：

```
1.  public class MySqlServerHistoryRepository : SqlServerHistoryRepository
2.  {
3.      public MySqlServerHistoryRepository(HistoryRepositoryDependencies dependencies)
4.          : base(dependencies) { }
5.
6.      protected override void ConfigureTable(EntityTypeBuilder<HistoryRow> history)
7.      {
8.          base.ConfigureTable(history);
9.
10.         history.Property(h => h.MigrationId).HasColumnName("Id");
11.     }
12. }
13.
14. public class ModelDbContext : DbContext
15. {
16.     protected override void OnConfiguring(DbContextOptionsBuilder optionsBuilder)
17.     {
18.         optionsBuilder.ReplaceService<IHistoryRepository,
                MySqlServerHistoryRepository>();
19.     }
20. }
```

示例中把默认迁移历史记录的 MigrationId 的列名重命名为 Id。这个服务位于 EF Core 的内部命名空间，在将来存在重大修改的可能性。一般情况下既没有必要，也不推荐自定义迁移历史记录。

7.2 逆向工程

有时，EF Core 并非在全新的项目中使用，也可能是使用 EF Core 对已有项目进行改造。这时就可以使用 EF Core 迁移工具的逆向工程功能，通过数据库架构生成相应的上下文和实体模型代码。

在完成逆向工程后应该切换为基于模型和迁移的开发模式，否则可能在每次修改数据库架构后都要重新进行逆向工程。如果在逆向工程后手动对模型进行了修改，这些修改也会丢失，需要重新修改，这无疑增加了开发难度，也增加了由于疏忽导致模型不符合预期的风险。

逆向工程也存在一些限制：

- 数据库架构不一定支持所有的模型功能或者数据库架构和模型功能存在歧义。例如：数据库架构无法表示有关继承层次结构、附属类型和表拆分的信息，因此，逆向工程永远不会生成带有这些结构的实体模型。
- EF Core 提供的程序可能不支持某些列类型，这样的列不会包含在模型中。
- 可以在 EF Core 模型中定义并发标记，以防止多个用户同时更新同一实体。某些数据库有一种特殊类型的类型来表示此类型的列（例如 SQL Server 中的 rowversion），在这种情况下，可以对此信息进行逆向工程。但是，其他并发令牌不会包含在逆向工程中。
- 逆向工程目前不支持 C# 8 的可为 null 的引用类型功能：EF Core 生成的模型代码中属性的可为 null 性不会表现为 C# 8 的可为 null 的引用类型功能的语法。例如，可以将可为 null 的文本列逆向为 string 而不是 string? 类型的属性。

在项目中安装好迁移工具和数据库驱动程序包之后，就可以通过 .NET CLI 工具或者程序包管理控制台进行逆向工程了。

（1）.NET CLI 工具
执行命令：dotnet ef dbcontext scaffold <数据库连接字符串> <数据库驱动程序包名>

（2）程序包管理控制台
执行命令：Scaffold-DbContext <数据库连接字符串> <数据库驱动程序包名>。

有关逆向工程的更多参数请查看微软官方文档。

7.3 EF Core Power Tools

微软没有为 EF Core 开发配套的可视化设计组件，开源社区便有人开发了第三方扩展插件——EF Core Power Tools。可以通过 VS 的扩展管理器搜索 EF Core Power Tools 并安装，或者通过插件商店的网页下载插件安装包进行安装。

7.4 小　　结

本章主要介绍了 EF Core 迁移工具的功能和使用方法。至此，使用 EF Core 访问数据库的前期准备就彻底完成了。接下来将正式开始介绍如何使用 EF Core 查询和管理数据。

第 8 章

管理数据

使用 EF Core 管理数据在大多数情况下都无须关心 EF Core 和数据库是如何工作的，就像不需要数据库的普通程序一样。在代码中实例化对象、为对象赋值，等等，EF Core 会自动为我们把这些操作转化为对应的 SQL 语句发送到数据库。这也正是 EF Core 所追求的目标。不过，有时也需要有意识地与数据库进行交互。本章将详细介绍这些用法以及适用场景，做到扬长避短，合理使用 EF Core。

从本章起将不再展示实体类型和模型的相关代码，完整示例代码请从本书配套的下载资源中获取。

8.1 基础保存

数据库的常用操作归纳起来就是增、删、改、查四种，除了查，其他三种都会改变数据库的数据，同时也是查的基础，没有数据的查询是没有意义的。EF Core 有一个 SaveChanges 方法，用来把对内存中的实体的修改保存到数据库，就像玩游戏时的存档。如果没有调用 SaveChanges 方法就释放上下文，所有修改都会丢失。同时，默认情况下一个 SaveChanges 调用就是一个事务，可以确保所有修改同时成功或失败，因此调用 SaveChanges 的时机也是有讲究的。

接下来分别介绍如何使用 EF Core 增、删、改数据。

8.1.1 添加实体

使用上下文或 DbSet<T>的 Add 方法可以向上下文添加一个实体，使用 AddRange 方法可以添加多个实体。向 EF Core 添加一个主键属性的值为 CLR 类型默认值的实体即表示添加的实体的主键应该由 EF Core 的值生成器或数据库生成。直接在上下文添加多个实体时可以同时添加不同类型的实体，在 DbSet<T>上时只能添加相应类型的实体。直接在上下文添加实体时，EF Core 会把对象类型视为实体类型，编写代码时编译器无法检查对象类型是否是有匹配的实体模型，因此可以正常通过编译。但是如果对象类型没有匹配的实体模型，会在运行时引发异常，这点在编写代码时需要注意。

由于 EF Core 5.0 具有共享类型实体功能，直接在上下文中添加共享类型的实体时 EF Core

无法判断应该把实体附加到哪个模型，因此共享类型的实体不支持直接添加到上下文，需要添加到明确的 DbSet。

示例代码如下：

（1）添加单个实体

```
1.   using (var db = new BasicDbContext())
2.   {
3.       var entity = new BasicEntity { Text = "Text" };
4.
5.       // ①
6.       db.Add(entity);
7.
8.       // ②
9.       db.BasicEntities.Add(entity);
10.
11.      db.SaveChanges();
12.  }
```

示例中①和②在实际开发中只需要使用一种即可，示例仅为展示之用。

（2）添加多个实体

```
1.   using (var db = new BasicDbContext())
2.   {
3.       var entity2 = new BasicEntity { Text = "Text2" };
4.       var entity3= new BasicEntity { Text = "Text3" };
5.       var entityM = new MainEntity { Number = 6 };
6.       var entities = new object[] { entity2, entity3, entityM };
7.
8.       // ①
9.       db.AddRange(entity2, entity3, entityM);
10.      // ②
11.      db.AddRange(entities);
12.
13.      // ③
14.      db.BasicEntities.AddRange(entity2, entity3);
15.      db.MainEntities.AddRange(entityM);
16.
17.      db.SaveChanges();
18.  }
```

示例中①、②和③在实际开发中只需要使用一种即可。

8.1.2 更新实体

EF Core 有两种更新实体的方式：

- 查询更新：从数据库中查出实体对象后为对象属性重新赋值，这种情况下 EF Core 能够准确知道需要更新的属性并自动生成最合适的更新语句。
- 直接更新：不经过查询直接向上下文添加主键属性的值不是 CLR 类型默认值的实体，因为没有经过查询，EF Core 并不知道哪些属性需要更新，所以 EF Core 会生成所有属性的更新语句。这可能导致意外更新不想修改的属性，这点在编写代码时需要注意。但因为免去了一次查询的过程，所以能减小数据库的压力。

更新实体也有批量更新用的 UpdateRange 方法，其用法和添加实体基本相同。

示例代码如下：

（1）查询更新

```
1.   using (var db = new BasicDbContext())
2.   {
3.       var find = db.BasicEntities.First();
4.       find.Text = "New text";
5.
6.       db.SaveChanges();
7.   }
```

（2）直接更新

```
1.   using (var db = new BasicDbContext())
2.   {
3.       var entity = new BasicEntity { Id = 1, Text = "New text 2" };
4.
5.       // ①
6.       db.Update(entity);
7.
8.       // ②
9.       db.BasicEntities.Update(entity);
10.
11.      db.SaveChanges();
12.  }
```

示例中的①和②只需要使用一种即可。如果同时使用反而会引发重复添加相同实体的异常。

8.1.3 删除实体

EF Core 删除实体同样有查询删除和直接删除两种方式，基本性质和更新类似。由于 EF Core 删除目标实体的唯一依据是主键属性，因此直接删除时只需要为实体赋值主键属性即可。如果要删除的是已添加到上下文但尚未保存到数据库的实体，EF Core 会放弃插入并把实体从上下文中删除。

示例代码如下：

（1）查询删除

```
1.   using (var db = new BasicDbContext())
2.   {
3.       var entity = db.BasicEntities.First();
4.
5.       // ①
6.       db.Remove(entity);
7.
8.       // ②
9.       db.BasicEntities.Remove(entity);
10.
11.      db.SaveChanges();
12.  }
```

示例中的①和②只需要使用一种即可。

（2）直接删除

```
1.   using (var db = new BasicDbContext())
2.   {
3.       var entity = new BasicEntity { Id = 1 };
4.       db.BasicEntities.Remove(entity);
5.
6.       db.SaveChanges();
7.   }
```

8.1.4 订阅保存事件和注册保存拦截器

EF Core 5.0 增加了保存事件和保存拦截器功能,可以在保存前、保存后和保存失败时触发事件。其中事件可以随时订阅或取消,拦截器要提前注册到上下文。但是拦截器可以在保存之前阻止保存操作。

示例代码如下:

(1)保存拦截器

```
1.  public class MySaveChangesInterceptor : SaveChangesInterceptor
2.  {
3.      public override InterceptionResult<int> SavingChanges(DbContextEventData
          eventData, InterceptionResult<int> result)
4.      {
5.          Console.WriteLine($"正在保存修改: {eventData.Context.Database.
              GetConnectionString()}");
6.          return result;
7.      }
8.
9.      public override ValueTask<InterceptionResult<int>> SavingChangesAsync、
          (DbContextEventData eventData, InterceptionResult<int> result,
          CancellationToken cancellationToken = new CancellationToken())
10.     {
11.         Console.WriteLine($"正在异步保存修改: {eventData.Context.Database.
              GetConnectionString()}");
12.         Console.WriteLine($"正在取消异步保存修改: {eventData.Context.Database.
              GetConnectionString()}");
13.         var suppressResult = InterceptionResult<int>.SuppressWithResult(-1);
14.         return new ValueTask<InterceptionResult<int>>(suppressResult);
15.     }
16.
17.     public override int SavedChanges(SaveChangesCompletedEventData eventData, int
          result)
18.     {
19.         Console.WriteLine($"已保存修改: {eventData.Context.Database.
              GetConnectionString()}");
20.         return base.SavedChanges(eventData, result);
21.     }
22.
23.     public override ValueTask<int> SavedChangesAsync(SaveChangesCompletedEventData
          eventData, int result, CancellationToken cancellationToken = default)
24.     {
25.         Console.WriteLine($"已异步保存修改: {eventData.Context.Database.
              GetConnectionString()}");
26.         return base.SavedChangesAsync(eventData, result, cancellationToken);
27.     }
28.
29.     public override void SaveChangesFailed(DbContextErrorEventData eventData)
30.     {
31.         Console.WriteLine($"保存修改失败: {eventData.Context.Database.
              GetConnectionString()}");
32.         base.SaveChangesFailed(eventData);
33.     }
34.
35.     public override Task SaveChangesFailedAsync(DbContextErrorEventData
          eventData, CancellationToken cancellationToken = default)
36.     {
37.         Console.WriteLine($"异步保存修改失败: {eventData.Context.Database.
              GetConnectionString()}");
38.         return base.SaveChangesFailedAsync(eventData, cancellationToken);
39.     }
```

```
40.     }
41.
42.     public class InterceptorDbContext : DbContext
43.     {
44.         protected override void OnConfiguring(DbContextOptionsBuilder optionsBuilder)
45.         {
46.             optionsBuilder.UseSqlite("Data Source=model.db")
47.                 .AddInterceptors(new MySaveChangesInterceptor());
48.         }
49.     }
```

拦截器中的 SavedChanges 和 SavedChangesAsync 是必须实现的抽象方法,其他的可以按需忽略重写。InterceptionResult<T>的静态方法 SuppressWithResult 可以生成一个表示阻止保存的拦截器结果对象,一旦返回这个对象 EF Core 就会中止保存。

(2)订阅保存事件

```
1.  class Program
2.  {
3.      static void Main(string[] args)
4.      {
5.          using (var db = new InterceptorDbContext())
6.          {
7.              db.SavingChanges += (sender, args) =>
8.              {
9.                  Console.WriteLine($"正在保存修改:{((BasicDbContext)sender).
                        Database.GetConnectionString()}");
10.             };
11.
12.             db.SavedChanges += (sender, args) =>
13.             {
14.                 Console.WriteLine($"已保存修改:{((BasicDbContext)sender).
                        Database.GetConnectionString()}");
15.             };
16.
17.             db.SaveChangesFailed += Db_SaveChangesFailed;
18.         }
19.     }
20.
21.     private static void Db_SaveChangesFailed(object sender, SaveChangesFailedEventArgs e)
22.     {
23.         Console.WriteLine($"保存修改失败:{((BasicDbContext)sender).Database.
                GetConnectionString()}");
24.     }
25. }
```

订阅事件无法阻止保存,sander 是上下文。

8.2 保存相关实体

在实际项目开发中,大多数实体都不是独立的,会和其他实体有关系。EF Core 也可以轻松处理有关系的多个实体,自动处理复杂的关系正是 EF Core 的亮点功能。

8.2.1 同时添加多个相关实体

向上下文添加赋值了导航属性的实体是最简单方便的同时添加多个相关实体的方式。
示例代码如下:

```
1.  using (var db = new BasicDbContext())
2.  {
3.      var mainEntity = new MainEntity
4.      {
5.          Number = 6,
6.          SubEntities = new List<SubEntity>
7.          {
8.              new SubEntity { Time = DateTimeOffset.Now },
9.              new SubEntity { Time = DateTimeOffset.Now.AddDays(1) }
10.         }
11.     };
12.
13.     db.MainEntities.Add(mainEntity);
14.     db.SaveChanges();
15. }
```

示例中对象的引用就明示了实体的关系,EF Core 可以自动发现这些关系并在保存时进行相应的处理。

除了这种方式外,为每个实体单独设置导航属性和外键属性也能达到相同的效果。

示例代码如下:

```
1.  using (var db = new BasicDbContext())
2.  {
3.      var mainEntity = new MainEntity { Number = 6 };
4.
5.      var sub1 = new SubEntity { Time = DateTimeOffset.Now };
6.      var sub2 = new SubEntity { Time = DateTimeOffset.Now.AddDays(1) };
7.
8.      // ①
9.      mainEntity.SubEntities.Add(sub1);
10.     mainEntity.SubEntities.Add(sub2);
11.
12.     // ②
13.     sub1.MainEntity = mainEntity;
14.     sub2.MainEntity = mainEntity;
15.
16.     // ③
17.     db.MainEntities.Add(mainEntity);
18.
19.     // ④
20.     db.SubEntities.AddRange(sub1, sub2);
21.
22.     db.SaveChanges();
23. }
```

示例中的①和②,③和④只使用其中一种即可,两种都使用的效果也一样。EF Core 能自动处理对象引用和相关的关系。

8.2.2 为主实体单独添加从实体

相关的实体并不总是同时产生的,例如博客和评论,评论总是在博客发表后才有。这种情况可以先把主实体查出来,然后为主实体赋值导航属性,保存时 EF Core 会自动设置外键属性并保存从实体。

示例代码如下:

```
1.  using (var db = new BasicDbContext())
2.  {
3.      var mainEntity = db.MainEntities.First();
4.
5.      var sub1 = new SubEntity { Time = DateTimeOffset.Now };
6.      var sub2 = new SubEntity { Time = DateTimeOffset.Now.AddDays(1) };
```

```
7.      var sub3 = new SubEntity { Time = DateTimeOffset.Now.AddDays(2) };
8.
9.      mainEntity.SubEntities.Add(sub1);
10.     sub2.MainEntity = mainEntity;
11.     sub3.MainEntityId = mainEntity.Id;
12.
13.     db.SubEntities.AddRange(sub2, sub3);
14.
15.     db.SaveChanges();
16. }
```

实体 sub1 由 mainEntity 加入导航集合，而 mainEntity 已经由上下文跟踪，所以 sub1 也会连带被上下文跟踪。sub2 设置导航属性引用 mainEntity，sub3 直接设置了外键属性值。但上下文无法通过对象之间的引用发现 sub2 和 sub3，所以还需要主动将其添加到上下文。这三种方式 EF Core 都能自动处理引用和关系，由此可见 EF Core 的智能化程度还是很高的。

上述示例方式有一个缺陷，必须先进行一次查询把主实体查出来才能进行后续的操作。但有时为了减轻数据库的压力，需要在不查出主实体的情况下添加从实体。这就需要借助外键属性来完成，如果从实体有外键属性，添加从实体就会非常轻松。如果从实体没有外键属性，EF Core 会自动为实体模型配置影子外键属性，这需要借助实体跟踪器间接访问影子外键属性来完成。有关实体跟踪器的更多内容会在"8.6 实体跟踪器和实体追踪图"中详细介绍。

示例代码如下：

```
1.  using (var db = new BasicDbContext())
2.  {
3.      var mainEntity = new MainEntity { Id = 1 };
4.
5.      var sub1 = new SubEntity { Time = DateTimeOffset.Now };
6.      var sub2 = new SubEntity { Time = DateTimeOffset.Now.AddDays(1) };
7.
8.      mainEntity.SubEntities.Add(sub1);
9.      sub2.MainEntity = mainEntity;
10.     db.MainEntities.Update(mainEntity);
11.     db.SubEntities.Add(sub2);
12.
13.     var sub3 = new SubEntity { Time = DateTimeOffset.Now.AddDays(2) };
14.
15.     sub3.MainEntityId = 2;
16.     db.SubEntities.Add(sub3);
17.
18.     db.SaveChanges();
19. }
```

示例中 mainEntity 直接使用 Update 方法添加到上下文，其他地方不变。如果数据库中已经有从记录，这种方法不会删除原有的从记录，只会添加新的从记录，但同时 EF Core 也不知道数据库中还有其他从记录。sub3 直接设置外键属性的值，甚至没有出现主实体，但是 EF Core 也可以正确保存关系。可以看出在实体中定义外键属性能为关系操作提供极大的便利。

8.2.3 更改实体的关系

有时需要更改从实体要关联到的主实体。根据之前的介绍，也有两种更改方式：第一种是查出要更改的实体，然后重新赋值导航属性和外键属性；第二种是直接把实体添加到上下文，修改主键属性和外键属性后保存。

示例代码如下：

```
1.  using (var db = new BasicDbContext())
2.  {
3.      var mainEntity = db.MainEntities.First();
4.      var sub = db.SubEntities.First();
```

```
5.
6.         sub.MainEntity = mainEntity;
7.
8.         sub.MainEntity = new MainEntity { Number = 3 };
9.
10.        sub.MainEntityId = 5;
11.
12.        db.SaveChanges();
13.    }
```

示例中演示了多种更改方式，分别为：从数据库中查出记录，然后为实体重新赋值；为从实体赋值新的主实体，EF Core 会自动插入记录并修改外键；直接赋值从实体的外键属性，这需要保证数据库中存在相应的记录。

8.2.4 删除关系

1. 基于外键约束的删除关系

删除关系的情况比较多，需要分情况介绍。

（1）按关系的必要性：

- 必选关系：如果删除从实体，会从数据库中删除从记录，主记录不受影响。如果删除主实体，默认情况下会在数据库同时删除主记录和从记录，也就是触发了数据库的级联删除。
- 可选关系：如果删除从实体，主实体和从实体的导航属性会被设置为 null，如果主实体是集合导航属性，会从集合中删除相应元素；数据库中会删除从记录，主记录不受影响。如果删除主实体，从实体的导航属性会设置为 null；数据库中会删除主记录，根据级联设置，从记录的外键可能不变或设置为 null。为了避免节外生枝，EF Core 的默认设置是外键不变，因为外键列可能不能为 null，若不能为 null 则可能引发异常导致保存失败。

（2）按关系的类型：

- 一对一关系：在主实体或从实体中把导航属性设置为 null，当然两边都设置为 null 也没有问题。
- 一对多关系：在主实体从导航属性集合中删除元素或在从实体把导航属性设置为 null。删除主实体的情况参考上面各关系必要性的介绍。
- 多对多关系：如果删除两侧的数据实体，默认情况会同时删除相关的中间实体，数据库也会删除相应的记录。如果删除中间实体，相当于断开两个数据实体的关联，在数据库中只会删除中间记录，两侧的数据实体不受影响。

每种关系类型的实际行为都与关系的必要性和级联删除策略的设置有关，需要同时考虑。删除关系只需要对其中一边的导航属性进行设置即可，EF Core 会自动处理另一边的关系。如果导航是单向的，则只能设置有导航属性的实体。

示例代码如下：

```
1.    using (var db = new BasicDbContext())
2.    {
3.        var mainEntity = db.MainEntities.First();
4.
5.        mainEntity.SubEntities.RemoveAt(0);
6.        mainEntity.SubEntities.First().MainEntity = null;
7.        mainEntity.SubEntities.First().MainEntityId = null;
8.
```

```
 9.        db.Remove(mainEntity);
10.
11.        db.SaveChanges();
12.    }
```

示例中演示了多种删除方式：从主实体的导航集合中移除从实体；在从实体中设置导航属性为 null（注意，如果关系是可选关系，只会切断实体之间的关系，设置外键列为 null，但不会删除任何实体）；在从实体中设置外键属性为 null（注意，如果关系是必选的，外键属性一般是不可为空的值类型，因此也就不存在设置为 null 的问题了；可选关系中的设置同样只会切断关系而不会删除实体）；直接删除主实体，这样会根据关系的必要性决定是否删除从实体。

2. 基于软删除的删除关系

在软件开发中，有时需要使用软删除，这时相关实体大多也是软删除。这就涉及相关数据应该如何删除，如何区分手动删除和由于主实体被删除而连带被删除的从实体等问题。实体之间可能存在复杂的关系，有时一个从实体可能被多个不同的主实体连带删除多次。数据恢复此时也成为一个需要考虑的重大问题：一个数据是否应该能被恢复；如果从实体被多个主实体连带删除多次，是否可以手动恢复；如果从实体被连带删除，恢复主实体时是否应该一同恢复；如果实体在手动删除后又被连带删除，以上这些问题又该怎么办？

可以说，软删除在让反悔变得简单的同时也成为很多系统隐患的根源，这种物理存在和逻辑形式不匹配的问题一直是困扰开发者的一大难题。数据库系统不进行此类功能的原生支持可能也是因为开发人员看到了这其中的问题的复杂性。

8.3 并发冲突

之前介绍过实体的并发标记和行版本，就是为了解决并发冲突的。并发冲突的检测和控制都由 EF Core 完成，其工作原理是每当在 SaveChanges 期间执行更新或删除操作时，会将数据库上的并发令牌值与通过 EF Core 读取的原始值进行比较。如果值匹配，则可以完成操作；如果值不匹配，则 EF Core 会中止当前事务。值不匹配，就表示发生了并发冲突。在数据库层面，则是对要执行操作的记录附加一个对并发标记的 Where 子句，查询要操作的相应版本的记录是否存在。

如果要解决并发冲突，有两种常用方案：最简单的是放弃修改，提示用户重新读取最新记录进行修改；另一种是在程序中进行重试来解决并发冲突，这么做的话，意外覆盖他人修改的风险仍然存在，因此要谨慎考虑是否真的要让程序自动重试。

让程序自动重试，要借助三个并发标记值：

- 当前值：应用程序尝试写入数据库的值。
- 原始值：在进行任何编辑之前最初从数据库中查询的值。
- 数据库值：当前存储在数据库中的值。

按照以下步骤操作：

步骤 01 在 SaveChanges 期间捕获 DbUpdateConcurrencyException。
步骤 02 使用 DbUpdateConcurrencyException.Entries 为受影响的实体准备一组新更改。
步骤 03 刷新并发标记的原始值为数据库中的当前值，然后再次保存。
步骤 04 重试该过程，直到保存成功。或多次失败后向外部报告异常，请求人工处理。

示例代码如下：

```
1.    using (var db = new BasicDbContext())
2.    {
```

```
3.            // 查询和修改实体
4.
5.       var saved = false;
6.       while (!saved)
7.       {
8.           try
9.           {
10.              db.SaveChanges();
11.              saved = true;
12.          }
13.          catch (DbUpdateConcurrencyException ex)
14.          {
15.              foreach (var item in ex.Entries)
16.              {
17.                  var rowVersion = db.BasicEntities.AsNoTracking().Where(x => x.Id ==
                         (int)item.Property("Id").CurrentValue).Select(x => x.RowVersion);
18.                  item.Property("RowVersion").OriginalValue = rowVersion;
19.              }
20.          }
21.      }
22.  }
```

示例中演示了对 BasicEntity 的并发冲突处理。在循环中进行保存，使用变量 saved 标记保存是否成功。如果失败并捕获到并发冲突异常，就从数据库中重新读取并发标记的值覆盖到原始值，进入下一次保存尝试，直到保存成功。在查询新的并发标记时使用了 AsNoTracking 方法，表示使用非跟踪查询，可以避免意外覆盖要修改的属性，有关非跟踪查询的详细介绍请参阅"9.6 跟踪和非跟踪查询"。

示例是最简单直观的演示，其中存在大量不合理的地方，如果要应用到实际项目中，需要根据需求进行修改。

8.4 事　　务

事务是数据库进行原子操作的功能，能保证处于同一事务的所有操作全部成功或全部失败，确保数据库不会由于进行了不完全的操作而破坏数据完整性。默认情况下，EF Core 的每个 SaveChanges 操作对应一个事务，这在大多数情况下是够用的。如果确实需要手动进行更精细的事务控制，EF Core 提供了多种方式。

8.4.1 简单事务

在 EF Core 中可以通过调用 DbContext.Database.BeginTransaction()方法手动开启事务。但事务的底层实现由数据库驱动提供，需要提前了解所使用的数据库驱动是否实现了事务功能。

示例代码如下：

```
1.  using (var db = new BasicDbContext())
2.  {
3.      using (var transaction = db.Database.BeginTransaction())
4.      {
5.          try
6.          {
7.              // 业务代码
8.
9.              transaction.Commit();
10.         }
11.         catch
12.         {
```

```
13.              // 处理异常
14.
15.              transaction.Rollback();
16.         }
17.     }
18. }
```

示例中演示了最简单的使用事务进行提交和回滚的代码结构,如果需要,可以在其中添加更多内容。

8.4.2 跨上下文事务

EF Core 支持跨上下文事务的基本原理是通过多个上下文共享同一个数据库连接,由数据库连接对象开启事务,最终使用同一数据库连接的上下文可以共享同一个事务。由于跨上下文事务需要共享数据库连接,因此数据库连接对象需要由外部提供。在"4.4 创建数据上下文"的示例中使用了无参构造函数,然后在重写的 OnConfiguring 方法中配置数据库连接。这种方法的数据库连接由 EF Core 自行创建,开发者无法干预。为此,我们需要使用带参构造函数来创建上下文,通过参数让 EF Core 使用外部提供的数据库连接。

示例代码如下:

(1)创建上下文

```
1. public class BasicDbContext : DbContext
2. {
3.     public BasicDbContext() { }
4.     public BasicDbContext(DbContextOptions options) : base(options) { }
5.     public BasicDbContext(DbContextOptions<BasicDbContext> options) :
        base(options) { }
6.
7.     // 数据集和其他定义
8. }
```

示例展示了 EF Core 常用的三种构造方法:无参构造方法通常需要重写 OnConfiguring 方法进行上下文配置;普通的 DbContextOptions 和泛型版 DbContextOptions 参数的构造方法是实现跨上下文事务的关键。在 ASP.NET Core 中泛型版是最常用的版本,因为一个稍具规模的项目一般会存在多种上下文类型,泛型版可以确保配置不会被误用。使用 DbContextOptions 构造并配置上下文时无须重写 OnConfiguring 方法。

(2)事务共享——跨上下文共享事务

```
1.  static void Main(string[] args)
2.  {
3.      var options = new DbContextOptionsBuilder<BasicDbContext>()
4.          .UseSqlServer(new SqlConnection(@"Server=(LocalDB)\MSSQLLocalDB;
            Integrated Security=true; Database=TestModel; AttachDbFileName=
            C:\Users\Core\Desktop\ TestModel.mdf"))
5.          .Options;
6.
7.      using (var db = new BasicDbContext(options))
8.      {
9.          using (var transaction = db.Database.BeginTransaction())
10.         {
11.             try
12.             {
13.                 using (var db2 = new BasicDbContext(options))
14.                 {
15.                     db2.Database.UseTransaction(transaction.GetDbTransaction());
16.
17.                     // 业务代码
```

```
18.              }
19.              // 业务代码
20.
21.              transaction.Commit();
22.          }
23.          catch
24.          {
25.              // 处理异常
26.
27.              transaction.Rollback();
28.          }
29.      }
30.  }
31. }
```

使用 DbContextOptionsBuilder 配置选项，然后用 Options 属性获取配置对象。为所有要共享事务的上下文使用相同的选项进行实例化。在第一个上下文中使用 BeginTransaction 方法开启事务，在之后的其他上下文中使用 UseTransaction 方法添加事务。至此，所有相关上下文就完成了事务共享。

8.4.3 使用外部事务

使用外部事务的基本原理和跨上下文事务一样。既然 EF Core 可以通过共享数据库连接来共享事务，那也可以让 EF Core 和底层数据访问 API 用同样的方式共享事务。况且 EF Core 本来也是对底层 API 的封装。接下来演示一下 EF Core 和 ADO.NET 如何共享事务。

示例代码如下：

```
1.  using (var connection = new SqlConnection(@"Server=(LocalDB)\MSSQLLocalDB;
        Integrated Security=true;Database=TestModel;AttachDbFileName=C:\Users\Core\
        Desktop\ TestModel.mdf"))
2.  {
3.      connection.Open();
4.
5.      using (var transaction = connection.BeginTransaction())
6.      {
7.          try
8.          {
9.              var command = connection.CreateCommand();
10.             command.Transaction = transaction;
11.             command.CommandText = "SELECT * FROM <表名>";
12.             command.ExecuteNonQuery();
13.
14.             var options = new DbContextOptionsBuilder<BasicDbContext>()
15.                 .UseSqlServer(connection)
16.                 .Options;
17.
18.             using (var db = new BasicDbContext(options))
19.             {
20.                 db.Database.UseTransaction(transaction.GetDbTransaction());
21.
22.                 // 业务代码
23.
24.                 db.SaveChanges();
25.             }
26.
27.             transaction.Commit();
28.         }
29.         catch
30.         {
31.             // 处理异常
32.
```

```
33.            transaction.Rollback();
34.        }
35.    }
36. }
```

示例中把数据库连接也放在外部单独创建，DbContextOptionsBuilder 直接使用已有连接。此时，原生 SQL 和 EF Core 就可以共享事务。

从 EF Core 2.1 开始，可以使用 System.Transactions 对象在更大范围内共享事务。但这种事务的实现依赖数据库驱动程序和其他需要进行事务性操作的库的支持，因此在使用之前需要了解要使用的产品是否支持 System.Transactions。

8.4.4 保存点

从 EF Core 5.0 开始，新增了保存点功能。保存点是事务的一部分，如果在事务执行过程中设置了保存点，在之后的操作发生异常时可以回滚到保存点重试操作或执行其他操作最终完成事务。EF Core 会在操作发生异常时自动回滚到上一个保存点。这就像游戏中的检查点功能，通过检查点后，如果操作失误导致 Game Over，不用回到存档点重新开始游戏，而是从检查点开始游戏。保存点和游戏的检查点一样，属于临时保护措施，如果保存点后的所有尝试都失败，还是需要回滚整个事务，就像退出游戏后需要从存档点开始游戏而不是从检查点开始。

示例代码如下：

```
1.  using (var db = new BasicDbContext())
2.  {
3.      using (var transaction = db.Database.BeginTransaction())
4.      {
5.          db.Add(new BasicEntity());
6.          db.SaveChanges();
7.          db.Database.CreateSavePoint("SavePoint1");
8.
9.          db.Add(new BasicEntity());
10.         db.SaveChanges();
11.         db.Database.RollbackToSavePoint("SavePoint1");
12.
13.         transaction.Commit();
14.     }
15. }
```

先开启事务，进行数据库操作并保存，然后在 Database 属性上用 CreateSavePoint 方法创建保存点。这里要注意，要先保存再创建保存点，不然回滚的保存点不是预想指定的位置。在需要的地方用 RollbackToSavePoint 方法回滚到指定保存点。最后提交事务，此处的数据库状态应该在 SavePoint1 处，只添加了一个新实体，第二个添加被回滚了。

8.5 异步保存

EF Core 提供了一组用于执行异步操作的 API，其中也包括异步保存。使用方法也非常简单，把对 SaveChanges 的调用换成对 SaveChangesAsync 的调用即可。EF Core 不支持同时执行多个异步调用，如果 EF Core 检测到多个异步调用会引发异常。为避免这种情况发生，推荐立即 await EF Core 的异步调用。

示例代码如下：

```
1.  using (var db = new BasicDbContext())
2.  {
3.      // 业务代码
```

```
4.
5.      await db.SaveChangesAsync();
6.  }
```

8.6 实体跟踪器和实体追踪图

为了完成实体和导航与数据库记录和关系之间的自动维护，EF Core 使用了名为实体跟踪器和实体追踪图的技术。正是得益于这项技术，EF Core 才能在背后默默完成大量工作，释放开发者的精力，让开发者能专注于业务开发。在大多数情况下我们都不用理会它，但在一些特殊情况下，为了完成一些更细致的操作，还是需要直接访问实体跟踪器。

8.6.1 基础使用

实体跟踪器有两种工作方式：

- 基于快照的跟踪：这是实体跟踪器的主要跟踪方式，在使用需要了解实体变更情况才能继续工作的功能如 SaveChanges 时，实体跟踪器会对比快照和实体之间的差异来确定要生成什么 SQL 语句。如果实体跟踪器跟踪了大量实体，可能会造成性能下降。在实体模型的自定义值比较器中提到的快照生成器就是为基于快照的实体跟踪准备的。
- 基于代理的跟踪：如果实体具有某种能对外发布自身变更通知的能力，EF Core 会直接关注实体发布的通知实时跟踪实体的变更。最主要的方式就是在启用了延迟加载代理后，通过具有通知能力的实体代理来完成实体跟踪，代理类是延迟加载扩展在运行时动态生成的。但延迟加载代理和基于代理的跟踪需要实体属性具有 virtual 修饰符，代理类才能重写实体属性使它具有通知能力。因为使用条件比较苛刻，因此只能作为对基于快照的跟踪的补充。

在实体的基础保存中介绍过，不经过查询直接更新实体时，由于 EF Core 不知道哪些属性需要更新，只能更新所有属性。但使用实体跟踪器，可以自行控制实体和属性的状态来精确控制要更新的属性。同时也可以利用实体跟踪器对实体属性的值进行更底层、更透明的控制来减轻业务开发的工作量和降低因疏漏导致问题的风险，用实体跟踪器完成具有统一规则的大量操作。访问影子属性也是实体跟踪器的一大用途。从 EF Core 5.0 开始，实体跟踪器增加了重置功能，可以把跟踪器还原到刚创建上下文的状态。

在并发冲突的演示中，已经隐式使用了实体跟踪器的部分功能，这里主要介绍如何主动在上下文中使用。

示例代码如下：

```
1.  using (var db = new BasicDbContext())
2.  {
3.      // 获取第一个处于添加状态的实体,处于添加状态的实体会在保存时插入数据库
4.      var added = db.ChangeTracker.Entries().First(x => x.State ==
        EntityState.Added);
5.      // 获取 MyProperty 属性是否为临时值,这个属性可以是实体中定义的,也可以是影子属性,这是访
           问影子属性的重要途径,也是参数类型是字符串的原因
6.      var isTmp = added.Property("MyProperty").IsTemporary;
7.      // 修改 MyProperty 属性的当前值,当前值就是指最新的准备要保存到数据库的值
8.      added.Property("MyProperty").CurrentValue = "new value";
9.      // 忽略对属性 MyProperty 的修改, EF Core 会在生成的 SQL 语句中忽略对映射的列的更新
10.     var ignorePropertyChange = db.ChangeTracker.Entries().First(x => x.State ==
        EntityState.Modified);
```

```
11.     ignorePropertyChange.Property("MyProperty").IsModified = false;
12.     // 设置实体状态为EntityState.Detached,可以告知EF Core不再跟踪实体,下次调用
        SaveChanges后EF Core会清理对象引用,使对象能够被GC回收
13.     var toDetach = db.ChangeTracker.Entries().First(x => x.State ==
        EntityState.Modified);
14.     toDetach.State = EntityState.Detached;
15. }
```

有时可能需要分离所有实体并重置实体跟踪器状态,EF Core 5.0 开始提供的 Clear 方法即可方便地完成此功能。

示例代码如下:

```
1. using (var db = new BasicDbContext())
2. {
3.     db.ChangeTracker.Clear();
4. }
```

8.6.2 订阅实体跟踪事件

实体跟踪器准备了两个事件方便外部及时处理相关情况,分别是 StateChanged(实体状态变更)和 Tracked(实体被跟踪)。

示例代码如下:

```
1. class Program
2. {
3.     static void Main(string[] args)
4.     {
5.         using (var db = new BasicDbContext())
6.         {
7.             db.ChangeTracker.StateChanged += (sender, e) =>
8.             {
9.                 Console.WriteLine("有实体状态发生改变。");
10.            };
11.
12.            db.ChangeTracker.Tracked += ChangeTracker_Tracked;
13.        }
14.    }
15.
16.    private static void ChangeTracker_Tracked(object sender,
         EntityTrackedEventArgs e)
17.    {
18.        Console.WriteLine("有新的实体被跟踪器跟踪。");
19.    }
20. }
```

示例使用 Lambda 表达式语法和原始语法两种方式演示了如何定义事件处理器。由于 EF Core 的快照跟踪器并不是实时监控实体状态,跟踪器不一定会在第一时间引发事件,可能会延迟到调用需要检测实体状态的功能时才会引发事件。

8.7 小　　结

本章详细介绍了如何使用 EF Core 保存数据。可以说 EF Core 已经为开发者考虑到了非常多的情况,如果正确运用这些技巧,能解决绝大部分问题。现在有了数据,就可以开始学习如何查询数据了。下一章将会重点介绍如何使用 EF Core 查询数据。

第 9 章

查询数据

EF Core 使用 LINQ 查询数据库。自从.NET Framework 3.5 加入 LINQ 后,使用 C#处理集合数据就基本免去了我们一次又一次地编写一大堆嵌套循环的麻烦,大大提升了 C#的开发效率和编码舒适度。LINQ 作为强类型集合查询框架不仅充分利用了 VS(Visual Studio)的智能提示,也避免了 SQL 容易书写错误、软件迭代后忘记更新 SQL 语句等问题,与 EF Core 集成可谓是强强联合。

9.1 基础查询

在关系数据库中,SQL 是一个强大且复杂的查询语言,直接使用 SQL 的软件要如何编写高效、易于理解和可维护的 SQL 语句是一个巨大的挑战。使用 LINQ 作为中介的 EF Core 要如何翻译出高效的 SQL 语句同样是一个巨大的挑战。EF Core 团队在 EF 和 EF Core 时代都多次对翻译引擎进行升级和重构,增加支持的语句、优化生成的 SQL。

但是 LINQ 毕竟不是 SQL 在.NET 中的等价技术,面对复杂的 LINQ 查询时也可能生成低效的 SQL 语句甚至无法翻译。拒绝使用 EF Core 和 ORM 技术的开发者大多都是因为担心无法掌控 SQL 语句的生成。因此,熟悉 EF Core 的翻译模式是掌控 EF Core 的必经之路。LINQ 和 SQL 并不存在绝对的优劣,并且他们的优势与劣势基本互补,在合适的场合使用合适的方式才是正确的。熟悉 EF Core 的 LINQ 也可以为选择提供线索和依据。

延迟执行是 LINQ 的一大特点,据此可以把 LINQ 方法分为两大类:一类是用于构建查询的,另一类是用于执行查询的。在调用执行查询的方法前 EF Core 既不会翻译也不会向数据库发送命令,没有任何性能损耗。在调用执行查询的方法时,EF Core 会尝试编译和缓存查询以提升性能。如果查询中使用的数据都是常量,可能导致 EF Core 缓存大量相似的查询。因此尽可能使用变量提供查询需要的数据,这种查询也称为参数化查询。

9.1.1 查询数据集合

查询数据集合是常用的查询,也比较基础,从这里开始学习 EF Core 的查询是一个不错的选择。

示例代码如下：

```
1.   using (var db = new BasicDbContext())
2.   {
3.       // 查询全部记录
4.       db.BasicEntities.ToList();
5.       // 查询 Text 列中以 KeyWord 开头的记录
6.       db.BasicEntities.Where(x => x.Text.StartsWith("KeyWord")).ToList();
7.       // 按 Id 升序排列查询的全部记录
8.       db.BasicEntities.OrderBy(x => x.Id).ToList();
9.       // 先按 Id 降序然后按 Text 升序排列查询到的全部记录
10.      db.BasicEntities.OrderByDescending(x => x.Id).ThenBy(x => x.Text).ToList();
11.      // 跳过前 10 条记录然后查询接下来的 10 条记录，但返回的是数组
12.      db.BasicEntities.Skip(10).Take(10).ToArray();
13.  }
```

代码解析：

1）示例展示了 EF Core 常用的基础集合查询。查询中最后的 ToList 和 ToArray 方法用于执行查询，表示查询已经构建完成，可以翻译并向数据库发送命令。

2）Where 方法用于向查询附加筛选条件，条件表达式原则上应该是普通表达式，不应该调用方法。因为附加的条件最终会被翻译为 SQL 语句，EF Core 不知道应该如何翻译。但是 EF Core 特殊照顾了一部分内置的字符串方法和少量其他方法，因此可以使用演示中的方法。Where 方法也可以多次使用，EF Core 把多个 Where 方法中的条件视为"并且"关系。

3）OrderBy 和 OrderByDescending 方法用于指定列按指定顺序排序查询记录，如果有多个列希望按不同优先级进行排序，需要在 OrderBy 或 OrderByDescending 方法后直接调用 ThenBy 或 ThenByDescending 方法，并且可以多次调用以指定更多用于排序的列。排序优先级从高到低按调用顺序决定。

4）Skip 和 Take 方法用于跳过和取出指定数量的记录。如果只有 Skip 没有 Take 则表示取出剩下的所有记录，只有 Take 没有 Skip 则表示取出前 N 条记录。这两个方法也是实现分页的关键。从 EF Core 3.0 开始，不再支持 SQL Server 2008 及更早版本使用的嵌套查询分页语句的生成，仅支持从 SQL Server 2012 起的新语法。原因是 EF Core 3.0 发布之前，SQL Server 2008 的技术支持已经结束。目前微软为了进一步推动彻底淘汰 SQL Server 2008 的进程，不打算恢复支持。

9.1.2 查询单个数据

有时需要查询的是单条记录，这时可以使用 Take(1) 来取出一条记录，但返回的依然是集合，只是里面最多只有一个元素。为此 LINQ 提供了一系列用于查询单条记录的方法。

示例代码如下：

```
1.   using (var db = new BasicDbContext())
2.   {
3.       // 查询 Id 为 1 的记录
4.       db.BasicEntities.Find(1);
5.       // 查询第一条记录
6.       db.BasicEntities.First();
7.       // 查询第一条 Text 列不为 null 的记录
8.       db.BasicEntities.First(x => x.Text != null);
9.       // 查询最后一条 Text 列不为 null 的记录，如果没有，返回默认值
10.      db.BasicEntities.Where(x => x.Text != null).LastOrDefault();
11.      // 查询唯一一条 Text 列不为 null 的记录
12.      db.BasicEntities.Single(x => x.Text != null);
13.  }
```

代码解析：

1)示例展示了查询单个数据的常用方法。First、Last 和 Single 都有对应的 OrDefault 版本。基础版如果没有查询到任何符合条件的记录会直接抛出异常,因此并不常用。OrDefault 版在没有查询到的情况下会返回对应类型的 CLR 默认值,对于 EF Core 要查询的实体类而言就是 null。这些方法都有带参数的重载,参数表示筛选条件,和使用 Where 方法等效,同时使用则视这些条件为"并且"关系。Single 方法稍微有些特殊,它的语义是"唯一"。因此实际上会尝试查询符合条件的前两条记录,如果不幸查到两条,就会抛出异常,因为所查记录并不唯一。如果在查询中使用 Last 或者 LastOrDefault,则必须在调用之前先调用 Orderby 或者 OrderByDescending 方法指定排序规则,否则会引发异常。

2)Find 方法是 EF Core 增加的专用方法,和 LINQ 并没有关系。Find 方法的查询参数是主键值,如果实体使用复合主键,应该给出所有相关的值。由于复合主键包含的列数并不确定,因此 Find 方法是 params 不定参方法。

9.1.3 查询标量值

有时要查询的可能并不是数据本身,而是一些数据的统计信息,这时可以使用 LINQ 的标量值查询方法。需要注意的是,标量值查询属于执行查询的方法,因此在根查询中调用时会直接向数据库发送命令,如果在子查询中使用则不会触发查询。

示例代码如下:

```
1.   using (var db = new BasicDbContext())
2.   {
3.       // 查询记录数量
4.       db.BasicEntities.Count();
5.       // 查询 Id 大于 10 的记录数量
6.       db.BasicEntities.Count(x => x.Id >10);
7.       // 查询表中是否有记录
8.       db.BasicEntities.Any();
9.       // 查询是否存在 Text 列为 KeyWord 的记录
10.      db.BasicEntities.Any(x => x.Text == "KeyWord");
11.      // 查询是否所有记录的 Text 列都为 KeyWord
12.      db.BasicEntities.All(x => x.Text == "KeyWord");
13.      // 查询是否存在从实体的时间早于现在的主实体
14.      db.MainEntities.Any(x => x.SubEntities.Any(y => y.Time <=
         DateTimeOffset.Now));
15.  }
```

代码解析:示例展示了常用的标量值查询方法,并且最后一行代码演示的是在嵌套查询中使用标量值查询,其中子查询中的标量值查询方法调用不会向数据库发送命令,只是构建为整个查询的一部分。标量值查询方法同样有带参数的重载,参数同样表示筛选条件。

查询的嵌套可以在任何查询中使用,并且可以多重嵌套,只是查询嵌套的第一次展示是在标量值查询中。但 EF Core 不保证能完整准确地翻译复杂的嵌套查询,因此建议尽可能使用更简单的方式描述查询并对复杂的查询进行充分的测试,确保生成了预期的 SQL 后再投入生产环境。

9.1.4 引用影子属性

在之前的查询中使用 LINQ 语法有一个问题,即模型中配置的影子属性无法在表达式中引用。在数据保存时是使用实体跟踪器访问影子属性,但在查询中要使用另一种方法引用影子属性。

示例代码如下:

```
1.   using (var db = new BasicDbContext())
2.   {
3.       db.BasicEntities.Where(x => EF.Property<int>(x, "MyProperty") == 5).ToList();
```

```
    4.  }
```

代码解析：使用静态类 EF 的 Property 方法可以在查询中引用影子属性，这也是一个 EF Core 为了特殊目的进行特殊照顾的方法。为了能发挥强类型查询的优势，需要通过类型参数指定影子属性的类型。第一个参数是影子属性所属的实体对象，一般就是 Lambda 表达式的参数，第二个参数就是属性名。然后就可以像一般属性一样使用了。

9.1.5 查询标记

从 EF Core 2.2 开始，可以为查询附加标记，本质上是在查询语句中添加注释。这样可以方便开发者定位 SQL 是由什么代码生成的，方便调试，或单纯对复杂的 SQL 语句进行说明，方便阅读。

示例代码如下：

```
1.  using (var db = new BasicDbContext())
2.  {
3.      db.BasicEntities.TagWith("Tag1")
4.          .Where(x => x.Id > 5)
5.          .TagWith("Tag2")
6.          .ToList();
7.  }
```

可以在一个查询中附加多个标记，EF Core 会按顺序将标记添加到查询。

9.2 复杂查询

除了以上介绍的常用基础查询外，EF Core 也可以翻译部分比较复杂的查询。但是要注意，如果希望 EF Core 能按照预期的那样翻译复杂查询的话，对查询的结构要求比较严格，在查询中包含一些额外的成分就很可能导致 EF Core 翻译出奇怪的语句或者无法完成翻译。

从 EF Core 3.0 开始，对查询的翻译和执行方式进行了破坏性修改，取消了对无法翻译的查询的自动客户端查询功能。自动客户端查询功能可以把复杂的查询拆分为两个部分，把一部分查询翻译为 SQL 语句交给数据库完成，无法翻译的另一部分在收到数据库的结果后在内存中继续查询并生成最终结果。根据微软的解释，自动把不支持的查询客户端化可能在生产环境中导致严重的性能问题。由于开发和测试环境通常数据量不大，因此性能问题无法暴露。一方面，一些查询如果被自动拆分，可能会从数据库中查询出大量中间数据，最后获得少量数据的结果，这对数据库、网络和应用资源都是极大的浪费。另一方面，由于 EF Core 的查询缓存，自动换转的客户端查询可能会导致内存泄漏，因为缓存的查询可能引用了对象或实例的委托，这些实际上已经无用的对象会因为缓存无法被 GC 回收。因此从 EF Core 3.0 开始如果遇到无法翻译的复杂查询，EF Core 会直接抛出异常，提醒开发者修改查询或自己手写 SQL 语句，避免 EF Core 的自动化功能好心办坏事。笔者个人也推荐这么做，把一些藏匿较深的问题尽早暴露出来总比在生产环境中引起事故要好。

复杂查询使用方法调用语法的可读性较差，也容易写错导致翻译出问题，因此建议使用 SQL 语法来构建查询。

9.2.1 结果投影

简单来说，结果投影是用来从所有数据中提取所需部分或对结果进行二次处理以转换为所需形式的操作。在 SQL 中基本对应 select 子句，在 LINQ 中则基本对应 select 操作符或 Select 方法。如果根查询的最后一个操作是 select，EF Core 可以在无法翻译的情况下自动把 select 操作交给客户端完成。这是 EF Core 3.0 开始唯一支持的自动客户端查询转换，因为根查询的最后一个投影操作可以保证从数据库中获取的数据基本都是有用的，不会发生查询到大量无用数据的情况，但依然要注意潜在的内存泄漏问题。

示例代码如下：

```
1.   using (var db = new BasicDbContext())
2.   {
3.       (from x in db.BasicEntities
4.       select new { x.Id, x.RowVersion }).ToList();            //①
5.
6.       db.BasicEntities
7.           .Select(x => new { x.Id, x.RowVersion, Utf8Bytes = Encoding.UTF8
               .GetBytes(x. Text) }).ToList();                   //②
8.   }
```

代码解析：

1）示例中第一种就是 LINQ 的 SQL 语法。可以看出，最后使用 select 操作符从结果中提取了 Id 和 RowVersion 属性放进匿名对象中，EF Core 也会生成只查询 Id 和 RowVersion 列的 SQL。

2）第二种示例使用了方法调用语法，并且在 Select 方法中使用了编码方法把字符串转换成 UTF-8 编码的字节数组。EF Core 无法翻译编码操作，但是 Select 方法是根查询的最后一个调用，因此 EF Core 会查询整张表，然后在内存中对字符串进行编码。可以发现，如果这张表有很多列的话，同样存在查询了多余的列的问题，但可以保证每条记录至少有部分列是有用的，不会出现整条记录完全没用的情况。

如果投影的结果类型不是实体类型，并且投影结果中没有实体类型的成员，那么 EF Core 就不会跟踪查询结果。也就是说如果修改查询结果的属性，EF Core 不会把修改保存到数据库，这点需要注意。如果投影到匿名对象，匿名对象的属性本身就是只读的，因此基本不存在这个问题。

9.2.2 连接查询

在关系数据库中，连接可以分为内连接、（全）外连接、左（外）连接、右（外）连接和交叉连接，SQL Server 2005 又增加了 cross apply 和 outer apply 两种特殊连接。交叉连接相当于集合运算中的笛卡尔积。EF Core 支持在特殊的查询模式下生成内连接、左（外）连接、交叉连接和两种特殊连接。这种连接查询不需要实体之间存在导航，相对来说自由度比较高。

1. 连接操作

示例代码如下：

```
1.   using (var db = new BasicDbContext())
2.   {
3.       (from x in db.BasicEntities
4.       join y in db.MainEntities on x.Id equals y.Id
5.       select new { x, y }).ToList();
6.   }
```

示例使用 Id 相等为条件生成内连接，然后把结果合并放入匿名对象。join 是连接操作的特征操作符。虽然这里投影到匿名对象，但匿名对象是对完整的两个实体类型对象的打包，因此 EF Core 可以正常跟踪这些实体的变化。

之后的示例代码如果没有特殊情况将只展示查询本身的部分，其余骨架代码和本示例相同。LINQ 支持分组连接，但关系数据库并不支持，因此 EF Core 无法翻译分组连接的查询。

示例代码如下：

```
1.  (from x in db.BasicEntities
2.   join y in db.MainEntities on x.Id equals y.Id into grouping
3.   select new { x, grouping }).ToList();
```

这个查询比上一个示例多了一个 into 操作，这是分组连接的特征操作符，EF Core 不支持这种查询模式。

2. SelectMany 操作

示例代码如下：

```
1.  (from x in db.BasicEntities
2.   from y in db.MainEntities
3.   select new { x, y }).ToList();
```

连续的 from 操作和 select 操作之间如果没有 join 或 into 操作，就是 SelectMany 操作的特征。因为这个操作没有连接条件，所以 EF Core 会将其翻译为笛卡尔连接。

```
1.  (from x in db.BasicEntities
2.   from y in db.MainEntities.Where(m => m.Id == x.Id)
3.   select new { x, y }).ToList();
```

这个查询相比上一个，在第二个数据集上多了一个引用第一个数据集并以 Id 相等为条件的筛选，这种查询实际上和内连接查询等效，因此 EF Core 也会将其翻译为内连接。

```
1.  (from x in db.BasicEntities
2.   from y in db.MainEntities.Where(m => m.Id == x.Id).DefaultIfEmpty()
3.   select new { x, y }).ToList();
```

这个查询相比上一个，在筛选后又多了一个 DefaultIfEmpty 方法的调用，因此 EF Core 会将其翻译为左（外）连接。

```
1.  (from x in db.BasicEntities
2.   from y in db.MainEntities.Select(m => m.Id.ToString() + ": " + x.Text)
3.   select new { x, y }).ToList();
```

这个查询把第二个数据集的 Where 替换成了 Select，投影结果是一个标量值，并且投影结果在生成时引用了第一个数据集。EF Core 会把这种查询翻译为 cross apply 连接。这种连接并非所有数据库都支持，例如 SQLite 就不支持这种连接，所以在不支持的数据库中 EF Core 无法翻译这种查询，会引发异常。

```
1.  (from x in db.BasicEntities
2.   from y in db.MainEntities.Select(m => m.Id.ToString() + ": " +
        x.Text).DefaultIfEmpty()
3.   select new { x, y }).ToList();
```

这个查询比上一个多了一个 DefaultIfEmpty 方法的调用，因此 EF Core 会将其翻译为 outer apply 连接。

3. 模拟左（外）连接

虽然 EF Core 会把包含引用外部数据集的筛选和 DefaultIfEmpty 方法调用的 SelectMany 操作翻译为左（外）连接，但是 EF Core 还是准备了一种专门用来模拟左（外）连接的查询模式。

示例代码如下：

```
1.  (from x in db.BasicEntities
2.   join y in db.MainEntities on x.Id equals y.Id into grouping
3.   from g in grouping.DefaultIfEmpty()
4.   select new { x, g }).ToList();
```

这个查询和分组连接的区别在于 into 操作后又使用 from 操作把分组结果作为新的数据源使用。

> **注　意**
>
> 一定要在第二个 from 操作中调用 DefaultIfEmpty 方法，否则会被翻译为内连接。

这个模式会生成复杂的查询表达式，因此要严格按照模式编写查询代码，否则 EF Core 可能无法正确地从表达式中分析出模式，其他连接操作也尽量不要在模式中插入其他操作，避免影响 EF Core 对模式的分析。

示例代码如下：

```
1.   (from x in db.BasicEntities
2.   join y in db.MainEntities on x.Id equals y.Id into grouping
3.   from g in grouping.DefaultIfEmpty()
4.   join z in db.SubEntities on g.Id equals z.Id into grouping2
5.   from g2 in grouping2.DefaultIfEmpty()
6.   select new { x, g , g2}).ToList();
7.
8.   (from x in db.BasicEntities
9.   from y in db.MainEntities.Where(m => m.Id == x.Id).DefaultIfEmpty()
10.  from z in db.SubEntities.Where(s => s.Id == y.Id).DefaultIfEmpty()
11.  select new { x, y, z }).ToList();
```

可以为多个实体进行连接，EF Core 会把上述代码中的两个示例翻译为三张表之间的连续左（外）连接。

9.2.3　分组查询

分组查询在关系数据库中使用 group by 子句表示，在 LINQ 中使用 group A by B 操作表示。在 EF Core 2.0 之前，分组操作会在客户端完成，而不会翻译为 group by 子句。从 EF Core 2.1 开始，支持把包含聚合操作的分组查询翻译为 group by 子句，因为关系数据库的 group by 子句只支持聚合后的标量值。由于从 EF Core 3.0 开始取消了客户端查询的支持，因此无法翻译为 group by 子句的分组查询会直接引发异常。

示例代码如下：

```
1.   (from x in db.BasicEntities
2.   group x by x.Text into grouping
3.   select new
4.   {
5.       Text = grouping.Key,
6.       Count = grouping.Count()
7.   }).ToList();
```

示例按 Text 列分组并聚合分组记录的数量。示例表示查询各个文本出现了多少次。这里对 grouping 的 Count 方法调用就是对分组的聚合，必须对分组进行聚合才能正常翻译为 group by 子句。

EF Core 支持翻译以下聚合方法：Average、Count、LongCount、Max、Min、Sum。

EF Core 也支持 group by 子句的 having 子句。

示例代码如下：

```
1.   (from x in db.BasicEntities
2.   group x by new { x.Text, x.Number } into grouping
3.   where grouping.Count() > 1
4.   orderby grouping.Count() descending
5.   select new
6.   {
7.       Text = grouping.Key.Text,
8.       Count = grouping.Count()
9.   }).ToList();
```

EF Core 会把 group by 操作后接的对分组进行的 where 操作翻译为 group by 子句的 having 子句。如果想要同时用多个列进行分组，可以把要用于分组的属性放进匿名对象。

9.2.4　临时禁用全局查询过滤器

全局查询过滤器在面对软删除和多租户等场景时非常好用，可以避免在查询中一次又一次地编写枯燥乏味的筛选条件。但在一些特殊情况下，还是需要忽略过滤器以查询更多数据，这时就需要临时禁用查询过滤器。

示例代码如下：

```
1.  using (var db = new BasicDbContext())
2.  {
3.      (from x in db.BasicEntities.IgnoreQueryFilters()
4.       select x).ToList();
5.  }
```

实际上临时禁用查询过滤器很简单，只需要在要查询的 DbSet 上调用 IgnoreQueryFilters 方法后再继续编写其他查询操作即可。

9.3　原始 SQL 查询

EF Core 无法生成一些特殊的 SQL 语句，因此设计了直接执行原始 SQL 语句的功能。其中一个功能用于查询记录，但是这个功能位于 DbSet<T> 上，因此存在一个限制，即 SQL 语句必须返回和实体类型 T 匹配的结果。另一个功能位于 Database 属性上，用于执行非查询 SQL 语句，返回受影响的记录行数。

示例代码如下：

```
1.  using (var db = new BasicDbContext())
2.  {
3.      db.BasicEntities.FromSqlRaw("select * from BasicEntities order by
            Id").ToList();
4.
5.      int minId = 3;
6.      (from x in db.BasicEntities.FromSqlInterpolated($"select * from BasicEntities
            where Id >= {minId}")
7.       orderby x.Id descending
8.       select x).ToList();
9.  }
```

从 EF Core 3.0 开始，原来的 FromSql 方法分成了 FromSqlRaw 和 FromSqlInterpolated 两个方法，FromSql 也被标记为已过时，不推荐使用。FromSqlRaw 用于执行最原始的手写 SQL 语句。如果需要执行参数化 SQL 语句，需要自己在 SQL 语句中引用参数。FromSqlInterpolated 用于自动执行参数化 SQL 语句。从 C# 6 开始支持使用内插字符串语法构造字符串，这个方法可以分析内插字符串并自动把内插的内容转换为参数。如果需要执行的 SQL 参数是从外部传入的，使用这种方法可以轻松构造出参数化 SQL 避免受到注入攻击。拆分 FromSql 方法也是因为编译器有时会选择错误的重载导致 SQL 语句没有正确地参数化。

同时原始 SQL 语句可以作为 LINQ 查询的一部分融合进查询，EF Core 会把原始 SQL 语句作为子查询插入 LINQ 查询，因此原始 SQL 语句必须返回与实体类型兼容的数据，否则可能导致生成错误的 SQL 语句。

如果需要绕过 EF Core，直接使用数据库连接进行自定义查询，可以从上下文的 Database 属性获取数据库连接，之后就可以自由发挥了。可以参考"8.4.3 使用外部事务"部分的示例。

9.4 映射的自定义函数

在数据库系统中,函数和存储过程是很常用的增强功能,但也正是因为它们太强大和灵活,导致 ORM 框架很难对其进行兼容和集成。从 EF Core 2.0 开始,可以把标量值函数映射到.NET 方法,从 EF Core 5.0 开始,又实现了将表值函数映射到实体,如果使用自定义函数对存储过程进行包装,EF Core 就基本上实现了无感知使用。使用无键实体可以实现对返回数据集的存储过程的映射。在之前的章节已经介绍过如何定义和映射数据库函数,现在就介绍一下如何在查询中使用。

另外,我们可能希望把自定义的 C#方法转换为特定的 SQL 表达式。虽然 EF Core 已经内置了大量对 .NET 基础类库中的方法的转换,但是一些个性化的需求毕竟还是存在。从 EF Core 3.0 开始,可以自定义对特定方法的转换器,然后将其注册到 EF Core,让 EF Core 可以识别和转换自定义方法。

9.4.1 使用标量值函数

示例代码如下:

(1)定义要映射的方法

```
1.    public class BasicDbContext : DbContext
2.    {
3.        [DbFunction]
4.        public static int MyFunction(int value)
5.        {
6.            return value % 2;
7.        }
8.
9.        // 其他代码
10.   }
```

之前介绍过仅有数据库实现的函数,此处展示的是包含代码实现的数据库函数。

(2)在查询中使用

```
1.    using (var db = new BasicDbContext())
2.    {
3.        (from x in db.BasicEntities
4.         where BasicDbContext.MyFunction(x.Id) != 0
5.         select x).ToList();
6.    }
```

在上下文中定义并映射了一个传入 int 并返回 int 的方法,这个方法返回参数除以 2 的余数。因此需要在数据库中也定义一个拥有相同逻辑的函数,这样可以确保查询无论是翻译为 SQL 语句还是直接运行都能正常工作,在查询中像普通方法一样调用即可。如果一个方法无法在 C#中实现,如函数使用了不会返回到 EF Core 的数据,直接在方法体中抛出异常即可。

9.4.2 使用表值函数和存储过程

之前介绍过如何映射表值函数,现在再来介绍如何调用表值函数。
示例代码如下:

```
1.  using (var db = new BasicDbContext())
2.  {
3.      int number = 3;
4.      (from x in db.FunTable(number)
5.      where x.Number > 5
6.      select x).ToList();
7.  }
```

示例中的 FunTable 就是映射的表值函数，调用表值函数除了可能需要传递参数之外，其他和调用 DbSet 其实并没有什么区别。

存储过程一般都是一个完整的业务需求，因此一般都封装为上下文的公共方法直接调用，不会混在 LINQ 查询中使用。

9.4.3 自定义方法转换

自定义方法转换可以实现不在数据库中定义对应的函数，而是通过 SQL 翻译器把方法调用直接转换为特定的 SQL 表达式的效果。这相当于把数据库函数的函数体定义在 EF Core 中，而这还可以带来一个额外的好处，即在不涉及数据库独占功能的情况下具备了跨数据库通用性。

示例代码如下：

```
1.  public class TranslationDbContext : DbContext
2.  {
3.      [DbFunction]
4.      public static double MyFunc(double first, int second) => throw new
        NotImplementedException();
5.
6.      protected override void OnModelCreating(ModelBuilder builder)
7.      {
8.          // 100 * ABS(first - second) / ((first + second) / 2)
9.          builder.HasDbFunction(
10.             typeof(TranslationDbContext).GetMethod(nameof(MyFunc)))
11.         .HasTranslation(
12.             args =>
13.                 new SqlBinaryExpression(
14.                     ExpressionType.Multiply,
15.                     new SqlConstantExpression(
16.                         Expression.Constant(100),
17.                         new IntTypeMapping("int", DbType.Int32)),
18.                     new SqlBinaryExpression(
19.                         ExpressionType.Divide,
20.                         new SqlFunctionExpression(
21.                             "ABS",
22.                             new SqlExpression[]
23.                             {
24.                                 new SqlBinaryExpression(
25.                                     ExpressionType.Subtract,
26.                                     args.First(),
27.                                     args.Skip(1).First(),
28.                                     args.First().Type,
29.                                     args.First().TypeMapping)
30.                             },
31.                             nullable: true,
32.                             argumentsPropagateNullability: new[] { true, true },
33.                             type: args.First().Type,
34.                             typeMapping: args.First().TypeMapping),
35.                         new SqlBinaryExpression(
36.                             ExpressionType.Divide,
37.                             new SqlBinaryExpression(
38.                                 ExpressionType.Add,
39.                                 args.First(),
40.                                 args.Skip(1).First(),
41.                                 args.First().Type,
```

```
42.                            args.First().TypeMapping),
43.                        new SqlConstantExpression(
44.                            Expression.Constant(2),
45.                            new IntTypeMapping("int", DbType.Int32)),
46.                        args.First().Type,
47.                        args.First().TypeMapping),
48.                    args.First().Type,
49.                    args.First().TypeMapping),
50.                args.First().Type,
51.                args.First().TypeMapping));
52.     }
53. }
```

示例使用 HasTranslation 方法为自定义函数配置了对应的翻译表达式。其中使用的表达式是从 LINQ 的通用抽象基类 Expression 派生的 EF Core 专用抽象基类 SqlExpression 的各种子类，因此使用方法和 LINQ 中的表达式基本相同。从示例可以看出这种表达式的定义比较烦琐，一个简单的表达式也需要大量代码来表达。这主要是为了查询分析器的集成以及使抽象表达式具有跨数据库兼容性。

9.5 加载相关数据

关系数据库的最大特点便是数据之间有关系，不是一个个独立的数据。因此加载相关数据是 EF Core 的重要功能，也是 ORM 框架把开发者从重复劳动中解放出来的关键功能。根据不同的需求场景，EF Core 准备了三种加载相关数据的方法，即预加载、延迟加载和显示加载。但是只能在定义了导航属性的实体之间使用加载相关数据功能。

9.5.1 预加载

预加载也称为贪婪加载，特点是能够从单次查询中取回尽可能多的数据。使用预加载模式可以通过减少查询的次数来降低数据库的负担，提升系统性能。但同时也可能会查询出一些多余的无用数据，如果查出的无用数据量太大也会对数据库和网络产生负面影响。关系数据库的连接查询也有可能导致数据膨胀，如果连接查询是子查询，可能导致数据库的内存占用增加，在根查询也可能导致同一条记录被多次连接造成数据冗余。因此需要权衡减少查询次数和减少冗余数据所带来的性能提升究竟哪个更有价值。

示例代码如下：

```
1.  using (var db = new BasicDbContext())
2.  {
3.      db.MainEntities
4.          .Include(m => m.SubEntities.Where(x => x.MainEntityId >5))
5.              .ThenInclude(s => s.SubSubEntities.OrderByDescending(x =>
                    x.Time).Take(3))
6.          // 此处的 Include 没有附加表达式，但是会使用上一个相同导航的 Include 附加的表达式
7.          .Include(m => m.SubEntities)
8.              .ThenInclude(s => s.SubSubEntities2)
9.          .Include(m => m.SubEntities2)
10.         .ToList();
11.
12.     db.MainEntities
13.         .Include(m => m.SubEntities.Where(x => x.MainEntityId > 5))
14.             .ThenInclude(s => s.SubSubEntities.OrderByDescending(x =>
                   x.Time).Take(3))
15.         // 此处的 Include 附加了和上一个相同导航相同的表达式，如果要附加，请务必确保相同
16.         .Include(m => m.SubEntities.Where(x => x.MainEntityId > 5))
```

```
17.             .ThenInclude(s => s.SubSubEntities2)
18.         .Include(m => m.SubEntities2)
19.         .ToList();
20. }
```

示例中使用 Include 方法预加载了 MainEntity 的导航属性 SubEntity, 并附加了外键大于 5 的条件。然后用 ThenInclude 继续加载 SubEntity 的导航属性 SubSubEntity, 并附加了按时间降序取前三条记录的条件。然后使用 Include 重新从 MainEntity 开始预加载另一个导航属性 SubEntity2。

从 EF Core 5.0 开始，使用 Include 预加载的数据支持附加筛选、排序和分页操作，因此通过 LINQ 查询预加载相关数据时查出大量无用数据的风险也降低了。可以说从 EF Core 5.0 开始，LINQ 无法完成的查询已经明显减少，大多数受开发者关心的问题也得到了改善。EF Core 已经愈发成熟了。

如果导航属性的层级较深，分叉较多，那么每条路径都需要完整地走一遍 Include 链。在不同路径上经过的同一个导航属性，要么只在其中一处附加操作，这个操作会应用到所有路径，要么在所有路径的导航属性上都附加相同的操作，否则 EF Core 无法判断究竟要以哪个操作为准从而引发异常。示例中第二个查询在预加载 SubSubEntities2 时在 SubEntities 节点处附加了和预加载 SubSubEntities 时相同的操作，这和第一个查询的效果相同。

示例中 SubSubEntity 取前三条记录表示为每个主实体 SubEntity 都取出前三条记录。类似于在博客列表中为每篇文章取最近的三条评论。这在具有多层导航的实体中为列表预览取出少量具有代表性的从实体一起展示到列表中的需求具有高度的契合性。这种需求在实际项目中是较为常见的，EF Core 又成功解决了一种需要手写 SQL 查询的常见需求。

9.5.2 延迟加载

和预加载相反，延迟加载则是把对数据的查询推迟到实际使用时，因此使用延迟加载可以在最大程度上避免查询多余的数据。也因为延迟加载的特性，有时候可能会发生向数据库发送大量查询请求导致数据库压力增加的情况。最典型的就是在使用 foreach 遍历集合导航属性时，每次遍历一个元素就会从数据库查询一条记录，如果导航属性有大量记录，会产生严重的性能问题，这点需要注意。延迟加载最大的优点是可以无感知访问数据，带来沉浸式开发体验，无须在应用程序和数据库之间反复切换思路。一种比较简单的避免这种性能问题的方法是使用 ToList 等方法一次性把可能需要的数据提前取回内存。

EF Core 准备了两种方式来使用延迟加载功能，分别是安装 EF Core 的延迟加载扩展包 Microsoft.EntityFrameworkCore.Proxies 和手动向实体注入延迟加载服务。

1. 延迟加载代理

扩展包提供的延迟加载本来是 EF 6.x 的内置功能，微软考虑到延迟加载容易被误用导致性能问题，就从 EF Core 中把它删除了。但是经不住用户的强烈要求，延迟加载在 EF Core 2.1 中以扩展包的形式回归。

示例代码如下：

```
1.  public class MainEntity
2.  {
3.      public int Id { get; set; }
4.      public int Number { get; set; }
5.
6.      public virtual List<SubEntity> SubEntities { get; set; } = new List<SubEntity>();
7.  }
8.
9.  public class SubEntity
10. {
11.     public int Id { get; set; }
12.     public DateTimeOffset Time { get; set; }
```

```
13.
14.        public int? MainEntityId { get; set; }
15.        public virtual MainEntity MainEntity { get; set; }
16.    }
17.
18.    public class BasicDbContext : DbContext
19.    {
20.        protected override void OnConfiguring(DbContextOptionsBuilder optionsBuilder)
21.        {
22.            optionsBuilder.UseLazyLoadingProxies();
23.        }
24.    }
```

示例中，MainEntity 的 SubEntities 和 SubEntity 的 MainEntity 是虚属性。这是使用延迟加载代理时对导航属性的必要条件，必须是可重写属性。延迟加载代理会在运行时动态生成代理类重写导航属性注入延迟加载功能，然后在上下文配置中启用延迟加载代理。

2. 不使用代理的延迟加载

如果不想使用扩展包，可以在实体类中定义一个带 ILazyLoader 类型的参数的构造函数，然后在导航属性中使用 ILazyLoader，这其实就是自己动手实现扩展包提供的自动功能。如果实体类在独立的项目中定义，又不想依赖完整的 EF Core，可以只安装包 Microsoft.EntityFrameworkCore.Abstractions。EF Core 的各种配置用的特性也定义在这个包里。

示例代码如下：

```
1.  public class MainEntity
2.  {
3.      public MainEntity() { }
4.      // 私有构造函数供 EF Core 专用，对外隐藏避免误用
5.      private MainEntity(ILazyLoader lazyLoader) => _lazyLoader = lazyLoader;
6.
7.      private ILazyLoader _lazyLoader;
8.      private List<SubEntity> _subEntities = new List<SubEntity>();
9.
10.     public int Id { get; set; }
11.     public int Number { get; set; }
12.
13.     public List<SubEntity> SubEntities
14.     {
15.         // get 访问器调用延迟加载器加载数据
16.         get => _lazyLoader.Load(this, ref _subEntities);
17.         set => _subEntities = value;
18.     }
19.  }
20.
21.  public class SubEntity
22.  {
23.      public SubEntity() { }
24.      private SubEntity(ILazyLoader lazyLoader) => _lazyLoader = lazyLoader;
25.
26.      private ILazyLoader _lazyLoader;
27.      private MainEntity _mainEntity;
28.
29.      public int Id { get; set; }
30.      public DateTimeOffset Time { get; set; }
31.
32.      public int? MainEntityId { get; set; }
33.      public MainEntity MainEntity
34.      {
35.          get => _lazyLoader.Load(this, ref _mainEntity);
36.          set => _mainEntity = value;
37.      }
38.  }
```

示例为实体准备了两个构造函数。无参公共函数供开发者使用，也是为了解决定义构造函数后编译器不再自动生成默认构造函数的问题。带 ILazyLoader 参数的是私有构造函数，避免开发者误用，是专门为 EF Core 的延迟加载功能准备的。上下文中无须任何特殊设置。

对于完全不想依赖任何外部包的开发者，EF Core 也准备了解决方案。

示例代码如下：

```
1.  public class MainEntity
2.  {
3.      public MainEntity() { }
4.
5.      public MainEntity(Action<object, string> lazyLoader) => _lazyLoader =
         lazyLoader;
6.
7.      private Action<object, string> _lazyLoader;
8.      private List<SubEntity> _subEntities = new List<SubEntity>();
9.
10.     public int Id { get; set; }
11.     public int Number { get; set; }
12.
13.     public List<SubEntity> SubEntities
14.     {
15.         get => _lazyLoader.Load(this, ref _subEntities);
16.         set => _subEntities = value;
17.     }
18. }
19.
20. public class SubEntity
21. {
22.     public SubEntity() { }
23.     public SubEntity(Action<object, string> lazyLoader) => _lazyLoader =
         lazyLoader;
24.
25.     private Action<object, string> _lazyLoader;
26.     private MainEntity _mainEntity;
27.
28.     public int Id { get; set; }
29.     public DateTimeOffset Time { get; set; }
30.
31.     public int? MainEntityId { get; set; }
32.     public MainEntity MainEntity
33.     {
34.         get => _lazyLoader.Load(this, ref _mainEntity);
35.         set => _mainEntity = value;
36.     }
37. }
38.
39. public static class EfCoreLazyLoadingExtensions
40. {
41.     public static TRelated Load<TRelated>(
42.         this Action<object, string> loader,
43.         object entity,
44.         ref TRelated navigationField,
45.         [CallerMemberName] string navigationName = null)
46.         where TRelated : class
47.     {
48.         loader?.Invoke(entity, navigationName);
49.
50.         return navigationField;
51.     }
52. }
```

示例中的 ILazyLoader 被替换成了 Action<object, string>委托，并使用扩展方法来保持延迟加载委托和 ILazyLoader 一致的使用方式。这样就可以在完全不依赖 EF Core 的情况下手动定义支持延迟加载的实体类。

> **注 意**
>
> 构造函数的参数名必须是 lazyLoader，千万不要写错。根据 EF Core 文档的信息，EF Core 团队准备在将来修改参数名规则，如果要升级 EF Core 的话，请注意这里是否有修改。

9.5.3 显式加载

显式加载就是先查出实体，然后单独使用 API 查询与实体相关的导航属性。这种方式每次只能加载一个实体的导航属性，但可以对要加载的导航属性附加额外的操作。自从 EF Core 5.0 支持对预加载的数据附加额外的操作之后，显式加载能对要加载的导航属性进行更精细的控制的优势也消失了。可以说显式加载已经失去了不可替代性，预加载已经能基本替代显式加载了，甚至在精细控制的基础上还有批量加载导航属性的优势。

示例代码如下：

```
1.   using (var db = new BasicDbContext())
2.   {
3.       var mainEntity = db.MainEntities.First();
4.       db.Entry(mainEntity)
5.           .Collection(m => m.SubEntities)
6.           .Load();
7.
8.       db.Entry(mainEntity)
9.           .Collection(m => m.SubEntities)
10.          .Query()
11.          .Where(x => x.Time < DateTimeOffset.Now)
12.          .Count();
13.
14.      var subEntity = db.SubEntities.First();
15.      db.Entry(subEntity)
16.          .Reference(s => s.MainEntity)
17.          .Load();
18.  }
```

从示例中可以看出，显式加载每次只能加载一个实体的导航属性，如果要加载多个实体的导航属性，还是预加载更好用。如果要加载集合导航属性，使用 Collection 方法指定要加载的导航属性，使用 Load 方法开始加载。如果要附加查询操作，使用 Query 方法获取 LINQ 查询对象。如果要加载单个对象导航属性，使用 Reference 方法指定要加载的导航属性。

9.5.4 拆分查询

在进行带导航属性的查询和部分投影查询时，为了确保查询的事务性，EF Core 会生成复杂的单个 SQL 语句，但复杂的 SQL 会导致数据库性能下降。为此，EF Core 5.0 增加了拆分查询的功能，开发者可以通过 API 命令 EF Core 生成高性能的多条简单查询。EF Core 在性能和健壮性中无法做出选择，把选择权交给开发者也不失为一个合理的办法。同时 EF Core 也设置了一个上下文级别的全局拆分查询选项，可以设置默认情况下是使用单语句查询还是拆分查询。

示例代码如下：

```
1.   using (var db = new BasicDbContext())
2.   {
3.       (from x in db.MainEntities.AsSplitQuery().Include(m => m.SubEntities)
4.        select x).ToList();                                      //①
5.
6.       (from x in db.MainEntities.AsSingleQuery().Include(m => m.SubEntities)
7.        select x).ToList();                                      //②
```

```
8.  }
```

示例中第一个查询使用 AsSplitQuery 方法设置查询为拆分查询，第二个查询使用 AsSingleQuery 方法设置查询为单语句查询。在拆分查询中，如果上一次查询没有获得任何数据，会自动跳过具有路径依赖的后续查询，这样能尽量减少与数据库的交互，降低数据库的压力。

9.6 跟踪和非跟踪查询

在之前提到过，如果在查询中使用了投影，并且投影的结果中不包含实体类型的成员，查询是非跟踪的，不会把查询结果的修改保存到数据库，否则查询是跟踪的。其实在查询时是可以手动指定是否要以跟踪方式进行查询的。

的 EF Core 有个关键功能称为导航修复，而导航修复又需要另一个基础功能，即标识解析。如果使用跟踪查询，查询到的实体如果有导航属性，EF Core 会自动修复导航属性，重建实体之间的引用。由此可能产生一个问题，如果要查询一个实体，但是不加载导航，稍后又进行另一个查询并加载导航，刚好加载的导航和上一个查询的实体的导航是同一种，那么本来没有加载导航的实体的导航也会被自动修复，而有时可能并不希望导航被自动修复。这时就需要使用非跟踪查询来保证能获得一个纯净的符合需求的结果。但这种希望也并不可靠，使用非跟踪查询时如果使用预加载从从实体加载主实体，会导致每个从实体的主实体导航都是相互无关的对象，即使这些主实体在本质上应该是同一个对象。导致这种现象的原因就是非跟踪查询不使用标识解析功能来识别和修复实体导航关系。还好从 EF Core 5.0 开始，查询中增加了一个操作用于在非跟踪查询中启用基于标识解析的导航修复。从此终于可以从非跟踪查询中获得一个符合实际关系、也没有多余的导航数据对象的纯净的结果了。

示例代码如下：

```
1.  using (var db = new BasicDbContext())
2.  {
3.      db.SubEntities.AsNoTracking()
4.          .Include(s => s.MainEntity)
5.          .ToList();                                              //①
6.
7.      db.SubEntities.AsNoTrackingWithIdentityResolution()
8.          .Include(s => s.MainEntity)                             //②
9.          .ToList();
10.
11.     db.SubEntities.AsTracking()
12.         .Include(s => s.MainEntity)
13.         .ToList();                                              //③
14. }
```

示例中第一个查询使用 AsNoTracking 方法指定为普通非跟踪查询，第二个查询使用 AsNoTrackingWithIdentityResolution 方法指定为启用标识解析的非跟踪查询。查询从从实体开始，预加载主实体。第一个查询会导致所有从实体的主实体导航都是不同的对象，如果多个从记录的外键列相等，会出现这些从实体的主实体导航是各自独立但成员值相等的对象，但这是不符合实际情况的。为了保证外键属性相等的从实体引用同一个主实体对象，EF Core 5.0 增加了启用标识解析的非跟踪查询。当然，为了解析并修复关系，会消耗更多内存和时间用于分析并修复关系。第三个查询使用 AsTracking 方法指定为跟踪查询。

9.7 显式编译查询

在之前提到过,EF Core 会对查询进行缓存以提升性能。但如果能预见某些查询一定会被频繁使用的话,还可以使用显式编译查询来进一步提升性能。从 EF Core 2.0 起支持这个功能。

示例代码如下:

(1)定义显式编译查询

```
1.  public class BasicDbContext : DbContext
2.  {
3.      private static Func<BasicDbContext, int, IEnumerable<BasicEntity>>
          _getGreatThan = EF.CompileQuery((BasicDbContext db, int id) =>
          db.BasicEntities.Where(x => x.Id > id).ToList());
4.
5.      public List<BasicEntity> GetGreatThan(int id)
6.      {
7.          return _getGreatThan(this, id);
8.      }
9.  }
```

(2)使用查询

```
1.  using (var db = new BasicDbContext())
2.  {
3.      var result = db.GetGreatThen(3);
4.  }
```

示例中的查询定义为私有静态字段。因为显式编译查询本来就是为了提升性能准备的,定义为静态成员比较合适。但是显式编译查询在使用时需要传入上下文对象,不能直接当作静态方法使用,因此定义为私有成员,然后通过公共实例方法暴露到外部,这样在使用时显得更自然。需要注意的是,显式编译查询不能作为另一个查询的一部分引用,必须是一个独立完整的查询。

9.8 查看生成的 SQL 语句

从 EF Core 5.0 开始,添加了用于简单快速地获取生成的 SQL 语句的 API。也可以从 LINQ 查询中直接获取 SQL 命令对象。

示例代码如下:

```
1.  using (var db = new BasicDbContext())
2.  {
3.      int id = 3;
4.      var sql = db.BasicEntities.Where(x => x.Id > id).ToQueryString();
5.      var cmd = db.BasicEntities.Where(x => x.Id > id).CreateDbCommand();
6.  }
```

使用 ToQueryString 方法可以不执行查询,只获取 EF Core 生成的 SQL 语句。使用 CreateDbCommand 方法可以获取包含 SQL 和数据库连接对象的可以立即执行的 SQL 命令对象。这为既想充分利用 EF Core 生成的 SQL 语句,又想在生成的 SQL 语句的基础上进行改造以适应更复杂的需求的场合创造了良好的条件。

如果使用拆分查询,只会得到第一个查询的 SQL 语句,如果希望获得完整的 SQL 语句,可以使用单语句查询模式。单语句查询无法获得标量值查询和单个实体查询的 SQL 语句,因为这种查询是立即执行式查询,会直接触发命令。只有返回值是 IQueryable 类型的才可以获取 SQL 语句。

如果实在需要获取,可以想办法把这种查询作为子查询包在根查询中,只是要进行处理,把不需要的部分去掉。

9.9 服务端查询和客户端查询

EF Core 3.0 取消了对不支持的查询自动客户端化的功能,但这并不意味着彻底不能进行客户端查询了。只要在查询中调用 ToList 等执行查询的方法,把数据取到内存中,接下来的查询就都是客户端查询了。这种方式可以在代码中一眼看出哪些查询在数据库中完成,哪些查询在客户端进行,消除了 EF Core 查询流程的黑箱,最大限度地把控制权交给开发者。但是要注意,只有在根查询中调用 ToList 才会触发数据库查询。

示例代码如下:

```
1.  using (var db = new BasicDbContext())
2.  {
3.      db.BasicEntities.Where(x => x.Id > 3).ToList();            //①
4.      db.BasicEntities.ToList().Where(x => x.Id > 3);            //②
5.  }
```

示例中第一个查询和第二个查询调换了 Where 和 ToList 方法的调用顺序。第一个查询从数据库中查出来就只包含 Id 大于 3 的记录,第二个查询是从数据库查出所有记录,再在内存中筛选 Id 属性大于 3 的对象。

9.10 命令拦截器

从 EF Core 3.0 开始,新增了命令拦截器,EF Core 会在发送命令前和收到结果后触发拦截器。可以在触发器中修改要发送的 SQL 语句、中断 SQL 语句的发送和修改接收到的数据等。命令拦截器的基本用法和保存拦截器相同,并且由于保存也需要发送命令,因此命令拦截器也可以拦截保存命令,但是保存拦截器无法获取和修改要执行的 SQL 语句。

示例代码如下:

```
1.  public class MyCommandInterceptor : DbCommandInterceptor
2.  {
3.      public override InterceptionResult<DbDataReader> ReaderExecuting(DbCommand
        command, CommandEventData eventData, InterceptionResult<DbDataReader> result)
4.      {
5.          command.CommandText += "自定义内容";
6.
7.          return result;
8.      }
9.
10.     public override ValueTask<InterceptionResult<DbDataReader>>
        ReaderExecutingAsync(DbCommand command, CommandEventData eventData,
        InterceptionResult<DbDataReader> result, CancellationToken
        cancellationToken = default)
11.     {
12.         var canceled = InterceptionResult<DbDataReader>.SuppressWithResult(null);
13.         return new ValueTask<InterceptionResult<DbDataReader>>(canceled);
14.     }
15. }
16.
17. public class BasicDbContext : DbContext
18. {
```

```
19.     protected override void OnConfiguring(DbContextOptionsBuilder optionsBuilder)
20.     {
21.         optionsBuilder.AddInterceptors(new MyCommandInterceptor());
22.     }
23. }
```

除了 DbCommandInterceptor 之外，还有 DbConnectionInterceptor 和 DbTransactionInterceptor 等几种命令拦截器，这些命令拦截器都有各自的基础接口。表 9-1 列出各种命令拦截器和其拦截的数据库操作。

表 9-1　命令拦截器

拦截器	拦截器接口	拦截的数据库操作
DbCommandInterceptor	IDbCommandInterceptor	创建命令、执行命令、命令失败、DbDataReader 的命令
DbConnectionInterceptor	IDbConnectionInterceptor	打开和关闭连接、连接失败
DbTransactionInterceptor	IDbTransactionInterceptor	创建事务、使用现有事务、提交事务、回滚事务、创建和使用保存点、事务失败

9.11　异步查询

EF Core 除了支持异步保存外，同样支持异步查询。异步查询的基本方法也是把执行查询的方法换成带 Async 后缀的异步方法。和异步保存一样，异步查询也不支持并发操作，因此推荐立即 await 异步查询的调用。在需要高并发的服务端应用场景，推荐尽量使用异步查询。

示例代码如下：

```
1. using (var db = new BasicDbContext())
2. {
3.     await db.BasicEntities.Where(x => x.Id > 3).ToListAsync();
4. }
```

异步查询在 await 之后也会停下来等待结果再继续执行。但异步查询会在发送完查询命令后立即让出 CPU 的使用权，给其他急等着用 CPU 的线程运行。当数据库返回结果后，再通过 I/O 完成中断唤醒线程继续运行。避免线程占用 CPU 空转而浪费计算资源。

9.12　小　　结

通过本章的介绍，我们知道了 EF Core 查询的大部分常用功能，并对查询的基本原理也有所了解，对 EF Core 查询功能的掌控能力也有了基本的保障，基本达成了大限度地利用 LINQ 的查询翻译，了解 LINQ 所能完成的功能范围并选择合适的方式进行查询。

第 10 章

Entity Framework Core 共享功能

EF Core 的主要功能已经基本介绍完毕，但是为了能更好地使用 EF Core，需要最后学习一些 EF Core 的各种零散的小功能，为 EF Core 的学习画上一个圆满的句号。

10.1 配置上下文

在之前的介绍中，已经使用过大多数常用的上下文配置和应用方法，包括重写配置方法和使用上下文配置对象传入配置。但是 EF Core 还包含一些辅助配置，这些配置不会影响 EF Core 的运行。本节集中介绍一下常用的辅助配置，这里展示在重写的配置方法中。

10.1.1 日志记录

示例代码如下：

```
1.  public class BasicDbContext : DbContext
2.  {
3.      private static readonly ILoggerFactory MyLoggerFactory = LoggerFactory.
          Create(builder => { builder.AddConsole(); });
4.
5.      protected override void OnConfiguring(DbContextOptionsBuilder optionsBuilder)
6.      {
7.          optionsBuilder.UseLoggerFactory(MyLoggerFactory);
8.      }
9.  }
```

ILoggerFactory 在整个应用生命周期只需要一个实例，因此定义为静态只读字段。如果是在 ASP.NET Core 中使用，EF Core 会自动使用 ASP.NET Core 应用提供的 ILoggerFactory。这种方法比较适合在控制台应用中单独使用的情况。示例中的 AddConsole 方法位于 NuGet 包 Microsoft.Extensions.Logging.Console 中。

10.1.2 参数显示

示例代码如下:

```
1.   public class BasicDbContext : DbContext
2.   {
3.       protected override void OnConfiguring(DbContextOptionsBuilder optionsBuilder)
4.       {
5.           optionsBuilder.EnableSensitiveDataLogging();
6.       }
7.   }
```

默认情况下为了保护敏感数据,日志中的查询参数会显示为问号。使用 EnableSensitiveDataLogging 方法可以在日志中显示参数的真实值。

10.1.3 全局默认拆分查询

示例代码如下:

```
1.   public class BasicDbContext : DbContext
2.   {
3.       protected override void OnConfiguring(DbContextOptionsBuilder optionsBuilder)
4.       {
5.           optionsBuilder.UseSqlServer("连接字符串", options => { options.
             UseQuerySplittingBehavior(QuerySplittingBehavior.SplitQuery) });
6.       }
7.   }
```

拆分查询设置是与数据库相关的,因此要在指定数据库的配置内部进行配置。

10.1.4 全局默认基于标识解析的非跟踪查询

示例代码如下:

```
1.   public class BasicDbContext : DbContext
2.   {
3.       protected override void OnConfiguring(DbContextOptionsBuilder optionsBuilder)
4.       {
5.           optionsBuilder.UseQueryTrackingBehavior(QueryTrackingBehavior.
             NoTrackingWithIdentityResolution);
6.       }
7.   }
```

配置之后所有查询默认为启用标识解析的非跟踪查询。

10.2 自动重试

有时,可能因为一些瞬时故障导致 EF Core 和数据库的交互失败,为了增强 EF Core 对瞬时故障的容错性,可以设置自动重试。

示例代码如下:

```
1.   public class BasicDbContext : DbContext
2.   {
```

```
3.    protected override void OnConfiguring(DbContextOptionsBuilder optionsBuilder)
4.    {
5.        optionsBuilder.UseSqlServer("", options =>
            { options.EnableRetryOnFailure(3); });
6.    }
7. }
```

自动重试也是和数据库相关的，要在数据库配置中进行设置。示例设置为最多自动进行 3 次重试。

10.3 内存数据库

如果希望对 EF Core 进行一些测试，但不想使用真实数据库，可以安装包 Microsoft.EntityFrameworkCore.InMemory，使用内存数据库。

示例代码如下：

```
1. public class BasicDbContext : DbContext
2. {
3.    protected override void OnConfiguring(DbContextOptionsBuilder optionsBuilder)
4.    {
5.        optionsBuilder.UseInMemoryDatabase("default");
6.    }
7. }
```

10.4 小　　结

到此为止，EF Core 的基础知识和常用用法就基本介绍完了。EF Core 的更多高级功能需要大家在实践中学习。从 EF Core 篇的篇幅可以看出，EF Core 是一个强大而复杂的基础工具框架，如果不多加以实践，是无法真正掌握的。也因为 EF Core 的基础性，其基本是不会直接使用的，而是在一个更高级、更接近真实项目的框架中作为基础设施使用。有了基础知识，接下来就要开始在更接近实战的环境中进行实践了。

第三篇
ASP.NET Core

ASP.NET Core是重新设计和重写实现的跨平台Web应用框架，摆脱了对Windows和IIS的依赖，可以轻松地以任何方式运行。为了能够适应容器和物联网设备等资源受限的环境，ASP.NET Core大幅精简了框架核心，对功能模块进行了整理和拆分，让应用可以只安装和依赖使用到的模块。为现代Web应用全新打造的ASP.NET Core框架给用户带来了全新的开发体验。

第 11 章

快速入门

本章主要介绍 ASP.NET Core 中最核心的内容和编写可运行的项目的必要代码,为读者建立整体认识,方便之后详细介绍各个组成部分。

11.1 简　介

ASP.NET Core 是全新的 Web 应用框架,在脱离了背负沉重历史包袱的 ASP.NET 后,重新设计了整个框架的配置和运行流程。框架的灵活性大幅提高,开发者也拥有了调整和定制框架或内部组件的更大权限。这也使得我们从 ASP.NET 转移到 ASP.NET Core 需要重新学习和适应一些新的概念和思路。这些学习和适应不算太难,而且一旦适应,就能够更轻松地写出更复杂的应用,也能够更轻松地把多种 Web 服务集成到一个应用中。

虽然 ASP.NET Core 重构了底层,但是微软把 ASP.NET 的大部分上层应用开发模型移植了过来,在进行上层应用开发时会感到非常亲切。ASP.NET Core 使用的许多底层支持组件也并非专用,因此一旦学会就可以在更多类型的软件开发中使用,学习的回报绝对物超所值。

11.2 创建项目

ASP.NET Core 5.0 和 6.0 的项目模板看上去变化较大,但是其核心并没有变。接下来就通过两个模板项目的对比来进行介绍,借此消除读者对两种模板的陌生感。如果按照本书的示例选项安装,项目模板应该同时包含 .NET 5 和 .NET 6 的版本。也可以通过 VS(Visual Studio)安装程序或独立的 SDK 安装包安装其他版本。

根据 "2.2　创建解决方案和项目" 的介绍打开新建项目对话框,选择 "ASP.NET Core Web 应用",为项目取名,选择合适的框架版本,其他选项保持默认,然后创建项目。

1. .NET 5 及更早版本

Program.cs 文件包含的代码如下:

```
1.    public class Program
```

```
2.    {
3.        public static void Main(string[] args)
4.        {
5.            CreateHostBuilder(args).Build().Run();
6.        }
7.
8.        public static IHostBuilder CreateHostBuilder(string[] args) =>
9.            Host.CreateDefaultBuilder(args)
10.               .ConfigureWebHostDefaults(webBuilder =>
11.               {
12.                   webBuilder.UseStartup<Startup>();
13.               });
14.   }
```

代码解析：

1）Main 方法只有一句代码，可以看出是，它先调用下方定义的 CreateHostBuilder 方法实例化了一个 IHostBuilder 接口的对象，然后调用 Build 方法构造 IHost 接口对象，最后调用 Run 方法启动 IHost。这是典型的建造者模式的应用。Run 方法会阻塞代码直到主机停止以避免程序闪退。单独定义 CreateHostBuilder 方法的目的是方便 EF Core 的.NET CLI 工具调用，修改方法签名会导致 EF Core 迁移工具出错。

2）Host.CreateDefaultBuilder 方法会创建一个默认主机构造器，这个构造器包含许多常用基础组件，有关主机构造器的详细介绍请参阅"12.5.3 通用主机"。

3）ConfigureWebHostDefaults 方法会向主机构造器添加 ASP.NET Core 的核心服务和常用基础功能。webBuilder.UseStartup 方法会调用指定的 Startup 类继续配置应用需要的其他功能，有关 Startup 类的详细介绍请参阅"12.8 Startup 类"。

Startup.cs 文件包含的代码如下：

```
1.    public class Startup
2.    {
3.        public Startup(IConfiguration configuration)
4.        {
5.            Configuration = configuration;
6.        }
7.
8.        public IConfiguration Configuration { get; }
9.
10.       // This method gets called by the runtime. Use this method to add services to
              the container.
11.       public void ConfigureServices(IServiceCollection services)
12.       {
13.           services.AddRazorPages();
14.       }
15.
16.       // This method gets called by the runtime. Use this method to configure the HTTP
              request pipeline.
17.       public void Configure(IApplicationBuilder app, IWebHostEnvironment env)
18.       {
19.           if (env.IsDevelopment())
20.           {
21.               app.UseDeveloperExceptionPage();
22.           }
23.           else
24.           {
25.               app.UseExceptionHandler("/Error");
26.               // The default HSTS value is 30 days. You may want to change this for
                      production scenarios, see https:// aka.ms/aspnetcore-hsts.
27.               app.UseHsts();
28.           }
29.
30.           app.UseHttpsRedirection();
31.           app.UseStaticFiles();
```

```
32.
33.            app.UseRouting();
34.
35.            app.UseAuthorization();
36.
37.            app.UseEndpoints(endpoints =>
38.            {
39.                endpoints.MapRazorPages();
40.            });
41.        }
42.    }
```

代码解析：

1）Startup 类是专门供开发者修改的，其中的默认代码根据项目模板而定。构造函数使用依赖注入服务获取由主机提供的 IConfiguration 对象，使应用能根据配置决定要执行的代码分支。Startup 的构造函数使用专用的依赖注入服务，只能注入特定类型的对象。此时的 IConfiguration 对象是不完整的，部分内容是在主机启动后才加载的。

2）ConfigureServices 方法用于向主机注册运行时可能要使用的服务，参数是由主机构造器提供的服务注册表对象。方法执行完毕后主机构造器会回收注册表，然后根据其中的内容构造完整的依赖注入容器，因此方法的签名必须如此，否则主机构造器找不到这个方法。如果应用非常简单，不需要任何服务的话也可以删除这个方法。示例使用的是 Razor Pages 项目模板，因此注册了与之相关的一系列服务，但是把这些服务注册代码平铺起来非常长，既不美观也不好管理，因此微软将其封装到了 AddRazorPages 扩展方法中。

3）Configure 方法用于向主机配置处理请求的流水线。ASP.NET Core 把请求的处理过程抽象成一条流水线，流水线中的每个工序负责处理请求的一部分内容。其中一些工序可能需要早期工序的结果，此时这些工序就产生了因果依赖，工序前后顺序的安排也就成了关键要素。ASP.NET Core 会在框架内部把请求的网络数据处理成一个 HttpContext 对象，然后交给流水线的第一个工序，每个工序完成自己的处理后自行决定是要交给后续工序继续处理还是在此结束处理，流水线的工作就是负责加工这个 HttpContext 对象。

从上述介绍可以看出，Configure 方法是必要的，因为框架只知道应该如何生产 HttpContext 对象，但不知道应该如何对其进行深加工，加工方式会决定这个应用的功能。该方法的 IApplicationBuilder 参数是用来生产请求处理流水线的构造器，主机会在方法执行完成后用它来构造完整的流水线。Configure 方法中类似 UseRouting 的每个 UseXXX 方法都会向流水线构造器添加一个处理工序，调用这些方法的顺序也同时决定了各个工序的执行顺序。在 ASP.NET Core 中，这些工序有个专有名称——中间件，有关中间件的详细介绍请参阅"12.7 中间件和请求处理管道"。

Configure 方法的第二个参数 IWebHostEnvironment 是从主机的依赖注入服务中获取的，这个依赖注入服务是应用运行库使用的完整版。Configure 方法从第二个参数开始可以使用任何之前在 ConfigureServices 中注册的服务。框架用反射的方式调用 Configure 方法，因此可以声明任意数量的参数，唯独第一个参数必须是 IApplicationBuilder。

2. .NET 6

Program.cs 文件包含的代码如下：

```
1.  var builder = WebApplication.CreateBuilder(args);
2.
3.  // Add services to the container.
4.  builder.Services.AddRazorPages();
5.
6.  var app = builder.Build();
7.
8.  // Configure the HTTP request pipeline.
9.  if (!app.Environment.IsDevelopment())
10. {
```

```
11.         app.UseExceptionHandler("/Error");
12.         // The default HSTS value is 30 days. You may want to change this for production
                scenarios, see https:// aka.ms/aspnetcore-hsts.
13.         app.UseHsts();
14.     }
15.
16.     app.UseHttpsRedirection();
17.     app.UseStaticFiles();
18.
19.     app.UseRouting();
20.
21.     app.UseAuthorization();
22.
23.     app.MapRazorPages();
24.
25.     app.Run();
```

代码解析：

1）.NET 6 模板使用了 C# 9 的新功能——顶级语句功能，这些代码可以全部视为 Main 方法的语句。WebApplication.CreateBuilder 方法创建了一个默认的 Web 主机构造器，可以简单认为是 .NET 5 中的 Host.CreateDefaultBuilder 和 ConfigureWebHostDefaults 的综合体。

2）builder.Build 之前的部分可以全部视为 Startup 类的 ConfigureServices 方法中的代码，builder.Services 就是 ConfigureServices 方法的 IServiceCollection 参数。

3）Startup 中的 IConfiguration 等服务全部可以通过 builder 的各种属性获得。builder.Build 到 app.Run 之间的代码可以全部视为 Startup 类的 Configure 方法中的代码，app 可以当作 Configure 方法的 IApplicationBuilder 参数使用。

对 .NET 6 进行如此改造的目的是简化 ASP.NET Core 的骨架代码，降低初学者的入门门槛，内部实现没有任何区别。但是这种简化也在一定程度上弱化了代码的结构，对熟悉 .NET 5 代码的开发者来说反而不习惯。这种封装简化也屏蔽了少量完整结构代码的可用功能，如果发现用到的功能刚好被屏蔽了，可以把代码改回完整结构。

11.3 小　　结

ASP.NET Core 的基本代码结构经过精心设计，成为学习设计模式的经典范例，.NET 6 再次简化代码，让开发者能更方便地进行开发。了解了 ASP.NET Core 的基本结构后，接下来在分别学习各个组成部分的细节时不要忘了在全局视角下审视这些设计，体会细节和整体之间的联系。

第 12 章

公共基础

本章将着重介绍 ASP.NET Core 框架的基础知识,为后续学习上层应用功能打下坚实的基础。

12.1 依赖注入

12.1.1 概述

依赖注入(Dependency Injection)和控制反转(Inversion of Control)两个概念经常一起出现,若要进行简单的概括,在笔者看来,控制反转是一种软件设计原则,这个原则指示软件模块不应该在实现级别进行分层依赖,应该在抽象级别进行。实现应该依赖抽象,处于最底层,这样的软件才能兼具灵活性和稳定性。

软件在抽象层定义要达成的目标和总体工作流程,这些是软件中比较稳定的部分。如果软件的目标和总体流程发生重大改变,只能说明核心需求都没有明确,不知道想要软件解决什么问题或发生了重大设计失误。软件在实现层定义解决问题的具体细节,这些细节往往是不稳定的。例如在 EF Core 篇的值比较器中提到的有关字节数组的相等性问题,在不同场合相等性的定义不同,如果涉及自定义类型,情况会更复杂。有时也可能随着现实情况的改变导致实现的改变。一般的软件开发方法很难同时满足抽象的稳定性和实现的灵活性要求。

这种矛盾主要是因为开发者承担了细节指导的角色,过度干预了软件工作的流程,最后自己被卷入无休止的需求变更的漩涡。如果把开发者和软件比喻成一家公司,这家公司有老板和若干员工,一般的开发方法中开发者相当于同时扮演老板和员工的角色。老板负责把控大方向,决策是抽象的,比较稳定,需要员工细化为可落实的操作。实际情况是复杂多变的,操作就需要根据情况随机应变。开发者在扮演老板时要考虑稳定的框架设计,在扮演员工时要考虑如何变成可落实的操作。最后的软件成品是要完成稳定目标和灵活多变的具体操作的复合体。这时矛盾产生了,开发者扮演了员工的角色,而员工最终会成为软件的一部分,但是人和机器终究是不能无缝对接的。这种错位让开发者深陷实现细节的泥潭,无法在老板的视角俯瞰全局。

控制反转就是一个能解决这种矛盾的设计原则。但设计原则终究是抽象的,最后还是要落实到操作层面,依赖注入就是实现这种设计原则的工具。一般的软件开发中,开发者需要亲自为各个对象准备依赖的对象,也就是用 new 新建一个对象,然后通过构造函数的参数或属性来给其他要新建的对象赋值。在设计对象和它们之间的关系时,开发者扮演老板的角色,在编写这些新建对象相关的代码时，开发者扮演员工的角色。这时开发者就插手了软件工作的细节并扼杀了软件的灵活性，因为一个个新建出来的对象都是具体的，类型是静态已知的。当实现细节发生变化时，开发者就要到处修改要这个新建的对象，就像员工要根据情况调整具体操作那样。但是，这些对象之间的关系基本不会发生大的变动，否则公司和老板都变了，和推倒重来也差不太多。随着软件复杂度的提升和代码规模的扩大，开发者要修改的代码也越来越多，最终只能疲于奔命。为了把开发者从亲自新建对象然后到处修改代码的泥潭中解放出来，于是依赖注入组件诞生了。

依赖注入组件的工作分为两个步骤：

步骤 01 开始工作前注册声明的服务类型和具体的实现类型之间的对应关系。

步骤 02 开始工作后为所请求的服务提供实例。

注册服务是由开发者在代码中静态编写和规定的，如果使用反射技术还可以提高注册的灵活性。服务提供则是在程序运行时自动进行的。通过这两个步骤，开发者可以全局管理对象之间的关系，并把使用时的各种麻烦全部交给依赖注入组件自动管理。这一静一动两个步骤不仅确保了开发者牢牢掌握控制权，还顺利地从各种麻烦的细节中脱身，能抽出时间和精力去解决其他问题。

一个合格的依赖注入组件要解决的关键问题有两个。一个是声明的服务可能依赖其他辅助服务，依赖注入组件要能自动为请求的服务提供辅助服务。就像之前开发者在用 new 新建实际使用的对象前先用 new 新建构造函数的参数一样，并且这个过程可能像俄罗斯套娃那样有很多层。另一个是管理服务的生命周期。某些服务可能需要使用非托管资源，应该在何时释放非托管资源，如何确保能触发释放操作，这关系到长时间运行的应用能否稳定运行。

如果这时把服务定义为接口、抽象类或某个基类，实现类实现相应的接口或继承基类，软件就分离了抽象声明和实现细节。服务定义了软件要达到的目的，实现定义了如何达到目的。在依赖注入组件的帮助下，开发者从直接编写软件实现的细节，变成了定义软件使用抽象的服务完成工作的流程以及配置工作时抽象的服务所代表的具体实现之间的关系。

如果有一个框架已经定义好了工作的流程，那么使用该框架的开发者就只需要编写框架定义的服务的实现并配置它们之间的关系。ASP.NET Core 正是一个已经定义好工作流程的长时间自动运行的应用框架，因为 HTTP 协议是现成的规定，所以根据规定开发一套实现是可行的。当然微软已经为常见的情况定义了一套默认的实现并进行了配置，在最大程度上避免了大量开发者各自为基本相同的功能一遍又一遍地编写相同代码的麻烦。

12.1.2 在控制台应用中使用依赖注入

依赖注入虽然是 ASP.NET Core 的基石，但并不代表依赖注入不能在其他地方使用。了解如何在最简单的控制台应用中使用依赖注入有助于理解其在 ASP.NET Core 中是如何工作的。

1. 使用内置依赖注入组件

在控制台应用中使用依赖注入需要安装 NuGet 包 Microsoft.Extensions.DependencyInjection。示例代码如下：

```
1.      // 泛型服务接口
2.      public interface IGenericService<in T>
3.      {
4.          // 声明服务方法
5.          string SayHello(T obj);
6.      }
7.
8.      // 实现封闭式泛型接口的普通服务接口
9.      public interface IService : IGenericService<string> { }
10.
11.     // 泛型服务接口的泛型实现
```

```csharp
12.  public class GenericService<T> : IGenericService<T>
13.  {
14.      public string SayHello(T obj)
15.      {
16.          return $"Hello { obj } ! I'm Service1<{typeof(T).Name}>.";
17.      }
18.  }
19.
20.  // 普通服务接口的实现
21.  public class Service : IService
22.  {
23.      public string SayHello(string obj)
24.      {
25.          return $"Hello {obj} ! I'm Service2.";
26.      }
27.  }
28.
29.  // 依赖外部服务的复杂服务实现
30.  public class ComplexService
31.  {
32.      private IGenericService<string> _service;
33.
34.      // 通过构造函数接收依赖的外部服务
35.      public ComplexService(IGenericService<string> service)
36.      {
37.          _service = service;
38.      }
39.
40.      public virtual string SayHello(string name)
41.      {
42.          return $"{_service.SayHello(name)} And I'm ComplexService.";
43.      }
44.  }
45.
46.  class Program
47.  {
48.      static void Main(string[] args)
49.      {
50.          // 准备服务配置表
51.          IServiceCollection services = new ServiceCollection();
52.
53.          // 向配置表添加一条配置
54.          // 配置对象的类型为ServiceDescriptor，配置包含服务类型、实现类型和服务的生命周期
55.          services.Add(new ServiceDescriptor(typeof(IService), typeof(Service),
                 ServiceLifetime.Singleton));
56.          // 向配置表添加一条封闭式泛型类型的单例服务配置，使用手动提供的对象作为服务实例
57.          services.AddSingleton<IGenericService<string>>(new
                 GenericService<string>());
58.          // 向配置表添加一条作用域服务配置，使用自定义的服务实例化工厂委托生成服务实例
59.          services.AddScoped<IGenericService<string>>(provider => new Service());
60.          // 向配置表添加一条作用域服务配置，注册为开放式泛型类型
61.          services.AddScoped(typeof(IGenericService<>), typeof(GenericService<>));
62.          // 向配置表添加一条瞬态服务配置，只有一个类型参数，因此服务类型和实现类型相同
63.          services.AddTransient<ComplexService>();
64.
65.          // 创建根服务提供者，选项表示在构造提供者时验证服务的作用域依赖关系是否合理
66.          using var rootProvider = services.BuildServiceProvider(new
                 ServiceProviderOptions { ValidateScopes = true, ValidateOnBuild = true });
67.          // 创建新的作用域
68.          using (var scope = rootProvider.CreateScope())
69.          {
70.              // 获取该作用域的服务提供者
71.              var provider = scope.ServiceProvider;
72.
73.              // 获取指定类型的服务，返回类型为通用的Object，需要手动转换类型
```

```
74.         var complexService = (ComplexService)provider.GetService
              (typeof(ComplexService));
75.         // 使用服务
76.         Console.WriteLine(complexService.SayHello("Alice"));
77.
78.         // 获取开放式泛型服务,此处指定 System.Type 类型填充注册时留空的类型参数
79.         // 获取服务时必须提供所有类型参数,否则无法实例化服务
80.         var service1 = provider.GetService<IGenericService<Type>>();
81.         Console.WriteLine(service1.SayHello(typeof(string)));
82.
83.         // 获取普通服务
84.         var service2 = provider.GetRequiredService<IService>();
85.         Console.WriteLine(service2.SayHello("Bob"));
86.
87.         using (var scope2 = provider.CreateScope())
88.         {
89.             var provider2 = scope2.ServiceProvider;
90.
91.             // 获取已注册服务的所有实现的实例
92.             // 获取已注册服务的单个实例时会得到最后注册的实现,而获取所有实例时会按注册顺
                 序获取所有匹配的实现
93.             // 此处会获得 3 个实例
94.             // 分别是以单例模式注册的 IGenericService<string>、以作用域模式和自定义
                工厂方式注册的 IGenericService<string>、以作用域模式注册的开放式泛型服
                务 IGenericService<>,框架会自动识别类型参数的类型进行补完和实例化
95.             var serviceList = provider2.GetServices<IGenericService<string>>();
96.             foreach (var s in serviceList)
97.             {
98.                 Console.WriteLine(s.SayHello("Tom"));
99.             }
100.        }
101.    }
102. }
103. }
```

示例展示了依赖注入组件的大多数用法,接下来一一进行说明。

1)使用依赖注入组件时,先实例化一个 IServiceCollection 对象,用于存放服务注册信息。IServiceCollection 实际上是一个元素类型为 ServiceDescriptor 的 List,微软为了凸显这个类型的重要性,同时为了方便定义专用的扩展方法,避免污染 List,专门定义了接口和相应的实现类。注册完成后使用 IServiceCollection 的扩展方法 BuildServiceProvider 根据注册信息构建服务提供者。每个服务提供者都有一个对应的作用域(Scope),用来缓存创建的服务实例。使用 BuildServiceProvider 创建的服务提供者所在的作用域称为全局作用域或根作用域。可以使用服务提供者的 CreateScope 方法创建新的子作用域,子作用域可以继续创建新的子作用域。当释放作用域时,如果缓存的服务实现了 IDisposable 接口,会同时释放这些服务。

使用 IServiceCollection 的 Add 方法可以添加一条注册信息,其他的 AddXXX 方法都是方便注册用的扩展方法,最后都会在内部调用 Add 方法。AddXXX 方法中的 XXX 就是指要为服务注册的作用域。在服务注册时需要指定服务的生存周期,生存周期有三种:单例、作用域和瞬态。

- 单例(Singleton):服务在全局作用域及其子作用域中只有一个实例,多次请求服务都会获得同一个对象,并且由服务提供者确保线程安全。
- 作用域(Scoped):服务在同一个作用域中只有一个实例,但在不同作用域中的实例不同。
- 瞬态(Transient):每次请求服务都会获得全新的实例。但是如果希望自动释放服务对象所占用的非托管资源,需要连同作用域一起释放,作用域会缓存实现了 IDispose 接口的服务实例。

在注册单例服务时可以直接注册一个对象,服务提供者会直接使用提供的对象,另外两个作

用域无法确保服务只有一个实例,因此不能直接注册对象。

在注册服务时可以为服务和实现注册不同类型,通常服务类型是接口或基类,这时实现类型必须实现接口或派生自基类。如果在注册时只指定一个类型则是把服务和实现注册为相同类型。注册时可以为相同的服务注册多个相同或不同的实现,服务提供者会返回最后注册的实现。

依赖服务组件支持注册泛型服务,包括封闭泛型和开放泛型。如果注册为开放泛型服务,那么服务和实现的类型参数数量必须相同。在请求服务时服务提供者会根据类型参数创建相应的对象。依赖服务组件支持为服务提供者指定自定义实例化工厂,实例化工厂是一个传入服务提供者并返回服务实例的 Func 委托。通过实例化工厂,开发者可以自定义服务的实例化过程。

2)使用带 ServiceProviderOptions 参数的 BuildServiceProvider 重载可以在创建服务提供者时对服务的作用域进行验证,作用域验证可以避免意外内存泄漏。如果一个单例服务依赖瞬态服务,单例服务会一直存在直到全局服务作用域被释放,这会导致创建的瞬态服务一直被单例服务引用,无法正常释放,间接导致这个瞬态服务的实例变相变成单例服务。如果这个瞬态服务需要非托管资源,会导致瞬态服务随着作用域一起被释放,这会导致依赖瞬态服务的单例服务无法继续正常工作。验证作用域可以避免这种情况的发生,毕竟如果服务之间的依赖关系复杂,可能无法轻松通过阅读代码发现问题。进行作用域验证的另一个作用是避免出现服务间的循环依赖。例如 A 服务依赖 B 服务,B 服务依赖 C 服务,C 服务又依赖 A 服务。这会导致递归创建服务直到线程栈被耗尽而引发异常。

3)创建好服务提供者之后,可以使用 GetService 方法请求服务,如果是没有注册过请求的服务类型,会返回 null。这里需要注意,请求的类型必须是服务类型,不能是实现类型,除非服务和实现的类型相同。其他 GetService 的泛型方法是方便使用的扩展方法,最后还是在内部调用 GetService 方法。GetRequiredService 方法如果请求没有注册的服务,会直接引发异常。使用 GetServices 方法可以获取为服务注册的所有实现,返回顺序和注册顺序相同。

4)ComplexService 的构造函数需要一个 IGenericService<string>参数,依赖注入组件会根据构造函数发现这个依赖,并在创建 ComplexService 之前先从缓存中提取或临时创建一个 IService<string>给参数。如果此处的参数是集合类型,则会像 GetServices 方法那样,获取所有注册的服务作为参数使用。由于需要依赖注入组件创建 IService<string>,因此 IService<string>也要注册到组件中。可以看出,这个过程是递归的,依赖注入组件会一层一层地发现每个服务的依赖并进行注入。开发者只需要定义服务的直接依赖,间接依赖由组件自动发现和管理。利用这个功能,可以有效减轻开发者的依赖管理负担,降低问题复杂度,作用域验证也可以有效避免局部视角下无法发现的逆向依赖和其他问题。

2. 服务实例化助手

有时,某些类型可能不方便直接注册为服务,但还是需要通过依赖注入服务提供构造函数的全部或部分参数,此时可以使用依赖注入包提供的 ActivatorUtilities.CreateInstance 系列辅助方法,帮助开发者自动从依赖注入服务提取可用的构造函数参数并使用手动提供的对象补足剩余参数来构造对象实例。这种技术也应用到了 ASP.NET Core MVC 框架中。

3. 使用第三方依赖注入组件

除了内置依赖注入组件,.NET 也预留了使用第三方依赖注入组件替换内置依赖注入组件的扩展点。接下来以使用 AutoFac 为例演示如何替换内置依赖注入组件。

示例代码如下:

```
1.   public static IHostBuilder CreateHostBuilder(string[] args)
2.   {
3.       return Host.CreateDefaultBuilder(args)
4.           // 注册第三方依赖注入组件的服务提供者工厂实例
5.           .UseServiceProviderFactory(new AutofacServiceProviderFactory())
6.           // 此处注册的服务会由第三方组件接管
7.           .ConfigureServices(services =>
```

```
8.        {
9.            services.AddScoped(typeof(IService<>), typeof(Service1<>));
10.           services.AddTransient<ComplexService>();
11.       });
12.       // 以第三方组件的兼容方式注册服务
13.       .ConfigureContainer<ContainerBuilder>(builder =>
14.       {
15.           builder.RegisterType<Service2>().As<IService>().SingleInstance();
16.       });
17. }
```

要在 .NET 应用中使用 AutoFac，需要安装 NuGet 包 Autofac.Extensions.DependencyInjection。使用 UseServiceProviderFactory 方法替换内置服务提供者工厂为 AutoFac，然后使用 ConfigureContainer 方法配置 AutoFac 的服务。之前使用 ConfigureServices 方法注册的服务也会一并纳入 AutoFac 的管理。之所以要分为两个方法主要是为了让基于各自组件编写的便捷注册方法能够继续正常使用，降低替换依赖注入组件造成的注册方法因参数类型不兼容导致的编码体验下降。此处也可以看出微软对细节的追求。

12.1.3　在 ASP.NET Core 应用中使用依赖注入

ASP.NET Core 框架是与依赖注入深度绑定的 Web 应用框架，这是和 ASP.NET 的显著区别之一。虽然 ASP.NET 也支持使用依赖注入进行开发，但只是一个可选项。这导致大量开发者在开发 ASP.NET 应用时并不使用依赖注入，迁移到 ASP.NET Core 时会感到巨大的不适。对于 Java 开发者来说 Spring 框架基本上是事实标准，Spring 本身就是从依赖注入框架起家的。因此 ASP.NET Core 也在有意无意地向 Java 使用了多年、证明了其成功的设计模式靠拢。.NET 的作风从来不是跟在别人后面跑，因此 ASP.NET Core 也绝不是照抄 Spring 模式，ASP.NET Core 吸收了 Spring 的成功经验，也充分吸取了 Spring 的教训，设计了一个容易上手、易于理解且高度灵活的基础框架。

如果要开发一个 ASP.NET Core 应用，可以使用 VS（Visual Studio）的项目模板直接创建一个项目，也可以把控制台应用中的依赖注入示例直接修改为 ASP.NET Core 应用。这里使用改造法进行演示。方法非常简单：在项目上右击→编辑项目文件→把<Project Sdk="Microsoft.NET.Sdk">改为<Project Sdk="Microsoft.NET.Sdk.Web">。

示例代码如下：

```
1.  class Program
2.  {
3.      static void Main(string[] args)
4.      {
5.          CreateHostBuilder(args)
6.              // 构造主机
7.              .Build()
8.              // 启动主机
9.              .Run();
10.     }
11.
12.     public static IHostBuilder CreateHostBuilder(string[] args)
13.     {
14.         // 配置默认的通用主机构造器
15.         return Host.CreateDefaultBuilder(args)
16.             // 配置默认的 Web 托管主机
17.             .ConfigureWebHostDefaults(webBuilder =>
18.             {
19.                 // 注册 Web 托管主机要用的服务
20.                 // 注册的服务实际上对整个通用主机可见
21.                 webBuilder.ConfigureServices(services =>
22.                 {
```

```
23.                services.AddScoped(typeof(IGenericService<>),
                       typeof(GenericService<>));
24.                services.AddTransient<ComplexService>();
25.
26.                services.AddMvc();
27.                services.AddHttpClient();
28.
29.                services.AddDbContext<DbContext>(options =>
30.                {
31.                    options.UseSqlite("Data Source=model.db");
32.                });
33.            });
34.
35.            // 配置 Web 托管主机的请求处理管道
36.            webBuilder.Configure(app =>
37.            {
38.                // 配置一个基于异步委托的管道中间件
39.                app.Run(async context =>
40.                    // 向响应正文写入 UTF-8 编码的文本,内容由注册的服务提供
41.                    await context.Response.BodyWriter.WriteAsync(
42.                        Encoding.UTF8.GetBytes(
43.                             context.RequestServices.GetService
                                <ComplexService>()
44.                                 .SayHello($"{context?.User?.Identity?.
                                    Name ?? "anonymous user"}")
45.                        )
46.                    )
47.                );
48.            });
49.        });
50.    }
51. }
```

代码解析:

1)示例中的 Host.CreateDefaultBuilder 方法创建了一个通用主机构造器,并传入命令行参数。然后使用 ConfigureWebHostDefaults 方法在通用主机上配置一个默认的 Web 主机,委托参数可以配置其他选项或覆盖默认选项。

2)webBuilder.ConfigureServices 方法使用委托配置依赖服务,其中的委托代码和控制台示例的注册方式一样。示例中注册了自定义服务、辅助服务和常用的预定义服务。AddMvc 是 ASP.NET Core 框架的预定义方法,注册了 MVC、Web API、Razor Pages 和视图渲染等相关服务。AddHttpClient 也是预定义方法,使用这个方法可以避免 HttpClient 的传统用法可能导致的 Socket 耗尽和 DNS 缓存不自动刷新等问题。AddDbContext 是 EF Core 的预定义方法,方便向依赖注入组件注册上下文。这些预定义方法已经在内部挑选了合适的作用域,因此在方法名和参数中均没有出现和作用域相关的字眼。

3)webBuilder.Configure 方法配置了请求处理管道,之前配置的服务就是在这里使用。可以看出,请求处理管道同样使用委托进行配置。示例展示了使用自定义服务向用户返回问候信息的简单代码,问候信息使用 UTF-8 编码。context 参数表示 HTTP 上下文,通过其属性 RequestServices 可以获得和当前上下文绑定的服务提供者。有关请求处理管道的详细内容将在之后详细介绍。在 Main 方法中使用 CreateHostBuilder(args).Build().Run();就可以启动主机查看效果了,但是现在用户名还是 null,有关用户信息的部分将在后文详细介绍。

由此可见,ASP.NET Core 应用中服务的注册和使用出现在不同的配置阶段。第一阶段配置服务注册信息,第二阶段使用已注册的服务配置请求处理管道。在编写代码时,ConfigureServices 和 Configure 的先后顺序并不重要。主机构造器会根据流程在适当的时机调用传入的委托完成配置,开发者编写的代码并不是按照编写顺序运行。这又带来一个额外的好处,委托中可以使用一些编写代码时还不存在的数据,只要这些数据能够在委托被真正调用时存在即可。这种由延迟执

行带来的灵活性正是委托式配置的一大优势。

在 ASP.NET Core 中 Scoped 服务的作用域是 HTTP 请求，框架会为每个请求准备一个作用域。其他服务的作用域和直接在控制台应用中使用的基本没有区别。

ASP.NET Core 应用大量委托进行配置，在框架的许多其他地方也有使用，这也是和 ASP.NET 应用的一个主要区别。这需要一段时间适应，适应后就可以体会到这种方式在灵活性上的巨大优势。

12.1.4 EF Core 中的依赖注入

还记得 EF Core 中关于自定义迁移操作和在同一个上下文中使用多个模型的部分吗？其中的示例代码中有 optionsBuilder.ReplaceService 这样的代码，这其实就是在替换 EF Core 的内部服务以实现用自定义逻辑替换内置逻辑。EF Core 也是使用依赖注入组件为基础开发的，也就是说，除了演示的部分，只要是由 EF Core 的内部服务接口负责的功能都能这样用自己的服务实现去替换。

12.1.5 面向切面编程

面向切面编程（Aspect Oriented Programming）是在面向对象编程时可能造成需要在多个无关类型中嵌入相同的附加逻辑时需要在这些类中重复编写相同的代码，并且附加逻辑与类的原始目的无关，导致违反类设计的单一职责原则的问题的一种解决方案。这种附加逻辑的代码也可能干扰开发者的思路，影响开发者理解类的设计意图。

一种典型的应用场景是日志记录，为了方便在非调试状态下监控系统运行，方便问题定位，通常会在代码中加入大量日志记录代码。但是日志记录和大多数类的职责没有关系，并且在各种类中的代码也基本一样，这种情况几乎和面向切面编程的适用场景完美匹配。

实现面向切面编程的一种常用方法是使用代理模式，代理模式又分为静态代理和动态代理。

- **静态代理**：开发者亲自编写代理类继承原始类，重写需要代理的方法加入附加逻辑的代码，使用时把代理类的对象赋值给原始类的引用。这种方式的优点是性能好，缺点是无法明显减少代码量。.NET 支持编译时代码注入，可以在编译时自动向目标类型注入代码，避免额外的继承，减少开发者的工作量。代码注入在编译期完成，不会影响性能。例如 Fody 就是一个著名的代码注入组件，同时 C# 9.0 也增加了源代码生成功能，可以让编译器使用自定义代码生成器生成代码然后编译混合后的新代码。这也在一定程度上降低了使用静态代码注入功能的难度。
- **动态代理**：通过反射和运行时代码生成技术在运行过程中自动生成代理类并使用。这种方式的优点是能显著降低代码量，开发过程中不会被代理类的相关代码影响思路。缺点是实现动态代理的技术难度大，性能较低。好在有现成的动态代理组件，降低了使用动态代理的难度。例如 EF Core 的延迟加载代理就是典型的内部专用动态代理，延迟加载代理会重写实体类的导航属性，增加延迟加载所需的逻辑。正因为需要重写导航属性，所以要求导航属性必须是可重写的（有 abstract、virtual 或 override 修饰符）。

代理模式的特点是使用基类或接口引用代理类的实例，依赖注入解耦服务和实现的特点能和代理模式完美配合，由依赖注入组件提供代理类的对象。如果能够把代理配置注册到依赖注入组件，由依赖注入组件自动完成代理对象的创建，可以把代码侵入性降到最低，这也是多数第三方依赖注入组件的特色功能。

过低的耦合度有时也可能产生麻烦，特别是在团队开发中，有可能因为沟通不畅导致部分成员不知道服务经过代理包装,对对象行为产生错误预期,进而错误调整代码。软件工程的复杂性不会降低,只会转移。动态代理基本上就是把对组件之间关系描述的压力从代码的自我解释中转移到对项目组的沟通交流和文档管理中,在提高软件架构灵活性的同时也增加了对项目和团队管理能力的要求。在实际项目的开发中能在何种程度上应用面向切面编程的思想与团队的整体水平和管理能力有关。需要注意的是,面向切面编程的可控粒度最细只能在原始方法调用前和调用后,无法打断原始方法的执行半路注入附加逻辑,除非重写被代理的成员,但是直接重写在通用代理中几乎无法实现,因为代理框架不可能处理无数种情况。

虽然内置的依赖注入组件不能自动实现动态代理,但可以通过一些简单的方法手动实现。接下来以使用 NuGet 包 Castle.Core 为例演示用内置依赖注入组件手动实现动态代理,这个包也是 EF Core 延迟加载代理的基础包。

示例代码如下:

(1)被代理对象的构造函数参数辅助

```
1.   #nullable enable
2.
3.   using Microsoft.Extensions.DependencyInjection;
4.   using System;
5.   using System.Collections.Generic;
6.   using System.Diagnostics.CodeAnalysis;
7.   using System.Reflection;
8.
9.   #if NETFRAMEWORK || NETSTANDARD2_0
10.  using System.Runtime.Serialization;
11.  #else
12.  using System.Runtime.CompilerServices;
13.  #endif
14.
15.  namespace AopExample
16.  {
17.      public static class ActivatorUtilitiesExtensions
18.      {
19.          /// <summary>
20.          /// 根据<see cref="IServiceProvider"/>和给定的参数获取可用的构造函数。
21.          /// <para>实例化示例(需要设置<paramref name=
                "getParameterValuesFromServiceProvider"/>的值为<c>true</c>):
                <code>constructor.Invoke(BindingFlags.DoNotWrapExceptions, binder:
                null, parameters: parameters.Select(p => p.Value).ToArray(), culture:
                null);</code></para>
22.          /// </summary>
23.          /// <param name="provider">用于解析依赖项的服务提供者。</param>
24.          /// <param name="typeToFindConstructor">要查找构造函数的类型。</param>
25.          /// <param name="getParameterValuesFromServiceProvider">是否要从服务提供者
                解析没有直接提供的构造函数参数的实例。</param>
26.          /// <param name="parameters">直接提供,不从<paramref name="provider"/>
                解析的构造函数参数。</param>
27.          /// <returns>找到的可用构造函数和相应的参数集合。</returns>
28.          public static (ConstructorInfo constructor, IEnumerable<KeyValuePair
                <ParameterInfo, object?>> parameters) GetAvailableConstructor(
29.              IServiceProvider provider,
30.              [DynamicallyAccessedMembers(DynamicallyAccessedMemberTypes.
                    PublicConstructors)] Type typeToFindConstructor,
31.              bool getParameterValuesFromServiceProvider = false,
32.              params object[] parameters)
33.          {
34.              int bestLength = -1;
35.              bool seenPreferred = false;
36.
37.              ConstructorMatcher bestMatcher = default;
38.
39.              if (!typeToFindConstructor.IsAbstract)
```

```csharp
40.         {
41.             foreach (ConstructorInfo? constructor in typeToFindConstructor.
                GetConstructors())
42.             {
43.                 var matcher = new ConstructorMatcher(constructor);
44.                 bool isPreferred = constructor.IsDefined(typeof
                    (ActivatorUtilitiesConstructorAttribute), false);
45.                 int length = matcher.Match(parameters);
46.
47.                 if (isPreferred)
48.                 {
49.                     if (seenPreferred)
50.                     {
51.                         ThrowMultipleCtorsMarkedWithAttributeException();
52.                     }
53.
54.                     if (length == -1)
55.                     {
56.                         ThrowMarkedCtorDoesNotTakeAllProvidedArguments();
57.                     }
58.                 }
59.
60.                 if (isPreferred || bestLength < length)
61.                 {
62.                     bestLength = length;
63.                     bestMatcher = matcher;
64.                 }
65.
66.                 seenPreferred |= isPreferred;
67.             }
68.         }
69.
70.         if (bestLength == -1)
71.         {
72.             string? message = $"A suitable constructor for type
                '{typeToFindConstructor}' could not be located. Ensure the type is
                concrete and all parameters of a public constructor are either
                registered as services or passed as arguments. Also ensure no
                extraneous arguments are provided.";
73.             throw new InvalidOperationException(message);
74.         }
75.
76.         return bestMatcher.GetMatchedConstructor(provider,
                getParameterValuesFromServiceProvider);
77.     }
78.
79.     /// <summary>
80.     /// 根据<see cref="IServiceProvider"/>和给定的参数获取可用的构造函数。
81.     /// <para>实例化示例（需要设置<paramref name=
            "getParameterValuesFromServiceProvider"/>的值为<c>true</c>）:
            <code>constructor.Invoke(BindingFlags.DoNotWrapExceptions, binder:
            null, parameters: parameters.Select(p => p.Value).ToArray(), culture:
            null);</code></para>
82.     /// </summary>
83.     /// <typeparam name="T">要查找构造函数的类型。</typeparam>
84.     /// <param name="provider">用于解析依赖项的服务提供者。</param>
85.     /// <param name="getParameterValuesFromServiceProvider">是否要从服务提供者
            解析没有直接提供的构造函数参数的实例。</param>
86.     /// <param name="parameters">直接提供，不从<paramref name="provider"/>
            解析的构造函数参数。</param>
87.     /// <returns>找到的可用构造函数和相应的参数集合。</returns>
88.     public static (ConstructorInfo constructor, IEnumerable<KeyValuePair
            <ParameterInfo, object?>> parameters) GetAvailableConstructor
            <[DynamicallyAccessedMembers(DynamicallyAccessedMemberTypes.PublicConst
            ructors)] T>(
```

```csharp
            IServiceProvider provider,
            bool getParameterValuesFromServiceProvider = false,
            params object[] parameters) =>
                GetAvailableConstructor(provider, typeof(T),
                    getParameterValuesFromServiceProvider, parameters);

        private struct ConstructorMatcher
        {
            private readonly ConstructorInfo _constructor;
            private readonly ParameterInfo[] _parameters;
            private readonly object?[] _parameterValues;

            public ConstructorMatcher(ConstructorInfo constructor)
            {
                _constructor = constructor;
                _parameters = _constructor.GetParameters();
                _parameterValues = new object?[_parameters.Length];
            }

            public int Match(object[] givenParameters)
            {
                int applyIndexStart = 0;
                int applyExactLength = 0;
                for (int givenIndex = 0; givenIndex != givenParameters.Length;
                    givenIndex++)
                {
                    Type? givenType = givenParameters[givenIndex]?.GetType();
                    bool givenMatched = false;

                    for (int applyIndex = applyIndexStart; givenMatched == false
                        && applyIndex != _parameters.Length; ++applyIndex)
                    {
                        if (_parameterValues[applyIndex] == null &&
                            _parameters[applyIndex].ParameterType.
                                IsAssignableFrom(givenType))
                        {
                            givenMatched = true;
                            _parameterValues[applyIndex] =
                                givenParameters[givenIndex];
                            if (applyIndexStart == applyIndex)
                            {
                                applyIndexStart++;
                                if (applyIndex == givenIndex)
                                {
                                    applyExactLength = applyIndex;
                                }
                            }
                        }
                    }

                    if (givenMatched == false)
                    {
                        return -1;
                    }
                }
                return applyExactLength;
            }

            public (ConstructorInfo constructor, IEnumerable
                <KeyValuePair<ParameterInfo, object?>> parameters)
                GetMatchedConstructor(IServiceProvider provider, bool
                    getParameterValuesFromServiceProvider)
            {
                if (getParameterValuesFromServiceProvider)
                {
                    for (int index = 0; index != _parameters.Length; index++)
                    {
```

```csharp
                    if (_parameterValues[index] == null)
                    {
                        object? value = provider.GetService(_parameters
                            [index].ParameterType);
                        if (value == null)
                        {
                            if (!ParameterDefaultValue.TryGetDefaultValue
                                (_parameters[index], out object? defaultValue))
                            {
                                throw new InvalidOperationException($"Unable
                                    to resolve service for type
                                    '{_parameters[index].ParameterType}' while
                                    attempting to activate
                                    '{_constructor.DeclaringType}'.");
                            }
                            else
                            {
                                _parameterValues[index] = defaultValue;
                            }
                        }
                        else
                        {
                            _parameterValues[index] = value;
                        }
                    }
                }
            }

            return (_constructor, GetParameterPairs());
        }

        private IEnumerable<KeyValuePair<ParameterInfo, object?>>
            GetParameterPairs()
        {
            var index = 0;
            foreach (var _ in _parameters)
            {
                yield return new KeyValuePair<ParameterInfo,
                    object?>(_parameters[index], _parameterValues[index]);
                index++;
            }
        }
    }

    private static void ThrowMultipleCtorsMarkedWithAttributeException()
    {
        throw new InvalidOperationException($"Multiple constructors were
            marked with {nameof(ActivatorUtilitiesConstructorAttribute)}.");
    }

    private static void ThrowMarkedCtorDoesNotTakeAllProvidedArguments()
    {
        throw new InvalidOperationException($"Constructor marked with
            {nameof(ActivatorUtilitiesConstructorAttribute)} does not accept
            all given argument types.");
    }
}

internal static class ParameterDefaultValue
{
    public static bool TryGetDefaultValue(ParameterInfo parameter, out
        object? defaultValue)
    {
        bool hasDefaultValue = CheckHasDefaultValue(parameter, out bool
            tryToGetDefaultValue);
        defaultValue = null;
```

```
202.                if (hasDefaultValue)
203.                {
204.                    if (tryToGetDefaultValue)
205.                    {
206.                        defaultValue = parameter.DefaultValue;
207.                    }
208.
209.                    bool isNullableParameterType = parameter.ParameterType.
                            IsGenericType &&
210.                        parameter.ParameterType.GetGenericTypeDefinition() ==
                            typeof(Nullable<>);
211.
212.                    if (defaultValue == null && parameter.ParameterType.IsValueType
213.                        && !isNullableParameterType)
214.                    {
215.                        defaultValue = CreateValueType(parameter.ParameterType);
216.                    }
217.
218.                    [UnconditionalSuppressMessage("ReflectionAnalysis",
                            "IL2067:UnrecognizedReflectionPattern",
219.                        Justification = "CreateValueType is only called on a
                            ValueType. You can always create an instance of a
                            ValueType.")]
220.                    static object? CreateValueType(Type t) =>
221.        #if NETFRAMEWORK || NETSTANDARD2_0
222.                        FormatterServices.GetUninitializedObject(t);
223.        #else
224.                        RuntimeHelpers.GetUninitializedObject(t);
225.        #endif
226.
227.                    if (defaultValue != null && isNullableParameterType)
228.                    {
229.                        Type? underlyingType = Nullable.GetUnderlyingType
                            (parameter.ParameterType);
230.                        if (underlyingType != null && underlyingType.IsEnum)
231.                        {
232.                            defaultValue = Enum.ToObject(underlyingType,
                                defaultValue);
233.                        }
234.                    }
235.                }
236.
237.            return hasDefaultValue;
238.        }
239.
240.        public static bool CheckHasDefaultValue(ParameterInfo parameter, out
                bool tryToGetDefaultValue)
241.        {
242.            tryToGetDefaultValue = true;
243.            return parameter.HasDefaultValue;
244.        }
245.    }
246. }
```

辅助类 ActivatorUtilitiesExtensions 参考.NET 依赖注入扩展库的 ActivatorUtilities 类实现。原始版本只提供了直接创建对象实例的方法，但手动实现动态代理时需要创建对象之前的中间结果 ——可用的构造函数和其参数的信息，创建代理对象的任务要交给代理生成器。修改后的辅助类可以把需要的中间结果作为返回值暴露出来使用。因此无须关注这个辅助类的实现细节，只需要知道公共方法的功能是为要实例化对象的类选择最合适的构造函数和准备所需的参数实例。

（2）生成服务的代理对象

```
1.  // 显式动态代理接口
2.  public interface IProxyService<out TService> where TService : class
3.  {
```

```csharp
        TService Proxy { get; }
    }

    // 动态代理接口的默认实现
    public class ProxyService<TService> : IProxyService<TService> where TService : class
    {
        public ProxyService(TService service)
        {
            Proxy = service;
        }

        public TService Proxy { get; }
    }

    // 自定义拦截器
    public class MyInterceptor : IInterceptor
    {
        // 这个方法会拦截所有可重写方法,具体拦截到哪个方法要从参数的成员中得知,再根据情况选择要
            执行的逻辑
        public void Intercept(IInvocation invocation)
        {
            Console.WriteLine($"已拦截到方法 {invocation.Method.Name} 并准备执行。");
            invocation.Proceed();
            Console.WriteLine($"已执行拦截的方法 {invocation.Method.Name}。");
        }
    }

    class Program
    {
        public static IHostBuilder CreateHostBuilder(string[] args)
        {
            return Host.CreateDefaultBuilder(args)
                .ConfigureWebHostDefaults(webBuilder =>
                {
                    webBuilder.ConfigureServices(services =>
                    {
                        // 注册要代理的服务的依赖项
                        services.AddScoped(typeof(IGenericService<>),
                            typeof(GenericService<>));
                        // 注册代理生成器,根据开发者文档的说明,应该注册为单例,避免内存泄漏
                        services.AddSingleton<ProxyGenerator>();
                        // 注册拦截器,拦截器的生命周期不应该小于要代理的服务,避免内存泄漏
                        services.AddTransient<MyInterceptor>();
                        // 注册要代理的基础服务
                        services.AddTransient<ComplexService>();

                        // 注册代理服务(自定义服务实例化工厂)
                        services.AddTransient<IProxyService<ComplexService>>
                            (provider =>
                        {
                            // 获取要代理的目标对象
                            var target = provider.GetRequiredService<ComplexService>();
                            // 获取拦截器
                            var interceptor = provider.GetRequiredService
                                <MyInterceptor>();
                            // 获取要代理的服务的构造函数参数信息
                            var (_, arguments) = ActivatorUtilitiesExtensions.
                                GetAvailableConstructor(provider, target.GetType(), true);
                            // 取出参数对象
                            var ctorArguments = arguments.Select(p => p.Value).ToArray();
                            // 生成代理对象
                            var proxy = provider.GetRequiredService<ProxyGenerator>()
                                .CreateClassProxyWithTarget(target.GetType(), target,
```

```
62.                            ctorArguments, interceptor);
                               // 包装到显式动态代理接口中返回
63.                            return Activator.CreateInstance(typeof(ProxyService<>).
                                   MakeGenericType(target.GetType()), proxy) as
                                   IProxyService<ComplexService>;
64.                       });
65.                   });
66.
67.                   webBuilder.Configure(app =>
68.                   {
69.                       app.Run(async context =>
70.                           await context.Response.BodyWriter.WriteAsync(
71.                               Encoding.UTF8.GetBytes(
72.                                   // 通过显式代理接口服务接口获取代理包装过的服务
73.                                   // 如果不通过代理接口，则可以获取原始服务，这样可以方便自行
                                       选择是否要使用代理
74.                                   context.RequestServices.GetService<IProxyService
                                       <ComplexService>>().Proxy.SayHello($"{context?.
                                       User?.Identity?.Name ?? "anonymous user"}")
75.                               )
76.                           )
77.                       );
78.                   });
79.               });
80.       }
81.   }
```

示例定义了代理服务接口 IProxyService<out TService> 和一个默认实现 ProxyService<TService>，用来和原始服务类型做区分，避免发生服务循环依赖的问题，唯一的成员用来存放代理服务对象。然后定义了一个拦截器类 MyInterceptor 用于拦截方法调用并执行自定义逻辑。在注册服务时除了要代理的服务，还需要额外注册代理生成器 ProxyGenerator 和之前定义的拦截器，然后使用自定义服务实例化工厂注册代理服务。使用时获取 IProxyService 类型的服务，通过 Proxy 属性即可使用经过动态代理的服务。

这个示例也展示出了服务实例化工厂的灵活和强大，充分利用服务实例化工厂可以实现很多内置依赖注入组件不具备的功能。直接使用自带代理功能的第三方依赖注入组件也是一个不错的选择。

12.2 配　　置

12.2.1 简介

配置几乎是所有程序都需要的东西，它负责解决如何从某个数据源获取程序运行所需要的数据并以某种形式提供给程序使用。程序运行所需的数据来源五花八门，常见的就有命令行参数、环境变量、配置文件和网络数据等。而配置文件和网络数据的格式又有多种形式，常见的就有 INI、YML、XML、JSON 等，网络数据除了数据格式外还存在网络协议的区别。.NET 的配置和选项就是用于把各种数据源和数据格式抽象为统一的形式进行集中管理，并为程序提供一个方便快捷的访问接口的系统。

在.NET Framework 时期，微软定义了统一的配置文件标准——使用 XML 格式。在普通应用程序中是 app.config，在 ASP.NET 中是 web.config 文件。访问其中的配置则使用静态类 ConfigurationManager。这可以算是微软的一项霸王设定，普通开发者没有选择权，除非自己重头设计一套私有实现，自己设计的实现又很难与其他系统和谐共存。

到了.NET 时期，秉承着开放包容的原则，配置和选项被设计为一个统一的抽象系统，让开

发者可以轻松地自行设计底层实现并接入系统。微软也为这套系统准备了一些常用的实现，减轻开发者的负担。使用这套新的配置系统，ConfigurationManager 也可以作为其中一个数据源使用。

12.2.2 在控制台应用中使用配置

和依赖注入相同，配置系统也是 ASP.NET Core 框架的基石，但同时也可以单独使用。通过单独使用配置系统可以更方便地了解配置系统的使用方法和工作原理，为在 ASP.NET Core 中的使用打下坚实的基础。接下来演示以 JSON 文件为数据源使用配置系统。需要安装 NuGet 包 Microsoft.Extensions.Configuration.Json。

示例代码如下：

```
1.   static void Main(string[] args)
2.   {
3.       // 准备配置构造器
4.       var builder = new ConfigurationBuilder();
5.       // 设置构造器的基础路径
6.       // 通常情况下，一个程序的配置会集中放在一起，使用基础路径可以避免重复编写相同的代码
7.       builder.SetBasePath(Directory.GetCurrentDirectory())
8.           // 添加 JSON 文件作为一个数据源
9.           .AddJsonFile("appsettings.json")
10.          // 添加另一个 JSON 文件作为数据源
11.          // 设置这个文件是可选的，不影响配置系统工作，并且实时监控文件的变更，实现配置内容的热更新
12.          .AddJsonFile("appsettings2.json", optional: true, reloadOnChange: true);
13.
14.      // 构造配置对象
15.      var configRoot = builder.Build();
16.      // 根据配置的路径语法规范获取节点
17.      // 获取的节点内容可能是一个复杂对象或数组，也可能是一个标量值，例如一个数字
18.      // 获取的节点可能不存在，但没有关系，不会出现异常，配置系统会返回空白节点（不是 null）
19.      var section = configRoot.GetSection("root:s1:0");
20.      // 把节点内容转换为 .NET 对象，支持标量值和复杂对象，类似 JSON 反序列化
21.      var value = section.Get<int>();
22.   }
```

通过 ConfigurationBuilder 对象的 SetBasePath 方法配置基准路径，之后可以通过相对路径指定配置文件。使用 AddJsonFile 方法添加数据源，可以指定数据源是否必须存在以及是否要在文件发生变更后重新读取数据。.NET 的配置系统支持把多个数据源融合到一个配置对象，进行统一管理和访问。如果多个数据源中存在冲突的配置，以最后添加的数据源中的数据为准。添加完数据源后使用 Build 方法构造配置对象，构造完成后将无法修改数据源，因此要提前把所有可能需要的数据源准备好。

使用 GetSection 方法可以通过路径获取指定配置节点，路径分隔符为冒号。JSON 中的属性访问符"."和数组元素访问符"[]"在配置系统中统一使用冒号分隔。如果获取一个不存在的路径，会返回一个没有数据的空节点而不是 null。获取的节可以继续使用 GetSection 访问内部的节点。使用 Get 方法可以把该节点的数据映射为指定类型，如果需要支持复杂对象、集合以及它们的复合类型的映射，需要安装 NuGet 包 Microsoft.Extensions.Configuration.Binder。

12.2.3 在 ASP.NET Core 应用中使用配置

在 ASP.NET Core 应用中，框架代码已经在内部完成了默认配置，可以直接使用。因此需要通过控制台应用来了解使用配置系统的全过程。同时框架也提供了相应的扩展点方便开发者对配

置系统进行定制。

示例代码如下：

```
1.  public static IHostBuilder CreateHostBuilder(string[] args)
2.  {
3.      return Host.CreateDefaultBuilder(args)
4.          .ConfigureWebHostDefaults(webBuilder =>
5.          {
6.              // 向主机添加一个配置，这个配置能用于之后的启动过程，最终会作为一个数据源集成
                    到总配置中
7.              webBuilder.UseConfiguration(
8.                  new ConfigurationBuilder()
9.                      // 添加一个内存数据源
10.                     // 配置的统一格式为键值对，因此使用字典最简单方便
11.                     .AddInMemoryCollection(new Dictionary<string, string>
                            { ["codeConfig"] = "WebHostConfig" })
12.                     // 注意，添加的是配置，不是配置构造器
13.                     .Build()
14.             )
15.             .ConfigureServices(services =>
16.             {
17.                 services.AddMvc();
18.             })
19.             .Configure(app =>
20.             {
21.                 app.Run(async context =>
22.                     await context.Response.BodyWriter.WriteAsync(null)
23.                 );
24.             });
25.         })
26.         // 配置主机的配置，主机在构造过程中需要的配置数据能在这里进行配置，最终会作为一个
                数据源集成到总配置中
27.         .ConfigureHostConfiguration(builder =>
28.         {
29.             builder.AddInMemoryCollection(new Dictionary<string, string>
                    { ["codeConfig"] = "HostConfig" });
30.         })
31.         // 配置应用的配置，在进行此处的配置时，主机已经构造完成，因此能影响主机构造的配置不能
                在这里进行，并且此处能读取主机配置为应用的配置提供参考，最终会作为一个数据源集成
                到总配置中
32.         .ConfigureAppConfiguration((context, builder) =>
33.         {
34.             builder.AddJsonFile("myconfig.json", optional: true, reloadOnChange: true)
35.                 .AddJsonFile($"myconfig.{context.HostingEnvironment.
                        EnvironmentName}.json", optional: true, reloadOnChange: true)
36.                 .AddInMemoryCollection(new Dictionary<string, string>
                        { ["codeConfig"] = "AppConfig" });
37.         });
38. }
```

示例中使用 ConfigureWebHostDefaults 方法完成了默认配置，在内部使用 UseConfiguration 方法追加自定义配置，这里追加的是一个已经完成构建的配置对象，最终会作为 ChainedConfigurationSource 的数据源集成到根配置中。使用 ConfigureHostConfiguration 方法添加主机配置，这里仅添加数据源，不进行构建，最终会集成到根配置。使用 ConfigureAppConfiguration 方法添加应用配置，这里仅添加数据源，不进行构建，最终会集成到根配置。在添加应用配置时可以获取主机构造器上下文进行深度定制，如示例中的添加和应用环境相关的配置文件。配置完成后从依赖注入获取的配置就是根配置。

以上扩展点的配置集成顺序和示例展示的顺序一致，由于配置冲突时遵循以最后一个数据源为准的原则，因此 codeConfig 的值最终为 AppConfig，调整方法的调用顺序不影响配置过程的实

际结果。内存数据源使用 Dictionary<string, string>类型的对象存储数据，其中的 key 也可以使用":"来构造多级路径，命名规则和使用 GetSection 方法读取配置的规则相同。

12.3 选　　项

12.3.1 简介

　　选项是一种访问配置数据的设计模式。C#是面向对象编程的语言，配置数据也应该以对象的方式进行访问。但是大多数数据源都是以纯文本或格式化文本来保存配置，从配置系统获取的数据一般是零散的基础数据值，如果手动编写代码来进行转化会是一个非常枯燥的重复性工作。由此便需要一个转换器把配置数据转换为对象供程序使用。由于配置系统支持监控数据源的变更，转换器也需要提供相应的支持。基于这些需求，.NET 以依赖注入为依托开发了一套相应的选项系统，支持使用配置数据和其他自定义数据甚至是委托作为数据源生成选项对象。在依赖注入系统的统筹下，注册的服务可以一次性地从依赖注入中获取封装为选项对象的配置数据。

12.3.2 具名选项

　　在一个软件中，可能出现需要多个相同类型的选项实例的情况。为了使多个相同类型的选项实例可以共存并能区分这些实例，选项系统提供具名选项这个功能，可以为不同的选项实例取一个专用的名字。就算不需要具名选项，选项系统也是以内置的默认名称作为选项名，这也方便统一整个选项系统的实现。

12.3.3 数据变更同步和变更事件

　　选项系统的数据源通常是配置系统，配置系统支持监控数据源的变更，选项系统自然也支持监控数据源的变更。并且选项系统还提供了数据变更事件，可以在检测到变更后执行自定义代码。

12.3.4 后期处理

　　选项系统在实例化选项对象后，还可以通过委托进行后期处理，对从数据源生成的原始选项进行加工，例如通过已知信息计算并填充动态数据，或者为选项赋值委托这种不是普通数据的成员。这也大幅增加了选项系统的灵活性。

12.3.5 选项验证

　　有时，选项的数据具有一定的规则，就像三角形的两边之和一定大于第三边一样。选项系统提供了选项验证功能，可以避免错误的选项数据破坏软件的稳定运行的情况发生。从这里就可以看出，选项和配置的一个主要区别：配置是对源数据的原始统一抽象，选项是完全的面向对象的概念，拥有高级行为。

　　选项系统的验证功能也和依赖注入进行了深度绑定，存储验证规则的对象也视为一种服务，可以从依赖注入中获取额外的信息用于构建动态验证规则。

12.3.6 选项作用域

既然选项系统是和依赖注入深度绑定的，那就应该尽可能地利用依赖注入的功能，其中之一就是作用域控制。选项系统支持监控数据源的变更，而这会产生问题：这种变更应该在什么时机体现？应该直接修改原对象还是使用新对象进行替换？作用域刚好能解决这些问题。在相同作用域中使用相同的对象，自然不会反映数据源变更；在不同作用域中使用不同的对象，重新创建实例自然能反映数据源变更。但选项系统还是提供了更强大的功能。

- 使用 IOptions<TOptions>接口以单例模式获取选项，永远不会反映数据源的变更。
- 使用 IOptionsSnapshot<TOptions>接口以作用域模式获取选项，在同一个作用域中不会反映数据源的变更。
- 使用 IOptionsMonitor<TOptions>接口以瞬态模式获取选项，每次获取都是基于最新数据创建的实例，不同的实例互不相关，已有的实例也不会反映数据源的变更。

> **注　意**
>
> IOptionsMonitor<TOptions>本身是单例服务，但是选项实例是以瞬态方式提供的。

12.3.7 在控制台应用中使用选项

在控制台应用中基于 JSON 数据源使用选项需要安装 NuGet 包：

- Microsoft.Extensions.Options.ConfigurationExtensions（添加对配置系统的支持）
- Microsoft.Extensions.Options.DataAnnotations（添加对数据验证特性的支持）
- Microsoft.Extensions.Configuration.Json
- Microsoft.Extensions.DependencyInjection

示例代码如下：

```
1.    // 根配置类型，用于序列化到 JSON 文件
2.    public class ConfigurationData
3.    {
4.        public bool AllowDigit { get; set; }
5.        public bool AllowShortThanNumber { get; set; }
6.        public MyOption Option { get; set; }
7.    }
8.
9.    // 选项类，内置验证逻辑
10.   public class MyOption
11.   {
12.       [Range(0, int.MaxValue, ErrorMessage = "必须是非负数。")]
13.       public int Number { get; set; }
14.
15.       [Required(ErrorMessage = "Text 是必填的。")]
16.       public string Text { get; set; }
17.   }
18.
19.   // 外挂的选项验证类，需要注册到依赖注入组件，支持依赖注入的功能
20.   public class MyOptionValidation : IValidateOptions<MyOption>
21.   {
22.       private bool _allowShortThanNumber;
23.
24.       public MyOptionValidation(IOptionsMonitor<ConfigurationData> options
```

```csharp
25.     {
26.         _allowShortThanNumber = options.Get("namedOption").AllowShortThanNumber;
27.     }
28.
29.     // 验证方法
30.     public ValidateOptionsResult Validate(string name, MyOption options)
31.     {
32.         var a = options.Text?.Length;
33.         if (!_allowShortThanNumber && !(options.Text?.Length >= options.Number))
34.             return ValidateOptionsResult.Fail("当前已禁止文本长度小于数字的值。");
35.         else
36.             return ValidateOptionsResult.Success;
37.     }
38. }
39.
40. class Program
41. {
42.     static async Task Main(string[] args)
43.     {
44.         // 准备配置数据
45.         ConfigurationData configData = new ConfigurationData();
46.         configData.AllowDigit = false;
47.         configData.AllowShortThanNumber = false;
48.         configData.Option = new MyOption();
49.         configData.Option.Number = 6;
50.         configData.Option.Text = "hello666";
51.
52.         // 序列化后保存到文件
53.         using (var file = File.CreateText("config.json"))
54.             file.Write(JsonSerializer.Serialize(configData));
55.
56.         // 构建配置对象
57.         IConfiguration configuration = new ConfigurationBuilder()
58.             .SetBasePath(Directory.GetCurrentDirectory())
59.             // 为了体现配置选项的热更新能力,需要启用数据源的修改监控
60.             .AddJsonFile("config.json", optional: false, reloadOnChange: true)
61.             .Build();
62.
63.         IServiceCollection services = new ServiceCollection();
64.         services.AddSingleton(configuration);
65.         // 注册具名选项并隐式绑定到根配置
66.         services.Configure<ConfigurationData>("namedOption", configuration);
67.         // 注册具名选项的后处理委托,在完成选项对象的初始赋值后由选项系统自动调用
68.         services.PostConfigure<ConfigurationData>("namedOption", option =>
               option.AllowShortThanNumber = false);
69.
70.         // 注册匿名选项
71.         services.AddOptions<MyOption>()
72.             // 显式绑定到配置的指定节点
73.             .Bind(configuration.GetSection("Option"))
74.             // 激活数据注解验证,使基于特性的验证生效
75.             .ValidateDataAnnotations()
76.             // 附加自定义验证委托
77.             // 验证委托支持从依赖注入服务获取额外的服务,从第二个参数开始由依赖注入服务提供
                  参数实例
78.             .Validate((MyOption option, IConfiguration configuration) =>
79.             {
80.                 return !(!configuration.GetValue<bool>("AllowDigit") && new
                      Regex("[0-9]+").IsMatch(option.Text));
81.             }, "当前已禁止在文本中出现数字。");
82.         // 注册外挂的选项验证服务,选项验证系统会自动使用
83.         services.AddTransient<IValidateOptions<MyOption>, MyOptionValidation>();
84.
85.         // 准备线程同步信号
```

```csharp
86.         using var showOptionEvent = new ManualResetEvent(false);
87.         using var editConfigEvent = new ManualResetEvent(false);
88.
89.         // 构建根服务提供者
90.         using var rootProvider = services.BuildServiceProvider();
91.         // 注册配置变更事件处理器
92.         rootProvider.GetRequiredService<IOptionsMonitor<ConfigurationData>>().
            OnChange(option =>
93.         {
94.             WriteLine("配置已更新。");
95.             // 配置变更后发送显示信号激活显示任务
96.             showOptionEvent.Set();
97.         });
98.
99.         // 激活池线程运行显示选项信息的任务
100.        // 完成显示后发送修改信号激活修改任务并等待显示信号进行下一次显示
101.        var showOption = Task.Run(() =>
102.        {
103.            // 在同一个作用域展示各种选项读取接口对配置变更的反应
104.            using (var scope = rootProvider.CreateScope())
105.            {
106.                var provider = scope.ServiceProvider;
107.                // 展示选项的信息
108.                ShowInfoHelper.ShowAllOption("scope1", provider);
109.
110.                // 通知修改线程修改配置文件
111.                editConfigEvent.Set();
112.                // 等待修改线程完成修改
113.                showOptionEvent.WaitOne();
114.                // 重置信号量的状态为下次等待做准备
115.                showOptionEvent.Reset();
116.
117.                // 修改配置后再次展示选项的信息
118.                ShowInfoHelper.ShowAllOption("scope1", provider);
119.            }
120.
121.            // 再次修改配置
122.            editConfigEvent.Set();
123.            showOptionEvent.WaitOne();
124.            showOptionEvent.Reset();
125.
126.            // 更换作用域，展示在不同作用域中各种选项读取接口对配置变更的反应
127.            using (var scope = rootProvider.CreateScope())
128.            {
129.                var provider = scope.ServiceProvider;
130.
131.                // 更换作用域后再次展示选项的信息
132.                ShowInfoHelper.ShowAllOption("scope2", provider);
133.            }
134.        });
135.
136.        // 激活池线程运行修改配置文件任务
137.        // 完成配置修改并等待修改信号进行下一次修改
138.        var editConfig = Task.Run(() =>
139.        {
140.            // 等待初次展示完成后修改配置
141.            editConfigEvent.WaitOne();
142.            // 重置信号量的状态为下次等待做准备
143.            editConfigEvent.Reset();
144.
145.            WriteLine("修改配置");
146.            configData.AllowShortThanNumber = true;
147.            configData.Option.Text = "hello";
148.            using (var file = File.CreateText("config.json"))
```

```csharp
                    file.Write(JsonSerializer.Serialize(configData));

                // 等待第二次展示完成后修改配置
                editConfigEvent.WaitOne();
                editConfigEvent.Reset();

                WriteLine("再修改配置");
                configData.Option.Number = 5;
                using (var file = File.CreateText("config.json"))
                    file.Write(JsonSerializer.Serialize(configData));
            });

            // 等待展示和修改任务完成后删除文件
            await Task.WhenAll(showOption, editConfig);
            File.Delete("config.json");
        }
    }

    // 展示配置和选项信息的辅助类
    public static class ShowInfoHelper
    {
        public static void ShowConfiguration(IConfiguration configuration)
        {
            WriteLine("当前 Configuration 内容：");
            foreach (var item in configuration.AsEnumerable())
            {
                if (item.Value is null) continue;
                WriteLine($"{item.Key} = {item.Value}");
            }
        }

        public static void ShowOption(IOptions<MyOption> options)
        {
            WriteLine("当前 Option 内容：");
            // 选项验证失败会引发异常，因此需要捕获
            try
            {
                var option = options.Value;
                WriteLine(option.Text);
            }
            catch (OptionsValidationException ex)
            {
                foreach (var fail in ex.Failures)
                {
                    WriteLine($"error: {fail}");
                }
            }
        }

        public static void ShowOption(IOptionsSnapshot<MyOption> options)
        {
            WriteLine("当前 OptionsSnapshot 内容：");
            // 选项验证失败会引发异常，因此需要捕获
            try
            {
                var option = options.Value;
                WriteLine(option.Text);
            }
            catch (OptionsValidationException ex)
            {
                foreach (var fail in ex.Failures)
                {
                    WriteLine($"error: {fail}");
                }
```

```
214.         }
215.
216.     public static void ShowOption(IOptionsMonitor<MyOption> options)
217.     {
218.         WriteLine("当前 OptionsMonitor 内容：");
219.         try
220.         {
221.             var option = options.CurrentValue;
222.             WriteLine(option.Text);
223.         }
224.         catch (OptionsValidationException ex)
225.         {
226.             foreach (var fail in ex.Failures)
227.             {
228.                 WriteLine($"error: {fail}");
229.             }
230.         }
231.     }
232.
233.     public static void ShowAllOption(string scopeName, IServiceProvider provider)
234.     {
235.         WriteLine("----------------------------------------");
236.         WriteLine($"当前作用域：{scopeName}");
237.         ShowConfiguration(provider.GetService<IConfiguration>());
238.         ShowOption(provider.GetService<IOptions<MyOption>>());
239.         ShowOption(provider.GetService<IOptionsSnapshot<MyOption>>());
240.         ShowOption(provider.GetService<IOptionsMonitor<MyOption>>());
241.     }
242. }
```

输出结果如下：

```
1.  当前作用域：scope1
2.  当前 Configuration 内容：
3.  Option:Text = hello666
4.  Option:Number = 6
5.  AllowShortThanNumber = False
6.  AllowDigit = False
7.  当前 Option 内容：
8.  error: 当前已禁止在文本中出现数字。
9.  当前 OptionsSnapshot 内容：
10. error: 当前已禁止在文本中出现数字。
11. 当前 OptionsMonitor 内容：
12. error: 当前已禁止在文本中出现数字。
13. 修改配置
14. 配置已更新。
15. ----------------------------------------
16. 当前作用域：scope1
17. 当前 Configuration 内容：
18. Option:Text = hello
19. Option:Number = 6
20. AllowShortThanNumber = True
21. AllowDigit = False
22. 当前 Option 内容：
23. error: 当前已禁止在文本中出现数字。
24. 当前 OptionsSnapshot 内容：
25. error: 当前已禁止在文本中出现数字。
26. 当前 OptionsMonitor 内容：
27. error: 当前已禁止文本长度小于数字的值。
28. 再修改配置
29. 配置已更新。
30. ----------------------------------------
31. 当前作用域：scope2
```

```
32.    当前 Configuration 内容:
33.    Option:Text = hello
34.    Option:Number = 5
35.    AllowShortThanNumber = True
36.    AllowDigit = False
37.    当前 Option 内容:
38.    error: 当前已禁止在文本中出现数字。
39.    当前 OptionsSnapshot 内容:
40.    hello
41.    当前 OptionsMonitor 内容:
42.    hello
```

示例展示了单独使用选项系统的完整过程。由于选项系统支持实时监控配置的变更,示例使用异步多线程来模拟多次修改配置的效果,代码结构略微复杂。

开始时准备配置数据对象,序列化后保存到 JSON 文件,添加到配置数据源。接下来填充服务注册信息,之前构建的配置对象注册为单例服务。使用 Configure 方法配置 ConfigurationData 类型的具名选项,这种配置方法只能进行简单配置。使用 AddOptions 方法配置 MyOption 类型的选项,绑定到配置的 Option 节点。使用 ValidateDataAnnotations 方法启用基于特性的验证,使用 Validate 方法配置自定义验证委托,验证委托支持获取依赖注入组件中的服务。注册 IValidateOptions<MyOption> 接口的服务后会自动应用到选项验证。多种验证可以共存,也可以为每种验证方式准备多个实现,选项系统会自动按顺序使用。使用 PostConfigure 方法配置 ConfigurationData 选项的后期处理委托,经过后期处理后,选项中的 AllowShortThanNumber 将永远被赋值为 false。

配置完成后,准备线程同步信号,方便控制多个线程。构建好服务提供者后注册选项变更事件处理器,检测到选项变更后通知显示线程继续显示数据。激活数据显示和配置修改线程开始演示流程,数据显示线程在完成一轮显示后通知配置修改线程修改配置数据,修改完成会触发选项变更事件通知显示线程开始下一轮显示。完成所有显示和修改后删除文件。

从示例中可以看出,IOptions 接口的选项一直是相同的验证错误,说明没有反映数据源变更;IOptionsSnapshot 接口的选项在更换作用域前是相同的验证错误,更换作用域后错误消失,说明更换作用域能反映数据源变更;IOptionsMonitor 接口的选项每次获取结果都不相同,说明随时获取都能反映数据源变更。

> **说 明**
>
> .NET 6 修改了 IOptions<TOptions> 服务的默认实现,使用懒加载方案,如果加载到的选项实例未通过验证则不会被缓存,因此直到消除验证错误前会表现出和 IOptionsMonitor<TOptions> 服务相同的现象。本例的输出结果在 .NET 6 和之前的版本之间会有出入,本书的示例是在发布 .NET 6 正式版之前的 .NET 5 环境下运行的,没有受新版本修改的影响。本节所述的示例在大多数情况下依然适用于 .NET 6。

12.3.8 在 ASP.NET Core 应用中使用选项

ASP.NET Core 框架已经集成了常用 NuGet 包,可以直接使用。使用方法和在控制台应用中的基本相同。

示例代码如下:

```
1.    public static IHostBuilder CreateHostBuilder(string[] args)
2.    {
3.        return Host.CreateDefaultBuilder(args)
4.            .ConfigureWebHostDefaults(webBuilder =>
5.            {
6.                webBuilder
```

```
7.           // 为了能在注册服务时获取配置,需要使用两个参数的重载
8.           .ConfigureServices((context, services) =>
9.           {
10.              // 注册数据类型为 ConfigurationData 的选项并绑定到根配置节点
11.              // 从依赖注入获取时别忘了要用 IOptionsXXX<TOption>系列接口
12.              services.Configure<ConfigurationData>(context.Configuration);
13.          })
14.          .Configure(app =>
15.          {
16.              app.Run(async context =>
17.                  await context.Response.BodyWriter.WriteAsync(
18.                      // 从选项中读取数据,然后序列化为 JSON 格式
19.                      JsonSerializer.SerializeToUtf8Bytes(context.RequestServices.
                            GetService<IOptions<ConfigurationData>>().Value)
20.                  )
21.              );
22.          });
23.      });
24. }
```

12.3.9 利用依赖注入的选项

不知道读者有没有发现,在前面的介绍中,虽然选项的实例是从依赖注入服务中获取的,但选项本身的值是从配置中读取的。那么是否有办法从依赖注入服务中获取选项的值或者产生值的线索呢？.NET 框架也考虑到了这种情况并提供了相应的解决方案。如果一个类实现了 IConfigureOptions<TOptions>（立即配置选项实例）、IConfigureNamedOptions<TOptions>（立即配置具名选项实例）或 IPostConfigureOptions<TOptions>（后处理配置选项实例）接口,这个类就可以配置 IOptions<TOptions>,而这些接口可以注册到依赖注入服务,选项系统会自动调用这些服务来配置选项实例。这样就可以用依赖注入服务为选项值的配置提供支持了。为方便使用,可以用一个基类来封装重复的工作。

示例代码如下:

```
1.  // 示例的基类以立即配置匿名选项用的接口为例
2.  public abstract class ConfigureOptionsWithServiceProvider<TOptions> :
        IConfigureOptions<TOptions>
3.      where TOptions : class
4.  {
5.      protected IServiceProvider Provider { get; }
6.      public OptionsWithServiceProvider(IServiceProvider provider)
7.      {
8.          Provider = provider;
9.      }
10.
11.     // 由子类实现具体的配置逻辑
12.     public abstract void Configure(TOptions options);
13. }
```

代码解析:抽象基类负责定义和初始化 IServiceProvider 属性用来给子类在 Configure 方法中使用。

通过依赖注入,选项系统可以在运行时对选项对象进行二次处理,提高了选项系统的灵活性。有些信息只有在运行时才能准确获取,例如进程的工作目录,操作系统和平台版本信息等。如果没有这个功能就无法把动态信息纳入到选项系统统一管理。

示例代码如下:

```
1.  public class MyOptions
2.  {
3.      public int Number { get; set; }
4.      public string Text { get; set; }
```

```
5.    }
6.
7.    public class ConfigureMyOptions : ConfigureOptionsWithServiceProvider<MyOptions>
8.    {
9.        public ConfigureMyOptions(IServiceProvider provider)
10.           : base(provider) { }
11.
12.       public override void Configure(MyOptions options)
13.       {
14.           // 从注册的服务中获取数据赋值给选项对象的属性
15.           // 如果数据只有在运行时才能确定,只有这种方式能得到正确的数据
16.           options.Number = Provider.GetService<IMyService>().Number;
17.           options.Text = Provider.GetService<IMyService2>().Text;
18.       }
19.   }
```

代码解析：只要继承 ConfigureOptionsWithServiceProvider<TOptions>就可以从依赖注入服务中获取任意服务来辅助配置选项实例的值。要注意，获取的选项实例为 IOptions<TOptions>（示例中为 IOptions<MyOptions>）类型，不是 IOptions<ConfigureOptionsWithServiceProvider<TOptions>>（示例中指 IOptions<ConfigureMyOptions>）类型。这样可以完美兼容第三方库，因为第三方库无法修改实现，如果获取的选项类型发生变化，第三方库将无法从中受益，这种模式的适用范围也会严重缩小。

配置系统负责抽象和管理静态的信息，例如配置文件，选项系统进一步整合配置和其他复杂情况的抽象和管理，应用代码使用选项来获取处理完成的最终结果。这样可以避免开发者在开发业务逻辑时分心去处理由多种不同性质的数据源导致的管理混乱和类的职责纯洁性被破坏的问题。

示例代码如下：

```
1.    class Program
2.    {
3.        static void Main(string[] args)
4.        {
5.            IServiceCollection services = new ServiceCollection();
6.            // 注册选项处理类到依赖注入系统
7.            services.ConfigureOptions<ConfigureMyOptions>();
8.
9.            // 其他的后续代码
10.       }
11.   }
```

代码解析：使用 ConfigureOptions 方法把选项处理类注册到依赖注入服务中即可，选项系统会自动在适当的时机调用。注意不要用错成 Configure 方法，虽然它们看着很像，但这两个方法是有区别的，Configure 方法用来注册选项数据的类型，ConfigureOptions 方法用于注册选项处理类。如果用 Configure 方法注册的话获取的选项就变成 IOptions<ConfigureMyOptions>了。

12.4 日　　志

日志是商业级软件必不可少的一部分，任何软件都不可能确保没有 bug。日志在生产环境中是唯一能自主可控地大量收集软件运行状态信息的工具，对发现软件的性能问题或潜在 bug、收集改进用户体验的参考信息、触发 bug 时辅助定位问题根源等都非常重要。.NET 也设计了一套统一的抽象日志记录框架，允许用户自行设计具体实现或使用现成的第三方实现。EF Core 也使用这套日志框架来记录运行信息。

12.4.1 日志类别

创建日志记录器时需要指定记录器所记录的日志的类别，类别实际上就是一个字符串，使用泛型的 CreateLogger 方法将自动把类型的完全限定名作为记录器的类别。否则需要使用参数传入类别。

为日志分类能为后续分析日志时过滤无关内容提供便利，泛型日志记录器使用类型分类是一种常用策略，通常用于集中分析特性类型的对象产生的日志。如果需要其他分类方法，可以使用普通记录器，日志类型使用字符串通过参数传递，可以随意指定。但是为了方便后续的分析和查找，请使用有规律有意义的类型名。

12.4.2 严重性级别

.NET 的日志框架为日志预定义了一组严重性级别，可以使用 Log{Level} 系列扩展方法方便地写入各种级别的日志。严重性级别由枚举定义，因此不存在自定义严重性级别的可能。在记录日志时请慎重考虑应当使用的严重性级别。表 12-1 列出了可用的严重性级别。

表 12-1 日志严重性级别对照表

LogLevel	值	扩展方法	说明
追踪（Trace）	0	LogTrace	包含最详细的消息。这些消息可能包含敏感的应用数据。这些消息默认情况下处于禁用状态，并且不应在生产环境中启用
调试（Debug）	1	LogDebug	用于调试和开发。由于量大，在生产环境中请小心使用
信息（Information）	2	LogInformation	记录应用的常规信息。可能具有长期价值，可以持久化以备不时之需
警告（Warning）	3	LogWarning	记录异常事件或意外事件。通常包括不会导致应用崩溃的错误或情况
错误（Error）	4	LogError	表示无法处理的错误和异常。这些消息表示当前操作或请求失败，而不是整个应用崩溃
严重（Critical）	5	LogCritical	需要立即关注的异常。例如数据丢失、磁盘空间不足等，很可能直接导致应用崩溃
无（None）	6		指定日志记录类别不应写入任何消息。可用于阻止记录器写入任何消息

12.4.3 事件 Id

即使是相同类别的日志也可能记录不同的情况，这时就需要更细粒度的手段来区分这些日志，可以使用事件 Id 来进一步划分同类日志。每个事件 Id 对应一个 EventId 结构体，主要存储数字编号和名称。因此推荐使用常量数字或枚举等方式提前定义每个数字编号，让他人能够得知 Id 所代表的意义。

12.4.4 消息模板

.NET 的日志系统原生支持记录结构化日志,其中一种结构化方法就是使用消息模板,消息模板在最大程度上保留了消息的各种信息而不是一个单纯的字符串。消息模板使用 "{}" 表示占位符并在其中填入模板参数名称,这种格式类似 C# 6 的内插字符串,但并不是内插字符串。同时也不像格式化字符串的模板用数字作占位符,因此消息模板参数严格按照顺序使用,且不能重用,如果多个参数需要使用多次,必须在参数列表中按顺序多次指定。消息模板的参数会保留其原始类型,因此能携带大量信息。

12.4.5 记录异常

日志记录方法可以把异常作为参数传入,因此可以完整地保留异常信息,对在生产环境中定位和修复异常有较大帮助。一般情况下只应该在警告及更严重级别的记录中包含异常。也可以说如果记录的日志发生在异常场景,那这条记录的严重性至少是警告级别。

12.4.6 作用域

可以使用 using 块创建一个日志记录器作用域,在此作用域中的日志均属于这个作用域,可以在创建时为作用域取名。作用域是否实际有效取决于记录提供程序是否对作用域进行了处理。日志的作用域和依赖注入以及 IDisposable 并没有关系,只是用来提供另一种日志信息的管理粒度的字符串标识,相同作用域中的日志表示它们具有逻辑上的连贯性。

12.4.7 运行时更改过滤器级别

.NET 日志系统支持和配置系统集成,如果日志记录提供程序提供相应支持,可以在运行中通过修改配置文件或其他支持热重载的配置数据源实时更改日志过滤器级别。

12.4.8 在简单控制台应用中使用日志

在控制台应用中使用日志需要安装 NuGet 包 Microsoft.Extensions.Logging.Console。如果要安装更多日志记录提供程序,可以在 NuGet 搜索或自己编写。

示例代码如下:

```
1.     static void Main(string[] args)
2.     {
3.         // 创建日志记录器工厂
4.         using var loggerFactory = LoggerFactory.Create(builder =>
5.         {
6.             builder
7.                 // 向工厂构造器添加日志过滤器
8.                 // 记录类型名由 "Microsoft" 开头的严重性至少是警告的日志
9.                 .AddFilter("Microsoft", LogLevel.Warning)
10.                // 记录类型名由 "System" 开头的严重性至少是警告的日志
11.                .AddFilter("System", LogLevel.Warning)
12.                // 记录类型名由 "LoggingConsoleApp.Program" 开头的严重性至少是调试的日志
13.                .AddFilter("LoggingConsoleApp.Program", LogLevel.Debug)
```

```
14.            // 添加控制台记录提供程序,并在选项中启用作用域支持
15.            // 该记录器会把记录的日志打印到控制台
16.            .AddConsole(options => options.IncludeScopes = true)
17.            // 添加事件记录提供程序
18.            // 该记录器会把日志输出到 Windows 事件日志
19.            .AddEventLog();
20.     });
21.
22.     // 从记录器工厂创建一个记录器
23.     ILogger logger = loggerFactory.CreateLogger<Program>();
24.     // 创建一个记录器作用域
25.     using (logger.BeginScope("scoped log"))
26.     {
27.         try
28.         {
29.             throw new Exception("示例异常");
30.         }
31.         catch(Exception ex)
32.         {
33.             // 记录一条包含异常信息的警告日志,使用消息模板生成结构化内容的日志
34.             logger.LogWarning(new EventId(666, "一般警告"), ex, "示例警告级别日志。p1:
                 { p1 }; p2: { p2}。", "p1 的值", "p2 的值");
35.         }
36.     }
37. }
```

使用 LoggerFactory 的静态方法 Create 构造一个日志工厂。参数是日志构造委托,可以在其中设置各种配置。AddFilter 方法可以配置各种类型的日志的输出级别,AddConsole 方法添加了控制台日志记录提供程序并开启了作用域支持,这个提供程序可以在控制台中输出日志。AddEventLog 方法继续添加了 EventLog 日志记录提供程序,安装 NuGet 包 Microsoft.Extensions.Logging.EventLog 后可用。

使用日志工厂的 CreateLogger 方法可以从工厂创建日志记录器,然后使用 BeginScope 方法创建了一个日志作用域(注意,这个作用域和依赖注入组件的作用域是不同的)。类型参数正是过滤器中指定的类型名称,只是过滤器中的名称是完全限定名或从根命名空间开始的部分限定名。使用 LogWarning 记录警告级别的日志,事件 Id 是 666,消息模板包含两个参数,因此最好传入两个参数的值。消息模板还包含了记录日志时发生的异常。

12.4.9　记录提供程序

日志在写入后需要记录提供程序读取并进行后续处理,否则会石沉大海。上一小节的示例中就添加了控制台记录提供程序和事件日志提供程序,也就是说一条日志可以同时由多个记录提供程序处理。

1. 内置记录提供程序

- Console:输出到控制台标准输出流。
- Debug:输出到标准调试诊断。
- EventSource:输出到跨平台事件源。
- EventLog:输出到 Windows 事件日志,仅支持 Windows 系统。
- AzureAppServicesFile 和 AzureAppServicesBlob:输出到微软云服务应用平台。
- ApplicationInsights:输出到微软云遥测监控平台。

2. 第三方记录提供程序

以下列出一些比较流行的第三方记录提供程序：

- elmah.io
- Gelf
- JSNLog
- KissLog.net
- Log4Net（Java 框架中的日志系统的.NET 移植版，资历最老，知名度最高，对结构化日志的支持较差）
- Loggr
- NLog（.NET Framework 时代的原生框架，知名度较高，支持结构化日志）
- PLogger
- Sentry
- Serilog（较新，对结构化日志和.NET 的基础系统的融合度最好，目前发展趋势较好）
- Stackdriver

12.5 主　　机

主机在.NET 中是一个非常重要的概念，一切无须直接与用户交互的长时间默默运行的应用都可以抽象为托管服务寄宿在主机里。主机提供了一套内置的依赖注入、配置和选项、日志记录、生命周期管理等实用功能。可以看出，主机架构的应用和后台服务类应用非常契合，因此.NET 也提供了一套扩展用于把主机转换并托管到 Windows 服务和 Linux 服务中。

12.5.1 托管服务

托管服务是一个与主机密切相关的概念，主机作为寄宿环境提供各种实用的基础功能，托管服务则是利用主机提供的基础功能完成业务功能并接受主机管理其生命周期的基本单位。托管服务是一个实现了 IHostedService 接口的类型，使用时需要注册到依赖注入组件，这使得托管服务可以方便地使用主机提供的基础功能。一个主机可以同时托管多个服务，主机启动时会自动查找已注册的所有托管服务并自动启动，停止主机时主机也会自动停止所有托管服务。值得一提的是，主机并非暴力停止托管服务，而是向托管服务发送停止命令，然后等待托管服务自行停止和通知主机停止的结果，因此不用担心停止主机可能导致问题影响将来的启动和运行。

示例代码如下：

```
1.   public class MyHostedService : IHostedService
2.   {
3.       // 代表托管服务主线程的任务
4.       private Task _serviceTask;
5.       // 任务取消令牌，用于实现服务的温和停止
6.       private readonly CancellationTokenSource _stoppingTokenSource = new
            CancellationTokenSource();
7.       // 可以从主机获取的基础配置服务
8.       private IConfiguration _configuration;
9.       // 可以从主机获取的基础生命周期服务
10.      private IHostApplicationLifetime _appLifetime;
11.      // 可以从主机获取的服务提供者
12.      private IServiceProvider _provider;
13.
14.      // 从构造函数接收主机的基础服务
```

```csharp
15.     public MyHostedService(
16.         IConfiguration configuration,
17.         IHostApplicationLifetime appLifetime,
18.         IServiceProvider provider)
19.     {
20.         _configuration = configuration;
21.         _appLifetime = appLifetime;
22.         _provider = provider;
23.     }
24.
25.     // 启动服务，由主机调用
26.     public Task StartAsync(CancellationToken cancellationToken)
27.     {
28.         // 向主机报告启动过程已被取消
29.         if (cancellationToken.IsCancellationRequested) return Task.FromCanceled
              (cancellationToken);
30.
31.         // 注册主机生命周期事件的回调函数
32.         _appLifetime.ApplicationStarted.Register(OnStarted);
33.         _appLifetime.ApplicationStopping.Register(OnStopping);
34.         _appLifetime.ApplicationStopped.Register(OnStopped);
35.
36.         // 启动服务的主线程
37.         _serviceTask = Task.Factory.StartNew(async () =>
38.         {
39.             // 每秒写入一条日志，记录当前时间，直到收到停止命令
40.             while (!_stoppingTokenSource.Token.IsCancellationRequested)
41.             {
42.                 _provider.GetService<ILogger<MyHostedService>>()
43.                     .LogInformation(DateTime.Now.ToString(
44.                         _configuration.GetValue<string>("format")
45.                     ));
46.                 await Task.Delay(1000);
47.             }
48.         }, TaskCreationOptions.LongRunning);
49.
50.         // 向主机报告托管服务已正常启动
51.         return Task.CompletedTask;
52.     }
53.
54.     // 停止服务，由主机调用
55.     public async Task StopAsync(CancellationToken cancellationToken)
56.     {
57.         if (_serviceTask == null) return;
58.
59.         // 向服务主线程发送停止命令
60.         _stoppingTokenSource.Cancel();
61.
62.         // 托管服务停止或到达超时时间后向主机报告
63.         await Task.WhenAny(_serviceTask, Task.Delay(Timeout.Infinite,
              cancellationToken));
64.     }
65.
66.     private void OnStarted()
67.     {
68.         _provider.GetService<ILogger<MyHostedService>>().LogInformation("托管服务
              已启动。");
69.     }
70.
71.     private void OnStopping()
72.     {
73.         _provider.GetService<ILogger<MyHostedService>>().LogInformation("正在停止
              托管服务。");
74.     }
75.
```

```
76.    private void OnStopped()
77.    {
78.        _provider.GetService<ILogger<MyHostedService>>().LogInformation("托管服务
           已停止。");
79.    }
80. }
```

示例展示了一个简单的托管服务，启动后会每秒写入一条包含当前时间的日志，时间的格式从配置中获取，并通过取消令牌来控制任务循环的结束。服务从构造方法中注入了配置、应用生命周期和服务提供者等几个服务。从这里可以看出，服务提供者本身也是一个可供注入的服务，可以叫作"我注入我自己"。应用生命周期服务可以在服务的不同阶段触发相应的事件。服务启动时首先向应用生命周期服务注册生命周期事件委托，然后启动并缓存服务任务，最后返回一个已完成的任务。停止服务时首先检查服务任务，如果任务不存在就直接返回，否则通过取消令牌来取消服务任务，最后等待服务任务结束或停止服务的等待超时。

服务的工作任务由任务工厂创建并指定任务类型为长时间运行，这样可以确保工作任务使用独立线程而非线程池线程运行，避免工作任务长时间占据用于执行短期任务的线程池线程而导致线程池中线程被耗尽的问题，并降低因此产生线程死锁的可能性。

12.5.2 环境

环境是.NET 主机中的概念，由 IHostEnvironment 接口定义，包含应用名称、内容根路径、表示内容根路径的文件提供者和环境名称等属性。一个主机可以定义无数种环境，但每次运行只会有一种环境生效。.NET 有三种预定义环境名称：Development（开发）、Staging（预演）、Production（产品）。主机会在构造和运行时读取环境配置信息并进行相应的操作，托管服务也可以从依赖注入组件中获取环境信息。可以通过配置参数定义环境启用或禁用不同敏感级别的功能或控制服务的工作流程。在 IHostBuilder 上可以使用 UseEnvironment 方法在代码中直接指定环境，如果不指定，主机构造器会从操作系统的环境变量和命令行参数中读取要使用的环境。

> **注　意**
>
> 内置的环境名称 API 区分字母大小写，如果希望忽略字母大小写，则需要自己编写比较代码。

12.5.3 通用主机

通用主机从 .NET Core 3.0 开始可用，是从早期服务于 ASP.NET Core 的 Web 主机中剥离了 Web 服务器功能所需的部分后产生的，可用于托管任何需要长时间自动运行的托管服务。

1. 基础使用

示例代码如下：

```
1.  class Program
2.  {
3.      public static IHostBuilder CreateHostBuilder(string[] args)
4.      {
5.          return Host.CreateDefaultBuilder(args)
6.              // 使用内存数据源添加到应用配置
7.              .ConfigureAppConfiguration(builder =>
8.                  builder.AddInMemoryCollection(
9.                      new Dictionary<string, string> { ["format"] = "yyyy-MM-dd
                        HH:mm:ss" }
```

```
10.                    )
11.                )
12.                // 注册托管服务，主机会自动查找已注册的托管服务
13.                .ConfigureServices(services => services.AddHostedService
                   <MyHostedService>());
14.    }
15.
16.    static async Task Main(string[] args)
17.    {
18.        // 构造主机
19.        using var host = CreateHostBuilder(args).Build();
20.        // 启动主机
21.        await host.StartAsync();
22.        // 等待5秒
23.        await Task.Delay(5000);
24.        // 停止主机
25.        await host.StopAsync();
26.    }
27. }
```

示例首先展示了如何把自定义的托管服务注册到主机中，即在 ConfigureServices 方法中使用 AddHostedService 方法即可。然后启动主机，等待 5 秒，最后停止主机。主机启动时会自动从依赖注入组件中获取所有托管服务并启动，停止主机时也会自动停止所有托管服务。

> **注 意**
>
> 主机只能启动一次，一旦停止就只能重新构造新的主机。因此建议辅助方法返回可重用的主机构造器而不是一次性的主机。

2. 主机配置

使用 Host 类的静态方法 CreateDefaultBuilder 可以创建一个添加了基本配置的主机构造器，这可以免去大量重复的基础配置工作。如果需要继续配置主机，可以使用 ConfigureHostConfiguration 方法配置主机的配置，使用 ConfigureAppConfiguration 方法配置应用的配置。这两个配置方法可以多次调用，各个方法的调用结果会分别依次合并，冲突的配置则最后一次调用的生效，最后应用配置会在合并主机配置后替换主机配置（主机配置变成应用配置的一个数据源），因此如果出现配置冲突，应用配置生效。使用 ConfigureServices 方法注册服务，这个方法也可以多次调用，调用结果依次合并。使用 UseServiceProviderFactory 方法指定第三方依赖注入组件的服务提供者工厂，如果使用第三方依赖注入组件，可以使用 ConfigureContainer 方法注册第三方依赖注入组件的服务，多次调用也是依次合并结果，最后和 ConfigureServices 方法的结果合并。.NET 也提供了大量扩展方法配置主机的方方面面，这些扩展方法实际上也是对以上方法的调用的包装。

CreateDefaultBuilder 方法对主机进行了以下基础配置：

- 将内容根目录设置为由 GetCurrentDirectory 方法返回的路径。
- 通过以下方式加载主机配置：
  ➢ 前缀为 DOTNET_ 的环境变量。
  ➢ 命令行参数。
- 通过以下对象加载应用配置：
  ➢ appsettings.json。
  ➢ appsettings.{Environment}.json。
  ➢ 应用在 Development 环境中运行时的机密管理器。
  ➢ 环境变量。

- 命令行参数。
- 添加以下日志记录提供程序：
  - 控制台。
  - 调试输出接口。
  - EventSource。
  - EventLog（仅当在 Windows 上运行时）。
- 当环境为 Development 时，启用作用域验证和依赖关系验证。

主机构造器会自动向依赖注入组件注册以下全局服务：

- IHostApplicationLifetime：应用生命周期接口。该服务会在应用启动完成、准备停止和停止完成三个阶段触发生命周期事件，任何关注应用生命周期事件的服务都可以注入服务并注册相应的生命周期事件委托。托管服务是关注这些事件的主要服务。
- IHostLifetime：主机生命周期服务接口。主机构造器会自动注册控制台生命周期服务，该服务会监听 Ctrl+C 命令信号，并在收到信号后停止应用。
- IHostEnvironment：主机环境服务接口。提供主机环境相关的信息。

3. 在主机中配置日志

示例代码如下：

```
1.  public static IHostBuilder CreateHostBuilder(string[] args)
2.  {
3.      return Host.CreateDefaultBuilder(args)
4.          // 配置主机日志
5.          .ConfigureLogging(builder =>
6.          {
7.              // 清除所有记录提供程序
8.              builder.ClearProviders();
9.              // 添加控制台日志记录提供程序
10.             builder.AddConsole();
11.             // 添加跨平台事件日志记录提供程序
12.             builder.AddEventSourceLogger();
13.         });
14. }
```

使用 ConfigureLogging 方法可以配置主机的日志，配置日志主要是配置要使用的记录提供程序。日志的其他配置方法和在控制台中的方法基本一样，也可以把日志的参数托管到配置和选项系统，日志工厂会自动使用其中的参数。

4. EF Core 的使用要点

如果在主机中使用了 EF Core，则需要把主机构造器的构造代码放在签名为 public static IHostBuilder CreateHostBuilder(string[] args) 的方法中，所在类也需要定义为公共类。这也是 ASP.NET Core 默认模板的写法。EF Core 的迁移工具会尝试通过这个方法构造主机并使用主机的依赖注入组件取出已注册的上下文进行迁移。

如果使用了.NET 6 的最小 API 构造主机，请直接按照项目模板中的用法编写代码，EF Core 6.0 迁移工具适配了最小 API 模式。

12.6　Web 主机

Web 主机从 .NET Core 3.0 开始实际上已经变成了一个寄宿在通用主机中的能够提供 Web 服务器功能的托管服务。叫作 Web 主机也只是历史名称的延续，纪念意义比较明显，读者千万不要被名字给带跑了。

在 IHostBuilder 接口使用 ConfigureWebHostDefaults 方法可以向依赖注入组件注册 Web 服务器功能所需的托管服务和一系列默认配置，其中包括：

- 注册 IWebHostEnvironment 代替 IHostEnvironment：这个接口继承自 IHostEnvironment 并添加了 Web 内容根目录，这个目录为默认的 Web 静态内容根目录。
- 注册内置的简单跨平台 Web 服务器 Kestrel 和其默认配置：这是 ASP.NET Core 能够跨平台运行的关键，同时也是目前性能最好的跨平台 Web 服务器之一。

这个方法包含一个配置委托参数，可以在配置委托中继续配置和 Web 服务器功能相关的配置。

12.6.1　托管到 Windows 服务和 Linux 服务

之前在设置主机中提到了 IHostLifetime 服务，托管到 Windows 服务和 Linux 服务实际上就是依靠注册相应的生命周期服务实现的。托管到 Windows 服务需要安装 NuGet 包 Microsoft.Extensions.Hosting.WindowsServices，托管到 Linux 服务需要安装 NuGet 包 Microsoft.Extensions.Hosting.Systemd。

示例代码如下：

```
1.   public static IHostBuilder CreateHostBuilder(string[] args)
2.   {
3.       return Host.CreateDefaultBuilder(args)
4.           .ConfigureAppConfiguration(builder =>
5.               builder.AddInMemoryCollection(
6.                   new Dictionary<string, string> { ["format"] = "yyyy-MM-dd HH:mm:ss" }
7.               )
8.           )
9.           .ConfigureServices(services => services.AddHostedService<MyHostedService>())
10.          // 添加 Windows 服务运行模式支持
11.          .UseWindowsService()
12.          // 添加 Linux 服务运行模式支持
13.          .UseSystemd();
14.  }
```

安装 NuGet 包后在 IHostBuilder 上使用 UseWindowsService 和 UseSystemd 就可以激活托管，它们可以共存，同时如果直接双击可执行文件或在终端启动，则会继续按照控制台生命周期正常运行。

这种托管方式对调试非常友好，.NET Framework 时期的 Windows 服务项目使用专用项目模板，调试时还需要先安装到系统中再附加进程。操作麻烦不说，这还导致基本无法调试位于服务启动事件中的代码，因为这些代码基本上来不及在服务启动完成前附加到进程。.NET 主机就非常聪明，可以根据托管环境自动使用相应的生命周期服务。

项目发布后还是需要通过命令把软件注册到 Windows 服务列表和 Linux 服务列表，在 Windows 中可以使用 sc.exe 工具完成注册。

示例代码如下：

（1）安装服务（批处理命令）

```
1.  set serviceName=<服务名称>
2.  set serviceFilePath=<可执行文件路径>
3.  set serviceDescription=<服务描述>
4.
5.  sc create %serviceName% BinPath=%serviceFilePath%
6.  sc config %serviceName% start=auto
7.  sc description %serviceName% %serviceDescription%
8.  sc start %serviceName%
9.
10. pause
```

（2）卸载服务（批处理命令）

```
1.  set serviceName=<服务名称>
2.
3.  sc stop %serviceName%
4.  sc delete %serviceName%
5.
6.  pause
```

12.6.2 .NET 后台服务

之前在托管服务中展示了一个简单托管服务，但是如果需要编写大量托管服务时就会发现这种写法有个问题，会出现大量相似的模板代码，例如创建工作线程的代码。如果能有一个类把这些模板代码封装起来，我们只需要直接写业务代码，剩下的交给模板类该多好。微软也意识到了这个问题，从.NET Core 2.1开始提供了一个实现了IHostedService接口的抽象类BackgroundService。接下来就演示一下如何把之前的简单托管服务改造为BackgroundService。

示例代码如下：

```
1.  public class MyBackgroundService : BackgroundService
2.  {
3.      private IConfiguration _configuration;
4.      private IHostApplicationLifetime _appLifetime;
5.      private ILogger<MyBackgroundService> _logger;
6.
7.      public MyBackgroundService(
8.          IConfiguration configuration,
9.          IHostApplicationLifetime appLifetime,
10.         ILogger<MyBackgroundService> logger)
11.     {
12.         _configuration = configuration;
13.         _appLifetime = appLifetime;
14.         _logger = logger;
15.     }
16.
17.     // 实现启动服务主线程的抽象方法，由基类调用
18.     protected override Task ExecuteAsync(CancellationToken stoppingToken)
19.     {
20.         return Task.Factory.StartNew(async () =>
21.         {
22.             while (!stoppingToken.IsCancellationRequested)
23.             {
24.                 _logger.LogInformation(DateTime.Now.ToString(
25.                     _configuration.GetValue<string>("format")
26.                 ));
27.                 await Task.Delay(1000);
28.             }
29.         }, TaskCreationOptions.LongRunning);
30.     }
31.
```

```
32.     // 启动服务的虚方法，由主机调用
33.     // 如果没有自定义逻辑，可以不重写
34.     public override Task StartAsync(CancellationToken cancellationToken)
35.     {
36.         if (cancellationToken.IsCancellationRequested) return
            Task.FromCanceled(cancellationToken);
37.
38.         _appLifetime.ApplicationStarted.Register(OnStarted);
39.         _appLifetime.ApplicationStopping.Register(OnStopping);
40.         _appLifetime.ApplicationStopped.Register(OnStopped);
41.
42.         // 不要忘了调用基类的方法
43.         return base.StartAsync(cancellationToken);
44.     }
45.
46.     private void OnStarted()
47.     {
48.         _logger.LogInformation("服务已启动。");
49.     }
50.
51.     private void OnStopping()
52.     {
53.         _logger.LogInformation("正在停止服务。");
54.     }
55.
56.     private void OnStopped()
57.     {
58.         _logger.LogInformation("服务已停止。");
59.     }
60. }
```

12.7 中间件和请求处理管道

12.7.1 中间件和请求处理管道的关系

中间件和请求处理管道是 ASP.NET Core 应用中极其重要的概念，ASP.NET Core 框架是由依赖注入和请求处理管道这两个基础建成的。在极致简约的情况下，开发者可以无视依赖注入开发出一个无论访问什么地址都返回"Hello World"的网站，但是却不可能无视请求处理管道，因为返回"Hello World"这个功能本身就是通过配置请求处理管道完成的。可以说请求处理管道决定了请求将会被如何处理和响应。

这时，问题就变成了请求处理管道是如何配置的，中间件就此隆重登场。请求处理管道是一条完整的管路，中间件就是一节一节的管子，请求处理管道就是由一个个中间件拼起来的，配置方法就是把管子拼成管路的工人，HTTP 上下文就是流过管路的"水"，只不过这些管子并不只是单纯地让"水"流过，而是会在流经的时候对其进行处理。

示例代码如下：

```
1.  public static IHostBuilder CreateHostBuilder(string[] args)
2.  {
3.      return Host.CreateDefaultBuilder(args)
4.          .ConfigureWebHostDefaults(webBuilder =>
5.          {
6.              // 配置请求中间件管道
7.              webBuilder.Configure(app =>
8.              {
9.                  // 添加一个基于委托的短路中间件
10.                 app.Run(async context => await context.Response.BodyWriter.
```

```
11.                        WriteAsync(Encoding.UTF8.GetBytes("Hello World")));
12.             });
13.     }
```

代码解析：请求处理管道的配置由 IApplicationBuilder 接口（示例中的变量 app）管理，从接口名称也可以看出其地位的重要性。

12.7.2 终端中间件和管道短路

请求处理管道终究是有限的，会有一个结尾，处在结尾处的中间件就被称为终端中间件。在 HTTP 上下文中有一个规定，一旦向响应正文写入数据，就开始发送响应，禁止再修改响应标头。因为响应标头会在响应正文之前发送给客户端，此时修改为时已晚，已经没有意义，还有可能产生意外。因此一般情况下会向响应正文写入数据的中间件都是终端中间件。虽然可以让多个中间件都写入响应，但这在大多数情况下都只会带来混乱，使应用难以维护，应该尽量避免。

虽然终端中间件一般处在管道的末尾，但是在某些情况下中间件在管道的中途掐断从而使得管道提前折头也是很有用的。在中途的终端中间件因为已经完成对请求的处理，因此无须将请求交给后续中间件，管道在此处结尾，此时称为管道短路。短路了管道的中间件实际上充当了终端中间件。

中间件之所以能使管道短路，是因为管道中的下一个中间件会作为参数传递给当前中间件，当前中间件有权决定是否调用下一个中间件，如果不调用，就相当于管道短路。

示例代码如下：

```
1.  public static IHostBuilder CreateHostBuilder(string[] args)
2.  {
3.      return Host.CreateDefaultBuilder(args)
4.          .ConfigureWebHostDefaults(webBuilder =>
5.          {
6.              webBuilder.Configure(app =>
7.              {
8.                  // 添加一个基于委托的中间件
9.                  // 因为 Use 方法不是用于配置终端中间件的方法，因此有一个 next 参数代表管道中的
                       下一个中间件
10.                 app.Use(async (context, next) =>
11.                 {
12.                     // 向响应正文写入数据
13.                     await context.Response.BodyWriter.WriteAsync(Encoding.UTF8.
                           GetBytes("Hello"));
14.                     // 有一半的概率使管道短路，实际情况下应根据业务需要决定是否短路
15.                     if (new Random().Next(0, 2) == 0) await next(context);
16.                     // 待管道的剩余部分返回后继续向响应正文写入数据
17.                     await context.Response.BodyWriter.WriteAsync(Encoding.UTF8.
                           GetBytes("!"));
18.                 });
19.                 // Run 方法用于配置终端中间件，因此没有 next 参数
20.                 app.Run(async context => await context.Response.BodyWriter.
                       WriteAsync(Encoding.UTF8.GetBytes(" World")));
21.             });
22.         });
23.  }
```

示例使用随机数决定是否调用下一个中间件，因此这个管道有一半的概率返回"Hello!"，一半的概率返回"Hello World!"。Use 方法配置普通中间件，Run 方法配置终端中间件，因此 Run 方法的委托没有 next 参数。中间件在调用下一个中间件之后还会返回到当前中间件，因此中间件有两次机会对请求进行处理：一次是在调用下一个中间件之前，一次是在下一个中间件返回之后，这个特点使管道像一个由中间件组成的套娃。这也确保了无论管道如何执行，叹号都是在

最后。这个示例就是一个典型的由多个中间件共同写入响应的例子,除了这种特殊用途外,应尽量避免出现这种情况。

示例使用了 .NET 6 的新扩展方法,需要亲自传递 next 委托的 context 参数。也正因如此,新方法能够避免框架自动分配额外的对象以实现向后续中间件隐式传递 context 参数,彻底静态化自定义委托中间件。这同时也避免了对象分配和 GC 回收造成的性能损失。根据基准测试,新方法能获得最多 78% 的性能提升,强烈推荐使用。

中间件管道的套娃式结构的示意图如图 12-1 所示。

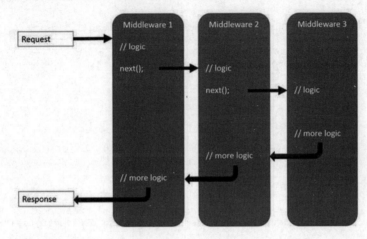

图 12-1 中间件管道

12.7.3 中间件的顺序

中间件是通过配置方法拼起来的,又有管道短路、中间件执行流程和写入响应的问题,因此中间件的顺序非常重要。如果和应用启动的其他信息相结合,是否要在管道中添加中间件或添加何种中间件也会变得至关重要。

示例代码如下:

```
1.   public static IHostBuilder CreateHostBuilder(string[] args)
2.   {
3.       return Host.CreateDefaultBuilder(args)
4.           .ConfigureWebHostDefaults(webBuilder =>
5.           {
6.               webBuilder.Configure((host, app) =>
7.               {
8.                   // 如果应用以开发环境启动,则配置开发者异常页面中间件,否则配置自定义错误页面
9.                   if (host.HostingEnvironment.IsDevelopment())
                         app.UseDeveloperExceptionPage();
10.                  else app.UseExceptionHandler("/Error");
11.
12.                  app.Run(async context => await context.Response.BodyWriter.
                         WriteAsync(Encoding.UTF8.GetBytes(host.HostingEnvironment.
                         EnvironmentName)));
13.              });
14.          });
15.  }
```

示例通过判断应用的环境配置不同的错误处理中间件,避免在生产环境暴露错误信息。由于错误处理中间件注册在开头位置,因此可以截获并处理一切在请求处理中发生的错误,包括异常和表示错误的响应。

12.7.4 管道分支

在 ASP.NET Core 应用中,管道并非只能有一条。管道可以在特定的情况下转入不同的分支,应用不同的中间件,或者在完成额外的处理后汇入原分支。管道的分支能力大幅拓展了应用的灵活性,也为中间件保持职责的单一性提供了便利条件。

示例代码如下:

```csharp
public static IHostBuilder CreateHostBuilder(string[] args)
{
    return Host.CreateDefaultBuilder(args)
        .ConfigureWebHostDefaults(webBuilder =>
        {
            webBuilder.Configure(app =>
            {
                // 匹配简单路径
                app.Map(
                    "/m1",
                    appM => appM.Run(async context => await context.Response.
                        BodyWriter.WriteAsync(Encoding.UTF8.GetBytes("Map 1")))
                );
                app.Map(
                    "/m2",
                    appM => appM.Run(async context => await context.Response.
                        BodyWriter.WriteAsync(Encoding.UTF8.GetBytes("Map 2")))
                );

                // 匹配嵌套的路径,匹配外层路径
                app.Map(
                    "/m3",
                    appM =>
                    {
                        // 匹配内层路径前的通用前置处理
                        appM.Use(async (context, next) =>
                        {
                            await context.Response.BodyWriter.WriteAsync(Encoding.
                                UTF8.GetBytes("Map 3 -> "));
                            await next(context);
                        });

                        // 匹配内层路径
                        appM.Map(
                            "/p1",
                            appP => appP.Run(async context => await context.Response.
                                BodyWriter.WriteAsync(Encoding.UTF8.GetBytes("Path 1")))
                        );
                        appM.Map(
                            "/p2",
                            appP => appP.Run(async context => await context.Response.
                                BodyWriter.WriteAsync(Encoding.UTF8.GetBytes("Path 2")))
                        );

                        // 匹配自定义规则(查询字符串中包含参数 q)
                        appM.MapWhen(
                            context => context.Request.Query.ContainsKey("q"),
                            appMW => appMW.Run(async context => await context.
                                Response. BodyWriter.WriteAsync(Encoding.UTF8.
                                GetBytes($"Q = {context.Request.Query["q"]}"))));

                        // 内层匹配失败的后置处理
                        appM.Run(async context => await context.Response.BodyWriter.
                            WriteAsync(Encoding.UTF8.GetBytes("Path default")));
```

```
47.             });
48.
49.             // 直接匹配嵌套的路径
50.             app.Map(
51.                 "/m4/p1",
52.                 appM => appM.Run(async context => await context.Response.
                    BodyWriter.WriteAsync(Encoding.UTF8.GetBytes("Map 4 -> Path 1")))
53.             );
54.
55.             // 匹配自定义规则（查询字符串中包含参数 w），并在处理完成后汇入原分支
                （此处为主分支）
56.             app.UseWhen(
57.                 context => context.Request.Query.ContainsKey("w"),
58.                 appW => appW.Use(async (context, next) =>
59.                 {
60.                     await context.Response.BodyWriter.WriteAsync(Encoding.UTF8.
                        GetBytes($"W = {context.Request.Query["w"]} -> "));
61.                     await next(context);
62.                 })
63.             );
64.
65.             // 主分支
66.             app.Run(async context => await context.Response.BodyWriter.
                WriteAsync(Encoding.UTF8.GetBytes("Map default")));
67.         });
68.     });
69. }
```

在 ASP.NET Core 中，Map 和 MapWhen 扩展方法用于配置独立的管道分支。Map 方法只进行路径匹配，在路径匹配成功后，匹配的路径段会从 HttpRequest.Path 中删除并追加到 HttpRequest.PathBase 中。MapWhen 方法用自定义委托设置匹配规则，管道配置中的 next 委托表示当前分支的下一个中间件。

UseWhen 扩展方法用于配置可重新汇入原分支的分支，不会进行路径匹配，只能用自定义委托配置匹配规则，管道配置中的 next 委托表示原分支的下一个中间件。

12.7.5 内置中间件

ASP.NET Core 框架准备了大量内置中间件，能满足绝大部分需求。这些可重用组件也减轻了开发者的精力消耗，统一了 ASP.NET Core 框架的基础生态。MVC、Razor Pages、Web API、gRPC、SignalR、Blazor Server 等 Web 应用模型都由内置中间件提供支持，可以说内置中间件的功能非常强大。

表 12-2 列出 ASP.NET Core 框架的内置中间件、说明和推荐的顺序。

表 12-2　内置中间件

中间件	说明	顺序要求
Authentication	提供身份验证支持	在需要使用 HttpContext.User 的中间件之前、Endpoint Routing 之后。同时也是 OAuth 回调的终端中间件
Authorization	提供授权支持。和身份验证的单词非常相似，请注意观察	通常紧接在身份验证中间件之后

（续表）

中间件	说明	顺序要求
Cookie Policy	跟踪用户是否同意存储个人信息，并强制实施 Cookie 字段（如 secure 和 SameSite）的最低标准	在发出 Cookie 的中间件之前，如：Authentication、Session、MVC（TempData）
CORS	配置跨域资源共享	在使用 CORS 的组件之前。目前由于 bug 导致 CORS 必须在 Response Caching 之前配置
Diagnostics	提供新应用的开发人员异常页、异常处理、状态代码页和默认网页的几个单独的中间件	在生成错误的组件之前。异常终端或为新应用提供默认网页的终端
Forwarded Headers	将代理标头转发到当前请求，如从负载均衡服务器收到的标头	在需要使用已更新的请求标头的组件之前
Health Check	检查 ASP.NET Core 应用及其依赖项的运行状况，如检查数据库可用性	如果请求与运行状况检查终结点匹配，则为终端
Header Propagation	将 HTTP 标头从传入的请求传播到传出的 HTTP 客户端请求中。可用于传播分布式服务的链路追踪标识	在使用 HTTP 客户端的中间件之前
HTTP Method Override	允许传入的 POST 请求重写方法	在使用已更新的方法的组件之前
HTTPS Redirection	将所有 HTTP 请求重定向到 HTTPS	在使用 URL 的组件之前
HTTP Strict Transport Security (HSTS)	添加特殊响应标头的安全增强中间件	在发送响应之前，修改请求的组件之后，如：Forwarded Headers、URL Rewrite
MVC	用于处理 MVC/Razor Pages 请求。已过时，由 Endpoint Routing 和 Endpoint 中间件的组合替代	如果请求与路由匹配，则为终端
OWIN	与基于 OWIN 的应用、服务器和中间件进行互操作	如果 OWIN 中间件处理完请求，则为终端中间件
Response Caching	提供对缓存响应的支持	在需要缓存的组件之前。目前由于 bug 导致 CORS 必须在 Response Caching 之前
Response Compression	提供对压缩响应的支持	在需要压缩的组件之前
Request Localization	提供本地化支持	在对本地化敏感的组件之前
Endpoint Routing	定义和约束请求路由	用于匹配路由的终端请求处理器
Endpoint	执行由 Endpoint Routing 匹配的终端请求处理器	如果请求与路由匹配，则为终端
SPA	通过返回单页应用程序（SPA）的默认页面，在中间件链中处理来自这个点的所有请求	在管道中处于靠后位置，因此其他服务于静态文件、MVC 操作等内容的中间件占据优先位置
Session	提供对管理用户会话的支持	在需要会话的组件之前
Static Files	为提供静态文件和目录浏览提供支持	如果请求与文件匹配，则为终端

(续表)

中间件	说明	顺序要求
URL Rewrite	提供对重写 URL 和重定向请求的支持	在使用 URL 的组件之前
WebSockets	启用 WebSockets 协议。推荐优先考虑使用 SignalR 代替原始 WebSockets	在接收 WebSocket 请求所需的组件之前。因为 SignalR 支持协议协商，不一定使用 WebSocket 通信，所以 SignalR 内置 WebSocket 支持，不依赖 WebSocket 中间件。配置这个中间件也不会产生冲突，可以放心地同时使用

推荐的中间件顺序如图 12-2 所示。

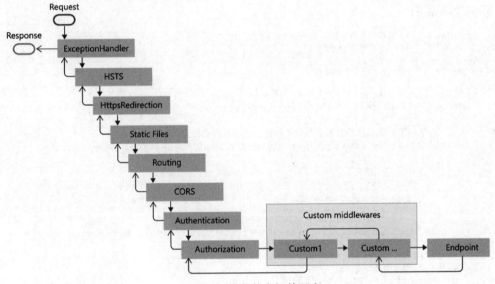

图 12-2　推荐的中间件顺序

12.7.6　自定义中间件

除了大量强大的内置中间件外，也可以编写自定义中间件来满足个性化的业务需求。

1. 基于委托的中间件

前面章节的大量示例都使用了基于委托的中间件。
示例代码如下：

```
1.   app.Use(static async (context, next) =>
2.   {
3.      await context.Response.BodyWriter.WriteAsync(Encoding.UTF8.GetBytes("Map 3 -> "));
4.      await next(context);
5.   });
6.
7.   app.Run(static async context => await context.Response.BodyWriter.
WriteAsync(Encoding.UTF8.GetBytes("Map default")));
```

代码解析：Use 方法配置普通的委托中间件，context 表示 HTTP 上下文，next 表示管道中的下一个中间件。是否调用 next 决定了管道是否短路。Run 方法配置终端委托中间件，因为这个中间件是强制短路的，因此没有 next 参数，在这之后配置的任何中间件都是无效的。

2. 按约定激活的中间件

除了直接把委托配置为中间件外，也可以把中间件的逻辑封装在类中，然后直接把类型配置为中间件。这种中间件也称为按约定激活的中间件。这种中间件类只会在应用启动时实例化一次，因此可以认为是单例中间件。

按约定激活的中间件必须符合以下要求：

- 具有参数类型为 RequestDelegate 的公共构造函数。
- 具有名为 Invoke 或 InvokeAsync 的公共方法，并符合以下要求：
    - 返回类型为 Task。
    - 第一个参数的类型为 HttpContext。

示例代码如下：

```csharp
public class MyService1 { }
public class MyService2 { }

public class MyMiddleware
{
    private readonly RequestDelegate _next;
    private readonly MyService1 _myService1;

    // 从构造函数获取的服务必须是单例的，否则有内存泄漏的风险
    public MyMiddleware(RequestDelegate next, MyService1 myService1)
    {
        _next = next;
        _myService1 = myService1;
    }

    // 从 Invoke 方法获取的服务可以是任何生命周期的
    public async Task InvokeAsync(HttpContext context, MyService2 myService2)
    {
        await context.Response.BodyWriter.WriteAsync(Encoding.UTF8.GetBytes
            ("MyMiddleware -> "));
        await _next(context);
    }
}

public class Program
{
    public static IHostBuilder CreateHostBuilder(string[] args)
    {
        return Host.CreateDefaultBuilder(args)
           .ConfigureWebHostDefaults(webBuilder =>
            {
                webBuilder.ConfigureServices(services =>
                {
                    services.AddSingleton<MyService1>();
                    services.AddScoped<MyService2>();
                });

                webBuilder.Configure(app =>
                {
                    // 配置按约定激活的中间件
                    app.UseMiddleware<MyMiddleware>();
                    app.Run(async context => await context.Response.BodyWriter.
                        WriteAsync(Encoding.UTF8.GetBytes("Hello World")));
                });
            });
```

```
44.     }
45. }
```

按约定激活的中间件可以通过构造函数注入服务，也可以通过 Invoke/InvokeAsync 方法的参数注入服务。中间件由于只会实例化一次，因此通过构造函数注入的服务会持续到应用退出。通过参数注入的服务是作用域服务，和当前上下文绑定，因为每个请求都会调用一次方法，因此需要认真考虑服务要通过哪种方式注入，建议构造函数只注入单例服务，作用域和瞬态服务通过方法参数注入。

示例中在 UseMiddleware 方法之后继续使用 Run 方法配置了终端中间件用于终止管道。如果不配置终端，ASP.NET Core 会自动配置返回 404 响应的默认终端。在使用 Run 方法配置了自定义终端后，默认终端会被永久短路而无效化。

从示例中可以发现，微软内置的中间件注册并没有使用泛型方法，这主要是因为微软为内置中间件准备了专用的扩展方法。内置中间件使用 Middleware 作为类名后缀，扩展方法没有后缀，更简洁。

示例代码如下：

```
1.  public static class MyMiddlewareExtensions
2.  {
3.      public static IApplicationBuilder UseMy(this IApplicationBuilder app)
4.      {
5.          return app.UseMiddleware<MyMiddleware>();
6.      }
7.  }
```

3. 由中间件工厂激活的中间件

ASP.NET Core 会在配置时检查中间件类是否实现了 IMiddleware 接口，如果实现了接口，那么就是由中间件工厂激活的中间件。每个请求都会通过中间件工厂获取中间件实例。这种中间件需要先注册到依赖注入组件，中间件工厂才能正确地从服务提供者解析出中间件实例，因此这种中间件的生命周期取决于注册时指定的生命周期，为了避免出现长生命周期的中间件依赖短生命周期的服务的情况，请谨慎选择中间件的生命周期。因为这种中间件需要实现接口，不能修改方法的参数列表，因此不能在 InvokeAsync 方法中注入服务，只能在构造函数中一次性注入。

示例代码如下：

```
1.  public class MyService1 { }
2.  public class MyService2 { }
3.
4.  public class MyMiddleware : IMiddleware
5.  {
6.      private readonly RequestDelegate _next;
7.      private readonly MyService1 _myService1;
8.      private readonly MyService2 _myService2;
9.
10.     public MyMiddleware(RequestDelegate next, MyService1 myService1, MyService2
        myService2)
11.     {
12.         _next = next;
13.         _myService1 = myService1;
14.         _myService2 = myService2;
15.     }
16.
17.     public async Task InvokeAsync(HttpContext context)
18.     {
19.         await context.Response.BodyWriter.WriteAsync(Encoding.UTF8.GetBytes
            ("MyMiddleware -> "));
20.         await _next(context);
21.     }
22. }
23.
24. // 用于简化注册中间件的辅助类
```

```
25.    public static class MyMiddlewareExtensions
26.    {
27.        public static IApplicationBuilder UseMy(this IApplicationBuilder app)
28.        {
29.            return app.UseMiddleware<MyMiddleware>();
30.        }
31.    }
32.
33.    public class Program
34.    {
35.        public static IHostBuilder CreateHostBuilder(string[] args)
36.        {
37.            return Host.CreateDefaultBuilder(args)
38.                .ConfigureWebHostDefaults(webBuilder =>
39.                {
40.                    webBuilder.ConfigureServices(services =>
41.                    {
42.                        services.AddSingleton<MyService1>();
43.                        services.AddScoped<MyService2>();
44.                        // 把由工厂激活的中间件注册到依赖注入服务
45.                        services.AddTransient<MyMiddleware>();
46.                    });
47.
48.                    webBuilder.Configure(app =>
49.                    {
50.                        // 配置中间件
51.                        app.UseMy();
52.                        app.Run(static async context => await context.Response.
                              BodyWriter.WriteAsync(Encoding.UTF8.GetBytes("Hello World")));
53.                    });
54.                });
55.        }
56.    }
```

12.8 Startup 类

12.8.1 基础使用

之前的示例一直都是直接在 HostBuilder 中使用 ConfigureServices 和 Configure 方法进行配置。如果其中的配置代码很多就会显得很凌乱，因此 ASP.NET Core 提供了一种机制单独管理这两个方法中的代码——由于内置模板用了一个叫 Startup 的类进行管理，因此就直接叫作 Startup 类了（实际上类名是可以随便取的，但是按照约定取名可以享受一些额外的好处）。另外，Startup 类有一个预定义接口 IStartup，如果记不得这两个方法的签名时也可以用来参考，但是由于 Configure 方法存在一些特殊性，可能导致方法签名不符合接口的声明，因此默认模板并没有使用。

示例代码如下：

```
1.  public class Startup
2.  {
3.      public Startup(IConfiguration configuration)
4.      {
5.          Configuration = configuration;
6.      }
7.
8.      public IConfiguration Configuration { get; }
9.
10.     public void ConfigureServices(IServiceCollection services)
11.     {
12.         services.AddMvc();
```

```
13.        }
14.
15.        public void ConfigureContainer(ContainerBuilder builder)
16.        {
17.            builder.RegisterType<MyService>();
18.        }
19.
20.        public void Configure(IApplicationBuilder app, IWebHostEnvironment env)
21.        {
22.            app.Run(async context =>
23.                await context.Response.BodyWriter.WriteAsync(Encoding.UTF8.GetBytes
                   (env.ApplicationName))
24.            );
25.        }
26.    }
27.
28.    public class Program
29.    {
30.        public static IHostBuilder CreateHostBuilder(string[] args) =>
31.            Host.CreateDefaultBuilder(args)
32.                .UseServiceProviderFactory(new AutofacServiceProviderFactory())
33.                .ConfigureWebHostDefaults(webBuilder =>
34.                {
35.                    // 向 Web 服务注册启动配置类
36.                    webBuilder.UseStartup<Startup>();
37.                });
38.    }
```

代码解析：

1）示例中 Startup 类有一个构造函数，需要一个 IConfiguration 类型的参数。但是我们会发现代码中没有任何对构造函数的显式调用，这就是依赖注入的第一次工作，ASP.NET Core 框架会自动实例化 Startup 类。但是这次依赖注入有严格的限制，只支持注入以下服务：

- IWebHostEnvironment
- IHostEnvironment
- IConfiguration

2）ConfigureServices 方法用来统一管理注册服务的代码。如果使用了第三方 DI 组件，可以再增加一个 ConfigureContainer 方法用来管理直接注册到第三方 DI 组件的服务。在 ASP.NET Core 2.2 及早期版本中，使用第三方 DI 组件的方法和之后的版本有差异。

3）Configure 方法用来统一管理配置中间件的代码，其中的 IApplicationBuilder 参数是必要的，但是 IWebHostEnvironment 参数是可选的，在 IStartup 接口中也没有，这正是模板不使用接口的原因。其实 Configure 方法也支持参数的依赖注入，并且可以注入任何已注册到 DI 组件的服务，IWebHostEnvironment 只是其中之一。基于这个特点，Configure 方法可以有任意多个参数，接口对这种极其灵活的方法签名根本无能为力。

4）从 ConfigureServices 和 Configure 方法的区别可以看出，Configure 方法被调用时，主机的服务提供者已经构造完毕可以使用了，并且 Configure 方法是通过反射进行调用的。

12.8.2 多环境 Startup

之前提到过，.NET 的主机有环境的概念，可以通过配置要激活的环境来控制应用的行为。例如启用或禁用在特定环境中使用的代码，如调试用代码和可能暴露敏感信息的危险代码等。但是这种行为需要开发者自行编写代码来实现，IHostEnvironment 服务本身只是一个数据包，要怎么用完全取决于开发者。ASP.NET Core 对环境的应用提供了一些内置支持，Startup 正是其中之一。

1. Startup 类中的多环境配置方法

如果 Startup 类包含名为 Configure{环境名称}Services、Configure{环境名称}Container 和 Configure{环境名称}的方法，则 ASP.NET Core 会使用和环境名称匹配的方法进行配置，如果找不到匹配的方法，则回退到使用 ConfigureServices、ConfigureContainer 和 Configure 方法进行兜底。因此无论如何都应该编写用于兜底的方法，避免应用无法启动或在兜底方法中抛出异常明确告知应用不应该在未知环境中启动。

示例代码如下：

```
1.  public class Startup
2.  {
3.      public void Configure(IApplicationBuilder app) { }
4.      public void ConfigureProduction(IApplicationBuilder app) { }
5.      public void ConfigureServices(IServiceCollection services) { }
6.      public void ConfigureDevelopmentServices(IServiceCollection services) { }
7.      public void ConfigureContainer(ContainerBuilder builder) { }
8.      public void ConfigureStagingContainer(ContainerBuilder builder) { }
9.  }
```

2. 多环境 Startup 类

除了在一个类中编写多个方法外，还可以直接编写多个类用于应对不同环境。如果类名为 Startup{环境名称}，则 ASP.NET Core 会优先使用和环境名称匹配的类。同样地，也应该编写一个 Startup 类用于兜底。由于这次的配置涉及多个类，因此不能像之前的示例中一样用泛型参数直接指定类型，而要使用指定程序集名称的重载，让主机从中查找合适的 Startup 类。

示例代码如下：

```
1.  public class Startup
2.  {
3.      public void Configure(IApplicationBuilder app) { }
4.      public void ConfigureServices(IServiceCollection services) { }
5.  }
6.
7.  public class StartupDevelopment
8.  {
9.      public void Configure(IApplicationBuilder app) { }
10.     public void ConfigureServices(IServiceCollection services) { }
11. }
12.
13. public class Program
14. {
15.     public static IHostBuilder CreateHostBuilder(string [] args)
16.     {
17.         // 准备程序集名称，注意使用全名
18.         var assemblyName = typeof(Startup).GetType().Assembly.FullName;
19.
20.         return Host.CreateDefaultBuilder(args)
21.             .ConfigureWebHostDefaults(webBuilder =>
22.             {
23.                 // 指定 Startup 类所在的程序集名称（全名）
24.                 webBuilder.UseStartup(assemblyName);
25.             });
26.     }
27. }
```

12.8.3 Startup 过滤器

除了常规的 Startup 类之外，还有一种特殊的配置类，叫作 Startup 过滤器。Startup 过滤器只能用于配置中间件，并且其配置的中间件在请求处理管道的头部，在 Startup 类中的 Configure 方

法的配置之前。

Startup 过滤器是一个实现了 IStartupFilter 接口的类，把过滤器注册到依赖注入组件后，ASP.NET Core 会自动在配置过程中使用。可以在依赖注入组件中注册多个过滤器，ASP.NET Core 会按注册顺序使用，因此需要注意过滤器的注册顺序。第一个过滤器会直接注册中间件到管道头部，之后的过滤器会接着上一个的尾部继续注册，最后注册 Startup 类中的中间件。

示例代码如下：

```csharp
public class MyStartupFilter1 : IStartupFilter
{
    public Action<IApplicationBuilder> Configure(Action<IApplicationBuilder> next)
    {
        // 向管道配置中间件并返回管道
        return builder =>
        {
            // 配置一个基于委托的中间件
            builder.Use(async (context, next) =>
            {
                _ = await context.Response.BodyWriter.WriteAsync(Encoding.Default.GetBytes($"{nameof(MyStartupFilter1)} Start -> "));
                await next(context);
                _ = await context.Response.BodyWriter.WriteAsync(Encoding.Default.GetBytes($"{nameof(MyStartupFilter1)} End"));
            });
            // 调用下一个过滤器或 Startup 类继续配置
            next(builder);
        };
    }
}

public class MyStartupFilter2 : IStartupFilter
{
    public Action<IApplicationBuilder> Configure(Action<IApplicationBuilder> next)
    {
        return builder =>
        {
            builder.Use(async (context, next) =>
            {
                _ = await context.Response.BodyWriter.WriteAsync(Encoding.Default.GetBytes($"{nameof(MyStartupFilter2)} Start -> "));
                await next(context);
                _ = await context.Response.BodyWriter.WriteAsync(Encoding.Default.GetBytes($"{nameof(MyStartupFilter2)} End"));
            });
            next(builder);
        };
    }
}
public class Startup
{
    public void ConfigureServices(IServiceCollection services)
    {
        // 在 Startup 类中注册过滤器，一定要注册为 IStartupFilter 类型
        services.AddTransient<IStartupFilter, MyStartupFilter2>();
    }

    public void Configure(IApplicationBuilder app)
    {
        // 所有过滤器的配置完成后继续配置管道的尾部
        app.Run(async context => await context.Response.BodyWriter.WriteAsync(Encoding.Default.GetBytes($"{nameof(Startup)} ->")));
    }
}
```

```
51.
52.    public class Program
53.    {
54.        public static IHostBuilder CreateHostBuilder(string[] args)
55.        {
56.            return Host.CreateDefaultBuilder(args)
57.                .ConfigureServices(services =>
58.                {
59.                    // 注册过滤器，比在Startup类中的注册更靠前，会先被调用
60.                    services.AddTransient<IStartupFilter, MyStartupFilter1>();
61.                })
62.                .ConfigureWebHostDefaults(webBuilder =>
63.                {
64.                    webBuilder.UseStartup<Startup>();
65.                });
66.        }
67.    }
```

示例展示了如何编写和使用 Startup 过滤器。还记得中间件管道中提到的异常处理中间件吗？这种中间件非常适合在 Startup 过滤器中配置，因为异常处理通常是和业务无关的，在独立的代码中配置可以让 Startup 类专注于业务配置，能有效地整理代码，保持项目的整洁有序。但是要注意存在多个 Startup 过滤器时的注册顺序问题，避免错误地配置中间件顺序。如果不确定先后顺序可以通过控制台输出来辅助判断先后，确定无误后再删除输出代码。

12.8.4 .NET 6 新增的最小配置 API

通过之前的学习可以发现为了配置一个简单的 Web 服务器也需要大量的模板代码，例如 Startup 类。如果是为了测试小功能或技术调研，这种模板代码会让实际的功能代码不够突出和显眼。为此，.NET 6 增加了最小配置 API，把配置简单 Web 服务器所需的代码量压缩到最小，为测试小功能、技术调研和初学者快速体验效果提供便利。需要注意的是，最小 API 只是对基础接口的封装，并非新的技术体系。

12.9 静态文件

处理和响应静态文件请求是 Web 应用最基本的功能，大量静态资源以 HTML、JS、CSS 等文件存储在服务器上，需要依靠静态文件处理模块来处理这些请求。在这方面，ASP.NET Core 自然也准备了一套解决方案。

12.9.1 基础使用

ASP.NET Core 准备了静态文件中间件用于处理对静态文件的请求，只需要通过代码将静态文件中间件配置到管道的适当位置，官方项目模板已经进行了配置。这体现了 ASP.NET Core "只为需要的东西付出"的设计思想，如果项目没有处理静态文件的需求，可以轻松删除相关代码，避免不必要的浪费。

示例代码如下：

```
1.    public class Startup
2.    {
3.        public void Configure(IApplicationBuilder app)
4.        {
5.            app.UseStaticFiles();
```

```
6.      }
7.    }
```

示例配置了最简单的静态文件中间件，该中间件会自动处理<IWebHostEnvironment.WebRootPath>/wwwroot/目录中的常见静态文件。例如，有文件存放路径为/wwwroot/css/site.css，访问路径/css/site.css 就可以获得该文件。其中 wwwroot 是 ASP.NET Core 模板项目中用于存放静态资源的文件夹，位于项目根目录，中间件默认也处理这个文件夹，但是访问路径中不需要"wwwroot"。

如果默认设置不满足需求，可以使用带 StaticFileOptions 参数的重载配置中间件。参数主要包括以下属性：

- FileProvider：文件提供者，用于向中间件提供文件信息，通常使用 PhysicalFileProvider 关联到物理文件。
- ContentTypeProvider：MIME 映射表提供者。配置各种文件类型对应的 MIME 类型。
- RequestPath：请求路径，如 "/static" 表示仅匹配请求路径 "/static/**/*.*"，在文件提供者中对应的路径为 "/**/*.*"。
- ServeUnknownFileTypes：是否处理未知的文件类型，不在 ContentTypeProvider 中的文件类型视为未知类型。为提高应用安全性，没有对应 MIME 类型映射的文件类型可能被拒绝下载。例如误操作把 DLL 文件放进 wwwroot 文件夹可能导致应用代码泄露，因此默认情况下请求 DLL 文件会被中间件拒绝。
- DefaultContentType：默认 MIME 类型，未知类型时使用的映射值。需要先启用处理未知类型的文件才有效果。
- HttpsCompression：是否在 HTTPS 协议下启用压缩，默认情况下取决于是否在管道中注册了响应压缩中间件。因为 HTTPS 协议中启用压缩可能导致加密被破解，所以默认情况不会在 HTTPS 协议下启用压缩。
- OnPrepareResponse：在准备好响应内容时执行的委托。这将允许开发者在中间件开始发送文件前插入自定义代码。

关于 ContentTypeProvider 的 MIME 映射，通常使用 FileExtensionContentTypeProvider 进行配置。这个 Provider 以文件扩展名为映射的依据，扩展名包括前缀的 "." 字符。

示例代码如下：

```
1.    var provider = new FileExtensionContentTypeProvider();
2.    // 添加新的映射（告知浏览器应该打开文件下载对话框）
3.    provider.Mappings[".myapp"] = "application/x-msdownload";
4.    // 替换默认映射
5.    provider.Mappings[".rtf"] = "application/x-msdownload";
6.    // 移除已有的映射
7.    provider.Mappings.Remove(".mp4");
```

12.9.2 目录浏览

除了静态文件，ASP.NET Core 还提供了另一个中间件用于提供目录浏览。配合静态文件中间件可以组成一个最简单的 Web 文件浏览器，但是不支持文件上传，因为上传功能可能被用于入侵，过于危险。Web 应用对网络环境的依赖度较大，想要实现一个高可用的文件上传服务本身也很复杂，开发成内置组件也难以满足大多数情况。

示例代码如下：

```
1.    public class Startup
2.    {
```

```
3.    public void ConfigureServices(IServiceCollection services)
4.    {
5.        // 注册目录浏览所需的服务
6.        services.AddDirectoryBrowser();
7.    }
8.
9.    public void Configure(IApplicationBuilder app)
10.   {
11.       // 配置目录浏览中间件
12.       app.UseDirectoryBrowser();
13.       // 配置目录浏览和静态文件的打包中间件
14.       // 如果配置了 FileServer 中间件，就不用再配置 DirectoryBrowser 和 StaticFiles
              中间件了，此处重复配置仅为了展示
15.       app.UseFileServer();
16.   }
17. }
```

示例首先使用 AddDirectoryBrowser 方法注册必要的服务，然后使用 UseDirectoryBrowser 方法注册目录浏览中间件。或者使用 UseFileServer 方法注册文件服务器所需的中间件，实际上就是目录浏览中间件和静态文件中间件的打包调用。UseDirectoryBrowser 和 UseStaticFiles 的组合或 UseFileServer 选用一种即可。这些方法都有带参数的重载。

12.9.3 静态文件授权

某些静态文件只能提供给授权用户下载，比如专门的文件下载服务器只对注册用户提供服务。此时 ASP.NET Core 灵活的优势就体现出来了，只要把静态文件中间件放在授权中间件之后即可，非常简单。有关配置的使用授权系统的内容在"第 14 章　授权"中详细介绍。

如果部分文件公开，部分文件需要授权，可以在授权中间件前后分别注册独立的静态文件中间件。如果对权限存在更细致的控制需求，推荐使用后文要介绍的 MVC 控制器来完成。

12.10　动态响应和静态资源压缩

压缩数据是节约网络带宽的有效方案，ASP.NET Core 提供了对数据压缩的可编程支持允许灵活地配置。在 ASP.NET Core 中数据压缩有两大板块：动态响应压缩和静态资源压缩。通常情况下，内容压缩使用响应压缩中间件实现，但是静态资源如 CSS 和 JS 等使用响应压缩中间件会浪费大量 CPU 资源。静态资源一般很少更改，因此应该避免重复压缩。避免重复压缩的常见方法有使用响应缓存和预压缩。响应压缩又分为反向代理压缩和应用内压缩。根据情况选择合适的压缩方案是很有必要的。

12.10.1　动态响应压缩

应用根据情况动态生成的内容通常需要在软件中用代码来实现，幸好 ASP.NET Core 提供了内置的响应压缩中间件以及 br 和 gzip 压缩算法来实现。响应压缩中间件足够智能，会根据客户端请求信息自动选择合适的压缩方案，也会自动处理其他琐事。使用方法也非常简单明了。

示例代码如下：

```
1.  public class Startup
2.  {
3.      public void ConfigureServices(IServiceCollection services)
4.      {
```

```
5.          services.AddResponseCompression(options =>
6.          {
7.              // 在 HTTPS 协议下启用压缩（默认禁用）
8.              options.EnableForHttps = true;
9.              // 可以添加多种压缩算法提供程序，中间件会根据请求信息自动选择最优方式
10.             options.Providers.Add<BrotliCompressionProvider>();
11.             options.Providers.Add<GzipCompressionProvider>();
12.
13.             // 设置要启用压缩的 MIME 类型
14.             options.MimeTypes =
15.                 // 向默认列表追加新的类型
16.                 ResponseCompressionDefaults.MimeTypes.Concat(
17.                     new[] { "application/json" });
18.         });
19.
20.         // 设置 gzip 压缩算法选项
21.         services.Configure<GzipCompressionProviderOptions>(options =>
22.         {
23.             // 设置压缩级别
24.             options.Level = CompressionLevel.Fastest;
25.         });
26.     }
27.
28.     public void Configure(IApplicationBuilder app)
29.     {
30.         // 配置响应压缩中间件
31.         // 如果响应在此之前就被短路返回，则响应不会被压缩，因此中间件应该尽可能靠前配置
32.         app.UseResponseCompression();
33.     }
34. }
```

12.10.2 静态资源压缩

通常情况下，ASP.NET Core SDK 会自动预压缩 Blazor 应用的静态资源，Blazor 中间件也会自动使用压缩的资源。其他项目类型则需要自行配置静态资源压缩。静态资源压缩最简单的方法是在静态资源中间件前追加响应压缩中间件。如果要使用预压缩资源，需要自行修改中间件配置和设置项目构建流程。静态文件中间件选项的 OnPrepareResponse 委托可以拦截响应发送，可以在这里重定向要读取的文件。不过社区有人开发了 NuGet 包 CompressedStaticFiles 简化了提供预压缩资源的代码，推荐使用。使用这个 NuGet 包时需要自行提前准备预压缩的资源。

12.11 缓 存

缓存在现代应用中是一种特殊的存在，大规模大流量的复杂应用通常需要缓存来提高应用性能。但是使用缓存又会提高软件的复杂度和维护成本，使用不当反而可能带来严重的问题。因此如何规划和使用缓存是一个非常复杂的问题。本书作为入门指南，不会深入讨论这些问题，只是介绍一下 ASP.NET Core 的缓存设计和使用方法。

12.11.1 客户端缓存

Web 应用一般会尽可能利用客户端缓存以缓解服务器压力，在这方面 ASP.NET Core 的默认行为适用于大多数情况。客户端缓存中需要精细控制的通常是 CSS、JS 和图像等内容。目前常用

的解决方案是通过链接中的查询字符串来控制缓存过期,这种办法简单粗暴,但是容易出现疏漏。幸运的是 ASP.NET Core 已经通过标签助手为我们自动提供了这个功能,有关标签助手的详细介绍请参阅"15.5.4 标签助手"。

12.11.2 缓存服务和响应缓存中间件

对于通过计算得到的常用但不经常改变的间接数据,一般使用内存缓存或分布式缓存保存数据。ASP.NET Core 也提供了框架接口和常用实现方便开发者使用。在缓存接口之上,对于 Web 应用来说还有一个重要到可以单列的细分类别——响应缓存,ASP.NET Core 也对其提供了内置支持——基于缓存服务的中间件。如果响应缓存由反向代理服务托管,可以忽略内置组件。如果同时使用响应缓存和响应压缩中间件,推荐把缓存放在压缩之前避免重复压缩缓存内容。

示例代码如下:

(1) 注册缓存服务

```
1.   public class Startup
2.   {
3.       public void ConfigureServices(IServiceCollection services)
4.       {
5.           // 注册内存缓存服务
6.           services.AddMemoryCache();
7.
8.           // 注册基于内存缓存来模拟的分布式缓存服务
9.           // 开发时可使用内存来模拟分布式缓存
10.          // 目前常用的实现有 SQL Server、Redis 和 NCache,配置方法请查看官方文档
11.          services.AddDistributedMemoryCache();
12.
13.          // 注册响应缓存中间件所需的服务
14.          services.AddResponseCaching();
15.      }
16.      public void Configure(IApplicationBuilder app, IWebHostEnvironment env)
17.      {
18.          // Cors 中间件必须在缓存前使用,请关注官方文档检查此限制是否解除
19.          // app.UseCors("myAllowSpecificOrigins");
20.
21.          // 配置响应缓存中间件
22.          app.UseResponseCaching();
23.      }
24.  }
```

(2) 使用缓存

```
1.   public class HomeController : Controller
2.   {
3.       // 单机内存缓存服务
4.       private readonly IMemoryCache _memoryCache;
5.       // 分布式缓存服务
6.       private readonly IDistributedCache _distributedCache;
7.
8.       public HomeController(IMemoryCache memoryCache, IDistributedCache
             distributedCache)
9.       {
10.          _memoryCache = memoryCache;
11.          _distributedCache = distributedCache;
12.      }
13.
14.      // 通过内置的过滤器配置响应缓存中间件应该如何缓存这个动作的响应
15.      // 此处配置为以查询字符串参数"c1"和"c2"作为缓存键,当"c1"和"c2"的值(同时)曾经
             被请求过,已收录至缓存后,直接使用缓存,跳过动作的执行。这样可以有效节省计算资源,
```

```csharp
                    也可以避免不同参数的缓存互相干扰
16.         [ResponseCache(VaryByQueryKeys = new[] { "c1", "c2" })]
17.         public async Task<IActionResult> Index()
18.         {
19.             // 尝试从内存缓存中获取 key 为 "val1" 的缓存对象并赋值给视图数据包备用
20.             ViewBag.Data1 = _memoryCache.TryGetValue<DateTime?>("val1", out var val1)
21.                 ? val1
22.                 : null;
23.
24.             // 尝试从分布式缓存中获取 key 为 "val2" 的字符串值并赋值给视图数据包备用
25.             ViewBag.Data2 = await _distributedCache.GetStringAsync("val2");
26.             return View();
27.         }
28.
29.         // 创建缓存数据的动作
30.         public IActionResult CreateDependentEntries()
31.         {
32.             var cts = new CancellationTokenSource();
33.             //
34.             _memoryCache.Set("valDep", cts);
35.
36.             using (var entry = _memoryCache.CreateEntry("val0"))
37.             {
38.                 // expire this entry if the dependant entry expires.
39.                 entry.Value = DateTime.Now;
40.                 entry.RegisterPostEvictionCallback(DependentEvictionCallback, this);
41.
42.                 _memoryCache.Set("val1",
43.                     DateTime.Now,
44.                     new CancellationChangeToken(cts.Token));
45.             }
46.
47.             return RedirectToAction("GetDependentEntries");
48.         }
49.
50.         // 获取缓存的动作
51.         public IActionResult GetDependentEntries()
52.         {
53.             return View("Dependent", new DependentViewModel
54.             {
55.                 ParentCachedTime = _memoryCache.Get<DateTime?>("val0"),
56.                 ChildCachedTime = _memoryCache.Get<DateTime?>("val1"),
57.                 Message = _memoryCache.Get<string>("msg")
58.             });
59.         }
60.
61.         // 清除缓存的动作
62.         public IActionResult RemoveChildEntry()
63.         {
64.             _memoryCache.Get<CancellationTokenSource>("valDep").Cancel();
65.             return RedirectToAction("GetDependentEntries");
66.         }
67.
68.         private static void DependentEvictionCallback(object key, object value,
69.             EvictionReason reason, object state)
70.         {
71.             var message = $"Parent entry was evicted. Reason: {reason}.";
72.             ((HomeController)state)._memoryCache.Set("msg", message);
73.         }
74.     }
```

示例展示了如何使用缓存。通过 CancellationChangeToken，还可用于处理缓存之间的联动失效，这有效解决了缓存数据之间存在依赖时不当的手动处理出现数据矛盾的问题。

12.11.3　页面数据缓存

除了响应缓存之外，可能还需要缓存一些零散的数据。如果这些数据是用来渲染页面的，ASP.NET Core 还提供了 cache 标签助手来简化使用流程，可谓非常贴心。当然了，标签助手内部由缓存服务提供支持。

12.12　流量控制

12.12.1　请求频率控制

请求频率控制在公共 API 的应用中比较常见，控制接口的调用频率可以降低服务器压力、公平分配不同用户的调用配额和避免被恶意攻击导致服务器瘫痪。在 ASP.NET Core 中，有很多现成的 NuGet 程序包能实现这个功能，例如 AspNetCoreRateLimit。详细使用方法请查看官方文档。

12.12.2　响应发送速率控制

用过百度网盘的人应该都深有体会，如果没有会员，下载速度会非常慢。实现这种效果的方法有两种：控制 TCP 协议的滑动窗口大小，控制响应流的写入大小和频率。偏向系统底层的流量控制软件因为无法干涉软件中的流，所以一般会直接控制内核 TCP 协议的滑动窗口大小；而下载软件等客户端应用通常直接控制流的写入和读取，此时 TCP 协议的拥塞控制算法会自动调整滑动窗口大小。这种流量控制对提供大型多媒体资源的应用（例如在线视频网站）非常重要，能防止一个请求的响应占用太多带宽而影响其他请求的响应发送。

ASP.NET Core 并没有原生提供相关功能，NuGet 上也没有找到相关的程序包，但其实利用 ASP.NET Core 提供的接口，是可以实现这个功能的。笔者以 ASP.NET Core 的响应压缩中间件为蓝本，实现了一个简单的响应限流中间件。

示例代码如下：

（1）基础流

```
1.   /// <summary>
2.   /// 支持流量控制的流
3.   /// </summary>
4.   public class ThrottlingStream : Stream
5.   {
6.       /// <summary>
7.       /// 用于指定每秒可传输的无限字节数的常数。
8.       /// </summary>
9.       public const long Infinite = 0;
10.
11.      #region Private members
12.      /// <summary>
13.      /// 基础流
14.      /// </summary>
15.      private readonly Stream _baseStream;
16.
17.      /// <summary>
18.      /// 每秒可通过基础流传输的最大字节数。
19.      /// </summary>
20.      private long _maximumBytesPerSecond;
21.
```

```csharp
22.        /// <summary>
23.        /// 自上次限制以来已传输的字节数。
24.        /// </summary>
25.        private long _byteCount;
26.
27.        /// <summary>
28.        /// 最后一次限制的开始时间(毫秒)。
29.        /// </summary>
30.        private long _start;
31.        #endregion
32.
33.        #region Properties
34.
35.        /// <summary>
36.        /// 获取当前毫秒数。
37.        /// </summary>
38.        /// <value>当前毫秒数。</value>
39.        protected long CurrentMilliseconds => Environment.TickCount;
40.
41.        /// <summary>
42.        /// 获取或设置每秒可通过基础流传输的最大字节数。
43.        /// </summary>
44.        /// <value>每秒最大字节数。</value>
45.        public long MaximumBytesPerSecond
46.        {
47.            get => _maximumBytesPerSecond;
48.            set
49.            {
50.                if (MaximumBytesPerSecond != value)
51.                {
52.                    _maximumBytesPerSecond = value;
53.                    Reset();
54.                }
55.            }
56.        }
57.
58.        /// <summary>
59.        /// 获取一个值,该值指示当前流是否支持读取。
60.        /// </summary>
61.        /// <returns>如果流支持读取,则为true;否则为false。</returns>
62.        public override bool CanRead => _baseStream.CanRead;
63.
64.        /// <summary>
65.        /// 获取估算的流当前的比特率(单位:bps)。
66.        /// </summary>
67.        public long CurrentBitsPerSecond { get; protected set; }
68.
69.        /// <summary>
70.        /// 获取一个值,该值指示当前流是否支持定位。
71.        /// </summary>
72.        /// <value></value>
73.        /// <returns>如果流支持定位,则为true;否则为false。</returns>
74.        public override bool CanSeek => _baseStream.CanSeek;
75.
76.        /// <summary>
77.        /// 获取一个值,该值指示当前流是否支持写入。
78.        /// </summary>
79.        /// <value></value>
80.        /// <returns>如果流支持写入,则为true;否则为false。</returns>
81.        public override bool CanWrite => _baseStream.CanWrite;
82.
83.        /// <summary>
84.        /// 获取流的长度(以字节为单位)。
85.        /// </summary>
86.        /// <value></value>
87.        /// <returns>一个long值,表示流的长度(字节)。</returns>
88.        /// <exception cref="T:System.NotSupportedException">
              基础流不支持定位。</exception>
89.        /// <exception cref="T:System.ObjectDisposedException">
```

```csharp
             方法在流关闭后被调用。</exception>
90.          public override long Length => _baseStream.Length;
91.
92.          /// <summary>
93.          /// 获取或设置当前流中的位置。
94.          /// </summary>
95.          /// <value></value>
96.          /// <returns>流中的当前位置。</returns>
97.          /// <exception cref="T:System.IO.IOException">发生 I/O 错误。</exception>
98.          /// <exception cref="T:System.NotSupportedException">
                 基础流不支持定位。</exception>
99.          /// <exception cref="T:System.ObjectDisposedException">
                 方法在流关闭后被调用。</exception>
100.         public override long Position
101.         {
102.             get => _baseStream.Position;
103.             set => _baseStream.Position = value;
104.         }
105.         #endregion
106.
107.         #region Ctor
108.
109.         /// <summary>
110.         /// 使用每秒可传输无限字节数的常数初始化 <see cref=
                 "T:ThrottlingStream"/> 类的新实例。
111.         /// </summary>
112.         /// <param name="baseStream">基础流。</param>
113.         public ThrottlingStream(Stream baseStream)
114.             : this(baseStream, Infinite) { }
115.
116.         /// <summary>
117.         /// 初始化 <see cref="T:ThrottlingStream"/> 类的新实例。
118.         /// </summary>
119.         /// <param name="baseStream">基础流。</param>
120.         /// <param name="maximumBytesPerSecond">每秒可通过基础流传输的最大字节数。
                 </param>
121.         /// <exception cref="ArgumentNullException">当 <see cref="baseStream"/>
                 是 null 引用时抛出。</exception>
122.         /// <exception cref="ArgumentOutOfRangeException">当 <see cref=
                 "maximumBytesPerSecond"/> 是负数时抛出。</exception>
123.         public ThrottlingStream(Stream baseStream, long maximumBytesPerSecond)
124.         {
125.             if (maximumBytesPerSecond < 0)
126.             {
127.                 throw new
                     ArgumentOutOfRangeException(nameof(maximumBytesPerSecond),
128.                     maximumBytesPerSecond, "The maximum number of bytes per second
                     can't be negatie.");
129.             }
130.
131.             _baseStream = baseStream ?? throw new
                 ArgumentNullException(nameof(baseStream));
132.             _maximumBytesPerSecond = maximumBytesPerSecond;
133.             _start = CurrentMilliseconds;
134.             _byteCount = 0;
135.         }
136.         #endregion
137.
138.         #region Public methods
139.
140.         /// <summary>
141.         /// 清除此流的所有缓冲区,并将所有缓冲数据写入基础设备。
142.         /// </summary>
143.         /// <exception cref="T:System.IO.IOException">发生 I/O 错误。</exception>
144.         public override void Flush() => _baseStream.Flush();
145.
146.         /// <summary>
147.         /// 清除此流的所有缓冲区,并将所有缓冲数据写入基础设备。
```

```csharp
148.        /// </summary>
149.        /// <exception cref="T:System.IO.IOException">发生 I/O 错误。</exception>
150.        public override Task FlushAsync(CancellationToken cancellationToken)
                => _baseStream.FlushAsync(cancellationToken);
151.
152.        /// <summary>
153.        /// 从当前流中读取字节序列,并将流中的位置前进读取的字节数。
154.        /// </summary>
155.        /// <param name="buffer">字节数组。当此方法返回时,缓冲区包含指定的字节数组,
                其值介于 offset 和(offset+count-1)之间,由从当前源读取的字节替换。</param>
156.        /// <param name="offset">缓冲区中从零开始的字节偏移量,开始存储从当前流中读取的
                数据。</param>
157.        /// <param name="count">从当前流中读取的最大字节数。</param>
158.        /// <returns>
159.        /// 读入缓冲区的字节总数。如果许多字节当前不可用,则该值可以小于请求的字节数;
                如果已到达流的结尾,则该值可以小于零(0)。
160.        /// </returns>
161.        /// <exception cref="T:System.ArgumentException">偏移量和计数之
                和大于缓冲区长度。</exception>
162.        /// <exception cref="T:System.ObjectDisposedException">方法在流关闭后被调用。
                </exception>
163.        /// <exception cref="T:System.NotSupportedException">基础流不支持读取。
                </exception>
164.        /// <exception cref="T:System.ArgumentNullException">缓冲区为 null。
                </exception>
165.        /// <exception cref="T:System.IO.IOException">发生 I/O 错误。</exception>
166.        /// <exception cref="T:System.ArgumentOutOfRangeException">偏移量或读取的
                最大字节数为负。</exception>
167.        public override int Read(byte[] buffer, int offset, int count)
168.        {
169.            Throttle(count);
170.
171.            return _baseStream.Read(buffer, offset, count);
172.        }
173.
174.        /// <summary>
175.        /// 从当前流中读取字节序列,并将流中的位置前进读取的字节数。
176.        /// </summary>
177.        /// <param name="buffer">字节数组。当此方法返回时,缓冲区包含指定的字节数组,
                其值介于 offset 和(offset+count-1)之间,由从当前源读取的字节替换。</param>
178.        /// <param name="offset">缓冲区中从零开始的字节偏移量,开始存储从当前流中读取的
                数据。</param>
179.        /// <param name="count">从当前流中读取的最大字节数。</param>
180.        /// <param name="cancellationToken">取消令牌。</param>
181.        /// <returns>
182.        /// 读入缓冲区的字节总数。如果许多字节当前不可用,则该值可以小于请求的字节数;
                如果已到达流的结尾,则该值可以小于零(0)。
183.        /// </returns>
184.        /// <exception cref="T:System.ArgumentException">偏移量和计数之
                和大于缓冲区长度。</exception>
185.        /// <exception cref="T:System.ObjectDisposedException">方法在流关闭后被调用。
                </exception>
186.        /// <exception cref="T:System.NotSupportedException">基础流不支持读取。
                </exception>
187.        /// <exception cref="T:System.ArgumentNullException">缓冲区为 null。
                </exception>
188.        /// <exception cref="T:System.IO.IOException">发生 I/O 错误。</exception>
189.        /// <exception cref="T:System.ArgumentOutOfRangeException">偏移量或读取的
                最大字节数为负。</exception>
190.        public override async Task<int> ReadAsync(byte[] buffer, int offset,
                int count, CancellationToken cancellationToken)
191.        {
192.            return await ReadAsync(buffer.AsMemory(offset, count),
                    cancellationToken);
193.        }
194.
```

```csharp
195.        /// <summary>
196.        /// 从当前流中读取字节序列,并将流中的位置前进读取的字节数。
197.        /// </summary>
198.        /// <param name="buffer">内存缓冲区。当此方法返回时,缓冲区包含读取的数据。
            </param>
199.        /// <param name="cancellationToken">取消令牌。</param>
200.        /// <returns>
201.        /// 读入缓冲区的字节总数。如果许多字节当前不可用,则该值可以小于请求的字节数;
                如果已到达流的结尾,则该值可以小于零(0)。
202.        /// </returns>
203.        /// <exception cref="T:System.ArgumentException">偏移量和计数之和大于缓冲区
                长度。</exception>
204.        /// <exception cref="T:System.ObjectDisposedException">方法在流关闭后被调用。
                </exception>
205.        /// <exception cref="T:System.NotSupportedException">基础流不支持读取。
                </exception>
206.        /// <exception cref="T:System.ArgumentNullException">缓冲区为 null。
                </exception>
207.        /// <exception cref="T:System.IO.IOException">发生 I/O 错误。</exception>
208.        /// <exception cref="T:System.ArgumentOutOfRangeException">偏移量或读取
                的最大字节数为负。</exception>
209.        public override async ValueTask<int> ReadAsync(Memory<byte> buffer,
            CancellationToken cancellationToken = default)
210.        {
211.            await ThrottleAsync(buffer.Length, cancellationToken);
212.            return await _baseStream.ReadAsync(buffer, cancellationToken);
213.        }
214.
215.        /// <summary>
216.        /// 设置当前流中的位置。
217.        /// </summary>
218.        /// <param name="offset">相对于参考点的字节偏移量。</param>
219.        /// <param name="origin">类型为<see cref="T:System.IO.SeekOrigin"/>的值,
                指示用于获取新位置的参考点。</param>
220.        /// <returns>
221.        /// 当前流中的新位置。
222.        /// </returns>
223.        /// <exception cref="T:System.IO.IOException">发生 I/O 错误。</exception>
224.        /// <exception cref="T:System.NotSupportedException">基础流不支持定位,
                例如流是从管道或控制台输出构造的。</exception>
225.        /// <exception cref="T:System.ObjectDisposedException">方法在流关闭后被调用。
                </exception>
226.        public override long Seek(long offset, SeekOrigin origin)
227.        {
228.            return _baseStream.Seek(offset, origin);
229.        }
230.
231.        /// <summary>
232.        /// 设置当前流的长度。
233.        /// </summary>
234.        /// <param name="value">当前流的所需长度(字节)。</param>
235.        /// <exception cref="T:System.NotSupportedException">基础流不支持写入和定位,
                例如流是从管道或控制台输出构造的。</exception>
236.        /// <exception cref="T:System.IO.IOException">发生 I/O 错误。</exception>
237.        /// <exception cref="T:System.ObjectDisposedException">方法在流关闭后被调用。
                </exception>
238.        public override void SetLength(long value)
239.        {
240.            _baseStream.SetLength(value);
241.        }
242.
243.        /// <summary>
244.        /// 将字节序列写入当前流,并按写入的字节数前进此流中的当前位置。
245.        /// </summary>
246.        /// <param name="buffer">字节数组。此方法将要写入当前流的字节从缓冲区复制到当前流。
                </param>
```

```csharp
247.        /// <param name="offset">缓冲区中从零开始向当前流复制字节的字节偏移量。</param>
248.        /// <param name="count">要写入当前流的字节数。</param>
249.        /// <exception cref="T:System.IO.IOException">发生 I/O 错误。</exception>
250.        /// <exception cref="T:System.NotSupportedException">基础流不支持写入。
                </exception>
251.        /// <exception cref="T:System.ObjectDisposedException">方法在流关闭后被调用。
                </exception>
252.        /// <exception cref="T:System.ArgumentNullException">缓冲区为 null。
                </exception>
253.        /// <exception cref="T:System.ArgumentException">偏移量和写入字节数之
                和大于缓冲区长度。</exception>
254.        /// <exception cref="T:System.ArgumentOutOfRangeException">偏移量
                或写入字节数为负。</exception>
255.        public override void Write(byte[] buffer, int offset, int count)
256.        {
257.            Throttle(count);
258.            _baseStream.Write(buffer, offset, count);
259.        }
260.
261.        /// <summary>
262.        /// 将字节序列写入当前流,并按写入的字节数前进此流中的当前位置。
263.        /// </summary>
264.        /// <param name="buffer">字节数组。此方法将要写入当前流的字节从缓冲区复制到当前流。
                </param>
265.        /// <param name="offset">缓冲区中从零开始向当前流复制字节的字节偏移量。</param>
266.        /// <param name="count">要写入当前流的字节数。</param>
267.        /// <param name="cancellationToken">取消令牌。</param>
268.        /// <exception cref="T:System.IO.IOException">发生 I/O 错误。</exception>
269.        /// <exception cref="T:System.NotSupportedException">基础流不支持写入。
                </exception>
270.        /// <exception cref="T:System.ObjectDisposedException">方法在流关闭后被调用。
                </exception>
271.        /// <exception cref="T:System.ArgumentNullException">缓冲区为 null。
                </exception>
272.        /// <exception cref="T:System.ArgumentException">偏移量和写入字节数之
                和大于缓冲区长度。</exception>
273.        /// <exception cref="T:System.ArgumentOutOfRangeException">偏移量
                或写入字节数为负。</exception>
274.        public override async Task WriteAsync(byte[] buffer, int offset, int count,
            CancellationToken cancellationToken)
275.        {
276.            await WriteAsync(buffer.AsMemory(offset, count), cancellationToken);
277.        }
278.
279.        /// <summary>
280.        /// 将内存缓冲区写入当前流,并按写入的字节数前进此流中的当前位置。
281.        /// </summary>
282.        /// <param name="buffer">内存缓冲区。此方法将要写入当前流的字节从缓冲区复制到
                当前流。</param>
283.        /// <param name="cancellationToken">取消令牌。</param>
284.        /// <exception cref="T:System.IO.IOException">发生 I/O 错误。</exception>
285.        /// <exception cref="T:System.NotSupportedException">基础流不支持写入。
                </exception>
286.        /// <exception cref="T:System.ObjectDisposedException">方法在流关闭后被调用。
                </exception>
287.        /// <exception cref="T:System.ArgumentNullException">缓冲区为 null。
                </exception>
288.        /// <exception cref="T:System.ArgumentException">偏移量和写入字节数之
                和大于缓冲区长度。</exception>
289.        /// <exception cref="T:System.ArgumentOutOfRangeException">偏移量
                或写入字节数为负。</exception>
290.        public override async ValueTask WriteAsync(ReadOnlyMemory<byte> buffer,
            CancellationToken cancellationToken = default)
291.        {
292.            await ThrottleAsync(buffer.Length, cancellationToken);
293.            await _baseStream.WriteAsync(buffer, cancellationToken);
```

```csharp
294.        }
295.
296.        /// <summary>
297.        /// 返回一个表示当前<see cref="T:System.Object" />的<see cref=
            "T:System.String" />。
298.        /// </summary>
299.        /// <returns>
300.        /// 表示当前<see cref="T:System.Object" />的<see cref="T:System.String" />。
301.        /// </returns>
302.        public override string ToString()
303.        {
304.            return _baseStream.ToString()!;
305.        }
306.        #endregion
307.
308.        #region Protected methods
309.
310.        /// <summary>
311.        /// 如果比特率大于最大比特率，尝试限流
312.        /// </summary>
313.        /// <param name="bufferSizeInBytes">缓冲区大小（字节）。</param>
314.        protected void Throttle(int bufferSizeInBytes)
315.        {
316.            var toSleep = CaculateThrottlingMilliseconds(bufferSizeInBytes);
317.            if (toSleep > 1)
318.            {
319.                try
320.                {
321.                    Thread.Sleep(toSleep);
322.                }
323.                catch (ThreadAbortException)
324.                {
325.                    // 忽略 ThreadAbortException。
326.                }
327.
328.                // 睡眠已经完成，重置限流
329.                Reset();
330.            }
331.        }
332.
333.        /// <summary>
334.        /// 如果比特率大于最大比特率，尝试限流。
335.        /// </summary>
336.        /// <param name="bufferSizeInBytes">缓冲区大小（字节）。</param>
337.        /// <param name="cancellationToken">取消令牌。</param>
338.        protected async Task ThrottleAsync(int bufferSizeInBytes,
            CancellationToken cancellationToken)
339.        {
340.            var toSleep = CaculateThrottlingMilliseconds(bufferSizeInBytes);
341.            if (toSleep > 1)
342.            {
343.                try
344.                {
345.                    await Task.Delay(toSleep, cancellationToken);
346.                }
347.                catch (TaskCanceledException)
348.                {
349.                    // 忽略 TaskCanceledException。
350.                }
351.
352.                // 延迟已经完成，重置限流。
353.                Reset();
354.            }
355.        }
356.
357.        /// <summary>
358.        /// 计算在操作流之前应当延迟的时间（单位：毫秒）。
359.        /// 更新流当前的比特率。
360.        /// </summary>
```

```csharp
            /// <param name="bufferSizeInBytes">缓冲区大小(字节)。</param>
            /// <returns>应当延迟的时间(毫秒)。</returns>
            protected int CaculateThrottlingMilliseconds(int bufferSizeInBytes)
            {
                int toSleep = 0;

                // 确保缓冲区不为 null
                if (bufferSizeInBytes <= 0)
                {
                    CurrentBitsPerSecond = 0;
                }
                else
                {
                    _byteCount += bufferSizeInBytes;
                    long elapsedMilliseconds = CurrentMilliseconds - _start;

                    if (elapsedMilliseconds > 0)
                    {
                        // 计算当前瞬时比特率
                        var bp = _byteCount * 1000L;
                        var bps = bp / elapsedMilliseconds;
                        var avgBps = bps;

                        //如果 bps 大于最大 bps,返回应当延迟的时间。
                        if (_maximumBytesPerSecond > 0 && bps > _maximumBytesPerSecond)
                        {
                            // 计算延迟时间
                            long wakeElapsed = bp / _maximumBytesPerSecond;
                            var result = (int)(wakeElapsed - elapsedMilliseconds);
                            // 计算平均比特率
                            var div = result / 1000.0;
                            avgBps = (long)(bps / (div == 0 ? 1 : div));

                            if (result > 1)
                            {
                                toSleep = result; ;
                            }
                        }
                        // 更新当前(平均)比特率
                        CurrentBitsPerSecond = (long)(avgBps / 8);
                    }
                }

                return toSleep;
            }

            /// <summary>
            /// 将字节数重置为 0,并将开始时间重置为当前时间。
            /// </summary>
            protected void Reset()
            {
                long difference = CurrentMilliseconds - _start;

                // 只有在已知历史记录可用时间超过 1 秒时才重置计数器
                if (difference > 1000)
                {
                    _byteCount = 0;
                    _start = CurrentMilliseconds;
                }
            }

        #endregion
    }
```

CaculateThrottleMilliseconds、Throttle 和 ThrottleAsync 是这个流的核心。CaculateThrottleMilliseconds 方法负责计算在写入或读取流之前应该延迟多久和更新流当前的传输速率,Throttle 和 ThrottleAsync 方法负责同步和异步延迟。

（2）限流响应正文

```csharp
// 自定义的 HTTP 功能接口，提供获取限流速率设置和当前速率的获取能力
public interface IHttpResponseThrottlingFeature
{
    public long? MaximumBytesPerSecond { get; }
    public long? CurrentBitsPerSecond { get; }
}

// 限流响应正文的实现类，实现了自定义的功能接口
public class ThrottlingResponseBody : Stream, IHttpResponseBodyFeature,
IHttpResponseThrottlingFeature
{
    private readonly IHttpResponseBodyFeature _innerBodyFeature;
    private readonly IOptionsSnapshot<ResponseThrottlingOptions> _options;
    private readonly HttpContext _httpContext;
    private readonly Stream _innerStream;

    private ThrottlingStream? _throttlingStream;
    private PipeWriter? _pipeAdapter;
    private bool _throttlingChecked;
    private bool _complete;
    private int _throttlingRefreshCycleCount;

    public ThrottlingResponseBody(IHttpResponseBodyFeature innerBodyFeature,
        HttpContext httpContext, IOptionsSnapshot<ResponseThrottlingOptions> options)
    {
        _options = options ?? throw new ArgumentNullException(nameof(options));
        _httpContext = httpContext ?? throw new ArgumentNullException(nameof(httpContext));
        _innerBodyFeature = innerBodyFeature ?? throw new ArgumentNullException(nameof(innerBodyFeature));
        _innerStream = innerBodyFeature.Stream;
        _throttlingRefreshCycleCount = 0;
    }

    public override bool CanRead => false;

    public override bool CanSeek => false;

    public override bool CanWrite => _innerStream.CanWrite;

    public override long Length => _innerStream.Length;

    public override long Position
    {
        get => throw new NotSupportedException();
        set => throw new NotSupportedException();
    }

    public Stream Stream => this;

    public PipeWriter Writer
    {
        get
        {
            if (_pipeAdapter == null)
            {
                _pipeAdapter = PipeWriter.Create(Stream, new
                    StreamPipeWriterOptions(leaveOpen: true));
                if (_complete)
                {
                    _pipeAdapter.Complete();
                }
            }
            return _pipeAdapter;
        }
    }
```

```csharp
64.        public long? MaximumBytesPerSecond =>
            _throttlingStream?.MaximumBytesPerSecond;
65.
66.        public long? CurrentBitsPerSecond =>
        _throttlingStream?.CurrentBitsPerSecond;
67.
68.        public override int Read(byte[] buffer, int offset, int count) => throw
        new NotSupportedException();
69.
70.        public override long Seek(long offset, SeekOrigin origin) => throw new
        NotSupportedException();
71.
72.        public override void SetLength(long value) => throw new
        NotSupportedException();
73.
74.        public override void Write(byte[] buffer, int offset, int count)
75.        {
76.            OnWriteAsync().ConfigureAwait(false).GetAwaiter().GetResult();
77.
78.            if (_throttlingStream != null)
79.            {
80.                _throttlingStream.Write(buffer, offset, count);
81.                _throttlingStream.Flush();
82.            }
83.            else
84.            {
85.                _innerStream.Write(buffer, offset, count);
86.            }
87.        }
88.
89.        public override async Task WriteAsync(byte[] buffer, int offset, int count,
        CancellationToken cancellationToken)
90.        {
91.            await WriteAsync(buffer.AsMemory(offset, count), cancellationToken);
92.        }
93.
94.        public override async ValueTask WriteAsync(ReadOnlyMemory<byte> buffer,
        CancellationToken cancellationToken = default)
95.        {
96.            await OnWriteAsync();
97.
98.            if (_throttlingStream != null)
99.            {
100.               await _throttlingStream.WriteAsync(buffer, cancellationToken);
101.               await _throttlingStream.FlushAsync(cancellationToken);
102.           }
103.           else
104.           {
105.               await _innerStream.WriteAsync(buffer, cancellationToken);
106.           }
107.       }
108.
109.       public override IAsyncResult BeginWrite(byte[] buffer, int offset, int count,
        AsyncCallback? callback, object? state)
110.       {
111.           var tcs = new TaskCompletionSource(state: state,
            TaskCreationOptions.RunContinuationsAsynchronously);
112.           InternalWriteAsync(buffer, offset, count, callback, tcs);
113.           return tcs.Task;
114.       }
115.
116.       private async void InternalWriteAsync(byte[] buffer, int offset, int count,
        AsyncCallback? callback, TaskCompletionSource tcs)
117.       {
118.           try
119.           {
120.               await WriteAsync(buffer.AsMemory(offset, count));
121.               tcs.TrySetResult();
122.           }
123.           catch (Exception ex)
124.           {
```

```csharp
                    tcs.TrySetException(ex);
            }

            if (callback != null)
            {
                // 在同步完成时卸载回调
                var ignored = Task.Run(() =>
                {
                    try
                    {
                        callback(tcs.Task);
                    }
                    catch (Exception)
                    {
                        // 抑制后台线程的异常
                    }
                });
            }
        }

        public override void EndWrite(IAsyncResult asyncResult)
        {
            if (asyncResult == null)
            {
                throw new ArgumentNullException(nameof(asyncResult));
            }

            var task = (Task)asyncResult;
            task.GetAwaiter().GetResult();
        }

        public async Task CompleteAsync()
        {
            if (_complete)
            {
                return;
            }

            await FinishThrottlingAsync(); // Sets _complete
            await _innerBodyFeature.CompleteAsync();
        }

        public void DisableBuffering()
        {
            _innerBodyFeature?.DisableBuffering();
        }

        public override void Flush()
        {
            if (!_throttlingChecked)
            {
                OnWriteAsync().ConfigureAwait(false).GetAwaiter().GetResult();
                // 刷新原始流以发送标头
                // 如果尚未写入任何数据，则刷新限流流不会刷新原始流
                _innerStream.Flush();
                return;
            }

            if (_throttlingStream != null)
            {
                _throttlingStream.Flush();
            }
            else
            {
                _innerStream.Flush();
            }
        }

        public override async Task FlushAsync(CancellationToken cancellationToken)
        {
            if (!_throttlingChecked)
```

```csharp
196.        {
197.            await OnWriteAsync();
198.            // 刷新原始流以发送标头
199.            // 如果尚未写入任何数据，则刷新限流流不会刷新原始流
200.            await _innerStream.FlushAsync(cancellationToken);
201.            return;
202.        }
203.
204.        if (_throttlingStream != null)
205.        {
206.            await _throttlingStream.FlushAsync(cancellationToken);
207.            return;
208.        }
209.
210.        await _innerStream.FlushAsync(cancellationToken);
211.    }
212.
213.    public async Task SendFileAsync(string path, long offset, long? count, CancellationToken cancellationToken)
214.    {
215.        await OnWriteAsync();
216.
217.        if (_throttlingStream != null)
218.        {
219.            await SendFileFallback.SendFileAsync(Stream, path, offset, count, cancellationToken);
220.            return;
221.        }
222.
223.        await _innerBodyFeature.SendFileAsync(path, offset, count, cancellationToken);
224.    }
225.
226.    public async Task StartAsync(CancellationToken cancellationToken = default)
227.    {
228.        await OnWriteAsync();
229.        await _innerBodyFeature.StartAsync(cancellationToken);
230.    }
231.
232.    internal async Task FinishThrottlingAsync()
233.    {
234.        if (_complete)
235.        {
236.            return;
237.        }
238.
239.        _complete = true;
240.
241.        if (_pipeAdapter != null)
242.        {
243.            await _pipeAdapter.CompleteAsync();
244.        }
245.
246.        if (_throttlingStream != null)
247.        {
248.            await _throttlingStream.DisposeAsync();
249.        }
250.    }
251.
252.    private async Task OnWriteAsync()
253.    {
254.        if (!_throttlingChecked)
255.        {
256.            _throttlingChecked = true;
257.            var maxValue = await _options.Value.ThrottlingProvider.Invoke(_httpContext);
258.            _throttlingStream = new ThrottlingStream(_innerStream, maxValue < 0 ? 0 : maxValue);
259.        }
```

```
260.
261.            if (_throttlingStream != null && _options?.Value?.ThrottlingRefreshCycle > 0)
262.            {
263.                if (_throttlingRefreshCycleCount >=
                    _options.Value.ThrottlingRefreshCycle)
264.                {
265.                    _throttlingRefreshCycleCount = 0;
266.
267.                    var maxValue = await
                        _options.Value.ThrottlingProvider.Invoke(_httpContext);
268.                    _throttlingStream.MaximumBytesPerSecond = maxValue < 0 ? 0 : maxValue;
269.                }
270.                else
271.                {
272.                    _throttlingRefreshCycleCount++;
273.                }
274.            }
275.        }
276.    }
```

自定义的响应正文类必须实现 IHttpResponseBodyFeature 接口才能作为应用的底层响应流使用，设计和实现参考 ASP.NET Core 的 ResponseCompressionBody。

（3）响应限流中间件

```
1.  public class ResponseThrottlingMiddleware
2.  {
3.      private readonly RequestDelegate _next;
4.
5.      public ResponseThrottlingMiddleware(RequestDelegate next)
6.      {
7.          _next = next;
8.      }
9.
10.     public async Task Invoke(HttpContext context, IOptionsSnapshot
        <ResponseThrottlingOptions> options, ILogger<ResponseThrottlingMiddleware>
        logger)
11.     {
12.         ThrottlingResponseBody throttlingBody = null;
13.         IHttpResponseBodyFeature originalBodyFeature = null;
14.
15.         var shouldThrottling = await options?.Value?.ShouldThrottling?.
            Invoke(context);
16.         if (shouldThrottling == true)
17.         {
18.             // 获取原始输出 Body
19.             originalBodyFeature = context.Features.Get<IHttpResponseBodyFeature>();
20.             // 初始化限流 Body
21.             throttlingBody = new ThrottlingResponseBody(originalBodyFeature,
                context, options);
22.             // 设置成限流 Body
23.             context.Features.Set<IHttpResponseBodyFeature>(throttlingBody);
24.             context.Features.Set<IHttpResponseThrottlingFeature>
                (throttlingBody);
25.             // 用定时器定期向外汇报信息
26.             var timer = new Timer(1000);
27.             timer.AutoReset = true;
28.             long? currentBitsPerSecond = null;
29.             var traceIdentifier = context.TraceIdentifier;
30.
31.             timer.Elapsed += (sender, arg) =>
32.             {
33.                 if (throttlingBody.CurrentBitsPerSecond != currentBitsPerSecond)
34.                 {
35.                     currentBitsPerSecond = throttlingBody.CurrentBitsPerSecond;
36.
37.                     var bps = (double)(throttlingBody.CurrentBitsPerSecond ?? 0);
```

```
38.              var (unitBps, unit) = bps switch
39.              {
40.                  < 1000 => (bps, "bps"),
41.                  < 1000_000 => (bps / 1000, "kbps"),
42.                  _ => (bps / 1000_000, "mbps"),
43.              };
44.
45.              logger.LogInformation("请求：{RequestTraceIdentifier} 当前响应发
                    送速率：{CurrentBitsPerSecond} {Unit}。", traceIdentifier,
                    unitBps, unit);
46.          }
47.      };
48.
49.      // 开始发送响应后启动定时器
50.      context.Response.OnStarting(async () =>
51.      {
52.          logger.LogDebug("请求：{RequestTraceIdentifier} 开始发送响应。",
                traceIdentifier);
53.          timer.Start();
54.      });
55.
56.      // 响应发送完成后销毁定时器
57.      context.Response.OnCompleted(async () =>
58.      {
59.          logger.LogDebug("请求：{RequestTraceIdentifier} 响应发送完成。",
                traceIdentifier);
60.          timer.Stop();
61.          timer?.Dispose();
62.      });
63.
64.      // 请求取消后销毁定时器
65.      context.RequestAborted.Register(() =>
66.      {
67.          logger.LogDebug("请求：{RequestTraceIdentifier} 已中止。",
                traceIdentifier);
68.          timer.Stop();
69.          timer?.Dispose();
70.      });
71.  }
72.
73.  try
74.  {
75.      await _next(context);
76.      if (shouldThrottling == true)
77.      {
78.          // 刷新响应流，确保所有数据都发送到网卡
79.          await throttlingBody.FinishThrottlingAsync();
80.      }
81.  }
82.  finally
83.  {
84.      if (shouldThrottling == true)
85.      {
86.          // 限流发生错误，恢复原始 Body
87.          context.Features.Set(originalBodyFeature);
88.      }
89.  }
90. }
91. }
```

中间件负责把基础响应流替换为限流响应流，并为每个请求重新读取选项，使每个请求都能够独立控制限流的速率，然后在响应发送启动后记录响应的发送速率。

（4）响应限流选项

```csharp
public class ResponseThrottlingOptions
{
    /// <summary>
    /// 获取或设置流量限制的值的刷新周期，刷新时会重新调用<see cref=
    "ThrottlingProvider"/>设置限制值。
    /// 值越大刷新间隔越久，0或负数表示永不刷新。
    /// </summary>
    public int ThrottlingRefreshCycle { get; set; }

    /// <summary>
    /// 获取或设置指示是否应该启用流量控制的委托
    /// </summary>
    public Func<HttpContext, Task<bool>> ShouldThrottling { get; set; }

    /// <summary>
    /// 获取或设置指示流量限制大小的委托（单位：Byte/s）
    /// </summary>
    public Func<HttpContext, Task<int>> ThrottlingProvider { get; set; }
}
```

（5）响应限流服务注册和中间件配置扩展

```csharp
// 配置中间件用的辅助类和扩展方法
public static class ResponseThrottlingMiddlewareExtensions
{
    public static IApplicationBuilder UseResponseThrottling(this
        IApplicationBuilder app)
    {
        return app.UseMiddleware<ResponseThrottlingMiddleware>();
    }
}

// 注册中间件需要的服务的辅助类和扩展方法
public static class ResponseThrottlingServicesExtensions
{
    public static IServiceCollection AddResponseThrottling(this
        IServiceCollection services, Action<ResponseThrottlingOptions>
        configureOptions = null)
    {
        services.Configure(configureOptions);
        return services;
    }
}
```

这些扩展用于提供友好的注册和配置API，使整个过程与ASP.NET Core编码约定保持一致。

（6）服务注册和请求管道配置

```csharp
public class Startup
{
    public void ConfigureServices(IServiceCollection services)
    {
        // 注册限流服务和选项
        services.AddResponseThrottling(options =>
        {
            options.ThrottlingRefreshCycle = 100;
            options.ShouldThrottling = static async _ => true;
            options.ThrottlingProvider = static async _ => 100 * 1024; // 100KB/s
        });

        services.AddRazorPages();
    }

    public void Configure(IApplicationBuilder app)
```

```
17.     {
18.         // 配置响应限流中间件
19.         app.UseResponseThrottling();
20.
21.         app.UseStaticFiles();
22.
23.         app.UseRouting();
24.
25.         app.UseAuthentication();
26.         app.UseAuthorization();
27.
28.         app.UseEndpoints(endpoints =>
29.         {
30.             endpoints.MapRazorPages();
31.         });
32.     }
33. }
```

示例展示了如何配置和启用响应限流。ThrottlingRefreshCycle 设置为每 100 次响应流写入周期刷新一次流量限制的值，使限流值能在响应发送中动态调整；ShouldThrottle 设置为无条件启用限流；ThrottlingProvider 设置为限速 100 KB/s。

请求只有在 UseResponseThrottling 之前配置的短路中间件处被处理时不会受影响，请求没有被短路的话，只要经过限流中间件，基础响应流就被替换了。如果同时使用了响应压缩，会变成限流响应包裹压缩响应（或者相反），压缩响应（或者限流响应）又包裹基础响应的嵌套结构。

12.13　端点路由

路由是 ASP.NET Core 的重要组成部分，URL 通常是由多个"/"或其他特殊字符分隔的字符串。路由就是用来解析这些分隔，根据提前配置好的规则把 URL 关联到匹配的请求处理委托，并把请求交给这些委托的组件。路由的解析以 HttpRequest.Path 为准，因此在管道中参与过路径匹配（app.Map）的段不直接参与路由匹配。

12.13.1　传统路由回顾

传统路由从 ASP.NET MVC 路由继承和发展而来，传统路由集成在 MVC 中间件中，也就是说 MVC 中间件会在解析路由后直接进入 MVC 处理流程。此处不再详细介绍，只需要知道这种模式阻碍了其今后的发展，因此被弃用。

12.13.2　端点路由简介

由于传统路由存在大量缺陷，阻碍了之后的发展，ASP.NET Core 2.2 增加了一套新的路由系统，称为端点路由。端点路由和传统路由最大的区别：端点路由不再是 MVC 中间件的一部分，而是被拆分为路由解析和端点执行两个相互配合但独立运行的阶段。这两个阶段又对应着两个成对使用的中间件，分别为 Routing 和 Endpoint。这个特点使得在路由解析后到端点执行前可以插入额外的中间件读取路由信息，增加了路由系统的灵活性。

端点路由中的端点具有以下性质：

- 可执行性：端点包含请求处理委托。
- 可扩展性：端点包含元数据集合，开发者可自定义元数据。

- 可选择性：可选择性包含路由模式信息。
- 可枚举性：可通过依赖注入服务从 EndpointDataSource 获取配置的端点集合。

经过对路由系统的改造，MVC 中间件失去了对路由系统的控制权，变成了端点路由中的一组端点。也可以说 MVC 中间件被拆分改造为 Routing 和 Endpoint 两个中间件，因此在使用端点路由模式开发的应用中 MVC 中间件和配套的 Router 路由系统是多余的，微软也计划在未来删除传统路由的相关代码。这为其他需要路由的子系统提供了统一的接入点，后来的 gRPC、SignalR、Blazor 等框架都接入了端点路由系统。当然，端点路由也可以像路径匹配一样为自定义路由配置处理委托。管道中的路径匹配只能匹配路径常量，端点路由能匹配路径模式，灵活性更好。因此，如果没有管道分支、跳过中间件等需求，推荐把自定义请求处理逻辑集成到端点路由系统。

12.13.3　基础使用

示例代码如下：

```
1.  public class Startup
2.  {
3.      public void Configure(IApplicationBuilder app)
4.      {
5.          // 配置路由解析中间件
6.          app.UseRouting();
7.          // 配置端点执行中间件
8.          app.UseEndpoints(endpoints =>
9.          {
10.             // 映射端点的路由模板和请求处理委托
11.             endpoints.MapGet("/", static async context =>
12.             {
13.                 await context.Response.WriteAsync(context.GetEndpoint().DisplayName);
14.             }).WithDisplayName("Hello World!");
15.         });
16.     }
17. }
```

代码解析：

1）使用 UseRouting 方法注册路由解析中间件，从此中间件之后就可以通过端点路由系统提供的 API 获取解析结果。路由解析得到的端点信息是只读的，一旦解析完成就不能修改，如果希望干涉路由解析，需要在此之前完成对请求路径的修改，因此路径重写或其他可能改变请求路径的中间件需要在此之前注册才能生效。

2）使用 UseEndpoints 方法注册端点中间件，并在参数中配置路径模式和对应的处理委托。端点中间件如果匹配并执行处理委托会直接返回，如果匹配失败则会交给之后的中间件继续处理。

3）示例使用 MapGet 方法注册了映射到路径为"/"且 HTTP 方法为 GET 的请求的处理委托，并且使用 WithDisplayName 方法为端点设置了显示名称并用作响应的内容。如果访问其他路径或 HTTP 方法不是 GET，端点中间件会因匹配失败而把请求继续向后传递，最后由框架自动注册的短路中间件返回 404 响应。MapGet 参数中的 "/" 就是路由模板，稍后会进行详细介绍。

12.13.4　链接生成

与端点路由配合，ASP.NET Core 准备了用于生成链接的单例服务 LinkGenerator。将在之后介绍的 MVC 视图也基于该服务进行链接生成。因此统一使用端点路由管理业务逻辑代码能充分享受方便快捷的动态链接生成和管理。

12.13.5 路由模板

端点路由系统支持模式匹配,能够灵活映射处理委托和参数转换与绑定。为了发挥端点路由的优势,就需要学习路由模板的规则。

路由模板包含两种内容:

- 路径常量:在路由匹配中必须逐字对应的部分。如之前示例中的"/"就是路径常量,严格匹配根路径,访问"/a"或者"/1"之类的路径都是无法匹配的。
- 路由参数:使用一对花括号包裹的内容。路由参数又分为两部分。
  - 参数名:在路由匹配中,匹配到的内容会保存到指定名称的路由参数中。例如"/{id}",在访问"/abc123"时,字符串"abc123"会成为路由参数 id 的值,能通过 HttpContext.HttpRequest.RouteValues["id"]获取。如果要把花括号作为匹配内容的一部分,可以使用双花括号进行转义,如"{{"或"}}"。
  - 匹配模式:路由参数的匹配规则。如果在参数中只定义参数名而不定义匹配模式,代表参数能匹配任何模式,包括空字符串。因此"{id}{key}"这种连续使用的路由参数是非法的,相邻参数之间必须用路径常量隔开,如"{id}/{key}"或"{id}abc{key}"。匹配模式可以使用"="定义匹配到空白字符串时用于替换的默认值,如"{id=1}"。另外也可以使用通配符"*"和"**"匹配至少一个字符的内容,它们之间的区别为:"*"会把匹配到的"/"视为普通的文本内容并在链接生成时转义为"%2F";"**"会把匹配到的"/"视为分隔符,在链接生成时不会进行转义。使用"**"的参数称为 catch-all 参数。

路由参数的匹配模式有具体程度的区别,在路由匹配时,相似的模式会根据具体程度排序,越具体的模式拥有越高的优先级,如果优先级相同则引发异常。例如有路由约束的模式比没有的具体,路由约束多的模式比少的具体。

12.13.6 路由约束

路由参数在进行匹配时可以为匹配模式额外定义路由约束,能够更细致地规定参数的匹配规则。要注意的是,路由约束和输入参数验证不同,路由约束用于消除相似模板的歧义。路由约束匹配失败导致的请求错误应该响应 404 状态,而由输入参数验证失败导致的请求错误应该响应 400 状态。路由约束和参数名之间使用":"隔开,例如"{id:int}"表示参数 id 仅匹配整数,单个参数也可以同时应用多个约束,表示参数必须同时满足所有约束,同样使用":"分隔多个约束,例如"{id:int:min(5)}"。表 12-3 列出内置路由约束及其说明。

表 12-3 内置路由约束及其说明

约束	示例	匹配项示例	说明
int	{id:int}	123456789, -123456789	匹配任何整数
bool	{active:bool}	true, FALSE	匹配 true 或 false。不区分字母大小写
datetime	{dob:datetime}	2016-12-31, 2016-12-31 7:32pm	在固定区域中匹配有效的 DateTime 值

（续表）

约束	示例	匹配项示例	说明
decimal	{price:decimal}	49.99, –1,000.01	在固定区域中匹配有效的 decimal 值
double	{weight:double}	1.234, –1,001.01e8	在固定区域中匹配有效的 double 值
float	{weight:float}	1.234, –1,001.01e8	在固定区域中匹配有效的 float 值
guid	{id:guid}	CD2C1638-1638-72D5-1638-DEADBEEF1638	匹配有效的 Guid 值
long	{ticks:long}	123456789, –123456789	匹配有效的 long 值
minlength(value)	{username:minlength(4)}	Rick	字符串必须至少为 4 个字符
maxlength(value)	{filename:maxlength(8)}	MyFile	字符串不得超过 8 个字符
length(length)	{filename:length(12)}	somefile.txt	字符串必须正好为 12 个字符
length(min,max)	{filename:length(8,16)}	somefile.txt	字符串必须至少为 8 个字符，且不得超过 16 个字符
min(value)	{age:min(18)}	19	整数值必须至少为 18
max(value)	{age:max(120)}	91	整数值不得超过 120
range(min,max)	{age:range(18,120)}	91	整数值必须至少为 18，且不得超过 120
alpha	{name:alpha}	Rick	字符串必须由一个或多个字母字符组成，a~z，并区分字母大小写
regex(expression)	{ssn:regex(^\\d{{3}}-\\d{{2}}-\\d{{4}}$)}	123-45-6789	字符串必须与正则表达式匹配。复杂的表达式匹配可能需要大量时间，为了避免被利用而遭遇拒绝服务攻击，约束设置了超时时间，如果超时则视为匹配失败
required	{name:required}	Rick	约束参数不能匹配空白字符串
exists	{area:exists}	—	MVC 专用约束，约束参数必须是一个真实存在的 Area。注册 MVC 服务时会自动把这个约束注册到路由服务

需要注意一下路由约束中的正则表达式约束，由于正则表达式的部分特殊字符和路由参数的特殊字符相同，需要进行转义。如 "{" "}" "[" "]" 需要换成 "{{" "}}" "[[" "]]"，如果需要把正则表达式中的特殊字符转义成普通字符，还需要再使用 "\" 进行转义，但是 "\" 在 C#字符串中也是特殊字符，因此最终的正则表达式约束看上去比较复杂，可能出现大量双括号和双右斜杠，对于 C#的 "\" 问题推荐使用逐字字符串功能来解决。

12.13.7 自定义约束

端点路由支持自定义路由约束，但是原则上建议优先考虑使用模型绑定或其他方式来解决问题。如果确实需要使用自定义约束，则定义实现 IRouteConstraint 接口的类，并把类型注册到路由选项。

示例代码如下：

（1）定义约束

```
1.   public class MyCustomConstraint : IRouteConstraint
2.   {
3.       public string Val { get; private set; }
4.       // 构造函数接收从模板传递进来的参数
5.       public MyCustomConstraint(string val) => Val = val;
6.
7.       // 验证约束，成功则返回 true，失败则返回 false
8.       public bool Match(HttpContext httpContext,
9.           IRouter route,
10.          string routeKey,
11.          RouteValueDictionary values,
12.          RouteDirection routeDirection)
13.      {
14.          if (values.TryGetValue(routeKey, out var value) && value != null)
15.              if (value is string v)
16.                  return v == Val;
17.
18.          return false;
19.      }
20.  }
```

示例中的约束类检查参数值是否等于参数 Val，检查仅用于检查参数值是否符合规则，然后返回表示检查是否通过的 bool 值。约束类并不承担参数转换的职责。

（2）注册约束

```
1.   public class Startup
2.   {
3.       public void ConfigureServices(IServiceCollection services)
4.       {
5.           services.AddRouting(options =>
6.           {
7.               // 使用指定的名称注册自定义约束
8.               options.ConstraintMap.Add("custom", typeof(MyCustomConstraint));
9.           });
10.      }
11.
12.      public void Configure(IApplicationBuilder app)
13.      {
14.          app.UseRouting();
15.          app.UseEndpoints(endpoints =>
16.          {
17.              // 使用自定义约束
18.              endpoints.MapGet("/{id:custom(myValue)}", async context =>
19.              {
20.                  await context.Response.WriteAsync(context.HttpRequest.
                        RouteValues["id"]);
21.              });
22.          });
23.      }
24.  }
```

路由约束的参数传递类似方法调用，使用括号传递，如果有多个参数，则使用逗号隔开，传递的参数会通过约束的构造函数参数传递给约束实例。

12.13.8　参数转换器

参数转换器用于把路由参数中的值转换为新值，但不会用于把转换后的新值还原为旧值。路由约束和参数转换器在路由模板中使用相同的语法,因此路由约束和参数转换器不能重名。参数转换器需要实现 IOutboundParameterTransformer 接口。

示例代码如下:

(1)定义参数转换器

```
1.   public class SlugifyParameterTransformer : IOutboundParameterTransformer
2.   {
3.       public string TransformOutbound(object value)
4.       {
5.           if (value == null) { return null; }
6.
7.           return Regex.Replace(value.ToString(),
8.               "([a-z])([A-Z])",
9.               "$1-$2",
10.              RegexOptions.CultureInvariant,
11.              TimeSpan.FromMilliseconds(100)).ToLowerInvariant();
12.      }
13.  }
```

示例定义了用于把大驼峰命名法转换为破折号命名法的转换器,例如"MyValue"会转换为"my-value",并且规定了正则转换的超时时间,如果超时则引发异常。这可以防止恶意复杂字符串引起的拒绝服务攻击。

(2)注册参数转换器

```
1.   public class Startup
2.   {
3.       public void ConfigureServices(IServiceCollection services)
4.       {
5.           services.AddRouting(options =>
6.           {
7.               // 使用指定的名称注册转换器
8.               // 索引器方式和注册约束时使用的 Add 方式都能使用,注册表实际上就是一个字典
9.               options.ConstraintMap["slugify"] = typeof(SlugifyParameterTransformer);
10.          });
11.      }
12.
13.      public void Configure(IApplicationBuilder app)
14.      {
15.          app.UseRouting();
16.          app.UseEndpoints(endpoints =>
17.          {
18.              // 使用自定义参数转换器
19.              endpoints.MapGet("/{id:slugify}", async context =>
20.              {
21.                  // 输出转换后的参数值,方便和地址栏的原始值进行对比
22.                  await context.Response.WriteAsync(context.HttpRequest.
                        RouteValues["id"]);
23.              });
24.          });
25.      }
26.  }
```

12.13.9 自定义端点

如果要开发与端点路由集成的中间件,需要自定义端点并提供把端点注册到端点路由的 API。但是在端点路由出现之前已经存在大量通过自定义中间件实现的功能,为了简化集成已有中间件的工作,端点路由还允许通过构造内部管道的方式把普通中间件纳入端点中间件的管理。

1. 原生端点开发

原生端点开发流程比较复杂,接下来笔者将结合一个简单示例进行说明。这个示例的大部分代码可以作为自定义端点开发的样板代码使用,对部分涉及特定需求的代码进行替换即可。

示例代码如下:

(1)定义端点数据源

```csharp
public class MyFrameworkEndpointDataSource : EndpointDataSource,
    IEndpointConventionBuilder
{
    // 路由模式转换器,从依赖注入服务中获取
    private readonly RoutePatternTransformer _routePatternTransformer;
    // 约定配置列表,保存要应用的约定以备在构建端点时使用
    private readonly List<Action<EndpointBuilder>> _conventions;

    // 保存路由模式备用,值由外部提供
    public List<RoutePattern> Patterns { get; }
    // 保存端点路由值和请求处理委托的映射表备用,值由外部提供
    public List<HubMethod> HubMethods { get; }
    // 保存端点列表备用
    private List<Endpoint> _endpoints;

    public MyFrameworkEndpointDataSource(RoutePatternTransformer
        routePatternTransformer)
    {
        _routePatternTransformer = routePatternTransformer;
        _conventions = new List<Action<EndpointBuilder>>();

        Patterns = new List<RoutePattern>();
        HubMethods = new List<HubMethod>();
    }

    // 端点中间件使用这个属性获取端点列表
    public override IReadOnlyList<Endpoint> Endpoints
    {
        get
        {
            // 首次获取时构建端点列表
            if (_endpoints == null)
            {
                _endpoints = BuildEndpoints();
            }

            return _endpoints;
        }
    }

    // 构造端点列表,需要由开发者根据需求进行编写的部分
    private List<Endpoint> BuildEndpoints()
    {
        List<Endpoint> endpoints = new List<Endpoint>();
        // 遍历端点委托映射表生成端点
        foreach (var hubMethod in HubMethods)
        {
            var requiredValues = new { hub = hubMethod.Hub, method =
                hubMethod.Method };
            var order = 1;

            // 遍历路由模式查找匹配项
            foreach (var pattern in Patterns)
            {
                // 根据必要的路由参数值寻找匹配的路由模式
                var resolvedPattern = _routePatternTransformer.
```

```csharp
                    SubstituteRequiredValues(pattern, requiredValues);
54.             if (resolvedPattern == null)
55.             {
56.                 continue;
57.             }
58.
59.             // 根据路由模式和委托映射表配置端点构造器,这是必要步骤
60.             var endpointBuilder = new RouteEndpointBuilder(
61.                 hubMethod.RequestDelegate,
62.                 resolvedPattern,
63.                 order++);
64.
65.             // 配置默认的显示名,可能被之后的约定配置覆盖
66.             endpointBuilder.DisplayName = $"{hubMethod.Hub}.{hubMethod.Method}";
67.
68.             // 配置端点的约定,这是必要步骤
69.             // 如果没有这一步,开发者配置的约定不会生效
70.             foreach (var convention in _conventions)
71.             {
72.                 convention(endpointBuilder);
73.             }
74.
75.             // 把配置完成的端点加入列表
76.             endpoints.Add(endpointBuilder.Build());
77.         }
78.     }
79.
80.     return endpoints;
81. }
82.
83. // 如果需要支持端点的动态刷新,请实现此方法
84. public override IChangeToken GetChangeToken()
85. {
86.     return NullChangeToken.Singleton;
87. }
88.
89. // 为端点添加约定,开发者配置的约定会通过此处保存到约定列表中,在端点构造时使用
90. public void Add(Action<EndpointBuilder> convention)
91. {
92.     _conventions.Add(convention);
93. }
94. }
95.
96. // 端点委托映射实体
97. // Hub 和 Method 是自定义端点模板的两个路由参数的名称(类似 MVC 中的控制器和动作)
98. // RequestDelegate 是端点的处理器
99. public class HubMethod
100. {
101.     public string Hub { get; set; }
102.     public string Method { get; set; }
103.     public RequestDelegate RequestDelegate { get; set; }
104. }
```

定义端点数据源是最复杂的一个步骤,自定义数据源需要实现 IEndpointConventionBuilder 接口和继承 EndpointDataSource 类。其中的 HubMethods 属性需要根据需求调整,其他属性和字段可作为通用样板代码来使用。构造函数用于获取依赖服务和初始化必要属性和字段。BuildEndpoints 方法是整个类的核心,需要根据需求编写,其他方法均继承自接口或基类,可当作通用样板代码使用。BuildEndpoints 方法的大部分流程也是通用的。核心流程就是遍历端点委托映射表,而端点委托映射的发现和遍历也正是需要根据需求进行改变的地方,例如 MVC 就是通过扫描程序集进行的。先解析路由找到匹配的路由模式,然后用解析得到的路由模式和请求委托实例化端点构造器,再把端点约定配置到端点构造器,最后把构造好的端点加入列表并返回。端点中间件会使用这个列表。

（2）定义端点配置构造器

```csharp
1.  public class MyFrameworkConfigurationBuilder
2.  {
3.      private readonly MyFrameworkEndpointDataSource _dataSource;
4.
5.      internal MyFrameworkConfigurationBuilder(MyFrameworkEndpointDataSource
            dataSource)
6.      {
7.          _dataSource = dataSource;
8.      }
9.
10.     // 添加路由模式
11.     public void AddPattern(string pattern)
12.     {
13.         AddPattern(RoutePatternFactory.Parse(pattern));
14.     }
15.
16.     public void AddPattern(RoutePattern pattern)
17.     {
18.         _dataSource.Patterns.Add(pattern);
19.     }
20.
21.     // 添加端点委托映射项
22.     public void AddHubMethod(string hub, string method, RequestDelegate
            requestDelegate)
23.     {
24.         _dataSource.HubMethods.Add(new HubMethod
25.         {
26.             Hub = hub,
27.             Method = method,
28.             RequestDelegate = requestDelegate
29.         });
30.     }
31. }
```

配置构造器用于为端点的配置提供 API，把复杂的处理过程封装到内部。要提供什么 API 需要根据需求进行设计，没有通用模板。

（3）定义服务注册和端点注册扩展

```csharp
1.  public static class MyFrameworkEndpointRouteBuilderExtensions
2.  {
3.      // 注册端点用的配置扩展，封装端点注册的复杂性，对外暴露简单易用的 API
4.      public static IEndpointConventionBuilder MapFramework(this
            IEndpointRouteBuilder endpoints, Action<MyFrameworkConfigurationBuilder>
            configure)
5.      {
6.          if (endpoints == null)
7.          {
8.              throw new ArgumentNullException(nameof(endpoints));
9.          }
10.         if (configure == null)
11.         {
12.             throw new ArgumentNullException(nameof(configure));
13.         }
14.         // 从依赖注入服务中取出端点数据源
15.         var dataSource = endpoints.ServiceProvider.GetRequiredService
              <MyFrameworkEndpointDataSource>();
16.         // 实例化配置构造器并配置端点
17.         var configurationBuilder = new MyFrameworkConfigurationBuilder(dataSource);
18.         configure(configurationBuilder);
19.         // 把配置完成的端点数据源加入端点路由中间件的路由构造器中
20.         endpoints.DataSources.Add(dataSource);
21.
22.         return dataSource;
```

```
23.        }
24.    }
25.
26.    public static class MyFrameworkServicesExtensions
27.    {
28.        // 注册自定义端点所需的服务
29.        public static IServiceCollection AddMyFramework(this IServiceCollection
            services)
30.        {
31.            services.AddSingleton<MyFrameworkEndpointDataSource>();
32.            return services;
33.        }
34.    }
```

为了方便使用和封装复杂性,需要定义扩展用于配置端点和依赖服务。AddMyFramework 方法的作用相当于框架提供的 AddMvc 方法,MapFramework 方法相当于框架提供的 MapGet 和 MapControllerRoute 方法。

(4) 服务注册和请求管道配置

```
1.  public class Startup
2.  {
3.      public void ConfigureServices(IServiceCollection services)
4.      {
5.          services.AddMyFramework();
6.      }
7.
8.      public void Configure(IApplicationBuilder app)
9.      {
10.         app.UseRouting();
11.         app.UseEndpoints(endpoints =>
12.         {
13.             endpoints.MapFramework(frameworkBuilder =>
14.             {
15.                 // 添加路由模板,此处添加了两个路由模板,因此每个端点都能使用 2 个地址来访问
16.                 frameworkBuilder.AddPattern("/prefix/{hub=MyHub}/
                        {method=MyMethod}");
17.                 frameworkBuilder.AddPattern("/{hub}/{method=MyMethod}");
18.
19.                 // 配置模板中路由参数的值和对应的处理器
20.                 frameworkBuilder.AddHubMethod("MyHub", "MyMethod", context =>
                        context.Response.WriteAsync("MyMethod!"));
21.                 frameworkBuilder.AddHubMethod("Account", "Login", context =>
                        context.Response.WriteAsync("Login!"));
22.                 frameworkBuilder.AddHubMethod("Account", "Logout", context =>
                        context.Response.WriteAsync("Logout!"));
23.             })
24.             // 配置约定,只能通过 localhost 域进行访问
25.             .RequireHost(("localhost");
26.         });
27.     }
28. }
```

使用之前提供的扩展配置服务和端点。AddPattern 配置端点的路由模式,AddHubMethod 配置端点的请求委托。示例中配置了两个模式,其中都有路由参数 hub 和 method,AddHubMethod 的参数就是用于配置这两个参数的值和对应的请求委托。之后要介绍的 MVC 的注册扩展只需要配置路由模式而不需要配置请求委托,这是因为 MVC 已经把请求委托抽象成了专门的控制器类和里面的动作方法,然后在 BuildEndpoints 中通过扫描程序集自动发现和配置请求委托。

RequireHost 方法为端点配置了约定,只允许通过 localhost 域进行访问。RequireHost 其实是扩展方法,其内部实际上是通过调用 IEndpointConventionBuilder.Add 方法来实现功能。还记得示例代码中提到配置端点的约定是必要步骤吗?如果不进行配置,RequireHost 之类的扩展方法就无法生效了。

2. 中间件集成式端点开发

中间件集成式端点主要用于移植基于传统路由开发的中间件，在某些需求比较简单的情况下可以降低开发端点的复杂度。自定义中间件是 ASP.NET Core 的重要内容，就像小学都要学习的拼音。中间件集成式端点开发就像拼音输入法，学习门槛较低，泛用性更强。原生端点开发就像五笔输入法，需要专门投入额外的时间和精力进行学习，学习门槛较高，但性能和灵活性的天花板也更高。

示例代码如下：

```
1.   public class Startup
2.   {
3.       public void Configure(IApplicationBuilder app)
4.       {
5.           app.UseRouting();
6.           app.UseEndpoints(endpoints =>
7.           {
8.               // 创建一个中间件管道构造器
9.               var pipeline = endpoints.CreateApplicationBuilder();
10.              // 配置中间件
11.              pipeline.Use(async (context, next) =>
12.              {
13.                  await context.Response.WriteAsync("Middleware1 -> ");
14.                  await next(context);
15.              })
16.              .Use(async (context, next) =>
17.              {
18.                  await context.Response.WriteAsync("Middleware 2");
19.              });
20.              // 把路由和构造完成的管道映射为端点
21.              endpoints.Map("/customEndpoint", pipeline.Build());
22.          });
23.      }
24.  }
```

中间件集成式端点开发非常简单，只需要使用 endpoints 参数的成员方法 CreateApplicationBuilder 创建一个新的管道构造器，剩下的就和在 Configure 方法中配置管道一模一样，在管道配置完成后用 Map 方法把路由模式和管道关联起来就可以了。

12.14 发送 HTTP 请求

在分布式微服务架构越来越流行的当下，ASP.NET Core 应用可能需要和外部服务进行交互，在简单情况下使用 HTTP 客户端是一个不错的选择。ASP.NET Core 也针对这种需求开发了一系列预置组件供开发者使用。

早在.NET Framework 4.0 开始，微软就提供了 HttpClient 以简化 HTTP 协议交互的开发。但是 HTTP 协议依赖大量底层网络组件和系统内核资源，这导致单纯的 HttpClient 对象难以在复杂的系统和网络环境下使用，为此微软甚至针对使用时要注意的问题编写了大量文档指导开发者应该如何正确地使用 HttpClient。这种要求开发者时刻注意各种细节的问题使得面向对象思想的在内部封装复杂性并对外暴露简单易用的 API 的原则无法得到有效落实。.NET 的依赖注入组件为解决这个问题提供了良好的基础，微软也就趁热打铁，提供了以依赖注入为基础的 HttpClientFactory，把需要注意的细节封装进了工厂。

12.14.1 基础使用

示例代码如下：

```
1.  public class Startup
2.  {
3.      public void ConfigureServices(IServiceCollection services)
4.      {
5.          // 注册基本 HTTP 客户端服务
6.          services.AddHttpClient();
7.      }
8.
9.      public void Configure(IApplicationBuilder app)
10.     {
11.         app.UseRouting();
12.         app.UseEndpoints(endpoints =>
13.         {
14.             endpoints.MapGet("/sendRequest", async context =>
15.             {
16.                 // 获取客户端工厂服务，创建客户端实例
17.                 var client = context.RequestServices.GetRequiredService
                        <IHttpClientFactory>().CreateClient();
18.                 // 发送请求
19.                 var res = await client.GetAsync("https:// www.baidu.com");
20.                 // 读取响应，转换为字符串
21.                 await context.Response.WriteAsync(await res.Content.
                        ReadAsStringAsync());
22.             });
23.         });
24.     }
25. }
```

基础的使用方式非常简单，只需要向依赖注入系统注册服务，然后就可以在需要的地方获取客户端工厂创建客户端实例，最后使用客户端发送请求即可。

但是这种用法无法面对比较复杂的需求，为了解决这个问题，微软为这个服务的注册扩展准备更多的用法和相应的重载。

1. 命名客户端

使用命名客户端功能可以为用于不同需求的客户端进行独立的配置，并通过一个简单易懂的名称来标记客户端。

示例代码如下：

```
1.  public class Startup
2.  {
3.      public void ConfigureServices(IServiceCollection services)
4.      {
5.          // 使用指定的名称注册客户端服务
6.          services.AddHttpClient("baidu", config =>
7.          {
8.              // 配置客户端的基地址
9.              config.BaseAddress = new Uri("https:// www.baidu.com");
10.             // 添加默认请求标头，伪装浏览器
11.             config.DefaultRequestHeaders.Add("User-Agent", "Mozilla/5.0 (Windows
                    NT 10.0; Win64; x64) AppleWebKit/537.36 (KHTML, like Gecko)
                    Chrome/89.0.4389.90 Safari/537.36");
12.         });
13.     }
14.
15.     public void Configure(IApplicationBuilder app)
```

```
16.    {
17.        app.UseRouting();
18.        app.UseEndpoints(endpoints =>
19.        {
20.            endpoints.MapGet("/sendRequest", async context =>
21.            {
22.                // 获取客户端工厂服务，创建指定名称的客户端
23.                // 只能指定已注册的名称
24.                var client = context.RequestServices.GetRequiredService
                    <IHttpClientFactory>().CreateClient("baidu");
25.                var res = await client.GetAsync("/duty/privacysettings.html");
26.                await context.Response.WriteAsync(await res.Content.
                    ReadAsStringAsync());
27.            });
28.        });
29.    }
30. }
```

示例展示了如何在命名客户端中添加自定义配置。因为已经配置了客户端的请求基地址，因此使用时只填写了请求路径。

2. 强类型客户端

除了命名客户端以外，还可以使用强类型客户端以实现语义更清晰和封装程度更高的客户端。强类型客户端可以在客户端的构造函数或客户端配置委托中进行配置，可根据实际情况选用。

示例代码如下：

（1）在构造函数中配置

```
1.  public class BaiduClient
2.  {
3.      public HttpClient Client { get; }
4.
5.      // 从构造函数接收客户端
6.      public BaiduClient(HttpClient client)
7.      {
8.          // 对客户端进行额外的配置
9.          client.BaseAddress = new Uri("https:// www.baidu.com");
10.         Client = client;
11.     }
12.
13.     // 服务提供的API
14.     public async Task<string> GetHomeAsync()
15.     {
16.         return await (await Client.GetAsync("/")).Content.ReadAsStringAsync();
17.     }
18. }
19.
20. public class Startup
21. {
22.     public void ConfigureServices(IServiceCollection services)
23.     {
24.         // 注册强类型客户端，只要服务类型的构造函数参数包含HttpClient即可
25.         services.AddHttpClient<BaiduClient>();
26.     }
27.
28.     public void Configure(IApplicationBuilder app)
29.     {
30.         app.UseRouting();
31.         app.UseEndpoints(endpoints =>
32.         {
33.             endpoints.MapGet("/sendRequest", async context =>
34.             {
35.                 // 直接获取强类型客户端服务即可
```

```
36.                var client = context.RequestServices.GetRequiredService
                      <BaiduClient>();
37.                await context.Response.WriteAsync(await client.GetHomeAsync());
38.            });
39.        });
40.     }
41. }
```

（2）在服务注册时配置

```
1.  public class BaiduClient
2.  {
3.      private HttpClient _client;
4.
5.      // 直接接收配置好的 HTTP 客户端
6.      public BaiduClient(HttpClient client) => _client = client;
7.
8.      public async Task<string> GetHomeAsync()
9.      {
10.         return await (await _client.GetAsync("/")).Content.ReadAsStringAsync();
11.     }
12. }
13.
14. public class Startup
15. {
16.     public void ConfigureServices(IServiceCollection services)
17.     {
18.         // HTTP 客户端的配置也可以在这里进行，这表示强类型客户端服务会收到已配置完毕的 HTTP
                客户端实例
19.         services.AddHttpClient<BaiduClient>(config => config.BaseAddress = new
                Uri("https:// www.baidu.com"));
20.     }
21. }
```

本示例把 HttpClient 定义为私有字段，这种模式有利于保护内部状态，避免被意外修改导致功能被破坏（反射可以无视访问保护，正所谓防君子不防小人）。

3. 动态生成的客户端

（1）Refit

除了手动编写客户端代码外，还能通过.NET 的动态代码生成功能实现动态生成的客户端。动态代码生成是.NET 中比较难掌握的技术，需要对编译原理、运行时中间语言等底层知识有深入理解。幸运的是，NuGet 上已经有现成的程序包能帮我们完成这项工作。我们只需要定义接口签名，通过特性配置请求数据的组装方式和响应的解析方式，剩下的交给程序包就可以了。这个程序包叫 refit，是.NET 基金会的项目之一，而 Refit.HttpClientFactory 是针对依赖注入的扩展包，提供一些扩展方法使客户端接口的注册更加方便。

示例代码如下：

```
1.  public interface IBaiduClient
2.  {
3.      // 指定接口的请求地址和请求 Method
4.      [Get("/")]
5.      // 通过返回值类型指定响应的解析方式
6.      Task<string> GetHomeAsync();
7.  }
8.
9.  public class Startup
10. {
11.     public void ConfigureServices(IServiceCollection services)
12.     {
13.         // 直接使用 Refit
14.         // 先注册命名客户端并进行配置，动态生成的客户端假设收到的 HTTP 客户端已经配置完毕
```

```
15.         services.AddHttpClient("baidu", config =>
16.         {
17.             config.BaseAddress = new Uri("https:// www.baidu.com");
18.         })
19.         // 将其关联到服务接口
20.         .AddTypedClient(c => RestService.For<IBaiduClient>(c));
21.
22.         // 使用 Refit.HttpClientFactory 简化代码
23.         // 注册服务接口
24.         services.AddRefitClient<IBaiduClient>()
25.             // 配置服务的客户端
26.             .ConfigureHttpClient(config =>
27.             {
28.                 config.BaseAddress = new Uri("https:// www.baidu.com");
29.             });
30.     }
31.
32.     public void Configure(IApplicationBuilder app)
33.     {
34.         app.UseRouting();
35.         app.UseEndpoints(endpoints =>
36.         {
37.             endpoints.MapGet("/sendRequest", async context =>
38.             {
39.                 // 获取接口服务
40.                 var client = context.RequestServices.GetRequiredService
                     <IBaiduClient>();
41.                 await context.Response.WriteAsync(await client.GetHomeAsync());
42.             });
43.         });
44.     }
45. }
```

（2）WebApiClientCore

虽然上面介绍的是受 .NET 基金会支持的官方扩展包，但是这个扩展包并不支持静态客户端代码生成，这对于依赖 AOT（iOS 禁止 JIT）和对启动性能敏感的场景并不友好。对此，国人开发的 WebApiClientCore 是一个不错的替代选项，这个项目同时支持 JIT 和 AOT（利用 C# 9.0 的源生成器功能和 WebApiClientCore.Extensions.SourceGenerator 扩展包实现）模式。通过代码分析器扩展包 WebApiClientCore.Analyzers 还能得到优质的客户端接口编写建议。

如果要接入提供了 OpenAPI 文档的服务，还可以用项目提供的 .NET CLI 工具 WebApiClientCore.OpenApi.SourceGenerator 自动生成客户端的接口定义代码。VS 提供的 OpenAPI 客户端代码生成工具基于 NSwag，但是这个工具是 .NET Framework 时代开发的，生成的客户端代码包含多余的构造函数参数，无法直接集成到 IHttpClientFactory。而 WebApiClientCore 从立项就致力于融入 .NET 生态，生成的客户端完全支持 IHttpClientFactory 的所有功能，值得优先考虑。

12.14.2 请求中间件

ASP.NET Core 使用中间件管道模式构建处理和响应请求的 HTTP 服务端应用，HTTP 客户端也是用来处理 HTTP 协议的客户端应用。那么它们应该完全可以使用相同的套路来设计。实际上微软也确实是这么想的，因此我们可以为 HTTP 客户端配置自定义中间件。这些中间件能够在请求发送前和收到响应后进行一些自定义处理。客户端工厂会自动在管道头部配置用于处理网络连接的中间件，因此我们只需要编写用于进行业务处理的中间件，非常方便。请求中间件在一些其他语言或技术中被称为请求拦截器，其本质其实是差不多的。

定义请求中间件需要注意以下问题：

- 和 ASP.NET Core 相同，请求中间件是可以首尾连接的，连接顺序和注册顺序相同。

- 自定义中间件需要继承 DelegatingHandler 类并重写 SendAsync 方法。
- 中间件可以通过构造函数注入服务。客户端工厂会为每个中间件实例创建一个作用域，因此作用域服务和瞬态服务在不同的中间件中是不同的实例。如果希望在同一个请求中共享服务实例和其他需要共享的数据，可以把对象保存到 HttpRequestMessage.Properties 中。

示例代码如下：

```
1.  public interface IBaiduClient
2.  {
3.      [Get("/")]
4.      Task<string> GetHomeAsync();
5.  }
6.
7.  public class HeaderToValidate
8.  {
9.      public string Name { get; set; }
10. }
11.
12. // 自定义请求标头验证中间件
13. public class ValidateHeaderHandler : DelegatingHandler
14. {
15.     private HeaderToValidate _header;
16.
17.     // 从选项中获取验证参数
18.     public ValidateHeaderHandler(IOptions<HeaderToValidate> options)
19.     {
20.         _header = options.Value;
21.     }
22.
23.     protected override async Task<HttpResponseMessage> SendAsync(
24.         HttpRequestMessage request,
25.         CancellationToken cancellationToken)
26.     {
27.         // 如果没有在请求标头中找到选项指定的标头
28.         if (!request.Headers.Contains(_header.Name))
29.         {
30.             // 直接返回表示失败的响应
31.             return new HttpResponseMessage(HttpStatusCode.BadRequest)
32.             {
33.                 Content = new StringContent($"请先设置请求标头：{_header.Name}")
34.             };
35.         }
36.
37.         // 否则继续向后传递请求
38.         return await base.SendAsync(request, cancellationToken);
39.     }
40. }
41.
42. public class Startup
43. {
44.     public void ConfigureServices(IServiceCollection services)
45.     {
46.         // 注册标头验证中间件服务
47.         services.AddScoped<ValidateHeaderHandler>();
48.         // 注册验证标头的选项
49.         services.Configure<HeaderToValidate>(config => config.Name = "User-Agent");
50.
51.         services.AddRefitClient<IBaiduClient>()
52.             .ConfigureHttpClient(config =>
53.             {
54.                 config.BaseAddress = new Uri("https:// www.baidu.com");
55.             })
```

```
56.            // 向客户端注册中间件
57.            .AddHttpMessageHandler<ValidateHeaderHandler>()
58.            .SetHandlerLifetime(TimeSpan.FromMinutes(5));
59.        }
60.  }
```

示例中的中间件通过构造函数注入了一个选项对象。客户端通过 AddHttpMessageHandler 方法注册中间件,并通过 SetHandlerLifetime 方法设置了客户端的消息处理器生命周期,这个生命周期也决定了客户端对 DNS 刷新和其他底层网络资源变动的响应周期,默认为 2 分钟。

12.14.3 基于策略的处理程序和弹性故障处理

之前在介绍 EF Core 时提到过,EF Core 可以配置用于处理间歇性故障的策略以提高应用的健壮性。HTTP 客户端也可以配置用于处理间歇性故障的策略,实现这种功能的底层基础也是中间件模式。

如果想使用策略处理程序,需要安装 NuGet 包 Microsoft.Extensions.Http.Polly。

1. 基础使用

示例代码如下:

```
1.  public class Startup
2.  {
3.      public void ConfigureServices(IServiceCollection services)
4.      {
5.          services.AddHttpClient("polly")
6.              // 注册瞬态故障处理策略
7.              .AddTransientHttpErrorPolicy(p =>
8.                  // 如果请求失败,在 600 毫秒后重试,最多重试 3 次
9.                  p.WaitAndRetryAsync(3, _ => TimeSpan.FromMilliseconds(600)));
10.     }
11. }
```

示例展示了为客户端配置一个最多 3 次、每次间隔 600 毫秒的重试策略。

2. 动态选择策略

有时我们可能希望根据不同的情况选择使用不同的策略,Polly 也准备了动态策略选择器实现这个功能。

示例代码如下:

```
1.  public class Startup
2.  {
3.      public void ConfigureServices(IServiceCollection services)
4.      {
5.          // 实例化两个超时处理策略对象
6.          var timeout = Policy.TimeoutAsync<HttpResponseMessage>(
7.              TimeSpan.FromSeconds(10));
8.          var longTimeout = Policy.TimeoutAsync<HttpResponseMessage>(
9.              TimeSpan.FromSeconds(30));
10.
11.         services.AddHttpClient("polly")
12.             // 注册基于委托的策略处理器
13.             .AddPolicyHandler(request =>
14.                 // 如果是 GET 请求,使用第一个策略,否则使用第二个策略
15.                 request.Method == HttpMethod.Get ? timeout : longTimeout);
16.     }
17. }
```

示例展示了如何根据 HTTP 方法来选择策略,如果是 GET,就设定超时时间为 10 秒,否则

为 30 秒。

3. 使用多个策略

如果想同时使用多个策略,也非常简单,只需要连续调用添加策略的方法即可。

示例代码如下:

```
1.   public class Startup
2.   {
3.       public void ConfigureServices(IServiceCollection services)
4.       {
5.           services.AddHttpClient("polly")
6.               // 注册第一个瞬态故障处理策略
7.               .AddTransientHttpErrorPolicy(p => p.RetryAsync(3))
8.               // 注册第二个瞬态故障处理策略
9.               .AddTransientHttpErrorPolicy(
10.                  p => p.CircuitBreakerAsync(5, TimeSpan.FromSeconds(30)));
11.      }
12.  }
```

示例展示了如何添加两个策略。第一个策略指示请求最多可以重试 3 次。第二个策略添加了一个断路器,规则是如果请求连续失败 5 次,就阻止一切后续请求 30 秒。策略处理器属于中间件,中间件的生命周期由客户端工厂统一管理,只要在中间件的生命周期内,所有关联到相同中间件的客户端都会受到影响,因此断路器确实可以有效减少无用请求的发送,同时减轻客户端和服务器的压力。

4. 从 Polly 注册表添加策略

除了在代码中临时定义策略,还可以向策略注册表一次性注册所有可能要用的策略,然后从策略注册表中直接取用。对于跨组件统一管理策略来说这个功能还是比较实用的。

示例代码如下:

```
1.   public class Startup
2.   {
3.       public void ConfigureServices(IServiceCollection services)
4.       {
5.           // 实例化策略对象
6.           var timeout = Policy.TimeoutAsync<HttpResponseMessage>(
7.               TimeSpan.FromSeconds(10));
8.           var longTimeout = Policy.TimeoutAsync<HttpResponseMessage>(
9.               TimeSpan.FromSeconds(30));
10.
11.          // 准备策略注册表 i
12.          var registry = services.AddPolicyRegistry();
13.
14.          // 向注册表中添加策略
15.          registry.Add("short", timeout);
16.          registry.Add("long", longTimeout);
17.
18.          services.AddHttpClient("shortPolly")
19.              // 从注册表中找到指定的策略并注册
20.              .AddPolicyHandlerFromRegistry("short");
21.
22.          services.AddHttpClient("longPolly")
23.              .AddPolicyHandlerFromRegistry("long");
24.      }
25.  }
```

示例展示了如何注册策略和使用已注册的策略。

12.14.4 请求标头传播和分布式链路追踪

在分布式微服务模式中,链路追踪是系统状态监控和故障溯源的重要组成部分。因此能否方便快捷地配置自动化链路追踪就成了分布式应用能否保障架构的稳定和可持续维护的关键。为微服务和云进行了专门优化的 ASP.NET Core 也为 HTTP 客户端准备了预置组件以简化分布式链路追踪的开发和配置。

如果想使用标头传播中间件,需要安装 NuGet 包 Microsoft.AspNetCore.HeaderPropagation。

示例代码如下:

```
1.   public class Startup
2.   {
3.       public void ConfigureServices(IServiceCollection services)
4.       {
5.           // 注册链路追踪标头
6.           services.AddHeaderPropagation(options =>
7.           {
8.               // HTTP 2.0 协议标准明确要求请求和响应标头的 Key 使用纯小写,使用小写兼容
                    新协议标准
9.               // 如果从上游收到标头,继续向下传递
10.              options.Headers.Add("x-trace-id");
11.              // 如果没有收到(这里就是最上游),使用指定的委托生成标头的值
12.              options.Headers.Add("x-trace-id", context => new StringValues(context.
                    HttpContext.TraceIdentifier));
13.          });
14.
15.          services.AddHttpClient("myClient")
16.              // 向客户端注册标头传播中间件
17.              .AddHeaderPropagation();
18.      }
19.
20.      public void Configure(IApplicationBuilder app)
21.      {
22.          // 配置标头传播中间件,负责查找来自上游的标头或生成新的标头
23.          app.UseHeaderPropagation();
24.          app.UseRouting();
25.          app.UseEndpoints(endpoints =>
26.          {
27.              endpoints.MapGet("/", async context =>
28.              {
29.                  // 使用客户端,此时客户端的请求会增加用于链路跟踪的请求标头(端点中间件在标头
                        传播中间件之后,能正常收到标头)
30.                  var client = context.RequestServices.GetRequiredService
                        <IHttpClientFactory>().CreateClient("myClient");
31.                  var res = await client.GetAsync("https:// www.baidu.com");
32.                  await context.Response.WriteAsync(await res.Content.
                        ReadAsStringAsync());
33.              });
34.          });
35.      }
36.  }
```

示例展示了如何使用标头传播中间件,主要步骤如下:

步骤 01 使用 AddHeaderPropagation 方法在依赖注入服务中注册服务并配置要传播的标头。

步骤 02 使用 AddHeaderPropagation 方法向 HTTP 客户端注册标头传播中间件。

步骤 03 使用 UseHeaderPropagation 方法注册管道中间件用于向客户端中间件提供数据。在这个中间件后使用客户端时,客户端就可以自动从上下文中获取标头并配置到客户端请求中。

这个示例说明标头传播中间件可以从上游接收标头然后自动转发到下游,如果应用本身就是源头,没有上游的话可以使用其他重载来配置生成标头值的逻辑。

12.14.5　管理和使用 Cookie

一些外部服务可能需要 Cookie 才能正常使用。浏览器本身有着完善和强制执行的管理机制,在前端开发中一般不用管 Cookie。.NET 作为后端为主的开发平台,Cookie 需要开发者自行决定如何管理。.NET 的默认终端中间件 SocketsHttpHandler 通过 CookieContainer 属性来自动化 Cookie 的处理,但 SocketsHttpHandler 由客户端工厂管理生命周期,而 CookieContainer 默认和 SocketsHttpHandler 绑定导致 Cookie 可能和 Handler 一起被销毁。为了确保 Cookie 的安全可靠,需要进行一些自定义。

示例代码如下:

```
1.  public interface IBaiduClient
2.  {
3.      [Get("/")]
4.      Task<string> GetHomeAsync();
5.  }
6.
7.  // 用字典管理 Cookie
8.  public class CookieContainerManager : Dictionary<object, CookieContainer> { }
9.
10. public class Startup
11. {
12.     public void ConfigureServices(IServiceCollection services)
13.     {
14.         // 注册 Cookie 管理器服务,要注册为单例,使 Cookie 能跨请求共享
15.         services.AddSingleton<CookieContainerManager>();
16.
17.         services.AddRefitClient<IBaiduClient>()
18.             // 配置客户端的主要请求处理器(处理网络连接的请求中间件)
19.             .ConfigurePrimaryHttpMessageHandler(provider =>
20.             {
21.                 // 从依赖注入服务中取出 Cookie 或创建新的 Cookie
22.                 var manager = provider.GetRequiredService
                        <CookieContainerManager>();
23.                 manager.TryAdd(typeof(IBaiduClient), new CookieContainer());
24.                 // 赋值给请求处理器
25.                 var client = new SocketsHttpHandler() { CookieContainer =
                        manager[typeof(IBaiduClient)] };
26.                 return client;
27.             })
28.             .ConfigureHttpClient(config =>
29.             {
30.                 config.BaseAddress = new Uri("https:// www.baidu.com");
31.             });
32.     }
33. }
```

示例展示了使用简单单例服务 CookieContainerManager 通过字典为 Handler 存储和提供 CookieContainer,确保 Cookie 能跨 Handler 共享。如果担心字典的多线程并发安全性,可以换成线程安全字典 ConcurrentDictionary。

12.15　错误处理

　　错误处理是产品级软件中必不可少的组成部分，既能避免软件异常退出影响使用，也能收集处理错误信息为改进和错误修复提供参考。

　　ASP.NET Core 的错误按照来源可以大致分为客户端错误和服务器错误，按照软件生命周期可以大致分为开发期错误和产品期错误。这些错误根据不同的情况需要进行不同的处理，以降低开发者的开发维护难度，提高用户体验。

　　针对开发期异常，ASP.NET Core 准备了 DeveloperExceptionPage 中间件，EF Core 也为开发者准备了迁移页面，在发现上下文中存在挂起的迁移时引导开发者应用运行时迁移。在 .NET 5 之前是 DatabaseErrorPage 中间件；从 .NET 5 开始替换为 MigrationsEndPoint 中间件，这个中间件需要服务 DatabaseDeveloperPageExceptionFilter 提供支持，这些代码默认在 ASP.NET Core 个人账户模型的项目模板中使用。

　　在模板代码中还有一个异常处理中间件 ExceptionHandler，可以在发生异常时转到专用的错误处理端点，这个中间件是为产品期异常准备的，因此这个错误端点应该向用户提供人性化错误提示和后续操作建议，为用户提供向服务提供商报告错误的指南。默认的错误页已经包括在模板中，可以直接修改模板页面。如果想在错误页中访问异常信息并酌情展示，可以通过 HttpContext.Features.Get<IExceptionHandlerPathFeature>() 方法获取原始异常信息和原始请求路径。

　　以上提供的错误处理模块是非常简单的展示信息，无法对不同的异常编写针对性的处理代码。为此 ASP.NET Core 准备了 ExceptionHandler 中间件，中间件的配置参数是一个委托，可以通过自定义代码完全控制异常的处理流程。

　　除了因异常导致的错误，还有一些如资源未找到或网址输入错误等导致的错误。这些错误不会引发异常，因此异常处理中间件不会处理此类错误，ASP.NET Core 为此类错误准备了 StatusCodePages、StatusCodePagesWithRedirects 和 StatusCodePagesWithReExecute 中间件。这三个中间件会在检测到 400~599 响应代码时执行。其中 StatusCodePagesWithRedirects 会通过 302 重定向响应跳转到错误页，因此客户端不会收到原始的错误响应，还会让服务器多处理一个请求。StatusCodePagesWithReExecute 中间件会返回原始错误代码，并通过指定路径重新执行管道以生成响应内容，这使得要在"15.5　视图"中介绍的 Razor 引擎生成内容更加方便。最终要使用哪种方式需要根据具体情况决定。错误代码处理中间件不会捕获和处理异常，因此这两种中间件的功能是彼此独立的，可以同时使用。

　　在开发时需要注意，ASP.NET Core 在调用任何向响应流写入数据的方法后将启动响应发送。一旦开始发送响应，将禁止修改响应状态码和响应标头，如果此时尝试修改会引发异常。

　　后文要详细介绍的 MVC 和 Razor Pages 有一套自己的内部流程，其中也包括了异常过滤器，这是从 ASP.NET MVC 继承的。MVC 异常过滤器只能处理 MVC 内部的异常，灵活性和泛用性不如独立的错误处理中间件，如果没有特殊情况推荐优先考虑在错误处理中间件中统一处理错误。

　　一般情况下异常处理中间件应该尽量靠前注册，由于 ASP.NET Core 的管道处理模式，只有在管道中靠前的中间件能捕获和处理靠后的中间件引发的异常。在编写异常处理代码时要注意避免在处理代码中再次引发异常，这可能会使应用进入不可恢复的错误状态。

　　示例代码如下：

```
1.   public class Startup
2.   {
3.       public Startup(IConfiguration configuration)
4.       {
5.           Configuration = configuration;
6.       }
7.
8.       public IConfiguration Configuration { get; }
```

```csharp
9.
10.    public void ConfigureServices(IServiceCollection services)
11.    {
12.        services.AddDbContext<ApplicationDbContext>(options =>
13.            options.UseSqlServer(
14.                Configuration.GetConnectionString("DefaultConnection")));
15.        // 注册数据库异常页面过滤器
16.        services.AddDatabaseDeveloperPageExceptionFilter();
17.        services.AddDefaultIdentity<IdentityUser>(options => options.SignIn.
           RequireConfirmedAccount = true)
18.            .AddEntityFrameworkStores<ApplicationDbContext>();
19.        services.AddRazorPages();
20.    }
21.
22.    public void Configure(IApplicationBuilder app, IWebHostEnvironment env)
23.    {
24.        // 配置开发时异常处理中间件
25.        if (env.IsDevelopment())
26.        {
27.            // 开发人员异常页面
28.            app.UseDeveloperExceptionPage();
29.            // EF Core 迁移端点
30.            app.UseMigrationsEndPoint();
31.        }
32.        // 配置其他环境的错误处理中间件
33.        else
34.        {
35.            // 异常处理器，修改请求路径后重新执行请求处理管道
36.            app.UseExceptionHandler("/Error");
37.            // 基于委托的异常处理器
38.            app.UseExceptionHandler(errorApp =>
39.            {
40.                errorApp.Run(async context =>
41.                {
42.                    context.Response.StatusCode = 500;
43.                    context.Response.ContentType = "text/html";
44.
45.                    await context.Response.WriteAsync(
46.    // 可以从 IExceptionHandlerPathFeature 获取异常的详细信息
47.    // 如果是文件未找到异常就追加一段说明
48.    $@"<html lang=""en""><body>
49.    ERROR!<br><br>
50.    {(context.Features.Get<IExceptionHandlerPathFeature>()?.Error is
           FileNotFoundException
51.    ? "没有找到文件<br><br>"
52.    : "")}
53.    <a href=""/"">首页</a><br>
54.    </body></html>");
55.                });
56.            });
57.            // 错误状态码处理（4xx 和 5xx 状态视为错误状态），仅处理错误状态码，不处理异常
58.            // 浏览器重定向到错误状态页面（可以看到浏览器发生跳转）
59.            app.UseStatusCodePagesWithRedirects("/MyStatusCode?code={0}");
60.            // 修改请求路径后重新执行请求处理管道（浏览器不会发生跳转）
61.            app.UseStatusCodePagesWithReExecute("/MyStatusCode2", "?code={0}");
62.            // 基于委托的错误状态码处理
63.            app.UseStatusCodePages(async context =>
64.            {
65.                context.HttpContext.Response.ContentType = "text/plain";
66.
67.                await context.HttpContext.Response.WriteAsync(
68.                    $"发生错误,错误代码:{context.HttpContext.Response.StatusCode}");
69.            });
70.        }
```

```
71.
72.            app.UseRouting();
73.            app.UseEndpoints(endpoints =>
74.            {
75.                endpoints.MapRazorPages();
76.            });
77.        }
78.    }
```

示例中的逐字字符串打破了常规的缩进规则顶格编写，这样做有助于避免在多行字符串中混入多余的空格，同时保持排版的整洁。

12.16 托管和部署

托管和部署是网络服务应用和普通软件的一大区别，普通软件一般自己就是一个完整的整体，直接依赖操作系统或硬件。Web 服务应用一般会依赖一个公共的服务器软件，请求的接收和响应的发送由这个服务器软件托管，应用软件一般只针对服务器的标准开发接口适配器和业务逻辑处理代码。如 ASP.NET 应用依赖 IIS 服务器，Java 应用依赖 Tomcat 服务器。这也是 ASP.NET 应用没有 Main 方法的原因，服务器通过配置来发现和读取应用组件并启动一个内部应用来提供服务。

ASP.NET Core 为了提供跨平台能力，开发了一个轻量级的内置服务器 Kestrel。在.NET Core 2.1 之前使用跨平台库 libuv 开发，之后随着.NET 平台的成熟切换为使用托管 Socket 开发。这个内置服务器使 ASP.NET Core 应用作为自托管应用使用成为可能，不过微软依然开发了用于和 IIS、HTTP.sys 集成的扩展包 Microsoft.AspNetCore.Server.IIS 和 Microsoft.AspNetCore.Server.HttpSys。IIS 托管不同的 Web 应用也需要相应的模块提供支持，因此 ASP.NET Core 应用需要自己安装 NuGet 扩展包和编写代码对接 IIS，同时 IIS 也需要安装 ASP.NET Core 托管模块对接 ASP.NET Core。

上面介绍的是进程内托管方案，如果使用进程外托管，那么 IIS 和应用就不需要做这么多配置和对接了。进程外托管方案本质上是把 IIS 当作反向代理服务器来用。

ASP.NET Core 应用实际上只依赖 IServer 接口，如果预置服务器无法满足需求，可以自行开发 IServer 接口的实现。不过预置服务器已经支持绝大多数需求，如果需要一般也是优先考虑使用反向代理服务器来进行增强。

对 ASP.NET Core 应用来说，发布到文件夹是最简单的一种方式。接下来就介绍一下基本的文件夹发布方法，具体步骤如下：

（1）生成发布配置文件

步骤 01 在"解决方案资源管理器"中右击项目，在弹出的快捷菜单中选择"发布"，如图 12-3 所示。

图 12-3 打开发布配置向导

步骤 02 选择发布方式，在"发布"页面的"目标"选项卡中选择"文件夹"，然后单击"下一步"按钮，如图 12-4 所示。

图 12-4 选择发布方式

步骤03 选择发布位置,在"文件夹位置"框中填写发布路径,然后单击"完成"按钮(见图 12-5),即可生成发布配置文件。生成的配置文件保存在"Properties/PublishProfiles"路径。

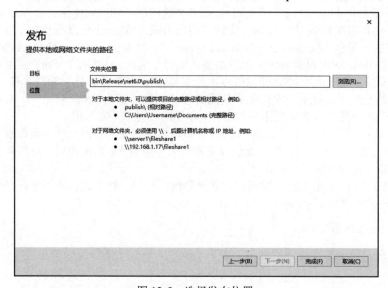

图 12-5 选择发布位置

(2)修改详细发布配置

步骤01 在发布配置概览中单击"显示所有设置",如图 12-6 所示。

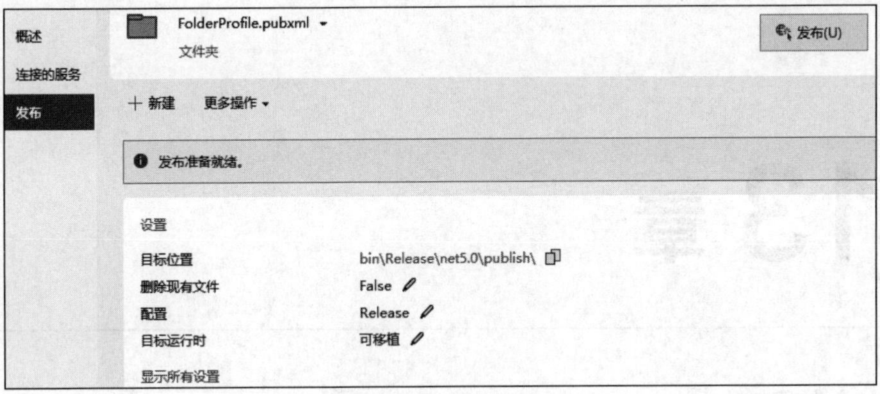

图 12-6 发布配置概览

步骤 02 根据需要在"设置"中修改配置设置,然后单击"保存"按钮即可,如图 12-7 所示。

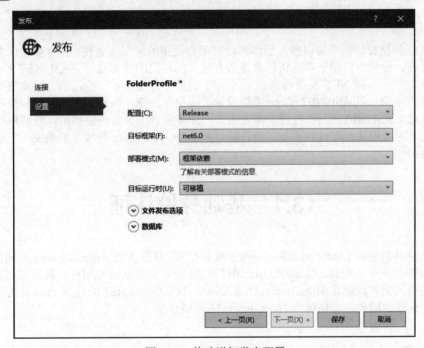

图 12-7 修改详细发布配置

12.17 小　　结

通过对本章的学习,读者对 ASP.NET Core 的常用基础功能应该已经有了初步了解。夯实了基础,未来的学习之路应该能更加顺利。

第 13 章

身份认证

身份认证和授权是两个可以独立工作但经常配合使用的应用安全技术,身份认证主要用于确认访问者是谁,授权主要用于鉴别访问者是否有权访问特定的应用功能。ASP.NET Core 的身份认证和授权功能从 ASP.NET 发展而来,顶级 API 的使用方法基本一致,为上层业务开发者提供了熟悉的编码体验。但 ASP.NET Core 重新设计了底层,为统一应用的身份验证和授权模型打下了坚实的基础。ASP.NET Core 经过多年发展,一步步整合了大量应用模型,这些应用模型都顺利接入了统一的身份认证和授权系统。身份验证是 ASP.NET Core 的独立子系统,它和授权系统可以分开使用。

13.1 基础身份认证

身份认证的功能由 IAuthenticationService 服务实现,而服务由 Authentication 中间件使用。认证中间件的核心任务是为 HttpContext.User 属性赋值,经过身份认证中间件后其值将必定不是 null,未经认证的访问充其量就是 HttpContext.User.Identity.IsAuthenticated 的值为 false。认证方案的配置只是指导认证中间件应当如何为 HttpContext.User 赋值。

13.1.1 Cookie 认证

示例代码如下:

(1) 服务配置

```
1.  public class Startup
2.  {
3.      public void ConfigureServices(IServiceCollection services)
4.      {
5.          // 注册身份认证服务
6.          services.AddAuthentication(options =>
7.          {
8.              // 默认方案,就是个字符串标识,在没有指定更具体的方案时提供默认回退
9.              // 方案必须在下面注册详细配置
10.             options.DefaultScheme = CookieAuthenticationDefaults.
                 AuthenticationScheme;
```

```csharp
11.                  // 默认身份验证方案,在验证身份时会覆盖默认方案的设置
12.                  // 除此之外还有默认登录、注销、质询、拒绝等方案,均会在相应情况下覆盖回退用的默认
                        方案
13.                  options.DefaultAuthenticateScheme = CookieAuthenticationDefaults.
                        AuthenticationScheme;
14.              })
15.              // 使用指定的方案名注册 Cookie 方案
16.              // 此方案在上面被配置为默认身份验证和回退方案
17.              .AddCookie(CookieAuthenticationDefaults.AuthenticationScheme,
                    options =>
18.              {
19.                  // 该方案的登录地址
20.                  // 匿名访问需要授权的地址时供自动跳转功能使用,框架内置的身份认证组件会
                        自动使用,自定义授权组件时需自行编写代码实现同样的功能
21.                  options.LoginPath = "/Account/Login";
22.                  // 该方案的注销地址
23.                  options.LogoutPath = "/Account/Logout";
24.              })
25.
26.          services.AddRazorPages();
27.      }
28.
29.      public void Configure(IApplicationBuilder app)
30.      {
31.          app.UseRouting();
32.          // 配置身份认证中间件
33.          app.UseAuthentication();
34.
35.          app.UseEndpoints(endpoints =>
36.          {
37.              endpoints.MapRazorPages();
38.          });
39.      }
40.  }
```

示例使用默认名称注册了 Cookie 身份认证方案,并将其配置为默认方案。Cookie 方案在 ASP.NET Core 中内置了身份验证处理器,此处只配置处理器用的选项。如果希望配置自定义方案则需要实现自定义身份验证处理器。最后用 UseAuthentication 方法配置身份认证中间件使注册的服务生效,之后不再展示配置中间件的代码,在自主练习时不要忘记调用。

(2) 登录 Page(页面,/Pages/Account/Login.cshtml)

```html
1.  @page
2.  @model LoginModel
3.
4.  @if (HttpContext?.User?.Identity?.IsAuthenticated == true)
5.  {
6.      <p>您已登录到 @HttpContext.User.Identity.Name ,请先<a asp-page="/Account/
            Logout" >注销</a>。</p>
7.  }
8.  else
9.  {
10.     <form method="post" asp-page="/Account/Login">
11.         <label asp-for="LoginViewModel.UserName"></label>
12.         <input asp-for="LoginViewModel.UserName" />
13.         <label asp-for="LoginViewModel.Password"></label>
14.         <input asp-for="LoginViewModel.Password" type="password" />
15.         <label>7 天内免登录:</label>
16.         <input type="checkbox" id="rememberMe" name="rememberMe" value="true" />
17.         <input type="submit" value="Login"/>
18.     </form>
19. }
```

(3)登录 Page(页面模型,/Pages/Account/Login.cshtml.cs)

```csharp
public class LoginViewModel
{
    public string UserName { get; set; }
    public string Password { get; set; }
}

public class LoginModel : PageModel
{
    [BindProperty]
    public LoginViewModel LoginViewModel { get; set; }

    public void OnGet() { }

    public async Task OnPostAsync(bool rememberMe = false, string redirectUri = "/")
    {
        if (HttpContext.User.Identity.IsAuthenticated || string.IsNullOrEmpty
            (LoginViewModel.UserName) || LoginViewModel.Password != "123123")
        {
            return;
        }

        // 身份声明列表
        var claims = new List<Claim>
        {
            new Claim(ClaimTypes.Name, LoginViewModel.UserName),
            new Claim("FullName", LoginViewModel.UserName),
            new Claim(ClaimTypes.Role, "Administrator"),
        };

        // 使用指定的声明列表和认证方案实例化身份
        var claimsIdentity = new ClaimsIdentity(
            claims, CookieAuthenticationDefaults.AuthenticationScheme);

        // 身份认证的扩展属性
        var authProperties = new AuthenticationProperties
        {
            // 是否允许刷新身份认证会话
            // AllowRefresh = <bool>,

            // 身份认证凭证的绝对过期时间
            // 在 Cookies 中指 Cookie 有效期
            ExpiresUtc = DateTimeOffset.UtcNow.AddDays(7),

            // 是否长期有效
            // 在 Cookies 中指是否应该持久化 Cookie
            IsPersistent = rememberMe,

            // 何时颁发的身份认证凭证
            IssuedUtc = DateTimeOffset.UtcNow,

            // 登录后的跳转 Url
            RedirectUri = redirectUri,
        };

        // 使用指定的身份实例化身份主体
        var identityPrincipal = new ClaimsPrincipal(claimsIdentity);

        // 使用指定的方案、身份主体和扩展属性登录用户,设置了 RedirectUri 时会自动跳转到
        //   指定地址
        // 如果不指定登录方案则使用默认登录方案,如果也没有设置默认登录方案则回退到默认方案,
        //   还没有设置默认方案则引发异常
        // 此处指定的方案必须在 Startup 中注册
```

```
60.            await HttpContext.SignInAsync(
61.                CookieAuthenticationDefaults.AuthenticationScheme,
62.                identityPrincipal,
63.                authProperties);
64.        }
65. }
```

代码解析：

1）示例允许匿名访问的任何非空白字符的用户名和硬编码的密码"123123"登录。

2）claims 是身份信息，就像身份证上的姓名、民族、身份证号等，每条信息本质上等价于 KeyValuePair<string, string>，所有信息的集合构成完整的身份信息列表。

3）ClaimsIdentity 通过身份信息集合实例化，把所有身份信息打包到一个对象上，就像是把姓名、民族、身份证号等离散的一条条信息印制到一张身份证上统一展示和管理。

4）ClaimsPrincipal 通过 ClaimsIdentity 实例化，就像一张身份证要对应一个自然人，一个自然人可以拥有多个身份，例如，身份证证明是中国公民、驾驶证证明是可以上路的合格司机、教师资格证证明可以从事教育行业等。ClaimsPrincipal 同样也可以打包多个 ClaimsIdentity，组成多重身份主体。ClaimsPrincipal 的静态委托 PrimaryIdentitySelector 用于选择主要身份，例如在中国，身份证标识主要身份，其他身份是附加身份。

5）身份主体组合完后就可以调用 SignInAsync 登录用户了。

（4）注销 Page（页面，/Pages/Account/Logout.cshtml）

```
1.  @page
2.  @model LogoutModel
3.
4.  @if (HttpContext.User.Identity.IsAuthenticated)
5.  {
6.      <form method="post" asp-page="/Account/Logout">
7.          <input type="submit" value="注销 @HttpContext.User.Identity.Name" />
8.      </form>
9.  }
10. else
11. {
12.     <p>请先<a asp-page="/Account/Login" >登录</a>。</p>
13. }
```

（5）注销 Page（页面模型，/Pages/Account/Logout.cshtml.cs）

```
1.  public class LogoutModel : PageModel
2.  {
3.      public void OnGet() { }
4.
5.      public async Task<IActionResult> OnPostAsync(string redirectUri = "/")
6.      {
7.          if (HttpContext.User.Identity.IsAuthenticated)
8.          {
9.              // 注销指定方案的账户
10.             // 如果不指定方案则使用默认注销方案，没有配置则回退到默认方案，也没有配置默认方案
                    则引发异常
11.             // 此处指定的方案必须在 Startup 中注册
12.             await HttpContext.SignOutAsync(CookieAuthenticationDefaults.
                    AuthenticationScheme);
13.             return Redirect(redirectUri);
14.         }
15.         else
16.         {
17.             return Page();
18.         }
19.     }
20. }
```

必须先登录才能注销，因此注销表单只有通过身份验证后才显示，否则显示跳转到登录的超链接。示例的页面使用 Razor Pages 呈现，有关 Razor Pages 的详细介绍请参阅"第 16 章　Razor Pages"，想要顺利阅读的话需要对"第 15 章　MVC"介绍的知识有基本认识，MVC 和 Razor Pages 有大量通用的知识点。

常用的内置身份认证还有 JWT 认证，JWT 认证实现 OIDC、OAuth 协议，从请求标头读取令牌完成认证和登录。

13.1.2　JWT 认证

近年来随着应用规模的扩大，单体应用越来越难以支撑，分布式应用趁机进入了主流视线。分布式应用对无状态服务的需求是天然存在的，不然分布式应用会因为状态依赖退化为通过网络连接的松散的单体应用。这反而会影响应用的服务能力，毕竟网络绝对不可能比主板里的总线还快还稳定。

JWT（JSON Web Token）标准就在这种情况下诞生了，这种标准的身份信息的生成、存储、传输和验证都具有独立性，只需要应用各方提前沟通好加密和签名用的密钥与证书即可。这极大地减少了各个应用之间的不必要的通信。

ASP.NET Core 也提供了对 JWT 认证的内置支持。由于 JWT 的主要场景就是分布式应用，因此接下来使用三个项目分别扮演令牌颁发服务（Web API 应用）、受保护的 API 服务（Web API 应用）和调用 API 的客户端（控制台应用）来进行演示。

1. 令牌颁发服务

JWT 认证的相关功能不是框架的内置功能，需要安装以下 NuGet 包：

1）Microsoft.IdentityModel.Tokens
2）System.IdentityModel.Tokens.Jwt

示例代码如下：

（1）JWT 参数选项

```
1.   public class JwtTokenOptions
2.   {
3.       [JsonPropertyName("secret")]
4.       public string Secret { get; set; }
5.
6.       [JsonPropertyName("issuer")]
7.       public string Issuer { get; set; }
8.
9.       [JsonPropertyName("audience")]
10.      public string Audience { get; set; }
11.
12.      [JsonPropertyName("accessExpiration")]
13.      public int AccessExpiration { get; set; }
14.
15.      [JsonPropertyName("refreshExpiration")]
16.      public int RefreshExpiration { get; set; }
17.  }
```

这个类在 API 服务中也用得到，可以把定义移动到独立的类库项目供两个项目共用。

（2）配置文件（appsettings.json）

```
1.   {
2.       "jwtToken": {
3.           "secret": "1234561234561234567",
4.           "issuer": "localhost",
```

```
5.      "audience": "WebApi",
6.      "accessExpiration": 30,
7.      "refreshExpiration": 60
8.    }
9.  }
```

在配置文件中添加节 jwtToken。为了使 API 服务能正确验证令牌，该配置也需要添加到 API 服务。

（3）服务和请求管道配置

```
1.  public class Startup
2.  {
3.      public Startup(IConfiguration configuration)
4.      {
5.          Configuration = configuration;
6.      }
7.
8.      public IConfiguration Configuration { get; }
9.
10.     public void ConfigureServices(IServiceCollection services)
11.     {
12.         services.AddControllers();
13.
14.         // 注册 JWT 选项
15.         services.Configure<JwtTokenOptions>(Configuration.
              GetSection("jwtToken"));
16.     }
17.
18.     public void Configure(IApplicationBuilder app)
19.     {
20.         app.UseRouting();
21.
22.         app.UseEndpoints(endpoints =>
23.         {
24.             endpoints.MapControllers();
25.         });
26.     }
27. }
```

（4）登录控制器

```
1.  public class LoginModel
2.  {
3.      [Required]
4.      [JsonPropertyName("username")]
5.      public string UserName { get; set; }
6.
7.      [Required]
8.      [JsonPropertyName("password")]
9.      public string Password { get; set; }
10. }
11.
12. [Route("api/[controller]")]
13. [ApiController]
14. public class AuthenticationController : ControllerBase
15. {
16.     [HttpPost, Route("Login")]
17.     public ActionResult RequestToken([FromBody] LoginModel login, [FromServices]
          IOptions<JwtTokenOptions> options)
18.     {
19.         if (!ModelState.IsValid || string.IsNullOrWhiteSpace(login.UserName) ||
              login.Password != "123456")
20.         {
21.             return BadRequest("Invalid Request");
22.         }
23.
```

```
24.        var option = options.Value;
25.
26.        // 准备令牌的声明
27.        var claims = new[]
28.        {
29.            new Claim(ClaimTypes.Name, login.UserName)
30.        };
31.
32.        // 生成签名证书
33.        var key = new SymmetricSecurityKey(Encoding.UTF8.GetBytes(option.Secret));
34.        var credentials = new SigningCredentials(key, SecurityAlgorithms.HmacSha256);
35.
36.        // 生成令牌
37.        var jwtToken = new JwtSecurityToken(
38.            option.Issuer,
39.            option.Audience,
40.            claims,
41.            expires: DateTime.Now.AddMinutes(option.AccessExpiration),
42.            signingCredentials: credentials);
43.
44.        // 序列化令牌
45.        string token = new JwtSecurityTokenHandler().WriteToken(jwtToken);
46.
47.        return Ok(token);
48.    }
49. }
```

登录控制器验证用户名不是空白字符串，并且密码为 123456，然后签发令牌。

2. API 服务

为了使 API 服务能验证令牌，需要安装 NuGet 包 Microsoft.AspNetCore.Authentication.JwtBearer。别忘了准备和令牌颁发服务相同的 JWT 选项。为了避免调试时端口冲突，应在 launchSettings.json 文件中修改启动端口，如下示例将启动端口修改为 6000 和 6001 端口。

示例代码如下：

（1）服务和请求管道配置

```
1.  public class Startup
2.  {
3.      public Startup(IConfiguration configuration)
4.      {
5.          Configuration = configuration;
6.      }
7.
8.      public IConfiguration Configuration { get; }
9.
10.     public void ConfigureServices(IServiceCollection services)
11.     {
12.         services.AddControllers();
13.
14.         var jwtConfig = Configuration.GetSection("jwtToken");
15.         services.Configure<JwtTokenOptions>(jwtConfig);
16.         var jwtOption = jwtConfig.Get<JwtTokenOptions>();
17.
18.         services.AddAuthentication(x =>
19.         {
20.             x.DefaultScheme = JwtBearerDefaults.AuthenticationScheme;
21.         })
22.         // 注册 JWT 身份验证方案
23.         .AddJwtBearer(x =>
24.         {
25.             x.RequireHttpsMetadata = false;
26.             x.SaveToken = true;
27.             x.TokenValidationParameters = new TokenValidationParameters
```

```
28.            {
29.                ValidateIssuerSigningKey = true,
30.                // 这里就是关键,签名证书、颁发者名称等和颁发服务一致才能正确验证
31.                IssuerSigningKey = new SymmetricSecurityKey(Encoding.UTF8.
                       GetBytes(jwtOption.Secret)),
32.                ValidIssuer = jwtOption.Issuer,
33.                ValidAudience = jwtOption.Audience,
34.                ValidateIssuer = false,
35.                ValidateAudience = false
36.            };
37.        });
38.    }
39.
40.    public void Configure(IApplicationBuilder app)
41.    {
42.        app.UseRouting();
43.
44.        // 配置身份认证和授权中间件
45.        app.UseAuthentication();
46.        app.UseAuthorization();
47.
48.        app.UseEndpoints(endpoints =>
49.        {
50.            endpoints.MapControllers();
51.        });
52.    }
53. }
```

（2）API 控制器

```
1.  public class WeatherForecast
2.  {
3.      public DateTime Date { get; set; }
4.      public int TemperatureC { get; set; }
5.      public int TemperatureF => 32 + (int)(TemperatureC / 0.5556);
6.      public string Summary { get; set; }
7.  }
8.
9.  [ApiController]
10. [Route("api/[controller]")]
11. // 标记授权特性保护 API
12. [Authorize]
13. public class WeatherForecastController : ControllerBase
14. {
15.     private static readonly string[] Summaries = new[]
16.     {
17.         "Freezing", "Bracing", "Chilly", "Cool", "Mild", "Warm", "Balmy", "Hot",
                "Sweltering", "Scorching"
18.     };
19.
20.     [HttpGet]
21.     public IEnumerable<WeatherForecast> Get()
22.     {
23.         var rng = new Random();
24.         return Enumerable.Range(1, 5).Select(index => new WeatherForecast
25.         {
26.             Date = DateTime.Now.AddDays(index),
27.             TemperatureC = rng.Next(-20, 55),
28.             Summary = Summaries[rng.Next(Summaries.Length)]
29.         })
30.         .ToArray();
31.     }
32. }
```

使用授权特性保护 API 后,必须通过身份验证才能调用,身份验证服务已经配置了 JWT 架构,框架会自动使用。有关授权的详细介绍请参阅"第 14 章 授权"。

3. 客户端

示例代码如下：

```
1.  class Program
2.  {
3.      static async Task Main(string[] args)
4.      {
5.          using var client = new HttpClient();
6.
7.          var response = await client.GetAsync("https:// localhost:6001/api/
            WeatherForecast");
8.          // API 会返回 401 未授权响应
9.          Console.WriteLine($"{response.StatusCode}{Environment.NewLine}{await
            response.Content.ReadAsStringAsync()}");
10.
11.         // 申请令牌
12.         response = await client.PostAsync("https:// localhost:5001/api/
            Authentication/Login", JsonContent.Create(new { username = "bob", password
            = "123456" }));
13.         var token = await response.Content.ReadAsStringAsync();
14.
15.         Console.WriteLine($"token : {token}{Environment.NewLine}");
16.
17.         var request = new HttpRequestMessage(HttpMethod.Get, "https:// localhost:
            6001/api/WeatherForecast");
18.         // 把令牌添加到请求标头
19.         request.Headers.Authorization = new AuthenticationHeaderValue("Bearer",
            token);
20.         // 现在可以成功请求 API
21.         response = await client.SendAsync(request);
22.         Console.WriteLine($"{response.StatusCode}{Environment.NewLine}{await
            response.Content.ReadAsStringAsync()}");
23.
24.         Console.ReadKey();
25.     }
26. }
```

示例展示了直接请求 API 的结果如图 13-1 所示。示例还展示了如何请求令牌以及如何把令牌（见图 13-2）添加到请求中。

图 13-1 请求结果

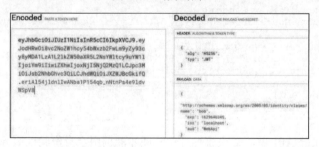

图 13-2 令牌内容

示例为简化代码直接实例化了 HttpClient，这种用法存在大量缺陷，在实际项目中应使用基于依赖注入的 IHttpClientFactory 来代替。

13.1.3 自定义身份认证

1. 身份验证处理器选项

示例代码如下：

```
1.   public class MyOption : AuthenticationSchemeOptions
2.   {
3.       public string Text { get; set; }
4.   }
```

身份验证处理器选项必须派生自 AuthenticationSchemeOptions。

2. 身份验证处理器

示例代码如下：

```
1.   public class MyHandler : AuthenticationHandler<MyOption>
2.   {
3.       public const string SchemeName = "myScheme";
4.
5.       public MyHandler(IOptionsMonitor<MyOption> options, ILoggerFactory logger,
         UrlEncoder encoder, ISystemClock clock)
6.           : base(options, logger, encoder, clock) { }
7.
8.       protected override Task<AuthenticateResult> HandleAuthenticateAsync()
9.       {
10.          var claims = new List<Claim>
11.          {
12.              new Claim(ClaimTypes.Name, "MyUser"),
13.              new Claim("FullName", "MyUser"),
14.              new Claim(ClaimTypes.Role, "Administrator"),
15.              new Claim("Text", Options.Text)
16.          };
17.
18.          var claimsIdentity = new ClaimsIdentity(
19.              claims, SchemeName);
20.
21.          ClaimsPrincipal claimsPrincipal = new ClaimsPrincipal(claimsIdentity);
22.          AuthenticationTicket ticket = new AuthenticationTicket(claimsPrincipal,
             Scheme.Name);
23.
24.          return Task.FromResult(AuthenticateResult.Success(ticket));
25.      }
26.  }
```

自定义身份验证处理器必须派生自 AuthenticationHandler，其中的关键是 HandleAuthenticateAsync 方法，这个方法负责验证身份信息和返回验证结果。身份验证中间件会使用验证结果设置 HttpContext.User 属性或触发验证失败的各种操作。示例中的验证方法返回一个硬编码的固定身份信息，如果使用这个方案进行身份验证，相当于任何访问都自动使用这个身份。内置的 Cookie 方案的实现则是从 HttpContext 中（验证器可以直接访问 HttpContext）取出 Cookie 反序列化、解密和验证身份是否合法，然后根据验证结果返回。

3. 注册方案

示例代码如下：

```
1.   public class Startup
2.   {
```

```
3.    public void ConfigureServices(IServiceCollection services)
4.    {
5.        services.AddAuthentication(options =>
6.        {
7.            options.DefaultScheme = MyHandler.SchemeName;
8.        })
9.        .AddScheme<MyOption, MyHandler>(MyHandler.SchemeName, options =>
10.       {
11.           options.Text = "text";
12.       });
13.   }
14. }
```

从示例中可以看出,身份验证处理器是通过类型参数关联到方案上的。内置的 Cookie 方案在内部 API 中调用这个方法关联内置处理器,公开的配置 API 就没有类型参数了。根据 ASP.NET Core 开发约定,泛型的 AddScheme 方法应该封装在非泛型的扩展方法中,内置的 AddCookie 方法就是典型范例。

13.1.4 接入第三方身份认证服务

使用外部账号登录是初创应用产品快速推广的重要途径,在中国,QQ、微信、新浪等账号的关联比较常见。但这些关联账号的开发和调试条件比较苛刻,因此此处以 Gitee 账号登录为例进行演示。

微软官方内置了少量身份验证客户端,如果想支持更多客户端,推荐使用 NuGet 包 AspNet.Security.OAuth.* 和 AspNet.Security.OpenId.*,它们支持百度、新浪、微信、QQ、Steam 等大量国内外平台。示例使用的包为 AspNet.Security.OAuth.Gitee。

1. 创建 OAuth 应用

步骤 01 在浏览器中打开 Gitee,注册或登录 Gitee 账号。

步骤 02 在账号设置的第三方应用处创建应用,如图 13-3 所示。

图 13-3　创建 OAuth 应用

步骤 03 按要求填写信息,权限处至少勾选 emails(AspNet.Security.OAuth.Gitee 默认申请这个权限)选项,如图 13-4 所示。

图 13-4　填写应用信息

2. 配置身份认证

示例代码如下：

```
1.    public class Startup
2.    {
3.        public void ConfigureServices(IServiceCollection services)
4.        {
5.            services.AddAuthentication(options =>
6.            {
7.                // 配置默认方案为Cookie方案
8.                options.DefaultScheme = CookieAuthenticationDefaults.
                      AuthenticationScheme;
9.                // 配置默认质询方案为Gitee方案
```

```csharp
10.        options.DefaultChallengeScheme = GiteeAuthenticationDefaults.
               AuthenticationScheme;
11.    })
12.    // 获得授权后把身份信息存储到 Cookie 供后续请求使用
13.    .AddCookie(CookieAuthenticationDefaults.AuthenticationScheme, options =>
14.    {
15.        options.LoginPath = "/signin";
16.        options.LogoutPath = "/signout";
17.
18.        // 登录前会触发此事件，可以在此处设置 Cookie 的各种属性
19.        // 由于当前 HttpContext.SignInAsync 方法不再由开发者手动调用，因此需要借助
               此事件才能干预 Cookie 的内容
20.        options.Events.OnSigningIn = static async context =>
21.        {
22.            context.Properties.IsPersistent = true;
23.            context.Properties.ExpiresUtc = DateTimeOffset.Now.AddDays(7);
24.        };
25.    })
26.    // 使用 Gitee 请求授权和读取用户信息
27.    .AddGitee(options =>
28.    {
29.        // 创建应用时由 Gitee 自动生成，可在应用详情处查看
30.        options.ClientId = "<id>";
31.        // 在应用设置中创建或重置后由 Gitee 自动生成，可在应用详情处查看。GitHub 只会
               在生成时展示唯一一次，如果遗失的话只能重置，请妥善保管
32.        options.ClientSecret = "<secret>";
33.        // 如果在应用设置中勾选了额外的权限，可以在这里填写
34.        options.Scope.Add("权限名");
35.
36.        // 是否要把令牌（access_token、refresh_token）保存到扩展验证属性。使用
               Cookie 方案登录时令牌会序列化到 Cookie 中
37.        // ASP.NET Core 的 Cookie 已使用数据保护服务加密，但通常情况下令牌不应该以任
               何方式传输到前端，此处为方便展示存储到 Cookie
38.        // 默认不保存，此时令牌在完成登录和取回必要的用户信息后会被丢弃，无法重新读取
               和使用，除非再次向 OAuth 服务器请求新的令牌
39.        options.SaveTokens = true;
40.
41.        // 用于生成符合 OAuth 服务器的安全要求的请求 Url（回调 Url 在创建或配置应用时填
               写）和判断请求是否为 OAuth 服务器的回调以决定是要直接由身份验证处理器处理还
               是向后传递请求
42.        // 不需要编写回调端点，回调任务由验证处理器直接完成，内置的基类已经实现了回调
               的功能（用 code 去兑换令牌和获取基本用户信息）
43.        options.CallbackPath = "/gitee-oauth";
44.
45.        // 创建身份凭证时会触发此事件
46.        options.Events.OnCreatingTicket = static async context =>
47.        {
48.            // 可以通过事件参数获取令牌
49.            // 这是唯一一次读取并处理令牌的机会
50.            // 例如把令牌存储到缓存中，这样就可以在不把令牌传输到前端的情况下保留
                   并重复使用
51.            // context.Properties.GetTokens();
52.            // context.AccessToken;
53.            // context.RefreshToken;
54.        };
55.    });
56.    }
57. }
```

示例展示了如何创建 OAuth 应用，以及如何配置从 OAuth 协议登录账号并使用 Cookie 存储账号信息。

3. 登录 Page（页面，/Pages/Signin.cshtml）

示例代码如下：

```
1.   @page "/signin"
2.   @using Microsoft.AspNetCore.Authentication
3.   @model SigninModel
4.
5.   @if (!HttpContext.User.Identity.IsAuthenticated)
6.   {
7.       <div class="jumbotron">
8.           <h1>登录</h1>
9.           <p class="lead text-left">使用下列平台之一进行登录：</p>
10.
11.          @foreach (var scheme in await HttpContext.GetExternalProvidersAsync())
12.          {
13.              <form asp-page="/signin" method="post">
14.                  <input type="hidden" name="provider" value="@scheme.Name" />
15.                  <button class="btn btn-lg btn-success m-1" type="submit">使用
                        @scheme.DisplayName 登录</button>
16.              </form>
17.          }
18.      </div>
19.  }
20.  else
21.  {
22.      <p>已登录。</p>
23.      <p>用户名：@HttpContext.User.Identity.Name</p>
24.      @* 如果配置方案时的 SaveTokens 为 false, 此处的 access_token 为 null *@
25.      <p>AccessToken: @await HttpContext.GetTokenAsync("access_token")</p>
26.  }
```

4. 登录 Page（页面模型，/Pages/Signin.cshtml.cs）

示例代码如下：

```
1.   public class SigninModel : PageModel
2.   {
3.       public void OnGet() { }
4.
5.       public IActionResult OnPost(string provider) => Challenge(provider);
6.   }
```

5. 注销 Page（页面，/Pages/Signout.cshtml）

示例代码如下：

```
1.   @page "/signout"
2.   @model SignoutModel
3.
4.   @if (HttpContext.User.Identity.IsAuthenticated)
5.   {
6.       <p>用户名：@HttpContext.User.Identity.Name</p>
7.       <form method="post" asp-page="/signout">
8.           <input type="submit" value="注销" />
9.       </form>
10.  }
11.  else
12.  {
13.      <p>已注销。</p>
14.  }
```

6. 注销 Page（页面模型，/Pages/Signout.cshtml.cs）

示例代码如下：

```
1.  public class SignoutModel : PageModel
2.  {
3.      public void OnGet () { }
4.
5.      public async Task OnPostAsync() => await HttpContext.SignOutAsync();
6.  }
```

本节示例使用了两个简单页面完成登录和注销功能。页面使用了项目模板的 Bootstrap 主题，布局页增加了登录和注销的链接方便访问。创建的结果如图 13-5~图 13-9 所示。示例使用 Razor Pages 生成页面，有关 Razor Pages 的详细介绍请参阅"第 16 章 Razor Pages"。

图 13-5　登录页面　　　　　　　　　图 13-6　授权请求

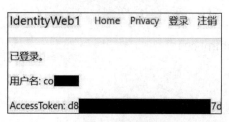

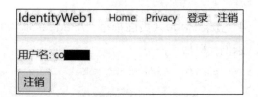

图 13-7　用户信息　　　　　　　　　图 13-8　注销页面

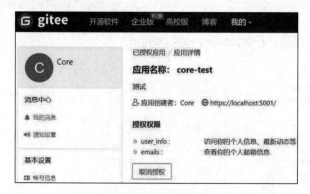

图 13-9　授权应用详情

13.2　ASP.NET Core Identity

ASP.NET Core Identity 是 ASP.NET Core 内置的身份认证系统，并且这个系统具有强大的扩展性，可以和大量外部系统或协议集成。如此强大的身份系统最开始却不是这样的，其前身是 ASP.NET 2.0 推出的 Membership 框架。在 Web 应用发展早期，身份的概念刚刚成型，市面上还没有成熟通用的框架，开发者只能为每个应用编写大量差不多的代码，即自己实现一套专用的系统。微软注意到了这个问题，便推出了 Membership。在推出之初，很多开发者都享受到了其中的便利。

但随着时代的发展，Membership 的缺陷逐渐暴露，底层数据库绑定 SQL Server 难以切换，表结构不具有灵活性和扩展能力。特别是在 OIDC 和 OAuth 协议出现后问题变得更加严重，大量开发者不愿意再使用 Membership。微软不得不重新开发一套全新的框架，经过对 Membership 问题的分析和开发者的反馈，ASP.NET Identity 作为 Membership 的替代被推出并内置在 ASP.NET 5 中。

ASP.NET Core 发布后，Identity 也在全面升级改造后以 ASP.NET Core Identity 推出。开发代码风格和之前基本一致，但内核全部改造为基于依赖注入、配置和选项等。双因素身份验证从邮件、短信更换为 TOTP（基于时间的一次性密码算法）；增加了隐私数据加密等高级安全功能；默认 UI 从基于 MVC 的项目模板代码变成了基于 Razor Pages 的 Razor 类库（如果需要也可以从基架生成代码替换类库中的 UI）。

ASP.NET Core Identity 提供了管理本地身份需要的最小功能集、内置的 OIDC 客户端接口、基于 Cookies 的默认身份认证和授权配置，以及基于 Entity Framework Core 的灵活的数据和存储架构支持。如果需要，甚至可以直接重写底层存储接口的实现以接入任何自定义存储系统。

设计实现一个安全、易用、强大的身份系统是一项艰巨的工程，ASP.NET Core Identity 为我们提供了一个坚实的基础。唯一的遗憾是它没有 OIDC 和 OAuth 的服务端功能，好在 ASP.NET Core 设计优秀，社区开发了很多能完美集成的第三方实现。接下来就了解一下如何使用它吧。

13.2.1 基础使用

新建 ASP.NET Core 项目时如果身份验证类型选择个人账户，则在项目生成后会自带 Identity Core 基础代码和基于 Razor 类库的默认 UI。此处简单介绍一下如何为现有项目添加 Identity Core，并简单介绍一下常用选项。如果要为现有项目增加 Identity 功能，推荐创建一个模板项目方便研究和复制代码。

示例代码如下：

```
1.   public class Startup
2.   {
3.       public Startup(IConfiguration configuration)
4.       {
5.           Configuration = configuration;
6.       }
7.
8.       public IConfiguration Configuration { get; }
9.
10.      public void ConfigureServices(IServiceCollection services)
11.      {
12.          // 注册 Razor Pages 服务以呈现身份系统的页面，需要端点路由配合
13.          services.AddRazorPages();
14.
15.          // 注册用于存储身份信息的 EF Core 上下文，通过配置系统从 appsettings.json 读取数据库
                 连接字符串
16.          services.AddDbContext<ApplicationDbContext>(options =>
17.              options.UseSqlServer(
18.                  Configuration.GetConnectionString("DefaultConnection")));
19.
20.          // 注册 Identity 服务，类型参数确定用户账户和角色的实体类型，必须和数据存储时使用的上
                 下文中的类型一致
21.          // 还有其他能自定义更多细节的扩展方法
22.          services.AddIdentity<IdentityUser, IdentityRole>(options =>
```

```csharp
23.        {
24.            // 是否必须先激活账号才能登录,可用于确保电子邮箱地址真实存在且受账号注册人管理,
                   密码找回等功能依赖电子邮箱
25.            // 默认使用 Email 发送激活链接,邮件发送功能需要自行实现和注册 IEmailSender 服务,
                   可以使用 SendGrid 或其他 NuGet 包简化开发
26.            options.SignIn.RequireConfirmedAccount = false;
27.
28.            // 配置合格的密码强度要求
29.            options.Password.RequiredLength = 6;
30.            options.Password.RequireNonAlphanumeric = false;
31.            options.Password.RequireUppercase = false;
32.            options.Password.RequireLowercase = false;
33.
34.            // 是否启用隐私数据保护
35.            // 稍后会详细介绍
36.            options.Stores.ProtectPersonalData = false;
37.
38.            // 锁定账号前允许的最大连续登录失败次数
39.            // 如果账号不幸被锁定,需要等待一段时间(默认锁定 5 分钟)或者使用找回密码功能重置
                   密码才能解锁
40.            options.Lockout.MaxFailedAccessAttempts = 3;
41.
42.            // 注册用户的电子邮箱是否允许重复
43.            // 模板代码中电子邮箱同时作为用户名使用,此时电子邮箱必须不重复,否则登录账号时
                   无法确定特定记录,会引起异常
44.            options.User.RequireUniqueEmail = true;
45.        })
46.            // 配置 EF Core 存储使用的上下文类型
47.            .AddEntityFrameworkStores<ApplicationDbContext>()
48.            // 配置默认令牌提供者
49.            // 用于生成账号激活、密码找回等功能需要的令牌
50.            .AddDefaultTokenProviders()
51.            // 启用默认 UI
52.            .AddDefaultUI();
53.
54.    }
55.
56.    public void Configure(IApplicationBuilder app)
57.    {
58.        // 有网页内容,需要提供必要的静态资源
59.        app.UseStaticFiles();
60.
61.        app.UseRouting();
62.
63.        app.UseAuthentication();
64.        // 账号管理部分使用到授权相关功能,需要配置授权中间件
65.        app.UseAuthorization();
66.
67.        app.UseEndpoints(endpoints =>
68.        {
69.            // Identity 相关页面使用 Razor Pages 技术实现,需要注册相关端点
70.            endpoints.MapRazorPages();
71.        });
72.    }
73. }
```

示例展示了 Identity 的基本配置方法和部分常用配置项,代码总体来看还是比较直观的,没有什么阅读理解的难度。EF Core 上下文类的代码由项目模板生成,方便自定义。如果修改了上下文,请确保服务中的配置和上下文匹配。如果要为现有项目集成 Identity,可以新建一个模板项目,然后从中复制上下文。初始迁移代码可以根据需要决定是否复制。

启用 Identity 后需要修改布局页显示相关信息和链接,项目模板中有相关代码,可以复制过来使用。

13.2.2 自定义用户数据

Membership 遭人嫌弃的一大原因就是难以进行个性化扩展，为此 Identity 进行了专门改良。官方文档也提供了详细的教程，本书将介绍一下常用的自定义方法，详细信息请参阅官方文档。

当然，Identity 能轻松进行自定义的背后是高度抽象的接口式开发为最终实现留下了充足的操作空间。对于不想完全重写只想追加一些额外功能的开发者来说，可以直接利用默认的 EF Core 存储进行扩展。这种丰富灵活的方案使得有不同需求的开发者都能以最小的代价完成个性化扩展。

示例代码如下：

```
1.   public class ApplicationDbContext : IdentityDbContext
2.   {
3.       public ApplicationDbContext(DbContextOptions<ApplicationDbContext> options)
4.           : base(options)
5.       {
6.       }
7.   }
```

项目模板会生成一个默认 EF Core 上下文，从 IdentityDbContext 派生，这个基类上下文包含基础实体，提供账号、角色、声明和第三方账号关联等数据的存储。可以直接基于此追加其他业务实体作为项目的主要数据上下文使用。

如果想修改账号系统本身，需要从泛型版 IdentityDbContext 派生，泛型版也有多个版本以适应不同的自定义程度，例如 IdentityDbContext<TUser, TRole, TKey>可以自定义账号、角色实体和它们的主键类型，其中 TUser 和 TRole 必须从 IdentityUser<TKey>和 IdentityRole<TKey>派生，确保 Identity 系统的基础功能可以正常运行。

在默认的非泛型上下文和 Identity 实体中，TKey 使用 string，其值由 UserManager <IdentityUser>通过 Guid.NewGuid().ToString()提供。同时密码 Hash 和各种 Token 也由 UserManager 调用 TokenProvider 生成，因此如果想修改 Identity 的数据请通过 UserManager 服务进行。

完成自定义扩展后，内置 UI 就无法适应扩展数据的展示和管理了。此时需要使用基架功能生成代码替换默认 UI，然后自行修改代码以适应扩展数据的展示和管理。具体操作步骤如下：

步骤01 右击项目，在弹出的快捷菜单中依次单击"添加"→"新搭建基架的项目"命令，如图 13-10 所示。

图 13-10 添加基架项目

步骤02 在"添加已搭建基架的新项"页面单击"标识"（确保项目能通过编译），如图 13-11 所示。

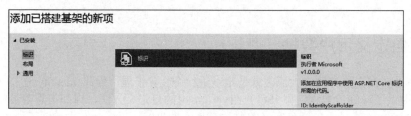

图 13-11　选择基架类型

步骤 03 在弹出的"添加 标识"页面根据向导勾选要替换的文件，选择数据上下文类和用户类，最后单击"添加"按钮，完成基架选项的调整，如图 13-12 所示。

图 13-12　调整基架选项

默认情况下 Identity 的用户名和邮箱同时使用 Email 属性，这应该是欧美的习惯，但这并不符合中国国情。如果想分离用户名和邮箱，必须生成代码并自行修改。

如果想要彻底替换成自定义存储系统，需要自行实现 IUserStore<TUser>、IRoleStore<TRole> 等低级接口。社区开发了 MongoDB 的存储实现 AspNetCore.Identity.MongoDbCore，可以从 NuGet 下载使用。这个项目是开源的，可以参考项目代码自行实现自己的存储系统。

13.2.3　账户确认和密码重置

如果需要确保账号使用的电子邮箱正确可用，可以使用 Identity 内置的账户确认功能，账户确认后，电子邮箱就可以用于进行密码重置和启用双因素身份验证等。Identity 使用 IEmailSender 服务发送相关邮件，因此关键是实现 IEmailSender 服务。

为方便测试，本示例实现一个直接把邮件内容用 HTML 文档保存到桌面的服务。

示例代码如下：

（1）实现服务

```
1.    public class DesktopFileEmailSender : IEmailSender
2.    {
```

```
3.      public Task SendEmailAsync(string email, string subject, string htmlMessage)
4.      {
5.          string dir = Environment.GetFolderPath(Environment.SpecialFolder.
            DesktopDirectory);
6.          File.WriteAllText($@"{dir}\email.html", $"email:{email}\r\
            nsubject:{subject}\r\ncontent:{htmlMessage}");
7.          return Task.CompletedTask;
8.      }
9.  }
```

（2）注册服务

```
1.  public class Startup
2.  {
3.      public void ConfigureServices(IServiceCollection services)
4.      {
5.          services.AddScoped<IEmailSender, DesktopFileEmailSender>();
6.      }
7.  }
```

注册后 Identity 会在适当的时机自动使用服务发送邮件。使用基架生成代码后可以看到服务的调用代码，在那里可以自定义邮件内容。

13.2.4 双因素身份验证和二维码生成

双因素身份验证在日常生活中经常被叫作两步登录，玩 Steam 游戏的人应该深有体会，如果没有双因素身份验证，在网吧登录过的账号极有可能被盗。双因素身份验证正是通过额外的只有号主知道或能访问的要素来避免因密码泄露导致账号被盗的风险。

ASP.NET Identity 使用邮箱或短信验证码来实现额外的身份验证，但这种方式已被证明存在较多的攻击方法，因此 ASP.NET Core Identity 更换为基于 TOTP 的验证码。这种验证码的基本思路是在启用验证时向用户展示唯一一次密钥，用户端验证器软件会记住这个密钥，验证时只要对准服务器和客户端的时间，验证器就能计算并显示正确的验证码。验证器可以完全断网使用，因此只要确保启用时不要泄露密钥，后续遭遇攻击的风险就会很低。

Identity Core 推荐使用二维码展示密钥，微软验证器（Microsoft Authenticator）或谷歌验证器（Google Authenticator）等软件均支持扫码配置。手机上可以到各大应用商店安装或下载安装包手动安装。如果需要二维码支持，请参阅官方文档。

在接入第三方身份系统时，账号安全性由第三方系统提供保障。因此建议账户不要关联到不安全的第三方身份系统，或修改登录逻辑在完成登录前强制进行额外的验证。

13.2.5 隐私数据保护

隐私数据保护是 ASP.NET Core Identity 的新增功能，开启该功能后，受保护的数据会被加密存储以提高用户隐私数据的安全性，避免数据库被攻击直接导致用户信息泄露。隐私数据保护的加密和解密过程是由 EF Core 2.1 增加的新功能值转换器完成的。隐私数据保护不依赖底层数据库，但也导致了被加密字段不再直接支持查询。使用 PersonalData 特性标注要加密的属性，IdentityDbContext 会自动配置转换器。UserName 等敏感基础属性已经标注，无须操心。

如果对隐私数据的搜索有需求，可以考虑使用同态加密技术进行加密，Microsoft.Research.SEALNet 是微软开发的开源同态加密库，可以从 NuGet 下载使用。这个包是用 C++编写的包装器。同态加密在复杂情况下可能无法满足要求，请提前测试和评估后再做决定。

数据保护由 ILookupProtector 和 ILookupProtectorKeyRing 服务合作完成，微软没有提供默认实现，只能自行开发。ILookupProtector 负责加密和解密，ILookupProtectorKeyRing 负责管理密钥。如果使用定期的密钥更换策略，即使使用同态加密也无法实现搜索。因为 EF Core 无法判断数据是使用哪个密钥加密的,如果数据是使用早期的密钥加密的,那么 EF Core 使用当前密钥生成的查询关键字一定是错的。

示例代码如下:

(1) 数据保护服务

```csharp
/// <summary>
/// AES 数据加密器
/// </summary>
public class AesProtector : ILookupProtector
{
    private readonly object _locker;

    private readonly Dictionary<string, AesProtector> _protectors;

    private readonly DirectoryInfo _dirInfo;

    public AesProtector(ProtectorOptions options)
    {
        _locker = new object();

        _protectors = new Dictionary<string, AesProtector>();

        _dirInfo = new DirectoryInfo(options.KeyPath);
    }

    public string Protect(string keyId, string data)
    {
        if (data.IsNullOrEmpty())
        {
            return data;
        }

        CheckOrCreateProtector(keyId);

        return _protectors[keyId].Protect(Encoding.UTF8.GetBytes(data)).
            ToBase64String();
    }

    public string Unprotect(string keyId, string data)
    {
        if (data.IsNullOrEmpty())
        {
            return data;
        }

        CheckOrCreateProtector(keyId);

        return Encoding.UTF8.GetString(_protectors[keyId].Unprotect(data.
            ToBytesFromBase64String()));
    }

    private void CheckOrCreateProtector(string keyId)
    {
        if (!_protectors.ContainsKey(keyId))
        {
            lock (_locker)
            {
                if (!_protectors.ContainsKey(keyId))
                {
                    var fileInfo = _dirInfo.GetFiles().FirstOrDefault(d => d.Name ==
                        $@"key-{keyId}.xml") ??
                            throw new FileNotFoundException();
                    using (var stream = fileInfo.OpenRead())
                    {
                        XDocument xmlDoc = XDocument.Load(stream);
```

```csharp
58.                     _protectors.Add(keyId,
59.                         new SecurityUtil.AesProtector(xmlDoc.Element("key")?.
                             Element("encryption")?.Element("masterKey")?.Value.To
                             BytesFromBase64String()
60.                             , xmlDoc.Element("key")?.Element("encryption")?.
                                 Element("iv")?.Value.ToBytesFromBase64String()
61.                             , int.Parse(xmlDoc.Element("key")?.Element
                                 ("encryption")?.Attribute("BlockSize")?.Value)
62.                             , int.Parse(xmlDoc.Element("key")?.Element
                                 ("encryption")?.Attribute("KeySize")?.Value)
63.                             , int.Parse(xmlDoc.Element("key")?.Element
                                 ("encryption")?.Attribute("FeedbackSize")?.Value)
64.                             , Enum.Parse<PaddingMode>(xmlDoc.Element("key")?.
                                 Element("encryption")?.Attribute("Padding")?.Value)
65.                             , Enum.Parse<CipherMode>(xmlDoc.Element("key")?.
                                 Element("encryption")?.Attribute("Mode")?.Value)));
66.                 }
67.             }
68.         }
69.     }
70. }
71. }
72.
73. /// <summary>
74. /// AES 加密器密钥管理器
75. /// </summary>
76. public class AesProtectorKeyRing : ILookupProtectorKeyRing
77. {
78.     private readonly object _locker;
79.     private readonly Dictionary<string, XDocument> _keyRings;
80.     private readonly DirectoryInfo _dirInfo;
81.
82.     public AesProtectorKeyRing(ProtectorOptions options)
83.     {
84.         _locker = new object();
85.         _keyRings = new Dictionary<string, XDocument>();
86.         _dirInfo = new DirectoryInfo(options.KeyPath);
87.
88.         ReadKeys(_dirInfo);
89.     }
90.
91.     public IEnumerable<string> GetAllKeyIds()
92.     {
93.         return _keyRings.Keys;
94.     }
95.
96.     public string CurrentKeyId => NewestActivationKey(DateTimeOffset.Now)?.
           Element("key")?.Attribute("id")?.Value ?? GenerateKey
           (_dirInfo)?.Element("key")?. Attribute("id")?.Value;
97.
98.     public string this[string keyId] =>
99.         GetAllKeyIds().FirstOrDefault(id => id == keyId) ?? throw new
           KeyNotFoundException();
100.
101.     private void ReadKeys(DirectoryInfo dirInfo)
102.     {
103.         foreach (var fileInfo in dirInfo.GetFiles().Where(f => f.Extension ==
            ".xml"))
104.         {
105.             using (var stream = fileInfo.OpenRead())
106.             {
107.                 XDocument xmlDoc = XDocument.Load(stream);
108.
109.                 _keyRings.TryAdd(xmlDoc.Element("key")?.Attribute("id")?.
                     Value, xmlDoc);
110.             }
111.         }
```

```
112.          }
113.
114.      private XDocument GenerateKey(DirectoryInfo dirInfo)
115.      {
116.          var now = DateTimeOffset.Now;
117.          if (!_keyRings.Any(item =>
118.              DateTimeOffset.Parse(item.Value.Element("key")?.Element
                    ("activationDate")?.Value) <= now
119.              && DateTimeOffset.Parse(item.Value.Element("key")?.Element
                    ("expirationDate")?.Value) > now))
120.          {
121.              lock (_locker)
122.              {
123.                  if (!_keyRings.Any(item =>
124.                      DateTimeOffset.Parse(item.Value.Element("key")?.Element
                            ("activationDate")?.Value) <= now
125.                      && DateTimeOffset.Parse(item.Value.Element("key")?.
                            Element("expirationDate")?.Value) > now))
126.                  {
127.                      var masterKeyId = Guid.NewGuid().ToString();
128.
129.                      XDocument xmlDoc = new XDocument();
130.                      xmlDoc.Declaration = new XDeclaration("1.0", "utf-8", "yes");
131.
132.                      XElement key = new XElement("key");
133.                      key.SetAttributeValue("id", masterKeyId);
134.                      key.SetAttributeValue("version", 1);
135.
136.                      XElement creationDate = new XElement("creationDate");
137.                      creationDate.SetValue(now);
138.
139.                      XElement activationDate = new XElement("activationDate");
140.                      activationDate.SetValue(now);
141.
142.                      XElement expirationDate = new XElement("expirationDate");
143.                      expirationDate.SetValue(now.AddDays(90));
144.
145.                      XElement encryption = new XElement("encryption");
146.                      encryption.SetAttributeValue("BlockSize", 128);
147.                      encryption.SetAttributeValue("KeySize", 256);
148.                      encryption.SetAttributeValue("FeedbackSize", 128);
149.                      encryption.SetAttributeValue("Padding", PaddingMode.PKCS7);
150.                      encryption.SetAttributeValue("Mode", CipherMode.CBC);
151.
152.                      SecurityUtil.AesProtector protector = new SecurityUtil.
                            AesProtector();
153.                      XElement masterKey = new XElement("masterKey");
154.                      masterKey.SetValue(protector.GenerateKey().
                            ToBase64String());
155.
156.                      XElement iv = new XElement("iv");
157.                      iv.SetValue(protector.GenerateIV().ToBase64String());
158.
159.                      xmlDoc.Add(key);
160.                      key.Add(creationDate);
161.                      key.Add(activationDate);
162.                      key.Add(expirationDate);
163.                      key.Add(encryption);
164.                      encryption.Add(masterKey);
165.                      encryption.Add(iv);
166.
167.                      xmlDoc.Save(
168.                          $@"{dirInfo.FullName}\key-{masterKeyId}.xml");
169.
170.                      _keyRings.Add(masterKeyId, xmlDoc);
171.
172.                      return xmlDoc;
```

```
173.                    }
174.
175.                    return NewestActivationKey(now);
176.                }
177.            }
178.
179.            return NewestActivationKey(now);
180.        }
181.
182.        private XDocument NewestActivationKey(DateTimeOffset now)
183.        {
184.            return _keyRings.Where(item =>
185.                    DateTimeOffset.Parse(item.Value.Element("key")?.
                        Element("activationDate")?.Value) <= now
186.                 && DateTimeOffset.Parse(item.Value.Element("key")?.
                        Element("expirationDate")?.Value) > now)
187.                .OrderByDescending(item =>
188.                    DateTimeOffset.Parse(item.Value.Element("key")?.
                        Element("expirationDate")?.Value)).FirstOrDefault().Value;
189.        }
190.    }
191.
192.    public class ProtectorOptions
193.    {
194.        public string KeyPath { get; set; }
195.    }
```

（2）加密解密器

```
1.  public class AesProtector
2.  {
3.      private readonly SymmetricAlgorithm _aes;
4.
5.      public AesProtector()
6.      {
7.          _aes = Rijndael.Create();
8.      }
9.
10.     public AesProtector(byte[] key, byte[] iv, int blockSize, int keySize, int feedbackSize,
11.         PaddingMode paddingMode, CipherMode mode)
12.     {
13.         _aes = Rijndael.Create();
14.         _aes.BlockSize = blockSize;
15.         _aes.KeySize = keySize;
16.         _aes.FeedbackSize = feedbackSize;
17.         _aes.Padding = paddingMode;
18.         _aes.Mode = mode;
19.
20.         // Key 和 IV 要在上面的参数设置完成后再设置，否则可能会被内部重新生成的值覆盖
21.         _aes.Key = key;
22.         _aes.IV = iv;
23.     }
24.
25.     public byte[] Protect(byte[] normal)
26.     {
27.         using (MemoryStream ms = new MemoryStream())
28.         {
29.             CryptoStream cs = new CryptoStream(ms, _aes.CreateEncryptor(),
                    CryptoStreamMode.Write);
30.             cs.Write(normal, 0, normal.Length);
31.             cs.FlushFinalBlock();
32.             return ms.ToArray();
33.         }
34.     }
35.
36.     public byte[] Unprotect(byte[] secret)
```

```
37.     {
38.         using (MemoryStream ms = new MemoryStream())
39.         {
40.             CryptoStream cs = new CryptoStream(ms, _aes.CreateDecryptor(),
                    CryptoStreamMode.Write);
41.             cs.Write(secret, 0, secret.Length);
42.             cs.FlushFinalBlock();
43.             return ms.ToArray();
44.         }
45.     }
46.
47.     public byte[] GenerateKey()
48.     {
49.         // 备份信息
50.         var key = _aes.Key;
51.         var iv = _aes.IV;
52.         // 生成
53.         _aes.GenerateKey();
54.         // 获取结果
55.         var res = _aes.Key;
56.         // 还原信息
57.         _aes.Key = key;
58.         _aes.IV = iv;
59.
60.         return res;
61.     }
62.
63.     public byte[] GenerateIV()
64.     {
65.         // 备份信息
66.         var key = _aes.Key;
67.         var iv = _aes.IV;
68.         // 生成
69.         _aes.GenerateIV();
70.         // 获取结果
71.         var res = _aes.IV;
72.         // 还原信息
73.         _aes.Key = key;
74.         _aes.IV = iv;
75.
76.         return res;
77.     }
78. }
```

（3）配置数据保护服务

```
1.  public class Startup
2.  {
3.      public void ConfigureServices(IServiceCollection services)
4.      {
5.          services.AddIdentityCore<IdentityUser>(options =>
6.          {
7.              // 启用隐私数据保护
8.              options.Stores.ProtectPersonalData = true;
9.          })
10.             // 注册隐私数据保护服务
11.             .AddPersonalDataProtection<AesProtector, AesProtectorKeyRing>();
12.
13.         // 注册选项（选项内容简单，仅为展示之用，没有使用 .NET 选项系统）
14.         services.AddSingleton(new ProtectorOptions { KeyPath = $@"{Environment.
                ContentRootPath}\App_Data\AesDataProtectionKey" });
15.     }
16. }
```

示例使用 XML 文件管理密钥，并且支持在密钥到期后自动创建新的密钥。示例具有一定的实用性，在此基础上继续改造后可以用于真实项目。

启用隐私数据保护后必须注册数据保护服务。隐私数据保护会使数据库存储加密后的内容，因此不要在有记录时关闭或开启保护，避免数据损坏。密钥丢失可能导致用户数据因无法解密而永久丢失，请妥善保管密钥。想要更详细地了解的读者可以参阅笔者的这篇博文：https://www.cnblogs.com/coredx/p/12210232.html。

13.3 OpenIddict

13.3.1 OpenId Connect（OIDC）和 OAuth 协议简介

曾几何时，几乎每个网站和应用都拥有自己的用户系统。但是经过多年的发展，站长们终于意识到一个问题——用户要记住的账号信息越来越多。最终导致了两种结果：用户要么用一套或几套账号信息通行天下，要么随便注册一个账号，然后忘了它。前者导致用户信息泄露的危害程度急剧扩大，网站很可能不幸躺枪、声誉受损；而后者则导致用户黏性下降和无谓的数据冗余。

后来，站长们想到了一个绝妙的办法，即把身份系统独立出来，网站和应用统一接入这套身份系统。随之产生了一些专业托管用户账号的公司和服务，但是时间最终证明这是一次失败的尝试。把用户数据这种高价值信息给第三方托管，巨头们显然不乐意，即使是被迫抱团接受托管的小站长也因为账户服务的可用性无法达到预期而心生不满。

现在，一个妥协后证明具有可操作性的解决方案诞生了——让各种应用和服务账号关联和互通。巨头保全了用户数据，小站长也不用再担心第三方服务不稳定。这个方案称为 OpenId Connect（开放式身份连接协议）和 OAuth（开放式授权协议）。目前的第三方登录功能大多使用这个协议或其变体。

因为授权经常和身份认证配合使用，所以协议的实现库通常会同时实现这两个协议。OAuth 2.x 协议定义了 4 种授权模式，分别为授权码模式、隐式模式、客户端证书模式和密码模式。授权码模式是所有模式中最复杂但也是最安全的模式，其他模式都可以看作是对授权码模式在特殊场景下的简化。密码模式在授权过程中需要直接向 API 服务暴露明文的账号密码，安全性基本为零，还会在事实上授予 API 服务最高权限（毕竟账号密码全都给出去了）。因此密码授权模式已经从协议中淘汰出去了，除非不得不兼容早期应用，否则不推荐使用。接下来就简单介绍一下另外三种模式。

1. 授权码模式（authorization_code）

首先要明确这个模式的参与者：

- 授权服务提供商：负责验证身份，发放、管理和验证令牌。以下简称授权服务。
- 资源存储服务提供商：负责代替用户存储和保护私有数据。以下简称存储服务。
- 功能服务提供商：负责提供各种功能，通常需要通过可视化界面方便用户使用功能，特别是面向个人用户的服务提供商。以下简称功能服务。
- 用户（资源所有权人）：最终用户，理论上拥有最高权限。只可惜数据的物理存储介质通常不掌握在用户本人手上，用户实际上处于被动地位。百度贴吧未经用户同意便屏蔽（删除）早期帖子且不让用户下载备份，以及各种大数据杀熟等都是用户实际处于被动地位的表现。甚至某些服务商在用户协议中明着写账户所有权属于服务商，用户只拥有使用权，更是直接剥夺了用户账户及其产生的个人数据的所有权。

在实际情况中，授权服务、存储服务和功能服务有可能就是同一个组织旗下的应用，此时概念里的这三种抽象身份在现实中其实是一个实体，简称裁判和选手全是我的人。理解协议时千万不要被这种表象给绕晕了。

- 在授权流程开始前，服务提供商需要提前向授权服务注册备案应用，填写要请求授权的作用域和各种回调地址等用以获取 client_id（通常由备案者自行填写）和 client_secret（通常由授权服务自动生成）。其中 client_secret 由功能服务保密并在授权流程中用于向授权服务证明令牌请求来自己备案的功能服务本身（而不是伪装的恶意程序）。然后在有用户访问时开始授权流程。
- 功能服务希望以用户的名义访问用户在资源服务那里存储的私有数据时需要获得用户的授权。功能服务的登录处理器会发送指向授权服务的授权端点的重定向响应，前端根据重定向地址访问授权服务。目标地址基本如下（查询参数需要进行 URL 编码，这里为了方便介绍，使用未编码的形式并换行展示各个参数）：
  - https://{授权服务域名}/{授权端点的路径。例：connect/authorize}
  - ?client_id={必要；备案的应用 id}
  - &redirect_uri={必要；功能服务的回调地址，此地址的功能是使用稍后获得的 code 去兑换令牌。必须和备案时填写的回调地址相同。例：https://[功能服务域名]/signin-oidc}
  - &response_type={必要；响应类型，必须是 code}
  - &scope={必要；要请求授权的作用域，多个作用域用空格隔开，因此作用域名称不能包含空格。必须和备案时填写的相同，多和少都不行。例：openid（要求授权服务颁发 id_token，通常是 JWT 格式）profile（要求授权能通过 userinfo 端点访问用户的基本信息，如用户名等）email roles offline_access（要求授权离线访问，就是获取 refresh_token 的权限）[其他自定义作用域]}
  - &code_challenge={可选；PKCE 增强安全模式的随机密钥的摘要值}
  - &code_challenge_method={如果存在 code_challenge 则必要，否则不要；PKCE 增强安全模式的随机密钥的摘要算法。例：S256}
  - &response_mode={可选；从授权服务跳转回功能服务的响应模式，确定授权服务应该如何向功能服务传递例如 code 之类的信息。例：form_post}
  - &nonce={可选；防止 CSRF 攻击的随机值，最终会被写入 id_token 或 access_token}
  - &state={可选；需要在授权过程中传递的状态信息，例如完成授权后要跳转到的页面地址等}
  - &x-client-SKU={可选；客户端标签。例：ID_NETSTANDARD2_0}
  - &x-client-ver={可选；客户端版本。例：1.0.0.0}
- 如果用户已经登录到授权服务，则直接进入下一步。否则要求用户输入账号密码以确认是用户本人。
- 转到授权确认页面询问用户是否同意授予功能服务请求的权限（作用域）。用户同意后授权服务会生成 code（一次性使用的授权码），准备跳转回功能服务。
- 如果 response_mode 使用 form_post 模式，授权服务会生成一个自动提交表单的网页响应，浏览器加载完页面后会自动把 code 等信息通过表单 POST 到功能服务的回调地址（redirect_uri），如果 JavaScript 脚本被禁用，用户需要手动点击提交按钮；如果使用 query 模式，授权服务会生成一个重定向响应，把 code 等信息附加到回调地址的查询参数。如果同意授权 offline_access 作用域，授权服务还会存储同意授权的记录。将来令牌过期，

- 重新登录账户后不会再次弹出授权确认页面，直到用户撤销授权或功能服务请求的权限发生改变。
- 功能服务的回调端点收到请求，授权处理器用收到的参数向授权服务的令牌端点发送请求兑换令牌。兑换时要向授权服务提供 client_id、client_secret、code、grant_type（值必须是 authorization_code）、redirect_uri 和 code_verifier（如果使用 PKCE 模式）。client_secret 仅在后台向授权服务兑换令牌时使用，这表明 client_secret 永远不会出现在前端浏览器中，因此授权码模式用于安全的机密应用。如果使用了 PKCE 增强安全模式（Oauth 协议标准 2.0 版定义，2.1 版强制要求支持），兑换令牌时还必须同时提供 code_verifier 参数（随机密钥的原始值）。授权服务会使用 code_challenge_method 指定的算法计算摘要，然后和之前收到的 code_challenge 对比是否一致，确认本次令牌请求过程是否被劫持。这里用 code 中转的目的就是确保令牌直接发放给功能服务的后台服务器，不会泄漏到前端浏览器，保障令牌的安全。至此完成 access_token（包含基本身份信息和授权信息；可选加密 payload；由功能服务的后台存储和保密）、id_token（仅包含身份信息；是已签名的明文，可防篡改）和 refresh_token（由功能服务的后台存储和保密）的颁发。
- 功能服务现在可以用 access_token 向存储服务证明是经过用户授权的合法访问，令牌本身也包含了足以确定同意授权的用户和代表用户提供服务的应用的身份信息。令牌通常使用请求标头"Authorization: Bearer {access_token}"传递。存储服务则需要提前配置令牌验证参数，收到令牌后如果验证成功就向功能服务返回请求的数据。期间存储服务完全不需要和授权服务通信，只需要提前向授权服务索取验证参数（例如验证签名的公钥，通常通过授权服务的 jwks 元数据端点公开），而索取行为则表示存储服务信任授权服务及其颁发的令牌，索取成功则表示授权服务信任存储服务。如果授权服务颁发的是加密的 access_token，授权服务还需要额外提供解密密钥，提供密钥也就表示授权服务相信存储服务不会泄露密钥，相当于高度信任。
- 如果授权服务加密了 access_token 又不愿提供密钥，则需要对外公布内省端点供存储服务请求远程验证令牌。此时存储服务也需要备案成应用，代表存储服务的应用只需要拥有内省权限即可。这种做法会增加授权服务的压力，影响存储服务的并发能力，但也获得了实时得知令牌有效性的能力，因为用户有权随时要求授权服务作废令牌。内省模式通常应用于同时在线数有限且对授权的实时有效性敏感的内部应用，对于可能出现海量并发的消费者公共应用则不太合适，授权服务难以承受海量的验证请求。

可以看出，授权码模式是非常复杂的以安全性为核心目标的授权模式。这里的关键是其中隐含了双重授权：其一是应用服务必须经过备案才有权向授权服务请求令牌；其二是授权服务要求必须用户本人确认授权才会以用户的名义向功能服务发放令牌。如果使用了 PKCE 增强安全模式，还要确保本次令牌请求没有被劫持。

2. 隐式模式（implicit）

隐式模式用于没有功能服务的场合，用户需要的功能由前端直接提供，例如静态部署的 SPA Web、PC 或移动应用等。此时前端需要以 public 应用的身份来备案以获取 client_id，因为前端无法确保机密的安全性（反编译下任何前端都是公开透明的），因此也不需要多此一举去准备 client_secret。

一次性 code 是给功能服务的后台程序用的，又因为隐式模式根本没有功能服务后台，因此也没必要用 code 去兑换令牌，授权服务会在用户同意授权后直接颁发令牌给前端。PKCE 模式实际上是为隐式模式准备的，其中的随机密钥就是充当一次性 client_secret 和 code 用的。

在授权码模式中，授权端点负责验证用户身份、确认用户同意授权和发放 code，而令牌端点负责验证 code 和发放令牌。因为隐式模式不再发放 code 而是直接发放令牌，所以授权直接在授权端点完成。

3. 客户端证书模式（client_credentials）

如果功能服务是以其自身的名义和存储服务交互而不是借用用户的名义代为交互，那么这就是客户端证书模式。此时功能服务本身就是用户，因此可以用 client_id（等价于用户名）和 client_secret（等价于密码）直接向授权服务申请令牌。客户端证书授权模式下也不需要 code，因为 code 表示的是用户同意授权功能服务以用户的名义向存储服务请求用户的私有数据（避免令牌泄露到前端浏览器），此时使用 code 就是画蛇添足。而成功备案应用本身就表示同意授权。

13.3.2 OpenIddict 简介

ASP.NET Core 包含了本地身份框架 ASP.NET Core Identity，这个框架也提供连接到第三方账户的功能，但是却没有自己作为服务方对外提供接入服务的功能。微软的计划显然是打算让用户使用微软云进行托管来提供业务增长点，但是建设完全可控的自有系统的需求是必然存在的。因此社区开发了第三方软件包来满足需求。

在 ASP.NET Core 的世界里，最著名的莫过于 IdentityServer4，甚至 .NET 5 的项目模板都引用了它。本书原计划就是介绍它，可惜在 2020 年 10 月，原开发者成立了新公司并把 IdentityServer4 变成了商业软件 Duende.IdentityServer。这样一来问题就变得棘手了，毕竟不能对说服管理层增加运营预算抱有过高期待。因此，笔者只能想办法寻找替代产品。幸运的是真的找到了，它就是 OpenIddict。笔者还发现了 IdentityServer4 和 OpenIddict 之间的一些微妙的联系，即 IdentityServer4 的 logo 就是在 OpenIddict 的 logo 外画了一个圈。

IdentityServer4 是一个即插即用的高度封装的框架，虽然它提供了大量扩展点，但其较高的封装程度也让这个框架多了些许魔法的味道。深刻理解 IdentityServer4 并定制所需要的学习成本是不可忽视的。而 OpenIddict 则是一个更为底层的框架，专注于处理协议信息和为用户提供更友好的 API。如果想使用 OpenIddict 则需要手动补充最上层的应用代码，这反而让开发者的掌控变得更方便快捷了。为了方便入门，OpenIddict 准备了一些文档和示例代码，开发者通常可以直接复制示例代码完成初始配置，直接可用的源代码也为后续的个性化改造大开方便之门。身份认证和授权系统在公共协议的介入后变成了固定的协议流程和个性化应用功能的奇妙结合体，高度封装对这种特殊情况而言并不一定是件好事。OpenIddict 3.x 统一了 ASP.NET 和 ASP.NET Core 框架的核心功能代码，并在框架接入层进行兼容，适用场景更广。

13.3.3 基础使用

1. OIDC、OAuth 服务端

OIDC、OAuth 协议的大多数流程都有要求最终用户登录并申请授权的步骤，因此 OpenIddict 也需要一个基础的用户账户系统来承载用户登录的功能。刚好 ASP.NET Core Identity 是个不错的选择，Identity Core 为了方便和 OIDC、OAuth 协议集成进行了专门设计，因此此处以集成使用的方式进行演示和说明。

使用 OpenIddict 需要安装以下 NuGet 包：

- OpenIddict.AspNetCore：OpenIddict 的 ASP.NET Core 扩展包，内部引用了 OpenIddict 核心组件。
- OpenIddict.EntityFrameworkCore：OpenIddict 的 EF Core 存储扩展。
- OpenIddict.Quartz：OpenIddict 的 Quartz 扩展，包含用于清理作废的令牌缓存等的计划任务。缓存令牌可用于实现 SSO（单点登录）和刷新令牌等功能。
- Quartz.Extensions.Hosting：Quartz 的 ASP.NET Core 托管扩展包，内部引用了 Quartz 核心组件。

示例代码如下：

（1）OpenIddict 的常用配置

```csharp
public class Startup
{
    public Startup(IConfiguration configuration)
    {
        Configuration = configuration;
    }

    public IConfiguration Configuration { get; }

    public void ConfigureServices(IServiceCollection services)
    {
        // 注册 EF Core 上下文
        services.AddDbContext<ApplicationDbContext>(options =>
        {
            options.UseSqlServer(
                Configuration.GetConnectionString("DefaultConnection"));

            // 向 EF Core 上下文注册 OpenIddict 实体，也可以通过 ModelBuilder 的重载在 EF Core
            // 上下文类中注册
            options.UseOpenIddict();
        });

        // 开发时使用的数据库异常页面过滤器
        services.AddDatabaseDeveloperPageExceptionFilter();

        // 注册 Identity 服务
        services.AddDefaultIdentity<ApplicationUser>(options =>
        {
            // 把 Identity 系统的核心声明类型更改为 OpenIddict 使用的类型，方便集成
            options.ClaimsIdentity.UserNameClaimType = Claims.Name;
            options.ClaimsIdentity.UserIdClaimType = Claims.Subject;
            options.ClaimsIdentity.RoleClaimType = Claims.Role;
        })
            .AddEntityFrameworkStores<ApplicationDbContext>()
            .AddDefaultTokenProviders();

        // 注册 Quartz.NET
        services.AddQuartz(options =>
        {
            // 注册基于 MSDI 的 Job 工厂
            options.UseMicrosoftDependencyInjectionJobFactory();
            // 注册简单类加载器
            options.UseSimpleTypeLoader();
            // 注册数据存储，实际项目中推荐更换为外部存储以支持分布式部署
            options.UseInMemoryStore();
        });

        // 注册 Quartz.NET 托管服务，Quartz.NET 在独立的托管服务中运行
        services.AddQuartzHostedService(options => options.WaitForJobsToComplete = true);

        // 注册 API 和网页服务
        services.AddControllersWithViews();
        services.AddRazorPages();
```

```csharp
54.         // 注册 OpenIddict，在后续调用中进行详细配置
55.         services.AddOpenIddict()
56.             // 注册 OpenIddict 核心服务
57.             .AddCore(options =>
58.             {
59.                 // 配置为使用 EF Core 进行数据持久化
60.                 options.UseEntityFrameworkCore()
61.                     // 配置要使用的上下文类型
62.                     .UseDbContext<ApplicationDbContext>();
63.
64.                 // 配置 Quartz.NET 集成
65.                 // 用于定期清理作废的令牌缓存
66.                 options.UseQuartz();
67.             })
68.
69.             // 注册授权功能所需的服务
70.             .AddServer(options =>
71.             {
72.                 // 设置服务端点
73.                 // 部分端点需要自行开发，控制器和页面代码较多，可以到示例项目仓库查看示例代码：
                    https:// github.com/openiddict/openiddict-samples/
74.                 options
75.                     // 设置授权端点，允许功能服务请求授权
76.                     // 该端点需要开发者亲自编写
77.                     .SetAuthorizationEndpointUris("/connect/authorize")
78.                     // 设置结束会话端点，允许用户和功能服务退出登录和作废令牌
79.                     // 该端点需要开发者亲自编写
80.                     .SetLogoutEndpointUris("/connect/logout")
81.                     // 设置令牌端点，允许功能服务请求令牌
82.                     // 通常会返回 JWT 格式的 access_token、refresh_token 和 id_token
83.                     // 该端点需要开发者亲自编写
84.                     .SetTokenEndpointUris("/connect/token")
85.                     // 设置用户信息端点，允许功能服务请求用户信息
86.                     .SetUserinfoEndpointUris("/connect/userinfo");
87.                     // 设置内省端点，允许存储服务向授权服务请求验证令牌状态
88.                     // 存储服务需要拥有内省作用域权限
89.                     .SetIntrospectionEndpointUris("/connect/introspect");
90.                     // 设置撤销端点，允许用户和功能服务要求授权服务作废令牌
91.                     // 如果存储服务不使用内省端点远程验证令牌，则只能等待令牌自动过期
92.                     // 如果作废 refresh_token，能阻止功能服务自动续期授权
93.                     .SetRevocationEndpointUris("/connect/revoke");
94.
95.                 // 注册要展示在元数据端点中的作用域，通常是基础的通用作用域
96.                 options.RegisterScopes(Scopes.Email, Scopes.Profile, Scopes.Roles);
97.
98.                 // 配置要启用的授权流程
99.                 options
100.                    // 启用隐式授权，用于纯客户端应用，例如静态部署的 SPA 应用
101.                    .AllowImplicitFlow()
102.                    // 启用授权码授权
103.                    .AllowAuthorizationCodeFlow()
104.                    // 启用客户端证书授权
105.                    .AllowClientCredentialsFlow()
106.                    // 启用刷新令牌授权，客户端需要拥有 offline_access 作用域权限
107.                    .AllowRefreshTokenFlow();
108.
109.                options
110.                    // 设置加密令牌用的对称密钥
111.                    .AddEncryptionKey(new SymmetricSecurityKey(
112.                        Convert.FromBase64String("DRjd/GnduI3Efzen9V9BvbNUfc/
                            VKgXltV7Kbk9sMkY=")))
113.                    // 设置令牌的 RSA 签名证书
```

```
114.                    // 当前为开发时使用的临时证书，发布时请更换为实际的证书
115.                    .AddDevelopmentSigningCertificate();
116.
117.                options
118.                    // 注册适用于 ASP.NET Core 的授权功能的服务
119.                    .UseAspNetCore()
120.                    // 启用授权端点直通，由自定义端点实现授权功能
121.                    .EnableAuthorizationEndpointPassthrough()
122.                    // 启用结束会话端点直通，由自定义端点实现授权功能
123.                    .EnableLogoutEndpointPassthrough()
124.                    // 启用令牌端点直通，由自定义端点实现授权功能
125.                    .EnableTokenEndpointPassthrough()
126.                    // 启用状态码页面集成，由 ASP.NET Core 状态码页面中间件托管
127.                    .EnableStatusCodePagesIntegration()
128.            })
129.                // 注册令牌验证服务，使应用能同时当作客户端使用
130.                .AddValidation(options =>
131.                {
132.                    // 注册适用于 ASP.NET Core 的验证服务
133.                    options.UseAspNetCore();
134.                    // 使用当前授权服务器的配置进行验证
135.                    options.UseLocalServer();
136.                });
137.
138.            // 注册开发时使用的数据初始化的托管服务，为 OpenIddict 设置初始数据
139.            services.AddHostedService<OAuthClientInitializer>();
140.        }
141.
142.        public void Configure(IApplicationBuilder app, IWebHostEnvironment env)
143.        {
144.            if (env.IsDevelopment())
145.            {
146.                // 注册开发时使用的错误处理页面
147.                app.UseDeveloperExceptionPage();
148.                app.UseMigrationsEndPoint();
149.            }
150.            else
151.            {
152.                // 注册错误处理页面，任选其一即可
153.                app.UseStatusCodePagesWithReExecute("/Error");
154.                app.UseExceptionHandler("/Error");
155.            }
156.            // 注册 HTTPS 强制跳转，使用 HTTPS 更安全
157.            app.UseHttpsRedirection();
158.            app.UseStaticFiles();
159.
160.            app.UseRouting();
161.            // 配置身份认证和授权中间件
162.            app.UseAuthentication();
163.            app.UseAuthorization();
164.
165.            app.UseEndpoints(endpoints =>
166.            {
167.                // 注册 API 和网页端点
168.                endpoints.MapControllers();
169.                endpoints.MapDefaultControllerRoute();
170.                endpoints.MapRazorPages();
171.            });
172.        }
173.    }
```

示例展示了常用的典型配置，在领会精神后可以基于此示例进行个性化扩展。更多示例请参阅官方仓库。

（2）OAuth 数据初始化服务

```csharp
public class OAuthClientInitializer : IHostedService
{
    private readonly IServiceProvider _serviceProvider;

    public OAuthClientInitializer(IServiceProvider serviceProvider)
        => _serviceProvider = serviceProvider;

    public async Task StartAsync(CancellationToken cancellationToken)
    {
        using var scope = _serviceProvider.CreateScope();

        var context = scope.ServiceProvider.GetRequiredService
            <ApplicationDbContext>();
        await context.Database.EnsureCreatedAsync();

        var consoleClientId = "console";
        var webApiClientId = "api";

        var webApiScopeName = "api";

        await CreateApplicationsAsync();
        await CreateScopesAsync();

        // 初始化客户端信息
        async Task CreateApplicationsAsync()
        {
            var manager = scope.ServiceProvider.GetRequiredService
                <IOpenIddictApplicationManager>();

            if (await manager.FindByClientIdAsync(consoleClientId) is null)
            {
                // 备案控制台客户端
                await manager.CreateAsync(new OpenIddictApplicationDescriptor
                {
                    // 基本信息
                    ClientId = consoleClientId,
                    ClientSecret = "388D45FA-B36B-4988-BA59-B187D329C207",
                    DisplayName = "Console Application",

                    // 权限信息
                    Permissions =
                    {
                        // 允许访问令牌端点
                        Permissions.Endpoints.Token,
                        // 允许使用客户端证书授权模式
                        Permissions.GrantTypes.ClientCredentials,
                        // 允许访问自定义的 API 作用域
                        Permissions.Prefixes.Scope + webApiScopeName
                    }
                });
            }

            // 备案表示 API 服务的客户端
            if (await manager.FindByClientIdAsync(webApiClientId) is null)
            {
                var descriptor = new OpenIddictApplicationDescriptor
                {
                    // 基本信息
                    ClientId = webApiClientId,
                    ClientSecret = "846B62D0-DEF9-4215-A99D-86E6B8DAB342",

                    // 权限信息
                    Permissions =
```

```
62.            {
63.                // 允许访问内省端点
64.                Permissions.Endpoints.Introspection
65.            }
66.        };
67.
68.        await manager.CreateAsync(descriptor);
69.    }
70. }
71.
72.    // 初始化自定义作用域
73.    async Task CreateScopesAsync()
74.    {
75.        var manager = scope.ServiceProvider.GetRequiredService
            <IOpenIddictScopeManager>();
76.
77.        if (await manager.FindByNameAsync(webApiScopeName) == null)
78.        {
79.            var descriptor = new OpenIddictScopeDescriptor
80.            {
81.                // 作用域名称
82.                Name = webApiScopeName,
83.
84.                // 允许访问的资源
85.                Resources =
86.                {
87.                    // 允许访问 API 客户端
88.                    // 令牌中会包含受理人为 API 的声明，表示令牌是颁发给 API 用的
89.                    webApiClientId
90.                }
91.            };
92.
93.            await manager.CreateAsync(descriptor);
94.        }
95.    }
96. }
97.
98. public Task StopAsync(CancellationToken cancellationToken) =>
      Task.CompletedTask;
99. }
```

数据初始化服务向 OpenIddict 数据库添加两个客户端：一个代表 API 服务器，拥有内省权限，可以请求 OAuth 服务验证令牌状态；另一个代表控制台客户端，使用客户端证书授权模式。

2. API 服务端

API 服务端需要安装以下 NuGet 包：

- OpenIddict.Validation.AspNetCore
- OpenIddict.Validation.SystemNetHttp

示例代码如下：

（1）应用配置

```
1.  public class Startup
2.  {
3.      public void ConfigureServices(IServiceCollection services)
4.      {
5.          services.AddControllers();
6.
7.          // 注册 OpenIddict 身份认证方案
8.          services.AddAuthentication(options =>
9.          {
10.             options.DefaultScheme = OpenIddictValidationAspNetCoreDefaults.
```

```
11.              AuthenticationScheme;
12.          });
13.
14.          // 注册 OpenIddict 验证组件
15.          services.AddOpenIddict()
16.              .AddValidation(options =>
17.              {
                    // 注意：验证处理程序使用 OAuth 发现文档端点来检索内省端点的地址和请求验证令牌
                    签名的 RSA 公钥
18.                 options.SetIssuer("https://localhost:<OpenIddict 服务端项目的端口>/");
19.                 // 验证令牌的受理人是否包含 API 服务，可以确定令牌是不是为 API 服务颁发的
20.                 options.AddAudiences("api");
21.
22.                 # region 远程验证令牌
23.                 options
24.                     // 将验证处理程序配置为使用内省验证模式
25.                     .UseIntrospection()
26.                     // 注册与远程内省端点通信时使用的客户端凭据
27.                     .SetClientId("api")
28.                     .SetClientSecret("846B62D0-DEF9-4215-A99D-86E6B8DAB342");
29.                 #endregion
30.
31.                 # region 本地验证令牌
32.                 // 配置解密令牌的对称密钥，需要和服务端的加密密钥保持一致
33.                 // 如果令牌是明文的，可以不用配置
34.                 options.AddEncryptionKey(new SymmetricSecurityKey(
35.                     Convert.FromBase64String("DRjd/GnduI3Efzen9V9BvbNUfc/
                        VKgXltV7Kbk9sMkY=")));
36.                 #endregion
37.
38.                 // 使用 ASP.NET Core 的 HTTP 客户端服务和 OAuth 服务通信
39.                 // 本地验证模式下也要注册，用来请求令牌签名的 RSA 公钥
40.                 options.UseSystemNetHttp();
41.
42.                 // 注册适用于 ASP.NET Core 的相关服务
43.                 options.UseAspNetCore();
44.             });
45.      }
46.
47.      public void Configure(IApplicationBuilder app)
48.      {
49.          app.UseHttpsRedirection();
50.
51.          app.UseRouting();
52.
53.          // 配置身份认证和授权中间件
54.          app.UseAuthentication();
55.          app.UseAuthorization();
56.
57.          app.UseEndpoints(endpoints =>
58.              endpoints.MapControllers();
59.          });
60.      }
61. }
```

示例展示了如何设置令牌验证服务，远程验证和本地验证只需要设置其中一种即可。远程验证可以实时同步令牌的有效性，本地验证可以提升系统的吞吐量和可扩展性。

（2）测试授权的控制器

```
1. [ApiController]
2. [Route("[controller]")]
3. public class TestController : ControllerBase
4. {
```

```
5.      [HttpGet]
6.      // 使用指定的身份验证方案保护 API
7.      [Authorize(AuthenticationSchemes = OpenIddictValidationAspNetCoreDefaults.
         AuthenticationScheme)]
8.      public IActionResult Get()
9.      {
10.         return Ok();
11.     }
12. }
```

使用 Authorize 特性标记保护动作，并设置使用 OpenIddict 方案进行身份认证以激活 OpenId 验证组件。

3. 客户端

使用控制台应用作为客户端进行演示，客户端需要安装以下 NuGet 包：

- OpenIddict.Abstractions
- System.Net.Http.Json

示例代码如下：

```
1.  class Program
2.  {
3.      static async Task Main(string[] args)
4.      {
5.          using var client = new HttpClient();
6.
7.          try
8.          {
9.              // 申请访问令牌
10.             var token = await GetTokenAsync(client);
11.             Console.WriteLine("Access token: {0}", token);
12.             Console.WriteLine();
13.
14.             // 请求 API
15.             var resource = await GetResourceAsync(client, token);
16.             Console.WriteLine("API response: {0}", resource);
17.             Console.ReadLine();
18.         }
19.         catch (HttpRequestException exception)
20.         {
21.             var builder = new StringBuilder();
22.             builder.AppendLine("++++++++++++++++++++");
23.             builder.AppendLine(exception.Message);
24.             builder.AppendLine(exception.InnerException?.Message);
25.             builder.AppendLine("请确保授权服务器已经启动。");
26.             builder.AppendLine("++++++++++++++++++++");
27.             Console.WriteLine(builder.ToString());
28.         }
29.
30.         static async Task<string> GetTokenAsync(HttpClient client)
31.         {
32.             // 向令牌端点申请令牌
33.             var request = new HttpRequestMessage(HttpMethod.Post, "https://
              localhost:<授权服务器端口>/connect/token");
34.             // 准备申请表单
35.             request.Content = new FormUrlEncodedContent(new Dictionary<string,
              string>
36.             {
37.                 // 使用客户端证书模式
38.                 ["grant_type"] = "client_credentials",
39.                 // 在 OAuth 服务备案过的客户端信息
40.                 ["client_id"] = "console",
41.                 ["client_secret"] = "388D45FA-B36B-4988-BA59-B187D329C207"
```

```
42.              });
43.
44.              var response = await client.SendAsync(request, HttpCompletionOption.
                     ResponseContentRead);
45.
46.              var payload = await response.Content.ReadFromJsonAsync
                     <OpenIddictResponse>();
47.
48.              if (!string.IsNullOrEmpty(payload.Error))
49.              {
50.                  throw new InvalidOperationException("接收访问令牌时发生错误");
51.              }
52.
53.              return payload.AccessToken;
54.          }
55.
56.          static async Task<string> GetResourceAsync(HttpClient client, string token)
57.          {
58.              var request = new HttpRequestMessage(HttpMethod.Get, "https://
                     localhost:<API 服务的端口>/Test ");
59.              // 把令牌添加到请求的身份验证标头
60.              request.Headers.Authorization = new AuthenticationHeaderValue
                     ("Bearer", token);
61.
62.              var response = await client.SendAsync(request, HttpCompletionOption.
                     ResponseContentRead);
63.              response.EnsureSuccessStatusCode();
64.
65.              return await response.Content.ReadAsStringAsync();
66.          }
67.      }
68. }
```

应用使用客户端证书授权模式所需的相关表单信息向 OAuth 服务申请令牌，然后用获取的令牌请求受保护的 API。API 收到令牌后会向 OAuth 服务请求验证令牌，验证成功后执行动作代码并返回结果。

13.4 小　　结

ASP.NET Core 设计了一套具有高度可扩展性的身份认证系统。内置的默认实现已经能轻松应对超过九成的场景，如果有需要，还可以替换默认服务，实现个性化的身份认证系统。下一章将继续介绍经常和身份认证系统配合使用的授权系统。

第 14 章

授　权

ASP.NET Core 授权是独立的子系统，不依赖身份认证，只是在很多情况下身份是是否授权的依据，因此通常先进行身份认证再进行授权。授权系统使用依赖注入服务配置授权策略，授权策略由 Authorization 中间件使用。

ASP.NET Core 使用基于策略的授权系统，基于角色或声明的授权也被视为一种授权策略，这种授权方式极大地提高了授权系统的灵活性。

14.1　定义授权策略

1. 定义授权要求

示例代码如下：

```
1.  public class TimeAuthorizationRequirement : IAuthorizationRequirement
2.  {
3.      public int StartHour { get; }
4.      public TimeSpan Duration { get; }
5.
6.      public TimeAuthorizationRequirement(int startHour, TimeSpan duration)
7.      {
8.          StartHour = startHour;
9.          Duration = duration;
10.     }
11. }
```

授权要求必须实现接口 **IAuthorizationRequirement**，这是用于标记的空接口。示例中的要求包括开始时间（小时）和持续时间，表示每天从开始时间起，在指定的时长内通过授权（可用于实现类似深夜防沉迷的效果）。

2. 定义授权要求处理器

示例代码如下：

```
1.  public class TimeAuthorizationHandler : AuthorizationHandler
      <TimeAuthorizationRequirement>
2.  {
3.      protected override async Task HandleRequirementAsync
```

```csharp
            (AuthorizationHandlerContext context, TimeAuthorizationRequirement requirement)
        {
            var now = DateTime.Now;
            var start = new DateTime(now.Year, now.Month, now.Day, requirement.StartHour, 0, 0);
            var end = start.Add(requirement.Duration);

            if(now >= start && now < end)
            {
                // 标记该授权要求已经由当前处理器验证通过
                // 一个要求可以和多个处理器关联,只要一个处理器验证通过即可
                // 授权上下文借此记录要求的检查情况
                context.Succeed(requirement);
            }
            else
            {
                // 强制使授权验证失败,即使所有规则都验证通过
                // 如果不想如此极端,仅表达当前处理器验证失败但不阻止其他处理器通过,直接 return 或 return Task.CompletedTask 即可
                // context.Fail();
                return;
            }
        }
    }

    public class MyResource
    {
        public string Name { get; set; }
    }

    public class TimeAndNameAuthorizationHandler : AuthorizationHandler
        <TimeAndNameAuthorizationRequirement, MyResource>
    {
        protected override async Task HandleRequirementAsync
            (AuthorizationHandlerContext context, TimeAuthorizationRequirement requirement, MyResource resource)
        {
            var now = DateTime.Now;
            var start = new DateTime(now.Year, now.Month, now.Day, requirement.StartHour, 0, 0);
            var end = start.Add(requirement.Duration);

            if (now >= start && now < end && resource.Name == "Admin")
            {
                context.Succeed(requirement);
            }
        }
    }

    public class PermissionHandler : IAuthorizationHandler
    {
        private ILogger<PermissionHandler> _logger;

        public PermissionHandler(ILogger<PermissionHandler> logger)
        {
            _logger = logger;
        }

        public async Task HandleAsync(AuthorizationHandlerContext context)
        {
            foreach(var requirement in context.PendingRequirements)
            {
                if(requirement is TimeAuthorizationRequirement timeTequirement)
                {
                    var now = DateTime.Now;
                    var start = new DateTime(now.Year, now.Month, now.Day,
```

```
63.                    timeTequirement.StartHour, 0, 0);
                       var end = start.Add(timeTequirement.Duration);
64.
65.                    if (now >= start && now < end)
66.                    {
67.                        context.Succeed(requirement);
68.                        _logger.LogInformation("授权通过。");
69.                    }
70.                }
71.            }
72.        }
73.   }
```

示例展示了如何定义专用于特定要求类型的处理器和支持同时处理多种要求的通用处理器。授权处理器负责通过要求提供的信息完成授权和向授权上下文反馈授权结果。授权处理器实例由依赖注入服务提供，方便使用其他服务获取额外的信息辅助授权。

通用授权处理器实现 IAuthorizationHandler 接口，可以从上下文中获取待验证的授权要求集合。类型特定处理器继承 AuthorizationHandler<TRequirement>类，如果要在授权时访问额外的资源进行辅助（称为基于资源的授权），此时应该继承 AuthorizationHandler<TRequirement, TResource>类。但是 TResource 的实例只能由开发者自行提供，因此基于资源的授权只能在端点中注入 IAuthorizationService 服务并自行调用授权检查方法。

14.2　配置授权策略

定义好授权策略后需要配置才能使用。
示例代码如下：

```
1.   public class Startup
2.   {
3.       public void ConfigureServices(IServiceCollection services)
4.       {
5.           services.AddAuthorization(options =>
6.           {
7.               // 添加授权策略并为策略取名
8.               options.AddPolicy("MyRole01", policy =>
9.               {
10.                  // 添加授权要求
11.                  policy.AddRequirements(new TimeAuthorizationRequirement(6,
                        TimeSpan.FromHours(18)));
12.              });
13.
14.              options.AddPolicy("MyRole02", policy =>
15.              {
16.                  // 对于简单授权逻辑，可以直接使用委托进行定义和配置
17.                  // 基于策略的授权中，授权上下文的资源由授权中间件自动设置为 HTTP 上下文
18.                  // 可以认为基于策略的授权等价于资源类型是 HTTP 上下文的基于资源的授权
19.                  policy.RequireAssertion(context => ((HttpContext)context.
                        Resource).Request.Query["pass"] == "天王盖地虎，宝塔镇河妖。");
20.              });
21.          });
22.
23.          // 注册授权要求处理器，可以为同一种要求类型注册多个处理器
24.          services.AddScoped<IAuthorizationHandler, TimeAuthorizationHandler>();
25.          services.AddScoped<IAuthorizationHandler,
                TimeAndNameAuthorizationHandler>();
26.          services.AddScoped<IAuthorizationHandler, PermissionHandler>();
27.      }
28.
```

```
29.    public void Configure(IApplicationBuilder app)
30.    {
31.        app.UseRouting();
32.
33.        // 如果授权要求不需要以身份为依据，例如之前例举的深夜防沉迷授权要求，
           可以不配置身份认证处理器
34.        app.UseAuthorization();
35.
36.        app.UseEndpoints(endpoints =>
37.        {
38.            endpoints.MapGet("/authByPolicy", static async context => { await
              context.Response.WriteAsync("Hello!"); })
39.                .RequireAuthorization("MyRole01", "MyRole02");
40.
41.            endpoints.MapGet("/authByCode", static async context =>
42.            {
43.                // 获取授权服务
44.                var authorizationService = context.RequestServices.
                  GetRequiredService<IAuthorizationService>();
45.                // 使用指定的参数授权，服务会自动选择合适的处理器
46.                // 此处直接传递授权要求，因此可以不用为处理器专门注册策略
47.                var authorizationResult =
48.                    await authorizationService.AuthorizeAsync(
49.                        context.User,
50.                        new MyResource { Name = context.User.Identity.Name },
51.                        new TimeAndNameAuthorizationRequirement(6, TimeSpan.
                        FromHours(18))
52.                    );
53.
54.                if (authorizationResult.Succeeded)
55.                {
56.                    await context.Response.WriteAsync("授权成功！");
57.                }
58.                else
59.                {
60.                    await context.Response.WriteAsync("授权失败！");
61.                }
62.            });
63.        });
64.    }
65.  }
```

示例展示了如何配置授权策略。在实际授权时，授权服务会自动查找和要求匹配的所有处理器。策略中的每个要求只要有一个处理器验证通过即可，但是必须所有要求都通过验证才表示该策略验证成功。一个端点可以同时指定多个策略，只有所有策略都验证成功时端点授权才成功。如果用伪代码表示成功条件的话大概是这样：

```
1.   策略1：{
2.       要求1：{
3.           处理器1 || 处理器2 || ……
4.       } && !要求1.强制失败 &&
5.       要求2：{
6.           处理器3 || 处理器4 || ……
7.       } && !要求2.强制失败 &&
8.       ……
9.   } &&
10.  策略2：{
11.      要求3：{
12.          处理器5 || 处理器6 || ……
13.      } && !要求3.强制失败 &&
14.      要求4：{
15.          处理器7 || 处理器8 || ……
16.      } && !要求4.强制失败 &&
```

```
17.    ……
18.    } &&
19.    ……
```

RequireAuthorization 是框架的预置扩展方法，其在内部调用 IEndpointConventionBuilder.Add 方法为端点添加有关授权规则的元数据，授权中间件会从端点中自动查找授权所需的元数据。这也是 UseAuthorization 必须在 UseRouting 后面的原因，否则授权中间件无法获取执行授权所需的信息。之后要在 MVC 中介绍的授权过滤器本质上和 RequireAuthorization 方法是等价的。

14.3　高级功能简介

在某些情况下，默认的授权系统可能不满足项目的复杂需求，此时可以对授权系统进行一定程度的自定义以增加灵活性。一般情况下内置功能可以满足大部分需求，此处仅对高级功能进行简单介绍，让读者知晓高级功能的存在，方便读者在遇到类似需求时快速找到解决问题的线索。

14.3.1　授权策略提供程序

授权中间件使用 IAuthorizationPolicyProvider 服务查找授权策略，DefaultAuthorizationPolicyProvider 是内置的默认实现。注册自定义实现可以更灵活地选取策略。如果需要，请参阅官方文档了解详细用法。

14.3.2　自定义授权结果的处理方式

授权中间件使用 IAuthorizationMiddlewareResultHandler 服务处理授权结果，如果需要为特定的授权结果自定义响应方式，可以注册自定义服务。如果需要，请参阅官方文档了解详细用法。

14.4　小　　结

ASP.NET Core 授权系统的设计也具有高度的可扩展性，既能独立使用，也能轻松地和身份认证系统集成。这种思路非常值得学习和借鉴。在接下来要介绍的 ASP.NET Core MVC 中还有从 ASP.NET MVC 集成和发展的基于过滤器的用法，同样简单易用。

第 15 章

MVC

15.1 简　介

15.1.1 MVC 模式

MVC 是模型—视图—控制器模式的简称，MVC 模式可以有效解耦业务逻辑和交互界面，保障业务逻辑和交互界面能最大程度地独立发展。早期的图形界面软件和三层架构软件存在严重的强路径依赖，架构上虽然有分层，但是实际上往往是牵一发而动全身的耦合式分层。这种为分层而分层的现象有些时候反而把简单的问题复杂化，最终导致项目失控。

为了解决无效的模块划分的问题，MVC 架构应运而生。其中作为核心基础的是模型，输入型模型定义了模块应该接收什么样的数据，输出型模型定义了模块应该对外展示什么数据。以模型为基础，控制器负责将系统内部的数据或来自外部的输入处理成模型。根据领域驱动设计的观点，控制器不应该直接负责处理数据，而应该把实际的处理工作移交给领域模型。控制器的主要职责是调度领域模型，把相关领域模型的结果整合成 MVC 的模型或者把 MVC 模型转换成领域模型后交给领域模型继续处理。视图则直接负责解决如何展示或接收数据。因此视图和控制器对模型存在强依赖，模型发生变更会导致视图和控制器需要同步做出调整，而模型可以在面对视图和控制器的非关键变更时保持不变。这就是 MVC 模式能提供有效的模块划分和解耦合的关键。

虽然模型是 MVC 模式的基础，视图和控制器都是围绕模型进行设计的，但控制器才是系统内环境和外环境的交界面，控制器的设计好坏会直接影响内外系统的独立性。领域驱动设计主要关注系统内环境的架构设计，MVC 主要关注系统外环境的架构设计。控制器在输入时要能阻挡非法数据侵入系统以及把对外交互用的友好模型转换为内部系统能够处理的领域模型，而在输出时则需要把内部系统的领域模型转换成友好模型给外界并且避免敏感的内部数据泄露。

人是视觉动物，视图除了完成信息交互的基本任务外，还要对空间布局和色彩等运用恰当，提高信息交互的效率和舒适度。如果视图的交互对象是外部系统，则需要一套结构稳定且能够灵活处理各种数据的数据结构方便外部系统的对接。在这方面 JSON 和 gRPC 消息协议是比较简单易用且流行的解决方案。后来发展出的 MVVM 模式则进一步把用于数据处理的控制器模型和用于对外展示的视图模型进行了分离，然后通过模型绑定机制来完成模型和视图模型之间的沟通和转换。

15.1.2 ASP.NET Core MVC

ASP.NET Core MVC 是从 ASP.NET MVC 继承和发展的框架，在一般情况下大部分代码和编码习惯都能无缝继承。ASP.NET Core MVC 利用新平台没有历史包袱的机会对 ASP.NET MVC 的设计缺憾进行了修补并增加了大量实用易用的新功能，大幅提升了框架的灵活性，使得实现个性化需求的难度和成本大幅下降，也让项目的后期维护更轻松。最重要的是 ASP.NET Core MVC 是开放的跨平台框架，为了在全新的环境中保持竞争力，微软进行了大量优化，因此性能十分优秀。

15.2 模 型

MVC 模式的基础是模型，控制器和视图也都是围绕模型设计的。那么就先介绍有关模型的知识，为之后的学习打好基础。

15.2.1 基础使用

在之前的介绍中提到过，MVC 中的模型按用途可以分为输入模型和输出模型两种。输出模型主要是给视图引擎和 API 响应用的，相对比较简单纯粹，因此这里主要介绍输入模型的使用方法。

1. 数据来源

输入模型一般是控制器动作的参数，ASP.NET Core MVC 会通过模型绑定自动按以下顺序获取数据：

- 表单域。
- 请求正文：适用于有 ApiController 特性的 API 控制器，例如使用 JSON 格式发送的请求正文。
- 路由数据：在端点路由系统中由路由中间件生成，仅支持简单数据类型。
- 查询参数：仅支持简单数据类型。
- 上传的文件：对于 multipart 类型的表单，仅绑定到实现 IFormFile（单个文件）或 IEnumerable<IFormFile>（多个文件）接口的类型。

如果数据不来自以上来源或希望手动指定来源，可以对参数和模型类的属性使用以下特性指定来源：

- FromQuery：从查询字符串获取数据。

- FromRoute：从路由参数中获取数据。
- FromForm：从表单中获取数据。
- FromBody：从请求正文中获取数据，每个控制器动作最多只能有一个参数使用这个特性，因为表示请求正文的流默认只能读取一次。如果这个特性应用在复杂模型类型上，且模型内的属性使用其他特性指定了其他来源，那么这些指定会被忽略，这点需要注意。
- FromHeader：从请求标头中获取数据。
- FromService：在控制器动作的参数上使用时，从依赖注入系统获取服务。

2．默认值设置和验证

如果模型或其中的属性找不到合适的来源赋值，那么模型绑定并不会有任何反馈，一般会按照以下顺序的规则设置默认值：

- byte[]设置为 null，其他类型的数组设置为 Array.Empty<T>()方法的返回值。
- 不可以为 null 的值类型设置为 default(T)。例如 int 类型为 0，bool 类型为 false。
- 可以为 null 的简单类型设置为 null。例如 int?（Nullable<int>）类型为 null。
- 对于其他复杂类型，直接设置为默认构造函数创建的实例，不继续对实例的属性赋值。

如果需要在找不到合适的数据源时向模型验证报告验证不通过，则可以在参数或模型类的属性上使用 BindRequired 特性。需要注意的是，这个特性不适用于使用了 FromBody 特性的参数模型。请求正文使用输入格式化器进行处理，输入格式化器不检查这个特性。

反过来，如果不希望绑定某个属性，可以使用 BindNever 特性，这个特性只能用于复杂类型模型的属性，不能用于动作参数。如果有特殊需求，还可以在模型类或动作参数上使用 Bind 特性指定要绑定的属性，要绑定的属性名列表通过构造函数参数指定，用逗号隔开各个属性名。

如果找到了合适的数据源，但无法将源数据转换为目标类型时，绑定器会向模型验证报告验证不通过，然后根据上述规则赋默认值。如果找不到数据源是因为名称不匹配，那么可以使用 ModelBinder 特性指定属性或参数在绑定时要匹配的名称。

模型绑定中的简单类型指以下类型：bool、char、string、byte、sbyte、short、ushort、int、uint、long、ulong、float、double、enum、Guid、DateTime、DateTimeOffset、TimeSpan、Uri 和 Version（用于描述程序集、.NET 运行时、操作系统等的版本号的结构体）。模型绑定中的复杂类型指具有公共无参构造函数和公共读写属性的类型。从 ASP.NET Core 5 开始，为了提供更完善的 C# 9 语言功能支持，模型绑定也支持具有一个构造函数的记录类型。例如：

```
1.    public async Task<IActionResult> Index([FromQuery]int id, [Bind("Number,
    Text")]MyModel model, [FromServices]IMyService myService, CancellationToken
    cancellation)
```

3．绑定规则

（1）基本规则

在进行模型绑定时，会自动按照"<前缀>.<属性名>"的模式寻找数据源，如果找不到，再寻找"<属性名>"模式的数据源。此处的数据源指表单或查询字符串中的键名。假设动作参数中有一个名为"id"的简单类型参数，那么键名只能为"id"，因为简单类型没有内部属性，所以没有属性名。如果参数是名为"myModel"的复杂类型，其中有一个名为"id"的简单类型属性，那么前缀就是"myModel"，属性名就是"id"，键名可以是"myModel.id"或"id"。但是在一些情况下，省略前缀可能产生歧义。例如动作中有两个参数，一个叫"myModel"，另一个就叫"id"，此时省略前缀会导致无法区分应该赋值给哪个"id"。对模型绑定器来说，会根据优先级进行绑定，但是绑定结果不一定和需求一致。所以在模型类的结构比较复杂、动作参数较多的情况下不建议省略前缀。

（2）集合和字典规则

集合和字典绑定是模型绑定的重要功能，了解集合绑定的规则也是很有必要的。注意，此处的集合和字典绑定规则不适用于使用了 FromBody 特性的动作参数。

假设动作参数中有一个名为 myList 的集合类型的参数，以下展示的表单和查询字符串能正常绑定：

```
1. public Task<IActionResult> Index(List<int> myList)
```

- myList=1&myList=2：因为键名都是参数名，所以模型绑定认为这是同一个集合参数的不同元素。
- myList[0]=1&myList[1]=2：使用方括号明确标注了下标，但是下标必须从 0 开始顺序出现和使用，任何编号间隔都会导致间隔后的元素被忽略。Razor 引擎在 for 循环中生成页面时使用这种形式。
- myList[]=1&myList[]=2：省略了方括号中的下标值，可以避免下标间隔的问题，但仅适用于表单。Razor 引擎在 foreach 循环中生成页面时使用这种形式。
- [0]=1&[1]=2：省略前缀的写法，如果动作参数中有多个集合类型的参数会引起歧义。
- myList[a]=1&myList[b]=2&myList.index=a&myList.index=b：在下标处使用字母，然后用 <属性名>.index=a 表明字母 a 在此处作为下标使用。这种模式并不常用。
- [a]=1& [b]=2&index=a&index=b：省略前缀的字母用作下标的写法。这种模式并不常用。

假设动作参数中有一个名为 myDict 的字典类型的参数，以下展示的表单和查询字符串能正常绑定：

```
1. public Task<IActionResult> Index(Dictionary<int, string> myDict)
```

- myDict[3]=apply&myDict[5]=orange：下标前表示参数名，下标处填 Key 的值，等号后填 Value 的值。Razor 引擎在生成页面时使用这种形式。
- [3]=apply&[5]=orange：省略前缀的写法。
- [3]=apply&myDict[5]=orange：混合省略和不省略前缀的写法，不推荐使用。
- myDict[0].Key=3&myDict[0].Value=apply&myDict[1].Key=5&myDict[1].Value=orange：下标处填序号，同样必须从 0 开始顺序使用，然后用 Key 和 Value 表明哪个是键哪个是值。
- [0].Key=3&[0].Value=apply&[1].Key=5&[1].Value=orange：省略前缀的写法。

虽然这套规则总体上来看是属于比较直观的类型，但是在实际使用时还是需要丰富的体验才能掌握并内化为自己的技能。还好 Razor 引擎能自动生成表单，在拿不准的时候用 Razor 引擎试一试是非常不错的方法。一般情况下也不需要手写表单的 Key，用标签助手就好。有关标签助手的详细介绍请参阅"15.5.4　标签助手"。

15.2.2 自定义数据源

模型绑定的源数据由实现 IValueProvider 接口的服务提供，并由实现 IValueProviderFactory 接口的服务向模型绑定器提供 ValueProvider 实例。因此可以通过自定义 IValueProvider 和 IValueProviderFactory 接口的实现类实现自定义数据源的功能。默认绑定器能满足九成以上的需求，这个功能的需求较少，如果需要可以查看官方文档。教程示例编写了 CookieValueProvider，展示如何实现自定义数据源从 Cookie 绑定到模型，这个示例的数据提供服务并不是框架的一部分。

15.2.3 特殊数据类型

在 multipart 类型的表单中如果包含文件，会绑定到 IFormFile 和 IFormFileCollection 接口，IFormFileCollection 可以容纳多个文件，也可以使用 IEnumerable<IFormFile>接口实现相同的效果。

如果动作参数包含CancellationToken类型的参数，会和HttpContext.RequestAborted属性绑定。如果请求的基础连接中断（例如关闭浏览器的标签页），token 会自动转换为取消状态，可以用来取消无意义的请求处理。

如果想要获取原始表单数据，可以访问 HttpContext.Request.Form 属性，其类型是 FormCollection。

15.2.4 从模型绑定中排除特定类型

模型绑定和验证系统由 ModelMetadata 驱动，可以通过配置元数据来自定义模型绑定的行为。示例代码如下：

```
1.   public void ConfigureServices(IServiceCollection services)
2.   {
3.       services.AddMvc()
4.           .AddMvcOptions(options =>
5.           {
6.               // 从模型绑定中排除对Version 类型的绑定
7.               options.ModelMetadataDetailsProviders.Add(
8.                   new ExcludeBindingMetadataProvider(typeof(Version)));
9.           });
10.  }
```

15.2.5 模型绑定的全球化

时间日期、货币和数字等类型在不同的国家和地区有不同表示方法，ASP.NET Core 为了适应全球化，为模型绑定提供了全球化支持，如果有需要，可以对全球化策略进行自定义配置。内置策略能适应大部分情况，一般不需要修改。如果需要可以通过官方文档了解详细信息。

15.2.6 手动调用模型绑定

模型绑定通常在进入控制器动作前进行,但有时可能需要手动调用绑定,比如在绑定失败时使用临时策略再次尝试绑定。

示例代码如下:

```
1.  public class MyModel
2.  {
3.      public int Id { get; set; }
4.      public string Text { get; set; }
5.      public double Number { get; set; }
6.  }
7.
8.  public class MyController : Controller
9.  {
10.     public async Task<IActionResult> Index(MyModel myModel)
11.     {
12.         var newMode = new MyModel();
13.         if (await TryUpdateModelAsync(
14.             newModel,
15.             "model",
16.             m => m.Id, m => m.Text))
17.         {
18.             return Redirect("./Index");
19.         }
20.         return View();
21.     }
22. }
```

示例展示了手动调用模型绑定方法重新把值绑定到本地变量 newModel,并指定前缀为"model",用 Lambda 表达式指定仅对 Id 和 Text 属性进行绑定。明确指定要绑定的属性可以降低受到过多发布攻击的风险。过多发布攻击是指在表单中包含不希望绑定的属性,自动绑定后这些属性被保存到数据库导致数据库的值被意外覆盖。避免此类攻击的另一种更为推荐的方法是定义专门的视图模型用于接收输入,然后通过 AutoMapper 之类的对象映射工具转换为业务模型。

15.2.7 输入格式化器

对于使用 FromBody 的动作参数,会使用输入格式化器来分析和绑定,ASP.NET Core 内置了对 XML 和 JSON 格式的支持,并且默认启用了 JSON 格式化器。如果需要,可以通过配置启用 XML 格式化器。在控制器动作上可以使用 Consumes 特性指定格式,如果不指定,会尝试通过请求标头自动选用合适的格式化器。

示例代码如下:

(1) 启用 XML 格式化器

```
1.  public void ConfigureServices(IServiceCollection services)
2.  {
3.      services.AddMvc().AddXmlSerializerFormatters();
4.  }
```

(2) 指定格式为 XML

```
1.  [Consumes("application/xml")]
```

```
2.   public async Task<IActionResult> Index([FromBody]MyModel myModel)
```

15.2.8 为输入格式化器自定义特定类型的转换器

对于不符合格式化器的可转换性约定的类型,默认的绑定方法可能不适用,因此输入格式化器支持自定义特定类型的转换方法,例如没有默认公共构造函数的类和自定义结构体。这里以 JSON 转换器为例,代码如下:

```
1.  [JsonConverter(typeof(ObjectIdConverter))]
2.  public readonly struct ObjectId
3.  {
4.      private readonly byte[] _data;
5.
6.      public ObjectId(byte[] data) => _data = data;
7.
8.      public ReadOnlyMemory<byte> Id { get => _data; }
9.  }
10.
11. public class ObjectIdConverter : JsonConverter<ObjectId>
12. {
13.     public override ObjectId Read(
14.         ref Utf8JsonReader reader, Type typeToConvert, JsonSerializerOptions
            options)
15.     {
16.         return new ObjectId(reader.GetBytesFromBase64());
17.     }
18.
19.     public override void Write(
20.         Utf8JsonWriter writer, ObjectId value, JsonSerializerOptions options)
21.     {
22.         writer.WriteBase64StringValue(value.Id.Span);
23.     }
24. }
```

示例展示了如何定义一个用字节数组作为 Id 的结构体的转换器,并且只读属性 Id 通过 ReadOnlyMemory 类型进行保护,避免被修改。

JSON 转换器还拥有更丰富的功能和用法,更多资料可以查看官方文档。

15.2.9 自定义模型绑定

ASP.NET Core 内置的模型绑定器已经能满足大部分需求,但是在一些特殊情况下可能需要为特殊的模型类准备自定义绑定器。模型绑定器支持从依赖注入服务中获取服务,从而实现为模型设置请求中没有的数据的功能。但是滥用这种功能可能导致破坏模型绑定的职责单一性,需要谨慎使用。模型绑定器还支持多态模型绑定,可以实现把特定子类绑定到基类或接口上的功能,为了保障 Web 接口的语言中立性,这种功能同样需要谨慎使用。例如在 ASP.NET Core 中,上传的文件就使用了多态绑定。多态绑定的需求较少,不再进行详细介绍,读者如果遇到相应的需求,在掌握普通绑定器的定义方法后自行查看官方文档学习应该也很轻松。接下来就简单介绍一下自定义模型绑定的方法。

1. 定义模型绑定器类

示例代码如下:

```csharp
1.   public class MyModelBinder : IModelBinder
2.   {
3.       private readonly MyModelService _service;
4.
5.       public MyModelBinder(MyModelService service)
6.       {
7.           _service = service;
8.       }
9.
10.      public Task BindModelAsync(ModelBindingContext bindingContext)
11.      {
12.          if (bindingContext == null)
13.          {
14.              throw new ArgumentNullException(nameof(bindingContext));
15.          }
16.
17.          var modelName = bindingContext.ModelName;
18.          var valueProviderResult = bindingContext.ValueProvider.
               GetValue(modelName);
19.
20.          if (valueProviderResult == ValueProviderResult.None)
21.          {
22.              return Task.CompletedTask;
23.          }
24.
25.          bindingContext.ModelState.SetModelValue(modelName, valueProviderResult);
26.          var value = valueProviderResult.FirstValue;
27.
28.          if (string.IsNullOrEmpty(value))
29.          {
30.              return Task.CompletedTask;
31.          }
32.
33.          if (!int.TryParse(value, out var id))
34.          {
35.              bindingContext.ModelState.TryAddModelError(
36.                  modelName, "id必须是整数。");
37.
38.              return Task.CompletedTask;
39.          }
40.
41.          var model = _service.Find(id);
42.          bindingContext.Result = ModelBindingResult.Success(model);
43.          return Task.CompletedTask;
44.      }
45.
46.      public override bool Equals(object obj)
47.      {
48.          return obj is MyModelBinder binder &&
49.                 EqualityComparer<MyModelService>.Default.Equals(_service,
                      binder._service);
50.      }
51.  }
52.
53.  [ModelBinder(BinderType = typeof(MyModelBinder))]
54.  public class MyModel
55.  {
56.      public int Id { get; set; }
57.      public string Text { get; set; }
58.      public double Number { get; set; }
59.  }
60.
61.  public class MyModelService
62.  {
63.      private List<MyModel> _myModels;
64.
65.      public MyModelService()
```

```
66.    {
67.        _myModels = new List<MyModel> {
68.            new MyModel { Id = 1, Number = 3.14, Text = "一段话" },
69.            new MyModel{ Id = 2, Number = 1.4, Text="随便一段话" }
70.        };
71.    }
72.
73.    public MyModel Find(int id)
74.    {
75.        return _myModels.SingleOrDefault(x => x.Id == id);
76.    }
77. }
```

示例展示了如何定义模型绑定器，绑定器使用依赖注入服务获取模型，因此绑定器实际上只从请求数据中绑定 id 的值。模型绑定器类需要实现 IModelBinder 接口，然后在构造函数中接收服务。

如果想让模型绑定器把目标类型和绑定器在框架中关联起来而不用在模型类上使用特性指定，需要继续定义 ModelBinderProvider。

2. 定义 ModelBinderProvider

示例代码如下：

```
1.  public class MyModelBinderProvider : IModelBinderProvider
2.  {
3.      public IModelBinder GetBinder(ModelBinderProviderContext context)
4.      {
5.          if (context == null)
6.          {
7.              throw new ArgumentNullException(nameof(context));
8.          }
9.
10.         if (context.Metadata.ModelType == typeof(MyModel))
11.         {
12.             return new BinderTypeModelBinder(typeof(MyModelBinder));
13.         }
14.
15.         return null;
16.     }
17. }
```

ModelBinderProvider 需要实现 IModelBinderProvider 接口。

3. 把 ModelBinderProvider 和绑定器依赖的服务注册到依赖注入服务

示例代码如下：

```
1.  public void ConfigureServices(IServiceCollection services)
2.  {
3.      services.AddSingleton<MyModelService>();
4.      services.AddMvc(options =>
5.      {
6.          options.ModelBinderProviders.Insert(0, new MyModelBinderProvider());
7.      });
8.  }
```

模型绑定器会按顺序选择最合适的类型绑定器，因此应该为越具体的类型的绑定器指定越小的插入下标。

15.2.10 模型验证

模型验证是模型绑定的重要功能,可以在绑定过程中检查请求提供的信息是否符合模型要求,避免错误和恶意的模型破坏系统的正常运行。模型验证分为服务端验证和客户端验证两部分,ASP.NET Core 为大多数验证条件同时准备了这两个部分。借助 Razor 引擎和配套的客户端库,能做到验证要求的一次定义、多处应用。由于客户端验证涉及 Razor 引擎,因此有关客户端验证的内容会留到"15.5 视图"部分再详细介绍。

在前后端分离的应用越来越广泛的现在,客户端验证的逻辑越来越多地由前端团队自行开发。这对前后端团队如何沟通和同步验证规则提出了更大的挑战,同时也为客户端和服务端验证规则的独立提供了环境。如果项目是以前后端分离的模式进行开发,请仔细考虑如何管理和落实模型验证规则。

1. 查看验证结果和手动调用验证

模型验证是在进入控制器动作前进行的,因此在进入控制器动作后可以直接查看验证结果。模型绑定可以手动调用,因此模型验证也应该可以手动调用更新验证结果。模型验证结果也可以在页面上展示,有关验证结果展示的内容会在"15.5 视图"部分详细介绍。

示例代码如下:

```
1.    public async Task<IActionResult> Create([Bind("Number, Text")]MyModel model,
        [FromServices]IMyService myService)
2.    {
3.        if ((TryValidateModel(model) && ModelState.IsValid) is false) return View();
4.        await myService.DoSomethingAsync(model);
5.        return View("Index");
6.    }
```

2. 内置验证

内置验证都是通过特性附加到模型类、属性或动作参数上的,很多特性和 EF Core 通用,这对于保障模型验证规则的统一和延续性很有帮助。完整的特性列表可以查看 System.ComponentModel.DataAnnotations 命名空间。

除了和 EF Core 通用的验证外,ASP.NET Core 还增加了一些依赖 Web 功能的验证。例如 Remote 特性,这个特性可以指定客户端应该在需要验证时访问的控制器动作,验证访问通过 Ajax 请求实时进行。这个功能在面对新用户注册时,验证用户名是否已被其他用户占用这类情况非常合适。Razor 引擎会根据特性自动生成需要的前端代码。

示例代码如下:

```
1.    public class MyModel
2.    {
3.        [Remote(action: "Validate",controller: "Home", HttpMethod = "GET",
            ErrorMessage = "输入的值太小。")]
4.        public int Number { get; set; }
5.        public string Text { get; set; }
6.    }
7.
8.    public class HomeController : Controller
9.    {
10.       public IActionResult Validate(int number)
11.       {
```

```
12.         if (number > 10) return Json(true);
13.         else return Json("Number 的值必须大于10.");
14.     }
15. }
```

返回 true 以外的任何值均表示验证不通过，返回的字符串表示错误消息，返回其他值时客户端显示默认错误消息。远程验证特性还可以指定多个属性同时验证，要验证的属性通过动作的多个参数接收。

模型验证还可以进行一些额外的配置，例如，验证的最大递归次数用于避免栈溢出，默认值为 32；验证的最大错误数用于在检测到太多错误时中止后续验证；配置验证错误的消息模板。

示例代码如下：

```
1. public void ConfigureServices(IServiceCollection services)
2. {
3.     services.AddMvc(options =>
4.     {
5.         options.MaxValidationDepth = 10;
6.         options.MaxModelValidationErrors = 50;
7.         options.ModelBindingMessageProvider.SetValueMustNotBeNullAccessor(_ => "这个字段是必填的。");
8.     });
9. }
```

3. 禁用验证

禁用验证本质上是用不会产生任何验证错误标记的 IObjectModelValidator 服务替换默认服务。这只会忽略向模型验证状态字典添加标记，并不代表模型验证已经停止工作，因此依然可以从模型绑定获取原始验证信息。

示例代码如下：

（1）定义空白模型验证器

```
1. public class NullObjectModelValidator : IObjectModelValidator
2. {
3.     public void Validate(ActionContext actionContext, ValidationStateDictionary validationState, string prefix, object model) { }
4. }
```

（2）注册到依赖注入服务

```
1. public class Startup
2. {
3.     public void ConfigureServices(IServiceCollection services)
4.     {
5.         services.AddSingleton<IObjectModelValidator, NullObjectModelValidator>();
6.     }
7. }
```

4. 自定义验证

示例代码如下：

（1）自定义验证特性

```
1. public class MyModelValidationAttribute : ValidationAttribute
2. {
3.     public MyModelValidationAttribute(string value) => Value = value;
4.
5.     public string Value { get; }
```

```
 6.
 7.        public string GetErrorMessage() => $"Text 的值必须以 {Value} 开头。";
 8.
 9.        protected override ValidationResult IsValid(object value, ValidationContext
             validationContext)
10.        {
11.            var logger = validationContext.GetService<ILogger
                 <StringStartWithAttribute>>();
12.            var model = (MyModel)value;
13.
14.            if (model.Text.StartsWith(Value))
15.            {
16.                logger.LogDebug("验证通过");
17.                return ValidationResult.Success;
18.            }
19.            else
20.            {
21.                logger.LogWarning("验证不通过");
22.                return new ValidationResult(GetErrorMessage());
23.            }
24.        }
25.    }
```

示例展示了如何定义验证 MyModel 的 Text 属性必须以指定值开头的验证特性,其实其中的示例特性只能在 MyModel 类上使用,如果要定义支持多种类型的特性,需要更细致的处理。通过 ValidationContext 还可以获取服务提供者间接实现对依赖注入的支持。

ValidationContext.ObjectInstance 通常情况下是验证目标是其成员属性的类型的实例,value 是 ObjectInstance 中的一个属性,这样可以实现用验证目标属性所属类型中的其他属性来辅助验证的功能。例如内置的 Compare 特性可以指定一个其他属性的名称以验证目标属性是否与指定属性相等。这在用户注册模型中非常有用,能够验证账户密码和密码确认是否相等,以确保注册用户没有输入错误的密码。虽然现在有些网站支持显示密码内容,但是通过两次输入确保密码的正确性还是非常必要的,不然刚注册密码就是错的就麻烦了。如果验证邮箱或手机不能用,或验证消息不是自动发送的,就连重置密码都没办法,账号直接就作废了。对用户来说是浪费时间和精力,想用的用户名还被占用了;对应用来说就是多了一条没人可以动也不知道是不是废弃账户的记录躺在数据库里。完全是毫无意义的互相伤害。

如果验证仅针对当前对象,无须外部信息的辅助,可以通过另一种更简单的方法实现。

示例代码如下:

```
 1.    public class StringStartWithAttribute : ValidationAttribute
 2.    {
 3.        public StringStartWithAttribute(string value) => Value = value;
 4.
 5.        public string Value { get; }
 6.
 7.        public override string FormatErrorMessage(string name) =>
 8.            ErrorMessage is not null
 9.                ? string.Format(CultureInfo.CurrentCulture, ErrorMessage, name, Value)
10.                : $"字段的值必须以 {Value} 开头。";
11.
12.        public override bool IsValid(object value) =>
               ((string)value).StartsWith(Value);
13.    }
```

示例中这种错误消息的生成方式有利于用户自定义错误消息,使用更方便灵活。

（2）使用特性

```
1.  public class InputViewModel
2.  {
3.      public int Id { get; set; }
4.
5.      [MyModel("自定义开头")] // 只能在 MyModel 类上使用
6.      public MyModel MyModel { get; set; }
7.
8.      [Required]
9.      [StringLength(50, MinimumLength = 10)]
10.     [StringStartWith("自定义开头", ErrorMessage = "{0} 只能用\"{1}\"开头。")]
        // 可以在 string 类上使用
11.     public string Text { get; set; }
12. }
```

（3）模型类实现 IValidatableObject 接口

```
1.  public class MyModel : IValidatableObject
2.  {
3.      public int Number { get; set; }
4.      public string Text { get; set; }
5.
6.      private const string _value = "rule";
7.
8.      private string GetErrorMessage() => $"Text 的值必须以 {_value} 开头。";
9.
10.     public IEnumerable<ValidationResult> Validate(ValidationContext
          validationContext)
11.     {
12.         var model = (MyModel)validationContext.ObjectInstance;
13.
14.         if (!model.Text.StartsWith(_value))
15.         {
16.             yield return new ValidationResult(GetErrorMessage(), new[]
                  { nameof(Text) });
17.         }
18.     }
19. }
```

这种方式使模型类和验证功能直接耦合，不利于组合验证规则和与外部的扩展功能集成。通常情况下不推荐使用。

5. FluentValidation

模型验证是 ASP.NET Core 的一个内置功能，但是验证功能是一个广泛存在的需求，因此有人开发了通用的模型验证库——FluentValidation。为了方便和 ASP.NET Core 集成，又开发了扩展包——FluentValidation.AspNetCore。FluentValidation 定义验证规则的方式有点类似 EF Core 定义模型配置的方式，比较方便。同时也支持和内置验证同时使用。

示例代码如下：

（1）定义验证器

```
1.  public class MyModelValidator : AbstractValidator<MyModel>
2.  {
3.      public MyModelValidator()
4.      {
5.          RuleFor(x => x.Number).GreaterThan(10).WithMessage("Number 必须大于 10");
6.          RuleFor(x => x.Text).NotEmpty().Must(x =>
              x.StartsWith("rule")).WithMessage("Text 必须以 rule 开头。");
7.      }
8.  }
```

(2) 注册服务

```
1.  public void ConfigureServices(IServiceCollection services)
2.  {
3.      services.AddMvc().AddFluentValidation(options =>
4.      {
5.          // 禁用框架内置的模型验证器
6.          options.AutomaticValidationEnabled = false;
7.      });
8.      // 注册验证器
9.      services.AddSingleton<MyModelValidator>();
10. }
```

有关 FluentValidation 的详细使用方法可以查看官方文档。

15.3 控制器和动作

控制器是 MVC 架构的重要组成部分，决定了系统的行为。因此 ASP.NET Core MVC 预先准备了一些约定和基础设施方便开发者使用以及把业务功能集成到框架。

ASP.NET Core MVC 取消了 ASP.NET 5 中的 IController 接口，直接提供了可供继承的基类 ControllerBase 和 Controller。ControllerBase 提供了基本控制器功能，但不包含视图相关的功能，主要用于编写 API 控制器；Controller 继承 ControllerBase 并添加了视图相关的功能。实际的请求处理由控制器中的方法完成，能处理请求的方法称为动作。

15.3.1 基础使用

在默认约定中，只要符合以下条件中的任意一条，框架就会把类配置为控制器：

- 名称以 Controller 结尾的公共、非泛型、非抽象、非内部类：如果需要排除符合条件的非控制器类，可以使用 NonController 特性标记类型。
- 使用 Controller 特性标记的公共、非泛型、非抽象、非内部类：派生自 ControllerBase 或 Controller 的类会自动从 ControllerBase 继承该特性。需要注意，NonController 特性的优先级高于 Controller 特性，同时使用时 NonController 特性生效。

从约定中可以看出框架给开发者留出了很大的自由发挥空间，但是如果不从基类继承是无法直接访问 HTTP 上下文的。对于这个问题，框架准备了 IHttpContextAccessor 服务，可以通过该服务访问上下文。如果有需要请手动注册，框架准备了注册用的扩展方法。

在默认约定中，只要符合以下条件，框架就会把控制器中的方法配置为动作：公共、非泛型、非抽象、没有使用 NonAction 特性标记的方法。动作支持异步方法，异步方法在 Web 服务应用中对提高系统吞吐量有显著作用，推荐使用。

在配置控制器名称时，框架会自动忽略类名结尾的 Controller 后缀，如果类名不以 Controller 结尾，则整个类名都会成为控制器名称。方法名默认会作为动作名称使用，如果需要修改动作名，可以在动作上使用 ActionName 特性来指定。控制器名和动作名是默认路由的匹配依据。

示例代码如下：

```csharp
1.  public class HomeController : Controller
2.  {
3.      public IActionResult Index()
4.      {
5.          return View();
6.      }
7.  }
```

15.3.2 控制器和动作中的依赖注入

依赖注入在 ASP.NET Core 框架中无处不在。控制器支持构造函数注入（通过第三方依赖注入组件可以支持属性注入），动作支持参数注入，在模型部分有简单介绍。HTTP 上下文保存了对 ServiceProvider 的引用，可以随时通过 provider 获取服务。

示例代码如下：

```csharp
1.  public class PocoController
2.  {
3.      private readonly IHttpContextAccessor _contextAccessor;
4.
5.      public PocoController(IHttpContextAccessor contextAccessor)
6.      {
7.          _contextAccessor = contextAccessor;
8.      }
9.
10.     public async Task<IActionResult> Index([FromServices] IWebHostEnvironment
            environment, CancellationToken cancellation)
11.     {
12.         // 延迟 1 秒，模拟耗时操作
13.         await Task.Delay(1000, cancellation);
14.         // 如果请求的基础连接已断开，抛出异常中止请求处理
15.         cancellation.ThrowIfCancellationRequested();
16.         // 使用 IHttpContextAccessor 服务获取 HTTP 上下文
17.         var context = _contextAccessor.HttpContext;
18.         // 实例化 ViewData 对象（框架基类 Controller 自带）
19.         var viewData = new ViewDataDictionary(new EmptyModelMetadataProvider(),
                null);
20.         // 从 HTTP 上下文获取服务
21.         var configuration = context.RequestServices.GetService<IConfiguration>();
22.         // 为 ViewData 赋值（dynamic 语法）
23.         viewData.Model = environment;
24.         // 为 ViewData 赋值（Dictionary 语法）
25.         viewData.Add("Configuration", configuration);
26.         // 返回手动创建的视图结果（框架基类 Controller 自带快捷创建对象的辅助方法）
27.         return new ViewResult() { ViewData = viewData, ViewName = context.Request.
                RouteValues["action"].ToString() };
28.     }
29. }
```

示例展示了在 POCO 控制器动作中使用构造函数注入、动作参数注入和通过服务提供者获取服务，顺便展示了通过模型绑定为动作注入请求取消令牌。

除了在控制器中使用依赖注入之外，还可以把控制器本身作为服务注册到依赖注入组件。

示例代码如下：

```csharp
1.  public class Startup
2.  {
3.      public void ConfigureServices(IServiceCollection services)
4.      {
5.          services.AddMvc()
6.              .AddControllersAsServices();
```

```
7.     }
8.   }
```

这实际上是把控制器激活工厂切换为基于依赖注入的工厂，同时把控制器注册到依赖注入组件。这么做有利于完全统一框架的服务实例化行为，但是会失去热更新控制器的能力，因为依赖注入组件本身不支持动态注册新服务。

15.3.3 IActionResult

一般情况下动作的执行都会得到一个结果，IActionResult 抽象了动作结果并声明了执行响应的方法。ActionResult 是内置的抽象基类。动作可以不直接返回实现 IActionResult 接口的类型，此时框架的动作执行器会自动使用 IActionResult 接口包装返回值。一般情况下推荐直接返回 IActionResult 接口或更具体的实现类。

框架提供了大量内置实现，接下来介绍一些常用实现：

- AntiforgeryValidationFailedResult：在拦截到跨站点请求伪造（XSRF/CSRF）攻击时框架会自动生成并返回。
- ChallengeResult：如果一个动作需要授权才能访问，但访问是匿名的，那么框架会自动生成并返回。使用 ASP.NET Core Identity 的 MVC 框架会自动转换为到登录页的重定向。
- ContentResult：返回任意字符串正文的响应。
- EmptyResult：返回没有正文的响应。
- FileResult：返回文件响应的抽象基类。
  - FileContentResult：由字节数组提供内容的文件响应。可用于返回临时生成的数据。
  - FileStreamResult：由流提供内容的文件响应。可用于返回流式生成的不定长数据，可以边生成边返回数据以避免内存被耗尽。例如返回直播的视频流。
  - PhysicalFileResult：由通过物理路径指定的本地磁盘文件提供内容的文件响应。
  - VirtualFileResult：由主机的文件提供者机制通过虚拟路径指定的文件提供内容的文件响应。
- ForbidResult：如果一个动作需要授权才能访问，但访问者没有访问权限，那么框架会自动生成并返回。
- JsonResult：通过 JSON 序列化器返回对象的 JSON 字符串。
- LocalRedirectResult：返回到指定动作的重定向响应，返回地址必须和应用同域。
- ObjectResult：通过内容协商机制调用相应的格式化器返回格式化的对象。如果动作返回值不实现 IActionResult 接口，一般会被自动包装为 ObjectResult。
- PartialViewResult：返回分部视图。分部视图会忽略布局页，可用于在局部刷新时返回 HTML 片段。
- PageResult：返回指定的 Razor 页面。
- RedirectResult：返回到指定路径的重定向响应。
- RedirectToActionResult：返回到指定动作的重定向响应。
- RedirectToPageResult：返回到指定 Razor 页面的重定向响应。
- RedirectToRouteResult：返回到指定路由参数对象的重定向响应。内部的 LinkGenerator 服务会通过路由参数对象查找最佳的路由模板来生成链接。

- SignInResult：返回登录响应，由 HttpContext.SignInAsync 方法生成。
- SignOutResult：返回注销响应，由 HttpContext.SignOutAsync 方法生成。
- StatusCodeResult：返回特定状态代码的响应，也是其他具体状态代码响应的基类。一般不直接使用，而是用辅助方法生成具体子类。
- ViewComponentResult：返回视图组件。和分部视图相似，会忽略布局页。
- ViewResult：返回 Razor 视图，会渲染布局页，用于返回完整的页面。

如果控制器从 Controller 或 ControllerBase 继承，大多数情况下我们并不需要手动实例化这些对象，基类提供了大量辅助方法。动作可以访问 HTTP 上下文，因此可以通过它直接向响应流写入数据，这类动作可以返回 void，异步动作返回 Task。如果异步动作返回 void 可能导致框架误以为动作已经执行完成而销毁 ServiceScope，这会导致所有实现 IDisposable 接口的服务被销毁。

15.4　MVC 过滤器

MVC 过滤器可以简单认为是 MVC 框架的内部管道的一部分。这是从 ASP.NET MVC 继承的功能，由于 ASP.NET Core 天生就是管道模型，因此 MVC 过滤器的必要性已经不明显。除非某个管道流程仅针对 MVC 设计，否则应该优先考虑使用中间件来实现功能。MVC 框架定义了固定的执行阶段，因此过滤器也是针对这些阶段设计的。

授权过滤器在 ASP.NET Core 中比较特殊。在 ASP.NET MVC 中，身份认证和授权是 MVC 框架的一部分。但是在 ASP.NET Core 中，身份认证和授权是 ASP.NET Core 框架的一部分（以中间件的形式使用），MVC 也是 ASP.NET Core 框架（端点路由系统诞生后 MVC 再次降格为端点路由系统的一种端点实现）的一部分。授权过滤器虽然在使用方法和代码观感上和 ASP.NET MVC 差不多，但是一般情况下过滤器本身不再包含授权检查的职责，而是为端点构造器提供授权元数据，最后由授权中间件通过端点信息提取授权相关的元数据执行授权检查（这也正是路由中间件要在授权中间件之前的原因）。为了和 ASP.NET MVC 保持兼容，授权过滤器还是保留了，但是不推荐在 MVC 内部进行授权检查。

MVC 过滤器的大部分内容对之后要介绍的 Razor Pages 同样有效。

15.4.1　简介

路由中间件解析路由后会由动作选择器选择要执行的动作（在端点路由系统中，动作选择由路由中间件负责，端点中间件在启动阶段为路由中间件配置映射，在请求处理阶段直接从路由结果中取出端点并执行），过滤器则在 MVC 管道内部运行，如图 15-1 所示。

MVC 框架同时支持同步过滤器和异步过滤器，异步过滤器具有更高优先级。为避免重复执行相同逻辑可能引起的故障，如果发现异步过滤器，则同步过滤器失效。为了尽量增加应用的并发

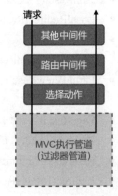

图 15-1　请求的执行流程示意图

能力，推荐优先考虑实现异步过滤器。

MVC 内部管道的执行流程如图 15-2 所示。

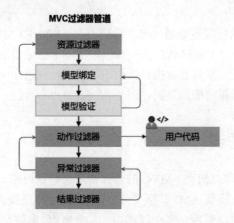

图 15-2　MVC 内部管道的执行流程图

各个过滤器的说明如下：

- 资源过滤器：实现 IResourceFilter 或 IAsyncResourceFilter 接口。资源过滤器在模型绑定之前进行，因此可以干预模型绑定的工作。例如从模型绑定中移除值提供者以禁用绑定数据源，或者直接读取请求流以执行额外的操作（如果没有开启请求缓冲，请求流将无法再次读取，模型绑定也无法正常进行。如果请求正文较大，例如上传数据，开启缓冲可能对内存和磁盘造成较大的压力）。
- 动作过滤器：实现 IActionFilter 或 IAsyncActionFilter 接口。在动作过滤器的预处理阶段可以获取动作参数和控制器对象实例，此阶段可以修改动作将要接收的参数，因此可以利用此阶段对动作参数进行转换。例如解密，可以在不增加业务开发负担的情况下避免请求中的明文信息可能产生的安全风险。后处理阶段可以获取操作是否已被其他过滤器短路的标志和后续管道中产生的异常。因此可以在此阶段处理异常并把异常置空，异常被置空后 MVC 框架会正常执行动作结果并返回。动作过滤器不支持 Razor Pages，Razor Pages 使用页面过滤器进行替代。
- 异常过滤器：实现 IExceptionFilter 或 IAsyncExceptionFilter 接口。异常过滤器可以捕获和处理控制器实例化、模型绑定、动作过滤器和动作中引发的异常。如果希望处理并停止传播异常，可以设置 ExceptionHandled 属性为 true。但框架依然会识别为动作执行失败，如果希望动作识别为执行成功，需要在动作过滤器的后处理阶段中置空异常并设置 Result 属性。
- 结果过滤器：实现 IResultFilter 或 IAsyncResultFilter 接口。只有在动作正常返回结果时才会执行结果过滤器，在其他过滤器中设置结果短路则管道不会执行结果过滤器。在结果过滤器的后处理阶段响应可能已经开始发送，此时结果将不可改变。如果希望其他过滤器设置的结果也能触发结果过滤器，需要实现 IAlwaysRunResultFilter 或 IAsyncAlwaysRunResultFilter 接口。

15.4.2 授权过滤器

ASP.NET Core MVC 的授权过滤器虽然在编码上和 ASP.NET MVC 并没有太大的区别，但是底层实现完全不同。ASP.NET Core MVC 的授权阶段实际上已经没有了，授权功能由授权中间件统一处理，过滤器仅用于配置授权元数据。应用启动期间，端点中间件会根据 MVC 框架的配置约定为动作端点设置过滤器指定的元数据。

15.4.3 自定义过滤器

ASP.NET Core 的管道可以短路，MVC 的内部管道也可以短路，如果在过滤器的预处理阶段设置过滤器上下文的 Result 属性，MVC 框架会使剩下的阶段短路。

同一个过滤器阶段可以同时应用多个过滤器，因此 MVC 框架允许通过 IOrderedFilter 接口重写过滤器执行顺序，其中 Order 属性的值越小优先级越高。由于过滤器同样使用管道模型，因此优先级越高的过滤器的预处理阶段越靠前执行，后处理阶段（部分过滤器没有后处理阶段）越靠后执行。

1. 基础实现

只需要编写实现指定接口的类就可以定义特定的过滤器。这种过滤器只能进行全局配置，除非使用 15.4.5 节要介绍的 TypeFilter 过滤器进行中转。

示例代码如下：

```
1.   public class MyActionFilter : IActionFilter
2.   {
3.       public void OnActionExecuting(ActionExecutingContext context)
4.       {
5.           Console.WriteLine("预处理阶段，动作即将开始执行");
6.       }
7.
8.       public void OnActionExecuted(ActionExecutedContext context)
9.       {
10.          Console.WriteLine("后处理阶段，动作执行即将完成");
11.      }
12.  }
13.
14.  public class MyAsyncActionFilter : IAsyncActionFilter
15.  {
16.      public async Task OnActionExecutionAsync(ActionExecutingContext context,
         ActionExecutionDelegate next)
17.      {
18.          Console.WriteLine("预处理阶段，动作即将开始执行");
19.          var resultContext = await next();
20.          Console.WriteLine("后处理阶段，动作执行即将完成");
21.      }
22.  }
```

从示例中可以看出，异步过滤器需要自行调用 next 委托，这是异步方法的特性导致的。

2. 特性化过滤器

如果希望仅针对特定控制器或动作应用过滤器，可以编写特性化过滤器，只需要过滤器类实现接口的同时继承 Attribute 类即可。框架内置了很多常用过滤器特性的基类方便开发者继承，通常不用直接实现接口和继承 Attribute 类。

示例代码如下：

```
1.  [AttributeUsage(AttributeTargets.Class | AttributeTargets.Method, AllowMultiple
      = false, Inherited = true)]
2.  public class DisableFormValueModelBindingAttribute : Attribute, IResourceFilter
3.  {
4.      public void OnResourceExecuting(ResourceExecutingContext context)
5.      {
6.          var formValueProviderFactory = context.ValueProviderFactories
7.              .OfType<FormValueProviderFactory>()
8.              .FirstOrDefault();
9.          if (formValueProviderFactory != null)
10.         {
11.             context.ValueProviderFactories.Remove(formValueProviderFactory);
12.         }
13.
14.         var jqueryFormValueProviderFactory = context.ValueProviderFactories
15.             .OfType<JQueryFormValueProviderFactory>()
16.             .FirstOrDefault();
17.         if (jqueryFormValueProviderFactory != null)
18.         {
19.             context.ValueProviderFactories.Remove(jqueryFormValueProviderFactory);
20.         }
21.     }
22.
23.     public void OnResourceExecuted(ResourceExecutedContext context) { }
24. }
```

示例展示了在资源过滤器的预处理阶段移除模型绑定的表单绑定器。

3. IFilterFactory

之前编写的过滤器都是针对特定管道阶段的过滤器，而 IFilterFactory 可以编写不特定阶段的过滤器。接口通过 CreateInstance 方法返回过滤器实例，返回的实例决定实际的过滤器类型。

示例代码如下：

```
1.  [AttributeUsage(AttributeTargets.Class | AttributeTargets.Method, AllowMultiple
      = true, Inherited = true)]
2.  public class MyFilterFactoryAttribute : Attribute, IFilterFactory
3.  {
4.      public bool IsReusable => false;
5.
6.      public IFilterMetadata CreateInstance(IServiceProvider serviceProvider)
7.      {
8.          return new InternalResultFilter(serviceProvider.GetRequiredService
              <ILogger<InternalResultFilter>>());
9.      }
10.
11.     private class InternalResultFilter : IResultFilter
12.     {
13.         private readonly ILogger<InternalResultFilter> _logger;
14.
15.         public InternalResultFilter(ILogger<InternalResultFilter> logger)
16.         {
17.             _logger = logger;
18.         }
19.
20.         public void OnResultExecuting(ResultExecutingContext context)
21.         {
22.             _logger.LogInformation("即将开始渲染结果");
23.         }
```

```
24.
25.        public void OnResultExecuted(ResultExecutedContext context)
26.        {
27.            _logger.LogInformation("渲染结果完成");
28.        }
29.    }
30. }
```

4. 中间件过滤器

MVC 的执行管道和中间件管道非常类似，因此 MVC 支持把中间件管道当作过滤器使用。因为资源过滤器在 MVC 管道中的位置比较靠前，所以中间件管道过滤器被视为资源过滤器。

（1）定义管道配置类

配置类只需要包含名为 Configure 的方法即可，支持的参数同 Startup 类的 Configure 方法。

示例代码如下：

```
1.  public class CustomPipelineForFilter
2.  {
3.      public void Configure(IApplicationBuilder applicationBuilder,
        IWebHostEnvironment environment)
4.      {
5.          applicationBuilder.Use(async (context, next) =>
6.          {
7.              context.Response.Headers.Add("X-Environment", environment.
                EnvironmentName);
8.              await next(context);
9.          });
10.     }
11. }
```

（2）配置中间件过滤器

使用 MiddlewareFilter 特性指定配置类即可。示例代码如下：

```
1.  public class HomeController : Controller
2.  {
3.      [MiddlewareFilter(typeof(CustomPipelineForFilter))]
4.      public IActionResult Index()
5.      {
6.          return View();
7.      }
8.  }
```

15.4.4 依赖注入

在.NET 中，特性是一种元数据，因此构造函数参数必须是编译时常量。这会阻碍特性化过滤器利用依赖注入的功能，需要想办法解决这个问题。MVC 的解决方案是通过 ServiceFilter 或 TypeFilter 特性配置的过滤器或者实现 IFilterFactory 接口的特性化过滤器支持依赖注入。其中 ServiceFilter 指定的过滤器必须作为服务注册到依赖注入服务组件。

通过 ServiceFilter 或 TypeFilter 进行配置可以让过滤器不用亲自继承 Attribute，解除了构造方法参数只能使用编译时常量类型的限制，使过滤器能通过构造函数获取依赖服务。IFilterFactory 接口可以通过 IsReusable 属性设置过滤器实例的生命周期：true 表示过滤器实例可重复使用，应当视为单例服务；false 则表示不可重复使用，相当于把过滤器的生命周期设置为作用域。

15.4.5 配置过滤器

1. 特性配置

特性化过滤器可以使用特性方式配置，普通过滤器也可以通过 ServiceFilter 或 TypeFilter 特性间接进行特性化配置。特性化配置的主要优势是可以对不同的控制器和动作进行单独配置，方便精细化管理。

示例代码如下：

```
public class HomeController : Controller
{
    // 中间件管道过滤器
    [MiddlewareFilter(typeof(CustomPipelineForFilter))]
    // 类型化过滤器，支持从依赖注入服务为过滤器提供构造函数参数，过滤器本身不是服务，
        只有构造函数的参数是服务
    [TypeFilter(typeof(MyActionFilter))]
    // 服务化过滤器，过滤器本身必须是注册到依赖注入系统的服务
    [ServiceFilter(typeof(MyServiceFilter))]
    // 普通的异步动作过滤器，不支持依赖注入
    [MyAsyncActionFilter]
    // 授权过滤器，只配置元数据，没有授权逻辑代码
    [Authorize]
    public IActionResult Index()
    {
        return View();
    }
}
```

不要忘了把通过 ServiceFilter 配置的过滤器注册到依赖注入服务中，此处不再展示注册代码。Authorize 特性激活授权过滤器和 ASP.NET MVC 不同，授权实际上由 Authorization 中间件执行，特性仅配置所需的元数据供中间件使用。

2. 全局配置

全局配置的过滤器会对所有控制器动作生效，在配置时应谨慎考虑是否有不应该应用过滤器的控制器动作。

示例代码如下：

```
public class Startup
{
    public void ConfigureServices(IServiceCollection services)
    {
        services.AddMvc(options =>
        {
            options.Filters.Add<AuthorizeFilter>();
        });
    }
}
```

示例展示了全局配置默认授权过滤器，表示所有动作都必须经过授权才能访问。示例的过滤器没有配置授权策略，将使用默认策略，身份认证成功即通过授权。

15.5 视 图

在由服务器生成页面的应用中，如何方便快捷地生成 HTML 内容，同时保持维护的便利性一直是一个老大难的问题。PHP、ASP（以及后来的 ASP.NET WebForm）、JSP 都不约而同地使用了标记语法来生成混合了 HTML 标记和编程语言代码的服务器页面。服务器在生成页面时可以运行任意代码，大大提升了页面生成的自由度，这是一般文本模板引擎难以实现的。

所有标记语法都面临如何区分模板文本和服务端代码的难题。PHP 使用"<?"和"?>"标记，而 ASP 和 JSP 使用"<%"和"%>"标记进行区分。但这些标记都存在严重的问题：HTML 标记本身就包含大量尖括号，没有 IDE 的代码着色，难以分辨模板和代码；如果模板和代码相互嵌套混合，即使有代码着色也难以分辨和配对模板和代码。为了解决这个难题，微软于 ASP.NET MVC 3 同时发布了支持所有 C#/VB.NET 语言功能的全新文本模板引擎——Razor。随着 ASP.NET Core 框架的发展，Razor 引擎也在更新和发展。本书之后的介绍以 C#版的 Razor 引擎为主。

15.5.1 Razor 引擎简介

Razor 引擎是针对已有引擎的标记语法过于繁琐，与 HTML 标记混合后难以阅读的问题而开发的全新文本模板引擎。引擎使用"@"作为标记，和 HTML 标记的尖括号形成鲜明的对比，能大幅提升阅读体验。辅以括号和 HTML 标记成对闭合的特点自动分析语言状态、激活合适的语言分析器，大幅减少了标记的数量。

Razor 引擎包括文本解析器和源代码解析器两个部分，MVC 的文本解析器是派生的 HTML 标记解析器。这两种解析器在引擎的协调下配合工作，生成可用于编译的源代码。"@""@("或"@{"标记使引擎进入源代码解析状态，表达式结束和代码块闭合时自动结束源代码解析。在发现 HTML 标记时引擎自动进入文本解析状态。这两种解析状态相互递归嵌套，递归结束时完成解析。这种根据模板内容自动切换解析器的特点大幅减少了标记的数量，尽可能保持了模板的整洁。

ASP.NET Core MVC 的视图文件默认放在项目根目录的 Views 文件夹中，部分特殊的框架视图文件直接存放在这个文件夹中。Views 文件夹内部以控制器名称命名的文件夹则存放这个控制器需要的视图文件。返回视图的动作的视图文件都以动作名称命名。除此之外，Views 文件夹中还有一个 Shared 文件夹，用于存放公共视图，部分特殊的公共框架视图也存放在这里。

现在前端框架和 SPA 应用的流行导致 Razor 和其他以 HTML 文档生成为主要目标的服务端文本模板引擎逐渐衰落，但是 Razor 语法本身的简洁性和对 C# 语言功能的完全兼容让广大开发者把 Razor 引擎从 MVC 框架中剥离出来，变成一个通用文本模板引擎发布到 NuGet 上。现在借助 Blazor WebAssembly 框架，Razor 引擎在前端重新崛起。其他引擎没有适应新的时代，只能默默地衰落。

15.5.2 基础 Razor 语法

Razor 模板文件使用 cshtml（C#）或 vbhtml（VB.NET）作为扩展名，每个视图文件最终会编译为 Page 或 RazorPage<TModel>的子类。动态编译的视图文件的查找根据操作系统决定是否区分字母大小写，预编译的视图一律不区分字母大小写。

1. 隐式 Razor 表达式

Razor 语法使用"@"作为标记使引擎进入 C#表达式解析状态，在空白字符后结束 C#表达式解析（await 关键字除外）。这种标记仅支持单个表达式，表达式的值会转换为 HTML 编码后的字符串输出。

示例代码如下：

```
1.    <p>现在是：@DateTime.Now</p>
2.    <p>@await DoSomethingAsync()</p>
```

隐式 Razor 表达式不能调用显式指定类型的泛型方法，因为泛型标记和 HTML 标记的尖括号冲突，会导致模板解析错误。如果需要，可以使用显式 Razor 表达式或 Razor 代码块。

2. 显式 Razor 表达式

如果需要编写包含空白字符的复杂表达式或调用泛型方法，使用"@()"标记在括号中编写表达式。

示例代码如下：

```
1.    <p>一周前是：@(DateTime.Now - TimeSpan.FromDays(7))</p>
2.    <p>@(DoSomething<string>(5))</p>
```

3. Razor 表达式编码

Razor 表达式在输出内容前会先对内容进行编码，例如表达式：

```
1.    @("<span>Hello World</span>")
```

输出结果为：

```
1.    &lt;span&gt;Hello World&lt;/span&gt;
```

这可以避免页面被插入恶意代码导致服务器受到攻击，如果一定要输出未经编码的原始内容，可使用 Html.Raw 方法：

```
1.    @Html.Raw("<span>Hello World</span>")
```

4. Razor 代码块

如果需要在模板中声明变量或编写代码块，使用"@{}"标记在花括号内编写代码。在代码块中可以编写 HTML 标签，Razor 引擎会自动发现并进行标记解析。这个过程可以继续递归嵌套。对于可包含代码块的 C#关键字，如 if 和 for 等，可使用"@[关键字]{}"快捷定义 Razor 控制结构块。

如果需要在 Razor 代码块中输出非 HTML 标签的纯文本内容，可以使用特殊 Razor 标签"<text></text>"或者"@:"标记。在代码块中使用"<text></text>"标签或者"@:"标记的输出不会进行 HTML 编码，如果在其中输出从外部接收的内容可能导致页面被恶意代码污染，请提高警惕。

示例代码如下：

```
1.    @{
2.        string str = "随便一段话";
```

```
3.
4.        <p>在代码块中嵌入 HTML 标签。@str</p>
5.        <text>在代码块中输出纯文本。</text>
6.        @:或者这样输出也行。
7.
8.        str = "修改一下";
9.    }
10.
11.   <p>@str</p>
12.   <text>不在代码块中的是普通 HTML 标签,当然 HTML 标准中没有 text 标签,因此浏览器会识别为未知的自定义标签。</text>
13.
14.   @if (!string.IsNullOrEmpty(str))
15.   {
16.       <p>字符串内容为:@str</p>
17.   }
18.   else
19.   {
20.       <p>重要的事要说三遍!</p>
21.
22.       for (int i = 0; i < 3; i++)
23.       {
24.           <p>字符串变量没有内容!</p>
25.       }
26.   }
```

5. Razor 指令

如果"@"标记后是 Razor 指令关键字,则解析为特定的 Razor 指令。大多数 Razor 指令需要在文件开头集中使用,这类指令一般用于辅助控制类的生成,Razor 正文则统一解析编译到渲染函数中。在后来的 Blazor 框架中新增了一种特殊指令,称为属性指令,因其在标签的属性中使用而得名。其中大多数指令可以多次使用。一些常用指令如下所示。

- @attribute:为要生成的类添加特性。例如:@attribute [Display(Name = "自定义显示名")]。
- @functions:为要生成的类添加成员,如方法、属性、字段、内部类等。在 Razor Pages 中有其他作用。
- @implements:为要生成的类指定要实现的接口。例如:@implements IDisposable,此时需要在@functions 指令定义的段中实现接口成员。
- @model:为要生成的类指定视图模型类型。可用于定义强类型视图,如果不指定,默认为 @model object。在 Razor Pages 中有其他作用。
- @inherits:为生成的视图类指定要继承的基类。如果不指定,Razor SDK 会自动选择要继承的基类。基类的指定有基本要求,如果需要手动指定,建议指定为继承自框架内置基类的派生类。如果指定的类是泛型类,只允许有一个类型参数,表示视图模型的类型,而类型参数的值由@model 指令提供。
- @inject:ASP.NET Core MVC 新增指令,为生成的视图类指定要从依赖注入系统注入的服务。
- @namespace:为生成的视图类指定命名空间。如果不指定,Razor SDK 会自动生成命名空间。如果在多个文件中进行指定,以最接近处的指定为准。
- @page:ASP.NET Core Razor Pages 新增指令。指示 Razor 引擎这是一个 Razor 页面,而不是 MVC 视图。这会影响视图要继承的基类,MVC 视图继承 RazorPage<TModel>类,Razor 页面继承 Page 类。在 Blazor 中有其他作用。指令参数可以设置页面路由。

- @section：在视图页中使用的特殊指令，定义可以在布局页中插入的段落的名称和内容。在布局页中使用@await RenderSectionAsync(<段落名称>, required: false)方法可以把视图页定义的段落插入调用位置，并指定是否必须提供段落。如果视图页缺少布局页指定的必要段落会引发渲染异常。
- @using：为要生成的类导入命名空间。
- @addTagHelper、@removeTagHelper 和@tagHelperPrefix：ASP.NET Core MVC 新增指令，为视图导入标签助手、移除标签助手和指定标签助手的前缀。例如@addTagHelper *, Microsoft.AspNetCore.Mvc.TagHelpers 表示从指定程序集导入所有标签助手。Blazor 不支持标签助手，请使用具有相同功能的 Razor 组件代替。有关 Razor 组件的详细介绍请参阅"17.3 Razor 组件"。

6. Razor 标记转义

如果"@"字符前后的文本符合电子邮箱的格式，会把"@"视为普通文本，减少标记和电子邮箱格式的冲突，提升编写和阅读体验。在其他需要把"@"作为普通文本输出的时候使用"@"转义，例如模板中的"@@"会输出一个"@"字符。在 VS（Visual Studio）中可以通过代码着色方便地判断"@"是否被作为标记或转义符使用，熟悉后即使没有着色也可以轻松分辨。

示例代码如下：

```
1.    <p>电子邮箱：example@abc.com</p>
2.    <p>admin：回复[@@alice]，已收到反馈消息。</p>
```

7. Razor 注释

在 Razor 文件中可以使用"@*"和"*@"包裹要注释的内容，注释的内容会直接从 Razor SDK 生成的编译用源代码中删除。在 Razor 代码块中可以使用 C#注释，三斜杠的文档注释在智能提示和输出的 XML 文档中同样有效。在模板文本中可使用普通 HTML 注释，HTML 注释会作为视图内容输出。

示例代码如下：

```
1.    @*
2.        Razor 注释，不会出现在生成的代码中
3.        @{
4.            var str = "随便一段话";
5.        }
6.        <p>无所谓了。</p>
7.    *@
8.    @{
9.        //定义本地变量
10.       var str = "随便一段话";
11.       /*MyFun(str);*/
12.   }
13.
14.   @functions{
15.       /// <summary>
16.       /// 函数说明
17.       /// </summary>
18.       /// <param name="val">要输出到控制台的内容</param>
19.       public static void MyFun(string val)
20.       {
21.           System.Console.WriteLine(val);
22.       }
23.   }
```

```
24.
25.    <!-- <p>浏览器控制台的页面源代码中能看到</p> -->
```

8. 模板化 Razor 委托/方法

在 Razor 代码块中,可以使用 Razor 模板定义生成内容的特殊委托,委托支持的签名为 Func<TModel, TResult>。TModel 为模型类型,这个模型类型和强类型视图的模型类型没有关系,单纯指泛型委托的类型参数,支持 dynamic 动态模型。TResult 支持 IHtmlContent(位于 Microsoft.AspNetCore.Html 命名空间,需要先在视图中导入)或 Object。使用 item 作为隐式模型参数名称。

示例代码如下:

```
1.   @using Microsoft.AspNetCore.Html
2.   @{
3.       Func<MyModel, IHtmlContent> template = @<p>@item.Text : @item.Number</p>;
4.   }
5.
6.   <!DOCTYPE html>
7.   <html lang="zh-cn">
8.   <head>
9.       <meta charset="utf-8" />
10.  </head>
11.  <body>
12.      @template(new MyModel { Text = "一个整数", Number = 42 })
13.  </body>
14.  </html>
15.
16.  @functions{
17.      public class MyModel
18.      {
19.          public int Number { get; set; }
20.          public string Text { get; set; }
21.      }
22.  }
```

除了简单的委托变量外,还可以定义把模板作为参数的模板化 Razor 方法。示例代码如下:

```
1.   @using Microsoft.AspNetCore.Html
2.
3.   <!DOCTYPE html>
4.   <html lang="zh-cn">
5.   <head>
6.       <meta charset="utf-8" />
7.   </head>
8.   <body>
9.       @(Repeat<MyModel>(new MyModel[] {new () { Text = "一个整数", Number = 3 }, new () { Text = "另一个整数", Number = 7 } }, 3, @<p>@item.Text : @item.Number</p>))
10.      @{ RenderName("alice"); }
11.  </body>
12.  </html>
13.
14.  @functions{
15.      public class MyModel
16.      {
17.          public int Number { get; set; }
18.          public string Text { get; set; }
19.      }
20.
21.      public static IHtmlContent Repeat<TModel>(IEnumerable<TModel> items, int
           times,
22.          Func<TModel, IHtmlContent> template)
23.      {
24.          var html = new HtmlContentBuilder();
```

```
25.
26.            foreach (var item in items)
27.            {
28.                for (var i = 0; i < times; i++)
29.                {
30.                    html.AppendHtml(template(item));
31.                }
32.            }
33.
34.            return html;
35.        }
36.
37.        private void RenderName(string name)
38.        {
39.            <p>Name: <strong>@name</strong></p>
40.        }
41.    }
```

内联模板使用 "@" 标记开头，并且必须被包裹在一个顶级标签中，只要在顶级标签内部的都是内联模板的内容，可以换行。这和 Vue 的内联模板的要求相似。返回类型为 void 的模板化方法只能在 Razor 代码块中使用。

15.5.3 特殊 Razor 文件

以下划线开头的 Razor 文件禁止控制器动作引用，只能由视图引用。ASP.NET Core MVC 定义了一些默认的有专门作用的 Razor 文件。项目模板自带这些特殊文件。大多数自定义的特殊 Razor 文件经常被用来存放公共脚本，方便管理和给普通视图引用。

1. 开始文件（_ViewStart）

为内部文件夹的视图编写通用代码，例如统一指定布局页，在视图页和控制器动作中指定的布局页具有更高优先级。这个文件中的代码会在视图渲染前执行，分部视图除外。

项目模板中的开始文件只有一行代码，用来指定布局页：

```
1.  @{
2.      Layout = "_Layout";
3.  }
```

2. 布局文件（_Layout）

大多数网站的多数页面都有公共内容，例如页头和页脚，可以把这些公共内容编写在布局文件中方便统一管理，避免重复编写相同的内容。布局页允许嵌套使用，视图页指定内层布局页，内层布局页引用上层布局页，没有引用布局页的是顶层布局页。布局页必须包含对@RenderBody()方法的调用，这个方法会在调用处插入视图的内容。布局页可以根据需要调用 RenderSectionAsync 方法插入视图的命名段落。如果嵌套的布局页直接或间接地引用了自己，可能导致无限渲染循环，请谨慎使用嵌套布局。

默认模板的内容较多，是基于 Bootstrap 排版的，读者可以自己创建一个模板项目查看。

3. 导入文件（_ViewImports）

ASP.NET Core MVC 的新增视图，可以为内部文件夹的其他视图统一指定命名空间、导入命名空间和管理标签助手等。每个文件夹都能创建这个文件。对于互斥的 Razor 指令，距离视图最近的导入生效，例如指定命名空间；对于支持多次使用的 Razor 指令，路径链中的所有指令都生效,例如导入命名空间。

默认模板引用了常用的公共命名空间,指定了内部视图的命名空间,导入了框架预置的标签助手。

15.5.4 标签助手

说到标签助手,不得不提一下它的前身——HTML 助手,它是用来帮助生成 HTML 标记的辅助类库,例如可以避免在生成 select 标签的候选项时使用循环语句。HTML 助手在提升可读性和可维护性等方面有很多好处。但是 HTML 助手毕竟使用的是纯粹的 C#语法,难以区分逻辑代码和标记生成代码,看上去也显得很突兀,为不熟悉 C#的前端开发者维护页面制造了不必要的麻烦。之前提到的 Html.Raw 方法就是一种特殊的 HTML 助手。

为了解决这些问题,ASP.NET Core MVC 的 Razor 引擎推出了标签助手功能,其完全使用 HTML 语法,使整个页面显得更干净,阅读体验更流畅。标签助手的功能可以用分部视图来实现,但这样会破坏视图的职责单一性。因此优先考虑使用标签助手是更好的原则。框架提供了大量的内置标签助手,可以满足大多数常见需求。

1. 基础使用

(1)在导入文件或视图文件中导入标签助手

示例代码如下:

```
1.    @addTagHelper *, Microsoft.AspNetCore.Mvc.TagHelpers
```

示例展示的是从程序集 Microsoft.AspNetCore.Mvc.TagHelpers 导入所有标签助手。如果只想导入特定助手,可以把星号替换为助手类的完全限定名。星号是通配符语法,因此可以把完全限定名中的任何部分替换为通配符,这样就可以导入所有完全限定名以符合通配规则的标签助手。

如果希望移除标签助手,可以使用@removeTagHelper 指令。

标签助手导入后会自动启用,但有时可能希望手动控制要激活助手的标签,此时可以使用@tagHelperPrefix 指令配置前缀,配置以后只有使用前缀的标签才会启用标签助手。

示例代码如下:

```
1.    @tagHelperPrefix tag:
2.
3.    <img src="/image/home.jpg" asp-append-version="true" />
4.    <tag:img src="/image/home.jpg" asp-append-version="true" />
```

示例展示的是配置前缀"tag:"后,没有使用前缀的标签即使有标签助手属性也不会被识别为标签助手实例。

(2)使用标签助手

导入标签助手后,只要使用了标签助手的属性,Razor 引擎就会把普通 HTML 标签作为标签助手实例来使用。编辑器会使用粗体标识被识别为标签助手属性的属性。还有一些标签助手使用标签名来识别,此时标签名会被加粗。标签助手属性的值是 C#字面量或变量,通常无须使用@标记,普通 HTML 属性如果想要引用 C#变量则需要用@标记转换解析模式到 C#代码解析模式。框架内置的标签助手属性大多数以"asp-"开头。

标签助手的启用和对属性的绑定有一套规则:

- 如果一个属性是由标签助手定义的，附加了属性的标签会被转换为标签助手实例。
- 如果一个属性同时是标准 HTML 属性和标签助手属性，优先视为标准 HTML 属性。
- 如果一个属性同时是标准 HTML 属性和标签助手属性，且已经通过其他方式激活了标签助手，则视为标签助手属性。

得益于 VS 强大的智能提示，可以通过提示框前面的图标轻松判断属性的性质和来源。

示例代码如下：

```
1.   <a class="nav-link text-dark" asp-area="" asp-controller="Home" asp-action=
     "Index">
2.       <img src="/image/home.jpg" asp-append-version="true" />Home
3.   </a>
4.   @{
5.       var margin = "10px";
6.
7.       var lang = new SelectList(
8.           new SelectListItem[] {
9.               new("中文", "zh-cn"),
10.              new("English", "en-us"),
11.          });
12.  }
13.  <select asp-for="Lang" asp-items="lang" style="margin: @margin">
14.      <option>请选择……</option>
15.  </select>
16.  <environment include="Development">
17.      <p>开发模式</p>
18.  </environment>
19.  <environment exclude="Development">
20.      <p>非开发模式</p>
21.  </environment>
22.  <partial name="_MyPartialView" />
23.  <script src="~/js/site.js" asp-append-version="true"></script>
```

示例展示的是通过 MVC 路由动态生成 a 标签。相比使用静态字符串，通过 MVC 路由动态生成可以自适应路由模板的变更，因此推荐使用。链接生成由 LinkGenerator 服务实现。一个 img 标签嵌套在 a 标签中，说明标签助手支持嵌套。img 标签和 script 标签的 asp-append-version 属性可以让标签自动生成版本号，能自动在充分利用客户端缓存的同时避免手动维护可能产生的错漏问题，非常方便。版本号功能实际上会在链接最后追加查询字符串 "?v={文件散列值}"，查询字符串的变更会导致浏览器缓存 key 不匹配进而淘汰过期缓存。

select 标签助手通过 asp-for 属性自动绑定模型，也就是自动生成用于模型绑定的表单 key，浏览器把表单标签的 name 属性当作表单 key 使用。Select 标签还可以通过 asp-items 属性和内部标签混合生成候选项。然后标签的普通 HTML 属性 style 引用了一个本地变量。select 标签助手还可以通过模型值和候选列表自动识别默认选项，非常方便。

environment 和 partial 标签则是专门的助手标签。environment 标签可以通过环境判断是否要输出里面的内容。partial 标签可以引用分部视图，如果引用普通视图，会忽略视图指定的布局页，只输出视图本身的内容，相当于强制设置 Layout 属性为 null。

2. 和 HTML 助手的差异

标签助手如果不使用代码着色，看起来和普通 HTML 标签完全一样，视觉风格统一。标签助手能同时编写普通 HTML 属性和标签助手属性，渲染时会自动混合，非常智能。如果使用 HTML 助手编写标签，看上去会非常突兀，且前端开发者很难理解代码段的意思。

示例代码如下:

```
1.  @Html.Label("Lang", Model.Lang, new { @class = "label-text-color-red", style = 
      "padding: 5px; background: url(/image/background-1.jpg)" })
2.
3.  <label asp-for="Lang" class="label-text-color-red" style="padding: 5px; 
      background: url(/image/background-1.jpg)"></label>
```

从示例可以发现差距一目了然,而且由于"class"是C#关键字,需要使用"@"转义让编译器把关键字识别为标识符,容易和Razor语法的@标记混淆。使用@作为Razor标记其实也是考虑到C#一直在用,不浪费现成的用法。

3. 临时禁用标签助手

有时可能需要临时禁用某个标签的标签助手,此时可以使用叹号开头禁用标签助手。

示例代码如下:

```
1.  <!a class="nav-link text-dark" asp-area="" asp-controller="Home" asp-action=
      "Index">
2.      <!img src="/image/home.jpg" asp-append-version="true" />Home
3.  </!a>
```

每个标签的禁用都是独立的,哪怕是被禁用标签内部的标签也需要单独标记。通过代码着色可以看出标签助手属性已经不再加粗显示。

4. 自定义标签助手

虽然框架预定义了大量的标准 HTML 标签的标签助手,但也难免会遇到一些特殊需求。如果了解如何自定义标签助手,就能在更多情况下借助标签助手更优雅地编写视图。

标签助手是从抽象基类 TagHelper 派生的自定义类型,只需要实现方法 Process(同步)或 ProcessAsync(异步,推荐)即可。如果需要在执行处理之前进行一些初始化工作,可以重写方法 Init。

标签助手可以通过标签名或标签属性激活。如果使用标签名激活,按约定,标签助手类名应该为"{标签名}TagHelper"或"标签名",推荐保留 TagHelper 后缀。对于标准 HTML 标签,需要通过标签属性激活,按约定,标签助手的公共读写属性默认会作为激活和绑定属性。HTML 使用横线命名法,而 C#使用大驼峰命名法,因此标签助手支持自适应。例如,MyName 属性会自动绑定到 HTML 属性 my-name。如果默认约定不符合需求,可以通过特性手动指定。

示例代码如下:

(1)定义标签助手类

```
1.  public class MyModel
2.  {
3.      public int Number { get; set; }
4.      public string Text { get; set; }
5.  }
6.
7.  // 指定标签助手绑定的标签名和属性名
8.  [HtmlTargetElement("my-model", Attributes = ModelAttributeName)]
9.  [HtmlTargetElement("my-model", Attributes = CascadeAttributeName)]
10. public class MyModelTagHelper : TagHelper
11. {
12.     private const string ModelAttributeName = "asp-model";
13.     private const string CascadeAttributeName = "asp-cascade";
14.
15.     // 指定属性绑定的 HTML 属性名
```

```csharp
16.         [HtmlAttributeName(ModelAttributeName)]
17.         public MyModel Model { get; set; }
18.
19.         [HtmlAttributeName(CascadeAttributeName)]
20.         public bool Cascade { get; set; } = true;
21.
22.         // 指定属性不应该绑定到 HTML 属性
23.         [HtmlAttributeNotBound]
24.         // 指定属性应注入视图上下文
25.         [ViewContext]
26.         public ViewContext ViewContext { get; set; }
27.
28.         // 初始化标签助手
29.         public override void Init(TagHelperContext context)
30.         {
31.             // 如果启用级联,向 Items 添加 Model 对象供内部标签助手访问
32.             if (Cascade) context.Items.Add("Model", Model);
33.         }
34.
35.         public override async Task ProcessAsync(TagHelperContext context,
            TagHelperOutput output)
36.         {
37.             // 定义标签助手应该输出的标签,不指定会使用原始标签名(my-model)
38.             output.TagName = "div";
39.             // 向标签添加属性
40.             output.Attributes.Add("style", "background-color: yellow;");
41.
42.             // 获取子内容,会触发内部标签助手的执行并缓存执行结果
43.             var content = await output.GetChildContentAsync();
44.             // 把子内容输出到前置内容
45.             output.PreContent.AppendHtml(content);
46.
47.             // 构造主要内容
48.             var numberP = new TagBuilder("p");
49.             var numberSpan = new TagBuilder("span");
50.             numberSpan.InnerHtml.Append(Model.Number.ToString());
51.             numberP.InnerHtml.Append("Model number is ")
52.                 .AppendHtml(numberSpan);
53.
54.             var textP = new TagBuilder("p");
55.             var textSpan = new TagBuilder("span");
56.             textSpan.InnerHtml.Append("Model text is ");
57.             textP.InnerHtml.AppendHtml(textSpan)
58.                 .Append(Model.Text);
59.
60.             // 输出主要内容
61.             output.Content
62.                 .AppendHtml(numberP)
63.                 .AppendHtml(textP);
64.
65.             // 从视图上下文获取依赖服务并提取数据输出到后置内容
66.             var envDiv = new TagBuilder("div");
67.             envDiv.InnerHtml.Append($@"Run in {ViewContext.HttpContext.
            RequestServices.GetService<IWebHostEnvironment>().EnvironmentName}");
68.             output.PostContent.AppendHtml(envDiv);
69.         }
70.     }
71.
72.     /// <summary>
73.     /// 内部标签助手,展示数据级联
74.     /// </summary>
75.     public class MyModelInnerTagHelper : TagHelper
76.     {
77.         public override async Task ProcessAsync(TagHelperContext context,
            TagHelperOutput output)
```

```
78.         {
79.             if (context.Items.TryGetValue("Model", out var model))
80.             {
81.                 // 如果发现级联数据，输出内容
82.                 output.TagName = null; // 设置标签名为 null 可以不创建标签，直接输出内容到
                                        上层标签
83.                 output.PostContent.AppendHtml(await output.GetChildContentAsync());
84.
85.                 var cascadeP = new TagBuilder("p");
86.                 cascadeP.InnerHtml.Append($"Get model from parent :
                    {model.GetHashCode()}");
87.                 output.Content.AppendHtml(cascadeP);
88.             }
89.             else
90.             {
91.                 // 否则不输出任何内容
92.                 // 如果不调用这个方法，也没有手动输出过其他内容，会自动输出子内容
93.                 output.SuppressOutput();
94.             }
95.         }
96.     }
```

示例展示了如何编写自定义标签助手以及如何让标签助手联动。标签助手如果设置了输出内容，子内容会被忽略（子内容指包裹在标签助手内的内容，包括纯文本、HTML 标签和标签助手）。此时如果希望混合生成内容和子内容，需要手动调用 GetChildContentAsync 方法触发子内容的生成，然后把获得的内容输出到指定位置。相反，如果没有设置输出内容（Content.IsModified 的值为 false），子内容会自动用于填充内容，此时如果希望不输出任何内容，则需要调用 SuppressOutput 方法手动阻止内容输出。

（2）使用标签助手

```
1.  @addTagHelper *, MyWebProject
2.  @using MyWebProject.TagHelpers
3.
4.  @{
5.      var myModel = new MyModel { Number = 10, Text = "随便一段话。" };
6.  }
7.  <my-model asp-model="myModel" asp-cascade="true">
8.      <my-model-inner>
9.          <p>开启级联，输出内容</p>
10.     </my-model-inner>
11. </my-model>
```

（3）输出内容（排版后）

```
1.  <div style="background-color: yellow;">
2.      <p>Get model from parent : 62220688</p>
3.      <p>开启级联，输出内容</p>
4.      <p>Model number is <span>10</span></p>
5.      <p><span>Model text is </span>随便一段话。</p>
6.      <div>Run in Development</div>
7.  </div>
```

15.5.5　视图组件

1. 简介

视图组件可以看作一种增强的分部视图，用来封装局部代码逻辑，类似一个微型 MVC。如

果说视图组件功能定位类似于桌面应用开发中的子窗体，那么标签助手则相当于控件。如果一个分部视图存在比较复杂的业务逻辑、嵌入了较多 C#代码，就可以考虑改造成视图组件。

视图组件是完全服务于个性化需求的，因此没有预定义组件，只有提供基础功能的基类 ViewComponent。如果一个公共、非嵌套、非抽象类符合以下任意一条，即可作为视图组件使用：

- 从 ViewComponent 派生。
- 使用 ViewComponent 特性标记。子类会自动继承该特性，ViewComponent 类已使用该特性标记。
- 类名以 ViewComponent 结尾。无须继承基类或使用特性标记，也称为 POCO 视图组件。

视图组件的主要用途是封装有业务逻辑的视图片段，因此需要一个可返回视图片段的公共方法，框架支持异步方法 Task<IViewComponentResult> InvokeAsync() 或同步方法 IViewComponentResult Invoke()。

视图组件类封装了业务逻辑，但没有封装视图内容，视图内容仍然通过 Razor 引擎进行渲染。因此视图组件类和视图内容可以放在不同的地方，微软建议把视图组件放在 Components 或 ViewComponents 文件夹，视图文件放在"Views/**/Components"文件夹。和 MVC 一样，视图组件也可以根据情况选用不同的视图文件，因此也需要一个用于查找视图的规则。

Razor 引擎默认会按照如下顺序查找视图：

1）/Views/{控制器名}/Components/{视图组件名}/{视图名}。通常用于某个控制器的专用视图组件或使用内部视图替换公共视图。

2）/Views/Shared/Components/{视图组件名}/{视图名}。通常用于公共视图组件。

3）/Pages/Shared/Components/{视图组件名}/{视图名}。在 Razor Pages 中使用视图组件时使用，通常用于 Razor Pages 的公共视图组件。

在视图组件中允许返回不指定名称的视图，此时将使用默认视图名 Default。如果默认搜索路径不符合需求，也可以添加自定义搜索路径，示例代码如下：

```
1.    public class Startup
2.    {
3.        public void ConfigureServices(IServiceCollection services)
4.        {
5.            services.AddMvc()
6.                .AddRazorOptions(options =>
7.                {
8.                    options.ViewLocationFormats.Add("/{0}.cshtml");
9.                });
10.       }
11.   }
```

示例展示了如何添加搜索路径，其中的占位符"{0}"表示路径"Components/{视图组件名}/{视图名}"。

2. 定义视图组件

（1）定义组件类

示例代码如下：

```
1.    public class MyExampleOption
2.    {
3.        public int Count { get; set; }
```

```
4.   }
5.
6.   [ViewComponent(Name = "MyExample")]
7.   public class MyExampleViewComponent : ViewComponent
8.   {
9.       private readonly IOptions<MyExampleOption> _options;
10.
11.      // 视图组件支持依赖注入
12.      public MyExampleViewComponent(IOptions<MyExampleOption> options)
13.      {
14.          _options = options;
15.      }
16.
17.      // 此处用于编写业务代码
18.      public async Task<IViewComponentResult> InvokeAsync(IDictionary<string,
         string> dict)
19.      {
20.          List<KeyValuePair<string, string>> items = new ();
21.          await foreach (var item in ProcessAsync(dict).Take(_options.Value.Count))
22.          {
23.              items.Add(item);
24.          }
25.          // 把准备好的模型交给视图进行渲染
26.          return View(items);
27.      }
28.
29.      private async IAsyncEnumerable<KeyValuePair<string, string>>
           ProcessAsync(IDictionary<string, string> dict)
30.      {
31.          foreach (var item in dict)
32.          {
33.              yield return item;
34.              await Task.Delay(100);
35.          }
36.      }
37.  }
```

从示例可以看出，视图组件支持依赖注入，Invoke/InvokeAsync 方法支持任意参数，因此无法通过基类或接口进行约束。示例使用了异步 Linq，需要安装 NuGet 程序包 System.Linq.Async。因为返回视图时没有指定视图名，所以将使用默认视图。

（2）定义视图

假设这是一个公共视图组件，组件类也没有显式指定视图名，那么需要把视图放到"/Views/Shared/Components/MyExample/Default.cshtml"，代码如下：

```
1.   @model IEnumerable<KeyValuePair<string, string>>
2.
3.   <h3>示例视图组件</h3>
4.   <table class="table">
5.       <thead>
6.           <tr>
7.               <td>Key</td>
8.               <td>Value</td>
9.           </tr>
10.      </thead>
11.      <tbody>
12.          @foreach (var item in Model)
13.          {
14.              <tr>
15.                  <td>@item.Key</td>
16.                  <td>@item.Value</td>
17.              </tr>
18.          }
```

```
19.        </tbody>
20.    </table>
```

3. 使用视图组件

此处演示在"/Home/Index"视图引用组件，如果组件不是公共组件，配置的搜索位置也没有找到视图会引发异常。因为视图组件使用到 IOptions 选项，需要注册选项到依赖注入服务。

示例代码如下（此处不再展示注册代码）：

```
1.  @addTagHelper *, Web
2.  @using Web.TagHelpers
3.
4.  @{
5.      var dic = new Dictionary<string, string>()
6.      {
7.          ["云南"] = "昆明",
8.          ["贵州"] = "贵阳",
9.          ["四川"] = "成都",
10.     };
11. }
12.
13. @await Component.InvokeAsync("MyExample", dic)
14. <vc:my-example dict="dic"></vc:my-example>
```

示例展示了通过代码和标签助手使用视图组件的方法。Component.InvokeAsync 方法有两个主要参数，视图名和组件参数。如果视图组件有多个参数，可以使用匿名对象传递参数，匿名对象的属性名需要和组件参数名相同，框架以此来匹配参数。

如果需要通过标签助手使用视图组件，需要先把包含视图组件的程序集通过 Razor 指令添加到标签助手中，然后使用 "<vc:{视图组件名} [参数1="参数值"] [参数2="参数值"]></vc:{视图组件名}>" 的语法引用。标签助手中的所有属性都使用横线命名法，Razor SDK 会自动识别。VS 编辑器会自动弹出符合命名约定的提示。标签助手类的定义实际上是由 Razor SDK 自动生成的，使用到的每种视图组件都会生成一个专用的标签助手类。从 ASP.NET Core 6 MVC 开始，视图组件助手支持不显式传递可选参数。

视图组件还可以直接从控制器动作引用，使用 Controller 类提供的 ViewComponent 方法即可。POCO 控制器没有辅助方法，自行实现比较麻烦，因此一般不会开发 POCO 控制器。

15.5.6　客户端模型验证

MVC 框架自带一套基于 jQuery 的客户端模型验证，同时开发了标签助手、客户端验证信息生成接口组件和 jQuery 验证扩展等一系列配套设施。如果没有比较个性化的需求，使用起来还是比较简单方便的。但是由于这个体系涉及前后端配合，相对比较复杂，因此扩展和个性化改造也比较麻烦。再加上现在前后端分离的趋势，对前端验证的要求较高的地方往往直接使用更容易定制、视觉效果更好的前端验证库。

1. 基础使用

ASP.NET Core MVC 的客户端验证依赖 jquery、jquery-validate 和 jquery-validation-unobtrusive 三个 JS 库，其中 jquery-validation-unobtrusive 是微软为配合 MVC 验证专门开发的。MVC 和 Razor Pages 项目模板已经包含了对库的引用，使用控制器和视图生成器生成的模板代码也包含了验证代码。通常情况下都是先定义输入模型，使用特性标记好验证规则后用生成器生成模板代码，最后再根据需求调整代码。

示例代码如下：

（1）模型类

示例代码如下：

```
1.  public class InputViewModel
2.  {
3.      public int Id { get; set; }
4.  
5.      [Required]
6.      [StringLength(50, MinimumLength = 10)]
7.      public string Text { get; set; }
8.  }
```

模型类通过特性指示文本为必填且字数必须在 10 到 50 个之间。

（2）生成的编辑视图（精简）

示例代码如下：

```
1.  <form method="post">
2.      <div asp-validation-summary="ModelOnly" class="text-danger"></div>
3.      <input type="hidden" asp-for="InputViewModel.Id" />
4.      <div class="form-group">
5.          <label asp-for="InputViewModel.Text" class="control-label"></label>
6.          <input asp-for="InputViewModel.Text" class="form-control" />
7.          <span asp-validation-for="InputViewModel.Text" class="text-danger">
                </span>
8.      </div>
9.      <div class="form-group">
10.         <input type="submit" value="Save" class="btn btn-primary" />
11.     </div>
12. </form>
13. 
14. @section Scripts {
15.     @{await Html.RenderPartialAsync("_ValidationScriptsPartial");}
16. }
```

代码解析：示例展示了验证信息如何展示。

1）通过 asp-validation-summary 属性把普通 div 转化成集中展示验证信息摘要的 div，部分验证可能只能进行服务端验证，这个 div 就承担了展示服务端消息的职责。

2）通过 asp-validation-for 属性把普通 span 转化成展示指定属性的验证错误消息的 span，这里的验证消息会实时更新，通常是在输入框失去焦点时，此处的验证通常是由 JS 完成的，不用担心增加服务端的压力。

3）input 标签助手会自动插入与验证规则相关的元数据，前端库会自动和用于展示验证信息的 span 关联。

4）最后通过 Html.RenderPartialAsync 方法引用验证库，验证库分部视图由项目模板生成。验证库会在页面加载后自动扫描表单初始化验证组件，在验证失败时会自动显示错误消息，把输入焦点定位到验证失败的输入框并阻止表单提交，避免无意义地增加服务器压力。

（3）生成的 HTML 页面（精简）

示例代码如下：

```
1.  <form method="post">
2.      <input type="hidden" data-val="true" data-val-required="The Id field is
```

```
                  required." id="InputViewModel_Id" name="InputViewModel.Id" value="" />
3.      <div class="form-group">
4.          <label class="control-label" for="InputViewModel_Text">Text</label>
5.          <input class="form-control" type="text" data-val="true"
                  data-val-length="The field Text must be a string with a minimum length of
                  10 and a maximum length of 50." data-val-length-max="50" data-val-length-
                  min="10" data-val-required="The Text field is required."
                  id="InputViewModel_Text" maxlength="50" name="InputViewModel.Text"
                  value="" />
6.          <span class="text-danger field-validation-valid" data-valmsg-for=
                  "InputViewModel.Text" data-valmsg-replace="true"></span>
7.      </div>
8.      <div class="form-group">
9.          <input type="submit" value="Save" class="btn btn-primary" />
10.     </div>
11.     <input name="__RequestVerificationToken" type="hidden" value=
              "CfDJ8JNsH_zceRVDh95tH4c-ypVK16rm9oNxbIAr4JQ-v-sMY7D9VpRBTi8jRg7QIi8YgyiW
              EZ521Cr17_jnYIFbz2vIyHO074cOLCXuGIr47qgZfx0mShqv-IoheetUdhJaUMCutI_lVgY-0
              CXTdwc6qDE" />
12. </form>
13.
14. <script src="/lib/jquery-validation/dist/jquery.validate.min.js"></script>
15. <script src="/lib/jquery-validation-unobtrusive/jquery.validate.unobtrusive.
        min.js"></script>
```

代码解析：

1）验证信息通过"data-val*"系列属性传递到 jQuery 验证组件。data-val 的值为 true 表示启用验证，"data-val-{规则名}"定义一个规则和验证错误消息，"data-val-{规则名}-{参数名 1}"定义规则参数和值。

2）结构体天生不可空，因此 InputViewModel.Id 通过 data-val-required 定义了必填规则。InputViewModel.Text 通过 data-val-length 定义了文本长度规则，data-val-length-min 和 data-val-length-max 设置了长度范围。InputViewModel.Text 的 span 通过 data-valmsg-for 的值设置关联的表单。

3）_RequestVerificationToken 是为阻止跨站点请求伪造攻击由 form 标签助手生成的，有关跨站点请求伪造的详细介绍请参阅"22.4.1 跨站点请求伪造（XSRF/CSRF）"。

2. 向动态表单添加验证

表单验证库只会在页面加载时初始化一次，如果需要向动态表单添加或刷新验证，可以通过调用 jQuery 无感知验证库的扩展方法$.validator.unobtrusive.parse(formElement)实现。如果需要移除已有验证数据可以调用$(formElement).removeData("validator").removeData("unobtrusiveValidation")实现。其中 validator 表示移除基础验证库的数据，unobtrusiveValidation 表示移除无感知验证扩展的数据。移除数据主要是为了避免遗留数据影响验证组件刷新，因此移除数据之后通常都会刷新验证组件。

3. 禁用客户端验证

如果不想使用 MVC 自带的客户端验证，可以通过设置来禁用，这样可以稍微提高视图渲染的速度。

示例代码如下：

```
1. public class Startup
2. {
3.     public void ConfigureServices(IServiceCollection services)
4.     {
```

```
5.     services.AddMvc()
6.         .AddViewOptions(options =>
7.         {
8.             options.HtmlHelperOptions.ClientValidationEnabled = false;
9.         });
10.    }
11. }
```

4. 自定义验证

实现自定义验证需要同时实现服务端和客户端部分,有关服务端验证逻辑的内容在 15.2.10 节有过介绍,此处主要介绍为标签助手提供页面生成所需信息和前端代码定义的部分。

MVC 框架准备了两种方式来添加客户端验证,即适配器模式和在 ValidationAttribute 类中实现 IclientModelValidator 接口。其中适配器模式支持依赖注入,灵活性更高。不过这两种方式都不支持为实现 IValidatableObject 的模型添加客户端验证,因此通常推荐通过特性定义验证规则。这些验证组件最终都用于向标签助手提供设置"data-val*"系列属性的信息。

接下来以在 15.2.10 节的"模型验证"中的示例特性 StringStartWith 为例进行演示。

（1）服务端部分

1）通过适配器和依赖注入配置验证。

- 定义验证特性适配器

示例代码如下：

```
1.  public class StringStartWithAttributeAdapter : AttributeAdapterBase
       <StringStartWithAttribute>
2.  {
3.      public StringStartWithAttributeAdapter(StringStartWithAttribute attribute,
           IStringLocalizer stringLocalizer)
4.          : base(attribute, stringLocalizer) { }
5.
6.      public override void AddValidation(ClientModelValidationContext context)
7.      {
8.          MergeAttribute(context.Attributes, "data-val", "true");
9.          MergeAttribute(context.Attributes, "data-val-stringstartwith",
               GetErrorMessage(context));
10.
11.         var value = Attribute.Value;
12.         MergeAttribute(context.Attributes, "data-val-stringstartwith-value",
               value);
13.     }
14.
15.     public override string GetErrorMessage(ModelValidationContextBase
           validationContext) =>
16.         GetErrorMessage(validationContext.ModelMetadata,
               validationContext.ModelMetadata.GetDisplayName(), Attribute.Value);
17. }
```

示例中 GetErrorMessage 的实现方法有助于开发者定制错误消息模板,从第二个参数开始会依次填入从{0}开始的格式串的占位符。示例有两个参数,因此错误消息模板可以使用{0}和{1}两个占位符。通过 GetDisplayName 方法可以获取验证目标上由 Display 特性指定的名称（Name 属性的值）或 DisplayName 特性的值,有利于解耦属性的标识符和显示名。在"23.1 全球化和本地化"的介绍中可以了解更多验证错误消息和 Display 特性在 ASP.NET Core 中的作用的相关知识。

- 定义验证特性适配器提供者

示例代码如下:

```csharp
1.  public class StringStartWithAttributeAdapterProvider :
        IValidationAttributeAdapterProvider
2.  {
3.      private readonly IValidationAttributeAdapterProvider baseProvider =
4.          new ValidationAttributeAdapterProvider();
5.
6.      public IAttributeAdapter GetAttributeAdapter(ValidationAttribute attribute,
7.          IStringLocalizer stringLocalizer)
8.      {
9.          if (attribute is StringStartWithAttribute stringStartWithAttribute)
10.         {
11.             return new StringStartWithAttributeAdapter(stringStartWithAttribute,
                    stringLocalizer);
12.         }
13.
14.         return baseProvider.GetAttributeAdapter(attribute, stringLocalizer);
15.     }
16. }
```

- 把验证特性适配器提供者注册到依赖注入服务

示例代码如下:

```csharp
1.  public class Startup
2.  {
3.      public void ConfigureServices(IServiceCollection services)
4.      {
5.          services.AddSingleton<IValidationAttributeAdapterProvider,
                StringStartWithAttributeAdapterProvider>();
6.      }
7.  }
```

如果提供者依赖其他服务,请自行调整服务作用域。

2)验证特性直接实现 IClientModelValidator 接口。

示例代码如下:

```csharp
1.  public class StringStartWithAttribute : ValidationAttribute,
        IClientModelValidator
2.  {
3.      public StringStartWithAttribute(string value) => Value = value;
4.
5.      public string Value { get; }
6.
7.      public override string FormatErrorMessage(string name) =>
8.          ErrorMessage is not null
9.              ? string.Format(CultureInfo.CurrentCulture, ErrorMessage, name, Value)
10.             : $"字段的值必须以 {Value} 开头。";
11.
12.     public override bool IsValid(object value) => ((string)value).
            StartsWith(Value);
13.
14.     public void AddValidation(ClientModelValidationContext context)
15.     {
16.         MergeAttribute(context.Attributes, "data-val", "true");
17.         MergeAttribute(context.Attributes, "data-val-stringstartwith",
                FormatErrorMessage(context.ModelMetadata.GetDisplayName()));
18.         MergeAttribute(context.Attributes, "data-val-stringstartwith-value",
                Value);
19.     }
20.
21.     private static bool MergeAttribute(IDictionary<string, string> attributes,
```

```
            string key, string value)
22.     {
23.         if (attributes.ContainsKey(key))
24.         {
25.             return false;
26.         }
27.
28.         attributes.Add(key, value);
29.         return true;
30.     }
31. }
```

（2）客户端部分

示例代码如下：

```
1.  <script>
2.      $.validator.addMethod('stringstartwith', function (value, element, params) {
3.          return value.indexOf(params) == 0;
4.      });
5.
6.      $.validator.unobtrusive.adapters.add('stringstartwith', ['value'], function
        (options) {
7.          options.rules['stringstartwith'] = options.params['value'];
8.          options.messages['stringstartwith'] = options.message;
9.      });
10. </script>
```

有关 jQuery 验证插件的详细信息请参阅官方文档。

两边都完成配置之后，只要在字符串属性上使用 StringStartWith 特性，服务端验证和客户端验证就会自动启用，非常方便。

15.5.7 运行时视图编译

从 ASP.NET Core 3.0 开始，运行时视图编译功能从框架中分离，变成一个独立的扩展功能，并默认在发布模式中关闭了。在 VS 2019 中，新建项目向导增加了在发布模式启用运行时视图编译的复选框。为了照顾现有项目的迁移，需要了解如何手动启用运行时视图编译。

其实方法非常简单：

1）安装 NuGet 包：Microsoft.AspNetCore.Mvc.Razor.RuntimeCompilation。
2）注册运行时视图编译服务：services.AddMvc().AddRazorRuntimeCompilation();。

15.5.8 视图编码

ASP.NET Core 视图引擎默认使用 HtmlEncoder.Default 编码，这会导致中文输出为 "&#xOOOO" 的形式，不利于检查调试和 SEO 优化。ASP.NET Core 为此准备了相应的配置项。

示例代码如下：

```
1.  public class Startup
2.  {
3.      public void ConfigureServices(IServiceCollection services)
4.      {
5.          services.Configure<WebEncoderOptions>(options =>
```

```
6.      {
7.          options.TextEncoderSettings = new TextEncoderSettings(UnicodeRanges.
            All);
8.      });
9.  }
10. }
```

15.5.9 视图发现

1. 默认约定

控制器动作、视图组件和 Razor Pages 页面等返回视图后，Razor 引擎通过视图发现确定要使用的视图文件（预编译视图会通过 Razor SDK 添加的特性保存视图文件路径）。

默认情况下，如果返回视图时仅指定视图名称（例如 return View("Index")），则通过以下顺序匹配视图文件：

- 针对区域控制器：
  - Areas/[区域名称]/Views/[控制器名称]/[视图名称]
  - Areas/[区域名称]/Views/Shared/[视图名称]
  - Views/Shared/[视图名称]
- 针对非区域控制器：
  - Views/[控制器名称]/[视图名称]
  - Views/Shared/[视图名称]

如果视图文件不在默认搜索范围，可以通过路径指定视图文件。如果使用相对路径指定视图文件，视图路径中不要包含文件扩展名，"./" "../" 等路径控制符是可以使用的。上面的搜索规则就是相对路径的一种特殊情况。

如果视图文件使用绝对路径（以应用根目录为根），路径字符串以 "/" 或 "~/" 开头，则必须在路径中包含文件扩展名。例如：return View("/Views/MyPath/MyView.cshtml")。

分部视图和视图组件的发现机制在大方向上和普通视图保持一致，在细节上稍有区别，但这些区别是为了和大众的使用直觉保持一致。

2. 自定义发现

MVC 框架也为我们准备了自定义接口进行精细化控制，只需要定义实现 IViewLocationExpander 接口的类并注册到 Razor 引擎选项即可。

示例代码如下：

（1）定义视图发现

```
1.  public class MyViewLocationExpander : IViewLocationExpander
2.  {
3.      public IEnumerable<string> ExpandViewLocations(ViewLocationExpanderContext
            context, IEnumerable<string> viewLocations)
4.      {
5.          if (context.ControllerName != null && context.ControllerName.
                StartsWith("App"))
6.          {
7.              viewLocations = viewLocations.Concat(
8.                  new[] { $"/Areas/MyArea/Views/App/{context.ControllerName}/
                        {context.ViewName}{RazorViewEngine.ViewExtension}"
```

```
9.                       });
10.              return viewLocations;
11.          }
12.
13.          if (context.AreaName != "System") return viewLocations;
14.
15.          viewLocations = viewLocations.Concat(
16.              new[] { $"/Areas/MyArea/Views/System/{context.ControllerName}/
                  {context.ViewName}{RazorViewEngine.ViewExtension}"
17.              });
18.          return viewLocations;
19.      }
20.
21.      public void PopulateValues(ViewLocationExpanderContext context) { }
22.  }
```

PopulateValues 方法的主要目的是缓存和优化视图发现的性能。

（2）注册视图发现

```
1.  public class Startup
2.  {
3.      public void ConfigureServices(IServiceCollection services)
4.      {
5.          services.AddMvc()
6.              .AddRazorOptions(options =>
7.              {
8.                  options.ViewLocationExpanders.Add(new MyViewLocationExpander());
9.              });
10.     }
11. }
```

15.6 区　　域

区域是从 ASP.NET MVC 继承的概念和功能，用于在逻辑上隔离和分组不同的控制器，是一个软件工程性质的功能。一般情况下，项目根目录中的 Areas 文件夹用于存放各个区域的相关文件，每个区域有一个由区域名称命名的文件夹，每个文件夹内部有自己的 Models、Controllers 和 Views 文件夹。可以看出这个文件夹结构和项目根目录中的结构类似，这样就可以把复杂的 MVC 项目在逻辑上分割为多个使用共享功能的小型 MVC 项目的集合。

区域的使用也非常简单。对于控制器，只需要使用 Area 特性标注区域名。视图文件按约定放到合适的文件夹。之前介绍的文件夹结构只是为了保持项目结构的合理，方便管理，除了视图文件以外都不是强制要求，如果需要，甚至可以对视图查找规则进行自定义。最后在端点路由中配置路由映射即可。

示例代码如下：

（1）控制器

```
1.  [Area("Account")]
2.  public class HomeController : Controller
3.  {
4.      public IActionResult Index()
5.      {
6.          return View();
7.      }
8.  }
```

(2)配置端点

```
1.   public class Startup
2.   {
3.       public void Configure(IApplicationBuilder app)
4.       {
5.           app.UseRouting();
6.           app.UseEndpoints(endpoints =>
7.           {
8.               // 特定区域的端点注册方式
9.               endpoints.MapAreaControllerRoute(
10.                  name: "Account area route",
11.                  areaName: "Account",
12.                  pattern: "Account/{controller=Home}/{action=Index}/{id?}");
13.
14.              // 所有区域的通用端点注册方式
15.              endpoints.MapControllerRoute(
16.                  name: "areas route",
17.                  pattern: "{area:exists}/{controller=Home}/{action=Index}/{id?}");
18.
19.              // 无区域控制器的端点
20.              endpoints.MapControllerRoute(
21.                  name: "default",
22.                  pattern: "{controller=Home}/{action=Index}/{id?}");
23.          });
24.      }
25.  }
```

示例展示了如何配置区域。如果项目中同时存在无区域控制器和区域控制器，两种端点必须同时配置。由于端点的匹配受注册顺序的影响，因此推荐先配置区域端点。示例中的"{area:exists}"表示把路径段匹配到路由参数 area，并通过 exists 路由约束限制必须是实际存在的区域才能匹配。

15.7 MVC 路由

之前介绍过，在端点路由系统推出之前，MVC 的路由是 MVC 中间件的内部功能。现在的 MVC 路由则是用于配置端点路由的元数据，为了扩展路由系统的泛用性并兼容传统路由的功能和开发模式，端点路由进行了精心设计。

ASP.NET Core MVC 有默认的路由模式，但有些时候默认路由不能满足需求，因此框架允许对路由进行全局或局部自定义。

15.7.1 传统路由

此处传统路由不是指 MVC 中间件中的路由系统，而是指从 ASP.NET MVC 延续下来的路由模板模式。这个模式其实就是在区域中介绍的路径模式，基本模板是"{区域（如果存在）}/{控制器}/{动作}/{默认的可选参数 id}"。这是最朴素的通用模板，对于 MVC 框架而言，只有区域、控制器和动作是必要的路由参数。

15.7.2 特性路由

除了通过模板进行的批量端点配置，MVC 还有一套特性路由系统。特性路由可以对单个控制器动作进行精细配置，灵活性更高。

1. 基础特性路由

特性路由使用 Route 特性在控制器动作上标记要使用的路由模板，还可以额外使用 HTTP 谓词特性限定动作能处理的 HTTP Method。HTTP 谓词特性在 CURD 控制器中非常常见，例如 GET 用于发放表单、POST 用于提交表单。使用同名方法的不同参数重载可以让表单能正确提交到相同的地址，也能避免因歧义导致无法正确地构造端点。

示例代码如下：

```
1.   public class HomeController : Controller
2.   {
3.       [Route("/App/[controller]/[action]")]
4.       [Route("/Start")]
5.       [HttpGet]
6.       [HttpPost]
7.       public IActionResult Index()
8.       {
9.           return View();
10.      }
11.  }
```

示例展示了为动作配置特性路由，一个动作能同时配置多个路由，但一个路由不能匹配多个动作，否则会导致端点歧义。然后使用 HTTP 谓词特性配置动作只能接收 GET 和 POST 请求，如果没有 HTTP 谓词特性表示动作能接收任何 HTTP Method 的请求。

示例路由中方括号的内容表示路由模板令牌，会在端点构造时由 MVC 框架自动替换成实际内容，MVC 特性路由支持三个令牌，分别是"[area]""[controller]"和"[action]"。

示例动作可以被 GET 和 POST 方法的以下路径匹配（不区分字母大小写）：

- "/"：来自使用路由参数默认值的传统路由的默认模板。
- "/Home"：来自使用路由参数默认值的传统路由的默认模板。
- "/Home/Index"：来自传统路由的默认模板。
- "/Start"：来自特性路由的静态模板。
- "/App/Home/Index"：来自特性路由的替换令牌模板。

从此处可以看出，传统路由和特性路由可以同时使用。

2. 组合特性路由

除了直接在动作上使用路由特性外，还可以通过在控制器和动作上同时使用路由特性组成组合特性路由。此时在动作上的特性路由参数不能以"/"开头，否则会被识别为独立使用的特性路由。组合特性路由可以在一定程度上减少重复定义相同的路径段。

示例代码如下：

```
1.   [Route("Top")]
2.   [Route("/App/[controller]")]
3.   public class HomeController : Controller
```

```
  4.     {
  5.         [Route("[action]")]
  6.         [Route("Home")]
  7.         [Route("{id:int}")]
  8.         public IActionResult Index(int? id)
  9.         {
 10.             return View();
 11.         }
 12.     }
```

从示例可以看出特性路由同样可以在模板中定义路由参数。

示例动作可以被以下路径匹配（传统路由匹配同上例，不再重复列出）：

- "/Top/Index"。
- "/Top/Home"。
- "/Top/10"。
- "/App/Home/Index"。
- "/App/Home/Home"。
- "/App/Home/20"。

15.7.3 路由参数转换器

在"13.12.8 参数转换器"中介绍过端点路由的参数转换器，其实 MVC 也可以使用。示例代码如下：

```
 1. public void ConfigureServices(IServiceCollection services)
 2. {
 3.     services.AddMvc(options =>
 4.     {
 5.         options.Conventions.Add(new RouteTokenTransformerConvention(
 6.                         new SlugifyParameterTransformer()));
 7.     }
 8. }
```

15.8 应用程序模型

之前提到过，ASP.NET Core MVC 定义了一些约定，这些约定在 ASP.NET Core MVC 中由应用程序模型定义。ASP.NET Core MVC 使用应用程序模型定义的约定发现和配置 MVC 组件，而应用程序模型由 IApplicationModelProvider 负责加载。因此开发者可以通过开发 Provider 来自定义应用程序模型。约定和其实际行为由实现 IApplicationModelConvention 接口的类定义。在大部分情况下，默认约定已经够用。应用程序模型包含 4 层结构用于描述应用：

- 应用程序模型（ApplicationModel）：描述整个 MVC 应用。
- 控制器模型（ControllerModel）：描述应用的控制器。在 Razor Pages 中是页面模型（PageModel）。
- 动作模型（ActionModel）：描述控制器的动作。在 Razor Pages 中是页面处理器模型（HandlerModel）。

- 参数模型（ParameterModel）：描述动作或页面处理器的参数。

应用程序模型在启动期间根据约定发现和配置 MVC 和 Razor Pages 组件，并生成动作描述符（ActionDescriptor），端点路由系统使用描述符配置绑定路由端点。

框架提供 3 个内置应用程序模型并设定了默认优先级：

- Order=-1000：
  - DefaultApplicationModelProvider：负责配置全局过滤器，配置控制器和动作，配置路由和其他属性。
- Order=-990：
  - AuthorizationApplicationModelProvider：负责配置和授权相关的过滤器。
  - CorsApplicationModelProvider：负责配置跨域资源共享相关的过滤器。

可以访问官方文档了解应用程序模型的更多详细信息。

15.9 应用程序部件

在大多数情况下，控制器和视图都是在项目内开发的。但是有时候可能需要从外部项目和程序集载入 MVC 组件。ASP.NET Core 框架使用应用程序部件的概念来管理 MVC 组件，并使用应用程序部件管理器管理各个部件。通过应用程序部件管理器可以从外部程序集添加 MVC 组件，使其可以被应用程序模型发现和配置。

示例代码如下：

```
1.   public class Startup
2.   {
3.       public void ConfigureServices(IServiceCollection services)
4.       {
5.           var assembly = typeof(HomeController).GetTypeInfo().Assembly;
6.
7.           // 方法1
8.           services.AddMvc()
9.               .AddApplicationPart(assembly)
10.              .AddRazorRuntimeCompilation(options =>
11.              {
12.                  options.FileProviders.Add(new EmbeddedFileProvider(assembly));
13.              });
14.
15.          // 方法2
16.          var part = new AssemblyPart(assembly);
17.          services.AddMvc()
18.              .ConfigureApplicationPartManager(apm =>
19.              {
20.                  apm.ApplicationParts.Add(part);
21.              })
22.              .AddRazorRuntimeCompilation(options =>
23.              {
24.                  options.FileProviders.Add(new EmbeddedFileProvider(assembly));
25.              });
26.      }
27.  }
```

15.10 小　　结

通过本章的介绍，可以发现，ASP.NET Core MVC 的上手使用非常简单，默认约定也很符合一般思维习惯。同时框架也提供了大量高级概念，在保障框架稳定性的基础上为开发者的自定义提供了大量扩展点。学习和领会 ASP.NET Core MVC 框架的设计哲学和落实方法对未来的提升大有裨益。

第 16 章

Razor Pages

16.1 简 介

在 ASP.NET 时代早期，基于页面的开发模式还是主流，使用的框架是 Web Pages。后来微软基于 WinForm 框架的开发经验开发了网页端的 WebForm 框架，让客户端开发者可以用最小的学习成本上手 Web 开发。时也、运也，WebForm 框架发布不久，基于 Ajax 技术的动态客户端视图交互就流行起来，系统解耦的 MVC 模式也逐渐流行。WebForm 技术的深度封装和模拟本地应用的事件驱动模型刚好难以适应这种环境，外加绑定 Windows 系统又对成本敏感的互联网企业极具劝退效果。一身 Debuff 的 WebForm 就这么刚问世就被边缘化了（注：Debuff 是减益魔法的意思，游戏用语，就是暂时性地降低人物的属性、技能、特性等，允许在可以攻击的游戏目标身上使用）。

就这样，微软也转头开发了 ASP.NET MVC 并开源，希望能扳回一城。直到.NET Core 1.0 的问世，ASP.NET Core 才算解决了硬件基础问题，回到和其他语言框架相同的赛场。对于 WebForm 这种重型框架，微软也发现由于封装过度难以让开发者轻松实现个性化功能，上手有多简单，遇到各种个性化的需求时就有多难搞。也因此有很多开发者抛弃了 WebForm 的大量高级功能，当作纯粹的视图渲染引擎用。因此微软也果断在 ASP.NET Core 中抛弃了 WebForm 和其他难以随时代进化的重型框架，准备轻装上阵。

面对多样化的开发场景，MVC 那种强行分离业务逻辑和 UI 交互的模式并非万金油。在特定场合反而可能导致被迫过度设计，影响开发效率。为了解决 ASP.NET Core 没有以页面为交互核心的应用框架的问题，在 ASP.NET Core 2.0 中推出了 Razor Pages 框架。

这次微软充分吸收了 WebForm 的经验教训，Razor Pages 非常小巧灵活。得益于 ASP.NET Core 的先进设计理念，Razor Pages 这次并非另起炉灶，它充分利用了 ASP.NET Core 的基础设施，页面渲染直接集成扩展了 Razor 引擎，模型绑定直接沿用 MVC 的系统，应用程序模型继承自和 MVC 模型相同的基本模型。可以说 Razor Pages 基本就是控制器和视图强绑定的针对特殊场景的特化版 MVC。

得益于 ASP.NET Core 的优秀设计，MVC、Razor Pages 和其他已有或将来可能诞生的框架能同时使用，相互配合，能够在同一个项目中混合使用多种框架，不用再做二选一这种痛苦的抉择了。VS（Visual Studio）的项目模板虽然还是分成了 MVC、Razor Pages、Web API 等好几个，但只要改几行代码就能轻松把其他模块集成到项目中。

16.2 基础使用

1. 注册服务

示例代码如下：

```
public class Startup
{
    public void ConfigureServices(IServiceCollection services)
    {
        services.AddRazorPages();
    }
}
```

示例展示了如何注册 Razor Pages 核心服务。之前介绍过，Razor Pages 实际上是特化版 MVC，那么 Razor Pages 一定和 MVC 有大量相同的公共基础服务。如果希望同时使用 MVC 和 Razor Pages，一般情况下都会想再追加调用 AddMvc 方法，实际上这是不必要的，AddMvc 方法已经在内部调用了 AddRazorPages 方法。

微软实际上准备了很多注册 MVC 相关服务的方法，包含 AddMvcCore、AddControllers、AddControllerWithViews、AddRazorPages 和 AddMvc 等。其中 AddMvcCore 是最小公共基础服务，仅保证基本控制器能正常运行；AddControllers 追加了 Authorization、ApiExplorer、Data Annotation、Formatter Mapping 和 CORS 等服务，能保障 Web API 的全功能运行；AddControllerWithViews 在 AddControllers 的基础上继续追加 Razor 视图引擎的相关服务，这也是 MVC 项目模板实际使用的方法；AddRazorPages 在 AddMvcCore 的基础上追加了 Razor Pages 所需服务，例如 Razor 视图的页面引擎、身份验证和授权等；AddMvc 包含 MVC 和 Razor Pages 相关的所有功能。

2. 注册端点

示例代码如下：

```
public class Startup
{
    public void Configure(IApplicationBuilder app)
    {
        app.UseRouting();
        app.UseEndpoints(endpoints =>
        {
            endpoints.MapRazorPages();
        });
    }
}
```

这个方法没有其他重载，也侧面说明了 Razor Pages 基于文件路径的路由规则是强制性的。

3. 编写页面

默认情况下，在项目根目录的 Pages 文件夹中编写的 cshtml 文件均可作为 Razor 页面使用。当然，Razor Pages 也支持区域功能，虽然必要性不高。只需要在相应区域的文件夹中新建 Pages 文件夹，再把相应的页面文件放进去即可，每个区域都可以包含自己的 Pages 文件夹。如果需要更换页面文件夹，可以在注册服务时配置。

示例代码如下：

```
1.    @page
2.
3.    <div class="text-center">
4.        <h1 class="display-4">Welcome</h1>
5.        <p>这是首页</p>
6.    </div>
```

这是一个最简单的页面，不包含任何业务逻辑，基本可以认为是静态页面。之后会介绍如何开发包含业务逻辑的页面。第一行的@page 指令告诉 Razor SDK 这不是普通的视图，而是一个 Razor 页面，这个指令必须在第一行使用。

16.3 页面处理器

页面处理器在 Razor Pages 中指 PageModel 类中用于处理请求的方法。PageModel 相当于 MVC 的控制器，页面处理器就相当于动作。只不过由于 Razor Pages 的路由就是文件夹路径，因此区分处理器只能用其他办法，能作为处理器的方法和 MVC 动作的条件基本相同。上一小节的示例会由 Razor SDK 自动生成默认页面处理器，处理没有参数的 GET 请求，功能也非常单纯——渲染页面返回给客户端。

16.3.1 默认约定

Razor Pages 使用 HTTP Method 和名为 handler 的查询字符串参数来识别要激活的处理器。Razor Pages 对页面处理器的命名约定为"On<HTTP Method>[处理器名称][Async]"。处理器固定使用"On"开头；"<HTTP Method>"指 GET、POST 等，指示处理器应该处理什么 HTTP Method 的请求；"[处理器名称]"为可选后缀，如果没有，则表示为该 HTTP Method 的默认请求处理器，如果有，那么应该在查询字符串中用 handler 参数指定，例如"OnGet"处理没有 handler 参数的 GET 请求，一般用于处理网页展示或表单发放用的页面；"[Async]"是异步方法的后缀，如果处理器是异步方法，按约定方法名应该以"Async"结尾，Razor Pages 会自动识别和处理异步处理器。同时，处理器也应该返回 Task 或 Task<IActionResult>（如果返回的 Task<TResult>中的 TResult 不实现 IActionResult 接口，会被框架自动包装，这点和 MVC 一样）。

从以上说明可以看出，Razor Pages 的默认路由规则和 MVC 不同，倒有点像 WebForm。因此 MVC 用的 HTTP Method 特性在 Razor Pages 中也没用了。

示例代码如下：

```
1.    public class IndexModel : PageModel
```

```
2.    {
3.        public IndexModel(ILogger<IndexModel> logger)
4.        {
5.            _logger = logger;
6.        }
7.
8.        // 基本的 GET 处理器
9.        public IActionResult OnGet()
10.       {
11.           return Page();
12.       }
13.
14.       // 处理包含查询字符串参数 "?handler=String" 的 GET 请求
15.       public async Task<IActionResult> OnGetStringAsync(string value)
16.       {
17.           _logger.LogInformation(value);
18.           await Task.Delay(100);
19.           return Page();
20.       }
21.
22.       // POST 请求处理器
23.       public async Task OnPostAsync()
24.       {
25.           await Task.Delay(100);
26.       }
27.   }
```

16.3.2 相关的 Razor 指令

相关的 Razor 指令如下:

- @page: Razor Pages 的新增指令, 指示文件是 Razor 页面而不是 MVC 视图。这个指令必须是文件的第一个指令, 且只能使用一次。指令参数可以为页面指定备选路由。
- @model: 和 MVC 视图中的不同, 此处用于指定页面的页面模型类。视图模型是单纯的数据类, 而页面模型是包含业务逻辑的类, PageModel 是框架内置的基类。页面处理器就是页面模型的成员方法, 页面中用于展示的数据是页面模型的成员属性。页面 (Page 的子类) 的 Model 属性的类型由该指令决定, 如果是没有后台代码类的单文件页面, Model 属性的类型就是页面类型 (由 Razor SDK 生成) 本身。
- @functions: 和 MVC 视图不同, Razor Pages 可以把页面处理器和其他页面模型代码合并到视图文件中, 合并的页面模型代码就放在@functions 指令中。如果使用合并代码的开发模式, 就不要用@model 指令。

示例代码如下:

```
1.   @page "{value?}"
2.
3.   <div class="text-center">
4.       <h1 class="display-4">Welcome</h1>
5.       <p>这是首页.</p>
6.   </div>
7.
8.   @functions{
9.       public IActionResult OnGet(string value)
10.      {
11.          return Page();
12.      }
13.  }
```

16.3.3 后台代码

后台代码（Code-behind）是从 WinForm 开始就存在的开发模式，其本意是为了分离描述界面和描述业务逻辑的代码，保障界面设计器的正常工作和保持代码的整洁。分部类最开始也是为这个需求而开发的功能，后来这个技术被运用到 WPF 和 WebForm，现在 Razor Pages 也继承了这个功能。可以通过是否使用了@model 和@functions 指令来判断是否在以后台代码模式进行开发。如果不使用后台代码模式，只需要删除@model 指令，然后把@model 指令指定的类中的代码全部粘贴到@functions 段中即可。为了保持代码整洁和维护便利，推荐优先考虑使用后台代码模式，后台代码通常命名为"{页面名称}.cshtml.cs"。

示例代码如下：

（1）页面视图

```
1.   @page
2.   @model IndexModel
3.
4.   <div class="text-center">
5.       <h1 class="display-4">Welcome</h1>
6.       <p>这是首页。</p>
7.   </div>
```

（2）后台代码

```
1.   public class IndexModel : PageModel
2.   {
3.       public void OnGet() { }
4.   }
```

16.4 模型绑定

在 Razor Pages 中，请求参数和表单默认绑定到页面模型的公共属性上，因此页面处理器原则上不需要参数。为了让框架能够识别用于模型绑定的属性，需要在要绑定的属性上使用 BindProperty 特性进行标注，同时属性也需要包含公共 set 访问器。从 ASP.NET Core 2.1 开始可以在页面模型类上使用 BindProperties 特性让框架自动绑定所有公共读写属性。

示例代码如下：

```
1.   [BindProperties(SupportsGet = true)]
2.   public class IndexModel : PageModel
3.   {
4.       [BindProperty]
5.       public MyModel MyModel { get; set; }
6.
7.       [BindProperty]
8.       public string Value { get; set; }
9.
10.      public IActionResult OnGet()
11.      {
12.          return Page();
13.      }
14.  }
```

示例为了展示用法同时使用了两种特性，实际上只需使用其中一种即可。框架默认不在 GET 请求中进行模型绑定，SupportsGet 属性设置为 true 可以让框架在 GET 请求中也对属性进行模型绑定。

16.5 Razor Pages 过滤器

和 MVC 一样，Razor Pages 也有过滤器，可以在请求处理的不同阶段运行特定的代码。只不过 Razor Pages 的执行阶段和 MVC 略有不同，因此可用的过滤器也稍有不同。Razor Pages 也分为同步和异步两种过滤器，分别使用 IPageFilter 和 IAsyncPageFilter 接口表示，框架优先选用异步过滤器。

Razor Pages 支持三种配置过滤器的方法：

- 在服务注册时配置全局过滤器。
- 重写 PageModel 类的过滤器方法。
- 通过特性进行配置。

16.5.1 全局配置

示例代码如下：

（1）定义过滤器

```
1.  public class MyAsyncPageFilter : IAsyncPageFilter
2.  {
3.      private readonly IConfiguration _config;
4.
5.      public MyAsyncPageFilter(IConfiguration config)
6.      {
7.          _config = config;
8.      }
9.
10.     public Task OnPageHandlerSelectionAsync(PageHandlerSelectedContext context)
11.     {
12.         // 自定义逻辑
13.
14.         return Task.CompletedTask;
15.     }
16.
17.     public async Task OnPageHandlerExecutionAsync(PageHandlerExecutingContext
            context, PageHandlerExecutionDelegate next)
18.     {
19.         // 自定义逻辑（页面处理器执行前）
20.
21.         var result = await next.Invoke();
22.
23.         // 自定义逻辑（页面处理器执行后）
24.     }
25. }
```

（2）注册过滤器

```
1.  public class Startup
2.  {
```

```
3.      public Startup(IConfiguration configuration)
4.      {
5.          Configuration = configuration;
6.      }
7.
8.      public IConfiguration Configuration { get; }
9.
10.     public void ConfigureServices(IServiceCollection services)
11.     {
12.         services.AddRazorPages()
13.             .AddMvcOptions(options =>
14.             {
15.                 options.Filters.Add(new MyAsyncPageFilter(Configuration));
16.             });
17.     }
18. }
```

16.5.2 重写基类的方法

示例代码如下:

```
1.  public class IndexModel : PageModel
2.  {
3.      public IActionResult OnGet()
4.      {
5.          return Page();
6.      }
7.
8.      // 选定要激活的页面处理器之后,页面处理器执行之前
9.      public override void OnPageHandlerSelected(PageHandlerSelectedContext
          context)
10.     {
11.         // 自定义逻辑
12.     }
13. }
```

16.5.3 特性配置

由于 Razor Pages 自带特有阶段的过滤器,因此特性过滤器一般用于和 MVC 通用的过滤器(如资源过滤器、授权过滤器和结果过滤器等),以及相应的类型过滤器和服务过滤器。这些配置都和 MVC 一样。唯一的区别是在 Razor Pages 中特性过滤器只能在模型类上使用,对所有页面处理器生效。在此可以得知在相同页面中的所有处理器都必须经过相同的过滤器流程、使用相同的授权规则,对于要使用不同规则的情况,请拆分处理器到不同页面。这也是区分 MVC 和 Razor Pages 应用场景的一个关键要素。

16.6 Razor Pages 路由

Razor Pages 路由的核心依据是文件路径,并且在端点配置时也没有路由模板可供编写。但是 Razor Pages 并不是彻底没有自定义空间。在注册 Razor Pages 时,可以对路由进行有限的配置。如果想要进行更彻底的自定义,则需要实现自定义路由模型约定,这是 Razor Pages 框架的应用

程序模型的一部分,是框架级扩展功能,实际使用场景极为有限,在此不进行详细说明。

示例代码如下:

```
1.   public class Startup
2.   {
3.       public void ConfigureServices(IServiceCollection services)
4.       {
5.           services.AddRazorPages()
6.               .AddRazorPagesOptions(options =>
7.               {
8.                   // 为指定页面配置备选路由
9.                   // 页面的@page 指令只能使用一次,因此只能定义一个备选路由,这里则可以
                        为页面配置多个备选路由
10.                  options.Conventions.AddPageRoute("/Index", "/MyHome/{text?}");
11.                  // 修改页面的全局搜索根路径
12.                  options.RootDirectory = "/MyPages";
13.              });
14.      }
15.  }
```

示例使用 options.RootDirectory 指定了 Razor 页面的搜索根文件夹。此时 Razor 页面应该放在以下文件夹:

- 无区域页面:/MyPages/**/*.cshtml。
- 区域页面:/Areas/{区域名}/MyPages/**/*.cshtml(区域页面无须使用 Area 特性)。

示例还使用 options.Conventions.AddPageRoute 为 Index 页面添加了包含路由参数"text"的备选路由"/MyHome"。

16.7 小 结

有了 MVC 的基础,Razor Pages 需要学习的全新内容很少,可以比较轻松地把 MVC 中学到的知识和经验迁移到 Razor Pages。这也是微软想要的效果。在 MVC 中介绍的有关应用程序模型的内容对 Razor Pages 也同样适用,如果有自定义需求,可以参考官方文档。

第 17 章

Blazor

17.1 简　　介

Blazor 是 ASP.NET Core 3.0 增加的功能，分为 Blazor Server（ASP.NET Core 3.0 正式推出）和 Blazor WebAssembly（ASP.NET Core 3.1 正式推出）。Blazor 是一种新的组件式应用模型，使用 Razor 语法开发组件，通过对组件的组合和嵌套搭建应用。

Blazor Server 有点类似云应用，浏览器只是一个用于显示界面和与用户交互的终端。界面的渲染和业务逻辑全部由服务器承担，界面和数据通过实时通信框架 SignalR 进行传输。因此 Blazor Server 对网络质量和服务器性能有较高的要求，对公共应用来说实用性并不高，特别是流量较大的应用，服务器很难承受，也不利于充分利用客户端的计算资源。

Blazor WebAssembly 才是 Blazor 的重点。这就要从 WebAssembly（也叫 WASM）说起了。浏览器端一直是 JavaScript 的天下，甚至开始借助 NodeJS 进军后端。但随着前端应用复杂度的提高，JavaScript 难以应对大规模工程化和高度复杂应用的缺陷也日益凸显，并且 JavaScript 的运算符结合和隐式类型转换规则也会产生各种反直觉的结果。为了解决这个问题，微软开发了 TypeScript，社区也诞生了 Webpack、Angular、Vue 等工具和框架。这在一定程度上缓解了工程管理的困难。但 JavaScript 的动态、低性能等特点导致复杂应用的性能问题是无法靠框架解决的，甚至改善工程管理问题本身就是以更多地牺牲性能为代价实现的。为了彻底解决这个问题，设计一套现代高性能脚本运行环境成了必然之选。

经过几大浏览器厂商和国际标准组织的协商，最终诞生了 WebAssembly 标准。WebAssembly 是基于堆栈的虚拟机指令格式，类似于 Java 字节码和 .NET 的 IL 代码，其基本定位对标汇编，因此基本上不可能手写，实现高级代码到 WASM 代码的编译器就是必要的。目前 C/C++ 和 Rust 等语言有相应的开发套件。Blazor WebAssembly 就是 .NET 平台的解决方案。

实际上 Blazor WebAssembly 并不是把 C# 编译为 WASM，而是 .NET 实现了基于 WASM 的运行时，让浏览器能直接运行 .NET 应用（由于浏览器环境的特点，可能不支持涉及系统底层的功能）。

Windows、Linux 等系统中的.NET 运行时负责把 IL 代码编译为 CPU 指令直接交给 CPU 执行,而 Blazor WebAssembly 的.NET 运行时则是负责把 IL 代码编译为 WASM 代码交给 WASM 运行环境继续处理。大量使用 C#编写的托管代码库将可以无缝运行在浏览器中,为浏览器应用的开发提供大量功能组件。

鉴于此,本书的介绍重点会放在 Blazor WebAssembly 上,在了解后通过官方文档可以快速学习 Blazor Server 相关的知识。Blazor WebAssembly 的基本开发模式就是现在流行的前后端分离模式,而且如果通过 ASP.NET Core 进行托管的话可以无缝实现服务端预渲染,能有效改善 SPA 应用的 SEO(Search Engine Optimization,搜索引擎优化)问题。

Blazor WebAssembly 项目模板包含使用 ASP.NET Core 托管和渐进式 Web 应用程序(PWA)的复选框。如果想要使用服务端预渲染功能,就必须勾选 ASP.NET Core 托管,或者手动集成到现有的 ASP.NET Core 项目中。之后的介绍统统默认为托管模式。因此项目创建也直接勾选托管。

PWA 应用是目前比较新的 App 开发理念,由浏览器提供底层支持,因此本质上是一个 Web 应用。但是 PWA 应用强制要求提供离线运行的能力,浏览器会在首次访问页面时询问是否要安装到应用和在桌面添加快捷方式,然后缓存离线运行所需的依赖项。如果打开应用时连网,浏览器会优先使用在线资源并自动检查和缓存更新。由于 PWA 应用拥有离线工作模式,因此为保障安全,仅允许使用 HTTPS。这为一些轻量级应用提供了另一种开发方式和发布渠道,毕竟不是所有应用都需要访问硬件/系统调用、访问权限敏感的本地资源或利用 CPU/GPU 执行高强度计算。Blazor WebAssembly 作为.NET 框架的一部分,能享受由.NET 框架提供的大量基础设施。推荐以 PWA 模式开发应用。

现代 Web 应用基本都需要身份认证和授权功能,项目模板也提供了相应支持,能少编写大量基础模板代码,推荐使用。

17.2 公共基础

17.2.1 依赖注入

Blazor WebAssembly 支持依赖注入服务,与 ASP.NET Core 的开发模式保持了高度统一。默认主机会注册一些默认服务(见表 17-1),但如果使用第三方服务提供者,则需要手动注册。

表 17-1 Blazor 默认服务

服务	生命周期	说明
HttpClient	作用域	提供用于发送 HTTP 请求以及从 URI 标识的资源接收 HTTP 响应的方法。Blazor WebAssembly 应用中 HttpClient 的实例使用浏览器在后台处理 HTTP 流量
ILoggerFactory 和 ILogger	单例和作用域	日志记录器
IJSRuntime	Blazor WebAssembly:单例 Blazor Server:作用域	表示在其中调度 JavaScript 调用的 JavaScript 运行时实例

(续表)

服务	生命周期	说明
NavigationManager	Blazor WebAssembly：单例 Blazor Server：作用域	用于处理 URI 和导航状态的帮助程序
PersistentComponentState	Blazor WebAssembly：单例 Blazor Server：作用域	在预渲染模式中用于保存和恢复组件状态的帮助程序
LazyAssemblyLoader	Blazor WebAssembly：单例	程序集延迟加载器。仅适用于 Blazor WebAssembly

在 Blazor 应用中，没有 Startup 类用于服务和管道配置。主机构造器直接公开了 Services 属性，可以用它注册服务。

17.2.2 配置

1. 默认配置行为

Blazor 的选项和配置系统在使用上并没有什么特殊之处，只需要知道 Blazor 的主机构造器会在初始化时自动从 wwwroot/appsettings.json 和 wwwroot/appsettings.{环境名称}.json 中读取默认配置，并且这个配置在调用 Build 方法之前就可用。因此可以通过这个配置指导主机的构造过程。访问主机构造器的 Configuration 属性即可读取这些配置。

2. 自定义数据源

如果想要手动添加其他数据源也完全可以。最常见的是通过 HTTP 请求自定义 JSON 文件。示例代码如下：

```
public class Program
{
    public static async Task Main(string[] args)
    {
        var builder = WebAssemblyHostBuilder.CreateDefault(args);
        builder.RootComponents.Add<App>("#app");

        // 实例化 HTTP 客户端
        var http = new HttpClient()
        {
            BaseAddress = new Uri(builder.HostEnvironment.BaseAddress)
        };
        // 下载自定义配置文件
        using var response = await http.GetAsync("mysettings.json");
        // 把响应正文转换为流
        using var stream = await response.Content.ReadAsStreamAsync();
        // 把 JSON 数据流添加到配置数据源
        builder.Configuration.AddJsonStream(stream);
        // 构造并运行 Blazor WebAssembly 主机
        await builder.Build().RunAsync();
    }
}
```

示例展示了如何从自定义链接读取配置。示例代码会下载静态文件 wwwroot/mysettings.json，然后从中读取配置。

自定义数据源的配置在 Build 方法后才可用，如果配置需要在 Build 方法前可用则必须用

appsettings.json。如果实在不想用 appsettings.json，可以自行构造配置对象。如果需要把自定义配置对象集成到应用，可以使用 ChainedConfigurationSource 进行连接。

3. 渐进式 Web 应用的缓存问题

如果使用 PWA 模式开发应用，对于安装了应用的用户来说，手动编辑和更新配置文件是无效的。由于 PWA 应用会缓存配置文件，然后通过 service-worker 来判断应用是否有更新，因此修改配置文件后必须重新发布应用使应用能检测到更新。有关 PWA 应用的详细介绍请参阅 "17.10 渐进式 Web 应用"。

17.2.3 启动

1. 基础使用

默认情况下，Blazor 主机会自动启动，但某些情况下可能需要手动启动或对主机的启动行为进行配置。

示例代码如下：

```
1.   // 取消 Blazor WebAssembly 主机的自动启动
2.   <script src="_framework/blazor.webassembly.js" autostart="false"></script>
3.   <script>
4.       // 在文档的加载完毕事件中手动启动主机
5.       document.addEventListener("DOMContentLoaded", function () {
6.           Blazor.start({
7.               // 自定义资源的加载方式
8.               loadBootResource: function (type, name, defaultUri, integrity) {
9.                   // 打印默认的资源信息
10.                  console.log(`Loading: '${type}', '${name}', '${defaultUri}',
                         '${integrity}'`);
11.                  // 根据资源类型处理资源的加载方式
12.                  switch (type) {
13.                      case 'dotnetjs':
14.                      case 'dotnetwasm':
15.                      case 'timezonedata':
16.                          // 从自定义地址下载资源
17.                          // 如果返回 fetch 对象，Blazor 会直接使用该对象的响应数据。如果返回
                                 null，Blazor 会使用默认信息加载资源
18.                          return `https://cdn.example.com/blazorwebassembly/6.0.0/
                                 ${name}`;
19.                  }
20.              }
21.          }).then(function () {
22.              // 自定义代码（主机启动成功之后）
23.          });
24.      });
25.  </script>
```

示例展示了如何手动控制应用主机的启动。关键是在脚本标签中设置 autostart 为 false，然后调用 Blazor 对象来自定义启动过程。其中的 start 方法接收一个配置对象，对象中有一个 loadBootResource 属性，其值是一个函数，可以手动控制要从何处下载资源。并且 start 方法返回 Promise，可以调用 then 方法连接后续处理。如果使用较新的浏览器，可以使用 async/await 语法增加代码可读性。

2. 载入进度显示

利用自定义启动功能可以实现显示应用载入进度的功能，用户能看到进度的话，等待的耐心也能增加不少。接下来以模板内置的 Bootstrap 4 进度条为例进行演示。

index.html/_Host.cshtml（精简）的示例代码如下：

```
1.   <!DOCTYPE html>
2.   <html>
3.
4.   <head>
5.       <meta name="viewport" content="width=device-width, initial-scale=1.0,
              maximum-scale=1.0, user-scalable=no" />
6.       <title>BlazorApp1</title>
7.       <base href="/" />
8.       <link href="css/bootstrap/bootstrap.min.css" rel="stylesheet" />
9.   </head>
10.
11.  <body>
12.      <div id="app">
13.          Now Loading : <span id="resource-name"></span>
14.          <div class="progress">
15.              <div id="boot-progress" class="progress-bar progress-bar-striped
                    progress-bar-animated" role="progressbar" aria-valuenow="0"
                    aria-valuemin="0" aria-valuemax="100" style="width: 0%"></div>
16.          </div>
17.      </div>
18.
19.      <div id="blazor-error-ui">
20.          An unhandled error has occurred.
21.          <a href="" class="reload">Reload</a>
22.          <a class="dismiss">🗙</a>
23.      </div>
24.
25.      <script src="_framework/blazor.webassembly.js" autostart="false"></script>
26.      <script>
27.          function bootApp(viewUpdater) {
28.              // 资源总数
29.              let length = 0;
30.              // 已加载数
31.              let count = 0;
32.
33.              // 进度更新函数
34.              let updateBootProgress = function (name) {
35.                  count++;
36.                  viewUpdater(name, count, length);
37.              }
38.
39.              Blazor.start({
40.                  loadBootResource: function (type, name, defaultUri, integrity) {
41.                      switch (type) {
42.                          //case 'dotnetjs':
43.                          case 'dotnetwasm':
44.                          case 'assembly':
45.                          case 'timezonedata':
46.                              // 资源是异步启动加载的，总资源数会快速更新完毕
47.                              length++;
48.                              // 实例化请求
49.                              let request = fetch(defaultUri, { integrity: integrity });
50.                              // 注册请求完成回调，更新进度
51.                              request.then(() => { updateBootProgress(name); });
52.                              // 把请求实例返回给 Blazor 启动器
53.                              return request;
54.                      }
55.                  }
```

```
56.            });
57.        }
58.
59.        // 页面更新函数
60.        function updateBootProgress(name, count, length) {
61.            document.getElementById('resource-name').innerText = name;
62.            let progress = parseInt(count * 1.0 / length * 100);
63.            let bar = document.getElementById('boot-progress');
64.            bar.innerText = count.toString() + ' / ' + length.toString();
65.            bar.style.width = progress.toString() + '%';
66.            bar.attributes["aria-valuenow"].value = progress.toString();
67.        }
68.
69.        // 启动应用
70.        bootApp(updateBootProgress);
71.    </script>
72. </body>
73.
74. </html>
```

示例展示了一个非常简单的启动进度动画，可以用作二次改造的蓝本。不要忘了把 autostart 设置为 false，取消自动启动。这个载入进度比较反直觉的一点是进度更新是由下载完成触发的，也就是说 Loading 中看到的资源名称并不是下载中的资源，而是最近下载完的资源。资源在后台会通过多个 Promise 并行启动下载，因此显示下载中的资源意义不大还很麻烦，并且由于 Blazor 启动机制和 fetch 函数的用法问题，计算实时下载速度也比较麻烦。因此本示例不显示具体的下载列表和实时统计信息。

17.2.4 环境

1. 基础概念

和 ASP.NET Core 一样，Blazor 也有环境的概念，但 Blazor 不是本地应用，因此读取和设置应用环境的方法稍有不同。

Blazor WebAssembly 应用环境所需的数据和 ASP.NET Core 不同，类型为 IWebAssemblyHostEnvironment。这个类型并不实现 IWebHostEnvironment 接口，它们之间互不兼容，千万不要混淆。

2. 设置环境

Blazor 应用可以通过启动配置或响应标头设置环境。在默认情况下，在开发期，开发服务器会自动使用响应标头设置开发环境。发布后没有响应标头，Blazor WebAssembly 主机默认以生产环境启动。

（1）启动设置

示例代码如下：

```
1. <script src="_framework/blazor.webassembly.js" autostart="false"></script>
2. <script>
3.     document.addEventListener("DOMContentLoaded", function () {
4.         Blazor.start({
5.             environment: 'Development'
6.         });
7.     </script>
```

（2）响应标头

Blazor 应用通过名为 blazor-environment 的响应标头设置环境。这个标头在其他页面实际上是没用的，如果使用中间件或 IIS 配置添加响应标头，可能会浪费不必要的网络流量。因此建议通过管道分支功能或其他托管服务器功能针对启动页设置标头。

17.2.5 路由

Blazor WebAssembly 应用默认会拦截浏览器的导航功能进行本地路由，如果需要进行浏览器导航，可以使用 NavigationManager 的重载方法实现。

在页面上，Blazor 准备了内置组件 Router 来实现组件路由，这需要可路由组件的配合。项目模板中的 App 组件包含了使用 Router 组件的模板代码。Router 组件本身没有要渲染的内容，内容主要由 RouterView 组件负责呈现，这个组件会根据可路由组件的布局设置渲染实际页面。如果可路由组件分布在多个程序集中，需要在 Router 组件中通过 AdditionalAssemblies 参数注册。

ASP.NET Core 的路由系统有一套强大的模式系统，在前端通常不需要如此复杂的功能，因此 Blazor 对路由模板、参数和约束支持的功能进行了精简。如果在路由中使用了看上去比较复杂的模板，不确定 Blazor 知否支持的话，可以前往官方文档查证或自行试验。

Blazor 内置了 NavMenu 和 NavLink 组件，能够方便地生成导航菜单。更关键的是这个组件能根据路由到的组件来调整菜单元素的显示样式，为开发者提供了便利。

17.2.6 错误处理

软件难免会发生错误，如何优雅地处理错误和保留相关数据就显得尤为重要。在前端应用中通常错误会自动打印到控制台，但这种错误消息通常不方便解读，并且会随着页面刷新和控制台清理而丢失。因此建议通过 Web API 把关键错误信息提交到后台为后续维护提供资料。

如果需要在页面上更好地展示错误消息，可以开发一个专用组件。

示例代码如下：

（1）Error.razor

```
1.    @using Microsoft.Extensions.Logging
2.    @using System.Timers
3.    @implements IDisposable
4.    @inject ILogger<Error> Logger
5.    @inject HttpClient Client
6.
7.    <CascadingValue Value=this>
8.        @ChildContent
9.        @if (_errorContent != null)
10.       {
11.           @_errorContent
12.       }
13.   </CascadingValue>
14.
15.   @code {
16.       [Parameter]
17.       public RenderFragment ChildContent { get; set; }
18.
19.       protected RenderFragment _errorContent;
```

```
20.        protected Timer _timer = new Timer(10000);
21.
22.        public void ProcessError(Exception ex, RenderFragment errorContent)
23.        {
24.            Logger.LogError("Error:ProcessError - Type: {Type} Message: {Message}",
25.                ex.GetType(), ex.Message);
26.            Client.PostAsJsonAsync("/reportError", ex);
27.
28.            if (errorContent == null) return;
29.
30.            _errorContent = errorContent;
31.            StateHasChanged();
32.
33.            _timer.Stop();
34.            _timer.Start();
35.        }
36.
37.        protected override void OnInitialized()
38.        {
39.            _timer.AutoReset = false;
40.            _timer.Elapsed += OnTimerCallback;
41.        }
42.
43.        private void OnTimerCallback(object sender, ElapsedEventArgs eventArgs)
44.        {
45.            _ = InvokeAsync(() =>
46.            {
47.                _errorContent = null;
48.                StateHasChanged();
49.            });
50.        }
51.
52.        public void Dispose() => _timer.Dispose();
53.    }
```

（2）在 App 组件中全局应用

```
1.    <Error>
2.        <Router AppAssembly="@typeof(Program).Assembly" PreferExactMatches="@true">
3.            @*其他组件*@
4.        </Router>
5.    </Error>
```

（3）在其他组件中引用

```
1.    @page "/counter"
2.
3.    <h1>Counter</h1>
4.
5.    <p>Current count: @currentCount</p>
6.    <button class="btn btn-primary" @onclick="IncrementCount">Click me</button>
7.
8.    @code {
9.        [CascadingParameter]
10.       protected Error Error { get; set; }
11.
12.       private int currentCount = 0;
13.
14.       private void IncrementCount()
15.       {
16.           currentCount++;
17.
18.           try
19.           {
20.               throw new Exception("一个异常");
21.           }
```

```
22.         catch (Exception ex)
23.         {
24.             Error.ProcessError(ex, @<p>异常显示提醒！No. @currentCount</p>);
25.         }
26.     }
27. }
```

示例展示了一种开发和使用自定义错误显示组件的方法，有关组件的详细内容将在下一小节进行介绍。

17.3 Razor 组件

Blazor 是围绕组件模型设计的框架，因此组件是一个非常关键的概念。为了充分利用现有资源，Blazor 的组件使用 Razor 语法，因此称为 Razor 组件，其绝大多数功能和语法都和 MVC 视图相同。Razor 组件的扩展名是".razor"，并且 Razor 组件名必须以大写字母开头。在模板项目中组件统一放在 Pages 文件夹中。

在 WebAssembly 中的 Razor 组件具有和 Vue、Angular 等框架相似的功能，包括双向数据绑定和界面渲染等，使用体验良好，可以说相比同为 MVVM 模式的 WPF 方便太多。也因为要支持自动同步等响应式渲染功能，Razor 组件不支持标签助手，如果有需要，建议使用现成的或者自己编写的和标签助手功能相同的组件。

示例代码如下：

```
1.  @page "/counter"
2.
3.  <h1>Counter</h1>
4.
5.  <p>Current count: @currentCount</p>
6.  <button class="btn btn-primary" @onclick="IncrementCount">Click me</button>
7.
8.  @code {
9.      private int currentCount = 0;
10.
11.     private void IncrementCount()
12.     {
13.         currentCount++;
14.     }
15. }
```

Razor 组件不支持在 Razor 表达式中使用异步语法，因为 Razor 组件是一种 UI 组件，执行异步任务是没有必要且危险的。如果需要调用异步方法，可以在 Razor 组件的异步生命周期事件中进行，有关组件生命周期的详细介绍请参阅"17.3.16 生命周期"。

17.3.1 相关的 Razor 指令

Razor 组件新增了一种指令类型，称为属性指令，在 HTML 标签或 Razor 组件上使用。

- @page：定义 Razor 组件是可路由组件，可以通过网址进行导航。指令参数就是路由模板。和 Razor Pages 不同，Razor 组件中可以多次使用该指令为组件指定多个路由。路由模板必须是以"/"开头的绝对地址。

- @code:Blazor 新增指令,和 Razor Pages 中的@functions 指令的作用基本相同,用于存放定义组件的行为逻辑的 C#代码。如果使用后台代码模式开发,可以没有@code 段。
- @bind:Blazor 新增指令,属性指令,用于绑定 HTML 属性和 C#成员,例如将表单标签的值绑定到 C#属性。
- @layout:Blazor 新增指令,用于指定可路由组件在路由到组件时要使用的布局组件。
- @ preservewhitespace:Blazor 新增指令,用于控制是否启用空白字符裁剪。启用裁剪后,Razor 引擎会自动删除无用的空白字符(如开发中排版用的缩进)减少要输出的内容以提高性能。如果裁剪后发生渲染结果与期望不符,可以删除指令关闭裁剪。
- @on{事件名称}:Blazor 新增指令,属性指令,用于绑定事件和事件处理器。特殊情况下,"@on{事件名称}:preventDefault"可以禁用事件的默认操作,例如阻止表单自动提交;"@on{事件名称}:stopPropagation"可以阻止事件传播,确保这是最后一个响应事件的处理器。
- @key:Blazor 新增指令,属性指令,用于提供在进行差异比较时确定组件实例是否应该保留的依据。通常在循环显示多个组件时比较有用。和 Vue 中的作用与用法基本相同。
- @ref:Blazor 新增指令,属性指令,用于公开向子组件传递自身的引用。同样和 Vue 中的类似。
- @typeparam:Blazor 新增指令,用于指定泛型组件的泛型参数。可以使用完整的 C# 泛型约束语法。从 ASP.NET Core 6 Blazor 开始,Razor SDK 支持通过上层组件推断泛型组件的泛型参数类型。

17.3.2 后台代码和分部类支持

Razor 组件和 Razor Pages 一样,支持后台代码模式,不过两者的实现方式略有区别。Razor Pages 使用@model 指令指定后台代码类,因此后台代码和页面文件可以不放在一起(虽然一般不会这么做)。

Razor 组件有两种方式实现后台代码:

1)在 Razor 组件所在的文件夹创建"{组件名}.razor.cs"文件并定义分部类"public partial class {组件名}"。请注意,两个文件必须在相同文件夹。

示例代码如下:

- Counter.razor

```
1.   @page "/counter"
2.
3.   <h1>Counter</h1>
4.
5.   <p>Current count: @currentCount</p>
6.   <button class="btn btn-primary" @onclick="IncrementCount">Click me</button>
```

- Counter.razor.cs

```
1.   public partial class Counter
2.   {
3.       private int currentCount = 0;
4.
5.       private void IncrementCount()
```

```
6.      {
7.          currentCount++;
8.      }
9.  }
```

2）使用@inherits指令指定组件要继承的基类。这有点类似在Razor Pages中使用的@model指令。Razor Pages的页面模型类需要从PageModel派生，而Razor组件类需要从ComponentBase派生。

示例代码如下：

- Counter.razor

```
1.  @page "/counter"
2.  @page "/app/counter"
3.  @inherits Counter
4.
5.  <h1>Counter</h1>
6.
7.  <p>Current count: @currentCount</p>
8.  <button class="btn btn-primary" @onclick="IncrementCount">Click me</button>
```

- Counter.razor.cs

```
1.  public partial class Counter : ComponentBase
2.  {
3.      private int currentCount = 0;
4.
5.      private void IncrementCount()
6.      {
7.          currentCount++;
8.      }
9.  }
```

17.3.3 输出原始 HTML

之前介绍MVC视图时提到如何输出未经编码的HTML字符串，现在介绍一下Blazor中的输出方法。非常简单，只需要在输出时把字符串强制转换为MarkupString类型即可。

示例代码如下：

```
1.  @((MarkupString)myMarkup)
2.
3.  @code {
4.      private string myMarkup =
5.          "<p class=\"text-danger\">This is a dangerous <em>markup string</em>.</p>";
6.  }
```

如果内容来自外部输入，可能包含危险内容，因此请谨慎处理来自外部的内容。

17.3.4 依赖注入

1. 基础使用

Razor组件和MVC视图一样可以使用@inject指令，除此之外还可以在后台代码中进行配置。方法也很简单，使用Inject特性标记组件类的属性即可。为避免持有服务的属性被意外赋值，建议不要公开用于注入服务的属性。

示例代码如下：

```
1.   @inject IJSRuntime JS
2.
3.   <h1>Dependency injection</h1>
4.
5.   @code {
6.       [Inject]
7.       protected HttpClient Client { get; set; }
8.   }
```

2. 控制服务的生命周期

在 Blazor 应用中，服务的生命周期和普通 ASP.NET Core 应用不同。对于 Blazor Server 应用，每个连接的客户端始终使用一个作用域；而对于 Blazor WebAssembly 应用，整个应用只有一个作用域，因此作用域和单例的实际效果相同。也就是说在用户看来，Blazor 应用的单例服务和作用域服务实际上没有区别。

如果确实有需求，Blazor 准备了抽象组件基类 OwningComponentBase，这个组件包含一个受保护的 ScopedServices 属性。这个属性的服务提供者拥有一个独立的作用域，并且在组件被销毁时会清理这个作用域。

> **注 意**
>
> 使用@inject 指令或 Inject 特性自动注入的服务依然来自应用自身的作用域。想获取独立作用域的服务的话只能手动在代码中访问 ScopedServices 属性并调用 GetService 方法来获取服务。

OwningComponentBase 还有一个泛型版本 OwningComponentBase<TService>，这个组件会自动向 Service 属性注入 TService 服务，在一定程度上能减少代码量。如果需要多个服务，需要使用 ScopedServices 属性手动获取剩下的服务。

17.3.5 路由和导航

在 Razor 组件中，可以使用@page 指令定义组件路由。使用了这个指令的组件称为可路由组件。可路由组件中可以多次使用指令定义多个路由，也支持大多数 ASP.NET Core 路由模板语法，如路由参数和部分路由约束。组件路由必须是以"/"开头的绝对路径。组件路由通常使用横线命名法约定，所有单词全部使用小写字母，单词之间使用横线隔开。例如："HelloWorld"组件路由为"/hello-world"。这只是推荐的约定，是否采用请根据实际情况决定。

Blazor 框架准备了内置组件 NavMenu（来自项目模板）和 NavLink 用于生成导航到组件的 HTML 标签。这两个组件是典型的不可路由组件，仅用于生成 HTML 标签。可路由组件就算不添加到导航组件也可以直接通过手写链接进行访问，因此不能只通过隐藏导航标签来阻止用户访问敏感页面。

SPA 应用的一大特点是劫持浏览器的导航功能实现本地导航。早期 SPA 应用框架不使用 URL 导航系统，这导致了应用无法从主页以外的位置启动，也破坏了浏览器的前进和返回功能。之后的框架使用 URL 锚点来导航避免了这些问题。而 Blazor 使用普通的路径导航，反而导致了路径修改无法触发页面刷新的问题。为了解决这个问题，Blazor 框架使用内置服务 NavigationManager

的重载方法来强制触发浏览器的页面刷新。

17.3.6 组件参数

1. 基础使用

Razor 组件使用标记了 Parameter 特性的公共读写属性接收从外部传递的参数。如果组件定义了和属性同名的路由参数，框架会把路由参数自动绑定到属性。但是自动绑定的路由参数只支持基本数据类型，这有点像 Razor Pages 的 BindProperty 特性。

示例代码如下：

```
1.   @page "/counter/{Title?}"
2.   
3.   <h1>Counter - @Title</h1>
4.   
5.   <p>Current count: @currentCount</p>
6.   <button class="btn btn-primary" @onclick="IncrementCount">Click me</button>
7.   
8.   @code {
9.       private int currentCount = 0;
10.  
11.      [Parameter]
12.      public string Title { get; set; }
13.  
14.      private void IncrementCount()
15.      {
16.          currentCount++;
17.      }
18.  }
```

可路由组件也能当作一般组件使用并通过组件属性传递参数，例如：

```
1.   <Counter Title="MyCounter" />
```

2. 参数覆盖

Blazor 框架为了避免从父组件接收的参数发生了修改可能导致的问题进行了一些内部处理，这避免了潜在的无限循环渲染和参数值的意外覆盖，但是这也可能导致另外一些小问题。对此，建议的开发模式是：

- 如果父组件可能修改参数值且从父组件接收参数后只会自己使用，建议用内部私有变量复制一份在内部使用。可以使用初始化生命周期方法完成参数复制。
- 如果需要把参数的新值提交给父组件并且参数值应该时刻与父组件保持同步，建议使用自定义事件通知父组件值已经更改，父组件更新值后会通过框架的渲染流程自动更新回子组件。有关自定义事件的详细介绍请参阅"17.3.15 事件处理"。

17.3.7 属性展开和任意参数

HTML 标签中有很多内置属性，同时也支持自定义属性。Razor 组件也不例外，只不过 Razor 组件的属性值绑定到 C#属性。为了方便通过编程方式控制要附加到标签的属性，或者仅仅是为了方便批量管理，Blazor 设计了属性展开和任意参数功能。

示例代码如下：

```
1.   <input name="useAttributesDict" maxlength="15" @attributes="InputAttributes"
        size="25" />
2.   @code {
3.       [Parameter(CaptureUnmatchedValues = true)]
4.       public Dictionary<string, object> InputAttributes { get; set; } =
5.       new()
6.       {
7.           { "maxlength", "10" },
8.           { "placeholder", "Input placeholder text" },
9.           { "required", "required" },
10.          { "size", "50" }
11.      };
12.  }
```

示例展示了如何使用属性展开和任意参数，这个参数属性需要满足以下所有条件：

- Parameter 特性需要设置 CaptureUnmatchedValues 的值为 true，表示把没有与其他参数匹配的属性捕获到当前参数，因此 CaptureUnmatchedValues 的值为 true 的特性只能使用一次。
- 属性需要是和 Dictionary<string, object>、IReadOnlyDictionary<string, object> 或 IEnumerable<KeyValuePair<string, object>>等兼容的类型。如果属性展开到 HTML 标签，object 的实际内容该是 string；如果展开到 Razor 组件，object 应该和接收参数的属性的类型兼容。
- 在标签中使用@attributes 属性进行展开。@attributes 的使用位置非常关键，因为属性展开是从右到左进行的，如果发现属性设置冲突，后来的值会覆盖之前的值。示例中的 size 属性在展开的右边，因此会被展开的值覆盖；而 maxlength 在展开的左边，因此会覆盖展开的值。

17.3.8 子内容

在上一小节的示例中可以看出，组件大多使用了自结束标记语法。这表示组件中不能再添加任何自定义内容，组件呈现的内容将完全由内部代码决定。但是向组件中插入自定义内容实际上是很常见的需求，Razor 组件有必要提供支持。

如果组件中存在使用 Parameter 特性标记、类型为 RenderFragment 并且名称为 ChildContent 的公共读写属性，这个属性会自定绑定到组件内编写的内容。为了使 Razor SDK 可以正确分析组件并生成正确的代码，以上要求是强制性的，不能有任何差错。最后在视图模板中要呈现子内容的位置处引用属性即可。

示例代码如下：

```
1.   @page "/counter"
2.
3.   <h1>Counter</h1>
4.
5.   <p>Current count: @currentCount</p>
6.   <button class="btn btn-primary" @onclick="IncrementCount">Click me</button>
7.   <div class="child-content">
8.       @ChildContent
9.   </div>
10.
11.  @code {
12.      private int currentCount = 0;
13.
14.      [Parameter]
15.      public RenderFragment ChildContent { get; set; }
16.
```

```
17.    private void IncrementCount()
18.    {
19.        currentCount++;
20.    }
21. }
```

17.3.9 组件和元素引用

有时可能需要在代码中引用 HTML 元素、组件实例或调用组件方法，Blazor 为此准备了捕获组件引用功能。只需要在组件或元素中使用@ref 指令指定一个名称，然后在代码中使用匹配的变量类型和变量名即可以捕获到对组件的引用。如果要捕获的是 HTML 元素引用，则类型应为 ElementReference。需要注意，捕获的组件引用不能用于和 JavaScript 互操作，仅限在.NET 内部使用。

示例代码如下：

```
1.  <MyComponent @ref="myComponent"></MyComponent>
2.
3.  @for (int i = 0; i < 10; i++)
4.  {
5.      <MyComponent @ref="myComponentList"></MyComponent>
6.  }
7.
8.  <p @ref="myParagraph">Current count: @currentCount</p>
9.
10. @code {
11.     private MyComponent myComponent;
12.     private List<MyComponent> myComponentList;
13.
14.     private ElementReference myParagraph;
15.
16.     private void Method()
17.     {
18.         myComponent.DoSomething();
19.     }
20. }
```

17.3.10 使用@key 控制是否保留元素和组件

在前端 UI 框架中使用循环展示数据集合是非常常见的做法，但是这对元素的生命周期控制提出了更大的挑战，而这个问题似乎无法靠框架自动实现。因此包括 Blazor 在内的大多数框架都提供了一种用于辅助框架控制元素生命周期的方法，在 Blazor 中就是使用@key 指令。这个指令可以在 Razor 组件或标准 HTML 标签上使用。

示例代码如下：

```
1.  <ul>
2.      @foreach (var item in _list)
3.      {
4.          <li @key="item.GetHashCode()">@item.GetHashCode()</li>
5.      }
6.  </ul>
7.  <button @onclick="Sort">Sort</button>
8.
9.  @code {
10.     private List<object> _list = new List<object> { new(), new(), new() };
11.
```

```
12.     private void Sort() => _list = _list.OrderBy(o => o.GetHashCode()).ToList();
13. }
```

示例使用 object 的 HashCode 作为 key 来确定元素和对象的对应关系,此时对集合排序后只要 HashCode 不变,框架就会认为对象不变,在重新渲染时就会使用已有元素进行排序而不是销毁旧的元素并重新生成新的元素。如果此时有输入框处于焦点状态,会发现输入框的位置变了,但是焦点还在。如果发现输入框的焦点丢失,就可以发现框架无法判断元素是否应该保留而选择用新元素进行替换,此时就可以考虑使用@key 指令减少元素替换来提升渲染性能和用户体验。

17.3.11　Razor 模板

RenderFragment 除了绑定到子内容外,还可以绑定到 Razor 模板。这有点像 MVC 视图中的模板化 Razor 委托。实际上 RenderFragment 也确实是委托类型。

示例代码如下:

```
1.  @page "/counter"
2.
3.  <h1>Counter</h1>
4.
5.  <p>Current count: @currentCount</p>
6.  <button class="btn btn-primary" @onclick="IncrementCount">Click me</button>
7.  <div class="fragment">
8.      @fragment
9.      @myModelFragment(new MyModel { Number = 15, Text = "随便一段话" })
10. </div>
11.
12. @code {
13.     public class MyModel
14.     {
15.         public int Number { get; set; }
16.         public string Text { get; set; }
17.     }
18.
19.     private int currentCount = 0;
20.
21.     private RenderFragment fragment = @<p>@DateTime.Now.ToString()</p>;
22.
23.     private RenderFragment<MyModel> myModelFragment = model =>
24.     @<div>
25.         <p>Model Info</p>
26.         <p>@model.Number</p>
27.         <p>@model.Text</p>
28.     </div>;
29.
30.     private void IncrementCount()
31.     {
32.         currentCount++;
33.     }
34. }
```

示例展示了如何把 Razor 模板绑定到 RenderFragment。从示例中可以看出 RenderFragment 还有一个泛型版本,可以接收数据用于模板内容填充。

17.3.12　模板化组件

上一小节的示例展示了如何在更多场景中运用 RenderFragment,但是灵活性仍然不够,模板是在组件内硬编码的。为了进一步提高组件的灵活性,可以利用 RenderFragment 开发模板化组件。

还记得子内容中使用的 ChildContent 属性吗?实际上这就是一个特殊的组件模板,Blazor 框架自动绑定到子内容,这有点类似于 Vue 中的默认插槽。如果存在其他名称的属性,Blazor 框架会绑定到与属性名相同的子标签中。为了避免和标准 HTML 标签重名,属性名应避免使用这些名称(通常属性名使用大驼峰命名法时天然不会重名,推荐使用),这类似于 Vue 中的具名插槽。

示例代码如下:

(1)定义组件 Table.razor

```
1.   @typeparam TItem
2.
3.   <table class="table">
4.       <thead>
5.           <tr>@Header</tr>
6.       </thead>
7.       <tbody>
8.           @foreach (var item in Items)
9.           {
10.              <tr>@Row(item)</tr>
11.          }
12.      </tbody>
13.  </table>
14.
15.  @code {
16.      [Parameter]
17.      public RenderFragment Header { get; set; }
18.
19.      [Parameter]
20.      public RenderFragment<TItem> Row { get; set; }
21.
22.      [Parameter]
23.      public IReadOnlyList<TItem> Items { get; set; }
24.  }
```

(2)使用组件

```
1.   <Table Items="items" TItem="MyModel">
2.       <Header>
3.           <th>数字</th>
4.           <th>文本</th>
5.       </Header>
6.       <Row Context="model">
7.           <td>@model.Number</td>
8.           <td>@model.Text</td>
9.       </Row>
10.  </Table>
11.
12.  @code {
13.      public class MyModel
14.      {
15.          public int Number { get; set; }
16.          public string Text { get; set; }
17.      }
18.
19.      MyModel[] items = new MyModel[]
20.      {
21.          new (){Number = 1, Text = "啊" },
22.          new (){Number = 2, Text = "啊啊" },
23.          new (){Number = 3, Text = "啊啊啊" },
24.      };
25.  }
```

示例编写了一个简单的 Table 组件，组件有一个类型参数 TItem 表示表格数据的类型。组件包含 Header 和 Row 两个具名模板用于接收表头和数据行的 HTML 模板。使用组件时，组件可以根据 Items 参数自动推断 TItem 的类型，也可以手动指定。示例展示了如何手动指定，当然手动指定的类型和实际参数类型不能冲突。RenderFragment<TValue>包含一个名为 context 的隐式参数，类型为 TValue，示例通过 Context 属性重命名参数为 model。本示例中的 Context 属性也可以在父组件 Table 中设置，不过如果组件中包含多个泛型模板，还是需要在模板自身的标签中设置参数的重命名以避免歧义。

如果使用了模板化组件，ChildContent 属性将不再会隐式自动绑定，需要显示使用 ChildContent 标签包裹内容。

17.3.13 级联值和参数

用于显示 UI 的 Razor 组件可能需要跨越多个层次或在有间隔的嵌套层次中引用祖先组件的数据。如果通过参数层层传递会严重增加开发工作量，还会大幅降低应用性能。如果需要的数据不直接来自父组件还需要在中间组件中增加参数用于传递。更严重的是如果组件来自第三方库，无法修改代码，可能导致组件无法使用。为了解决这个问题，Blazor 提供了专门用于级联传递数据的方法。

Blazor 框架准备了名为 CascadingValue 的内置组件传递级联值。需要接收级联值的组件只要包裹在其中就可以通过标记了 CascadingParameter 特性的读写属性获取值。这个属性可以不公开，这能有效保护数据不被外界修改。级联值组件还可以通过赋值 this 把组件实例作为级联值使用（此处的 this 不是 CascadingValue 组件实例，是使用 CascadingValue 组件的自定义组件实例）。

级联值是通过类型进行匹配的，如果需要级联多个相同类型的值，组件和特性都准备了 Name 参数用于区分。由于一个级联值组件实例只能设置一个值，因此需要嵌套使用多个级联值组件来完成级联多个值的目的。

由于无法通过智能提示等明显方式告知开发者自定义组件设置了级联值，因此需要在组件文档中说明组件使用了什么名称级联了什么类型的对象。例如 Blazor 内置组件 CascadingAuthenticationState 就是专门为内部组件提供身份状态信息的级联值组件，在包含身份认证的项目模板中是根组件 App 的最外层组件，相当于应用中的任何组件都能随时通过它获取身份状态信息而无须在整个组件树中显式层层传递，非常方便。

接下来通过一个简单的选项卡组组件进行演示，示例代码如下：

（1）TabGroup.razor

```
1.      <!-- 选项卡标签 -->
2.      <CascadingValue Value=this>
3.          <ul class="nav nav-tabs">
4.              @ChildContent
5.          </ul>
6.      </CascadingValue>
7.
8.      <!-- 选项卡内容 -->
9.      <div class="nav-tabs-body p-4">
10.         @ActiveTab?.Content
11.     </div>
12.
13.     @code {
```

```
14.        public interface ITab
15.        {
16.            RenderFragment Content { get; }
17.        }
18.
19.        [Parameter]
20.        public RenderFragment ChildContent { get; set; }
21.
22.        public ITab ActiveTab { get; private set; }
23.
24.        public void AddTab(ITab tab)
25.        {
26.            if (ActiveTab == null)
27.            {
28.                SetActiveTab(tab);
29.            }
30.        }
31.
32.        public void SetActiveTab(ITab tab)
33.        {
34.            if (ActiveTab != tab)
35.            {
36.                ActiveTab = tab;
37.                StateHasChanged();
38.            }
39.        }
40.    }
```

（2）Tab.razor

```
1.    @implements TabGroup.ITab
2.
3.    <li>
4.        <a @onclick="ActivateTab" class="nav-link @TitleCssClass" role="button">
5.            @Title
6.        </a>
7.    </li>
8.
9.    @code {
10.       [CascadingParameter]
11.       protected TabGroup ContainerTabGroup { get; set; }
12.
13.       [Parameter]
14.       public RenderFragment Title { get; set; }
15.
16.       [Parameter]
17.       public RenderFragment Content { get; set; }
18.
19.       private string TitleCssClass =>
20.           ContainerTabGroup.ActiveTab == this ? "active" : null;
21.
22.       protected override void OnInitialized()
23.       {
24.           ContainerTabGroup.AddTab(this);
25.       }
26.
27.       private void ActivateTab()
28.       {
29.           ContainerTabGroup.SetActiveTab(this);
30.       }
31.   }
```

（3）使用

```
1.    <TabGroup>
2.        <Tab>
3.            <Title>
```

```
4.            <p>选项卡 1</p>
5.          </Title>
6.          <Content>
7.            <h4>这是第一个选项卡！</h4>
8.
9.            <label>
10.              <input type="checkbox" @bind="showThirdTab" />
11.              激活选项卡 3
12.            </label>
13.          </Content>
14.        </Tab>
15.
16.        <Tab>
17.          <Title>
18.            <p>选项卡 2</p>
19.          </Title>
20.          <Content>
21.            <h4>这是第二个选项卡！</h4>
22.          </Content>
23.        </Tab>
24.
25.        @if (showThirdTab)
26.        {
27.          <Tab>
28.            <Title>
29.              <p>选项卡 3</p>
30.            </Title>
31.            <Content>
32.              <h4>这是第三个选项卡！</h4>
33.              <p>已经从第一个选项卡激活。</p>
34.            </Content>
35.          </Tab>
36.        }
37.      </TabGroup>
38.
39.      @code {
40.        private bool showThirdTab;
41.      }
```

示例中 TabGroup 组件通过级联值组件把自己传递到内部组件，使 Tab 组件能通过级联值知道自己是否被激活并调整自己的 class。Tab 组件初始化时，没有激活的选项卡就通过级联获得的 TabGroup 组件引用把自己设置为活动的选项卡。TabGroup 组件使用 ChildContent 显示选项卡标签，Tab 组件的隐式 ChildContent 是激活自己的按钮，这样 TabGroup 组件会把每个 Tab 添加到选项卡标签。总之，TabGroup 组件会通过激活的选项卡决定要显示哪个选项卡的 Content，Tab 则通过级联值调用 TabGroup 的 SetActiveTab 方法把自己设置为活动的选项卡。

这只是一个简单的静态选项卡组组件示例，如果希望能通过编程方式向选项卡组动态增删选项卡，需要使用更复杂的方式实现。

17.3.14 数据绑定

数据绑定是现代前端框架的基本功能。数据绑定最早起源于 MVVM 模式，而 WPF 是最早一批 MVVM 模式的桌面应用框架。MVVM 模式基于数据驱动视图的开发思想，开发者通过专用的界面描述语言编写界面模板和数据绑定规则，后台代码实现业务逻辑，当业务逻辑修改数据后，界面会自动响应数据的变更进行刷新。这种模式最大程度解耦了可视的界面和抽象的数据，让开发者免于手动同步数据和界面。WPF 使用 XAML 描述界面和数据绑定，C#代码描述业务逻辑，用于绑定的数据通过 IPropertyChanged 接口事件推动数据响应和界面刷新。

在 Web 中，界面描述使用 HTML，业务逻辑使用 JavaScript。推动数据响应的方法很多，常见的有 Vue 2 的重写 getter、setter（类似于 IPropertyChanged 的原理）和 Vue 3 的代理模式等。直到 Blazor 问世，业务逻辑可以使用 C#代替 JavaScript。曾经为了解决 WPF 实现接口需要编写大量样板代码的问题，还诞生了 Fody 这个编译期代码注入插件帮开发者自动实现接口。为了使 Blazor 更易于使用，框架放弃了基于 IPropertyChanged 接口事件的响应模式，不用再为响应式数据实现接口了。

上一小节的示例中的 showThirdTab 可以认为是一种简单的单向绑定的数据，其值只能通过代码修改，值的改变会影响界面显示的内容。对于表单标签来说，则需要双向绑定来保证显示的内容始终反映实时数据，在大多数情况下使用@bind 指令进行数据绑定。

示例代码如下：

```
1.  <p>
2.      <input @bind="inputValue" />
3.  </p>
4.  <p>
5.      <input value="@InputValue2" @onchange="@((ChangeEventArgs __e) => InputValue2
        = __e.Value.ToString())" />
6.  </p>
7.  <p>
8.      <input @bind="InputValue3" @bind:event="oninput" @bind:format="yyyy-MM-dd"/>
9.  </p>
10.
11. <ul>
12.     <li><code>inputValue</code>: @inputValue</li>
13.     <li><code>InputValue2</code>: @InputValue2</li>
14.     <li><code>InputValue3</code>: @InputValue3</li>
15. </ul>
16.
17. @code {
18.     private string inputValue;
19.
20.     private string InputValue2 { get; set; }
21.     private DateTime InputValue3 { get; set; }
22. }
```

示例展示了三种数据绑定的方法：第一种是最简单的方法，会在输入框失去焦点时触发更新；第二种是第一种方法的手写完整版，把输入框的 value 属性绑定到 C#属性，然后通过绑定 onchange 事件更新 C#属性的值；第三种方法把触发数据更新的事件切换为 oninput。

输入框的原始输入是字符串，如果绑定的属性不是字符串可能发生错误的输入无法转换为指定类型的问题。如果发生这种问题，框架会自动把值还原为上一次成功的输入。

Blazor 目前支持为 DateTime 系列类型提供格式化支持，可以使用@bind:format 指令设置格式，如果需要为其他类型提供格式化支持，可以通过自定义属性访问器完成。

Razor 组件支持绑定到组件参数，但这仅限于父组件绑定子组件的参数而不能反过来，因为反过来会违反数据跨组件单向流动的约定。Blazor 建议数据从父组件通过绑定向子组件流动，新参数值通过事件从子组件向父组件流动。数据最终存储在最上层的父组件中。如果在大规模的复杂应用中，推荐通过状态管理统一存储所有数据，组件通过参数关联到状态管理。在这方面，基于主机模式和依赖注入的 Blazor 框架有着天然的支持。

示例代码如下：

（1）Parent.razor

```
1.    <p>Parent <code>year</code>: @year</p>
2.    <button @onclick="UpdateYear">Update Parent <code>year</code></button>
3.
4.    <ChildBind @bind-Year="year" />
5.
6.    @code {
7.        private Random r = new();
8.        private int year = 1979;
9.
10.       private void UpdateYear()
11.       {
12.           year = r.Next(1950, 2021);
13.       }
14.   }
```

（2）ChildBind.razor

```
1.    <div>
2.        <p>Child <code>Year</code>: @Year</p>
3.        <button @onclick="UpdateYearFromChild">Update Year from Child</button>
4.    </div>
5.
6.    @code {
7.        private Random r = new();
8.
9.        [Parameter]
10.       public int Year { get; set; }
11.
12.       [Parameter]
13.       public EventCallback<int> YearChanged { get; set; }
14.
15.       private async Task UpdateYearFromChild()
16.       {
17.           await YearChanged.InvokeAsync(r.Next(1950, 2021));
18.       }
19.   }
```

示例中，父组件使用子组件并使用"@bind-{属性名}"语法把子组件的 Year 参数属性绑定到自己的 year 字段。子组件通过事件 YearChanged 响应父组件的参数更新，Blazor 会通过名为"EventCallback<TValue> {属性名}Changed"的属性自动与"@bind-{属性名}"关联。

Blazor 提供了大量的内置输入组件，这些组件对绑定和事件进行了大量定制，使用非常方便，通常建议直接使用内置组件或扩展内置组件而不是自己重写一套。

17.3.15 事件处理

1. DOM 事件映射

在可视化界面编程中，事件处理是非常关键的部分，Blazor 也进行了精心设计。Blazor 中注册事件处理器的语法为"@on{HTML 事件名}="{事件处理程序/委托}""，并且 Blazor 事件处理程序支持异步委托，使用异步委托可以轻松返回 Task，亦或使用 await 等待耗时操作或进行等待延迟。在 JavaScript 中设置等待延迟或定时器是一件非常麻烦且容易出错的事，但在 C#中则非常简单，只需要使用 await Task.Delay(<延迟时长>[, <取消令牌>])或 Timer 即可。如果事件处理程序非常简单，也可以使用 Lambda 表达式定义委托。

Blazor 内置事件参数和 DOM 事件类型对照表如表 17-2 所示。

表 17-2　Blazor 内置事件参数和 DOM 事件类型对照表

事件类型	参数类型	文档对象模型（DOM）事件
剪贴板	ClipboardEventArgs	oncut，oncopy，onpaste
拖动	DragEventArgs	ondrag，ondragstart，ondragenter，ondragleave，ondragover，ondrop，ondragend 说明： 事件参数的 DataTransfer 和 DataTransferItem 属性包含被拖动的 DOM 元素的信息。 使用 JS 互操作与 HTML 拖放 API 在 Blazor 应用中实现拖放
错误	ErrorEventArgs	onerror
事件	EventArgs	常规： onactivate，onbeforeactivate，onbeforedeactivate，ondeactivate，onfullscreenchange，onfullscreenerror，onloadeddata，onloadedmetadata，onpointerlockchange，onpointerlockerror，onreadystatechange，onscroll。 剪贴板： onbeforecut，onbeforecopy，onbeforepaste。 输入： oninvalid，onreset，onselect，onselectionchange，onselectstart，onsubmit。 多媒体： oncanplay，oncanplaythrough，oncuechange，ondurationchange，onemptied，onended，onpause，onplay，onplaying，onratechange，onseeked，onseeking，onstalled，onstop，onsuspend，ontimeupdate，ontoggle，onvolumechange，onwaiting。 说明： EventHandlers 保留属性，以配置事件名称和事件参数类型之间的映射
焦点	FocusEventArgs	onfocus，onblur，onfocusin，onfocusout。 不包含对 relatedTarget 的支持
输入	ChangeEventArgs	onchange，oninput
键盘	KeyboardEventArgs	onkeydown，onkeypress，onkeyup
鼠标	MouseEventArgs	onclick，oncontextmenu，ondblclick，onmousedown，onmouseup，onmouseover，onmousemove，onmouseout
鼠标指针	PointerEventArgs	onpointerdown，onpointerup，onpointercancel，onpointermove，onpointerover，onpointerout，onpointerenter，onpointerleave，ongotpointercapture，onlostpointercapture
鼠标滚轮	WheelEventArgs	onwheel，onmousewheel
进度	ProgressEventArgs	onabort，onload，onloadend，onloadstart，onprogress，ontimeout

（续表）

事件类型	参数类型	文档对象模型（DOM）事件和说明
触控	TouchEventArgs	ontouchstart, ontouchend, ontouchmove, ontouchenter, ontouchleave, ontouchcancel。 说明： TouchPoint 表示触控设备上的单个接触点

2. 自定义组件事件

通过 EventCallback<TValue> 可以轻松在组件中定义自定义组件事件。通过公开组件事件可以让父组件自由注册子组件的事件，子组件在适当的时机触发事件。这样父组件就能通过事件知晓子组件发生了什么，实现从子组件传递数据到父组件和让父组件能响应子组件的的状态变化的功能。上一小节的参数绑定示例就是通过自定义事件处理实现的。不要忘了在"17.3.1 相关的 Razor 指令"中介绍的用于阻止事件默认操作和停止事件传播的绑定修饰符。

17.3.16 生命周期

Razor 组件有一个完整的生命周期，在生命周期的不同阶段有不同的事件，在代码上体现为一组虚拟生命周期事件方法，开发者可以根据需要重写方法进行自定义处理。

通常 Razor 组件的生命周期分为 4 大阶段：

1）组件实例化：组件第一次生成时会触发组件的实例化，此时会进行各种初始化和注册工作，完成初始化后会进行渲染。此阶段会按顺序调用以下方法（见图 17-1）：

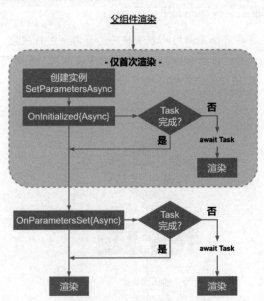

图 17-1　组件实例化阶段按顺序调用方法

- SetParametersAsync：仅组件实例化和首次渲染时调用。默认实现是通过反射查找并设置参数属性，通常无须重写。如果组件比较复杂，可以通过重写消除反射代码提高性能。

- OnInitialized{Async}：仅组件实例化和首次渲染时调用。初始化完毕后调用，执行额外的自定义处理。
- OnParametersSet{Async}：在级联和数据绑定的情况下，参数可能在初始化后发生改变，因此可能多次调用。

2）DOM 事件处理：DOM 事件发生时会触发事件处理阶段，事件处理完成后会进行渲染。DOM 事件处理阶段没有特定的生命周期事件，仅仅是在事件处理完毕后触发渲染，如图 17-2 所示。

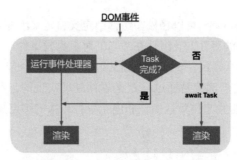

图 17-2　DOM 事件处理阶段的方法顺序

3）组件销毁：如果组件实现 IDisposable 或 IAsyncDisposable 接口，会在组件销毁时触发处置动作，可以在这里释放非托管资源。

4）组件渲染：组件渲染是一个可多次进入的阶段，除组件销毁之外的其他阶段最后都会触发组件渲染，组件渲染阶段的方法顺序如图 17-3 所示。通常 Blazor 框架会自动判断组件是否需要重新渲染，并且对于动态组件和静态组件有着良好的区分机制，可以在差异比较时跳过静态组件。如果需要手动干预，框架会按顺序调用以下方法：

- ShouldRender：在渲染前会先调用此方法确定是否需要重新渲染。
- OnAfterRender{Async}：在渲染和 DOM 更新完成后调用，此时可以访问在本次渲染中新实例化的组件，同时已销毁的组件将不再可用。

图 17-3　组件渲染阶段的方法顺序

Razor 组件中包含 StateHasChanged 成员方法，调用此方法会通知组件状态已更改并强制触发组件渲染。

在 Blazor Server 中还有一个重新连接事件，会在 SignalR 重新连接成功后调用。

17.3.17 组件渲染

1. 默认渲染约定

Razor 组件从 ComponentBase 派生，并由 Razor SDK 生成所需代码。根据默认约定，在以下情况会触发组件的重新渲染：

- 从父组件应用参数更新之后。
- 为级联参数应用参数更新之后。
- 发生事件并调用自己的某个事件处理程序之后。
- 调用自己的 StateHasChanged 方法之后。

同时为了避免不必要的重新渲染影响性能，在实际执行渲染之前会根据以下情况跳过渲染（只要其中之一成立即可）：

- 所有参数值都是已知的不可变基元类型（例如 int、string、DateTime），并且自上一组参数设置后就没有改变过。这个条件比较苛刻，通常在复杂组件中很难达成。
- 组件的 ShouldRender 方法返回 false。如果很清楚在什么情况下可以跳过无谓的渲染，可以重写这个方法，但是重写不当也可能导致组件无法在应该更新视图时启动渲染流程。

2. 手动触发渲染

如果需要在约定之外的情况下触发渲染，可以调用待渲染组件的 StateHasChanged 成员方法，这会触发整个子组件树的渲染。Razor 组件会在生命周期阶段自动触发渲染，但这只会在阶段结束时发生。如果需要在方法执行中途强制触发渲染，需要调用 StateHasChanged，在调用位置处会暂停异步处理进行渲染。

有些时候可能需要由没有祖先后代关系的组件触发渲染，此时可能需要通过某些方法获取组件的引用，然后调用其 StateHasChanged 方法。不过单纯地调用方法可能存在问题，因为 Blazor 作为可视化界面应用框架，其遵循了 UI 渲染流程由主线程统一托管的原则，使用同步上下文确保 UI 渲染始终在主线程中执行，在异步方法中可能导致跨线程调用 UI 或线程死锁问题。

对于单线程模型的 WASM 虚拟机则表现为事件循环挂起。此时可能需要通过 ComponentBase 的 InvokeAsync 方法把渲染委托重新发送到主线程上。如果读者了解 WinForm，可以当作 Control.Invoke 方法来看；如果了解 WPF，可以当作 Dispatcher.Invoke 方法来看。这同时也是为了和浏览器中的单线程 WebAssembly 模型匹配。因此请尽量避免调用会导致线程阻塞的方法。

示例代码如下：

```
1.    @using System.Timers
2.    @implements IDisposable
3.
4.    <h1>Counter with <code>Timer</code></h1>
5.    <p>Current count: @currentCount</p>
6.
7.    @code {
```

```
8.      private int currentCount = 0;
9.      private Timer timer = new(1000);
10.
11.     protected override void OnInitialized()
12.     {
13.         timer.Elapsed += (sender, eventArgs) => OnTimerCallback();
14.         timer.Start();
15.     }
16.
17.     private void OnTimerCallback()
18.     {
19.         _ = InvokeAsync(() => {
20.             currentCount++;
21.             StateHasChanged();
22.         });
23.     }
24.
25.     public void Dispose() => timer.Dispose();
26. }
```

示例展示了使用定时器自动触发计数的简单组件。定时器在 JavaScript 中是一种使用非常麻烦的东西，稍有不慎就会出问题，.NET 中的定时器更加方便易用。

17.3.18　虚拟滚动组件

在表格、列表或瀑布流等页面元素中，可能出现的情况是，可供显示的元素较多，但由于可视区域有限，实际可见的元素较少。在浏览器的渲染流程中就算是不可见的元素也会参与布局排版的计算。这会产生一个问题，即如果页面中不可见的元素过多，会引起无效的计算导致布局性能下降。为了解决这个问题，Blazor 框架准备了内置的虚拟滚动组件——Virtualize 组件。

Virtualize 组件在内部渲染时计算可见的元素和用于滚动缓冲的元素，更新到 DOM 的元素数量始终保持在可控范围内。为了满足尽可能多的使用场景，组件提供了两种数据源绑定方式：对于静态数据源，可以设置组件的 Items 属性；对于动态数据源，可以设置元素提供程序委托 ItemsProvider。但是不能同时设置这两个属性，否则会引发异常。

从动态数据源请求数据可能需要较长时间，因此组件提供了占位符功能，会在数据可用前显示并在数据可用后自动替换为实际数据。

示例代码如下：

```
1.  @inject MyModelService MyModelService
2.
3.  <div style="max-height: 100px; overflow: scroll;">
4.      <Virtualize Context="model" ItemsProvider="@LoadModels" ItemSize="25" OverscanCount="4">
5.          <ItemContent>
6.              <p>@model.Number</p>
7.              <p>@model.Text</p>
8.          </ItemContent>
9.          <Placeholder>
10.             <p>
11.                 Loading&hellip;
12.             </p>
13.         </Placeholder>
14.     </Virtualize>
15. </div>
16.
17. @code {
18.     public class MyModel
```

```
19.    {
20.        public int Number { get; set; }
21.        public string Text { get; set; }
22.    }
23.
24.    private int _totalMyModels;
25.
26.    private async ValueTask<ItemsProviderResult<MyModel>> LoadModels(
27.        ItemsProviderRequest request)
28.    {
29.        var numModels = Math.Min(request.Count, _totalMyModels - request.
            StartIndex);
30.        var (models, totalMyModels) = await MyModelService.GetModelsAsync
            (request.StartIndex, numModels, request.CancellationToken);
31.        _totalMyModels = totalMyModels;
32.
33.        return new ItemsProviderResult<MyModel>(models, totalMyModels);
34.    }
35. }
```

示例展示了如何使用虚拟滚动组件,其中 ItemSize 可以手动设定项目高度,单位是像素。手动设置有助于提高初始渲染性能,但错误的设置可能导致显示异常,并且会被重新计算的真实值代替。OverscanCount 可以设置滚动缓冲的数量,默认值是 3。滚动缓冲会同时缓冲前方和后方的元素,因此实际是最多会缓冲设置值两倍的元素。如果希望在滚动之外的情况触发重新渲染,可以调用组件的 RefreshDataAsync 方法。

17.3.19 动态组件

.NET 6 为 Blazor 新增了 DynamicComponent 组件用来动态显式组件,这在需要根据情况在同一位置显式不同类型的组件的场景非常适用。动态组件使用 Type 参数控制要显示的组件类型,然后通过对象字典传递组件参数。在部分情况下也可以使用 if 控制块来动态切换要显示的内容,不过还是动态组件的灵活性更好。

17.3.20 表单和验证

Razor 组件的表单验证机制和 MVC 视图不同,MVC 视图只需要根据请求和处理结果生成一次性的 HTML 响应,而 Razor 组件需要持续交互,因此 Razor 组件的实现稍显复杂。还好微软准备了 EditForm 组件,这个组件实现了基本验证功能,并且深度集成了数据验证特性,能方便地实现前后端共用一套验证逻辑。详细使用方法请参阅官方文档。

17.3.21 CSS 隔离

1. 基础使用

从 ASP.NET Core 5 Blazor 开始,Razor SDK 支持 CSS 隔离功能。这样就可以在不同组件中使用相同的 CSS 选择器而不会互相干扰了。

启用 CSS 隔离也非常方便,只需要在组件所在的文件夹中创建名为"{组件名}.razor.css"的样式文件即可。启用隔离的 CSS 会由 Razor SDK 自动捆绑和缩小,在编译期合并输出到

"/wwwroot/{程序集名称}.styles.css"文件中。

默认情况下，CSS 隔离的基本单位是组件，但有时为了外观风格的统一可能需要 CSS 对配合使用的多个组件生效。此时可以通过在选择器前使用"::deep"连结符告知 SDK 这是一个需要级联生效的样式。

示例代码如下：

```
1.    ::deep h1 {
2.        color: red;
3.    }
```

这种级联生效能产生组件作为不同组件的子组件使用时应用不同级联样式的效果。

2. CSS 预处理器支持

虽然 Razor SDK 本身不支持 CSS 预处理器，但是可以通过配置预编译任务实现相同的功能。例如 VS 2019 的"任务运行资源管理器→生成前"任务功能，或者如 Delegate.SassBuilder 这样的 NuGet 程序包。使用 NuGet 程序包可免配置实现相同的功能且不依赖 VS，通用性和便利性更好。

3. 自定义隔离配置

通常 Razor SDK 会使用默认配置，但也提供了自定义的方法，可以在项目文件（CSPROJ 文件）中进行配置。

（1）自定义作用域标识符

示例代码如下：

```
1.    <ItemGroup>
2.        <None Update="Pages/Example.razor.css" CssScope="my-custom-scope-
          identifier" />
3.    </ItemGroup>
```

使用这个方法还可以实现跨组件通用样式。基本原理就是为不同组件设置相同的作用域标识符，使用通配符还可以简化大量配置。示例代码如下：

```
1.    <ItemGroup>
2.        <None Update="Pages/BaseComponent.razor.css" CssScope="my-custom-
          scope-identifier" />
3.        <None Update="Pages/DerivedComponent.razor.css" CssScope="my-custom-
          scope-identifier" />
4.
5.        <None Update="Pages/*.razor.css" CssScope="my-custom-scope-identifier" />
6.    </ItemGroup>
```

（2）禁用自动捆绑

示例代码如下：

```
1.    <PropertyGroup>
2.        <DisableScopedCssBundling>true</DisableScopedCssBundling>
3.    </PropertyGroup>
```

如果禁用自动捆绑，需要自行使用工具从 OBJ 文件夹中获取生成的 CSS 文件进行后续处理。

17.3.22　常用内置组件简介

Blazor 框架内置了大量组件帮助开发者专注于业务开发，也为第三方库作者提供了基本范例。

内置 Blazor 组件中有一部分是没有 UI 的功能组件。

1. 功能组件

内置的功能组件有：

- CascadingValue 组件提供了级联值功能，允许不连续地跨级别传递对象。需要配合 CascadingParameter 特性来接收对象。
- Router 组件提供基本的路由功能，分析和管理可路由组件也由这个组件完成。
- RouteView 和 AuthorizeRouteView 组件配合 Router 组件渲染目标可路由组件，其中 AuthorizeRouteView 在需要授权的应用中使用。
- CascadingAuthenticationState 组件在包含身份验证的应用中提供级联的身份状态信息。

2. UI 组件

内置的 UI 组件有：

- Virtualize 组件提供虚拟滚动功能。
- NavMenu 和 NavLink 组件提供基本菜单功能，可以自动管理菜单项的显示方式。
- AuthorizeView 组件支持通过识别授权状态动态显示不同的内容。需要注意，AuthorizeView 本身不需要授权即可访问，而使用 Authorize 特性标记的可路由组件的所有内容都必须授权才能访问，组件本身也需要通过授权才能在路由中打开。
- 以 EditForm 和 InputText 为代表的系列表单组件提供基本的表单渲染和表单验证功能。
- InputFile 在表单组件中比较特殊，使用这个组件可以直接读取文件，这为前端预处理提供了操作空间，但是也可能产生不良后果，因此默认情况下组件只允许读取不超过 500KB 的文件。如果只是用于构造表单则无须担心，表单提交会委托给浏览器去完成。从 .NET 6 起支持自动流式互操作，因此无须担心大文件导致的内存占用问题。

17.4 服务端预渲染

17.4.1 基础使用

服务端预渲染功能有助于优化搜索引擎和加快应用的首屏显示速度。如果希望使用服务端预渲染功能，需要把 Blazor 应用托管到 ASP.NET Core 应用中。目前项目模板中并没有准备好的模板，因此只能自行改造。

官方文档中的改造流程会使客户端项目失去静态托管的能力，变成完全依赖 ASP.NET Core 的托管 Blazor 应用，而这也意味着会失去安装为 PWA 应用后以离线模式运行的能力。因此这里将介绍能同时支持两种托管方式的改造方法。具体操作步骤如下：

步骤 01 新建一个 Blazor Server 项目。如果客户端项目选择了包含身份认证的模板，这里也应选择包含身份认证的模板。

步骤 02 复制 Server 项目中的"/Pages/_Host.cshtml"文件到托管的服务端项目的

"/Pages/_Host.cshtml"文件中。虽然也可以亲自手写这个文件,不过为了方便和避免出错,还是推荐从模板中获取文件。

步骤 03 复制和替换_Host.cshtml 的样式和脚本引用。通过对比 index.html 和_Host.cshtml 来判断需要替换、追加或删除的内容。例如:Server 模板中的 site.css 替换为 app.css,blazor.server.js 替换为 blazor.webassembly.js 等。

步骤 04 修改组件标记助手。

示例代码如下:

```
1.    @*<component type="typeof(App)" render-mode="ServerPrerendered" />*@
2.    <component type="typeof(App)" render-mode="WebAssemblyPrerendered" />
```

关键是把模板中的 ServerPrerendered 改为 WebAssemblyPrerendered。这里需要为视图添加客户端 App 组件的命名空间引用。渲染模式枚举中有一个 Static 值,可以把组件渲染为静态 HTML。在 MVC 视图中利用这个特点可以把 Razor 组件当作高级标签助手来用。

步骤 05 修改端点配置。

示例代码如下:

```
1.    public class Startup
2.    {
3.        public void Configure(IApplicationBuilder app)
4.        {
5.            app.UseBlazorFrameworkFiles();
6.            app.UseStaticFiles();
7.
8.            app.UseRouting();
9.
10.           app.UseEndpoints(endpoints =>
11.           {
12.               //endpoints.MapFallbackToFile("index.html");
13.               endpoints.MapFallbackToPage("/_Host");
14.           });
15.       }
16.   }
```

关键是 MapFallbackToPage 方法,这个方法由于引用了 Razor 页面,因此可以触发服务端渲染。不过这个方法会作为回退端点以最低优先级匹配任何路径,这可能导致之前的 404 响应变成对 Blazor 应用的请求。如果需要确保只有特殊路径会被匹配,推荐通过管道分支功能把 Blazor 应用端点隔离到专用的管道分支中。

步骤 06 修改客户端的启动代码。

客户端的启动代码位于项目模板的 Program.cs 文件中。示例代码如下:

(1)Program.Main(精简)

```
1.    public class Program
2.    {
3.        public static async Task Main(string[] args)
4.        {
5.            var builder = WebAssemblyHostBuilder.CreateDefault(args);
6.            // 查找托管应用视图的 HTML 元素,在预渲染模式下这个元素会在服务端替换为已渲染好的
                 首屏视图,此时注册根组件会导致应用无法启动
7.            var foundApp = await builder.GetJSRuntime()
8.                .InvokeAsync<bool>("foundRootComponentElement", "app");
```

```
9.              if (foundApp)
10.             {
11.                 builder.RootComponents.Add<App>("#app");
12.             }
13.
14.             await builder.Build().RunAsync();
15.         }
16.     }
```

（2）IJSRuntime 提取扩展

```
1.  public static class WebAssemblyHostBuilderExtensions
2.  {
3.      public static IJSRuntime GetJSRuntime(this WebAssemblyHostBuilder builder) =>
4.          // JSRuntime 是由主机构造器直接注册对象实例的单例服务，可以从主机构造器的服务
                注册表中取出来用
5.          builder.Services.Single(x => x.ImplementationInstance is
    IJSRuntime).ImplementationInstance as IJSRuntime;
6.  }
```

（3）JavaScript 配套函数

```
1.  function foundRootComponentElement(id) {
2.      return document.getElementById(id) != null;
3.  }
```

一定要在 Blazor 框架脚本之前定义 JavaScript 配套函数或引用包含这个函数定义的脚本，否则 JSRuntime 可能找不到函数。如果函数不能直接暴露在 window 对象下，请注意函数的实际作用域并修正调用参数。不要忘了同时在 _Host.cshtml 和 index.html 中引入该函数。有关 JavaScript 互操作的详细介绍请参阅"17.7　JavaScript 互操作"。

把添加根组件的代码移动到条件语句块中，让应用可以根据情况决定是否注册根组件。在预渲染模式下，浏览器收到的页面中并没有 id 为 app 的元素，因此注册根组件是多余的，甚至还会引起异常。示例中的用法是通过 JavaScript 互操作查询容器元素是否存在来确定是否注册根组件。这样做能确保 Blazor WebAssembly 应用作为 PWA 应用安装后在离线模式下也能正常启动，有关 PWA 应用的详细介绍请参阅"17.10　渐进式 Web 应用"。

官方文档中直接删除了 index.html 文件和根组件注册语句，这正是导致客户端自启动功能失效的主要原因。

步骤 07 把项目使用的服务抽象为接口，然后为托管服务器和客户端分别开发与注册合适的实现。通常情况下客户端服务实现是通过 HTTP 客户端请求 API，而托管服务器的服务实现是直接调用相关代码。如果不分别注册各自的实现，可能会因为服务端或客户端引发异常导致渲染失败。如果客户端使用了身份认证功能，需要在托管服务器中补充注册一些服务避免引起渲染异常。

示例代码如下：

```
1.  public class Startup
2.  {
3.      public void ConfigureServices(IServiceCollection services)
4.      {
5.          services.AddScoped<AuthenticationStateProvider,
              ServerAuthenticationStateProvider>();
6.          services.AddScoped<SignOutSessionStateManager>();
7.      }
8.  }
```

步骤 08 如果客户端使用了身份认证和授权，需要注意应用和数据安全。通常情况下建议不预

渲染需要授权的页面组件。以 WebAssembly 模式开发的基本是前后端分离的应用，此时身份验证和授权通常在不同的域名，服务端也基本没办法凭空取得访问和授权令牌。

示例代码如下：

```
1.  @inject IConfiguration Configuration
2.
3.  @if (Configuration.GetValue("EnableWebAssemblyPrerendered", false)
     && !HttpContext.Request.Path.StartsWithSegments("/authentication"))
4.  {
5.      <component type="typeof(App)" render-mode="WebAssemblyPrerendered" />
6.  }
7.  else
8.  {
9.      <div id="app">Loading...</div>
10. }
```

示例中的判断表示确定是否设置打开预渲染功能以及是否授权请求。如果使用了自定义授权方案，请根据需要自行修改。示例中的配置需要自行添加。

17.4.2 保持组件状态

Blazor WebAssembly 应用在预渲染模式中，客户端应用并不知道组件预渲染时的状态信息，因此组件会在客户端重新初始化渲染一遍。这在浏览器中表现为页面闪烁白屏后重新显示，实际上是初始化渲染清除了预渲染生成的页面，然后重新生成。.NET 6 提供了新的机制来实现状态保留。

示例代码如下：

（1）需要持久化状态的组件（通常是作为页面使用的可路由的顶层组件）

```
1.  @page "/fetchdata"
2.  @implements IDisposable
3.
4.  @* 组件的数据加载服务 *@
5.  @inject IWeatherForecastService WeatherForecastService
6.  @* 组件状态持久化服务 *@
7.  @inject PersistentComponentState ComponentState
8.
9.  <PageTitle>Weather forecast</PageTitle>
10.
11. <h1>Weather forecast</h1>
12.
13. @if (forecasts == null)
14. {
15.     <p><em>Loading...</em></p>
16. }
17. else
18. {
19.     <table class="table">
20.         <thead>
21.             <tr>
22.                 <th>Date</th>
23.                 <th>Temp. (C)</th>
24.                 <th>Temp. (F)</th>
25.                 <th>Summary</th>
26.             </tr>
27.         </thead>
28.         <tbody>
```

```
29.            @foreach (var forecast in forecasts)
30.            {
31.                <tr>
32.                    <td>@forecast.Date.ToShortDateString()</td>
33.                    <td>@forecast.TemperatureC</td>
34.                    <td>@forecast.TemperatureF</td>
35.                    <td>@forecast.Summary</td>
36.                </tr>
37.            }
38.        </tbody>
39.    </table>
40. }
41.
42. @code {
43.     private WeatherForecast[]? forecasts;
44.
45.     // 组件状态持久化委托的订阅记录
46.     // 预渲染时，状态持久化标签助手会调用委托进行持久化
47.     private PersistingComponentStateSubscription _persistingSubscription;
48.
49.     protected override async Task OnInitializedAsync()
50.     {
51.         // 组件初始化时订阅持久化委托
52.         _persistingSubscription = ComponentState.RegisterOnPersisting
            (PersistForecasts);
53.
54.         // 尝试读取持久化的数据
55.         if (!ComponentState.TryTakeFromJson<WeatherForecast[]>("fetchdata",
            out forecasts))
56.         {
57.             // 如果读取失败就使用服务加载数据
58.             forecasts = await WeatherForecastService.GetWeatherForecastAsync();
59.         }
60.     }
61.
62.     private Task PersistForecasts()
63.     {
64.         // 写入要持久化的数据
65.         ComponentState.PersistAsJson("fetchdata", forecasts);
66.
67.         return Task.CompletedTask;
68.     }
69.
70.     public void Dispose()
71.     {
72.         // 组件销毁时取消持久化订阅
73.         _persistingSubscription.Dispose();
74.     }
75. }
```

（2）_Host.cshtml（精简）

```
1.  @if (HttpContext.Request.Path.StartsWithSegments("/authentication"))
2.  {
3.      <div id="app">
4.          Now Loading...
5.      </div>
6.  }
7.  else
8.  {
9.      @* 预渲染组件 *@
10.     <component type="typeof(App)" render-mode="WebAssemblyPrerendered" />
11.     @* 所有组件渲染完后使用助手持久化组件状态 *@
12.     <persist-component-state />
13. }
```

(3) 各自的数据获取服务实现（不要忘了注册）

```csharp
public class ServerWeatherForecastService : IWeatherForecastService
{
    private static readonly string[] Summaries = new[]
    {
        "Freezing", "Bracing", "Chilly", "Cool", "Mild", "Warm", "Balmy", "Hot",
        "Sweltering", "Scorching"
    };

    public Task<WeatherForecast[]?> GetWeatherForecastAsync()
    {
        var array = Enumerable.Range(1, 5).Select(index => new WeatherForecast
        {
            Date = DateTime.Now.AddDays(index),
            TemperatureC = Random.Shared.Next(-20, 55),
            Summary = Summaries[Random.Shared.Next(Summaries.Length)]
        })
        .ToArray();

        return Task.FromResult(array);
    }
}

public class ClientWeatherForecastService : IWeatherForecastService
{
    private readonly HttpClient _http;

    public ClientWeatherForecastService(HttpClient httpClient)
    {
        _http = httpClient;
    }

    public async Task<WeatherForecast[]?> GetWeatherForecastAsync()
    {
        return await _http.GetFromJsonAsync<WeatherForecast[]>
            ("WeatherForecast");
    }
}
```

注意，组件会在服务端预渲染和客户端启动时各自初始化一次，但是会执行不同的分支：

1）服务端预渲染时：订阅持久化委托，然后尝试读取状态，但是必然失败，因此会进入使用（服务端）服务获取数据的分支。渲染完成后继续到达状态持久化标签助手，标签助手会调用所有已订阅的持久化委托进行持久化。渲染完成后销毁组件并取消订阅，清理资源。

2）客户端启动时：订阅持久化委托，然后尝试读取状态，此时会成功读取状态，因此不会进入获取数据的分支。渲染完成后应用正常工作，因为客户端并没有状态持久化标签助手，因此订阅的委托并不会被调用。导航到其他页面时销毁组件并取消订阅，清理资源。

3）在客户端从其他页面导航过来时：订阅持久化委托，然后尝试读取状态，但是必然失败，因此会进入使用（客户端）服务获取数据的分支。渲染完成后应用正常工作，因为客户端并没有状态持久化标签助手，因此订阅的委托并不会被调用。导航到其他页面时销毁组件并取消订阅，清理资源。

17.5 布　　局

布局是解决公共页面内容管理和使用的主要方法。因为 Blazor 的应用模型和 MVC 有较大差异，Blazor 的布局系统也和 MVC 不一样。Blazor 的布局是派生自 LayoutComponentBase 的组件，使用 Body 属性表示正文内容。在 Blazor 项目模板中，MainLaout 是默认布局组件，通常可以直接修改以适应项目的需要。需要注意，只有通过导航访问的可路由组件会使用布局，直接在组件中引用的组件不会触发布局。

1. 应用布局

在 Blazor 中，有三种应用布局的方法，分别对应不同的场景。

- 全局默认布局：Blazor 框架中的 RouteView 和 LayoutView 组件有一个参数 DefaultLayout，可以指定全局默认布局，项目模板中的值为 MainLayout。
- 文件夹默认布局：如果一个文件夹中有_Imports.razor 文件，其中使用@layout 指令指定了布局，文件夹及子文件夹中的组件都将使用文件指定的布局。如果子文件夹中也有这个文件，以最接近的导入文件指定的布局为准。
- 组件指定布局：组件直接使用@layout 指令指定布局，拥有最高优先级。

2. 嵌套布局

如果一个布局组件使用@layout 指令指定了布局，那么这个布局就是嵌套布局。如果一个布局直接或间接地指定自身为嵌套布局，可能导致无限渲染循环。请谨慎使用嵌套布局。

17.6　发送 HTTP 请求

在 Blazor WebAssembly 应用中发送 HTTP 请求通常是通过 HttpClient 完成的，而 HttpClient 在底层委托浏览器来实现功能。

Blazor WebAssembly 应用中的 HttpClient 和 ASP.NET Core 中的基本一致，客户端工厂、命名客户端、强类型客户端和请求中间件等功能都可以正常使用。通过 SetBrowserRequest*系列扩展方法，Blazor WebAssembly 应用还可以对底层浏览器的请求进行一定的配置。

总的来说，如果了解如何在 ASP.NET Core 中使用 HTTP 客户端，那么在 Blazor WebAssembly 应用中使用时就会感到非常熟悉和亲切，而这正是 Blazor 框架想要的效果。

17.7　JavaScript 互操作

Blazor 应用通过 IJSRuntime 服务提供从.NET 到 JavaScript 的调用功能，在 window 对象上公

开 DotNet 对象提供从 JavaScript 到.NET 的调用功能。这是互操作的起点。由于代码的特殊性，其中还有更多细节。

由于 script 标签本身不支持动态更新，因此请不要在 Razor 组件中包含 script 标签。在互操作时可能需要通过序列化功能在.NET 和 JavaScript 之间传递数据，因此要避免循环引用对象。循环引用在任何序列化场景中都是要避免的。

17.7.1 从.NET 调用 JavaScript

1. 基础使用

一个 IJSRuntime 实例关联到一个 JavaScript 运行时主机实例，通常一个页面选项卡使用一个运行时主机。IJSRuntime 服务和相关扩展方法提供了大量 InvokeAsync 和 InvokeVoidAsync 重载方便开发者选用，其参数规则为：

- string identifier：表示函数名，通常是通过 window 对象公开的函数。例如 window.parseInt 或 window.document.getElementById，去掉默认前缀"window."即可，这和在 JavaScript 中 window 为默认根作用域的规则一致。由此可见，如果函数位于闭包中是无法调用的。
- TimeSpan timeout：表示调用返回等待的时间限制。这是扩展方法提供的扩展功能，扩展方法会在内部实现超时返回。
- CancellationToken cancellationToken：表示调用取消的令牌，可进行不定时长的返回等待。
- params object[] args：表示 JavaScript 函数的参数，要传递的参数必须支持 JSON 序列化和反序列化。
- 返回值 ValueTask<TValue>：表示 JavaScript 的 Promise。IJSRuntime 服务会自动解包并获取返回值。如果 JavaScript 函数不是异步函数，则直接接收返回值。
- 类型参数 TValue：表示 JavaScript 函数的返回值类型，其类型必须支持 JSON 序列化和反序列化。

2. 模块隔离

现代前端应用通常有复杂和较大规模的代码，模块化是管理大量复杂代码的有效方式，Blazor 也提供了对 JavaScript 模块的支持。

示例代码如下：

（1）my-module.js

```
1.  export function showPrompt(message) {
2.    return prompt(message, 'Type anything here');
3.  }
```

（2）在组件中调用

```
1.  @implements IAsyncDisposable
2.  @inject IJSRuntime JS
3.
4.  <button class="btn btn-primary" @onclick="TriggerPrompt">Invoke JS with
      module</button>
5.
6.  @code {
7.      private IJSObjectReference module;
8.
```

```
 9.     protected override async Task OnAfterRenderAsync(bool firstRender)
10.     {
11.         if (firstRender)
12.         {
13.             module = await JS.InvokeAsync<IJSObjectReference>("import",
                    "./my-module.js");
14.         }
15.     }
16.
17.     public async ValueTask<string> Prompt(string message)
18.     {
19.         return await module.InvokeAsync<string>("showPrompt", message);
20.     }
21.
22.     private async Task TriggerPrompt()
23.     {
24.         var result = await Prompt("Provide some text");
25.     }
26.
27.     async ValueTask IAsyncDisposable.DisposeAsync()
28.     {
29.         await module.DisposeAsync();
30.     }
31. }
```

示例展示了如何载入模块和调用模块中的函数,其中的关键就是通过 JavaScript 运行时的内置函数 import 加载模块,然后用 IJSObjectReference 接收模块引用。由于 IJSObjectReference 是非托管资源,因此需要在适当的时候释放。让组件实现 IAsyncDisposable 接口并在组件销毁时释放是个合适的时机。

3. 呈现 UI 的 JavaScript 库

Blazor 是 UI 应用框架,并且依赖差异比较来实现界面渲染。如果此时引用一个会修改 DOM 的 JavaScript 库,有可能导致 Blazor 的差异比较系统被破坏。这并非 Blazor 的问题,实际上任何基于差异比较的 UI 框架都有这个问题。

不过在 Blazor 中有一个简单的方法来避免这个问题——在 Razor 组件中生成一个空白的容器元素让 JavaScript 库使用。只要 JavaScript 库不修改容器以外的内容就没有任何问题,Blazor 始终会认为元素为空并且不理会内部的任何变化。此时只需要注意在删除容器元素前通知 JavaScript 库释放资源即可。

4. 未封装的 JavaScript 互操作

如果把 IJSRuntime 实例显式转换为 IJSUnmarshalledRuntime 就可以以未封装方式调用 JavaScript 函数,函数返回值也相应地变成 IJSUnmarshalledObjectReference 类型。此时调用 InvokeUnmarshalled 方法所传递的参数和返回值不会经过 JSON 序列化,因此在参数或返回值中包含大对象时会有更好的性能表现。但这种调用非常危险,而且其中的非托管函数随时可能被微软修改或删除,因此建议尽量不要使用未封装的互操作。

17.7.2 从 JavaScript 调用 .NET

1. 调用静态方法

在 JavaScript 中使用 DotNet.invokeMethod 或 DotNet.invokeMethodAsync 函数就可以调用指定

的静态方法。静态方法必须是公有的、非泛型的,且必须使用 JSInvokable 特性标记才能从 JavaScript 调用。

示例代码如下:

(1) 待调用的方法

```
1.  <button class="btn btn-primary" onclick="invoke(5)">Invoke from JS</button>
2.
3.  @code {
4.      [JSInvokable("MyFuncForJS")]
5.      public static Task<int[]> MyFunc(int count)
6.      {
7.          return Task.FromResult(Enumerable.Range(1, count).ToArray());
8.      }
9.  }
```

为保持示例的简洁,方法直接定义在组件中。

(2) index.html/_Host.cshtml(精简)

```
1.  <!DOCTYPE html>
2.  <html>
3.  <head>
4.      <title>BlazorApp1.Client</title>
5.      <base href="~/" />
6.  </head>
7.  <body>
8.      <script src="_framework/blazor.webassembly.js"></script>
9.      <script>
10.         function invoke(count) {
11.             DotNet.invokeMethodAsync('BlazorApp1.Client', 'MyFuncForJS', count)
12.                 .then(data => {
13.                     console.log(data);
14.                 });
15.         }
16.     </script>
17. </body>
18. </html>
```

示例展示了如何配置和调用静态方法。JSInvokable 特性可以通过参数重命名对 JavaScript 可见的方法名。DotNet.invokeMethodAsync 方法的第一个参数是应用的程序集名称,第二个参数是方法名,从第三个参数开始是被调用方法的参数。

2. 调用实例方法

由于.NET 和 JavaScript 的体系结构差异较大,因此调用实例方法的过程比较烦琐。要传递到 JavaScript 的对象实例需要通过 DotNetObjectReference.Create 方法进行包装。

示例代码如下:

(1) 待调用的类

```
1.  public class InteropObject
2.  {
3.      public InteropObject(string text)
4.      {
5.          Text = text;
6.      }
7.
8.      public string Text { get; set; }
9.
10.     [JSInvokable("InteropFunc")]
```

```
11.     public string InteropMethod() => $"Invoked with text : {Text}!";
12. }
```

要支持互操作的方法同样需要用 **JSInvokable** 特性标记。

（2）互操作包装器

```
1.  public class ExampleJsInterop : IDisposable
2.  {
3.      private readonly IJSRuntime js;
4.      private DotNetObjectReference<InteropObject> objRef;
5.
6.      public ExampleJsInterop(IJSRuntime js)
7.      {
8.          this.js = js;
9.      }
10.
11.     public ValueTask<string> CallInteropMethod(string text)
12.     {
13.         // 创建 JavaScript 可用的实例引用
14.         objRef = DotNetObjectReference.Create(new InteropObject(text));
15.
16.         // 通过 IJSRuntime 服务调用 JavaScript 函数
17.         // 通过参数把.NET 包装器对象封送到 JavaScript 运行时
18.         return js.InvokeAsync<string>(
19.             "callInteropMethod",
20.             objRef);
21.     }
22.
23.     public void Dispose() => objRef?.Dispose();
24. }
```

互操作包装器需要实现 **IDisposable** 接口，避免发生内存泄漏。

（3）index.html/_Host.cshtml（精简）

```
1.  <!DOCTYPE html>
2.  <html>
3.  <head>
4.      <title>BlazorApp1.Client</title>
5.      <base href="~/" />
6.  </head>
7.  <body>
8.      <script src="_framework/blazor.webassembly.js"></script>
9.      <script>
10.         // 通过参数接收.NET 对象的引用
11.         async function callInteropMethod(InteropObject) {
12.             // 通过对象引用调用对象的实例方法，传递参数并接收返回值
13.             var text = await InteropObject.invokeMethodAsync('InteropFunc');
14.             console.log(text);
15.
16.             return text;
17.         }
18.     </script>
19. </body>
20. </html>
```

通过参数获取对象实例后使用 invokeMethodAsync 函数调用目标方法。使用 async 函数可以把返回值正确返回到.NET。

（4）从组件触发互操作

```
1.  @inject IJSRuntime JS
2.
```

```
3.    <p>Return value from JavaScript : @value</p>
4.    <button class="btn btn-primary" @onclick="InvokeInstanceMethod">Invoke instance
          from JS</button>
5.
6.    @code {
7.        private string value;
8.
9.        public async Task InvokeInstanceMethod()
10.       {
11.           using var exampleJsInterop = new ExampleJsInterop(JS);
12.           value = await exampleJsInterop.CallInteropMethod("Blazor");
13.       }
14.   }
```

在组件中实例化互操作包装器,然后通过包装器调用互操作方法。为了避免内存泄漏,使用 using 语句确保调用完成后及时释放包装器。如果有需要,也可以在 JavaScript 中进行释放。

```
1.    <script>
2.        async function CallInteropMethod(interopObject) {
3.            var text = await interopObject.invokeMethodAsync('InteropFunc');
4.            console.log(text);
5.
6.            interopObject.dispose();
7.
8.            return text;
9.        }
10.   </script>
```

通过以上流程可以完成一轮实例方法的调用。可以发现,从 JavaScript 调用实例方法的关键是把实例引用传递到 JavaScript 中,而这需要.NET 主动调用 JavaScript 函数从参数那里把实例引用传递出去。只要理解这一点,就能掌握基于实例的互操作。

不知各位读者是否有种似曾相识的感觉?如果有,那祝贺你,你是个认真的读者。如果没有,请参阅"3.14.1 函数指针",看看能否想起点什么。

示例中的对象是临时的,每次调用都会重新创建。如果需要重复使用同一个对象,可以在接收函数中把引用保存到外部变量。因为实例引用支持在.NET 或 JavaScript 中释放,所以一定要注意对象的状态,避免引起异常。对于这种情况,推荐在组件初始化时创建对象并传递到 JavaScript 中,组件实现 IDisposable 接口并在销毁时释放资源,然后通知 JavaScript 对象已失效。

3. 调用组件实例方法

调用组件实例方法的办法通常是通过静态方法进行包装,然后按照调用静态方法的方式调用。如果组件实例不止一个,则需要按照调用实例方法的方式进行包装,或者在静态方法中提供一个用于定位组件实例的参数,例如 id 或不重复的 name 属性等。

17.8 状态管理

在拥有一定规模的应用中,状态管理总是一个绕不过去的坎。如果应用需要的数据到处散落,在需要进行联动或统一管理时将会异常痛苦。因此设计一个良好的状态管理架构是非常必要的。

在这方面,Blazor 可以说具有无与伦比的先天优势。.NET 是一个从后端应用起家的框架,对大规模工程的状态管理有丰富的经验和现成的组件。Blazor WebAssembly 框架的主机架构和依赖注入模式本身就具有强大的状态管理能力。如果需要，IPropertyChanged（.NET 内置事件）、MediatR（进程内通信框架）、Blazored.LocalStorage（LocalStorage 访问库）等组件都能提供更强大的状态管理和信息沟通能力。经过抽象的 Web API 包装服务也可以看作一种状态管理，只不过状态的持久化由服务端应用完成。

如果使用 Blazor 框架开发应用，就用开发 WinForm、WPF、ASP.NET Core 应用的思路吧，这样才能完全发挥出 Blazor 框架的强大潜力。

17.9　程序集延迟加载

.NET 本身就支持程序集延迟加载，.NET 运行时会在第一次使用类型时查找和载入程序集，但这在 Web 应用中会产生一些问题。本地.NET 应用会提前把所用资源部署到本地磁盘上。但是在 Web 环境下，这些资源存在于服务器上，应用启动的第一件事就是下载这些资源，而运行时不知道哪些程序集可以延迟加载，因此只能全部下载到浏览器的本地缓存再按需载入运行时。

Blazor Server 不会下载任何程序集到客户端，因此延迟加载程序集的功能对 Blazor Server 应用没有效果。

17.9.1　基础使用

为了提升应用的启动速度，程序集延迟加载是非常有效的手段，因此 Blazor 框架提供了手动指定可以延迟加载的程序集的功能。

在客户端项目的 CSPROJ 文件中可以设定延迟加载的程序集。如果延迟加载的程序集依赖其他程序集，那么这些依赖项也应该标记为延迟加载的程序集。

示例代码如下：

```
1.  <Project Sdk="Microsoft.NET.Sdk.BlazorWebAssembly">
2.
3.    <PropertyGroup>
4.      <TargetFramework>net6.0</TargetFramework>
5.    </PropertyGroup>
6.
7.    <ItemGroup>
8.      <PackageReference Include="Microsoft.AspNetCore.Components.WebAssembly"
          Version="6.0.0" />
9.      <PackageReference Include="Microsoft.AspNetCore.Components.WebAssembly.
          DevServer" Version="6.0.0" PrivateAssets="all" />
10.     <PackageReference Include="Microsoft.Extensions.Http" Version="6.0.0" />
11.     <PackageReference Include="System.Net.Http.Json" Version="6.0.0" />
12.   </ItemGroup>
13.
14.   <ItemGroup>
15.     <ProjectReference Include="..\Shared\BlazorApp1.Shared.csproj" />
16.   </ItemGroup>
17.
18.   <ItemGroup>
19.     <BlazorWebAssemblyLazyLoad Include="MyCustomLib.dll" />
20.   </ItemGroup>
21.
22. </Project>
```

在 ItemGroup 节中通过 BlazorWebAssemblyLazyLoad 标签标记要延迟加载的程序集，引用的项目和 NuGet 包都需要在这里进行标记，即需要直接标记程序集的文件名。也就是说，这个标记直接作用于具体的程序集文件，区分标准是文件名，无论文件来源如何。注意，对于从 NuGet 安装的程序包，包名和程序集的文件名不一定相同，一个程序包也可能包含多个程序集。

17.9.2　延迟加载的程序集中的可路由组件

如果延迟加载的程序集中包含可路由组件，需要进行一些工作使路由生效。可以通过修改 App 组件的代码来实现。

App.razor 中的示例代码如下：

```
1.   @using System.Reflection
2.   @using Microsoft.AspNetCore.Components.WebAssembly.Services
3.
4.   @inject LazyAssemblyLoader assemblyLoader
5.
6.   <CascadingAuthenticationState>
7.       <Router AppAssembly="@typeof(Program).Assembly" AdditionalAssemblies=
            "lazyLoadedAssemblies" OnNavigateAsync="OnNavigateAsync"
            PreferExactMatches="@true">
8.           <Navigating>
9.               <div style="padding:20px;background-color:blue;color:white">
10.                  <p>Loading the requested page&hellip;</p>
11.              </div>
12.          </Navigating>
13.          <Found Context="routeData">
14.              <AuthorizeRouteView RouteData="@routeData" DefaultLayout=
                    "@typeof(MainLayout)">
15.                  <NotAuthorized>
16.                      @if (!context.User.Identity.IsAuthenticated)
17.                      {
18.                          <RedirectToLogin />
19.                      }
20.                      else
21.                      {
22.                          <p>You are not authorized to access this resource.</p>
23.                      }
24.                  </NotAuthorized>
25.              </AuthorizeRouteView>
26.          </Found>
27.          <NotFound>
28.              <LayoutView Layout="@typeof(MainLayout)">
29.                  <p>Sorry, there's nothing at this address.</p>
30.              </LayoutView>
31.          </NotFound>
32.      </Router>
33.  </CascadingAuthenticationState>
34.
35.  @code{
36.      private List<Assembly> lazyLoadedAssemblies = new List<Assembly>();
37.
38.      // 在进行导航时会触发
39.      private async Task OnNavigateAsync(NavigationContext args)
40.      {
41.          try
42.          {
43.              // 检查指定的路由是否在延迟加载的程序集中
44.              if (args.Path.EndsWith("/my-page"))
45.              {
46.                  // 让注入的程序集加载器服务加载指定的程序集
```

```
47.            var assemblies = await assemblyLoader.LoadAssembliesAsync(
48.                new List<string>() { "MyCustomLib.dll" });
49.            // 把加载的程序集添加到列表
50.            lazyLoadedAssemblies.AddRange(assemblies);
51.        }
52.    }
53.    catch (Exception ex)
54.    {
55.        //...
56.    }
57.  }
58. }
```

示例首先为 Router 组件绑定了私有字段 lazyLoadedAssemblies，路由组件会从其中查找可路由组件并更新路由。然后注册 OnNavigateAsync 事件，在访问"/my-page"时会触发程序集载入，程序集则通过 LazyAssemblyLoader 服务来加载。因为下载程序集可能需要一段时间，所以在 Router 中定义 Navigating 节显示下载程序集时的占位页面，优化用户体验。

17.10 渐进式 Web 应用

17.10.1 简介

渐进式 Web 应用（Progressive Web Application）简称 PWA，是通过优化和完善 Web 标准后进行集成从而形成的 Web 标准，本质上还是 Web 应用。但是优化后的标准允许应用从本地缓存加载资源和主动提前缓存可能需要的资源。如果资源可以被缓存，这就和本地应用的差异又减少了。如果哪天浏览器封装了所有操作系统内核资源到脚本运行环境，理论上也就和本地应用没有区别了。只不过要是做到了这一步，那还有浏览器作中间商进行中转的必要吗？

现在流行的单页应用刚好和 PWA 调性一致，都想提供更接近本地应用的使用体验，也为 Web 应用完成更复杂任务提供一个良好的基础。在这方面，.NET 可谓是经验丰富，从 WinForm、WebForm、WPF 到 Blazor，.NET 一直在可视化应用方面颇有建树。其中 WPF 和 Blazor 的抽象模型可以说是最相似的，基本可以把 Blazor 看作把界面渲染器从 DirectX 换成 HTML 文档然后把最终图形渲染委托给浏览器的 WPF。利用.NET 框架多年积累的程序包，实现各种算法和任务都非常方便。

Blazor WebAssembly 框架提供了对 WPA 应用的内置支持和相应的项目模板。对于 Blazor 来说，.NET 程序集接管了大部分应用代码，PWA 的 Service Worker 基本上只需要完成应用程序集的缓存即可。而就连这么简单的基本工作，.NET SDK 也替我们完成了，除非需要对 API 结果进行缓存来提供 Web API 的离线降级体验。可以说开发基于 Blazor WebAssembly 的 PWA 应用所需的工作非常接近开发 WPF 应用。

本书主要介绍 PWA 中和 Blazor 相关的部分，有关标准 PWA 应用的开发请参阅专业资料。

17.10.2 启用 PWA 支持

虽然有内置项目模板，但还是需要了解如何为现有项目启用 PWA 支持。

1)首先从项目模板创建一个 PWA 应用,准备给现有应用提供资源,减少手动工作。注意选择和现有应用相同的框架版本。如果要升级框架版本,请参考官方的迁移指南。

2)接下来在项目文件中添加 ServiceWorkerAssetsManifest 和 ServiceWorker 节。

ServiceWorkerAssetsManifest 节会控制 MSBuild 以 wwwroot 文件夹为基础生成静态资源缓存清单,内含要缓存的资源列表。

如果需要在缓存清单中加入自定义项,可以使用 ServiceWorkerAssetsManifestItem 节,AssetUrl 属性设置清单中使用的 URL。但是该节不会使 MSBuild 发布指定的文件,仅仅是在清单文件中添加一个条目。想要自动发布文件的话需要单独配置,例如生成后事件脚本、MSBuild 发布配置节设置等。

ServiceWorker 节控制要发布的 Service Worker 脚本文件,Include 属性设置发布的目标路径和文件名,PublishedContent 属性设置发布用的原始文件。

客户端项目文件(精简)的示例代码如下:

```
1.    <Project Sdk="Microsoft.NET.Sdk.BlazorWebAssembly">
2.
3.      <PropertyGroup>
4.        <TargetFramework>net6.0</TargetFramework>
5.
6.        <ServiceWorkerAssetsManifest>service-worker-assets.js
            </ServiceWorkerAssetsManifest>
7.      </PropertyGroup>
8.
9.      <ItemGroup>
10.       <ServiceWorker Include="wwwroot\service-worker.js" PublishedContent=
            "wwwroot\service-worker.published.js" />
11.       <ServiceWorkerAssetsManifestItem Include="MyDirectory\AnotherFile.json"
            RelativePath="MyDirectory\AnotherFile.json" AssetUrl="files/
            AnotherFile.json" />
12.     </ItemGroup>
13.
14.   </Project>
```

3)复制静态资源到 wwwroot 文件夹。

复制以下文件:

- icon-512.png(应用图标)。
- manifest.json(资源清单)。
- service-worker.js(如果修改了项目配置节,请修改文件名使之匹配)。
- service-worker.published.js(如果修改了项目配置节,请修改文件名使之匹配)。

按需修改 manifest.json 的内容和 service-worker.published.js 的代码。Service Worker 的默认代码缓存由资源清单文件中列出的除 service-worker.js 和多媒体内容以外的所有资源。如果应用使用身份验证,可以考虑修改代码以提供身份信息的离线缓存和必要的 API 离线缓存。

4)更新 index.html 和 _Host.cshtml,添加资源引用和注册 Service Worker(如果修改了项目配置节,请修改文件名使之匹配)。

index.html(精简,_Host.cshtml 同理)示例代码如下:

```
1.    <!DOCTYPE html>
2.    <html>
3.
4.      <head>
```

```
 5.        <title>BlazorApp1</title>
 6.        <base href="/" />
 7.        <link href="manifest.json" rel="manifest" />
 8.        <link rel="apple-touch-icon" sizes="512x512" href="icon-512.png" />
 9.    </head>
10.
11.    <body>
12.        <div id="app">Loading...</div>
13.
14.        <script src="_framework/blazor.webassembly.js"></script>
15.        <script>navigator.serviceWorker.register('service-worker.js');</script>
16.    </body>
17.
18. </html>
```

17.11 调　　试

调试是软件开发的重要步骤，Blazor 框架也提供了比较完善的调试功能支持。Blazor Server 本质上是典型的本地应用，客户端只是个界面显示器，对调试基本不产生实际影响。由于 WebAssembly 的特殊性，很难直接调试 WASM 代码。此时辅助工具对调试体验的影响就很明显了。微软为 Blazor WebAssembly 提供了基于 Chrome DevTools Protocol 的调试代理，在 VS、VS Code 和浏览器中调试都依赖这个调试代理，有效避免了基础工具的碎片化。

17.11.1　准备工作

目前 Blazor WebAssembly 支持以下调试功能：

- 设置和删除断点。
- 在 IDE 中启动具有调试支持的应用。
- 单步执行代码。
- 在 IDE 中使用键盘快捷方式恢复代码执行。
- 在"局部变量"窗口中观察局部变量的值。
- 查看调用堆栈，包括 JavaScript 和 .NET 之间的调用链。

以下则是目前不支持的功能：

- 出现未经处理的异常时中断。
- 于应用启动期间在调试代理运行之前命中断点。这包括 Program.Main（Program.cs）中的断点和组件的 OnInitialized{Async} 生命周期方法中的断点。
- 远程调试（例如适用于 Linux 的 Windows 子系统（WSL）或 Visual Studio Codespaces）。
- 在调试期间自动重新生成托管 Blazor WebAssembly 解决方案的服务端应用，例如通过使用 dotnet watch run 运行应用。

之前介绍过，Blazor 调试代理基于 Chrome DevTools Protocol，所以支持的浏览器为：

- Google Chrome（70 或更高版本）（默认）。

- Microsoft Edge（80 或更高版本）。
- 其他基于 Chromium 的浏览器（70 或更高版本，可能有兼容性问题，请以实际效果为准）。

如果使用 VS Code 调试，需要安装 C# 扩展和 Blazor WASM 调试扩展。如果无法正常命中断点，请检查是否是防火墙阻止了调试器的连接。

17.11.2 启用调试

新的项目模板默认已经启用调试。以下介绍修改现有项目的方法。在 launchSettings.json 的启动配置中增加属性："inspectUri": "{wsProtocol}://{url.hostname}:{url.port}/_framework/debug/ws-proxy?browser={browserInspectUri}"。推荐新建项目，然后从项目中复制。

如果希望调试 OnInitialized{Async} 方法中的代码，可以修改代码使线程睡眠一段时间，等调试代理完成连接后再唤醒线程即可。需要的睡眠时间可能受计算机性能影响，如果没有命中断点，可以尝试延长睡眠时间。

示例代码如下：

```
@code {
    protected override void OnInitialized()
    {
#if DEBUG
        Thread.Sleep(10000);
#endif
    }

    protected override async Task OnInitializedAsync()
    {
#if DEBUG
        await Task.Delay(10000);
#endif
    }
}
```

不要忘了在发布模式中删除延时代码或使用预编译指令从发布模式中排除代码。

17.11.3 在浏览器中调试

在浏览器中调试 Blazor WebAssembly 应用时无须延时即可正常命中组件初始化方法中的断点，如果需要调试组件的初始化逻辑，可以尝试在浏览器中调试。但是 Program.Main 方法中的代码依然无法调试，因为 Blazor 主机要在启动后才会去连接远程调试代理。在浏览器中调试 Blazor WebAssembly 应用的步骤如下：

步骤01 在开发环境中运行该应用的调试版本。

步骤02 启动浏览器并导航到应用程序的 URL（例如 https://localhost:5001 ）。

步骤03 在浏览器中，尝试按快捷键 Shift+Alt+D（控制台会输出一条提示快捷键的日志）启动远程调试。浏览器必须在启用远程调试的情况下才能正常打开调试窗口，但是浏览器的远程调试功能默认是关闭的。如果远程调试处于关闭状态，将呈现"无法找到可调试的浏览器选项卡"错误页，并且其中包含关于如何打开临时启用远程调试功能的浏览器窗口的说明。

步骤04 按照错误页的说明选用适用于浏览器的操作，成功后会打开一个新的浏览器窗口。新打开的这个浏览器窗口就是用来调试的。

步骤 05 在新打开的已启用远程调试的浏览器窗口中，按步骤2中提到的调试快捷键，此时会再打开一个新的显示开发控制台的浏览器窗口。这个窗口会和步骤4打开的窗口时刻保持同步，打开的开发控制台就是调试器。

步骤 06 在步骤5中打开的开发控制台中的"源"选项卡会显示一个"file://"节点，这个节点中的资源就是应用的源代码。

步骤 07 在代码中设置断点，代码执行时将命中断点，命中断点后就可以开始调试。

注意，如果应用没有托管到默认的根目录，通过快捷键启动的浏览器页面的地址是错误的，此时的地址有多余部分，会导致返回404的错误响应码，如图17-4所示。例如，把应用托管到基地址为"/app/first/"的路径下时，页面地址为https://localhost:5001/app/first/framework/debug?url=https%3A%2F%2Flocalhost%3A5001%2Fapp%2Ffirst，其中加粗下划线的部分就是多余的，而且刚好是应用的基地址，打开的浏览器页面如图17-5所示。删除多余部分后刷新页面，就可以按照上面的步骤打开浏览器中的调试器了，如图17-6所示。这个404错误页会在步骤3和步骤5中各出现1次，按照相同的方法改正地址即可。

图17-4　不托管在根路径时的错误页面

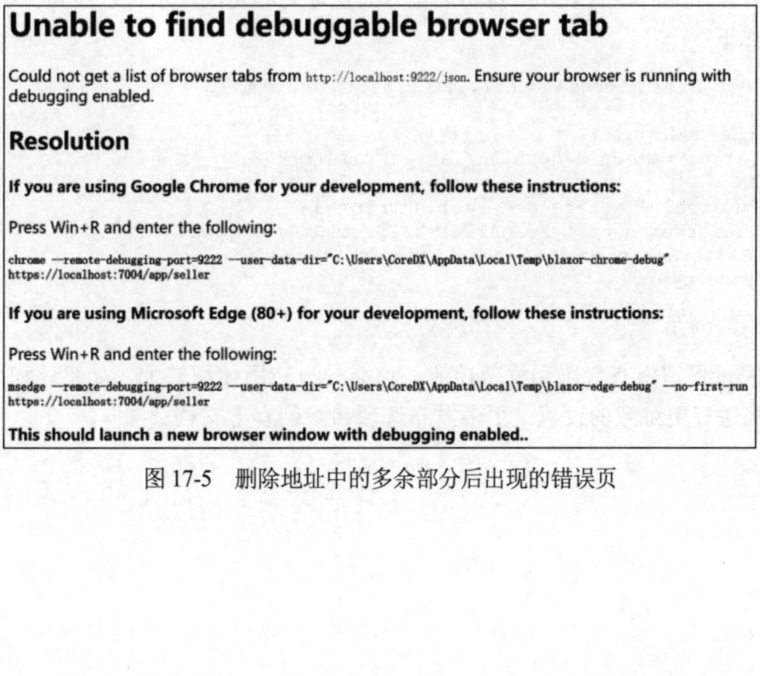

图17-5　删除地址中的多余部分后出现的错误页

图 17-6　打开的可调试窗口和调试器窗口

17.12　托管和部署

对于静态 Blazor WebAssembly 应用来说，随便找个静态文件服务器放上去基本就可以了，需要注意的就是配置路径和 MIME 映射，确保能正确下载资源。如果是托管应用（例如启用服务端预渲染的托管应用），发布后的应用会作为静态资源复制到托管服务器的 wwwroot 文件夹。如果客户端项目和服务端项目的 wwwroot 文件夹中有重名文件，可能导致发布失败或文件被意外覆盖，请确保两边没有重名的文件再发布。

17.12.1　常用发布选项

Blazor WebAssembly 应用在发布模式默认会启用程序集裁剪，默认裁剪级别为方法，这意味着在 IL 代码中没有被静态绑定和调用过的方法都会从发布的文件中删除。这一方面能减少发布文件的大小，另一方面也可能导致产生开发时没有的问题，主要是与反射有关的问题。如果发生此类问题，可以选择关闭裁剪功能或精细配置裁剪器。以下展示如何禁用裁剪，有关裁剪器的详细配置方法请查阅官方文档。如果应用需要配置有关全球化的功能，也可以在项目中配置。

示例代码如下：

```
1.   <Project Sdk="Microsoft.NET.Sdk.BlazorWebAssembly">
2.
3.     <PropertyGroup>
4.       <TargetFramework>net5.0</TargetFramework>
5.
6.       <PublishTrimmed>false</PublishTrimmed>
7.       <BlazorWebAssemblyLoadAllGlobalizationData>true</BlazorWebAssemblyLoadAllGlobalizationData>
8.     </PropertyGroup>
9.
10.  </Project>
```

示例配置表示保留所有代码和框架功能，这会导致应用体积较大，如果体积大到不能接受，请查阅官方文档进行更细致的设置。更多发布选项请参阅官方文档。

17.12.2　关于应用基地址和在同一个服务端同时托管多个应用的注意事项

模板项目默认映射到根目录，这可能会干扰其他功能或产生静态资源重名的冲突，也会导致无法同时托管多个 Blazor 应用，严重浪费服务端资源。为此可能需要对应用进行一些调整。要调整的地方比较多并且会相互影响最终效果，请保持专注和耐心避免出错。如果测试时发现错误，也请冷静排查和分析。接下来以基地址"/app/first"为例进行演示。

1. 修改客户端项目文件配置

在客户端项目文件中增加 StaticWebAssetBasePath 节，地址不需要以斜杠开头，代码如下：

```
1.    <Project Sdk="Microsoft.NET.Sdk.BlazorWebAssembly">
2.
3.      <PropertyGroup>
4.        <TargetFramework>net6.0</TargetFramework>
5.
6.        <StaticWebAssetBasePath>app/first</StaticWebAssetBasePath>
7.      </PropertyGroup>
8.
9.    </Project>
```

配置后，Blazor 项目的 wwwroot 文件夹中的所有内容都会在发布时复制到托管服务器项目的 wwwroot/app/first 文件夹中。如果项目配置了 PWA 支持，会同时影响生成的缓存资源清单的路径。

2. 修改 index.html 和 _Host.cshtml

如果 CSS 和 JS 引用的路径是以斜杠开头的绝对路径，请修改为合适的静态值。如果是相对路径，请根据测试结果进行调整。

修改 base 标签的 href 属性使其和项目文件中的 StaticWebAssetBasePath 节指定的值匹配，属性值必须以斜杠开头和结尾。

示例代码如下：

（1）index.html（精简）

```
1.    <!DOCTYPE html>
2.    <html>
3.
4.    <head>
5.        <title>BlazorApp1</title>
6.
7.        <base href="/app/first/" />
8.    </head>
9.
10.   <body>
11.       <div id="app">Loading...</div>
12.   </body>
13.   </html>
```

（2）_Host.cshtml（精简）

```
1.    <!DOCTYPE html>
2.    <html lang="en">
3.    <head>
4.        <title>BlazorApp1</title>
5.
6.        <base href="~/" />
7.    </head>
8.    <body>
```

```
 9.            <component type="typeof(App)" render-mode="WebAssemblyPrerendered" />
10.        </body>
11.    </html>
```

需要注意_Host.cshtml 中的 base 标签，如果 href 属性以 "~" 开头，会被识别为标签助手，最终的值实际上是 "baseTag.href + HttpContext.Request.PathBase"。如果希望手动指定静态值，在 href 属性处直接以 "/" 开头来禁用标签助手。如果遵循本书的修改方法，此处可以不用修改，标签助手刚好会生成正确的值。

3. 修改请求处理管道

这应该是整个修改中最复杂和容易出错的部分了，经过笔者的反复调整和测试，封装了一个和上面的修改方式相匹配的具有一定通用性的方法，如果有额外需求可以作为二次改造的基础。

示例代码如下：

（1）扩展方法定义

```
 1. public static class BlazorWebAssemblyExtensions
 2. {
 3.     /// <summary>
 4.     /// 封装 Blazor WebAssembly 客户端路由端点到独立的分支管道，避免污染全局路由
 5.     /// </summary>
 6.     /// <param name="app">原始管道</param>
 7.     /// <param name="basePath">应用的基地址，需要同时在 index.html、_Host.cshtml 和
 8.     ///     csproj 的&lt;StaticWebAssetBasePath&gt;中定义，否则无法正确提供静态资源</param>
 8.     /// <param name="appComponent">要预渲染的客户端 App 组件类型</param>
 9.     /// <param name="alternateRouteForIndexComponent">Index 组件的备选路由，如果应用
 9.     ///     同时托管了 Razor Pages，可避免被/Pages/Index.cshtml 拦截</param>
10.     /// <param name="fallbackFile">静态起始页路由。如果设置了服务端预渲染页，将会忽略此静
10.     ///     态页</param>
11.     /// <param name="fallbackPage">服务端预渲染页路由</param>
12.     /// <param name="pipelineBeforeInnerRouting">要注册到内部路由中间件之前的中间件
12.     ///     </param>
13.     /// <param name="pipelineAfterInnerRouting">要注册到内部路由中间件之后的中间件
13.     ///     </param>
14.     /// <returns>原始管道</returns>
15.     public static IApplicationBuilder UseBlazorWebAssemblyClientPipeline(
16.         this IApplicationBuilder app,
17.         string basePath,
18.         Type? appComponent = null,
19.         string? alternateRouteForIndexComponent = null,
20.         string? fallbackFile = "index.html",
21.         string? fallbackPage = null,
22.         Action<IApplicationBuilder>? pipelineBeforeInnerRouting = null,
23.         Action<IApplicationBuilder>? pipelineAfterInnerRouting = null)
24.     {
25.         if(fallbackFile is null && fallbackPage is null)
26.             throw new ArgumentException($"{nameof(fallbackFile)}和
26.                 {nameof(fallbackPage)}不能同时为 null。");
27.
28.         // 把 Blazor 应用封装到专用的管道分支
29.         return app.MapWhen(
30.             context => context.Request.Path.StartsWithSegments(basePath),
31.             innerApp =>
32.             {
33.                 innerApp.UseBlazorFrameworkFiles(basePath);
34.                 innerApp.UseStaticFiles(basePath);
35.
36.                 // 利用管道分支把 basePath 封装到 PathBase，避免影响渲染
37.                 innerApp.Use(static async (context, next) =>
```

```csharp
38.            {
39.                context.Items.Add("OriginalEndpoint", context.GetEndpoint());
40.                context.SetEndpoint(null);
41.
42.                await next(context);
43.            })
44.            .Map(basePath, myApp =>
45.            {
46.                myApp.Use(async (context, next) =>
47.                {
48.                    var path = context.Request.Path.Value;
49.                    var extIndex = path?.LastIndexOf('.');
50.                    var fileExt = extIndex >= 0 ? path![extIndex.Value..] : null;
51.                    if (!string.IsNullOrWhiteSpace(fileExt))
52.                    {
53.                        if (appComponent is not null)
54.                        {
55.                            context.RequestServices
56.                                .GetRequiredService<ILoggerFactory>()
                                 .CreateLogger(appComponent)
57.                                .LogWarning("Blazor WebAssembly 应用 {app} 的静态资
                                 源没有找到或路径匹配错误：{filePath}", appComponent,
                                 $"{context.Request.PathBase}{context.
                                 Request.Path}");
58.                        }
59.                        else
60.                        {
61.                            context.RequestServices
62.                                .GetRequiredService<ILoggerFactory>()
                                 .CreateLogger(typeof(BlazorWebAssemblyExtensions))
63.                                .LogWarning("未知名称的 Blazor WebAssembly 应用的静态
                                 资源没有找到或路径匹配错误：{filePath}",
                                 $"{context.Request.PathBase}{context.Request.P
                                 ath}");
64.                        }
65.                    }
66.
67.                    context.Items.Add("OriginalPath",context.Request.Path);
68.                    // 修改路径避免误触发 Razor Pages 默认页面
69.                    // 虽然 MapFallbackToPage 只定义了回退页面，但毕竟也是 Razor
                         Pages 端点功能，会隐式激活其他页面
70.                    context.Request.Path =
71.                        !string.IsNullOrWhiteSpace
                             (alternateRouteForIndexComponent) &&
                             (context.Request.Path.Value is "/" or "")
72.                            ? alternateRouteForIndexComponent
73.                            : context.Request.Path;
74.
75.                    await next(context);
76.                });
77.
78.                pipelineBeforeInnerRouting?.Invoke(myApp);
79.                myApp.UseRouting();
80.                pipelineAfterInnerRouting?.Invoke(myApp);
81.
82.                myApp.UseEndpoints(endpoints =>
83.                {
84.                    if (fallbackPage != null)
85.                    {
86.                        endpoints.MapFallbackToPage("/{**slug}", fallbackPage);
87.                    }
88.                    else
89.                    {
90.                        endpoints.MapFallbackToFile("/{**slug}",fallbackFile!);
91.                    }
92.                });
```

```
93.              });
94.          }
95.      );
96.  }
97.
98.  /// <summary>
99.  /// 封装 Blazor WebAssembly 客户端路由端点到独立的分支管道,避免污染全局路由
100. /// </summary>
101. /// <typeparam name="TAppComponent">要预渲染的客户端 App 组件</typeparam>
102. /// <param name="app">原始管道</param>
103. /// <param name="basePath">应用的基地址,需要同时在 index.html、_Host.cshtml
///     和 csproj 的&lt;StaticWebAssetBasePath&gt;中定义,否则无法正确提供静态资源
///     </param>
104. /// <param name="alternateRouteForIndexComponent">Index 组件的备选路由,如
///     果应用同时托管了 Razor Pages,可避免被/Pages/Index.cshtml 拦截</param>
105. /// <param name="fallbackFile">静态起始页路由。如果设置了服务端预渲染页,将会忽
///     略此静态页</param>
106. /// <param name="fallbackPage">服务端预渲染页路由</param>
107. /// <param name="pipelineBeforeInnerRouting">要注册到内部路由中间件之前的
///     中间件</param>
108. /// <param name="pipelineAfterInnerRouting">要注册到内部路由中间件之后的
///     中间件</param>
109. /// <returns>原始管道</returns>
110. public static IApplicationBuilder UseBlazorWebAssemblyClientPipeline
    <TAppComponent>(
111.     this IApplicationBuilder app,
112.     string basePath,
113.     string? alternateRouteForIndexComponent = null,
114.     string? fallbackFile = "index.html",
115.     string? fallbackPage = null,
116.     Action<IApplicationBuilder>? pipelineBeforeInnerRouting = null,
117.     Action<IApplicationBuilder>? pipelineAfterInnerRouting = null)
118.     where TAppComponent : IComponent =>
119.         app.UseBlazorWebAssemblyClientPipeline(
120.             basePath,
121.             typeof(TAppComponent),
122.             alternateRouteForIndexComponent,
123.             fallbackFile,
124.             fallbackPage,
125.             pipelineBeforeInnerRouting,
126.             pipelineAfterInnerRouting);
127. }
```

(2)使用

```
1.  public class Startup
2.  {
3.      public void Configure(IApplicationBuilder app, IWebHostEnvironment env)
4.      {
5.          app.UseStaticFiles();
6.
7.          app.UseRouting();
8.
9.          app.UseBlazorWebAssemblyClientPipeline<Client.App>("/app/first",
              "/app-first-home", fallbackPage: "/App/First/_Host");
10.
11.         app.UseAuthentication();
12.         app.UseAuthorization();
13.
14.         app.UseEndpoints(endpoints =>
15.         {
16.             endpoints.MapRazorPages();
17.             endpoints.MapControllers();
18.         });
19.     }
```

```
20.    }
```

4. 修改 Index 组件的路由

管道会把对根路径的请求替换为 Index 组件的备选路由，如果托管应用包含 Razor Pages 默认页面（/Pages/Index.cshtml）或 MVC 默认动作（/Home/Index），可以避免回退端点被更高优先级的默认端点拦截。当然此时 Razor Pages 和 MVC 也不能再使用 Index 组件的备选路由，否则还是会被拦截。

Index.razor（精简）的示例代码如下：

```
1.    @page "/"
2.    @page "/app-first-home"
3.
4.    <h1>Hello, world!</h1>
```

5. 修改 WebAssembly 主机启动设置

模板项目的代码使用 BaseAddress 作为根路径构造 API 客户端，这会导致 API 请求的 URL 错误，可以选择修改客户端配置或服务端 API 路由使二者匹配。此处以修改客户端配置为例。

如果选择了使用身份认证的模板，还需要修改身份认证的相关配置，需要同时修改服务端和客户端使之匹配。项目模板使用 IdentityServer4 托管授权协议的处理，但是 IdentityServer4 从 2020 年 10 月 1 日起已经变成商业软件。因此笔者选择使用其他程序包代替 IdentityServer4，此处选择 OpenIddict。改造过程参考"13.3 OpenIddict"中的示例仓库的 Balosar 项目。

示例代码如下：

```
1.    public class Program
2.    {
3.        public static async Task Main(string[] args)
4.        {
5.            var builder = WebAssemblyHostBuilder.CreateDefault(args);
6.
7.            var foundApp = await builder.GetJSRuntime()
8.                .InvokeAsync<bool>("foundRootComponentElement", "app");
9.            if (foundApp)
10.           {
11.               builder.RootComponents.Add<App>("#app");
12.           }
13.
14.           builder.Services.AddHttpClient("BlazorApp1.ServerAPI", client => client.
              BaseAddress = new Uri(builder.HostEnvironment.BaseAddress.Replace
              ("app/first/", "")))
15.               .AddHttpMessageHandler(sp => sp.GetRequiredService
                  <AuthorizationMessageHandler>()
16.               .ConfigureHandler(
17.                   authorizedUrls: new[] { "https://localhost:5001" },
18.                   scopes: new[] { "openid", "profile" }
19.               ));
20.
21.           // 提供发出请求时包含访问令牌的 HTTP 客户端
22.           builder.Services.AddScoped(sp => sp.GetRequiredService
              <IHttpClientFactory>().CreateClient("BlazorApp1.ServerAPI"));
23.
24.           builder.Services.AddOidcAuthentication(options =>
25.           {
26.               options.ProviderOptions.ClientId = "blazor-client";
27.               options.ProviderOptions.Authority = "https://localhost:5001/";
28.               options.ProviderOptions.ResponseType = "code";
29.
30.               options.ProviderOptions.ResponseMode = "query";
31.               options.AuthenticationPaths.RemoteRegisterPath = "/Identity/Account/
```

```
32.            Register";
                   options.AuthenticationPaths.RemoteProfilePath = "/Identity/Account/
                   Manage";
33.            });
34.
35.            await builder.Build().RunAsync();
36.        }
37.    }
```

请根据需要自行修改认证服务的配置。模板中的 API 客户端使用 BaseAddressAuthorizationMessageHandler 处理授权信息,如果没有同步修改服务端 API 路由,请修改代码自定义授权处理,否则会导致授权错误。模板中的授权服务使用 ApiAuthorization 配合封装的 IdentityServer4 处理授权信息。此处使用 OpenIddict,因此改用 OidcAuthentication。

6. 修改服务器授权配置

参考示例仓库项目把模板中的 IdentityServer4 替换为 OpenIddict,测试可用后再进行改进。修改代码量较多,参考官方示例进行修改。

卸载 NuGet 包 Microsoft.AspNetCore.ApiAuthorization.IdentityServer。然后安装以下 NuGet 包:

- OpenIddict.AspNetCore。
- OpenIddict.EntityFrameworkCore。
- OpenIddict.Quartz。
- Quartz.Extensions.Hosting。

示例代码如下:

(1)修改服务注册

```
1.  using static OpenIddict.Abstractions.OpenIddictConstants;
2.
3.  namespace BlazorApp1.Server
4.  {
5.      public class Startup
6.      {
7.          public Startup(IConfiguration configuration)
8.          {
9.              Configuration = configuration;
10.         }
11.
12.         public IConfiguration Configuration { get; }
13.
14.         //这个方法由运行时调用,可以使用这个方法向容器添加服务
15.         //有关如何配置应用程序的更多信息请访问 https://go.microsoft.com/
                fwlink/?LinkID=398940
16.         public void ConfigureServices(IServiceCollection services)
17.         {
18.             services.AddDbContext<ApplicationDbContext>(options =>
19.             {
20.                 options.UseSqlServer(
21.                     Configuration.GetConnectionString("DefaultConnection"));
22.
23.                 options.UseOpenIddict();
24.             });
25.
26.             services.AddDatabaseDeveloperPageExceptionFilter();
27.
28.             services.AddDefaultIdentity<ApplicationUser>(options =>
29.             {
30.                 options.SignIn.RequireConfirmedAccount = true;
```

```
31.         })
32.             .AddEntityFrameworkStores<ApplicationDbContext>()
33.             .AddDefaultTokenProviders();
34.
35.     services.AddQuartz(options =>
36.     {
37.         options.UseMicrosoftDependencyInjectionJobFactory();
38.         options.UseSimpleTypeLoader();
39.         options.UseInMemoryStore();
40.     });
41.
42.     services.AddQuartzHostedService(options =>
        options.WaitForJobsToComplete = true);
43.
44.     services.AddControllersWithViews();
45.     services.AddRazorPages();
46.
47.     services.AddOpenIddict()
48.
49.         //注册 OpenIddict 核心组件
50.         .AddCore(options =>
51.         {
52.             //配置 OpenIddict 使用 EF Core 存储数据
53.             //提示：调用 ReplaceDefaultEntities 方法可以替换 OpenIddct 的默认
                实体模型
54.             options.UseEntityFrameworkCore()
55.                 .UseDbContext<ApplicationDbContext>();
56.
57.             //启用 Quartz.NET 集成
58.             options.UseQuartz();
59.         })
60.
61.         // Register the OpenIddict server components.
62.         .AddServer(options =>
63.         {
64.             //启用 authorization、logout、token 和 userinfo 端点
65.             options.SetAuthorizationEndpointUris("/connect/authorize")
66.                 .SetLogoutEndpointUris("/connect/logout")
67.                 .SetTokenEndpointUris("/connect/token")
68.                 .SetUserinfoEndpointUris("/connect/userinfo");
69.
70.             //在发现文档中标记支持 email、profile 和 roles 作用域
71.             options.RegisterScopes(Scopes.Email, Scopes.Profile,
                Scopes.Roles);
72.
73.             //提示：这个样品使用 code 和 refresh token 流程
74.             //如果需要，可以启用其他流程，例如 implicit、password 或者 client
                credentials
75.             options.AllowAuthorizationCodeFlow()
76.                 .AllowRefreshTokenFlow();
77.
78.             //注册数字签名和加密用的证书
79.             options.AddDevelopmentEncryptionCertificate()
80.                 .AddDevelopmentSigningCertificate();
81.
82.             //注册 ASP.NET Core 主机并配置相关选项
83.             options.UseAspNetCore()
84.                 .EnableAuthorizationEndpointPassthrough()
85.                 .EnableLogoutEndpointPassthrough()
86.                 .EnableStatusCodePagesIntegration()
87.                 .EnableTokenEndpointPassthrough();
88.         })
89.         //注册 OpenIddict 验证组件
90.         .AddValidation(options =>
91.         {
```

```
92.                    // 从当前 OpenIddict 服务导入配置
93.                    options.UseLocalServer();
94.
95.                    //注册 ASP.NET Core 主机
96.                    options.UseAspNetCore();
97.                });
98.
99.            //初始化 oidc 应用的数据
100.           services.AddHostedService<Worker>();
101.       }
102.    }
103. }
```

不要忘了把 ApplicationDbContext 的基类还原为 IdentityDbContext<ApplicationUser>，然后删除并重新生成迁移。

```
1. public class ApplicationDbContext : IdentityDbContext<ApplicationUser>
2. {
3.     public ApplicationDbContext(DbContextOptions options)
4.         : base(options)
5.     {
6.     }
7. }
```

（2）定义数据初始化任务（在 Startup 中注册）

```
1. using static OpenIddict.Abstractions.OpenIddictConstants;
2.
3. namespace BlazorApp1.Server
4. {
5.     public class Worker : IHostedService
6.     {
7.         private readonly IServiceProvider _serviceProvider;
8.
9.         public Worker(IServiceProvider serviceProvider)
10.            => _serviceProvider = serviceProvider;
11.
12.        public async Task StartAsync(CancellationToken cancellationToken)
13.        {
14.            using var scope = _serviceProvider.CreateScope();
15.
16.            var context = scope.ServiceProvider.GetRequiredService
                 <ApplicationDbContext>();
17.            await context.Database.EnsureCreatedAsync();
18.
19.            var manager = scope.ServiceProvider.GetRequiredService
                 <IOpenIddictApplicationManager>();
20.
21.            if (await manager.FindByClientIdAsync("blazor-client") is null)
22.            {
23.                await manager.CreateAsync(new OpenIddictApplicationDescriptor
24.                {
25.                    ClientId = "blazor-client",
26.                    ConsentType = ConsentTypes.Explicit,
27.                    DisplayName = "Blazor client application",
28.                    Type = ClientTypes.Public,
29.                    PostLogoutRedirectUris =
30.                    {
31.                        new Uri("https://localhost:5001/app/first/authentication/
                             logout-callback")
32.                    },
33.                    RedirectUris =
34.                    {
35.                        new Uri("https://localhost:5001/app/first/authentication/
                             login-callback")
36.                    },
```

```
37.                    Permissions =
38.                    {
39.                        Permissions.Endpoints.Authorization,
40.                        Permissions.Endpoints.Logout,
41.                        Permissions.Endpoints.Token,
42.                        Permissions.GrantTypes.AuthorizationCode,
43.                        Permissions.GrantTypes.RefreshToken,
44.                        Permissions.ResponseTypes.Code,
45.                        Permissions.Scopes.Email,
46.                        Permissions.Scopes.Profile,
47.                        Permissions.Scopes.Roles
48.                    },
49.                    Requirements =
50.                    {
51.                        Requirements.Features.ProofKeyForCodeExchange
52.                    }
53.                });
54.            }
55.
56.        }
57.
58.        public Task StopAsync(CancellationToken cancellationToken) =>
             Task.CompletedTask;
59.    }
60. }
```

(3)定义辅助类

```
1.  public static class AsyncEnumerableExtensions
2.  {
3.      public static Task<List<T>> ToListAsync<T>(this IAsyncEnumerable<T> source)
4.      {
5.          if (source == null)
6.          {
7.              throw new ArgumentNullException(nameof(source));
8.          }
9.
10.         return ExecuteAsync();
11.
12.         async Task<List<T>> ExecuteAsync()
13.         {
14.             var list = new List<T>();
15.
16.             await foreach (var element in source)
17.             {
18.                 list.Add(element);
19.             }
20.
21.             return list;
22.         }
23.     }
24. }
25.
26. public sealed class FormValueRequiredAttribute : ActionMethodSelectorAttribute
27. {
28.     private readonly string _name;
29.
30.     public FormValueRequiredAttribute(string name)
31.     {
32.         _name = name;
33.     }
34.
35.     public override bool IsValidForRequest(RouteContext context, ActionDescriptor
          action)
36.     {
37.         if (string.Equals(context.HttpContext.Request.Method, "GET",
              StringComparison.OrdinalIgnoreCase) ||
```

```
38.                string.Equals(context.HttpContext.Request.Method, "HEAD",
                      StringComparison.OrdinalIgnoreCase) ||
39.                string.Equals(context.HttpContext.Request.Method, "DELETE",
                      StringComparison.OrdinalIgnoreCase) ||
40.                string.Equals(context.HttpContext.Request.Method, "TRACE",
                      StringComparison.OrdinalIgnoreCase))
41.            {
42.                return false;
43.            }
44.
45.            if (string.IsNullOrEmpty(context.HttpContext.Request.ContentType))
46.            {
47.                return false;
48.            }
49.
50.            if (!context.HttpContext.Request.ContentType.StartsWith("application/
                  x-www-form-urlencoded", StringComparison.OrdinalIgnoreCase))
51.            {
52.                return false;
53.            }
54.
55.            return !string.IsNullOrEmpty(context.HttpContext.Request.Form[_name]);
56.        }
57.    }
```

（4）定义视图模型

```
1.    public class AuthorizeViewModel
2.    {
3.        [Display(Name = "Application")]
4.        public string ApplicationName { get; set; }
5.
6.        [Display(Name = "Scope")]
7.        public string Scope { get; set; }
8.    }
```

（5）定义认证和授权视图（不再展示框架的特殊视图，例如布局）

① /Views/Authorization/Authorize.cshtml（向用户确认同意授权）

```
1.    @using Microsoft.Extensions.Primitives
2.    @model AuthorizeViewModel
3.
4.    <div class="jumbotron">
5.        <h1>Authorization</h1>
6.
7.        <p class="lead text-left">Do you want to grant <strong>@Model.
              ApplicationName</strong> access to your data? (scopes requested:
              @Model.Scope)</p>
8.
9.        <form asp-controller="Authorization" asp-action="Authorize" method="post">
10.           @* Flow the request parameters so they can be received by the Accept/Reject
                 actions: *@
11.           @foreach (var parameter in Context.Request.HasFormContentType ?
12.              (IEnumerable<KeyValuePair<string, StringValues>>)Context.Request.
                   Form : Context.Request.Query)
13.           {
14.               <input type="hidden" name="@parameter.Key" value="@parameter.Value" />
15.           }
16.
17.           <input class="btn btn-lg btn-success" name="submit.Accept" type="submit"
                 value="Yes" />
18.           <input class="btn btn-lg btn-danger" name="submit.Deny" type="submit"
                 value="No" />
19.       </form>
20.   </div>
```

② /Views/Authorization/Logout.cshtml

```
1.    @using Microsoft.Extensions.Primitives
2.
3.    <div class="jumbotron">
4.        <h1>Log out</h1>
5.        <p class="lead text-left">Are you sure you want to sign out?</p>
6.
7.        <form asp-controller="Authorization" asp-action="Logout" method="post">
8.            @* Flow the request parameters so they can be received by the LogoutPost
                 action: *@
9.            @foreach (var parameter in Context.Request.HasFormContentType ?
10.              (IEnumerable<KeyValuePair<string, StringValues>>)Context.Request.Form :
                 Context.Request.Query)
11.           {
12.               <input type="hidden" name="@parameter.Key" value="@parameter.Value" />
13.           }
14.
15.           <input class="btn btn-lg btn-success" name="Confirm" type="submit"
                 value="Yes" />
16.       </form>
17.   </div>
```

（6）定义授权控制器

服务配置了使用直通模式，OpenIddict 处理并封装协议数据后会继续传递请求，最终交给自定义控制器完成最后的处理。代码量较大，完整版可参考 https://github.com/openiddict/openiddict-samples/blob/dev/samples/Balosar/Balosar.Server/Controllers/AuthorizationController.cs。

```
1.    public class AuthorrizationController : Controller
2.    {
3.        private readonly IOpenIddictApplicationManager _applicationManager;
4.        private readonly IOpenIddictAuthorizationManager _authorizationManager;
5.        private readonly IOpenIddictScopeManager _scopeManager;
6.        private readonly SignInManager<ApplicationUser> _signInManager;
7.        private readonly UserManager<ApplicationUser> _userManager;
8.
9.        public AuthorizationController(
10.           IOpenIddictApplicationManager applicationManager,
11.           IOpenIddictAuthorizationManager authorizationManager,
12.           IOpenIddictScopeManager scopeManager,
13.           SignInManager<ApplicationUser> signInManager,
14.           UserManager<ApplicationUser> userManager)
15.       {
16.           _applicationManager = applicationManager;
17.           _authorizationManager = authorizationManager;
18.           _scopeManager = scopeManager;
19.           _signInManager = signInManager;
20.           _userManager = userManager;
21.       }
22.
23.       // 其他动作方法
24.   }
```

> **注 意**
>
> 要为需要授权的控制器设置认证方案 [Authorize(AuthenticationSchemes = OpenIddictValidationAspNetCoreDefaults.AuthenticationScheme)]，或者把这个方案注册为默认身份认证方案。

7. 修改 service-worker

如果项目配置了 PWA 支持，需要修改 service-worker 使其能正常工作，默认模板在发布时使用 service-worker.published.js。不用担心，MSBuild 会把发布后的文件改名为 service-worker.js。因此要修改的实际上是 service-worker.published.js。

service-worker.published.js（精简）的示例代码如下：

```js
1.   async function onInstall(event) {
2.       console.info('Service worker: Install');
3.
4.       let assetPathBase = 'app/first/';
5.       let urlSubStartIndex = assetPathBase.length;
6.
7.       // 从 assets.manifest 中请求和缓存匹配的数据
8.       const assetsRequests = self.assetsManifest.assets
9.           .filter(asset => offlineAssetsInclude.some(pattern =>
                pattern.test(asset.url)))
10.          .filter(asset => !offlineAssetsExclude.some(pattern =>
                pattern.test(asset.url)))
11.          //.map(asset => new Request(asset.url, { integrity: asset.hash, cache:
                'no-cache' }));
12.          .map(asset => {
13.              let realUrl = asset.url.substring(urlSubStartIndex);
14.              if (realUrl == 'favicon.ico') {
15.                  realUrl = '/' + realUrl;
16.              }
17.              return new Request(realUrl, { integrity: asset.hash, catch:
                    'no-cache' });
18.          });
19.
20.      // 同时缓存身份验证配置
21.      //assetsRequests.push(new Request('_configuration/BlazorApp1.Client'));
22.
23.      await caches.open(cacheName).then(cache => cache.addAll(assetsRequests));
24.  }
```

示例增加应用基地址修正代码，定义基地址字符串和截取位置，修改资源请求生成代码的 map 函数中的内容确保地址正确。删除或注释掉 authentication configuration 的缓存代码，这是和模板中的 IdentityServer4 配合的，使用 OpenIddict 的话就不再需要了。请发布后进行实际测试确认修改无误。

.NET SDK 在发布时会自动生成静态资源缓存列表，但是这个列表的地址会包含基地址，和应用中 base 标签配合会导致基地址被附加两次。因此要修改代码把多余的一次去掉，网站图标的地址不受 base 标签值的影响，需要直接改成绝对地址。如果将来 SDK 修改了生成规则，请根据规则修改代码。

17.12.3 AOT 编译、IL 裁剪和引用 Native 代码功能简介

.NET 6 为 Blazor 提供了 AOT 编译和引用 Native 代码的功能，在计算密集型功能中适当使用可以获得超过 10 倍的性能提升。但是代价是编译后的文件更大，最多可能超过 5 倍 JIT 编译的大小。为了减小 AOT 编译的文件大小，.NET 6 提供了更强大的 IL 裁剪功能，可以在方法级别裁剪没有使用的代码，也就是说没有静态调用过的方法、属性等可能在编译后被删除，如果反射调用的代码刚好被裁剪，会引发运行时异常。如果开启了 IL 裁剪功能，请充分测试后再发布，并配置裁剪器要求其保留特定代码。AOT 编译等功能需要安装 .NET SDK 扩展工作负载，可以在 VS 安

装程序中选择这个功能,或者运行.NET CLI 命令 dotnet workload install wasm-tools 来安装。

引用 Native 代码功能不仅可以获得性能提升,还使得 Blazor WebAssembly 能使用非托管代码库的功能。例如 EF Core 的 SQLite 驱动现在可以在 WASM 模式下使用,只可惜由于浏览器的安全限制,数据库只能保留在内存中,刷新页面就会丢失数据(可以使用额外的 JS 扩展转存到 IndexedDB);基于 Skia(谷歌开发的安卓默认的应用 Activity 渲染引擎)开发的 2D 图形渲染引擎 SkiaSharp.Views.Blazor 现在也可以在 WASM 模式下使用;甚至可以使用基于 WebGPU 实现的 .NET 3D 引擎 Evergine(面向工业和教育领域的纯托管 3D 引擎,应用层和渲染层严格隔离。架构设计和游戏引擎相似,有场景编辑器,可用于游戏开发。官方网址为 https://evergine.com/)。引用的 Native 依赖支持 C 源代码、已静态编译的.o 或.wasm 文件,编译后的代码最终会合并到 dotnet.wasm 文件中。

17.13 小　　结

Blazor WebAssembly 为客户端应用开发补上了最后一块拼图,而且是基于公开标准的,不会再遭遇 WebForm 一面世就被 MVC 架构和 AJAX 连击、Silverlight 被 Flash 和 HTML5 夹击的窘况。基于标准进行扩展让 Blazor WebAssembly 能轻松支持各种 Web 应用模型。数据绑定和事件机制解决了传统 Web 应用数据和 UI 同步困难、开发维护成本高的问题。使用.NET WASM 运行时还解决了 JavaScript 的性能、算法开发和使用等问题。使大规模复杂 Web 应用的开发维护成本始终控制在较低水平。如果正在为新项目进行技术选型,强烈推荐认真考虑 Blazor 框架!

随着微软基于 WebAssembly 重新实现了.NET 运行时,SliverLight 框架也由 Userware 公司(前微软技术专家创办)重新实现并取名为 OpenSilver。现在几乎所有 SliverLight 应用都可以通过 OpenSilver 快速迁移到新的运行时且不再依赖插件。而且因为 OpenSilver 运行在官方运行库上,可以方便地跟进.NET 新功能。

第 18 章

Razor 类库

18.1 简 介

Razor 类库是一种特殊的类库,用于存放 MVC 视图、Razor Pages 页面、Razor 组件和配套的静态资源等需要使用 Razor SDK 编译的项目。

创建方法也非常简单,Razor SDK 已经准备了相应的项目模板。如果组件库需要在 .NET 5 或更低版本引用,请不要以".Views"作为项目名称的结尾(.NET 5 及以前的 ASP.NET Core 项目会生成以".Views"结尾的预编译视图程序集,发生文件名冲突的风险较高)。引用方式和普通项目没有任何区别。如果 ASP.NET Core 项目中存在和 Razor 类库冲突的视图、页面等,优先使用项目中的内容。Razor 类库中的内容的文件夹结构约定和 ASP.NET Core 完全相同,如果把 ASP.NET Core 项目中除 Views、Pages、Areas 和 wwwroot 文件夹之外的其他东西全部删除,其内容和 Razor 类库几乎没有区别。

18.2 静态资源组织

静态资源可以说是 Razor 类库特有的嵌入式资源,但它的嵌入和使用方法不同于一般程序集。所有静态资源都放在 wwwroot 文件夹中。MSBuild 会自动处理静态资源。如果使用命令行工具打包,应使用 dotnet pack 而不是 NuGet pack 命令。打包后的静态资源在调试期间不会被释放出来,如果需要直接读取和使用嵌入的资源,需要在主机配置时调用 UseStaticWebAssets 方法,通常不需要开发者亲自调用。项目在发布时会自动把打包的资源释放到宿主项目的"wwwroot/_content/{程序集名称}/"文件夹中,例如,名为 MyRazorLib 的 Razor 类库中的"wwwroot/css/myStyle.css"文件会被释放到"wwwroot/_content/MyRazorLib/css/myStyle.css"文件夹中，不要忘了在页面中使用 link 或 script 标签来引用。为了在开发中使宿主项目能正常引用静态资源，需要在静态资源修改后重新生成 Razor 类库。

18.3 小　　结

使用 Razor 类库能大幅提高视图、组件等的复用能力，如果有在多个项目中通用的 Razor 资源，推荐使用 Razor 类库项目统一管理。

第 19 章

Web API

之前介绍的 MVC、Razor Pages 和 Blazor 都是可视化 Web 应用，主要交互对象是人。如果应用和应用之间需要交互，以上应用类型显然不合适，为此，ASP.NET Core 准备了 Web API 应用类型。在 ASP.NET Core 中，Web API 实际上就是没有视图渲染功能的缩水版 MVC。Web API 控制器通常以 ControllerBase 作为基类，MVC 控制器以 Controller 作为基类，而 Controller 其实也是从 ControllerBase 派生的。因此，如果需要在同一个控制器中混合视图和 API，则可以使用 Controller 作为基类，这在人和应用多方交互的 Oidc 协议中比较常用。

19.1 基础使用

Web API 最基本的使用方法和 MVC 控制器非常相似，只需要在 MVC 的基础上注意一下差异即可快速了解 API 的开发方法。

19.1.1 默认约定的 API 控制器

和 MVC 一样，API 控制器也支持 POCO 类型，如果使用 POCO 类型，则需要使用 ApiController 特性进行标记，ControllerBase 已经进行了标记。API 返回类型通常使用 IActionResult<T>或普通类型，如果返回普通类型，API 会自动进行封装。

API 控制器比 MVC 控制器还多出一种常用特性——ProducesResponseType，用于指示动作可能返回的 HTTP 状态代码和对应的模型类型，Consumes 指定 API 接收的输入数据类型，这有助于框架的标准流程自动化和生成内容更丰富的 Open API 文档。API 控制器准备了大量辅助方法用于生成语义更准确的状态代码，例如 CreatedAtAction 生成 201 代码，表示创建资源成功。

示例代码如下：

```
1.    [Route("api/[controller]")]
2.    public class MyApi : ControllerBase
3.    {
4.        private static List<MyModel> _myModels { get; } = new List<MyModel>();
5.
6.        // 设置动作接收的 Method
7.        [HttpPost]
8.        // 设置动作可能返回的响应代码
9.        [ProducesResponseType(StatusCodes.Status201Created)]
10.       [ProducesResponseType(StatusCodes.Status400BadRequest)]
11.       // 设置动作返回值的序列化格式
12.       [Consumes("application/json")]
13.       public ActionResult<MyModel> Create(MyModel myModel)
14.       {
15.           myModel.Id = _myModels.Any() ?
16.               _myModels.Max(m => m.Id) + 1 : 1;
17.           _myModels.Add(myModel);
18.           // 创建 201 Created 响应
19.           return CreatedAtAction(nameof(Create), new { id = myModel.Id }, myModel);
20.       }
21.   }
22.
23.   public class MyModel
24.   {
25.       public int Id { get; set; }
26.       public string Text { get; set; }
27.   }
```

1. 错误响应设置

API 控制器会在模型绑定错误时自动响应 400 状态，并且也不会再触发动作，因此通常无须手动生成 400 响应。API 控制器的自动 400 响应符合 RFC 7807 规范，如果需要手动返回 400 响应，推荐使用 ValidationProblem 方法辅助生成规范的响应。如果默认行为不符合需求，可以通过配置进行自定义。

示例代码如下：

```
1.    public class Startup
2.    {
3.        public void ConfigureServices(IServiceCollection services)
4.        {
5.            services.AddControllers()
6.                .ConfigureApiBehaviorOptions(options =>
7.                {
8.                    // 禁用自动 400 响应
9.                    options.SuppressModelStateInvalidFilter = true;
10.                   // 禁用自动规范化 400 响应
11.                   options.SuppressMapClientErrors = true;
12.                   // 设置响应状态代码的帮助链接
13.                   options.ClientErrorMapping[StatusCodes.Status404NotFound].Link =
14.                       "https://httpstatuses.com/404";
15.               });
16.       }
17.   }
```

通常情况下，框架会自动标准化模型绑定错误信息，但是如果手动设置和返回自定义模型验证错误信息，则会出现响应格式没有标准化的问题。此时可以使用 ControllerBase 提供的辅助方法 ValidationProblem 来生成标准化的错误响应。确保响应格式一致能有效减轻前端的处理负担，如果没有特殊需求，推荐返回格式一致的响应。

2. 内容协商

Web API 通常使用 ObjectResult<T>作为动作返回的实现类型。ObjectResult<T>提供了内置的内容协商支持，可以根据客户端的请求标头自动选择合适的序列化格式。如果没有特殊设置，默认使用 JSON 格式。如果希望手动设定要启用的格式，可以使用 Produces 特性进行设置。XML 格式有内置支持，但没有默认启用，如果需要，可以手动添加格式化器。

示例代码如下：

```
1.   public class Startup
2.   {
3.       public void ConfigureServices(IServiceCollection services)
4.       {
5.           services.AddControllers()
6.               .AddXmlSerializerFormatters();
7.       }
8.   }
```

19.1.2 Web API 路由

Web API 不支持传统路由，这是和 MVC 的一个重要区别。因此 Web API 必须使用特性路由。根据 RESTful 风格，Web API 没有动作名称，各个动作仅以 HTTP Method 进行区分，表示资源的增删查改。这种风格的 API 控制器通常只在控制器类上使用 Route 特性，动作名称为 Get、Create 等，并使用 HTTP Method 特性标记，此时 API 路由会自动构建为 RESTful 风格。如果 API 不使用 RESTful 风格，可以根据需要自行设置。

19.1.3 模型绑定

Web API 的模型绑定和 MVC 共享相同的底层基础，然后根据 API 的特性进行一些个性化设置，因此基本兼容 MVC 的模型绑定。如果需要，可以进行一些额外的设置。

示例代码如下：

```
1.   public class Startup
2.   {
3.       public void ConfigureServices(IServiceCollection services)
4.       {
5.           services.AddControllers()
6.               .ConfigureApiBehaviorOptions(options =>
7.               {
8.                   // 禁用模型绑定的 multipart/form-data 表单类型推断
9.                   options.SuppressConsumesConstraintForFormFileParameters = true;
10.                  // 禁用模型绑定的推理规则
11.                  options.SuppressInferBindingSourcesForParameters = true;
12.              });
13.      }
14.  }
```

在 Web API 中操作资源是常见需求，但是为相同的模型类型的不同操作准备大量 API 也不一定是合适的，ASP.NET Core Web API 提供了对 JSON Patch 格式的内置支持。如果要使用 JSON Patch，需要安装 NuGet 包 Newtonsoft.Json。

示例代码如下：

```
1.   public class Startup
```

```
2.  {
3.      public void ConfigureServices(IServiceCollection services)
4.      {
5.          services.AddControllers()
6.              .AddNewtonsoftJson();
7.      }
8.  }
```

但是这样做会导致 Newtonsoft.Json 被设置为全局 JSON 格式化器，如果希望只在 JSON Patch 中使用 Newtonsoft.Json，可以使用以下方法：

示例代码如下：

```
1.  public class Startup
2.  {
3.      public void ConfigureServices(IServiceCollection services)
4.      {
5.          services.AddControllers(options =>
6.          {
7.              options.InputFormatters.Insert(0, GetJsonPatchInputFormatter());
8.          });
9.
10.         static NewtonsoftJsonPatchInputFormatter GetJsonPatchInputFormatter()
11.         {
12.             var builder = new ServiceCollection()
13.                 .AddLogging()
14.                 .AddMvc()
15.                 .AddNewtonsoftJson()
16.                 .Services.BuildServiceProvider();
17.
18.             return builder
19.                 .GetRequiredService<IOptions<MvcOptions>>()
20.                 .Value
21.                 .InputFormatters
22.                 .OfType<NewtonsoftJsonPatchInputFormatter>()
23.                 .First();
24.         }
25.     }
26. }
```

有关 JSON Patch 标准的详细信息请参阅官方文档。

19.2　API 版本、Open API 和 Swagger

随着时间的推移，Web API 会不断进行迭代，但用户的客户端不一定会随时更新到最新版本。此时就需要通过 API 版本来实现对多版本客户端的兼容。API 版本的不断积累会导致维护管理和沟通交流困难，这时就需要一些自动化工具来简化管理工作。ASP.NET Core 的多版本 API 和 Swagger 则是非常好用的一对组合。Swagger 后来成为了 Open API 标准的一部分。ASP.NET Core 中，比较常用的有 Swashbuckle 和 Nswag 等，本书将以 Swashbuckle 为例进行介绍。

Swashbuckle 主要负责生成和展示 Open API 文档，负责管理 API 版本的是另一个 NuGet 包 Microsoft.AspNetCore.Mvc.Versioning.ApiExplorer。这个 NuGet 包由于版权归属等问题已经停止发布，新版本将以 "Asp.Versioning.Mvc.ApiExplorer" 的名义发布并将版权从微软移交给.NET 基金会。其中的部分 API 可能发生变动，升级时请注意查看官方迁移指南。

19.2.1 多版本 API

要实现多版本 API，首先需要注册和配置 API 版本控制服务，然后才能正常使用多版本 API。示例代码如下：

（1）注册和配置 API 版本控制服务

```
1.  public class Startup
2.  {
3.      public Startup(IConfiguration configuration)
4.      {
5.          Configuration = configuration;
6.      }
7.
8.      public IConfiguration Configuration { get; }
9.
10.     public void ConfigureServices(IServiceCollection services)
11.     {
12.         // 设置 API 版本管理服务的选项
13.         services.AddApiVersioning(options =>
14.         {
15.             // 控制是否添加响应标头 api-supported-versions 并在其中列出该 API 支持的版本
16.             options.ReportApiVersions = true;
17.             // 控制是否在请求没有明确指定版本时定位到默认版本
18.             // 如果该 API 没有默认版本，则视为没有找到 API
19.             options.AssumeDefaultVersionWhenUnspecified = true;
20.             // 设置默认版本的版本号
21.             options.DefaultApiVersion = new ApiVersion(1, 0);
22.             // 设置要从哪里读取请求的版本信息
23.             // 常用读取器有三种：UrlSegment、Header 和 QueryString
24.             // 如果设置了默认版本且不希望通过 URL 强制显式指定 API 版本，推荐使用请求标头和
                    查询字符串进行识别
25.             options.ApiVersionReader = ApiVersionReader.Combine(new
                    QueryStringApiVersionReader(), new HeaderApiVersionReader()
                    { HeaderNames = { "x-api-version" } });
26.         })
27.         // 设置 API 版本浏览器服务的选项
28.         .AddVersionedApiExplorer(option =>
29.         {
30.             // 设置 API 分组名格式串
31.             // 可用于辅助决定 Swagger 文档应该如何为 API 分组，示例格式串 "V" 表示所有主版本号
                    相同的 API 分为一组
32.             // 例如 1.0 和 1.1 版均属于名称为 1 的分组。
33.             option.GroupNameFormat = "V";
34.             // 控制是否在请求没有明确指定版本时定位到默认版本
35.             option.AssumeDefaultVersionWhenUnspecified = true;
36.         });
37.     }
38. }
```

示例展示了大多数常用选项，有关格式串的详细规则和其他详细信息请参阅官方文档。

（2）为 API 控制器添加版本信息

```
1.  [ApiController]
2.  [ApiVersion("1.0")]
3.  [Route("api/{v:apiVersion}/[controller]")]
4.  [ApiVersionNeutral]
5.  [Route("api/[controller]")]
6.  public class WeatherForecastController : ControllerBase
```

```
7.  {
8.      private static readonly string[] Summaries = new[]
9.      {
10.         "Freezing", "Bracing", "Chilly", "Cool", "Mild", "Warm", "Balmy", "Hot",
            "Sweltering", "Scorching"
11.     };
12.
13.     private readonly ILogger<WeatherForecastController> logger;
14.
15.     public WeatherForecastController(ILogger<WeatherForecastController> logger)
16.     {
17.         this.logger = logger;
18.     }
19.
20.     [HttpGet]
21.     public IEnumerable<WeatherForecast> Get()
22.     {
23.         var rng = new Random();
24.         return Enumerable.Range(1, 5).Select(index => new WeatherForecast
25.         {
26.             Date = DateTime.Now.AddDays(index),
27.             TemperatureC = rng.Next(-20, 55),
28.             Summary = Summaries[rng.Next(Summaries.Length)]
29.         })
30.         .ToArray();
31.     }
32. }
```

API 控制器只需要使用 ApiVersion 特性即可为动作或整个控制器设置版本，也可以多次使用把控制器映射到多个版本上。如果使用 UrlSegment 读取器识别版本，需要使用路由参数"{v:apiVersion}"指定版本号应该出现在 URL 的何处。而 ApiVersionNeutral 特性指定某个 API 是无版本 API，调用这种 API 可以随意填写版本号或者不填写，因此一般不会和 ApiVersion 特性同时使用，示例仅为集中展示之用。

19.2.2 Swashbuckle

从 .NET 5 开始，Web API 项目模板内置了 Swashbuckle，如果是新项目，可以为开发者省去不少工作。但了解如何为已有项目集成 Swashbuckle 还是很有必要的。在 ASP.NET Core 中使用的话需要安装 NuGet 包 Swashbuckle.AspNetCore。

示例代码如下：

（1）Swagger 选项

```
1.  public class ConfigureSwaggerGenOptions :
    ConfigureOptionsWithServiceProvider<SwaggerGenOptions>
2.  {
3.      public ConfigureSwaggerGenOptions(IServiceProvider service) : base(service)
        { }
4.
5.      public override void Configure(SwaggerGenOptions options)
6.      {
7.          var apiVersionDescription = Service.GetRequiredService
              <IApiVersionDescriptionProvider>();
8.          var environment = Service.GetRequiredService<IWebHostEnvironment>();
9.
10.         foreach (var description in apiVersionDescription.ApiVersionDescriptions)
11.         {
12.             options.SwaggerDoc(description.GroupName,
13.                 new OpenApiInfo()
```

```csharp
14.            {
15.                Title = $"My API {description.ApiVersion}",
16.                Version = description.ApiVersion.ToString(),
17.                Description = $"A simple example ASP.NET Core Web API.",
18.                TermsOfService = new Uri("https://example.com/ "),
19.                Contact = new OpenApiContact
20.                {
21.                    Name = "My API",
22.                    Email = string.Empty,
23.                    Url = new Uri("https://example.com/api"),
24.                },
25.                License = new OpenApiLicense
26.                {
27.                    Name = "Use under LICX",
28.                    Url = new Uri("https://example.com/license"),
29.                }
30.            }
31.        );
32.    }
33.
34.    // 为 Swagger 的 JSON 文档和 UI 界面指定注释文件的路径
35.    var xmlFile = $"{typeof(Startup).Assembly.GetName().Name}.xml";
36.    var xmlPath = Path.Combine(environment.ContentRootPath, xmlFile);
37.    options.IncludeXmlComments(xmlPath);
38.
39.    // 配置 OAuth 参数
40.    var authorizationUrl = "https://localhost:5001/connect/authorize";
41.
42.    options.AddSecurityDefinition("oauth2", new OpenApiSecurityScheme
43.    {
44.        Type = SecuritySchemeType.OAuth2,
45.        Flows = new OpenApiOAuthFlows
46.        {
47.            Implicit = new OpenApiOAuthFlow()
48.            {
49.                AuthorizationUrl = new Uri(authorizationUrl),
50.                Scopes = new Dictionary<string, string> {
51.                    { "api1", "api1" },
52.                    { "swagger-client", "My swagger client" }
53.                }
54.            },
55.        },
56.    });
57.
58.    options.OperationFilter<AuthorizeCheckOperationFilter>();
59.
60.    options.AddSecurityRequirement(new OpenApiSecurityRequirement
61.    {
62.        {
63.            new OpenApiSecurityScheme
64.            {
65.                Reference = new OpenApiReference { Type = ReferenceType.
                    SecurityScheme, Id = "oauth2" }
66.            },
67.            new[] { "api1" }
68.        }
69.    });
70. }
71. }
```

使用这种方法可以在运行时从依赖注入服务获取多版本 API 信息动态生成文档对象。示例使用 XML 注释文档辅助生成 Swagger 文档，如果希望摆脱 XML 文档，可以安装 NuGet 包 Swashbuckle.AspNetCore.Annotations。这样可以用特性完成同样的工作，也方便通过反射进行访问。如果 API 使用 OAuth 协议授权，也可在此处配置参数以便在 UI 中激活授权功能。

（2）配置 Swagger 服务和端点

```
1.  public class Startup
2.  {
3.      public void ConfigureServices(IServiceCollection services)
4.      {
5.          services.AddSwaggerGen();
6.
7.          // 使用这种方式配置避免手动实例化依赖注入容器
8.          // 这更符合微软的开发建议，同时消除对服务注册顺序的敏感性
9.          services.ConfigureOptions<ConfigureSwaggerGenOptions>();
10.     }
11.
12.     public void Configure(IApplicationBuilder app, IApiVersionDescriptionProvider apiVersionDescription)
13.     {
14.         app.UseRouting();
15.
16.         app.UseEndpoints(endpoints =>
17.         {
18.             // 映射 swagger (json) 文档端点
19.             endpoints.MapSwagger();
20.
21.             // 映射 swagger-ui 端点，Swashbuckle 没有提供 UI 端点的原生支持，需要自行改造
22.             var swaggerUiPipeline = endpoints.CreateApplicationBuilder()
23.                 .Use(static async (context, next) =>
24.                 {
25.                     // 路由端点信息会干扰 UI 中间件工作，需要清除
26.                     context.Items.Add("OriginalEndpoint", context.GetEndpoint());
27.                     context.SetEndpoint(null);
28.                     await next(context);
29.                 })
30.                 .UseSwaggerUI(options =>
31.                 {
32.                     // 自动扫描多版本 API
33.                     foreach (var description in apiVersionDescription.ApiVersionDescriptions)
34.                     {
35.                         options.SwaggerEndpoint($"/swagger/{description.GroupName}/swagger.json", description.GroupName.ToUpperInvariant());
36.                     }
37.
38.                     // 设置 OAuth 参数
39.                     options.OAuthClientId("swagger-client");
40.                     options.OAuthAppName("My swagger client");
41.                 });
42.
43.             endpoints.Map("swagger/{*wildcard}", swaggerUiPipeline.Build());
44.     }
45. }
```

19.3 小　　结

从本章的介绍可以看出，ASP.NET Core 的架构设计非常优秀，Web API 中的许多知识和 MVC 是通用的，这为开发者的学习和使用带来了极大的便利。

第 20 章

远程过程调用

广义上来说，任何跨进程通信都是远程过程调用。如果是本机跨进程通信，一般情况下使用操作系统提供的接口完成。如果是跨主机通信，通常需要通过网络完成，在 ASP.NET Core 中，主要讨论的是跨主机通信的部分。

从本质上看，用浏览器打开网页也是一种远程过程调用，只不过它的表现形式和代码中的函数调用差异较大。为了减少这种差异，就需要对其进行封装，使远程过程调用看上去是一个普通的函数调用。

20.1 WCF 回顾

最早，ASP.NET 开发了 Web Service 框架，后来升级为 WCF。WCF 基于 SOAP 协议来进行请求和响应的序列化和反序列化，并在底层自适应 Socket 或 HTTP 传输。SOAP 协议基于 XML 开发，这导致在传输过程中产生大量格式字符，冗余问题比较严重。

在 ASP.NET Core 发布后，一直有要求微软移植 WCF 的呼声，但微软坚持认为 WCF 背负了太多历史包袱，和 ASP.NET Core 并不合适。直到 ASP.NET Core 3.0 才移植了 WCF 客户端方便和已有的服务端对接，但微软仍然建议开发者考虑向 gRPC 迁移。

在 ASP.NET Core 5.0 发布之际，社区提供了第三方开源服务端 CoreWCF，但微软不对该项目提供支持，这意味着移植项目的稳定性和维护预期并不高。项目主导者也对外声明，该项目不保证 100%兼容，而且为了保障项目维护的低成本，没有像微软一样，前者大量使用了不安全代码进行性能优化。

20.2　gRPC

为了解决跨平台远程过程调用的各种问题，谷歌开发了 gRPC 框架。gRPC 框架基于 PROTO 文件订立的平台中立契约解决跨平台和跨语言问题。目前的主流语言和平台均有 gRPC 服务端和客户端工具套件用于解决开发和生产部署问题。微软也把 gRPC 当作 WCF 的替代方案给予大力支持，开发端点路由系统的原因之一也是要解决 gRPC 的集成问题。

gRPC 使用 HTTP 2 传输数据，由于 HTTP 2 支持多路复用和流式传输，因此可以实现很多原先只能直接用 TCP 实现的功能。C# 8.0 紧急上线异步枚举器的原因之一也是为了配合 gRPC 的需求，微软为了给 gRPC 开路也是费尽心思。异步流式调用同时减轻了客户端和服务端的压力，也为服务端和客户端处理无穷流提供了便利，例如周期性收集和上报的传感器数据。

gRPC 的接口 URL 是协议的一部分，规则被封装在自动生成的代码里，与 Web API 交给开发者自行协商相比，这明显对维护团队成员的团结起到了积极的作用。有时候给开发者保留太多自主权并不是什么好事，反而可能引发选择困难和成员矛盾。可以看出 gRPC 的设计者还是很懂人心的。

由于 HTTP 2 的普及性问题限制了 gRPC 的使用场景，为了解决这个问题，谷歌又推出了 gRPC-Web 提供对 HTTP 1.1 的兼容，当然部分强依赖 HTTP 2 特性的功能会失效，例如双向流式调用。现代浏览器基本跟进了 HTTP 2 支持，但是浏览器目前并没有开放相应的 API，因此 JavaScript 并不能控制 gRPC 所需的 HTTP 2 细节。

gRPC 基于 HTTP 工作，委托 HTTP 提供完整的安全功能支持，因此完全可以作为公共接口使用。目前 gRPC 以内部调用为主，还是考虑到 Web API 并没有致命缺陷，继续沿用的历史惯性还很强大。gRPC 的双向流式调用对网络连接的稳定性也有一定要求，如果是不稳定的公网连接，流式调用的优势也发挥不出来。

20.2.1　PROTO 文件

gRPC 使用 PROTO 文件定义接口名称、参数、返回值和其他附加信息。如果客户端想要接入服务，通常都需要从服务商那里获取 PROTO 文件。服务端和客户端统一使用 PROTO 文件生成代码，既方便了开发者，也避免了接口对接中存在的各种沟通问题。

目前 gRPC 也提供了免 PROTO 文件的纯代码开发方式，但这种方法在跨语言时会很麻烦，因为其要求所有有关方面都手写代码。如果是 C++这种语言，手写代码非常麻烦，且代码质量也很难得到保证。

有关 PROTO 文件和标准的详细信息请参考官方文档。本书主要介绍如何向 ASP.NET Core 应用添加 gRPC 服务以及如何在.NET 中实现和使用 gRPC 客户端。

20.2.2　服务端

要在 ASP.NET Core 应用中集成 gRPC 服务，首先需要安装 NuGet 包：Grpc.AspNetCore。如果需要启用 gRPC-Web 支持，需要追加安装 Grpc.AspNetCore.Web。然后创建 PROTO 文件，PROTO

文件需要在项目文件中设置代码生成模式，gRPC 开发工具会根据设置生成服务端或客户端代码。为了简化配置项，可以使用通配符批量进行设置。VS（Visual Studio）有一个简单的可视化操作界面，但操作界面不支持通配设置，而最简洁的办法还是通配设置。修改文件后如果没有在代码中反映出来，可以尝试生成项目。

示例代码如下：

（1）项目文件（.csproj）

```
1.    <ItemGroup>
2.      <Protobuf Include="Grpc/Protos/*.proto" GrpcServices="Server" />
3.    </ItemGroup>
```

（2）PROTO 文件

```
1.  syntax = "proto3";
2.
3.  option csharp_namespace = "MyServer.Grpc.Services";
4.
5.  package greet;
6.
7.  // 定义服务，一个服务生成为一个类
8.  service Greeter {
9.    // 定义调用，每个调用生成为一个方法
10.   rpc SayHello (HelloRequest) returns (HelloReply);
11.   // 定义双向流式调用，可以认为参数和返回值都是异步枚举器
12.   rpc SayHellos (stream HelloRequest) returns (stream HelloReply);
13. }
14.
15. // 定义参数类型
16. message HelloRequest {
17.   string name = 1;
18. }
19.
20. // 定义返回值类型
21. message HelloReply {
22.   string message = 1;
23. }
```

（3）服务类

```
1.  // gRPC 服务支持设置授权
2.  [Authorize]
3.  // 继承的基类由 gRPC 工具自动生成
4.  public class GreeterService : Greeter.GreeterBase
5.  {
6.    // gRPC 服务支持依赖注入
7.    private readonly ILogger<GreeterService> _logger;
8.    public GreeterService(ILogger<GreeterService> logger)
9.    {
10.     _logger = logger;
11.   }
12.
13.   // 重写基类中的服务方法
14.   // 用于重写的方法是虚拟方法，不是抽象方法，不会触发代码修复建议，需要输入 override 关键字
         手动呼出智能提示
15.   public override async Task<HelloReply> SayHello(HelloRequest request,
        ServerCallContext context)
16.   {
17.     // 获取基础 HTTP 上下文
18.     var httpContext = context.GetHttpContext();
19.     _logger.LogInformation(httpContext.TraceIdentifier);
20.
```

```
21.            // 模拟耗时操作
22.            await Task.Delay(200);
23.
24.            return new HelloReply
25.            {
26.                Message = "Hello " + request.Name
27.            };
28.        }
29.
30.        // 重写基类中的服务方法
31.        public override async Task SayHellos(IAsyncStreamReader<HelloRequest>
    requestStream, IServerStreamWriter<HelloReply> responseStream,
    ServerCallContext context)
32.        {
33.            await foreach (var item in requestStream.ReadAllAsync())
34.            {
35.                if (context.CancellationToken.IsCancellationRequested) return;
36.
37.                await responseStream.WriteAsync(new HelloReply
38.                {
39.                    Message = "Hello " + item.Name
40.                });
41.            }
42.        }
43.    }
```

示例中的 Greeter.GreeterBase 是抽象类,由 gRPC 的 .NET SDK 根据 PROTO 文件自动生成,基类在内部处理 gRPC 协议细节,自定义服务类继承基类然后自行编写业务代码。服务类支持完整的依赖注入功能,支持和 ASP.NET Core MVC 相同的授权模式。

(4) 拦截器

```
1.    public class ServerLoggerInterceptor : Interceptor
2.    {
3.        private readonly ILogger<ServerLoggerInterceptor> _logger;
4.
5.        public ServerLoggerInterceptor(ILogger<ServerLoggerInterceptor> logger)
6.        {
7.            _logger = logger;
8.        }
9.
10.        public override Task<TResponse> UnaryServerHandler<TRequest, TResponse>(
11.            TRequest request,
12.            ServerCallContext context,
13.            UnaryServerMethod<TRequest, TResponse> continuation)
14.        {
15.            _logger.LogWarning($"Starting call. Type: {MethodType.Unary}. Request:
               {typeof(TRequest)}. Response: {typeof(TResponse)}");
16.
17.            return continuation(request, context);
18.        }
19.    }
```

服务端拦截器可以在服务执行中插入额外代码,通常用于插入与业务无关的外围逻辑。拦截器也支持依赖注入。gRPC 服务端拦截器的方法如表 20-1 所示。

表 20-1 gRPC 服务端拦截器的方法

方法	说明
AsyncServerStreamingCall	拦截异步服务端流调用
UnaryServerHandler	用于拦截和传入普通调用的服务端处理程序
ClientStreamingServerHandler	用于拦截客户端流调用的服务端处理程序

(续表)

方法	说明
ServerStreamingServerHandler	用于拦截服务端流调用的服务端处理程序
DuplexStreamingServerHandler	用于拦截双向流调用的服务端处理程序

（5）服务注册和请求管道配置

```
public class Startup
{
    public void ConfigureServices(IServiceCollection services)
    {
        services.AddGrpc(options =>
        {
            options.Interceptors.Add<ServerLoggerInterceptor>();
        });
    }

    public void Configure(IApplicationBuilder app)
    {
        app.UseRouting();

        app.UseAuthentication();
        app.UseAuthorization();

        // 必须在 UseRouting 和 UseEndpoints 中间
        app.UseGrpcWeb(new GrpcWebOptions { DefaultEnabled = true });

        app.UseEndpoints(endpoints =>
        {
            endpoints.MapGrpcService<GreeterService>().EnableGrpcWeb();
        });
    }
}
```

如果 DefaultEnabled 设置为 true，所有 gRPC 端点都会自动启用 gRPC-Web 支持，可以避免重复为每个 gRPC Service 单独调用 EnableGrpcWeb 方法，示例仅为集中展示之用。

20.2.3 客户端

在.NET 中实现 gRPC 客户端需要安装 NuGet 包 Grpc.Net.Client、Google.Protobuf 和 Grpc.Tools，如果希望客户端和依赖注入系统集成，可以把 Grpc.Net.Client 替换为 Grpc.Net.ClientFactory。在客户端项目导入 PROTO 文件，同样地，建议使用通配设置批量导入。如果客户端项目在同一个解决方案中，还可以使用文件链接进行虚拟导入，这可以确保服务端和客户端的 PROTO 文件始终同步。

示例代码如下：

（1）项目文件（.csproj）

```
<ItemGroup>
    <Protobuf Include="../MyServer/Grpc/Protos/*.proto" GrpcServices="Client"
        Link="Protos\%(RecursiveDir)%(Filename)%(Extension)" />
</ItemGroup>
```

（2）拦截器

```
public class ClientLoggerInterceptor : Interceptor
```

```
2.   {
3.       private readonly ILogger<ClientLoggerInterceptor> _logger;
4.
5.       public ClientLoggerInterceptor(ILogger<ClientLoggerInterceptor> logger)
6.       {
7.           _logger = logger;
8.       }
9.
10.      public override AsyncUnaryCall<TResponse> AsyncUnaryCall<TRequest,
    TResponse>(
11.          TRequest request,
12.          ClientInterceptorContext<TRequest, TResponse> context,
13.          AsyncUnaryCallContinuation<TRequest, TResponse> continuation)
14.      {
15.          _logger.LogInformation($"Starting call. Type: {context.Method.Type}.
      Request: {typeof(TRequest)}. Response: {typeof(TResponse)}");
16.
17.          return continuation(request, context);
18.      }
19.  }
```

客户端也有拦截器可用，其方法如表 20-2 所示。

表 20-2　gRPC 客户端拦截器的方法

方法	说明
BlockingUnaryCall	拦截阻塞调用
AsyncUnaryCall	拦截异步调用
AsyncClientStreamingCall	拦截异步客户端流调用
AsyncDuplexStreamingCall	拦截异步双向流调用

（3）注册和使用

```
1.  public class Program
2.  {
3.      static async Task Main(string[] args)
4.      {
5.          // 手动实例化客户端
6.          using var channel = GrpcChannel.ForAddress("https://localhost:5001");
7.          var simpleClient = new Greeter.GreeterClient(channel);
8.          var reply = await simpleClient.SayHelloAsync(new HelloRequest { Name =
       "alice" });
9.          Console.WriteLine(reply.Message);
10.
11.         // 依赖注入集成式客户端
12.         IServiceCollection services = new ServiceCollection();
13.
14.         services.AddLogging(builder => builder.AddConsole());
15.         services.AddScoped<ClientLoggerInterceptor>();
16.         services.AddGrpcClient<Greeter.GreeterClient>(options =>
17.         {
18.             options.Address = new Uri("https://localhost:5001");
19.         })
20.             .AddInterceptor<ClientLoggerInterceptor>();
21.
22.         await using var root = services.BuildServiceProvider();
23.         await using var scope = root.CreateAsyncScope();
24.         var provider = scope.ServiceProvider;
25.         var client = provider.GetService<Greeter.GreeterClient>();
26.
27.         var res = await client.SayHelloAsync(new HelloRequest() { Name = "alice" });
28.         Console.WriteLine(res.Message);
29.
```

```
30.        using var streamCall = client.SayHellos();
31.
32.        var sendTask = Task.Run(async () =>
33.        {
34.            for (int i = 0; i < 3; i++)
35.            {
36.                await streamCall.RequestStream.WriteAsync(new HelloRequest() { Name
                       = $"bob {i}" });
37.                await Task.Delay(1000);
38.            }
39.            await streamCall.RequestStream.CompleteAsync();
40.        });
41.
42.        var readTask = Task.Run(async () =>
43.        {
44.            await foreach (var item in streamCall.ResponseStream.ReadAllAsync())
45.            {
46.                Console.WriteLine(item.Message);
47.            }
48.        });
49.
50.        await Task.WhenAll(sendTask, readTask);
51.    }
52. }
```

示例中的 Greeter.GreeterClient 由 gRPC 的.NET SDK 根据 PROTO 文件自动生成。双向流式调用分别在两个 Task 中处理发送和接收，类似于建立了全双工通信。

20.2.4　在 Blazor WebAssembly 应用中使用 gRPC-Web 客户端

在服务端启用 gRPC-Web 支持后，Blazor WebAssembly 应用可以使用.NET 客户端调用 gRPC 服务。由于浏览器的限制，部分功能不可用，例如双向流式调用。如果想在 Blazor WebAssembly 应用中使用 gRPC-Web 客户端，需要安装以下 NuGet 包：

- Google.Protobuf
- Grpc.tools
- Grpc.Net.Client
- Grpc.Net.Client.Web

如果客户端代码在其他项目中生成，然后作为依赖项添加到 Blazor 项目中，Blazor 项目只需要安装 Grpc.Net.Client.Web，其他 NuGet 包安装在生成客户端代码的项目中。

示例代码如下：

```
1.  public class Program
2.  {
3.      public static async Task Main(string[] args)
4.      {
5.          var builder = WebAssemblyHostBuilder.CreateDefault(args);
6.          builder.RootComponents.Add<App>("#app");
7.
8.          builder.Services.AddScoped(sp =>
9.          {
10.             // 创建一个以 GrpcWebHandler 为基础的 HTTP 客户端
11.             var httpClient = new HttpClient(new GrpcWebHandler(GrpcWebMode.GrpcWeb,
                    new HttpClientHandler()));
12.             var baseUri = sp.GetRequiredService<NavigationManager>().BaseUri;
13.
```

```
14.             // 使用 HTTP 客户端创建通道
15.             var channel = GrpcChannel.ForAddress(baseUri, new GrpcChannelOptions
                    { HttpClient = httpClient });
16.
17.             // 使用通道创建 gRPC-Web 客户端
18.             return new Greeter.GreeterClient(channel);
19.         });
20.
21.     await builder.Build().RunAsync();
22.     }
23. }
```

现在可以在任何需要的地方注入客户端，使用方法和本地.NET应用没有区别。

20.3 小　　结

　　gRPC 是一个现代化、标准化、轻量化的跨平台远程过程调用框架，.NET 平台为 gRPC 提供了强大的支持，也为开发者提供了友好的编码体验。如果需要开发能应对复杂需求的应用，不妨考虑使用 gRPC。

　　但是 gRPC 仍然是客户端主动发起调用、服务端被动等待调用的通信框架，调用模式也是请求参数响应返回值的问答模式。如果希望开发能在建立连接后双方都可以随时向对方发送任意消息的全双工对等通信应用，则需要继续学习下一章的内容。

　　如果服务端和客户端都使用.NET 平台，则可以使用.NET 社区开发的代码优先模式的 gRPC 服务的扩展包：protobuf-net，可以跳过定义 PROTO 文件的步骤。如果将来需要 PROTO 文件和其他语言进行通信，还可以使用.NET CLI 工具 protobuf-net.Protogen 从代码生成 PROTO 文件，或者安装 NuGet 包 protobuf-net.Reflection，然后手动编写代码生成 PROTO 文件。

第 21 章

实时通信

实时通信应用的开发一直是一个老大难的问题,其中有太多琐碎的细节和或明或暗的坑。在 Web 应用中问题更严重,HTTP 从一开始就没有考虑过实时通信的需求。多年来开发者一直饱受折磨,现在,WebSocket 协议标准的制定和.NET 的 SignalR 框架的问世终于为开发者提供了高效稳定、简单易用的基础工具。

21.1 早期解决方案回顾

本地应用由于可以访问基础网络套接字,因此可以直接利用 TCP 或 UDP 开发实时通信应用。可即便如此依然困难重重,因为网络套接字过于底层,需要进行大量改造才能用于实际通信。而这些改造往往超过了大多数开发者的能力和精力限制,最终总是大小 bug 不断,让人陷入其中身心俱疲。

在 Web 应用中,JavaScript 仅被允许访问 HTTP 对象。这一方面让开发者免于直接面对难以驾驭的网络套接字,另一方面却也直接堵死了开发实时通信应用的途径。开发者无奈之下发挥了天马行空的想象,开发了 Ajax 轮询、Ajax 长轮询(需要服务端配合)、Server-Sent Events(发送请求后只能由服务器单方面向客户端发送数据,且需要浏览器支持)等间接方式勉强实现类似的效果。

21.2 WebSocket 简介

当基于实时通信的 Web 应用在 Web 2.0 时代逐渐增加时,各大厂商和标准化组织终于意识到为 Web 应用增加实时通信功能的需求已经迫在眉睫,最后制定了 WebSocket 协议标准。

ASP.NET Core 对 WebSocket 协议提供了原生支持。但是微软并不建议直接使用 WebSocket 协议开发应用，因为 WebSocket 协议还是过于原始，依然面临大多数直接使用网络套接字开发时要面对的问题。

21.3　SignalR

一位微软员工意识到了原始 WebSocket 协议的问题，他利用闲暇时间开发了 SignalR 来解决这些问题。后来微软发现了这个优秀的个人作品并吸纳为受支持的正式产品，这个产品的孵化模式同 Blazor 如出一辙。

SignalR 的推出时间正好赶上 OWIN 框架的发布，搭乘 OWIN 的东风，SignalR 得以实现自托管，彻底摆脱了 IIS 的束缚。不久后，微软宣布了 ASP.NET Core 计划（当时称为 ASP.NET vNEXT）。可惜 ASP.NET 的跨平台移植是一个巨大的工程，SignalR 最终没有赶上 ASP.NET Core 1.0。

直到 ASP.NET Core 2.0，SignalR 终于移植到了 ASP.NET Core。ASP.NET Core 首先实现了 TypeScript/JavaScript 客户端（ASP.NET Core 3.0 时解除了对 jQuery 的依赖，支持 NodeJS 和 Service Worker）和 .NET 客户端，Blazor Server 也是通过 SignalR 实现的前后端通信。借助 Xamarin 也可以在 Android 和 iOS 上接入 SignalR 服务。后来在 ASP.NET Core 3.0 推出了原生 Java（Java 8.0+）客户端。社区也开发了第三方 C++ 和 Swift 客户端。SignalR 的适用场景迅速扩大。

SignalR 不仅封装了底层通信协议的细节，使开发者能专注于实现业务功能，还实现了自适应通信协议协商，能根据客户端环境自动从可用的协议中选择最佳协议（也可以手动指定），最大化兼容性和性能。通过封装，SignalR 还实现了灵活的消息格式化支持，目前官方提供了 JSON 和 MessagePack 格式协议。MessagePack 是一个开源的二进制数据格式化协议，能有效压缩消息的大小，减轻对网络的压力。SignalR 封装后通过集线器模式对上层提供 RPC 方式的数据交互方案，大幅语义化了通信过程，使应用开发和维护变得非常方便。单个服务器的连接承载力终归是有限的，为了提高应用的承载力，SignalR 还提供了底板功能，可以把多个 SignalR 服务器通过底板组合为一个虚拟 SignalR 服务器。

ASP.NET SignalR 包含两种连接模型：一种是 RPC 样式的集线器模型，另一种是 ASP.NET Core SignalR 中被删除的 Socket 样式的持久连接模型。SignalR 的目标就是屏蔽底层连接的复杂性，因此目标用户的持久连接模型使用率很低。为保持框架的简单易用，ASP.NET Core 彻底删除了持久连接模型和相关 API。

21.3.1　集线器

SignalR 是微软的官方产品，自然也要随时跟进框架的演化。自从端点路由系统推出后，SignalR 也紧随其后切换到了端点路由。项目早期集成在 MVC 中，现在的端点模式更加清晰明了。SignalR 服务端核心组件是 ASP.NET Core 共享框架的一部分，无须单独安装 NuGet 包。

1. 开发集线器

集线器是 SignalR 的高级 API 基础，用于为开发者使用 RPC 风格的方法提供基本保障。应用集线器继承 Hub 类然后定义自己的方法,这些方法可以供客户端调用。客户端调用集线器方法时,通过参数把数据传递到服务端。客户端同样会定义客户端的方法供服务端调用,服务端也通过参数把数据传递到客户端。可以发现,通信中始终使用参数而不是返回值传递数据,这也符合对等通信中的异步和回调调用的风格。

SignalR 集线器有 dynamic、泛型和非泛型三种。非泛型版本的自由度比较高。泛型版本能有效约束代码,提供强类型检查,避免因输入文本错误而出现问题。错别字是非常难检查的,如果没有特殊需求,建议尽量使用泛型集线器。如果使用.NET 客户端,集线器的类型参数还能当作协议定义,规范服务端和客户端实现,降低沟通成本。dynamic 集线器支持用泛型集线器的代码样式开发非泛型集线器,dynamic 会导致编译器忽略类型检查并延迟到运行时,因此可以调用任何成员,无论成员是否真实存在。在集线器中,dynamic 调用最终会把方法名解析为字符串发送到客户端。

(1) 简单集线器

示例代码如下:

```
1.   public class MyHub : Hub
2.   {
3.       private ILogger<MyHub> _logger;
4.
5.       // 从构造函数接收服务
6.       public MyHub(ILogger<MyHub> logger)
7.       {
8.           _logger = logger;
9.       }
10.
11.      // 客户端可以调用的集线器方法,可以使用特性重命名调用时使用的方法名
12.      [HubMethodName("SendMessageToUser")]
13.      public async Task SendMessage(string message)
14.      {
15.          _logger.LogTrace($"get msg : {message} {Context.ConnectionId} {Context.GetHttpContext().TraceIdentifier} {Context.User.Identity.Name}");
16.          // 调用所有在线客户端的方法
17.          await Clients.All.SendAsync("sendReply", $"you sent message '{message}' on {DateTime.Now}");
18.      }
19.  }
```

代码解析:

1) 示例展示了一个集线器的基础编写方法,演示了实现一个可用的集线器所需的最小工作量。Context 和 Clients 都是 Hub 提供的基础属性,可以访问实现通信所需的各种基础功能。集线器也是注册到依赖注入的服务,因此支持使用依赖注入的相关功能。

2) SendAsync 是非泛型集线器发送数据到客户端的方法,第一个参数是要调用的客户端函数名,之后的参数是客户端函数的参数。消息发送到客户端后,客户端会根据数据调用指定的方法,客户端需要注册相应的回调方法接收数据和执行客户端业务逻辑。

3) SendMessage 是集线器类自定义的成员方法,可供客户端调用,同样从参数接收数据和执行服务端业务逻辑。HubMethodName 特性重命名了客户端调用时要用的名称,如果没有这个特性则直接用方法名。

(2) 强类型集线器

示例代码如下:

```csharp
// 客户端接口，定义了客户端应该实现的方法
// 保障服务端能安全地调用这些客户端的方法进行通信
public interface IChatClient
{
    // （集线器调用这个由客户端实现的方法）向目标客户端发送消息
    Task Say(string type, string speakerName, string message);
    // （集线器调用这个由客户端实现的方法）向目标客户端发送其他客户端上线的通知
    Task NotifyOnline(string name);
    // （集线器调用这个由客户端实现的方法）向目标客户端发送其他客户端离线的通知
    Task NotifyOffline(string name);
}

// 服务端接口，定义了集线器应该实现的方法
// 保障客户端能安全地调用这些服务器中的方法进行通信
public interface IChatServer
{
    // （客户端调用这个由服务端实现的方法）向服务器申请加入群组
    Task JoinToGroup(string name);
    // （客户端调用这个由服务端实现的方法）向服务器申请退出群组
    Task LeaveFromGroup(string name);
    // （客户端调用这个由服务端实现的方法）向服务器申请向某个客户端发送消息
    Task SayToOne(string targetUser, string message);
    // （客户端调用这个由服务端实现的方法）向服务器申请向已加入的群组发送消息
    Task SayToGroup(string message);
}

// 管理在线客户端列表的字典
public class ChatUserDictionary : ConcurrentDictionary<string, string> { };

// 标记必须经过授权才能连接到聊天室
[Authorize]
// 泛型集线器的 SandAsync 方法会被替换为类型参数中声明的方法
public class ChatHub : Hub<IChatClient>, IChatServer
{
    private ILogger<MyHub> _logger;
    private ChatUserDictionary _chatUsers;

    public ChatHub(ILogger<MyHub> logger, ChatUserDictionary chatUsers)
    {
        _logger = logger;
        _chatUsers = chatUsers;
    }

    public async Task SayToOne(string targetUser, string message)
    {
        var key = $"{targetUser}-user";
        // 如果目标用户在线，则能取出他的客户端连接 Id
        if (_chatUsers.TryGetValue(key, out var connectionId))
        {
            // 调用客户端的方法时不再使用 SandAsync，而是直接使用接口方法，因此参数不再包含
            // 要调用的客户端方法名，由接口方法名充当要调用的客户端方法名
            await Clients.Client(connectionId).Say("user", Context.User.
                Identity.Name, message);
        }
        else
        {
            // 向消息发送者回复对方不在线
            await Clients.Caller.Say("user", "System", $"接收用户 {targetUser} 不存
                在或已离线。");
        }
    }

    public async Task JoinToGroup(string name)
    {
```

```csharp
            var key = $"{Context.ConnectionId}-group";
            // 为简单起见,只允许用户同时加入一个群组
            if (!_chatUsers.TryGetValue(key, out var groupName))
            {
                await Groups.AddToGroupAsync(Context.ConnectionId, name);
                _chatUsers.TryAdd(key, name);

                await Clients.Caller.Say("group-join-s", "System", $"成功加入到群组 {name}。");
                await Clients.OthersInGroup(name).Say("group", Context.User.Identity.Name, $"加入群组 {name}。");
            }
            else
            {
                await Clients.Caller.Say("group-join-f", "System", $"加入群组 {name} 失败。你已加入群组 {groupName}");
            }
        }

        public async Task LeaveFromGroup(string name)
        {
            var key = $"{Context.ConnectionId}-group";
            if (_chatUsers.TryGetValue(key, out var val) && name == val)
            {
                await Clients.OthersInGroup(name).Say("group", Context.User.Identity.Name, $"已退出群组 {name}。");
                await Groups.RemoveFromGroupAsync(Context.ConnectionId, val);
                _chatUsers.Remove(key, out var _);

                await Clients.Caller.Say("group-leave-s", "System", $"成功退出群组 {name}。");
            }
            else
            {
                await Clients.Caller.Say("group-leave-f", "System", $"退出群组失败。你不是群组 {name} 的成员。");
            }
        }

        public async Task SayToGroup(string message)
        {
            var key = $"{Context.ConnectionId}-group";
            if (_chatUsers.TryGetValue(key, out var groupName))
            {
                await Clients.OthersInGroup(groupName).Say("group", Context.User.Identity.Name, message);
            }
            else
            {
                await Clients.Caller.Say("group", Context.User.Identity.Name, "你尚未加入任何群组。");
            }
        }

        // 重写客户端连接成功的事件处理器
        public override async Task OnConnectedAsync()
        {
            // 把用户记录到在线列表
            var key = $"{Context.User.Identity.Name}-user";
            if (_chatUsers.ContainsKey(key))
            {
                _chatUsers[key] = Context.ConnectionId;
            }
            else
            {
```

```
119.            _chatUsers.TryAdd(key, Context.ConnectionId);
120.        }
121.
122.        // 通知其他客户端有用户上线
123.        _logger.LogInformation(Context.User.Identity.Name + " 已上线。");
124.        await Clients.Others.NotifyOnline(Context.User.Identity.Name);
125.
126.        // 向上线的客户端发送当前的在线客户端列表（不包括自己）
127.        var onlineUsers = _chatUsers
128.            .Where(x => x.Key.EndsWith("-user"))
129.            .Where(x => x.Key != $"{Context.User.Identity.Name}-user")
130.            .Select(x => x.Key.Substring(0, x.Key.Length - 5));
131.        await Clients.Caller.Say("userList", "System", JsonSerializer.
            Serialize(onlineUsers));
132.
133.        await base.OnConnectedAsync();
134.    }
135.
136.    // 重写客户端断开连接的事件处理器
137.    public override async Task OnDisconnectedAsync(Exception exception)
138.    {
139.        // 把离线用户清出群组
140.        var key = $"{Context.ConnectionId}-group";
141.        if (_chatUsers.TryGetValue(key, out var val))
142.        {
143.            await Groups.RemoveFromGroupAsync(Context.ConnectionId, val);
144.            _chatUsers.Remove(key, out var _);
145.        }
146.
147.        // 把离线用户清出在线列表
148.        key = $"{Context.User.Identity.Name}-user";
149.        if (_chatUsers.ContainsKey(key))
150.        {
151.            _chatUsers.Remove(key, out var _);
152.        }
153.
154.        // 通知其他客户端有用户离线
155.        _logger.LogInformation(Context.User.Identity.Name + " 已离线。");
156.        await Clients.Others.NotifyOffline(Context.User.Identity.Name);
157.
158.        await base.OnDisconnectedAsync(exception);
159.    }
160. }
```

示例展示了一个简单的聊天室集线器，包含上下线通知，私聊和简单群组聊天功能。IChatClient 接口定义了聊天客户端应该实现的回调函数，非泛型集线器的 SendAsync 方法会被接口中的方法代替。IChatServer 接口定义了服务端必须实现的回调函数，客户端借此可以知道服务端有哪些方法可供调用。上下线通知使用集线器的连接状态事件实现。接口中的方法没有 Async 后缀，这是因为这些方法是跨平台、跨语言的契约，不必拘泥于 C# 的命名约定，顺便也能稍微减少一点网络流量。Authorize 特性指定集线器必须经过授权才能连接。

dynamic 集线器只需要把基类从 Hub 改为 DynamicHub 即可用泛型集线器的手法开发。dynamic 集线器主要是为了兼容 ASP.NET SignalR 的开发模式，降低代码迁移成本。由于 dynamic 的运行时绑定问题和 SignalR 作为网络通信框架的本质，经过动态调用转一次手最后还是回归非泛型集线器。这种封装是纯粹的左手倒右手，并没有什么实质性的好处，还降低了集线器性能，不推荐使用。虽然强类型集线器最终也是把方法调用转换为 SendAsync 和被调方法名的字符串，但绑定是编译器静态完成的，性能更好。强类型定义接口是为了明确契约，降低沟通成本，这和 gRPC 的 PROTO 文件的目的是一致的。

2. 服务注册和请求管道配置

ASP.NET Core 把 SignalR 所需的相关服务封装到了 AddSignalR 方法中。MapHub 方法配置端点和集线器的映射关系。如果 SignalR 使用了授权功能，需要配置相关中间件。

示例代码如下：

```
1.  public class Startup
2.  {
3.      public void ConfigureServices(IServiceCollection services)
4.      {
5.          // 注册服务
6.          services.AddSignalR();
7.          services.AddSingleton<ChatUserDictionary>();
8.      }
9.
10.     public void Configure(IApplicationBuilder app)
11.     {
12.         app.UseRouting();
13.
14.         app.UseAuthentication();
15.         app.UseAuthorization();
16.
17.         app.UseEndpoints(endpoints =>
18.         {
19.             // 映射集线器端点
20.             endpoints.MapHub<MyHub>("/hub/simple");
21.             endpoints.MapHub<ChatHub>("/hub/chat");
22.         }
23.     }
24. }
```

3. 从依赖注入访问集线器

在 ASP.NET Core 中集线器实例由依赖注入服务提供，且每个调用都隔离在不同的集线器实例中，因此不要试图在集线器中用字段和属性自行保存和访问状态。如果需要，可以使用 Context.Items，Context.Items 和 SignalR 的连接实例绑定，用于在同一连接的不同调用之间共享数据。如果要跨连接共享数据，则需要利用依赖注入的单例服务来实现。SignalR 提供了从外部获取集线器并借此向客户端发送消息的功能，如果要发送到客户端的消息并非是单纯的客户端之间的交互，这种从外部访问集线器的功能就非常关键了。

示例代码如下：

```
1.  public class HomeController : Controller
2.  {
3.      // 从依赖注入访问集线器需要借助 IHubContext 服务，类型参数是要访问的集线器类型
4.      private readonly IHubContext<MyHub> _myHub;
5.      // 如果要访问的是泛型集线器，用集线器上下文的第二个类型参数表示集线器的类型参数
6.      private readonly IHubContext<ChatHub, IChatClient> _chatHub;
7.
8.      public HomeController(IHubContext<MyHub> myHub, IHubContext<ChatHub,
           IChatClient> chatHub)
9.      {
10.         _myHub = myHub;
11.         _chatHub = chatHub;
12.     }
13.
14.     public async Task<IActionResult> Index()
15.     {
16.         // 通过集线器上下文向客户端发送消息
17.         await _myHub.Clients.All.SendAsync("sendReply", "This is a message from
               controller.");
```

```
18.         return View();
19.     }
20. }
```

示例展示了在控制器中注入集线器上下文并向客户端发送消息。可以明显看出注入的并不是集线器本身，而是集线器上下文，这是一个非常容易出错的点。但是也很容易理解为什么要这样做，之前提到集线器上的每个调用都隔离在不同实例中，如果直接注入集线器，这个要求可能会被破坏，会影响 SignalR 的运行稳定性。如果需要注入泛型集线器，要用有两个类型参数的上下文服务，第二个类型参数表示集线器的类型参数。这也是容易出错的点。

4. 集线器过滤器

这是 ASP.NET Core 5.0 SignalR 提供的新功能，可以在 SignalR 中提供类似 MVC 过滤器的功能。ASP.NET Core 在框架中尽可能提供原生 AOP 功能，使应用开发尽可能模块化，为各种功能提供高内聚、低耦合开发的环境。

集线器过滤器有全局和类型特定两种注册模式，并且全局过滤器优先运行。多个过滤器可以串联，执行顺序同注册顺序，最后一个过滤器调用实际的集线器。

示例代码如下：

（1）集线器过滤器

```
1.  public class MyHubFilter : IHubFilter
2.  {
3.      public async ValueTask<object> InvokeMethodAsync(
4.          HubInvocationContext invocationContext,
5.          Func<HubInvocationContext, ValueTask<object>> next)
6.      {
7.          // 集线器运行之前
8.          Console.WriteLine($"Calling hub method '{invocationContext.
              HubMethodName}'");
9.          try
10.         {
11.             // 集线器运行之前
12.             return await next(invocationContext);
13.             // 集线器运行之后
14.         }
15.         catch (Exception ex)
16.         {
17.             // 集线器运行出错
18.             Console.WriteLine($"Exception calling '{invocationContext.
                  HubMethodName}': {ex}");
19.             throw;
20.         }
21.     }
22.
23.     // 仅当需要时才定义
24.     public Task OnConnectedAsync(HubLifetimeContext context,
          Func<HubLifetimeContext, Task> next)
25.     {
26.         return next(context);
27.     }
28.
29.     // 仅当需要时才定义
30.     public Task OnDisconnectedAsync(
31.         HubLifetimeContext context, Exception exception, Func<HubLifetimeContext,
              Exception, Task> next)
32.     {
33.         return next(context, exception);
34.     }
```

```
35.     }
```

(2)注册集线器过滤器

```
1.  public class Startup
2.  {
3.      public void ConfigureServices(IServiceCollection services)
4.      {
5.          services.AddSignalR(options =>
6.          {
7.              // 全局过滤器，影响所有集线器，在特定类型集线器的过滤器之前运行
8.              // 按类型注册的过滤器由依赖注入服务提供实例
9.              options.AddFilter<MyHubFilter>();
10.             // 为指定类型的集线器注册过滤器
11.         }).AddHubOptions<ChatHub>(options =>
12.         {
13.             // 特定类型集线器的过滤器，只对特定类型的集线器生效
14.             // 直接注册实例相当于单例服务，且不需要依赖注入服务的配合
15.             options.AddFilter(new MyHubFilter());
16.         });
17.         // 如果有按类型注册的过滤器，需要注册到依赖注入服务
18.         services.AddScoped<MyHubFilter>();
19.     }
20. }
```

21.3.2 流式连接

gRPC 提供了流式调用功能，SignalR 也跟进提供了流式连接进行支持。虽然不使用流式连接也能实现相同的效果，但是流式连接可以简化特定功能的开发。是否使用流式连接需要根据情况谨慎考虑。SignalR 支持到客户端或服务端的单向流式连接，但不支持双向流式连接，这和 gRPC-Web 不支持双向流式调用一样，是底层 HTTP 的限制。不同的是 SignalR 没有选择对 Web 客户端连接进行功能降级，而是直接不提供这个功能。如果想实现同样的效果，还是需要用轮流互相调用对方 API 的方式进行模拟，这表示其中一方只能在连接建立时传输一次数据，后续传输只能由对方单方面进行。目前第三方客户端尚未支持流式连接。

示例代码如下：

```
1.  public class StreamHub : Hub
2.  {
3.      // 返回 ChannelReader 版的客户端流，支持较低版本的 C#
4.      public ChannelReader<int> ChannelCounter(
5.          int count,
6.          int delay,
7.          CancellationToken cancellationToken)
8.      {
9.          // 创建无限容量的 int 通道
10.         var channel = Channel.CreateUnbounded<int>();
11.         // 向通道写入数据
12.         _ = WriteItemsAsync(channel.Writer, count, delay, cancellationToken);
13.         // 返回通道读取器
14.         return channel.Reader;
15.
16.         static async Task WriteItemsAsync(
17.             ChannelWriter<int> writer,
18.             int count,
19.             int delay,
20.             CancellationToken cancellationToken)
21.         {
22.             Exception localException = null;
```

```csharp
23.            try
24.            {
25.                for (var i = 0; i < count; i++)
26.                {
27.                    // 循环延迟写入数据
28.                    await writer.WriteAsync(i, cancellationToken);
29.                    await Task.Delay(delay, cancellationToken);
30.                }
31.            }
32.            catch (Exception ex)
33.            {
34.                localException = ex;
35.            }
36.            finally
37.            {
38.                // 标记通道写入器已结束，不再接收新的写入请求
39.                writer.Complete(localException);
40.            }
41.        }
42.    }
43.
44.    // 返回 IAsyncEnumerable 版的客户端流，使用 C# 8.0 可以大幅简化代码
45.    public async IAsyncEnumerable<int> AsyncCounter(
46.        int count,
47.        int delay,
48.        [EnumeratorCancellation]
49.        CancellationToken cancellationToken)
50.    {
51.        for (var i = 0; i < count; i++)
52.        {
53.            cancellationToken.ThrowIfCancellationRequested();
54.
55.            yield return i;
56.
57.            await Task.Delay(delay, cancellationToken);
58.        }
59.    }
60.
61.    // 读取 ChannelReader 的服务端流，支持较低版本的 C#
62.    public async Task ChannelUploadStream(ChannelReader<string> stream)
63.    {
64.        while (await stream.WaitToReadAsync())
65.        {
66.            while (stream.TryRead(out var item))
67.            {
68.                Console.WriteLine(item);
69.            }
70.        }
71.    }
72.
73.    // 读取 IAsyncEnumerable 的服务端流，使用 C# 8.0 可以大幅简化代码
74.    public async Task AsyncUploadStream(IAsyncEnumerable<string> stream)
75.    {
76.        await foreach (var item in stream)
77.        {
78.            Console.WriteLine(item);
79.        }
80.    }
81.}
```

示例展示了简单的流集线器，客户端流表示服务端持续向客户端发送消息，服务端流表示服务端持续接收客户端发来的消息。服务端流在参数中接收客户端希望收到多少次数据和接收数据的频率，然后按一定频率向客户端发送指定次数的数据。服务端流循环接收客户端发来的数据直到客户端主动关闭流。

ChannelReader<T>是实现流的关键,但是这种代码比较烦琐,可读性不好。使用 C# 8.0 可以用 IAsyncEnumerable<T> 实现相同的功能,并且代码更简洁易读。推荐优先考虑使用 IAsyncEnumerable<T>。Channel 也是.NET 基础类库提供的进程内消息队列及发布—订阅模式的实现,如果有在单体应用中使用这种模式的需求,可以考虑使用这个库。

21.3.3 消息格式协议

SignalR 使用结构化消息进行通信,消息格式化是其中重要的组成部分。最开始 SignalR 是为 Web 通信设计的,为了方便开发者调试,使用了人类可读的 JSON 格式。随着 SignalR 应用范围的扩展,自动化设备间的通信也多了起来。此时消息是否人类可读并不重要,因此可以利用二进制压缩减轻网络压力,最后 SignalR 选择了开源协议 MessagePack。如果开发的是私有应用或需要传输涉密数据,SignalR 也支持自定义协议。

SignalR 默认使用 JSON 格式,如果需要启用 MessagePack 格式,要手动配置。安装 NuGet 包 Microsoft.AspNetCore.SignalR.Protocols.MessagePack 后可以进行配置。

示例代码如下:

```
1.  public class Startup
2.  {
3.      public void ConfigureServices(IServiceCollection services)
4.      {
5.          services.AddSignalR().AddMessagePackProtocol();
6.      }
7.  }
```

MessagePack 协议有更严格的标准,在 JSON 格式中正确的代码可能不适用于 MessagePack 格式。例如:MessagePack 协议要求属性名完全匹配,不会自适应驼峰命名;MessagePack 协议还要求属性的数据类型完全匹配(由于历史遗留和语言差异问题,string、char、byte[] 之间的匹配规则由协议格式化器的实现决定),不会自适应数据类型转换。更多详细规则请参阅官方文档。

21.3.4 应用承载力扩展

SignalR 是全双工通信协议,这意味着客户端和服务器之间要建立持久连接,并且不能像 HTTP 那样,服务器可以随意单方面断开连接。虽然 SignalR 支持主动断开连接,但如此一来全双工通信的意义就没了,因此横向扩展就成了必然的选择。SignalR 为横向扩展提供了底板功能,利用底板可以把多个物理服务器联通为一个虚拟服务器,大大提高了同时连接量。SignalR 预置了 Redis 和 Azure 等常用底板,一般情况下 Redis 底板的性能表现较好,本书也以 Redis 底板为例来介绍。

使用 Redis 底板需要安装 NuGet 包 Microsoft.AspNetCore.SignalR.StackExchangeRedis,当然也不要忘了安装 Redis。

示例代码如下:

```
1.  public class Startup
2.  {
3.      public void ConfigureServices(IServiceCollection services)
4.      {
5.          services.AddSignalR()
```

```
6.            .AddStackExchangeRedis(o =>
7.            {
8.                // 使用连接工厂可以完全控制建立连接的过程
9.                o.ConnectionFactory = static async writer =>
10.               {
11.                   // 连接选项
12.                   var config = new ConfigurationOptions
13.                   {
14.                       AbortOnConnectFail = false
15.                   };
16.
17.                   // IP 和端口
18.                   config.EndPoints.Add(IPAddress.Loopback, 0);
19.                   config.SetDefaultPorts();
20.
21.                   // 尝试建立连接
22.                   var connection = await ConnectionMultiplexer.ConnectAsync
                      (config, writer);
23.                   connection.ConnectionFailed += (_, e) =>
24.                   {
25.                       Console.WriteLine("连接 Redis 失败。");
26.                   };
27.
28.                   if (!connection.IsConnected)
29.                   {
30.                       Console.WriteLine("没有连接到 Redis。");
31.                   }
32.
33.                   return connection;
34.               };
35.           });
36.    }
```

连接到相同底板的 SignalR 服务会自动组成一个虚拟服务器。如果同时使用了底板和反向代理，需要为反向代理设置会话粘滞，避免掉线重连时被代理到其他服务器。Azure 为 SignalR 底板准备了相关选项，方便设置会话粘滞。

21.3.5 客户端

目前 SignalR 官方开发了浏览器用的 TypeScript/JavaScript 客户端和原生软件用的.NET 和 Java 客户端。社区开发了 Swift、Objective-C、C++等客户端。

1. TypeScript/JavaScript 客户端

此处以 JavaScript 客户端为例进行介绍，TypeScript 需要追加安装编译器，可以从 NuGet 安装.NET 版或从 npm 安装 JavaScript 版。本客户端示例连接到之前介绍的聊天集线器和流式集线器，集线器的身份认证和授权使用 ASP.NET Core Identity，页面使用 Razor Pages，示例集线器的服务注册精简了非核心代码，想练习的读者别忘了自行补充。

要使用客户端，需要先安装客户端脚本，可以从以下方式中任选其一：

- 从 LibMan 安装（数据由 unpkg 提供）

步骤 01 在解决方案资源管理器中右击项目，在弹出的快捷菜单中依次选择"添加"→"客户端库"命令，如图 21-1 所示。

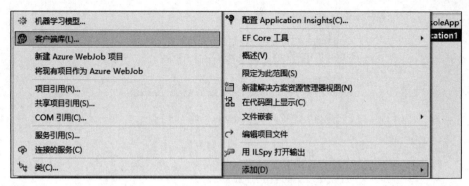

图 21-1 添加客户端库

步骤 02 在"添加客户端库"对话框中选择提供程序为"unpkg",搜索名为"@microsoft/signalr@latest"的库(如果需要安装其他版本,可以把"@latest"改为"@<版本号>"),勾选"dist/browser"文件夹中的"signalr.js"和"signalr.min.js",如图 21-2 所示。

如果不想使用默认目标位置(默认为"wwwroot/lib/microsoft/signalr/"),可以修改目标位置。然后单击"安装"按钮,等待安装完成即可。这时会在项目中生成 libman.json 文件,读者如果熟悉文件格式,则可以直接编辑配置文件。

图 21-2 选择库和保存位置

- 从 npm 安装(可获取完整源代码)

步骤 01 在解决方案资源管理器中右击项目,在弹出的快捷菜单中依次选择"添加"→"新建 Azure WebJob 项目"命令。在"添加新项-WebApplication1"对话框左侧选择"已安装/ C#/ASP.NET Core/Web/脚本"→选择"NPM 配置文件",如图 21-3 所示。

步骤 02 此时项目根目录会生成 package.json 文件,然后编辑文件,在 devDependencies 中添加 @microsoft/signalr,编辑器会自动弹出版本列表,从中选择合适的版本后保存配置文件。

图 21-3　添加 npm 包配置文件

步骤 03　如果 VS 没有自动开始下载或下载失败的话，在资源管理器中右击配置文件，在弹出的快捷菜单中选择"还原程序包"（见图 21-4），然后单击"完成"按钮。这种方法安装的包在 node_modules 文件夹中，不能直接使用，需要再想办法把 dist/browser/signalr.js 或 dist/browser/signalr.min.js 复制到 wwwroot 文件夹中。可以手动复制、编写 gulp 任务（从 npm 安装 gulp）或者使用 LibMan 从 filesystem 提供程序自动复制。

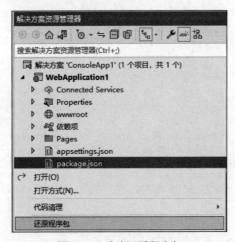

图 21-4　手动还原程序包

- 使用 unpkg 的 CDN 缓存（数据由 npm 提供）

在视图中添加脚本引用：<script src="https://unpkg.com/@microsoft/signalr@latest/dist/browser/signalr.js"></script> 或 <script src="https://unpkg.com/@microsoft/signalr@{版本号}/dist/browser/signalr.min.js"></script>。

除使用 CDN 缓存外，其他方式都需要再手动添加脚本引用，这些脚本已经下载到本地，可以使用相对路径进行引用。

示例代码如下：

（1）聊天 Page（/Pages/Chat.cshtml）

```
1.    @page
2.    @attribute [Authorize]
3.
4.    @{
5.        ViewData["Title"] = "Chat";
6.    }
7.
8.    <div class="container">
9.        <div class="row">
10.           <div class="col-2">发送到</div>
11.           <div class="col-4"><select id="userSelect"></select></div>
12.           <div class="col-2">群组</div>
13.           <div class="col-4"><input type="text" id="groupNameInput" /></div>
14.       </div>
15.       <div class="row"> </div>
16.       <div class="row">
17.           <div class="col-2">消息</div>
18.           <div class="col-10"><input type="text" id="messageInput" style="width: 100%;" /></div>
19.       </div>
20.       <div class="row"> </div>
21.       <div class="row">
22.           <div class="col-12">
23.               <input type="button" id="sendButton" value="发送消息" />
24.               <input type="button" id="online" value="上线" />
25.               <input type="button" id="offline" value="下线" />
26.               <input type="button" id="joinToGroup" value="加入群组" />
27.               <input type="button" id="leaveFromGroup" value="退出群组" />
28.           </div>
29.       </div>
30.   </div>
31.   <div class="row">
32.       <div class="col-12">
33.           <hr />
34.       </div>
35.   </div>
36.   <div class="row">
37.       <div class="col-6" >
38.           <p>私聊面板</p>
39.           <ul id="userMessagesList" style="border-style: solid;"></ul>
40.       </div>
41.       <div class="col-6" >
42.           <p>群聊面板</p>
43.           <ul id="groupMessagesList" style="border-style: solid;"></ul>
44.       </div>
45.   </div>
46.
47.   @section Scripts{
48.       @{
49.           var url = @"https://unpkg.com/@microsoft/signalr@5.0.8/dist/browser/signalr.js";
50.       }
51.
52.       <script src="@url"></script>
53.
54.       <script>
55.           // 构造连接对象
```

```javascript
56.        var connection = new signalR.HubConnectionBuilder()
57.            .withUrl("/hub/chat")
58.            // 设置日志记录级别
59.            .configureLogging(signalR.LogLevel.Debug)
60.            // 设置自动重连策略
61.            .withAutomaticReconnect({
62.                nextRetryDelayInMilliseconds: retryContext => {
63.                    if (retryContext.elapsedMilliseconds < 60000) {
64.                        // 返回数字表示下次重连之前应该等待的时间（单位：毫秒）
65.                        return Math.random() * 10000;
66.                    } else {
67.                        // 返回 null 表示放弃继续重连，进入离线状态
68.                        return null;
69.                    }
70.                }
71.            })
72.            .build();
73.
74.        // 重连事件回调
75.        connection.onreconnecting(error => {
76.            console.assert(connection.state === signalR.HubConnectionState.Reconnecting);
77.
78.            document.getElementById("messageInput").disabled = true;
79.            document.getElementById("sendButton").disabled = true;
80.            document.getElementById("joinToGroup").disabled = true;
81.            document.getElementById("leaveFromGroup").disabled = true;
82.            document.getElementById("online").disabled = true;
83.            document.getElementById("offline").disabled = true;
84.
85.            const li = document.createElement("li");
86.            li.textContent = `连接发生错误 "${error}"。正在重新连接。`;
87.            document.getElementById("messagesList").appendChild(li);
88.        });
89.
90.        // 重连成功回调
91.        connection.onreconnected(connectionId => {
92.            console.assert(connection.state === signalR.HubConnectionState.Connected);
93.
94.            document.getElementById("messageInput").disabled = false;
95.            document.getElementById("sendButton").disabled = false;
96.            document.getElementById("joinToGroup").disabled = false;
97.            document.getElementById("leaveFromGroup").disabled = true;
98.            document.getElementById("online").disabled = true;
99.            document.getElementById("offline").disabled = false;
100.
101.            const li = document.createElement("li");
102.            li.textContent = `连接已恢复。ConnectionId "${connectionId}"。`;
103.            document.getElementById("messagesList").appendChild(li);
104.        });
105.
106.        // 离线事件回调
107.        connection.onclose(error => {
108.            console.assert(connection.state === signalR.HubConnectionState.Disconnected);
109.
110.            document.getElementById("messageInput").disabled = true;
111.            document.getElementById("groupNameInput").disabled = true;
112.            document.getElementById("sendButton").disabled = true;
113.            document.getElementById("joinToGroup").disabled = true;
114.            document.getElementById("leaveFromGroup").disabled = true;
115.            document.getElementById("online").disabled = false;
116.            document.getElementById("offline").disabled = true;
117.
```

```javascript
118.            const li = document.createElement("li");
119.            li.textContent = `连接已关闭,错误信息: "${error}"。点击"上线"按
                   钮重新连接。`;
120.            document.getElementById("messagesList").appendChild(li);
121.        });
122.
123.        // 连接到服务器前设置表单状态
124.        document.getElementById("messageInput").disabled = true;
125.        document.getElementById("groupNameInput").disabled = true;
126.        document.getElementById("sendButton").disabled = true;
127.        document.getElementById("joinToGroup").disabled = true;
128.        document.getElementById("leaveFromGroup").disabled = true;
129.        document.getElementById("online").disabled = true;
130.        document.getElementById("offline").disabled = true;
131.        document.getElementById("leaveFromGroup").disabled = true;
132.
133.        // 注册当服务器调用客户端的 Say 方法时要执行的回调函数
134.        // 参数要和服务端调用时的参数兼容
135.        // 必须在连接服务器前注册
136.        connection.on("Say", function (type, user, message) {
137.            // 上线后服务器发来的在线用户名单
138.            // 填充用户选择框
139.            if (type == "userList") {
140.                var userSelect = document.getElementById("userSelect");
141.                var list = JSON.parse(message);
142.
143.                let u;
144.                for(u of list){
145.                    var option = document.createElement("option");
146.                    option.value = u;
147.                    option.id="user-" + u;
148.                    option.innerText = "用户: " + u;
149.
150.                    userSelect.appendChild(option);
151.                }
152.            } else {
153.                var li = document.createElement("li");
154.
155.                // 用户私聊消息
156.                if (type == "user") {
157.                    document.getElementById("userMessagesList").
                           appendChild(li);
158.                }
159.                // 群组加入消息
160.                else if (type.indexOf("group-join") == 0) {
161.                    document.getElementById("groupMessagesList").
                           appendChild(li);
162.
163.                    // 加入群组成功
164.                    if (type == "group-join-s") {
165.                        var groupName = document.getElementById
                               ("groupNameInput").value;
166.                        var option = document.createElement("option");
167.                        option.value = groupName;
168.                        option.id="group-" + groupName;
169.                        option.innerText = "群组: " + groupName;
170.
171.                        document.getElementById("userSelect").
                              appendChild(option);
172.
173.                        document.getElementById("groupNameInput").disabled =
                              true;
174.                        document.getElementById("leaveFromGroup").disabled =
                              false;
175.                        document.getElementById("joinToGroup").disabled = true;
```

```
176.                    }
177.                }
178.                // 群组退出消息
179.                else if (type.indexOf("group-leave") == 0) {
180.                    document.getElementById("groupMessagesList").
                        appendChild(li);
181.
182.                    // 退出群组成功
183.                    if (type == "group-leave-s") {
184.                        var groupName = document.getElementById
                            ("groupNameInput");
185.                        var option = document.getElementById("group-" +
                            groupName.value);
186.                        document.getElementById("userSelect").
                            removeChild(option);
187.
188.                        groupName.disabled = false;
189.                        groupName.value = "";
190.
191.                        document.getElementById("leaveFromGroup").disabled =
                            true;
192.                        document.getElementById("joinToGroup").disabled =
                            false;
193.                    }
194.                }
195.                // 群组聊天消息
196.                else if (type == "group") {
197.                    document.getElementById("groupMessagesList").
                        appendChild(li);
198.                }
199.                li.textContent = `${user} : ${message}`;
200.            }
201.        });
202.
203.        // 注册当服务器调用客户端的 NotifyOnline 方法时要执行的回调函数
204.        connection.on("NotifyOnline", function (user) {
205.            var li = document.createElement("li");
206.            document.getElementById("userMessagesList").appendChild(li);
207.
208.            li.textContent = `${user} 已上线。`;
209.
210.            var option = document.createElement("option");
211.            option.value = user;
212.            option.id="user-" + user;
213.            option.innerText = "用户: " + user;
214.            document.getElementById("userSelect").appendChild(option);
215.        });
216.
217.        // 注册当服务器调用客户端的 NotifyOffline 方法时要执行的回调函数
218.        connection.on("NotifyOffline", function (user) {
219.            var li = document.createElement("li");
220.            document.getElementById("userMessagesList").appendChild(li);
221.
222.            li.textContent = `${user} 已离线。`;
223.
224.            var option = document.getElementById("user-" + user);
225.            document.getElementById("userSelect").removeChild(option);
226.        });
227.
228.        // 连接到服务器
229.        connection.start().then(function () {
230.            // 连接成功的回调
231.            document.getElementById("groupNameInput").disabled = false;
232.            document.getElementById("messageInput").disabled = false;
233.            document.getElementById("sendButton").disabled = false;
```

```javascript
                document.getElementById("joinToGroup").disabled = false;
                document.getElementById("leaveFromGroup").disabled = true;
                document.getElementById("online").disabled = true;
                document.getElementById("offline").disabled = false;
            }).catch(function (err) {
                return console.error(err.toString());
            });

            // 根据消息模式调用不同的服务器方法
            document.getElementById("sendButton").addEventListener("click", function (event) {
                if (document.getElementById("userSelect").selectedOptions.length <= 0) return;

                var targetUser = document.getElementById("userSelect").selectedOptions[0];
                var message = document.getElementById("messageInput").value;
                // 私聊
                if (targetUser.id.indexOf("user-") == 0) {
                    // 使用连接对象的 invoke 函数发起对服务器方法的调用
                    connection.invoke("SayToOne", targetUser.value, message).then(function () {
                        var li = document.createElement("li");
                        document.getElementById("userMessagesList").appendChild(li);
                        li.textContent = `我 : ${message}`;
                    }).catch(function (err) {
                        return console.error(err.toString());
                    });
                }
                // 群聊
                else if (targetUser.id.indexOf("group-") == 0) {
                    // 使用连接对象的 invoke 函数发起对服务器方法的调用
                    connection.invoke("SayToGroup", message).then(function () {
                        var li = document.createElement("li");
                        document.getElementById("groupMessagesList").appendChild(li);
                        li.textContent = `我 : ${message}`;
                    }).catch(function (err) {
                        return console.error(err.toString());
                    });
                }

                document.getElementById("messageInput").value = "";
                event.preventDefault();
            });

            document.getElementById("joinToGroup").addEventListener("click", function (event) {
                var groupName = document.getElementById("groupNameInput");
                if(groupName.value == "") return;

                connection.invoke("JoinToGroup", groupName.value).catch(function (err) {
                    return console.error(err.toString());
                });

                event.preventDefault();
            });

            document.getElementById("leaveFromGroup").addEventListener("click", function (event) {
                var groupName = document.getElementById("groupNameInput");

                connection.invoke("LeaveFromGroup", groupName.value).catch(function (err) {
```

```
290.                    return console.error(err.toString());
291.                });
292.
293.                event.preventDefault();
294.            });
295.
296.            // 上线
297.            document.getElementById("online").addEventListener("click",
                 function(event) {
298.                connection.start().then(function(){
299.                    document.getElementById("groupNameInput").disabled = false;
300.                    document.getElementById("messageInput").disabled = false;
301.                    document.getElementById("sendButton").disabled = false;
302.                    document.getElementById("joinToGroup").disabled = false;
303.                    document.getElementById("leaveFromGroup").disabled = true;
304.                    document.getElementById("online").disabled = true;
305.                    document.getElementById("offline").disabled = false;
306.
307.                    const li = document.createElement("li");
308.                    li.textContent = `已连接到服务器。ConnectionId
                     "${connectionId}".`;
309.                    document.getElementById("userMessagesList").appendChild(li);
310.                }).catch(function(err) {
311.                    return console.error(err.toString());
312.                });
313.            });
314.
315.            // 下线
316.            document.getElementById("offline").addEventListener("click",
                 function(event) {
317.                connection.stop().then(function () {
318.                    document.getElementById("groupNameInput").value = "";
319.                    document.getElementById("groupNameInput").disabled = true;
320.                    document.getElementById("messageInput").disabled = true;
321.                    document.getElementById("sendButton").disabled = true;
322.                    document.getElementById("joinToGroup").disabled = true;
323.                    document.getElementById("leaveFromGroup").disabled = true;
324.                    document.getElementById("online").disabled = false;
325.                    document.getElementById("offline").disabled = true;
326.                    document.getElementById("userSelect").innerHTML = "";
327.                });
328.            });
329.        </script>
330.    }
```

（2）客户端流 Page（/Pages/ClientStream.cshtml）

```
1.   @page
2.
3.   @{
4.       ViewData["Title"] = "Chat";
5.   }
6.
7.   <div class="row">
8.       <div class="col-12">
9.           <ul id="messagesList"></ul>
10.      </div>
11.  </div>
12.
13.  @section Scripts{
14.      @{
15.          var url = @"https://unpkg.com/@microsoft/signalr@5.0.8/dist/browser/
              signalr.js";
16.      }
17.
18.      <script src="@url"></script>
```

```
19.
20.     <script>
21.         var connection = new signalR.HubConnectionBuilder()
22.             .withUrl("/hub/stream")
23.             .build();
24.
25.         // 打开连接
26.         connection.start().then(function () {
27.             // 确保连接已经打开，然后使用连接对象的 stream 方法创建一个流式调用
28.             // 用参数设置要调用的方法并传递初始参数
29.             var stream = connection.stream("AsyncCounter", 10, 500)
30.                 // 注册监听器的回调方法
31.                 .subscribe({
32.                     // 收到下一个元素时调用，参数为收到的元素
33.                     next: (item) => {
34.                         var li = document.createElement("li");
35.                         li.textContent = item;
36.                         document.getElementById("messagesList").appendChild(li);
37.                     },
38.                     // 流顺利结束时调用
39.                     complete: () => {
40.                         var li = document.createElement("li");
41.                         li.textContent = "Stream completed";
42.                         document.getElementById("messagesList").appendChild(li);
43.                     },
44.                     // 流因错误而结束时调用
45.                     error: (err) => {
46.                         var li = document.createElement("li");
47.                         li.textContent = err;
48.                         document.getElementById("messagesList").appendChild(li);
49.                     },
50.                 });
51.
52.             // 如果想主动结束流，可以调用流对象的 dispose 方法
53.             //stream.dispose();
54.         });
55.     </script>
56. }
```

（3）服务端流 Page（/Pages/ServerStream.cshtml）

```
1.  @page
2.
3.  @{
4.      ViewData["Title"] = "Chat";
5.  }
6.
7.  <div class="row">
8.      <div class="col-12">
9.          <ul id="messagesList"></ul>
10.     </div>
11. </div>
12.
13. @section Scripts{
14.     @{
15.         var url = @"https://unpkg.com/@microsoft/signalr@5.0.8/dist/browser/signalr.js";
16.     }
17.
18.     <script src="@url"></script>
19.
20.     <script>
21.         var connection = new signalR.HubConnectionBuilder()
22.             .withUrl("/hub/stream")
23.             .build();
24.
```

```
25.         // 打开连接
26.         connection.start().then(function () {
27.             // 创建一个 subject
28.             var subject = new signalR.Subject();
29.
30.             // 用 send 函数调用服务端流方法,把发送数据源关联到 subject
31.             connection.send("AsyncUploadStream", subject);
32.             var iteration = 0;
33.
34.             // 使用定时器定时向 subject 写入数据,send 函数会自动读取并发送到服务端
35.             var intervalHandle = setInterval(() => {
36.                 iteration++;
37.
38.                 // 使用 next 函数写入数据
39.                 subject.next(iteration.toString());
40.                 if (iteration === 10) {
41.                     // 清除定时器
42.                     clearInterval(intervalHandle);
43.
44.                     // 在想结束流的时候调用 complete 函数
45.                     subject.complete();
46.                 }
47.             }, 500);
48.         });
49.     </script>
50. }
```

打开或刷新页面后看控制台窗口,会定时显示数字 1 到 10。不要用 IIS Express 启动调试,因为控制台不方便查看。

无论是连接通道读取器还是异步枚举器的服务端,客户端代码都完全一样。示例演示了连接异步枚举器的情况。

从示例可以看出,调用流式连接之前也需要先打开 SignalR 连接。因此实际上可以在集线器中同时定义服务端流和客户端流方法,然后在客户端同时调用来模拟双向流。如果服务端还有其他普通的方法,也可以随时调用。gRPC 的流式调用只能传输相同类型的数据,而 SignalR 可以在同一个连接上同时传输多种数据,灵活性更好,代价则是性能稍有损失。

2. .NET 客户端

.NET 客户端是用 C#开发的,因此 Blazor WebAssembly 应用也可以使用完全相同的代码连接服务器。此处以控制台应用为例进行介绍。为了尽量利用相同平台的便利,可以把 IChatServer、IChatClient 接口和其他数据模型类放到单独的类库项目,让服务端和客户端同时引用,使接口契约能发挥最大的作用。安装 NuGet 包 Microsoft.AspNetCore.SignalR.Client 后就可以使用了。

.NET 客户端的用法和 JavaScript 客户端基本一样,主要区别在于身份和授权信息的获取和提供。在浏览器中,这些信息可以通过 Cookie 自动管理,而在本地应用中需要进行额外的配置。.NET 客户端推荐使用基于 OAuth 协议的授权管理模式。如果选用 OAuth 方式,可以用 OpenIddict 来搭建服务端,使用 Cookie 的话则需要配置连接选项。比较特殊的情况是使用 Blazor WebAssembly 时,浏览器会自动处理 Cookie,如果客户端托管在相同域名中,可以偷懒让浏览器自己处理。

(1)聊天客户端

示例代码如下:

①自动重连策略

```
1.     public class RandomRetryPolicy : IRetryPolicy
```

```csharp
2.  {
3.      private readonly Random _random = new Random();
4.
5.      public TimeSpan? NextRetryDelay(RetryContext retryContext)
6.      {
7.          // 返回的 TimeSpan 表示下次尝试重连之前等待的时间
8.          if (retryContext.ElapsedTime < TimeSpan.FromSeconds(60))
9.          {
10.             return TimeSpan.FromSeconds(_random.NextDouble() * 10);
11.         }
12.         else
13.         {
14.             // 返回 null 表示放弃重新连接
15.             return null;
16.         }
17.     }
18. }
```

② 实现客户端接口

```csharp
1.  public class ChatClient : IChatClient
2.  {
3.      public async Task NotifyOffline(string name)
4.      {
5.          Console.WriteLine($"用户 {name} 已离线。");
6.      }
7.
8.      public async Task NotifyOnline(string name)
9.      {
10.         Console.WriteLine($"用户 {name} 已上线。");
11.     }
12.
13.     public async Task Say(string type, string speakerName, string message)
14.     {
15.         Console.WriteLine($"用户 {speakerName} 发送了类型为 {type} 的消息：{message}。");
16.     }
17. }
```

③ 连接服务器

```csharp
1.  public class Program
2.  {
3.      public static async Task Main(string[] args)
4.      {
5.          // 准备 Cookie 容器
6.          var cookieContainer = new CookieContainer();
7.
8.          // 配置登录客户端
9.          IServiceCollection services = new ServiceCollection();
10.         services.AddSingleton(cookieContainer);
11.         services.AddHttpClient("signalRSignin", options => {
12.             options.BaseAddress = new Uri("https://localhost:5001");
13.         })
14.             .ConfigurePrimaryHttpMessageHandler(httpServices => {
15.                 // 为主消息处理器关联 Cookie 容器
16.                 return new SocketsHttpHandler()
17.                 {
18.                     UseCookies = true,
19.                     CookieContainer = httpServices.
20.                         GetRequiredService<CookieContainer>()
21.                 };
22.             });
23.         // 实例化登录客户端
```

```
24.        using var root = services.BuildServiceProvider();
25.        using var scope = root.CreateScope();
26.        var client = scope.ServiceProvider.GetRequiredService
             <IHttpClientFactory>().CreateClient("signalRSignin");
27.
28.        // 需要在服务端准备相应的端点
29.        // 此处仅为示例，安全性极差，千万不要用于生产环境
30.        // 访问后Cookie容器会被自动填充
31.        await client.GetAsync("/signin?user=bob&password=123456");
32.
33.        var chatConnection = new HubConnectionBuilder()
34.            // 配置基础连接选项
35.            .WithUrl("https://localhost:5001/hub/chat", options => {
36.                // 以下两种授权方式任选其一即可
37.                options.Cookies = cookieContainer;
38.                options.AccessTokenProvider = async () => "someToken";
39.            })
40.            // 配置自动重连策略
41.            .WithAutomaticReconnect(new RandomRetryPolicy())
42.            .Build();
43.
44.        // 注册连接关闭事件委托
45.        // 其他连接状态事件同理，不再赘述
46.        chatConnection.Closed += async (error) =>
47.        {
48.            await Task.Delay(new Random().Next(0, 5) * 1000);
49.            await chatConnection.StartAsync();
50.        };
51.
52.        // 实例化聊天客户端
53.        IChatClient chatClient = new ChatClient();
54.
55.        // 注册客户端的回调
56.        chatConnection.On<string, string, string>(nameof(chatClient.Say),
             chatClient.Say);
57.        chatConnection.On<string>(nameof(chatClient.NotifyOnline),
             chatClient.NotifyOnline);
58.        chatConnection.On<string>(nameof(chatClient.NotifyOffline),
             chatClient.NotifyOffline);
59.
60.        // 打开连接
61.        await chatConnection.StartAsync();
62.
63.        // 调用服务端方法
64.        await chatConnection.InvokeAsync(nameof(IChatServer.SayToOne),
             "somebody", "something");
65.
66.        // 关闭连接
67.        await chatConnection.StopAsync();
68.    }
69. }
```

示例展示了如何配置连接和为连接添加授权信息，示例的授权方法是为连接开后门完成的，不建议在生产环境使用，仅用于展示使用流程。

（2）流式客户端

示例代码如下：

```
1. public class Program
2. {
3.     public async Task Main(string[] args)
4.     {
5.         var streamConnection = new HubConnectionBuilder()
```

```csharp
            .WithUrl("https://localhost:5001/hub/stream")
            .Build();

        // 先打开连接
        await streamConnection.StartAsync();

        // 使用异步枚举器方式打开客户端流,需要至少 C# 8.0
        var cancellationTokenSource = new CancellationTokenSource();
        var stream = streamConnection.StreamAsync<int>(
            "AsyncCounter", 10, 500, cancellationTokenSource.Token);

        // 可以使用取消令牌随时结束流
        // cancellationTokenSource.Cancel();

        await foreach (var count in stream)
        {
            Console.WriteLine($"{count}");
        }

        Console.WriteLine("流顺利完成");

        // 使用通道读取器方式打开客户端流,兼容较低版本的 C#
        cancellationTokenSource = new CancellationTokenSource();
        var channelReader = await streamConnection.StreamAsChannelAsync<int>(
            "Counter", 10, 500, cancellationTokenSource.Token);

        while (await channelReader.WaitToReadAsync())
        {
            while (channelReader.TryRead(out var count))
            {
                Console.WriteLine($"{count}");
            }
        }

        Console.WriteLine("流顺利完成");

        // 使用异步枚举器连接服务端流
        // 定义异步枚举器,需要至少 C# 8.0
        async IAsyncEnumerable<string> clientStreamData()
        {
            for (var i = 0; i < 5; i++)
            {
                await Task.Delay(500);
                yield return i.ToString(); ;
            }
        }

        // 把异步枚举器作为参数传递到 SendAsync 方法
        // 方法会自动遍历枚举器并发送数据,遍历完成后会自动结束流
        await streamConnection.SendAsync("AsyncUploadStream",
          clientStreamData());

        // 使用通道连接服务端流并发送数据
        var channel = Channel.CreateBounded<string>(10);

        // 把通道读取器作为参数传递到 SendAsync 方法
        await streamConnection.SendAsync("UploadStream", channel.Reader);

        // 向通道写入数据
        await channel.Writer.WriteAsync("some data");
        await channel.Writer.WriteAsync("some more data");

        // 完成通道,流会自动结束
        channel.Writer.Complete();
    }
```

70.   }

在.NET 中使用流式客户端还是比较简便的，得益于 C#的强大表达能力，代码都很通俗易懂。在服务端流中，异步枚举器和通道用法的使用场景有一定区别：异步枚举器法需要提前定义好枚举器，打开流后枚举器会自动遍历；而通道法可以在任意时刻手动发送数据，灵活性更高。示例的客户端实现比较简陋，仅用于展示核心用法。

3. Java 客户端

Java 客户端的使用方法和.NET 客户端也基本一致，只有少量区别。例如.NET 客户端的授权信息通过选项对象进行配置，而 Java 客户端则通过 withAccessTokenProvider 方法直接暴露在 HubConnectionBuilder 对象上。还有 Java 没有运行时泛型，在消息反序列化时无法自动识别类型，因此在使用 on 方法注册回调时需要用额外的参数来提示回调方法的参数类型，例如 String.class，回调方法有几个参数就需要追加几个类型提示参数。详细信息请参阅官方文档和 API 文档。

21.4 小　　结

ASP.NET Core SignalR 从 ASP.NET SignalR 发展而来，既保留了相似的 API 和用法，也针对 ASP.NET Core 的特点进行了优化改进。从中可以看出开发团队的聪明和冷静，既没有因循守旧，也没有大量进行破坏性更新。作为.NET 平台的核心实时通信框架是完全合格的。

第 22 章

应用安全

在计算机和互联网的世界，安全是非常重要的组成部分，跨越时空的信任需要来自底层机制的保障。基于数学的加密和签名以及基于流程和规则的安全措施相互配合，才最终造就如今繁荣的互联网世界。在网络时代诞生的.NET Framework 平台天然对安全问题高度敏感，并准备了完善的安全机制。到了.NET 时代，又为方便开发者使用各种标准的、个性化的安全功能进行了大量改进。

22.1 数据保护

数据保护是应用安全的重要一环，通常使用加密技术实现。在.NET Framework 时代，数据保护组件和 Windows 深度绑定，普通应用开发者甚至可以不知道数据保护系统的存在，对于安全敏感的应用，开发者又很难对依赖系统底层的功能进行定制。.NET 转型为跨平台框架之后，无感使用已不再现实，分布式系统又对数据保护系统的跨实例一致性有较高需求。因此.NET 对数据保护系统进行了大量升级改造，使其 API 更简单易用。

22.1.1 基础使用

ASP.NET Core 内置了数据保护系统并进行了内部使用，例如 Cookie 身份认证就使用了数据保护系统对保存身份信息的 Cookie 进行加密。

1. 注册数据保护服务

示例代码如下：

```
1.    public class Startup
2.    {
```

```
3.    public void ConfigureServices(IServiceCollection services)
4.    {
5.        // 注册数据保护服务，内有防重复调用措施，可以安全地多次调用
6.        services.AddDataProtection()
7.            // 设置应用名称，这个名称会用于创建主数据，保护提供者的主密钥
8.            // 如果需要跨应用共享受保护的数据，需要设置相同的应用名称
9.            .SetApplicationName("MyApp")
10.           // 把密钥存储到指定路径
11.           // 如果需要，可以保存到数据库、云或其他自定义密钥存储仓库
12.           .PersistKeysToFileSystem(new System.IO.DirectoryInfo(@"D:\MyAppKey"))
13.           // 使用指定的 X509 证书加密密钥，不设置则以明文保存
14.           .ProtectKeysWithCertificate(new X509Certificate2("certificate.
                pfx", "12345678"))
15.           // 使用指定的 X509 证书解密密钥
16.           // 用于在轮换证书加密时确保旧证书加密的密钥继续可用
17.           .UnprotectKeysWithCertificate(
18.               new X509Certificate2("certificate.pfx", "12345678"),
19.               new X509Certificate2("certificate2.pfx", "12345678"))
20.           // 设置密钥有效期，默认值为 90 天
21.           .SetDefaultKeyLifetime(TimeSpan.FromDays(14))
22.           // 设置自定义加密算法
23.           .UseCustomCryptographicAlgorithms(
24.               new ManagedAuthenticatedEncryptorConfiguration()
25.               {
26.                   EncryptionAlgorithmType = typeof(Aes),
27.                   EncryptionAlgorithmKeySize = 256,
28.                   ValidationAlgorithmType = typeof(HMACSHA256)
29.               }
30.           );
31.    }
32. }
```

如果需要脱离依赖注入直接使用，可以通过静态方法 DataProtectionProvider.Create 从指定的文件夹读取密钥并初始化根数据保护提供者。这在简单控制台应用或桌面应用中比较方便。

2. 使用数据保护服务

示例代码如下：

```
1.  public class MyService
2.  {
3.      private IDataProtectionProvider _dataProtectionProvider;
4.  
5.      public MyService(IDataProtectionProvider dataProtectionProvider)
6.      {
7.          _dataProtectionProvider = dataProtectionProvider;
8.      }
9.  
10.     public void MyMethod()
11.     {
12.         // 创建数据加密器
13.         var protector = _dataProtectionProvider.CreateProtector("p1");
14.         // 加密数据
15.         var secret = protector.Protect("something");
16.         // 解密数据
17.         var content = protector.Unprotect(secret);
18.     }
19. }
```

在 .NET Framework 时期，数据保护深度绑定 Windows 系统，使用了大量 Windows 技术，例如 DPAPI 和注册表等。这让开发者能够轻松使用数据保护功能，但也限制了开发者定制功能的自由度，这和 .NET 的基本理念不符。借助依赖注入服务，数据保护系统分离了接口和实现，让开发

者能轻松定制密钥和其他参数的保存方式。当然微软也开发了一些常用的实现方便没有特殊需求的开发者取用。

22.1.2 层次结构

IDataProtector 接口本身也实现了 IDataProtectionProvider 接口,因此可以用 IDataProtector 实例继续创建新的 IDataProtector 实例。这衍生出了一种有趣的用法,针对不同层次的数据,使用不同的 IDataProtector 来进行保护,使得不同的数据可以在保护后相互隔离,如图 22-1 所示。对于多租户等需要在一个应用内为多个客户服务的场景,这种隔离能力可以大幅提高客户数据的安全性。

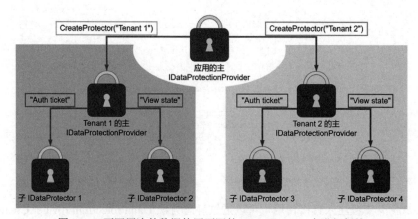

图 22-1　不同层次的数据使用不同的 IDataProtector 来进行保护

22.1.3 时效性数据保护

部分数据可能具有时效性,例如验证码、密码重置令牌、账号确认令牌等。对于这种情况,.NET 也提供了 ITimeLimitedDataProtector 进行支持,使用非常简单,只需要使用 IDataProtector 的扩展方法 ToTimeLimitedDataProtector 就可以获取一个具有时效性的数据保护器,相应的方法会增加用于设置有效期的参数。

22.2 管理机密

在开发过程中,某些数据可能不希望上传到远程源代码仓库,此时可以通过设置忽略项实现。但是这种方法多少有些不便,也容易出现疏漏导致不小心被上传,为此 .NET SDK 提供了项目机密功能。

示例代码如下:

```
1.   <Project Sdk="Microsoft.NET.Sdk.Web">
2.
3.     <PropertyGroup>
```

```
4.        <TargetFramework>net6.0</TargetFramework>
5.        <UserSecretsId>79a3edd0-2092-40a2-a04d-dcb46d5ca9ed</UserSecretsId>
6.    </PropertyGroup>
7.
8. </Project>
```

设置了机密的项目文件会增加 UserSecretsId 配置节，其中包含机密 ID，此 ID 可以是任意不重复的字符串。机密文件保存在用户文件夹中，可以通过右击项目，在弹出的快捷菜单中选择"管理用户机密"来打开和编辑，如果没有机密则会自动创建。机密文件实际上是一个 JSON 文件，其作用和 appsettings.json 是一样的，只不过可以方便地用于保存不希望被上传的配置数据。

示例代码如下：

```
1. public class Program
2. {
3.     public static void Main(string[] args)
4.     {
5.         CreateHostBuilder(args).Build().Run();
6.     }
7.
8.     public static IHostBuilder CreateHostBuilder(string[] args) =>
9.         Host.CreateDefaultBuilder(args)
10.            .ConfigureAppConfiguration((hostBuilderContext, configBuilder) => {
11.                if (hostBuilderContext.HostingEnvironment.IsDevelopment())
12.                {
13.                    configBuilder.AddUserSecrets<Program>();
14.                }
15.            })
16.            .ConfigureWebHostDefaults(webBuilder =>
17.            {
18.                webBuilder.UseStartup<Startup>();
19.            });
20. }
```

通过配置应用，可以把机密加入配置系统，之后就可以用配置和选项系统读取机密数据了。通过 dotnet user-secrets 系列命令可以更全面地管理用户机密。

22.3 欧盟通用数据保护条例（GDPR）

如果想要开发可用于欧盟地区的应用，使应用符合 GDPR 是必须的法律合规步骤。GDPR 的主要规定和 .NET 的主要实现方式是除非用户同意，否则禁止创建、传输和保存非必要的 Cookie。会话功能所需的用于保存会话 ID 的 Cookie 默认属于非必要 Cookie，开发者可以将其设置为必要 Cookie 或征求用户的同意。

当然，任何 Cookie 都可以被设置为必要 Cookie，只不过如果被查到滥用此功能，后果就比较严重了。ASP.NET Core 3.0 的项目模板包含基本支持。如果需要对已有项目进行改造，可以按如下步骤执行：

1）服务注册和请求管道配置，示例代码如下：

```
1. public class Startup
2. {
3.     public void ConfigureServices(IServiceCollection services)
4.     {
5.         services.Configure<CookiePolicyOptions>(options =>
```

```
 6.         {
 7.             // 一个委托,用于确定是否要检查用户是否同意使用非必要 Cookie
 8.             options.CheckConsentNeeded = context => true;
 9.             options.MinimumSameSitePolicy = SameSiteMode.None;
10.         });
11.     }
12.
13.     public void Configure(IApplicationBuilder app, IWebHostEnvironment env)
14.     {
15.         app.UseCookiePolicy();
16.     }
17. }
```

Cookie 策略中间件需要在任何可能使用 Cookie 的其他中间件之前配置。

2)在项目中添加 Cookie 使用同意申请面板(分部视图),并将其添加到布局,示例代码如下:

① 同意申请面板(/Views/Shared/_CookieConsentPartial.cshtml)

```
 1. @using Microsoft.AspNetCore.Http.Features
 2.
 3. @{
 4.     var consentFeature = Context.Features.Get<ITrackingConsentFeature>();
 5.     var showBanner = !consentFeature?.CanTrack ?? false;
 6.     var cookieString = consentFeature?.CreateConsentCookie();
 7. }
 8.
 9. @if (showBanner)
10. {
11.     <div id="cookieConsent" class="alert alert-info alert-dismissible fade show"
         role="alert">
12.         在这里描述隐私和 Cookie 使用政策。<a asp-page="/Privacy">了解更多</a>。
13.         <button type="button" class="accept-policy close" data-dismiss="alert"
           aria-label="Close" data-cookie-string="@cookieString">
14.             <span aria-hidden="true">同意</span>
15.         </button>
16.     </div>
17.     <script>
18.         (function () {
19.             var button = document.querySelector("#cookieConsent
               button[data-cookie-string]");
20.             button.addEventListener("click", function (event) {
21.                 document.cookie = button.dataset.cookieString;
22.             }, false);
23.         })();
24.     </script>
25. }
```

② 布局(精简,/Views/Shared/_Layout.cshtml)

```
1. <div class="container">
2.     <partial name="_CookieConsentPartial" />
3.     <main role="main" class="pb-3">
4.         @RenderBody()
5.     </main>
6. </div>
```

22.4 防御恶意攻击

防御恶意攻击是 Web 应用的重要组成部分,是保障服务器稳定运行和保护应用数据安全的关键。.NET 框架一开始就非常重视应用安全功能，在之前的学习中，我们已经在无感、隐式地使用相关功能了。现在，将要专门对攻击防御的相关功能进行介绍。

22.4.1 跨站点请求伪造（XSRF/CSRF）

这是利用浏览器会自动发送相应域名的 Cookie 导致的安全漏洞。例如一个用户在 A 站点登录，并生成了记录身份信息的 Cookie，然后在另一个选项卡打开恶意的 B 站点，其中包括一个提交到 A 站点的表单，通常在页面上用户是看不到表单的提交目标的，大多数用户会认为表单应该提交到当前站点。虽然这种小把戏使用开发工具箱就可以轻松识破，但这并不是可推广的做法。此时如果用户提交了表单，数据就会被发送到被攻击的 A 站点，浏览器的自动发送 Cookie 功能此时变成了帮凶，A 站点的服务器没有任何办法区分这是一个正常的表单提交还是恶意攻击，也不知道这是用户的真实提交还是被钓鱼网站诱导。

为了让服务器能区分一个表单的提交是否合法，ASP.NET Core 会自动完成防伪令牌的生成和校验。还记得 Razor 标签助手吗（之前的 HTML 助手也一样）？其中的 Form 助手就会在表单中自动植入一个隐藏的默认 name 为 "__RequestVerificationToken" 的 input 用来保存表单令牌，并且在 Cookie 中也会生成和 input 配对的 Cookie 令牌。用于提交表单的 Post 动作会由框架自动在进入动作前验证 Cookie 令牌和表单令牌是否匹配，只有匹配的请求会进入动作，然后销毁已成功使用的令牌对。如果表单是伪造的，伪造者永远不可能知道表单令牌的值应该是多少，因为令牌由随机数生成并使用数据保护服务进行加密，且每个表单实例都拥有唯一的一次性防伪令牌（从此处可以看出在 Cookie 中可以同时保存多个尚未使用的令牌用于匹配一个或多个页面中的多个表单）。如果不想在表单中自动插入防伪令牌，可以在标签助手中设置助手属性 asp-antiforgery="false"。使用 HTML 助手 @Html.AntiForgeryToken() 可以手动插入表单令牌。

ASP.NET Core Razor Pages 会自动验证 Post、Put、Delete 和 Patch 方法的请求。对于 MVC，模板代码生成器会自动对上述方法的动作标记 ValidateAntiForgeryToken 过滤器特性以启用验证。如果不想在手动开发的动作中重复标记特性，可以直接在控制器上标记 AutoValidateAntiforgeryToken 过滤器。同样地，如果希望不要验证防伪令牌，可以使用 IgnoreAntiforgeryToken 标记动作。Web API 不会验证防伪令牌。

防伪令牌的生成、验证和销毁由服务实现，可以在依赖注入中进行配置。

示例代码如下：

```
1.   public class Startup
2.   {
3.       public void ConfigureServices(IServiceCollection services)
4.       {
5.           services.AddAntiforgery(options =>
6.           {
7.               // 设置表单中 input 标签的 name 属性的值
8.               options.FormFieldName = "AntiforgeryFieldname";
9.               // 设置请求头的名称
10.              options.HeaderName = "X-CSRF-TOKEN-HEADERNAME";
11.              // 设置是否要取消生成用于防止单击劫持的 X-Frame-Options 标头
12.              options.SuppressXFrameOptionsHeader = false;
13.          });
14.      }
15.  }
```

默认情况下网页应用使用隐藏表单域传输表单令牌，但是为了支持一些特殊情况，ASP.NET

Core 也允许使用请求标头来传输表单令牌。

还记得 SignalR 的.NET 客户端授权示例使用 GET 而不是 POST 请求进行登录吗？这就是原因，如果使用 POST 方法会导致请求被防伪验证系统拦截，这会干扰示例的主要目标的表现。如果改用 Web API 则建议使用 OAuth 协议进行授权。

22.4.2 开放重定向攻击

开放重定向攻击通常用于攻击使用查询字符串向服务器传递重定向地址的应用，这在登录页等需要指定在操作成功后要动态跳转到其他页面的地方是重灾区。出现这种漏洞的原因是查询字符串非常容易被篡改，如果重定向地址指向钓鱼网站，且钓鱼网站的页面伪装到位，用户很可能上当从而被钓鱼网站要求再次输入表单信息而导致数据泄露。

防止此类攻击的最简单的方法是不提供此类功能，跳转地址由服务端全权控制。但是这种一刀切的处理方式并不总是可行的，因此如果必须提供此类功能，请确保跳转的目的地是本地地址或其他受信任的地址。

在 ASP.NET Core MVC 和 Razor Pages 中，动作可以使用 LocalRedirect 方法返回跳转响应，这个方法会在检测到外部链接时引发异常。也可以使用 Url.IsLocalUrl 方法检查地址是否为本地地址。如果要允许跳转到其他受信任的地址，需要自行编写代码来判断跳转地址是否受信任。

示例代码如下：

```
1.   public class HomeController : Controller
2.   {
3.       public IActionResult Index(string returnUrl)
4.       {
5.           if (Url.IsLocalUrl(returnUrl))
6.           {
7.               return LocalRedirect(returnUrl);
8.           }
9.           return View();
10.      }
11.  }
```

22.4.3 跨站点脚本攻击（XSS）

跨站点脚本攻击利用了 JavaScript 脚本允许跨域加载的特点来向目标网页注入恶意脚本。此类攻击成功的前提是应用会直接输出从外部接收的内容到网页，例如博客园的 JS 权限就是此类漏洞。因此防范方法就是永远不要信任外部输入，所有可能写入页面的外部内容必须先编码。

Razor 引擎默认以编码方式输出字符串，因此天然是安全的。但是要注意，使用 Html.Raw 方法和类型为 HtmlString 的变量输出不会被编码，需要对这两种情况提高警惕，确保其不会包括不受信任的内容。如果必须输出不受信任的内容，请尽量减小受影响的范围，例如博客园就对每个用户进行独立的输出授权，一旦发生滥用就取消这个用户的 JS 权限。例如：

```
1.   @Html.Raw("此处会输出未编码的不安全内容");
2.   
3.   @{
4.       HtmlString s = new HtmlString("不安全内容");
5.   }
6.   @s
```

22.5 一般安全功能

除了应用本身需要在业务逻辑中防范攻击外，也需要尽量使用由协议和其他基础设施提供的安全功能。

22.5.1 强制执行 HTTPS

HTTPS 是 HTTP 的安全扩展，提供了传输层安全和身份验证功能。现在，大量应用都在向 HTTPS 迁移，PWA 应用规范甚至直接要求必须使用 HTTPS 进行部署（localhost 除外）。为此，ASP.NET Core 提供了强制执行 HTTPS 协议的功能。

对于 MVC 和 Razor Pages 应用，可以为需要的控制器或动作标记 RequireHttps 特性或全局注册 RequireHttps 过滤器。如果要为整个应用启用该功能，可以使用 UseHttpsRedirection 方法在管道开始处配置 HTTPS 跳转中间件，中间件使用选项系统设置跳转模式和端口信息。

示例代码如下：

```
1.  public class Startup
2.  {
3.      public void ConfigureServices(IServiceCollection services)
4.      {
5.          services.AddHttpsRedirection(options =>
6.          {
7.              // 设置响应代码，临时跳转或永久跳转
8.              options.RedirectStatusCode = (int)HttpStatusCode.PermanentRedirect;
9.              // 设置端口号，请确保和实际使用的端口一致
10.             options.HttpsPort = 443;
11.         });
12.     }
13.
14.     public void Configure(IApplicationBuilder app)
15.     {
16.         app.UseHttpsRedirection();
17.     }
18. }
```

22.5.2 HTTP 严格传输安全协议（HSTS）

有时，用户可能并不是从 HTTPS 发出最初的请求，此时会存在安全风险。为了尽量减少风险，出现了 HSTS，现代浏览器基本都支持 HSTS。此协议的响应会使浏览器记住某个网站在一定时间内要求使用 HTTPS 访问，一旦浏览器使用 HTTP 访问并成功转到 HTTPS 后，要求会自动生效。此时即使用户输入 HTTP 的网址也会被浏览器自动替换为 HTTPS 的，并且是在发出请求之前。这在最大程度上减少了 HTTP 的使用次数，减少了黑客攻击的机会。唯一的不足就是第一次访问时浏览器没有要求的记录，因此不会自动替换。对于知名应用，将来可能会收录到浏览器的内置记录中来弥补这个不足。

在 ASP.NET Core 中使用 UseHsts 方法在管道中配置中间件。注意，这个中间件要在 HttpsRedirection 中间件之前配置才有效。这个中间件同样使用选项系统设置参数。

示例代码如下：

```csharp
public class Startup
{
    public void ConfigureServices(IServiceCollection services)
    {
        services.AddHsts(options =>
        {
            // 设置是否预装载
            options.Preload = true;
            // 设置是否对子域名启用
            options.IncludeSubDomains = true;
            // 设置生效时长
            options.MaxAge = TimeSpan.FromDays(60);
            // 设置要排除的域名
            options.ExcludedHosts.Add("example.com");
        });
    }

    public void Configure(IApplicationBuilder app)
    {
        app.UseHsts();
        app.UseHttpsRedirection();
    }
}
```

22.5.3　HTTPS 和响应压缩

目前存在已知的方法可以利用响应压缩破解 HTTPS 的加密，因此通常不建议在 HTTPS 中启用响应压缩。内置的响应压缩中间件默认也关闭了 HTTPS 的压缩功能。预压缩的静态资源不受限制，因为破解需要通过多个有细微内容差异的动态响应逐步完成。

22.5.4　跨域资源共享（CORS）

同域策略是浏览器内置的安全性策略，可以防止恶意站点获取其他站点的敏感数据。随着应用开发进入分布式时代，一个完整应用被拆分为多个不同域名的模块的情况逐渐增加，浏览器的同域策略变成了一种障碍。因此现代浏览器增加了 CORS 功能，允许受限的跨域访问。

CORS 的主要变更是允许跨域访问的域和其他限制条件列表由服务端提供，浏览器仅允许跨在列表中授权的域进行访问，而非之前死板地仅允许同域访问。根据规范，如果浏览器检测到跨域访问，会首先发送一个检测请求，要求服务端提供允许跨的域的列表。

由于有 bug，CORS 中间件必须在响应缓存中间件之前配置。ASP.NET Core 提供了相应的中间件来响应检测请求。

示例代码如下：

```csharp
public class Startup
{
    public void ConfigureServices(IServiceCollection services)
    {
        services.AddCors(options =>
        {
            // 添加策略
            options.AddPolicy("myPolicy", builder =>
            {
                // 设置允许跨的域
                builder.WithOrigins("http://example.com", "http://example2.com")
```

```
12.                        // 允许添加任意自定义请求标头
13.                        .AllowAnyHeader()
14.                        // 允许请求任意 HTTP 方法
15.                        .AllowAnyMethod();
16.                });
17.        });
18.    }
19.
20.    public void Configure(IApplicationBuilder app)
21.    {
22.        // 使用指定的策略创建配置跨域中间件
23.        app.UseCors("myPolicy");
24.
25.        app.UseHttpsRedirection();
26.        app.UseResponseCaching();
27.    }
28. }
```

示例展示了如何设置和启用 CORS。如果使用 AddDefaultPolicy 方法设置默认策略，可以调用无参数的 UseCors 方法配置中间件。

22.5.5　内容安全策略（CSP）

内容安全策略刚好和跨域资源访问相反，用于限制原生允许跨域的资源，例如多媒体、样式表、脚本和 iframe 等。内容安全策略的访问许可列表通过响应标头发送，因此在每个请求中都需要处理 CSP 标头信息。基于这个特点，社区开发了用于处理 CSP 标头的中间件。例如 Joonasw.AspNetCore.SecurityHeaders 是目前下载量最高的 NuGet 包。

22.5.6　跨应用共享 Cookie

Cookie 默认遵守同域策略，但是也允许设置要在哪些域中发送 Cookie，当然仅限于在子域中共享，这为跨应用共享 Cookie 提供了条件。对于普通 Cookie，只需要设置通配域名即可，如果是加密 Cookie，例如身份 Cookie，就需要再次在要共享的应用中统一密钥。

在之前介绍数据保护系统时已经介绍了所需的基础，此处再重点说一下。其中的关键是要确保应用名称、密钥存储仓库和密钥解密证书一致。此时可以把密钥存储仓库设置为数据库或其他可共享仓库，ASP.NET Core 框架提供了内置的 EF Core 存储支持。

22.6　小　　结

应用安全在网络世界中越来越重要，ASP.NET Core 也被设计为默认以安全的方式运行，天生暴露的漏洞就比较少。对于无法通解的问题，也提供了大量常用方案以供选用，在需要时自定义也非常方便。从这些细节可以看出，.NET 是一个天生具有良好互联网基因的框架。

第 23 章

高级功能

之前介绍了大量 ASP.NET Core 的常用基础功能,可以看出基础框架的强大。为了使 ASP.NET Core 更加完善,在细分领域,官方和社区也开发了大量扩展组件。这些功能具有场景适应性,应该在充分考虑后再决定是否要应用到项目,因此这些功能没有默认集成和启用。

23.1 全球化和本地化

全球化和本地化是开发国际应用的必经之路。作为全球顶尖的 Web 应用开发模型,ASP.NET Core 怎么可以没有一套完善的全球化和本地化机制呢。微软为 .NET 平台倾注了大量心血,面对全球化和本地化问题,不应该局限于 ASP.NET Core。因此全球化和本地化功能实际上是.NET 的通用功能,然后根据 Web 应用的需要添加了 ASP.NET Core 扩展。

.NET 在平台扩展中定义了 IStringLocalizer 和 IStringLocalizer<T>接口作为本地化规范,然后以依赖注入为基础实现各种功能。对于 ASP.NET Core,则增加了 IHtmlLocalizer<T> 和 IViewLocalizer 接口来实现安全的 Web 内容本地化。为了提高本地化服务的适用范围和易用性,ASP.NET Core 实现了数据注解的本地化,例如 Display 和模型验证等特性。

23.1.1 服务注册和请求管道配置

示例代码如下:

```
1.   public class Startup
2.   {
3.       public void ConfigureServices(IServiceCollection services)
4.       {
5.           // 注册本地化服务并设置本地化资源文件的根目录
6.           services.AddLocalization(options => options.ResourcesPath = "Resources");
```

```
7.
8.            services.AddMvc()
9.                // 添加视图本地化服务并设置本地化视图的查找方式为文件名后缀
10.               // 例如：Index.zh-cn.cshtml 为中文（中国，简体）视图，Index.zh.cshtml 为中文
                     （未知国家或地区）的回退视图，Index.cshtml 为默认回退视图
11.               .AddViewLocalization(LanguageViewLocationExpanderFormat.Suffix)
12.               // 添加对数据注解的本地化支持
13.               .AddDataAnnotationsLocalization();
14.       }
15.
16.       public void Configure(IApplicationBuilder app)
17.       {
18.           // 支持的语言列表，示例为中文（中国，简体）和英文（未知国家或地区）
19.           var supportedCultures = new [] { "zh-cn", "en" };
20.
21.           var localizationOptions = new RequestLocalizationOptions()
22.               // 设置默认语言
23.               .SetDefaultCulture(supportedCultures[0])
24.               // 设置支持的语言（用于设置工作线程的语言）
25.               .AddSupportedCultures(supportedCultures)
26.               // 设置支持的 UI 语言（用于视图本地化）
27.               .AddSupportedUICultures(supportedCultures);
28.
29.           // 配置请求本地化中间件
30.           app.UseRequestLocalization(localizationOptions);
31.       }
32.  }
```

请求本地化中间件默认按以下优先级设置请求语言：

- 查询字符串：参数 culture 和 ui-culture 用于设置工作线程语言和 UI 语言，如果仅使用其中一个参数，则同时设置两种语言为参数的值。
- Cookie：参数 c 和 uic 用于设置工作线程语言和 UI 语言，如果仅使用其中一个参数，则同时设置两种语言为参数的值。
- 请求标头 Accept-Language：该标头由浏览器自动添加，值由浏览器设置或基础操作系统设置提供。

如果需要自定义语言设置参数的来源，可以向 RequestLocalizationOptions 注册 CustomRequestCultureProvider 实例。CustomRequestCultureProvider 通过构造函数参数传递用于提供语言设置信息的委托。

23.1.2 准备本地化文本

ASP.NET Core 内置的本地化服务使用 resx 资源管理文本。在之前本地化服务配置的介绍中提到，本地化服务选项中有一个资源根目录属性，资源文件就放在配置的文件夹中。为了方便管理资源，并非所有资源都放在同一个文件夹，而是一个资源在哪里使用就放在哪个文件夹。

添加资源文件的步骤如下：

步骤 01 在解决方案资源管理器中右击要添加的文件夹，在弹出的快捷菜单中依次选择"添加"→"新建 Azure WebJob 项目"命令。

步骤 02 在"添加新项"对话框左侧选择"已安装/Visual C#/ASP.NET Core/常规"，然后选择"资源文件"选项，再输入文件名并单击"添加"按钮。

VS（Visual Studio）自带 resx 文件编辑器（但 VS Code 没有自带），其中的名称是资源的 Key，值是 Value，这些资源文件最终会编译为程序集的嵌入式资源。本地化服务通过资源文件的语言后缀和 Key 查找对应的 Value。

例如：视图"/Areas/Management/Views/Shared/_Layout.cshtml"的中文（中国，简体）资源就应该是"/Resources/Areas/Management/Views/Shared/_Layout.zh-cn.resx"；类"/Models/MyClass.cs"的中文（中国，简体）资源就应该是"/Resources/Models/MyClass.zh-cn.resx"。

使用 resx 资源的一个劣势是无法动态管理和使用资源，为此，社区有人开发了基于 EF Core 的本地化资源管理器 Localization.SqlLocalizer，这个管理器支持在首次查询资源时自动创建数据库记录，方便之后修改，如图 23-1 所示。

图 23-1　编辑 resx 资源

23.1.3　使用本地化服务

1. 在普通的类中使用

示例代码如下：

```
1.   public class HomeController : Controller
2.   {
3.       private readonly IStringLocalizer<HomeController> _localizer;
4.
5.       public HomeController(IStringLocalizer<ConfigurationController> localizer)
6.       {
7.           _localizer = localizer;
8.       }
9.
10.      public IActionResult Index()
11.      {
12.          // 通过注入的服务和指定的 Key 查询 Value
13.          // 如果没有找到则直接返回 Key 作为本地化结果
14.          var local = localizer["MyKey"];
15.      }
16.  }
```

在一般类中使用时，需要通过依赖注入获取本地化服务，类型参数和线程语言将共同决定服务使用的资源。示例的类"/Controllers/HomeController.cs"在中文（中国，简体）线程中将使用资源"/Resources/Controllers/HomeController.zh-cn.resx"。示例中的资源查找实际上是以类的完全限定名为准，在默认情况下，类的命名空间和文件路径同步，如果重命名过文件夹就要注意有没有一起改命名空间了。

2. 在视图中使用

示例代码如下:

```
1.  @inject IViewLocalizer Localizer
2.
3.  <a asp-area="" asp-controller="Home" asp-action="Index">@Localizer["Home"]</a>
```

在视图中使用时只需要向视图注入 IViewLocalizer 服务即可按 IStringLocalizer 的用法来使用。如果觉得这种用法太麻烦,还可以安装社区提供的第三方标签助手 Localization.AspNetCore.TagHelpers 来简化使用。示例代码如下:

```
1.  @addTagHelper *, Localization.AspNetCore.TagHelpers
2.
3.  <a asp-area="" asp-controller="Home" asp-action="Index">
4.      @* 通过标签助手 localize 本地化内容 *@
5.      <localize>本地化内容</localize>
6.  </a>
7.  @* 通过助手属性 localize 本地化其他标签的内容 *@
8.  <span localize>本地化内容</span>
9.  @* 通过助手属性 localize-{属性名}本地化指定的 HTML 属性 *@
10. <span localize-title="本地化标题">原始内容,原样输出</span>
```

使用标签助手可以不用手动注入本地化服务,将本地化的内容作为资源的 Key 使用。示例仅展示了部分常用用法,更多详细信息请参阅官方文档。

如果要对不同语言和地区的用户提供差异化页面,可以直接为不同语言和地区创建专门的视图文件,例如:Index.zh-cn.cshtml。

3. 使用数据注解本地化的模型

示例代码如下:

```
1.  public class RegisterModel
2.  {
3.      [Required(ErrorMessage = "The Email field is required.")]
4.      [EmailAddress]
5.      [Display(Name = "Email")]
6.      public string Email { get; set; }
7.
8.      [Required(ErrorMessage = "The UserName field is required.")]
9.      [Display(Name = "UserName")]
10.     public string UserName { get; set; }
11.
12.     [Required(ErrorMessage = "The Password field is required.")]
13.     [StringLength(100, ErrorMessage = "The {0} must be at least {2} and at max {1}
            characters long.", MinimumLength = 6)]
14.     [DataType(DataType.Password)]
15.     [Display(Name = "Password")]
16.     public string Password { get; set; }
17.
18.     [DataType(DataType.Password)]
19.     [Display(Name = "Confirm password")]
20.     [Compare("Password", ErrorMessage = "The password and confirmation password do
            not match.")]
21.     public string ConfirmPassword { get; set; }
22. }
```

启用数据注解本地化后,验证特性的 ErrorMessage 属性和 Display 特性的 Name 属性等将作为资源的 Key 使用。ASP.NET Core 的视图引擎和内置的标签助手会自动进行本地化。还记得 IStringLocalizer 类在自定义客户端模型验证中就出现过吗?如果忘记的请参阅 15.5.6 节中的"自定义验证"，数据注解本地化就是依靠在适配器中注入本地化服务实现的。

23.1.4 准备语言设置界面

完成各种设置后，本地化服务就可以正常工作了，但是如果没有让用户选择语言的界面，本地化服务就是不完整的。

示例代码如下：

（1）分部视图（/Views/Shared/_SelectLanguagePartial.cshtml）

```
1.   @inject IViewLocalizer Localizer
2.   @inject IOptions<RequestLocalizationOptions> LocOptions
3.
4.   @{
5.       var requestCulture = Context.Features.Get<IRequestCultureFeature>();
6.       var cultureItems = LocOptions.Value.SupportedUICultures
7.           .Select(c => new SelectListItem { Value = c.Name, Text = c.DisplayName })
8.           .ToList();
9.       var returnUrl = string.IsNullOrEmpty(Context.Request.Path) ? "~/" :
         $"~{Context.Request.Path.Value}";
10.  }
11.
12.  <div title="@Localizer["Request culture provider:"] @requestCulture?.
         Provider?.GetType().Name">
13.      <form id="selectLanguage" asp-controller="Home"
14.          asp-action="SetLanguage" asp-route-returnUrl="@returnUrl"
15.          method="post" class="form-horizontal" role="form">
16.          <label asp-for="@requestCulture.RequestCulture.UICulture.Name">
             @Localizer["Language:"]</label>
17.          <select name="culture" onchange="this.form.submit();"
18.              asp-for="@requestCulture.RequestCulture.UICulture.Name"
                 asp-items="cultureItems"></select>
19.      </form>
20.  </div>
```

示例使用选项系统获取配置，之前的示例代码只是在中间件配置处使用临时变量。如果希望此处的代码能正常运行，需要把本地化选项注册到选项系统，中间件配置方法也通过依赖注入读取选项。不要忘了在布局页中引用此视图。

（2）控制器动作（切换语言）

```
1.   public class HomeController : BaseController
2.   {
3.       [HttpPost]
4.       [ValidateAntiForgeryToken]
5.       public IActionResult SetLanguage(string culture, string returnUrl)
6.       {
7.           var url = returnUrl ?? HttpContext.RequestReferer() ?? "/Home";
8.
9.           Response.Cookies.Append(
10.              CookieRequestCultureProvider.DefaultCookieName,
11.              CookieRequestCultureProvider.MakeCookieValue(new
                 RequestCulture(culture)),
12.              new CookieOptions { Expires = DateTimeOffset.UtcNow.AddYears(1) }
13.          );
14.
15.          return Redirect(url);
16.      }
17.  }
```

至此，一个完整的支持全球化和本地化的应用就完成了。

23.2　GraphQL

GraphQL 是 Web 数据查询的一种新解决方案，旨在解决关联数据需要多次请求多个接口，或者要为相似数据重复编写大量相似接口以减少请求次数的矛盾。GraphQL 最早由 Facebook 于 2012 年开发并在内部使用，然后在 2015 年公开协议标准和示例实现。GraphQL 需要在开发时定义对象类型和查询实现，系统会自动根据对象类型建立关系以实现在单个查询中获取所有关联数据的功能。同时为了避免查询结果中包含不必要的数据，客户端需要自行编写查询架构告知服务需要哪些字段。

因为 GraphQL 的架构优先模式，GraphQL 具有自省能力，可以通过查询端点请求架构定义，因此可以通过辅助工具解析架构定义，方便开发者了解架构、编写和调试查询（例如智能提示和自动补完）。服务端也能通过静态分析准确地告知客户端查询的错误和修正建议，这能极大地减轻前后端沟通成本。如果架构图中所有的对象类型都存在关系和引用，理论上完全可以通过一个根查询遍历所有对象。如何避免由于大规模、深层次的复杂对象查询导致性能问题则是另一个有关查询安全性的问题。

如果应用中存在关系复杂的数据，客户端对这些数据的需求也花样繁多，那 GraphQL 是一个值得考虑的数据查询框架。GraphQL 使用单个端点公开查询 API，客户端通过 JSON 架构发送要查询的数据架构和附加规则，服务端将严格按照客户端的架构返回数据。GraphQL 查询端点不区分版本，如果在数据类型中增加字段，对客户端是完全透明和无影响的。删除字段则通过标记完成，属于逻辑删除，因此也不会产生破坏性影响。

因为 GraphQL 需要提供灵活的数据架构组织能力，因此能查询的数据类型必须被提前定义和注册到 GraphQL 服务。这是一种先苦后甜的开发模式，需要在前期进行大量的准备并强制要求开发者理清数据之间的关系。如果接口倾向于执行动作和完成功能而不是查询数据，那么普通的 Web API 也许更合适。也可以认为 GraphQL 端点的语义就是要求系统查询或操纵数据，而查询条件则通过 GraphQL 的专用语言来描述，由于这种专门的语言有强大的描述能力，因此 GraphQL 自信地使用一个通用端点来包揽所有的数据查询或操纵任务。

GraphQL.*系列和 HotChocolate.*系列是目前最常用的.NET 平台的 GraphQL 服务器和客户端实现。其中 GraphQL.*系列基于 GraphQL 2018 标准，HotChocolate.*系列基于 GraphQL 2021 标准（草案）。经过笔者的比较，HotChocolate 确实能实现其团队声称的框架具有更高的吞吐量、更低的内存占用、更先进的查询分析器、更优秀的可视化调试界面、更简单易懂的扩展接口、更清晰和简单的构建代码以及更迅速的新标准实施。经过试用，在实际开发中实现有规律的常用功能并进行自定义调整也更加方便和轻松。因此本书将以 HotChocolate 为例进行介绍，基准版本为 13.0。

23.2.1　服务端

GraphQL 的一大特点就是支持一次性查询大量存在关系的数据，但是有时底层存储系统无法自动支持这种关联查询，或自动构建的查询存在冗余和性能问题。为了解决这个问题，GraphQL

提供了 Resolver 和 DataLoader 组件,这些功能组件允许开发者自定义查询的实现,用以填补自动架构无法生成的行为和提高查询性能。除此之外,HotChocolate 还提供了大量可覆盖框架默认行为的扩展点。例如,对于类型为 IQueryable 的查询,查询分析器支持通过查询重写使底层存储系统仅查询和返回有用数据。GraphQL 的特点就是一次性查询所有数据并且根据客户端的要求去除冗余,如果查询分析器可以把这些线索一直传递到存储系统,就可以全链路降低系统压力和提升性能。IQueryable 和 EF Core 刚好有这种能力,因此 HotChocolate 深度挖掘了它们的潜力。

GraphQL 的查询语言允许编写丰富的查询条件,这些条件在大多数情况下具有相似的模式,例如分页和根据字段的值进行筛选和排序。框架为我们准备这些具有相似性的部分的通用解决方案,在大多数情况下能大量简化开发工作。如果遇到难以标准化的情况,框架也准备了中继模式使开发者能在解析请求的过程中插入自定义操作。中继模式的工作方式和 ASP.NET Core 的请求中间件非常相似,熟悉 ASP.NET Core 的请求中间件的话可以轻松学会。

GraphQL 不仅支持查询数据,同样也支持修改数据。在 GraphQL 的概念中,修改数据叫作突变(Mutation)。这正是 GraphQL 和 Web API 冲突较为严重的地方,Web API 通常会要求系统完成某个任务,而很多任务需要修改数据才能完成。此时要由谁来完成任务就比较难决定了,因为在中继模式下,通过自定义中间件也能轻松执行业务逻辑。一般情况下,推荐在包含业务逻辑的时候使用 Web API,纯粹的数据修改可以考虑使用 GraphQL 的突变。例如修改用户的个性化签名这种单纯的记录输入数据的情况可以考虑使用突变完成。如果希望系统能同时支持多种使用方式,还可以先用 Web API 实现功能,再用 GraphQL 包装 Web API,或者把业务抽离到独立的功能服务,Web API 和 GraphQL 则注入服务把业务逻辑转交给服务去执行。

有些时候,我们可能会关注某些数据的改变,并希望能及时获知变更详情。对于这种情况,GraphQL 提供了订阅(Subscription)功能来实现变更推送。变更推送通常由原生 WebSocket 实现,如果需要,HotChocolate 也计划在将来提供 SignalR 或 gRPC 协议支持。

HotChocolate 支持多种配置方式,其中基于注解的配置是代码量最少的,框架会自动从普通 C#类型中分析架构,但这种方式的可定制性较低,且查询分析器的默认行为通常都不能满足需求。因此可能需要进行深度配置,此时可以使用代码优先模式,通过包装类型的 Fluent API 编写自定义行为。这种包装形式和 EF Core 的模型配置相似,如果包装没有明确配置类型或字段的特征,将使用框架的默认分析结果。而架构优先模式则是通过 SDL 文本来描述架构并通过配置绑定到 C#类型,这种方式相当于要手动维护和同步架构描述和代码实现,是最麻烦和容易出问题的方式。

鉴于此,本书以基于注解和代码的配置方式为例进行演示。示例虚构了一个简单的会议管理系统,用于管理和展示会议、发言人、出席人(听众)等的相关信息。为了使示例尽量贴近实际情况,使用 EF Core 和 SQLite 进行数据持久化。GraphQL 对数据模型的可空性有严格的标准,C# 8.0 提供了可为 null 的引用类型后,在源代码中就可以简单明确地标识引用类型是否可空。编译器会自动向类型添加特性标识,框架支持自动识别这些信息以帮助构建精确的架构。因此推荐在项目中启用该功能,为尽量减少对现有项目的干扰(通常编辑器和编译器会出现大量警告),可以把模型、架构等的定义放在单独的项目中。在正式开始前,需要安装以下 NuGet 包:

- HotChocolate.AspNetCore:GraphQL 服务端核心包,内部引用了大量基础包,简化管理。
- HotChocolate.Data:GraphQL 数据加载器扩展。
- HotChocolate.Data.EntityFramework:EF Core 助手扩展,简化 HotChocolate 和 EF Core 集成的工作。

- Microsoft.EntityFrameworkCore.Sqlite：带有 SQLite 驱动程序的 EF Core。
- Microsoft.EntityFrameworkCore.Tools：EF Core 迁移工具包。

1. 数据模型

定义数据模型是开发 GraphQL 服务的第一步，示例的数据模型将同时作为 EF Core 和 GraphQL 的基础模型使用。

示例代码如下：

（1）主要实体

```
1.   /// <summary>
2.   /// 会议
3.   /// </summary>
4.   public class Session
5.   {
6.       public int Id { get; set; }
7.
8.       /// <summary>
9.       /// 标题
10.      /// </summary>
11.      [Required]
12.      [StringLength(200)]
13.      // 在模型类上标记特性可以使框架自动配置字段描述符中间件
14.      // 也可以使用类型描述符的 Fluent API 进行配置
15.      //[UseUpperCase]
16.      public string? Title { get; set; }
17.
18.      /// <summary>
19.      /// 摘要
20.      /// </summary>
21.      [StringLength(4000)]
22.      public string? Abstract { get; set; }
23.
24.      /// <summary>
25.      /// 开始时间
26.      /// </summary>
27.      public DateTimeOffset? StartTime { get; set; }
28.
29.      /// <summary>
30.      /// 结束时间
31.      /// </summary>
32.      public DateTimeOffset? EndTime { get; set; }
33.
34.      /// <summary>
35.      /// 持续时间
36.      /// </summary>
37.      public TimeSpan Duration =>
38.          EndTime?.Subtract(StartTime ?? EndTime ?? DateTimeOffset.MinValue) ??
39.          TimeSpan.Zero;
40.
41.      public int? TrackId { get; set; }
42.
43.      /// <summary>
44.      /// 会议进展
45.      /// </summary>
46.      public Track? Track { get; set; }
47.
48.      public List<SessionSpeaker> SessionSpeakers { get; set; } =
49.          new List<SessionSpeaker>();
50.
51.      public virtual List<Speaker> Speakers { get; set; } =
```

```csharp
52.            new List<Speaker>();
53.
54.        public List<SessionAttendee> SessionAttendees { get; set; } =
55.            new List<SessionAttendee>();
56.
57.        public virtual List<Attendee> Attendees { get; set; } =
58.            new List<Attendee>();
59.    }
60.
61.    /// <summary>
62.    /// 发言人
63.    /// </summary>
64.    public class Speaker
65.    {
66.        public int Id { get; set; }
67.
68.        [Required]
69.        [StringLength(200)]
70.        public string? Name { get; set; }
71.
72.        /// <summary>
73.        /// 简历
74.        /// </summary>
75.        [StringLength(4000)]
76.        public string? Bio { get; set; }
77.
78.        /// <summary>
79.        /// 主页
80.        /// </summary>
81.        [StringLength(1000)]
82.        public virtual string? WebSite { get; set; }
83.
84.        public List<SessionSpeaker> SessionSpeakers { get; set; } =
85.            new List<SessionSpeaker>();
86.
87.        public virtual List<Session> Sessions { get; set; } =
88.            new List<Session>();
89.    }
90.
91.    /// <summary>
92.    /// 出席人
93.    /// </summary>
94.    public class Attendee
95.    {
96.        public int Id { get; set; }
97.
98.        [Required]
99.        [StringLength(200)]
100.        public string? FirstName { get; set; }
101.
102.        [Required]
103.        [StringLength(200)]
104.        public string? LastName { get; set; }
105.
106.        [Required]
107.        [StringLength(200)]
108.        public string? UserName { get; set; }
109.
110.        [StringLength(256)]
111.        public string? EmailAddress { get; set; }
112.
113.        public List<SessionAttendee> SessionsAttendees { get; set; } =
114.            new List<SessionAttendee>();
115.
116.        public virtual List<Session> Sessions { get; set; } =
117.            new List<Session>();
```

```
118.    }
119.
120.    /// <summary>
121.    /// 会议进展
122.    /// </summary>
123.    public class Track
124.    {
125.        public int Id { get; set; }
126.
127.        [Required]
128.        [StringLength(200)]
129.        public string? Name { get; set; }
130.
131.        public List<Session> Sessions { get; set; } =
132.            new List<Session>();
133.    }
```

（2）关系实体

```
1.  /// <summary>
2.  /// 会议和发言人的中间实体
3.  /// </summary>
4.  public class SessionSpeaker
5.  {
6.      public int SessionId { get; set; }
7.
8.      public Session? Session { get; set; }
9.
10.     public int SpeakerId { get; set; }
11.
12.     public Speaker? Speaker { get; set; }
13. }
14.
15. /// <summary>
16. /// 会议和出席人的中间实体
17. /// </summary>
18. public class SessionAttendee
19. {
20.     public int SessionId { get; set; }
21.
22.     public Session? Session { get; set; }
23.
24.     public int AttendeeId { get; set; }
25.
26.     public Attendee? Attendee { get; set; }
27. }
```

2. EF Core 上下文

示例代码如下：

```
1.  public class ApplicationDbContext : DbContext
2.  {
3.      public ApplicationDbContext(DbContextOptions<ApplicationDbContext> options)
4.          : base(options)
5.      {
6.      }
7.      protected override void OnModelCreating(ModelBuilder modelBuilder)
8.      {
9.          modelBuilder
10.             .Entity<Attendee>()
11.             .HasIndex(a => a.UserName)
12.             .IsUnique();
13.
14.         modelBuilder.Entity<Session>(b =>
15.         {
```

```
16.            b.HasMany(s => s.Speakers)
17.             .WithMany(s => s.Sessions)
18.             .UsingEntity<SessionSpeaker>(
19.                 ss => ss.HasOne(s => s.Speaker!)
20.                     .WithMany(s => s.SessionSpeakers)
21.                     .HasForeignKey(s => s.SpeakerId),
22.                 ss => ss.HasOne(s => s.Session!)
23.                     .WithMany(s => s.SessionSpeakers)
24.                     .HasForeignKey(s => s.SessionId),
25.                 ss => ss.HasKey(ss => new { ss.SessionId, ss.SpeakerId })
26.             );
27.
28.            b.HasMany(s => s.Attendees)
29.             .WithMany(s => s.Sessions)
30.             .UsingEntity<SessionAttendee>(
31.                 sa => sa.HasOne(s => s.Attendee!)
32.                     .WithMany(s => s.SessionsAttendees)
33.                     .HasForeignKey(s => s.AttendeeId),
34.                 sa => sa.HasOne(s => s.Session!)
35.                     .WithMany(s => s.SessionAttendees)
36.                     .HasForeignKey(s => s.SessionId),
37.                 sa => sa.HasKey(ss => new { ss.SessionId, ss.AttendeeId })
38.             );
39.        });
40.    }
41.
42.    public DbSet<Session> Sessions => Set<Session>();
43.    public DbSet<Track> Tracks => Set<Track>();
44.    public DbSet<Speaker> Speakers => Set<Speaker>();
45.    public DbSet<Attendee> Attendees => Set<Attendee>();
46. }
```

不要忘了生成和应用迁移。

3. 对象描述符扩展

示例代码如下：

（1）扩展方法（代码模式用）

```
1.  public static class ObjectFieldDescriptorExtensions
2.  {
3.      /// <summary>
4.      /// 向字段注册一个查询执行管道的中间件，把解析到的字符串转换为大写
5.      /// </summary>
6.      /// <param name="descriptor">字段描述符</param>
7.      /// <returns>字段描述符</returns>
8.      public static IObjectFieldDescriptor UseUpperCase(
9.          this IObjectFieldDescriptor descriptor)
10.     {
11.         // 向字段注册委托形式的自定义中间件
12.         return descriptor.Use(static next => async context =>
13.         {
14.             await next(context);
15.
16.             // 管道返回阶段把字符串转换为大写
17.             if (context.Result is string s)
18.             {
19.                 context.Result = s.ToUpperInvariant();
20.             }
21.         });
22.     }
23. }
```

对象描述符扩展利用了 GraphQL 的查询执行管道模型来扩展自定义功能。常用的对象类型

配置推荐编写扩展方法,方便之后使用。

(2)特性包装(注解模式用)

```
1.   /// <summary>
2.   /// 大写转换管道中间件特性
3.   /// </summary>
4.   public class UseUpperCaseAttribute : ObjectFieldDescriptorAttribute
5.   {
6.       public override void OnConfigure(
7.           IDescriptorContext context,
8.           IObjectFieldDescriptor descriptor,
9.           MemberInfo member)
10.      {
11.          descriptor.UseUpperCase();
12.      }
13.  }
```

使用特性包装使配置能同时在注解模式中使用。

4. 数据加载器

数据加载器可以统一收集解析请求并批量发送查询,解决从数据源多次查询同类数据的问题(N+1查询)。数据加载器的加载条件必须为数据源的主键或唯一索引等可以唯一确定单条数据的字段。数据加载器又分为普通加载器和组合加载器两种:普通加载器的每个索引返回一条数据,主要用来加载当前对象或单个导航属性;组合加载器的每个索引返回多条数据,主要用来加载集合导航属性。数据加载器可以说是 GraphQL 的关键技术,框架提供加载器的基础实现,并通过继承让开发者补完个性化实现,最后执行引擎会自动使用数据加载器来优化查询。这种方式解决了零散独立的 Web API 难以优化的问题,并且优化这种较难编写的功能的开发压力被集中转移到框架开发商那里,开发商也能在保持对框架流程控制力的情况下集中资源统一进行优化。

定义数据加载器的示例代码如下:

```
1.   /// <summary>
2.   /// 自定义普通数据加载器,支持依赖注入
3.   /// </summary>
4.   public class SessionByIdDataLoader : BatchDataLoader<int, Session>
5.   {
6.       private readonly IDbContextFactory<ApplicationDbContext> _dbContextFactory;
7.
8.       /// <summary>
9.       /// 构造方法
10.      /// </summary>
11.      /// <param name="dbContextFactory">注入的上下文工厂</param>
12.      /// <param name="batchScheduler">批处理调度器</param>
13.      /// <param name="options">加载器选项</param>
14.      public SessionByIdDataLoader(
15.          IDbContextFactory<ApplicationDbContext> dbContextFactory,
16.          IBatchScheduler batchScheduler,
17.          DataLoaderOptions options)
18.          : base(batchScheduler, options)
19.      {
20.          _dbContextFactory = dbContextFactory ??
21.              throw new ArgumentNullException(nameof(dbContextFactory));
22.      }
23.
24.      /// <summary>
25.      /// 实现抽象基类的批量加载
26.      /// </summary>
27.      /// <param name="keys">Id 字段</param>
```

```csharp
28.     /// <param name="cancellationToken">取消令牌</param>
29.     /// <returns>获取的数据</returns>
30.     protected override async Task<IReadOnlyDictionary<int, Session>>
          LoadBatchAsync(
31.         IReadOnlyList<int> keys,
32.         CancellationToken cancellationToken)
33.     {
34.         await using ApplicationDbContext dbContext =
35.             _dbContextFactory.CreateDbContext();
36.
37.         return await dbContext.Sessions
38.             .Where(s => keys.Contains(s.Id))
39.             .ToDictionaryAsync(t => t.Id, cancellationToken);
40.     }
41. }
42.
43. /// <summary>
44. /// 自定义组合数据加载器
45. /// </summary>
46. public class SessionBySpeakerIdDataLoader : GroupedDataLoader<int, Session>
47. {
48.     // 缓存键
49.     private static readonly string _sessionCacheKey = GetCacheKeyType
          <SessionByIdDataLoader>();
50.     private readonly IDbContextFactory<ApplicationDbContext> _dbContextFactory;
51.
52.     public SessionBySpeakerIdDataLoader(
53.         IDbContextFactory<ApplicationDbContext> dbContextFactory,
54.         IBatchScheduler batchScheduler,
55.         DataLoaderOptions options)
56.         : base(batchScheduler, options)
57.     {
58.         _dbContextFactory = dbContextFactory ??
59.             throw new ArgumentNullException(nameof(dbContextFactory));
60.     }
61.
62.     protected override async Task<ILookup<int, Session>> LoadGroupedBatchAsync(
63.         IReadOnlyList<int> keys,
64.         CancellationToken cancellationToken)
65.     {
66.         await using ApplicationDbContext dbContext =
67.             _dbContextFactory.CreateDbContext();
68.
69.         List<SessionSpeaker> list = await dbContext.Speakers
70.             .Where(s => keys.Contains(s.Id))
71.             .Include(s => s.SessionSpeakers)
72.             .SelectMany(s => s.SessionSpeakers)
73.             .Include(s => s.Session)
74.             .ToListAsync(cancellationToken);
75.
76.         // 写入缓存
77.         TryAddToCache(_sessionCacheKey, list, item => item.SessionId, item =>
            item.Session!);
78.
79.         return list.ToLookup(t => t.SpeakerId, t => t.Session!);
80.     }
81. }
```

其他模型类的加载器大同小异,不再详细介绍,示例代码如下:

```csharp
1.  public class SpeakerByIdDataLoader : BatchDataLoader<int, Speaker>
2.  {
3.      private readonly IDbContextFactory<ApplicationDbContext> _dbContextFactory;
4.
5.      public SpeakerByIdDataLoader(
6.          IDbContextFactory<ApplicationDbContext> dbContextFactory,
```

```csharp
7.            IBatchScheduler batchScheduler,
8.            DataLoaderOptions options)
9.            : base(batchScheduler, options)
10.       {
11.           _dbContextFactory = dbContextFactory ??
12.               throw new ArgumentNullException(nameof(dbContextFactory));
13.       }
14.
15.       protected override async Task<IReadOnlyDictionary<int, Speaker>>
          LoadBatchAsync(
16.           IReadOnlyList<int> keys,
17.           CancellationToken cancellationToken)
18.       {
19.           await using ApplicationDbContext dbContext =
20.               _dbContextFactory.CreateDbContext();
21.
22.           return await dbContext.Speakers
23.               .Where(s => keys.Contains(s.Id))
24.               .ToDictionaryAsync(t => t.Id, cancellationToken);
25.       }
26.   }
27.
28.   public class SpeakerBySessionIdDataLoader : GroupedDataLoader<int, Speaker>
29.   {
30.       private static readonly string _speakerCacheKey = GetCacheKeyType
              <SpeakerByIdDataLoader>();
31.       private readonly IDbContextFactory<ApplicationDbContext> _dbContextFactory;
32.
33.       public SpeakerBySessionIdDataLoader(
34.           IDbContextFactory<ApplicationDbContext> dbContextFactory,
35.           IBatchScheduler batchScheduler,
36.           DataLoaderOptions options)
37.           : base(batchScheduler, options)
38.       {
39.           _dbContextFactory = dbContextFactory ??
40.               throw new ArgumentNullException(nameof(dbContextFactory));
41.       }
42.
43.       protected override async Task<ILookup<int, Speaker>> LoadGroupedBatchAsync(
44.           IReadOnlyList<int> keys,
45.           CancellationToken cancellationToken)
46.       {
47.           await using ApplicationDbContext dbContext =
48.               _dbContextFactory.CreateDbContext();
49.
50.           List<SessionSpeaker> list = await dbContext.Sessions
51.               .Where(s => keys.Contains(s.Id))
52.               .Include(s => s.SessionSpeakers)
53.               .SelectMany(s => s.SessionSpeakers)
54.               .Include(s => s.Speaker)
55.               .ToListAsync(cancellationToken);
56.
57.           TryAddToCache(_speakerCacheKey, list, item => item.SpeakerId, item =>
              item.Speaker!);
58.
59.           return list.ToLookup(t => t.SessionId, t => t.Speaker!);
60.       }
61.   }
62.
63.   public class AttendeeByIdDataLoader : BatchDataLoader<int, Attendee>
64.   {
65.       private readonly IDbContextFactory<ApplicationDbContext> _dbContextFactory;
66.
67.       public AttendeeByIdDataLoader(
68.           IDbContextFactory<ApplicationDbContext> dbContextFactory,
69.           IBatchScheduler batchScheduler,
70.           DataLoaderOptions options)
```

```
71.            : base(batchScheduler, options)
72.        {
73.            _dbContextFactory = dbContextFactory ??
74.                throw new ArgumentNullException(nameof(dbContextFactory));
75.        }
76.
77.        protected override async Task<IReadOnlyDictionary<int, Attendee>>
             LoadBatchAsync(
78.            IReadOnlyList<int> keys,
79.            CancellationToken cancellationToken)
80.        {
81.            await using ApplicationDbContext dbContext =
82.                _dbContextFactory.CreateDbContext();
83.
84.            return await dbContext.Attendees
85.                .Where(s => keys.Contains(s.Id))
86.                .ToDictionaryAsync(t => t.Id, cancellationToken);
87.        }
88.    }
89.
90.    public class TrackByIdDataLoader : BatchDataLoader<int, Track>
91.    {
92.        private readonly IDbContextFactory<ApplicationDbContext> _dbContextFactory;
93.
94.        public TrackByIdDataLoader(
95.            IDbContextFactory<ApplicationDbContext> dbContextFactory,
96.            IBatchScheduler batchScheduler,
97.            DataLoaderOptions options)
98.            : base(batchScheduler, options)
99.        {
100.           _dbContextFactory = dbContextFactory ??
101.               throw new ArgumentNullException(nameof(dbContextFactory));
102.       }
103.
104.       protected override async Task<IReadOnlyDictionary<int, Track>>
             LoadBatchAsync(
105.           IReadOnlyList<int> keys,
106.           CancellationToken cancellationToken)
107.       {
108.           await using ApplicationDbContext dbContext =
109.               _dbContextFactory.CreateDbContext();
110.
111.           return await dbContext.Tracks
112.               .Where(s => keys.Contains(s.Id))
113.               .ToDictionaryAsync(t => t.Id, cancellationToken);
114.       }
115.   }
```

5. 对象类型

从这里开始正式进入 GraphQL 的架构配置环节，对象类型配置可以任选注解或代码模式。接下来同时展示两种配置方法，它们具有相同的效果。

（1）注解模式

示例代码如下：

```
1.    // 标记类型应该实现 Node 接口
2.    // 按默认约定，int 类型且名为 Id 的属性自动绑定为 Node 的 ID 字段
3.    // 可通过附加参数自定义绑定目标
4.    [Node]
5.    // 标记类型扩展的目标为 Session，并忽略对 Speakers 属性的映射
6.    [ExtendObjectType(typeof(Session),
7.        IgnoreProperties = new[] { nameof(Session.Speakers) })]
8.    public class SessionNode
```

```csharp
9.     {
10.        /// <summary>
11.        /// 获取发言人
12.        /// </summary>
13.        /// <param name="session">会议</param>
14.        /// <param name="speakerBySessionId">(组合)数据加载器</param>
15.        /// <param name="context">解析器上下文,由框架自动注入,可以从中获取大量信息</param>
16.        /// <param name="cancellationToken">取消令牌</param>
17.        /// <returns>发言人</returns>
18.        // 可以自定义分页的名称
19.        [UsePaging/*(ConnectionName = "SessionSpeakers")*/]
20.        [UseFiltering]
21.        [UseSorting]
22.        // 标记方法应绑定到 SessionSpeakers 属性,并使用方法的返回类型替换绑定目标的原始类型
23.        // 表示把方法注册为属性的数据解析器,此时绑定目标的类型和数据解析方式被此方法接管
24.        // 框架会自动去掉方法的 Get 前缀和异步后缀 Async,剩下的 Speakers 被用作绑定目标在 GraphQL
                架构中的新名字
25.        [BindMember(nameof(Session.SessionSpeakers), Replace = true)]
26.        public Task<Speaker[]> GetSpeakersAsync(
27.            // 使用 Parent 特性标记参数是解析结果的上级类型
28.            // 有助于框架分析该参数可以从上游重用已加载的数据
29.            [Parent] Session session,
30.            SpeakerBySessionIdDataLoader speakerBySessionId,
31.            // 可以向解析器注入上下文以获取查询的详细信息
32.            IResolverContext context,
33.            CancellationToken cancellationToken) =>
34.                speakerBySessionId.LoadAsync(session.Id, cancellationToken);
35.
36.        // 注意,Use 系列特性的顺序非常重要,必须按照示例的顺序进行标记,自定义中间件时请自行考虑
                合适的位置
37.        [UseDbContext(typeof(ApplicationDbContext))]
38.        [UsePaging]
39.        // 对返回类型为 IQueryable<T> 的节点附加的投影可以一直传递下去,如果底层数据源支持(如 SQL),
                可以从源头减少冗余数据的查询和传输
40.        // 此处使用投影可能会导致由其他字段组合生成的计算字段无法获得基础字段(如 nameLF 和 nameFL)
41.        // 如果希望强制投影某些基础字段,必须额外配置,如果基础字段所属类型由第三方程序集定义,则
                只能使用 Fluent API 进行配置
42.        //[UseProjection]
43.        [UseFiltering]
44.        [UseSorting]
45.        [BindMember(nameof(Session.SessionAttendees), Replace = true)]
46.        public IQueryable<Attendee> GetAttendees(
47.            [Parent] Session session,
48.            // 使用 ScopedService 特性标记参数应该从对象描述符中配置的作用域服务中间件中获取
                (此处指 UseDbContext 特性)
49.            [ScopedService] ApplicationDbContext dbContext) =>
50.                dbContext.Sessions
51.                    .Where(s => s.Id == session.Id)
52.                    .Include(s => s.SessionAttendees)
53.                    .SelectMany(s => s.SessionAttendees.Select(t => t.Attendee!));
54.
55.        // 方法的 Get 前缀和异步后缀 Async 会被自动截断,剩下主体为 Track,和被扩展类型 Session 的
                属性 Track 同名,按默认约定被自动识别为 Track 属性的字段解析器
56.        public async Task<Track?> GetTrackAsync(
57.            [Parent] Session session,
58.            TrackByIdDataLoader trackById,
59.            CancellationToken cancellationToken) =>
60.                session.TrackId is not null
61.                    ? await trackById.LoadAsync(session.TrackId.Value, cancellationToken)
62.                    : null;
63.
64.        /// <summary>
65.        /// 节点解析器
```

```
66.    /// 因为扩展目标已标记为应实现 Node 接口，所以必须定义
67.    /// </summary>
68.    /// <param name="id">绑定到 ID 的参数，必须是类型相同的第一个参数</param>
69.    /// <param name="sessionById">数据加载器</param>
70.    /// <param name="cancellationToken">取消令牌</param>
71.    /// <returns>目标节点</returns>
72.    // 标记此方法为节点解析器，节点解析器方法必须是静态方法
73.    [NodeResolver]
74.    public static Task<Session> GetSessionByIdAsync(
75.        int id,
76.        SessionByIdDataLoader sessionById,
77.        CancellationToken cancellationToken) =>
78.            sessionById.LoadAsync(id, cancellationToken);
79. }
```

Node 是 GraphQL 的全局唯一 ID 标准，可以帮助数据加载器重用从数据源获取的数据。在前端表现为 Base64 编码的字符串，可用作分页的游标和查询参数等。

示例的字段解析器使用了数据加载器，例如 SessionByIdDataLoader（普通加载器）和 SpeakerBySessionIdDataLoader（组合加载器）。

示例中的 Use 系列特性会向查询执行管道注册中间件，和 ASP.NET Core 的请求处理管道相似，这里的管道也使用类似的运行模式，因此顺序非常重要，必须按照 UseDbContext→UsePaging/UseOffsetPaging→UseProjection→UseFiltering→UseSorting 的顺序标记和注册，自定义中间件时请自行慎重考虑合适的顺序。其中 UsePaging、UseFiltering 和 UseSorting 会自动修改对象架构，向查询添加参数，UseFiltering 还会扫描筛选的目标类型自动构造参数类型，构造的筛选参数还支持 AND、OR 的组合和嵌套，非常强大。这个功能大幅简化了手动机械式编写相似的过滤代码的工作，也是笔者最终选择 HotChocolate 的一大原因。当然了，如果需要也可以自定义自己的参数进行个性化数据解析。

框架自带的分页扩展已经尽量屏蔽了底层数据源造成的差异，但是由于数据源之间的差异太大，并不能实现完全无感知的使用。为此，框架设计了分页提供程序来接入不同的数据源，例如在使用 MongoDB 时就需要额外注册专用的提供程序。如果在同一个服务端使用多个数据源，可以为不同的分页提供程序取个名字，然后在配置分页时通过名字来指定提供程序。

其他类型的注解模式大同小异，不再详细说明，示例代码如下：

```
1.  [Node]
2.  [ExtendObjectType(typeof(Speaker))]
3.  public class SpeakerNode
4.  {
5.      [UsePaging]
6.      [UseFiltering(typeof(SessionFilterInputType))]
7.      [BindMember(nameof(Speaker.SessionSpeakers), Replace = true)]
8.      public async Task<IEnumerable<Session>> GetSessionsAsync(
9.          [Parent] Speaker speaker,
10.         SessionBySpeakerIdDataLoader sessionBySpeakerId,
11.         CancellationToken cancellationToken) =>
12.             await sessionBySpeakerId.LoadAsync(speaker.Id, cancellationToken);
13.
14.     [NodeResolver]
15.     public static Task<Speaker> GetSpeakerByIdAsync(
16.         int id,
17.         SpeakerByIdDataLoader speakerById,
18.         CancellationToken cancellationToken) =>
19.             speakerById.LoadAsync(id, cancellationToken);
20. }
21.
22. [Node]
```

```
23.    [ExtendObjectType(typeof(Attendee))]
24.    public class AttendeeNode
25.    {
26.        public string GetNameLF([Parent] Attendee attendee) => $"{attendee.LastName}
           {attendee.FirstName}";
27.
28.        public string GetNameFL([Parent] Attendee attendee) => $"{attendee.FirstName}
           •{attendee.LastName}";
29.
30.        public async Task<IEnumerable<Session>> GetSessionsAsync(
31.            [Parent] Attendee attendee,
32.            [ScopedService] ApplicationDbContext dbContext,
33.            SessionByIdDataLoader sessionById,
34.            CancellationToken cancellationToken)
35.        {
36.            int[] speakerIds = await dbContext.Attendees
37.                .Where(a => a.Id == attendee.Id)
38.                .Include(a => a.SessionsAttendees)
39.                .SelectMany(a => a.SessionsAttendees.Select(t => t.SessionId))
40.                .ToArrayAsync(cancellationToken);
41.
42.            return await sessionById.LoadAsync(speakerIds, cancellationToken);
43.        }
44.
45.        [NodeResolver]
46.        public static Task<Attendee> GetAttendeeAsync(
47.            int id,
48.            AttendeeByIdDataLoader attendeeById,
49.            CancellationToken cancellationToken) =>
50.                attendeeById.LoadAsync(id, cancellationToken);
51.    }
52.
53.    [Node]
54.    [ExtendObjectType(typeof(Track))]
55.    public class TrackNode
56.    {
57.        [UseUpperCase]
58.        public string GetName([Parent] Track track) => track.Name!;
59.
60.        [UseDbContext(typeof(ApplicationDbContext))]
61.        [UsePaging]
62.        public IQueryable<Session> GetSessions(
63.            [Parent] Track track,
64.            [ScopedService] ApplicationDbContext dbContext) =>
65.                dbContext.Tracks.Where(t => t.Id == track.Id).SelectMany(t =>
                   t.Sessions);
66.
67.        [NodeResolver]
68.        public static Task<Track> GetTrackByIdAsync(
69.            int id,
70.            TrackByIdDataLoader trackByIdDataLoader,
71.            CancellationToken cancellationToken) =>
72.                trackByIdDataLoader.LoadAsync(id, cancellationToken);
73.    }
```

示例中的 SpeakerNode 在 UseFiltering 特性中使用类型参数 SessionFilterInputType, 这表示要对默认的筛选器进行自定义配置,之前的配置中使用到的类的详细定义如下:

```
1.    public class SessionFilterInputType : FilterInputType<Session>
2.    {
3.        protected override void Configure(IFilterInputTypeDescriptor<Session>
           descriptor)
4.        {
5.            // 在筛选器的输入字段中忽略 Id 字段
6.            // 相当于禁止将 Id 字段作为筛选条件使用
7.            descriptor.Ignore(t => t.Id);
```

```
  8.        descriptor.Ignore(t => t.TrackId);
  9.    }
 10. }
```

（2）代码模式

代码模式拥有完全控制对象模型的配置过程的能力，如果发现有注解模式无法实现的配置，则只能使用代码模式。示例代码如下：

```
  1. public class SessionType : ObjectType<Session>
  2. {
  3.     protected override void Configure(IObjectTypeDescriptor<Session> descriptor)
  4.     {
  5.         descriptor
  6.             // 表明要为 SessionType 实现 Node 接口并为接下来的详细配置提供基础
  7.             .ImplementsNode()
  8.             // 设置 Node 的 ID 字段为 Session 的 Id 属性
  9.             .IdField(t => t.Id)
 10.             // 设置 Node 对象的解析器
 11.             .ResolveNode((ctx, id) => ctx.DataLoader<SessionByIdDataLoader>().
                LoadAsync(id, ctx.RequestAborted));
 12.
 13.         descriptor
 14.             .Field(t => t.Id)
 15.             // 设置 Id 字段强制包含在投影中，无论客户端是否查询了这个字段
 16.             // 框架会尽可能重用已有数据来构建查询结果，主键和外键通常用于描述实体的关系，是重
                用数据的重要线索
 17.             .IsProjected();
 18.
 19.         descriptor
 20.             .Field(t => t.TrackId)
 21.             .IsProjected();
 22.
 23.         descriptor
 24.             .Field(t => t.Title)
 25.             // 对标题应用大写转换中间件
 26.             .UseUpperCase();
 27.
 28.         descriptor
 29.             // 设置普通的对象字段
 30.             .Field(t => t.SessionSpeakers)
 31.             .IsProjected(false)
 32.             // 解析器需要一个上下文参数，通过这个自定义扩展告知框架应该如何为解析器提供参数
 33.             // 框架预备了一个扩展，为字段解析器提供作用域上下文服务
 34.             // 以下 Use 系列扩展会注册为中继模式下的中间件
 35.             // 中间件的注册顺序非常重要，必须按照示例的顺序注册，自定义中间件时请自行考虑合适
                的位置
 36.             .UseDbContext<ApplicationDbContext>()
 37.             // 添加首项扩展，确保结果最多只有一个元素
 38.             //.UseFirstOrDefault()
 39.             // 添加单项扩展，确保结果只有一个元素，如果底层查询返回多个元素，则返回空结果
 40.             //.UseSingleOrDefault()
 41.             // 添加分页扩展，框架会扩展绑定的字段。OffsetPaging 为基于页码的分页；Paging 为
                基于游标的分页，适用于瀑布流式的无限滚动
 42.             .UsePaging()
 43.             //.UseOffsetPaging()
 44.             // 添加投影扩展，如果底层存储系统支持（例如数据库），能避免查询客户端不需要的字段
                （依赖 IQueryable 接口实现查询重写），强制投影的字段不受影响
 45.             .UseProjection()
 46.             // 添加筛选扩展，框架会自动向查询添加筛选参数，如果存储系统支持，可自动应用于底层
                查询（依赖 IQueryable 接口实现查询重写）
 47.             .UseFiltering()
 48.             // 添加排序扩展，框架会自动向查询添加排序参数，如果存储系统支持，可自动应用于底层
```

```
                        查询（依赖 IQueryable 接口实现查询重写）
49.                     .UseSorting()
50.                     // 设置字段解析器
51.                     // 解析器返回的是 Speaker 集合，它将代表实际的查询返回类型
52.                     // 类型的原始字段是多对多关系的中间实体，通过解析器的转换，查询将跳过中间实体直接
                           返回目标类型
53.                     .ResolveWith<SessionResolvers>(t => t.GetSpeakersAsync(default!,
                            default!, default!, default))
54.                     //.ResolveWith<SessionResolvers>(t => t.GetSpeakers(default!,
                            default!, default!))
55.                     // 重命名查询中使用的字段名
56.                     .Name("speakers");
57.
58.             descriptor
59.                 .Field(t => t.Speakers)
60.                 // 忽略 Speakers 属性
61.                 .Ignore();
62.
63.             descriptor
64.                 .Field(t => t.SessionAttendees)
65.                 .UseDbContext<ApplicationDbContext>()
66.                 .UsePaging()
67.                 .UseProjection()
68.                 .ResolveWith<SessionResolvers>(t => t.GetAttendeesAsync(default!,
                        default!, default!, default))
69.                 .Name("attendees");
70.
71.             descriptor
72.                 .Field(t => t.Track)
73.                 .ResolveWith<SessionResolvers>(t => t.GetTrackAsync(default!,
                        default!, default));
74.
75.             descriptor
76.                 .Field(t => t.TrackId)
77.                 .ID(nameof(Track));
78.         }
79.
80.         private class SessionResolvers
81.         {
82.             /// <summary>
83.             /// 解析器，从多对多关系的实体的左实体解析右实体，使查询客户端能跳过中间实体
84.             /// 如果中间实体包含有用数据，应该出现在结果中，那么解析器应该返回中间实体类型
85.             /// </summary>
86.             /// <param name="session">左实体</param>
87.             /// <param name="dbContext">解析器的数据源，参数类型为上下文，但是依赖注入中注册
                       的是上下文工厂，因此需要通过特性告知框架，参数应该由对象描述符指定的扩展来解析
                       </param>
88.             /// <param name="speakerById">右实体的数据加载器，加载器会收集和分析解析请求，
                       打包后批量发送到底层数据源并尽可能地重用已有（缓存）数据</param>
89.             /// <param name="cancellationToken">取消令牌</param>
90.             /// <returns>与左实体有关的右实体</returns>
91.             public async Task<IEnumerable<Speaker>> GetSpeakersAsync(
92.                 [Parent] Session session,
93.                 [ScopedService] ApplicationDbContext dbContext,
94.                 SpeakerByIdDataLoader speakerById,
95.                 CancellationToken cancellationToken)
96.             {
97.                 int[] speakerIds = await dbContext.Sessions
98.                     .Where(s => s.Id == session.Id)
99.                     .Include(s => s.SessionSpeakers)
100.                    .SelectMany(s => s.SessionSpeakers.Select(t => t.SpeakerId)
101.                    .ToArrayAsync();
102.
103.                return await speakerById.LoadAsync(speakerIds, cancellationToken);
```

```csharp
104.        }
105.
106.        public IQueryable<Speaker> GetSpeakers(
107.            [Parent] Session session,
108.            [ScopedService] ApplicationDbContext dbContext,
109.            IResolverContext context) =>
110.                dbContext.Sessions
111.                    .Where(s => s.Id == session.Id)
112.                    .Include(s => s.SessionSpeakers)
113.                    .SelectMany(s => s.SessionSpeakers.Select(t =>
                         t.Speaker!));
114.
115.        public async Task<IEnumerable<Attendee>> GetAttendeesAsync(
116.            [Parent] Session session,
117.            [ScopedService] ApplicationDbContext dbContext,
118.            AttendeeByIdDataLoader attendeeById,
119.            CancellationToken cancellationToken)
120.        {
121.            int[] attendeeIds = await dbContext.Sessions
122.                .Where(s => s.Id == session.Id)
123.                .Include(session => session.SessionAttendees)
124.                .SelectMany(session => session.SessionAttendees.Select(t =>
                     t.AttendeeId))
125.                .ToArrayAsync();
126.
127.            return await attendeeById.LoadAsync(attendeeIds, cancellationToken);
128.        }
129.
130.        public async Task<Track?> GetTrackAsync(
131.            [Parent] Session session,
132.            TrackByIdDataLoader trackById,
133.            CancellationToken cancellationToken)
134.        {
135.            if (session.TrackId is null)
136.            {
137.                return null;
138.            }
139.
140.            return await trackById.LoadAsync(session.TrackId.Value,
                cancellationToken);
141.        }
142.    }
143. }
```

剩下的对象类型大同小异，不再详细介绍，示例代码如下：

```csharp
1. public class SpeakerType : ObjectType<Speaker>
2. {
3.     protected override void Configure(IObjectTypeDescriptor<Speaker> descriptor)
4.     {
5.         descriptor
6.             .ImplementsNode()
7.             .IdField(t => t.Id)
8.             .ResolveNode((ctx, id) => ctx.DataLoader<SpeakerByIdDataLoader>().
                LoadAsync(id, ctx.RequestAborted));
9.
10.        descriptor
11.            .Field(t => t.Id)
12.            .IsProjected();
13.
14.        descriptor
15.            .Field(t => t.SessionSpeakers)
16.            .IsProjected(false)
17.            .ResolveWith<SpeakerResolvers>(t => t.GetSessionsAsync(default!,
                default!, default!, default))
18.            .UseDbContext<ApplicationDbContext>()
19.            .UsePaging()
```

```csharp
20.                 .UseProjection()
21.                 .UseFiltering(typeof(SessionFilterInputType))
22.                 .Name("sessions");
23.
24.         descriptor
25.             .Field(t => t.Sessions)
26.             .Ignore();
27.     }
28.
29.     private class SpeakerResolvers
30.     {
31.         public async Task<IEnumerable<Session>> GetSessionsAsync(
32.             [Parent] Speaker speaker,
33.             [ScopedService] ApplicationDbContext dbContext,
34.             SessionByIdDataLoader sessionById,
35.             CancellationToken cancellationToken)
36.         {
37.             int[] speakerIds = await dbContext.Speakers
38.                 .Where(s => s.Id == speaker.Id)
39.                 .Include(s => s.SessionSpeakers)
40.                 .SelectMany(s => s.SessionSpeakers.Select(t => t.SessionId))
41.                 .ToArrayAsync();
42.
43.             return await sessionById.LoadAsync(speakerIds, cancellationToken);
44.         }
45.     }
46. }
47.
48. public class AttendeeType : ObjectType<Attendee>
49. {
50.     protected override void Configure(IObjectTypeDescriptor<Attendee> descriptor)
51.     {
52.         descriptor
53.             .ImplementsNode()
54.             .IdField(t => t.Id)
55.             .ResolveNode((ctx, id) => ctx.DataLoader<AttendeeByIdDataLoader>().
                    LoadAsync(id, ctx.RequestAborted));
56.
57.         descriptor
58.             .Field(t => t.Id)
59.             .IsProjected();
60.
61.         descriptor
62.             .Field(t => t.FirstName)
63.             .IsProjected();
64.
65.         descriptor
66.             .Field(t => t.LastName)
67.             .IsProjected();
68.
69.         descriptor
70.             .Field(t => t.SessionsAttendees)
71.             .UseDbContext<ApplicationDbContext>()
72.             .UsePaging()
73.             .UseProjection()
74.             .ResolveWith<AttendeeResolvers>(t => t.GetSessionsAsync(default!,
                    default!, default!, default))
75.             .Name("sessions");
76.
77.         descriptor
78.             .Field("nameLF")
79.             .ResolveWith<AttendeeResolvers>(t => t.CombineLF(default!));
80.
81.         descriptor
82.             .Field("nameLF")
83.             .ResolveWith<AttendeeResolvers>(t => t.CombineLF(default!));
84.     }
```

```csharp
        private class AttendeeResolvers
        {
            public async Task<IEnumerable<Session>> GetSessionsAsync(
                [Parent] Attendee attendee,
                [ScopedService] ApplicationDbContext dbContext,
                SessionByIdDataLoader sessionById,
                CancellationToken cancellationToken)
            {
                int[] speakerIds = await dbContext.Attendees
                    .Where(a => a.Id == attendee.Id)
                    .Include(a => a.SessionsAttendees)
                    .SelectMany(a => a.SessionsAttendees.Select(t => t.SessionId))
                    .ToArrayAsync();

                return await sessionById.LoadAsync(speakerIds, cancellationToken);
            }

            public string CombineLF([Parent] Attendee attendee) =>
                $"{attendee.LastName}{attendee.FirstName}";
            public string CombineFL([Parent] Attendee attendee) =>
                $"{attendee.FirstName}{attendee.LastName}";
        }
    }

    public class TrackType : ObjectType<Track>
    {
        protected override void Configure(IObjectTypeDescriptor<Track> descriptor)
        {
            descriptor
                .ImplementsNode()
                .IdField(t => t.Id)
                .ResolveNode((ctx, id) =>
                    ctx.DataLoader<TrackByIdDataLoader>().LoadAsync(id,
                        ctx.RequestAborted));

            descriptor
                .Field(t => t.Id)
                .IsProjected();

            descriptor
                .Field(t => t.Sessions)
                .UseDbContext<ApplicationDbContext>()
                // 使用 NonNullType 设置 SessionType 的分页参数为必填
                .UsePaging<NonNullType<SessionType>>()
                .UseProjection()
                .ResolveWith<TrackResolvers>(t => t.GetSessionsAsync(default!,
                    default!, default!, default))
                .Name("sessions");
        }

        private class TrackResolvers
        {
            public async Task<IEnumerable<Session>> GetSessionsAsync(
                [Parent] Track track,
                [ScopedService] ApplicationDbContext dbContext,
                SessionByIdDataLoader sessionById,
                CancellationToken cancellationToken)
            {
                int[] sessionIds = await dbContext.Sessions
                    .Where(s => s.Id == track.Id)
                    .Select(s => s.Id)
                    .ToArrayAsync();

                return await sessionById.LoadAsync(sessionIds, cancellationToken);
            }
```

```
147.          }
148.      }
```

6. 查询

GraphQL 允许为查询定义参数让查询更加灵活,这些查询参数也必须是静态定义的。HotChocolate 在注解模式下定义查询时会自动把非框架和服务类型的参数绑定为查询参数,非常方便。示例代码如下:

```
1.   /// <summary>
2.   /// 会议查询
3.   /// </summary>
4.   // 使用 ExtendObjectType 特性标记类型扩展的是 Query
5.   [ExtendObjectType(OperationTypeNames.Query)]
6.   public class SessionQueries
7.   {
8.       /// <summary>
9.       /// 框架会自动注册此方法为一个根查询
10.      /// 如果方法以 Get 开头,则框架会自动从查询名称中删掉
11.      /// 使用自定义描述符覆盖框架的默认行为,可提升系统性能和避免默认行为在并行处理时
               可能产生的问题
12.      /// </summary>
13.      /// <param name="context">查询的数据源,从依赖注入获取</param>
14.      /// <returns>查询结果</returns>
15.      // Use 系列的中继模式中间件配置特性必须按照特定的顺序标记
16.      // 框架会按顺序注册中间件,顺序错误可能导致查询错误
17.      [UseDbContext(typeof(ApplicationDbContext))]
18.      // 使用这个中间件以确保仅返回单个结果
19.      //[UseFirstOrDefault]
20.      // 使用 UsePaging 配置查询分页,这是基于游标的分页,适用于瀑布流加载
21.      // 基于页码的分页是 UseOffsetPaging
22.      [UsePaging]
23.      // 使用 UseProjection 配置投影中间件,可避免从数据库查询多余的列
24.      // 如果某些列不会出现在结果中,但其他相关数据需要参考这些列,例如用主键和外键重建对象关系,
             此时可以在模型中配置为始终投影
25.      // 解析器会尽可能使用已有数据,如果所需数据被投影忽略,可能导致产生额外的查询
26.      // 通常情况下推荐始终投影主键和外键,方便解析器分析数据的关系
27.      //[UseProjection]
28.      // 使用 UseFiltering 配置筛选中间件并使用 SessionFilterInputType 配置筛选器
29.      [UseFiltering(typeof(SessionFilterInputType))]
30.      // 使用 UseSorting 配置排序中间件
31.      [UseSorting]
32.      public IQueryable<Session> GetSessions(
33.          [ScopedService] ApplicationDbContext context) =>
34.              context.Sessions.AsNoTracking();
35.
36.      /// <summary>
37.      /// 这是一个使用数据加载器的根查询,并且查询需要一个 int 类型的参数
38.      /// 如果异步方法以 Async 结尾,框架会自动从查询名称中删掉
39.      /// </summary>
40.      /// <param name="id">查询参数 Id</param>
41.      /// <param name="sessionById">数据加载器</param>
42.      /// <param name="cancellationToken">取消令牌</param>
43.      /// <returns>查询结果</returns>
44.      public Task<Session> GetSessionByIdAsync(
45.          // 由于 Session 被配置为实现 Node 接口
46.          // 因此此处使用 ID 特性标识参数代表 Session 的 Id 字段
47.          [ID(nameof(Session))] int id,
48.          SessionByIdDataLoader sessionById,
49.          CancellationToken cancellationToken) =>
50.              sessionById.LoadAsync(id, cancellationToken);
```

```
51.
52.    public async Task<IEnumerable<Session>> GetSessionsByIdAsync(
53.        [ID(nameof(Session))] int[] ids,
54.        SessionByIdDataLoader sessionById,
55.        CancellationToken cancellationToken) =>
56.            await sessionById.LoadAsync(ids, cancellationToken);
57. }
```

示例查询中的 **IQueryable** 查询让框架的查询执行器有能力重写查询,可以生成针对性更高的表达式;而使用数据加载器的查询在同时调用多次查询时能够让框架把查询集中委托给加载器,加载器则能够借此把收集到的查询请求进行批处理。数据加载器通常能减轻底层数据源的压力,但同时也会降低查询的针对性。因为不同的调用可能请求不同的字段,为了确保能满足任何情况,加载器只能加载所有字段。要使用哪种方式完成查询请慎重考虑。

其他查询大同小异,不再详细说明,示例代码如下:

```
1.  [ExtendObjectType(OperationTypeNames.Query)]
2.  public class SpeakerQueries
3.  {
4.      [UseDbContext(typeof(ApplicationDbContext))]
5.      [UsePaging]
6.      [UseFiltering]
7.      [UseSorting]
8.      public IQueryable<Speaker> GetSpeakers(
9.          [ScopedService] ApplicationDbContext context) =>
10.             context.Speakers.AsNoTracking();
11.
12.     public Task<Speaker> GetSpeakerByIdAsync(
13.         [ID(nameof(Speaker))] int id,
14.         SpeakerByIdDataLoader speakerById,
15.         CancellationToken cancellationToken) =>
16.             speakerById.LoadAsync(id, cancellationToken);
17.
18.     public async Task<IEnumerable<Speaker>> GetSpeakersByIdAsync(
19.         [ID(nameof(Speaker))] int[] ids,
20.         SpeakerByIdDataLoader speakerById,
21.         CancellationToken cancellationToken) =>
22.             await speakerById.LoadAsync(ids, cancellationToken);
23. }
24.
25. [ExtendObjectType(OperationTypeNames.Query)]
26. public class AttendeeQueries
27. {
28.     [UseDbContext(typeof(ApplicationDbContext))]
29.     [UsePaging(typeof(NonNullType<AttendeeType>))]
30.     [UseFiltering]
31.     [UseSorting]
32.     public IQueryable<Attendee> GetAttendees(
33.         [ScopedService] ApplicationDbContext context) =>
34.             context.Attendees;
35.
36.     public Task<Attendee> GetAttendeeByIdAsync(
37.         [ID(nameof(Attendee))] int id,
38.         AttendeeByIdDataLoader attendeeById,
39.         CancellationToken cancellationToken) =>
40.             attendeeById.LoadAsync(id, cancellationToken);
41.
42.     public async Task<IEnumerable<Attendee>> GetAttendeesByIdAsync(
43.         [ID(nameof(Attendee))] int[] ids,
44.         AttendeeByIdDataLoader attendeeById,
45.         CancellationToken cancellationToken) =>
46.             await attendeeById.LoadAsync(ids, cancellationToken);
47. }
48.
```

```
49.     [ExtendObjectType(OperationTypeNames.Query)]
50.     public class TrackQueries
51.     {
52.         [UseDbContext(typeof(ApplicationDbContext))]
53.         [UsePaging]
54.         [UseFiltering]
55.         [UseSorting]
56.         public IQueryable<Track> GetTracks(
57.             [ScopedService] ApplicationDbContext context) =>
58.                 context.Tracks.AsNoTracking();
59.
60.         [UseDbContext(typeof(ApplicationDbContext))]
61.         public Task<Track> GetTrackByNameAsync(
62.             string name,
63.             [ScopedService] ApplicationDbContext context,
64.             CancellationToken cancellationToken) =>
65.                 context.Tracks.FirstAsync(t => t.Name == name, cancellationToken);
66.
67.         [UseDbContext(typeof(ApplicationDbContext))]
68.         public async Task<IEnumerable<Track>> GetTrackByNamesAsync(
69.             string[] names,
70.             [ScopedService] ApplicationDbContext context,
71.             CancellationToken cancellationToken) =>
72.                 await context.Tracks.Where(t => names.Contains(t.Name)).
                    ToListAsync(cancellationToken);
73.
74.         public Task<Track> GetTrackByIdAsync(
75.             [ID(nameof(Track))] int id,
76.             TrackByIdDataLoader trackById,
77.             CancellationToken cancellationToken) =>
78.                 trackById.LoadAsync(id, cancellationToken);
79.
80.         public async Task<IEnumerable<Track>> GetTracksByIdAsync(
81.             [ID(nameof(Track))] int[] ids,
82.             TrackByIdDataLoader trackById,
83.             CancellationToken cancellationToken) =>
84.                 await trackById.LoadAsync(ids, cancellationToken);
85.     }
```

7. 突变

突变允许 GraphQL 修改数据，也是支持复杂业务逻辑的主要途径，允许在其中加入输入模型和自定义返回结果（主要是错误信息，正常的返回结果由查询方法的返回类型定义）。

输入参数和返回值类型，示例代码如下：

（1）通用基类

```
1.  /// <summary>
2.  /// 结果负载基类
3.  /// </summary>
4.  public abstract class Payload
5.  {
6.      protected Payload(IReadOnlyList<UserError>? errors = null)
7.      {
8.          Errors = errors;
9.      }
10.
11.     public IReadOnlyList<UserError>? Errors { get; }
12. }
13.
14. public record UserError(string Message, string Code);
```

（2）会议

```
1.  public record AddSessionInput(
2.      string Title,
```

```csharp
3.        string? Abstract,
4.        // 使用 ID 特性标记参数是 Speaker 的 Id 字段
5.        [ID(nameof(Speaker))]
6.        IReadOnlyList<int> SpeakerIds);
7.
8.    public class SessionPayloadBase : Payload
9.    {
10.       protected SessionPayloadBase(Session session)
11.       {
12.           Session = session;
13.       }
14.
15.       protected SessionPayloadBase(IReadOnlyList<UserError> errors)
16.           : base(errors)
17.       {
18.       }
19.
20.       public Session? Session { get; }
21.   }
22.
23.   public class AddSessionPayload : SessionPayloadBase
24.   {
25.       public AddSessionPayload(Session session)
26.           : base(session)
27.       {
28.       }
29.
30.       public AddSessionPayload(UserError error)
31.           : base(new[] { error })
32.       {
33.       }
34.   }
35.
36.   public record RenameSessionInput(
37.       [ID(nameof(Session))] string SessionId,
38.       string Title);
39.
40.   public class RenameSessionPayload : Payload
41.   {
42.       public RenameSessionPayload(Session session)
43.       {
44.           Session = session;
45.       }
46.
47.       public RenameSessionPayload(UserError error)
48.           : base(new[] { error })
49.       {
50.       }
51.
52.       public Session? Session { get; }
53.   }
54.
55.   /// <summary>
56.   /// 调度会议
57.   /// </summary>
58.   public record ScheduleSessionInput(
59.       [ID(nameof(Session))]
60.       int SessionId,
61.       [ID(nameof(Track))]
62.       int TrackId,
63.       DateTimeOffset StartTime,
64.       DateTimeOffset EndTime);
65.
66.   public class ScheduleSessionPayload : SessionPayloadBase
67.   {
68.       public ScheduleSessionPayload(Session session)
```

```csharp
69.            : base(session)
70.        {
71.        }
72.
73.        public ScheduleSessionPayload(UserError error)
74.            : base(new[] { error })
75.        {
76.        }
77.
78.        /// <summary>
79.        /// 获取进展
80.        /// </summary>
81.        /// <param name="trackById">数据加载器</param>
82.        /// <param name="cancellationToken">取消令牌</param>
83.        /// <returns>查询结果</returns>
84.        public async Task<Track?> GetTrackAsync(
85.            TrackByIdDataLoader trackById,
86.            CancellationToken cancellationToken)
87.        {
88.            if (Session is null)
89.            {
90.                return null;
91.            }
92.
93.            return await trackById.LoadAsync(Session.Id, cancellationToken);
94.        }
95.
96.        /// <summary>
97.        /// 获取发言人
98.        /// </summary>
99.        /// <param name="dbContext">查询数据源</param>
100.           /// <param name="speakerById">数据加载器</param>
101.           /// <param name="cancellationToken">取消令牌</param>
102.           /// <returns>查询结果</returns>
103.           [UseDbContext(typeof(ApplicationDbContext))]
104.           public async Task<IEnumerable<Speaker>?> GetSpeakersAsync(
105.               [ScopedService] ApplicationDbContext dbContext,
106.               SpeakerByIdDataLoader speakerById,
107.               CancellationToken cancellationToken)
108.           {
109.               if (Session is null)
110.               {
111.                   return null;
112.               }
113.
114.               int[] speakerIds = await dbContext.Sessions
115.                   .Where(s => s.Id == Session.Id)
116.                   .Include(s => s.SessionSpeakers)
117.                   .SelectMany(s => s.SessionSpeakers.Select(t => t.SpeakerId))
118.                   .ToArrayAsync();
119.
120.               return await speakerById.LoadAsync(speakerIds, cancellationToken);
121.           }
122.       }
```

HotChocolate 支持使用 C# 9.0 的新功能 Record 作为输入参数。

（3）发言人

```csharp
1.  /// <summary>
2.  /// 修改用输入模型
3.  /// </summary>
4.  public record AddSpeakerInput(
5.      string Name,
6.      string? Bio,
```

```csharp
7.        string? WebSite);
8.
9.    public class SpeakerPayloadBase : Payload
10.   {
11.       protected SpeakerPayloadBase(Speaker speaker)
12.       {
13.           Speaker = speaker;
14.       }
15.
16.       protected SpeakerPayloadBase(IReadOnlyList<UserError> errors)
17.           : base(errors)
18.       {
19.       }
20.
21.       public Speaker? Speaker { get; }
22.   }
23.
24.   /// <summary>
25.   /// 向前端返回的修改结果
26.   /// </summary>
27.   public class AddSpeakerPayload : SpeakerPayloadBase
28.   {
29.       public AddSpeakerPayload(Speaker speaker)
30.           : base(speaker)
31.       {
32.       }
33.
34.       public AddSpeakerPayload(IReadOnlyList<UserError> errors)
35.           : base(errors)
36.       {
37.       }
38.   }
39.
40.   public record ModifySpeakerInput(
41.       [ID(nameof(Speaker))]
42.       int Id,
43.       string? Name,
44.       string? Bio,
45.       string? WebSite);
46.
47.   public class ModifySpeakerPayload : SpeakerPayloadBase
48.   {
49.       public ModifySpeakerPayload(Speaker speaker)
50.           : base(speaker)
51.       {
52.       }
53.
54.       public ModifySpeakerPayload(UserError error)
55.           : base(new[] { error })
56.       {
57.       }
58.   }
```

（4）出席人

```csharp
1.    public record RegisterAttendeeInput(
2.        string FirstName,
3.        string LastName,
4.        string UserName,
5.        string EmailAddress);
6.
7.    public record CheckInAttendeeInput(
8.        [ID(nameof(Session))]
9.        int SessionId,
10.       [ID(nameof(Attendee))]
11.       int AttendeeId);
12.
```

```csharp
13.    public class AttendeePayloadBase : Payload
14.    {
15.        protected AttendeePayloadBase(Attendee attendee)
16.        {
17.            Attendee = attendee;
18.        }
19.
20.        protected AttendeePayloadBase(IReadOnlyList<UserError> errors)
21.            : base(errors)
22.        {
23.        }
24.
25.        public Attendee? Attendee { get; }
26.    }
27.
28.    public class RegisterAttendeePayload : AttendeePayloadBase
29.    {
30.        public RegisterAttendeePayload(Attendee attendee)
31.            : base(attendee)
32.        {
33.        }
34.
35.        public RegisterAttendeePayload(UserError error)
36.            : base(new[] { error })
37.        {
38.        }
39.    }
40.
41.    public class CheckInAttendeePayload : AttendeePayloadBase
42.    {
43.        private int? _sessionId;
44.
45.        public CheckInAttendeePayload(Attendee attendee, int sessionId)
46.            : base(attendee)
47.        {
48.            _sessionId = sessionId;
49.        }
50.
51.        public CheckInAttendeePayload(UserError error)
52.            : base(new[] { error })
53.        {
54.        }
55.
56.        public async Task<Session?> GetSessionAsync(
57.            SessionByIdDataLoader sessionById,
58.            CancellationToken cancellationToken)
59.        {
60.            if (_sessionId.HasValue)
61.            {
62.                return await sessionById.LoadAsync(_sessionId.Value,
                       cancellationToken);
63.            }
64.
65.            return null;
66.        }
67.    }
```

（5）会议进展

```csharp
1.    public record AddTrackInput(string Name);
2.
3.    public class TrackPayloadBase : Payload
4.    {
5.        public TrackPayloadBase(Track track)
6.        {
7.            Track = track;
8.        }
```

```
9.
10.        public TrackPayloadBase(IReadOnlyList<UserError> errors)
11.            : base(errors)
12.        {
13.        }
14.
15.        public Track? Track { get; }
16.    }
17.
18.    public class AddTrackPayload : TrackPayloadBase
19.    {
20.        public AddTrackPayload(Track track)
21.            : base(track)
22.        {
23.        }
24.
25.        public AddTrackPayload(IReadOnlyList<UserError> errors)
26.            : base(errors)
27.        {
28.        }
29.    }
30.
31.    public record RenameTrackInput([ID(nameof(Track))] int Id, string Name);
32.
33.    public class RenameTrackPayload : TrackPayloadBase
34.    {
35.        public RenameTrackPayload(Track track)
36.            : base(track)
37.        {
38.        }
39.
40.        public RenameTrackPayload(IReadOnlyList<UserError> errors)
41.            : base(errors)
42.        {
43.        }
44.    }
```

（6）突变

```
1.    /// <summary>
2.    /// 执行修改的业务逻辑
3.    /// </summary>
4.    [ExtendObjectType(OperationTypeNames.Mutation)]
5.    public class SessionMutations
6.    {
7.        /// <summary>
8.        /// 添加会议
9.        /// 异步方法的 Async 后缀会由框架自动截掉
10.       /// </summary>
11.       /// <param name="input">输入参数模型</param>
12.       /// <param name="context">保存数据业务服务</param>
13.       /// <param name="cancellationToken">取消令牌</param>
14.       /// <returns>返回给前端的操作结果</returns>
15.       [UseDbContext(typeof(ApplicationDbContext))]
16.       public async Task<AddSessionPayload> AddSessionAsync(
17.           AddSessionInput input,
18.           [ScopedService] ApplicationDbContext context,
19.           CancellationToken cancellationToken)
20.       {
21.           if (string.IsNullOrEmpty(input.Title))
22.           {
23.               return new AddSessionPayload(
24.                   new UserError("The title cannot be empty.", "TITLE_EMPTY"));
25.           }
26.
27.           if (input.SpeakerIds.Count == 0)
```

```csharp
28.         {
29.             return new AddSessionPayload(
30.                 new UserError("No speaker assigned.", "NO_SPEAKER"));
31.         }
32.
33.         var session = new Session
34.         {
35.             Title = input.Title,
36.             Abstract = input.Abstract,
37.         };
38.
39.         foreach (int speakerId in input.SpeakerIds)
40.         {
41.             session.SessionSpeakers.Add(new SessionSpeaker
42.             {
43.                 SpeakerId = speakerId
44.             });
45.         }
46.
47.         context.Sessions.Add(session);
48.         await context.SaveChangesAsync(cancellationToken);
49.
50.         return new AddSessionPayload(session);
51.     }
52.
53.     /// <summary>
54.     /// 调度会议
55.     /// </summary>
56.     /// <param name="input">输入参数类型</param>
57.     /// <param name="context">保存数据业务服务</param>
58.     /// <param name="eventSender">从框架服务注入主题事件发送器服务以实现订阅消息的发送
           </param>
59.     /// <returns>返回给前端的操作结果</returns>
60.     [UseDbContext(typeof(ApplicationDbContext))]
61.     public async Task<ScheduleSessionPayload> ScheduleSessionAsync(
62.         ScheduleSessionInput input,
63.         [ScopedService] ApplicationDbContext context,
64.         [Service] ITopicEventSender eventSender)
65.     {
66.         if (input.EndTime < input.StartTime)
67.         {
68.             return new ScheduleSessionPayload(
69.                 new UserError("endTime has to be larger than startTime.",
                    "END_TIME_INVALID"));
70.         }
71.
72.         Session session = await context.Sessions.FindAsync(input.SessionId);
73.         int? initialTrackId = session.TrackId;
74.
75.         if (session is null)
76.         {
77.             return new ScheduleSessionPayload(
78.                 new UserError("Session not found.", "SESSION_NOT_FOUND"));
79.         }
80.
81.         session.TrackId = input.TrackId;
82.         session.StartTime = input.StartTime;
83.         session.EndTime = input.EndTime;
84.
85.         await context.SaveChangesAsync();
86.
87.         // 向事件发送器发送消息
88.         // 默认情况下, 主题名为方法名
89.         // 消息负载的类型在订阅处理器方法中定义, 需要传递类型匹配的负载
90.         await eventSender.SendAsync(
91.             nameof(SessionSubscriptions.OnSessionScheduledAsync),
```

```
92.             session.Id);
93.
94.         // 如果需要,服务端可以主动完成订阅并关闭连接
95.         //await eventSender.CompleteAsync(nameof(SessionSubscriptions.
            OnSessionScheduledAsync));
96.
97.         return new ScheduleSessionPayload(session);
98.     }
99.
100.    [UseDbContext(typeof(ApplicationDbContext))]
101.    public async Task<RenameSessionPayload> RenameSessionAsync(
102.        RenameSessionInput input,
103.        [ScopedService] ApplicationDbContext context,
104.        [Service] ITopicEventSender eventSender)
105.    {
106.        Session session = await context.Sessions.FindAsync(input.SessionId);
107.
108.        if (session is null)
109.        {
110.            return new RenameSessionPayload(
111.                new UserError("Session not found.", "SESSION_NOT_FOUND"));
112.        }
113.
114.        session.Title = input.Title;
115.
116.        await context.SaveChangesAsync();
117.
118.        await eventSender.SendAsync(
119.            nameof(SessionSubscriptions.OnSessionScheduledAsync),
120.            session.Id);
121.
122.        return new RenameSessionPayload(session);
123.    }
124. }
```

示例中出现了有关订阅的代码,其作用是生成一条订阅消息给订阅处理器。稍后会详细介绍订阅的定义和注册。

其他突变大同小异,不再详细说明,示例代码如下:

```
1.  [ExtendObjectType(OperationTypeNames.Mutation)]
2.  public class SpeakerMutations
3.  {
4.      [UseDbContext(typeof(ApplicationDbContext))]
5.      public async Task<AddSpeakerPayload> AddSpeakerAsync(
6.          AddSpeakerInput input,
7.          [ScopedService] ApplicationDbContext context)
8.      {
9.          var speaker = new Speaker
10.         {
11.             Name = input.Name,
12.             Bio = input.Bio,
13.             WebSite = input.WebSite
14.         };
15.
16.         context.Speakers.Add(speaker);
17.         await context.SaveChangesAsync();
18.
19.         return new AddSpeakerPayload(speaker);
20.     }
21.
22.     [UseDbContext(typeof(ApplicationDbContext))]
23.     public async Task<ModifySpeakerPayload> ModifySpeakerAsync(
24.         ModifySpeakerInput input,
25.         [ScopedService] ApplicationDbContext context,
26.         CancellationToken cancellationToken)
```

```csharp
27.    {
28.        if (input.Name is null)
29.        {
30.            return new ModifySpeakerPayload(
31.                new UserError("Name cannot be null", "NAME_NULL"));
32.        }
33.
34.        Speaker? speaker = await context.Speakers.FindAsync(input.Id);
35.
36.        if (speaker is null)
37.        {
38.            return new ModifySpeakerPayload(
39.                new UserError("Speaker with id not found.", "SPEAKER_NOT_FOUND"));
40.        }
41.
42.        if (input.Name is not null)
43.        {
44.            speaker.Name = input.Name;
45.        }
46.
47.        if (input.Bio is not null)
48.        {
49.            speaker.Bio = input.Bio;
50.        }
51.
52.        if (input.WebSite is not null)
53.        {
54.            speaker.WebSite = input.WebSite;
55.        }
56.
57.        await context.SaveChangesAsync(cancellationToken);
58.
59.        return new ModifySpeakerPayload(speaker);
60.    }
61. }
62.
63. [ExtendObjectType(OperationTypeNames.Mutation)]
64. public class AttendeeMutations
65. {
66.     [UseDbContext(typeof(ApplicationDbContext))]
67.     public async Task<RegisterAttendeePayload> RegisterAttendeeAsync(
68.         RegisterAttendeeInput input,
69.         [ScopedService] ApplicationDbContext context,
70.         CancellationToken cancellationToken)
71.     {
72.         var attendee = new Attendee
73.         {
74.             FirstName = input.FirstName,
75.             LastName = input.LastName,
76.             UserName = input.UserName,
77.             EmailAddress = input.EmailAddress
78.         };
79.
80.         context.Attendees.Add(attendee);
81.
82.         await context.SaveChangesAsync(cancellationToken);
83.
84.         return new RegisterAttendeePayload(attendee);
85.     }
86.
87.     [UseDbContext(typeof(ApplicationDbContext))]
88.     public async Task<CheckInAttendeePayload> CheckInAttendeeAsync(
89.         CheckInAttendeeInput input,
90.         [ScopedService] ApplicationDbContext context,
91.         [Service] ITopicEventSender eventSender,
92.         CancellationToken cancellationToken)
93.     {
```

```csharp
94.         Attendee attendee = await context.Attendees.FirstOrDefaultAsync(
95.             t => t.Id == input.AttendeeId, cancellationToken);
96.
97.         if (attendee is null)
98.         {
99.             return new CheckInAttendeePayload(
100.                new UserError("Attendee not found.", "ATTENDEE_NOT_FOUND"));
101.        }
102.
103.        attendee.SessionsAttendees.Add(
104.            new SessionAttendee
105.            {
106.                SessionId = input.SessionId
107.            });
108.
109.        await context.SaveChangesAsync(cancellationToken);
110.
111.        await eventSender.SendAsync(
112.            $"{nameof(AttendeeSubscriptions.OnAttendeeCheckedIn)}_{input.SessionId}",
113.            input.AttendeeId,
114.            cancellationToken);
115.
116.        return new CheckInAttendeePayload(attendee, input.SessionId);
117.    }
118. }
119.
120. [ExtendObjectType(OperationTypeNames.Mutation)]
121. public class TrackMutations
122. {
123.    [UseDbContext(typeof(ApplicationDbContext))]
124.    public async Task<AddTrackPayload> AddTrackAsync(
125.        AddTrackInput input,
126.        [ScopedService] ApplicationDbContext context,
127.        CancellationToken cancellationToken)
128.    {
129.        var track = new Track { Name = input.Name };
130.        context.Tracks.Add(track);
131.
132.        await context.SaveChangesAsync(cancellationToken);
133.
134.        return new AddTrackPayload(track);
135.    }
136.
137.    [UseDbContext(typeof(ApplicationDbContext))]
138.    public async Task<RenameTrackPayload> RenameTrackAsync(
139.        RenameTrackInput input,
140.        [ScopedService] ApplicationDbContext context,
141.        CancellationToken cancellationToken)
142.    {
143.        Track? track = await context.Tracks.FindAsync(input.Id);
144.
145.        if (track is null)
146.        {
147.            throw new GraphQLException("Track not found.");
148.        }
149.
150.        track.Name = input.Name;
151.
152.        await context.SaveChangesAsync(cancellationToken);
153.
154.        return new RenameTrackPayload(track);
155.    }
156. }
```

8. 订阅

订阅是 GraphQL 的一项特色功能,允许客户端与服务器建立持久连接(如 WebSocket),当服务端发生客户端感兴趣的事件时就可以实时主动向客户端推送消息。

示例代码如下:

(1)自定义复杂消息负载

```
/// <summary>
/// 查看会议和出席人
/// 订阅的消息负载类型
/// </summary>
public class SessionAttendeeCheckIn
{
    public SessionAttendeeCheckIn(int attendeeId, int sessionId)
    {
        AttendeeId = attendeeId;
        SessionId = sessionId;
    }

    [ID(nameof(Attendee))]
    public int AttendeeId { get; }

    [ID(nameof(Session))]
    public int SessionId { get; }

    /// <summary>
    /// 查看出席人数
    /// 消息负载的成员
    /// </summary>
    /// <param name="context">查询数据源</param>
    /// <param name="cancellationToken">取消令牌</param>
    /// <returns>出席人数</returns>
    [UseDbContext(typeof(ApplicationDbContext))]
    public async Task<int> CheckInCountAsync(
        [ScopedService] ApplicationDbContext context,
        CancellationToken cancellationToken) =>
        await context.Sessions
            .Where(session => session.Id == SessionId)
            .SelectMany(session => session.SessionAttendees)
            .CountAsync(cancellationToken);

    /// <summary>
    /// 查看出席人
    /// 消息负载的成员
    /// </summary>
    /// <param name="attendeeById">出席人 Id</param>
    /// <param name="cancellationToken">取消令牌</param>
    /// <returns>出席人</returns>
    public Task<Attendee> GetAttendeeAsync(
        AttendeeByIdDataLoader attendeeById,
        CancellationToken cancellationToken) =>
            attendeeById.LoadAsync(AttendeeId, cancellationToken);

    /// <summary>
    /// 查看会议
    /// 消息负载的成员
    /// </summary>
    /// <param name="sessionById">会议 Id</param>
    /// <param name="cancellationToken">取消令牌</param>
    /// <returns>会议</returns>
    public Task<Session> GetSessionAsync(
```

```
55.        SessionByIdDataLoader sessionById,
56.        CancellationToken cancellationToken) =>
57.            sessionById.LoadAsync(AttendeeId, cancellationToken);
58. }
```

默认情况下消息负载的公共方法也会被框架配置为消息成员(视为基于解析器的成员),每次发送消息时框架都会调用方法获取返回值以填充消息。

(2) 订阅

```
1.  /// <summary>
2.  /// 会议订阅
3.  /// </summary>
4.  [ExtendObjectType(OperationTypeNames.Subscription)]
5.  public class SessionSubscriptions
6.  {
7.      /// <summary>
8.      /// 当会议被调度时触发
9.      /// 方法名同时也是自动订阅的订阅名
10.     /// </summary>
11.     /// <param name="sessionId">会议 Id,订阅的事件消息</param>
12.     /// <param name="sessionById">数据加载器</param>
13.     /// <param name="cancellationToken">取消令牌</param>
14.     /// <returns>订阅将要收到的消息负载</returns>
15.     // 使用 Subscribe 特性告诉框架把方法配置为一个订阅
16.     [Subscribe]
17.     // 使用 Topic 特性告诉框架自动推断订阅和主题,生成订阅解析器
18.     [Topic]
19.     public Task<Session> OnSessionScheduledAsync(
20.         // 使用 EventMessage 特性告诉框架该参数是订阅的事件消息
21.         [EventMessage] int sessionId,
22.         SessionByIdDataLoader sessionById,
23.         CancellationToken cancellationToken) =>
24.             sessionById.LoadAsync(sessionId, cancellationToken);
25. }
26.
27. /// <summary>
28. /// 出席人订阅
29. /// </summary>
30. [ExtendObjectType(OperationTypeNames.Subscription)]
31. public class AttendeeSubscriptions
32. {
33.     /// <summary>
34.     /// 当出席人签入时触发,生成返回数据的回调
35.     /// 方法名同时也是自定义动态订阅名的前缀
36.     /// </summary>
37.     /// <param name="sessionId">会议 Id,由订阅主题的客户端通过参数提供,因为和注册主题的
                方法的参数类型及名称匹配,框架会自动同时给这个参数提供一份值</param>
38.     /// <param name="attendeeId">出席人 Id,订阅的事件消息,通过调用消息发送服务时传递的
                参数获得值</param>
39.     /// <returns>订阅的消息负载</returns>
40.     // 使用 Subscribe 特性的 With 属性指定自定义订阅解析器,因此无须使用 Topic 特性
41.     [Subscribe(With = nameof(SubscribeToOnAttendeeCheckedInAsync))]
42.     public SessionAttendeeCheckIn OnAttendeeCheckedIn(
43.         [ID(nameof(Session))] int sessionId,
44.         [EventMessage] int attendeeId) =>
45.             new SessionAttendeeCheckIn(attendeeId, sessionId);
46.
47.     /// <summary>
48.     /// 自定义订阅解析器以订阅动态主题
49.     /// </summary>
50.     /// <param name="sessionId">会议 Id,由订阅客户端通过参数发送</param>
51.     /// <param name="eventReceiver">事件接收器</param>
```

```
52.         /// <param name="cancellationToken">取消令牌</param>
53.         /// <returns>订阅流</returns>
54.         public async ValueTask<ISourceStream<int>>
              SubscribeToOnAttendeeCheckedInAsync(
55.             int sessionId,
56.             [Service] ITopicEventReceiver eventReceiver,
57.             CancellationToken cancellationToken) =>
58.             // 通过事件接收器订阅动态主题
59.             // 第一个类型参数是要订阅的主题的 key 的类型,第二个是消息的类型,必须和生成返回数
                  据用的回调方法中标记了 EventMessage 特性的参数的类型兼容
60.             await eventReceiver.SubscribeAsync<string, int>(
61.                 $"{nameof(OnAttendeeCheckedIn)}_{sessionId}", cancellationToken);
62.     }
```

9. 服务注册和请求管道配置

完成大量的前期准备后,终于进入最终的服务注册和配置阶段了,之前准备的大量类型将指导 GraphQL 生成架构。

示例代码如下:

```
1.  public class Startup
2.  {
3.      public void ConfigureServices(IServiceCollection services)
4.      {
5.          // 把上下文注册为基于对象池的工厂服务
6.          // 重用上下文实例可以优化应用性能
7.          // GraphQL 会尽可能地并行执行查询,为避免数据加载器共用一个上下文导致同时发送多个查询
                请求引发异常,需要用上下文工厂确保上下文不会被共享
8.          services.AddPooledDbContextFactory<ApplicationDbContext>(options =>
              { options.EnableSensitiveDataLogging(); options.UseSqlite("Data
              Source=conferences.db"); });
9.
10.         // 使用对象池后,上下文类型本身将不再是可用的服务
11.         // 对于强制依赖上下文类型本身的情况,可以追加注册一个用于获取上下文的工厂服务
12.         services.AddScoped(provider => provider.GetRequiredService
              <IDbContextFactory<ApplicationDbContext>>().CreateDbContext());
13.
14.         // 注册 GraphQL 核心服务
15.         // 框架会自动分析注册的类生成架构
16.         services.AddGraphQLServer()
17.             // 注册查询类型(只允许调用一次)
18.             .AddQueryType(d => d
19.                 .Name(OperationTypeNames.Query)
20.                 .Field("version")
21.                 .Resolve(typeof(IResolverContext).Assembly.GetName().
                      Version?.ToString()))
22.             // 注册(查询)类型扩展
23.             .AddTypeExtension<SpeakerQueries>()
24.             .AddTypeExtension<SessionQueries>()
25.             .AddTypeExtension<TrackQueries>()
26.             .AddTypeExtension<AttendeeQueries>()
27.             // 注册突变类型(只允许调用一次)
28.             .AddMutationType(d => d.Name(OperationTypeNames.Mutation))
29.             // 注册(突变)类型扩展
30.             .AddTypeExtension<SpeakerMutations>()
31.             .AddTypeExtension<SessionMutations>()
32.             .AddTypeExtension<TrackMutations>()
33.             .AddTypeExtension<AttendeeMutations>()
34.             // 注册订阅类型(只允许调用一次)
35.             .AddSubscriptionType(d => d.Name(OperationTypeNames.Subscription))
36.             // 注册(订阅)类型扩展
37.             .AddTypeExtension<SessionSubscriptions>()
38.             .AddTypeExtension<AttendeeSubscriptions>()
```

```
39.            // 注册对象类型（扩展）（注解模式）
40.            .AddTypeExtension<SpeakerNode>()
41.            .AddTypeExtension<SessionNode>()
42.            .AddTypeExtension<TrackNode>()
43.            .AddTypeExtension<AttendeeNode>()
44.            // 注册对象类型（代码模式）
45.            //.AddType<SpeakerType>()
46.            //.AddType<SessionType>()
47.            //.AddType<AttendeeType>()
48.            //.AddType<TrackType>()
49.            // 设定全局分页选项
50.            .SetPagingOptions(new PagingOptions
51.            {
52.                MaxPageSize = 50,
53.                IncludeTotalCount = true
54.            })
55.            // 添加全局投影支持
56.            .AddProjections()
57.            // 添加全局筛选支持，还要在需要的查询和对象描述符上激活
58.            .AddFiltering()
59.            // 添加全局排序支持，还要在需要的查询和对象描述符上激活
60.            .AddSorting()
61.            // 启用全局对象 ID
62.            .AddGlobalObjectIdentification()
63.            // 注册数据加载器
64.            .AddDataLoader<SpeakerByIdDataLoader>()
65.            .AddDataLoader<SessionByIdDataLoader>()
66.            .AddDataLoader<AttendeeByIdDataLoader>()
67.            .AddDataLoader<TrackByIdDataLoader>()
68.            .AddDataLoader<SpeakerBySessionIdDataLoader>()
69.            .AddDataLoader<SessionBySpeakerIdDataLoader>()
70.            // 添加基于内存的订阅支持
71.            .AddInMemorySubscriptions();
72.        }
73.
74.        public void Configure(IApplicationBuilder app, IWebHostEnvironment env)
75.        {
76.            // 为 GraphQL 订阅功能提供基础支持
77.            app.UseWebSockets();
78.
79.            app.UseRouting();
80.
81.            app.UseEndpoints(endpoints =>
82.            {
83.                // 使用默认路由 "/graphql/ui" 注册在线调试页面
84.                // 如果不单独注册调试页面，可以直接复用查询端点的 GET 方法
85.                endpoints.MapBananaCakePop()
86.                    .WithOptions(new GraphQLToolOptions { GraphQLEndpoint = "/graphql" });
87.
88.                var graphQLServerOptions = new GraphQLServerOptions();
89.                // 禁用查询端点自带的调试页面
90.                graphQLServerOptions.Tool.Enable = false;
91.                // 用默认路由 "/graphql" 注册 GraphQL 查询端点
92.                endpoints.MapGraphQL()
93.                    .WithOptions(graphQLServerOptions);
94.            });
95.        }
96.    }
```

完成全部配置工作后，终于可以使用服务端了。接下来就访问 "/graphql/ui" 开始体验吧。

10. 在线调试

HotChocolate 自行开发了一个在线调试器并封装了 Windows、Linux 和 Mac OS 版本，总的来说，使用体验比官方的 Playground 要好。Voyager 是 GraphQL 的架构关系图查看器，乍一看色彩斑斓地还挺高端，但在查看复杂架构时的实际体验通常是令人眼花缭乱，让人头晕。因此 HotChocolate 没有提供类似的对象关系图。

在线调试页面的 UI 界面如图 23-2~图 23-4 所示。

图 23-2　查询编辑

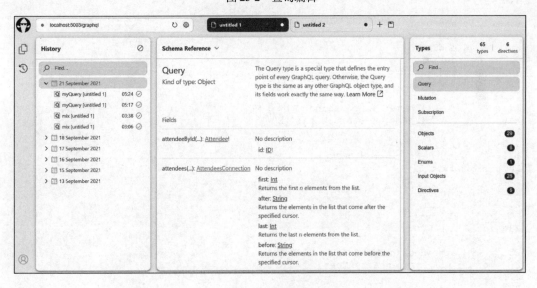

图 23-3　架构参考

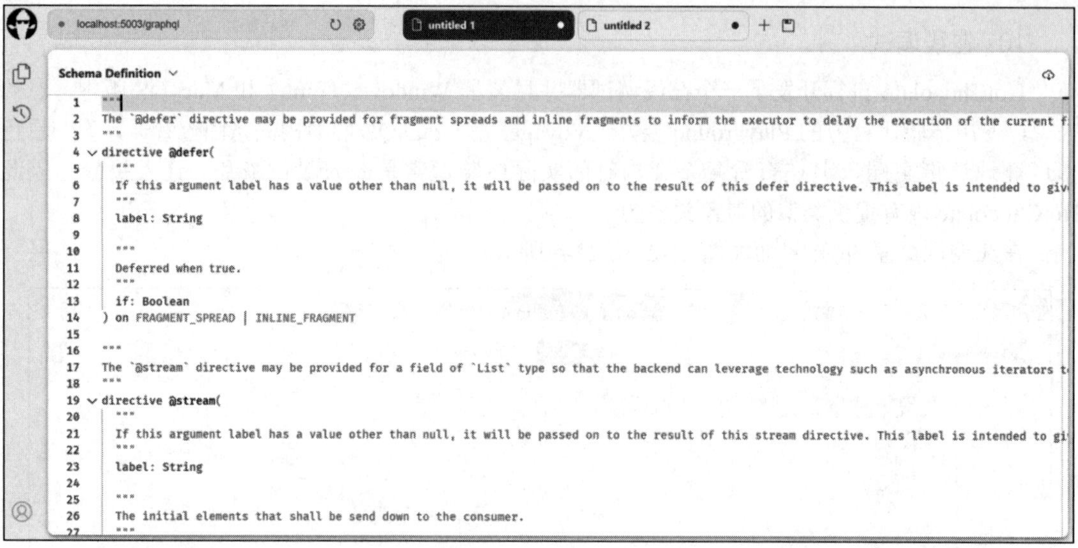

图 23-4 架构定义

（1）查询

示例代码如下：

① 正文

```
1.    query myQuery($shouldSkip: Boolean!) {
2.      a: sessions(where: { title: { contains: "1" } }) {
3.        nodes {
4.          id
5.          title
6.          abstract
7.          startTime
8.          endTime
9.          duration
10.         speakers(
11.           where: {
12.             or: [
13.               { name: { ncontains: "b" } },
14.               { name: { startsWith: "B" } }
15.             ]
16.           }
17.           order: { name: DESC }
18.           first: 5
19.         ) {
20.           nodes {
21.             id
22.             name
23.           }
24.         }
25.         attendees(order: { id: DESC }) {
26.           ...fragmentAttendees
27.         }
28.         track {
29.           name
30.         }
31.       }
32.     }
33.     b: sessions(
34.       where: { title: { contains: "2" } }
35.     )
```

```
36.      @skip(if: $shouldSkip) {
37.      nodes {
38.        id
39.        title
40.        abstract
41.        startTime
42.        endTime
43.        duration
44.        speakers(
45.          where: { name: { contains: "o" } }
46.          order: { name: DESC }
47.        ) {
48.          nodes {
49.            id
50.            name
51.          }
52.        }
53.        attendees(order: { id: DESC }) {
54.          ...fragmentAttendees
55.        }
56.        track {
57.          name
58.        }
59.      }
60.    }
61.  }
62.
63.  fragment fragmentAttendees on AttendeesConnection {
64.    nodes{
65.        nameLF
66.        userName
67.    }
68.  }
```

② 变量

```
1.  {
2.    "shouldSkip": false
3.  }
```

代码解析：查询展示了大部分常用功能。

1）一开始的 query 是关键字，代表接下来的内容是查询，然后为查询起个名字。括号内定义了查询中可用的变量。变量名用"$"开头，变量类型后的叹号表示变量的值不能为 null。

2）接下来的 a 和 b 两个段落演示了组合查询，a 和 b 表示段落名。后接要查询的根节点名，小括号内是查询的参数，由根查询方法的参数、自定义配置和附加中间件的配置共同定义。每个子节点都拥有自己的参数。

3）b 段的参数后接的"@skip"为 GraphQL 的指令，示例的 skip 是内置的标准指令，表示如果指令中 if 参数的值为 true，则跳过当前块的查询。示例的参数值由变量提供。

4）示例中的 fragmentAttendees 是类型为 AttendeesConnection 的片段，在 attendees 块中引用并使用片段展开操作符（...）展开片段。如果在查询中需要多次使用相同的块结构，则可以使用片段功能消除重复的块定义。片段也可以引用其他片段。

5）最后在变量区定义变量和值，查询中的变量会使用这个值。

可以看出，GraphQL 的查询语法和 JSON 非常像，可以说把 JSON 中的属性值、冒号和逗号等去掉后就和 GraphQL 基本一样。这种语法使得客户端可以在查询发送前就清晰地知晓查询结果将会是何种结构，GraphQL 也会在查询中严格按照请求的格式和字段来返回，保证一次性返回客户端所需的所有数据，不多也不少。如果是按 ID（或其他唯一索引）数组来查询，甚至返回结果的数组的元素数量和顺序都一样；如果某个 ID 不存在，严格模式下甚至会直接导致查询以错误结束。如果不介意 ID 不存在的话也可以手动标识查询，要求对不存在的 ID 返回 null。JSON 没有用到的小括号和@之类的符号，GraphQL 就将其用作参数和指令的语法。

初次运行时数据库中没有数据，并不能查出结果，需要先使用突变向数据库中添加数据后再尝试查询。

（2）突变

突变的参数后面和查询一样可以对结果负载进行查询，仅接收需要的消息字段。

示例代码如下：

① 正文

```
1.   mutation myMutation($input: AddSessionInput!) {
2.     addSession(input: $input) {
3.       session {
4.         title
5.         abstract
6.         speakers {
7.           nodes {
8.             name
9.           }
10.        }
11.      }
12.    }
13.  }
```

② 变量

```
1.  {
2.    "input": {
3.      "title": "Session 3",
4.      "abstract": "test 3",
5.      "speakerIds": [1, 2]
6.    }
7.  }
```

（3）订阅

示例代码如下：

① 正文

```
1.   subscription mySubscription($sessionId: ID!) {
2.     onAttendeeCheckedIn(sessionId: $sessionId) {
3.       checkInCount
4.       attendee {
5.         userName
6.       }
7.     }
8.   }
```

② 变量

```
1.  {
2.    "sessionId": "U2Vzc2lvbgppMg=="
3.  }
```

订阅的参数后面和查询一样可以对结果负载进行查询，仅接收需要的消息字段，但是在本次订阅中不能修改消息查询，如果要修改查询，需要打开新的订阅。参数的会议 Id 的值就是一个基于默认 ID 算法的 GraphQL 全局身份标识，使用 Base64 编码。

11. 身份认证、授权和查询安全

除了以上介绍的基本用法外，框架也完全支持 ASP.NET Core 的身份认证和授权，这在部分场景下非常有用。例如社交软件通常会提供关注、粉丝和动态等列表的查看功能，不同用户能获得的数据必然不同，且为了消除安全隐患，身份信息和相关的过滤条件不应该暴露在查询参数中。此时身份认证功能就变得相当好用了，框架可以自动从 HTTP 上下文中提取身份信息用于构建查询。例如不同用户对动态设置不同的查看权限，授权功能可以自动过滤掉没有经过授权的数据。

如果想要使用身份认证和授权功能，需要先安装 NuGet 包 HotChocolate.AspNetCore.Authorization，然后将其注册到 HotChocolate 服务中，代码如下：

```
1.  public class Startup
2.  {
3.      public void ConfigureServices(IServiceCollection services)
4.      {
5.          services.AddGraphQLServer()
6.              // 注册授权服务
7.              .AddAuthorization()
8.              // …
9.      }
10.
11.     public void Configure(IApplicationBuilder app)
12.     {
13.         app.UseWebSockets();
14.
15.         app.UseRouting();
16.
17.         app.UseAuthentication();
18.         app.UseAuthorization();
19.
20.         app.UseEndpoints(endpoints =>
21.         {
22.             endpoints.MapGraphQL();
23.         });
24.     }
25. }
```

之后就可以在查询和解析器里注入 ClaimsPrincipal 参数了，ASP.NET Core 中一切和身份有关的信息都存储在这里。

如果不仅需要身份认证，还需要授权，则可以在查询、类型和字段上使用 Authorize 特性（注解模式）或 Authorize 方法（代码模式）指定目标需要授权。在架构上，被标记的目标会附加 @authorize 指令。需要注意的是，这里的 Authorize 特性是 HotChocolate.AspNetCore.AuthorizationAttribute 而不是 Microsoft.AspNetCore.AuthorizationAttribute，但是它们具有相同的用法和功能，例如授权策略和授权要求等 ASP.NET Core 授权功能。

之前提到过，GraphQL 支持深度遍历对象图，甚至存在循环引用的无限递归，这可能引起安全问题。为此 HotChocolate 提供了查询复杂度分析和限制功能，能避免恶意攻击导致的服务瘫痪。HotChocolate 定义了一套默认的复杂度评估算法，在大多数情况下都较为合适，也提供了自定义接口以替换默认实现。

示例代码如下：

```
1.  public class Startup
2.  {
3.      public void ConfigureServices(IServiceCollection services)
```

```csharp
    {
        services.AddGraphQLServer()
            // 修改请求选项
            .ModifyRequestOptions(o =>
            {
                // 使用默认查询复杂度算法
                o.Complexity.ApplyDefaults = true;
                // 默认复杂度（对普通属性和方法映射而言）
                o.Complexity.DefaultComplexity = 1;
                // 默认的自定义解析器复杂度（对定义了自定义字段解析器的属性和方法而言）
                o.Complexity.DefaultResolverComplexity = 5;

                // 启用查询复杂度限制
                o.Complexity.Enable = true;
                // 允许执行的最大查询复杂度
                o.Complexity.MaximumAllowed = 1500;
                // 查询的执行超时时间，防止单个查询长时间占用系统资源
                o.ExecutionTimeout = TimeSpan.FromSeconds(30);
                // 查询复杂度的上下文 Key, 可用于数据分析
                o.Complexity.ContextDataKey = "MyContextDataKey";

                // 自定义复杂度算法委托
                //o.Complexity.Calculation = context => /* 自定义查询复杂度算法 */1;
            })
            // …
    }
}
```

在默认复杂度算法中，每个映射到普通属性或方法的字段具有 1 的基础复杂度，使用自定义字段解析器的字段具有 5 的基础复杂度。如果某个字段使用了分页功能，该字段的复杂度为基础复杂度乘以页面大小。可以看出，查询复杂度分析功能能对查询进行细粒度的分析，可以提供更准确的评估。

23.2.2 客户端

在线调试成功后，接下来就可以开发客户端了。HotChocolate 的客户端使用代码生成工具自动从查询文档生成客户端代码，此处以控制台应用为例，这同样适用于其他.NET 项目类型，例如 Blazor WebAssembly。开始前需要安装以下 NuGet 包：

- StrawberryShake.CodeGeneration.CSharp.Analyzers：客户端代码生成器。
- StrawberryShake.Transport.Http：客户端 HTTP 协议支持包。
- StrawberryShake.Transport.WebSockets：客户端 WebSocket 协议支持包，用于支持订阅功能。
- Microsoft.Extensions.DependencyInjection：客户端基于依赖注入和 HTTP 工厂服务。
- Microsoft.Extensions.Http：HTTP 客户端工厂服务的实现。
- System.Reactive：响应式编程扩展，.NET 基金会的项目之一，因此使用 System 命名空间，但并非.NET 框架的内置组成部分。这个库扩展框架的核心接口，用于简化订阅功能的开发。

1. 初始化 GraphQL 架构信息

客户端代码生成需要依靠架构文档和其他辅助信息，为了生成这些辅助信息，还需要再安装一个.NET CLI 工具，有关.NET CLI 工具的内容在第 7 章已经有过详细介绍。接下来的所有命令均在项目目录（包含.csproj 文件的文件夹）下执行。

- 生成工具清单：执行命令 dotnet new tool-manifest。
- 安装本地工具：执行命令 dotnet tool install StrawberryShake.Tools --local。
- 初始化架构信息：执行命令 dotnet graphql init <ServerUrl> -n <ClientName>。ServerUrl 表示 GraphQL 端点，例如 https://localhost:5001/graphql。ClientName 表示客户端名称，同时会作为客户端的类名使用，例如 MyGraphQlClient。完成后会在项目中生成 "schema.extensions.graphql" "schema.graphql" 和 ".graphqlrc.json" 文件。
- 添加生成的代码的命名空间：打开 .graphqlrc.json 文件，然后在 strawberryShake 节的 name 属性后边增加 namespace 属性并填写值，例如 "Client.Test"。其中还有很多其他的选项可供调整。

2. 生成和使用客户端

准备工作完成后就可以开始编写查询了，查询文件是后缀为 ".graphql" 的文本文件，通常一个查询对应一个文件，方便管理。此处以在线调试中的查询为例进行演示。在项目中新建查询文件并把在线调试成功的查询粘贴到查询文件，保存后即可生成项目代码。生成的代码可以在分析器中查看。在线调试时可以随时修改查询并实时查看反馈，在客户端项目中，修改查询后需要重新生成项目才能使修改生效。

如果没有生成代码或只生成了部分代码，请检查项目文件（.csproj）中是否有类似如下的内容：

```
1.    <ItemGroup>
2.      <GraphQL Remove="XXX.graphql" />
3.    </ItemGroup>
```

如果有，则删除这些内容后重新生成项目。有时添加 graphql 文件后 VS 会自动生成这些内容，原因未知。

接下来就可以开始使用生成的客户端了，示例代码如下：

```
1.  class Program
2.  {
3.      static async Task Main(string[] args)
4.      {
5.          IServiceCollection serviceCollection = new ServiceCollection();
6.
7.          // 注册 GraphQL 客户端
8.          serviceCollection
9.              // 该名称由 .graphqlrc.json 的 name 属性决定
10.             .AddMyGraphQlClient()
11.             // 查询和突变使用
12.             .ConfigureHttpClient(client => client.BaseAddress = new
                  Uri("https://localhost:5001/graphql"))
13.             // 订阅使用
14.             .ConfigureWebSocketClient(client => client.Uri = new
                  Uri("wss://localhost:5001/graphql"));
15.
16.         await using ServiceProvider root =
                serviceCollection.BuildServiceProvider();
17.
18.         await using var scope = root.CreateAsyncScope();
19.         var services = scope.ServiceProvider;
20.
21.         // 获取客户端服务
22.         IMyGraphQlClient client = services.GetRequiredService
              <IMyGraphQlClient>();
23.
```

```csharp
24.        // 执行查询，查询的参数映射为方法的参数
25.        var result = await client.MyQuery.ExecuteAsync(true);
26.        // 检查查询错误
27.        result.EnsureNoErrors();
28.
29.        foreach (var session in result.Data.A.Nodes)
30.        {
31.            Console.WriteLine(session.Title);
32.        }
33.
34.        // 执行突变，突变的参数映射为方法的参数
35.        var payload = await client.MyMutation.ExecuteAsync(new AddSessionInput
36.        {
37.            Title = "session 1",
38.            Abstract = "text 1",
39.            SpeakerIds = new[] { 1, 2 }
40.        });
41.        payload.EnsureNoErrors();
42.        Console.WriteLine(payload.Data.AddSession.Session.Title);
43.
44.        // 打开订阅
45.        var sub = client.MySubscription
46.            // 在这里填写订阅参数
47.            .Watch("U2Vzc2lvbgppMg==")
48.            // 排除错误消息
49.            .Where(t => !t.Errors.Any())
50.            // 仅处理消息的 OnAttendeeCheckedIn 属性
51.            .Select(t => t.Data.OnAttendeeCheckedIn)
52.            // 注册消息处理委托
53.            .Subscribe(result =>
54.            {
55.                Console.WriteLine(result.CheckInCount);
56.            });
57.
58.        Console.ReadKey();
59.
60.        // 停止订阅
61.        sub?.Dispose();
62.    }
63. }
```

3. VS 扩展

如果使用 VS 进行开发，还可以安装 Strawberry Shake 扩展。扩展准备了一个向导窗口，可以通过项目的快捷菜单打开，向导会根据填写的表单内容自动完成客户端架构的初始化操作。在编写查询时也可以获得由扩展提供的语法着色、语法检查和智能提示。因此推荐安装 Strawberry Shake 扩展。

GraphQL 是一个灵活强大的数据查询标准，也正因为它的强大，开发一个实现非常困难。好在 ChilliCream 团队实现了一个强大的基础框架，而 HotChocolate 又为框架准备了大量实用扩展，大幅优化了开发工作。如果读者被大量凌乱的 Web API 和复杂的数据请求困扰，不妨试试 GraphQL 和 HotChocolate。

更多详细信息请参阅官方文档。

23.3 Elsa

在管理、办公和流程自动化系统中，工作流（Workflow）是常用组件。早期的工作流组件是为特定软件定制的，随着工作流需求的扩大以及对工作流需求中的公共部分的总结，开始出现专门的通用型工作流组件。.NET Framework 时代，微软开发了 Windows Workflow Foundation，使用 VS 设计器辅助开发，然而微软并没有为.NET 移植该组件。目前社区开发了第三方移植版 Workflow-Core，但是这个移植版还没有实现设计器，同时也继承了原版对 Web 应用和管理不友好的特点。为了弥补这个空缺，社区开发了原生面向 Web 应用的工作流组件——Elsa。

Elsa 是微软的样例项目 Orchard Core 的开发者从其工作流模块中抽离并重构的独立组件，不依赖任何 Orchard Core 功能，具有良好的独立性和通用性。最关键的是 Elsa 包含一个内置的 Web 设计器，支持以可视化方式配置工作流。

Elsa 支持以完全的控制台方式运行，不过目前还是以 Web 方式使用较为普遍，Elsa 的工作流可以通过代码和设计器两种方式进行配置。鉴于工作流的普遍使用场景，本书将以 Web 托管和设计器方式为例进行介绍。

23.3.1 基础概念

Elsa 的工作流以活动为基础，通过一系列活动的有序组合来定义。从 Elsa 2.0 版本（见图 23-5）开始支持把一个工作流作为另一个工作流的子流程来使用。活动可以粗略分为阻塞活动和非阻塞活动两大类：非阻塞活动会在完成后自动进入下一个活动，阻塞活动则会在执行过程中暂停并等待外部输入以激活活动。阻塞活动是实现人机交互式工作流的主要方式，例如各种人工审批工作流。

图 23-5　Elsa 2.0 版本

在设计器中，每个活动都需要 UI 组件，否则活动将只能通过代码来使用。为了满足个性化需求，Elsa 允许为自定义活动开发匹配的 UI 组件，方便设计人员在设计器中使用。

交互式工作流通常要在不同人员的合作中进行，因此在工作流中保留信息是非常有用的。基于这个需求 Elsa 提供了工作流变量、工作流上下文和相关性功能。工作流变量是最简单易用的功能，通常用于在短期工作流中保存数据。对于可能需要长时间运行的包含阻塞活动的工作流，Elsa 支持持久化以确保重启应用时不会丢失进行中的工作流实例。但是工作流变量仅仅是内存数据，会在持久化时被丢弃，因此对于不能丢失的数据，Elsa 提供了工作流上下文功能和相应的 API，允许开发者定义持久化和重新载入数据的过程。而相关性则是为工作流实例和外部数据建立联系的功能，Elsa 能根据关联的数据激活和调度相关工作流实例。

在用设计器定义工作流时，使用动态表达式和模板语法使流程具有自适应性是常见需求，为此 Elsa 也准备了相关功能。Elsa 内置了 JavaScript 和 Liquid 脚本功能：JavaScript 主要用在活动内部，对活动的功能进行调整；而 Liquid 脚本主要用于模板文本生成，这在生成 HTTP 响应、电子邮件或其他消息文本时比较常用。Elsa 也提供了 API，允许开发者接入其他脚本执行引擎。在设计器中，Elsa 使用 Monaco-editor 作为表达式编辑器。这是微软为 VS Code 开发的 Web 编辑器核心，Elsa 对其进行了包装，使编辑器可以正常使用语法检查和智能提示功能。

23.3.2　搭建 Web 服务器

搭建 Web 服务器需要先新建 ASP.NET Core 项目，然后安装以下 NuGet 包，其中和活动相关的扩展包可以按需选用：

- Elsa：核心包。其他包基本都依赖这个包，一般无须显式安装。
- Elsa.Activities.Email：电子邮件相关活动的扩展包。
- Elsa.Activities.Http：HTTP 相关活动的扩展包。
- Elsa.Activities.Temporal.Quartz：定时器和计划任务相关活动的扩展包。
- Elsa.Designer.Components.Web：Web 设计器框架包。
- Elsa.Persistence.EntityFramework.Sqlite：SQLite 数据存储提供程序包。
- Elsa.Server.Api：服务端 Web API 包。

示例代码如下：

（1）服务和请求管道配置

```
1.  public class Startup
2.  {
3.      public Startup(IConfiguration configuration)
4.      {
5.          Configuration = configuration;
6.      }
7.
8.      private IConfiguration Configuration { get; }
9.
10.     public void ConfigureServices(IServiceCollection services)
11.     {
12.         var elsaSection = Configuration.GetSection("Elsa");
13.
14.         services
15.             .AddElsa(elsa => elsa
```

```csharp
16.            // 配置持久化存储（使用 SQLite）
17.            .UseEntityFrameworkPersistence(ef => ef.UseSqlite())
18.            // 注册控制台活动
19.            .AddConsoleActivities()
20.            // 注册 HTTP 活动
21.            .AddHttpActivities(elsaSection.GetSection("Server").Bind)
22.            // 注册电子邮件活动
23.            .AddEmailActivities(elsaSection.GetSection("Smtp").Bind)
24.            // 注册计划任务活动
25.            .AddQuartzTemporalActivities()
26.            // 导入通过代码定义的工作流
27.            .AddWorkflowsFrom<Startup>()
28.        );
29.
30.        // 注册 Web API 端点相关服务
31.        services.AddElsaApiEndpoints();
32.
33.        // 为可视化管理提供基础支持
34.        services.AddRazorPages();
35.    }
36.
37.    public void Configure(IApplicationBuilder app)
38.    {
39.        app
40.            // 可视化管理需要静态文件的支持
41.            .UseStaticFiles()
42.            // 配置 HTTP 活动支持中间件
43.            .UseHttpActivities()
44.            .UseRouting()
45.            .UseEndpoints(endpoints =>
46.            {
47.                // 映射 Web API 端点
48.                endpoints.MapControllers();
49.
50.                // 映射管理面板端点
51.                endpoints.MapFallbackToPage("/_Host");
52.            });
53.    }
54. }
```

(2) 视图文件（/Pages/_Host.cshtml）

```
1.  @page "/"
2.
3.  @{
4.      ViewData["Title"] = "Elsa Workflows";
5.      var serverUrl = $"{Request.Scheme}://{Request.Host}";
6.  }
7.
8.  <elsa-studio-root server-url="@serverUrl" monaco-lib-path=
    "_content/Elsa.Designer.Components.Web/monaco-editor/min">
9.      <elsa-studio-dashboard></elsa-studio-dashboard>
10. </elsa-studio-root>
11.
12. @section HeadContent {
13.     <link rel="icon" type="image/png" sizes="32x32" href="/_content/Elsa.
        Designer.Components.Web/elsa-workflows-studio/assets/images/favicon-
        32x32.png">
14.     <link rel="icon" type="image/png" sizes="16x16" href="/_content/Elsa.
        Designer. Components.Web/elsa-workflows-studio/assets/images/
        favicon-16x16.png">
15.     <link rel="stylesheet" href="/_content/Elsa.Designer.Components.Web/
        elsa-workflows-studio/assets/fonts/inter/inter.css">
16.     <link rel="stylesheet" href="/_content/Elsa.Designer.Components.Web/elsa-
        workflows-studio/elsa-workflows-studio.css">
```

```
17.    }
18.
19.    @section Scripts {
20.        <script src="/_content/Elsa.Designer.Components.Web/monaco-editor/
            min/vs/loader.js"></script>
21.        <script type="module" src="/_content/Elsa.Designer.Components.Web/
            elsa-workflows-studio/elsa-workflows-studio.esm.js"></script>
22.    }
```

视图中的 elsa-studio-root 标签并不是 Razor 标签助手，只是普通的自定义 HTML 标记，页面内容将在浏览器中由 JavaScript 脚本生成。视图中的 HeadContent 节是为本视图的需要手动在布局中添加的。

> **注　意**
>
> 如果新建的项目包含 Index 页面，需要删除或把 _Host 的内容移动到 Index 中，避免端点冲突。

（3）配置文件（appsettings.json）

```
1.  {
2.      // 其他配置
3.      "Elsa": {
4.          "Server": {
5.              "BaseUrl": "https://localhost:5001"
6.          },
7.          "Smtp": {
8.              "Host": "localhost",
9.              "Port": "2525",
10.             "DefaultSender": "noreply@acme.com"
11.         }
12.     }
13. }
```

之后的人机交互工作流示例需要使用这些配置，如果读者有别的需要，请自行调整。UI 界面展示如图 23-6 所示。

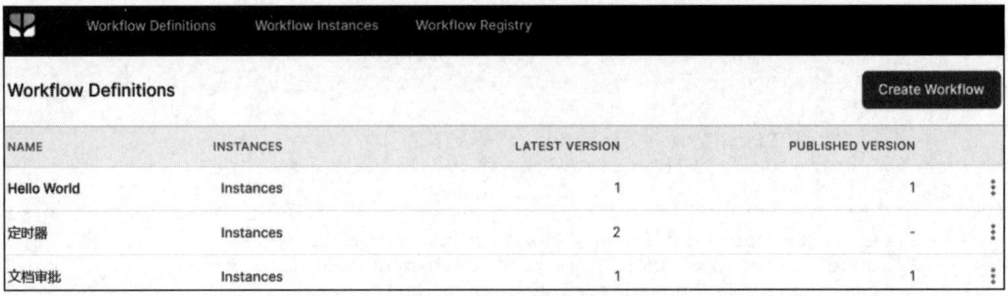

图 23-6　UI 界面展示

23.3.3　简单自动工作流

Elsa 支持全自动工作流，并且支持通过计划任务自动实例化工作流，因此可以使用 Elsa 定义需要周期性运行的自动任务。具体步骤如下：

步骤 01　首先在管理面板单击"Workflow Definitions"按钮，然后单击"Create Workflow"按

钮进入设计器。

步骤02 单击"Start"按钮添加第一个活动。首先在弹出的活动选择对话框中选择并单击"Timer"活动；然后在弹出的活动设置对话框的"Properties"选项卡的"Timeout"中填写超时时间。可以选择填写 DodaTime 格式的文本值"00:00:00:05"或者填写等价的 JavaScript 表达式"Duration.FromSeconds(5)"。如果选择填写 JavaScript 表达式，请先单击文本框右上角的"☉"按钮切换表达式语言。其他需要切换表达式语言的情况同理。最后单击"Save"按钮保存活动配置。此时设计器中会出现 Timer 活动的图标。

步骤03 添加第二个活动。在设计器视图中 Timer 活动的下方会出现连线和"⊕"按钮，首先单击该按钮弹出活动选择对话框，选择并单击"WriteLine"活动。然后在弹出的活动设置对话框的"Properties"选项卡的"Text"中填写 JavaScript 脚本"`现在是 ${new Date()}！`"。这里的脚本使用了 JavaScript 的字符串插值功能。最后单击"Save"按钮保存活动配置。

步骤04 发布工作流。首先在页面右上角单击"齿轮"按钮，在弹出的工作流设置对话框的"Settings"选项卡的"Name"和"Display Name"中填写工作流名称，例如：填写"Hello World"后单击"Save"按钮保存工作流设置。最后在页面右下角单击"Publish"按钮发布工作流。

步骤05 Elsa 会自动激活工作流实例和定时器，此时可以看到控制台每过 5 秒输出一行文字，这里的每次输出代表一个工作流实例。如果希望停止输出，可以在"Workflow Definitions"面板中找到工作流，然后单击右边的"："菜单中的"Unpublish"按钮。

23.3.4 人机交互工作流

1. 定义工作流

Elsa 支持通过阻塞活动实现人机交互的工作流，此处以简单文档审批工作流为例进行介绍。具体步骤如下：

步骤01 首先在管理面板单击"Workflow Definitions"按钮，然后单击"Create Workflow"按钮进入设计器。

步骤02 单击"Start"按钮添加第一个活动。首先在弹出的活动选择对话框中选择并单击"HTTP Endpoint"活动；然后在弹出的活动设置对话框的"Properties"选项卡的"Path"中填写文本"/document/approval"，在"Methods"中勾选"POST"，勾选下方的"Read Content"；最后单击"Save"按钮保存活动设置。

步骤03 添加第二个活动。首先单击最下方的"⊕"按钮并选择"SetVariable"活动；然后在活动设置对话框的"Properties"选项卡的"Variable Name"中填写文本"Document"，在"Value"中填写 JavaScript 表达式"input.Body"；最后单击"Save"按钮保存活动设置。

步骤04 添加第三个活动。首先单击最下方的"⊕"按钮并选择"SendEmail"活动；然后在活动设置对话框的"Properties"选项卡的"From"中填写文本 workflow@acme.com，在"To"中填写文本 josh@acme.com（接收人可以填写多个以实现群发，每个接收人输入完成后按 Enter 键即可添加），在"Subject"中填写 Liquid 表达式"从{{Variables.Document.Author.Name}}处收到待审批的文档。"，在"Body"中填写 Liquid 表达式"从{{Variables.Document.Author.Name}}处收到待审批的文档{{Variables.Document.Id}}。内容为：
{{Variables.Document.Body}}
<a href="{{"Approve"

| signal_url}}">批准</a>或<a href="{{"Reject" | signal_url}}">驳回</a>",其中"{{"Approve" | signal_url}}"是 Elsa 中用于生成信号链接的表达式,"Approve"是信号标签,信号会在之后使用;最后单击"Save"按钮保存活动设置。

步骤 05 添加第四个活动。首先单击最下方的"⊕"按钮并选择"HttpResponse"活动;然后在活动设置对话框的"Properties"选项卡的"Content"中填写文本"<h1>审批请求已发送</h1><p>已成功接收你的文档。</p>",在"Content Type"中选择"text/html",在"Advanced"选项卡的"Status Code"中选择"OK",在"Char Set"中选择"utf-8";最后单击"Save"按钮保存活动设置。

步骤 06 添加第五个活动。首先单击最下方的"⊕"按钮并选择"Fork"活动;然后在活动设置对话框的"Properties"选项卡的"Branches"中填写文本标签"Approve""Reject"和"Remind",每个标签文本输入完成后按 Enter 键提交标签;最后单击"Save"按钮保存活动设置。完成后会发现设计器在活动下方出现三个带有标签和"⊕"按钮的连线,表示工作流在这里分为三个分支。注意,分支会并行执行。

步骤 07 添加第六个活动。首先分别单击标签"Approve"和"Reject"下方的"⊕"按钮并选择"SignalReceived"活动,然后分别在活动设置对话框的"Properties"选项卡的"Signal"中填写"Approve"和"Reject",最后分别单击"Save"按钮保存活动设置。

步骤 08 添加第七个活动。首先单击标签"Remind"下方的"⊕"按钮并选择"Timer"活动;然后在活动设置对话框的"Properties"选项卡的"Timeout"中填写文本"00:00:00:10"或 JavaScript 表达式"Duration.FromSeconds(10)";最后单击"Save"按钮保存活动设置。

步骤 09 添加第八个活动。首先单击 Timer 活动下方的"⊕"按钮并选择"SendEmail"活动;然后在活动设置对话框的"Properties"选项卡的"From"中填写文本 workflow@acme.com,在"To"中填写文本 josh@acme.com,在"Subject"中填写 Liquid 表达式"{{Variables.Document.Author.Name}} 正在等待你审批文档!",在"Body"中填写 Liquid 表达式"请记得审批文档{{Variables.Document.Id}}。
<a href="{{"Approve"|signal_url}}">批准</a>或<a href="{{"Reject" | signal_url}}">驳回</a>";最后单击"Save"按钮保存活动设置。

步骤 10 首先按住 Shift 键,然后依次单击 Timer 活动后的 SendEmail 活动下方的"⊕"按钮和 Timer 活动图标,使 Timer 活动和其之后的 SendEmail 活动形成循环。

步骤 11 添加第九个活动。首先单击"Approve"标签后的 SignalReceived 活动后的 SendEmail 活动下方的"⊕"按钮,并选择"Join"活动;然后在活动设置对话框的"Properties"选项卡的"Mode"中选择"WaitAny";最后单击"Save"按钮保存活动设置。

步骤 12 先按住 Shift 键,然后依次单击"Reject"标签后的 SignalReceived 活动后的 SendEmail 活动下方的"⊕"按钮和"Join"活动图标,使批准和驳回分支在此处汇合。

步骤 13 添加第十个活动。首先单击最下方的"⊕"按钮并选择"HttpResponse"活动,然后在活动设置对话框的"Properties"选项卡的"Content"中填写文本"感谢您的辛劳!",在"Content Type"中选择"text/html",在"Advanced"选项卡的"Status Code"中选择"OK",在"Char Set"中选择"utf-8";最后单击"Save"按钮保存活动设置。

步骤 14 发布工作流。首先在页面右上角单击"齿轮"按钮,在弹出的工作流设置对话框的"Settings"选项卡的"Name"和"Display Name"中填写工作流名称,例如"文档审批";然后单击"Save"按钮保存工作流设置;最后在页面右下角单击"Publish"按钮发布工作流。

完整的审批工作流流程图如图 23-7 所示（流程图的详细信息可从网站获取，网址为 https://elsa-workflows.github.io/elsa-core/docs/next/guides/guides-document-approval#send-reminder-email-to-josh-the-approver）。

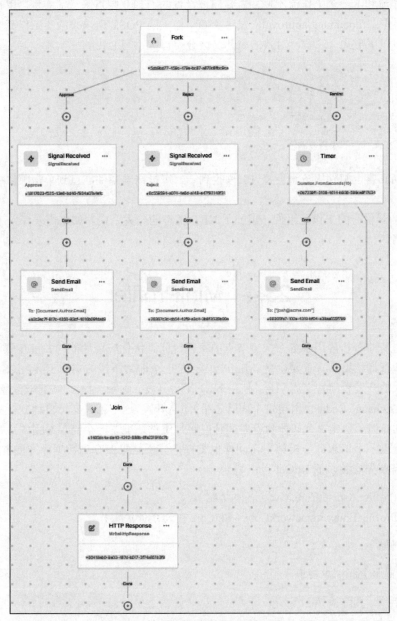

图 23-7　完整的审批工作流流程图

2. 准备邮件服务

在开发中使用真实的电子邮件服务会比较麻烦，幸好社区有人开发了基于.NET 的开发用电子邮件服务——Smtp4dev。可以使用 dotnet 命令 "dotnet tool install -g Rnwood.Smtp4dev" 安装为.NET CLI 工具，或者从 GitHub 官网上下载独立的程序包。

参考网址 https://github.com/rnwood/smtp4dev/wiki/Configuration 设置 smtp 服务端口和 Web 管

理面板端口，确认没有端口冲突后再运行工具。示例使用 2525 端口作为 smtp 服务端口。

3. 启动工作流实例

这个工作流和上一个工作流不同，需要通过设置的 HTTP 端点来激活实例。现在可以使用任何 HTTP 工具向"/document/approval"发送 JSON 格式的 POST 请求来激活工作流实例。请求正文的内容类似以下形式（注意，对象的属性名区分字母大小写）：

```
{
  "Id": "1",
  "Author": {
    "Name": "John",
    "Email": "john@gmail.com"
  },
  "Body": "待审批的文档。"
}
```

如果一切正常，邮件服务将会每 10 秒收到一封审批请求邮件，直到单击邮件中的批准或驳回链接。

Elsa 是一款优秀的工作流组件，填补了 .NET 生态的一大空白。如果需要深入了解 Elsa，请参阅官方文档。

23.4 MiniProfiler

在开发过程中分析应用中各个关键节点的执行时间是优化应用性能的关键步骤，如何更简单地实施分析和查询结果具有重要意义。MiniProfiler 是一个非常不错的实用工具，由 Stack Overflow（世界上最大的开发者问答交流平台，使用 .NET 平台开发。顺带一提，.NET 平台最流行的 Redis 客户端 StackExchange.Redis 也出自这个团队之手）团队开发。这个工具支持自动分析数据库查询、请求处理时间计时、自定义代码段执行时间计时等。组件还准备一个简单易用的可视化组件，可以轻松查看最近一个请求的分析结果，同样也支持把分析结果保存到数据库方便重用历史数据。

使用前需要先安装以下 NuGet 包：

- MiniProfiler.AspNetCore.Mvc（基本功能）。
- MiniProfiler.EntityFrameworkCore（EF Core 查询分析扩展）。

示例代码如下：

（1）配置服务和请求管道

```
public class Startup
{
    public void ConfigureServices(IServiceCollection services)
    {
        services.AddMiniProfiler()
            // 添加 EF Core 性能分析
            // 需要安装 Nuget 包 MiniProfiler.EntityFrameworkCore
            .AddEntityFramework();
    }

    public void Configure(IApplicationBuilder app)
    {
```

```
13.            // 配置在需要分析的中间件之前
14.            app.UseMiniProfiler();
15.        }
16.    }
```

（2）添加快捷查看面板

```
1.    @using StackExchange.Profiling
2.    @addTagHelper *, MiniProfiler.AspNetCore.Mvc
3.
4.    <mini-profiler />
```

快捷查看面板（见图23-8）推荐放在布局页，可以避免到处重复放置标签助手。

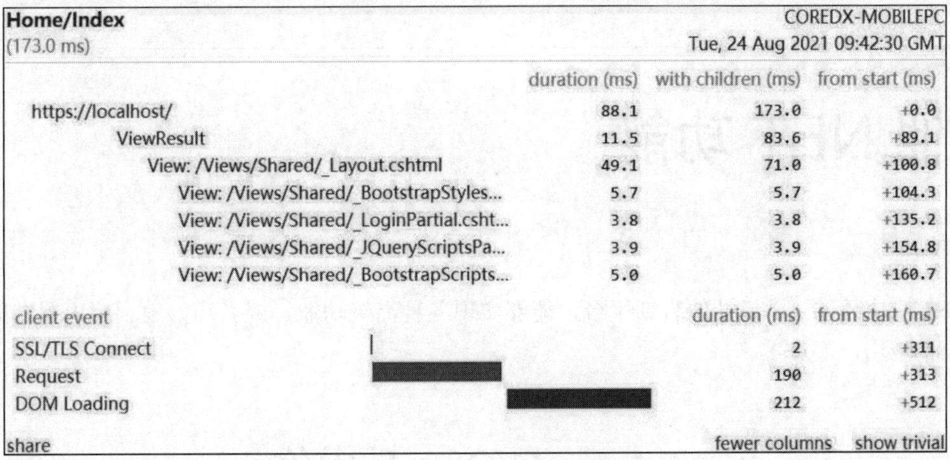

图 23-8　快捷查看面板

23.5　小　　结

.NET 的基础设计十分优秀，在坚实的基础上，各种扩展组件能以最低的成本开发和维护，也能在最大程度上保障各种组件和谐地合作运转。除了以上介绍的比较流行和常用的组件外，NuGet 上还能找到众多功能各异的程序包，在需要时不妨去找一找，总有很多惊喜在等着我们。

第 24 章

其他 .NET 功能

.NET 是经过精心设计的崭新平台，能够实现各种高级功能，或者巧妙地利用内置功能实现更丰富的应用。

24.1 C/C++互操作

.NET 在与 C/C++的互操作方面有着天然的便利，这是因为.NET 是通过包括运行时、公共基础类库和语言设计等在内的一整套解决方案来实现的。本书在"3.14.1 函数指针"中介绍了和 C 语言标准层面的互操作功能，这里再介绍一下和 C++的互操作。

操作系统的 API 通常都是 C 接口而不是 C++接口，其中很大一部分原因和对象指针、函数名修饰等复杂问题有关。C 语言没有对象的概念，因此 C 函数的签名可以和源代码中的声明一致，C++类的实例函数会由编译器自动在参数列表声明的第一位插入对象指针参数。C++还支持函数重载，所以源代码中的函数能重名，但是编译后的二进制文件中的函数却不能重名，因此编译器需要通过函数名修饰功能确保编译后的函数不重名。这些编译器自动完成的功能会使编译好的库和源代码看见的内容产生巨大的差异。最终由于上面提到和没提到的种种问题导致其他编程语言和原生 C++库的互操作极为困难。

.NET 在 Windows 系统中可以使用独占的 C++/CLI 功能当作桥梁实现互操作，但是这种独占性会影响.NET 的跨平台能力，因此本书将介绍另一种支持跨平台的互操作方法——CppSharp。

24.1.1 CppSharp 简介

Mono（开源的第三方.NET Framework 运行时）团队（现已加入.NET 基金会并为 .NET 运行时提供了大量代码）开发了一个能自动生成 C++交互层包装的项目 CppSharp。这个项目使用真实的 C++编译器前端 LLVM 和 Clang 来分析 C++代码以生成精确的包装代码。同时因为 LLVM 和 Clang 提供了丰富的接口方便访问编译产生的信息,所以这个项目还允许开发者为特殊情况定制包装代码的生成过程,例如要求 CppSharp 把纯抽象类生成为接口而不是只有抽象方法的普通类。

CppSharp 会为 C++类生成对应的 C#包装结构体和函数包装类,这使得包装后的代码使用方式和普通代码非常类似。为了解决 C++对象的内存释放问题,生成的包装类实现了 IDisposable 接口。

24.1.2 基础使用

此处以控制台应用为例进行介绍,使用 CppSharp 需要先安装 NuGet 包 CppSharp。C++类则以在"3.2.3 属性"中介绍的 CTriangle 类为例。

1. 导出类

为了导出类型,需要修改头文件,代码如下:

```
1.   #pragma once
2.
3.   #ifdef DLL_BUILD
4.   #define DLL_EXPORT __declspec(dllexport)
5.   #else
6.   #define DLL_EXPORT __declspec(dllimport)
7.   #endif
8.
9.   class DLL_EXPORT CTriangle
10.  {
11.      private:
12.          double _a;
13.          double _b;
14.          double _c;
15.
16.          bool Validate(double a, double b, double c);
17.
18.      public:
19.          CTriangle(double a, double b, double c);
20.          double GetA();
21.          void SetA(double a);
22.          double GetB();
23.          void SetB(double b);
24.          double GetC();
25.          void SetC(double c);
26.          double GetPerimeter();
27.  };
```

使用"__declspec(dllexport)"把类标记为导出类之后才能找到其成员的入口点来挂载。在构建的编译参数中添加宏"DLL_BUILD"的定义,这样这个头文件就能直接拿给调用方使用了。调用方编译参数中没有宏"DLL_BUILD"的定义,此时宏"DLL_EXPORT"会变成导入标记"__declspec(dllimport)"。

2. 准备文件

修改完头文件后在预编译宏中定义宏"DLL_BUILD"使导出定义生效,然后以发行模式编译动态链接库。完成后可以在输出目录找到.lib 和.dll 文件。现在把.h 头文件、.lib 符号地址表文件和.dll 动态链接库文件复制到控制台项目中,按照惯例可以把头文件放在 include 文件夹中,库文件放在 lib 文件夹中方便管理，然后对.dll 动态链接库文件设置属性"复制到输出目录"，确保应用能找到并载入文件。

3. 设置生成参数

在控制台项目中定义一个类实现 ILibrary 接口并至少实现方法 Setup，代码如下：

```csharp
public class MyLib : ILibrary
{
    public void Postprocess(Driver driver, ASTContext ctx) { }

    public void Preprocess(Driver driver, ASTContext ctx) { }

    public void Setup(Driver driver)
    {
        var projectRoot = @"<项目根目录>";
        var include = $@"{projectRoot}\include";
        var lib = $@"{projectRoot}\lib";
        var idir = new DirectoryInfo(include);
        var ldir = new DirectoryInfo(lib);

        var options = driver.Options;
        // 设置生成代码类型为 C#
        options.GeneratorKind = GeneratorKind.CSharp;
        // 添加模块
        // 通常情况下添加的模块名要和 dll 名称相同
        // 可以不写文件扩展名。例如：MyDll.dll，参数可以传入 MyDll
        var module = options.AddModule("<dll 名称>");
        // 添加 include 文件夹
        module.IncludeDirs.Add(include);
        foreach (var file in idir.EnumerateFiles())
        {
            // 添加头文件
            module.Headers.Add(file.Name);
        }
        // 添加.lib 文件
        module.LibraryDirs.Add(lib);
        foreach (var file in ldir.EnumerateFiles())
        {
            // 添加库文件
            module.Libraries.Add(file.Name);
        }
        //设置生成代码的输出位置
        options.OutputDir = $@"{projectRoot}\output ";
    }

    public void SetupPasses(Driver driver) { }
}
```

4. 生成代码

使用 ConsoleDriver.Run 方法启动代码生成，代码如下：

```csharp
class Program
{
    static void Main(string[] args)
    {
        ConsoleDriver.Run(new MyLib());
    }
}
```

生成代码后需要启用 unsafe 功能才能正常编译生成的代码。生成代码后即可注释掉代码生成器，除非之后修改了 C++代码，需要重新生成包装代码。

生成的代码中可以看到大量类似如下所示的代码。

```
1.  [SuppressUnmanagedCodeSecurity, DllImport("<模块名称>", EntryPoint =
    "??0CTriangle@@QEAA@NNN@Z", CallingConvention = __CallingConvention.Cdecl)]
2.  internal static extern __IntPtr ctor(__IntPtr __instance, double a, double b,
    double c);
```

其中的"??0CTriangle@@QEAA@NNN@Z"就是被编译器修饰后的函数名，可以看出这种函数名非常难读（实际上是 CTriangle 的构造函数）。如果想看原本的函数名，可以使用 Dependency Walker 打开 DLL 文件，这个工具支持解码 C++函数名修饰，这样就能看到函数签名在源代码中是什么样子了。这个工具还可以查看 DLL 的外部依赖项，如果发现加载某个 DLL 时报无法加载依赖项的错误，可以用这个工具查看后检查是少了哪些依赖的 DLL。

另外可以发现导入的函数全都是静态函数，而且很多函数的第一个参数类型是 IntPtr。这就是类的实例函数，第一个参数就是对象指针。这些都是 C++特有的机制，就是这些机制导致实际导出的内容和源代码差异巨大，手写包装代码非常困难，这也是高级语言通常都只和标准 C 互操作的原因。

示例中的构造函数需要对象指针作为参数才能调用，但是构造函数本身不就是用来创建对象的吗？这不就变成了先有鸡还是先有蛋的问题了？其实不然，这个对象指针其实是通过非托管内存分配方法申请的非托管内存块的起始地址，申请的大小由 CppSharp 通过 LLVM 自动识别。从中可以看出，C++的构造函数本身并不负责申请内存，只对已有的内存块进行初始化。内存申请其实是通过编译器由 new 关键字实现的，CppSharp 则需要在.NET 环境中接管申请内存的工作。自然，内存的释放也需要 CppSharp 接管，这也就是包装类实现 IDisposable 接口的原因。

稍微展开说一下，其实.NET 的机制和 C++非常相似，只是被底层运行时封装了，在代码中看不出来。之前提到过，.NET 的委托是类型安全的函数指针，其中之一就是封装了对方法的调用处理。实例化委托后可以看到如果引用的是实例方法，委托的 Target 属性就是引用的实例，反过来如果引用的是静态方法，Target 属性就是 null。这个 Target 属性就是用来传递 __IntPtr __instance 参数的，.NET 类型的实例方法本质上也是在参数列表的头部隐式添加了实例引用参数的静态方法，只不过在反射中看不到这个隐式添加的参数。如果是引用了多个方法的多播委托（MulticastDelegate），Target 属性表示引用的最后一个方法的实例。如果想查看内部的单个委托的详细信息，可以使用 GetInvocationList 方法获取委托数组，里面的每个委托元素都只引用了一个方法。

现在可以通过生成的包装类调用 C++类了，代码如下：

```
1.  class Program
2.  {
3.      static void Main(string[] args)
4.      {
5.          using var ct = new CTriangle(1, 2, 2.5);
6.          Console.WriteLine(ct.Perimeter);
7.      }
8.  }
```

可以看出这种调用方式非常自然，几乎看不出是在调用 C++类的代码。不过需要注意，C++代码中抛出的异常无法被.NET 框架完整捕获，其中的异常信息都会丢失，只对托管代码抛出最基本的外部代码异常，没有 C++源代码中的更多异常信息。

24.2 程序集的动态载入和卸载

在.NET Framework 背景下,程序集的动态载入和卸载是通过新建和卸载应用程序域(AppDomain)完成的。然而 AppDomain 的动态管理深度依赖 Windows 特性,因此跨平台的.NET 不能这么做。为了实现程序集动态管理功能,.NET Core 提供了 AssemblyLoadContext 类来管理动态载入的程序集。由于一些原因,直到.NET Core 3.1 才支持卸载 AssemblyLoadContext。

1. 自定义程序集载入上下文

示例代码如下:

```csharp
public class CollectibleAssemblyLoadContext : AssemblyLoadContext
{
    //程序集依赖项解析器
    private AssemblyDependencyResolver _resolver;

    public CollectibleAssemblyLoadContext(string mainAssemblyToLoadPath) :
      base(isCollectible: true)
    {
        _resolver = new AssemblyDependencyResolver(mainAssemblyToLoadPath);
    }

    protected override Assembly? Load(AssemblyName name)
    {
        string? assemblyPath = _resolver.ResolveAssemblyToPath(name);
        if (assemblyPath != null)
        {
            //这种载入方法会导致 DLL 被锁定,如果需要实现热更新,可以使用流加载
            return LoadFromAssemblyPath(assemblyPath);
        }

        //返回 null 并非表示找不到要载入的程序集,实际上表示要从默认程序集载入上下文加载
        return null;
    }

    protected override IntPtr LoadUnmanagedDll(string unmanagedDllName)
    {
        string? libraryPath = _resolver.ResolveUnmanagedDllToPath(unmanagedDllName);
        if (libraryPath != null)
        {
            return LoadUnmanagedDllFromPath(libraryPath);
        }

        return IntPtr.Zero;
    }
}
```

2. 在单独的项目中定义功能接口

示例代码如下:

```csharp
public interface IPlugin
{
    void Run();
}
```

3. 在单独的项目中实现功能接口

示例代码如下:

```
1.  public class MyPlugin : IPlugin
2.  {
3.      public void Run()
4.      {
5.          Console.WriteLine($"plugin name: {nameof(MyPlugin)}");
6.      }
7.  }
```

4. 调整接口实现项目的配置

（1）修改编译输出配置

在项目文件的 PropertyGroup 节中添加如下代码：

```
1.  <EnableDynamicLoading>true</EnableDynamicLoading>
```

这么做是为了让编译器把功能实现的依赖项也一起复制到输出目录。通常情况下编译器只会输出项目本身生成的文件，只有发布项目的时候才会把依赖项全部复制到输出目录。但是发布功能通常是可执行项目在用，例如 ASP.NET Core 或者 WPF 项目，类库项目一般都是用打包功能生成 NuGet 包。这么做通常是为了避免各个功能实现项目之间的依赖项的版本冲突。

（2）输出时排除接口项目

修改项目文件的接口项目依赖的属性，代码如下：

```
1.  <ItemGroup>
2.      <ProjectReference Include="接口项目文件">
3.          <Private>false</Private>
4.          <ExcludeAssets>runtime</ExcludeAssets>
5.      </ProjectReference>
6.  </ItemGroup>
```

如果接口来自 NuGet 包，就把 ProjectReference 换成 PackageReference。

配置完成后编译器就会把除接口类型所在的程序集以外的其他程序集复制到输出目录。排除接口程序集的主要目的是为了让程序集载入上下文找不到程序集，然后回退到从默认上下文中载入接口程序集，这样可以避免类型转换问题。程序集载入上下文是类型安全的边界，不同的上下文中载入的相同程序集所创建的相同类型的对象会被认为是不可互相转换的不兼容的类型。程序集载入上下文负责维护程序集的数据，这种情况下创建的对象的对象头会分别引用各自上下文中的类型信息，可以看作相同的代码在内存中有两份，.NET 运行时只看类型信息是否指向相同的内存而不看其中的内容是否相同。这么做也是合理的，如此隔离才能确保卸载一个上下文不会影响其他的上下文。

5. 载入、使用和卸载程序集

示例代码如下：

```
1.  ExecuteAndUnload("MyPlugin.dll", out var reference);
2.
3.  //执行强制回收直到程序集载入上下文被完全卸载或已经执行了10次回收仍未完成（如果10次回收都失败
    应该警惕可能出现内存泄漏了）
4.  for (int i = 0; reference.IsAlive && (i < 10); i++)
5.  {
6.      GC.Collect();
7.      GC.WaitForPendingFinalizers();
8.  }
9.
10. static IEnumerable<IPlugin> CreatePlugins(Assembly assembly)
11. {
12.     int count = 0;
13.
```

```
14.        foreach (Type type in assembly.GetTypes())
15.        {
16.            if (typeof(IPlugin).IsAssignableFrom(type))
17.            {
18.                IPlugin? result = Activator.CreateInstance(type) as IPlugin;
19.                if (result != null)
20.                {
21.                    count++;
22.                    yield return result;
23.                }
24.            }
25.        }
26.
27.        if (count == 0)
28.        {
29.            string availableTypes = string.Join(",", assembly.GetTypes().Select(t =>
                   t.FullName));
30.            throw new ApplicationException(
31.                $"Can't find any type which implements ICommand in {assembly} from
                   {assembly.Location}.\n" +
32.                $"Available types: {availableTypes}");
33.        }
34.    }
35.
36.    [MethodImpl(MethodImplOptions.NoInlining)]
37.    static void ExecuteAndUnload(string assemblyPath, out WeakReference alcWeakRef)
38.    {
39.        var alc = new CollectibleAssemblyLoadContext(assemblyPath);
40.        Assembly asm = alc.LoadFromAssemblyPath(assemblyPath);
41.
42.        alcWeakRef = new WeakReference(alc, trackResurrection: true);
43.
44.        var plugins = CreatePlugins(asm);
45.
46.        foreach (var plugin in plugins)
47.        {
48.            plugin.Run();
49.        }
50.
51.        alc.Unload();
52.    }
```

示例使用弱引用监控上下文是否顺利被卸载，程序集中的上下文的卸载方法只会触发卸载请求，只有当上下文管理的程序集中的类型所创建的对象被全部回收以后才会真的开始卸载流程。而应用程序域的卸载是强制的，会强行终止在其中运行的任何代码，卸载时机不好可能会导致不良后果。如果上下文一直无法正常卸载，有可能是有问题的代码导致其中的对象一直存活，例如对象被赋值给静态变量。

示例中的 MethodImpl 特性告知运行时不要内联优化此方法，避免可能意外导致动态程序集中的对象生命周期被拉长的风险。

24.3 小　　结

.NET 从设计之初就为各种灵活的用法做足了准备。从与 C++的互操作就可以看出，虽然其自身是注重开发效率和运行安全性的框架，但也从未放弃对性能的追求。.NET 重新设计的动态载入功能不仅避开了平台特定功能的依赖，还大幅降低了开发难度。

第四篇
实战演练

本篇作为本书的最后一篇，主要目标是通过一个完整的项目将零散的知识点串联起来，让读者体会在实战场景下应用之前学习的知识点，帮助读者打通基础学习和实战开发之间的坎。如果读者选择直接阅读本篇，在阅读中发现不甚了解的知识点，推荐到对应位置了解后再继续阅读。

第 25 章

电子商城项目

在经过了大量的知识点介绍后,终于迎来了本书的终篇,想必各位读者已经迫不及待地想用学到的技能开发一个完整的项目了。本章将尽量融合之前介绍过的知识点开发一个模拟电子商城核心业务的项目。

25.1 项目定位

本项目的主要目标是通过开发一个模拟电子商城核心业务的应用向读者演示如何在实战环境中综合、合理地运用 ASP.NET Core 框架的各种组件来实现业务。让读者体会真实而复杂的项目开发,帮助读者解决知道基础知识却不知道如何在真实项目中灵活运用的问题,提升读者的实战开发能力。

本项目的首要目标是演示各种组件应该如何有机结合在一起相互配合实现功能,次要目标才是模拟电子商城的核心业务。因此可能出现一些不完全符合真实场景的情况,例如为了引入要演示的组件,对业务逻辑进行一定程度的修改,或者为了演示更丰富的解决方案而使用不同的方法来实现相似功能等。

为了尽可能地演示更多组件的运用,项目规模和代码量较大,书中无法一一展示。非关键的部分可能不展示在书中,如果想获知完整代码,请查看随书附赠的项目。项目代码使用 Git 进行管理,并在开发途中的关键节点创建提交。请善用 Git 工具对比各个节点的差异来确认各部分代码的主要用途。

随书附赠的代码是在开发完成后重新整理和编排的版本,而 Git 又不方便对历史记录进行修改,因此可能存在少量没有修正的历史提交中的不合理的代码。原始版本中存在的一些已经没用的遗留代码可能会被意外复制到随书附赠的版本(发现后会在之后的提交中删除)。随书附赠的版本还可能存在少量代码出现的时机和提交说明不匹配的问题,例如后期的功能所需的代码意外被提前提交到早期版本或者相反。对于这些问题,在 Git 中修复的操作较为复杂,可能会在修复时引起新的问题,因此笔者会尽量在书中指出这些问题,减少对读者阅读和练习参考的影响。如有发现笔者的疏漏,烦请联系笔者订正。

25.2 需求分析

本项目以适应微服务和云的架构进行开发,因此不同的功能位于不同的独立应用。

25.2.1 统一的身份认证和授权中心

现在,为了整合自家旗下的不同应用,独立使用专门的统一授权中心是打通自家旗下应用的常用方法。因为本项目的目标之一是适应微服务和云架构,所以需专门设立身份认证和授权中心(之后简称授权中心)。

身份认证和授权中心使用 OAuth 和 OIDC 协议和其他应用交互。根据本书所介绍过的知识点,选用 ASP.NET Core Identity 来管理账号信息,OAuth 和 OIDC 协议则交由 OpenIddict 来实现。

25.2.2 买家的独立网页渲染和业务逻辑服务

前后端分离是现代应用追求的开发模式,为了使本项目能尽量兼容各种开发模式,把网页渲染和业务逻辑拆分为独立的应用。这也方便为微服务架构提供基础支持。

消费者使用的商城需要可视化交互,同时也需要为 SEO 优化提供便利。结合本书介绍过的知识点,商城应用使用 ASP.NET Core Razor Pages 进行开发,业务逻辑服务使用 ASP.NET Core Web API 进行开发。在各个应用之间使用基于依赖注入的 IHttpClientFactory 实现交互。

Web API 将遵循 Open API 规范进行开发并提供 Swagger 文档。有了 Open API 的支持,客户端就可以使用 WebApiClientCore 自动生成客户端来减轻开发负担。

商城业务和完成购物所需的订单业务是相对独立的两个业务,因此也分别作为独立应用进行开发。因为商城和两个业务应用已经能演示微服务之间如何交互,所以精简掉支付服务,把订单的支付功能简化为改变订单状态。

25.2.3 卖家的店铺、商品和订单管理

一个完整的商城一定能实现买家和卖家之间的互动,因此需要一个供卖家使用的管理中心。通常这种管理系统是功能比较复杂的富应用,为了同时保持前后端的独立性,也将卖家服务分为前端页面和后端 API。

买家的部分已经演示了 Razor Pages 和 Web API,因此卖家部分将演示其他组件的运用。经过分析可知,Blazor 是适合用来实现富客户端应用的框架,为了实现前端的独立,采用支持 SPA 的 Blazor WebAssembly 框架来开发卖家的管理应用。为了能演示 Blazor 的更多功能,使用

ASP.NET Core 托管应用。卖家应用是典型的后台管理系统，因此使用 Ant Design Blazor 组件库来简化开发，并以此演示如何使用第三方 Razor 组件。

对于业务服务，为了配合较为复杂的卖家业务使用 GraphQL 来开发后端服务。由于 HotChocolate 提供了强大的基础框架，能更轻松地实现所需的功能，因此选用 HotChocolate 实现 GraphQL 服务。为了体现 GraphQL 强大的数据处理能力，让 HotChocolate 服务端直接访问数据库。

25.3 架构设计

为了体现出依赖注入的优势，采用依赖抽象原则和面向接口编程原则来设计基础架构。之前介绍过领域驱动设计和其他现代软件设计架构，为了保持基础框架的稳定性和对应用需求提供足够的开发灵活性，上层应用架构采用这些设计思想，同时兼顾演示如何运用这些架构设计思想。

不过之前介绍的架构设计比较抽象，不像流程图和类图能直接反映代码结构。因此项目代码的设计是笔者对这些架构思想的个人理解，同时针对项目的核心目标和实际情况进行了适当的调整。在真实的项目中需要读者结合实际情况来设计，切勿照本宣科。

根据领域驱动设计的思想，至少需要设计领域实体、聚合和领域服务。结合项目的实际需要，领域实体以 EF Core 实体模型的形式体现，本项目的复杂度还没有达到需要用值对象的程度，直接使用基本数据类型即可。实体聚合和仓储则基于 EF Core 进行简单封装，用于消除 EF Core 没有消除的底层差异和自动化 EF Core 没有封装的基础功能，例如封装和自动化并发冲突检查所需的基本功能。聚合根也就顺势用 EF Core 的 DbSet 来表示。

根据依赖倒置原则，实现业务逻辑的领域服务分为服务接口和服务实现两部分，在最上层应用处通过依赖注入关联在一起。经过这样设计，业务的抽象设计和流程编排彻底抽象化，不再依赖具体实现。至此领域驱动设计全部表现为接口定义和接口之间的相互组合及调用，具体实现完全隔离在基础设施层。这有助于保持业务抽象设计的稳定，也方便灵活地修改具体实现。

事件驱动、事件溯源和查询命令职责分离思想有助于设计可持续演进的软件架构，但限于实战练习项目的复杂性不能太高，可持续演进方面的优势无法充分体现。为了能够落实事件驱动、事件溯源和查询命令职责分离思想，使用 MediatR 来演示进程内消息通信模型。为了方便将来把消息通信模型切换到真实的分布式消息模式，根据 MediatR 的结构提取出一个抽象的消息通信接口来隔离具体实现。

经过以上设计，可以得出项目的大致架构设计图，如图 25-1 所示。

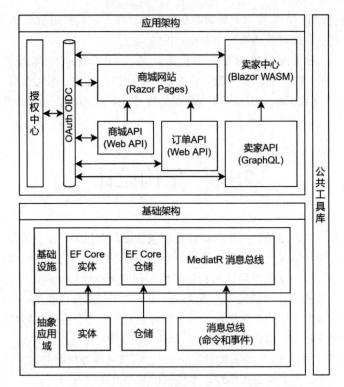

图 25-1　项目架构设计

有了明确的架构设计后就可以着手编写代码了。

25.4　创建解决方案和 Git 存储库

　　.NET 工程的基本单位是项目，但是复杂的工程通常需要多个项目配合开发。为此 VS（Visual Studio）准备了同时管理多个项目的功能——解决方案。开始实战演练的第一步自然就是创建解决方案。由于本次演练以适应微服务和云的架构进行开发，为了方便管理，从空白解决方案开始创建。

　　在现代软件工程中，源代码版本管理是必不可少的基本工具。本次演练采用 Git 来管理源代码，因为 Git 已经内置在 VS 2022 中，源代码无论是在本地管理还是推送到 GitHub 等远程仓库实现远程团队协作都十分方便。

25.4.1　创建解决方案

　　本次演练使用一些第三方扩展插件来提升开发体验，开始练习前推荐安装 Markdown Editor 和 Strawberry Shake。

25.4.2 创建 Git 存储库

1. Git 简介

源代码管理是项目开发的重要组成部分，特别是在团队协作开发中。编写代码时可能由于一些原因导致代码作废，需要以历史代码为基础重新编写。或者有时需要编写一些将来不一定有用的实验性代码，为了保护代码又必须进行存档。这时如果有一个工具能自动记录下这些代码，在需要时能方便快速地还原当时的状态，一定能大大增加开发效率，减少失误造成的损失。

在团队协作开发中，许多人同时修改同一个文件和将大家的代码合并到一起一定是无法避免的，用 U 盘相互复制和手工校对合并不仅效率低下，还非常容易出错。此时借助工具自动完成这些工作是非常迫切的需求。

源代码版本管理工具就是为了解决这些需求而开发的。目前常用的有 SVN 和 Git 两种：SVN 是集中式管理工具的代表，而 Git 是分布式管理工具的代表。

由于 SVN 的集中式管理特点，需要专门设立 SVN 服务器，所有开发者都作为客户端连接到服务器来管理代码。在团队规模较小时并没有什么问题，但随着团队规模的扩大，服务器压力将随之增加，代码冲突也将变得严重。因此 SVN 流行程度逐渐降低，毕竟软件开发复杂化将是不可避免的大趋势。

Git 作为分布式代码版本管理工具很好地解决了以上问题。最早 Git 是用于管理 Linux 内核代码的工具。由于 Linux 是世界各地的工程师贡献聪明才智的结晶，人员结构复杂，组织较为松散，使得集中管理几乎不可能实现，为了解决这些问题，Git 诞生了。分布式管理的核心思路就是每个本地存储库都可以自我运转，不依赖远程服务器，然后推举其中一个为中央存储库，负责集散所有参与者的修改。每个人都在自己的本地存储库中提交修改，当修改到达关键节点时再批量同步到远程的中央存储库。当然如果所有人都能随意合并代码到中央存储库的话肯定会失控，因此中央存储库的所有者有权拒绝其他人的代码合并请求。

经受住如此苛刻考验的 Git 也不再局限于管理 Linux 内核的源代码，在广大源代码管理工具市场中流行开来。基于 Git 扩展而来的 GitHub 现在更是成为世界著名的开源软件代码托管平台，目前已经被微软收购。VS 也顺应趋势内置了 GitHub 扩展使得在 VS 中使用 Git 和 GitHub 管理源代码变得非常方便。码云（Gitee）是在中国比较流行的公共源代码托管平台。其他还有诸如 Gitlab 之类的私有源代码托管平台，可以获取平台软件部署在内部网络，适合用来管理保密要求比较严格的项目代码。

2. 创建存储库

在 VS 的状态栏中单击"添加到源代码管理"按钮，然后选择"Git"，如图 25-2 所示。

图 25-2　创建 Git 存储库

在"创建 GIT 存储库"对话框中设置存储库路径，如图 25-3 所示。完成后就可以在状态栏看到存储库信息和快捷操作按钮了。

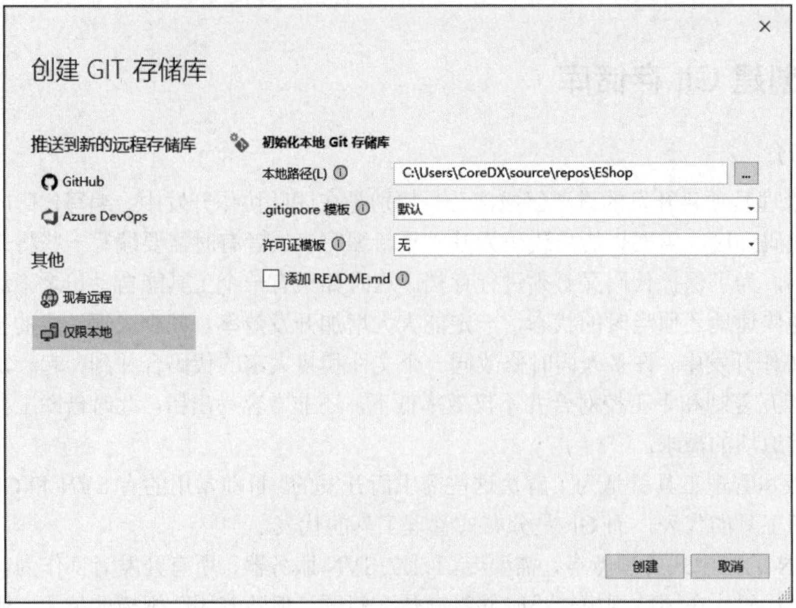

图 25-3　设置存储库路径

25.5　定义应用域的通用抽象接口

基础接口的设计事关后续开发能否顺利进行，因此有必要在实际应用之前进行技术调研，确保设计的合理性。以下介绍根据笔者的经验、思考、软件架构的基本要求和项目的需要设计的接口。公共工具库则随着项目的推进在需要时再编写。

本次实战演练的规模较大，为方便管理决定使用解决方案文件夹功能对项目分组。这里要注意一点，解决方案文件夹是解决方案的逻辑分组功能，并不会在文件系统中创建文件夹。为了在文件系统中也分组整理项目文件，笔者同时在文件系统中创建对应的文件夹，之后不再赘述。

受限于篇幅问题，本书的代码不展示命名空间的定义和引用，完整代码请查看随书附赠的项目。

新建文件夹路径"src/AppDomain"，然后在其中新建类库项目"EShop.Domain.Abstractions"。注意在新建项目向导的选择保存位置页面调整文件夹。如果失误的话推荐尽快删除项目重新创建，手动移动文件和修改解决方案配置不仅操作烦琐还容易出错。如果想熟悉 sln 文件结构的话也可以趁项目少的时候试着解读和修改。

25.5.1　实体相关接口

实体接口的主要作用是标准化实体的唯一标识，方便后续开发。树形实体是一种常用的具有特殊性质的实体，因此也准备一套标准化接口。为了增强扩展性，再单独准备一些辅助接口以供选用。

示例代码如下：

第 25 章 电子商城项目

(1) 常用的实体功能接口（Entities/EntityInterface.cs）

```
1.    /// <summary>
2.    /// 软删除接口
3.    /// </summary>
4.    public interface ILogicallyDeletable
5.    {
6.        /// <summary>
7.        /// 逻辑删除标记
8.        /// </summary>
9.        bool IsDeleted { get; set; }
10.   }
11.
12.   /// <summary>
13.   /// 乐观并发接口
14.   /// </summary>
15.   public interface IOptimisticConcurrencySupported
16.   {
17.       /// <summary>
18.       /// 行版本，乐观并发锁
19.       /// </summary>
20.       [ConcurrencyCheck]
21.       string ConcurrencyStamp { get; set; }
22.   }
```

这些功能不一定会用在所有实体中，因此定义为独立接口方便选用。

(2) 基础实体接口（Entities/IEntity.cs）

```
1.    /// <summary>
2.    /// 实体接口
3.    /// </summary>
4.    public interface IEntity { }
5.
6.    /// <summary>
7.    /// 实体接口
8.    /// </summary>
9.    /// <typeparam name="TKey">唯一标识的类型</typeparam>
10.   public interface IEntity<TKey> : IEntity
11.       where TKey : IEquatable<TKey>
12.   {
13.       /// <summary>
14.       /// 实体的唯一标识
15.       /// </summary>
16.       TKey Id { get; set; }
17.   }
```

实体是领域驱动设计的基础概念，但是 EF Core 允许配置没有主键的实体（例如视图和表值函数映射）以及复合主键实体，这些复杂情况无法通过接口强制约束，因此准备一个空的标记接口。对于常见的单主键实体则定义一个 Id 属性，这样可以在后续的通用功能封装中发挥作用。

(3) 树形结构的相关接口（Entities/ITree.cs）

```
1.    /// <summary>
2.    /// 树形数据接口
3.    /// </summary>
4.    /// <typeparam name="T">节点数据类型</typeparam>
5.    public interface ITree<T>
6.    {
7.        /// <summary>
8.        /// 父节点
9.        /// </summary>
10.       T? Parent { get; set; }
```

```csharp
11.
12.     /// <summary>
13.     /// 子节点集合
14.     /// </summary>
15.     IList<T> Children { get; set; }
16.
17.     /// <summary>
18.     /// 节点深度，根的深度为 0
19.     /// </summary>
20.     int Depth { get; }
21.
22.     /// <summary>
23.     /// 是否是根节点
24.     /// </summary>
25.     bool IsRoot { get; }
26.
27.     /// <summary>
28.     /// 是否是叶节点
29.     /// </summary>
30.     bool IsLeaf { get; }
31.
32.     /// <summary>
33.     /// 是否有子节点
34.     /// </summary>
35.     bool HasChildren { get; }
36.
37.     /// <summary>
38.     /// 节点路径（UNIX 路径格式，以"/"分隔）
39.     /// </summary>
40.     string? Path { get; }
41. }
```

接口的成员是根据图论中有关树的性质设计的，有了这些属性，基本上就能满足有关树的各种算法设计需求了。

（4）树形实体接口（Entities/ITreeEntity.cs）

```csharp
1.  /// <summary>
2.  /// 树形实体接口
3.  /// </summary>
4.  /// <typeparam name="T">实体类型</typeparam>
5.  public interface ITreeEntity<T> : IEntity, ITree<T>
6.  {
7.  }
8.
9.  /// <summary>
10. /// 树形实体接口
11. /// </summary>
12. /// <typeparam name="TKey">主键类型</typeparam>
13. /// <typeparam name="TEntity">实体类型</typeparam>
14. public interface ITreeEntity<TKey, TEntity> : ITreeEntity<TEntity>, IEntity<TKey>
15.     where TKey : struct, IEquatable<TKey>
16.     where TEntity : ITreeEntity<TKey, TEntity>
17. {
18.     /// <summary>
19.     /// 父节点 Id
20.     /// </summary>
21.     TKey? ParentId { get; set; }
22.
```

在数据库中，最常用的存储模型是邻接表模型，最关键的就是存储父节点的值。但是根节点没有父节点，因此父节点的 Id 应该可空。为了让编译器准确识别出问号的含义，约束主键必须是值类型。树形实体接口大多数时候可以直接使用，就算需要用字符串做主键也不用担心，用自定义结构体包装一下就能继续用了。

25.5.2　仓储相关接口

EF Core 本身就是仓储架构的数据框架，通常情况下无须再次封装，但是 EF Core 只是对大多数关系数据库和少数非关系数据库的抽象，并没有彻底摆脱对细节的依赖。如果希望项目不依赖任何具体细节，那么准备一套和底层存储系统毫无关系的抽象仓储接口是很有用的。

1. Repositories/Repository.cs

示例代码如下：

```
1.   /// <summary>
2.   /// 支持批处理的仓储
3.   /// </summary>
4.   /// <typeparam name="TResult">处理结果的类型</typeparam>
5.   /// <typeparam name="TVariableRepository">基础仓储类型</typeparam>
6.   /// <typeparam name="TEntity">实体类型</typeparam>
7.   public interface IBulkOperableVariableRepository<TResult, TVariableRepository,
         TEntity>
8.       where TEntity : IEntity
9.       where TVariableRepository : IVariableRepository<TEntity>
10.  {
11.      /// <summary>
12.      /// 保存变更
13.      /// </summary>
14.      /// <returns>返回值</returns>
15.      TResult SaveChanges();
16.
17.      /// <summary>
18.      /// 保存变更
19.      /// </summary>
20.      /// <param name="cancellationToken">取消令牌</param>
21.      /// <returns>获取返回值的任务</returns>
22.      Task<TResult> SaveChangesAsync(CancellationToken cancellationToken =
         default);
23.  }
24.
25.  /// <summary>
26.  /// 支持批处理的仓储
27.  /// </summary>
28.  /// <typeparam name="TVariableRepository">基础仓储类型</typeparam>
29.  /// <typeparam name="TEntity">实体类型</typeparam>
30.  public interface IBulkOperableVariableRepository<TVariableRepository, TEntity>
31.      where TEntity : IEntity
32.      where TVariableRepository : IVariableRepository<TEntity>
33.  {
34.      /// <summary>
35.      /// 保存变更
36.      /// </summary>
37.      void SaveChanges();
38.
39.      /// <summary>
40.      /// 保存变更
41.      /// </summary>
42.      /// <param name="cancellationToken">取消令牌</param>
43.      /// <returns>指示保存状态的任务</returns>
44.      Task SaveChangesAsync(CancellationToken cancellationToken = default);
```

```csharp
45.     }
46.
47.     /// <summary>
48.     /// 只读仓储
49.     /// </summary>
50.     /// <typeparam name="TEntity">实体类型</typeparam>
51.     public interface IReadOnlyRepository<TEntity>
52.         where TEntity : IEntity
53.     {
54.         /// <summary>
55.         /// 获取仓储的查询根
56.         /// </summary>
57.         IQueryable<TEntity> Query { get; }
58.     }
59.
60.     /// <summary>
61.     /// 只读仓储
62.     /// </summary>
63.     /// <typeparam name="TEntity">实体类型</typeparam>
64.     /// <typeparam name="TKey">实体的唯一标识类型</typeparam>
65.     public interface IReadOnlyRepository<TEntity, TKey> :
        IReadOnlyRepository<TEntity>
66.         where TEntity : IEntity<TKey>
67.         where TKey : IEquatable<TKey>
68.     {
69.         /// <summary>
70.         /// 查找实体
71.         /// </summary>
72.         /// <param name="key">主键</param>
73.         /// <returns>找到的实体</returns>
74.         TEntity? Find(TKey key);
75.
76.         /// <summary>
77.         /// 查找实体
78.         /// </summary>
79.         /// <param name="key">主键</param>
80.         /// <param name="cancellationToken">取消令牌</param>
81.         /// <returns>获取找到的实体的任务</returns>
82.         Task<TEntity?> FindAsync(TKey key, CancellationToken cancellationToken =
            default);
83.
84.         /// <summary>
85.         /// 查找多个实体
86.         /// </summary>
87.         /// <param name="keys">主键集合</param>
88.         /// <returns>找到实体集合</returns>
89.         IQueryable<TEntity?> Find(IEnumerable<TKey> keys);
90.     }
91.
92.     /// <summary>
93.     /// 可变仓储
94.     /// </summary>
95.     /// <typeparam name="TEntity">实体类型</typeparam>
96.     public interface IVariableRepository<TEntity>
97.         where TEntity : IEntity
98.     {
99.         /// <summary>
100.        /// 添加实体
101.        /// </summary>
102.        /// <param name="entity">实体实例</param>
103.        void Add(TEntity entity);
104.
105.        /// <summary>
106.        /// 添加实体
```

```csharp
        /// </summary>
        /// <param name="entity">实体实例</param>
        /// <param name="cancellationToken">取消令牌</param>
        /// <returns>指示添加状态的任务</returns>
        Task AddAsync(TEntity entity, CancellationToken cancellationToken = default);

        /// <summary>
        /// 更新实体
        /// </summary>
        /// <param name="entity">实体实例</param>
        void Update(TEntity entity);

        /// <summary>
        /// 更新实体
        /// </summary>
        /// <param name="entity">实体实例</param>
        /// <param name="cancellationToken">取消令牌</param>
        /// <returns>指示更新状态的任务</returns>
        Task UpdateAsync(TEntity entity, CancellationToken cancellationToken = default);

        /// <summary>
        /// 删除实体
        /// </summary>
        /// <param name="entity">实体实例</param>
        void Delete(TEntity entity);

        /// <summary>
        /// 删除实体
        /// </summary>
        /// <param name="entity">实体实例</param>
        /// <param name="cancellationToken">取消令牌</param>
        /// <returns>指示删除状态的任务</returns>
        Task DeleteAsync(TEntity entity, CancellationToken cancellationToken = default);

        /// <summary>
        /// 添加多个实体
        /// </summary>
        /// <param name="entities">实体实例集合</param>
        void AddRange(IEnumerable<TEntity> entities);

        /// <summary>
        /// 添加多个实体
        /// </summary>
        /// <param name="entities">实体实例集合</param>
        /// <param name="cancellationToken">取消令牌</param>
        /// <returns>指示添加状态的任务</returns>
        Task AddRangeAsync(IEnumerable<TEntity> entities, CancellationToken cancellationToken = default);

        /// <summary>
        /// 更新多个实体
        /// </summary>
        /// <param name="entities">实体实例集合</param>
        void UpdateRange(IEnumerable<TEntity> entities);

        /// <summary>
        /// 更新多个实体
        /// </summary>
        /// <param name="entities">实体实例集合</param>
        /// <param name="cancellationToken">取消令牌</param>
```

```csharp
166.         /// <returns>指示更新状态的任务</returns>
167.         Task UpdateRangeAsync(IEnumerable<TEntity> entities, CancellationToken
                 cancellationToken = default);
168.
169.         /// <summary>
170.         /// 删除多个实体
171.         /// </summary>
172.         /// <param name="entities">实体实例集合</param>
173.         void DeleteRange(IEnumerable<TEntity> entities);
174.
175.         /// <summary>
176.         /// 删除多个实体
177.         /// </summary>
178.         /// <param name="entities">实体实例集合</param>
179.         /// <param name="cancellationToken">取消令牌</param>
180.         /// <returns>指示删除状态的任务</returns>
181.         Task DeleteRangeAsync(IEnumerable<TEntity> entities, CancellationToken
                 cancellationToken = default);
182.     }
183.
184.     /// <summary>
185.     /// 可变仓储
186.     /// </summary>
187.     /// <typeparam name="TEntity">实体类型</typeparam>
188.     /// <typeparam name="TKey">实体的唯一标识类型</typeparam>
189.     public interface IVariableRepository<TEntity, TKey> :
             IVariableRepository<TEntity>
190.         where TEntity : IEntity<TKey>
191.         where TKey : IEquatable<TKey>
192.     {
193.         /// <summary>
194.         /// 删除实体
195.         /// </summary>
196.         /// <param name="key">主键</param>
197.         void Delete(TKey key);
198.
199.         /// <summary>
200.         /// 删除实体
201.         /// </summary>
202.         /// <param name="key">主键</param>
203.         /// <param name="cancellationToken">取消令牌</param>
204.         /// <returns>指示删除状态的任务</returns>
205.         Task DeleteAsync(TKey key, CancellationToken cancellationToken = default);
206.
207.         /// <summary>
208.         /// 删除多个实体
209.         /// </summary>
210.         /// <param name="keys">主键集合</param>
211.         void DeleteRange(IEnumerable<TKey> keys);
212.
213.         /// <summary>
214.         /// 删除多个实体
215.         /// </summary>
216.         /// <param name="keys">主键集合</param>
217.         /// <param name="cancellationToken">取消令牌</param>
218.         /// <returns>指示删除状态的任务</returns>
219.         Task DeleteRangeAsync(IEnumerable<TKey> keys, CancellationToken
                 cancellationToken = default);
220.     }
221.
222.     /// <summary>
223.     /// 可读写仓储
224.     /// </summary>
```

```
225.     /// <typeparam name="TEntity">实体类型</typeparam>
226.     public interface IRepository<TEntity> : IVariableRepository<TEntity>,
             IReadOnlyRepository<TEntity>
227.         where TEntity : IEntity
228.     {
229.     }
230.
231.     /// <summary>
232.     /// 可读写仓储
233.     /// </summary>
234.     /// <typeparam name="TEntity">实体类型</typeparam>
235.     /// <typeparam name="TKey">实体的唯一标识类型</typeparam>
236.     public interface IRepository<TEntity, TKey> : IRepository<TEntity>,
             IVariableRepository<TEntity, TKey>, IReadOnlyRepository<TEntity, TKey>
237.         where TEntity : IEntity<TKey>
238.         where TKey : IEquatable<TKey>
239.     {
240.     }
```

这里的仓储按照可读写性、可批量操作性和主键类型是否明确等条件组合出 8 个接口供各种情况选用。这里大量利用了泛型和接口可多重实现的特点。仓储是典型的 I/O 密集型功能，因此准备一套异步方法提高系统的并发能力和吞吐量。

仓储接口本质上就是抽象增删改查操作，因此很容易理解，但是高度抽象也意味着任何依赖底层实现的独占功能特性都不能对外暴露。这也是多数开发者不喜欢直接用抽象仓储的原因。为了适当提高对 EF Core 高级功能的利用率，笔者决定再定义一套基于 EF Core 特化的仓储接口。

2. EF Core 仓储

针对 EF Core 特化的仓储必然会引入对 EF Core 的依赖，这会破坏抽象基础库的纯洁性，因此把特化仓储放到单独的项目中。在"src/AppDomain"目录中新建类库项目"EShop.Domain. Repository.EntityFrameworkCore"，并为项目安装 NuGet 包 Microsoft.EntityFrameworkCore。

（1）导入全局命名空间（GlobalImports.cs）

示例代码如下：

```
1.   global using EShop.Domain.Abstractions.Entities;
2.   global using EShop.Domain.Abstractions.Repositories;
3.   global using Microsoft.EntityFrameworkCore;
```

全局命名空间导入是 C# 10 的新功能，可以方便地一次性导入项目中可能需要在多个代码文件中使用的命名空间，并以此保持代码的整洁。之后的大多数项目都使用这种方式管理项目的命名空间引用，后面不再展示，详细内容请查看本书附赠的项目代码。

（2）定义接口（IEFCoreRepository.cs）

示例代码如下：

```
1.   /// <summary>
2.   /// 无主键实体的 EF Core 仓储
3.   /// </summary>
4.   /// <typeparam name="TEntity">实体类型</typeparam>
5.   /// <typeparam name="TDbContext">EF Core 上下文类型</typeparam>
6.   public interface IEFCoreRepository<TEntity, TDbContext> : IReadOnlyRepository
         <TEntity>, IVariableRepository<TEntity>, IBulkOperableVariableRepository<int,
         IEFCoreRepository<TEntity, TDbContext>, TEntity>, IDisposable, IAsyncDisposable
7.       where TEntity : class, IEntity
8.       where TDbContext : DbContext
9.   {
```

```
10.     /// <summary>
11.     /// 开始跟踪实体变更
12.     /// </summary>
13.     /// <param name="entity">实体实例</param>
14.     void Attach(TEntity entity);
15.
16.     /// <summary>
17.     /// 开始跟踪多个实体变更
18.     /// </summary>
19.     /// <param name="entities">实体集合</param>
20.     void AttachRange(IEnumerable<TEntity> entities);
21.
22.     /// <summary>
23.     /// 停止跟踪实体变更
24.     /// </summary>
25.     /// <param name="entity">实体实例</param>
26.     void Detach(TEntity entity);
27.
28.     /// <summary>
29.     /// 停止跟踪多个实体变更
30.     /// </summary>
31.     /// <param name="entities">实体集合</param>
32.     void DetachRange(IEnumerable<TEntity> entities);
33.
34.     /// <summary>
35.     /// 获取实体记录
36.     /// </summary>
37.     /// <param name="entity">实体实例</param>
38.     /// <returns></returns>
39.     EntityEntry<TEntity> GetEntityEntry(TEntity entity);
40.
41.     /// <summary>
42.     /// 重置实体变更跟踪器的状态
43.     /// </summary>
44.     void ResetDbContext();
45. }
46.
47. /// <summary>
48. /// 有主键实体的 EF Core 仓储
49. /// </summary>
50. /// <typeparam name="TEntity">实体类型</typeparam>
51. /// <typeparam name="TKey">主键类型</typeparam>
52. /// <typeparam name="TDbContext">EF Core 上下文类型</typeparam>
53. public interface IEFCoreRepository<TEntity, TKey, TDbContext> : IEFCoreRepository
        <TEntity, TDbContext>, IReadOnlyRepository<TEntity, TKey>,
        IVariableRepository<TEntity, TKey>
54.     where TEntity : class, IEntity<TKey>
55.     where TKey : IEquatable<TKey>
56.     where TDbContext : DbContext
57. { }
```

抽象仓储已经定义了通用仓储功能，EF Core 仓储只需要追加独占功能的定义。

25.5.3 命令和事件相关接口

本次演练虽然已经决定了使用 MediatR 实现进程内消息通信，以此来模拟 CQRS 架构，但是为了避免直接依赖细节，还是准备一套抽象接口，也方便将来换成真实的分布式消息通信。

在 CQRS 架构中，命令和事件的区别是是否会改变系统状态，大多数情况下也就是指会不会修改数据库中的数据。但是在本次演练中笔者并不打算按照这种方式来设计。因为这种设计方式根本无法在代码层确保意图能被强制实施,软性约束反而可能产生额外的沟通和管理成本。

在本次演练中,笔者重新定义命令和事件。命令只能由一个命令处理器处理,因此可以用同步等待返回值的方式接收处理结果。事件可以由多个事件处理器处理,是并行的、执行顺序不确定的,因此也不支持返回值。命令和事件是否会改变系统状态应该通过命名来体现,例如某某查询命令就隐含表示该命令不应该改变系统状态且返回值应该是查询结果。如果命名所体现的内涵和代码的实际行为是冲突的,则应该在代码审查时发现并拒绝合并代码。

同一事件的事件处理器之间没有任何关系,不能假设事件处理器之间能通过调度进行配合。如果某些事件的处理进程比较复杂,步骤之间存在因果依赖,应该在事件处理器完成当前处理步骤后,通过发布后置事件的方式唤醒下一步骤的处理器。

命令和事件本质上都是消息,处理器通过解读消息内容来完成工作,这是典型的数据和行为分离的模式。数据可以存档,因此事件溯源架构可以通过事件重放来还原实体和系统的任意历史状态。事件溯源这种完全保留历史的架构会随着事件的增多拖慢系统运行,因此通常情况下需要一个最新状态的快照以避免每次查询都重放事件来生成结果。如果有报表和历史数据分析的需求也可以在关键节点创建历史快照方便分析。只有在系统出现异常时才应该通过离线重放来发现异常位置和修正系统状态。

根据以上分析,我们需要设计统一的消息接口承载基础数据,然后分化出事件和命令接口。

示例代码如下:

(1) 消息接口定义(Messages/IMessage.cs、Events/IEvent.cs、Commands/ICommand.cs)

```
1.    /// <summary>
2.    /// 消息,命令和事件的通用基础
3.    /// </summary>
4.    public interface IMessage
5.    {
6.        /// <summary>
7.        /// 消息的唯一标识
8.        /// </summary>
9.        string Id { get; }
10.
11.       /// <summary>
12.       /// 消息的产生时间
13.       /// </summary>
14.       DateTimeOffset Timestamp { get; }
15.   }
16.
17.   /// <summary>
18.   /// 事件接口
19.   /// </summary>
20.   public interface IEvent : IMessage { }
21.
22.   /// <summary>
23.   /// 有返回值的命令接口
24.   /// </summary>
25.   /// <typeparam name="TResult">返回值类型</typeparam>
26.   public interface ICommand<out TResult> : ICommand { }
27.
28.   /// <summary>
29.   /// 无返回值的命令接口
30.   /// </summary>
31.   public interface ICommand : IMessage { }
```

明确定义命令和事件之后就可以定义它们的处理器接口了。

（2）消息处理器接口定义（Events/IEventHandler.cs、Commands/ICommandHandler.cs）

```csharp
/// <summary>
/// 事件处理器
/// </summary>
/// <typeparam name="TEvent">事件类型</typeparam>
public interface IEventHandler<in TEvent>
    where TEvent : IEvent
{
    /// <summary>
    /// 处理事件
    /// </summary>
    /// <param name="event">事件实例</param>
    /// <param name="cancellationToken">取消令牌</param>
    /// <returns>指示事件处理状态的任务</returns>
    Task Handle(TEvent @event, CancellationToken cancellationToken);
}

/// <summary>
/// 无返回值的命令处理器
/// </summary>
/// <typeparam name="TCommand">命令类型</typeparam>
public interface ICommandHandler<in TCommand>
    where TCommand : ICommand
{
    /// <summary>
    /// 处理命令
    /// </summary>
    /// <param name="command">命令实例</param>
    /// <param name="cancellationToken">取消令牌</param>
    /// <returns>指示命令处理状态的任务</returns>
    Task Handle(TCommand command, CancellationToken cancellationToken);
}

/// <summary>
/// 有返回值的命令处理器
/// </summary>
/// <typeparam name="TCommand">命令类型</typeparam>
/// <typeparam name="TResult">返回值类型</typeparam>
public interface ICommandHandler<in TCommand, TResult> : ICommandHandler<TCommand>
    where TCommand : ICommand<TResult>
{
    /// <summary>
    /// 处理命令
    /// </summary>
    /// <param name="command">命令实例</param>
    /// <param name="cancellationToken">取消令牌</param>
    /// <returns>获取命令返回值的任务</returns>
    new Task<TResult> Handle(TCommand command, CancellationToken
        cancellationToken);
}
```

这里的事件处理器返回的 Task 可以向事件分发系统报告处理是顺利结束还是发生异常，方便诊断故障。如果分发系统不支持收集任务信息，也可以直接忽略返回的任务。

消息和消息处理器都定义好之后就应该把它们关联在一起的消息分发给系统。

（3）消息分发接口定义（Events/IEventBus.cs、Commands/ICommandBus.cs）

```csharp
/// <summary>
/// 事件总线
/// </summary>
public interface IEventBus
```

```csharp
5.  {
6.      /// <summary>
7.      /// 发布事件
8.      /// </summary>
9.      /// <param name="event">事件实例</param>
10.     void PublishEvent(IEvent @event);
11. 
12.     /// <summary>
13.     /// 发布事件
14.     /// </summary>
15.     /// <param name="event">事件实例</param>
16.     /// <param name="cancellationToken">取消令牌</param>
17.     /// <returns>指示事件发布状态的任务</returns>
18.     Task PublishEventAsync(IEvent @event, CancellationToken cancellationToken);
19. }
20. 
21. /// <summary>
22. /// 有返回值的事件总线
23. /// </summary>
24. /// <typeparam name="TResult">返回值的类型</typeparam>
25. public interface IEventBus<TResult> : IEventBus
26. {
27.     /// <summary>
28.     /// 发布事件
29.     /// </summary>
30.     /// <param name="event">事件实例</param>
31.     /// <returns>返回值</returns>
32.     new TResult? PublishEvent(IEvent @event);
33. 
34.     /// <summary>
35.     /// 发布事件
36.     /// </summary>
37.     /// <param name="event">事件实例</param>
38.     /// <param name="cancellationToken">取消令牌</param>
39.     /// <returns>获取返回值的任务</returns>
40.     new Task<TResult?> PublishEventAsync(IEvent @event, CancellationToken cancellationToken);
41. }
42. 
43. /// <summary>
44. /// 无返回值的命令总线（每种命令只会分发给一种命令处理器）
45. /// </summary>
46. /// <typeparam name="TCommand">命令类型</typeparam>
47. public interface ICommandBus<in TCommand>
48.     where TCommand : ICommand
49. {
50.     /// <summary>
51.     /// 发送命令
52.     /// </summary>
53.     /// <param name="command">命令实例</param>
54.     /// <param name="cancellationToken">取消令牌</param>
55.     /// <returns>指示命令发送或处理状态的任务</returns>
56.     Task SendCommandAsync(TCommand command, CancellationToken cancellationToken);
57. }
58. 
59. /// <summary>
60. /// 有返回值的命令总线（每种命令只会分发给一种命令处理器）
61. /// </summary>
62. /// <typeparam name="TCommand">命令类型</typeparam>
63. /// <typeparam name="TResult">返回值类型</typeparam>
64. public interface ICommandBus<in TCommand, TResult> : ICommandBus<TCommand>
65.     where TCommand : ICommand<TResult>
66. {
```

```
67.    /// <summary>
68.    /// 发送命令
69.    /// </summary>
70.    /// <param name="command">命令实例</param>
71.    /// <param name="cancellationToken">取消令牌</param>
72.    /// <returns>表示命令返回值的任务</returns>
73.    new Task<TResult> SendCommandAsync(TCommand command, CancellationToken
          cancellationToken);
74. }
```

这里的消息总线返回的 Task 是用来表示消息是否成功发布出去用的，不能接收事件的处理结果，事件处理器也不返回结果。对于命令总线而言则用于接收命令处理器的返回值。

消息分发接口的职责是把消息分派给对应的处理器，但是事件重放的前提是把消息保存起来，因此还需要消息持久化接口来承担保存消息的工作。

（4）消息存储接口（Events/IEventStore.cs、Commands/ICommandStore.cs）

```
1.  /// <summary>
2.  /// 事件存储
3.  /// </summary>
4.  public interface IEventStore
5.  {
6.      /// <summary>
7.      /// 保存事件
8.      /// </summary>
9.      /// <param name="event">事件实例</param>
10.     void Save(IEvent @event);
11.
12.     /// <summary>
13.     /// 保存事件
14.     /// </summary>
15.     /// <param name="event">事件实例</param>
16.     /// <param name="cancellationToken">取消令牌</param>
17.     /// <returns>指示事件保存状态的任务</returns>
18.     Task SaveAsync(IEvent @event, CancellationToken cancellationToken = default);
19. }
20.
21. /// <summary>
22. /// 有返回值的事件存储
23. /// </summary>
24. /// <typeparam name="TResult">返回值的类型</typeparam>
25. public interface IEventStore<TResult> : IEventStore
26. {
27.     /// <summary>
28.     /// 保存事件
29.     /// </summary>
30.     /// <param name="event">事件实例</param>
31.     /// <returns>返回值</returns>
32.     new TResult? Save(IEvent @event);
33.
34.     /// <summary>
35.     /// 保存事件
36.     /// </summary>
37.     /// <param name="event">事件实例</param>
38.     /// <param name="cancellationToken">取消令牌</param>
39.     /// <returns>获取返回值的任务</returns>
40.     new Task<TResult?> SaveAsync(IEvent @event, CancellationToken
          cancellationToken = default);
41. }
42.
43. /// <summary>
```

```
44.     /// 命令存储
45.     /// </summary>
46.     public interface ICommandStore
47.     {
48.         /// <summary>
49.         /// 保存命令
50.         /// </summary>
51.         /// <param name="command">命令实例</param>
52.         void Save(ICommand command);
53.
54.         /// <summary>
55.         /// 保存命令
56.         /// </summary>
57.         /// <param name="command">命令实例</param>
58.         /// <param name="cancellationToken">取消令牌</param>
59.         /// <returns>指示命令保存状态的任务</returns>
60.         Task SaveAsync(ICommand command, CancellationToken cancellationToken);
61.     }
62.
63.     /// <summary>
64.     /// 有返回值的命令存储
65.     /// </summary>
66.     /// <typeparam name="TResult">返回值类型</typeparam>
67.     public interface ICommandStore<TResult> : ICommandStore
68.     {
69.         /// <summary>
70.         /// 保存命令
71.         /// </summary>
72.         /// <param name="command">命令实例</param>
73.         /// <returns>自定义的返回值</returns>
74.         new TResult Save(ICommand command);
75.
76.         /// <summary>
77.         /// 保存命令
78.         /// </summary>
79.         /// <param name="command">命令实例</param>
80.         /// <param name="cancellationToken">取消令牌</param>
81.         /// <returns>获取自定义返回值的任务</returns>
82.         new Task<TResult> SaveAsync(ICommand command, CancellationToken
            cancellationToken);
83.     }
```

全部完成后不要忘了把代码提交到 Git 存储库。以上代码位于随书附赠的项目中的 ID 613a0087 的提交中。

25.6 开发通用基础设施

25.6.1 EF Core 仓储

根据之前的设计，使用 EF Core 来实现仓储接口。但是基本仓储无法有效利用 EF Core 的各种高级功能，因此这里再设计一套 EF Core 仓储接口，对外暴露一些常用的 EF Core 功能。这样可以根据需要迭代 EF Core 仓储，同时避免影响更通用的基础接口。仓储实现的依赖和接口相同，因此 EF Core 仓储的实现和接口放在同一个项目中。

实现仓储接口（EFCoreRepository.cs）的示例代码如下：

```csharp
public class EFCoreRepository<TEntity, TKey, TDbContext> : EFCoreRepository
  <TEntity, TDbContext>, IEFCoreRepository<TEntity, TKey, TDbContext>
    where TEntity : class, IEntity<TKey>
    where TKey : IEquatable<TKey>
    where TDbContext : DbContext
{
    public EFCoreRepository(IDbContextFactory<TDbContext> factory) :
      base(factory)
    {
    }

    public virtual void Delete(TKey key)
    {
        var entity = Find(key);
        Delete(entity);
    }

    public virtual Task DeleteAsync(TKey key, CancellationToken cancellationToken
      = default)
    {
        Delete(key);
        return Task.CompletedTask;
    }

    public virtual void DeleteRange(IEnumerable<TKey> keys)
    {
        var entities = Find(keys).ToArray();
        dbSet.AttachRange(entities);
        DeleteRange(entities);
    }

    public virtual Task DeleteRangeAsync(IEnumerable<TKey> keys, CancellationToken
      cancellationToken = default)
    {
        DeleteRange(keys);
        return Task.CompletedTask;
    }

    public virtual TEntity? Find(TKey key)
    {
        return Query.SingleOrDefault(x => x.Id.Equals(key));
    }

    public virtual Task<TEntity?> FindAsync(TKey key, CancellationToken
      cancellationToken = default)
    {
        return Query.SingleOrDefaultAsync(x => x.Id.Equals(key),
          cancellationToken);
    }

    public virtual IQueryable<TEntity> Find(IEnumerable<TKey> keys)
    {
        return Query.Where(x => keys.Contains(x.Id));
    }
}

public class EFCoreRepository<TEntity, TDbContext> : IEFCoreRepository<TEntity,
  TDbContext>
    where TEntity : class, IEntity
    where TDbContext : DbContext
{
    protected readonly TDbContext dbContext;
    protected readonly DbSet<TEntity> dbSet;

    /// <summary>
    /// 根查询,已启用非跟踪的标识解析
```

```csharp
60.        /// <para>如果需要进一步改善复杂查询（特别是连接查询）的性能，推荐调用AsSplitQuery
               方法启用拆分SQL的查询</para>
61.        /// </summary>
62.        public virtual IQueryable<TEntity> Query =>
             dbSet.AsNoTrackingWithIdentityResolution();
63.
64.        public EFCoreRepository(IDbContextFactory<TDbContext> factory)
65.        {
66.            dbContext = factory.CreateDbContext();
67.            dbSet = dbContext.Set<TEntity>();
68.        }
69.
70.        public virtual void Add(TEntity entity) => dbSet.Add(entity);
71.
72.        public virtual Task AddAsync(TEntity entity, CancellationToken
             cancellationToken = default) => dbSet.AddAsync(entity,
             cancellationToken).AsTask();
73.
74.        public virtual void AddRange(IEnumerable<TEntity> entities) =>
             dbSet.AddRange(entities);
75.
76.        public virtual Task AddRangeAsync(IEnumerable<TEntity> entities,
             CancellationToken cancellationToken = default) =>
             dbSet.AddRangeAsync(entities, cancellationToken);
77.
78.        public virtual void Delete(TEntity? entity)
79.        {
80.            if(entity is not null)
81.            {
82.                dbSet.Remove(entity);
83.            }
84.        }
85.
86.        public virtual Task DeleteAsync(TEntity entity, CancellationToken
             cancellationToken = default)
87.        {
88.            Delete(entity);
89.            return Task.CompletedTask;
90.        }
91.
92.        public virtual void DeleteRange(IEnumerable<TEntity> entities)
93.        {
94.            foreach (var entity in entities)
95.            {
96.                Delete(entity);
97.            }
98.        }
99.
100.          public virtual Task DeleteRangeAsync(IEnumerable<TEntity> entities,
               CancellationToken cancellationToken = default)
101.          {
102.              DeleteRange(entities);
103.              return Task.CompletedTask;
104.          }
105.
106.          public virtual int SaveChanges()
107.          {
108.              GenerateConcurrencyStamp();
109.              return dbContext.SaveChanges();
110.          }
111.
112.          public virtual Task<int> SaveChangesAsync(CancellationToken
               cancellationToken = default)
113.          {
114.              GenerateConcurrencyStamp();
115.              return dbContext.SaveChangesAsync(cancellationToken);
```

```csharp
        }

        public virtual void Update(TEntity entity) => dbSet.Update(entity);

        public virtual Task UpdateAsync(TEntity entity, CancellationToken
          cancellationToken = default)
        {
            Update(entity);
            return Task.CompletedTask;
        }

        public virtual void UpdateRange(IEnumerable<TEntity> entities) =>
          dbSet.UpdateRange(entities);

        public virtual Task UpdateRangeAsync(IEnumerable<TEntity> entities,
          CancellationToken cancellationToken = default)
        {
            UpdateRange(entities);
            return Task.CompletedTask;
        }

        public void Attach(TEntity entity) => dbContext.Attach(entity);

        public void AttachRange(IEnumerable<TEntity> entities) =>
          dbContext.AttachRange(entities);

        public void Detach(TEntity entity) => dbContext.Entry(entity).State =
          EntityState.Detached;

        public void DetachRange(IEnumerable<TEntity> entities)
        {
            foreach (var entity in entities)
            {
                Detach(entity);
            }
        }

        public EntityEntry<TEntity> GetEntityEntry(TEntity entity) =>
          dbContext.Entry(entity);

        /// <summary>
        /// 重置（更改跟踪器的）状态
        /// </summary>
        public void ResetDbContext() => dbContext.ChangeTracker.Clear();

        /// <summary>
        /// 生成并发检查令牌
        /// </summary>
        protected virtual void GenerateConcurrencyStamp()
        {
            // 找到所有实现并发检查接口的实体
            var changedEnties = dbContext.ChangeTracker.Entries()
              .Where(x => x.Entity is IOptimisticConcurrencySupported && x.State
                is EntityState.Added or EntityState.Modified);
            foreach (var entry in changedEnties)
            {
                if (entry.State is EntityState.Added)
                {
                    (entry.Entity as IOptimisticConcurrencySupported)!
                      .ConcurrencyStamp = Guid.NewGuid().ToString();
                }
                if (entry.State is EntityState.Modified)
                {
                    // 如果是更新实体，需要分别处理原值和新值
                    var concurrencyStamp = entry.Property(nameof
```

```
                        (IOptimisticConcurrencySupported.ConcurrencyStamp));
174.                // 实体的当前值要指定为原值
175.                concurrencyStamp!.OriginalValue = (entry.Entity as
                      IOptimisticConcurrencySupported)!.ConcurrencyStamp;
176.                // 然后重新生成新值
177.                concurrencyStamp.CurrentValue = Guid.NewGuid().ToString();
178.            }
179.        }
180.    }
181.
182.    public void Dispose() => dbContext?.Dispose();
183.
184.    public ValueTask DisposeAsync() => dbContext?.DisposeAsync() ??
          ValueTask.CompletedTask;
185. }
```

EF Core 仓储的实现主要封装了有关并发检查的功能。SQL Server 支持独占的 RowVersion 功能自动实现并发检查和令牌更新，但是其他数据库没有这个功能，为了兼容其他数据库，EF Core 准备了手动检查并发令牌的功能。既然如此，干脆趁机把手动检查并发冲突的功能封装到仓储中使之自动化。生成并发令牌的方法定义成虚方法，也方便子类自行实现自定义逻辑。

25.6.2　MediatR 总线

MediatR 可以实现进程内 CQRS 架构，但是以此实现的消息总线已经依赖底层细节，因此放到单独的项目中。不过，这种实现对于具体的应用而言依然是抽象的，不属于最终应用的基础设施，是领域通用的基础设施。

1. 第一个公共工具类

在正式开发总线之前，先准备接下来要用的工具类，方便之后的开发。在 src 文件夹中新建 Common 文件夹（不要忘了在解决方案中也建立对应的解决方案文件夹），然后新建类库项目 EShop.Utilities。在项目中新建文件夹 TypeExtensions，再新建类 StringExtensions。

字符串扩展（TypeExtensions/ StringExtensions.cs）的示例代码如下：

```
1.  public static class StringExtensions
2.  {
3.      public static bool IsNullOrEmpty(this string? value)
4.      {
5.          return string.IsNullOrEmpty(value);
6.      }
7.
8.      public static bool IsNullOrWhiteSpace(this string? value)
9.      {
10.         return string.IsNullOrWhiteSpace(value);
11.     }
12. }
```

把字符串的常用静态方法包装成扩展方法可以充分利用智能提示提高编码效率，还能使代码看上去更接近自然语言，降低阅读代码的心理负担。

2. 实现 MediatR 总线

在 "src/AppDomain" 目录中新建类库项目，名为 "EShop.Domain.Buses.MediatR"。然后引用项目 EShop.Domain.Abstractions 和 EShop.Utilities，最后安装 NuGet 包 MediatR 和 Microsoft.Extensions.Logging.Abstractions。

示例代码如下：

（1）MediatR 事件（Events/MediatREvent.cs）

```
1.   /// <summary>
2.   /// MediatR 事件基类
3.   /// </summary>
4.   public abstract class MediatREvent : IEvent, INotification
5.   {
6.       public string Id { get; }
7.
8.       public DateTimeOffset Timestamp { get; }
9.
10.      public MediatREvent(string? eventId = null)
11.      {
12.          if (eventId is not null && eventId.IsNullOrWhiteSpace())
13.          {
14.              throw new ArgumentException($"{eventId}的值不能是空白的。",
                     nameof(eventId));
15.          }
16.
17.          Id = eventId ?? Guid.NewGuid().ToString();
18.          Timestamp = DateTimeOffset.Now;
19.      }
20.  }
```

（2）MediatR 事件处理器（Events/MediatREventHandler.cs）

```
1.   /// <summary>
2.   /// MediatR 事件处理器基类
3.   /// </summary>
4.   /// <typeparam name="TEvent">事件类型</typeparam>
5.   public abstract class MediatREventHandler<TEvent> : IEventHandler<TEvent>,
         INotificationHandler<TEvent>
6.       where TEvent : MediatREvent
7.   {
8.       public abstract Task Handle(TEvent @event, CancellationToken
             cancellationToken);
9.   }
```

（3）MediatR 事件总线（Events/MediatREventBus.cs）

```
1.   /// <summary>
2.   /// MediatR 事件总线
3.   /// </summary>
4.   public class MediatREventBus : IEventBus
5.   {
6.       protected readonly IMediator mediator;
7.       protected readonly IEventStore eventStore;
8.
9.       public MediatREventBus(IMediator mediator, IEventStore eventStore)
10.      {
11.          this.mediator = mediator;
12.          this.eventStore = eventStore;
13.      }
14.
15.      public void PublishEvent(IEvent @event)
16.      {
17.          PublishEventAsync(@event).Wait();
18.      }
19.
20.      public Task PublishEventAsync(IEvent @event, CancellationToken
             cancellationToken = default)
21.      {
22.          return Task.WhenAll(eventStore?.SaveAsync(@event, cancellationToken) ??
```

```csharp
23.            Task.CompletedTask, mediator.Publish(@event, cancellationToken));
24.    }
25.
26.    /// <summary>
27.    /// 有返回值的 MediatR 事件总线
28.    /// </summary>
29.    /// <typeparam name="TResult">返回值类型</typeparam>
30.    public class MediatREventBus<TResult> : MediatREventBus, IEventBus<TResult>
31.    {
32.        public MediatREventBus(IMediator mediator, IEventStore eventStore)
33.            : base(mediator, eventStore)
34.        {
35.        }
36.
37.        TResult? IEventBus<TResult>.PublishEvent(IEvent @event)
38.        {
39.            PublishEventAsync(@event).Wait();
40.            return default;
41.        }
42.
43.        Task<TResult?> IEventBus<TResult>.PublishEventAsync(IEvent @event,
             CancellationToken cancellationToken)
44.        {
45.            eventStore?.SaveAsync(@event, cancellationToken);
46.            mediator.Publish(@event, cancellationToken);
47.            return Task.FromResult(default(TResult));
48.        }
49.    }
```

（4）进程内事件存储（Events/InProcessEventStore）

```csharp
1.    /// <summary>
2.    /// 进程内事件存储, 只写入日志
3.    /// </summary>
4.    public class InProcessEventStore : IEventStore
5.    {
6.        protected readonly ILogger _logger;
7.
8.        public InProcessEventStore(ILogger<InProcessEventStore> logger)
9.        {
10.           _logger = logger;
11.       }
12.
13.       public void Save(IEvent @event)
14.       {
15.           SaveAsync(@event).Wait();
16.       }
17.
18.       public Task SaveAsync(IEvent @event, CancellationToken cancellationToken =
            default)
19.       {
20.           _logger.LogInformation("{datetime} 发布了事件 {commandId}",
               @event.Timestamp, @event.Id);
21.           return Task.CompletedTask;
22.       }
23.   }
24.
25.   /// <summary>
26.   /// 进程内事件存储, 只写入日志
27.   /// </summary>
28.   /// <typeparam name="TResult">返回值类型</typeparam>
29.   public class InProcessEventStore<TResult> : InProcessEventStore,
         IEventStore<TResult>
30.   {
31.       public InProcessEventStore(ILogger<InProcessEventStore<TResult>> logger) :
```

```
            base(logger)
32.     {
33.     }
34.
35.     TResult? IEventStore<TResult>.Save(IEvent @event)
36.     {
37.         Save(@event);
38.         return default;
39.     }
40.
41.     async Task<TResult?> IEventStore<TResult>.SaveAsync(IEvent @event,
          CancellationToken cancellationToken)
42.     {
43.         await SaveAsync(@event, cancellationToken);
44.         return default(TResult);
45.     }
46. }
```

事件存储本质上就是把消息的相关信息保存到数据库或其他非易失性存储设备。本次演练的核心业务要用到数据库，因此事件存储功能就从简处理，用日志来代替，避免重复演示相似的功能，减少代码量。后面的命令存储也做相同的处理。

到目前为止开发的都是在所有项目中都有用的基础功能，但是在实际开发中很难一次成型。本书附赠的项目代码也是笔者开发完成后重新整理的版本，删去了原版中为测试而临时编写的代码和 Git 提交，还适当调整了编码顺序。这么做的根本目的是为读者提供没有噪音的纯净演示，但也不可避免地消灭了一些开发途中的思考细节，有时这些细节也是宝贵的知识和经验，笔者会尽力描述初次开发时的思考。如果想要快速提升开发能力，在演示项目的基础上继续扩展或者自己开发全新的项目，在真实场景中锻炼思维是必不可少的一步。有些经验确实难以通过语言文字传达，不亲身经历很难体会，所以千万不要忽视动手练习的必要性。

进入下一阶段的开发前先提交目前的代码到 Git 存储库，以上代码位于随书附赠的项目的 ID c7803c8a 的提交中。

25.7 开发身份认证和授权中心

在多个相关产品中提供一致且连续的服务是非常重要的，但是不同的软件通常提供的功能和侧重点不同，此时需要对产品进行重构。和软件重构一样，在产品重构中把通用基础服务独立成一个产品能提升用户体验，避免产品之间重复开发相同的功能造成用户体验割裂。

统一用户账户是不错的开始，因此这个全新的演练项目从一开始就把身份认证和授权设计成独立运行的产品。OAuth 和 OIDC 是比较复杂的协议，完全从头写成本高昂，公开标准通常可以考虑利用现成的专业组件。根据本书之前的介绍，这里自然是选用 Identity Core 和 OpenIddict 来开发。

25.7.1 EF Core 扩展

为了能更方便地管理 EF Core 实体模型，我们需要一个 EF Core 扩展库。这个扩展库随着项目的推进逐步完善。

在 "src/Common" 目录中新建类库项目，名为 "EShop.Extensions.EntityFrameworkCore"。

在项目中新建文件夹 DataAnnotations，再新建类 DatabaseDescriptionAttribute。

数据库说明特性（DataAnnotations/ DatabaseDescriptionAttribute.cs）的示例代码如下：

```
1.   /// <summary>
2.   /// 实体在数据库中的表和列的说明
3.   /// 在迁移的 Up 方法中调用（确保在所有表创建和修改完成后，避免找不到表和列）
4.   /// migrationBuilder.ApplyDatabaseDescription(Migration m);
5.   /// </summary>
6.   [AttributeUsage(AttributeTargets.Class | AttributeTargets.Enum |
         AttributeTargets.Property | AttributeTargets.Field, Inherited = true,
         AllowMultiple = false)]
7.   public class DatabaseDescriptionAttribute : Attribute
8.   {
9.       /// <summary>
10.      /// 初始化新的实例
11.      /// </summary>
12.      /// <param name="description">说明内容</param>
13.      public DatabaseDescriptionAttribute(string description) => Description =
          description;
14.
15.      /// <summary>
16.      /// 说明
17.      /// </summary>
18.      public virtual string Description { get; }
19.  }
```

数据库说明能方便开发者了解数据库的设计意图，但是管理数据库说明却很麻烦。为了方便，此处利用 EF Core 管理说明设计这个扩展。数据库说明特性用来承载说明文本，使用特性的部分在之后完善。

25.7.2 Identity 实体和上下文

默认的 Identity 实体和上下文不满足项目的一些需求，例如账号应该是逻辑删除而不是物理删除，把实体集成到统一的实体接口，等等。因此需要对默认实体和上下文进行一些改造。

1. 实体模型

在"src/AppDomain"目录中新建类库项目，名为"EShop.Domain.Entities.Identity"。然后引用项目 EShop.Domain.Abstractions 和 EShop.Extensions.EntityFrameworkCore，最后安装 NuGet 包 Microsoft.Extensions.Identity.Stores。

（1）全局类型别名（GlobalTypeAlias.cs）

```
1.   global using IdentityKey = System.Int32;
```

Identity 实体模型的泛型基类的所有主键的类型参数必须一致，为了统一管理类型参数的实际类型，使用 C# 10 的全局命名空间导入功能定义全局类型别名。这样既可以避免在修改类型参数时出现遗漏，又可以一次修改全局生效，非常方便。

（2）用户实体

示例代码如下：

① 性别枚举（Gender.cs）

```
1.   [DatabaseDescription("性别枚举")]
```

```csharp
2.   public enum Gender : byte
3.   {
4.       [DatabaseDescription("保密")]
5.       Unknown = 0,
6.       [DatabaseDescription("男")]
7.       Male = 1,
8.       [DatabaseDescription("女")]
9.       Female = 2
10.  }
```

这里的性别枚举用于演示向 Identity 添加自定义数据和数据库说明扩展,在项目核心业务中并没有使用。

② 实体类(ApplicationUser.cs)

```csharp
1.   /// <summary>
2.   /// 实际使用的用户类,添加自己的属性存储自定义信息
3.   /// </summary>
4.   public class ApplicationUser : ApplicationUser<IdentityKey, ApplicationUser,
     ApplicationRole, ApplicationUserRole, ApplicationUserClaim,
     ApplicationRoleClaim, ApplicationUserLogin, ApplicationUserToken>
5.   {
6.       [DatabaseDescription("性别")]
7.       [EnumDataType(typeof(Gender))]
8.       public virtual Gender? Gender { get; set; }
9.   }
10.
11.  public abstract class ApplicationUser<TKey, TIdentityUser, TIdentityRole,
     TUserRole, TUserClaim, TRoleClaim, TUserLogin, TUserToken> : IdentityUser<TKey>
12.      , IEntity<TKey>
13.      , ILogicallyDeletable
14.      , IOptimisticConcurrencySupported
15.      where TKey : struct, IEquatable<TKey>
16.      where TIdentityUser : ApplicationUser<TKey, TIdentityUser, TIdentityRole,
         TUserRole, TUserClaim, TRoleClaim, TUserLogin, TUserToken>
17.      where TIdentityRole : ApplicationRole<TKey, TIdentityUser, TIdentityRole,
         TUserRole, TUserClaim, TRoleClaim, TUserLogin, TUserToken>
18.      where TUserRole : ApplicationUserRole<TKey, TIdentityUser, TIdentityRole>
19.      where TUserClaim : ApplicationUserClaim<TKey, TIdentityUser>
20.      where TRoleClaim : ApplicationRoleClaim<TKey, TIdentityUser, TIdentityRole>
21.      where TUserLogin : ApplicationUserLogin<TKey, TIdentityUser>
22.      where TUserToken : ApplicationUserToken<TKey, TIdentityUser>
23.  {
24.      public override TKey Id { get => base.Id; set => base.Id = value; }
25.      public override string ConcurrencyStamp { get => base.ConcurrencyStamp; set =>
         base.ConcurrencyStamp = value; }
26.
27.      public virtual bool IsDeleted { get; set; }
28.
29.      #region 导航属性
30.
31.      public virtual List<TIdentityRole> Roles { get; set; } = new
         List<TIdentityRole>();
32.      public virtual List<TUserRole> UserRoles { get; set; } = new List<TUserRole>();
33.      public virtual List<TUserClaim> Claims { get; set; } = new List<TUserClaim>();
34.      public virtual List<TUserLogin> Logins { get; set; } = new List<TUserLogin>();
35.      public virtual List<TUserToken> Tokens { get; set; } = new List<TUserToken>();
36.
37.      #endregion
38.  }
```

(3)角色实体(ApplicationRole.cs)

示例代码如下:

```csharp
1.  public class ApplicationRole : ApplicationRole<IdentityKey, ApplicationUser,
      ApplicationRole, ApplicationUserRole, ApplicationUserClaim,
      ApplicationRoleClaim, ApplicationUserLogin, ApplicationUserToken>
2.  {
3.      public ApplicationRole() { }
4.      public ApplicationRole(string roleName) => Name = roleName;
5.  }
6.
7.  public abstract class ApplicationRole<TKey, TIdentityUser, TIdentityRole,
      TUserRole, TUserClaim, TRoleClaim, TUserLogin, TUserToken> : IdentityRole<TKey>
8.      , IEntity<TKey>
9.      , IOptimisticConcurrencySupported
10.     where TKey : struct, IEquatable<TKey>
11.     where TIdentityUser : ApplicationUser<TKey, TIdentityUser, TIdentityRole,
          TUserRole, TUserClaim, TRoleClaim, TUserLogin, TUserToken>
12.     where TIdentityRole : ApplicationRole<TKey, TIdentityUser, TIdentityRole,
          TUserRole, TUserClaim, TRoleClaim, TUserLogin, TUserToken>
13.     where TUserRole : ApplicationUserRole<TKey, TIdentityUser, TIdentityRole>
14.     where TUserClaim : ApplicationUserClaim<TKey, TIdentityUser>
15.     where TRoleClaim : ApplicationRoleClaim<TKey, TIdentityUser, TIdentityRole>
16.     where TUserLogin : ApplicationUserLogin<TKey, TIdentityUser>
17.     where TUserToken : ApplicationUserToken<TKey, TIdentityUser>
18. {
19.     public override TKey Id { get => base.Id; set => base.Id = value; }
20.     public override string ConcurrencyStamp { get => base.ConcurrencyStamp; set =>
          base.ConcurrencyStamp = value; }
21.
22.     public virtual string? Description { get; set; }
23.
24.     #region 导航属性
25.
26.     public virtual List<TIdentityUser> Users { get; set; } = new
          List<TIdentityUser>();
27.     public virtual List<TUserRole> UserRoles { get; set; } = new List<TUserRole>();
28.     public virtual List<TRoleClaim> RoleClaims { get; set; } = new
          List<TRoleClaim>();
29.
30.     #endregion
31. }
```

从展示的用户和角色类可以看出，笔者使用了大量泛型和约束，用好泛型和约束可以在保持灵活性的同时最大程度避免二次开发时由意外的类型参数引入的错误。用户和角色类是最常用和关键的类型。其他身份实体类大同小异，受篇幅所限不再一一展示，详细代码请查看随书附赠的项目。

改造实体模型的工作量不小，单看代码量可能不算多，但是对脑力的消耗一点不少。可以先把目前的代码提交到 Git 仓库。以上代码位于随书附赠的项目的 ID ece5f350 的提交中（本次提交包含了之后才需要内容，主要是 EF Core 扩展项目的 NuGet 包引用和公共工具库的扩展类）。

2. 完善公共工具库

在编写 EF Core 上下文之前，需要提前准备接下来要用的扩展功能。

因为接下来的功能要用到反射，为简化使用步骤需要先扩展反射类型。这个扩展没有外部依赖，且有可能在很多场合有用，因此在 EShop.Utilities 项目中编写。

运行时类型扩展（TypeExtensions/RuntimeTypeExtensions.cs）的示例代码如下：

```csharp
1.  public static class RuntimeTypeExtensions
2.  {
3.      /// <summary>
4.      /// 判断 <paramref name="type"/> 指定的类型是否派生自 <typeparamref name="T"/>
          类型，或实现了 <typeparamref name="T"/> 接口
```

```csharp
5.    /// </summary>
6.    /// <typeparam name="T">要匹配的类型</typeparam>
7.    /// <param name="type">需要测试的类型</param>
8.    /// <returns>如果 <paramref name="type"/> 指定的类型派生自 <typeparamref
          name="T"/> 类型,或实现了 <typeparamref name="T"/> 接口,则返回 <see
          langword="true"/>,否则返回 <see langword="false"/></returns>
9.    public static bool IsDerivedFrom<T>(this Type type)
10.   {
11.       return IsDerivedFrom(type, typeof(T));
12.   }
13.
14.   /// <summary>
15.   /// 判断 <paramref name="type"/> 指定的类型是否继承自 <paramref name="pattern"/>
          指定的类型,或实现了 <paramref name="pattern"/> 指定的接口
16.   /// <para>支持开放式泛型,如<see cref="List{T}" /></para>
17.   /// </summary>
18.   /// <param name="type">需要测试的类型</param>
19.   /// <param name="pattern">要匹配的类型,如 <c>typeof(int)</c>,
          <c>typeof(IEnumerable)</c>, <c>typeof(List&lt;&gt;)</c>,
          <c>typeof(List&lt;int&gt;)</c>, <c>typeof(IDictionary&lt;,&gt;)</c>
          </c></param>
20.   /// <returns>如果 <paramref name="type"/> 指定的类型继承自 <paramref
          name="pattern"/> 指定的类型,或实现了 <paramref name="pattern"/> 指定的接口,
          则返回 <see langword="true"/>,否则返回 <see langword="false"/></returns>
21.   public static bool IsDerivedFrom(this Type type, Type pattern)
22.   {
23.       if (type == null) throw new ArgumentNullException(nameof(type));
24.       if (pattern == null) throw new ArgumentNullException(nameof(pattern));
25.
26.       // 测试非泛型类型(如ArrayList)或确定类型参数的泛型类型(如List<int>,类型参数T
              已经确定为int)
27.       if (type.IsSubclassOf(pattern)) return true;
28.
29.       // 测试非泛型接口(如IEnumerable)或确定类型参数的泛型接口(如IEnumerable<int>,
              类型参数T已经确定为int)
30.       if (pattern.IsAssignableFrom(type)) return true;
31.
32.       // 测试泛型接口(如IEnumerable<>, IDictionary<,>, 未知类型参数,留空)
33.       var isTheRawGenericType = type.GetInterfaces().Any(IsTheRawGenericType);
34.       if (isTheRawGenericType) return true;
35.
36.       // 测试泛型类型(如List<>, Dictionary<,>, 未知类型参数,留空)
37.       while (type != null && type != typeof(object))
38.       {
39.           isTheRawGenericType = IsTheRawGenericType(type);
40.           if (isTheRawGenericType) return true;
41.           type = type.BaseType!;
42.       }
43.
44.       // 没有找到任何匹配的接口或类型
45.       return false;
46.
47.       // 测试某个类型是否是指定的原始接口
48.       bool IsTheRawGenericType(Type test)
49.           => pattern == (test.IsGenericType ? test.GetGenericTypeDefinition() :
              test);
50.   }
51. }
```

这个扩展主要解决测试类型是否是特定泛型类型定义的封闭类型的问题。

3. 完善 EF Core 扩展

之前在项目 EShop.Extensions.EntityFrameworkCore 中编写了一个为实体类标注数据库说明的特性，为了接下来能在上下文中使用，需要编写一个实体构造扩展用于把说明添加到实体模型。扩展存放在 EShop.Extensions.EntityFrameworkCore 项目中。

示例代码如下：

（1）数据库说明的实体构造器扩展（DatabaseDescription/ DatabaseDescriptionModelBuilderExtensions.cs）

```csharp
1.  public static class DatabaseDescriptionModelBuilderExtensions
2.  {
3.      public const string DefaultDatabaseDescriptionAnnotationName =
            "DatabaseDescription";
4.
5.      /// <summary>
6.      /// 配置数据库表和列说明
7.      /// </summary>
8.      /// <param name="modelBuilder">模型构造器</param>
9.      /// <returns>模型构造器</returns>
10.     public static ModelBuilder ConfigureDatabaseDescription(this ModelBuilder
          modelBuilder)
11.     {
12.         foreach (var entityType in modelBuilder.Model.GetEntityTypes())
13.         {
14.             //添加表说明
15.             if (entityType.FindAnnotation(DefaultDatabaseDescriptionAnnotationName)
                  == null && entityType.ClrType?.CustomAttributes.Any(
16.                 attr => attr.AttributeType ==
                      typeof(DatabaseDescriptionAttribute)) == true)
17.             {
18.                 entityType.AddAnnotation(DefaultDatabaseDescriptionAnnotationName,
19.                     (entityType.ClrType.GetCustomAttribute(typeof
                          (DatabaseDescriptionAttribute)) as
                          DatabaseDescriptionAttribute)?.Description);
20.             }
21.
22.             //添加列说明
23.             foreach (var property in entityType.GetProperties())
24.             {
25.                 if (property.FindAnnotation
                      (DefaultDatabaseDescriptionAnnotationName) == null &&
                      property.PropertyInfo?.CustomAttributes
26.                     .Any(attr => attr.AttributeType == typeof
                          (DatabaseDescriptionAttribute)) == true)
27.                 {
28.                     var propertyInfo = property.PropertyInfo;
29.                     var propertyType = propertyInfo.PropertyType;
30.                     //如果该列的实体属性是枚举类型，则把枚举的说明追加到列说明
31.                     var enumDbDescription = string.Empty;
32.                     if (propertyType.IsEnum
33.                         || propertyType.IsDerivedFrom(typeof(Nullable<>)) &&
                              propertyType.GenericTypeArguments[0].IsEnum)
34.                     {
35.                         var @enum = propertyType.IsDerivedFrom(typeof(Nullable<>))
36.                             ? propertyType.GenericTypeArguments[0]
37.                             : propertyType;
38.
39.                         var descList = new List<string>();
40.                         foreach (var field in @enum?.GetFields() ?? new FieldInfo[0])
41.                         {
42.                             if (!field.IsSpecialName)
43.                             {
```

```
44.                    var desc = (field.GetCustomAttributes(typeof
                          (DatabaseDescriptionAttribute), false)
45.                       .FirstOrDefault() as
                          DatabaseDescriptionAttribute)?.Description;
46.                    descList.Add(
47.                       $@"{field.GetRawConstantValue()} : {(desc.
                          IsNullOrWhiteSpace() ? field.Name : desc)}");
48.                }
49.            }
50.
51.            var isFlags = @enum?.GetCustomAttribute
                  (typeof(FlagsAttribute)) != null;
52.            var enumTypeDbDescription =
53.                (@enum?.GetCustomAttributes
                      (typeof(DatabaseDescriptionAttribute),
                      false).FirstOrDefault() as
54.                   DatabaseDescriptionAttribute)?.Description;
55.            enumTypeDbDescription += enumDbDescription + (isFlags ? "
                  [是标志位枚举]" : string.Empty);
56.            enumDbDescription =
57.                $@"( {(enumTypeDbDescription.IsNullOrWhiteSpace() ? "" :
                      $@"{enumTypeDbDescription}; ")}{string.Join("; ",
                      descList)} )";
58.        }
59.
60.        property.AddAnnotation(DefaultDatabaseDescriptionAnnotationName,
61.            $@"{(propertyInfo.GetCustomAttribute(typeof
                  (DatabaseDescriptionAttribute)) as
                  DatabaseDescriptionAttribute
62.                ?.Description}{(enumDbDescription.IsNullOrWhiteSpace()
                  ? "" : $@" {enumDbDescription}")}");
63.    }
64.    }
65.    }
66.
67.    return modelBuilder;
68.    }
69. }
```

这个扩展的核心思路是通过反射读取实体类型信息,然后寻找 DatabaseDescriptionAttribute 特性,最后通过 IMutableAnnotatable.AddAnnotation 方法把说明写入模型。

上面扩展的是 EF Core 的功能,不和特定实体相关。接下来需要扩展的功能就是针对实体接口的了,需要引入对实体接口项目的依赖,为避免在 EShop.Extensions.EntityFrameworkCore 中依赖不必要的项目,针对实体的扩展功能放在单独的项目。

在"src/Common"目录中新建类库项目 EShop.Extensions.EntityFrameworkCore.Entities,引用项目 EShop.Domain.Abstractions 和 EShop.Utilities,最后安装 NuGet 包 Microsoft.EntityFrameworkCore.Relational。

(2)实体接口的实体构造器扩展(EntityModelBuilderExtensions.cs)

```
1.  public static class EntityModelBuilderExtensions
2.  {
3.      /// <summary>
4.      /// 配置可软删除实体的查询过滤器让 EF core 自动添加查询条件,过滤已被软删除的记录
5.      /// </summary>
6.      /// <typeparam name="TEntity">实体类型</typeparam>
7.      /// <param name="builder">实体类型构造器</param>
8.      /// <returns>实体类型构造器</returns>
9.      public static EntityTypeBuilder<TEntity>
            ConfigureQueryFilterForILogicallyDelete<TEntity>(this
            EntityTypeBuilder<TEntity> builder)
10.         where TEntity : class, ILogicallyDeletable
11.     {
```

```csharp
12.            return builder.HasQueryFilter(e => e.IsDeleted == false);
13.        }
14.
15.        /// <summary>
16.        /// 批量配置可软删除实体的查询过滤器让EF core自动添加查询条件，过滤已被软删除的记录
17.        /// </summary>
18.        /// <param name="modelBuilder">模型构造器</param>
19.        /// <returns>模型构造器</returns>
20.        public static ModelBuilder ConfigureQueryFilterForILogicallyDelete(this
            ModelBuilder modelBuilder)
21.        {
22.            foreach (var entity
23.                in modelBuilder.Model.GetEntityTypes()
24.                    .Where(e => e.ClrType.IsDerivedFrom<ILogicallyDeletable>()))
25.            {
26.                modelBuilder.Entity(entity.ClrType, b =>
27.                {
28.                    var parameter = Expression.Parameter(entity.ClrType, "e");
29.                    var property = Expression.Property(parameter,
                        nameof(ILogicallyDeletable.IsDeleted));
30.                    var equal = Expression.Equal(property, Expression.Constant(false,
                        typeof(bool)));
31.                    var lambda = Expression.Lambda(equal, parameter);
32.
33.                    b.HasQueryFilter(lambda);
34.                });
35.            }
36.
37.            return modelBuilder;
38.        }
39.
40.        /// <summary>
41.        /// 配置乐观并发实体的并发检查字段
42.        /// </summary>
43.        /// <typeparam name="TEntity">实体类型</typeparam>
44.        /// <param name="builder">实体类型构造器</param>
45.        /// <returns>属性构造器</returns>
46.        public static PropertyBuilder<string>
            ConfigureForIOptimisticConcurrencySupported<TEntity>(
47.            this EntityTypeBuilder<TEntity> builder)
48.            where TEntity : class, IOptimisticConcurrencySupported
49.        {
50.            return builder.Property(e => e.ConcurrencyStamp).IsConcurrencyToken();
51.        }
52.
53.        /// <summary>
54.        /// 批量配置乐观并发实体的并发检查字段
55.        /// </summary>
56.        /// <param name="modelBuilder">模型构造器</param>
57.        /// <returns>模型构造器</returns>
58.        public static ModelBuilder ConfigureForIOptimisticConcurrencySupported(this
            ModelBuilder modelBuilder)
59.        {
60.            foreach (var entity
61.                in modelBuilder.Model.GetEntityTypes()
62.                    .Where(e => !e.HasSharedClrType)
63.                    .Where(e => e.ClrType.IsDerivedFrom
                        <IOptimisticConcurrencySupported>()))
64.            {
65.                modelBuilder.Entity(entity.ClrType, b =>
66.                {
67.                    b.Property(nameof(IOptimisticConcurrencySupported.ConcurrencyStamp))
68.                        .IsConcurrencyToken();
69.                });
70.            }
```

```
71.
72.            return modelBuilder;
73.        }
74. }
```

批量配置软删除查询过滤器时，表达式参数的类型无法通过泛型获得，因此只能纯手动拼表达式。虽然用编译器自动转换表达式很方便，但是在遇到编译器无法自动转换的情况时可能会陷入开发困境，因此了解表达式的原理和手写方法是很有必要的。

4. EF Core 上下文

EF Core 上下文已经是具体的专用于特定项目的类，因此放在基础设施中。新建目录"src/Infrastructure"用于存放基础设施类库。在这里新建类库项目 EShop.Application.Data.Identity，然后引用项目 EShop.Domain.Entities.Identity 和 EShop.Extensions.EntityFrameworkCore.Entities，最后安装 NuGet 包 Microsoft.AspNetCore.Identity.EntityFrameworkCore。

前面准备了大量扩展就是用来配置实体的，但是也只能配置接口上的属性和功能，对具体的实体类型还需要再次进行针对性配置，但是直接写在重写的模型构造方法中不利于管理，而且会让代码显得凌乱，因此对 Identity 实体的配置再准备一个专门的类来统一存放。

示例代码如下：

（1）全局类型别名（GlobalTypeAlias.cs）

```
1. global using IdentityKey = System.Int32;
```

（2）Identity 实体配置（EntityModelBuilderExtensions.cs）

```
1.  public static class ApplicationIdentityEntityConfigurationExtensions
2.  {
3.      /// <summary>
4.      /// 配置用户实体
5.      /// </summary>
6.      /// <typeparam name="TKey">主键类型</typeparam>
7.      /// <typeparam name="TUser">用户类型</typeparam>
8.      /// <typeparam name="TRole">角色类型</typeparam>
9.      /// <typeparam name="TUserRole">用户角色关系类型</typeparam>
10.     /// <typeparam name="TUserClaim">用户声明类型</typeparam>
11.     /// <typeparam name="TRoleClaim">角色声明类型</typeparam>
12.     /// <typeparam name="TUserLogin">用户登录信息类型</typeparam>
13.     /// <typeparam name="TUserToken">用户令牌类型</typeparam>
14.     /// <param name="builder">传入的实体构造器</param>
15.     public static void ConfiguerUser<TKey, TUser, TRole, TUserRole, TUserClaim,
            TRoleClaim, TUserLogin, TUserToken>(this EntityTypeBuilder<TUser> builder)
16.         where TKey : struct, IEquatable<TKey>
17.         where TUser : ApplicationUser<TKey, TUser, TRole, TUserRole, TUserClaim,
                TRoleClaim, TUserLogin, TUserToken>
18.         where TRole : ApplicationRole<TKey, TUser, TRole, TUserRole, TUserClaim,
                TRoleClaim, TUserLogin, TUserToken>
19.         where TUserRole : ApplicationUserRole<TKey, TUser, TRole>
20.         where TUserClaim : ApplicationUserClaim<TKey, TUser>
21.         where TRoleClaim : ApplicationRoleClaim<TKey, TUser, TRole>
22.         where TUserLogin : ApplicationUserLogin<TKey, TUser>
23.         where TUserToken : ApplicationUserToken<TKey, TUser>
24.     {
25.         builder.ConfigureQueryFilterForILogicallyDelete();
26.         builder.ConfigureForIOptimisticConcurrencySupported();
27.
28.         // 每个用户可能有多个用户声明
29.         builder.HasMany(u => u.Claims)
```

```csharp
30.            .WithOne(uc => uc.User)
31.            .HasForeignKey(uc => uc.UserId)
32.            .IsRequired();
33.
34.        // 每个用户可能有多个登录方式
35.        builder.HasMany(u => u.Logins)
36.            .WithOne(ul => ul.User)
37.            .HasForeignKey(ul => ul.UserId)
38.            .IsRequired();
39.
40.        // 每个用户可能有多个用户令牌
41.        builder.HasMany(u => u.Tokens)
42.            .WithOne(ut => ut.User)
43.            .HasForeignKey(ut => ut.UserId)
44.            .IsRequired();
45.
46.        // 每个用户可能有多个角色
47.        builder.HasMany(u => u.Roles)
48.            .WithMany(r => r.Users)
49.            .UsingEntity<TUserRole>(
50.               ur => ur.HasOne(url => url.Role)
51.                   .WithMany(r => r.UserRoles)
52.                   .HasForeignKey(ur => ur.RoleId)
53.                   .IsRequired(),
54.               ur => ur.HasOne(url => url.User)
55.                   .WithMany(u => u.UserRoles)
56.                   .HasForeignKey(ur => ur.UserId)
57.                   .IsRequired(),
58.               ur => ur.HasKey(url => new { url.UserId, url.RoleId }));
59.
60.        builder.ToTable("EShopUsers");
61.    }
62.
63.    /// <summary>
64.    /// 配置角色实体
65.    /// </summary>
66.    /// <typeparam name="TKey">主键类型</typeparam>
67.    /// <typeparam name="TUser">用户类型</typeparam>
68.    /// <typeparam name="TRole">角色类型</typeparam>
69.    /// <typeparam name="TUserRole">用户角色关系类型</typeparam>
70.    /// <typeparam name="TUserClaim">用户声明类型</typeparam>
71.    /// <typeparam name="TRoleClaim">角色声明类型</typeparam>
72.    /// <typeparam name="TUserLogin">用户登录信息类型</typeparam>
73.    /// <typeparam name="TUserToken">用户令牌类型</typeparam>
74.    /// <param name="builder">传入的实体构造器</param>
75.    public static void ConfiguerRole<TKey, TUser, TRole, TUserRole, TUserClaim,
        TRoleClaim, TUserLogin, TUserToken>(
76.        this EntityTypeBuilder<TRole> builder)
77.        where TKey : struct, IEquatable<TKey>
78.        where TUser : ApplicationUser<TKey, TUser, TRole, TUserRole, TUserClaim,
            TRoleClaim, TUserLogin, TUserToken>
79.        where TRole : ApplicationRole<TKey, TUser, TRole, TUserRole, TUserClaim,
            TRoleClaim, TUserLogin, TUserToken>
80.        where TUserRole : ApplicationUserRole<TKey, TUser, TRole>
81.        where TUserClaim : ApplicationUserClaim<TKey, TUser>
82.        where TRoleClaim : ApplicationRoleClaim<TKey, TUser, TRole>
83.        where TUserLogin : ApplicationUserLogin<TKey, TUser>
84.        where TUserToken : ApplicationUserToken<TKey, TUser>
85.    {
86.        builder.ConfigureForIOptimisticConcurrencySupported();
87.
88.        // 每个角色可能有多个用户，已经在用户中配置过，无须重复配置
89.        //builder.HasMany(u => u.Users)
90.        //    .WithMany(r => r.Roles)
91.        //    .UsingEntity<TUserRole>(
```

```csharp
92.  //            ur => ur.HasOne(url => url.User)
93.  //                .WithMany(r => r.UserRoles)
94.  //                .HasForeignKey(ur => ur.UserId)
95.  //                .IsRequired(),
96.  //            ur => ur.HasOne(url => url.Role)
97.  //                .WithMany(u => u.UserRoles)
98.  //                .HasForeignKey(ur => ur.RoleId)
99.  //                .IsRequired(),
100. //            ur => ur.HasKey(url => new { url.UserId, url.RoleId }));
101.
102.         // 每个角色可能有多个角色声明
103.         builder.HasMany(e => e.RoleClaims)
104.             .WithOne(e => e.Role)
105.             .HasForeignKey(rc => rc.RoleId)
106.             .IsRequired();
107.
108.         builder.ToTable("EShopRoles");
109.     }
110.
111.     /// <summary>
112.     /// 配置用户声明
113.     /// </summary>
114.     /// <typeparam name="TUserClaim">用户声明类型</typeparam>
115.     /// <typeparam name="TUser">用户类型</typeparam>
116.     /// <typeparam name="TRole">角色类型</typeparam>
117.     /// <typeparam name="TKey">主键类型</typeparam>
118.     /// <param name="builder">传入的实体构造器</param>
119.     public static void ConfiguerUserClaim<TUserClaim, TUser, TRole, TKey>(
120.         this EntityTypeBuilder<TUserClaim> builder)
121.         where TKey : struct, IEquatable<TKey>
122.         where TUserClaim : ApplicationUserClaim<TKey, TUser>
123.         where TUser : class, IEntity<TKey>
124.         where TRole : IEntity<TKey>
125.     {
126.         builder.ToTable("EShopUserClaims");
127.     }
128.
129.     /// <summary>
130.     /// 配置用户角色关系
131.     /// </summary>
132.     /// <typeparam name="TUserRole">用户角色关系类型</typeparam>
133.     /// <typeparam name="TUser">用户类型</typeparam>
134.     /// <typeparam name="TRole">角色类型</typeparam>
135.     /// <typeparam name="TKey">主键类型</typeparam>
136.     /// <param name="builder">传入的实体构造器</param>
137.     public static void ConfiguerUserRole<TUserRole, TUser, TRole, TKey>(
138.         this EntityTypeBuilder<TUserRole> builder)
139.         where TKey : struct, IEquatable<TKey>
140.         where TUserRole : ApplicationUserRole<TKey, TUser, TRole>
141.         where TUser : class, IEntity<TKey>
142.         where TRole : class, IEntity<TKey>
143.     {
144.         builder.ToTable("EShopUserRoles");
145.     }
146.
147.     /// <summary>
148.     /// 配置用户登录信息
149.     /// </summary>
150.     /// <typeparam name="TUserLogin">用户登录信息类型</typeparam>
151.     /// <typeparam name="TUser">用户类型</typeparam>
152.     /// <typeparam name="TKey">主键类型</typeparam>
153.     /// <param name="builder">传入的实体构造器</param>
154.     public static void ConfiguerUserLogin<TUserLogin, TUser, TKey>(
155.         this EntityTypeBuilder<TUserLogin> builder
```

```csharp
156.            where TKey : struct, IEquatable<TKey>
157.            where TUserLogin : ApplicationUserLogin<TKey, TUser>
158.            where TUser : class, IEntity<TKey>
159.        {
160.            builder.ToTable("EShopUserLogins");
161.        }
162.
163.        /// <summary>
164.        /// 配置角色声明
165.        /// </summary>
166.        /// <typeparam name="TRoleClaim">角色声明类型</typeparam>
167.        /// <typeparam name="TUser">用户类型</typeparam>
168.        /// <typeparam name="TRole">角色类型</typeparam>
169.        /// <typeparam name="TKey">主键</typeparam>
170.        /// <param name="builder">传入的实体构造器</param>
171.        public static void ConfiguerRoleClaim<TRoleClaim, TUser, TRole, TKey>(
172.            this EntityTypeBuilder<TRoleClaim> builder)
173.            where TKey : struct, IEquatable<TKey>
174.            where TRoleClaim : ApplicationRoleClaim<TKey, TUser, TRole>
175.            where TUser : class, IEntity<TKey>
176.            where TRole : class, IEntity<TKey>
177.        {
178.            builder.ToTable("EShopRoleClaims");
179.        }
180.
181.        /// <summary>
182.        /// 配置用户令牌
183.        /// </summary>
184.        /// <typeparam name="TUserToken">用户令牌类型</typeparam>
185.        /// <typeparam name="TUser">用户类型</typeparam>
186.        /// <typeparam name="TKey">主键类型</typeparam>
187.        /// <param name="builder">传入的实体构造器</param>
188.        public static void ConfiguerUserToken<TUserToken, TUser, TKey>(
189.            this EntityTypeBuilder<TUserToken> builder)
190.            where TKey : struct, IEquatable<TKey>
191.            where TUserToken : ApplicationUserToken<TKey, TUser>
192.            where TUser : class, IEntity<TKey>
193.        {
194.            builder.ToTable("EShopUserTokens");
195.        }
196.    }
```

（3）Identity 实体上下文（ApplicationIdentityDbContext.cs）

```csharp
1.  public class ApplicationIdentityDbContext : ApplicationIdentityDbContext
        <ApplicationUser, ApplicationRole, IdentityKey, ApplicationUserClaim,
        ApplicationUserRole, ApplicationUserLogin, ApplicationRoleClaim,
        ApplicationUserToken>
2.  {
3.      public ApplicationIdentityDbContext(DbContextOptions
            <ApplicationIdentityDbContext> options)
4.          : base(options)
5.      {
6.      }
7.
8.      protected override void OnModelCreating(ModelBuilder builder)
9.      {
10.         base.OnModelCreating(builder);
11.
12.         builder.ConfigureDatabaseDescription();
13.     }
14. }
15.
16.
17. /// <summary>
```

```csharp
18.    /// 身份数据上下文
19.    /// </summary>
20.    /// <typeparam name="TUser">用户类型</typeparam>
21.    /// <typeparam name="TRole">角色类型</typeparam>
22.    /// <typeparam name="TKey">主键类型</typeparam>
23.    /// <typeparam name="TUserClaim">用户声明类型</typeparam>
24.    /// <typeparam name="TUserRole">用户角色关系类型</typeparam>
25.    /// <typeparam name="TUserLogin">用户登录信息类型</typeparam>
26.    /// <typeparam name="TRoleClaim">角色声明类型</typeparam>
27.    /// <typeparam name="TUserToken">用户令牌类型</typeparam>
28.    public abstract class ApplicationIdentityDbContext<TUser, TRole, TKey, TUserClaim,
           TUserRole, TUserLogin, TRoleClaim, TUserToken>
29.        : IdentityDbContext<TUser, TRole, TKey, TUserClaim, TUserRole, TUserLogin,
           TRoleClaim, TUserToken>
30.        where TUser : ApplicationUser<TKey, TUser, TRole, TUserRole, TUserClaim,
           TRoleClaim, TUserLogin, TUserToken>
31.        where TRole : ApplicationRole<TKey, TUser, TRole, TUserRole, TUserClaim,
           TRoleClaim, TUserLogin, TUserToken>
32.        where TKey : struct, IEquatable<TKey>
33.        where TUserClaim : ApplicationUserClaim<TKey, TUser>
34.        where TUserRole : ApplicationUserRole<TKey, TUser, TRole>
35.        where TUserLogin : ApplicationUserLogin<TKey, TUser>
36.        where TRoleClaim : ApplicationRoleClaim<TKey, TUser, TRole>
37.        where TUserToken : ApplicationUserToken<TKey, TUser>
38.    {
39.        private const string _delMark = "!del";
40.
41.        public ApplicationIdentityDbContext(DbContextOptions options)
42.            : base(options)
43.        {
44.        }
45.
46.        protected override void OnModelCreating(ModelBuilder builder)
47.        {
48.            base.OnModelCreating(builder);
49.
50.            builder.Entity<TUser>().ConfiguerUser<TKey, TUser, TRole, TUserRole,
               TUserClaim, TRoleClaim, TUserLogin, TUserToken>();
51.            builder.Entity<TRole>().ConfiguerRole<TKey, TUser, TRole, TUserRole,
               TUserClaim, TRoleClaim, TUserLogin, TUserToken>();
52.            builder.Entity<TUserClaim>().ConfiguerUserClaim<TUserClaim, TUser, TRole,
               TKey>();
53.            builder.Entity<TUserRole>().ConfiguerUserRole<TUserRole, TUser, TRole,
               TKey>();
54.            builder.Entity<TUserLogin>().ConfiguerUserLogin<TUserLogin, TUser,
               TKey>();
55.            builder.Entity<TRoleClaim>().ConfiguerRoleClaim<TRoleClaim, TUser, TRole,
               TKey>();
56.            builder.Entity<TUserToken>().ConfiguerUserToken<TUserToken, TUser,
               TKey>();
57.        }
58.
59.        public override int SaveChanges()
60.        {
61.            return SaveChanges(true);
62.        }
63.
64.        public override int SaveChanges(bool acceptAllChangesOnSuccess)
65.        {
66.            ProcessDetededUserToSoftDelete();
67.            return base.SaveChanges(acceptAllChangesOnSuccess);
68.        }
69.
70.        public override Task<int> SaveChangesAsync(CancellationToken
           cancellationToken = default)
```

```
71.      {
72.          return SaveChangesAsync(true, cancellationToken);
73.      }
74.
75.      public override Task<int> SaveChangesAsync(bool acceptAllChangesOnSuccess,
          CancellationToken cancellationToken = default)
76.      {
77.          ProcessDetededUserToSoftDelete();
78.          return base.SaveChangesAsync(acceptAllChangesOnSuccess,
              cancellationToken);
79.      }
80.
81.      /// <summary>
82.      /// 把删除用户处理成软删除
83.      /// </summary>
84.      private void ProcessDetededUserToSoftDelete()
85.      {
86.          var users = ChangeTracker.Entries<TUser>()
87.              .Where(u => u.State is EntityState.Deleted);
88.
89.          foreach (var user in users)
90.          {
91.              user.State = EntityState.Modified;
92.              var entity = user.Entity;
93.
94.              entity.IsDeleted = true;
95.
96.              entity.Email += _delMark;
97.              entity.NormalizedEmail += _delMark;
98.              entity.UserName += _delMark;
99.              entity.NormalizedUserName += _delMark;
100.         }
101.     }
102. }
```

经过漫长的铺垫，终于完成了身份模型和上下文，这些工作都将成为后续开发的坚实基础。当然不要忘了把代码提交到 Git 仓库，以上代码位于随书附赠的项目的 ID 5bda1d86 的提交中，并且部分代码在 ID 2acc882d 和 6d3c1648 的提交中进行了不影响功能的完善，书中展示的是完善后的代码。这次提交包含了部分之后才会用到的代码，主要和树形实体的扩展功能有关。

5. 创建模型迁移项目

模型迁移依赖特定的数据库驱动，为了尽可能减小切换数据库造成的影响，本次演练采用独立的项目管理迁移信息。但是执行迁移需要依赖一个托管环境，为避免项目过度复杂化，此处选择在托管的 ASP.NET Core 网站项目执行迁移。这里只需要准备好迁移项目，待建立网站项目后再完成迁移。

在 "src/Infrastructure" 目录中新建类库项目 EShop.Migrations.Authentication.SqlServer，然后引用项目 EShop.Application.Data.Identity，最后安装 NuGet 包 Microsoft.EntityFrameworkCore.SqlServer。

先把代码提交到 Git 仓库，接下来就要开始开发第一个可执行程序项目了。以上代码位于随书附赠的项目的 ID a229146d 的提交中。

25.7.3 集成 Identity 到 ASP.NET Core 托管网站

1. 初步建立网站项目

为了方便之后改造项目，尽量减少要改动的地方，这里选择身份验证类型为个人账户的

"ASP.NET Core Web 应用"这个项目模板,项目名为"EShop.AuthenticationServer"。然后引用项目 EShop.Migrations.Authentication.SqlServer,最后引用 NuGet 包 Microsoft.AspNetCore.Mvc.Razor.RuntimeCompilation(用于开启运行时 Razor 编译)。

在项目上右击,使用"添加→新搭建基架的项目"功能生成所有 Identity 的页面代码,然后删除对 NuGet 包 Microsoft.AspNetCore.Identity.UI 的引用,最后调整 Identity 的服务注册代码,把 Identity 组件彻底切换到定制版本。调整过程中,笔者把原来生成到 Identity 区域中的代码移动到了外层,因为这个项目已经设计为专门的身份认证服务,没有其他功能,不需要区域。UI 包中的 IEmailSender 接口也替换成了项目内定义的同名同功能的接口,并不值得为了这一个接口专门引用一个包。

改造启动代码(Program.cs)的示例代码如下:

```csharp
1.   var builder = WebApplication.CreateBuilder(args);
2.
3.   #region 配置数据库上下文
4.
5.   // 注册基于缓冲池的数据库上下文工厂
6.   var connectionString = builder.Configuration.GetConnectionString
        ("DefaultConnection");
7.   var migrationsAssembly = builder.Configuration.GetValue("MigrationsAssembly",
        string.Empty);
8.   builder.Services.AddPooledDbContextFactory
        <ApplicationIdentityDbContext>(options =>
9.   {
10.      options.UseSqlServer(connectionString, sqlServer =>
11.      {
12.          sqlServer.MigrationsAssembly(migrationsAssembly);
13.      });
14.  });
15.  // 注册数据库上下文
16.  builder.Services.AddScoped(provider => provider.GetRequiredService
        <IDbContextFactory<ApplicationIdentityDbContext>>().CreateDbContext());
17.
18.  builder.Services.AddDatabaseDeveloperPageExceptionFilter();
19.
20.  #endregion
21.
22.  #region 配置 Identity
23.
24.  // 注册 Identity 服务
25.  builder.Services.AddIdentity<ApplicationUser, ApplicationRole>(options =>
26.  {
27.      // 用户的电子邮箱不允许重复
28.      options.User.RequireUniqueEmail = true;
29.
30.      // 简化密码强度,适用于开发期
31.      options.Password.RequireUppercase = false;
32.      options.Password.RequireLowercase = false;
33.      options.Password.RequireNonAlphanumeric = false;
34.
35.      // 允许先登录再确认账户
36.      options.SignIn.RequireConfirmedAccount = false;
37.  })
38.      // 注册管理角色的服务
39.      .AddRoles<ApplicationRole>()
40.      // 配置身份信息的存储服务
41.      .AddEntityFrameworkStores<ApplicationIdentityDbContext>()
42.      // 配置默认的身份令牌提供者
```

```
43.         .AddDefaultTokenProviders();
44.     // 注册电子邮件发送服务
45.     // 用于账户确认、找回密码等功能
46.     builder.Services.AddSingleton<IEmailSender, DesktopFileEmailSender>();
47.
48.     #endregion
49.
50.     builder.Services.PostConfigure<WebEncoderOptions>(options =>
51.     {
52.         options.TextEncoderSettings = new TextEncoderSettings(UnicodeRanges.All);
53.     });
54.
55.     builder.Services.AddMvc().AddRazorRuntimeCompilation();
56.
57.     var app = builder.Build();
58.
59.     app.UseHttpLogging();
60.
61.     if (app.Environment.IsDevelopment())
62.     {
63.         app.UseMigrationsEndPoint();
64.     }
65.     else
66.     {
67.         app.UseExceptionHandler("/Error");
68.         // The default HSTS value is 30 days. You may want to change this for production
                scenarios, see https://aka.ms/aspnetcore-hsts.
69.         app.UseHsts();
70.     }
71.
72.     app.UseHttpsRedirection();
73.     app.UseStaticFiles();
74.
75.     app.UseRouting();
76.
77.     app.UseAuthentication();
78.     app.UseAuthorization();
79.
80.     app.MapRazorPages();
81.
82.     app.Run();
```

生成后的代码还是使用电子邮箱登录，为了适应中国的使用习惯，需要改造成使用用户名登录，同时保留注册时的邮箱用于提供账号验证和密码找回等功能。在实际使用时发现默认代码的样式存在一些问题，导致显示效果异常，也需要进行调整。这些调整涉及的代码比较零散，不便在书中详细展示，完整代码请查看随书附赠的项目。还有一个细节请注意，项目模板生成的 Views/Shared/_LoginPartial.cshtml 的代码可能不适合改造后的项目，如果生成项目时出现编译错误请检查一下，这个和集中改造的代码不放在一起的文件很容易被漏掉。

本次演练使用 LibMan 管理前端库，同时也为了减少向 Git 仓库写入太多无须管理的文件，可以把"wwwroot/lib/"目录加入忽略列表。Identity Core 支持基于 TOTP 的两步验证登录，其验证码可以使用微软验证器或谷歌验证器 App 生成，验证码应用支持扫码添加。本次演练已根据官方文档添加了二维码显示功能，具体操作方法请参阅官方文档。

本次演练使用独立的项目管理 EF Core 迁移，因此在注册上下文时需要手动配置迁移程序集。程序集名称从配置文件中读取，不要忘了添加相应的配置节点。

开始下一步前先把代码提交到 Git 仓库，以上代码位于随书附赠的项目的 ID fb709a89 和 bb503417 的提交中，可以根据两次提交对比默认项目模板和改造后的项目模板之间的差异。

2. 迁移 Identity 模型

迁移模型的命令比较长，每次都完整输入的话会很不方便，为了避免重复劳动，可以用文档记录下来，将来只需要修改参数就能使用。在解决方案的根目录中新建 docs 文件夹，专门用于存放各种文档。在其中新建 MigrationCommand.md 文件，然后通过添加为链接功能把文件链接到 EShop.Migrations.Authentication.SqlServer 项目。链接后可以直接在迁移项目中查看文档，如果在多个地方链接同一个文件还能确保内容实时同步。

迁移命令文档（docs/MigrationCommand.md）的示例代码如下：

```
# 添加迁移
```
Add-Migration {迁移名称|例：V1_Initial} -Context {上下文类型|例：
ApplicationIdentityDbContext} -Project {迁移程序集|例：EShop.Migrations.
Authentication.SqlServer} -StartupProject {启动项目|例：
EShop.AuthenticationServer}
```

# Identity 上下文迁移模板
```
Add-Migration V1_Initial -Context ApplicationIdentityDbContext -Project EShop.
    Migrations.Authentication.SqlServer -StartupProject EShop.AuthenticationServer
```
```

开始下一步前先把代码提交到 Git 仓库，以上代码位于随书附赠的项目的 ID 9b2c3b28 的提交中。

25.7.4　集成第三方账号登录

Identity 组件自带第三方登录的集成，而且和 ASP.NET Core 的身份认证系统深度配合，这使得集成第三方账号登录非常方便。在 13.1.4 节介绍过如何使用 Gitee 登录，此处就继续使用那个示例中注册的 OAuth 应用和 Identity 集成。

Identity 的第三方账号登录实现和 Identity 账号绑定，因此如果在没有登录账号的情况下登录到第三方账号，还是会创建一个账号和第三方账号绑定，或者登录后通过账号管理面板手动绑定第三方账号。如果绑定到新建账号，这个账号是没有密码的，也只能使用绑定的账号来登录。也就是说如果绑定的第三方账号系统用不了就无法登录。如果想摆脱对绑定账号的依赖，则要到账号管理页面设置密码。

中国的多数网站支持使用第三方账号登录后选择绑定到新建账号还是已有账号，如果选择绑定到已有账号，会显示账号和密码输入框，在验证通过后同时完成登录和账号绑定。为适应这种需求，本次演练为第三方账号登录添加了直接绑定到已有账号的功能。

首先在项目根目录（appsettings.json 所在的文件夹）新建 oauth-client.json 文件，按如下格式填写客户端信息。这些都是机密信息，因此在提交文件更改前先忽略这个文件以避免信息泄露。

```
{
  "OAuthClient": {
    "Gitee": {
      "ClientId": "注册后 Gitee 生成的 Id",
      "ClientSecret": "注册后 Gitee 生成"
    }
  }
}
```

然后在 **Program.cs** 中注册配置文件：

```
1.    builder.Configuration.AddJsonFile("oauth-client.json");
```

最后根据之前的介绍完成集成配置，方法和单独使用完全一样，此处不再重复展示相似代码，详细的代码变更请查看随书附赠的项目。

成功集成第三方账号登录功能的界面如图 25-4 所示。

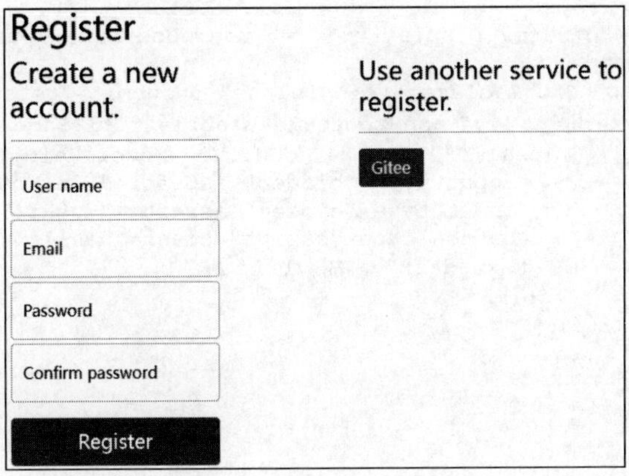

图 25-4　成功集成第三方登录功能的界面

开始下一步前先把代码提交到 Git 仓库，以上代码位于随书附赠的项目的 ID 5703f9d2 的提交中。

25.7.5　增加角色管理功能

Identity 组件虽然准备了角色管理的相关服务，但是默认并没有启用，并且也没有准备相关页面，因此只能自行开发。根据项目需要，目前暂定有管理员、卖家和买家三个内置角色。管理页面中不能对内置角色和部分内置账号进行危险操作，否则可能导致不可逆的功能损坏。这些限制的需求比较简单，因此直接编码到管理页面。相关的角色和账号将在之后介绍如何初始化。

Identity 的角色管理包含管理角色信息、管理角色中的用户和管理角色声明等功能。其中的页面和后台代码使用相似的模式，为减少冗余，以下仅展示添加用户到角色功能的代码，其他的请查看随书附赠的项目。主要代码位于"Pages/Role/"文件夹中。为方便访问角色管理页面，可以把管理页面的链接添加到布局。

示例代码如下：

（1）页面（Pages/Role/AddUserToRole.cshtml）

```
1.    @page
2.    @model AddUserToRoleModel
3.    @{
4.        ViewData["Title"] = "Add user to role";
5.    }
6.
7.    <h1>添加用户到当前角色</h1>
8.    <h4>角色：@Model.ViewModel.Role.Name</h4>
9.
10.   <table class="table">
11.       <thead>
```

```
12.              <tr>
13.                  <th>@Html.DisplayNameFor(model => model.ViewModel.Users[0].UserName)
                         </th>
14.                  <th>操作</th>
15.              </tr>
16.          </thead>
17.          <tbody>
18.              @foreach (var user in Model.ViewModel.Users)
19.              {
20.                  <tr>
21.                      <td>@Html.DisplayFor(_ => user.UserName)</td>
22.                      <td>
23.                          <form class="form-inline" onsubmit="return confirm('确定要添加到
                             角色？');" asp-route-returnUrl="@Url.Page("./AddUserToRole", new
                             { area = "" , id = Model.ViewModel.Role.Id})" method="post">
24.                              <input type="hidden" asp-for="ViewModel.Role.Id" />
25.                              <input type="hidden" asp-for="@user.Id" />
26.                              <button type="submit" class="nav-link btn btn-link
                                 text-dark">添加</button>
27.                          </form>
28.                      </td>
29.                  </tr>
30.              }
31.          </tbody>
32.      </table>
33.
34.      <div>
35.          <a asp-page="./Users" asp-route-id="@Model.ViewModel.Role.Id">Back to
             List</a>
36.      </div>
```

(2) 页面模型（Pages/Role/AddUserToRole.cshtml.cs）

```
1.   #nullable disable
2.
3.   [Authorize(Roles = "Admins")]
4.   public class AddUserToRoleModel : PageModel
5.   {
6.       private readonly UserManager<ApplicationUser> _userManager;
7.       private readonly RoleManager<ApplicationRole> _roleManager;
8.
9.       public RoleWithUsers ViewModel { get; set; }
10.
11.      public class RoleWithUsers
12.      {
13.          public ApplicationRole Role { get; set; }
14.          public IList<UserView> Users { get; set; }
15.      }
16.
17.      public class UserView
18.      {
19.          public IdentityKey Id { get; set; }
20.          public string UserName { get; set; }
21.      }
22.
23.      public AddUserToRoleModel(UserManager<ApplicationUser> userManager,
         RoleManager<ApplicationRole> roleManager)
24.      {
25.          _userManager = userManager;
26.          _roleManager = roleManager;
27.      }
28.
29.      public async Task<IActionResult> OnGetAsync(IdentityKey? id)
30.      {
31.          if (id == null) return NotFound();
32.
```

```
33.            var role = await _roleManager.Roles
34.                .Include(r => r.UserRoles)
35.                .SingleOrDefaultAsync(r => r.Id == id);
36.            if (role == null) return NotFound();
37.
38.            var uids = role.UserRoles.Select(ur => ur.UserId).ToList();
39.            var users = await _userManager.Users
40.                .Where(u => !uids.Contains(u.Id))
41.                .Select(u => new UserView { Id = u.Id, UserName = u.UserName })
42.                .ToListAsync();
43.
44.            ViewModel = new RoleWithUsers { Role = role, Users = users };
45.
46.            return Page();
47.        }
48.
49.        public async Task<IActionResult> OnPostAsync()
50.        {
51.            var roleId = Request.Form["ViewModel.Role.Id"].SingleOrDefault();
52.            var userId = Request.Form["user.Id"].SingleOrDefault();
53.
54.            if (roleId.IsNullOrEmpty() || userId.IsNullOrEmpty()) return NotFound();
55.            var role = await _roleManager.FindByIdAsync(roleId);
56.            if (role == null) return NotFound();
57.
58.            var user = await _userManager.FindByIdAsync(userId);
59.            if (user == null) return NotFound();
60.
61.            var result = await _userManager.AddToRoleAsync(user, role.Name);
62.            return RedirectToPage(new { id = roleId });
63.        }
64.    }
```

开始下一步前先把代码提交到 Git 仓库，以上代码位于随书附赠的项目的 ID 43841dd0 的提交中。

25.7.6 添加 OpenIddict 服务端组件

添加 OpenIddict 的工作比较多且琐碎，不便完全在书中展示，但是主要步骤和 13.3 节中介绍的差不多，此处只展示额外的部分。详细的改动请通过 Git 插件的差异比较功能查看。

1. 修改 Identity 实体模型，增加 OpenIddict 实体

OpenIddict 需要 4 张表来保存需要持久化的信息，总体不算复杂。因此本次演练直接使用 Identity 上下文托管 OpenIddict 实体模型，为此需要改造 EShop.Application.Data.Identity 项目。先安装 NuGet 包 OpenIddict.EntityFrameworkCore，然后在上下文中添加模型配置。示例代码如下：

```
1.  public class ApplicationIdentityDbContext : ApplicationIdentityDbContext
        <ApplicationUser, ApplicationRole, IdentityKey, ApplicationUserClaim,
        ApplicationUserRole, ApplicationUserLogin, ApplicationRoleClaim,
        ApplicationUserToken>
2.  {
3.      public ApplicationIdentityDbContext(DbContextOptions
          <ApplicationIdentityDbContext> options)
4.          : base(options) { }
5.
6.      protected override void OnModelCreating(ModelBuilder builder)
7.      {
8.          base.OnModelCreating(builder);
9.
10.         builder.UseOpenIddict();
```

```
11.        builder.ConfigDatabaseDescription();
12.    }
13. }
```

只需要添加第 10 行代码即可把模型注册到上下文。此时上下文的实体模型已经改变，需添加新的迁移保持迁移模型和实体模型匹配，此后不再赘述管理迁移的详细步骤。

2．添加数据初始化服务

到目前为止，授权中心已经可以运行了，但是此时数据库中没有数据，实际上无法正常使用。为此，需要在启动应用时自动初始化一些必要的数据。

> **注 意**
>
> 本次演练中使用的初始化方式在多实例部署时可能会出现问题，在实际项目中建议单独开发数据初始化应用。

示例代码如下：

（1）数据初始化助手（Helpers/DataInitializer.cs）

```
1.  public class DataInitializer : IHostedService
2.  {
3.      private readonly IServiceProvider _serviceProvider;
4.
5.      public DataInitializer(IServiceProvider serviceProvider)
6.          => _serviceProvider = serviceProvider;
7.
8.      public async Task StartAsync(CancellationToken cancellationToken)
9.      {
10.         await using var asyncScope = _serviceProvider.CreateAsyncScope();
11.
12.         var logger = asyncScope.ServiceProvider.GetRequiredService
             <ILogger<DataInitializer>>();
13.         logger.LogInformation("正在初始化数据···");
14.
15.         var context = asyncScope.ServiceProvider.GetRequiredService
             <ApplicationIdentityDbContext>();
16.         await context.Database.MigrateAsync();
17.
18.         var u_admin = "admin";
19.         var u_alice = "alice";
20.         var u_bob = "bob";
21.         var u_coredx = "coredx";
22.         var r_Admins = "Admins";
23.         var r_Sellers = "Sellers";
24.         var r_Buyers = "Buyers";
25.         var userNames = new[] { u_admin, u_alice, u_bob, u_coredx };
26.         var userRoles = new[] {
27.             (name: r_Admins, users: new[] {u_admin}),
28.             (name: r_Sellers, users: new[] { u_alice }),
29.             (name: r_Buyers, users: new[] { u_alice, u_bob, u_coredx })
30.         };
31.         var roleClaims = new[]
32.         {
33.             (name: r_Admins, claims: new[] { new Claim("admin_level", "1") }),
34.             (name: r_Sellers, claims: new[] { new Claim("sell_level", "1") }),
35.         };
36.
37.         await CreateUsersAsync();
38.         await CreateRoleAsync();
39.
```

```csharp
40.            logger.LogInformation("初始化数据完成！");
41.
42.            async Task CreateUsersAsync()
43.            {
44.                var userManager = asyncScope.ServiceProvider.GetRequiredService
                       <UserManager<ApplicationUser>>();
45.                IUserStore<ApplicationUser>? userStore = null;
46.
47.                foreach (var userName in userNames)
48.                {
49.                    if ((await userManager.FindByNameAsync(userName))?.UserName ==
                           userName) continue;
50.
51.                    var email = $"{userName}@eshop.cn";
52.                    var password = "123123";
53.                    userStore ??= asyncScope.ServiceProvider.GetRequiredService
                           <IUserStore<ApplicationUser>>();
54.                    var emailStore = GetEmailStore(userStore, userManager);
55.
56.                    var user = CreateUser();
57.
58.                    await userStore.SetUserNameAsync(user, userName,
                           CancellationToken.None);
59.                    await emailStore.SetEmailAsync(user, email,
                           CancellationToken.None);
60.                    var result = await userManager.CreateAsync(user, password);
61.                }
62.
63.                static ApplicationUser CreateUser()
64.                {
65.                    try
66.                    {
67.                        return Activator.CreateInstance<ApplicationUser>();
68.                    }
69.                    catch
70.                    {
71.                        throw new InvalidOperationException($"Can't create an instance
                               of '{nameof(ApplicationUser)}'. " +
72.                            $"Ensure that '{nameof(ApplicationUser)}' is not an abstract
                               class and has a parameterless constructor, or
                               alternatively " +
73.                            $"override the register page in /Pages/Account/Register.
                               cshtml");
74.                    }
75.                }
76.
77.                static IUserEmailStore<ApplicationUser> GetEmailStore(IUserStore
                       <ApplicationUser> userStore, UserManager<ApplicationUser> userManager)
78.                {
79.                    if (!userManager.SupportsUserEmail)
80.                    {
81.                        throw new NotSupportedException("The default UI requires a user
                               store with email support.");
82.                    }
83.                    return (IUserEmailStore<ApplicationUser>)userStore;
84.                }
85.            }
86.
87.            async Task CreateRoleAsync()
88.            {
89.                var roleManage = asyncScope.ServiceProvider.GetRequiredService
                       <RoleManager<ApplicationRole>>();
90.                UserManager<ApplicationUser>? userManager = null;
91.
92.                foreach (var (roleName, users) in userRoles)
93.                {
94.                    if ((await roleManage.FindByNameAsync(roleName)) is not null)
```

```
 95.                continue;
 96.            var role = CreateRole();
 97.
 98.            await roleManage.SetRoleNameAsync(role, roleName);
 99.            var result = await roleManage.CreateAsync(role);
100.
101.            foreach (var claim in roleClaims
102.                .Where(rc => rc.name == roleName)
103.                .SelectMany(rc => rc.claims))
104.            {
105.                await roleManage.AddClaimAsync(role, claim);
106.            }
107.
108.            userManager ??= asyncScope.ServiceProvider.GetRequiredService
                    <UserManager<ApplicationUser>>();
109.            foreach (var userName in users)
110.            {
111.                var user = await userManager.FindByNameAsync(userName);
112.                if (user is null) continue;
113.                if(await userManager.IsInRoleAsync(user, roleName))
                        continue;
114.                await userManager.AddToRoleAsync(user, role.Name);
115.            }
116.        }
117.
118.        static ApplicationRole CreateRole()
119.        {
120.            try
121.            {
122.                return Activator.CreateInstance<ApplicationRole>();
123.            }
124.            catch
125.            {
126.                throw new InvalidOperationException($"Can't create an
                        instance of '{nameof(ApplicationRole)}'. " +
127.                    $"Ensure that '{nameof(ApplicationRole)}' is not an
                        abstract class and has a parameterless constructor, or
                        alternatively " +
128.                    $"override the register page in /Pages/Account/Register.
                        cshtml");
129.            }
130.        }
131.    }
132. }
133.
134.    public Task StopAsync(CancellationToken cancellationToken) =>
            Task.CompletedTask;
135. }
```

（2）注册数据初始化助手（Program.cs）

```
1. builder.Services.AddHostedService<DataInitializer>();
```

数据初始化助手是一个托管服务，因此会在启动主机时自动运行。当主机中注册了多个托管服务时，后注册的先启动，因此需要在最后注册数据初始化助手，确保首先运行数据初始化。托管服务包含三个生命周期阶段：正在启动、正在运行和正在停止。主机只有在上一个托管服务完成启动后才会开始启动下一个。数据初始化助手的所有代码均位于启动阶段，也没有会长时间运行的后台任务，利用这个特点可以确保在 ASP.NET Core 服务启动前完成数据初始化。

开始下一步前先把代码提交到 Git 仓库，以上代码位于随书附赠的项目的 ID a17d16d5 的提交中。本次提交在布局中添加了卖家开店申请审核页面的超链接，但审核相关的功能和页面是之后才需要的，在练习时请注意去掉相关代码或不要点击这个无效链接。

3. 完善 EF Core 扩展功能

之前我们准备了大量 EF Core 扩展来优化 EF Core 的使用体验，但是这些扩展尚未完成，现在是时候完善这些功能了。本次完善的是数据库说明管理功能的迁移扩展，因为现在要真的运行迁移代码了。本次完善的功能的代码均位于 EShop.Extensions.EntityFrameworkCore 项目。

示例代码如下：

（1）SQL 模板接口（DatabaseDescription/IDatabaseDescriptionSqlTemplate.cs）

```
1.  /// <summary>
2.  /// 数据库说明的 SQL 模板接口
3.  /// </summary>
4.  public interface IDatabaseDescriptionSqlTemplate
5.  {
6.      /// <summary>
7.      /// 添加或更新表说明模板
8.      /// </summary>
9.      string AddOrUpdateTableDescriptionTemplate { get; }
10.
11.     /// <summary>
12.     /// 添加或更新列说明模板
13.     /// </summary>
14.     string AddOrUpdateColumnDescriptionTemplate { get; }
15.
16.     /// <summary>
17.     /// 删除表说明模板
18.     /// </summary>
19.     string DropTableDescriptionTemplate { get; }
20.
21.     /// <summary>
22.     /// 删除列说明模板
23.     /// </summary>
24.     string DropColumnDescriptionTemplate { get; }
25. }
```

不同数据库管理说明用的 SQL 不一定相同，但是这个扩展需要兼容各种数据库，因此从外部传入 SQL 是个不错的办法。这个接口刚好可以用来规范可用的 SQL 语句类型。

（2）预备的 SQL Server 用 SQL 模板（SqlTemplateDefaults/DefaultSqlServerDatabaseDescriptionSqlTemplate.cs）

```
1.  /// <summary>
2.  /// 数据迁移扩展 SQL 模板
3.  /// </summary>
4.  public class DefaultSqlServerDatabaseDescriptionSqlTemplate :
        IDatabaseDescriptionSqlTemplate
5.  {
6.      public static DefaultSqlServerDatabaseDescriptionSqlTemplate Instance => new
            DefaultSqlServerDatabaseDescriptionSqlTemplate();
7.
8.      private const string _tableDescriptionExists =
9.  @"exists (
10.     select t.name as tname, d.value as Description
11.     from sysobjects t
12.     left join sys.extended_properties d
13.     on t.id = d.major_id and d.minor_id = 0 and d.name = 'MS_Description'
14.     where t.name = '{tableName}' and d.value is not null)";
15.
16.     private const string _dropTableDescription =
17. @"exec sys.sp_dropextendedproperty
18.     @name=N'MS_Description'
19.   , @level0type=N'SCHEMA'
```

```
20.        , @level0name=N'{schema}'
21.        , @level1type=N'TABLE'
22.        , @level1name=N'{tableName}'
23.        , @level2type=NULL
24.        , @level2name=NULL";
25.
26.     private const string _addTableDescription =
27.  @"exec sys.sp_addextendedproperty
28.         @name=N'MS_Description'
29.       , @value=N'{tableDescription}'
30.       , @level0type=N'SCHEMA'
31.       , @level0name=N'{schema}'
32.       , @level1type=N'TABLE'
33.       , @level1name=N'{tableName}'
34.       , @level2type= NULL
35.       , @level2name= NULL";
36.
37.     private const string _columnDescriptionExists =
38.  @"exists (
39.       select t.name as tname,c.name as cname, d.value as Description
40.       from sysobjects t
41.       left join syscolumns c
42.       on c.id=t.id and t.xtype='U' and t.name<>'dtproperties'
43.       left join sys.extended_properties d
44.       on c.id=d.major_id and c.colid=d.minor_id and d.name = 'MS_Description'
45.       where t.name = '{tableName}' and c.name = '{columnName}' and d.value is not null)";
46.
47.     private const string _dropColumnDescription =
48.  @"exec sys.sp_dropextendedproperty
49.         @name=N'MS_Description'
50.       , @level0type=N'SCHEMA'
51.       , @level0name=N'{schema}'
52.       , @level1type=N'TABLE'
53.       , @level1name=N'{tableName}'
54.       , @level2type=N'COLUMN'
55.       , @level2name=N'{columnName}'";
56.
57.     private const string _addColumnDescription =
58.  @"exec sys.sp_addextendedproperty
59.         @name=N'MS_Description'
60.       , @value=N'{columnDescription}'
61.       , @level0type=N'SCHEMA'
62.       , @level0name=N'{schema}'
63.       , @level1type=N'TABLE'
64.       , @level1name=N'{tableName}'
65.       , @level2type=N'COLUMN'
66.       , @level2name=N'{columnName}'";
67.
68.     private const string AddOrUpdateTableDbDescriptionTemplate = @$"
69.  {DropTableDbDescriptionTemplate}
70.
71.  {_addTableDescription}
72.  go";
73.
74.     private const string DropTableDbDescriptionTemplate = @$"
75.  if {_tableDescriptionExists}
76.  begin
77.  {_dropTableDescription}
78.  end
79.  go";
80.
81.     private const string AddOrUpdateColumnDbDescriptionTemplate = @$"
82.  {DropColumnDbDescriptionTemplate}
83.
84.  {_addColumnDescription}
85.  go";
```

```
86.
87.        private const string DropColumnDbDescriptionTemplate = @$"
88. if {_columnDescriptionExists}
89. begin
90. {_dropColumnDescription}
91. end
92. go";
93.
94.        public string AddOrUpdateTableDescriptionTemplate =>
             AddOrUpdateTableDbDescriptionTemplate;
95.        public string AddOrUpdateColumnDescriptionTemplate =>
             AddOrUpdateColumnDbDescriptionTemplate;
96.        public string DropTableDescriptionTemplate => DropTableDbDescriptionTemplate;
97.        public string DropColumnDescriptionTemplate =>
             DropColumnDbDescriptionTemplate;
98.
99.        private DefaultSqlServerDatabaseDescriptionSqlTemplate() { }
100.    }
```

本次演练以 SQL Server 为例，因此提前准备 SQL Server 用的 SQL 模板，如果读者使用其他数据库，请自行准备相应的 SQL 模板。这个模板定义使用了 C# 10.0 的新功能——常量内插字符串。这个功能允许在常量字符串中使用内插片段，前提是内插的片段也是常量字符串，编译器会在编译时替换内插片段生成完整的字符串常量。

（3）使用完善后的 EF Core 扩展（EShop.Migrations.Authentication.SqlServer/Migrations/20220409095301_V1_Initial.cs）

```
1.  migrationBuilder.ApplyDatabaseDescription(this,
        DefaultSqlServerDatabaseDescriptionSqlTemplate.Instance);
```

在生成的迁移代码的 Up 和 Down 方法的末尾添加上述代码即可把实体模型中的说明写入数据库。这个扩展要在每个修改过说明的迁移中添加才能确保说明和实体模型同步。

至此，授权中心的开发告一段落，接下来要进入买家商城的开发。开始下一步前先把代码提交到 Git 仓库，以上代码位于随书附赠的项目的 ID 30b4fef2 的提交中。

25.8 开发买家商城

在开发买家商城之前，需要准备数据 API，否则商城没有渲染页面所需要的数据。

25.8.1 商城服务实体

商城和授权中心使用独立的 Web 应用运行，自然实体模型也应该使用独立的类库来管理。之前在授权中心展示了如何扩展 EF Core 实现自动管理数据库说明的功能，本次将展示如何扩展 EF Core 使树形实体更好用。

1. 实体模型

在"src/AppDomain"目录中新建类库项目 EShop.Domain.Entities.Mall，然后引用项目 EShop.Domain.Abstractions。

示例代码如下：

（1）店铺实体（Shop.cs）

```csharp
1.  public class Shop : IEntity<int>
2.      , IOptimisticConcurrencySupported
3.  {
4.      public virtual int Id { get; set; }
5.      public virtual string ConcurrencyStamp { get; set; } = null!;
6.
7.      public virtual string Name { get; set; } = null!;
8.      public virtual string ImageUrl { get; set; } = null!;
9.      public virtual string Description { get; set; } = null!;
10.     public virtual bool Openning { get; set; } = true;
11.
12.     public virtual DateTimeOffset OpenDate { get; set; }
13.     public virtual string OwnerId { get; set; } = null!;
14.     public virtual List<Goods> Goods { get; set; } = new List<Goods>();
15. }
```

（2）商品分类实体（Category.cs）

```csharp
1.  public class Category : ITreeEntity<int, Category>
2.      , IOptimisticConcurrencySupported
3.  {
4.      public virtual int Id { get; set; }
5.      public virtual string Name { get; set; } = null!;
6.      public virtual string ConcurrencyStamp { get; set; } = null!;
7.
8.      public virtual int? ParentId { get; set; }
9.      public virtual Category? Parent { get; set; }
10.     public virtual IList<Category> Children { get; set; } = new List<Category>();
11.
12.     public virtual int Depth { get; set; }
13.     public virtual bool IsRoot => ParentId is null;
14.     public virtual bool IsLeaf => !HasChildren;
15.     public virtual bool HasChildren { get; set; }
16.     public virtual string? Path { get; set; }
17. }
```

（3）商品实体（Goods.cs）

```csharp
1.  public class Goods : IEntity<int>
2.      , IOptimisticConcurrencySupported
3.  {
4.      public virtual int Id { get; set; }
5.      public virtual string ConcurrencyStamp { get; set; } = null!;
6.
7.      public virtual string Name { get; set; } = null!;
8.      public virtual string ImageUrl { get; set; } = null!;
9.      public virtual string Description { get; set; } = null!;
10.     public virtual string Detail { get; set; } = null!;
11.     public bool OnSell { get; set; } = true;
12.
13.     public virtual int CategoryId { get; set; }
14.     public virtual Category Category { get; set; } = null!;
15.
16.     public virtual int OwnedShopId { get; set; }
17.     public virtual Shop OwnedShop { get; set; } = null!;
18. }
```

2. 树形实体的模型扩展功能

ITreeEntity<TKey,TEntity>接口的邻接表模型的实体在查询数据时存在诸多不便。为了在优化数据查询体验的前提下不破坏数据完整性，并尽可能地利用 EF Core 的功能使实现方案对业务开发透明化，需要继续扩展 EF Core。这些扩展是针对特定实体接口的，因此放在

EShop.Extensions.EntityFrameworkCore.Entities 项目中。

示例代码如下：

（1）树形实体的临时值映射（ITreeEntityDummyValueSql.cs）

```csharp
/// <summary>
/// 树形实体的视图列在表中的临时值映射
/// <para>EF Core 目前还不支持在多重映射时分别配置表和视图的映射，因此需要在表中映射一个同
///     名计算列</para>
/// </summary>
public interface ITreeEntityDummyValueSql
{
    /// <summary>
    /// 节点深度的 SQL
    /// </summary>
    string DepthSql { get; }

    /// <summary>
    /// 节点是否有子树的 SQL
    /// </summary>
    string HasChildrenSql { get; }

    /// <summary>
    /// 节点路径的 SQL
    /// </summary>
    string PathSql { get; }
}
```

EF Core 目前不支持为同一个实体属性在多重映射时分别配置映射行为，只能先这样临时用一下。因为这些属性只有存放完整数据的数据库能够准确计算，如果通过 where 子句读取部分数据到内存，应用计算的结果很可能是错的。

（2）默认的 SQL Server 临时值（SqlTemplateDefaults/DefaultSqlServerTreeEntityDummyValueSql.cs）

```csharp
public class DefaultSqlServerTreeEntityDummyValueSql : ITreeEntityDummyValueSql
{
    public static DefaultSqlServerTreeEntityDummyValueSql Instance => new
      DefaultSqlServerTreeEntityDummyValueSql();

    private const string _depthSql = "-1";
    private const string _hasChildrenSql = "cast(0 as bit)";
    private const string _pathSql = "''";

    public string DepthSql => _depthSql;
    public string HasChildrenSql => _hasChildrenSql;
    public string PathSql => _pathSql;

    private DefaultSqlServerTreeEntityDummyValueSql() { }
}
```

（3）修改实体接口的实体构造器扩展（EntityModelBuilderExtensions.cs#EntityModelBuilderExtensions）

```csharp
/// <summary>
/// 配置树形实体接口
/// </summary>
/// <typeparam name="TKey">主键类型</typeparam>
/// <typeparam name="TEntity">树形实体类型</typeparam>
/// <param name="builder">实体类型构造器</param>
/// <param name="dummyValueSql">表用计算列的虚假值生成 Sql</param>
```

```csharp
        /// <returns>实体类型构造器</returns>
        public static EntityTypeBuilder<TEntity> ConfigureForITreeEntity<TKey,
            TEntity>(this EntityTypeBuilder<TEntity> builder, ITreeEntityDummyValueSql
            dummyValueSql)
            where TKey : struct, IEquatable<TKey>
            where TEntity : class, ITreeEntity<TKey, TEntity>
        {
            builder.HasAnnotation("IsTreeEntity", true);

            builder.HasOne(e => e.Parent)
                .WithMany(pe => pe.Children)
                .HasForeignKey(e => e.ParentId);

            builder.Property(e => e.Depth)
                .HasComputedColumnSql(dummyValueSql.DepthSql);

            builder.Property(e => e.HasChildren)
                .HasComputedColumnSql(dummyValueSql.HasChildrenSql);

            builder.Property(e => e.Path)
                .HasComputedColumnSql(dummyValueSql.PathSql);

            var tableName = builder.Metadata.GetTableName();
            return builder.ToTable(tableName)
                .ToView($"view_tree_{tableName}");
        }

        /// <summary>
        /// 配置树形实体接口
        /// </summary>
        /// <param name="modelBuilder">模型构造器</param>
        /// <param name="dummyValueSql">表用计算列的虚假值生成 Sql</param>
        /// <returns>模型构造器</returns>
        public static ModelBuilder ConfigureForITreeEntity(this ModelBuilder
            modelBuilder, ITreeEntityDummyValueSql dummyValueSql)
        {
            foreach (var entity
                in modelBuilder.Model.GetEntityTypes()
                    .Where(e => e.ClrType.IsDerivedFrom(typeof(ITreeEntity<,>))))
            {
                modelBuilder.Entity(entity.ClrType, b =>
                {
                    b.HasAnnotation("IsTreeEntity", true);

                    b.HasOne(nameof(TreeType.Parent))
                        .WithMany(nameof(TreeType.Children))
                        .HasForeignKey(nameof(TreeType.ParentId));

                    b.Property(nameof(TreeType.Depth))
                        .HasComputedColumnSql(dummyValueSql.DepthSql);

                    b.Property(nameof(TreeType.HasChildren))
                        .HasComputedColumnSql(dummyValueSql.HasChildrenSql);

                    b.Property(nameof(TreeType.Path))
                        .HasComputedColumnSql(dummyValueSql.PathSql);

                    var tableName = b.Metadata.GetTableName();
                    b.ToTable(tableName)
                        .ToView($"view_tree_{tableName}");
                });
            }

            return modelBuilder;
        }
```

```
71.    private sealed class TreeType : ITreeEntity<int, TreeType>
72.    {
73.        public int? ParentId { get => throw new NotImplementedException(); set => throw
            new NotImplementedException(); }
74.        public TreeType? Parent { get => throw new NotImplementedException(); set =>
            throw new NotImplementedException(); }
75.        public IList<TreeType> Children { get => throw new NotImplementedException();
            set => throw new NotImplementedException(); }
76.        public int Depth => throw new NotImplementedException();
77.        public bool IsRoot => throw new NotImplementedException();
78.        public bool IsLeaf => throw new NotImplementedException();
79.        public bool HasChildren => throw new NotImplementedException();
80.        public string? Path => throw new NotImplementedException();
81.        public int Id { get => throw new NotImplementedException(); set => throw new
            NotImplementedException(); }
82.    }
```

把以上扩展方法添加到实体模型构造器扩展类中。树形实体配置为模型添加了一个名为 IsTreeEntity 的注解，方便后续使用，然后配置外键和导航属性，最后把实体同时映射到表和视图，利用视图来计算优化查询体验所需的属性值。

由视图计算的属性以数据库设计原则来说属于冗余数据，是违反数据库设计范式的，其完全可以通过 ParentId 建立的层次关系算出来，不应该作为表的字段来存储。如果意外保存了错误的值，还可能产生矛盾的数据导致业务逻辑出错。但是如果不能在查询中筛选出这些属性，势必会导致要么必须把所有数据加载到应用中应用才能计算出正确的值，要么只能编写复杂的 SQL 语句要求数据库计算出正确的值来实现部分数据加载。

EF Core 支持实体的多重映射后，这个左右为难的问题就迎刃而解，并且能对上层的应用开发保持透明。这非常有利于保持底层架构的简单合理，也能在最大程度上避免底层优化入侵上层增加业务逻辑的代码量，提升业务代码的可维护性。

这里的 TreeType 类型只用于上面的 nameof 表达式，避免硬编码字符串时写错。

3. EF Core 上下文

在"src/Infrastructure"目录中新建类库项目 EShop.Application.Data.Mall，然后引用项目 EShop.Domain.Entities.Mall 和 EShop.Extensions.EntityFrameworkCore.Entities。因为已经通过 EShop.Extensions.EntityFrameworkCore.Entities 项目间接依赖了 NuGet 包 Microsoft.EntityFrameworkCore，因此不用重复安装此 NuGet 包，还能避免因安装的版本不同而导致的版本冲突。

上下文类（ApplicationMallDbContext.cs）的示例代码如下：

```
1.   public class ApplicationMallDbContext : DbContext
2.   {
3.       public ApplicationMallDbContext(DbContextOptions<ApplicationMallDbContext>
           options) : base(options) { }
4.
5.       public DbSet<Shop> Shops => Set<Shop>();
6.       public DbSet<Goods> Goods => Set<Goods>();
7.       public DbSet<Category> Categories => Set<Category>();
8.
9.       protected override void OnModelCreating(ModelBuilder modelBuilder)
10.      {
11.          base.OnModelCreating(modelBuilder);
12.
13.          modelBuilder.ConfigureForIOptimisticConcurrencySupported();
14.          modelBuilder.ConfigureForITreeEntity
               (DefaultSqlServerTreeEntityDummyValueSql.Instance);
15.
```

```
16.        modelBuilder.Entity<Shop>(b =>
17.        {
18.            b.Property(s => s.Openning).HasDefaultValue(true);
19.        });
20.        modelBuilder.Entity<Goods>(b =>
21.        {
22.            b.Property(g => g.OnSell).HasDefaultValue(true);
23.        });
24.    }
25. }
```

4. 树形实体的迁移扩展

前面我们完成了树形实体的实体构造器扩展，现在继续完成迁移扩展的部分。在 EShop.Extensions.EntityFrameworkCore.Entities 项目中添加如下内容。

（1）树形实体的视图 SQL 模板接口（ITreeEntityDatabaseViewSqlTemplate.cs）

```
1.  /// <summary>
2.  /// 树形实体的视图 SQL 模板
3.  /// </summary>
4.  public interface ITreeEntityDatabaseViewSqlTemplate
5.  {
6.      /// <summary>
7.      /// 创建视图的模板
8.      /// </summary>
9.      string CreateSqlTemplate { get; }
10.
11.     /// <summary>
12.     /// 删除视图的模板
13.     /// </summary>
14.     string DropSqlTemplate { get; }
15. }
```

和之前相同，这是为了解决不同数据库的不同 SQL 而准备的抽象接口。

（2）默认的 SQL Server 模板（SqlTemplateDefaults/DefaultSqlServerTreeEntityViewSqlTemplate.cs）

```
1.  public class DefaultSqlServerTreeEntityViewSqlTemplate :
    ITreeEntityDatabaseViewSqlTemplate
2.  {
3.      public static DefaultSqlServerTreeEntityViewSqlTemplate Instance => new
        DefaultSqlServerTreeEntityViewSqlTemplate();
4.
5.      private const string _viewNameTemplate = "view_tree_{tableName}";
6.
7.      private const string _createSqlTemplate =
8.  /* --由于视图使用了公用表表达式，因此无法建立索引持久化视图数据
9.  ----在视图上建立唯一的聚集索引
10. --create unique clustered index
11. --Index_View on view_{{tableName}}
12. }}(Id)
13.
14. ----在视图上建立非聚集索引
15. --create index
16. --Index_View_depth on view_{{tableName}}(depth)
17.
18. --create index
19. --Index_View_hasChild on view_{{tableName}}(hasChild)
20.
21. --create index
22. --Index_View_path on view_{{tableName}}(path)
23. --go
```

```
24.
25.     ----为表明已经给视图建立一个索引，并且它确实占用数据库的空间，运行下面的脚本查明聚集索引有多少
            行以及视图占用多少空间。
26.     --execute sp_spaceused 'viewTree'
27.     --go */
28.     $@"{_dropSqlTemplate}
29.     create view {_viewNameTemplate}     --创建视图
30.     --with schemaBinding     --如果要创建带索引的视图要加上这句
31.     as
32.     with temp({{columns}}, Depth, Path, HasChildren) as
33.     (
34.         --初始查询（这里的 ParentId is null 在数据中是最底层的根节点）
35.         select {{columns}},
36.             0 as Depth,
37.             '/' + cast(Id as nvarchar(max)) as Path, --如果 Id 使用 Guid 类型，可能会导致
                    层数太深时出问题（大概100层左右，超过4000字之后的字符串会被删除，sqlserver 2005
                    以后用 nvarchar(max)可以突破限制），Guid 的字数太多了
38.             HasChildren = (case when exists(select 1 from {{tableName}} where
                    {{tableName}}.ParentId = root.id) then cast(1 as bit) else cast(0 as bit)
                    end)
39.         from {{tableName}} as root
40.         where ParentId is null
41.
42.         union all
43.         --递归条件
44.         select {{child.columns}},
45.             parent.Depth+1,
46.             parent.Path + '/' + cast(child.Id as nvarchar(max)),
47.             HasChildren = (case when exists(select 1 from {{tableName}} where
                    {{tableName}}.ParentId = child.id) then cast(1 as bit) else cast(0 as bit)
                    end)
48.         from {{tableName}} as child  --3：这里的临时表和原始数据表都必须使用别名，不然递归的
                时候不知道查询的是哪个表的列
49.         inner join
50.         temp as parent
51.         on (child.ParentId = parent.Id) --这个关联关系很重要，一定要理解一下谁是谁的父节点
52.     )
53.     -- 要创建索引的视图不能使用 select * 的写法，带公用表表达式的视图无法创建索引
54.     select *
55.     from temp
56.     --4：递归完成后 一定不要少了这句查询语句 否则会报错。创建视图则无须排序，视图的排序对外部引用
            无效，要在外部查询指定排序
57.     --order by temp.Id
58.     go";
59.
60.         private const string _dropSqlTemplate = @$"
61.     --判断视图是否存在
62.     if exists(select * from sysobjects where id=OBJECT_ID(N'{_viewNameTemplate}') and
            objectproperty(id,N'IsView')=1)
63.     drop view {_viewNameTemplate}     --删除视图
64.     go";
65.
66.         public string CreateSqlTemplate => _createSqlTemplate;
67.         public string DropSqlTemplate => _dropSqlTemplate;
68.
69.         public DefaultSqlServerTreeEntityViewSqlTemplate() { }
70.     }
```

树形实体的视图需要使用公用表表达式（CTE）递归查询来计算这些字段的值，因此无法通过索引来缓存计算结果，所以这种方式不适合在数据量较大的场景使用。应用和数据库之间也建议通过其他中间层缓存计算结果，减少数据库的压力。

（3）迁移扩展（MigrationBuilderExtensions.cs）

```csharp
public static class MigrationBuilderExtensions
{
    private static string[] Properties = new[] { "Depth", "HasChildren", "Path" };

    /// <summary>
    /// 自动扫描迁移模型并配置树形实体视图
    /// </summary>
    /// <param name="migrationBuilder">迁移构造器</param>
    /// <param name="migration">迁移</param>
    /// <param name="sqlTemplate">Sql 模板</param>
    /// <returns>迁移构造器</returns>
    public static MigrationBuilder ApplyTreeEntityView(this MigrationBuilder migrationBuilder, Migration migration, ITreeEntityDatabaseViewSqlTemplate sqlTemplate)
    {
        var entityTypes = migration.TargetModel.GetEntityTypes().Where(et => et.FindAnnotation("IsTreeEntity")?.Value is true);
        var pendingViewOperations = new List<(IEntityType entity, bool isCreate)>();
        foreach (var operation in migrationBuilder.Operations.Where(op =>
            op.GetType().IsDerivedFrom<TableOperation>() ||
            op.GetType().IsDerivedFrom <DropTableOperation>()))
        {
            if (operation is TableOperation tableOperation && entityTypes.Any(et => et.GetTableName() == tableOperation.Name))
            {
                var entity = entityTypes.Single(en => en.GetTableName() == tableOperation.Name);
                pendingViewOperations.Add((entity, true));
            }
            else if (operation is DropTableOperation dropTableOperation && entityTypes.Any(et => et.GetTableName() == dropTableOperation.Name))
            {
                var entity = entityTypes.Single(en => en.GetTableName() == dropTableOperation.Name);
                pendingViewOperations.Add((entity, false));
            }
        }

        foreach (var operation in pendingViewOperations)
        {
            switch (operation.isCreate)
            {
                case true:
                    migrationBuilder.CreateTreeEntityView(operation.entity, sqlTemplate);
                    break;
                case false:
                    migrationBuilder.DropTreeEntityView(operation.entity, sqlTemplate);
                    break;
            }
        }

        return migrationBuilder;
    }

    /// <summary>
    /// 创建树形实体视图
    /// </summary>
    /// <param name="migrationBuilder">迁移构造器</param>
    /// <param name="entityType">实体类型</param>
    /// <param name="sqlTemplate">Sql 模板</param>
    /// <returns>迁移构造器</returns>
```

```csharp
53.     public static MigrationBuilder CreateTreeEntityView(this MigrationBuilder
            migrationBuilder, IEntityType entityType, ITreeEntityDatabaseViewSqlTemplate
            sqlTemplate)
54.     {
55.         var tableName = entityType.GetTableName()!;
56.
57.         var tableIdentifer = StoreObjectIdentifier.Table(tableName);
58.
59.         var columnNames = entityType.GetProperties()
60.             .Where(c => !Properties.Contains(c.Name))
61.             .Select(pro => $"[{pro.GetColumnName(tableIdentifer)}]");
62.         var childColumnNames = columnNames.Select(c => $@"child.{c}");
63.
64.         migrationBuilder.Sql(sqlTemplate.CreateSqlTemplate
65.             .Replace("{tableName}", tableName)
66.             .Replace("{columns}", string.Join(", ", columnNames))
67.             .Replace("{child.columns}", string.Join(", ", childColumnNames))
68.         );
69.
70.         return migrationBuilder;
71.     }
72.
73.     /// <summary>
74.     /// 删除树形实体视图
75.     /// </summary>
76.     /// <param name="migrationBuilder">迁移构造器</param>
77.     /// <param name="entityType">实体类型</param>
78.     /// <param name="sqlTemplate">Sql 模板</param>
79.     /// <returns>迁移构造器</returns>
80.     public static MigrationBuilder DropTreeEntityView(this MigrationBuilder
            migrationBuilder, IEntityType entityType, ITreeEntityDatabaseViewSqlTemplate
            sqlTemplate)
81.     {
82.         return migrationBuilder.DropTreeEntityView(entityType.GetTableName()!,
                sqlTemplate);
83.     }
84.
85.     /// <summary>
86.     /// 删除树形实体视图
87.     /// </summary>
88.     /// <param name="migrationBuilder">迁移构造器</param>
89.     /// <param name="tableName">视图对应的表名</param>
90.     /// <param name="sqlTemplate">Sql 模板</param>
91.     /// <returns>迁移构造器</returns>
92.     public static MigrationBuilder DropTreeEntityView(this MigrationBuilder
            migrationBuilder, string tableName, ITreeEntityDatabaseViewSqlTemplate
            sqlTemplate)
93.     {
94.         migrationBuilder.Sql(sqlTemplate.DropSqlTemplate.Replace("{tableName}",
                tableName));
95.
96.         return migrationBuilder;
97.     }
98. }
```

迁移扩展通过检测建表和删表操作来确定要创建和删除的视图,但是不能在检测到时立即添加迁移操作,在枚举途中修改数据源会导致枚举器异常。

5. 迁移项目

准备好扩展后就可以准备迁移了。在"src/Infrastructure"目录中新建类库项目 EShop.Migrations.Mall.SqlServer,然后引用项目 EShop.Extensions.EntityFrameworkCore.Entities、EShop.Extensions.EntityFrameworkCore 和 EShop.Application.Data.Mall,最后安装 NuGet 包

Microsoft.EntityFrameworkCore.SqlServer。

> **注　意**
>
> 生成迁移需要托管环境，因此在建立商城 API 服务应用后再迁移。基本方法和授权中心的迁移方式基本相同。

应用树形实体视图（Migrations/20220413075710_V1_Initial.cs）的示例代码如下：

```
1.   migrationBuilder.ApplyTreeEntityView(this,
         DefaultSqlServerTreeEntityViewSqlTemplate.Instance);
```

只需要在迁移的 Up 和 Down 方法的末尾添加上述代码即可，并且这是必须的，否则实体映射配置的视图不存在，会在查询时引起错误。

开始下一步前先把代码提交到 Git 仓库，以上代码位于随书附赠的项目的 ID cedaad28 和 1a33dcc7 的提交中。

25.8.2　商城服务

实体模型准备完成后就可以开始设计服务接口和实现服务功能了。为了保持架构清晰，接口定义和接口实现放在不同的项目中。

1. 服务接口定义

在"src/AppDomain"目录中新建类库项目 EShop.Domain.Services.Mall，然后引用项目 EShop.Domain.Entities.Mall，最后安装 NuGet 包 X.PagedList。

按照严格的设计方式，服务接口不应该直接使用实体模型，因为这会导致实体模型和服务模型耦合。但是本次演练的目标不包括实体的传输和转换，并且解决方案规模已经不小，故直接使用实体类型。

X.PagedList 是一个非常好用的分页组件，不仅适用于内存集合，也能方便地和 EF Core 集成。

示例代码如下：

（1）店铺服务接口（IShopService.cs）

```
1.   /// <summary>
2.   /// 店铺服务接口
3.   /// </summary>
4.   public interface IShopService
5.   {
6.       /// <summary>
7.       /// 查询并获取店铺信息
8.       /// </summary>
9.       /// <param name="pageIndex">页码</param>
10.      /// <param name="pageSize">页面大小</param>
11.      /// <param name="where">筛选条件</param>
12.      /// <param name="token">取消令牌</param>
13.      /// <returns>指定页的店铺信息</returns>
14.      Task<IPagedList<Shop>> GetShopsAsync(int pageIndex, int pageSize, Expression
             <Func<Shop, bool>>? where, CancellationToken token);
15.
16.      /// <summary>
17.      /// 获取店铺信息
```

```
18.     /// </summary>
19.     /// <param name="id">店铺 Id</param>
20.     /// <param name="token">取消令牌</param>
21.     /// <returns>指定 Id 的店铺信息</returns>
22.     Task<Shop> GetShopAsync(int id, CancellationToken token);
23. }
```

（2）商品服务接口（IGoodsService.cs）

```
1.  /// <summary>
2.  /// 商品服务接口
3.  /// </summary>
4.  public interface IGoodsService
5.  {
6.      /// <summary>
7.      /// 查询并获取商品信息
8.      /// </summary>
9.      /// <param name="pageIndex">页码</param>
10.     /// <param name="pageSize">页面大小</param>
11.     /// <param name="where">筛选条件</param>
12.     /// <param name="includeOwnedShop">是否在结果中包含店铺的详细信息</param>
13.     /// <param name="includeCategory">是否在结果中包含分类的详细信息</param>
14.     /// <param name="token">取消令牌</param>
15.     /// <returns>指定页的商品信息</returns>
16.     Task<IPagedList<Goods>> GetGoodsAsync(
17.         int pageIndex,
18.         int pageSize,
19.         Expression<Func<Goods, bool>>? where,
20.         bool includeOwnedShop,
21.         bool includeCategory,
22.         CancellationToken token);
23. 
24.     /// <summary>
25.     /// 获取指定 Id 的商品详细信息
26.     /// </summary>
27.     /// <param name="id">商品 Id</param>
28.     /// <param name="token">取消令牌</param>
29.     /// <returns>指定 Id 的商品信息</returns>
30.     Task<Goods> GetGoodsAsync(int id, CancellationToken token);
31. }
```

为提高系统吞吐量，服务统一设计为异步的。

2. 实现服务接口

在"src/ Infrastructure"目录中新建类库项目 EShop.Application.Services.Mall，引用项目 EShop.Domain.Buses.MediatR、EShop.Domain.Repository.EntityFrameworkCore、EShop.Domain.Services.Mall 和 EShop.Application.Data.Mall，最后安装 NuGet 包 Microsoft.EntityFrameworkCore.Relational 和 Microsoft.Extensions.Http。

示例代码如下：

（1）店铺服务实现（ShopService.cs）

```
1.  public class ShopService : IShopService
2.  {
3.      private readonly IServiceProvider _serviceProvider;
4. 
5.      public ShopService(IServiceProvider serviceProvider)
6.      {
7.          _serviceProvider = serviceProvider;
8.      }
```

```csharp
9.
10.    public Task<IPagedList<Shop>> GetShopsAsync(int pageIndex = 1, int pageSize =
           10, Expression<Func<Shop, bool>>? where = null, CancellationToken token =
           default)
11.    {
12.        if (pageIndex < 1) throw new ArgumentOutOfRangeException(nameof(pageIndex),
               "页码必须大于 0。");
13.        if (pageSize < 1) throw new ArgumentOutOfRangeException(nameof(pageSize),
               "页面大小必须大于 0。");
14.
15.        var commandBus = _serviceProvider.GetRequiredService<ICommandBus
               <QueryShopsCommand, IPagedList<Shop>>>();
16.        return commandBus.SendCommandAsync(new QueryShopsCommand(pageIndex,
               pageSize, where), token);
17.    }
18.
19.    public Task<Shop> GetShopAsync(int id, CancellationToken token)
20.    {
21.        var commandBus = _serviceProvider.GetRequiredService<ICommandBus
               <GetShopCommand, Shop>>();
22.        return commandBus.SendCommandAsync(new GetShopCommand(id), token);
23.    }
24. }
```

（2）商品服务实现（GoodsService.cs）

```csharp
1.  public class GoodsService : IGoodsService
2.  {
3.      private readonly IServiceProvider _serviceProvider;
4.
5.      public GoodsService(IServiceProvider serviceProvider)
6.      {
7.          _serviceProvider = serviceProvider;
8.      }
9.
10.     public Task<IPagedList<Goods>> GetGoodsAsync(
11.         int pageIndex = 1,
12.         int pageSize = 10,
13.         Expression<Func<Goods, bool>>? where = null,
14.         bool includeOwnedShop = false,
15.         bool includeCategory = false,
16.         CancellationToken token = default)
17.     {
18.         if(pageIndex < 1) throw new ArgumentOutOfRangeException(nameof(pageIndex),
                "页码必须大于 0。");
19.         if(pageSize < 1) throw new ArgumentOutOfRangeException(nameof(pageSize),
                "页面大小必须大于 0。");
20.
21.         var commandBus = _serviceProvider.GetRequiredService<ICommandBus
                <QueryGoodsCommand, IPagedList<Goods>>>();
22.
23.         return commandBus.SendCommandAsync(new QueryGoodsCommand(pageIndex,
                pageSize, where, includeOwnedShop, includeCategory), token);
24.     }
25.
26.     public Task<Goods> GetGoodsAsync(int id, CancellationToken token)
27.     {
28.         var commandBus = _serviceProvider.GetRequiredService<ICommandBus
                <GetGoodsCommand, Goods>>();
29.         return commandBus.SendCommandAsync(new GetGoodsCommand(id), token);
30.     }
31. }
```

服务实现使用了命令总线，接下来就准备相应的命令和处理器。

（3）查询商品命令（Commands/QueryGoodsCommand.cs）

```csharp
1.  public class QueryGoodsCommand : MediatRCommand<IPagedList<Goods>>
2.  {
3.      public int PageIndex { get; }
4.      public int PageSize { get; }
5.      public bool IncludeOwnedShop { get; }
6.      public bool IncludeCategory { get; }
7.      public Expression<Func<Goods, bool>>? Where { get; }
8.
9.      public QueryGoodsCommand(
10.         int pageIndex,
11.         int pageSize,
12.         Expression<Func<Goods, bool>>? where,
13.         bool includeOwnedShop = false,
14.         bool includeCategory = false,
15.         string? commandId = null) : base(commandId)
16.     {
17.         if (pageIndex < 1) throw new ArgumentOutOfRangeException(nameof(pageIndex),
                "页码必须大于 0。");
18.         if (pageSize < 1) throw new ArgumentOutOfRangeException(nameof(pageSize),
                "页面大小必须大于 0。");
19.
20.         PageIndex = pageIndex;
21.         PageSize = pageSize;
22.         Where = where;
23.         IncludeOwnedShop = includeOwnedShop;
24.         IncludeCategory = includeCategory;
25.     }
26. }
```

（4）查询商品命令处理器（CommandHandlers/QueryGoodsCommandHandler.cs）

```csharp
1.  public class QueryGoodsCommandHandler : MediatRCommandHandler<QueryGoodsCommand,
        IPagedList<Goods>>
2.  {
3.      private readonly IEFCoreRepository<Goods, int, ApplicationMallDbContext>
            _goodsRepository;
4.
5.      public QueryGoodsCommandHandler(IEFCoreRepository<Goods, int,
            ApplicationMallDbContext> goodsRepository)
6.      {
7.          _goodsRepository = goodsRepository;
8.      }
9.
10.     public override Task<IPagedList<Goods>> Handle(QueryGoodsCommand command,
            CancellationToken cancellationToken = default)
11.     {
12.         var query = _goodsRepository.Query.Where(g => g.OwnedShop.Openning);
13.
14.         if (command.Where != null)
15.             query = query.Where(command.Where);
16.
17.         if (command.IncludeOwnedShop)
18.             query = query.Include(g => g.OwnedShop);
19.
20.         if (command.IncludeCategory)
21.             query = query.Include(g => g.Category);
22.
23.         query = query.OrderBy(s => s.Id);
24.
25.         return query
26.             .AsSplitQuery()
27.             .ToPagedListAsync(command.PageIndex, command.PageSize, cancellationToken);
28.     }
29. }
```

这些命令和处理器都使用相似的方式编写，因此在书中仅展示一部分，完整代码请查阅随书附赠的项目。

开始下一步前先把代码提交到 Git 仓库，以上代码位于随书附赠的项目的 ID e8541c8c 和 2acc882d 的提交中。

25.8.3 商城服务 API 站点

准备好服务实现后就可以开始着手把服务集成到 ASP.NET Core 项目中了，但是为了让集成过程更轻松一些，还需要再准备一些扩展。

1. 准备辅助扩展

（1）共享模型扩展

在"src/AppDomain"目录中新建类库项目 EShop.Domain.Models，然后安装 NuGet 包 X.PagedList。

示例代码如下：

① 分页信息（PageInfo.cs）

```
1.    /// <summary>
2.    /// 分页信息
3.    /// </summary>
4.    public class PageInfo
5.    {
6.        /// <summary>
7.        /// 页码
8.        /// </summary>
9.        [Range(1, int.MaxValue)]
10.       public int Index { get; set; }
11.
12.       /// <summary>
13.       /// 页面大小
14.       /// </summary>
15.       [Range(1, int.MaxValue)]
16.       public int Size { get; set; }
17.   }
```

② 分页结果视图（PagedListResultView.cs）

```
1.    /// <summary>
2.    /// 分页数据视图
3.    /// </summary>
4.    /// <typeparam name="T">数据类型</typeparam>
5.    public class PagedListResultView<T>
6.    {
7.        private readonly IPagedList<T> _source;
8.
9.        /// <summary>
10.       /// 页面元数据
11.       /// </summary>
12.       public PagedListMetaData PageMetaData => _source.GetMetaData();
13.
14.       /// <summary>
15.       /// 当前页的数据
16.       /// </summary>
17.       public IEnumerable<T> Items => _source;
18.
```

```
19.        public PagedListResultView(IPagedList<T> source)
20.        {
21.            _source = source;
22.        }
23.    }
```

准备的这两个模型将来会在多个项目中使用,因此放到单独的项目方便共享。

(2) ASP.NET Core 通用扩展

在"src/Common"目录中新建类库项目 EShop.Extensions.Web,然后引用项目 EShop.Utilities。示例代码如下:

① 可访问服务容器的选项配置器基类(ConfigureOptionsUsingService.cs)

```
1.    public abstract class ConfigureOptionsUsingService<TOptions> :
        IConfigureOptions<TOptions>
2.        where TOptions : class
3.    {
4.        protected IServiceProvider Service { get; }
5.
6.        public ConfigureOptionsUsingService(IServiceProvider service)
7.        {
8.            Service = service;
9.        }
10.
11.       public abstract void Configure(TOptions options);
12.   }
```

这个基类能简化运行时从依赖注入服务获取服务后再构建选项对象的编码步骤。

② 访问令牌提供者接口(IAccessTokenProvider.cs)

```
1.    public interface IAccessTokenProvider
2.    {
3.        Task<string?> GetAccessTokenAsync(string tokenName = "access_token",
            CancellationToken cancellationToken = default);
4.    }
```

访问令牌提供者服务接口用于为需要令牌的其他服务提供访问令牌。

③ 访问令牌提供者的 ASP.NET Core 实现(HttpContextAccessTokenProvider.cs)

```
1.    public class HttpContextAccessTokenProvider : IAccessTokenProvider
2.    {
3.        private readonly IHttpContextAccessor _accessor;
4.
5.        public HttpContextAccessTokenProvider(IHttpContextAccessor accessor)
6.        {
7.            _accessor = accessor;
8.        }
9.
10.       public Task<string?> GetAccessTokenAsync(string tokenName = "access_token",
            CancellationToken cancellationToken = default)
11.       {
12.           cancellationToken.ThrowIfCancellationRequested();
13.           return _accessor.HttpContext!.GetTokenAsync(tokenName);
14.       }
15.   }
```

从 IHttpContextAccessor 服务获取请求上下文再从中提取访问令牌。

④ OAuth 授权消息处理器(OauthAuthorizationMessageHandler.cs)

```
1.    public class OauthAuthorizationMessageHandler : DelegatingHandler
```

```csharp
2.  {
3.      private const string OAUTH_AUTHORIZATION_HEADER = "Bearer";
4.
5.      private readonly IAccessTokenProvider _accessTokenProvider;
6.      private readonly ILogger<OauthAuthorizationMessageHandler> _logger;
7.
8.      public OauthAuthorizationMessageHandler(
9.          IAccessTokenProvider accessTokenProvider,
10.         ILogger<OauthAuthorizationMessageHandler> logger)
11.     {
12.         _accessTokenProvider = accessTokenProvider;
13.         _logger = logger;
14.     }
15.
16.     protected override async Task<HttpResponseMessage>
          SendAsync(HttpRequestMessage request, CancellationToken cancellationToken)
17.     {
18.         var token = await _accessTokenProvider.
              GetAccessTokenAsync(cancellationToken: cancellationToken);
19.         if(token.IsNullOrEmpty() is false)
20.         {
21.             request.Headers.Authorization = new
                  AuthenticationHeaderValue(OAUTH_AUTHORIZATION_HEADER, token);
22.         }
23.         else
24.         {
25.             _logger.LogDebug("获取 access_token 失败。");
26.         }
27.         return await base.SendAsync(request, cancellationToken);
28.     }
29. }
```

这是供 IHttpClientFactory 服务使用的消息处理器中间件,用于向请求消息添加 OAuth 授权标头,依赖 IAccessTokenProvider 服务。

(3) SwashbuckleSwagger 扩展

在 "src/Common" 目录中新建类库项目 EShop.Extensions.Web.SwashbuckleSwagger,然后安装 NuGet 包 Swashbuckle.AspNetCore.Swagger 和 Swashbuckle.AspNetCore.SwaggerUI。

Swagger 端点扩展(SwaggerExtensions.cs)示例代码如下:

```csharp
1.  /// <summary>
2.  /// Swagger 扩展
3.  /// </summary>
4.  public static class SwaggerExtensions
5.  {
6.      /// <summary>
7.      /// 映射 SwaggerUI 端点
8.      /// </summary>
9.      /// <param name="endpoints">端点构造器</param>
10.     /// <param name="pattern">路由模板</param>
11.     /// <param name="setupAction">UI 选项</param>
12.     /// <returns>端点约定构造器</returns>
13.     public static IEndpointConventionBuilder MapSwaggerUI(this
          IEndpointRouteBuilder endpoints, string pattern = "swagger/{*wildcard}",
          Action<SwaggerUIOptions>? setupAction = null)
14.     {
15.         var swaggerUiPipelineBuilder = endpoints.CreateApplicationBuilder()
16.             .Use(static async (context, next) =>
17.             {
18.                 context.Items.Add("OriginalEndpoint", context.GetEndpoint());
19.                 context.SetEndpoint(null);
20.                 await next(context);
21.             })
```

```
22.              .UseSwaggerUI(setupAction);
23.
24.          return endpoints.MapGet(pattern, swaggerUiPipelineBuilder.Build());
25.      }
26.
27.      /// <summary>
28.      /// 映射 Swagger 文档端点（修改原版的返回类型，实现继续配置端点）
29.      /// </summary>
30.      /// <param name="endpoints">端点构造器</param>
31.      /// <param name="pattern">路由模板</param>
32.      /// <param name="setupAction">端点选项</param>
33.      /// <returns></returns>
34.      /// <exception cref="ArgumentException"></exception>
35.      public static IEndpointConventionBuilder MapSwaggerDocs(this
           IEndpointRouteBuilder endpoints, string pattern = "/swagger/{documentName}/
           swagger.{json|yaml}", Action<SwaggerEndpointOptions>? setupAction = null)
36.      {
37.          if (!RoutePatternFactory.Parse(pattern).Parameters.Any((x) => x.Name ==
              "documentName"))
38.          {
39.              throw new ArgumentException("Pattern must contain '{documentName}'
                  parameter", "pattern");
40.          }
41.
42.          Action<SwaggerOptions> setupAction2 = options =>
43.          {
44.              SwaggerEndpointOptions swaggerEndpointOptions = new
                  SwaggerEndpointOptions();
45.              setupAction?.Invoke(swaggerEndpointOptions);
46.              options.RouteTemplate = pattern;
47.              options.SerializeAsV2 = swaggerEndpointOptions.SerializeAsV2;
48.              options.PreSerializeFilters.AddRange(swaggerEndpointOptions.
                  PreSerializeFilters);
49.          };
50.          var swaggerDocsPipelineBuilder = endpoints.CreateApplicationBuilder()
51.              .UseSwagger(setupAction2);
52.          return endpoints.MapGet(pattern, swaggerDocsPipelineBuilder.Build());
53.      }
54. }
```

原版 Swashbuckle 配置的文档端点返回值类型是 IEndpointRouteBuilder，无法再继续配置端点的其他约定，因此单独准备一个返回 IEndpointConventionBuilder 的版本方便继续配置。

原版的 SwaggerUI 是管道中间件，不是可路由端点，不符合 ASP.NET Core 的新开发范式，因此准备一个可路由端点的版本，也方便后续进行个性化配置。

2. Web API 项目

在"src/Apps/Server"目录中新建 ASP.NET Core Web API 项目 EShop.Web.Mall.Api，引用项目 EShop.Domain.Models、EShop.Extensions.Web.SwashbuckleSwagger、EShop.Extensions.Web、EShop.Application.Services.Mall 和 EShop.Migrations.Mall.SqlServer，最后安装 NuGet 包 MediatR.Extensions.Microsoft.DependencyInjection、Microsoft.AspNetCore.HeaderPropagation、Microsoft.AspNetCore.Mvc.Versioning.ApiExplorer、Microsoft.EntityFrameworkCore.Tools、OpenIddict.Validation.AspNetCore、OpenIddict.Validation.SystemNetHttp 和 Swashbuckle.AspNetCore。

从现在开始，解决方案中有多个 ASP.NET Core 项目，将来还会更多。如果准备一个端口对照文档的话，查询和编写代码时会更方便。因此，在解决方案中添加 docs 文件夹，新建一个名为"服务端口对照表.md"的文件，然后添加以下内容：

```
1.   # 身份认证和授权服务主机
```

```
 2.  ```
 3.  https://localhost:7247;http://localhost:5247
 4.  ```
 5.
 6.  # 商城API
 7.  ```
 8.  https://localhost:7034;http://localhost:5034
 9.  ```
```

内容请根据实际情况调整。

（1）商城 API 的 Swagger 文档生成器选项（Helpers/MallApiSwaggerGenOptions.cs）

```csharp
public class MallApiSwaggerGenOptions : ConfigureOptionsUsingService
    <SwaggerGenOptions>
{
    public MallApiSwaggerGenOptions(IServiceProvider service) : base(service) { }

    public override void Configure(SwaggerGenOptions options)
    {
        var apiVersionDescription = Service.GetRequiredService
            <IApiVersionDescriptionProvider>();
        var environment = Service.GetRequiredService<IWebHostEnvironment>();

        foreach (var description in apiVersionDescription.ApiVersionDescriptions)
        {
            options.SwaggerDoc(description.GroupName,
                new OpenApiInfo()
                {
                    Title = $"EShop Mall Api {description.ApiVersion}",
                    Version = description.ApiVersion.ToString(),
                    Description = $"EShop mall api.",
                    TermsOfService = new Uri("https://example.com/coredx"),
                    Contact = new OpenApiContact
                    {
                        Name = "CoreDX",
                        Email = string.Empty,
                        Url = new Uri("https://example.com/coredx"),
                    },
                    License = new OpenApiLicense
                    {
                        Name = "Use under LICX",
                        Url = new Uri("https://example.com/license"),
                    }
                }
            );
        }

        // Set the comments path for the Swagger JSON and UI.
        var xmlFile = $"{typeof(Program).Assembly.GetName().Name}.xml";
        var xmlPath = Path.Combine(environment.ContentRootPath, xmlFile);
        options.IncludeXmlComments(xmlPath);

        string authorizationUrl = "https://localhost:7247/connect/authorize";

        options.AddSecurityDefinition("oauth2", new OpenApiSecurityScheme
        {
            Type = SecuritySchemeType.OAuth2,
            Flows = new OpenApiOAuthFlows
            {
                Implicit = new OpenApiOAuthFlow()
                {
                    AuthorizationUrl = new Uri(authorizationUrl),
                    Scopes = new Dictionary<string, string> {
                        { "eshop_web_mall_api", "EShop mall api" }
                    }
```

```
52.             },
53.         },
54.     });
55.
56.     options.OperationFilter<AuthorizeCheckOperationFilter>();
57.
58.     options.AddSecurityRequirement(new OpenApiSecurityRequirement
59.     {
60.         {
61.             new OpenApiSecurityScheme
62.             {
63.                 Reference = new OpenApiReference { Type = ReferenceType.
                      SecurityScheme, Id = "oauth2" }
64.             },
65.             new[] { "eshop_web_mall_api" }
66.         }
67.     });
68. }
69. }
```

从依赖注入服务访问由主机构造的服务提供者，避免自行构造服务提供者，确保代码执行的安全性和结果的准确性。

（2）商城 API 的授权检查过滤器（Helpers/AuthorizeCheckOperationFilter.cs）

```
1.  public class AuthorizeCheckOperationFilter : IOperationFilter
2.  {
3.      public void Apply(OpenApiOperation operation, OperationFilterContext context)
4.      {
5.          var hasAuthorize = context!.MethodInfo!.DeclaringType!.
              GetCustomAttributes(true)
6.              .Union(context.MethodInfo.GetCustomAttributes(true))
7.              .OfType<AuthorizeAttribute>().Any();
8.
9.          if (hasAuthorize)
10.         {
11.             operation.Responses.Add("401", new OpenApiResponse { Description =
                  "Unauthorized" });
12.             operation.Responses.Add("403", new OpenApiResponse { Description =
                  "Forbidden" });
13.             var oAuthScheme = new OpenApiSecurityScheme
14.             {
15.                 Reference = new OpenApiReference
16.                 {
17.                     Type = ReferenceType.SecurityScheme,
18.                     Id = "oauth2"
19.                 }
20.             };
21.             operation.Security = new List<OpenApiSecurityRequirement> {
22.                 new OpenApiSecurityRequirement {
23.                     [oAuthScheme] = new[] { "eshop_web_mall_api" }
24.                 }
25.             };
26.         }
27.     }
28. }
```

通过这个过滤器激活 OAuth 授权功能，实现完全可视化授权，方便测试。

（3）配置主机（Program.cs）

```
1.  var builder = WebApplication.CreateBuilder(args);
2.
3.  // 注册基于缓冲池的数据库上下文工厂
4.  var connectionString = builder.Configuration.
```

```csharp
        GetConnectionString("DefaultConnection");
5.  var migrationsAssembly = builder.Configuration.GetValue("MigrationsAssembly",
        string.Empty);
6.  builder.Services.AddPooledDbContextFactory<ApplicationMallDbContext>(options =>
7.  {
8.      options.EnableSensitiveDataLogging();
9.      options.UseSqlServer(connectionString, sqlServer =>
10.     {
11.         sqlServer.MigrationsAssembly(migrationsAssembly);
12.     });
13. });
14. // 注册数据库上下文
15. builder.Services.AddScoped(provider => provider.GetRequiredService
        <IDbContextFactory<ApplicationMallDbContext>>().CreateDbContext());
16.
17. var webApiClientId = "eshop.web.mall.api";
18. var webApiClientSecret = "846B62D0-DEF9-4215-A99D-86E6B8DAB342";
19. var mallSwaggerUiClientId = "eshop.web.mall.api.swagger.ui";
20.
21. builder.Services.AddAuthentication(options =>
22. {
23.     options.DefaultScheme = OpenIddictValidationAspNetCoreDefaults.
            AuthenticationScheme;
24. });
25.
26. // 注册 OpenIddict 验证组件
27. builder.Services.AddOpenIddict()
28.     .AddValidation(options =>
29.     {
30.         // 注意：验证处理程序使用 OAuth 发现文档端点来检索内省端点的地址和请求验证令牌
                签名的 RSA 公钥
31.         options.SetIssuer("https://localhost:7247/");
32.         // 验证令牌的受理人是否包含 API 服务,可以确定令牌是不是为和 API 服务交互而颁发的
33.         options.AddAudiences(webApiClientId);
34.
35.         var useLocalTokenValidation = false;
36.         if (useLocalTokenValidation)
37.         {
38.             // 配置对称令牌密钥,和令牌服务的密钥相同
39.             options.AddEncryptionKey(new SymmetricSecurityKey(
40.                 Convert.FromBase64String("DRjd/GnduI3Efzen9V9BvbNUfc/
                    VKgXltV7Kbk9sMkY=")));
41.         }
42.         else
43.         {
44.             // 将验证处理程序配置为使用内省验证模式,并注册与远程内省端点通信时使用的客户端凭据
45.             options.UseIntrospection()
46.                 .SetClientId(webApiClientId)
47.                 .SetClientSecret(webApiClientSecret);
48.         }
49.
50.         // 使用 ASP.NET Core 的 HTTP 客户端服务和 OAuth 服务通信
51.         // 本地验证模式下也要注册,用来请求令牌签名的 RSA 公钥
52.         options.UseSystemNetHttp();
53.
54.         // 注册适用于 ASP.NET Core 的服务
55.         options.UseAspNetCore();
56.     });
57.
58. builder.Services
59.     .AddControllers()
60.     .AddJsonOptions(options =>
61.     {
62.         options.JsonSerializerOptions.ReferenceHandler = ReferenceHandler.
            IgnoreCycles;
```

```csharp
63.     });
64.
65.     builder.Services
66.         .AddApiVersioning(options =>
67.         {
68.             options.ReportApiVersions = true;
69.             options.AssumeDefaultVersionWhenUnspecified = true;
70.             options.DefaultApiVersion = new ApiVersion(1, 0);
71.             options.ApiVersionReader = ApiVersionReader.Combine(
72.                 new QueryStringApiVersionReader(),
73.                 new HeaderApiVersionReader() { HeaderNames = { "x-api-version" } });
74.         })
75.         .AddVersionedApiExplorer(option =>
76.         {
77.             //API 组名格式
78.             option.GroupNameFormat = "'v'V";
79.             //是否提供默认 API 版本服务
80.             option.AssumeDefaultVersionWhenUnspecified = true;
81.         });
82.
83.     builder.Services.AddSwaggerGen();
84.     //使用这种方式配置避免手动创建依赖容器
85.     builder.Services.ConfigureOptions<MallApiSwaggerGenOptions>();
86.
87.     builder.Services.PostConfigure<WebEncoderOptions>(options =>
88.     {
89.         options.TextEncoderSettings = new TextEncoderSettings(UnicodeRanges.All);
90.     });
91.
92.     builder.Services.AddScoped(typeof(ICommandBus<>), typeof(MediatRCommandBus<>));
93.     builder.Services.AddScoped(typeof(ICommandBus<,>),
94.         typeof(MediatRCommandBus<,>));
94.     builder.Services.AddScoped(typeof(ICommandStore),
            typeof(InProcessCommandStore));
95.     builder.Services.AddScoped(typeof(IEventBus), typeof(MediatREventBus));
96.     builder.Services.AddScoped(typeof(IEventBus<>), typeof(MediatREventBus<>));
97.     builder.Services.AddScoped(typeof(IEventStore), typeof(InProcessEventStore));
98.     builder.Services.AddScoped(typeof(IEFCoreRepository<,>),
            typeof(EFCoreRepository<,>));
99.     builder.Services.AddScoped(typeof(IEFCoreRepository<,,>),
            typeof(EFCoreRepository<,,>));
100.    builder.Services.AddMediatR(typeof(QueryShopsCommandHandler).Assembly);
101.
102.    builder.Services.AddScoped<IShopService, ShopService>();
103.    builder.Services.AddScoped<IGoodsService, GoodsService>();
104.
105.    builder.Services.AddHttpContextAccessor();
106.    builder.Services.AddSingleton<IAccessTokenProvider,
            HttpContextAccessTokenProvider>();
107.    builder.Services.AddScoped<OauthAuthorizationMessageHandler>();
108.
109.    builder.Services.AddHeaderPropagation(options =>
110.    {
111.        var traceHeader = "x-trace-id";
112.        options.Headers.Add(traceHeader, context =>
113.        {
114.            var newValue = context.HeaderValue.Append(context.HttpContext.
                TraceIdentifier).ToArray();
115.            return new StringValues(newValue);
116.        });
117.    });
118.
119.    var authenticationServerBaseUri = new Uri("https://localhost:7247");
120.    builder.Services.AddHttpClient("Auth", client =>
121.    {
122.        client.BaseAddress = authenticationServerBaseUri;
```

```
123.        }).AddHttpMessageHandler<OauthAuthorizationMessageHandler>()
124.        .AddHeaderPropagation();
125.
126.    builder.Services.AddHostedService<DataInitializer>();
127.
128.    var app = builder.Build();
129.
130.    app.UseHttpLogging();
131.
132.    // 配置请求管道
133.    app.UseHttpsRedirection();
134.
135.    app.UseHeaderPropagation();
136.
137.    app.UseRouting();
138.
139.    app.UseCors(builder =>
140.    {
141.        builder
142.            .WithOrigins("https://localhost:7004")
143.            .AllowAnyMethod()
144.            .AllowAnyHeader()
145.            .AllowCredentials();
146.    });
147.
148.    app.UseAuthentication();
149.    app.UseAuthorization();
150.
151.    app.MapControllers();
152.
153.    # region 配置 Swagger UI 端点
154.
155.    app.MapSwaggerDocs();
156.    app.MapSwaggerUI(setupAction: options =>
157.    {
158.        var apiVersionDescription =
159.            app.Services.GetRequiredService<IApiVersionDescriptionProvider>();
160.        foreach (var description in apiVersionDescription.ApiVersionDescriptions)
161.        {
162.            options.SwaggerEndpoint(
163.                $"/swagger/{description.GroupName}/swagger.json",
164.                description.GroupName.ToUpperInvariant());
165.        }
166.
167.        options.OAuthClientId(mallSwaggerUiClientId);
168.        options.OAuthAppName("EShop Web Api Swagger UI");
169.    });
170.
171.    #endregion
172.
173.    await app.RunAsync();
```

这里的代码比较多,接下来就一些关键部分进行说明。

1)这里的 OpenIddict 服务配置为仅验证令牌的客户端模式,令牌由授权中心统一颁发。JWT 令牌有明文令牌和加密令牌两种,OpenIddict 支持颁发加密令牌以减少令牌泄露产生的安全风险。如果使用加密令牌,客户端必须通过某种方式解密令牌来读取其中的信息。OpenIddict 可以使用内省方式委托授权中心解密或配置本地解密密钥自行解密。如果令牌提供商不是内部机构,则需要签订合约要求提供商提供密钥。

2)因为商品分类实体是自引用类型,会引起 JSON 序列化的循环引用异常,因此配置序列化器忽略循环引用。这是.NET 6 新增的模式,在.NET 6 之前循环引用可以配置为引用字段($id

和 $ref 属性）标识或者换用 Json.NET。

3）API 服务还配置了只对完整的 MVC 模型生效的 API 版本管理服务，因此 API 端点不使用 .NET 6 的最小 API 模型。

4）为了让 Swagger 文档生成器能自动扫描版本信息，需要让 Swagger 文档生成器访问 API 描述符浏览服务。但是按照基本用法配置的话必须手动构造服务容器，这是违反设计模式的，会导致代码的先后顺序影响文档的生成结果，甚至引起异常。为了避免这种反模式的代码，使用 ConfigureOptionsUsingService<TOptions> 把服务访问从服务配置阶段延迟到主机启动阶段，确保使用的是主机构造的服务。

5）.NET 的内置依赖注入服务支持注册开放式泛型服务，对代码的灵活性非常有益。例如在获取泛型总线和仓储时不用提前注册所有可能用到的类型，这也让泛型服务拥有了无限的可能性。

6）为了在服务调用之间自动传递访问令牌，需要为 HTTP 客户端配置消息处理器中间件，把 HTTP 请求上下文中的令牌取出来放到客户端的请求中。为了让消息处理中间件能顺利取得访问令牌，又需要一个 IAccessTokenProvider 服务来实现功能，对于 ASP.NET Core 应用来说，最方便的办法自然是用 IHttpContextAccessor 服务来获取上下文。

7）为方便追踪调用链，HTTP 客户端配置了标头传播服务，标头传播的策略是从上游获取跟踪标头，然后追加自己的请求 Id，最后将其传递到下游，这样就能从调用链的任意调用中查找任意上游调用。

8）应用配置的 CORS 策略是为后面的卖家管理服务准备的，但是将这一小段代码抽掉到后面也很难办，因此直接在这里一起展示。

9）应用中注册的名为 Auth 的 HTTP 客户端是为之后的申请开店功能准备的，但是这一小段代码再单独抽掉到后面也很难办，因此在这里一起展示。本来这种需求应该使用接口来规范，但是这个功能太简单和孤独了，完整的设计流程也已经在核心业务流程中有所体现，因此这里就简化处理了。

10）注册的数据初始化助手主要是添加一些初始店铺和商品以便测试。具体代码不再展示，请查阅随书附赠的项目。

3. 实体模型迁移

迁移方式和授权中心相同，这里不再赘述。不要忘了加上调用树形实体迁移扩展的代码。

4. RESTful API 接口

API 接口的编写使用基本相同的模式，因此此处只展示一部分，完整代码请查看随书附赠的项目。

示例代码如下：

（1）接口参数（Models/GoodsQueryOptions.cs）

```
1.    /// <summary>
2.    /// 商品查询选项
3.    /// </summary>
4.    public class GoodsQueryOptions
5.    {
6.        /// <summary>
7.        /// 商品名关键字
8.        /// </summary>
9.        public string? NameKeyWords { get; set; }
10.
```

```
11.        /// <summary>
12.        /// 店铺 Id
13.        /// </summary>
14.        public int? ShopId { get; set; }
15.
16.        /// <summary>
17.        /// 是否同时查询店铺信息
18.        /// </summary>
19.        public bool includeOwnedShop { get; set; }
20.
21.        /// <summary>
22.        /// 是否同时查询商品分类
23.        /// </summary>
24.        public bool includeCategory { get; set; }
25.
26.        /// <summary>
27.        /// 分页参数
28.        /// </summary>
29.        [Required]
30.        public PageInfo Page { get; set; } = null!;
31.    }
```

(2) 商品查询接口 (Controllers/GoodsController.cs)

```
1.  /// <summary>
2.  /// 商品信息 Api
3.  /// </summary>
4.  [ApiController]
5.  [Route("[controller]")]
6.  [ApiVersion("1.0")]
7.  public class GoodsController : ControllerBase
8.  {
9.      private readonly IGoodsService _goodsService;
10.
11.     public GoodsController(IGoodsService goodsService)
12.     {
13.         _goodsService = goodsService;
14.     }
15.
16.     /// <summary>
17.     /// 获取商品信息
18.     /// </summary>
19.     /// <param name="id">商品id</param>
20.     /// <param name="requestAbortedToken">请求取消令牌</param>
21.     /// <returns>商品信息</returns>
22.     [HttpGet("{id}", Name = "GetGoodsById")]
23.     [ProducesResponseType(typeof(Goods), StatusCodes.Status200OK)]
24.     [ProducesResponseType(StatusCodes.Status400BadRequest)]
25.     [ProducesResponseType(StatusCodes.Status404NotFound)]
26.     public async Task<IActionResult> Get([FromRoute, Range(1, int.MaxValue)] int
           id, CancellationToken requestAbortedToken)
27.     {
28.         if (ModelState.IsValid is false) return BadRequest(ModelState);
29.         var goods = await _goodsService.GetGoodsAsync(id, requestAbortedToken);
30.         if (goods is null) return NotFound();
31.         return Ok(goods);
32.     }
33.
34.     /// <summary>
35.     /// 获取商品列表及其摘要
36.     /// </summary>
37.     /// <param name="queryOptions">查询选项</param>
38.     /// <param name="requestAbortedToken">请求取消令牌</param>
39.     /// <returns>商品列表</returns>
40.     [HttpGet(Name = "QueryGoods")]
```

```csharp
41.     public async Task<PagedListResultView<Goods>> Get([FromQuery]
            GoodsQueryOptions queryOptions, CancellationToken requestAbortedToken =
            default)
42.     {
43.         Expression<Func<Goods, bool>>? where = BuildWhere(queryOptions);
44.
45.         return new PagedListResultView<Goods>(
46.             await _goodsService.GetGoodsAsync(
47.                 queryOptions.Page.Index,
48.                 queryOptions.Page.Size,
49.                 where,
50.                 queryOptions.includeOwnedShop,
51.                 queryOptions.includeCategory,
52.                 requestAbortedToken)
53.         );
54.
55.     static Expression<Func<Goods, bool>>? BuildWhere(GoodsQueryOptions
            queryOptions)
56.     {
57.         Expression<Func<Goods, bool>>? where = null;
58.         var param = Expression.Parameter(typeof(Goods), "g");
59.         var whereExps = new List<Expression>();
60.
61.         whereExps.Add(Expression.Equal(
62.             Expression.Property(param, nameof(Goods.OnSell)),
63.             Expression.Constant(true)
64.             ));
65.
66.         whereExps.Add(Expression.Equal(
67.             Expression.Property(
68.                 Expression.Property(param, nameof(Goods.OwnedShop)),
69.                 nameof(Goods.OwnedShop.Openning)),
70.             Expression.Constant(true)
71.             ));
72.
73.         if (queryOptions.NameKeyWords.IsNullOrWhiteSpace() is false)
74.         {
75.             whereExps.Add(
76.                 Expression.Call(
77.                     Expression.Property(param, nameof(Goods.Name)),
78.                     typeof(string).GetMethod(nameof(string.Contains), new[]
                        { typeof(string) })!,
79.                     Expression.Constant(queryOptions.NameKeyWords)
80.                     )
81.                 );
82.         }
83.
84.         if (queryOptions.ShopId is not null)
85.         {
86.             whereExps.Add(
87.                 Expression.Equal(
88.                     Expression.Property(param, nameof(Goods.OwnedShopId)),
89.                     Expression.Constant(queryOptions.ShopId.Value)
90.                     )
91.                 );
92.         }
93.
94.         if (whereExps.Any())
95.         {
96.             var whereExp = whereExps.First();
97.
98.             foreach (var item in whereExps.Skip(1))
99.             {
100.                whereExp = Expression.AndAlso(whereExp, item);
101.            }
102.
103.            where = Expression.Lambda<Func<Goods, bool>>(whereExp, param);
```

```
104.                }
105.
106.            return where;
107.        }
108.    }
109.
110.    /// <summary>
111.    /// 获取商品列表及其摘要
112.    /// </summary>
113.    /// <param name="ids">商品 id 列表</param>
114.    /// <param name="requestAbortedToken">请求取消令牌</param>
115.    /// <returns>商品列表</returns>
116.    [HttpGet("ids", Name = "GetGoodsByIds")]
117.    public async Task<PagedListResultView<Goods>> Get([FromQuery] int[] ids,
        CancellationToken requestAbortedToken = default)
118.    {
119.        return new PagedListResultView<Goods>(
120.            await _goodsService.GetGoodsAsync(
121.                1,
122.                ids.Length,
123.                g => ids.Contains(g.Id),
124.                false,
125.                false,
126.                requestAbortedToken)
127.            );
128.    }
129. }
```

查询接口的难点是生成查询的筛选表达式的部分，这里使用了纯手动拼接表达式的方式生成动态筛选表达式，这需要对抽象语法树的结构和表达式树的 API 有一定程度的了解，难度相对比较高，但是一旦掌握这个技能，开发水平也能得到巨大的提升。展示的表达式构造逻辑是先添加商品已上架和商品所属店铺正在营业等必选条件表达式，然后根据查询参数选择性添加商品名和店铺等可选条件表达式，最后把所有单独的条件合并为一个复合条件表达式并和参数表达式组合成完整的 Lambda 表达式。

接口上的 ProducesResponseType 特性和文档注释都是用来辅助生成 Open API 文档的，为此需要在项目属性中打开生成注释文档开关并配置文档生成路径、确保 API 文档生成器能找到注释。然后在项目文件的 PropertyGroup 节添加<IncludeOpenAPIAnalyzers>true</IncludeOpenAPIAnalyzers>节激活分析器，让分析器帮忙检查辅助特性的标注是否有遗漏和错误。如果不想在其他非 API 类型上看见缺少文档注释的编译警告，可以在项目属性中配置忽略编号为"1701;1702;1591"的警告。HTTP Method 特性的 Name 属性能让 Open API 客户端代码生成器生成有意义的而不是"Get1"这种完全不知所云的方法名。

5. 接入授权中心

虽然商城 API 的接口是公开的，无须授权也可以访问，但是为了保障和商城、订单 API 等需要授权的服务交互时能顺利传递授权信息，需要在授权中心的数据初始化服务中注册商城服务 API 相关的 Oauth 客户端。本次演练所需的 OAuth 应用都是内部应用，并不对外开放注册，因此无须开发管理页面。如果将来需要开放注册，可以参考这里的注册代码。

修改数据初始化助手（EShop.AuthenticationServer/Helpers/DataInitializer.cs#DataInitializer.StartAsync）的示例代码如下：

（1）片段 1

```
1.    var mallWebApiClientId = "eshop.web.mall.api";
```

```
2.      var mallWebApiClientSecret = "846B62D0-DEF9-4215-A99D-86E6B8DAB342";
3.      var mallSwaggerUiClientId = "eshop.web.mall.api.swagger.ui";
4.
5.      var mallWebApiScopeName = "eshop_web_mall_api";
6.
7.      await CreateApplicationsAsync();
8.      await CreateScopesAsync();
```

（2）片段2

```
1.  async Task CreateApplicationsAsync()
2.  {
3.      var manager = asyncScope.ServiceProvider.GetRequiredService
            <IOpenIddictApplicationManager>();
4.
5.      if (await manager.FindByClientIdAsync(mallWebApiClientId) is null)
6.      {
7.          var descriptor = new OpenIddictApplicationDescriptor
8.          {
9.              ClientId = mallWebApiClientId,
10.             ClientSecret = mallWebApiClientSecret,
11.             Permissions =
12.             {
13.                 Permissions.Endpoints.Introspection
14.             }
15.         };
16.
17.         await manager.CreateAsync(descriptor);
18.     }
19.
20.     if (await manager.FindByClientIdAsync(mallSwaggerUiClientId) is null)
21.     {
22.         var descriptor = new OpenIddictApplicationDescriptor
23.         {
24.             ClientId = mallSwaggerUiClientId,
25.             DisplayName = "Mall Api Swagger UI ",
26.             RedirectUris =
27.             {
28.                 new Uri("https://localhost:7034/swagger/oauth2-redirect.html")
29.             },
30.             Permissions =
31.             {
32.                 Permissions.Endpoints.Authorization,
33.                 Permissions.Endpoints.Logout,
34.                 Permissions.GrantTypes.Implicit,
35.                 Permissions.ResponseTypes.IdToken,
36.                 Permissions.ResponseTypes.IdTokenToken,
37.                 Permissions.ResponseTypes.Token,
38.                 Permissions.Scopes.Email,
39.                 Permissions.Scopes.Profile,
40.                 Permissions.Scopes.Roles,
41.                 Permissions.Prefixes.Scope + mallWebApiScopeName
42.             },
43.             Requirements =
44.             {
45.                 Requirements.Features.ProofKeyForCodeExchange
46.             }
47.         };
48.
49.         await manager.CreateAsync(descriptor);
50.     }
51. }
52.
53. async Task CreateScopesAsync()
54. {
55.     var manager = asyncScope.ServiceProvider.GetRequiredService
            <IOpenIddictScopeManager>();
```

```
56.
57.        if (await manager.FindByNameAsync(mallWebApiScopeName) == null)
58.        {
59.            var descriptor = new OpenIddictScopeDescriptor
60.            {
61.                Name = mallWebApiScopeName,
62.                Resources =
63.                {
64.                    mallWebApiClientId
65.                }
66.            };
67.
68.            await manager.CreateAsync(descriptor);
69.        }
70.    }
```

以上仅列出了新增的代码，且这些代码分为两段插入原代码，主要作用为初始化 OpenIddict 的 OAuth 客户端数据，并且随着项目的推进会继续增加新的客户端。增加客户端的代码基本使用相似的模式，因此后面不再重复展示。详细代码请查阅随书附赠的项目。下面对代码中的关键内容进行介绍。

1）客户端 eshop.web.mall.api 代表商城的数据 API 服务，拥有内省权限，可以向授权中心请求远程验证令牌。这表示 API 服务不需要请求令牌，只会验证传入的令牌是否合法有效。

2）客户端 eshop.web.mall.api.swagger.ui 代表 API 服务的 Swagger 调试面板。调试面板可以视为单页应用，属于无法安全保护机密的公共客户端，因此使用隐式授权模式。又因为调试 API 服务需要访问 API 服务，因此需要授权调试面板客户端访问 API 服务。在 OAuth 协议中，这种授权体现为作用域，因此要准备一个表示 API 访问权的作用域，即 eshop_web_mall_api。作用域中配置的资源会写入令牌的受理人属性，验证令牌的服务可以通过检查受理人属性是否包含指定的值来确定传入的令牌是否为这个服务颁发的，进而确定是否要授予这个请求访问权限。

开始下一步前先把代码提交到 Git 仓库，以上代码位于随书附赠的项目的 ID 203f242f 的提交中。

25.8.4　商城网站的初步开发

准备好数据服务 API 后，终于可以开始开发商城网站了。商城网站通过 API 请求数据，然后用 Razor Pages 渲染网页。不过第一步应该接入授权中心，因为商城才是使用身份授权功能最多的地方，无论进行什么业务都绕不开账号功能。

1. 建立项目

按照惯例，先在"src/Apps/Server"目录中新建"ASP.NET Core Web 应用"项目 EShop.Web.Mall。身份验证类型选择无，因为我们的商城不需要自己的账号系统，内置模板又没有接入外部系统，所以不如用基本模板开发，免得删删改改忘了些地方反而出问题。同样别忘了在 Git 中忽略"wwwroot/lib/"目录，然后用 LibMan 重新安装 bootstrap、bootstrap-icons、jquery、jquery-validation 和 jquery-validation-unobtrusive，方便后续升级管理。

处理完这些容易忘记的起步准备工作后，引用项目 EShop.Extensions.Web、EShop.Utilities，最后安装 NuGet 包 Microsoft.AspNetCore.Authentication.OpenIdConnect、Microsoft.AspNetCore.HeaderPropagation 和 Microsoft.AspNetCore.Mvc.Razor.RuntimeCompilation。

2. 接入授权中心

商城能接入授权中心的前提是在授权中心注册了 **OAuth** 应用。由于之前已经展示过注册代码，限于篇幅问题，此处不再展示类似代码，完整代码请查阅随书附赠的项目。

示例代码如下：

（1）启动代码（**Program.cs**）

```csharp
1.    var builder = WebApplication.CreateBuilder(args);
2.
3.    var mallWebClientId = "eshop.web.mall";
4.    var mallWebClientSecret = "901564A5-E7FE-42CB-B10D-61EF6A8F3654";
5.    var mallWebApiScopeName = "eshop_web_mall_api";
6.
7.    builder.Services.AddAuthentication(options =>
8.    {
9.        options.DefaultScheme = CookieAuthenticationDefaults.AuthenticationScheme;
10.       options.DefaultAuthenticateScheme =
              OpenIdConnectDefaults.AuthenticationScheme;
11.   })
12.   .AddCookie(options =>
13.   {
14.       options.LoginPath = "/login";
15.       options.ExpireTimeSpan = TimeSpan.FromMinutes(50);
16.       options.SlidingExpiration = false;
17.   })
18.   .AddOpenIdConnect(options =>
19.   {
20.       // 注意：这些设置必须和数据中本应用的服务器级详细信息匹配
21.
22.       options.ClientId = mallWebClientId;
23.       options.ClientSecret = mallWebClientSecret;
24.
25.       options.GetClaimsFromUserInfoEndpoint = true;
26.       options.SaveTokens = true;
27.
28.       // 使用授权代码流程
29.       options.ResponseType = OpenIdConnectResponseType.Code;
30.       options.AuthenticationMethod = OpenIdConnectRedirectBehavior.RedirectGet;
31.
32.       // 注意：设置授权服务地址方便 OIDC 客户端自动检索授权服务提供商的配置信息，
33.       // 可以免去手动配置各种参数
34.
35.       options.Authority = "https://localhost:7247/";
36.
37.       options.Scope.Add("email");
38.       options.Scope.Add("roles");
39.       options.Scope.Add("offline_access");
40.       options.Scope.Add(mallWebApiScopeName);
41.
42.       options.SecurityTokenValidator = new JwtSecurityTokenHandler
43.       {
44.           // 禁用内置的 JWT 声明映射
45.           InboundClaimTypeMap = new Dictionary<string, string>()
46.       };
47.
48.       options.TokenValidationParameters.NameClaimType = "name";
49.       options.TokenValidationParameters.RoleClaimType = "role";
50.   });
51.
52.   builder.Services.AddHttpClient();
53.
54.   builder.Services.PostConfigure<WebEncoderOptions>(options =>
55.   {
```

```csharp
56.        options.TextEncoderSettings = new TextEncoderSettings(UnicodeRanges.All);
57.    });
58.
59.    builder.Services.AddMvc().AddRazorRuntimeCompilation();
60.
61.    builder.Services.AddHttpContextAccessor();
62.    builder.Services.AddSingleton<IAccessTokenProvider,
        HttpContextAccessTokenProvider>();
63.    builder.Services.AddScoped<OauthAuthorizationMessageHandler>();
64.
65.    builder.Services.AddHeaderPropagation(options =>
66.    {
67.        var traceHeader = "x-trace-id";
68.        options.Headers.Add(traceHeader, context =>
69.        {
70.            var newValue = context.HeaderValue.Append(context.HttpContext.
                TraceIdentifier).ToArray();
71.            return new StringValues(newValue);
72.        });
73.    });
74.
75.    var mallApiBaseUri = new Uri("https://localhost:7034/");
76.    builder.Services.AddHttpApi<IShopApi>(options =>
77.    {
78.        options.HttpHost = mallApiBaseUri;
79.    }).AddHttpMessageHandler<OauthAuthorizationMessageHandler>()
80.    .AddHeaderPropagation();
81.
82.    builder.Services.AddHttpApi<IGoodsApi>(options =>
83.    {
84.        options.HttpHost = mallApiBaseUri;
85.    }).AddHttpMessageHandler<OauthAuthorizationMessageHandler>()
86.    .AddHeaderPropagation();
87.
88.    builder.Services.AddCors();
89.
90.    var app = builder.Build();
91.
92.    // 配置 HTTP 请求管道
93.    if (!app.Environment.IsDevelopment())
94.    {
95.        app.UseExceptionHandler("/Error");
96.        // 默认的 HSTS 值是 30 天，你可能需要在生产环境中更改此设置，详情请查看
            https://aka.ms/aspnetcore-hsts
97.        app.UseHsts();
98.    }
99.
100.    app.UseHttpsRedirection();
101.    app.UseStaticFiles();
102.
103.    app.UseHeaderPropagation();
104.
105.    app.UseRouting();
106.
107.    app.UseAuthentication();
108.    app.UseAuthorization();
109.
110.    app.MapControllers();
111.    app.MapDefaultControllerRoute();
112.    app.MapRazorPages();
113.
114.    app.Run();
```

这里的关键之处在于身份认证方案的注册，从代码中可以看出这里注册了两个方案，Cookie 是全局默认方案，OpenIdConnect 是默认身份验证方案。这意味着用户登录时会触发身份验证（但

此时并没有任何身份信息），然后根据配置定位到 OIDC 协议验证 OpenId 登录流程，身份验证成功后获得的身份信息又会通过 Cookie 缓存到浏览器。此后用户使用需要登录才能用的功能时会先触发身份验证，此时可以顺利通过 Cookie 进行验证，不会再次触发登录。

应用配置的店铺和商品 API 客户端由 WebApiClientCore 生成，接下来会介绍如何使用。可以看到，API 客户端也配置了自动令牌和分布式跟踪标识传播。

（2）登录注销控制器（Controllers/AuthenticationController.cs）

```
1.  public class AuthenticationController : Controller
2.  {
3.      [HttpGet("~/login")]
4.      public IActionResult LogIn(string? returnUrl = null)
5.      {
6.          returnUrl = GetReturnUrl(returnUrl);
7.          return Challenge(new AuthenticationProperties { RedirectUri = returnUrl },
                OpenIdConnectDefaults.AuthenticationScheme);
8.      }
9.
10.     [Authorize]
11.     [HttpGet("~/logout"), HttpPost("~/logout")]
12.     public IActionResult LogOut(string? returnUrl = null)
13.     {
14.         returnUrl = GetReturnUrl(returnUrl);
15.         // 在成功的授权流后从身份提供程序重定向，
16.         // 并将用户代理重定向到身份提供程序来完成注销
17.         return SignOut(new AuthenticationProperties { RedirectUri = returnUrl },
                CookieAuthenticationDefaults.AuthenticationScheme,
                OpenIdConnectDefaults. AuthenticationScheme);
18.     }
19.
20.     [NonAction]
21.     private string GetReturnUrl(string? returnUrl)
22.     {
23.         if (returnUrl is null)
24.         {
25.             var referer = HttpContext.Request.Headers.Referer.FirstOrDefault();
26.             if (referer.IsNullOrEmpty() is false)
27.             {
28.                 var path = new Uri(referer!).AbsolutePath;
29.                 returnUrl = path;
30.             }
31.         }
32.         else
33.         {
34.             if (Url.IsLocalUrl(returnUrl) is false) returnUrl = "/";
35.         }
36.         returnUrl ??= "/";
37.         return returnUrl;
38.     }
39. }
```

这里登录和注销不需要页面，相关页面由授权中心提供，因为登录和注销都委托给授权中心了。登录时只需要返回指向 OpenIdConnect 方案的身份质询动作结果即可，但是注销时需要同时注销 Cookie 和 OpenIdConnect 方案，Cookie 方案负责清理 Cookie，OpenIdConnect 方案负责通知授权中心用户已注销。在单点登录系统中，通知授权中心用户注销可以触发其他应用的注销流程。

接入授权中心后必须先启动授权中心，否则 OpenId 客户端验证组件无法从授权中心获取验证令牌签名的公钥，之后一切依赖身份和授权的功能都会引发异常。之后要开发的其他项目也是如此。

3. 商城 API 客户端

商城数据 API 完全遵循 Open API 规范开发，也提供了 Swagger 文档，自然要好好利用。这里我们选用 WebApiClientCore 自动生成客户端。为了保持架构清晰，客户端生成到独立的项目中。

在"src/Infrastructure"目录中新建类库项目 EShop.Web.Mall.Api.Client，然后安装 NuGet 包 WebApiClientCore。这个 NuGet 包包含了生成的代码使用的类型，但是代码的生成过程由 .NET CLI 工具完成。为此我们需要为项目安装本地 .NET CLI 工具 WebApiClientCore.OpenApi.SourceGenerator。

安装工具和生成代码用的命令可能需要多次使用，因此可从准备一个文档记录一下，方便将来查阅使用。在 docs 文件夹中新建 OpenApiClientCommand.md 文件，然后链接到客户端项目，方便查看。

```
# 生成 OpenApi 客户端

# 安装 .NET CLI 工具
```
dotnet new tool-manifest
dotnet tool install --local WebApiClientCore.OpenApi.SourceGenerator
```

# 卸载 .NET CLI 工具
```
dotnet tool uninstall WebApiClientCore.OpenApi.SourceGenerator
```

# 生成代码
```
dotnet WebApiClientCore.OpenApi.SourceGenerator -o {OpenApi 架构文件路径或远程地址|例：https://localhost:7034/swagger/v1/swagger.json} -n {客户端类的命名空间|例：EShop.Web.Mall.Api.Client.V1}
```

# 生成商城客户端
```
dotnet WebApiClientCore.OpenApi.SourceGenerator -o https://localhost:7034/swagger/v1/swagger.json -n EShop.Web.Mall.Api.Client.V1
```
```

如果使用在线 Swagger 文档，则需要先运行商城 API 服务，生成的代码放在 output 文件夹中。生成客户端后别忘了在商城项目中引用客户端项目。

4. 展示首页、店铺和商品

展示信息本质上就是编写 HTML 模板，然后用数据填充占位符，其中涉及大量模式相似的内容，因此这里以店铺详情页为例，只展示部分代码，完整代码请参阅随书附赠的项目。

示例代码如下：

（1）店铺详情页面（Pages/ShopDetail.cshtml）

```
@page "{id}"
@using EShop.Web.Mall.RazorComponents
@model EShop.Web.Mall.Pages.ShopDetailModel
@{
    ViewData["Title"] = $"店铺详情\"{""}\"";
}

<div class="row">
```

```
9.         <div class="col-md-3">
10.             @{
11.                 var shop = Model.Shop;
12.             }
13.             <div class="card">
14.                 @if(shop.ImageUrl?.Length > 1)
15.                 {
16.                     <img src="@Url.Content($"/image/{shop.ImageUrl}")" class=
                        "card-img-top" alt="..." />
17.                 }
18.                 else
19.                 {
20.                     <svg style="text-anchor: middle;" width="100%" height="180"
                            xmlns="http://www.w3.org/2000/svg" role="img" aria-label="占位符:
                            图像上限" preserveAspectRatio="xMidYMid slice" focusable="false">
21.                         <title>Placeholder</title>
22.                         <rect width="100%" height="100%" fill="#868e96"></rect>
23.                         <text x="50%" y="50%" fill="#dee2e6">店铺图</text>
24.                     </svg>
25.                 }
26.                 <div class="card-body">
27.                     <h5 class="card-title">@shop.Name</h5>
28.                     <p class="card-text">@shop.Description</p>
29.                 </div>
30.             </div>
31.         </div>
32.         <div class="col-md-9">
33.             <div class="row">
34.                 <div class="col-md-12">
35.                     <form asp-page="/ShopDetail" asp-route-id="@Model.Shop.Id"
                            asp-antiforgery="false" method="get">
36.                         <div class="input-group mb-3">
37.                             <input type="hidden" asp-for="Input.PageIndex" value="1" />
38.                             <input type="text" asp-for="Input.Key" class="form-control"
                                placeholder="搜索商品" aria-label="搜索商品"
                                aria-describedby="button-addon2">
39.                             <button class="btn btn-outline-secondary" type="submit"
                                id="button-addon2"><i class="bi bi-search"></i>  搜索
                                </button>
40.                         </div>
41.                     </form>
42.                 </div>
43.             </div>
44.
45.             <partial name="_GoodsListPartial" model="Model.Goods.Items" />
46.
47.             <component type="typeof(PageNavigation)"
48.                 param-PageCount="Model.Goods.PageMetaData.PageCount"
49.                 param-PageIndex="Model.Goods.PageMetaData.PageNumber"
50.                 param-OverscanCountForExtremities="2"
51.                 param-OverscanCountForCurrent="2"
52.                 param-UrlTemplate="HttpContext.Request.GetDisplayUrl()"
53.                 param-QueryParameterNameOfPageIndex='$"{nameof(Model.Input)}.
                    {nameof(Model.Input.PageIndex)}"'
54.                 render-mode="Static" />
55.         </div>
56.     </div>
```

页面的主要结构包括左侧的店铺信息展示和右侧的商品列表展示。商品列表又分为上方的商品搜索框、中间的商品卡片列表和下方的分页导航条。其中商品列表使用分部视图呈现，因为商品列表在首页也有使用，所以封装起来方便共享。下方的分页导航条实际上是 Razor 组件，但是可以借由组件渲染标签助手把 Razor 组件当作分部视图来用，只需要把组件设置为 Static 渲染模式即可。由此可见 ASP.NET Core 的整个技术体系是高度融合共通的。

（2）店铺详情页面模型（Pages/ShopDetail.cshtml.cs）

```
1.   public class ShopDetailModel : PageModel
2.   {
3.       private readonly IShopApi _shopApi;
4.       private readonly IGoodsApi _goodsApi;
5.
6.       [BindProperty(SupportsGet = true)]
7.       [Range(1, int.MaxValue)]
8.       public int Id { get; set; }
9.
10.      [BindProperty(SupportsGet = true)]
11.      public QueryOptions Input { get; set; } = null!;
12.
13.      public Shop Shop { get; private set; } = null!;
14.      public GoodsPagedListResultView Goods { get; set; } = null!;
15.
16.      public class QueryOptions
17.      {
18.          public string? Key { get; set; }
19.
20.          [Range(1, int.MaxValue)]
21.          public int PageIndex { get; set; } = 1;
22.
23.          [Range(1, int.MaxValue)]
24.          public int PageSize { get; set; } = 10;
25.      }
26.
27.      public ShopDetailModel(IShopApi shopApi, IGoodsApi goodsApi)
28.      {
29.          _shopApi = shopApi;
30.          _goodsApi = goodsApi;
31.      }
32.
33.      public async Task<IActionResult> OnGetAsync(CancellationToken cancellation)
34.      {
35.          if(!ModelState.IsValid) return BadRequest(ModelState);
36.
37.          Shop = await _shopApi.GetShopByIdAsync(Id, "1.0", null, cancellation);
38.          if(Shop is null) return NotFound();
39.
40.          Goods = await _goodsApi.QueryGoodsAsync(Input.Key, Id, false, false,
                 Input.PageIndex, Input.PageSize, "1.0", null!, cancellation);
41.
42.          return Page();
43.      }
44.  }
```

页面模型通过属性绑定必要参数，然后在 Get 请求处理器中调用数据服务 API 获取数据供视图渲染使用。

（3）商品列表分部视图（Pages/_GoodsListPartial.cshtml）

```
1.   @using EShop.Web.Mall.Api.Client.V1
2.   @model IEnumerable<Goods>
3.
4.   <div class="row">
5.       @if (Model?.Any() is not true)
6.       {
7.           <div class="row justify-content-center">
8.               <div class="col-md-6">
9.                   <p class="text-center">没有找到商品</p>
10.              </div>
11.          </div>
12.      }
```

```
13.         else
14.         {
15.             foreach (var goods in Model)
16.             {
17.                 var goodsUrl = Url.Page("/GoodsDetail", null, new { Id = goods.Id });
18.
19.                 <div class="col-md-3 mb-3">
20.                     <div class="card">
21.                         <a href="@goodsUrl">
22.                             @if(goods.ImageUrl?.Length > 1)
23.                             {
24.                                 <img src="@Url.Content($"/image/{goods.ImageUrl}")"
                                        class="card-img-top" alt="..." />
25.                             }
26.                             else
27.                             {
28.                                 <svg style="text-anchor: middle;" width="100%"
                                        height="180" xmlns="http://www.w3.org/2000/svg"
                                        role="img" aria-label="占位符：图像上限"
                                        preserveAspectRatio="xMidYMid slice"
                                        focusable="false">
29.                                     <title>Placeholder</title>
30.                                     <rect width="100%" height="100%" fill="#868e96">
                                        </rect>
31.                                     <text x="50%" y="50%" fill="#dee2e6">商品图</text>
32.                                 </svg>
33.                             }
34.                         </a>
35.                         <div class="card-body">
36.                             <a href="@goodsUrl">
37.                                 <h5 class="card-title">@goods.Name</h5>
38.                                 <p class="card-text">@goods.Description</p>
39.                             </a>
40.                             @if (goods.Category is not null)
41.                             {
42.                                 <p class="card-text">@goods.Category.Name</p>
43.                             }
44.                         </div>
45.                         @if (goods.OwnedShop is not null)
46.                         {
47.                             <a asp-page="/ShopDetail" asp-route-id="@goods.OwnedShop.Id">
48.                                 <div class="card-footer">@goods.OwnedShop.Name</div>
49.                             </a>
50.                         }
51.                     </div>
52.                 </div>
53.             }
54.         }
55.     </div>
```

商品列表分部视图通过前导下划线命名文件来避免被请求直接命中，确保视图只能通过内部代码调用。

（4）分页导航条 Razor 组件（RazorComponents/PageNavigation.razor）

```
1.  @using Microsoft.AspNetCore.WebUtilities
2.  @using Microsoft.Extensions.Primitives
3.  @using System.Linq
4.  @using static Math
5.
6.  @{
7.      // 生成 Uri 对象
8.      var url = new Uri(UrlTemplate);
9.      // 分析查询字符串
```

```
10.        var query = QueryHelpers.ParseQuery(url.Query);
11.        query.Remove(QueryParameterNameOfPageIndex);
12.    }
13.
14.    <div class="row">
15.        <div class="col-md-12">
16.            <nav aria-label="Page navigation">
17.                <ul class="pagination justify-content-center">
18.                    @*渲染第一页和上一页导航按钮*@
19.                    @{
20.                        var disablePreviousPage = !(PageIndex > 1);
21.                    }
22.                    @_li((QueryParameterNameOfPageIndex, disablePreviousPage, url,
                            query, 1, ContentKind.FirstPage))
23.                    @_li((QueryParameterNameOfPageIndex, disablePreviousPage, url,
                            query, Max(1, PageIndex - 1), ContentKind.PreviousPage))
24.                    @{
25.                        // 初始化页码
26.                        var pageIdx = 1;
27.                        // 确定第一页及之后要渲染的导航按钮的页码
28.                        var limitIdx = Min(OverscanCountForExtremities, PageCount);
29.                    }
30.                    @*渲染第一页及之后的导航按钮*@
31.                    @for (; pageIdx <= limitIdx; pageIdx++)
32.                    {
33.                        var isCurrentPage = pageIdx == PageIndex;
34.                        @_li((QueryParameterNameOfPageIndex, isCurrentPage, url, query,
                                pageIdx, ContentKind.Normal))
35.                    }
36.                    @*如果省略跳过的页码只有一页,则渲染被跳过页的导航按钮*@
37.                    @if (PageIndex - (OverscanCountForExtremities +
                            OverscanCountForCurrent) == 2)
38.                    {
39.                        var isCurrentPage = pageIdx == PageIndex;
40.                        @_li((QueryParameterNameOfPageIndex, isCurrentPage, url, query,
                                pageIdx, ContentKind.Normal))
41.                    }
42.                    @*如果省略跳过的页码超过一页,则渲染省略按钮*@
43.                    else if (PageIndex - (OverscanCountForExtremities +
                            OverscanCountForCurrent) > 2)
44.                    {
45.                        <li class="page-item disabled">
46.                            <a class="page-link" href="#"><i class="bi
                                bi-three-dots"></i></a>
47.                        </li>
48.                    }
49.                    @{
50.                        // 定位页码到当前页附近最接近当前页的位置
51.                        pageIdx = Max(pageIdx, PageIndex - OverscanCountForCurrent);
52.                        // 确定当前页及前后要渲染的导航按钮的页码
53.                        limitIdx = Min(PageIndex + OverscanCountForCurrent, PageCount);
54.                    }
55.                    @*渲染当前页及前后的导航按钮*@
56.                    @for (; pageIdx <= limitIdx; pageIdx++)
57.                    {
58.                        var isCurrentPage = pageIdx == PageIndex;
59.                        @_li((QueryParameterNameOfPageIndex, isCurrentPage, url, query,
                                pageIdx, ContentKind.Normal))
60.                    }
61.                    @*如果省略跳过的页码只有一页,则渲染被跳过页的导航按钮*@
62.                    @if (PageCount - (OverscanCountForExtremities +
                            OverscanCountForCurrent) == PageIndex + 1)
63.                    {
64.                        var isCurrentPage = pageIdx == PageIndex;
65.                        @_li((QueryParameterNameOfPageIndex, isCurrentPage, url, query,
```

```
66.                    }
67.                @*如果省略跳过的页码超过一页,则渲染省略按钮*@
68.                else if (PageCount - (OverscanCountForExtremities +
                       OverscanCountForCurrent) > PageIndex + 1)
69.                {
70.                    <li class="page-item disabled">
71.                        <a class="page-link" href="#"><i class="bi
                           bi-three-dots"></i></a>
72.                    </li>
73.                }
74.                @{
75.                    // 定位页码到最后一页附近
76.                    pageIdx = Max(pageIdx, PageCount - OverscanCountForExtremities
                       + 1);
77.                    // 确定最后一页及之前要渲染的导航按钮的页码
78.                    limitIdx = PageCount;
79.                }
80.                @*渲染最后一页及之前的导航按钮*@
81.                @for (; pageIdx <= limitIdx; pageIdx++)
82.                {
83.                    var isCurrentPage = pageIdx == PageIndex;
84.                    @_li((QueryParameterNameOfPageIndex, isCurrentPage, url, query,
                       pageIdx, ContentKind.Normal))
85.                }
86.                @*渲染下一页和最后一页导航按钮*@
87.                @{
88.                    var disableNextPage = !(PageIndex < PageCount);
89.                }
90.                @_li((QueryParameterNameOfPageIndex, disableNextPage, url, query,
                   Min(PageCount, PageIndex + 1), ContentKind.NextPage))
91.                @_li((QueryParameterNameOfPageIndex, disableNextPage, url, query,
                   PageCount, ContentKind.LastPage))
92.            </ul>
93.        </nav>
94.    </div>
95. </div>
96.
97. @code {
98.     /// <summary>
99.     /// 总页数
100.    /// </summary>
101.    [Parameter]
102.    public int PageCount { get; set; }
103.
104.    /// <summary>
105.    /// 当前页码
106.    /// </summary>
107.    [Parameter]
108.    public int PageIndex { get; set; }
109.
110.    /// <summary>
111.    /// 当前页附近要显示的翻页按钮数
112.    /// </summary>
113.    [Parameter]
114.    public int OverscanCountForCurrent { get; set; }
115.
116.    /// <summary>
117.    /// 首、末页附近要显示的翻页按钮数
118.    /// </summary>
119.    [Parameter]
120.    public int OverscanCountForExtremities { get; set; }
121.
122.    /// <summary>
123.    /// Url 模板(当前页的 Url 即可)
```

```csharp
124.        /// </summary>
125.        [Parameter]
126.        public string UrlTemplate { get; set; } = null!;
127.
128.        /// <summary>
129.        /// 页码的查询参数名
130.        /// </summary>
131.        [Parameter]
132.        public string QueryParameterNameOfPageIndex { get; set; } = null!;
133.
134.        /// <summary>
135.        /// 校验参数值是否合理
136.        /// </summary>
137.        /// <exception cref="ArgumentNullException"></exception>
138.        /// <exception cref="ArgumentOutOfRangeException"></exception>
139.        protected override void OnParametersSet()
140.        {
141.            if (UrlTemplate is null) throw new ArgumentNullException
                    (nameof(UrlTemplate));
142.            if (QueryParameterNameOfPageIndex is null) throw new
                    ArgumentNullException(nameof(QueryParameterNameOfPageIndex));
143.            if (PageCount < 1) throw new ArgumentOutOfRangeException
                    (nameof(PageCount), "总页数必须大于等于1。");
144.            if (OverscanCountForCurrent < 1) throw new
                    ArgumentOutOfRangeException(nameof(OverscanCountForCurrent), "当前
                    页附近的翻页按钮数必须大于等于1。");
145.            if (OverscanCountForExtremities < 1) throw new
                    ArgumentOutOfRangeException(nameof(OverscanCountForExtremities), "
                    首末页附近的翻页按钮数必须大于等于1。");
146.            if (PageIndex < 1 || PageIndex > PageCount) throw new
                    ArgumentOutOfRangeException(nameof(PageIndex), "页码必须在1到总页数之
                    间。");
147.
148.            base.OnParametersSet();
149.        }
150.
151.        /// <summary>
152.        /// 生成 Url 字符串
153.        /// </summary>
154.        /// <param name="pageParameterName">页码的查询参数名</param>
155.        /// <param name="urlPath">Url 的 Path 部分</param>
156.        /// <param name="query">查询参数</param>
157.        /// <param name="pageIndex">页码</param>
158.        /// <returns></returns>
159.        private static string GenerateLink(string pageParameterName, string
                urlPath, IEnumerable<KeyValuePair<string, StringValues>> query, int
                pageIndex)
160.            => QueryHelpers.AddQueryString(urlPath,
161.                query.Append(
162.                    new(pageParameterName, new
                        StringValues(pageIndex.ToString())))
163.                )
164.            );
165.
166.        /// <summary>
167.        /// 渲染翻页按钮
168.        /// </summary>
169.        private RenderFragment<(string pageParameterName, bool disableLink, Uri
                url, Dictionary<string, StringValues> query, int pageIndex, ContentKind
                kind)> _li = item =>
170.            @<li class="page-item @(item.disableLink ? "disabled" : "")">
171.                <a class="page-link @(item.disableLink && item.kind is
                    ContentKind.Normal ? "bg-primary bg-gradient text-white" : "")"
172.                    href='@GenerateLink(item.pageParameterName!,
                        item.url!.AbsolutePath, item.query!, item.pageIndex)'>
```

```
173.            @* 渲染按钮的显示内容 *@
174.            @switch (item.kind)
175.            {
176.                case ContentKind.FirstPage:
177.                    <i class="bi bi-chevron-double-left"></i>
178.                    break;
179.                case ContentKind.PreviousPage:
180.                    <i class="bi bi-chevron-left"></i>
181.                    break;
182.                case ContentKind.NextPage:
183.                    <i class="bi bi-chevron-right"></i>
184.                    break;
185.                case ContentKind.LastPage:
186.                    <i class="bi bi-chevron-double-right"></i>
187.                    break;
188.                case ContentKind.Normal:
189.                    @item.pageIndex
190.                    break;
191.            }
192.        </a>
193.    </li>
194. ;
195.
196.    /// <summary>
197.    /// 导航按钮的类型
198.    /// </summary>
199.    private enum ContentKind : byte
200.    {
201.        Normal = 1,
202.        FirstPage = 2,
203.        PreviousPage = 3,
204.        NextPage = 4,
205.        LastPage = 5,
206.    }
207. }
```

这个组件通过给定的 Url 模板和页码参数名生成翻页链接，可以确保无论 Url 模板包含什么内容都能自动适配。在渲染翻页按钮时也通过一些简单算法保证页码的值永不回溯，提升渲染速度。按钮本身则通过泛型渲染片段进行封装，最大程度复用代码。实现的分页导航条如图 25-5 所示。

图 25-5　分页导航条

开始下一步前先把代码提交到 Git 仓库，以上代码位于随书附赠的项目的 ID c87ba561 的提交中。

25.8.5　订单服务

在能够展示商品后，开发和测试购物业务也就有了基础，现在就开始准备实现购物业务所需的订单服务。订单服务独立后，可以把商城和订单服务独立部署，以提升系统吞吐量。独立部署服务也是实现降级熔断的基础。如果所有服务全部集成在一起，不能单独控制部分功能的启动和停止的话，一切免谈。

1. 实体模型

在"src/AppDomain"目录中新建类库项目 EShop.Domain.Entities.Order，然后引用项目 EShop.Domain.Abstractions，最后安装 NuGet 包 X.PagedList。

示例代码如下：

（1）订单信息（OrderInfo.cs）

```
1.    public class OrderInfo : IEntity<int>
2.        , IOptimisticConcurrencySupported
3.    {
4.        public virtual int Id { get; set; }
5.        public virtual string ConcurrencyStamp { get; set; } = null!;
6.
7.        public virtual DateTimeOffset OrderTime { get; set; }
8.        public virtual DateTimeOffset? FinishTime { get; set; }
9.
10.       public virtual int BuyerId { get; set; }
11.       public virtual int GoodsId { get; set; }
12.       public virtual OrderStatus OrderStatus { get; set; }
13.
14.       public virtual IList<OrderEvolutionHistory> OrderEvolutions { get; set; } = new
              List<OrderEvolutionHistory>();
15.   }
16.
17.   public enum OrderStatus : sbyte
18.   {
19.       Canceled = -1,
20.       Unkown = 0,
21.       WaitForPay = 1,
22.       WaitForDeliverGoods = 2,
23.       WaitForConfirm = 3,
24.       Complete = 4
25.   }
```

（2）订单变更历史（OrderEvolutionHistory.cs）

```
1.    public class OrderEvolutionHistory : IEntity<int>
2.    {
3.        public virtual int Id { get; set; }
4.        public virtual DateTimeOffset TimeSpan { get; set; }
5.        public virtual EvolutionKind EvolutionKind { get; set; }
6.        public virtual string? Comment { get; set; }
7.
8.        public int OrderId { get; set; }
9.        public OrderInfo Order { get; set; } = null!;
10.   }
11.
12.   public enum EvolutionKind : sbyte
13.   {
14.       CancelOrder = -1,
15.       Unkown = 0,
16.       OpenOrder = 1,
17.       PayForOrder = 2,
18.       DeliverGoodsForOrder = 3,
19.       ConfirmOrder = 4,
20.   }
```

为减少业务复杂度，突出演练的主要目标，示例只支持一件商品一个订单，不支持复合订单。同时订单设计为事件历史模式，订单的每次状态变更对应一条新增的历史记录，这使得订单的任意历史状态都能轻松追溯。历史记录一旦生成就永久不可变，因此也无须实现并发检查接口。订单本身只存储一些不变的信息和最新状态的快照作为方便查询的冗余，如果状态快照和历史记录不符,以历史记录为准。

2. EF Core 上下文

在"src/Infrastructure"目录中新建类库项目 EShop.Application.Data.Order,然后引用项目 EShop.Domain.Entities.Order 和 EShop.Extensions.EntityFrameworkCore.Entities。

订单上下文(ApplicationOrderDbContext.cs)的示例代码如下:

```
1.  public class ApplicationOrderDbContext : DbContext
2.  {
3.      public DbSet<OrderInfo> Orders => Set<OrderInfo>();
4.
5.      public ApplicationOrderDbContext(DbContextOptions
          <ApplicationOrderDbContext> options) : base(options) { }
6.
7.      protected override void OnModelCreating(ModelBuilder modelBuilder)
8.      {
9.          base.OnModelCreating(modelBuilder);
10.
11.         modelBuilder.ConfigureForIOptimisticConcurrencySupported();
12.     }
13. }
```

订单历史通过订单信息间接纳入 EF Core 实体模型,但是订单历史不是应当对外暴露的根实体,因此不将其定义为 DbSet 属性。

3. 服务接口定义

在"src/AppDomain"目录中新建类库项目 EShop.Domain.Services.Order,然后引用项目 EShop.Domain.Entities.Order。

订单服务接口(IOrderService.cs)的示例代码如下:

```
1.  /// <summary>
2.  /// 订单服务接口
3.  /// </summary>
4.  public interface IOrderService
5.  {
6.      /// <summary>
7.      /// 查询并获取订单信息
8.      /// </summary>
9.      /// <param name="pageIndex">页码</param>
10.     /// <param name="pageSize">页面大小</param>
11.     /// <param name="where">筛选条件</param>
12.     /// <param name="token">取消令牌</param>
13.     /// <returns>指定页的订单信息</returns>
14.     Task<IPagedList<OrderInfo>> GetOrdersAsync(int pageIndex, int pageSize,
          Expression<Func<OrderInfo, bool>>? where, CancellationToken token);
15.
16.     /// <summary>
17.     /// 获取指定 Id 的订单信息
18.     /// </summary>
19.     /// <param name="id">订单 Id</param>
20.     /// <param name="token">取消令牌</param>
21.     /// <returns>指定 Id 的订单信息</returns>
22.     Task<OrderInfo> GetOrderAsync(int id, CancellationToken token);
23.
24.     /// <summary>
25.     /// 创建新订单
26.     /// </summary>
27.     /// <param name="buyerId">买家 Id</param>
```

```csharp
28.         /// <param name="goodsId">商品 Id</param>
29.         /// <param name="token">取消令牌</param>
30.         /// <returns>已创建的订单</returns>
31.         Task<OrderInfo> CreateOrderAsync(int buyerId, int goodsId, CancellationToken
             token);
32.
33.         /// <summary>
34.         /// 为订单付款
35.         /// </summary>
36.         /// <param name="id">订单 Id</param>
37.         /// <param name="token">取消令牌</param>
38.         /// <returns>订单付款的操作记录</returns>
39.         Task<OrderEvolutionHistory> PayForOrderAsync(int id, CancellationToken
             token);
40.
41.         /// <summary>
42.         /// 为订单发货
43.         /// </summary>
44.         /// <param name="id">订单 Id</param>
45.         /// <param name="token">取消令牌</param>
46.         /// <returns>订单发货的操作记录</returns>
47.         Task<OrderEvolutionHistory> DeliverGoodsForOrderAsync(int id,
             CancellationToken token);
48.
49.         /// <summary>
50.         /// 订单确认收货
51.         /// </summary>
52.         /// <param name="id">订单 Id</param>
53.         /// <param name="token">取消令牌</param>
54.         /// <returns>订单确认收货的操作记录</returns>
55.         Task<OrderEvolutionHistory> ConfirmOrderAsync(int id, CancellationToken
             token);
56.
57.         /// <summary>
58.         /// 取消订单
59.         /// </summary>
60.         /// <param name="id">订单 Id</param>
61.         /// <param name="reason">取消原因</param>
62.         /// <param name="token">取消令牌</param>
63.         /// <returns>取消订单的操作记录</returns>
64.         Task<OrderEvolutionHistory> CancelOrderAsync(int id, string reason,
             CancellationToken token);
65.     }
```

4. 实现服务接口

在"src/Infrastructure"目录中新建类库项目 EShop.Application.Services.Order，然后引用项目 EShop.Domain.Buses.MediatR、EShop.Domain.Repository.EntityFrameworkCore、EShop.Domain.Services.Order 和 EShop.Application.Data.Order，最后安装 NuGet 包 Microsoft.EntityFrameworkCore.Relational。

订单服务的实现方式和商城服务基本一样，因此不再展示，完整代码请查阅随书附赠的项目。开始下一步前先把代码提交到 Git 仓库，以上代码位于随书附赠的项目的 ID e0f8600a 的提交中。

25.8.6 订单服务 API 站点

准备好服务实现，接下来按惯例就是开发订单服务 API 站点了。总体来说，订单 API 也是按照商城 API 的方式开发，只不过订单系统是纯后台系统，没有对应的网站前端。

鉴于篇幅和内容实质信息量的问题，这里就不再重复展示大量相似的代码，有需要的读者请查阅随书附赠的项目的 Git 仓库 ID 13b166f2 的提交。在这里只单独说明一下和商城 API 的几个差异。

首先是 Swagger 文档页的安全问题。公开商城 API 让大家查看有什么店铺和商品，这个没什么问题，毕竟现实中的商店和货架都设在公共区域。但是顾客买了什么东西，商店的营业数据不可能公开。根据这个特点和应用之前对 Swagger 端点的改造，笔者决定对 Swagger 文档页添加授权限制来模拟这种情况。Open API 文档就继续保持公开，因为生成客户端代码的工具没有授权信息参数，就不在这种细节处给自己制造麻烦了。

启动配置片段（Program.cs）的示例代码如下：

```
1.   app.MapSwaggerUI(setupAction: options =>
2.   {
3.       var apiVersionDescription =
4.           app.Services.GetRequiredService<IApiVersionDescriptionProvider>();
5.       foreach (var description in apiVersionDescription.ApiVersionDescriptions)
6.       {
7.           options.SwaggerEndpoint(
8.               $"/swagger/{description.GroupName}/swagger.json",
9.               description.GroupName.ToUpperInvariant());
10.      }
11. 
12.      options.OAuthClientId(orderSwaggerUiClientId);
13.      options.OAuthAppName("EShop Order Api Swagger UI");
14. }).RequireAuthorization(
15.      new AuthorizeAttribute()
16.      {
17.          AuthenticationSchemes = CookieAuthenticationDefaults.AuthenticationScheme
18.      });
19. 
20. app.MapGet("/login", static (HttpContext context) =>
21.     Results.Challenge(
22.         new AuthenticationProperties { RedirectUri = "/swagger" },
23.         new[] { OpenIdConnectDefaults.AuthenticationScheme })
24. );
25. 
26. app.MapGet("/logout",
27.     [Authorize(AuthenticationSchemes = CookieAuthenticationDefaults.
         AuthenticationScheme)]
28.     static (HttpContext context) =>
29.         Results.SignOut(
30.             new AuthenticationProperties { RedirectUri = "/swagger" },
31.             new[] { CookieAuthenticationDefaults.AuthenticationScheme,
                OpenIdConnectDefaults.AuthenticationScheme })
32. );
```

可以看出在 MapSwaggerUI 方法后面追加了 RequireAuthorization 方法的调用，并在其中传入 AuthorizeAttribute 对象作为参数，要求使用 Cookie 进行身份验证。AuthorizeAttribute 就是 MVC 的授权过滤器特性，从这里可以看出特性类也是类，也能当作普通类型实例化和使用，其特殊之处在于比普通类多了一种用法。

其次，因为 Swagger 文档页要求先登录再访问，所以要准备用于登录和注销的端点。在商城项目里使用的是单独的控制器。而订单 API 对网页的需求仅限于登录和注销，为这么个小功能注册一个庞大的 MVC 服务属实是杀鸡用牛刀了，因此笔者直接用.NET 6 的最小 API 实现该功能，顺带演示一下最小 API 的用法。C# 10 专门为最小 API 强化了 Lambda 表达式，可以显式声明表达式的返回值类型、为表达式附加特性等，可以说现在的 Lambda 表达式已经是功能完整的匿名委托定义语法了。也因此，为注销端点附加授权特性就能轻松设置必须登录才能访问注销端点。

枚举架构过滤器（Helpers/EnumSchemaFilter.cs）的示例代码如下：

```
1.    public class EnumSchemaFilter : ISchemaFilter
2.    {
3.        public void Apply(OpenApiSchema schema, SchemaFilterContext context)
4.        {
5.            if (!context.Type.IsEnum) return;
6.
7.            schema.Enum.Clear();
8.            foreach(var name in Enum.GetNames(context.Type))
9.            {
10.               Enum e = (Enum)Enum.Parse(context.Type, name);
11.               schema.Enum.Add(new OpenApiString($"{e:D}={name}"));
12.           }
13.       }
14.   }
```

默认的 Swagger 文档生成器只会展示枚举的值，不展示文本，这会导致调用 API 的开发者难以理解枚举的各个值代表什么意思，为此使用这个过滤器让文档显示值和对应的文本。

25.8.7 商城网站的购物业务

准备好订单 API 后，终于可以回头补完商城的购物功能了。不过在此之前需要准备订单 API 客户端。

1. 订单 API 客户端

购物功能自然也需要 API 客户端配合，生成客户端的方式和商城 API 的客户端基本一致，因此不再展示，有需要的读者请查阅随书附赠的项目的 Git 仓库 ID b85faaf9 的提交。在这里只单独说明一下和商城客户端的差异。

示例代码如下：

（1）生成的客户端枚举（output/EShop.Web.Order.Api.Client.V1/HttpModels/EvolutionKind.cs）

```
1.    public enum EvolutionKind
2.    {
3.        _0_Unkown = 0,
4.        _1_OpenOrder = 1,
5.        _2_PayForOrder = 2,
6.        _3_DeliverGoodsForOrder = 3,
7.        _4_ConfirmOrder = 4,
8.        __1_CancelOrder = -1,
9.    }
```

因为笔者修改了 Swagger 文档的枚举样式，所以自动生成的代码有问题，需要手动修改一下。但是能生成看得出意思的枚举还是很值的。

（2）生成的客户端 API 异常消息（output/EShop.Web.Order.Api.Client.V1/HttpModels/ProblemDetails.cs）

```
1.    public class ProblemDetails
2.    {
3.        [JsonPropertyName("type")]
4.        public string Type { get; set; }
5.
6.        [JsonPropertyName("title")]
7.        public string Title { get; set; }
8.
```

```
9.          [JsonPropertyName("status")]
10.         public int? Status { get; set; }
11.
12.         [JsonPropertyName("detail")]
13.         public string Detail { get; set; }
14.
15.         [JsonPropertyName("instance")]
16.         public string Instance { get; set; }
17.
18.         private IDictionary<string, object> _additionalProperties = new
              Dictionary<string, object>();
19.
20.         [JsonExtensionData]
21.         public IDictionary<string, object> AdditionalProperties
22.         {
23.             get { return _additionalProperties; }
24.             set { _additionalProperties = value; }
25.         }
26.     }
```

这个数据类型是根据 BadRequestObjectResult 的错误详细信息格式生成的，这个格式由 RFC 7807 协议定义。但是代码生成器生成的 AdditionalProperties 上的 JsonExtensionData 特性是 Json.NET 的，需要手动改成 System.Text.Json 的。之前的商城 API 客户端也有这个问题，也需要这样修改一下。

2. 实现购物业务

购物业务是从商品详情的购买按钮开始的，商品详情和店铺详情的代码基本是相同的模式，因此不再展示。此处主要关注订单列表和对订单流程的推进。

示例代码如下：

（1）订单列表页面（Pages/MyOrders.cshtml）

```
1.  @page
2.  @using EShop.Web.Mall.RazorComponents
3.  @using Order.Api.Client.V1
4.  @using Kind = MyOrdersModel.HandleInput.Kind
5.  @model EShop.Web.Mall.Pages.MyOrdersModel
6.  @{
7.      ViewData["Title"] = "My Orders";
8.  }
9.  <partial name="_SearchOrderFormPartial" model="Model.Input" />
10.
11. @foreach (var chunk in
12.     (from order in Model.Orders.Items
13.      join goods in Model.Goods.Items
14.         on order.GoodsId equals goods.Id
15.      select (order, goods)).Chunk(2))
16. {
17.     <div class="row">
18.         @foreach (var (order, goods) in chunk)
19.         {
20.             var goodsUrl = Url.Page("/GoodsDetail", null, new { Id = goods.Id });
21.
22.             <div class="col-md-6 mb-1 border border-1 rounded-3">
23.                 <div class="row">
24.                     <div class="col-md-6 mb-2 mt-2">
25.                         <div class="card">
26.                             <a href="@goodsUrl">
27.                                 @if(goods.ImageUrl?.Length > 1)
28.                                 {
29.                                     <img src='@Url.Content($"/image/{goods.ImageUrl}")' class="card-img-top" alt="..." />
```

```
30.                        }
31.                        else
32.                        {
33.                          <svg style="text-anchor: middle;" width="100%"
                               height="180" xmlns="http://www.w3.org/2000/svg"
                               role="img" aria-label="占位符：图像上限"
                               preserveAspectRatio="xMidYMid slice"
                               focusable="false">
34.                              <title>Placeholder</title>
35.                              <rect width="100%" height="100%"
                                   fill="#868e96"></rect>
36.                              <text x="50%" y="50%" fill="#dee2e6">商品图
                                   </text>
37.                          </svg>
38.                        }
39.                     </a>
40.                     <div class="card-body">
41.                        <a href="@goodsUrl">
42.                            <h5 class="card-title">@goods.Name</h5>
43.                        </a>
44.                        @if (goods.Category is not null)
45.                        {
46.                            <p class="card-text">@goods.Category.Name</p>
47.                        }
48.                     </div>
49.                     @if (goods.OwnedShop is not null)
50.                     {
51.                        <a asp-page="/ShopDetail" asp-route-id="@goods.
                              OwnedShop.Id">
52.                            <div class="card-footer">@goods.OwnedShop.
                                Name</div>
53.                        </a>
54.                     }
55.                  </div>
56.               </div>
57.               <div class="col-md-6 mb-2 mt-2">
58.                  <p>下单时间：@order.OrderTime.ToString("yyyy-MM-dd
                       HH:mm:ss")</p>
59.                  <p>完成时间：@(order.FinishTime?.ToString("yyyy-MM-dd
                       HH:mm:ss") ?? "进行中")</p>
60.                  @switch (order.OrderStatus)
61.                  {
62.                      case OrderStatus._0_Unkown:
63.                          <p style="color: red;">订单异常！</p>
64.                          break;
65.                      case OrderStatus._1_WaitForPay:
66.                          <form method="post" data-order="@order.Id">
67.                              <input type="hidden" asp-for="PostInput.OrderId"
                                   value="@order.Id" />
68.                              <input type="hidden" asp-for="PostInput.
                                   HandleKind" value="@Kind.Pay" />
69.                              <button type="submit" class="btn btn-primary">付款
                                   </button>
70.                              <button type="submit" class="btn btn-danger"
                                   onclick="changeToCancel(@order.Id)">取消订单
                                   </button>
71.                          </form>
72.                          break;
73.                      case OrderStatus._2_WaitForDeliverGoods:
74.                          <p>等待卖家发货。</p>
75.                          <form method="post" data-order="@order.Id">
76.                              <input type="hidden" asp-for="PostInput.OrderId"
                                   value="@order.Id" />
77.                              <input type="hidden" asp-for="PostInput.
                                   HandleKind" value="@Kind.Cancel" />
```

```
78.                              <button type="submit" class="btn btn-danger"
                                    onclick="changeToCancel(@order.Id)">取消订单
                                    </button>
79.                          </form>
80.                          break;
81.                       case OrderStatus._3_WaitForConfirm:
82.                          <form method="post" data-order="@order.Id">
83.                              <input type="hidden" asp-for="PostInput.OrderId"
                                    value="@order.Id" />
84.                              <input type="hidden" asp-for="PostInput.
                                    HandleKind" value="@Kind.Confirm" />
85.                              <button type="submit" class="btn btn-primary">确认
                                    收货</button>
86.                              <button type="submit" class="btn btn-danger"
                                    onclick="changeToCancel(@order.Id)">取消订单
                                    </button>
87.                          </form>
88.                          break;
89.                       case OrderStatus._4_Complete:
90.                          <p>订单已完成。</p>
91.                          break;
92.                       case OrderStatus.__1_Canceled:
93.                          <p style="color: red;">订单已取消。</p>
94.                          break;
95.                    }
96.                  </div>
97.               </div>
98.           </div>
99.        }
100.      </div>
101.   }
102.
103.   <component type="typeof(PageNavigation)"
104.           param-PageCount="Model.Orders.PageMetaData.PageCount"
105.           param-PageIndex="Model.Orders.PageMetaData.PageNumber"
106.           param-OverscanCountForExtremities="2"
107.           param-OverscanCountForCurrent="2"
108.           param-UrlTemplate="HttpContext.Request.GetDisplayUrl()"
109.           param-QueryParameterNameOfPageIndex="nameof(Model.Input.
                   PageIndex)"
110.           render-mode="Static" />
111.
112.   @section Scripts{
113.   <script>
114.       function changeToCancel(orderId){
115.           var input = document.querySelector('form[data-order="' + orderId +
                  '"]>input[name="PostInput.HandleKind"]');
116.           input.value = @((int)Kind.Cancel);
117.       }
118.   </script>
119.   }
```

页面上使用 LINQ 的 join 运算符把后台查到的订单和商品信息连接起来并打包成元组方便后续使用。此处使用 SQL like 风格的原因是 join 方法的参数和表达式比较复杂，用 code 风格写出来反而不容易看出查询的意图。最后再用 .NET 6 新增的 Chunk 扩展把打包的数据集分割为两个一组，这样可以方便做出两个订单一行的效果。

（2）订单列表页面模型（Pages/MyOrders.cshtml.cs）

```
1.   [Authorize]
2.   public class MyOrdersModel : PageModel
3.   {
4.       private readonly IOrderApi _orderApi;
5.       private readonly IGoodsApi _goodsApi;
```

```csharp
        [BindProperty(SupportsGet = true)]
        public SearchInput Input { get; set; } = null!;

        [BindProperty]
        public HandleInput PostInput { get; set; } = null!;

        public OrderInfoPagedListResultView Orders { get; private set; } = null!;
        public GoodsPagedListResultView Goods { get; private set; } = null!;

        public class SearchInput
        {
            public string Key { get; set; } = null!;

            [Range(1, int.MaxValue)]
            public int PageIndex { get; set; }
        }

        public class HandleInput
        {
            [Range(1, int.MaxValue)]
            public int OrderId { get; set; }

            [Required]
            [EnumDataType(typeof(Kind))]
            public Kind HandleKind { get; set; }

            public enum Kind
            {
                Pay = 1,
                Confirm = 2,
                Cancel = 3
            }
        }

        public MyOrdersModel(IOrderApi orderApi, IGoodsApi goodsApi)
        {
            _orderApi = orderApi;
            _goodsApi = goodsApi;
        }

        public async Task OnGetAsync(CancellationToken cancellation)
        {
            var sub = HttpContext.User.GetUserIdFromClaim();
            Orders = await _orderApi.QueryOrdersAsync(Input.Key, null,
                int.Parse(sub!), null, Input.PageIndex < 1 ? 1 : Input.PageIndex, 10, "1.0",
                null!, cancellation);

            var gIds = Orders.Items.Select(o => o.GoodsId).Distinct().ToArray();
            if (gIds?.Any() is true)
            {
                Goods = await _goodsApi.GetGoodsByIdsAsync(gIds, "1.0", null!,
                    cancellation);
            }
        }

        public async Task OnPostAsync(CancellationToken cancellation)
        {
            var result = PostInput.HandleKind switch
            {
                HandleInput.Kind.Pay => await _orderApi.PayForOrderAsync
                    (PostInput.OrderId, "1.0", null, cancellation),
                HandleInput.Kind.Confirm => await _orderApi.ConfirmOrderAsync
                    (PostInput.OrderId, "1.0", null, cancellation),
                HandleInput.Kind.Cancel => await _orderApi.CancelOrderAsync
                    (PostInput.OrderId, "买家取消。", "1.0", null, cancellation),
                _ => throw new NotSupportedException()
```

```
67.                };
68.
69.                await OnGetAsync(cancellation);
70.            }
71.       }
```

这里的 Get 请求就是获取订单和相关的商品信息供页面渲染使用，Post 请求处理器则根据收到的订单 Id 和操作类型对订单进行后续处理。值得注意的是笔者使用 switch 表达式来调用订单处理，因为订单处理结果都返回相同的数据类型，使用模式匹配语法能提升代码可读性并减少代码量。处理完订单后手动调用 Get 处理器获取订单信息给页面，这里更适合的做法是返回 302 重定向响应，不然刷新页面时浏览器会询问是否重新提交表单。笔者这么做主要是演示请求处理器也是类的普通成员方法，完全可以手动调用。订单列表如图 25-6 所示。

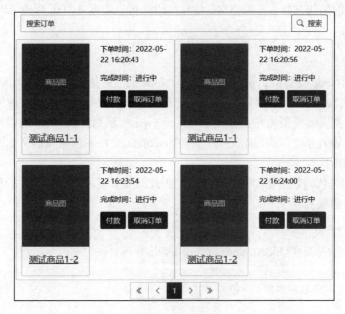

图 25-6　订单列表

开始下一步前先把代码提交到 Git 仓库，以上代码位于随书附赠的项目的 ID b85faaf9 的提交中。

25.9　开发卖家管理中心

到目前为止买家的部分就告一段落了，但是要完成整个订单流程还需要卖家的配合，同时店铺和商品管理也是卖家功能的重要组成部分。从现在开始就进入最后一部分——卖家管理中心的开发。

25.9.1　卖家 API

项目架构设计时就确定了卖家服务端使用 GraphQL 技术进行开发，而 GraphQL 实际上也是基于 HTTP 设计的数据格式协议，因此还是要托管到 ASP.NET Core 服务中。

1. 接入授权中心

按照惯例，先在"src/Apps/Server"新建 ASP.NET Core 空项目，名为"EShop.Web.GraphQl"，因为我们并不需要其他模板增加的内容。然后引用项目 EShop.Extensions.Web、EShop.Application.Services.Mall、EShop.Application.Services.Order、EShop.Migrations.Mall.SqlServer、EShop.Migrations.Order.SqlServer 和 EShop.Web.Order.Api.Client。最后安装 NuGet 包 HotChocolate.AspNetCore、HotChocolate.AspNetCore.Authorization、HotChocolate.Data、HotChocolate.Data.EntityFramework、MediatR.Extensions.Microsoft.DependencyInjection、Microsoft.AspNetCore.Authentication.JwtBearer、Microsoft.AspNetCore.HeaderPropagation、OpenIddict.Validation.AspNetCore 和 OpenIddict.Validation.SystemNetHttp。

HotChocolate 的架构文档也支持 XML 注释，因此可以根据之前在 Web API 项目中的方法打开 XML 文档功能。

2. 对象模型

对象模型包括 Node 模型和 Type 模型两大类。Node 模型是基于全局唯一对象 ID 的数据模型，可以有效利用 HotChocolate 的实体缓存功能，主要用来映射业务模型。本次演练为避免过度复杂化业务模型，直接把实体模型当作业务模型使用。Type 模型则是没有 ID 的普通对象模型，主要用于不需要缓存的输入参数、输出结果等。HotChocolate 支持多种模型定义方式，本次演练选用代码量较少的注解模式。

对象模型的定义代码使用相似的模式编写，因此此处只展示具有代表性的部分代码。完整代码请查阅随书附赠的项目。

示例代码如下：

（1）商品分类 Node（Models/Nodes/CategoryNode.cs）

```
1.  [Node]
2.  [ExtendObjectType(typeof(Category))]
3.  public class CategoryNode
4.  {
5.      [IsProjected]
6.      [BindMember(nameof(Category.Id), Replace = true)]
7.      public int GetId([Parent] Category category) => category.Id;
8.
9.      [ID(nameof(Category))]
10.     [IsProjected]
11.     [BindMember(nameof(Category.ParentId))]
12.     public int? GetParentId([Parent] Category category) => category.ParentId;
13.
14.     [BindMember(nameof(Category.Parent), Replace = true)]
15.     public async Task<Category?> GetParentAsync(
16.         [Parent] Category category,
17.         CategoryByIdDataLoader dataLoader,
18.         CancellationToken cancellationToken) =>
19.         category.ParentId is null
20.             ? null
21.             : await dataLoader.LoadAsync(category.ParentId.Value,
                   cancellationToken);
22.
23.     [BindMember(nameof(Category.Path), Replace = true)]
24.     public string? GetPath([Parent] Category category, [Service] IIdSerializer
            serializer)
25.     {
26.         if(category.Path is null) return null;
27.
```

```
28.            var ids = category.Path
29.                .Split('/', StringSplitOptions.RemoveEmptyEntries)
30.                .Select(x => serializer.Serialize(null!, nameof(Category),
                    int.Parse(x)));
31.
32.            var sb = new StringBuilder();
33.            foreach(var id in ids)
34.            {
35.                sb.Append('\\');
36.                sb.Append(id);
37.            }
38.
39.            return sb.ToString();
40.        }
41.
42.        [UseSorting]
43.        [BindMember(nameof(Category.Children), Replace = true)]
44.        public async Task<IEnumerable<Category>> GetChildrenAsync(
45.            [Parent] Category category,
46.            CategoriesByParentCategoryIdDataLoader dataLoader,
47.            CancellationToken cancellationToken) =>
48.                await dataLoader.LoadAsync(category.Id, cancellationToken);
49.
50.        [NodeResolver]
51.        public static Task<Category> GetCategoryByIdAsync(
52.            int id,
53.            CategoryByIdDataLoader dataLoader,
54.            CancellationToken cancellationToken) =>
55.                dataLoader.LoadAsync(id, cancellationToken);
56.    }
```

代码解析：

1）类型上的 Node 特性标记这个类型是 Node 对象模型，ExtendObjectType 特性则标记这个类型要扩展的基本数据类型。

2）属性上的 IsProjected 特性标记这个属性无论是否是待查询数据的属性，都要从底层数据源查询到应用中，通常用于主键和外键字段，如果不始终查询这些字段，可能会导致无法正确加载相关的导航属性。

3）属性上的 BindMember 特性标记这个属性要绑定到被扩展类型的哪个成员，Replace 参数则设定是否用扩展类的实现替代被扩展类的实现。

4）属性上的 ID 特性标记这个属性是指定类型的 ID，要求框架自动对这个属性的值进行编码和解码。

5）属性上的 UseSorting 特性标记要在属性的查询上启用排序功能，框架会在这个字段的查询上增加排序参数，并在查询管道中向查询追加排序操作。

6）参数上的 Parent 特性标记参数应该从查询到的底层被扩展类中获取。

7）静态方法上的 NodeResolver 特性标记这个方法是 Node 的解析器，Node 对象模型必须有解析器且解析函数必须是静态函数。

8）这个分类模型的 Path 属性刚从数据库中查出来的时候是用 "/" 分隔的，但是 ID 的 Base64 编码中也有这个符号，为避免冲突，在这里通过替换成员解析器的方式把分隔符换成不会冲突的 "\"。并且由于 Path 属性是多个 Id 组合起来的字符串，框架也不知道应该如何编码，因此需要手动定义编码逻辑。

代码中出现的 DataLoader 是数据加载器，接下来会详细介绍。

（2）店铺 Node（Models/Nodes/ShopNode.cs）

```
1.   [Node]
2.   [ExtendObjectType(typeof(Shop))]
3.   public class ShopNode
4.   {
5.       [IsProjected]
6.       [BindMember(nameof(Shop.Id), Replace = true)]
7.       public int GetId([Parent] Shop shop) => shop.Id;
8.
9.       [IsProjected]
10.      [BindMember(nameof(Shop.OwnerId), Replace = true)]
11.      public string GetOwnerId([Parent] Shop shop) => shop.OwnerId;
12.
13.      [UseOffsetPaging]
14.      [UseFiltering]
15.      [UseSorting]
16.      [BindMember(nameof(Shop.Goods), Replace = true)]
17.      public async Task<IEnumerable<Goods>> GetGoodsAsync(
18.          [Parent] Shop shop,
19.          GoodsByShopIdDataLoader dataLoader,
20.          CancellationToken cancellationToken) =>
21.              await dataLoader.LoadAsync(shop.Id, cancellationToken);
22.
23.      [NodeResolver]
24.      public static Task<Shop> GetShopByIdAsync(
25.          int id,
26.          ShopByIdDataLoader dataLoader,
27.          CancellationToken cancellationToken) =>
28.              dataLoader.LoadAsync(id, cancellationToken);
29.  }
```

代码解析：

1）属性上的 UseOffsetPaging 特性标记要在属性的查询上启用基于页码的分页功能，框架会在这个字段的查询上增加分页参数，并在查询管道中向查询追加分页操作。

2）属性上的 UseFiltering 特性标记要在属性的查询上启用筛选功能，框架会在这个字段的查询上增加筛选参数，并在查询管道中向查询追加筛选操作。

3. 数据加载器

数据加载器是 GraphQL 的重要功能，用来解决"N+1"查询问题。出现这种问题的原因是 GraphQL 的灵活性导致默认情况下关联数据的加载是独立的，每个主记录都会触发从记录的查询，并且每次只查询一条。这时 N 的大小会随从记录数量的增加而增加（或者在分页时达到页面大小），这是严重的性能隐患。EF Core 可以通过预加载功能向数据库发送连接查询一次性取出所有记录，为了让 GraphQL 也能一次性查询所有关联数据就开发了数据加载器技术。

数据加载器实现批量查询的关键是在字段解析器中委托数据加载器查询数据，而不是各自查询自己的数据，数据加载器在收到请求后会阻塞解析器。数据加载器会趁机收集所有字段解析器的请求，框架启动完所有字段解析器后会通知数据加载器解析请求已经发送完毕，可以开始加载数据。此时数据加载器就能通过收集到的解析请求整理出批量查询请求，数据查询完毕后再统一把返回结果给字段解析器。

和对象模型一样，此处只展示部分有代表性的代码。示例代码如下：

（1）基于 Id 的订单信息加载器（Data/DataLoaders/OrderInfoByIdDataLoader.cs）

```
1.   public class OrderInfoByIdDataLoader : BatchDataLoader<int, OrderInfo>
```

```csharp
2.  {
3.      private readonly IDbContextFactory<ApplicationOrderDbContext>
            _dbContextFactory;
4.
5.      public OrderInfoByIdDataLoader(
6.          IDbContextFactory<ApplicationOrderDbContext> dbContextFactory,
7.          IBatchScheduler batchScheduler,
8.          DataLoaderOptions options)
9.          : base(batchScheduler, options) =>
10.             _dbContextFactory = dbContextFactory ?? throw new ArgumentNullException
                (nameof(dbContextFactory));
11.
12.     protected override async Task<IReadOnlyDictionary<int, OrderInfo>>
          LoadBatchAsync(IReadOnlyList<int> keys, CancellationToken cancellationToken)
13.     {
14.         await using ApplicationOrderDbContext dbContext = _dbContextFactory.
              CreateDbContext();
15.
16.         return await (await BuildQueryAsync(dbContext, keys, cancellationToken))
17.             .ToDictionaryAsync(o => o.Id, cancellationToken);
18.     }
19.
20.     protected virtual Task<IQueryable<OrderInfo>> BuildQueryAsync
          (ApplicationOrderDbContext dbContext, IReadOnlyList<int> keys,
          CancellationToken cancellationToken)
21.     {
22.         return Task.FromResult(
23.             dbContext.Orders
24.                 .AsNoTracking()
25.                 .Where(o => keys.Contains(o.Id)));
26.     }
27. }
28.
29. public class AuthorizationOrderInfoByIdDataLoader : OrderInfoByIdDataLoader
30. {
31.     private readonly ClaimsPrincipal _user;
32.     private readonly OwnerIdByOrderInfoIdDataLoader _dataLoader;
33.
34.     public AuthorizationOrderInfoByIdDataLoader(
35.         IHttpContextAccessor accessor,
36.         OwnerIdByOrderInfoIdDataLoader dataLoader,
37.         IDbContextFactory<ApplicationOrderDbContext> dbContextFactory,
38.         IBatchScheduler batchScheduler,
39.         DataLoaderOptions options)
40.         : base(dbContextFactory, batchScheduler, options)
41.     {
42.         _dataLoader = dataLoader ?? throw new ArgumentNullException
              (nameof(dataLoader));
43.         _user = accessor.HttpContext?.User ?? throw new ArgumentNullException
              ($"{nameof(accessor)}.HttpContext.User");
44.     }
45.
46.     protected override async Task<IQueryable<OrderInfo>> BuildQueryAsync
          (ApplicationOrderDbContext dbContext, IReadOnlyList<int> keys,
          CancellationToken cancellationToken)
47.     {
48.         var isAdmin = _user.IsInRole("Admins");
49.         var isSeller = _user.IsInRole("Sellers");
50.
51.         if (!isAdmin && !isSeller) return Enumerable.Empty
              <OrderInfo>().AsQueryable();
52.
53.         if(isAdmin) return await base.BuildQueryAsync(dbContext, keys,
              cancellationToken);
54.
55.         var orderRelationships = await _dataLoader.LoadAsync(keys,
              cancellationToken);
```

```
56.
57.            var userId = _user.GetUserIdFromClaim()!;
58.            var ownedKeys = orderRelationships
59.                .Where(or => or.OwnerId == userId)
60.                .Select(or => or.OrderId)
61.                .ToArray();
62.
63.            if(!ownedKeys.Any()) return Enumerable.Empty<OrderInfo>().AsQueryable();
64.
65.            return dbContext.Orders
66.                .AsNoTracking()
67.                .Where(o => ownedKeys.Contains(o.Id));
68.        }
69.    }
```

GraphQL 查询管道和数据加载器会在查询完成后释放数据库上下文,而且数据加载器会尽可能并行执行查询,为避免数据加载器之间的上下文互相干扰,必须让数据加载器独占上下文。因此数据加载器要注入上下文工厂。

订单信息是机密数据,通常情况下卖家和买家都只应该看见和自己相关的订单,只有管理员才能看见所有订单。因此除了基础数据加载器之外还派生了支持授权的高级数据加载器。

(2)基于商品 Id 的订单信息组加载器(Data/DataLoaders/OrderInfosByGoodsIdDataLoader.cs)

```
1.  public class OrderInfosByGoodsIdDataLoader : GroupedDataLoader<int, OrderInfo>
2.  {
3.      private static readonly string _orderinfosCacheKey = GetCacheKeyType
          <OrderInfosByGoodsIdDataLoader>();
4.      private readonly IDbContextFactory<ApplicationOrderDbContext>
          _dbContextFactory;
5.
6.      public OrderInfosByGoodsIdDataLoader(
7.          IDbContextFactory<ApplicationOrderDbContext> dbContextFactory,
8.          IBatchScheduler batchScheduler,
9.          DataLoaderOptions options)
10.         : base(batchScheduler, options) =>
11.          _dbContextFactory = dbContextFactory ?? throw new ArgumentNullException
              (nameof(dbContextFactory));
12.
13.     protected override async Task<ILookup<int, OrderInfo>> LoadGroupedBatchAsync
         (IReadOnlyList<int> keys, CancellationToken cancellationToken)
14.     {
15.         await using ApplicationOrderDbContext dbContext =
              _dbContextFactory.CreateDbContext();
16.
17.         List<OrderInfo> orderInfos = await dbContext.Orders
18.             .AsNoTracking()
19.             .AsSplitQuery()
20.             .Where(o => keys.Contains(o.GoodsId))
21.             .ToListAsync(cancellationToken);
22.
23.         // 写入缓存
24.         TryAddToCache(_orderinfosCacheKey, orderInfos, o => o.Id, o => o);
25.
26.         return orderInfos.ToLookup(o => o.GoodsId, o => o);
27.     }
28. }
```

组数据加载器是另一种数据加载器,普通数据加载器通常用于加载 1 对 1 关系的数据,例如根据主键查询数据,每个主键只会对应一条记录。组数据加载器用于加载 1 对多关系的数据,例如加载集合导航属性的数据,每个主记录的外键可能对应多个从记录。这种加载器使用 ILookup<TKey, TValue>类型的容器保存结果,数据类型可以看作不可变的 IDictionary<TKey,

IEnumerable<TValue>>。

（3）基于订单信息的卖家信息加载器（Data/DataLoaders/OwnerIdByOrderInfoIdDataLoader.cs）

```csharp
1.   public class OwnerIdByOrderInfoIdDataLoader : BatchDataLoader<int,
     OrderRelationshipChain>
2.   {
3.       private readonly IDbContextFactory<ApplicationMallDbContext>
         _mallDbContextFactory;
4.       private readonly IDbContextFactory<ApplicationOrderDbContext>
         _orderDbContextFactory;
5.
6.       public OwnerIdByOrderInfoIdDataLoader(
7.           IDbContextFactory<ApplicationMallDbContext> mallDbContextFactory,
8.           IDbContextFactory<ApplicationOrderDbContext> orderDbContextFactory,
9.           IBatchScheduler batchScheduler,
10.          DataLoaderOptions options)
11.          : base(batchScheduler, options)
12.      {
13.          _mallDbContextFactory = mallDbContextFactory ?? throw new
             ArgumentNullException(nameof(mallDbContextFactory));
14.          _orderDbContextFactory = orderDbContextFactory ?? throw new
             ArgumentNullException(nameof(orderDbContextFactory));
15.      }
16.
17.      protected override async Task<IReadOnlyDictionary<int,
         OrderRelationshipChain>> LoadBatchAsync(IReadOnlyList<int> keys,
         CancellationToken cancellationToken)
18.      {
19.          await using ApplicationMallDbContext mallDbContext =
             _mallDbContextFactory.CreateDbContext();
20.          await using ApplicationOrderDbContext orderDbContext =
             _orderDbContextFactory.CreateDbContext();
21.
22.          var orderGoods = await orderDbContext.Orders
23.              .AsNoTracking().AsSplitQuery()
24.              .Where(o => keys.Contains(o.Id))
25.              .Select(o => new { OrderId = o.Id, o.GoodsId })
26.              .ToListAsync(cancellationToken);
27.
28.          var goodsIds = orderGoods
29.              .Select(og => og.GoodsId)
30.              .Distinct()
31.              .ToList();
32.
33.          var goodsShops = await mallDbContext.Goods
34.              .AsNoTracking().AsSplitQuery()
35.              .Where(g => goodsIds.Contains(g.Id))
36.              .Select(g => new { GoodsId = g.Id, g.OwnedShopId })
37.              .ToListAsync(cancellationToken);
38.
39.          var shopIds = goodsShops
40.              .Select(gs => gs.OwnedShopId)
41.              .Distinct()
42.              .ToList();
43.
44.          var shopOwners = await mallDbContext.Shops
45.              .AsNoTracking().AsSplitQuery()
46.              .Where(s => shopIds.Contains(s.Id))
47.              .Select(s => new { ShopId = s.Id, s.OwnerId })
48.              .ToListAsync(cancellationToken);
49.
50.          var orderOwners =
51.              from su in shopOwners
52.              join gs in goodsShops
53.                  on su.ShopId equals gs.OwnedShopId
```

```
54.              join og in orderGoods
55.                  on gs.GoodsId equals og.GoodsId
56.              select new OrderRelationshipChain(og.OrderId, gs.GoodsId,
                     gs.OwnedShopId, su.OwnerId);
57.
58.         return orderOwners
59.             .ToDictionary(
60.                 ou => ou.OrderId,
61.                 ou => ou);
62.     }
63. }
```

因为订单系统和商城系统是独立的,因此这个数据加载器需要跨数据库查询和聚合数据。使用 LINQ 聚合数据非常方便。

(4)订单关系链模型(Models/Types/OrderRelationshipChain.cs)

```
1. public readonly record struct OrderRelationshipChain(
2.     int OrderId,
3.     int GoodsId,
4.     int OwnedShopId,
5.     string OwnerId);
```

订单关系链属于不可变数据,因此非常适合使用只读记录。这里也就顺便展示一下 C# 10 的值记录功能。

4. 查询

查询是 GraphQL 的特色功能,解决了 Web API 无法自适应数据结构类似但不完全相同的各种接口,导致开发者要么选择准备大而全的接口让客户端自行选用需要的部分,要么为客户端的需求准备大量相似的接口而影响架构的清晰度和代码可维护性。当然这么做也有一些代价,就是会导致 HTTP 协议自带的缓存方案失效。

订单查询(Queries/OrderInfoQueries.cs)的示例代码如下:

```
1.  [ExtendObjectType(OperationTypeNames.Query)]
2.  public class OrderInfoQueries
3.  {
4.      [Authorize(Roles = new[] { "Admins", "Sellers" })]
5.      [UseDbContext(typeof(ApplicationOrderDbContext))]
6.      [UseDbContext(typeof(ApplicationMallDbContext))]
7.      [UseOffsetPaging]
8.      [UseFiltering]
9.      [UseSorting]
10.     public async Task<IQueryable<OrderInfo>> GetOrdersAsync(
11.         [ScopedService] ApplicationOrderDbContext orderDbContext,
12.         [ScopedService] ApplicationMallDbContext mallDbcontext,
13.         ClaimsPrincipal user,
14.         CancellationToken cancellationToken)
15.     {
16.         var isAdmin = user.IsInRole("Admins");
17.         var isSeller = user.IsInRole("Sellers");
18.
19.         if (!isAdmin && !isSeller) return Enumerable.Empty<OrderInfo>().
                AsQueryable();
20.
21.         var query = orderDbContext.Orders.AsNoTracking().AsSplitQuery();
22.         if (isAdmin) return query;
23.
24.         var userId = user.GetUserIdFromClaim()!;
25.         var ownedGoodsIds = await mallDbcontext.Goods
26.             .Where(g => g.OwnedShop.OwnerId == userId)
27.             .Select(g => g.Id)
```

```
28.             .Distinct()
29.             .ToListAsync(cancellationToken);
30.
31.         return query.Where(o => ownedGoodsIds.Contains(o.GoodsId));
32.     }
33.
34.     [Authorize(Roles = new[] { "Admins", "Sellers" })]
35.     public Task<OrderInfo> GetOrderByIdAsync(
36.         [ID(nameof(OrderInfo))] int id,
37.         AuthorizationOrderInfoByIdDataLoader dataLoader,
38.         CancellationToken cancellationToken) =>
39.             dataLoader.LoadAsync(id, cancellationToken);
40.
41.     [Authorize(Roles = new[] { "Admins", "Sellers" })]
42.     public async Task<IEnumerable<OrderInfo>> GetOrdersByIdsAsync(
43.         [ID(nameof(OrderInfo))] int[] ids,
44.         AuthorizationOrderInfoByIdDataLoader dataLoader,
45.         CancellationToken cancellationToken) =>
46.             await dataLoader.LoadAsync(ids, cancellationToken);
47.     }
```

代码解析：

1）这是用注解模式定义的根查询，类型上的 ExtendObjectType 标识这个类型的目标是扩展查询。

2）方法上的 Authorize 特性标识这个方法只允许指定角色的用户访问。

3）方法上的 UseDbContext 标识这个查询需要注入一个作用域上下文服务，这是 HotChocolate 预置的辅助特性。内部逻辑是从上下文工厂获取上下文供查询管道的后续部分使用，上下文工厂则从依赖注入服务中获取。

4）方法上的 UseOffsetPaging、UseFiltering 和 UseSorting 等特性也能在根查询方法上使用，当然前提是方法的返回值是支持 LINQ 操作的类型或者对应的异步版本，例如 IQueryable<T>接口。另外，这几个特性之间的相对顺序必须如示例所示，不能颠倒。

5）参数上的 ScopedService 特性标识这个参数是从作用域服务中注入的。注意，这里的作用域不是 ASP.NET Core 中的请求作用域，而是 HotChocolate 查询管道的内部作用域，内部作用域是请求作用域的内层子作用域。从作用域服务注入的参数必须先通过 UseDbContext 之类的方式把服务注入查询管道的作用域服务缓存。

6）ClaimsPrincipal 和 CancellationToken 参数由查询管道自动从请求中提取出来注入查询方法，这是 HotChocolate 对常用需求的特殊处理。AuthorizationOrderInfoByIdDataLoader 实际上是从依赖注入服务中获取的，所有数据加载器都会注册到依赖注入服务，因此支持所有依赖注入的功能。

7）参数上的 ID 特性可以告知查询分析器这个参数需要先解码才能使用，特性的参数则告知分析器应该以什么类型的 ID 来解码。

8）GetOrderByIdAsync 和 GetOrdersByIdsAsync 查询是精确查询，必然返回和传入的 Id 个数及顺序相同的结果，如果传入不存在的 Id 导致查不到足够数量的数据，会直接引发异常。还好现在的新版本支持客户端控制的结果可空性，可以要求框架在遇到不存在的 Id 时返回 null，而不是粗暴地引发异常。

其他查询也遵循相同的模式，不再在书中展示。

5. 突变

突变会修改数据，改变系统状态，因此需要提供输入参数，操作完成后也需要返回相应的结果。

(1) 参数模型

取消订单输入（Models/Types/Input/CancelOrderInput.cs）的示例代码如下：

```
1.  public record CancelOrderInput(
2.      [property: ID(nameof(OrderInfo))] int Id,
3.      string? Reason);
```

代码解析：

1）HotChocolate 支持使用记录类型作为参数，因为 GraphQL 对类型的可空性有严格的定义。使用记录可以减少用来解释可空性所需的附加信息，因为这些信息都隐含在类型的定义代码中了。

2）参数 Id 的特性标识这个属性是 ID 类型，需要先解码才能用，property 前缀标识这个特性实际要附加到和这个参数关联的编译器自动生成的属性上。

(2) 结果模型

示例代码如下：

① 结果负载基类（Models/PayloadBase.cs）

```
1.  /// <summary>
2.  /// 结果负载基类
3.  /// </summary>
4.  public abstract class PayloadBase
5.  {
6.      protected PayloadBase(IReadOnlyList<UserError>? errors = null)
7.      {
8.          Errors = errors;
9.      }
10.
11.     public IReadOnlyList<UserError>? Errors { get; }
12. }
13.
14. public record UserError(string Message, string Code);
```

基类定义了用户错误的格式，避免之后在各个结果模型中反复编写重复代码。

② 取消订单结果负载（Models/Types/Payloads/CancelOrderPayload.cs）

```
1.  public class CancelOrderPayload : PayloadBase
2.  {
3.      public OrderEvolutionHistory? OrderEvolution { get; }
4.
5.      public CancelOrderPayload(OrderEvolutionHistory orderEvolution)
6.      {
7.          OrderEvolution = orderEvolution;
8.      }
9.
10.     public CancelOrderPayload(IReadOnlyList<UserError>? errors = null) :
          base(errors)
11.     {
12.     }
13. }
```

(3) 突变扩展

突变类型扩展（Mutations/OrderMutations.cs）的示例代码如下：

```
1.  [ExtendObjectType(OperationTypeNames.Mutation)]
2.  public class OrderMutations
3.  {
4.      [Authorize(Roles = new[] { "Sellers" })]
5.      public async Task<DeliverGoodsPayload> DeliverGoodsAsync(
```

```
6.        [ID(nameof(OrderInfo))] int orderId,
7.        [Service] IOrderApi orderApi,
8.        OwnerIdByOrderInfoIdDataLoader orderOwnerIddataLoader,
9.        OrderEvolutionHistoryByIdDataLoader orderEvolutionDataLoader,
10.       ClaimsPrincipal user,
11.       CancellationToken cancellationToken)
12.   {
13.       var orderRelationship = await orderOwnerIddataLoader.LoadAsync(orderId,
              cancellationToken);
14.
15.       if (orderRelationship.OwnerId != user.GetUserIdFromClaim())
16.       {
17.           return new(new UserError[] { new("没有找到订单！", "order_not_found") });
18.       }
19.
20.       try
21.       {
22.           var result = await orderApi.DeliverGoodsForOrderAsync(orderId, "1.0",
                  null, cancellationToken);
23.           return new(await orderEvolutionDataLoader.LoadAsync(result.Id,
                  cancellationToken));
24.       }
25.       catch
26.       {
27.           return new(new UserError[] { new("订单发货失败！",
                  "order_deliver_goods_error") });
28.       }
29.   }
30.
31.   [Authorize(Roles = new[] { "Sellers" })]
32.   public async Task<CancelOrderPayload> CancelOrderAsync(
33.       CancelOrderInput input,
34.       [Service] IOrderApi orderApi,
35.       OwnerIdByOrderInfoIdDataLoader orderOwnerIddataLoader,
36.       OrderEvolutionHistoryByIdDataLoader orderEvolutionDataLoader,
37.       ClaimsPrincipal user,
38.       CancellationToken cancellationToken)
39.   {
40.       var orderRelationship = await orderOwnerIddataLoader.LoadAsync(input.Id,
              cancellationToken);
41.
42.       if (orderRelationship.OwnerId != user.GetUserIdFromClaim())
43.       {
44.           return new(new UserError[] { new("没有找到订单！", "order_not_found") });
45.       }
46.
47.       try
48.       {
49.           var result = await orderApi.CancelOrderAsync(input.Id, input.Reason,
                  "1.0", null, cancellationToken);
50.           return new(await orderEvolutionDataLoader.LoadAsync(result.Id,
                  cancellationToken));
51.       }
52.       catch
53.       {
54.           return new(new UserError[] { new("取消订单失败！",
                  "cancel_order_error") });
55.       }
56.   }
57. }
```

代码解析：

1）CancelOrderInput 参数会从突变参数中获取并实例化。

2）方法参数上的 Service 特性标识这个参数应该从依赖注入服务中获取，HotChocolate 查询管道不会假设自定义类型的参数应该如何获取，应该通过参数的特性明示给框架，数据加载器等有内置的特殊处理逻辑的类型除外。

6. 订阅

订阅是开发中比较复杂的部分，因为订阅本质上是依赖 WebSocket 协议的长连接通信，对 HTTP 协议的处理方式不一定适用，因此框架没有默认约定，只提供了扩展点供开发者自行实现。

示例代码如下：

（1）订单订阅（Subscriptions/OrderSubscriptions.cs）

```
1.  [ExtendObjectType(OperationTypeNames.Subscription)]
2.  public class OrderSubscriptions
3.  {
4.      private const string UNKNOWN = "unknown";
5.
6.      // 在收到订阅消息总线的事件消息后生成发送到客户端的数据
7.      // 可能被消息总线多次调用
8.      [Subscribe(With = nameof(SubscribeToOnOrderCreatedAsync))]
9.      public Task<OrderInfo> OnOrderCreatedAsync(
10.         // 用 EventMessage 特性标记从消息总线接收的数据
11.         [EventMessage] int orderId,
12.         OrderInfoByIdDataLoader dataLoader,
13.         CancellationToken cancellationToken) =>
14.         dataLoader.LoadAsync(orderId, cancellationToken);
15.
16.     // 在收到打开订阅的请求消息后向订阅消息总线订阅主题
17.     // 打开订阅时传递的参数在这里接收
18.     // 只会在打开订阅时被调用一次
19.     public async ValueTask<ISourceStream<int>> SubscribeToOnOrderCreatedAsync(
20.         [Service] ITopicEventReceiver eventReceiver,
21.         [Service] ITopicEventSender eventSender,
22.         ClaimsPrincipal user,
23.         CancellationToken cancellationToken)
24.     {
25.         var userId = user.GetUserIdFromClaim(ClaimTypes.NameIdentifier);
26.         userId = userId.IsNullOrEmpty() ? UNKNOWN : userId;
27.         // 如果没有权限就统一订阅到永远不会收到总线消息的专用主题，然后将其结束
28.         var topic = $"{nameof(OnOrderCreatedAsync)}_{userId}";
29.
30.         // 订阅主题
31.         var stream = await eventReceiver.SubscribeAsync<string, int>(topic,
                cancellationToken);
32.
33.         // 如果没有权限就结束订阅
34.         if (userId is UNKNOWN || !user.IsInRole("Sellers")) await
                eventSender.CompleteAsync(topic);
35.
36.         return stream;
37.     }
38. }
```

代码解析：

1）这个订阅会在有新订单到来时向对应的卖家推送消息。

2）方法上的 Subscribe 特性标识这是订阅的消息处理器，With 属性则表示打开订阅时应该由 SubscribeToOnOrderCreatedAsync 方法来处理注册主题的相关逻辑。

3）方法参数上的 EventMessage 特性标识这个参数是订阅事件被触发时，消息总线发送给消息处理器的消息。

4）ITopicEventReceiver 服务可以控制订阅应该注册到什么主题，而 ITopicEventSender 服务则可以发送消息激活消息处理器或者通知客户端结束订阅。

这里的逻辑稍微有点绕，请静下心来梳理，不要急躁。

（2）订阅的 Socket 会话拦截器（Subscriptions/Interceptors/AuthenticationSocketSessionInterceptor.cs）

```
1.   public class AuthenticationSocketSessionInterceptor :
         DefaultSocketSessionInterceptor
2.   {
3.       public const string AuthorizationKeyType = "auth_key_type";
4.       // This is the key to the auth token in the HTTP Context
5.       private const string HTTP_CONTEXT_WEBSOCKET_AUTH_KEY = "websocket-auth-token";
6.       // This is the key that apollo uses in the connection init request
7.       private const string WEBSOCKET_PAYLOAD_AUTH_KEY = "authToken";
8.       // This is the key that this project uses in the connection init request
9.       private const string WEBSOCKET_INIT_PAYLOAD_AUTHORIZATION_TOKEN_KEY =
             "authorization";
10.      private const string WEBSOCKET_INIT_PAYLOAD_AUTHORIZATION_TOKEN_KEY_PASCAL =
             "Authorization";
11.
12.      private readonly AuthenticationSocketSessionInterceptorOptions _options;
13.      private readonly ILogger<AuthenticationSocketSessionInterceptor> _logger;
14.
15.      public AuthenticationSocketSessionInterceptor(
16.          IOptions<AuthenticationSocketSessionInterceptorOptions> options,
17.          ILogger<AuthenticationSocketSessionInterceptor> logger)
18.      {
19.          _options = options.Value;
20.          _logger = logger;
21.      }
22.
23.      public override async ValueTask<ConnectionStatus> OnConnectAsync
             (ISocketSession session, IOperationMessagePayload connectionInitMessage,
             CancellationToken cancellationToken)
24.      {
25.          var httpContext = session.Connection.HttpContext;
26.          var payload = connectionInitMessage.As<Dictionary<string, string>>()!;
27.          string? tokenString = null;
28.          string? authType = null;
29.          {
30.              if (payload.TryGetValue(WEBSOCKET_PAYLOAD_AUTH_KEY, out var token) &&
31.                  token is string stringToken)
32.              {
33.                  tokenString = stringToken;
34.                  authType = WEBSOCKET_PAYLOAD_AUTH_KEY;
35.              }
36.          }
37.
38.          {
39.              if (payload.TryGetValue(WEBSOCKET_INIT_PAYLOAD_AUTHORIZATION_TOKEN_
                     KEY, out var token) &&
40.                  token is string stringToken)
41.              {
42.                  tokenString = stringToken;
43.                  authType = WEBSOCKET_INIT_PAYLOAD_AUTHORIZATION_TOKEN_KEY;
44.              }
45.          }
46.
47.          {
48.              if (payload.TryGetValue(WEBSOCKET_INIT_PAYLOAD_AUTHORIZATION_TOKEN_
                     KEY_PASCAL, out var token) &&
49.                  token is string stringToken)
50.              {
51.                  tokenString = stringToken;
52.                  authType = WEBSOCKET_INIT_PAYLOAD_AUTHORIZATION_TOKEN_KEY;
```

```csharp
53.            }
54.        }
55.
56.        if (tokenString is not null)
57.        {
58.            if (authType is WEBSOCKET_PAYLOAD_AUTH_KEY)
59.            {
60.                httpContext.Items[AuthorizationKeyType] =
                       HTTP_CONTEXT_WEBSOCKET_AUTH_KEY;
61.                httpContext.Items[HTTP_CONTEXT_WEBSOCKET_AUTH_KEY] = tokenString;
62.            }
63.
64.            if (authType is WEBSOCKET_INIT_PAYLOAD_AUTHORIZATION_TOKEN_KEY)
65.            {
66.                httpContext.Request.Headers.TryAdd("Authorization", tokenString);
67.
68.                httpContext.Items[AuthorizationKeyType] =
                       WEBSOCKET_INIT_PAYLOAD_AUTHORIZATION_TOKEN_KEY;
69.                httpContext.Items[WEBSOCKET_INIT_PAYLOAD_AUTHORIZATION_TOKEN_KEY]
                       = tokenString;
70.            }
71.
72.            httpContext.Features.Set<IAuthenticationFeature>(new
                   AuthenticationFeature
73.            {
74.                OriginalPath = httpContext.Request.Path,
75.                OriginalPathBase = httpContext.Request.PathBase
76.            });
77.
78.            var handlers = httpContext.RequestServices.GetRequiredService
                   <IAuthenticationHandlerProvider>();
79.            var _schemes = httpContext.RequestServices.GetRequiredService
                   <IAuthenticationSchemeProvider>();
80.
81.            foreach (var scheme in await _schemes.GetRequestHandlerSchemesAsync())
82.            {
83.                if (await handlers.GetHandlerAsync(httpContext, scheme.Name) is
                       IAuthenticationRequestHandler handler && await
                       handler.HandleRequestAsync())
84.                {
85.                    return ConnectionStatus.Reject();
86.                }
87.            }
88.
89.            var authenticationScheme = _options.AuthenticationScheme is not null
90.                ? await _schemes.GetSchemeAsync(_options.AuthenticationScheme)
91.                : await _schemes.GetDefaultAuthenticateSchemeAsync();
92.
93.            if (_options.AuthenticationScheme is not null && authenticationScheme
                   is null)
94.            {
95.                _logger.LogWarning("Can not found authentication scheme named
                       {AuthenticationScheme}", _options.AuthenticationScheme);
96.            }
97.
98.            if (authenticationScheme != null)
99.            {
100.                var result = await
                       httpContext.AuthenticateAsync(authenticationScheme.Name);
101.                if (result.Succeeded && result?.Principal != null)
102.                {
103.                    httpContext.User = result.Principal;
104.                    return ConnectionStatus.Accept();
105.                }
106.            }
107.        }
108.
```

```
109.                    return ConnectionStatus.Reject();
110.                }
111.            }
```

(3)会话过滤器的身份认证选项(Subscriptions/Interceptors/AuthenticationSocketSession-InterceptorOptions.cs)

```
1.  public class AuthenticationSocketSessionInterceptorOptions
2.  {
3.      public string? AuthenticationScheme { get; set; }
4.  }
```

订阅默认不支持授权相关功能,因此只能自行开发拦截器实现该功能,主要逻辑是手动从初始化数据包中获取授权消息,然后调用授权服务进行授权。因为收到初始化数据包时请求管道的自动授权逻辑已经过了,因此只能自己想办法处理。

这里 OpenIddict 有个问题,即重复调用授权没有效果,因此笔者选择再注册一个方案专门给订阅用。

7. 启动配置

主机配置(Program.cs)的示例代码如下:

```
1.  var builder = WebApplication.CreateBuilder(args);
2.
3.  #region 注册数据库上下文
4.
5.  var mallConnectionString = builder.Configuration. GetConnectionString
       ("MallConnection");
6.  var mallMigrationsAssembly = builder.Configuration.GetValue
       ("MigrationsAssemblys: Mall", string.Empty);
7.  builder.Services.AddPooledDbContextFactory<ApplicationMallDbContext>(options =>
8.  {
9.      options.EnableSensitiveDataLogging();
10.     options.UseSqlServer(mallConnectionString, sqlServer =>
11.     {
12.         sqlServer.MigrationsAssembly(mallMigrationsAssembly);
13.     });
14. });
15. builder.Services.AddScoped(provider => provider.GetRequiredService
       <IDbContextFactory<ApplicationMallDbContext>>().CreateDbContext());
16.
17. var orderConnectionString = builder.Configuration. GetConnectionString
       ("OrderConnection");
18. var orderMigrationsAssembly = builder.Configuration. GetValue
       ("MigrationsAssemblys:Order", string.Empty);
19. builder.Services.AddPooledDbContextFactory<ApplicationOrderDbContext>
       (options =>
20. {
21.     options.EnableSensitiveDataLogging();
22.     options.UseSqlServer(orderConnectionString, sqlServer =>
23.     {
24.         sqlServer.MigrationsAssembly(orderMigrationsAssembly);
25.     });
26. });
27. builder.Services.AddScoped(provider => provider.GetRequiredService
       <IDbContextFactory<ApplicationOrderDbContext>>().CreateDbContext());
28.
29. #endregion
30.
31. #region 注册身份认证和授权服务
32.
33. var issuer = "https://localhost:7247/";
34. var webGraphqlClientId = "eshop.web.graphql";
```

```
35.     var webGraphqlClientSecret = "A46B62D0-DEF9-4215-A99D-86E6B8DAB344";
36.
37.     builder.Services.Configure<AuthenticationSocketSessionInterceptorOptions>
            (options =>
38.     {
39.         options.AuthenticationScheme = JwtBearerDefaults.AuthenticationScheme;
40.     });
41.
42.     builder.Services.AddAuthentication(options =>
43.     {
44.         options.DefaultScheme = OpenIddictValidationAspNetCoreDefaults.
            AuthenticationScheme;
45.     })
46.         // 用来给 GraphQL 的订阅提供身份验证,订阅没有内置的身份验证和授权支持
47.         // Websocket 不支持 HTTP 标准的授权请求标头,因此 GraphQL 使用的普遍实现方式是通过 init
               数据包传送授权标头的值
48.         // OpnIddict 的验证组件在握手时就会验证并生成找不到 token 的结果,无法在之后重新验证
49.         // 因此专门注册一个 JWT 验证方案用于给 GraphQL 订阅提供身份验证功能
50.         .AddJwtBearer(options =>
51.         {
52.             options.Authority = issuer;
53.             options.Audience = webGraphqlClientId;
54.
55.             var tokenValidationParameters = options.TokenValidationParameters;
56.             tokenValidationParameters.ValidateAudience = true;
57.             tokenValidationParameters.ValidateIssuer = true;
58.             tokenValidationParameters.ValidateLifetime = true;
59.             tokenValidationParameters.ValidateIssuerSigningKey = true;
60.
61.             var encryptedToken = false;
62.             if (encryptedToken)
63.             {
64.                 tokenValidationParameters.TokenDecryptionKey = new
                    SymmetricSecurityKey(
65.                     Convert.FromBase64String("DRjd/GnduI3Efzen9V9BvbNUfc/
                    VKgXltV7Kbk9sMkY="));
66.             }
67.         });
68.
69.     builder.Services.AddAuthorization();
70.
71.     builder.Services.AddOpenIddict()
72.         .AddValidation(options =>
73.         {
74.             options.SetIssuer(issuer);
75.             options.AddAudiences(webGraphqlClientId);
76.
77.             var useLocalTokenValidation = false;
78.             if (useLocalTokenValidation)
79.             {
80.                 options.AddEncryptionKey(new SymmetricSecurityKey(
81.                     Convert.FromBase64String("DRjd/GnduI3Efzen9V9BvbNUfc/
                    VKgXltV7Kbk9sMkY=")));
82.             }
83.             else
84.             {
85.                 options.UseIntrospection()
86.                     .SetClientId(webGraphqlClientId)
87.                     .SetClientSecret(webGraphqlClientSecret);
88.             }
89.
90.             options.UseSystemNetHttp();
91.
92.             options.UseAspNetCore();
93.         });
94.
```

```
95.    #endregion
96.
97.    #region 注册 GraphQL 服务
98.
99.    builder.Services.AddGraphQLServer()
100.        // 修改请求选项
101.        .ModifyRequestOptions(o =>
102.        {
103.            // 使用默认查询复杂度算法
104.            o.Complexity.ApplyDefaults = true;
105.            // 默认复杂度（对普通属性和方法映射而言）
106.            o.Complexity.DefaultComplexity = 1;
107.            // 默认的自定义解析器复杂度（对定义了自定义字段解析器的属性和方法而言）
108.            o.Complexity.DefaultResolverComplexity = 5;
109.
110.            // 启用查询复杂度限制
111.            o.Complexity.Enable = true;
112.            // 允许执行的最大查询复杂度
113.            o.Complexity.MaximumAllowed = 5000;
114.            // 查询的执行超时时间，防止单个查询长时间占用系统资源
115.            o.ExecutionTimeout = TimeSpan.FromSeconds(30);
116.            // 查询复杂度的上下文 Key，可用于数据分析
117.            o.Complexity.ContextDataKey = "MyContextDataKey";
118.        })
119.        // 注册授权服务
120.        .AddAuthorization()
121.        // 注册查询类型（只允许调用一次）
122.        .AddQueryType(d => d
123.            .Name(OperationTypeNames.Query)
124.            .Field("version")
125.            .Resolve(typeof(IResolverContext).Assembly.GetName().Version?.ToString()))
126.        // 注册（查询）类型扩展
127.        .AddTypeExtension<ShopQueries>()
128.        .AddTypeExtension<GoodsQueries>()
129.        .AddTypeExtension<CategoryQueries>()
130.        .AddTypeExtension<OrderInfoQueries>()
131.        // 注册突变类型（只允许调用一次）
132.        .AddMutationType(d => d.Name(OperationTypeNames.Mutation))
133.        // 注册（突变）类型扩展
134.        .AddTypeExtension<ShopMutations>()
135.        .AddTypeExtension<GoodsMutations>()
136.        .AddTypeExtension<OrderMutations>()
137.        // 注册订阅类型（只允许调用一次）
138.        .AddSubscriptionType(d => d.Name(OperationTypeNames.Subscription))
139.        // 注册（订阅）类型扩展
140.        .AddTypeExtension<OrderSubscriptions>()
141.        // 注册对象类型（扩展）（注解模式）
142.        .AddTypeExtension<ShopNode>()
143.        .AddTypeExtension<GoodsNode>()
144.        .AddTypeExtension<CategoryNode>()
145.        .AddTypeExtension<OrderInfoNode>()
146.        .AddTypeExtension<OrderEvolutionHistoryNode>()
147.        // 设定全局分页选项
148.        .SetPagingOptions(new PagingOptions
149.        {
150.            MaxPageSize = 50,
151.            IncludeTotalCount = true
152.        })
153.        // 添加全局投影支持
154.        .AddProjections()
155.        // 添加全局筛选支持，还要在需要的查询和对象描述符上激活
156.        .AddFiltering()
157.        // 添加全局排序支持，还要在需要的查询和对象描述符上激活
```

```
158.            .AddSorting()
159.        // 启用全局对象 ID
160.            .AddGlobalObjectIdentification()
161.        // 注册数据加载器
162.            .AddDataLoader<ShopByIdDataLoader>()
163.            .AddDataLoader<AuthorizationShopByIdDataLoader>()
164.            .AddDataLoader<ShopByOwnerIdDataLoader>()
165.            .AddDataLoader<GoodsByShopIdDataLoader>()
166.            .AddDataLoader<GoodsByIdDataLoader>()
167.            .AddDataLoader<AuthorizationGoodsByIdDataLoader>()
168.            .AddDataLoader<CategoryByIdDataLoader>()
169.            .AddDataLoader<CategoriesByParentCategoryIdDataLoader>()
170.            .AddDataLoader<OrderInfoByIdDataLoader>()
171.            .AddDataLoader<AuthorizationOrderInfoByIdDataLoader>()
172.            .AddDataLoader<OrderInfosByGoodsIdDataLoader>()
173.            .AddDataLoader<OrderEvolutionHistoryByIdDataLoader>()
174.            .AddDataLoader<OrderEvolutionsByOrderInfoIdDataLoader>()
175.            .AddDataLoader<OwnerIdByOrderInfoIdDataLoader>()
176.        // 添加基于内存的订阅支持
177.            .AddInMemorySubscriptions()
178.            .AddSocketSessionInterceptor
                    <AuthenticationSocketSessionInterceptor>();
179.
180.        #endregion
181.
182.        builder.Services.AddCors();
183.        builder.Services.AddHttpContextAccessor();
184.
185.        builder.Services.AddSingleton<IAccessTokenProvider,
            HttpContextAccessTokenProvider>();
186.        builder.Services.AddScoped<OauthAuthorizationMessageHandler>();
187.
188.        builder.Services.AddHeaderPropagation(options =>
189.        {
190.            var traceHeader = "x-trace-id";
191.            options.Headers.Add(traceHeader, context =>
192.            {
193.                var newValue = context.HeaderValue.Append(context.HttpContext.
                        TraceIdentifier).ToArray();
194.                return new StringValues(newValue);
195.            });
196.        });
197.
198.        var authenticationServerBaseUri = new Uri("https://localhost:7247");
199.        builder.Services.AddHttpClient("Auth", client =>
200.        {
201.            client.BaseAddress = authenticationServerBaseUri;
202.        }).AddHttpMessageHandler<OauthAuthorizationMessageHandler>()
203.        .AddHeaderPropagation();
204.
205.        var orderApiBaseUri = new Uri("https://localhost:7198/");
206.        builder.Services.AddHttpApi<IOrderApi>(options =>
207.        {
208.            options.HttpHost = orderApiBaseUri;
209.        }).AddHttpMessageHandler<OauthAuthorizationMessageHandler>()
210.        .AddHeaderPropagation();
211.
212.        builder.Services.AddScoped(typeof(ICommandBus<>),
            typeof(MediatRCommandBus<>));
213.        builder.Services.AddScoped(typeof(ICommandBus<,>),
            typeof(MediatRCommandBus<,>));
214.        builder.Services.AddScoped(typeof(ICommandStore),
            typeof(InProcessCommandStore));
215.        builder.Services.AddScoped(typeof(IEventBus), typeof(MediatREventBus));
216.        builder.Services.AddScoped(typeof(IEventBus<>),
            typeof(MediatREventBus<>));
```

```csharp
217.        builder.Services.AddScoped(typeof(IEventStore),
               typeof(InProcessEventStore));
218.        builder.Services.AddScoped(typeof(IEFCoreRepository<,>),
               typeof(EFCoreRepository<,>));
219.        builder.Services.AddScoped(typeof(IEFCoreRepository<,,>),
               typeof(EFCoreRepository<,,>));
220.        builder.Services.AddMediatR(
221.           typeof(ApplyForOpenningShopCommandHandler).Assembly,
222.           typeof(CreateOrderCommandHandler).Assembly);
223.
224.        builder.Services.AddScoped<IManageShopService, ManageShopService>();
225.        builder.Services.AddScoped<IManageGoodsService, ManageGoodsService>();
226.
227.        var app = builder.Build();
228.
229.        // 配置HTTP请求管道
230.        if (app.Environment.IsDevelopment()) { }
231.
232.        app.UseHttpsRedirection();
233.
234.        app.UseHeaderPropagation();
235.
236.        app.UseRouting();
237.
238.        app.UseCors(builder =>
239.        {
240.            builder
241.                .WithOrigins("https://localhost:7004")
242.                .AllowAnyMethod()
243.                .AllowAnyHeader()
244.                .AllowCredentials();
245.        });
246.
247.        app.UseAuthentication();
248.        app.UseAuthorization();
249.
250.        // 为GraphQL订阅功能提供基础支持
251.        app.UseWebSockets();
252.
253.        // 使用默认路由"/graphql/ui"注册在线调试页面
254.        // 如果不单独注册调试页面，可以直接复用查询端点的GET方法，但是也会无法独立控制API
               和UI的授权策略
255.        app.MapBananaCakePop()
256.            .WithOptions(new GraphQLToolOptions { GraphQLEndpoint = "/graphql" });
257.
258.        var graphQLServerOptions = new GraphQLServerOptions();
259.        // 禁用功能端点自带的调试页面
260.        graphQLServerOptions.Tool.Enable = false;
261.        // 用默认路由"/graphql"注册GraphQL功能端点
262.        app.MapGraphQL()
263.            .WithOptions(graphQLServerOptions);
264.
265.        // 为订单系统提供接收新订单通知消息的接口
266.        app.MapPost("/api/notifyNewOrder",
267.            [Authorize]
268.            static async (HttpContext httpContext,
269.            NotifyNewOrderModel notifyModel,
270.            ITopicEventSender eventSender) =>
271.            {
272.                var mallDb = httpContext.RequestServices.GetRequiredService
                       <ApplicationMallDbContext>();
273.                var ownerId = await mallDb.Shops
274.                    .AsNoTracking()
275.                    .Where(s => s.Goods.Any(g => g.Id == notifyModel.GoodsId))
276.                    .Select(s => s.OwnerId)
277.                    .SingleAsync(httpContext.RequestAborted);
```

```
278.
279.                await eventSender.SendAsync(
280.                    $"{nameof(OrderSubscriptions.OnOrderCreatedAsync)}_{ownerId}",
281.                    notifyModel.OrderId,
282.                    httpContext.RequestAborted);
283.
284.                return Results.Ok();
285.            });
286.
287.        app.Run();
```

这应该是整个项目中最复杂的启动配置了，没办法，GraphQL 本来就是非常复杂而灵活的系统。HotChocolate 已经帮我们把大量复杂性封装到了框架内部，暴露出来的都是没办法继续封装的部分。当然这些复杂性也为之后的持续维护提供了相当大的便利，无论数据模型再怎么复杂，我们只要定义好数据模型和与之有直接关系的模型间的关系类型，GraphQL 系统就会自动为我们建立起完整的对象关系网，再复杂的查询都能轻松实现。而且具体要查些什么也完全交给客户端自行控制，不用再为接口数据格式和要不要开新接口等一堆问题纠结了。

项目启动配置最后的最小 API 是用来接收新订单通知的，因为新订单到来时第一知情人一定是订单系统，只有订单系统主动告诉外部系统，才能让外部系统及时处理。既然如此，卖家服务 API 就必须准备一个接口给订单系统用。接收订单通知的接口注入消息发送服务，一旦收到新订单就能立即把消息推送到订阅客户端。

在漫长的准备后，卖家系统的服务端终于准备好了。让我们把代码提交到 Git 仓库后准备进入最后的冲刺吧，以上代码位于随书附赠的项目的 ID 09eb824b 的提交中。

25.9.2 卖家管理应用

卖家管理应用是组成项目的最后一片拼图，彻底打通所有业务逻辑，完成后就可以完全走通注册账号、设立店铺、上架商品、处理订单等流程，之后的调试也可以摆脱初始化的测试数据和 Swagger 页面了。

1. 完善订单服务

之前我们在卖家服务 API 中预留了接收新订单通知的接口，现在要在订单服务中完成对接。新订单通知正好符合事件的特征：对外公布发生了一些事情，至于有谁关心这件事、会做什么处理、结果是什么，订单服务并不关心。

接下来展示一下最终完成版的订单创建业务实现，代码位于项目 EShop.Application.Services.Order 中。

示例代码如下：

（1）创建订单命令（Commands/CreateOrderCommand.cs）

```
1.  public class CreateOrderCommand : MediatRCommand<OrderInfo>
2.  {
3.      public int BuyerId { get; }
4.      public int GoodsId { get; }
5.
6.      public CreateOrderCommand(
7.          int buyerId,
8.          int goodsId,
9.          string? commandId = null) : base(commandId)
10.     {
```

```
11.            BuyerId = buyerId;
12.            GoodsId = goodsId;
13.        }
14.    }
```

(2) 创建订单命令处理器（CommandHandlers/CreateOrderCommandHandler.cs）

```
1.  public class CreateOrderCommandHandler : MediatRCommandHandler
        <CreateOrderCommand, OrderInfo>
2.  {
3.      private readonly IEFCoreRepository<OrderInfo, int, ApplicationOrderDbContext>
         _orderRepository;
4.      private readonly IEventBus _eventBus;
5.
6.      public CreateOrderCommandHandler(IEFCoreRepository<OrderInfo, int,
            ApplicationOrderDbContext> orderRepository, IEventBus eventBus)
7.      {
8.          _orderRepository = orderRepository;
9.          _eventBus = eventBus;
10.     }
11.
12.     public override async Task<OrderInfo> Handle(CreateOrderCommand command,
            CancellationToken cancellationToken)
13.     {
14.         var now = DateTimeOffset.Now;
15.         var order = new OrderInfo {
16.             BuyerId = command.BuyerId,
17.             GoodsId = command.GoodsId,
18.             OrderTime = now,
19.             OrderStatus = OrderStatus.WaitForPay
20.         };
21.         var history = new OrderEvolutionHistory {
22.             Order = order,
23.             TimeSpan = now,
24.             EvolutionKind = EvolutionKind.OpenOrder
25.         };
26.         order.OrderEvolutions.Add(history);
27.
28.         await _orderRepository.AddAsync(order);
29.         await _orderRepository.SaveChangesAsync(cancellationToken);
30.
31.         await _eventBus.PublishEventAsync(new OrderCreatedEvent(order.Id,
                order.GoodsId), cancellationToken);
32.
33.         return order;
34.     }
35. }
```

(3) 订单创建事件（Events/OrderCreatedEvent.cs）

```
1.  public class OrderCreatedEvent : MediatREvent
2.  {
3.      public int OrderId { get; }
4.      public int GoodsId { get; }
5.
6.      public OrderCreatedEvent(
7.          int orderId,
8.          int goodsId,
9.          string? eventId = null) : base(eventId)
10.     {
11.         OrderId = orderId;
12.         GoodsId = goodsId;
13.     }
14. }
```

（4）通知卖家新订单事件处理器（EventHandlers/NotifyNewOrderToSellerHandler.cs）

```csharp
public class NotifyNewOrderToSellerHandler : MediatREventHandler
    <OrderCreatedEvent>
{
    private readonly IHttpClientFactory _clientFactory;

    public NotifyNewOrderToSellerHandler(IHttpClientFactory clientFactory)
    {
        _clientFactory = clientFactory;
    }

    public override Task Handle(OrderCreatedEvent @event, CancellationToken
        cancellationToken)
    {
        var graphqlApiClient = _clientFactory.CreateClient("graphqlApi");
        return graphqlApiClient.PostAsync("notifyNewOrder",
            JsonContent.Create(new { OrderId = @event.OrderId, GoodsId =
            @event.GoodsId }), cancellationToken);
    }
}
```

2. 完善剩余的业务支撑功能

（1）开店申请和审批

审批开店申请实际上就是控制是否把用户加入卖家角色，因此需要在授权中心（EShop.AuthenticationServer）开发这个功能。

示例代码如下：

① 开店申请控制器（Controllers/ApplyForOpenningShopController.cs）

```csharp
[Authorize(AuthenticationSchemes = OpenIddictValidationAspNetCoreDefaults.
    AuthenticationScheme)]
[Route("api/[controller]")]
[ApiController]
public class ApplyForOpenningShopController : ControllerBase
{
    public const string ApplyForOpenningShopCacheKey = "ApplyForOpenningShop";

    private readonly IMemoryCache _cache;

    public ApplyForOpenningShopController(IMemoryCache cache)
    {
        _cache = cache;
    }

    [HttpGet]
    public bool Get()
    {
        _cache.TryGetValue<ConcurrentDictionary<string, string>>
            (ApplyForOpenningShopCacheKey, out var dict);
        return dict?.ContainsKey(User.GetUserIdFromClaim()!) is true;
    }

    [HttpPost("{ownerId?}")]
    [ProducesResponseType(typeof(string), StatusCodes.Status200OK)]
    [ProducesResponseType(typeof(string), StatusCodes.Status202Accepted)]
    [ProducesResponseType(StatusCodes.Status400BadRequest)]
    [ProducesResponseType(StatusCodes.Status403Forbidden)]
    public async Task<IActionResult> Post([FromRoute] string? ownerId)
    {
        ownerId = ownerId.IsNullOrWhiteSpace() ? null : ownerId;
        var userId = User.GetUserIdFromClaim()!;
```

```
31.
32.            // 任何人都可以为自己申请开店，只有管理员可以为他人申请开店
33.            if (!(ownerId is null || ownerId == userId) && !User.IsInRole("Admins"))
                   return Forbid();
34.
35.            userId = ownerId ?? userId;
36.            var userManager = HttpContext.RequestServices.GetRequiredService
                   <UserManager<ApplicationUser>>();
37.
38.            var user = await userManager.FindByIdAsync(userId);
39.            if (user is null)
40.            {
41.                ModelState.AddModelError("ownerId", "user not found");
42.                return ValidationProblem(ModelState);
43.            }
44.
45.            if (await userManager.IsInRoleAsync(await userManager.FindByIdAsync
                   (userId), "Sellers")) return Content("您已经是卖家！");
46.
47.            var dict = await _cache.GetOrCreateAsync(ApplyForOpenningShopCacheKey,
                   static entry => Task.FromResult(new ConcurrentDictionary<string,
                   string>()));
48.            if (!dict.ContainsKey(userId)) dict.TryAdd(userId, User.Identity!.Name!);
49.
50.            var linkHelper = HttpContext.RequestServices.GetRequiredService
                   <LinkGenerator>();
51.            return Accepted(linkHelper.GetUriByAction(HttpContext, nameof(Get)),
                   "已提交申请！");
52.        }
53.    }
```

申请记录使用内存缓存存储，若数据丢失则客户端可以重新提交申请。

② 开店申请审批页面（Pages/ApplyForOpenningShop.cshtml）

```
1.    @page
2.    @model ApplyForOpenningShopModel
3.    @{
4.        ViewData["Title"] = "开店申请";
5.    }
6.
7.    <h1>申请列表</h1>
8.
9.    <table class="table">
10.       <thead>
11.           <tr>
12.               <th>申请人</th>
13.               <th>操作</th>
14.           </tr>
15.       </thead>
16.       <tbody>
17.           @foreach (var user in Model.Users ?? Array.Empty<KeyValuePair<string,
                  string>>())
18.           {
19.               <tr>
20.                   <td>@Html.DisplayFor(_ => user.Value)</td>
21.                   <td>
22.                       <form class="form-inline" style="display: inline-flex;
                              align-items: baseline;" method="post">
23.                           <input type="hidden" asp-for="Input.Id" value="@user.Key" />
24.                           <input type="hidden" asp-for="Input.Ratify" value="false" />
25.                           <button type="submit" class="nav-link btn btn-link
                                  text-primary" onclick="document.getElementById
                                  ('Input_Ratify').value = 'true'">同意</button>
26.                           <span>|</span>
```

```
27.                    <button type="submit" class="nav-link btn btn-link
                         text-danger">拒绝</button>
28.                  </form>
29.               </td>
30.            </tr>
31.         }
32.      </tbody>
33.  </table>
```

③ 开店申请审批页面模型（Pages/ApplyForOpenningShop.cshtml.cs）

```
1.  [Authorize(Roles = "Admins")]
2.  public class ApplyForOpenningShopModel : PageModel
3.  {
4.      private readonly IMemoryCache _cache;
5.
6.      public IEnumerable<KeyValuePair<string, string>>? Users { get; private set; }
7.
8.      [BindProperty]
9.      public InputModel Input { get; set; } = null!;
10.
11.     public class InputModel
12.     {
13.         public string Id { get; set; } = null!;
14.         public bool Ratify { get; set; }
15.     }
16.
17.     public ApplyForOpenningShopModel(IMemoryCache cache)
18.     {
19.         _cache = cache;
20.     }
21.
22.     public void OnGet()
23.     {
24.         _cache.TryGetValue<ConcurrentDictionary<string, string>>
               (ApplyForOpenningShopController.ApplyForOpenningShopCacheKey, out var
               dict);
25.         Users = dict;
26.     }
27.
28.     public async Task OnPostAsync()
29.     {
30.         if (Input.Ratify)
31.         {
32.             var userManager = HttpContext.RequestServices. GetRequiredService
                   <UserManager<ApplicationUser>>();
33.             await userManager.AddToRoleAsync(await userManager.FindByIdAsync
                   (Input.Id), "Sellers");
34.         }
35.         _cache.TryGetValue<ConcurrentDictionary<string, string>>
               (ApplyForOpenningShopController.ApplyForOpenningShopCacheKey, out var
               dict);
36.         dict.TryRemove(Input.Id, out var _);
37.         OnGet();
38.     }
39. }
```

（2）店铺和商品图片上传接口

店铺和商品图片保存在商城网站，因此需要在商城网站中准备上传接口。

上传控制器（Controllers/UploadController.cs）的示例代码如下：

```
1.  [Route("api/[controller]")]
2.  [ApiController]
3.  [Authorize(AuthenticationSchemes = JwtBearerDefaults.AuthenticationScheme, Roles
       = "Sellers")]
```

```
4.   public class UploadController : ControllerBase
5.   {
6.       private readonly IWebHostEnvironment _env;
7.
8.       public UploadController(IWebHostEnvironment env)
9.       {
10.          _env = env;
11.      }
12.
13.      [HttpPost]
14.      public async Task<IActionResult> Post(IFormFile image)
15.      {
16.          if(image.ContentType is not ("image/jpeg" or "image/png")) return BadRequest();
17.
18.          var newName = $"{Guid.NewGuid()}_{image.FileName}";
19.          var path = Path.Combine(_env.WebRootPath, "image", newName);
20.
21.          await using (var stream = IoFile.Create(path))
22.          {
23.              await image.CopyToAsync(stream);
24.          }
25.
26.          return Ok(new { imageName = newName });
27.      }
28.  }
```

3. 卖家用 GraphQL API 客户端

GraphQL 是基于 HTTP 协议的上层数据格式协议，按道理说可以直接用 HTTP 客户端访问服务，但是 GraphQL 的数据格式有严格的规定，让开发者自己想办法在底层 HTTP 协议上遵守规定还是很困难的。因此 HotChocolate 准备了相应的客户端 StrawberryShake 方便开发者使用。这个框架的取名还是很有趣的，全是各种甜点，光看名字完全看不出来是做什么的。

StrawberryShake 和 Open API 一样，也要通过架构文档生成客户端代码才能使用，因此也需要借助 .NET CLI 工具来进行配置。StrawberryShake 准备了同名 VS 扩展插件，可以借助插件的向导窗口实现可视化配置，并且插件还提供了 graphql 文件图标、代码着色和智能提示等功能，就算不用可视化向导也推荐安装，可以到 VS 插件市场免费下载安装。

在 "src/Infrastructure" 目录中新建类库项目 EShop.Web.GraphQl.Client，然后安装 NuGet 包 Microsoft.Extensions.DependencyInjection、Microsoft.Extensions.Http、StrawberryShake.CodeGeneration.CSharp.Analyzers、StrawberryShake.Transport.Http、StrawberryShake.Transport.WebSockets 和 System.Reactive。

在 docs 文件夹中新建 GraphqlClientCommand.md 文件，并链接到客户端项目，方便查阅。

示例代码如下：

```
1.  # 生成 Graphql 客户端
2.
3.  ## 安装 .NET CLI 工具
4.  ```
5.  dotnet new tool-manifest
6.  dotnet tool install StrawberryShake.Tools --local
7.  ```
8.
9.  ## 卸载 .NET CLI 工具
10. ```
11. dotnet tool uninstall StrawberryShake.Tools
12. ```
13.
```

```
14.    ## 初始化架构
15.    ```
16.    dotnet graphql init {架构文档地址|例: https://localhost:7216/graphql/} -n {客户端(类)
       名称|例: EShopClient} -p {生成代码的位置, 可省略此参数, V13 的代码不再生成到项目中, 此参数
       已弃用, 直接在分析器中查看|例: ./Demo}
17.    ```
18.
19.    ## 更新架构
20.    ```
21.    dotnet graphql update
22.    ```
23.
24.    ### 生成客户端
25.
26.    初始化架构后每次生成项目时自动生成或更新。
27.    ```
```

如果想使用图形化配置功能,请先安装 VS 扩展并重启 VS。如图 25-7 所示,重启后,右击项目,在弹出的快捷菜单的"添加"组会出现新选项"GraphQL Client",如图 25-7 所示。单击"GraphQL Client",弹出添加 GraphQL 客户端的向导窗口(见图 25-8),根据向导窗口的提示填写好所有内容即可。如果将来想调整配置,可以直接修改生成的配置文件。

图 25-7　添加 GraphQL 客户端菜单

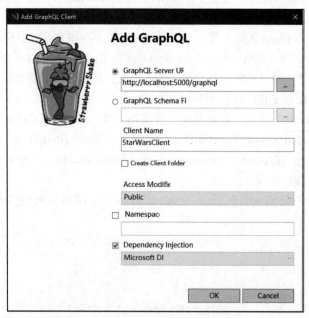

图 25-8　添加 GraphQL 客户端的向导窗口

根据文档的说明安装好各种工具,然后初始化架构,完成后生成.graphqlrc.json 文件,开始编写文档前先进去配置代码生成的命名空间。前期准备好后就可以开始编写查询了,笔者推荐在在线调试页面调试好查询后再粘贴到客户端项目。此处展示部分查询文档。

示例代码如下:

(1) 商品查询 (querys/GetGoods.graphql)

```graphql
query GetGoods(
    $filter: GoodsFilterInput,
    $order: [GoodsSortInput!],
    $skip: Int,
    $take: Int) {
    goods(where: $filter, order: $order, skip: $skip, take: $take) {
        totalCount
        items {
            id
            name
            imageUrl
            description
            detail
            onSell
            category {
                id
                name
                path
            }
        }
    }
}
```

(2) 添加商品突变 (mutations/AddGoods.graphql)

```graphql
mutation AddGoods($input: AddGoodsInput!) {
    addGoods(input: $input) {
        goods {
            id
            name
            imageUrl
            description
            detail
            onSell
            category {
                id
                name
                path
            }
        }
        errors {
            message
            code
        }
    }
}
```

(3) 新订单订阅 (subscriptions/OnOrderCreated.graphql)

```graphql
subscription OnOrderCreated {
    onOrderCreated {
        id
        goodsId
        goods {
            id
            name
            imageUrl
        }
        orderTime
        orderStatus
        buyerId
        orderEvolutions {
```

```
14.            id
15.            orderId
16.            timeSpan
17.            evolutionKind
18.            comment
19.        }
20.    }
21. }
```

代码分析器会以这些查询为基础生成相应的代码,如果没有生成代码请检查项目文件中是否出现一些多余的内容。

4. 准备 Blazor WebAssembly 扩展

为了方便之后的开发,这里需要最后准备一些扩展。其中 EShop.Extensions.Web 中增加的内容请参阅"17.12 托管和部署"。

(1) WebAssembly 扩展

在"src/Common"目录中新建类库项目 EShop.Extensions.WebAssembly,然后安装 NuGet 包 Microsoft.AspNetCore.Components.WebAssembly 和 Microsoft.AspNetCore.Components.WebAssembly.Authentication。

示例代码如下:

① 提取内置服务扩展(WebAssemblyHostBuilderExtensions.cs)

```
1. public static class WebAssemblyHostBuilderExtensions
2. {
3.     public static NavigationManager GetNavigationManager(this
        WebAssemblyHostBuilder builder) =>
4.         builder.Services.Single(x => x.ImplementationInstance is
            NavigationManager).ImplementationInstance as NavigationManager;
5.
6.     public static IJSRuntime GetJSRuntime(this WebAssemblyHostBuilder builder) =>
7.         builder.Services.Single(x => x.ImplementationInstance is
            IJSRuntime).ImplementationInstance as IJSRuntime;
8. }
```

这个扩展主要为自适应启动模式提供方便。

② HTTP 客户端配置扩展(SetBrowserRequestCredentialsMessageHandler.cs)

```
1.  public class SetBrowserRequestCredentialsMessageHandler : DelegatingHandler
2.  {
3.      private readonly BrowserRequestCredentials _browserRequestCredentials;
4.
5.      public SetBrowserRequestCredentialsMessageHandler() { }
6.
7.      public SetBrowserRequestCredentialsMessageHandler(BrowserRequestCredentials
            browserRequestCredentials)
8.      {
9.          _browserRequestCredentials = browserRequestCredentials;
10.     }
11.
12.     protected override Task<HttpResponseMessage> SendAsync(HttpRequestMessage
            request, CancellationToken cancellationToken)
13.     {
14.         request.SetBrowserRequestCredentials(_browserRequestCredentials);
15.         return base.SendAsync(request, cancellationToken);
16.     }
17. }
```

这个扩展可以简化 HTTP 客户端的证书发送配置。

③ 自定义身份票据工厂（RolesAccountClaimsPrincipalFactory.cs）

```csharp
public class RolesAccountClaimsPrincipalFactory<TAccount> :
    AccountClaimsPrincipalFactory<TAccount>
    where TAccount : RemoteUserAccount
{
    public RolesAccountClaimsPrincipalFactory(IAccessTokenProviderAccessor
        accessor) : base(accessor) { }

    public override async ValueTask<ClaimsPrincipal> CreateUserAsync(TAccount
        account, RemoteAuthenticationUserOptions options)
    {
        var user = await base.CreateUserAsync(account, options);

        if (user.Identity?.IsAuthenticated is true && user.Identity is
            ClaimsIdentity identity)
        {
            var roleClaims = identity.FindAll(identity.RoleClaimType);
            if (roleClaims.Any())
            {
                // 不能在枚举中途修改数据源，否则会引起异常
                // 先把要修改的部分单独保存起来
                var pendingToRemove = new List<Claim>();
                foreach (var existingClaim in roleClaims)
                {
                    pendingToRemove.Add(existingClaim);
                }

                // 准备好之后再集中修改
                foreach (var claim in pendingToRemove)
                {
                    identity.RemoveClaim(claim);
                }
            }

            var roleElement = account.AdditionalProperties[identity.
                RoleClaimType];
            if (roleElement is JsonElement roles)
            {
                if (roles.ValueKind is JsonValueKind.Array)
                {
                    foreach (var role in roles.EnumerateArray())
                    {
                        var value = role.GetString();
                        if (string.IsNullOrEmpty(value) is false)
                        {
                            identity.AddClaim(new Claim(options.RoleClaim,
                                value));
                        }
                    }
                }
                else
                {
                    var value = roles.GetString();
                    if (string.IsNullOrEmpty(value) is false)
                    {
                        identity.AddClaim(new Claim(options.RoleClaim, value));
                    }
                }
            }
        }

        return user;
    }
}
```

```
57.    }
```

OpenIddict 颁发的令牌中的角色信息以字符串数组的 JSON 格式出现,但是默认的身份凭证工厂不支持解码这种角色信息。这会导致应用无法正确识别多个角色的用户,因此需要用自定义工厂替换默认工厂。

(2)StrawberryShake 订阅授权扩展

默认的客户端不支持订阅授权功能,原因和服务端一样,因此我们需要配合之前的服务端准备一个合适的客户端扩展。在"src/Common"目录中新建类库项目 EShop.Extensions. StrawberryShake.Transport.WebSockets,然后安装 NuGet 包 StrawberryShake.Transport.WebSockets。

GraphQL 订阅客户端授权拦截器基类(OAuthAuthorizationConnectionInterceptorBase.cs)的示例代码如下:

```
1.   public abstract class OAuthAuthorizationConnectionInterceptorBase :
         ISocketConnectionInterceptor
2.   {
3.       private const string AUTH_KEY = "authorization";
4.       private const string AUTH_TYPE_KEY = "Bearer";
5.
6.       private string _authorizationKey = AUTH_KEY;
7.       private string _authorizationTypeKey = AUTH_TYPE_KEY;
8.
9.       protected abstract ValueTask<string?> GetAccessTokenAsync(CancellationToken
             cancellation);
10.
11.      public async ValueTask<object?> CreateConnectionInitPayload(ISocketProtocol
             protocol, CancellationToken cancellationToken)
12.      {
13.          var accessToken = await GetAccessTokenAsync(cancellationToken);
14.          return string.IsNullOrWhiteSpace(accessToken)
15.              ? null
16.              : new Dictionary<string, string>
17.              {
18.                  [_authorizationKey] =
19.                  // 如果_authorizationTypeKey 是空的值就是 accessToken,如果不空则是
                         _authorizationTypeKey+空格+accessToken
20.                  $"{(string.IsNullOrEmpty(_authorizationTypeKey) ?
                         string.Empty : $"{_authorizationTypeKey} ")}{accessToken}"
21.              };
22.      }
23.
24.      public OAuthAuthorizationConnectionInterceptorBase ConfigureAuthorization(
25.          string authorizationKey = AUTH_KEY,
26.          string authorizationTypeKey = AUTH_TYPE_KEY)
27.      {
28.          if (string.IsNullOrWhiteSpace(authorizationKey)) throw new
                 ArgumentException($"{nameof(authorizationKey)}不能是 null 或者空字符串。");
29.
30.          _authorizationKey = authorizationKey;
31.          _authorizationTypeKey = authorizationTypeKey;
32.
33.          return this;
34.      }
35.  }
```

这里准备的是通用基类,由子类自行实现获取令牌的逻辑。这样可以尽可能地适应不同的情况。

5. 创建卖家 Blazor WebAssembly 项目并进行调整

一切准备妥当后就可以开发最后的卖家管理面板了。在"src/Apps/BlazorClients"目录中新

建"Blazor WebAssembly 应用"项目 EShop.Client.Seller，创建时请勾选"ASP.NET Core 托管"和"渐进式 Web 应用程序"选项，身份验证类型可以选择"无"或"个人账号"。如果选择"无"，之后需要多安装几个和身份验证相关 NuGet 包，从头增加相关代码；而选择"个人账号"的话则需要删除一些不需要的代码，修改部分代码。各位读者可以自行决定并根据随书附赠的项目确认最终的状态，然后修改自己的代码。笔者把托管应用重命名为"EShop.Client.Host"。

为 EShop.Client.Host 追加引用项目 EShop.Extensions.Web，追加安装 NuGet 包 Microsoft.AspNetCore.Mvc.Razor.RuntimeCompilation。最后别忘了把"wwwroot/lib"目录加入 Git 忽略。

为 EShop.Client.Seller.Shared 引用项目 EShop.Extensions.WebAssembly 和 EShop.Web.GraphQl.Client。安装 NuGet 包 Microsoft.AspNetCore.Components.Authorization。

为 EShop.Client.Seller 追加引用项目 EShop.Extensions.StrawberryShake.Transport.WebSockets，追加安装 NuGet 包 AntDesign 和 AntDesign.Components.Authentication。

练习中有关 EShop.Client.Host 的改造请对照随书附赠的项目、"17.10 渐进式 Web 应用"和"17.12 托管和部署"。

6. 基础配置

示例代码如下：

（1）适用于 Blazor WebAssembly 的订阅客户端授权拦截器（Services/ClientOAuthAuthorizationConnectionInterceptor.cs）

```
1.   public class ClientOAuthAuthorizationConnectionInterceptor :
         OAuthAuthorizationConnectionInterceptorBase, IDisposable
2.   {
3.       private readonly IAccessTokenProvider _provider;
4.       private readonly NavigationManager _navigation;
5.       private readonly AuthenticationStateChangedHandler?
             _authenticationStateChangedHandler;
6.       private AccessToken _lastToken = null!;
7.       private AccessTokenRequestOptions? _tokenOptions;
8.       private bool disposedValue;
9.
10.      public ClientOAuthAuthorizationConnectionInterceptor(
11.          IAccessTokenProvider provider,
12.          NavigationManager navigation)
13.      {
14.          _provider = provider;
15.          _navigation = navigation;
16.
17.          // 当身份信息发生变更时使-lastToken 缓存失效
18.          if (_provider is AuthenticationStateProvider authStateProvider)
19.          {
20.              _authenticationStateChangedHandler = _ => { _lastToken = null!; };
21.              authStateProvider.AuthenticationStateChanged +=
                     _authenticationStateChangedHandler;
22.          }
23.      }
24.
25.      protected override async ValueTask<string?>
             GetAccessTokenAsync(CancellationToken cancellation)
26.      {
27.          var now = DateTimeOffset.Now;
28.
29.          if (_lastToken == null || now >= _lastToken.Expires.AddMinutes(-5))
30.          {
```

```csharp
31.            cancellation.ThrowIfCancellationRequested();
32.
33.            var tokenResult = _tokenOptions != null ?
34.                await _provider.RequestAccessToken(_tokenOptions) :
35.                await _provider.RequestAccessToken();
36.
37.            if (tokenResult.TryGetToken(out var token))
38.            {
39.                _lastToken = token;
40.            }
41.            else
42.            {
43.                throw new AccessTokenNotAvailableException(_navigation,
                       tokenResult, _tokenOptions?.Scopes);
44.            }
45.        }
46.
47.        return _lastToken.Value;
48.    }
49.
50.    public ClientOAuthAuthorizationConnectionInterceptor ConfigureInterceptor(
51.        IEnumerable<string>? scopes = null,
52.        string? returnUrl = null)
53.    {
54.        var scopesList = scopes?.ToArray();
55.        if (scopesList != null || returnUrl != null)
56.        {
57.            _tokenOptions = new AccessTokenRequestOptions
58.            {
59.                Scopes = scopesList,
60.                ReturnUrl = returnUrl
61.            };
62.        }
63.
64.        return this;
65.    }
66.
67.    protected virtual void Dispose(bool disposing)
68.    {
69.        if (!disposedValue)
70.        {
71.            if (disposing)
72.            {
73.                // TODO: 释放托管状态(托管对象)
74.                if (_provider is AuthenticationStateProvider authStateProvider)
75.                {
76.                    authStateProvider.AuthenticationStateChanged -=
                           _authenticationStateChangedHandler;
77.                }
78.            }
79.
80.            // TODO: 释放未托管的资源(未托管的对象)并重写终结器
81.            // TODO: 将大型字段设置为 null
82.            disposedValue = true;
83.        }
84.    }
85.
86.    // // TODO: 仅当"Dispose(bool disposing)"拥有用于释放未托管资源的代码时才替代终结器
87.    // ~ClientOAuthAuthorizationConnectionInterceptor()
88.    // {
89.    //     // 不要更改此代码。请将清理代码放入"Dispose(bool disposing)"方法中
90.    //     Dispose(disposing: false);
91.    // }
92.
93.    public void Dispose()
94.    {
```

```
95.         // 不要更改此代码。请将清理代码放入"Dispose(bool disposing)"方法中
96.         Dispose(disposing: true);
97.         GC.SuppressFinalize(this);
98.     }
99. }
```

(2) 启动配置（Program.cs）

```
1.  var builder = WebAssemblyHostBuilder.CreateDefault(args);
2.
3.  var navigationManager = builder.GetNavigationManager();
4.
5.  if (navigationManager!.Uri.EndsWith("/seller")
6.      || navigationManager.Uri.EndsWith("/seller/")) navigationManager.
        NavigateTo("app-seller-home", true);
7.
8.  builder.Services.AddAntDesign();
9.
10. builder.RootComponents.Add<HeadOutlet>("head::after");
11.
12. var foundApp = await builder.GetJSRuntime()
13.     .InvokeAsync<bool>("foundRootComponentElement", "app");
14. if (foundApp)
15. {
16.     builder.RootComponents.Add<App>("#app");
17. }
18.
19. builder.Services.AddScoped<SetBrowserRequestCredentialsMessageHandler>(_ =>
        new(BrowserRequestCredentials.Include));
20.
21. var authorizedUrls = new[] { "https://localhost:7034", "https://localhost:7216" };
22. var scopes = new[] { "openid", "profile", "email", "roles", "offline_access",
        "eshop_web_mall_api", "eshop_web_order_api", "eshop_web_graphql" };
23.
24. builder.Services.AddScoped<ClientOAuthAuthorizationConnectionInterceptor>();
25.
26. builder.Services.AddEShopClient()
27.     .ConfigureHttpClient(client =>
28.     {
29.         client.BaseAddress = new Uri("https://localhost:7216/graphql/");
30.     },
31.     builder =>
32.     {
33.         builder.AddAuthorizationMessageHandler(authorizedUrls, scopes)
34.             .AddHttpMessageHandler
                <SetBrowserRequestCredentialsMessageHandler>();
35.     })
36.     .ConfigureWebSocketClient(client =>
37.     {
38.         client.Uri = new Uri("wss://localhost:7216/graphql/");
39.     },
40.     builder =>
41.     {
42.         builder.ConfigureConnectionInterceptor(sp => sp.GetRequiredService
            <ClientOAuthAuthorizationConnectionInterceptor>()
43.             .ConfigureInterceptor(
44.                 scopes: scopes
45.             ));
46.     });
47.
48. builder.Services.AddOidcAuthentication(options =>
49. {
50.     options.ProviderOptions.ClientId = "eshop.client.seller";
51.     options.ProviderOptions.Authority = "https://localhost:7247/";
52.     options.ProviderOptions.ResponseType = "code";
53.
54.     foreach (var scope in scopes)
```

```
55.         {
56.             if (!options.ProviderOptions.DefaultScopes.Contains(scope))
57.             {
58.                 options.ProviderOptions.DefaultScopes.Add(scope);
59.             }
60.         }
61.
62.         // 注意: response_mode=fragment 是 SPA 的最佳选择。不幸的是，Blazor WASM 身份验证堆
                栈受到一个错误的影响，该错误阻止它从 URL 的 fragment 中正确提取授权响应
63.         // 有关此错误的更多信息请访问 https://github.com/dotnet/aspnetcore/issues/28344.
64.
65.         options.ProviderOptions.ResponseMode = "query";
66.         options.UserOptions.RoleClaim = "role";
67.     })
68.     // 默认实现不支持账号有多个角色
69.     .AddAccountClaimsPrincipalFactory<RolesAccountClaimsPrincipalFactory
            <RemoteUserAccount>>();
70.
71. await builder.Build().RunAsync();
```

配置中有关 Oidc 的部分需要在授权中心注册对应的 OAuth 应用，此处不再赘述注册应用的代码。

（3）自定义登录跳转（Shared/RedirectToLogin.razor）

```
1. @inject NavigationManager Navigation
2.
3. @code {
4.     protected override void OnInitialized()
5.     {
6.         Navigation.NavigateTo($"authentication/login?returnUrl=
            {Uri.EscapeDataString(Navigation.Uri)}");
7.     }
8. }
```

（4）自定义账号管理跳转（Shared/RedirectToUserProfile.razor）

```
1. @inject NavigationManager Navigation
2.
3. @code {
4.     protected override void OnInitialized()
5.     {
6.         Navigation.NavigateTo("https://localhost:7247/Account/Manage/Index",
            true, true);
7.     }
8. }
```

账号管理和 Blazor 应用在不同的域时，内置的跳转功能无法正常工作，只能完全自定义。

（5）应用自定义账号管理跳转（Pages/Authentication.razor）

```
1.  @page "/authentication/{action}"
2.  @using Microsoft.AspNetCore.Components.WebAssembly.Authentication
3.  @attribute [ReuseTabsPageTitle("Authentication")]
4.
5.  <RemoteAuthenticatorView Action="@Action">
6.      <UserProfile><RedirectToUserProfile /></UserProfile>
7.  </RemoteAuthenticatorView>
8.
9.  @code{
10.     [Parameter] public string? Action { get; set; }
11. }
```

（6）改造 App 渲染逻辑（App.razor）

```
1.   @using EShop.Extensions.WebAssembly
2.   @using Microsoft.AspNetCore.Components.WebAssembly.Authentication
3.   @implements IDisposable
4.   @inject NavigationManager NavigationManager
5.
6.   <CascadingAuthenticationState>
7.       <Router AppAssembly="@typeof(App).Assembly">
8.           <Found Context="routeData">
9.               <AuthorizeReuseTabsRouteView RouteData="@routeData" DefaultLayout=
                    "@typeof(MainLayout)">
10.                  <NotAuthorized>
11.                      @if (context.User.Identity?.IsAuthenticated != true)
12.                      {
13.                          <RedirectToLogin />
14.                      }
15.                      else
16.                      {
17.                          <p role="alert">You are not authorized to access this
                                resource.</p>
18.                      }
19.                  </NotAuthorized>
20.              </AuthorizeReuseTabsRouteView>
21.              <FocusOnNavigate RouteData="@routeData" Selector="h1" />
22.          </Found>
23.          <NotFound>
24.              <PageTitle>Not found</PageTitle>
25.              <LayoutView Layout="@typeof(MainLayout)">
26.                  <p role="alert">Sorry, there's nothing at this address.</p>
27.              </LayoutView>
28.          </NotFound>
29.      </Router>
30.      <AntContainer />
31.  </CascadingAuthenticationState>
32.
33.  @code {
34.      protected override void OnInitialized()
35.      {
36.          NavigationManager.LocationChanged += RedirectIndexToAlternateRoute;
37.
38.          RedirectIndexToAlternateRoute(this, new
                LocationChangedEventArgs(NavigationManager.Uri, false));
39.      }
40.
41.      private void RedirectIndexToAlternateRoute(object? sender,
            LocationChangedEventArgs args)
42.      {
43.          if (args.Location is "" or "/")
44.          {
45.              NavigationManager.NavigateTo("app-seller-home", replace: true);
46.          }
47.      }
48.
49.      public void Dispose()
50.      {
51.          NavigationManager.LocationChanged -= RedirectIndexToAlternateRoute;
52.      }
53.  }
```

（7）改造布局（Shared/MainLayout.razor）

```
1.   @using Microsoft.AspNetCore.Components.WebAssembly.Authentication
2.   @inherits LayoutComponentBase
3.
4.   <div class="page">
```

```
5.         <div class="sidebar">
6.             <NavMenu />
7.         </div>
8.
9.         <main>
10.            <div class="top-row px-4 auth">
11.                <LoginDisplay />
12.                <a href="https://docs.microsoft.com/aspnet/" target="_blank">
                       About</a>
13.            </div>
14.
15.            @*<article class="content px-4">
16.                @Body
17.            </article>*@
18.
19.            <ReuseTabs Class="top-row px-4" TabPaneClass="content px-4" />
20.        </main>
21.    </div>
```

这里的改造主要是为了适应 Ant 组件的功能和解决一些小渲染问题。

7. 管理页面

示例代码如下:

(1) 改造首页 (Pages/Index.razor)

```
1.  @page "/"
2.  @page "/app-seller-home"
3.
4.  @using EShop.Web.GraphQl.Client
5.
6.  @attribute [ReuseTabsPageTitle("Home")]
7.  @inject IEShopClient EShopClient
8.
9.  <PageTitle>Index</PageTitle>
10.
11. @if (User?.Identity?.IsAuthenticated is not true)
12. {
13.     <span>请先登录!</span>
14. }
15. else if (User?.IsInRole("Sellers") is true)
16. {
17.     <span>欢迎使用店铺管理面板!</span>
18. }
19. else
20. {
21.     <apan>您还不是卖家,请先:</apan>
22.     <Button Type="@ButtonType.Primary"
23.         Loading="_isLoadingApplyForOpenningShop"
24.         OnClick="ApplyForOpenningShop">
25.         申请开店
26.     </Button>
27.     <span>如果申请已经通过,请刷新页面或退出并重新登录。</span>
28.
29.     if (_message is not null)
30.     {
31.         <span>@_message</span>
32.     }
33. }
34.
35. @code {
36.     private bool _isLoadingApplyForOpenningShop = false;
37.     private bool _waitForApplyingResult = false;
38.     private string? _message;
```

```
39.
40.         [CascadingParameter]
41.         private Task<AuthenticationState> authenticationStateTask { get; set; } =
              null!;
42.
43.         private ClaimsPrincipal? User { get; set; }
44.
45.         protected override async Task OnInitializedAsync()
46.         {
47.             await base.OnInitializedAsync();
48.
49.             var authenticationState = await authenticationStateTask;
50.             User = authenticationState.User;
51.         }
52.
53.         private async Task ApplyForOpenningShop(MouseEventArgs args)
54.         {
55.             _isLoadingApplyForOpenningShop = true;
56.
57.             try
58.             {
59.                 var result = await EShopClient.ApplyForOpenningShop.ExecuteAsync();
60.                 if (result.Data?.ApplyForOpenningShop.Errors?.Any() is true)
61.                 {
62.                     _message = result.Data?.ApplyForOpenningShop.Errors.
                          FirstOrDefault()?.Message;
63.                 }
64.                 else
65.                 {
66.                     _waitForApplyingResult = result.Data?.ApplyForOpenningShop.
                          Waiting ?? false;
67.                     _message = result.Data?.ApplyForOpenningShop.Message;
68.                 }
69.             }
70.             catch
71.             {
72.                 _message = "发送申请时出现错误。";
73.             }
74.
75.             _isLoadingApplyForOpenningShop = false;
76.         }
77.     }
```

首页的主要改造就是添加申请开店按钮，为用户准备一个成为卖家的渠道。

（2）订单管理页面（Pages/ManageOrder.razor）

```
1.   @page "/manage/order"
2.
3.   @using AntDesign.TableModels
4.   @using EShop.Client.Seller.Components
5.   @using EShop.Web.GraphQl.Client
6.   @using Microsoft.AspNetCore.Authorization
7.   @using System.Reactive.Linq
8.   @using static EShop.Client.Seller.Shared.PageHelper;
9.
10.  @attribute [ReuseTabsPageTitle(TITLE)]
11.  @attribute [Authorize(Roles = "Sellers")]
12.
13.  @implements IDisposable
14.
15.  @inject IEShopClient EShopClient
16.  @inject NotificationService NotificationService
17.
18.  <PageTitle>@TITLE</PageTitle>
19.
```

```razor
20.     <Button OnClick='_ => _table?.ReloadData()' Type="@ButtonType.Primary">刷新订单信
            息</Button>
21.
22.     <Table TItem="Order" DataSource="_orders" @bind-PageIndex="_pageIndex"
            @bind-PageSize="_pageSize" Total="_total"
23.         Loading="_tableLoading" OnChange="HandleTableChangeAsync" Context="order"
            @ref="@_table" RemoteDataSource>
24.         <Column TData="string" DataIndex="@nameof(order.Id)" />
25.         <Column TData="DateTimeOffset" DataIndex="@nameof(order.OrderTime)" />
26.         <Column TData="OrderStatus" DataIndex="@nameof(order.OrderStatus)" />
27.         <Column TData="DateTimeOffset?" DataIndex="@nameof(order.FinishTime)" />
28.         <Column TData="Goods"
                DataIndex="@nameof(order.Goods)">@order.Goods.Name</Column>
29.         <Column TData="int" DataIndex="@nameof(order.BuyerId)" />
30.         <ActionColumn Title="操作">
31.             <Space>
32.                 <SpaceItem>
33.                     @switch(order.OrderStatus){
34.                         case OrderStatus.WaitForPay:
35.                             <Button OnClick='async _ => await CancelOrderAsync(order.Id)'
                                    Type="@ButtonType.Primary" Danger>取消订单</Button>
36.                             break;
37.                         case OrderStatus.WaitForDeliverGoods:
38.                             <Button OnClick=' async _ => await
                                    DeliverGoodsAsync(order.Id)' Type="@ButtonType.
                                    Primary">发货</Button>
39.                             break;
40.                         default:
41.                             <span>无可用操作</span>
42.                             break;
43.                     }
44.                 </SpaceItem>
45.             </Space>
46.         </ActionColumn>
47.     </Table>
48.
49.     @code {
50.         private const string TITLE = "管理订单";
51.
52.         private Table<Order>? _table;
53.         private bool _tableLoading = false;
54.         private int _pageIndex = 1;
55.         private int _pageSize = 10;
56.         private int _total = 0;
57.         private Order[] _orders = Array.Empty<Order>();
58.
59.         private IDisposable? subscription;
60.
61.         protected override async Task OnInitializedAsync()
62.         {
63.             await base.OnInitializedAsync();
64.             await LoadDataAsync();
65.             await SubscribeOrderCreate();
66.         }
67.
68.         private async Task HandleTableChangeAsync(QueryModel<Order> query)
69.         {
70.             _tableLoading = true;
71.             await LoadDataAsync(query);
72.             _tableLoading = false;
73.         }
74.
75.         private async Task LoadDataAsync(QueryModel<Order>? query = null)
76.         {
77.             var (skip, take) = GetSkipAndTake(_pageIndex, _pageSize);
78.             var queryResult = await EShopClient.GetOrders.ExecuteAsync(null, null,
```

```csharp
                    skip, take);
                _orders = queryResult?.Data?.Orders?.Items
                    ?.Select(o => new Order(
                        o.Id,
                        o.OrderTime,
                        o.OrderStatus,
                        o.FinishTime,
                        new Goods(o.Goods.Id, o.Goods.Name),
                        o.BuyerId))
                    ?.ToArray() ?? Array.Empty<Order>();
                _total = queryResult?.Data?.Orders?.TotalCount ?? 0;
            }

            private async Task DeliverGoodsAsync(string orderId)
            {
                var result = await EShopClient.DeliverGoods.ExecuteAsync(orderId);
                if (result.Data?.DeliverGoods?.Errors?.Any() is true) return;

                for(int i = 0; i < _orders.Length; i++)
                {
                    if(_orders[i].Id == orderId)
                    {
                        _orders[i] = _orders[i] with { OrderStatus = 
                            OrderStatus.WaitForConfirm };
                    }
                }
            }

            private async Task CancelOrderAsync(string orderId)
            {
                var result = await EShopClient.CancelOrder.ExecuteAsync(new 
                    CancelOrderInput { Id = orderId, Reason = "卖家取消。" });
                if (result.Data?.CancelOrder?.Errors?.Any() is true) return;

                for(int i = 0; i < _orders.Length; i++)
                {
                    if(_orders[i].Id == orderId)
                    {
                        _orders[i] = _orders[i] with { OrderStatus = 
                            OrderStatus.Canceled };
                    }
                }
            }

            private Task SubscribeOrderCreate()
            {
                var watcher = EShopClient.OnOrderCreated.Watch();

                subscription = watcher
                    .Where(x => !x.Errors.Any())
                    .Select(x => x.Data!.OnOrderCreated)
                    .Subscribe(o =>
                    {
                        _ = NotificationService.Open(new NotificationConfig()
                        {
                            Message = "新订单",
                            Description = $"有一个新订单！Id: {o.Id}",
                            NotificationType = NotificationType.Info
                        });

                        _table?.ReloadData();

                        StateHasChanged();
                    });

                // TODO: 如何知道服务端主动关闭订阅或底层 WebSocket 连接断开，然后释放订阅。
```

```
141.            // https://github.com/ChilliCream/hotchocolate/issues/5006
142.            return Task.CompletedTask;
143.        }
144.
145.        public void Dispose()
146.        {
147.            subscription?.Dispose();
148.            subscription = null;
149.        }
150.
151.        internal record Order(
152.            string Id,
153.            DateTimeOffset OrderTime,
154.            OrderStatus OrderStatus,
155.            DateTimeOffset? FinishTime,
156.            Goods Goods,
157.            int BuyerId);
158.
159.        internal record Goods(string Id, string Name);
160.    }
```

订单管理页面展示了最全的技术的使用,不再重复展示其他页面。

(3)编辑商品表单组件(Components/EditGoodsForm.razor)

```
1.  @using EShop.Web.GraphQl.Client
2.  @using Microsoft.AspNetCore.Components.WebAssembly.Authentication
3.  @using System.Text.Json.Serialization
4.  @using System.ComponentModel.DataAnnotations
5.
6.  @inject IAccessTokenProvider AccessTokenProvider
7.  @inject MessageService MessageService
8.  @inject IEShopClient EShopClient
9.
10. <Form Loading="_formLoading" Model="@FormModel"
11.     LabelColSpan="8"
12.     WrapperColSpan="16"
13.     Context="model"
14.     OnFinish="OnClickSubmitAsync"
15.     OnFinishFailed="OnValidationFailedAsync"
16.     @ref="_form">
17.     <FormItem>
18.         <Input @bind-Value="@model.Id" Type="hidden" />
19.     </FormItem>
20.     <FormItem Label="商品名称" LabelColSpan="4">
21.         <Input @bind-Value="@model.Name" />
22.     </FormItem>
23.     <FormItem Label="简介" LabelColSpan="4">
24.         <Input @bind-Value="@model.Description" />
25.     </FormItem>
26.     <FormItem Label="详情" LabelColSpan="4">
27.         <TextArea @bind-Value="@model.Detail" MinRows="3" AutoSize />
28.     </FormItem>
29.     <FormItem Label="分类" LabelColSpan="4">
30.         <Cascader @bind-Value="@model.CategoryId" Options="@_categoryNodes"
                ExpandTrigger="hover" />
31.     </FormItem>
32.     <FormItem WrapperColOffset="8" WrapperColSpan="16">
33.         <Input Type="hidden" @bind-Value="@model.ImageUrl" TValue="string"
                OnChange="SetImagePreviewAsync" />
34.         <Upload Action="https://localhost:7215/api/upload"
35.             Name="image"
36.             Accept="image/jpeg, image/png"
37.             Headers="_uploadHeaders"
38.             Class="avatar-uploader"
```

```
39.                ListType="picture-card"
40.                ShowUploadList="false"
41.                BeforeUpload="BeforeUpload"
42.                OnChange="HandleChange">
43.            @if (!string.IsNullOrWhiteSpace(_imageUrl))
44.            {
45.                <img src="@_imageUrl" alt="avatar" style="width: 100%" />
46.            }
47.            else
48.            {
49.                <div>
50.                    <Icon Spin="_imageloading" Type="@(_imageloading?"Loading":"plus")"></Icon>
51.                    <div className="ant-upload-text">Upload</div>
52.                </div>
53.            }
54.        </Upload>
55.    </FormItem>
56. </Form>
57.
58. @code {
59.     private Form<EditGoodsModel>? _form;
60.     private bool _formLoading = false;
61.     private void _toggle(bool value) => _formLoading = value;
62.     private CascaderNode[] _categoryNodes = Array.Empty<CascaderNode>();
63.     private bool _imageloading = false;
64.     private string? _imageUrl;
65.     private Dictionary<string, string> _uploadHeaders = new();
66.
67.     [Parameter]
68.     public EditGoodsModel FormModel { get; set; } = null!;
69.
70.     [Parameter]
71.     public EventCallback<EditContext> OnSubmit { get; set; }
72.
73.     [Parameter]
74.     public EventCallback<EditContext> OnValidationFailed { get; set; }
75.
76.     public void Submit() => _form?.Submit();
77.
78.     protected override async Task OnInitializedAsync()
79.     {
80.         await base.OnInitializedAsync();
81.
82.         await SetImagePreviewAsync();
83.         if ((await AccessTokenProvider.RequestAccessToken()).TryGetToken(out var accessToken))
84.         {
85.             _uploadHeaders["authorization"] = $"Bearer {accessToken.Value}";
86.         }
87.
88.         var categories = (await EShopClient.GetCategories.ExecuteAsync()).Data?.Categories?.Items;
89.
90.         if (categories?.Any() is not true) return;
91.
92.         var nodes = categories
93.             .Select(c => (category: c, node: new CascaderNode { Label = c.Name, Value = c.Id }))
94.             .ToList();
95.
96.         foreach(var node in nodes)
97.         {
98.             node.node.Children = nodes
99.                 .Where(n => n.category.ParentId == node.node.Value)
100.                .Select(n => n.node)
101.                .ToArray();
```

```csharp
            }

        _categoryNodes = nodes
            .Where(n => n.category.ParentId is null)
            .Select(n => n.node)
            .ToArray()
            ?? Array.Empty<CascaderNode>();
    }

    private async Task OnClickSubmitAsync(EditContext editContext)
    {
        _formLoading = true;
        await OnSubmit.InvokeAsync(editContext);
        await SetImagePreviewAsync();
        _formLoading = false;
    }

    private async Task OnValidationFailedAsync(EditContext editContext)
    {
        await SetImagePreviewAsync();
        await OnValidationFailed.InvokeAsync(editContext);
    }

    private bool BeforeUpload(UploadFileItem file)
    {
        var isJpgOrPng = file.Type == "image/jpeg" || file.Type == "image/png";
        if (!isJpgOrPng)
        {
            MessageService.Error("只能选择 JPG 或 PNG 图片文件！");
        }
        var isLt2M = file.Size / 1024 / 1024 < 2;
        if (!isLt2M)
        {
            MessageService.Error("图片的大小不能超过 2MB！");
        }

        return isJpgOrPng && isLt2M;
    }

    private void HandleChange(UploadInfo fileinfo)
    {
        _imageloading = fileinfo.File.State == UploadState.Uploading;

        if (fileinfo.File.State == UploadState.Success)
        {
            var imageName = fileinfo.File.GetResponse<UploadResponse>().ImageName;
            FormModel.ImageUrl = imageName;
            SetImagePreviewAsync();
        }
        InvokeAsync(StateHasChanged);
    }

    private Task SetImagePreviewAsync(string? value = null)
    {
        if (string.IsNullOrEmpty(FormModel.ImageUrl)) _imageUrl = null;
        else _imageUrl = $"//localhost:7215/image/{FormModel.ImageUrl}";

        return Task.CompletedTask;
    }

    public class EditGoodsModel
    {
        public string? Id { get; set; }
        [Required] public string Name { get; set; } = null!;
        [Required] public string Description { get; set; } = null!;
```

```
167.            [Required] public string ImageUrl { get; set; } = null!;
168.            [Required] public string Detail { get; set; } = null!;
169.            [Required] public string CategoryId { get; set; } = null!;
170.        }
171.
172.        public class UploadResponse
173.        {
174.            [JsonPropertyName("imageName")]
175.            public string ImageName { get; set; } = null!;
176.        }
177.    }
```

这个组件是一个普通组件，用于嵌入商品编辑页面，因为这里包含有关文件上传的功能，所以单独予以展示。这里的上传功能可以明显看出是对 JavaScript 的封装，没有使用 .NET 6 的新 API，看上去比较凌乱。在这方面，BootstrapBlazor 表现更好，适配了新 API，可以把上传功能也彻底融入.NET 的 HTTP 客户端 API。

（4）改造菜单（Shared/NavMenu.razor）

```
1.  <AuthorizeView Roles="Sellers">
2.      <div class="nav-item px-3">
3.          <NavLink class="nav-link" href="manage/shop">
4.              <span class="oi oi-home" aria-hidden="true"></span> 管理店铺
5.          </NavLink>
6.      </div>
7.      <div class="nav-item px-3">
8.          <NavLink class="nav-link" href="manage/goods">
9.              <span class="oi oi-home" aria-hidden="true"></span> 管理商品
10.         </NavLink>
11.     </div>
12.     <div class="nav-item px-3">
13.         <NavLink class="nav-link" href="manage/order">
14.             <span class="oi oi-home" aria-hidden="true"></span> 管理订单
15.         </NavLink>
16.     </div>
17. </AuthorizeView>
```

准备好管理页面后，将其添加到菜单，方便访问，不要忘了将其包裹在授权视图组件里。

至此，实战演练项目电子商城全部开发完毕，提交最后的代码到 Git 仓库吧。以上代码位于随书附赠的项目的 ID 20896334、27f70ba0、da88e1da 和 915b9565 的提交中，最后一次 ID 6d3c1b48 的提交是对整个项目的修整。

25.10 小　　结

本次演练的卖家管理应用的 UI 组件库使用了 AntDesign，主要是因为这个组件由.NET 基金会提供支持。开发完成后发现，目前似乎 BootstrapBlazor 在易用性和组件丰富度上略胜一筹，但是此时再调整的话需要大规模返工，时间和精力都不允许了。笔者推荐读者在练习时尝试使用 BootstrapBlazor 而不是完全照搬示例项目。